卢嘉锡 总主编

中国科学技术史

农学卷

董恺忱 范楚玉 主编

科学出版社

2000

内 容 简 介

本卷是就中国传统农学的发展过程与历史成就加以记述和总结的专史。依照中国农业历史发展内在规律所呈现的阶段性，全书分为先秦、秦汉魏晋南北朝、隋唐宋元及明清四篇。在分别简述其时代特征背景的前提下，侧重从历史文献、技术体系与指导思想等三个方面从事探索分析。在系统归纳举世无双的丰富农学典籍基础上，深入总结素以精耕细作著称的精湛科学技术内容，并致力探索通称之为“三才”理论的这一原则在农业生产中的具体展现，力求说明中国传统农学所拥有的合理因素及局限之所在，并着意于阐释其得以绵延相续，至今仍不乏生机的原因。

图书在版编目(CIP)数据

中国科学技术史：农学卷/卢嘉锡总主编；董恺忱，范楚玉分卷主编.-北京：科学出版社，2000.6
ISBN 978-7-03-007887-2

Ⅰ.中… Ⅱ.①卢… ②董… ③范… Ⅲ.①技术史-中国 ②农学-自然科学史-中国 Ⅳ.N092

中国版本图书馆CIP数据核字（1999）第44002号

科学出版社出版
北京东黄城根北街16号
邮政编码：100717
http://www.sciencep.com
北京厚诚则铭印刷科技有限公司印刷
新华书店北京发行所发行 各地新华书店经售
*
2000年6月第 一 版 开本：787×1092 1/16
2025年4月第六次印刷 印张：57 1/2
字数：1 400 000

定价：295.00元

《中国科学技术史》的组织机构和人员

顾　问（以姓氏笔画为序）

王大珩　王佛松　王振铎　王绶琯　白寿彝　孙　枢　孙鸿烈　师昌绪
吴文俊　汪德昭　严东生　杜石然　余志华　张存浩　张含英　武　衡
周光召　柯　俊　胡启恒　胡道静　侯仁之　俞伟超　席泽宗　涂光炽
袁翰青　徐苹芳　徐冠仁　钱三强　钱文藻　钱伟长　钱临照　梁家勉
黄汲清　章　综　曾世英　蒋顺学　路甬祥　谭其骧

总主编　卢嘉锡

编委会委员（以姓氏笔画为序）

马素卿　王兆春　王渝生　艾素珍　丘光明　刘　钝　华觉明　汪子春
汪前进　宋正海　陈美东　杜石然　杨文衡　杨　熺　李家治　李家明
吴瑰琦　陆敬严　周魁一　周嘉华　金秋鹏　范楚玉　姚平录　柯　俊
赵匡华　赵承泽　姜丽蓉　席龙飞　席泽宗　郭书春　郭湖生　谈德颜
唐锡仁　唐寰澄　梅汝莉　韩　琦　董恺忱　廖育群　潘吉星　薄树人
戴念祖

常务编委会

主　　任　陈美东

委　　员（以姓氏笔画为序）

华觉明　杜石然　金秋鹏　赵匡华　唐锡仁　潘吉星　薄树人　戴念祖

编撰办公室

主　　任　金秋鹏

副 主 任　周嘉华　杨文衡　廖育群

工作人员（以姓氏笔画为序）

王扬宗　陈　晖　郑俊祥　徐凤先　康小青　曾雄生

总　　序

中国有悠久的历史和灿烂的文化，是世界文明不可或缺的组成部分，为世界文明做出了重要的贡献，这已是世所公认的事实。

科学技术是人类文明的重要组成部分，是支撑文明大厦的主要基干，是推动文明发展的重要动力，古今中外莫不如此。如果说中国古代文明是一棵根深叶茂的参天大树，中国古代的科学技术便是缀满枝头的奇花异果，为中国古代文明增添斑斓的色彩和浓郁的芳香，又为世界科学技术园地增添了盎然生机。这是自上世纪末、本世纪初以来，中外许多学者用现代科学方法进行认真的研究之后，为我们描绘的一幅真切可信的景象。

中国古代科学技术蕴藏在汗牛充栋的典籍之中，凝聚于物化了的、丰富多姿的文物之中，融化在至今仍具有生命力的诸多科学技术活动之中，需要下一番发掘、整理、研究的功夫，才能揭示它的博大精深的真实面貌。为此，中国学者已经发表了数百种专著和万篇以上的论文，从不同学科领域和审视角度，对中国科学技术史作了大量的、精到的阐述。国外学者亦有佳作问世，其中英国李约瑟(J. Needham)博士穷毕生精力编著的《中国科学技术史》(拟出 7 卷 34 册)，日本薮内清教授主编的一套中国科学技术史著作，均为宏篇巨著。关于中国科学技术史的研究，已是硕果累累，成为世界瞩目的研究领域。

中国科学技术史的研究，包涵一系列层面：科学技术的辉煌成就及其弱点；科学家、发明家的聪明才智、优秀品德及其局限性；科学技术的内部结构与体系特征；科学思想、科学方法以及科学技术政策、教育与管理的优劣成败；中外科学技术的接触、交流与融合；中外科学技术的比较；科学技术发生、发展的历史过程；科学技术与社会政治、经济、思想、文化之间的有机联系和相互作用；科学技术发展的规律性以及经验与教训，等等。总之，要回答下列一些问题：中国古代有过什么样的科学技术？其价值、作用与影响如何？又走过怎样的发展道路？在世界科学技术史中占有怎样的地位？为什么会这样，以及给我们什么样的启示？还要论述中国科学技术的来龙去脉，前因后果，展示一幅真实可靠、有血有肉、发人深思的历史画卷。

据我所知，编著一部系统、完整的中国科学技术史的大型著作，从本世纪 50 年代开始，就是中国科学技术史工作者的愿望与努力目标，但由于各种原因，未能如愿，以致在这一方面显然落后于国外同行。不过，中国学者对祖国科学技术史的研究不仅具有极大的热情与兴趣，而且是作为一项事业与无可推卸的社会责任，代代相承地进行着不懈的工作。他们从业余到专业，从少数人发展到数百人，从分散研究到有组织的活动，从个别学科到科学技术的各领域，逐次发展，日臻成熟，在资料积累、研究准备、人才培养和队伍建设等方面，奠定了深厚而又广大的基础。

本世纪 80 年代末，中国科学院自然科学史研究所审时度势，正式提出了由中国学者编著《中国科学技术史》的宏大计划，随即得到众多中国著名科学家的热情支持和大力推动，得到中国科学院领导的高度重视。经过充分的论证和筹划，1991 年这项计划被正式列为中国科学院“八五”计划的重点课题，遂使中国学者的宿愿变为现实，指日可待。作为一名科技工作者，我对此感到由衷的高兴，并能为此尽绵薄之力，感到十分荣幸。

《中国科学技术史》计分30卷，每卷60至100万字不等，包括以下三类：

通史类(5卷)：

《通史卷》、《科学思想史卷》、《中外科学技术交流史卷》、《人物卷》、《科学技术教育、机构与管理卷》。

分科专史类(19卷)：

《数学卷》、《物理学卷》、《化学卷》、《天文学卷》、《地学卷》、《生物学卷》、《农学卷》、《医学卷》、《水利卷》、《机械卷》、《建筑卷》、《桥梁技术卷》、《矿冶卷》、《纺织卷》、《陶瓷卷》、《造纸与印刷卷》、《交通卷》、《军事科学技术卷》、《计量科学卷》。

工具书类(6卷)：

《科学技术史词典卷》、《科学技术史典籍概要卷》(一)、(二)、《科学技术史图录卷》、《科学技术年表卷》、《科学技术史论著索引卷》。

这是一项全面系统的、结构合理的重大学术工程。各卷分可独立成书，合可成为一个有机的整体。其中有综合概括的整体论述，有分门别类的纵深描写，有可供检索的基本素材，经纬交错，斐然成章。这是一项基础性的文化建设工程，可以弥补中国文化史研究的不足，具有重要的现实意义。

诚如李约瑟博士在1988年所说："关于中国和中国文化在古代和中世纪科学、技术和医学史上的作用，在过去30年间，经历过一场名副其实的新知识和新理解的爆炸"(中译本李约瑟《中国科学技术史》作者序)，而1988年至今的情形更是如此。在20世纪行将结束的时候，对所有这些知识和理解作一次新的归纳、总结与提高，理应是中国科学技术史工作者义不容辞的责任。应该说，我们在启动这项重大学术工程时，是处在很高的起点上，这既是十分有利的基础条件，同时也自然面对更高的社会期望，所以这是一项充满了机遇与挑战的工作。这是中国科学界的一大盛事，有著名科学家组成的顾问团为之出谋献策，有中国科学院自然科学史研究所和全国相关单位的专家通力合作，共襄盛举，同构华章，当不会辜负社会的期望。

中国古代科学技术是祖先留给我们的一份丰厚的科学遗产，它已经表明中国人在研究自然并用于造福人类方面，很早而且在相当长的时间内就已雄居于世界先进民族之林，这当然是值得我们自豪的巨大源泉，而近三百年来，中国科学技术落后于世界科学技术发展的潮流，这也是不可否认的事实，自然是值得我们深省的重大问题。理性地认识这部兴盛与衰落、成功与失败、精华与糟粕共存的中国科学技术发展史，引以为鉴，温故知新，既不陶醉于古代的辉煌，又不沉沦于近代的落伍，克服民族沙文主义和虚无主义，清醒地、满怀热情地弘扬我国优秀的科学技术传统，自觉地和主动地缩短同国际先进科学技术的差距，攀登世界科学技术的高峰，这些就是我们从中国科学技术史全面深入的回顾与反思中引出的正确结论。

许多人曾经预言说，即将来临的21世纪是太平洋的世纪。中国是太平洋区域的一个国家，为迎接未来世纪的挑战，中国人应该也有能力再创辉煌，包括在科学技术领域做出更大的贡献。我们真诚地希望这一预言成真，并为此贡献我们的力量。圆满地完成这部《中国科学技术史》的编著任务，正是我们为之尽心尽力的具体工作。

卢嘉锡
1996年10月20日

序

《中国科学技术史·农学卷》出版了，这是中国农史界的一件喜事，本书的作者们要我写篇序言，作为农史界成员之一，义不容辞。因我曾看过本书的初稿，提过一些供参考的意见，我想在序言中就不再谈本书的结构内容、优缺点之类，读者自会有所评价，这里我想就本书的出版发表一些感想。

一 万年的历程

人类的历史约已有200万年，农业起源于1万余年前，证之我国的考古发掘亦然，所以，人类农业的历史，充其量只占人类历史的1%。可是这万年前起源的农业，却是人类发展史上的一个极其重要的转折点和里程碑。因为如果没有农业的起源，人类至今仍然在森林或洞穴里过着狩猎、采集的生活，不可能进入此后经历的各个社会阶段，直到今天这个令人眼花缭乱的世界。

人类有农业以来的成就，就世界范围而言，在渔猎、采集阶段，每500公顷的土地，只能养活2人；刀耕火种的原始农业时期，同样每500公顷的土地能养活50人；连续种植的农业，可养活约1000人；而集约经营的现代农业，则猛增至5000人。农业发展逐步加快，人口相应增加，是由于其他方面的支援和投入。工业革命以后，对农业的投入更多，发展的速度更快，人口的增长犹如脱缰之马，虽然屡经战争、饥荒、水旱、病虫、疫病的折磨，世界人口还是在波折中加速地上升，1996年已超过60亿，并且将加速向70亿迈进，农业的负担也太重了。

农业越发展，人类从周围环境索取的资源也越多，人口的增殖也越快。在不破坏生态平衡的前提下，这种索取是安全的、合理的。但是，超越环境荷载力的临界点，就会遭到自然的报复。所谓环境荷载力，小至一个封闭的人群聚居点周围，人力所能及的半径有，大至一个地区、一个国家有，最后便是整个地球也有一个环境荷载力。局部地区因环境荷载力超负，遭到自然报复，在历史上屡见不鲜，孟子早就指出，齐国东南的牛山之所以“童山濯濯”，即因过度的采伐和放牧之故，孟子以“养”和“用”的关系说明：“苟得其养，无物不长；苟失其养，无物不消。”养和用平衡的办法是“数罟（过密的渔网）不入洿池，鱼鳖不可胜食也；斧斤以时入山林，材木不可胜用也”。这很合乎生态平衡的原理。《管子》、《荀子》、《淮南子》中都有较孟子更详细的论述和主张，这是局部地区的滥砍滥伐、滥捕滥捉受自然的报复以后，所得出的深刻教训。

现代农业获得工业装备和科技推广的支援，产量增加，品质改善，经济效益日益看好，人们的生活水平明显提高。但是农业（以及工业）在取得巨大经济效益的同时，往往带来环境污染、农药残毒扩散，通过呼吸、水源或食物链进入人体，还有森林缩小、生物物种资源丧失等一系列问题。早在1962年，美国的卡逊（R. Carson）出版了《寂静的春天》（Silent Spring）一书，书中的标题如“不必要的大破坏”、“再也没有鸟儿叫了”、“死亡的河流”、“自天而降的灾难”等，当时不少人都以为是耸人听闻，杞人忧天；又有人驳斥，说依靠科技，人们有能力克服这些问题。可是只不过20来年，书中的警告，已一一出现在我们身边，再次证明科技是双刃剑的这一譬喻，是很辩证的。

二　“三才”思想和中西观念的对立

一部《中国农学史》的核心，是古代的天、地、人“三才”理论在实践中的指导和运用。“三才”是哲学，也是宇宙观，古代以之解释各种有关方面，用在农业生产上，是一种合乎生态原理的思想。

“三才”在中国农业上的运用，并表现为中国农业特色的，是二十四节气、地力常新和精耕细作，这三者便是对应于天、地、人的“三才”思想的产物。《吕氏春秋》的上农、任地、辩土和审时四篇，是融通天、地、人“三才”的相互关系而展开论述的。西汉《氾胜之书》的“凡耕之本，在于趋时、和土、务粪泽”，可作技术看，亦可视为“三才”的具体化。这种思想贯穿于后世的《齐民要术》、陈旉《农书》、王祯《农书》、《农政全书》等所有农书。到明清时期，“三才”思想又有了延伸和发展，马一龙从阴阳思想的天象“日为阳，雨为阴；昼为阳，夜为阴”推衍出植物生长的“展伸为阳，敛诎为阴；动为阳，静为阴；……”等，指出阴阳的矛盾对立又和谐。杨双山则把古代“金、木、水、火、土”五行思想转换成“天、地、水、火、气”这新五行，称天、地、水、土为“四精”，气则是“精之会”，强调“阴阳交济，五行合和”。中国古代的天、地、人“三才”思想，至此完成了传统农业时期所能到达的理论最高水平，迎来了现代西方自然科学的挑战。

“三才”思想与西方的宗教哲学是针锋相对的，《旧约·创世纪》说：“大地厚生，生生不息，满载于世，征服它罢，努力去支配海中之鱼，空中之鸟，以及在地上走动的一切生物。”这与孟子的“苟得其养，无物不长；苟失其养，无物不消。”甘地的名言“自然可以满足人的需要，但不能满足人的贪婪。”不是针锋相对吗？文艺复兴以后的西方，科学技术飞速发展，“人类征服自然！”这一豪言壮语，成为鼓舞人心的极大驱动力。两百年来，殖民主义、资本主义国家“努力去支配海中之鱼，空中之鸟，以及地球上一切走动的生物”，把《旧约》的这段指示发挥得淋漓尽致。落后的国家，正以美国为目标，努力追赶！去争取现在已所剩无几的“未开垦的处女地”。

美国前总统富兰克林写信给印第安人，提出收买印第安人的土地，印第安人无法抵抗，写了一封充满感情的回信给富兰克林，试看其中的几小段：“总统从华盛顿捎信来说，想购买我们的土地，但是……我们熟悉树液流经树干，正如血液流经我们的血管一样。我们是大地的一部分，大地也是我们的一部分。芬芳的花朵是我们的姐妹；麋鹿、骏马、雄鹰是我们的兄弟；山岩、草地、动物和人类全属于一个家庭。……如果我们放弃这片土地，转让给你们，你们必须记住，这如同空气一样，对我们所有人都是宝贵的。……你们会教诲自己的孩子，就如同我们教诲自己的孩子那样吗？即土地是我们的母亲，土地所赐予我们的一切，也会赐予我们的子孙。……我们知道，人类属于大地，而大地不属于人类。……人类所作的一切，也影响到人类本身。因为降临到大地上的一切，终究会降临到大地的儿女们身上。……"

这封复信的内容，简直就是"三才"理论的最佳注释，同时也是送给现代工业社会一面最清澈忠实的镜子。其实，推想中国古代"三才"思想的原始内容，对人与自然之间，富有深厚的感情，相信必也类似印第安人信中所叙说的那样。这些从原始农业继承下来的朴素内容，经过提炼，用简洁的文字表达，形成了"三才"的理论。印第安人是两三万年前从亚洲东北经过白令海峡陆桥，迁徙到北美洲去的，以后又向南美洲分布，创造了古代的美洲文化。印第安人的图腾柱上雕刻的头像，很像良渚文化玉器上的饕餮图像，印第安人称之为Totem，汉语音译为"图腾"，非常近似"饕餮"的发音，是否也是一个旁证？印第安人驯化了玉米、马铃薯、烟草、向日葵、木薯、南瓜等作物，是带给美洲和世界的一大笔遗产，似乎已被世人所遗忘。一个农业处于原始阶段的善良的印第安民族，担当起传教士和教师的职责，给文明的美国，上了一堂天人合一的生态课，真是人类历史的莫大讽刺和悲剧。

三　自然变化与农牧消长

联系中国农学"三才"思想的发展，要从自然（天和地）的回顾开始。

由于地球板块运动而隆起的西藏高原，阻隔了来自印度洋的季风和雨水，使得广大的新疆、青海、甘肃一带形成温差大、雨水少、积雪多、气候干燥的自然环境。茫茫草原，"风吹草低见牛羊"，以及环绕片片绿洲开发起来的粮仓，生机盎然。但这只能是有限时间的有限农耕格局，在这一段时期里，表现出人类征服自然的胜利感，过后，则是绿洲慢慢萎缩、消失，沙漠化开始蔓延扩大，反过来抑制了农牧业发展和人口增长。

黄河流域的农业环境直到秦汉时期，仍然是森林密布，湖泊众多，黄土肥沃，从而孕育了灿烂的古代文明。考古发掘显示的地下宫殿、墓葬气魄、都城结构，以及令人惊诧不已的随葬品，说明了这一点。对照今天的沙尘蔽天，黄土裸露，湖泊消失，水源短缺，西北农民生活的艰辛，怎么也想像不出那么辉煌的文明是怎样创造出来的。

历史上每隔三四百年的温度冷暖交替变化，在华夏大地上左右着畜牧和农耕交错地带的相互消长，也是导致游牧族和农耕汉族屡次战争的重要因素之一。现代研究认为，年平均温度每下降1℃，北方草原将向南推延数百里。三国、魏晋、南北朝是中国历史上第一次大分裂时期，在这三百多年里，北方年平均温度较现在约低1.5℃，北方草原日渐萎缩，鲜卑拓跋大举南下，成功地建立起北魏政权，同时也陷入强大的汉族农耕文化里，不得不采取恢复农业生产的一系列措施。这就是《齐民要术》成书的背景。反之，年平均温度每上升1℃，像汉唐时期，强大的汉族向塞外发展，蚕食草原，改牧为农，成功地开发了大量屯田。但最终的代价是沙漠化的扩大，剩下一些当年的地名，聚居地痕迹，留给后人考察、追思、凭吊。从历史地图上可以看出，几千年下来，西北农牧的界线，大体上在长城内外拉锯。由于气候的干燥化已成为一种难以逆转的趋势，农耕向北扩展的成就，总是有限，而畜牧业的多次南下，则不断同化于汉族，农牧之战终于不再重演了，中国农业发展的方向，转向以前被视为荆蛮之域的长江流域及其以南。

气候冷暖变化在农耕范围内部，表现为人力对动植物引种布局的改变和适应。总的趋势是喜温的动植物逐渐南移，如蚕桑生产从黄河流域向长江流域南移，南方初发展蚕业时还得请北方蚕农指导。孔子说“衣乎锦，食乎稻，于汝为安乎。”《汉书》云“强弩之末，力不能入鲁缟。”“锦”是彩色的丝织物，“缟”是轻而细的绢，这些古话是山东古代蚕丝发达的印证。太湖流域经过宋朝连绵三百来年的低温时期，水稻品种逐次改为种植耐寒的粳稻，籼稻退至北纬29°以南。柑橘、茶叶等敏感的作物，也随着向江浙以南的纬度推延。不耐暖湿的马匹，则始终不能在南方生活繁育。

以上所述，在历代农书中都有或明或隐的反映。《齐民要术》便是一个典型，是北魏政权企图改农为牧不成，只得转而发展农业从而大获成功的缩影。笔者统计，《齐民要术》全书的种植业内容和畜牧业内容约呈79%：21%，畜牧业中马的比重高达45.45%，羊占25.75%，马羊共占71.2%，是绝对优势；牛只占6.06%，猪只占3.93%，是个很好的证明。可是到了王祯的《农书》中，牛上升为第一位，猪次之，马虽仍列首位，但只一笔带过，十分简略，因为马已完成了农牧之战的历史任务。以后的农书，像《齐民要术》那样的农牧比重，再也不出现了。唐宋以后，农业重心南移，南方的农书大量出现，远远超过了北方，这在本书中有充分的记述，这里就不重复了。

四 传统农业的问题

中国传统农业的成就，用现在概括的说法，是以占世界7%的耕地，养活占世界22%的人口。这个说法的不足之处是忽略了中国传统农业还孕育、创造出连绵不绝的五千年中华文明，而世界其他古老文明都在历史长河中随着农业的消失而消失了。关于传统农业的细节，中华人民共和国成立以来，陆续出版了大量经过搜集、整理、校勘、注释、辑佚的古农书，又组织人力编写出版《中国农学史》上、下卷（1959，1984），《中国农业科学技术史稿》（1989），《中国农业百科全书·农史卷》（1990），《中国科学技术史·农学卷》以及许多的农史专著。另一方面，传统农业当然不是完美无缺的，它也不可避免地存在一些矛盾和问题。

农业生产要供养全社会的消费，脱产的上层统治阶级，从来对农业所提供的消费资源不会量入为出，而总是追索不已。消费需求的增加本来可以促进生产，但如果不相应地给农民偿还，提高他们的生活，同时照顾到资源的再生能力，便会导致无节制的滥用资源。在这种情况下，再好的农学理论和技术，也无济于事。超前的消费，资源的破坏，看似农业的问题，实际上是制度的问题，只有这样认识传统农业的问题，才比较客观公正。

秦汉时的关中地区，农业繁荣，户口增加，人口密度每平方公里达200人以上，其余地方也有100～200人，而江浙一带的人口密度不到10人，南方大部分地区不到3人。直到隋唐时期，南方已大有开发，北南人口之比才上升到7：3。

除去战争年代以外，在和平时期里，农业的发展也并不完全遵照“三才”思想的教导，常常超越环境负载力而开发，如森林的破坏，从南北朝以后，虽然历代都有公私护林碑的设置，遍布各地，起到一定的制约作用，但森林资源终归是日益减少。宋以后，经济和农业重心南移，南方人口大增，北方也经过长时期的休养生息，农业回升，但北南人口之比，已颠倒成4：6。中华人民共和国成立40余年来，农业全面发展，北南人口之比，仍只3.5：5.5（1993），北方农业环境的退化，显然抑制了人口的增长，这种趋势似乎难以逆转。

江浙一带自唐宋以后，一直是北方政权的粮仓，从隋唐至明清，通过大运河的漕运，不知供应了北方政治中心多少万担的大米，南方的农业生产再也难以支撑了。农书是传统农业的一面镜子，封建社会到了后期，水利失修，自然灾害加重，饥荒频繁，于是徐光启在《农政全书》中专辟“荒政”之部，达18卷之多，几乎占全书篇幅（含图）的1/3。从东汉至清的1800余年间，江浙共发生水旱灾474次。其中明清时期305次，占东汉至清的64.3%。而太湖地区在吴越国的百余年间，只发生水灾一次，南宋的150余年间也只有水灾一两次。围湖造田，在短期里粮食生产大获丰收，从“嘉湖熟，天下足”转到“湖广熟，天下足”，其实是不祥之兆，却常被作为正面成绩歌颂，更是刺激了滥围滥垦。两宋时期太湖被滥围以后，“旱……则民田不占其利，涝则远近泛滥，不得入湖，而民田尽没……”（《宋会要辑稿》食货61之129）“苏、湖、常、秀，昔有水患，今多旱灾，盖出于此”（《宋史·食货志》）。农民没有粮吃，只好寻找野草充饥，《救荒本草》之问世，《农政全书》之设荒政卷，便是客观如实的反映。传统农业依赖人力投入，以增加产出，苛捐杂税跟随紧逼不松，于是围湖造田，开山筑梯田，玉米进山，加重水土流失，如此，成为传统农业不能摆脱困境的怪圈。长江中游以湖泊众多著称，湖北又名千湖之省，不断围湖以后，洞庭湖在19世纪时，面积约6000平方公里，到1949年时，只有4350平方公里，1984年只剩2145平方公里，缩小到原来的35.7%，到90年代，则缩小到1949年的41%。鄱阳湖近40年来也缩小20%。整个长江中下游湖泊面积，在50年代为22 000平方公里，80年代仅剩12 000平方公里，疾减45.5%。无怪乎1998年的洪水并不是历史上最大的，却造成巨大的损失。

五　现代农业与传统农业的比较及展望

现代农业和传统农业的差距，以谷物为例（其他也类似），表现在：田间生产过程中，传统农业以人畜力投入为主，劳动生产率很低。其次是产品的产后加工，传统农业只有初步的加工，现代农业的产后加工非常深入。两者结合，使得传统农业相形见绌。这种差异的根本原因，是现代农业有外源的能量（石油）投入，传统农业则除利用太阳能以外，没有外源能量投入。

一瓶450克的甜玉米罐头，田间生产耗能量为1.9MJ（百万焦耳，下同）加工所耗能量为1.1，包装4.2，运输0.66，分配1.4，零售1.3，进入家庭1.9，共耗能12.46MJ，而人所吃进的450克鲜玉米所含的食物能与加工成450克罐头玉米的食物能，是相等的。农业机械、化肥、农药、包装、销运输等环节的投入越多，能耗越大，换取的生活享受越方便，但最终产生越高的熵增。可是前者能把农民从土地上解放出来，发展其他产业，后者则把农民束缚在土地上，难以发展其他产业。前者带来环境污染等一大堆问题，后者相对而言，问题要少得多，但传统农业不能把农民从农田中解放出来，是根本性的缺点，正是这一点，促使我们向现代化农业迈进。

太阳能是取之不尽用之不竭的，石油能（及煤炭、天然气等）是地球在30亿年之前的森林固定太阳能后，地质变化埋入地下的贮藏能，用一天少一天，到了用完（其实不必等到用完）的一天，恐怕早已越过地球负载力的极限，而出现崩溃，决非危言耸听。现在全世界都在追求美国人的生活方式，美国的人口只占世界人口的6%，她的总能耗却占世界能耗的1/3，美国人夏季3个月消耗的空调电能，等于中国一年的总用电量。而石油是不可再生的，石油危机是美国插足中东伊拉克的根本原因。说到底，石油危机是热力学第二定律即“熵增定律”（最近通俗译为“能趋疲”永恒增长定律），对美国和全人类发出的明确无误的警告。熵增定律被爱丁顿称之为“宇宙至高无上的哲学规律”，爱因斯坦称之为“一切科学的根本法则”。

农业方面，解决这个问题的对策，大致有以下一些方面：

其一是生态农业，或可持续农业的推广实施。在传统农业中，明清时期，苏南浙北和珠江三角洲已经出现生态农业的雏形，与现代的生态农业类似，证明它有很强的生命力。生态农业或可持续农业在强调太阳能循环利用的同时，并不一概反对使用石油，只是把石油的投入降到最低程度，以减少对环境的污染，并尽量恢复使用有机肥料。当然，如果生态农业或可持续农业能够推广应用，是历史的继承和发展，将取得很好的效果。

其二是农业规模经营的鼓励提倡。规模经营的内含，与西方现在的农业没有很大的差别，只不过在经营的规模上不如西方机械化农场那么大，南方提倡规模经营，很像日本的方式，在北方、特别是东北，则类似欧美的方式，仍然是属于石油农业的范畴。现代农业与工业，以及人们的整体生活，都已离不开石油。几千年来的传统农业，都是利用太阳能的经验，别无其他能量投入。而现代农业必须在从种到收的全过程，直至食品进入家庭为止，每一环节都在消耗石油能。美国家庭每消耗1卡[①]食物能，要消耗9.8卡石油能，约1∶10之比，相应的熵值为6300千卡，无效耗散系数高达90%。可持续农业或生态农业主要是针对田间的生产，如果加上产、供、销一条龙，进入家庭为止，仍不能解决全局的问题。

其三是挖掘可以取代石油的另一种可再生能源。途径甚多，如寻找高效的燃料植物，在不宜于农业生产的山地、湿地等，种植短期生长的森林轮作，用作燃料，供室内加热，以及农村小型工业等。目前已发现的这类高能植物已有17种。传统农业中也可找到类似材料。此外，还有沼气（已在生态农业中应用）、风力、水力发电，地热发电，潮汐发电等，现在还只能小规模应用。

其四是研究直接利用太阳能的途径。如太阳能温室、太阳能贮存、太阳能运输、太阳能加工、太阳能制冷等等，降低对石油的依赖程度。由于目前石油供应量还很充沛，抑制了替代再生能源的研究和应用，但是从长远目光看应该未雨绸缪。

可见对传统农业，既不可估价太高，亦不可视为过时无用。特别要认识到，“三才”思想与现代的可持续农业或生态农业，或无污染农业，是一脉相通的。在精神境界上回到“苟得其养，无物不长；苟失其养，无物不消”以及像印第安人那样热爱自然、与自然浑然一体的感情，克服贪婪无餍的欲望，是不朽的真理，今后需要大声疾呼，大力提倡。决不要盲目追求把农业人口压缩到总人口的10%以下的西方道路，这是一条既脱离中国实际、又走不通的胡同。

研究中国农学史的目的，一方面是从理论上总结、借鉴过去，展望未来；另一方面，也要根据现实情况、现实问题，研究分析传统农业的成就和问题，而且研究的视野，不

---

① 1卡=4.1840焦耳。

能就农学论农学，就中国论中国，而是要放在世界范围的视野上，进行反思和研究。这个工作将随着研究的进展而逐步开展、深入。从《中国农学史》（初稿）（1959，1984）到《中国农业科学技术史稿》（1989），到《中国科学技术史·农学卷》（2000）的陆续出版过程来看，40余年来，农史界的同仁是在一步一步踏实地前进。

于杭州华家池之蜗居

游修龄

1999.1.28.

目　录

第一篇　先秦时代的农学

第三篇　隋唐宋元时期的农学

导　言

本书的“导言”是简要介绍全书最主要内容，揭示主题思想，以及论述与之有关诸问题，以引导读者去阅读全书。

首先谈谈有关本书的写作指导思想，主要有如下几点：（1）农业科学原理大多是在农业技术发展过程中形成的，而它反过来又进一步推动农业技术向前发展。所以，我们不仅要讨论农业科学理论和思想，也要记述与农业科学理论和思想相关的生产技术。农学是一门应用性很强的学科，反映在中国古代农书内容中，大多缺少系统的理论。有关原则、原理往往分散于书中各章节、段落，甚至文句中。所以，传统农学理论和技术在许多情况下难以严格区分。农学理论终究不同于具体操作方法与技能的技术，在多年生产实践的基础上，确已逐步形成可用来指导农业操作的原理与知识体系。（2）农业是中国古代社会，也是世界各国各地区古代社会的重要生产要素。因此，农学比起有的自然科学来与社会的关系更为密切，更大程度上受到社会经济、政治和文化条件的制约。因此，必须把中国传统农学的发展放到既定的历史背景里加以考察分析，才能看到它的发展脉络、水平和历史作用。在本书中，农学发展与社会背景将为写作重点之一。（3）古代有些知识分子——“士”，或出于安国治民之需要，或出于扶贫济困之心，或出于个人的爱好，把历代农民的农业经验，加以总结，形成文字，就成了农书。农书不仅是农学的载体，它还反映了作者对农学的看法，和其自身的发展规律。仅把它作为主要的资料来源处理是不够的，还须把它作为农学的重要组成部分来进行研究和叙述。（4）中国是个多民族国家，历史上的农业科学技术成就是各民族共同创造的。与此同时，汉族作为中国的主体民族，很早就对国内和国外各民族的农业科学技术采取“拿来主义”态度，善于吸收利用以促进自己农业生产的发展。（5）中国古代虽然没有形成建立在科学实验基础上的农业科学，但确已具备自成体系独具特色的中国传统农学。它虽然缺乏精确与严谨，但视其作用与影响而言，中国农学史又是世界农学史中必不可或缺的一个组成部分。无疑，这些在本书中将有所反映。下面分三章简要论述中国传统农学的内涵、发展阶段和特点以及中国古农书之农学和社会等问题。

一　中国传统农学的内涵、发展阶段和特点

（一）中国传统农学的内涵

科学是关于自然、社会和思维的知识体系，是实践经验的结晶。关于科学的区分，“就是根据科学对象所具有的特殊矛盾性。因此，对于某一现象的领域所特有的某一种矛盾的研究，就构成了某一科学的对象”①。所以，农业科学应是人们对于农业生产中有关

---

① 毛泽东，矛盾论，毛泽东选集（第一卷），人民出版社，1968年，第284页。

事物与自然现象的性质、特点及其相互联系的规律性的认识。它以经验知识的形态，存在于世世代代农民的思想中，再经过知识分子的总结提高，并用文字的形式加以记述，就成为农学著作。农业科学与农业技术密不可分而又有所区别。农业技术与农业的发生是同步的；它在生产过程中可以直接表现为物的形态存在，或在生产过程中表现为一种方法程序。农业科学作为一种知识形态，在人类初始的农业生产中只有科学知识的某些因素和萌芽，是不系统、不完善的，随着生产技术的发展，才逐渐形成了完整和科学的知识体系。

农史研究者一般把农业划分为原始农业、传统农业和现代农业等不同的历史形态。原始农业阶段的生产工具和技术是使用木、石农具，刀耕火种，撂荒耕作制；传统农业以使用畜力牵引或人工操作的金属农具为标志，铁犁牛耕为其典型形态。生产技术建立在直观经验基础上，即生产者通过感性直观达到了农作物和畜禽生长特性与自然环境条件各种关系的表面认识，并摸索创造了各种技术手段和技术方法；现代农业阶段的生产技术和方法的特点，则是建立在科学理论和科学实验基础上的。不论是中国，还是世界其他国家和地区，一般在传统农业阶段已出现建立在直观经验基础上的较系统的农学知识体系。专门农学著作的问世即可视为其标志。

从考古出土资料看，中国农业已有上万年的历史，有文字可考的历史已有5000年，但直到战国时期（公元前475～前221年）才进入传统农业阶段，出现了最早研究农业生产理论和实践的农学著作，如《汉书·艺文志》有《神农》、《野老》等。现仅存于世的《吕氏春秋》“上农”、“任地”、“辩土”、“审时”四篇，则不失为有一定系统性的农学论文。

从战国到19世纪中期以前的二千余年中，中国出现了数百种农书。它们所总结记述的内容是探讨中国传统农学内涵的最佳文献，此外在历代的各类政书及各地方志中也不乏有参考价值的资料。

《吕氏春秋》中的四篇农学论文，《上农》是论述农业生产政策措施对于政治的重要性，后三篇都是总结农业生产技术的。《任地》主要指出土壤耕作的原则和方法，带有总论性质；《辩土》承接它论述了土壤耕作和作物栽培的具体技术方法；《审时》则主要说明适时播种同作物产量与品质的关系。显然，它虽只重点讨论了农学中的一小部分内容，但却抓住了农业生产技术的重要环节。汉代出现了《氾胜之书》、《四民月令》之类的综合性农书，还有关于畜牧、蚕桑、园艺、种树、养鱼等的专著或专篇。它们是汉代农业生产和农业科学技术全面发展的产物。从残存的《氾胜之书》和《四民月令》内容看，前者有关于种植业方面的资料，不仅研究总结了作物栽培的综合因素，还针对不同作物的特性和要求，提出了不同的栽培方法和措施。后者每月的农业生产安排有耕地、催芽、播种、分栽、耘锄、收获、储藏以及果树、林木，甚至涉及牧业、副业等方面，但二者对生产技术记述很简单，更缺少理论上的说明。从上述两书尚难看出中国传统农学的完整内涵。

北魏贾思勰撰著的《齐民要术》，是中国现存的一部最早、最完整的农书。它比较系统精密地总结了公元6世纪以前中国黄河流域中下游地区旱地农业生产技术方面所积累的大量知识。国内外农史学家公认它是中国古代农学著作的杰出代表，对其后中国农学的发展影响很大。无疑，它的农学内涵可反映出中国传统农学内涵的一般状况。《齐民要术》一书，作者从“农本”观念出发，广泛摘引前代圣君名贤、宰辅重臣重视农业生产取得成就的典故，借以说明农业的重要性，及其写书“教民”的用意的“序”，关于全书的内容和范围贾思勰在“序”中曾说：“起自耕农，终于醯醢，资生之业，靡不毕书；”又说：“花草之流，可以悦目，徒有春花，而无秋实，匹诸浮伪，盖不足存。”《齐民要术》全书具体内容忠实贯彻了这一指导思想。所记述的农学内容以种植业为主，兼及蚕桑、林业、畜牧、养鱼、农副产品储藏加工等各个方面。而在种植业方面，又以粮食作物为主，兼及纤维作物，油料作物、染料作物、饲料作物、园艺作物等，显然属“广义农业”范围。同时，全书贯穿了以下主要精神：一是“宁可少好，不可多恶”的集约利用土地思想；二是强调认识遵循客观规律前提下充分发挥人的主观能动作用，如怎样按照不同季节、气候，不同土壤特性来进行不同作物的布局、栽培和管理，以达到提高生产的目的等。

继《齐民要术》之后，现存的几部综合性大农书《农桑辑要》、《王祯农书》、《农政全书》、《授时通考》，以及农家月令体裁农书《四时纂要》、《农桑衣食撮要》、《便民图纂》，甚至地方性农书，如《陈旉农书》、《沈氏农书》、《补农书》、《知本提纲·农则》等的农学内容，基本上都继承《齐民要术》。尽管古代农业生产发展缓慢，反映在农学上也少有较大的突破，不过，时代终究在前进着，农业生产和农业技术总还是有所发展和提高，所以各书也大都多少能反映出时代的特点与成就。如中国饮茶的风尚，到唐代已风行全国，因而《四时纂要》中出现了关于茶的种植技术记述，其它如菌子、苜蓿和麦的间作，以及不少兽医方剂也是以前农书中所没有的。南宋初的《陈旉农书》反映的主要是长江下游地区的农业生产，书中对水田作业论述相当精要具体，特别是秧田、耕耨等项。中卷的“牛说”专谈水田地区耕畜水牛的饲养、医治，把牛看成事关农业根本，衣食财用所出的关键之一，这在农书中是首创。成书于元初的《农桑辑要》其内容虽主要是辑录前代文献，但对于引入中原不久的作物或是当时较为特异的农业技艺，如苎麻、棉花、西瓜、胡萝卜、茼蒿、人苋、莙荙、甘蔗、养蜂等很重视，并注明是“新添”。蚕桑在书中占有特别重要地位，不仅篇幅多，反映在书名上“农桑”并举也是以前所没有的。《王祯农书》第一次兼论了南北农业技术，对“耕垦”、“耙耢”、“农具”、“蚕桑”等有多处对比南北的异宜。书中记述的20门类农器和一百余幅插图，是以前综合性大型农书中所没有的，反映出宋、元时期中国农具已发展至成熟阶段。书中编绘的“授时指掌活法之图”、“地利图”及标识“各地土壤异宜图”（已佚）也是农学上的新发展。明代的《农政全书》是集中国传统农学之大成的一部著作，在农学上的新进展包括多方面：一是首次系统地论述了屯垦、水利、备荒三项农政方面的措施。二是书中除汇集了前人积累的科学技术知识外，还吸收了传教士带来的西方农学，如“泰西水法”。三是第一次将“数象之学”应用于农学研究上，为农学研究指导思想和方法上的一大突破。清代乾隆年间编纂的《授时通考》主要是此前农学资料的汇编，在农学上没有什么创新，不过它却汇集保存了大量宝贵的历史资料，是中国古农书征引历史文献最多者。

从类型众多的专业性农书上也可看出中国古代农学内容之丰富。如有以农家占候和耕作技术为中心，包括农田灌溉、土壤、肥料在内的天时、耕作专著；许多以各种花草及延伸到一些果木、蔬菜、竹、茶等经济作物和谷类作物，少许有关水产、农具为研究对象的“谱录”；此外，还有蚕桑专书、畜牧兽医书籍、野菜专著、治蝗书等。专业性农书在一定程度上不仅补充扩大了综合性农书的研究范围，而且对农学某些专门方面的研究更加深入了。

（二）中国传统农学发展阶段的划分

研究中国历史首先必须要明确地划分社会发展的诸阶段，给历史画出基本的轮廓来，然后才能进行各个方面的研究。作为历史科学组成之一的农学史也必须这样做。中国农学史有其自身内在的发展规律，它的发生发展虽与社会经济、政治、文化的变化相联系，但与中国通史的分期，并不完全一致。目前，已出版的中国农学史、农业经济史和农业科学技术史等著作大致不外乎采取两种办法：一是依照中国历史朝代划分阶段；另一是按学科自身发展的情况进行划分。中国农学史如采用前者虽然可以将历史上的中国农学发展成就加以论述，但难以反映出农学发展的阶段性，并从而揭示出各发展阶段的性质、特征和水平。因此，我们采用后一办法。关于中国农学史的分期的标准，我们还认为首先应从农业技术总的特征和技术体系完善的程度来考虑①。农业技术总的特征应是反映人们对和农业生产有关系的自然界现象和事物认识的广度和深度，有着由低级到高级，由现象和表面到本质和规律的发展过程，而技术体系总的特征更表现为人类认识的水平，即农业科学知识的成就上。而每一个阶段农学发展的水平和总体特征主要反映在农学的载体——农书内容和结构之中。其次必须参考中国通史和其他自然科学史发展阶段的划分，本书则将中国农学的发展划分为以下几个阶段：

1. 中国农学的萌芽和形成阶段——先秦时期

根据考古学资料推测，中国有上万年左右的农业历史，在公元前二千多年的虞夏之际，中国已出现了金属工具，商代开始用铜鑁开垦荒地、挖除草根，周代中耕农具“钱”（铲）和“镈”（锄）、收割农具镰和“铚”也开始用青铜制作。自此原始农业开始逐步向传统农业阶段过渡。不过，一直到春秋时期（公元前770～前476年），中国农业仍保留了从原始农业脱胎而来的明显印痕，即农业工具木质耒耜等仍广泛使用。商、周时期的农业技术体系是以农业农田沟洫，即“畎亩”制为核心，作物条播于“亩”上（“畎”为亩间小沟），休闲制代替了撂荒制，两人为一组实行简单协作的耦耕是普遍实行的劳动方式；粮食作物种类已形成“五谷”、“九谷”的概念，家畜则有“六畜”，蚕桑生产已遍及黄河中下游地区，其他如土壤改良、作物布局、良种选育、农时掌握、除虫除草等技术都初步发展。精耕细作的萌芽已出现。

以铁犁牛耕为典型形态的传统农业真正的到来是在战国期。战国中期，铁农业在黄河中下游地区已较普遍，休闲制开始向连种制过渡，“深耕”、“熟耰”的土地耕作逐渐普遍，重视“多粪肥田”，强调良种和提出良种标准，以及对“农时”、“地宜”认识的深入，农业害虫多种防治方法的出现等，说明农业生产精耕细作技术体系开始形成。这时期重农思想开始系统化，并出现了专门研究农业政策和农学知识的团体——“农家”学派，如以无为并耕相标谤的许行、陈相等可称得上是中国最早的农学家。战国末《吕氏春秋》中的“任地”、“辩土”、“审时”三篇大体构成了一个整体，主要研究和总结了作物栽培的综合因素，涉及水旱地利用，盐碱土改良、耕作保墒、防除杂草、株行距、植株健壮、产

① 冯有权，农业科学技术史研究工作中的几个重要问题，中国农史，1980，第1期。

量和出米率、品质等，包含了许多精耕细作的农业技术内容，带有总论性质。像这样集中阐述农耕的概论性论文，不仅在先秦古籍中少见，即使以后的农书和其它书籍中也极为难得。可以说它们奠定了中国传统农学的基础。

2. 中国农学的发展与成熟阶段——秦汉魏晋南北朝时期

黄河流域仍是当时农业最先进的地区，除粮食作物外，经济作物、园圃业、林业、畜牧业、蚕桑业和渔业都获得长足进步。在农学上，中国传统农具的许多重大发明创造，如耦犁、耙、耢、耧车、飏扇以及使用畜力、水力的谷物加工工具碓和转磨，还有新式提水灌溉农具翻车等都出现于这个时期。牛耕在西汉中期以后已普及开来，逐步推向全国。北方旱地农业精耕细作技术体系已经形成，主要表现在种植制度方面，到魏晋南北朝时已形成丰富多样的轮作倒茬方式。技术方面，以防旱保墒为中心，形成耕—耙—耢—压—锄相结合的耕作体系，以及出现了“代田法”和“区田法”等特殊的抗旱丰产方法；施肥改土更受到重视；穗选法和类似现代混合选种法等选种技术先后发明，并培育出许多适应不同栽培条件的品种等。这一时期的南方水田地区的农业生产和技术，总的说还落后于北方，不过，正酝酿着巨大的跃进。

农学的载体——农书，这一时期发展至成熟阶段。首先是数量增加较多，从前一时期的几种一下增加到30多种。其次，农书主要类型已经出现，既有综合性农书，也有专业性农书。专业性农书的覆盖面已及畜牧、蚕桑、园艺、养鱼、天时和耕作等。《氾胜之书》、《四民月令》和《齐民要术》等有代表性的高水平农书，内容主要记述的仍是黄河中下游地区的旱地农业的生产知识。

3. 中国农学的全面发展阶段——隋唐宋元时期

中国传统农业在全国更大范围内得到蓬勃发展，尤以南方长江下游地区为突出。晚唐时，南方水田已普遍使用先进的曲辕犁（又叫“江东犁”）；元代发明了中耕的耘荡（后又称为耥），加上已有的整地工具耙、耖，于是形成了耕—耙—耖—耘—耥相结合的水田耕作体系；加上秧田移栽、烤田、排灌、水旱轮作稻麦两熟复种制的逐渐普及，以及讲究的积肥和用肥，作物地方品种的大量涌现等技术成就，标志着完全不同于北方旱地农业的南方水田精耕细作技术体系已经形成和成熟。农业生产结构在唐宋时期发生大规模变化：稻、麦替代粟的传统地位而上升为最主要的粮食作物；纤维作物中苎麻地位上升超过大麻；棉花传入长江流域；油料作物更多样化，除芝麻外，芸苔也由蔬菜转向油用，大豆用于榨油的记载始见于宋代；甘蔗和茶的种植已发展为农业生产的重要部门；园艺业有很大发展，蔬菜和果树种类大大增加，花卉栽培十分兴盛；蚕桑业重心自唐中期以后，也由黄河中游逐步转移到江南；畜牧业的农牧分区格局仍维持着，在农耕区，民间作为副业饲养少量猪、羊和家禽成为主要形式，牧区也有某些变化，如东北和蒙古草原以牧为主的地区种植业比重有所增加；渔业也有很大进展，青、草、鲢、鳙“四大家鱼”的养殖以及将野生鲫鱼培育成观赏金鱼都出现于这一时期。

隋唐宋元时期的农学著作数量空前增多，为前一千多年农书总和的4.5倍以上。其次，综合农书从体系到内容继续有发展，专业性农书新出现了蚕桑、茶、花卉、果树、蔬菜、农具、作物品种等方面的专著。它们数量最大，占这一时期农书总数的一大半。反映出农学的分科研究在这一时期，特别是宋元以来就十分发达。再就是在唐代以前，中国农书的内容绝大多数是写黄河流域中下游旱地农业生产知识的，而这时期则出现了不少反映长江流域及其以南农业生产知识或南北兼顾的各类农书。现存《四时纂要》、《陈旉农书》、《农桑辑要》、《王祯农书》、《农桑衣食撮要》，还有《茶经》（陆羽）、《蚕书》（秦观）、《司牧安骥集》、《橘录》、《荔枝谱》、《洛阳牡丹记》、《洛阳花木记》、《耒耜经》、《菌谱》、《糖霜谱》等都是具有代表性和开创性的重要著作

4. 中国农学的继续深入发展阶段——明清时期

这一时期农业技术的总特征是，人们千方百计开辟新耕地，引进和扩种高产的新作物以及依靠精耕细作传统来提高土地利用率和单位面积产量。其中尤以依靠精耕细作提高单位面积产量的潜力为主，由此围绕着多熟种植，大量适应各地栽培的品种被培育出来；施肥量需求更大，由施用自然肥料、农家肥到施用商品性的饼肥；耕作要求比以前更高，从而出现了特重大犁和套耕等方法；治虫受到从未有过的重视；栽培管理也更精细。“粪多力勤”是这一时期精耕细作技术体系的最简炼概括。南方珠江三角洲和长江三角洲某些地方出现的堤塘综合利用，在土地利用技术上意义最为深远，它是现今提倡的所谓“立体农业”或“生态农业”的先河。以上说明中国传统农学继续在向深入方面发展。它虽然达到了传统农业的顶峰，但与建立在实验科学基础上的近代农学相比，其局限性是显然的。

这一时期，中国农书的数量和种类是历史上最多的，由于时间距今较近，是以现存的也最多。专业性农书不仅数量大，种类又有所增多，如新出现了野菜专著和治蝗书。随着分科研究的更加深入，谱录类农书中又新出现了一系列只对某种作物（或动物）进行特定研究和阐述的专著。以前已有各类专业性农书中，蚕桑专著的增加突出。此外，具有较强地区特点的地方性农书广泛出现，气象和水产专书数量也比以前有所增加。明清时期农学继续发展还表现在农书的内容、质量有较多新进展。如明代大大型综合性农书《农政全书》第一次将“荒政”列为重要内容之一，且篇幅占十八卷，为全书的1/6。其次，文献资料收集引用量比以前更多，《农政全书》达250余种，清代《授时通考》则多达420余种；一些地方性农书收集资料也很多，如《江南催耕课稻编》（1834）收集历代有关早稻的文献资料，仅早稻品种就收集了南方9省81府州县的数百个之多。再就是这一时期的各类农书，包括向来视为浮文饰词较多的花卉著作，尤其是对实用操作技术记述之丰富、覆盖面之广都超过前代。有的农书中还出现了近代农学的萌芽，如采纳收录了西方农学著作的内容，提出生产技术措施中的数量关系，认识到品种培育选择上的杂交优势，认为农产量与环境条件有相关性等。另一方面也应看到，这一时期的西方近代农学开始出现并兴起，而中国传统农学则始终停留在感性认识阶段上，因缺少实验科学的生物学而无法提高。西方近代农学，明末虽已零星传入中国，但只有到清末“甲午战争”（1894～1895）后和20世纪初，才开始大量引进，真正形成中西农学交汇的形势。明清时期比较重要且有学术价值的农学著作比较多，突出者有《农政全书》、《天工开物·乃粒》、《便民图纂》、《沈氏农书》和《补农书》、《知本提纲·农则》、《三农纪》、《元亨疗马集》、《学圃杂疏》、《花镜》、《吴兴蚕书》、《广蚕桑说辑补》、《闽中海错疏》等。

（三）中国传统农学的特点

中国传统农学在发展过程中，形成了以下的特点：

1. 中国传统农学成熟早，富有生命力

两千多年前，中国农业科学技术已有丰富积累，形成了系统的知识，农学著作的开始出现便是有力的证明。公元6世纪《齐民要术》中总结的旱地农业生产技术体系，日本熊代幸雄认为是中国北方“旱农的经验原理”的“定型化”，而且“这一经验原理与现代旱农的科学原理已十分接近”[①]。有力地说明了中国农学的早熟性。我们还可以说，现在中国农村中主要的耕作制度、耕作方法、栽种技术、农业工具以及主要农作物种类和布局，有很多早在一二千年前，或至少是在几百年前形成的，后人只是加以继承发展，逐渐成熟完善而已。例如因地制宜、多种经营、地力常新壮等农学思想；精耕细作、合理种植的优良传统和轮作、间作、套种、多熟种植等耕作制，都是早在战国、秦、汉时期开始形成，到宋、元之际成熟，而今仍在农业生产中被采用。农具更是如此，铁犁发明于春秋战国，定型于汉代，成熟于唐宋，耧车发明于西汉，铁锄、铁耙和铁镰出现于战国，石圆盘出现于战国，踏碓和水碓发明于汉代，扬谷的风扇车和灌溉用的水车也发明于汉代等等，它们几乎仍是中国现代许多地区农村中所使用的主要农具。为什么中国农业科学技术成熟早而且至今具有生命力呢？主要原因是中国的先民很早就对制约农业生产的自然条件之客观规律有了深刻的认识，只要前人对这种规律的认识越深刻，而产生客观规律的自然条件变化又不大，后人就越难以超越，它的生命力也就越强。

2. 中国传统农学重点是种植业

中国传统农学全面发展，农、林、牧、副、渔等方面均取得了巨大成就，但重点仍是有关种植业，特别是对粮食种植的系统认识。中国古代劳动人民为了生存和生活得好些，在农业生产中除胼手胝足，辛勤耕耘外，还充分发挥聪明才智不断提高生产技艺，因而中国传统农业科学技术，在大田生产和林、牧、副、渔方面均取得重大成就，令世人瞩目。以最重要的农具耕犁来说，中国传统耕犁又称“框型犁”。犁体由床、柱、柄、辕等部分构成，呈框形，操作时犁身可以摆动，富有机动性，便于调整耕深耕幅，且轻巧柔便，利于回转周旋，所使用曲面犁壁不仅碎土好，还可起垄作垡进行条播。它比古代东西方不少地区和国家的耕犁都先进。为了做到掌握好农时，中国于2000年前所独创的二十四节气制，不仅至今民间必用，且推广到了朝鲜、日本、越南等国家。中国世世代代的农民，还在充分利用土地上创造了值得赞叹的业绩，美国育种学家布劳格(N. E. Borlaug)认为中国人创造了世界上已知的最惊人的变革的之一就是“遍及全国的两熟和三熟栽培”[①]。中国农民自古以来对土壤一向采取主动态度，想方设法去改良和维持它的肥力，在生产实践中逐渐形成了一套把土壤耕作、作物轮作和施肥等措施加以综合运用的方法，从而使中国的农田使用了几千年而没有衰败。近百年来到中国的欧洲人对这一事实很是惊异。中国的农作物品种以及各地的优良家畜家禽种类之多，品种资源之丰富，也受到世界有关人士的重视。如两千多年前已利用异种间的有性杂交方法培育新畜种是家畜育种技术的重大成就，阉割术的发明，是畜牧兽医科学技术史上的一件大事，日本学者认为世界上马的阉割当以中国为最早。世界上各地养蚕、栽桑的技术大都与中国有直接或间接的传播关系。在园艺栽培中，中国很早就采用了复种、连作、套种等技术措施；果树和经济林木的繁育很早就采用了嫁接技术，元代农书已总结出六种“缚接法”，唐宋时

---

① 董恺忱，从世界看我国传统农业的历史成就，农业考古，1983，(2)。

期采用嫁接法培育出的花卉品种之多为当世所罕见；还有一些为中国发明最早或特有的园艺科技，如汉代已发明温室用于北方冬季栽培蔬菜，宋代已发明黄化栽培技术等。总之，中国农学的成就是很多的，以上只是略举数端而已。

3. 精耕细作技术体系是中国传统农学最主要的特点

中国古代农业科技知识体系经过上万年的积累，逐渐充实、改进、提高而臻于完备。精耕细作技术体系则开始形成和完备于铁犁牛耕出现与发展的传统农业阶段。传统农业阶段在西方大致从希腊、罗马时期开始，迄至17世纪初，在中国则发端于战国时期，而截至19世纪末20世纪初。“精耕细作”一词是近代人对中国传统农业精华的一个概括，指的是一个综合的技术体系，而不是单项技术，甚至不是局限于种植业，其基本精神也贯彻于畜牧、桑蚕、养鱼、林木生产等领域，尤以在大田和园艺生产中更为突出。中国在古代世界拥有比较先进的铁农具和生产积极性较高的个体农民的高超生产技能是精耕细作技术体系得以形成和发展的前提条件。来自对制约农业生产的自然条件客观规律的深刻认识，尤其是对农业生产有关的三个基本因素，即天、地、人三者关系的认识则是精耕细作技术体系形成和发展的主要指导思想。随着中国人口日益增多，平均耕地日益减少的趋向，又不断推动精耕细作技术向更为完善的方向发展。

精耕细作技术体系的内涵，从种植业看主要有下列方面：首先是从土壤整治、田间管理到收获的全部技术措施的实施表现出精耕细作。如土壤耕作，从《吕氏春秋》的“任地”和“辩土”到《氾胜之书》、《齐民要术》对北方土地耕作技术在不断探索总结，随着南方农业的发展，《陈旉农书》、《沈氏农书》等也对江南水田耕作的愈益精细的情况重点作了总结和记述。至于氾胜之总结的抗旱夺丰收，以深耕作区，集中水肥精细管理为核心的“区田法”；明代耿荫楼提出的重点使用人力、物力，每年在一部分土地上进行精耕细作的“亲田法”，都是在不同的条件下实行精耕细作的特殊方式。其次，多熟种植，包括各种方式的轮作复种和间作套种，其主要作用是充分利用土地，同时又可抑制杂草和病虫害的发生。三是用地与养地结合，使土壤久种不衰。实行休闲制，让土壤自已恢复肥力的原始方法，战国时期许多地区已经不使用，主要是通过施用肥料、精耕细作和种植绿肥、禾谷类作物与豆科作物轮作以及秸秆回田等来维持土地肥力使之久种不衰。四是重视品种和良种选育，“种”是作物本身实现增加产量的内因。中国古代农民很早就注意选育和使用良种，既有在古代世界比较先进的育种方法，同时培育出了大量和优良著名的品种。五是注意农业内部所创能量的循环利用，包含两个方面：一方面，粮食作物的产品除了被人和家畜吸收的部分，余下的未经充分利用，大多变成人畜粪便，这就是用之不竭的有机肥料主要来源，中国自古以来就重视将这类有机物返还土地。另一方面，农业作为一个生态系统，内部存在着循环的能量网，食物链。中国传统农业技术比较充分地利用了农业内部的物质能量循环，如明代太湖流域农业生产中出现的池塘养鱼、塘泥肥桑等互养关系，以及广东珠江三角洲“果基鱼塘”、“桑基鱼塘”的循环利用等。

4. 有着具有特色的农学思想

中国传统农业科学技术虽建立于直观基础上，但并非局限于单纯经验范围，而是比较早就开始形成了具有特色的农学思想，最具代表性和突出的是“三才”理论与集约经营思想。

“三才”是指天、地、人。农业生产中的“三才”理论的明确表述始见于《吕氏春秋

·审时》篇："夫稼，为之者人也，生之者地也，养之者天也。""稼"，是农作物，又是农业生产对象；"天"和"地"，是指自然界的气候、土壤和地形等，为农业生产的环境因素；"人"则是农业生产的主体。这一表述，接触到了农业是农业生物、自然环境和人构成的相互依存、相互制约的生态系统和经济系统这一本质问题。"三才"理论比较符合农业的本性和能充分发挥人在农业生产中的能动作用。所以，它成为中国农业生产的核心指导思想、历代农学著作的主要立论依据。

由于在不同历史阶段，生产水平和技术水平的不同，人们对天、地、人三因素的认识和处理也不完全一样。大致在先秦时期，三因素中"天"的因素是最早为人们所认识和重视的。所以，战国诸子著作中屡见"不夺农时"、"不违农时"的提法，《吕氏春秋·上农》篇阐述农业政策时，则突出农时的重要性，强调要以政治措施来保证农民及时从事农业生产。从魏晋南北朝到元代的农书，虽然仍以天时、地利和人力相互影响共同作用的原则为指导来分析农业生产中的实际情况，但天时所受到的关注程度已不如地利，而处于第二位了。如《齐民要术》把"耕田"列为第一卷第一篇，却无专篇讨论天时。《陈旉农书》将"天时之宜"列为第四篇，将"地势之宜"和"耕耨之宜"却置于其前。到明、清时期，三因素中"人"的主观能动作用则被强调到过去从来没有的高度。反映于农学著作之中，不论是综合性大型农书，还是地方性小农书；不论是侧重论述农业生产原理的，抑或是着意于记述具体生产技术的，都体现了这一精神。

同时由"三才"思想发展产生出来的因时、因地、因物"制宜"原则以及"地力常新壮"，和废物利用物质循环等农学思想也都具有中国特色，至今仍具有启迪和现实意义。

战国时期，随着精耕细作的开始形成，集约经营思想也开始出现。战国初，李悝在魏国实行"尽地力之教"，把"勤谨治田"，提高单位面积产量放在首位。到战国末《吕氏春秋·上农》篇中已说："量力不足，不敢渠（扩大）地而耕，"人们已认识到多投入劳动是提高单位面积产量的重要措施，因此必须根据劳动力情况安排生产，以免浪费人力、土地等的投入。以后从贾思勰、陈旉到明、清时的农学家，无不在其著作中强调集约经营，少种多收，而反对粗放经营、广种薄收。如明末《沈氏农书》引老农的话说："三担也是田，二担也是田，担五也是田，多种不如少种好，又省力气又省田。"在集约经营思想指导下，提高土地利用率和单位面积产量成为中国传统农业的主攻方向。从而使中国古代农业的土地生产率达到了古代世界的最高水平。此外，"趋利避害"的扬长避短发挥优势、"工欲善其事，必先利其器"和节用备荒，预先规划等也是中国传统的重要农业经营思想。中国传统农业所以取得比较大的成就，比较稳定而没有出现过中断的情况，与有正确的农学指导思想是分不开的。

5. 中国传统农学从总体上说是技术见长，而基础科学则处于从属地位

如土壤学、生物学知识都与耕作、栽培技术结合为一体，处于从属地位。直到中国近代农业科学建立以前，它们都没有独立出来。春秋、战国是中国历史上第一次出现的对以前学术进行全面总结的时代。出现了诸子百家。各学派进行学术争鸣时，往往运用大量自然科学知识来构建自己的政治学说和哲学理论，风气所及，人们对基础自然科学和科学理论的研究也很感兴趣。这时不仅出现了中国的主要农学理论，而且像土壤学和地植物学的研究也受到重视，并出现了专门论著，如前者有《尚书》中的"禹贡"篇，后者则有《管子》中的"地员"篇。这两篇著作对土壤的性质和分类以及土壤与生物的关系的认识成就已相当高。可惜，此后直到明、清，它们再也没有得到发展。又如中国古代对植物的雌雄性早就有认识，称雄麻为“枲”，雌大麻为“苴”；《齐民要术》还称雄大麻的花粉为“勃”，说雌大麻要有雄大麻“放勃”才能结实。但直至清代中国仍没有植物受精的概念，对于雌雄同株同花的授精作用也一直不见记述。生物学是农学的基础，没有生物学的领先，农业技术的创造改进只能停留在感性阶段。

6. 古农书丰富

中国传统农学的载体——古农书以源远流长，数量大、种类多，内容丰富、深刻而著称于世。详见下一节论述。

二　中国古代农书概述

中国传统农学的载体——古农书，是中国传统农学的重要组成部分，有其自身发展的历史和特点。在没有文字记载的洪荒远古时代，原始农业生产知识靠人们世代口传身授而流传。到战国时期终于出现了最早的农学著作。自《汉书·艺文志》始，中国历代公私图书目录都设有“农家”一类。农书目录作为独立专目出现则是近六七十年的事。从战国到清末鸦片战争（1840～1842）前后两千多年中，中国的农书以数量多，内容丰富深刻而著称于世。

中国古代图书分类在很长时期内没有统一标准，因而有许多应当算作农书的著作并没有被收录入“农家”类；另一方面，一些不相干的书却又被列入了。清代《四库全书总目》的编纂者就已指出，以前许多书目“农家”类中收录的书十分复杂，“大抵辗转旁牵，因耕而及相牛经，因相牛经及相马经、相鹤经、鹰经、蟹录，至于相贝经，而香谱，钱谱相随入矣。因五谷而及圃史，因圃史而及竹谱、荔枝谱、橘谱，至于梅谱、菊谱，而《唐昌玉蕊辨证》、《扬州琼花谱》相随入矣。因蚕桑而及茶经，因茶经及酒史、糖霜谱，至于蔬食谱，而《易牙遗意》、《饮膳正要》相随入矣”。可是《四库全书》的编纂者矫枉过正，又将“农家”类的范围划得过分狭窄，基本上以农桑为限，把许多本属“农家”类的书排除于外，不予以收录。其实有些情况是值得注意的，如原来并不是作为农书编写，或是另一种性质著作的组成部分，最早有《管子》中的《地员》篇，《吕氏春秋》中的《上农》、《任地》等四篇。以后有不少关于茶、果树和花卉的著作，其内容有的主要记述它们的品评和享用，但也有许多内容属农业生产知识范围，如《全芳备祖》、《群芳谱》等。又有些书只是前代文献的辑录，如《农桑辑要》、《授时通考》等。还有些地方志，除记述物产外，也涉及农业栽培技术，如《抚郡农产考略》等。无疑它们都应被划入农学著作范围内。

中国古代的农书范围究竟如何划分？农史学家王毓瑚和石声汉曾给它们划定了这样一个界限：以讲述广义的农业生产技术以及与农业生产直接有关的知识著作为限。即以生产谷物、蔬菜、油料、纤维、某些特种作物（如茶叶、染料、药材）、果树、蚕桑、畜牧兽医、林木、花卉等为主题的书和篇章。这个“界限”得到很多农史工作者的承认。至于中国古代农学著作的数量，王毓瑚《中国农学书录》（1957年初版，1964年修订版）著录了542种，其中包括佚书200多种。1959年北京图书馆主编的《中国古农书联合目录》著录现存和已佚的农书共计643种。1975年日本学者天野元之助撰著的《中国古农书考》共计评考了现存 243 种农书，所附索引开列的农书和有关书籍名目约有 600 种。中国文明悠久，古籍浩如烟海，各省、市、县图书馆和私人藏书不胜统计，未被以上三书著录的农书肯定还有。近年有学者仅对明、清两代的农书进行较深入的调查后，认为明、清农书约有 830 多种（其中大多为清代后期的），未被《中国农学书录》和《中国古农书考》收录的有 500 种以上，其中包括现存的约 390 种，存亡未卜的约 100 余种①。所以，真正要把中国古农书的数量摸清楚是很困难的。

（一）中国古代农书的分类

为了便于使用和研究，把中国古代几百种形形式式的农书按照一定的原则进行归类分析的工作，王毓瑚在这方面作出了重大贡献，他在《关于中国农书》中按照农书内容性质将之归纳分为 9 个系统：综合性的农书、关于天时及耕作的专著、各种专谱、蚕桑专书、兽医专书、野菜专著、治蝗书、农家月全书、通书性质的农书②。这一系统分类，基本符合中国传统农业生产和农业科技发展的状况。

中国古农书从分类内容性质看，最基本的分类是“综合性”和“专业性”两大系统。综合性农书的内容与广义农业生产是一致的，即以生产谷物、蔬菜、油料、纤维、某些特种作物（如茶叶、染料、药材）、果树、蚕桑、畜牧、林木、花卉、农产品加工等为主题，包括了这些方面的全部或部分。专业性农书的内容则就以上门类中选取一二项为主题。二者下面又可分为若干类型。

1. 综合性农书

它是中国古农书的基干，是几乎无所不包的知识整体。在发展过程中，它先后又出现了三种类型。

月令体裁农书：系人们从重农时的角度着眼，用月令、时令及岁时纪等以时系事体例 写成的农书。成书于春秋战国时期，载于《大戴礼记》中的《夏小正》和《小戴礼记》中的《月令》等可以说是这一类农书的先驱。东汉时的崔寔曾仿照“月令”体裁，逐月安排家务与农事活动，写成一本四时经营的“备忘录”形式的手册——《四民月令》。《四民月令》内容比较复杂，大致包括有祭祀、家礼、教育、处理社会关系；农作物的耕种、收获；蚕桑、纺织、漂练、染色、制衣；食品加工、酿造；修治住宅及农田水利工程；收录野生植物；保存收藏家中大小各项用具；粜籴，以及其他杂事等。月令体裁农书用以时系事的体例把纷繁的农事活动加以归纳排比，使之井然有序，简便易行，是中国古农书所特有的一种类型。汉以后各朝代都有人用这种体裁编撰农书，几乎没有中断过。同时从形式到内容也有所发展。在内容上的发展，最突出的是生产技术内容增多。《四民月令》几乎没有具体的生产技术的记述。而元代的《农桑衣食撮要》已发展为纯洁度厚重的农家月令书，内容记述的主要是各项农事操作技术，且专为自给自足的农民家庭服务，而不像《四民月令》和唐末的《四时纂要》那样，主要是为经营农、工、商业的“士”家庭服务的一套。明、清时期，这类农书出现较以前为多，较佳者有《便民图纂》、《农圃便览》等。另有些农书，如《农政全书》、《授时通考》、《沈氏农书》、《三农

① 王达，试论明清农书及其特点与成就，农史研究第八辑，农业出版社，1989 年。

② 王毓瑚，关于中国农书，见《中国农学书录》附录。

纪》等，也参照上述月令体裁在卷首列出一项，突出讲述有关时宜的问题。

大型综合性农书：先秦的《神农》、《野考》等已佚失，不知其具体内容和写作体例。至于存留至今的《吕氏春秋》中的《任地》、《辩土》、《审时》等篇，则是几篇有相互联系的系统农学论文。《汉书·艺文志》记载的9种农家书，除上述先秦的两种外，余7种均为西汉时的农书；另外《汉书》"形法类"和"杂占类"中还著录有三四种有关农书，均已佚失。由书名看，大都为综合性农书，只有一二种称得上为专业性农书。西汉末的《氾胜之书》现存仅有2000余字。故只有现存最早最完整的北魏《齐民要术》算得上是中国大型综合性农书的代表作。所谓"大型综合性"农书有三个特点：一是面向较大范围，指导当时农业生产的全局之作，其覆盖面或概括了北方旱农，或南方泽农，或南北方兼顾；二是所叙述内容除了各种作物、蔬菜、果树、林木的耕作、选育、栽培、保护以及畜牧兽医、养鱼等广义农业的部门外，有的还包括农具、田制、农田水利、救荒、屯垦、农产品加工、保藏、酿造、烹调、织染、日用品保护和部分制造；三是着重于各项技术知识的系统记述，时令安排包括在内，一般不另外每月集中突出。它们收罗资料广富，经验总结较全面，往往能反映一个时代的农学水平。所以，农史研究者对这一类农书最为重视。大型综合性农书大体是在政治上统一，或由分裂混乱趋向统一时期产生的。主持撰写者，或是由朝廷组织人编撰的，或是由一些负责农事官员所撰写。如氾胜之奉朝廷之命"教田三辅，好田者师之"①，《氾胜之书》可能即是他从事农业技术推广工作活动的总结。《齐民要术》的作者贾思勰多年宦游，足迹所涉颇广，所以书的内容范围包括了当时黄河中下游地区的农业生产。唐代武则天当政时，朝廷组织人修撰了官农书《兆人本业》，宋真宗时的《授时要录》也是官农书，均已佚失。中国现存最早的官修农书是元代司农司编撰的《农桑辑要》。晚于《农桑辑要》40年的《王祯农书》是一部兼顾南北农业生产的书。集中国古代大型综合性农书之大成的《农政全书》是明末官居宰辅的徐光启所撰写。最后一部官撰农书《授时通考》则是清代乾隆皇帝命朝廷词臣收集摘录前代资料编纂而成的。

地方性农书：与上述大型综合性农书相比，小型地方性农书所反映的地区范围较狭小，篇幅一般比较小，个别也有篇幅较大者。《汉书·艺文志》应劭注说："年老居田野，相民耕种，故号野老。""野老"是这类农书的主要作者。南宋初的《陈旉农书》的作者陈旉就是"平生读书，不求仕进，所至即种药治圃以自给"②的隐居道教徒。明清时期，尤其是清代出现了大量地方性农书，其作者多是具有"经世致用"的实学思想，居住于乡间，以教书为业，兼事农耕的半耕半读的知识分子，如《补农书》的作者张履祥等；还有的作者原任过朝廷大臣或地方官员，后因病和其他政治原因辞官回家而督课儿孙耕读者，如《胡氏治家略》的作者胡炜等。宋以前这类农书数量很少，此后开始转为兴盛。《陈旉农书》为这类农书的代表作，它是一本反映长江下游地区以种稻、养蚕农业生产技术为主的农书。中国地域辽阔，各地气候、土质、地形等条件千差万别，地方性农书记述的农业科学技术知识比较多地针对各地的实际情况，因而切合当地实际情况，指导和参考作用较大。明清时期这类农书中比较重要的有反映杭嘉湖地区稻、桑农业的《沈氏

① 颜师古注引刘向《别录》。
② 《陈旉农书·洪兴祖后序》。

农书》和《补农书》，所记述的经济管理和技术知识都达到很高水平，是一部极有价值的地方性农书；还有反映江西奉新地区农业生产的《梭山农谱》，江淮地区的《齐民四术》、四川地区的《三农纪》、陕西关中地区的《胡氏治家略》、江苏上海的《浦泖农谘》、山西寿阳地区的《马首农言》等。

2. 专业性农书

最早出现的是有关相马、医马、相六畜和养鱼等的书；其次，由于宫廷和王公贵族住宅对花木的需要，导致出现了花卉庭园这一方面的专著；唐代开始出现讨论种茶、农器和养蚕的专著；宋代，由于农业专业化的生产的发展，专业性农书种类大大增多，如蔬菜、果树、竹木、水产等；明清时期，专业性农书大量涌现是前所未有的，不仅种类多，内容也较以前更为充实丰富，如只对某种作物或动物进行特定记述的专著新出现了不少，有渔书、为救荒用的野菜专著和治蝗书等。关于专业性农书的分类，我们基本上同意王毓瑚的划分①：

天时、耕作专著：这类专著以农家的占候和耕作技术为中心，也包括农田灌溉、土壤、肥料等在内。农业生产与天时息息相关，有关专著汉代已出现，北魏《齐民要术》中多次引用的《杂阴阳书》、《师旷杂占》即是。《中国农学书录》中收录的与天时有关的农业气象和占候书共有12种。这类书内容驳杂，除与农业有关的占验外，有的还谈到水位、梅雨，甚至收进了医书、食谱以及相鸡、相狗、相猫等内容。这类书现存最早的是唐代的《相雨书》，内容记述的都是降雨前云气的情状，为农家经验之谈。元末人著的《田家五行》，所记述的内容都是以吴中农民的经验为依据，除一年十二个月按日序记载的占候外，还有物候以及六甲、气候、涓吉、祥瑞等。明、清时期，这类书仍有人续作。精耕细作是中国传统农业的主要特点，先秦即已有专著出现，《汉书·艺文志》“杂占类”中著录有《神农教田相土耕种》14篇，以后不再见于记载。在有关耕作专著中显得比较突出的是关于“区田”的专著，自汉代《氾胜之书》记载了区田法和区田里高产量之后，不断出现有关它的记载，东汉、金、元时代，政府甚至用行政命令在一些地区推行过区田、到明、清时，区田试验盛极一时，先后有20处以上，因而这时期有关区田的专著，以及谈到区田的著作较多，达10种以上。

各种专谱：自贾思勰把花卉摒除于《齐民要术》之外，全书没有一句关于花色花香的记述。其影响所及，花卉在很长时间内，在综合性农书内占不了一席之地。唐代开始出现了以花草为对象的谱录，到宋代以后，不仅花草谱录数量大增，而且扩展到各种果木、蔬菜以及竹、茶等经济作物，甚至还有各类作物的专谱，一些关于水产及农具的著作，实际上也属于这种性质。

花卉专著是谱录类专著的大宗，其中不少系文人遣兴消闲之作。现存唐代的花卉专著只有李德裕的《平泉山居草木记》。真正记述花卉品种和栽培技术的专著则是从宋代开始大量出现的，多达30多种，现存有20多种。欧阳修《洛阳牡丹记》、王观《扬州芍药谱》、周师厚《洛阳花木记》、刘蒙《菊谱》、王贵学《兰谱》等都是著名花谱。明、清时期，花卉专谱不仅种类增加，数量也多达100多种，内容则较多地记述栽培技术。

果树书：中国栽培果树的历史虽悠久，但有关专著从唐代才开始出现，《广中荔枝

① 王毓瑚，中国农学书录，农业出版社，1964年，第346～347页。

谱》是最早关于荔枝的专谱，已佚失。宋代的果树专著有4种，其中荔枝谱就占了3种，现存只有著名书法家蔡襄的《荔枝谱》和南宋韩彦直的《橘录》。《橘录》是中国也是世界上第一部总结柑橘栽培技术的书。明、清时期的果树专著计有12种，占历史上这类书总数的60%以上。记述对象仍以荔枝为主，占9部。

茶书：中国是茶的故乡。汉以前茶叶已成为中国一些地区人们的饮料。到唐代，茶叶已成为重要商品，饮茶之风遍及全国。唐代出现的茶书有六七种之多，现存陆羽撰写的《茶经》，系统总结了唐代以前种茶、制茶和饮茶的经验以及陆羽本人的体会，是一部对国内外很有影响的茶书。到宋代，茶叶已成为中国的通行饮料，问世的茶书比唐代还多，有10多种，大部分是记述建茶的，现存有《东溪试茶录》、《品茶要录》、《圣宋茶论》、《大观茶论》、《宣和北苑贡茶录》、《北苑别录》等①。明、清时有关茶的著作约有五六十种之多②，专门讨论茶树栽培技术和制茶的著作不很多，更多的只是论品茶和煮茶的器具、用水的品第等书。

其他谱录：蔬菜是人们的重要食品，连所有大型综合性农书中都占有较大的篇幅。宋代蔬菜种植已出现专业化趋向和不少名产，同时出现了一些比较特殊的专谱。如僧赞宁的《笋谱》，记述竹笋的栽培方法、品种和调治、保藏方法。陈玉仁撰写的《菌谱》是关于食用菌最早的专著。关于竹木专著，最早的有晋戴凯之《竹谱》，记述竹的产地和种类。宋代出现三种竹谱，现存仅有《续竹谱》。陈翥撰著的《桐谱》是中国和世界上最早论述泡桐的著作，很有价值。农具方面的专著，有唐代陆龟蒙的《耒耜经》，记述了以犁为主的5种南方水田地区常用农具。宋代曾之谨《农器谱》，记述了耒耜、耨镈、车戽、蓑笠、铚刈、篠蒉、杵臼、计斛、釜甑、仓庾等共10项，已佚失。水产专著，最早的《陶朱公养鱼法》出现于汉代，《齐民要术》中引用的《陶朱公养鱼经》即此书，现有辑本。《汉书·艺文志》"杂占类"著录的《昭明子钓种生鱼鳖》八卷，已佚。明清时期有《种鱼经》、《闽中海错疏》等约10种水产专著，其中以专记水产品种类的书为多，占有7种之多。如《闽中海错疏》专记闽海的水族共25种，每种都记述其形态和特性。记述某一种作物和家畜（禽）的专谱则有《禾谱》、《稻品》、《芋经》、《木棉谱》、《桑志》、《鸡谱》等。总之，谱录类著作数量极为可观，内容复杂，有的书内容一部分或者大部分与农学无关。

蚕桑专著：养蚕和栽桑密切结合，是一兼跨植物生产和动物生产两个领域的独特生产部门。在中国传统农本观念中，耕种与养蚕占有同等重要的地位。因此，这方面的专著比较多。《周礼》郑玄注和《三国志·魏书·夏侯玄传》注中都提到汉代有《蚕经》。综合性农书自《齐民要术》起，一般都要谈到桑树的栽培管理和蚕的饲养技术。唐代以前，养蚕以北方为盛，晚唐时栽桑养蚕在长江流域中下游地区也很发达。《旧唐书·艺文志》"农家类"中著录有《蚕经》，《文献通考·经籍考》"农家类"则著录有五代孙光宪撰《蚕书》二卷；北宋也有一种《蚕书》；元代则有《蚕桑直说》和《蚕经》、《栽桑图说》。以上蚕桑专书现存仅有北宋文学家秦观撰写的《蚕书》③，也是中国现存最早的蚕书。本书从浴种到缫丝的各个阶段记述得都很切实。明清时期，蚕桑业的兴旺和实际生产的需

① 北苑在福建建安，是宋代贡茶的地方。

② 万国鼎，茶书总目提要，农业遗产研究集刊，第二册，中华书局，1958年。

③ 《蚕书》作者有时也题作秦湛。秦湛是秦观之子。

要，大大促进了蚕桑专著的撰写。如《中国农学书录》总计著录蚕桑书41种，而这一时期的却占了35种，其中大半又是1840年鸦片战争后到1911年清朝灭亡前的著作。这些蚕桑书的内容大多是反映南方，尤其是江浙地区的蚕桑生产技术。记述对象除家蚕外，还包括有柞蚕、椿蚕、柳蚕、樗蚕，即所谓的"山蚕"、"野蚕"。明代蚕书现存仅有黄省曾的《蚕经》。清代前期有《豳风广义》、《蚕桑说》、《养山蚕或法》和《养山蚕说》等。清代中叶的《吴兴蚕书》是一本比较好的蚕书。沈练的《蚕桑说》，经两次增订为《广蚕桑说》和《广蚕桑说辑补》，内容逐步充实，为清代最流行的一本蚕桑书。

畜牧兽医专著：与蚕桑一样，畜牧兽医自《齐民要术》开始，在综合性农书中一直也占有一席之地。说明养畜业也是以种植业为主的农业地区所不可或缺的生产项目。历代出现的畜牧兽医专著数量不少。《中国农学书录》著录了81种。畜牧兽医书是中国最早出现的专业性农书之一，《汉书·艺文志》"形法类"中即已著录有相马、相牛、相彘(猪)、相狗、相鸡等的《相六畜》38卷。《三国志·魏志·夏侯玄传》注中提到汉代有《牛经》、《马经》，可能与《相六畜》有关。又《太平御览》卷九〇三引《博物志》说："卜式有《养猪羊法》、商邱子有《养猪法》。"《博物志》作者张华为西晋时人，因此，这两部书应早于西晋而为汉代的作品。这一类书中，属于畜牧学性质的著作，除相牛经、相马经之类外，专讲育种、饲养的为数不多，大多为兽医书。在兽医书中，有关家畜饲养管理知识的则沦为附庸。唐代畜牧业很繁盛，尤其是养马业，其规模之宏大，以及对社会经济发展所起的作用，任何一个王朝都不能与之相比。宋元时期，随着农业生产的发展，耕畜作为农家役用的主要动力，受到高度重视。因而畜牧兽医专著的记述对象主要集中于马、牛、骆驼等大家畜，而又以医马、相马的书为多。晚唐的《司牧安骥集》是中国现存最古老的一部兽医学专著。明代，畜牧兽医专著的记述对象发生了变化，明代以前主要是马，自明代开始已由马改换为牛，各种相牛、养牛、医牛的专著占明清时期畜牧兽医专著总数的50%以上。现存《元亨疗马集》、《养耕集》、《抱犊集》、《猪经大全》等都是内容比较完整和实用的专著。其中《元亨疗马集》系汇集历史上已有兽医知识，吸取明代民间兽医经验，再加上作者自己的医疗实践体会总结编定的，为中国古代兽医专著中刻印数量最多，流传最广的一部经典著作。

野菜专著：中国自古以来自然灾害较多，灾荒之年，人们为了活命，常常以采摘野生植物来充饥。综合性农书中谈论备荒由来很早，《氾胜之书》："稗……宜种之，以备荒年。"《齐民要术》中说到用芜菁、芋和桑椹等可以代粮充饥。《王祯农书》中写有专门的"备荒论"篇，除说明如何储粮备荒外，还简略说到可以利用芋、桑、芰、芡、葛、蕨、橡、栗等野生植物来渡荒。到明代开始出现集中加以记述，并刊印成书的野菜专著。明初朱橚的《救荒本草》为发端，继之有王磐《野菜谱》、周履靖《茹草编》、鲍山《野菜博录》等等。这些著作内容颇为翔实，除描述了所收录的各种野生植物形态、功效之外，还配以图画以便于识别利用。这些救荒植物著作，在明代一再被刊印，有的被李时珍《本草纲目》所采录，《救荒本草》和《野菜博录》甚至全书被徐光启收入《农政全书》"荒政"中。可能因明末引进的玉米、番薯等高产作物，起到救荒的作用，在清代有关这类著作比起明代来大大减少了。《中国农学书录》共著录野菜专著8种，其中明代的占6种，清代的只有2种。野菜专著讲的是自然界的产物，没有人类劳动参与其间，虽算不上是农业生产，但书的性质与纯粹植物学著作究竟不同。因作者的写作指导思想是要以天然产物来补充栽培植物之不足。所以，它是一种特殊的农书。其数量虽不很多，但在中国传统农学中占有特殊地位，如《四库全书总目·农家类》著录的仅有10种书中，此类书就占有2种；在《存目》的9种书中也有一种。

治蝗书：中国农业虫害以蝗虫、螟虫、粘虫为最烈。发生严重虫灾时，往往“赤地千里，饿殍遍野”。因此，中国人很早就重视对虫害的防治，历代文献中不断有所记载。明清时期，对农业虫害的综合防治有了进一步发展，从而出现了治蝗专著。这一类书大多是地方行政官吏编撰的，在当时很有实用价值，故翻刻较多，流传颇广。它可以说是中国古代农书的一个特别组成部分。

3. 耕织图和劝农文

耕织图和劝农文是宋代农学著作出现的两种新形式，分别以图像和短小文告形式来介绍农业科技知识，便于农业推广之用。

耕织图：早在战国时期的铜器刻纹、汉和晋代的画像与壁画中已出现用图像描绘农业生产和农业技术、农村生活的场景。系统绘制以上内容的“耕织图”则最早见于宋代。宋仁宗宝元年间（1038～1040）已将农家耕织情况绘于宫中延春阁壁上[①]，以提示皇帝知稼穑之艰难。后来这种耕织图由宫廷发展到民间，成为一种介绍和传播农业生产的手段。首先将之刻印成专著形式的是南宋初临安于潜令楼琇。他在访问农夫蚕妇的基础上绘制了“耕图”21幅，“织图”24幅，每图并配有五言八句律诗一首。元末虞集《道园学古录》中说到宋代郡县治所大门东西壁上很多绘制有“耕织图”。楼琇的《耕织图》对明清“耕织图”的绘制影响较大，大多参据绘制、摹刻。如明代万历年间刊印的《便民图纂》，便是原《便民纂》加楼璹《耕织图》编纂而成，仅图形有所删改而已。清代，由于皇室的重视，“耕织图”绘制较多，有康熙《耕织图》、雍正《耕织图》、乾隆《耕织图》、乾隆《御题棉花图》和光绪《蚕桑图》等。各时期的“耕织图”一般只能反映当时某些地区先进的农耕和蚕桑生产技术，在实际生产中的推广作用恐怕不能将之估计过高。

劝农文：不论是北宋还是南宋，朝廷为了扩大政府财源，满足人口增加和城市商品经济较迅速发展的需要，都比较重视发展农业生产，强调劝课农桑为地方官员的重要职责之一。“劝农文”即于此种情况下应运而生。它与农书不同之处在于比较直接针对本地区的农业生产情况和特点；又由于用文告形式写成，文句简炼，篇幅短小，便于到处张贴宣传推广。“劝农文”在南宋时比较流行，不过大多是空洞无物的官样文章，只有少数具有实在内容，如朱熹任南康（今江西省星子县）地方官时发布的《劝农文》，针对当地农业生产中存在的问题，提出了一系列技术措施，较为切实可行。

（二）中国古农书体系结构的发展和流传

1. 中国古农书体系结构的发展

中国古农书比较重视体系结构的构思，并成为反映各时代农学水平的一个方面。其特点，主要是注意从实际出发，进行归纳整理，表现形式多样，体系结构一般比较严谨。有分类排比，内容无所不包的百科全书式的大型综合性农书；有备忘录式的农家月令书；有重点突出，针对性强的地方性农书；有形象生动的耕织图与农器图谱；还有兼代文人

① 《困学纪闻》卷15。

雅士消闲遣兴撰文赋诗的谱录等等、其中尤以大型综合性农书的体系结构最为复杂，其发展也最具有代表性。下面就《齐民要术》、《王祯农书》、《农政全书》略作比较分析。

公元6世纪成书的《齐民要术》，全书除卷首的“序”外，共分10卷91篇。各篇都设有专名。“序”表达了作者贾思勰对发展农业生产的理论知识，借前人的论述和一些领导农业生产有成就的官吏的事迹以抒发他自己的抱负。卷一的“耕田第一”和“选种第二”为总论性质。“种谷第三”以下各篇为各论，包括粮食作物、蔬菜作物、果树和经济林木（含栽桑养蚕）等栽培技术，以及畜牧兽医（含养鱼），农产品储藏加工（附笔墨制法）；土壤肥料、农具、灌溉、病虫害防治等则散见于各篇。由以上看来，《齐民要术》的体系结构还处于初期的雏形阶段，理由：一是它的总论和各论还没有从卷上明确分开，卷一除“耕田”和“选种”二篇外，为照顾篇幅大致平衡而把“种谷第三”也收进了卷一。二是各论各篇所讲述的对象有很大伸缩性，如“种谷第三”除讲谷子的栽培技术外，还提到麦、胡麻、荏、黍、菽等。又如小麦、瞿麦合在一起为一篇，而水稻和旱稻则分为两篇。不过，在《齐民要术》之前还没有出现这样初具规模、奠基性的体系结构，而贾思勰完成了这一任务，功不可没。

元代《王祯农书》的体系结构比起《齐民要术》来，显示出已经比较成熟了。全书由《农桑通诀》、《百谷谱》、《农器图谱》三个独立的部分组成。《农桑通诀》总计6集16篇，很像现代的农业概论，在16篇之前有作者“自序”，强调农业生产之重要。其次的农事起本、牛耕起本、蚕事起本，则分别讲述农业、牛耕和蚕业的起源，犹如概论中的绪言。16篇的内容和篇名依次为：授时、地利、孝悌力田、垦耕、耙耢、播种、锄治、粪壤、灌溉、劝助、收获、蓄积、种植（果树、经济林木）、蓄养、蚕缫、祈报等。除孝悌力田、劝助、祈报三篇外，系按照农业生产从种到收的程序来编排，是中国古农书第一次归纳出来的较为完整体系。《百谷图》共11集，集下不立篇名，而称“属”，分谷属、蓏属、蔬属、果属以及竹木、杂类、饮食类和备荒论附。每一属下由又分若干目。显然，《百谷谱》为各论性质，用以补充读者只能从《农桑通诀》中学习农业生产的系统化知识，却不能掌握具体生产技术之缺点。《农器图谱》所载农具种类繁多，除常用农具外，还有田制农器、农舍、灌溉工程、运输及纺织工具等，并配图共20门，体例严谨，搜罗详备，在现存古农书中，此一成就最为突出，所以后来的农书率多奉为圭臬。

《农政全书》是中国古代大型综合性农书的集大成之作，有60卷，50多万字。全书的结构体系比以前所有同类农书都有进展，可说是达到一个新的高度。作者徐光启把全书内容分为12大类，类下再有细目：①“农本”3卷，包括经史典故、诸家杂说、国朝重农考。②“田制”2卷，包括玄扈先生井田考、田制。③“农事”6卷，包括营治、开垦、授时、占候。④“水利”9卷，包括总论、西北水利、东南水利及《王祯农书·农器图谱·灌溉门》、泰西水法。⑤“农器”4卷，包括耕作、播种、收获和加工农具。⑥“树艺”6卷，分谷部、蓏部、蔬部、果部。⑦“蚕桑”4卷，包括养蚕法、栽桑法、蚕事及蚕事图谱。⑧“蚕桑广类”2卷，包括棉、麻、葛。⑨“种植”4卷，分竹、木、茶及药用植物。⑩“牧养”1卷，包括六畜、家禽、鱼、蜂。⑪“制造”1卷，包括食物、营室等。⑫“荒政”18卷，包括备荒总论、备荒考、《救荒本草》、《野菜谱》。以上的12大类反映了徐光启对中国传统农业体系所作的高度概括。如用现代农业科学概念来分类归纳，则上述（1）至（5）内容属于总论性质，即首先从思想认识上确立农业生产的重要（传统的所谓“农本”），然后依次论述农业生产赖以进行的基本条件：土地、天时、水利和农具。(6) 至（12）属于各论部分，其安排是依照中国历代农桑并重的传统思想，农（粮食）在前、蚕桑（衣）在后，紧接蚕桑之后又有“蚕桑广类”。这是徐光启的创造，因元、明以来，棉花的重要性日益上升。其余的顺序是林、牧、农产品加工，最后为荒政。把牧养列为(10)是传统农业中畜牧比重一直较低的反映。荒政虽然殿后，但篇幅多达18卷，其次篇幅多的是水利，有9卷，反映出徐光启对二者的重视，是他农学思想的重要体现；也说明水对中国农业生产之重要，以及小农经济之脆弱，经受不起自然灾害的冲击。《农政全书》的这一体系结构是对几千年来中国传统农业所作的概括，与现在的农业生产仍有不少一脉相通之处。清代的《授时通考》是中国最后一部大型综合性农书，结构体系比之《农政全书》来反而倒退了。其主要原因是由于编纂它的词臣们不懂得农业生产。

中国古代的农书在资料收集和写作方法上也有着自己的传统。贾思勰在《齐民要术》“序”中说其写作方法是“采捃经传，爰及歌谣，询之老成，验之行事，验之行事。”“经传”即过去的文字记载，“歌谣”即现存的口头传说，“询之老成”即他人经验积累，“验之行事”即自己的实验证明。贾思勰的这一写作农书的方法影响了后世许多农书的作者。由于尊重传统加以大型综合性农书篇幅较宏大，“采捃经传”更受到重视。如《齐民要术》虽然第一手材料较多，但所引用的古书和当时的著作仍近160种。元代三大农书，《农桑辑要》的主体材料系博采于“经史诸子”，并继承了过去几部重要农书的主要内容，所引资料一律注明出处，且各项文献又严格循依时序排列，有其独具的特色；《王祯农书》的“农桑通诀”和“百谷谱”资料主要来源于《氾胜之书》到《农桑辑要》已有之农书；《农桑衣食撮要》则又主要是将《农桑通诀》的资料加以重新编排而成。明清时期的农书如《农政全书》引用文献计达200多种；《授时通考》则全是历代经传和农书的摘录汇编，所引用文献达到了400多种。这样，就造成中国古代农书内容有许多重复，甚至给人以汇辑多而发明少的印象。

2. 中国古代农书的流传

中国古代农书流传情况如何？在农业生产中到底起了多大指导作用？实在是个难以用几句话就能明确回答的问题。大型综合性农书一般除由中央朝廷刊刻，也有由负责农事的官员主持撰编，用以劝农指导农业生产的，其贯彻实施效果如何，很少见到有关文字记载。从刻印情况看，有的农书由于科学性较高和比较实用，往往经过多次刊刻传播。如《齐民要术》在手抄流传过程中持续了几百年后，到北宋仁宗天圣年间（1023～1031）又第一次刻印，即崇文院刻本；南宋则有龙舒刻本；明清以来直到近代又由崇文院本转辗承传，其版本不下20余种。又如《四时纂要》，在宋代曾与《齐民要术》被同时付刻，以后明代也刊刻过。《陈旉农书》在南宋时已两次刊印，明代以来又有《永乐大典》本、《四库全书》本、《涵海》本、《知不足斋丛书》本，以及与《蚕书》或《耕织图诗》的合编本等。《农桑辑要》由于“考核详赡，而一一切于实用”，在元代当时就重刻印过好几次，甚至到清代有些地方当局还刻印过。《农政全书》初刻平露堂本时间已是明末，从清代中叶到近代又几经重刻，计有七八种刻本之多。有的农书是由最高统治者皇帝下令编纂和政府强令刻印颁发传播的。如《兆人本业》系武则天执政时经她亲自“删定”，唐文宗太和二年（828）曾“令所在州县写本，散配乡村”。因此，它在唐代一度较普遍流传。又如《授时通考》，虽然农学价值不高，但由于是清代乾隆皇帝下敕撰修的官书，编成后又诏旨叫各省复刻，所以流传也颇广。

明清时期出现较多的地方性农书作者，大多居住于乡间。他们或以教书为生兼参加农业劳动，或完全靠农耕为生，把自己积累的农业生产知识形成文字在民间宣传推广。这些农书往往在一定地区范围内能取得些成效。如清代康乾时期，陕西兴平地方的杨屾，一生没有做官，大部分时间是在家乡设馆教学，致力农桑，从事著述渡过的，其所著《知本提纲·农则》是他纳入教材教授给学生的农学知识。他还在家乡提倡种桑养蚕，并以自己10多年的实践经验积累，写出了有关著作《豳风广义》等。他的农学著作在陕西关中地区有较多的流传，在实际生产中自会起到一定的作用。类似的地方性农书《补农书》、《浦泖农咨》等，都在各自所反映的地区流传过。

中国古代的农书有不少曾流传到国外。今天世界上不少国家的图书馆，如日、法、英、俄等，都分别珍藏有《齐民要术》、《天工开物》、《农政全书》、《群芳谱》、《授时通考》、《茶经》、《橘录》、《花镜》、《植物名实图考》等早期刻本。还有不少中国古农书被翻译成外文出版，据掌握的不完全情况：大型综合性农书如《齐民要术》有日文译本（缺第十章），《天工开物》有英、日译本，《农政全书》、《授时通考》、《农桑辑要》和《群芳谱》等个别章节，已被译成英、法、俄等文字。专业性农书如陆羽《茶经》有英、日文译本；《元亨疗马集》有德、法文节译本等等。

东邻日本和朝鲜，由于地理位置相近，文化交通较多，加以地理环境、气候等自然条件和农业生产与中国有某些相似之处，中国古农书不仅有些较早已东传，及至近代，有的农书在中国国内已失传，而又相求反馈于这两个邻邦，如《四时纂要》，元初编纂《农桑辑要》时已未加引用，以后也很少经人提及，一般都认为此书已散失。1960年在日本发现明代万历十八年（1590）朝鲜重刻本。1961年山本书店影印出版，中国专家就据以整理成《四时纂要校释》，于1981年出版。此书所题年代是宋至道二年（996），早于崇文院刻本25年。这一发现极为重要。又如徐光启撰著的《甘薯疏》是研究中国甘薯种植史的重要第一手资料，在中国国内已亡佚，只有少量引文散见于《群芳谱》等书中，而在朝鲜发现一部徐有榘用汉文编著的《种薯谱》中，前后引用的《甘薯疏》资料，“竟为《甘薯疏》的全部”①。1982年，农业出版社将《甘薯疏》与《金薯传习录》合刊为一书出版。中国古代农书传入朝、日两国，对其农学发展有一定影响。如《农政全书》传到日本后，江户时代农学家宫崎安贞按照《农政全书》的体系、格局，编著成《农业全书》10卷，于文禄十年（1697）出版。古岛敏雄在《日本农学史》中充分肯定了《农政全书》对该书的影响②。在朝鲜，除《甘薯谱》外，还有其他一些农书也是用汉文写作和大量引用中国文献资料。如李朝孝宗五年甲午与乙未间（1654～1655），当中国清代顺治十一至十二年汇集三部汉文农学著作的专业丛刊——《农家集成》中，除收录有《农事直说》、《衿阳杂录》、《四时纂要抄》三书外，还收录了朱熹的《劝农文》。《四时纂要抄》也是一广泛抄集之著述，其间引用的中国农学著作有宋代的《梦溪忘怀录》、《琐碎录》、《范石

① 《金薯传习录》、《种薯谱》合刊，出版前言，农业出版社，1982年，第2页。

② 王永厚：中国农书在国外，农业考古，1983，(1)。

湖梅谱序》等，还有元代的《农桑辑要》①。据日本学者渡部武的研究，朝鲜和日本的“耕织图”也受到中国宋代楼璹之《耕织图》及清代焦秉贞所绘《耕织图》之影响②。

三 农学与社会

农业科学技术能促进农业生产和社会的进步；另一方面，它的发展也不能脱离一定的社会条件。农业技术是农业生产者农民的生产技能，它可以因纯粹经济、政治等实用目的而发展起来。农学是学者和农民的结合，包含着农学家的创造性脑力劳动。因此，除经济、政治条件外，一个民族长期形成并比较稳定地保持着的、普遍存在的思想活动特征和传统，即思想文化也对它有着不可忽视的影响和作用。通过农学发展的历史，正确理解农业科学技术发展与社会条件的关系，无疑对于我们自觉地促进农业科学技术的发展是有意义的。下面论述比较重要的几个方面。

（一）农学发展与社会经济条件的关系

经济是社会关系的总和，它对农业生产和农业科技往往起着直接的决定性作用，或间接的重要作用。

1. *农业生产决定农学研究的内容和农学水平*

主要表现在下列三个方面：

（1）社会经济改革既促进了农业生产的发展，也推动了农业科学技术的发展。在中国古代，农业经济的改革，包括土地所有制、租税制的改革等往往都能促进农业生产的发展，并向农业科学技术提出了新的要求，从而推动了农学的发展。

如春秋战国时期作为生产力进步标志的生产工具如铁锄、铁犁、铁耙、铁铲等的出现及推广应用，使农业生产力得到空前提高，从而改变了原有的生产关系，首先表现在农业主要的社会生产关系——土地所有制上，战国中期以后，各诸侯国先后实行了改革，尤以秦国的商鞅改革较为彻底有代表性。井田制是商、周奴隶制社会的经济基础。秦国“除井田，开阡陌”和“制辕田”就是废除奴隶主贵族对土地的垄断，允许土地可以买卖，即承认了新兴地主的土地私有权。于是一种崭新的封建生产关系替代了旧有的奴隶制生产关系。在新的生产关系条件下，农民也有了少量土地和剩余劳动时间，因而对劳动生产和改进技术的兴趣比以前大为增加，推动了农业生产的发展和农业技术的提高。所以商鞅经济改革的结果提高了社会农业总产量，保证了国家财政收入。秦国“称雄诸侯”，终于在商鞅死后不久实现了。战国时期对峙的七国，都有消除割据局面，统一天下的雄心，也深知发展农业生产是进行统一战争的根本物质保证。在此形势下，不仅形成了较系统的重农理论，而且出现了强调“君臣并耕”对农业生产颇为关心的“农家学派”。农家学派中有的人就成了中国历史上最早的农学家，撰写出了中国最早的农学著作，如已佚失的《神农》、《野老》以及现存于世的《吕氏春秋》中的“上农”、“任地”、“审时”、“辩土”四篇当是他们的作品。

---

① 胡道静，朝鲜汉文农学撰述的结集，中国科技史探索，上海古籍出版社，1986年，第657页。

② ［日］渡部武，曹幸穗译，耕织图流传考，农业考古，1989，(1)。

又在宋代，宋王朝素称“积弱”，其版图不及汉、唐辽阔宽广，国势也没有汉、唐兴盛强大，也不如以后元、明、清三代。然而，在它300余年的国祚中农业生产却有明显的发展，并为中国封建社会后期的农业生产奠定了发展模式和方向，是传统农业内部的一次深刻的转变。究其原因虽有多个，但其中重要的一个就是国家为适应新形势的发展，在土地所有制和租税制上作了些改革，如把各类官田地下放，还有直属国家的荒地、处女地，只要能够“履亩而税”，全都许可民户开垦；对民户的土地占有很少干预；并使土地自由买卖成为地权流通正常的渠道。总之，宋代是土地私有制较为发达的时期。同时，除少数边远地区，租佃制在广大地区已占支配地位。租佃制下的佃农，可以选择田主、自由迁徙，法律还规定地主不能买卖和殴杀佃农，殴死须抵命。这样，约占全国总户数30%多的佃农的人身依附关系和所受到的超经济强制大为松弛，比起以前有明显进步。尤其是东南沿海农业生产发达地区，甚至部分地实行了定额租制，更能激发佃农的生产积极性。宋代农业生产关系内部发生的这一变革，适应了农业生产发展的需要。因而宋代的农业生产得到全面的发展，农业生产工具和技术也发展至传统农业的成熟阶段，从而推动了宋代农学的空前发展，出现各类农学著作近百余种①。

(2) 农业生产状况决定了农学研究内容等。中国幅员辽阔，地形复杂，气候多样，自然资源包括动植物的分布也不同。自然地理条件的差异，使各地区农业的发生和发展就不可能先后一致，快慢相同，生产内容即农业构成和生产方法也不一样。如黄河流域是中国农业起源地之一，其自然条件适于早期农业的发展，因而在公元8世纪以前，其社会经济发展速度远超过长江以南地区。所以，中国早期的农学著作几乎全是反映黄河流域旱地农业生产的。从唐代开始出现了以南方水田农业为研究对象的著作，最早的是唐代陆龟蒙所写640余字的《耒耜经》，到南宋时则出现了全面阐述江南水稻和蚕桑生产的《陈旉农书》。又如在距今四五千年前的新石器时代晚期，主要两大河——黄河、长江流域，甚至包括珠江流域部分地区的氏族部落出现的原始农业，已较普遍地形成了以原始种植业为主，兼营家畜饲养和采集渔猎的综合经济。夏、商、西周时代（前21世纪～前7世纪），黄河流域大部分地区和长江流域一些地区正经历着耕作区日益扩大，把游牧业挤向我国北部、西北部边缘地区和山区的过程。不过，畜牧业作为一个重要的社会经济形式，在周代仍受到社会和统治者的重视，如周王有“考牧”制度，并亲自举行“执驹”典礼。战国时期，开始出现以“数口之家”为农业生产单位的小农经济。农户生产项目内容正如《孟子·梁惠王上》中说的：“五亩之宅，树之以桑，五十者可以衣帛矣。鸡豚狗彘之畜，无失其时，七十者可以食肉矣。百亩之田，勿夺其时，八口之家，可以无饥矣。”在中国主要农耕地区以生产谷物为主，种植桑麻、养蚕和饲养鸡、豕小家畜为辅的农业结构和“男耕女织”的小农经济，自战国肇基二千多年来一直没有什么变化。也就是说除了北部、西北部以畜牧业为主地区以外，广大农耕区人们的衣食来源，主要是直接来自植物界。

上述传统农业生产结构的发展趋向，首先决定了农学研究的对象和范围。上面有关中国农学内涵部分已经谈到，这里就不多加复述了。

(3) 农业生产是农学发展的基础，还表现在技术经验积累越丰富，则科学总结和理

① 王毓瑚，中国农学书录，农业出版社，1964年。

论概括越深刻，及富有生命力。最明显的事例，如《齐民要术》不仅总结出了中国6世纪以前的旱地农法耕—耙—耱的作业体系，而且更可贵的是经过概括和分析，把北方旱地耕作技术上升到一定的理论高度。战国时期已提出关于耕作的一般要求，即根据耕地原理通过耕作来处理好用土、改土和养土的关系，要求土地耕作注意时宜、土宜，耕后碎土要细，播种后要注意覆种。汉代耕作技术比战国时期又有显著进步。战国时期耕作还从属于播种，没有成为一项独立的作业。这从耕后要求立刻播种就可得到证明。而《氾胜之书》中关于耕后要求摩平镇压的技术记述，说明耕作已和播种相分离，成为一项单独的作业。耕后经过摩平镇压表土，土壤水分不会很快失散，因而不再急切地要求随即下种。不过由于汉代可能还没有出现耙，耢能摩平但不能像耙那样有效地耙碎土块坷垃，耕后还不能在较长时间有效地保持土壤表层水分。为了不因秋冬无雨或少雨，留下坚硬的土块难以破碎，所以比较强调春耕。到北魏时，耙出现了，耕后耙、耢的作业都已完备，进一步促进耕翻这一基本耕作措施的提高，秋耕的好处也就随之充分显示出来。正是在这样的基础上，《齐民要术》才得以总结出至今仍在北方旱地农业中广泛应用着的以抗旱保墒为中心的耕—耙—耱整地的技术体系。

战国时，人们已认识到“地可使肥，也可使棘”、“多粪肥田”、“土化之法”可以使土壤化之使美，而且有了因地施用不同肥料思想的萌芽。从先秦诸子书中很多谈到“粪田”之事说明，当时农业先进地区的农田施肥已成为“农夫众庶之事”。施肥技术方面，汉代已出现基肥、追肥、种肥等施肥方法。南北朝时，在蔬菜栽培上已重视粪大水勤。到宋代，随着农业生产的发展，需用肥料比前代更多，对如何开辟肥源、提高肥效和合理施肥等问题，不仅普遍受到人们的关心和重视，而且已积累了很多方法和经验。肥料种类除绿肥、粪肥外，出现了饼肥；积肥的方法已有制造火粪、堆肥发酵、粪屋积肥和沤池积肥等；肥料施用方法已发展为比较重视追肥，民间还流行着“用粪如用药”的谚语。由此《陈旉农书·粪田之宜》不仅对土壤施肥方面的总结有重要新发展，而且提出“地力常新壮”这一杰出原则。使中国人自很早以来就有的信念，即用施肥和其他相应措施可使土壤肥美，并能维持和提高地力，得到较为系统完整的表述。正是在这一原则指引下，才使中国的农田，经过几千年的大耕种，而仍能保持肥力而未出现衰竭。

2. 社会需要是农学发展的巨大推动力

社会对于科学技术的需要，是促使人们产生从事科学技术活动的动机和意图的一种社会实践。对农业科学技术发展来说也是如此。

（1）农业生产的发展需要农业科学技术提供一定的保证。农业生产的发展，除生产者的积极性、工具的改进外，还须有农业技术提供保证。在中国古代历史上曾经出现这样的情况，即在一定时期内的农业生产工具没有什么变化，而生产技术却有比较大的提高，正如有的农史学家所说：“实行精耕细作，主要是依靠农民操作手法的灵巧，而不是依赖精制的机械，用简陋的工具做出细活来，这到后来成了一种传统。”① 中国北方农业素称发达，曾较长时期居于全国领先地位。南方地区水田生产在汉代还是“水耕火耨”，比较落后，南北朝时北方人口大量南移，并将北方先进技术开始带入南方。所以，从六朝起开发，经过隋唐和五代时吴越、南唐的继续经营，到北宋统一全国后，由于自然条

① 王毓瑚，先秦农家言四篇别释，农业出版社，1981年，第60～61页。

件优越，农业生产已达到很高水平。南宋时半壁江山，北人再次大量南下，南方人口的增加以及维持偏安临安的政府财政开支，需要大力发展江南的农业生产。江南泽农和黄河流域大部分旱农地区，在生产技术措施上有很大不同，而宋以前的农书，全部是反映北方旱农生产情况和技术的，江南需要有指导水稻地区生产的农学著作，在这一历史条件下就出现了一本全面阐述江南水稻和蚕桑生产的《陈旉农书》。它是私人著作的地区性农书的典型。到明、清时期，中国广大地区农业生产有较大发展，需要更多针对地区特点的地方性农书问世，如《沈氏农书》、《补农书》、《梭山农圃》、《三农纪》、《农言著实》、《马首农言》、《农圃便览》、《胡氏治家略》、《浦泖农咨》等，就是分别总结杭嘉湖地区、赣北、四川、陕中、晋中、鲁东、浙江金华地区及苏沪一带的农业生产实践经验的地方性农书。

从农业科学理论的发展来看，也反映出生产的需要是根本推动力。如“风土观”在战国时就已形成。它有其合理一面，即生物的生长发育须受一定环境条件限制。另一方面，也有其片面性，没有看到生物体在一定条件下可以逐步改变其习性，并逐步适应新的环境，当过分强调就成为“风土限制”论。直到元代，上述古老“风土论”仍然禁锢着人们的思想，对当时农业生产中的新事物，如把棉花从南方向黄河流域推广种植，就有许多人抱着怀疑态度，往往“以风土不宜”而拒绝引种。因此，全面正确阐明“风土论”便成了当时推广棉花必须要解决的思想问题。元初的《农桑辑要》起到了突破“风土限制”论的任务，书中《论苎麻木棉》，驳斥了“风土限制论”和发展了“风土论”。明代徐光启《农政全书》又在元代基础上有所发展，元、明两代对“风土限制论”的有力破除，是对农业生产理论上的一大贡献，不仅为元代棉花的推广种植，也为明清之际从国外引进推广玉米、番薯、烟草、番茄、马铃薯等新作物在思想上铺平了道路。

（2）人们生活的需要，也从多方面推动了农学的发展。“民以食为天”，宋以来尤其是明、清时期由于人口迅猛增加，道光时已突破4亿大关。要养活大量人口增辟耕地虽是一条出路，但更重要的是进一步通过精耕细作来提高单位面积产量。于是人们对研究如何把一亩地当作二亩用，很感兴趣。发展多熟种植技术受到特殊重视，清代双季间作稻和连作稻在广东、福建、广西、湖南、川南、赣南、浙东南等地都有相当面积的普及。麦—稻—稻一年三熟不仅见于闽广地区，个别甚至推进到长江中游，由于康熙着力推广早熟御稻，双季稻在18世纪后期曾推进到江苏里下河地区（北纬33度）①。旱农地区，山东、河北、陕西关中出现二年三熟制。利用多种形式间作套种是把一亩地当作两亩地用的最佳选择之一。还有些关心农业生产的知识分子试求恢复《氾胜之书》中所说高产试验的“区田法”，并写出了有关著作。提高土地利用率，以求单位面积产量提高又促进了肥料科学的发展。明清时期。中国传统的施肥技术，几乎已达到了经验性知识的极限，施肥的作用与意义也被提到前所未有的高度。《沈氏农书·运田地法》说“凡种田不出粪多力勤四字”，说明多劳多肥这一集约农业措施在当时已被人们充分认识了。

其他特殊的人们生活需要对农学发展也有推动作用。如明代自然灾害频仍，据邓云特《中国救荒史》粗略统计，整个明代276年中，灾害竟达1011次之多，是前所未有的。灾区的农民为了活命，只能采野菜树皮充饥，有的甚至饿死。面对这种严酷的现实，少

① 游修龄，清代农学的成就和问题，农业考古，1990，(1)。

数比较开明，关心百姓生活疾苦的官员和士人，就见闻所及，把能够充饥的野生植物加以著录，传世济民，以渡饥荒，促成了救荒植物专著的出现。中国农业虫害严重，为害最烈的是蝗虫、螟虫和粘虫。为保证农业收成，人们很早就对虫害进行防治了，如《诗经》中已有关于用火除害虫的记载。周代以后，在实践中不断创造和积累了许多宝贵的经验。明清时蝗害比历史上任何时期发生都多，为推广治蝗方法，有的地方官员就总结较成熟的经验，写出专著来。徐光启《治蝗疏》中不仅对蝗虫的生理、生态和生活习性已有研究，而且对害虫防治指导思想作了很好的概括。人们的观赏娱乐以及统治者的奢侈需要，也往往能推动农业科技的发展，如在宋代，观赏、佩带花卉成为社会风气，不论贵贱无不爱好。欧阳修《洛阳牡丹记》中说："春时，城中无贵贱皆插花，虽负担者亦然，"花卉因此成了重要商品。这种社会需要，大大促进了这一时期花卉的发展和栽培技术的进步，并从而出现了许多有关花卉专著——"谱录"。南宋《梦粱录》记载，在杭州，豪贵人家饲养金鱼作为观赏鱼，还有专门卖金鱼的人。其他南宋文献中也有关于金鱼饵料和饲养方面的创新记载。到元代《居家必用事类全集·养鱼法》中已总结出了较完善的金鱼的繁殖方法。

3. 农业生产商品化对农学发展所起的作用

在社会经济生活中，生产者和消费者中间需要有个流通媒介，即商业，才能使正常的经济活动继续进行下去。随同商业的发展，农民出售的就不限于消费剩余部分，还有完全是为了销售而生产的部分。《史记·货殖列传》中已提到较大规模的生产，有些就主要是为了销售的商品性生产。两晋南北朝时的地主庄园中就为了出售牟利而生产一些经济作物，或使用奴婢纺织，养猪羊牛马，种谷物、种蔬菜来逐利。宋代，都市和商业有了空前发展，把更多农产品吸收到商业的网络里来。在花卉和果树园艺、桑蚕、植茶制茶以及种蔗制糖中都出现了商品农业生产，从而形成生产专业化地区和从事农业生产的专业户。出现了专门的农业技术队伍，必然会促进技术水平的提高。进而成为促进宋代专业性农书大发展的重要因素之一。宋代专业性农书种类和数量都大大增多，以园艺专著——谱录类著作而言，牡丹、菊花、芍药、海棠、兰草、梅花、玉蕊、荔枝、柑橘、桐树、笋、菌等12种园艺作物是在宋代才开始有专书记载的。宋代园艺著作的数量，见于记载或现存者约有62种。它们反映了宋代园艺技术所达到的最高水平。首先，各种园艺作物的优良品种已大量出现；其次，总结出了宋代园艺技术水平较以前大有提高，达到栽培、养护各得其法，并掌握了多种园艺作物病虫害的预防和除治方法，无性繁殖的嫁接技术也已普遍使用到花卉栽培上；再次，通过栽培技艺的提高改进，对相关的生理生态习性，也较前有更多的了解，从而累积了许多相关的生物学知识。

明清时期，由于社会经济的进一步发展，有些农产品一开始就是为了市场销售而生产，是以具有较多或完全的商品性。这类农业生产有染料作物红花、蓝靛、经济作物甘蔗、桐、漆、棕、茶叶、棉花、各种花木以及药用植物等。在农业生产商品化发展的推动下，适应专业化需要的农学也进一步有所发展。如不少地主、富农为了追逐利润投身于农业经营，需要讨教于适合当地情况，切实可用的农学著作，以增长生产知识，提高种、养技能，成为这一时期地方性农书出现较多的重要原因之一。明代海禁取消，中外贸易也比以前发达。清代虽一度实行海禁，但自鸦片战争后，有些沿海城市被迫开放，外商纷纷来华争购丝绸，中国蚕桑业为之一振。杭嘉湖地区和珠江三角洲是这时期的蚕桑重点产区，在农家经济中占有重要地位，“比户以养蚕为急务”，“公私仰给惟蚕息是赖”[①]。于是除了农民纷纷学养蚕种桑外，甚至受到社会的普遍关注，从而刺激了各种蚕桑资料和著作的问世，有人作过查索。据不完全统计，这一时期蚕桑专著有171种之多，占明清农书总数的20.4%[②]。又如荔枝，果的色、香、味俱佳，为中国第一流果品，自汉以来，被历代皇家定为贡品。进入北宋，闽、广等地的荔枝开始以商品身份大量涌入了北方市场乃至海外一些国家。明清时期，东南沿海一带大小城镇的兴起、扩大，和商品经济发展的刺激，荔枝的栽培在闽、广继续发展。自唐末开始出现的果树专著，直到清代后期共有19部，而其中12部是明清时的著作。农业生产商品化的现象还反映在农书内容中，如明末清初问世的《沈氏农书》和《补农书》在谈到各种农业生产经营时，均详细计算产品价值，所需人工和生产耗费，以及可获利益大小并如何能获较高收益的对策方法等。说明明末清初太湖地区农业生产商品化已达到相当高的程度。

（二）农学发展与社会政治的关系

一般世界上所有国家的职能，不外乎包括社会职能和统治职能两个方面。由于社会发展情况不同，中国历史上代表国家的历代封建王朝在执行社会职能方面要远比当时欧洲以及其他有些地区的国家要重视和强有力得多。即使是科学技术，国家也加以控制，将之与政治密切结合，强调为政治服务，如中国古代观测天象，系为了“观象授时”，固然是为农业生产之需要，更重要的是为显示天权皇威，“天人合一”是观测天象的另一个主导思想，用以预测社会和皇室的吉凶祸福。地学也是如此，大地测量是为获得“皇舆全览图”等。农业是古代社会最重要的生产部门，抓农业生产理所当然地成为历代国家政权的首要大事和基本国策。因此，中国古代农学的发展带有浓厚的政治色彩，与政治密不可分。

1.“农本”论政治思想与中国古代农学家

从战国诸子儒、墨、道、名、法各家著作中，都可以找到重视农业生产和农业科技知识的若干章句，而且还出现了专谈“神农之学”，如许行的农家学派。诸子学者大多集政治家与哲学家于一身。他们著书立说，对各种社会问题加以理性考察，并从因果关系来进行论述。如人们较普遍地对农业生产的重要性有了系统的认识，集中起来，就是农业为富国裕民之本，治国安民之本和军事强大战胜守固之本。战国末期，以农业为“本”，称工商业为“末”者已大有人在。据现存文献，把“本”、“末”这一对被广泛应用的词语和农、工、商业结合起来使用，并对立而称者则自韩非始[③]。近人罗根泽说：“吾国自古号称以农立国，而于工商则三代未尝卑弃。抑工商，提倡耕农、盖在荀卿之时。制为本农末商之口号，则当在战国之末，而盛行于西汉之初。”[④]

战国末提出的重本抑末的“农本论”思想成为中国后世历代封建王朝的基本国策，并深刻影响中国古代士大夫的思想。战国时，管仲主张把社会上的人按职业分为“士、农、

① 嘉庆《嘉兴府志》卷三十二，“农桑”。
② 王达，试论明清农书及其特点与成就，农史研究，第八辑，农业出版社，1989年。
③ 《韩非子》“诡使”和“五蠹”篇。
④ 罗根泽，古代经济学中之本农末商说，诸子考索，人民出版社，1958年，第106页。

工、商”四大社会集团。当时的“士”为平时一般住在自己家中，在国家紧急时则须立即拿起武器充当兵士的人。战国以后“士”就转化为读书人，形成了“士大夫”阶层。“士”是官的后备军，有进入国家统治集团的希望与可能，地位无疑在社会上居于最高一等。不过，并不是所有的士都能当官，即使当上了官后，或年老退休，或失宠而被谪为民，为了生活，他们中有人就经营农业，要子弟既耕且读，农闲时读书，农忙时参加生产。这就是所谓“耕读传家”的乡绅。另外，尽管中国古代士人绝大多数都醉心于仕途，皓首钻研经学或是诗词歌赋，但也有少数人，当官致仕之后，基于重农思想而研究农学写作农书的。贾思勰写《齐民要术》就是从“农本”观念出发的，在“序”中列举了经史中许多的重农教训与典故，并论说重农之作用“要在安民，富而后教”。以后的陈旉、王祯、徐光启等等无不是在农本思想影响下，重视对农业生产技术的总结和推广，写作农书，在中国农学发展史上作出了巨大的贡献。不过，必须指出的是，中国古代农学家也有很多重农而不摈斥工商业，如反映在崔寔《四民月令》中有关士农工商并重的思想，并详述了一年之内应该进行的商业活动。贾思勰在《齐民要术·序》中虽声称“商贾之事，阙而不录”，实际上他却对地主经营的活动在书中也未完全付之缺如。明末清初出现的不少地方性农书，农商并重思想更为浓重。

2. 国家政权对农业生产的干预与农学发展

中国古代中央集权国家是依靠小农，尤其是自耕农提供的赋役以为其生存基础的。所以，封建国家虽然代表地主阶级的利益，但当地主阶级土地兼并剧烈危及国家的赋役收入和社会安定时；还有在发生军阀混战或农民战争之后，因战争的破坏，农民流离失所，无法进行农业生产活动时，国家政权一般都要采取措施来解决问题，以保证农民具备再生产的最低条件。其作法除抑制土地兼并，均平赋役外，在农业生产方面首先还要采取奖励和督课农民生产，推广先进农具和生产技术，修撰和颁行农书；其次，组织农田水利基本建设，如治河、修水利、兴屯垦；第三，在农民缺乏生产资料，再生产难以为继时给予接济，如减免赋税，“赋予”或“假予”口粮、种子、耕牛以至土地等；第四，利用国家掌握的粮食和物资，贵籴贱粜，平抑物价，稳定市场，使农民少受商人、高利贷者的中间剥削。

上述措施往往在新的王朝建立初期执行较好，确实能收到一定效果。首先，保存了大量农业生产劳动力，使受破坏的农业再次得到恢复；其次，农业科学技术得到较大较快的提高。这样就使濒于中断的农业终于得以继续进行下去，逐步恢复生机。中国历史上出现的所谓“盛世”，如汉代的“文景之治”，唐代的“贞观、开元之治”，明代的“洪武盛世”和清代“康乾盛世”之形成，固然有多方面的原因，但它们无不是以农业的繁荣为其基础的。中国进入封建社会的二千年中，农业生产一直在兴—衰—兴—衰的循环往复过程中缓慢地发展着，而始终没有发生中断，五千年的中华文明也因农业的没有中断而一直持续发展着，并在古代世界取得辉煌的成就。应该说中国历代国家政权对农业生产的干预在其中起到积极作用的，至少也是好坏参半。

上述国家政权干预农业生产的措施中，以第一条奖励督课农民生产，推广先进农具和生产技术，修撰颁行农书等所谓的“劝农”措施，与中国古代农学的发展关系最为密切。中国历代“劝农”的主要内容是向农民宣传政府的农业奖惩政策，督促农民及时耕作，以便不误农时；了解和询问农民的疾苦；运用自己懂得和掌握的农业科技知识，做示范推广，或在乡镇农村中张贴散发宣传文告等举措就是其体现。汉武帝时赵过推广代田法和新式农具耧车和耦犁；南宋临安于潜令楼璹将农业生产过程绘为图画，并配以琅琅上口的诗句形式向农民宣传推广，使之易于接受，南宋时有的地方官还使用精炼、简短的文告——“劝农文”向农民宣讲农业科技知识。所有这些无疑对农学的发展都能起到一定的推动作用。

中国传统农学的载体——古农书，是历代用来“劝农”的一个重要工具，是推广交流农业科学技术的手段，也是农业科学技术发展水平的记载。春秋时已出现“农稷之官”撰写官农书《后稷农书》[①] 和“鄙者为之”的私人著作《神农》、《野老》等。唐代开始明确有由政府组织人编纂过的农书。不过，中国历代总有的数百种农书中绝大部分乃为私人纂述。稍加分析还可发现，私人撰著的作者中很多为在职或卸任的官吏。以构成中国农书主干的几部综合性大农书来说，名著《齐民要术》的作者贾思勰曾任后魏高阳太守。元代宦游南北的王祯，写作《农书》时正任职宣州旌德（今安徽旌德县）和信州永丰（今江西广丰县）县尹。明末官至内阁大学士的徐光启是一位有多方面修养的科学家，而他一生用力最多的还是《农政全书》。以上是荦荦大者。其他地方性农书和专业性农书的作者，与仕宦无关的也不多。盖因自汉代以来，历代地方各级官吏负有督课农桑的责任，其中的有心人往往利用其工作中积累的经验和知识，写出了农学著作。这些著作，在某种意义上也可视为先秦“官方农学”的延续。以精耕细作为特点的中国传统农业科学技术，是历代农民在丰富的生产实践中创造的，但如果完全排除上述在职或卸职官吏在内的农学家们的总结，形成为文字，著为农书，就难以形成系统，流传久远。从这个意义上说，中国农业精耕细作优良传统的形成，历代国家政权所履行的社会经济职能，是起了相当积极的作用的。

3. 某些政治需要也能促进农学的发展

中国古代许多科学技术是与社会管理相结合的，也就是说为政治服务的。因为国防和车驾的需要，历代王朝对养马事业特别重视，并将之直接置于中央政府掌握之下。如汉帝国建立后，有匈奴之威胁，为了巩固边防，对骑兵建设尤为重视。汉武帝时，国有马达40多万匹，派卫青、霍去病先后出塞，率骑兵10余万，并有马14万匹随行。自汉以后历代王朝无不以骑兵作为国防的主力和封建统治的有力工具。唐代养马之多和“马政”之发达是国势强大的原因之一。在有现代机动交通工具以前的古代国家大动脉就是以马为动力的驿站交通。它的主要作用是传递文书谍报、公差运行、沟通中央和地方的关系，实际上是国家有关军事政治的辅助设施，因而也受到历代统治者的重视。中国的驿站交通不仅是世界上最早的，而且规模宏大、完备。唐代的驿站最为完备，驿道错综辐辏，驿站星罗棋布。发达的驿站交通，在政治军事和对外文化交流方面都起了重大的作用。所以，马在中国古代被列为“六畜”（马、牛、羊、猪、犬、鸡）之首。

养马业的发达，促进了养马技术和兽医学的进步。中国养马技术发展得很早，商代遗址中发掘出来的车马和饰具反映出当时已有了对役用马相当周到的管理方法。家畜医疗的活动应该说自有畜牧业即开始了。根据《周礼》记载，春秋战国时已出现了专门的

---

① 中国自进入文明时期，夏、商、周三代已设有农官，《汉书·艺文志》：“农家者流，盖出于农稷之官。”有的农史研究者认为其著作有《后稷农书》。

兽医。又由于马匹鉴定和选种工作的需要，中国古代的“相马”术出现很早也很发达。春秋时已出现为后世所推崇的相马专家，即古今中外闻名的伯乐。而且二千年来，在养马、相马和兽医活动中积累了丰富经验的实践者，把自己的理论和认识写成了不少专门著作，可惜大部分已佚失。中国古代的畜牧兽医学著作，王毓瑚《中国农学书录》著录有80种左右，值得注意的是有关养马的占了大半，约为40种，谢成侠《中国养马史》所列养马著作有42种，两个数字大致差不多。其次为相马著作，有40多种。

（三）农学发展与传统文化的关系

农学的研究者都生活在一定的社会历史环境中，其思想行为理所当然地要受到该时代文化的深刻影响，并反映在研究工作和农学著作中。

1. 中国古代主要学术流派对农学发展的影响

每个民族的文化特征，是由其所处的地理环境、物质生产方式、社会组织形式形态的综合影响而形成的，作为文化表现形态的中国传统思想也离不开其所根植的土壤。因而产生于春秋战国时期的诸子学派，不论儒、墨、道，还是名、法、农，其思想观点因所代表的社会阶层和集团利益不同而有差异，但也有不少共同或相通的地方。其学术观点和政治主张，对传统农学的形成与发展大都留下了相应的历史印记。儒、墨两家关心较多的是伦理、道德和政治，其思想依据是诉诸人的本性或人的需要；而以黄老相标榜的道家，则认为世间一切事物都以“天道”，即宇宙自然为依据，其所涉及的知识领域，早在先秦时期就已广及天文历算，地理物宜，乃至处世和治世之道①。后起的法家，以法、术、势相结合的法治思想体系，不仅力主通过变法等举措，来促进个体经营生产方式的发展，也强调强国之本在于耕战，从而为后来的封建农业生产方式奠下始基。即使在汉代以后，历代统治者也多是用“外儒内法”的形式，对农业生产和生产者给予较切实的关注。由于“儒家和道家至今仍构成中国思想的背景，并在今后很长时间内仍将如此”②，以下仅就儒道两家与农学的关系，略加申论，这就不仅是历史的回顾，也具有一定的现实意义。

由于儒学是中国传统思想的代表，又一直处于正统思想地位，对中国历代知识分子思想和学术文化所起的影响最大，也通过对农学家的思想影响而反映于中国农学中。在儒家教育思想中，培养博学通才思想有可取之处。儒家“六艺”教育具体附丽于教材，即古代经典中，如《诗经》中包含有大量虫鱼、鸟兽、草木，以及天文、地理、农业生产知识；《周礼》和《礼记》中也有许多农业生产知识。虽然，儒家认为知识分子要学“治人”之术，不要去亲自从事体力劳动，使大多知识分子重文轻科技，但他们之中还是有少数人无心于仕途，他们博学多才，喜欢钻研包括农学在内的科学技术等实学，这是和中国古文化主要是农业社会文化，民族心理的务实精神便是由此导致的一种心理趋向有关。儒家中有人强调理论与实际相“符验”以及“通经致用”。当然首先是重视把伦理道德和政治主张用于为当政者服务，但由于“民以食为天”，农业生产是富国安民的根本是

---

① 葛兆光，中国思想史，第一卷，复旦大学出版社，1998年，第200页。

② 李约瑟，中国科学技术史，第二卷，科学思想史（中译本），科学出版社，上海古籍出版社，1990年，第178页。

以在中国古代许多知识分子思想中扎下了根，认为研究农学也是最切合实用的学问之一，历代都有一些知识分子钻研农业生产技术，或总结记录农民的生产经验。儒家“述而不作，信而好古”[①] 的经学作风对中国古代知识分子的治学也有很大影响。所谓“述而不作”就是传述陈说而不自立新意；“信而好古”则是信从和喜爱过去的事物，为儒家政治上“法先王”思想在学术上的延伸。中国的古农书从公元6世纪的《齐民要术》到18世纪的《授时通考》，这类综合性大型农书的共同点就是大量采录经史资料和前人同类著作。对传统的尊重，从积极方面看，大大强化了中国历史和文化的延续力，有促进科学发展的一面，但其消极作用大于积极面。它造成了许多知识分子向后看和守成的倾向；同时，重古而轻今，在科学上容易把古代的经典看作终极的真理，而不再进一步去探求科学真理，发展科学技术。

道家是因老子把“道”视作宇宙本体而得名，认为宇宙与万物的生成过程之：“道生一，一生二，二生三，三生万物”[②]。在战国中期道家形成了较为完整的理论体系，并出现若干侧重有别的流派，但其共同点主要体现在以“天道自然观”构成哲学思想的核心，从中又进而演化出“无为而治”的政治思想。汉初曾一度以之为治国的指导原则，据以实行清静无为与民休息的政策，曾起到一定成效，魏晋时期盛行以道家观点解释儒家经义，促进儒道融合，使以崇尚老庄为主的玄学风行一时。以后的道家思想虽未再占统治地位，但始终作为儒学的补充而被统治者所利用，道家的自然主义天道观和辩证方法含有合理因素，它对后来中国自然科学的发展起过不可低估的作用。李约瑟甚至认为“东亚的化学、矿物学、植物学、动物学、药物学都起源于道家”[③]。验之实际与史实，这一论断确非臆测无稽之谈。农学作为综合的技术科学是和上述学科有着密切的关联，因而也必然会直接或间接受到道家的影响，这自不待论。就是被称之为“农家”的许行、陈相等，有人研究分析其思想倾向也是极接近道家的。至于过去一向被视为杂家的代表作的《吕氏春秋》和《淮南鸿烈》，其中汇编有和农学乃至历法、物候等与农事活动有关的著名篇章，作为集体编著的这两部论文集，其中心思想也是接近先秦老子思想的[④]。甚至连李约瑟都认为，这“两者都是由多少有道家色彩的科学家会聚在一个有力人士的庇护之下编纂而成的”[⑤]，至于后来的农学专著如《陈旉农书》，不仅从作者以“西山隐居全真子”自称，流露出道者的外在风度，进而就书的内容加以探讨，如就《天时之宜篇》等内容来分析，也同道家的天道自然观十分吻合切近。陈旉本人是否真像他所自许的曾于“西山躬耕”，虽仍有待深入考证，但千古以来重视“物质生产和手工劳动一直是道家社

---

① 《论语·述而》。

② 《老子》第四十二章。

③ 李约瑟，中国科学技术史，第二卷，科学思想史（中译本），科学出版社，上海古籍出版社，1990年，第175页。

④ 钱穆，中国文化史导论（修订本），商务印书馆，1994年，第96～97页。认为《吕氏春秋》是超然于儒、道、墨诸家之上而调和统一之，而《淮南子》则是就道家为宗主而调和统一儒、墨及其他各家，据此则《吕氏春秋》在杂采众家加以折衷中含有道家成分，而《淮南鸿烈》，后汉高诱在为之作叙中即已指出“其旨近老子”，这似已成定论。如张岱年在《中国哲学史史料学》（三联书店，1982年，第107页。也讲到“《淮南子》主要是老子之学，属于道家……书中《天文训》对于古代自然科学的发展有一定贡献。”

⑤ 李约瑟，中国科学技术史，第二卷，科学思想史（中译本），科学出版社，上海古籍出版社，1990年，第38页。

会的一个特点”[①]，这和先秦农学家的思想倾向相类，而与鄙视体力劳动而主张学而优则仕的儒家则显然有别，农学源自农业生产，农学思想又受自然观的支配，道家对中国传统农学的形成及发展的影响值得深入研究，从中也不难得到有益的启示。当然这必须同道家演化为道教，崇尚方术迷信的神秘主义，这一非科学的倾向要严格区别开来。

2. 中国传统自然观对农学的影响

中国传统自然观是一种有机统一的自然观。由于它是建立在直观认识基础上的，一方面对于自然观现象的观察和认识往往有正确的一面，但所得出的结论又往往是含糊的。而其模糊的理论几乎具有无限的涵融性，并从而赋以理论左右逢源的生命力。中国传统有机自然观对农学思想有深刻的影响，而且它们中有的最早可能就源自农业生产中，或者可以说是长期农业生产实践经验的升华。与中国古代农学关系较为密切的传统自然观有用“五行”——金、木、水、火、土来说明万物之构成；用“阴气”和“阳气”来解答自然的变化以及天、地、人彼此相应的“三才”观。

阴阳和五行说起源很早，春秋时期有所发展。晋国史官蔡墨和鲁国展禽都提出天有日、月、星三辰，地有五行的说法。晋侯求医于秦，秦伯使医和往视，在分析起病的原因时曾说秦国医和说“天有六气，降生五味，为五色，征为五声，淫生六疾。六气曰阴、阳、风、雨、晦、明也。分为四时。序为五节”[②]。其所依据的已是一种朴素的唯物自然观：气的流转，形成四季的嬗递，派生出事物的各种基本类型，并影响人体，呈现为不同疾病。这是自然固有的规律。显然，五行说在这里已经和形式上扩大了的阴阳说——“六气”结合为一了。阴阳五行说到战国末又与政治相结合，并发展为神秘唯心主义学说。《管子·四时》把六气简化为“风、阳、阴、寒”，认为这四种气流转而形成四时，并且产生构成万物与人体的基本要素。这样，由气到四时、五行组成了一个完整的自然体系，对天和人都有所说明。

中国古代农学家多有用阴阳五行说来解释农业生产中诸事物现象的。不过，由于农学是实用性很强的技术科学，因此人们在运用这一理论时，往往保持其原始唯物的意义。如阴阳的本意，天雨为阴，天晴为阳；日出为阳，日落为阴。农业中则把土地向阳的一面称为阳坡，背太阳的一面叫阴坡；还有《吕氏春秋·辩土》中说的“下得阴，上得阳”，这里的“阴”为水分，“阳”为阳光；南宋陈旉认为“顺天地时利之宜，识阴阳消长之理”，就能达到“生之、畜之、长之、育之、成之、熟之，无不遂矣”的境地。明末马一龙，清代杨屾都力图运用阴阳五行说解释农业生产和农业技术问题，使之上升到经验的理论。不过，由于农业生产领域和农业生物与环境关系的广泛复杂，在农业科学技术中除了理论基础与人医同源的中兽医药学以之作为立论的依据，影响较大外，对其他各项耕作栽培技术的影响就较小，有的甚至是强行联系，如所谓的“五土”、“五谷”、“五时”等即属此类情况。即使马一龙《农说》虽想以阴阳理论为纲，从哲学高度来说明农学问题，但并不能用之来解释水田作物生产过程中所有的技术环节。杨屾在《知本提纲》中也像马一龙一样，不能用经他改造过的“阴阳五行”说来解释旱地作物生产过程

① 李约瑟，中国科学技术史，第二卷，科学思想史（中译本），科学出版社，上海古籍出版社，1990年，第135页。

② 《左传·昭公元年》。

中所有的技术环节。

前面已经提到的在农学思想中占主导地位的是“三才”理论。《周易·十翼》不只一次提出“三才”——天、地、人彼此相关的变化问题。它也是战国时期比较流行的哲学理论之一，被运用到当时的经济生活、政治活动和军事作战等各个方面。如军事作战强调“天时、地利、人和”才能取胜；农业生产中讲究“天时、地宜、人力”三者协调好就可获得好收成；手工业生产中则有“天有时，地有气，材有美，工有巧”才能成器的说法。这些都是“三才”理论的具体运用或衍化。从战国《吕氏春秋·上农》等四篇到清代的《授时通考》，历代农书都贯穿着农业生产要天、地、人三要素应结合的观点，从而使农业生产的整体观、联系观、动态观，贯穿于中国传统农业生产技术的各个方面。例如：在整体观和联系观的指导下，古代人们看到了生物体这一部位与那一部位之间，这一发育阶段与那一发育阶段之间的关系；看到了农业生态系统内部各种生物之间的关联，并加以利用。而且早在西周时期人们就用动态的观点来观察土壤，把土壤中的温湿度、水分和气体的流通等性状看作有气脉的活的机体而概括称之为“土气”或“地气”，等等，同时，在“三才”理论体系中，人不是以自然环境的主宰而是自然过程的参与者身份出现的。农业生物在自然环境中生长，有其客观规律性，人可以干预这一过程，使之符合自己的目标，但不能凌驾于自然之上，违反客观规律。总之，“三才”理论如前面所说因其符合农业生产的本性，是以比较能够广泛地解释农业生产过程中的各个技术环节。不过，它终究是感性的、笼统的，不是建立在科学实验基础上的精确科学理论。

3. 其他科学技术对农学发展的影响

农学是一种涉及多种科学的学科。以与它关系最为密切的气象、土壤和生物学来说，在传统农业阶段发展非常缓慢，而且一起处于感性、描述的阶段。

随着农耕作业的需要，人们开始重视农时，从而促进了历法与农业气象学的产生与发展。自战国时期到汉代，中国历法和农业气象学取得了较大成就，主要是十九年七闰的四分历的出现和二十四节气、七十二候的基本形成。其中二十四节气，因能准确地反映由于地球公转而形成的日地关系，成为掌握农事季节的可靠依据，至今仍在农村中使用着，并丰富发展为农家占候。不过，在这方面二千年来似乎变化不大。

农业土壤学知识，在战国时期的一些文献中，如《尚书·禹贡》、《管子·地员》、《周礼民·职方氏》中已有所总结，有关于“土”和“壤”概念的提出，土壤分类知识、土壤地理和土地与植物生长关系的认识等。人们还在土壤耕作丰富经验的基础上，观察了土壤在不同季节的动态变化，用发展的观点看待土壤肥力，提出了土壤耕作的五大原则。在以后的农事操作实践中，随着土壤耕作的继续深入发展，关于土壤肥力到宋代提出了地力“常新壮”的看法，可说是达到认识的最高点，以后就再没有什么发展。

生物学是农学的基础，中国虽然在一二千年前人们对植物的雌雄性就有认识，但一直延续到清末以前，中国人对于稻、麦、菽等作物的花器结构，仍只有“稃”、“房”、“荚”等名称。关于男女授精，普遍地还是以阳精、阴精、气三个概念作哲理推析，而没有任何实验观察。《地员》篇中土地与植物的生长关系认识，一直到明清也无多大发展。

农业科学技术发展史同时也是各有关基础理论学科不断向农业科学技术渗透以及不断形成自己的基础理论学科的历史。而中国古代的气象学、土壤学和动植物学等都是偏重于实用的知识，缺少对自然规律的阐明。这样，中国传统农业虽有较高的技艺，也有像“三才”理论等的农学指导思想，但总的说还是局限于经验、拘泥于实际，难以完成自身体系的完整性。有关农业基础理论学科没有能够达到普遍的理论认识水平。

4. 文化及技术交流对农学的影响

中国传统农学内容充实，丰富多彩，与交流和善于吸收外来文化有很大关系。交流与吸收又可分为国内各民族和地区之间的交流，以及与世界其他国家和地区的相互交流。

（1）中国国内各民族和地区之间的交流与融合。中国辉煌的农业科技成就是历史上各族人民共同创造的。以主体民族汉族来说，则是由许多原始民族和古代民族融合而成的。在原始社会向文明社会过渡的同时，在黄河中下游以炎黄集团和部分东夷集团为主体逐渐形成了华夏族，其中也包含了南方苗蛮集团的成分。历经夏、商、西周至春秋战国，它与周围民族不断斗争和融合，形成后来汉族的基础。秦汉以后，汉族仍然不断地吸收其它民族成分而日益扩大。所以在汉族农业和农业科技历史成果中，实际上包含了历史上许多少数民族的贡献在内。另一方面，中国历史上很早就形成了各民族互相交错和彼此杂居的格局。因此，居住在少数民族地区的汉族在学习和适应少数民族的生产经验和生活方式的同时，又把汉族或其他民族的先进生产技术和文化传播到少数民族地区去。所以，各少数民族农业和农业科学技术的许多历史成果，同样是多民族共同创造的。

中国历史上各民族和地区农业科学技术相互交流促进影响的事例不可胜计，略举一些较彰著者。中国是栽培稻的起源中心。国内外比较一致的看法是居住在云南境内少数民族的先民最早把野生稻驯化为栽培稻的人群之一；另有些学者认为长江下游是中国稻作起源中心。对于起源具体的地点虽有争议，但肯定在南方是无疑的。北方黄河流域的稻作是在南方影响下出现的，所以稻作是南方少数民族对中国农业发展的伟大贡献。中国又是世界公认的大豆起源中心，具体起源地虽有不同说法，但《逸周书》、《左传》中有明确的周成王时“山戎”贡“戎菽”，以及春秋时从“山戎”引进“戎菽”的记载。山戎是先秦时代北方与东胡族关系密切的少数民族。春秋战国之际，中原地区人民一改以往以“黍稷”为主粮的作物结构，而代之以“菽粟”。大豆提供给人们优良植物性蛋白质，自古以来它一直是中国人蛋白质的重要来源。其他如茶、甘蔗、漆等特殊经济作物，以及荔枝、柑橘等都是南方和西南民族首先驯化种植的。

在畜牧业方面，西北和北方少数民族对中原地区也作出了重大贡献，首先是向中原地区提供了大量的牲畜和畜产品，不仅为中原王朝军马的重要来源，而且在一定程度上为中原地区农耕和运输提供了动力。北方民族首先培育的“奇畜”驴、骡，汉代以来“衔尾入塞”，传入中原后，成为农村中的常用之役畜。其次，促进了畜种的改良。最突出的是马种的改良，周代，北方草原所产良马已被引进中原，可能已起改良马种的作用；秦马则是以西戎马为基础育成的。西汉为进一步改良马种对付匈奴强悍的骑兵，先后引进了乌孙马和大宛马等西域良马。唐代，引进马种尤为积极，《新唐书·兵志》说：“既杂胡种，马乃益壮。”又如唐代的沙苑羊（今称同羊）是以蒙古羊为基础并与哈克羊等杂交而成的。南宋时，南迁的中原人又给江南带去了大量蒙古羊，在新的自然和社会经济条件下逐步育成了现今有名的“湖羊”。再就是促进畜牧技术的交流与提高。汉以前和汉代，往往用北方民族充任养马仆役，他们自然会将本民族的畜牧技术传入中原地区。还值得一提的是在汉代苜蓿从西域传入中原，对农牧业的发展起了重要的作用。

至于农具、农田水利建设、耕作技术等等，各民族之间，南北地区之间的交流，在自先秦至清末的农书和其它文献中都可以找到许多明确的记载和线索。

（2） 自国外引进的农作物。中国与世界的农作物交流引进发生很早，具有较大意义的如小麦，原产西亚，在距今4000年前传入中国，新疆孔雀河古墓地即发现当时麦作遗存；周代，小麦已传入中原地区。小麦为较喜潮湿的越年生作物，并不适应黄河流域冬春雨雪稀缺的自然条件，也不宜于南方渍水的环境，而中国农民历经艰辛，在耕作、栽培、育种、收获、保藏、加工等方面采取了许多特殊措施，创造了一系列有关工具和技术，终于把它发展成为中国第二大粮食作物，成为在农业体系中不可分割的一部分。又如棉花的引进，在中国农业史上也是一件影响很大的事件，黄河流域和长江流域古代人们的衣着原料，在唐宋以前只有麻类和蚕丝，唐宋以后才有棉花。棉非中国原产，中国对棉花的利用和栽培，开始于华南及西南和西部边疆少数民族地区。宋、元时期才从南北两路传入中原，促使中国纤维作物的结构和衣被原料发生了重大变化。明中叶以后，中国又从国外引进重要作物番薯、玉米、马铃薯、花生和烟草。它们都原产美洲。自哥伦布发现新大陆后，西班牙人将之先带到欧洲，以后经由不同的途径，又先后传入中国。玉米、番薯、烟草等引进后迅速扩展，对中国作物种植结构产生很大影响。蔬菜、果树由国外引进的更多，两汉至两晋从陆路引进的有胡瓜、胡葱、胡荽、胡麻、胡桃、胡椒、茄子、苜蓿、葡萄、安石榴、巴旦杏、扁桃等；南北朝以后从海路引进的有海棠、海枣、海芋、海桐花、海松、海红豆、莴苣、菠菜等；南宋、元、明、清引入的有胡萝卜、番荔枝、番石榴、番木瓜、芒果、菠萝、番椒（辣椒）、番茄、洋葱、洋白菜、洋槐、洋姜（菊芋）等。花卉引进的也有不少，如茉莉、咱夫兰、大丽菊、荜菝等[①]。

正是由于上述两种交流中，中国栽培植物和家养动物种类日益丰富，农业文化不断提高，并在历代农学著作中有所反映。如汉以前及汉代从国外引进的不少栽培植物和家养动物，如大麦、小麦、胡麻、茄子、胡荽、苜蓿、安石榴、驴、骡、羊等。北魏《齐民要术》中对它们的栽培、管理、收获和饲养、繁殖，以及疾病防治方法已有系统记述或总结。宋元时期，南方地区种植的棉花传播至长江流域、西北新疆地区种植的棉花也越过河西走廊，发展到黄河中下游；元初的《农桑辑要》就将引入中原不久的棉花列为专条，除了详述其栽培技术外，还对过份强调风土不宜，障碍其传播的唯风土说作了批判。到明末《农政全书》对植棉栽培技术总结出“精拣核，早下种，深根，短秆，稀科肥壅”的经验。这已是有系统性的，而非孤立地强调某一点了。明末传入的番薯，因有备荒作用而受到人们重视，传播很快，不久就出现了总结它们栽培技术的专著，先后有《朱薯疏》、《甘薯疏》和《金薯传习录》等。

① 石声汉，中国农学遗产要略，农业出版社，1981年，第43～44页。

第一篇

先秦时代的农学

先秦时期是中国传统农学由萌芽到奠基的时期。中国是世界上主要的农业起源中心之一，目前，我国农业的历史已经可以追溯到距今一万年以前。中国农业的起源是多中心的，并在发展中形成了“多元交汇”的体系。在这个博大恢宏的农业体系中，中国古代劳动人民的农业实践，无论广度和深度，在古代世界都是无与伦比的。正是在这样丰富实践的基础上，我国古代农业形成了精耕细作、天人相参的科学技术体系。

虽然农业在其起源之时，即已产生了相应的农业技术，但农业科学的形成却要晚后得多。古代的农业科学是与农业技术紧密相连的，但两者毕竟不能划等号。技术是具体的操作方法和技能，科学则是指导这种操作的原理和知识体系。在中国，传统农学的形成或奠基，是在生产力和生产关系都发生巨大变化的春秋战国时期。其主要标志和特点：一是农家、农书和有关农学文献的出现；二是精耕细作技术体系有了一个雏形；三是作为传统农学基础的传统土壤学、农业气象学等基本建立起来；四是以“三才”理论为核心的农学思想已经形成。本篇的任务是阐述中国传统农学由萌芽到奠基的过程，以及先秦农学的基本内容和特点。

本篇共分七章。中国传统农学从萌芽到奠基，是长期的农业生产实践的结果，同时又和社会经济政治制度和文化思想的变化分不开。本篇第一章介绍先秦农学发展的历史背景（关于文化方面的背景则在第二章介绍）。第二、三章介绍先秦农家、农书和农学文献，它们的出现是中国传统农学形成的重要标志之一。由于以后各章论述先秦的农学体系时，还要对农书和农业文献中的有关资料作详细的分析，这两章只简要介绍主要农书和农学文献的基本内容，并对其写作时代和所反映的地域作必要的讨论。鉴于《吕氏春秋·上农》等四篇的重要性，故列为专章。四至六章论述先秦的农学体系，是本篇的重点。在这一部分，我们力图按照先秦农学体系自身的逻辑关系来展开论述。

农业生产离不开“天”（气候等）、“地”（土地等）、“稼”（农业生物）、“人”（从事农业生产的主体）等因素，中国传统农学正是通过长期的农业实践，在逐步加深对上述诸因素认识的过程中建立和发展起来的。农业气象学、农业土壤学、农业生物学就是这些认识的成果和结晶。这些因素在农业生产中是同时发生作用的，但在不同的生产力水平下，它们对农业生产所起作用的大小是不完全一样的，人们所重点关注的问题也有所不同。从先秦农学知识体系形成的过程看，首先获得发展的是对“时”和“天时”的认识，从而建立起中国传统农学的指时体系，并积累了丰富的农业气象学知识；其次是对“地利”的认识，从而建立了中国的传统土壤学和“土宜论”“土脉论”等很有特色的理论；关于农业生物的知识也有丰富的积累，并提出了一些重要的理论观点，但相对而言，还缺乏像土壤学那样比较系统的总结。这和人类对自然的认识和改造能力的发展程度是大体一致的。根据以上的认识，本篇第四、五、六章依次论述先秦时代人们对“天时”、“地利”、“物宜”的认识的发展及有关的农学内容。但先秦农学并非有关“天时”、“地利”、“物宜”知识的拼盘，而是用以“三才”理论为核心的农学思想把它们串联为一个科学的整体。所以本篇的第七章集中介绍“三才”理论的特点及其在农业实践中的形成过程，并阐述中国传统农学中对“人”的因素认识的发展。

第一章　先秦时期传统农学形成的历史背景

第一节　中国农业的起源

一　有关农业起源的传说

在中国古史传说中，农业起源于神农氏时代。神农氏的事迹广泛见于战国秦汉的古籍中，例如：

包牺氏末，神农氏作，斫木为耜，揉木为耒，耒耨之利，以教天下。(《周易·系辞下》)

神农之时，天雨粟，神农耕而种之，作陶冶斤斧，破木为耜钼，以垦草莽，然后五谷兴……(《逸周书·考德篇》[①])

民人食肉饮水，衣皮毛，至于神农，以为行虫走兽难以养民，乃求可食之物，尝百草之实，察酸苦之味，教民食五谷。(《新语·道基篇》)

古者民茹草饮水，采树木之实，食蠃蛖之肉，时多疾病伤毒之害。于是神农乃始教民播种五谷，相土地宜：燥湿、肥墝、高下；尝百草之滋味，水泉之甘苦，令民知所辟就。当此之时，一日而遇七十毒。(《淮南子·修务训》)

古之人皆食禽兽肉，至于神农，人民众多，禽兽不足，于是神农因天之时，分地之利，制耒耜，教民农作，神而化之，使民宜之，故谓之神农也。(《白虎通·号篇》)

我们知道，农业起源于没有文字记载的远古时代。在这个时代，原始人的斗争业绩，他们的劳动和创造、胜利和挫折，通过口耳相传的方式世代传递着，经过长时期的集体加工，浓缩为神话化的传说人物。这些神话传说在后人的记载中，又常常有所附益。但是如果我们细心剔除其附益的成分和神话的外衣，在这些神话传说中是可以找到真实的历史内核的。例如上述关于神农氏的传说，至少可以说明以下几个问题。

原始农业是从采猎经济时代的原始采集发展而来的。古史传说中神农氏以前的“包牺氏”，是中国历史上的采猎经济时代[②]。战国秦汉的学者众口一辞，都说神农氏以前人们吃的是“行虫走兽”，“采树木之实，食蠃蛖之肉”，这和传说中包牺氏时代的经济内容是一致的。由于人口增加，原有的食物不足，为了开辟人类食物的新来源，遂有农业这

① 见朱右曾：逸周书集训校释·逸文。

②《周易·系辞下》：“昔包牺氏之王天下也……作结绳而为网罟，以佃以渔。”《尸子·广泽》：“燧人氏之世，天下多水，故教民以渔；虙牺氏（按即包牺氏）之世，天下多兽，故教民以猎。”

种新的食物生产方式的创造①。

我国农业从其产生之始，就是以种植业为中心的。首要的问题是野生植物的驯化。在长期的采集生活中，对各种野生植物的利用价值和栽培方法进行了广泛的试验，逐渐选育出适合人类需要的栽培植物来。从“尝百草”到“播五谷”和“种粟”，就是这一过程的生动反映；而所谓“神农尝百草，一日遇七十毒”，则反映了这个过程的艰难和充满风险。

为了使农业经济得以确立，要有相应的工具的创造，反映在传说中就是神农氏创制斤斧耒耜，“以垦草莽”。同时又要解决谷物熟食的方法和工具，反映在传说中就是神农氏从“释米加烧石上而食之”② 到“作陶”③ 的历史过程。

由此可见，所谓“神农氏”的传说，是我国农业从发生到确立的一整个历史时代的反映。

二 考古发现所见的原始农业

古史传说所展示的我国农业初始状态的轮廓，虽然是真实的，但又是粗略的。要对我国农业的初始状态有较为具体的了解，不能不求助于考古学家所揭开的“无字地书”。农业的初始形态，一般称之为“原始农业”④，它基本上是与考古学上的新石器时代相始终的。我国新石器时代的农业遗址已经发现了成千上万，分布在从岭南到漠北，从东海之滨到青藏高原的广阔大地上，尤以黄河流域和长江流域最为密集。我国古代农业主要从这两个流域地区发展起来而臻于高度发达的状态，我国传统农学也主要是从这两个地区孕育起来并臻于成熟的。下面，我们根据有关考古资料着重介绍这两个地区原始农业发展的状况。

---

① 采猎经济是一种“攫取经济”，当时人们生活资料的来源仰赖于动植物的自然再生产，而不能控制它。在人口稀少、资源宽裕的条件下，原始人有时也可能获得充裕的食品，但维持生存的人均最低资源占有份额远远高于后来的“生产经济”，每增加一个人，要求可供占有的资源数量的相应增加。也就是说，在“攫取经济”中，人口与资源的平衡是“一头沉”的结构。假如，某一群体人口和它所拥有的资源处于均衡状态，在拥有资源数量大致恒定的情况下，人口那怕是微小的增长，都会打破这一平衡，以至造成灾难性的后果。所以原始人类往往抑制自身的发展，采取各种措施限制群体内人口增加的办法，来保持它与自然界所形成的脆弱的平衡。有些人类学家看到某些原始狩猎部落的人每周仅用十几个小时的劳动，即可获得足够的生活资料，因而把原始人类社会描绘成人类的“黄金时代”，这显然是错误的。在人类依赖于自然再生产而生存的条件下，为了保持生态资源与人类群体之间的均衡，人口增长率必须保持在几乎近于零的状态。保罗·马丁曾用计算机程序模拟加拿大埃德蒙德一个拥有100人的印第安人族群的狩猎经济，如果以其生殖能力的限度来假定该族群以每代（20年）翻一番的速度增长人口，那么这一氏族将以0.37人/平方英里的密度组成一条纵深59英里的狩猎战线，这条战线以每年20英里以内的速度推进，在293年以内该战线将推至墨西哥湾，使加拿大至墨西哥湾沿岸的全部巨兽绝迹。（［美］马文·哈里斯：《文化的起源》第19～20页）可见在采猎经济中，为了维持人口与资源的平衡，不允许人口有较大的增长。但由于自然的过程，人口毕竟是要增长的。正是人口增长打破旧的人口与资源的平衡，迫使人们寻求新的食物生产方式，从而导致农业的发生。这和我国古史传说的反映的情况是一致的。

② 《艺文类聚·食物部》引《古史考》。

③ 《太平御览》卷八三三引《周书》：“神农氏耕而作陶。”

④ 农史界一般把农业发展的历史形态依次划分为原始农业、传统农业和近现代农业。根据考古学材料和民族学材料相参证，原始农业的基本特征是：生产工具以石质和木质为主，广泛使用砍伐工具，刀耕火种，实行撂荒耕作制，种植业、畜牧业和采猎业并存。

（一）黄河流域的原始农业

黄河流域迄今最早的农业遗址，属于主要分布在河南中部的裴李岗文化和分布在河南中南部的磁山文化，距今约有7000～8000年之久。这两种文化分布地域相邻接，文化面貌有许多共同点。种植业已是当地居民最重要的生活资料来源。出土的农具配套成龙，从砍伐林木、清理场地和加工木器用的石斧，松土或翻土用的石铲，收割用的石镰，到加工谷物用的石磨盘、石磨棒，一应俱全，制作精致。主要作物是俗称谷子的粟，如河北武安磁山遗址发现了大量窖藏的粟①。采猎业是当时仅次于种植业的生产部门。人们使用弓箭、鱼镖、网罟等工具进行渔猎，并采集朴树籽胡桃等作为食物的重要补充。养畜业也有一定发展，饲养的禽畜有猪、狗和鸡，可能还有黄牛。与这种以种植业为主的综合经济相适应，人们过着相对定居生活，其标志就是农业聚落遗址的出现。

与裴李岗文化、磁山文化年代相当，经济面貌相似的，还有分布在陇东和关中的大地湾文化（或称老官台文化）和分布在陕南汉水上游的李家村文化等。甘肃秦安大地湾遗址还发现了迄今最早的、距今7000余年的栽培黍遗存。人们把上述诸文化统称为“前仰韶文化”。黄河流域的农业文化就是在它的基础上发展起来的。

继之而来的是著名的仰韶文化，约距今7000～5000年。它以关中、豫西、晋南一带为中心，东至河南东部和河北，南达汉江中下游，北到河套地区，西及渭河上游和洮河流域，都发现了它的遗址。仰韶文化农业生产水平有了显著的提高，突出标志之一是出现了面积达几万、十几万以至上百万平方米的大型村落遗址。主要作物仍为粟黍，亦种大麻，晚期有水稻，此外还发现了蔬菜种子的遗存。农业工具除石斧、石铲、石锄外，木耒和骨铲等获得较广泛的应用，收获主要用石刀、陶刀，在谷物加工方面，石磨盘逐步被杵臼所代替。养畜业较前发达，主要牲畜仍是猪和狗，同时饲养少量的山羊、绵羊和黄牛。出现了牲畜栏圈和夜宿场。采猎活动仍较频繁。

仰韶文化之后是距今5000～4000年的龙山文化，它分布于西起陕西，东到海滨，北达辽东半岛，南到江苏北部的广大地区。由于原始共同体的分化和走向瓦解，龙山文化村落的规模比仰韶文化缩小，但农业生产工具有明显的改进。石铲更为扁薄宽大，趋于规范化，便于安柄使用的有肩石铲和穿孔石铲普遍出现，双齿木耒也被广泛使用。半月形石刀、石镰、蚌镰等收获农具的品种更全、数量更多。作物种类与仰韶文化大体相同，但粟黍在经济生活中的地位更加重要。用C^{13}测定原始人的食谱表明，粟黍类在食物中的比重，仰韶文化时期为50%，龙山文化时期为70%②。适于储藏粮食的口小底大的袋形窖穴显著增多；有些遗址还出土了仓廪的模型。畜牧业有突出的发展③，家畜仍以猪为主，新增加了水牛，马也可能已被驯化。后世所谓“六畜”，这时已大体具备。又出现牲畜栏圈和夜宿场之类的设施。与此同时，采猎虽然仍是人们获取生活资料的手段之一，但在经济生活中的重要性已明显下降。黄河上游的甘肃、青海、宁夏等地，在中原地区农业

---

① 该遗址400多个窖穴中，有88个堆存了粟，储藏量估计达5～6吨。参见：佟伟青，磁山遗址的原始农业遗存及其相关问题，农业考古，1984，(1)。

② 苏秉琦，重建中国古史的远古时代，史学史研究，1991，(3)。

③ 如陕西庙底沟遗址26个龙山文化时期窖穴出土的家畜遗骸，远远超过同一遗址168个仰韶文化时期窖穴出土的家畜骨骼的总数。

文化的影响下，出现了马家窑文化和齐家文化。它们是仰韶文化和龙山文化的地方性变体，时代较晚，经济面貌基本相同，经营以粟黍为主的旱地农业。马家窑文化的居民已经开始养羊。到了齐家文化，虽然仍以养猪为主，但已形成适于放牧的羊群，畜牧业比同时期的中原地区发达。

在山东和江苏北部，与前仰韶文化、仰韶文化、龙山文化约略相当而稍晚，有自成体系的北辛文化、大汶口文化、山东龙山文化。这里的居民也过着定居农业生活，种粟，养畜，并从事采猎。大汶口文化中期以后，这里的原始农业发展迅速，跃居全国首位。农业工具以磨制精致、扁而薄的石铲、鹿角制成的鹤嘴锄和骨铲最有特色。家畜除猪、狗、羊、鸡外，还有北方罕见的水牛山东龙山文化比之大汶口文化农业又有所发展，并表现出与中原龙山文化的许多共同性，反映了黄河流域各地区原始农业文化的融合。

（二）长江中下游的原始农业

长江下游的新石器时代遗址，与中原仰韶文化约略相当的是河姆渡文化和马家浜文化。当时已有颇为发达的稻作农业。属于该时期的栽培稻遗存已多有发现，尤以距今7000年左右的浙江余姚河姆渡遗址和桐乡罗家角遗址，出土的稻谷时代最早和最为丰富①。这里的稻谷是以粳稻为主的籼粳混合物，与稻谷同出的有用鹿骨和水牛肩胛骨加工成的骨耜，构成该文化的一大特色，估计是绑上木柄后用于挖沟或翻土的。这一时期人们已懂得饲养猪、狗和水牛。渔猎也很发达。人们已能划船到较远的水面去捕鱼了。采集物中有菱角等水生植物。

公元前3300～前2200年长江下游的良渚文化，原始水田农业发展到了一个新的阶段。出现了数量不少的用于水田耕作的石犁铧和用于开沟的斜把破土器。水稻仍是主要的农作物，但作物种类有所增加②。家畜仍是猪、狗和水牛。养蚕栽桑成为新兴的生产项目。采猎在社会经济中的比重随着农牧经济的发展而下降。

在长江中游的湖北、湖南和四川中部等地，分布着大溪文化和屈家岭文化，时代相当于中原的仰韶文化晚期和龙山文化早期。这里的居民也以种稻为主，稻种则多为粳稻。石质农具比较多，显示出不同于长江下游的特色。当地居民也从事畜牧和采猎。近年来，长江中游地区的早期稻作遗存不断有新的发现。例如，在距今9000年的湖南澧县彭头山遗址中，发现了保存在陶片和红烧土中的炭化稻谷③；与彭头山文化时代相近、经济面貌相似的湖北城背溪文化等也发现了早期稻作遗存。同属长江水系的陕南汉中盆地的李家村和何家湾遗址，也有距今7000～8000年的稻作遗存出土④。最近，在湖南道县玉蟾岩

---

① 河姆渡遗址第四文化层在400多平方米的探方中普遍发现稻谷、稻草和稻壳的堆积层，厚度一般在20～50厘米之间，最厚处超过1米，折合稻谷估计在12吨以上。参见：严文明，中国稻作农业的起源，农业考古，1982，(1)。

② 水稻遗存在浙江吴兴钱山漾等遗址中已有出土，均是籼粳并存。据报道，该遗址还出土了花生、芝麻和蚕豆种子，但有些学者对其可靠性表示怀疑。

③ 彭头山稻谷遗存的出土物虽然难以鉴别其种属，但孢粉分析表明，彭头山遗址禾本科花粉个体较大，与现代水稻接近，应该是栽培稻的遗存。参见：裴安平，彭头山文化的稻作遗存与中国史前稻作农业，农业考古，1989，(2)；湖南省文物考古所孢粉实验室，湖南省澧县彭头山遗址孢粉分析与古环境探讨，文物，1990，(8)。

④ 向安阳，论长江中游旧石器时代早期遗存的农业，农业考古，1991，(3)。

遗址，又出土了距今一万年左右的栽培稻遗存。由于这一系列的新发现，长江中游原始农业的发生和发展，已日益引起人们的关注。

（三）华南和西南地区的原始农业

这一地区包括广东、广西、福建、江西[①]、台湾、海南、云南、贵州、西藏等地。该区的新石器时代早期遗址多发现在洞穴里，并往往叠压在新石器时代晚期的文化层上。时代则距今一万年上下。这些遗址，一般都有大量采猎工具和采猎遗物，采集和渔猎无疑是当地居民的重要生计，而农作物种子和后世所习见的大型翻土农具迄今未见出土。但这些遗址多有原始陶片的发现，说明与农业定居生活紧密联系的制陶业已经出现，这些遗址又出土了一些可在农业的初始阶段使用工具，如安装在点种棒（木耒的雏形）上的“重石”、可用于清理农作场地的磨光的石斧、可用于挖土点种的骨蚌器等。有些遗址（如广西桂林甑皮岩遗址）还出土了迄今世界上最早的家猪的遗骨。所有这些，都表明这里的原始农业无疑已经发生。近年在江西省万年仙人洞和吊桶环遗址出土了距今一万年前的栽培稻遗存，更加证明了这一地区农业历史的悠久。

我国南方地区农业虽然发生得很早，但后来的发展却很不平衡，出现了不同的经济类型。沿江沿海多贝丘遗址，这里的种植业虽已发生，但在相当长时期内保留着以捕捞采集为主要生产部门的经济特点。河流两岸的台地（冈地）遗址，则发展了以种植业为主的综合经济，经济面貌与长江中下游有不少相似之处；不迟于新石器时代晚期，稻谷已成为这一地区主要的粮食作物，部分遗址原始农业已经达到很高的水平。

西南地区的云南、贵州和西藏，原始农业文化显得更为多样和具有地方特色。至迟距今4000年前，定居农业村落已经出现。

（四）北方地区的原始农业

这里所说的北方地区包括东北地区、内蒙古、新疆等省区，是我国后来牧区的主要分布地。但在新石器时代，该地区的遗址分别呈现以种植业为主、以渔猎为主和以畜牧为主等不同类型的经济面貌。其中，以种植业为主经济类型的遗址最多，尤以东北大平原的中南部分布最为密集。比较有代表性的有辽河上游的前红山文化、红山文化和富河文化，一直延伸到河北的北部。河北北部的兴隆洼农业遗址，距今已有将近8000年历史。河套地区的新石器时代遗址，经济文化面貌与中原仰韶文化、龙山文化十分相似。在距今7000年左右的沈阳新乐文化中，出土了栽培黍的遗存。以渔猎为主的经济类型，以距今6000年的黑龙江密山新开流遗址最为典型。大兴安岭东侧的松嫩平原和西侧的呼伦贝尔草原，也有分布散漫的以渔猎为主的原始遗存。蒙新高原的典型沙漠草原区，也零星分布一些以细石器为主要文化内涵的遗存，很可能也是原始人游猎的遗迹。在这一地区的新石器时代遗址中，只有个别的遗址能确定为以畜牧业为主经济类型的遗址[②]。

---

① 江西属于长江中游，但由于考古发现的原始农业面貌的相似和地域的接近，我们姑且把它和两广、福建划在一起。

② 比较明显的是距今3800年的新疆孔雀河畔的古墓沟遗址。从出土文物看，当时人们用牛羊角随葬，死者从头到脚都穿戴着皮毛制品。表明畜牧业是主要的生活资料来源，少量小麦籽粒和残破鱼网的出土则反映了种植业与渔猎业的存在。

三　中国农业起源和原始农业的特点

（一）独立起源，自成体系

从世界的范围看，农业起源的中心主要有三：西亚、中南美洲和东亚。东亚起源中心主要就是中国。中国传统农业具有与世界其他地区明显不同的特点。

从生产内容看，在种植业方面，中国原始农业很早就形成北方以粟黍为主、南方以水稻为主的格局，不同于西亚以种植小麦、大麦为主，也不同于中南美洲以种植马铃薯、倭瓜和玉米为主。在畜养业方面，中国最早饲养的家畜是狗、猪、鸡和水牛，以后增至所谓“六畜”，不同于西亚很早就以饲养绵羊和山羊为主，更不同于中南美洲仅知道饲养羊驼。中国是世界上最大的作物和畜禽起源中心之一。与生产内容相联系的是生产结构。我国大多数地区的原始农业是从采集渔猎经济中直接发生的，种植业处于核心地位，家畜饲养业作为副业存在，随着种植业的发展而发展，同时又以采猎为生活资料的补充来源，形成农牧采猎并存的结构。这种结构导致比较稳定的定居生活，与定居农业相适应，猪一直是主要家畜，较早出现圈养与放牧相结合的饲养方式；同时，我国又是世界上最早养蚕缫丝的国家，游牧部落的形成比较晚后。

中国的原始农具，如翻土用的手足并用的耒耜，收获用的掐割谷穗的石刀，都表现了不同于其他地区的特色。

我国原始农业可能和世界其他地区一样，是从山地向低地发展的，但以后在南方形成稻作水田农业，在黄河流域则始终是和大河泛滥无缘的旱地农业，也和西亚、中南美洲等地不同。

中国距今 7000～8000 年已有相当发达的原始农业，农业起源可以追溯到距今一万年左右，亦堪与西亚相伯仲。

总之，中国农业是独立起源，自成体系的，中国是与西亚和中南美洲并列的世界三大农业起源中心之一。中华文明是建立在自身农业发展的基础之上的，一度流传的所谓“中华文明西来说”是不符合历史实际的。

（二）多源起源与多元交汇

从中国自身的范围看，农业也并非从一个中心起源向周围扩散的，而是由若干源头发源汇合而成的。以往人们习惯把黄河流域视为中华民族文化的摇篮，认为我国农业首先发生在黄河流域，然后逐步传播到其他地区。考古发现已从根本上否定了这种观点。尤其是 70 年代浙江余姚河姆渡遗址的发现，无可辩驳地证明长江流域和黄河流域一样是中华农业文化的摇篮。从上面的叙述可以看出，我国南方地区农业起源也是很早的。有人从生态环境和有关民族学材料推测，这里的农业可能是从种植薯芋等块根块茎类作物开始的。

即使是同一作物种植区，农业文化的源头似乎也不止一个。考古学家把数量众多、内涵丰富的新石器时代文化遗址划分为不同的区系类型，它们是各自从本地的旧石器时代文化中发展起来的，并形成区别于其他区系的不可替代的特点。这一事实本身就反映了这些不同地区的农业起源是相对独立的。例如长江中游和长江下游存在不同的新石器文化系统，两地都有悠久的种稻历史，但各有特点，长江下游种的是籼稻和粳稻的混合体，从耜耕发展为犁耕，长江中游种的是差不多清一色的粳稻，主要使用石锄一类生产工具。有人分别称之为耜耕稻作农业和锄耕稻作农业。很难想象长江中游的稻作农业是从长江下游传播过去，或者相反，长江下游的稻作农业是从长江中游传播过去的。它们稻作农业的起源和发展有相对的独立性。在黄河流域则存在以关中、晋南、豫西为中心的前仰韶文化—仰韶文化系统和以山东为中心的北辛—大汶口文化系统，两者之间相隔着广漠的湖沼洼地。虽然农业面貌相似，都种植粟黍，但亦各有特点。北部辽燕地区的前红山文化—红山文化系统也属粟作农业区，但自旧石器时代晚期以来，其文化发展在黄河流域及其以北地区常处于前导地位，很难想象其农业是由接受中原某地农业的传播而形成的。以上三文化区在旧石器时代晚期已逐步形成，其农业的起源和发展虽然相互影响，但也应是相对独立的。

中国原始农业起源和发展的上述特点，是与中国的自然条件密切相关的。例如黄河流域广泛覆盖着肥沃、深厚的黄土，但雨量相对较少，在这里发展了以种植粟黍等作物为主的旱作农业；淮河流域、长江流域及其以南地区，气候温暖、无霜期长，水源充足，雨量充沛，在这里发展了以种植水稻为主的水田农业。北方地区也很早就在条件适宜的地方发展了以种植黍粟为主的农业，但这一地区从总体上看，气候比较寒冷和干燥，广泛分布着草原和沙漠，所以人们的活动拓展到更广阔的地域时，就会适应当地的自然条件发展起游牧经济来。在南方，虽然河湖两岸有宜农的冲积平原，但在生产力还十分低下的条件下，广泛分布的山林湖泽限制着农业的进一步开发。相比之下，黄河流域有广阔的平原、肥沃疏松的黄土，气候温和适中，又处于各地区文化交流的中枢，因此，这一地区的早期农业获得持续而长足的发展，并在这一基础上率先进入文明时代，在相当长的一个时期内成为全国政治和经济的中心。中国传统农学，也是首先在这一地区孕育起来的。

总之，中国农业的历史十分悠久，是独立起源，自成体系的农业起源中心之一。在中国自身的范围内，农业的起源又是多源的。在多中心起源的基础上，我国农业在其发展过程中，基于各地自然条件和社会传统的差异，经过分化和重组，逐步形成不同的农业类型。这些不同类型的农业文化，往往是不同民族集团形成的基础。中国古代农业，是由这些不同地区、不同民族、不同类型的农业融汇而成，并在他们的相互交流和相互碰撞中向前发展的。这种现象，我们称之为“多元交汇”。在这个历史悠久和博大恢宏的农业体系中，中国古代劳动人民的农业实践，无论广度和深度，在古代世界都是无与伦比的。正是在这样丰富实践的基础上，我国古代农业形成了精耕细作、天人相参的科学技术体系。

第二节 夏商西周的农业生产力和生产关系

由于原始农业的发展，农业劳动者除了自身的消费外，有了剩余，社会的分工和财富的积累有了可能，在这基础上，私有制和阶级分化相继出现，人类逐渐进入了以国家的建立为标志的文明时代。史学界一般把夏王朝的建立作为中国正式进入阶级社会的标志。事实上这一过程早已开始，仰韶文化晚期已见端倪，到了龙山文化的中晚期就相当明显了；这大体相当于古史传说中的黄帝至尧舜禹时代。从那个时候起，以黄河流域为中心的中原地区的原始农业就逐步向传统农业过渡。

传统农业以使用畜力牵引或人力操作的金属工具为标志，生产技术建立在直观经验的基础之上，而以铁犁牛耕为其典型形态。中国传统农业比较完整和成熟的形态是从春秋战国开始的。从虞夏到西周，是中国传统农业的早期阶段，也可视为从原始农业向传统农业过渡的阶段。在这个阶段，生产工具、生产技术、生产结构等方面仍然保留了它所由脱胎的原始农业的某些痕迹；与耒耜、耦耕相联系的农田沟洫系统，是本时期农业的主要特点和标志；在沟洫农业的形式下，精耕细作的农业技术已在孕育之中；而与农田沟洫相表里的井田制，则构成我国上古文明的重要特点。

一　耒耜和青铜农具

从虞夏到春秋初年，是我国考古学上的青铜时代[①]。青铜是铜和锡的合金，用它制造工具，比木石工具坚硬、锋利、轻巧，这是生产力发展史上的一次革命。这一时期主要手工工具和武器都是青铜制作的。在农业领域，青铜也获得日益广泛的应用。商代遗址中已有铸造青铜䦆的作坊，并出土了䦆范[②]，表明了青铜䦆已批量生产。䦆类似镐，是一种横斫式的翻土工具，用于开垦荒地，挖除根株。这大概是青铜占领的第一个农事领域[③]。周人重视中耕，已有专门的中耕农具。《诗经·周颂·良耜》："庤乃钱镈，奄观铚艾。"是在暮春时节命众人把中耕用的钱镈收藏起来，准备开镰收麦。"钱"就是铲，"镈"就是锄[④]。字俱从金。在《考工记》中，"钱镈之属"是属于"攻金"的"段氏"所管，其为青铜农具无疑。目前，考古发现的商周青铜铲、锄已有一定数量[⑤]。由于它们使用日益广泛，为人们所乐于接受，在交换中被当作一般等价物，以至演变为我国最早的金属铸币。我国后世的铜币，虽然形制已经变化，但仍沿袭"钱"这一名称，影响至于今日。青铜镰出现也很早，还有一种由石刀演变而来，用于掐割谷穗的青铜爪镰，这就是《诗经》中所说的"艾"和"铚"。不过当时石镰、石刀、蚌镰等仍大量使用，而且延续时间颇长。

商周时代，石犁和铜犁已在局部地区使用[⑥]，但用于耕播和挖沟的主要农具仍然是传统的耒耜。如前所述，耒耜的使用可以追溯到传说的神农氏时代。从《周易·系辞下》的

---

① 我国迄今最早的铜器发现于距今5000年的马家窑文化，龙山文化属铜石并用时期，相当于夏代的二里头文化则进入了青铜时代，这与传说"禹穴之时，以铜为兵"（《越绝书》载风胡子语）是一致的。

② 如郑州南关外早商遗址发现1000多块泥范，其中以䦆范最多，说明这是一个以生产青铜䦆为主的青铜作坊。参见：郑州商城遗址发掘报告，文物参考资料，第1期；郑州商代遗址发掘简报，文物，1970年第1期；新中国的考古发现和收获，文物出版社，1984年，第221页。

③ 我国早在龙山文化时期就已出现石䦆，但在二里头文化和商代遗址中，尽管石镰、石铲大量出土，石䦆却销声匿迹，看来是被青铜䦆所代替了。

④ 《一切经音义》卷十四"剗，古文铲。"钱和剗音义相通，故知钱即铲。《国语》注、《管子》注、《释名·释用器》、《广雅·释器》等均训"镈"为锄。王桢《农书》认为钱类铲、镈类锄，皆为古耘器。

⑤ 参阅：陈振中，青铜生产工具与中国奴隶制社会经济，中国社会科学出版社，1992年。

⑥ 石犁的使用主要在长江下游地区，始见于介于马家浜文化和良渚文化之间的崧泽文化，并延续至相当于中原地区商代的湖熟文化。早期青铜犁最引人注目的是江西新干大洋洲商墓中出土的三件青铜犁。见《农业考古》1990，(1)。

“斫木为耜，揉木为耒”的记载看，耒和耜是形制和制法不同的两种农具。耜为扁平刃，故加工重在砍削；耒为尖锥刃，砍削较易，但斜尖耒的柄部要有一定的弯度，常须借助于火烤。这在民族学和考古学材料中都可以获得印证。由直尖耒发展为斜尖耒，后来又出现双齿耒。由于木质耜在坚硬程度上的欠缺，人们又用石片、骨片、蚌片代替其木质的平刃，纯木质耜于是演变为复合工具。考古发现的所谓“石铲”①、“石耜”、“骨铲”、“骨耜”，绝大多数实际上是绑在木柄上的复合耜的刃片。习惯称木柄为耒，称刃片为耜；于是耒耜又成为一种复合工具的名称②。商周时代部分耒耜已装上了青铜刃套。考古报告中所提到的青铜“锸”，多数实际上是耜。但大部分耒耜仍为木质农具。故《考工记》中负责制耒的是“车人”，而不是专司制作青铜农具的“段氏”；《周礼·山虞》也有“凡服（车箱）耜，斩季（稚也）材”的说法。这种状况，直到铁器推广以后才发生了变化。

耒耜是一种手推足蹠的直插式翻土工具，一般在木柄的下部绑上一根小横木，以供踏足之用。它很适合于在土层深厚疏松、呈垂直柱状节理的黄土地区使用，即使是木质的耒耜，也能获得较好的翻耕效果。这就是木质耒耜在我国上古农业中能够保持长久的生命力的原因之所在。耒耜的广泛使用，是中国上古农业的重要特点之一。埃及、希腊等国文明时代破晓时，已经使用铜犁或铁犁了，而我国的先民却是带着耒耜进入文明时代的。

二 沟洫农业的形成和发展

（一）农田沟洫系统的广泛存在

关于先秦农田沟洫制度比较详细的记载见于《周礼》一书：

> 匠人为沟洫，耜广五寸，二耜为耦。一耦之伐，广尺深尺谓之𤰝（按即畎）田首倍之，广二尺深二尺谓之遂。九夫为井，井间广四尺深四尺谓之沟。方十里为成，成间广八尺深八尺谓之洫。方百里为同，同间广二寻深二仞谓之浍。专达于川，各载其名。（《考工记·匠人》）
>
> 凡治野，夫间有遂，遂上有径；十夫有沟，沟上有畛；百夫有洫，洫上有涂；千夫有浍，浍上有道；万夫有川，川上有路，以达于畿。（《地官·遂人》）

《周礼》是战国时人摭拾西周春秋时的文教制度加以理想化而编纂成书的。对于该书所载沟洫系统，近世学者持否定态度的不乏其人。他们一般都把该书所载沟洫系统当作灌溉系统，认为西周不可能存在这样大规模的、整齐划一的灌溉渠系，从而认定《周礼》所载是后世儒生根据当时的灌溉渠系构想出来的。其实，《周礼》记载的是一个完整的排水系统，从田间的排水小沟——畎开始，按照遂、沟、洫、浍的顺序，逐级由窄而宽，由浅而深，最后汇集于河川。它和从引水源到农田逐级由大而小、由高而低的灌溉渠系的布局显然不同。其作用在于防洪排涝，而不是灌溉备旱。我国战国以后不存在这

① 考古学上习称的“石铲”一词，实际上是不确切的。因为铲是一种贴地平削以除草的工具，而考古出土的史前“石铲”却不具备这种功能。

② 关于耒耜是一种农具还是两种农具，学术界有不同意见。其实，耒耜名称的含义是有分合变化的；而这种分合变化是与其形制和质料的发展变化相关的。参见：李根蟠，先秦农器名实考辨，农业考古，1989，(2)。

样完整的农田排水体系，不可能提供《周礼》沟洫排水系统的蓝本。因此，它只能是以我国上古时代确实存在过的沟洫制度为原型的。

我国上古时代存在农田沟洫系统的证据很多。《论语·泰伯》说大禹“尽力乎沟洫”，《尚书·益稷》说禹“濬畎浍距（达）川”，都是指修建农田排水沟洫。甲骨文“田”字的形象，就是被田间沟洫划分成的若干方块农田。《尚书》、《诗经》等文献中关于“疆畎”“疆理”土地的记载很多，其中就包括了农业生产中开沟作垄的过程。修建农田沟洫系统是从田间排水小沟——“畎”开始的，挖沟的土堆到两边的田面上，形成一条条的高垄，这就是“亩”。畎和亩是相互依存的。《国语·周语》韦昭注“下曰畎，高曰亩。亩，垄也。”《庄子·让王》司马彪注：“垄上曰亩，垄中曰甽。”“畎亩”是当时农田的基本形式，以至成为当时农田的代称①。这一名称本身就反映了我国上古时期农田沟洫系统确实广泛存在过。

（二）以沟洫农田为基础的农业技术体系

农田沟洫系统不是孤立存在的，它是当时农业技术体系的基础和核心。例如我国上古时代已重视中耕，中耕以条播为前提；而中耕和条播都是以农田的畎亩结构为基础的。人们花费了很大的气力把农田沟洫系统修建起来以后，自然不会轻易地抛荒，这就促进了休闲制代替撂荒制。耦耕是以两人为一组实行简单的协作，是我国上古时代普遍实行的一种农业劳动方式。它的起源，既与耒耜耕作有关，亦与农田沟洫制度有关。当时的主要耕具，无论是尖锥式的耒，还是刃部较窄的平刃式的耜，由于手足并用，入土较易，要单独翻起较大的土块却有困难（耒耜刃部较窄所致）。解决的办法是两人以上多耜（耒）并耕。不过在挖掘沟洫的时候，人多了又相互挤碰，而以两人合作最为合适。由于当时修建农田沟洫是十分普遍的劳动，两人协作的耦耕遂形成为习惯，又与农村公社原始互助的习俗相结合而固定化，并逐步推广到其他各种农活中去②。可以说，了解农田沟洫制度是掌握我国上古时代农业生产和农业科学技术的关键之一。

至于我国上古时代形成农田沟洫制度的原因，则应从当时的农业环境中去寻找。前面说过，黄河流域土壤肥沃疏松，平原开阔，对农业的发展十分有利，但雨量偏少，分布不均，对农业生产又很不利。从原始社会末期开始，黄河流域的居民逐步向比较低平的地区发展农业。这些地区土壤比较湿润，可以缓解干旱的威胁，但却面临一系列新的问题。黄河流域降雨集中，河流经常泛滥，平原坡降小，排水不畅，尤其是黄河下游平原由浅海淤成，沼泽沮洳多，地下水位高，内涝盐碱相当严重。要发展低地农业，首先就要排水洗碱，农田沟洫系统正是适应这种要求而产生的。

三　作物构成与农业结构

虞夏商周黄河流域农业以种植业为主体，在种植业中又以谷物生产为中心。在农业

① 《国语》以“畎亩之人”代表农民，以“畎亩之勤”代表农事。《孟子》、《庄子》等亦以畎亩代表农田。
② 李根蟠，耦耕纵横谈，农史研究，1983，(1)。

发生之初，人们往往多种作物混种在一起，故有“百谷百蔬”之称①。以后，逐步淘汰了产量较低、品质较次的作物，相对集中地种植若干产量较高、品质较优的作物。这种集中化的趋势，商周时期已颇为明显。如《诗经》中所载粮食作物的名称有21个，但多同物异名或同一作物的不同品种，归纳起来，它们所代表的粮食作物只有六七种，这就是粟（亦称稷、禾，其品质优良者称粱）、黍、菽（大豆，或称荏菽）、麦（包括小麦——来和大麦——牟）、稻（水稻或称稌）和麻（大麻，其籽实称苴或蕡）。在这些作物中，粟和黍最为重要。从原始时代到商周，它们是黄河流域、从而也是全国最主要的粮食作物。尤其是粟，种植更广。粟的别名稷，用以称呼农官和农神，而“社（土地神）稷”则成为国家的代称。它们是华夏族先民从当地的狗尾草和野生黍驯化而来的。它们抗旱力强、生长期短，播种适期长，耐高温，对黄河流域春旱多风、夏热冬寒的自然环境有天然的适应性，它们被当地居民首先种植不是偶然的。

这一时期，大田经济作物仍未完全从大田粮食作物中分离出来。据《夏小正》记载，当时的“囿”中已有染料作物蓝的生长。《诗经》中则有麻田的记载，麻是当时最重要的纤维作物，但它同时或首先是一种粮食作物。当时人们广泛利用的植物纤维原料——葛藤，仍处于野生状态，是人们的采集对象。

但蚕桑生产很发达。《诗经》中所载的各种植物中，桑出现的次数最多，超过主要粮食作物的黍稷②。从诗中可以看出，当时既有大面积的桑林、桑田，也广泛在宅旁和园圃中种桑。出现的地点则有今山西、山东、河南、陕西等省。再与其他文献参照看，当时的蚕桑生产几乎遍及整个黄河流域。

我国蔬菜的种植可以追溯到新石器时代。长时期以来，人们把蔬菜和果树或与粮食混种在一起，或种在大田疆畔、住宅四旁。商周时逐渐出现了不同于大田的园圃。它的形成有两条途径：其一是从囿中分化出来。上古，人们把一定范围的土地圈起来，保护和繁殖其中的草木鸟兽，这就是囿，有点类似现在的自然保护区。在囿中的一定地段，可能由保护到种植某些蔬菜果树等。其二是从大田中分化出来。如西周有些耕地春夏种菜蔬，秋收后修筑坚实作晒场。

商周畜牧业在社会经济中所占的比重相当大。商代畜牧业相当发达，卜辞祭祀用牲名目繁多，数量很大，一次百头以上者不乏其例，最高用牲量一次达“五百牢”或“千牛”。周人虽然以农业发迹，但畜牧业在周代经济生活中仍很重要。尤其是当时地旷人稀，原野不能尽辟，农田一般分布在都邑的近郊，郊外则辟为牧场。《尔雅·释地》：“邑外谓之郊，郊外谓之牧。”对原野中农田和牧场的规划，被称作“井牧田野”（《周礼·地官·小司徒》）。从《诗经》看，当时确实是划出了放牧牛羊和马的各类牧场的。而《周礼》则记载了组织严密分工细致的牧政。

除了原野以外，山林川泽的利用也为人们所重视。因为这些地方盛产林木苇材鸟兽鱼鳖等各类山货水产，在以半干旱草原为主的自然环境中显得特别珍贵。山林薮泽被人们称之为“物之钟”、“国之宝”。《国语·周语》：“民之有口，犹土之有山川，财用于是乎出，其犹有原隰衍沃，衣食于是乎生。”山林川泽与原隰衍沃相提并论，显示了它在经

① 《国语·鲁语》载，最早的农神“烈山氏”之子“柱”，“能殖百谷百蔬”。

② 《诗经》中有22篇谈到桑，其中有11篇中的桑肯定是人工栽培的。

济生活中的重要地位。这除与当时的自然环境有关外，还因为种植业还不够稳定，经常受自然灾害的威胁，需要以山林川泽的天然富源作经济生活的必要补充①。当时山林川泽部分用于放牧和种植经济林木，主要则是着眼于对其自然资源的保护与利用，形成先秦时代特有的生产部类——虞衡。虞衡的主要内容，包括狩猎、捕鱼、采集野生植物，对林木的保护利用，属广义农业的范畴。除部分山泽由官府直接组织生产外，主要是对从事山林川泽生产的农民进行管理和征赋。

四　井田制及建立在井田制基础上的社会经济制度

根据战国秦汉学者的说法，我国在夏商周三代都实行井田制。而井田制正是与沟洫农业的制度相联系的。

井田制可以追溯到古史传说中的黄帝时代，汉武梁祠黄帝像有“造兵井田”的榜文。黄帝时代是我国从原始社会向阶级社会过渡的时代，私有制已经产生，部落与部族之间的战争相当频繁，故有“造兵”之说。但当时大规模开发黄河流域的低平地区，必须依靠集体的力量修建农田沟洫系统，为了维护这种公共经济职能，不能不限制土地私有制的发展，从而导致了土地公有私耕的农村公社的建立，这就是原始的井田制。史称黄帝“明民共财”（《国语·晋语四》），经过他的治理，使“农者不侵畔，渔者不是争限”（《淮南子·览冥训》），这应该理解为建立了农村公社的份地制。以后，虞舜解决了“历山之农侵畔”的问题，使之“畎亩正”（《韩非子·难一》）；大禹治水，“尽力乎沟洫”（《论语·泰伯》）；而夏王朝建立后，“以设制度，以立田里”（《礼记·礼运》）。所有这些都反映了以份地制和沟洫制相结合为特点的井田制的继续和发展。甲骨文中的田字为区划整齐的方块田的形象，说明我国方块田制已有久远的历史。为什么中国上古时代会形成方块田的形制？这是和修建沟洫系统的需要有关的。因为在同样面积的土地中，以方块田的周边最短（圆形者除外，但一般土地没有规划成圆形的）。在中国古代井田制中，土地经界和沟洫系统是结合在一起的，采用方块田制修建沟洫系统的工程量最少。从周代的材料看，井田制下的田是有一定的亩积的，步百为亩，亩百为夫，作为农民份地的一“夫”即一“田”正是一个正方形的地块；这种方块田的份地大概由来已久。甲骨文中田字的形象所反映的就是沟洫制与份地制相结合的井田制的特征。正如马克思所说：“如果你在某一个地方看到有垄沟痕迹的小块土地组成的棋盘状耕地，那你就不必怀疑，这就是已经消失了的农村公社的地产②。

当然，在进入阶级社会以后，农村公社已从属于当时占统治地位的生产方式，性质上发生了某种变化。

夏商是中国历史上的奴隶制社会，但主要农业劳动者是被称为“众”、“众人”或“小人”的平民阶层，他们就是当时的农村公社成员。在当时的农村公社中，奴隶化和农

① 《国语·周语中》：“周制有之曰：……国有郊牧，疆有寓望，薮有圃草，囿有林池，所以御灾也。”

② 《马克思恩格思全集》第19卷，第453页。关于井田制和农村公社的问题，李根蟠《井田制及相关诸问题》（载《中国经济史研究》1992，(2)，有所论述，可参阅。关于井田制中方块田的形制与沟洫系统配置的关系的论述，吸收了美籍华裔学者赵冈的观点。参见赵冈与陈钟毅合著《中国土地制度史》第一章第一节。

奴化的倾向同时发生了。村社成员（“众人”或“小人”）反奴隶化的斗争和处于被掠夺被压迫地位的部落方国（这是周王朝贡赋与奴隶的主要来源）的反抗斗争相结合，以周武王伐纣为契机，埋葬了商朝的奴隶制，并导致了西周的建立。

西周封建领主制下的农业劳动者被称为“庶人”，他们对领主贵族有着严格的人身依附关系（领主贵族的土地所有权和政治统治权是结合在一起的），但仍然保存了村社社员的身份。他们从领主贵族那里（通过村社）领取份地（被称为“私田”），以家庭为单位从事农业生产，以养家糊口。同时必须在领主贵族的直辖领地——“公田”上服劳役，而且“公事毕然后敢治私事”（《孟子》语），这本质上是一种劳役地租。在这种情况下，“庶人”虽然有自己的独立经济，但很不完全。它的发展不仅受到“公田”劳役制的制约，而且由于生产工具的简陋和经济力量的薄弱，农民的个体经济还不能不以村社范围内的互助合作（如耦耕等）作为其必要的补充和存在的前提条件。领主贵族的领邑是建立在农村公社的躯体之上的，是一个有其内部分工的封闭的经济实体，农民再生产中不能自我满足的部分，可以通过领邑或村社内部的劳动分工来获得解决，与市场甚少发生联系①。

第三节 春秋战国时期生产力和社会制度的巨大变化

春秋战国时期是中国传统农学形成时期，这是和当时社会生产力和经济政治制度的巨大变化分不开的。要了解中国传统农学形成的机制和特点，就不能不对这一时期的农业生产和社会经济以至政治文化状况作一些分析。

一 农业生产力的大发展和农业结构、地区布局的变化

（一）铁农具和牛耕的推广

春秋战国社会生产力的巨大发展是从铁器的使用开始的。上文谈到，商周时代青铜工具已在农业生产的各个领域渐次使用，而且有越来越多的趋势；但木石农具仍然大量存在。这是由于青铜贵重，中原地区产铜不多，且质硬而脆，所以青铜农具不可能完全排斥木石农具，这个任务只能由铁器来完成。我国什么时候正式进入铁器时代尚难确言，目前已有西周晚年铁器出土，铁器的使用不会晚于此时。从世界范围看，这并不算早。但中国冶铁业的发展有一个显著的特点，即较快从块炼铁的阶段进入铸铁的阶段，以致出现可锻铸铁。铸铁，尤其是加强了强度和韧度的可锻铸铁的出现，有着重大的意义，它使生铁广泛用作生产工具成为可能，大大增强了铁器的使用寿命。我国用铸铁制作农具大体始于春秋中期或稍前。《国语·齐语》载管仲相齐，“美金以铸剑戟，试诸狗马；恶金以铸鉏夷斤斸，试诸壤土”；美金指青铜，恶金就是铁。这是铸铁制作农具的明确记载。到了战国中期，铁农具已在黄河中下游普及开来，人们把使用铁农具耕作看得如同用瓦

① 李根蟠，井田制及相关诸问题，中国经济史研究 1989，(2)；中国小农经济的起源及其早期形态，中国经济史研究，1998，(1)。

锅做饭一样普通①。从考古发现看，在以黄河流域为中心，南起两广，北至辽宁的广阔范围内所出土的战国农具中，铁器已经占了压倒多数。这样，从青铜器出现以来金属耕具代替木石耕具的漫长过程终于完成了。

与铁农具的普及并行的是牛耕的初步推广。牛耕的开始比铁器的使用早得多，但牛耕的推广却在铁器普及之后。有人根据甲骨文中犁字的形象，推断商代已有牛耕。这种可能性是存在的；近年已出土了商代晚期的铜犁（江西新干大洋洲）。不过，在很长一段时间里，犁具还很原始，不可能替代耒耜作为主要耕具的地位。只有铁器推广、耕犁用铁武装起来以后，牛耕才能逐步取代耒耜的地位而成为主要的耕作工具和耕作方式。我国有关牛耕的明确的文字记载始见于铁器开始推广的春秋时代②，这并不是偶然的。不过，直到战国时代，牛耕并不普遍。当时牛耕比较普遍的是秦国，《云梦秦简·厩苑律》中有关于"田牛"定期评比的记载。《战国策·赵策》载赵豹说；"且秦以牛田，水通粮……"一方面说明秦国牛耕较为普遍，另一方面也反映了山东六国牛耕还不很普遍。迄今出土的战国大量铁器中，铁犁为数甚少，且形制原始，呈120度的V字形，没有犁壁，只能破土划沟，不能翻土作垄。这种情形，直到西汉中期以后才有所改变。

（二）大规模土地垦辟和水利建设

铁农具的普及大大地促进了黄河流域的开发。黄河流域之所以在使用木石农具和部分使用青铜农具的条件下，获得一定程度的开发，是和这一地区广泛覆盖着黄土这一自然条件密切相关的。是一种疏松肥沃的土壤，很适合于使用简陋工具条件下的垦耕。但黄土地区的自然条件并不完全一样，例如有些地方的冲积土中就包含着粘土，这些是木石工具难以垦发的。如山东半岛多舄卤硗确之地，据《史记·齐世家》说，太公封齐时，由于土地舄卤，主要靠通渔盐来谋求富强之路。但铁器推广以后，连胶东半岛的硗确之地都成为可耕可种之地了。管仲相齐，实行"相地而衰征"，其征税的范围已扩展到"陵、阜、陆、墐"等类耕地。所以《史记·货殖列传》也跟着变了口气，说"齐带山海，膏壤千里"了③。在三晋地区，由于持续的开垦，民宅和田地相连，连牲畜放牧的地方都难以找到了。秦国土地资源比较富裕，商鞅变法后也在加紧徕民垦草。大体说来，黄河流域从春秋战国之际开始，从以前的斑点式开发进入大规模连片开发的新阶段，到了秦汉时代，黄河流域的可耕地就基本上被开发出来了。

如前所述，长期以来，我国农田水利的主要形式是以排涝洗碱为目的的农田沟洫体系。农田灌溉工程的出现虽然不晚于西周，但只是以小型、散在的形式存在。这种情况也是在春秋中期以后以至战国时期发生重大改变的。一方面由于长期的开发，黄河流域

---

① 《孟子·滕文公上》载孟子与许行门徒陈相辩论时说："许子以釜甑爨，以铁耕乎？"

② 《史记·仲尼弟子列传》载孔子弟子"冉耕字伯牛"，"司马耕字子牛"。《论语·颜渊》"司马牛问仁"，《集解》引孔安国说司马牛又叫"司马犁"。在人的姓名中，牛与耕或犁如此密切的联系，反映牛耕已确实存在。《国语·晋语九》"宗庙之牺为畎亩之勤"，无疑也是指原作牺牲的牛现在用到农田耕作了。

③ 李亚农曾经指出："在铁的生产工具广泛使用以前，黄土层地带是古代诸民族逐鹿中原的唯一目标，一切民族的矛头都指向这里。铁工具广泛使用以后，黄土层特殊的经济价值降低，冲积土地带的经济价值提高，其他一些硗埆之地也都成了可耕可种之地了。"见《西周与东周》第三章"生产工具与黄土层"，载《李亚农史论集》下册，上海人民出版社，1978年，第636～644页。

内涝积水的自然景观有了很大的变化，耕地也拓展到低平地区以外的广阔地域；另一方面，铁器的普及又为水利建设提供了新的强有力的工具，这样，旧的农田沟洫系统的废弃和新的农田水利灌溉工程的兴建同时发生了①。这一时期，一批大型农田水利工程如期思陂、漳水十二渠、郑国渠、都江堰等相继建成。这些水利灌溉工程的兴建，不但扩展了耕地面积，而且大大提高了粮食单位面积产量。

铁农具的普及极大地促进了农业技术的改进。由于有了铁农具，春秋战国时期在土壤耕作方面正式提出了“深耕易耨”的要求，农田施肥受到了重视，连作制逐渐取代了休闲制，精耕细作的农业技术体系初步建立起来了。关于这方面的内容，本编第三章还将论及。

（三）生产结构与地区布局的变化

以铁农具的普及为中心的农业生产力的提高，引起了农业生产结构和地区布局的重大变化。以粮食生产为中心的种植业的地位获得进一步的加强。春秋战国正式出现了“五谷”之称。什么是“五谷”，汉代学者有不同的解释。据《周礼·职方氏》、《管子·地员》、《吕氏春秋·审时》等的记载看，战国时主要粮食作物仍然是粟（禾、稷）、黍、稻、麦（小麦、大麦）、菽、麻等五六种。粟仍然保持其主要粮食作物的地位，黍和麻的地位下降，稻和麦的种植随着农田水利的发展而有所扩展，春秋时齐国从北方的山戎引进了“戎菽”②，这大概是大豆的一种新品种，很受中原人的欢迎，适应中原地区从休闲制过渡到连年种植制的需要，获得迅速的发展，从春秋战国之际起，与粟并称，成为主要的粮食作物之一③。适应城市兴起和商品经济的发展，园圃业成为一个独立的生产部门。生产性的人工陂池养鱼业也出现了。畜牧业和蚕桑业在新的条件下继续发展。五谷、六畜、桑麻构成战国时期农业生产结构的三大支柱④。与此同时，包括在“虞衡”中的渔猎采集的经济地位却显著下降。

前面说过，夏商西周的农田开发是斑点式的，农田集中在若干都邑的周围，点与点之间是大片的牧场和荒野。这种状况，为游牧和半游牧部族的活动提供了便利。兴起于甘肃、青海等地被称为西戎的游牧半游牧部落群，从西周中晚期起，逐渐向中原进逼，并迫使周王室从镐（今陕西西安西南）迁到洛邑（今河南洛阳），形成“华夷杂处”、即农耕民族与游牧民族错杂并存的局面。到了战国时期，形势发生了很大的变化。随着黄河流域大规模连片开发的进展，进入中原的游牧人基本上都接受了农耕文明，融合为华夏族的一部分。中原地区种植业的主导地位进一步确立。与此同时，被称为“胡”的一些民族却在北方兴起，他们以善于骑马著称。后来，匈奴统一了这些北方的游牧民族，构成威胁中原农业民族政权的强大力量。这样，农业民族统治区和游牧民族统治区终于大体上以长城为界在地区上明显地分隔开来。这种格局一直延续至后世。

---

① 《事物纪原》引《沿革》说：“井田废，沟洫堙，水利（按，指农田灌溉）所以作也。本起于魏李悝。《通典》曰：魏文侯使李悝作水利。”

② 《管子·戒》：“（齐桓公）北伐山戎，出冬葱与戎菽，布之天下。”

③ 《墨子·尚贤中》：“是以菽粟多而民足乎食”；《荀子·王制》：“工贾不耕田而足菽粟”；等等。

④ 《管子》中《牧民》、《立政》诸篇。

在铁农具的普及加速黄河流域开发的同时，长江流域一些地区的开发也取得可观的进展。在这基础上，春秋至战国初年，楚与吴、越相继兴起。但两地的开发进行到一定程度的时候，由于两地的自然条件与黄河流域的差别，开发的速度发生了不同的变化，战国以后，长江流域及其以南地区与黄河流域的差距在拉大，而黄河流域作为全国经济和政治重心所在的地位却获得进一步加强。

二　粮食产量和农业劳动生产率的提高

农业生产力发展的最终成果，集中反映在粮食亩产量和农业劳动生产率的提高上。究竟战国时代粮食亩产量和劳动生产率比西周时代有多大的提高，让我们作一些具体的估算。

（一）粮食亩产的增加

西周实行的是助耕公田的劳役地租制，农民在耕种百亩份地（私田）之外，还要耕种领主的藉田（公田）。从经济学的意义来看，份地收获所代表的是农民的必要劳动，藉田收获所代表的是农民的剩余劳动。如果这种解释可以成立的话，那么就可以据此推算一下西周时期的粮食亩产量。由于维持人体正常生长所需要的食量是相对稳定的，我们姑且把人均粮食消费量当作一个常数。据《汉书·食货志》所载李悝“尽地力之教”所提供的数据：“食，人月一石半，五人终岁为粟九十石”[①]。据此，每人每年平均口粮为18石，五口之家全年粮食消费量约为90石，六口之家为108石，如果加上必要的种子等需要，起码要有一百石粮食才可敷用。百亩份地的产量当在此上下，农民才能维持生存。依此推算，当时每亩（周亩）的产量应在1石（大石）左右[②]。

但正如马克思所指出的，小农经济即使在劳役地租的条件下，也“已经有了某种经济发展的可能性”。对于这种发展，我们也可以找到某些线索。战国时代文献中对周代每个农业劳动力所能供养的人数有以下记载：

> 耕者之所获，一夫百亩，百亩之粪（“粪”，在这里作播种解[③]），上农，夫食九人，上次食八人，中食七人，中次食六人，下食五人。（《孟子·万章下》）
>
> 制农，田百亩，百亩之分，上农，夫食九人，其次食八人，其次食七人，其次食六人，下农，夫食五人。（《礼记·王制》）
>
> 上田，夫食九人，下田，夫食五人。可以益，不可以损。一人治之，十人食之，六畜皆在其中矣。（《吕氏春秋·上农》）

上述文献虽然出于战国，但都是追述周制的。这里的“夫”，都是指一个农户的百亩份地而言[④]。因此，引文中的“上农夫”“下农夫”不应连读，而应从“农”字点开。“夫食×人”指的是份地百亩所能供养的人数。从上述三条材料记载看，大体上上农“夫

① 这里记载的口粮数字与《云梦秦简·仓律》所载廪食标准大体一致，可以推知这里的石相当于秦石，即汉大石。

② 王德培，论周礼中“凝固化”的消费制度和周代的民本思想的发展，河北大学学报，1990，(1)。

③ 详见本书第五章第三节二“土壤环境的改造”中关于“粪”和“粪种”部分。

④ 焦循《孟子正义》云：“按夫之名从人起，亦从田起。六尺为步，步百为亩，亩百为夫。此夫指地而言。”所言是。

食”九人，下农“夫食”五人，平均“夫食”七人。若仍以《食货志》所载每人平均年消费粮食18石计算，七人粮食年消费量为126石，这可视为百亩份地的平均年产量，亩产为1.26石。这可能反映了西周稍为晚后的情形。

战国时代的粮食亩产量，据《汉书·食货志》所载李悝的说法：“今一夫挟五口，治田百亩，岁收亩一石半。”不过这是一个较低的数据。山东临沂银雀山竹书《田法》云：“岁收，中田小亩亩廿十斗，中岁也。上田亩廿七斗，下田亩十三斗，太上与太下相复以为率。”①竹书的整理小组推断这里的“小亩”即《汉书·食货志》百步为亩的周亩，可从。战国时的量制有趋同之势，这里的石与秦石大体相同。这个数据较高。《田法》和《汉书·食货志》所载亩产量，可以在其他文献中获得印证。例如《管子·轻重甲》载：“然则一农之事，终岁耕百亩，百亩之收，不过二十钟。”百亩二十钟，一亩合二釜，即二石。这与《田法》所载一致。也有材料与《汉志》契合的。如，《管子·治国》云：“嵩山之东，河汝之间，蚤生而晚杀，五谷之所蕃孰也，四种而五获。中年亩二石，一夫为粟二百石。”这是说，该地气候温暖，生长期长，粮食产量比较高。“四种而五获”，并非像有些学者所说的那样是多熟种植（四年五熟），而是说这里四次种植（一年一熟）的收成，相当于一般地区五次种植的收获量。这是有数据可供稽查的。据李悝所说，战国初魏国亩产一石半，“五获”为七石半；嵩山以东河汝之间正是战国时魏国南境，亩产二石，“四种”收八石，两者正好相当②。又，《管子·揆度》：“食民有率，率三十亩而终于卒岁，岁兼美恶，亩取一石，则人有三十石。”这里的“亩”则是指东亩，即齐亩，1东亩相当于0.64周亩③，一人30亩，五口之家150亩，折成周亩为96亩，亩产1石，折成周亩则是1.56石/亩，比李悝所说的1.5石稍高，但总产150石，与李悝所说一致。由此可见，《田法》和《汉志》的记载反映了战国时代不同等级、不同地区、不同时期土地的一般亩产；大体说来，随着生产力的发展，战国时代的粮食亩产量已逐步达到每周亩二大石的水平。这一亩产水平比之西周时代，其增长的幅度是相当大的。若以西周的亩产为每亩1石，则战国亩产（以每亩2石计）增加了100%；若以西周的亩产为每亩1.26石，则战国亩产增加了58%。

（二）农业劳动生产率的提高

现在我们再来考察一下西周至战国农业劳动生产率的变化。从每个农业劳动力所能负担的耕地来看，变化似乎不大。孟子曾经指出周代实行一夫百亩、什一而籍的制度，《周礼》有关于以百亩为基准，按不同的土地等级搭配不同数量的休闲田的份地分配制度的记载。《周礼》的材料虽然前后杂揉，但其中“一夫百亩”之说应是符合西周历史实际

① 银雀山竹书“守令”“守法”等十三篇，文物，1985，(4)。据整理小组的意见，原简缺字补足，生僻古字改为通行的汉字。下仿此。

② 参见李根蟠，我国古代耕作制度的若干问题，古今农业，1989年，第1期。引文中“嵩山”原作“常山”，据郭沫若《管子集校》改。

③ 关于“齐亩”问题，参阅：吴慧，中国历代粮食亩产量研究，农业出版社，1985年。为什么这条记载中的亩是齐亩，而不是其他别的什么亩呢？因为《管子》书中说得很明确，“一农之量，壤百亩也”，也就是肯定了一个农户只能耕作周亩百亩；但这条材料中，每人平均30亩，五口之家就是150亩，这不可能是周亩，只能是比周亩小的齐亩。

的。到了战国时代，人们还经常谈到一夫百亩。如上引《汉书·食货志》载李悝的论述和计算即以“一夫挟五口，治田百亩”为基础；《荀子》亦以“百亩一守”（《王霸》）、“五亩宅、百亩田”（《大略》）为农民占有土地的标准状态。《管子》更明确指出“地量百亩，一夫之力也”（《山权数》），“一农之量，壤百亩也”（《臣乘马》）。这里的亩，仍然是百步为亩的周亩。从春秋末年至战国，各国出现了一股扩大亩制的潮流，每亩的边长由100步扩展到240步。但这种大亩制的实际意义只是减轻赋税，鼓励垦荒和扶植中小地主，在当时的生产力条件下，一个普通农户还不可能负担大亩百亩的耕作任务。如商鞅变法改百步小亩为240步的大亩，但《商君书·徕民》记载“地方百里……恶田处什二，良田处什四，以此食作夫五万”，仍然是按每户（夫）一百小亩的标准规划的。由此看来，从西周到战国，每个农户所能负担的耕地面积没有增加，甚至可能有所减少。

那么，从西周到战国，农业劳动生产率是否没有变化呢？不是的。因为农业技术进步了，粮食亩产量提高了，每个农业劳动力所能供养的人口增加了。上文谈到，西周初年每亩产量约1石，百亩份地约产粮百石。农民除耕种自己的份地以外，按什一而籍的比例，而要耕种十亩的公田。这样，每个农户总共种地110亩，产粮110石，能供6个人一年食用而稍多。如按每户两个劳动力算，每个劳动力除自己以外还可以供养两个人；如按每户两个半劳动力算，则每个劳动力除自己外还能供养1.4人。又据上文推算，西周较晚时期，每户所产粮食平均能供养7人，按每户两个劳动力算，每个劳动力除自己以外还能供养2.5人，按每户两个半劳动力算，则每个劳动力除自己以外还能供养1.8人。战国时期情况发生了较大的变化。由于粮食单产达到每亩两石的水平，在一夫百亩的条件下，每个农户年产粮食200石，自身消费100石左右，还可以提供100石左右的剩余。《管子·臣乘马》中有“民食十五之谷”的说法，就是指在农民生产的粮食中，其家庭自身的消费量约占一半左右。《管子·揆度》说：“上农挟五，中农挟四，下农挟三。”说的就是一个农业劳动力的生产量，除自己消费外还能供养多少人。《乘马数》也有类似的说法。这和“民食什五之谷”是一致的①。以“中农挟四”论，一个农业劳动力供养的人口为西周初年的2～2.8倍，为西周晚年的1.3～1.6倍。

我们也可以从另一个角度比较一下：按传统的说法，西周实行“什一而籍”，即私田和公田的比例为10∶1，这在一定程度上也可以视为必要劳动和剩余劳动的比例；则剥削率为10%。这个剥削率的计算显然是不够准确的，因为从《诗经·七月》等记载看，西周农民除公田劳役以外，还要负担其他的繁重劳役。假如其他劳役为公田劳役的1～2倍，则必要劳动和剩余劳动的比为10∶2～10∶3，剥削率则20%～30%。这大致不会太过离谱。战国中期以后，在“一夫百亩”，亩产两石，“民食什五之谷”的劳动生产率的基础上，出现了“见税什五”的剥削方式②。如果单从粮食生产看，在这种剥削方式下，必要劳动和剩余劳动的比例为5∶5，或1∶1；则剥削率为100%。但农民除了粮食生产外，还有其他副业生产，这些副业生产的产品一般不在交租范围之内。我们假设粮食生产和副

---

① 现以“中农挟四”为例计算一下：一个农业劳动力的产量，可以供养连自己在内的5个人，如一家5口两个劳动力，每个劳动力负责供养的人口连自己在内是两个半人，他的生产量除此以外还可以供养两个半人，刚好是一半对一半，与“民食什五之谷”的记载契合无间。

② 《汉书·食货志》载董仲舒说，商鞅变法后，“或耕豪民之田，见税什五”。

业生产的比例为5∶2，则必要劳动和剩余劳动的比例为7∶5，剥削率校正为70%左右。从20%～30%到70%，剥削率明显提高，而这，又是建立在农业劳动生产率较大幅度提高的基础之上。

我国传统农业的发展，并不伴随着每个农户负担耕地面积的增加，它主要表现在单位面积产量的提高和多种经营的发展上；中国传统农业发展的这一历史特点，在它的早期已经表现出来。

三 农民经济独立性的加强及其身份地位的变化

春秋战国时期，在农业生产力的大幅度提高的同时，农民阶级的成分和经济政治地位发生了明显变化。西周时代的农民主要是被征服部族的人民，周族的族人一般都取得贵族的身份，成为卿大夫和士。春秋战国时期，由于贵族的支庶繁衍和兼并斗争，相当一部分贵族或贵族子弟破落后加入了农民的队伍，形成“士庶合流”的态势。这方面的情况这里不准备多谈。农民经济政治地位的变化是以其经济能力的加强为前提的。农业生产力的提高，尤其是铁农具的普及，使农民以单个家庭为单位独立完成再生产的全过程的能力大大增强。在这基础上，农民经济和政治地位的变化经历了一个过程，其主要表现和标志可以归纳为以下三个方面。

（一）助耕公田制度的逐步取消

如前所述，在助耕公田的劳役地租制度下，农民负担沉重的劳役，小农自身的生产过程往往被公田劳役所打断，其经济的独立性是很不完全的，但即使在这种情况下，农民经济的发展已经具备了某种可能性。因为农民可以在自己的份地上增加劳动时间，改进耕作技术，以至发展多种经营。根据上文的估算，西周时期的农业劳动生产率是有所提高的，从初期的每个农户能够养活6人左右，提高到晚期的每个农户能够养活7个人左右。这主要应视为农民经济发展的结果。农民对公田上的劳役，则往往消极怠工，以至用逃亡的方式予以抵制。例如，春秋初年齐国的公田已是“维莠骄骄”，“维莠桀桀”，以至人们发出了“无田甫田”（《诗·齐风·甫田》）的慨叹了。这正是领主贵族放弃公田助耕制的主要原因。早在西周后期，周宣王“不籍千亩”（《国语·周语上》），取消了作为劳役地租制标志的籍田礼，反映了劳役地租制在宗周地区的衰落。春秋初年，管仲相齐，为解决公田荒废、农民逃亡的问题，实行“相地而衰征”（《国语·齐语》）。“相地而衰征”是按土地的等级差别向农民征收实物地租，其前提就是取消助耕公田的劳役地租制。公元前594年，鲁国实行“初税亩”（《左传》宣公十五年）。根据三传的记载，“初税亩”是废除“什一而籍”的助耕制，实行“履亩而税”。“相地而衰征”和“初税亩”都是用实物地租取代过去的劳役地租，从而大大加强了农民经济的独立性，农民通过自己的劳动改善自己的经济状况的可能性增大了，其生产热忱因而空前提高。《管子·乘马》指出：“均地分力，使民知时也。民乃知时日之蚤晏，日月之不足，饥寒之至于身也。是故夜寝蚤起，父子兄弟不忘其功……”春秋时代铁农具的初步推广，牛耕的逐步应用，耕地的大量垦辟，人口的急剧增加，这一切都说明，实物地租的实行曾给予整个社会生产力的发展以多么大的推动力量①。

（二）农民份地的私有化

井田农民份地的私有化，是由生产力的发展引起的，不以人们的主观意志为转移的过程。农民在自己的份地上劳动的积极性远远高于他在公田上的徭役劳动，随着其独立生产能力的加强，他们很自然会要求份地的固定化以至私有化。份地的私有化不是自上而下的轰轰烈烈的运动，而是自下而上静悄悄地，然而又是不可遏止地进行着。其中，税亩制的实行是一个转折点。税亩制是以农民份地的相对固定化为前提的，它反过来又加速了农民份地的私有化。农民渐渐以份地的实际主人自居了。

《史记·陈杞世家》载楚庄王因陈灵公之乱灭陈而县之，申叔时进谏说："鄙语有之：牵牛径人田，田主夺之；牛径则有罪矣，夺之牛，不亦甚乎！"②既然是鄙语，这里的"田主"当系庶民而非贵族。这说明农民份地的私有化过程已导致"田主"观念的产生。这是春秋中期的事情。无独有偶，《吕氏春秋》也记载了春秋晚年孔子逸马践踏农民耕地的故事："孔子行道而息，马逸，食人之稼，野人取其马。子夏请往说之，毕辞，野人不听。有鄙人始事孔子者，（曰）请往说之，因谓野人曰：'子耕于东海至于西海③，吾马何得不食子之禾？'其野人大悦……解马而与之。"（《孝行览·必已》）这个故事不但说明野人的耕地已经私有化，而且说明他们所能占有的土地已经不限于那一小块份地。农民份地的私有化使私有土地成为民间财富的来源和标志，激发起人们占有土地的欲望。《管子·霸言》说："夫无土而欲富者忧。"在《云梦秦简·日书》中有生子"好田野邑屋"之文。"好"在这里是指爱好、僻好；田宅成为一种爱好，是在土地已经私有化的条件下才能出现的④。对于这一点，当时的统治者也是清楚的。《商君书·徕民》就说过："意民之情，其所欲者田宅也。"正因为看到了这一点，所以各国统治者争相实行"利其田宅"的政策，以招徕客民，奖励耕战之士。这种用以安置客民、奖励耕战之士的土地，很快就从国有土地转化为私有土地。因此这种政策的实行，又大大加速了农民份地的私有化。随着农民份地的私有化，民间的土地买卖出现了⑤。例如在本世纪80年代出土的包山楚简中，就

---

① 这是先秦经济史十分重要的一条资料。"均地分力"讲的是废除公田劳役助耕制，把原来的公田分到各个农户，取消公私田的界限，实行相地而衰征（均地），让各个农户独立经营（分力）。其中心思想是推广和发展家庭经营，从其中的论述中，可以看到小农经营的独立性加强以后所激发出来的生产劳动积极性。对"相地而衰征"的解释可参阅：巫宝三，管子经济思想研究，中国社会科学出版社，1991。实物地租之取代劳役地租及其影响详见：李根蟠，春秋赋税制度及其演变初探，中国史研究，1979，(3)。

② 《左传》中也有类似记载。

③ 按，原作"子不耕于东海，吾不耕于西海也"，今据《淮南子·人间训》改。《淮南子·人间训》："孔子行游马失，食农夫之稼，野人怒，取马而系之。子贡往说之，卑辞而不能得也。……乃使马圉往说之。至，见野人曰：子耕于东海，至于西海，吾马之失，安能不食子之苗？野人大喜，解马而与之。"

④ 李学勤，睡虎地秦简〈日书〉与楚秦社会，江汉考古，1985年，第4期。

⑤ 我国上古时代土地买卖出现并不晚。本世纪70年代出土的卫裘诸器清楚地记述了贵族之间的土地交换和让渡，使我们对此不能再有怀疑。但这是贵族，即土地所有者之间的事情，农民的份地在很长时期内是不能买卖的，即所谓"田里不粥（鬻）"。春秋中期，晋国魏绛陈述和戎的理由之一是"戎狄荐居，贵货易土，土可贾也"（《左传》）。这里的土地交换是指国家和部族之间进行的交换，还是民间私自进行的交换？传文没有交待。但后者的可能性是存在的。春秋中晚期，确实已有民间土地买卖可靠证据。

记载了一桩民间土地买卖的诉讼案例①。又如《韩非子·外储说左上·说四》载："王登为中牟令，上言于襄主曰：中牟有士曰中章胥己者，其身甚修，其学甚博，君何不举之？主曰：子见之，我将为中大夫。……王登一日而见二中大夫，予之田宅。中牟之人弃其田耘、卖宅圃而随文学者，邑之半。"②

春秋战国之际，范蠡在佐越灭吴后弃官从商，兼事农牧业，至齐，"耕于海隅，苦身戮力，父子治产"，后至陶，"复约要父子耕畜，废居，逐什一之利"（《史记·越世家》)。他的土地应该是通过买卖和垦荒得来的。春秋末年以来，商人对农民的兼并已相当普遍，这是以民间的土地可以买卖和抵押为前提的③。《史记·赵奢列传》载战国晚期赵括为将，"王所赐金帛，归藏于家，而日视便利田宅可以买者买之"，反映当时民间的土地买卖已经比较普遍了。农民份地的私有化以至可以买卖，标志着作为农村公社变体的井田制的瓦解，农民已进一步斩断他们与村社相联系的脐带。史载商鞅变法，"除井田，民得买卖"（《汉书·食货志》)，只是承认这种现实，并使之合法化而已。

（三）取得当兵纳赋的资格，变为封建国家的编户齐民

西周和春秋初年，农民虽然要服各种劳役，但不用提供军赋，确切地说，是没有提供军赋、充当甲士的资格。因为在国野分治制度下，提供军赋、充当甲士是食禄的贵族权利与义务。这就是所谓"有禄于国，有赋于军"（《左传》昭公十六年)。春秋时代，一方面由于在频繁的战争中扩大兵源的需要，更重要的是由于实行税亩制后农民独立经济的发展和地方经济力量的加强，农民有可能提供相应的武器装备，农民不能当兵纳赋的限制被逐步打破了。公元前645年，晋国"作州兵"（《左传》僖公十五年)，这是向居住在鄙野地区的被统治部族征发武器装备（"兵")，虽然不是完整意义的军赋，但已在传统的国野之制中打开了第一个口子。与此相似的还有公元前590年鲁国的"作丘甲"（《左传》成公二年)，公元前548年楚国芳掩的"书土田"，"量入修赋"（《左传》襄公二十五年)。到了春秋晚期，农民作为军赋主要负担者已经制度化了。如公元前483年鲁国"用田赋"（《左传》哀公十一年，《鲁语下》)，就是直接向授田农民征赋，赋的内容也发生了相应的变化。公元前538年，郑国"作丘赋"（《左传》襄公三十一年)，以丘为单位直接向农民征赋，其性质与"用田赋"同。田赋丘赋制的实行表明农民的经济和

---

① 这桩土地买卖诉讼案的大致内容是：左驭番戌在某邑有一块"食田"，先后由其子番步、步弟番缶继承，缶死无子，由其从父之弟番索继承，番索因"病于债"，把田卖给左驭游晨，有"伍节"为凭，但遭异议，谓索非戌后，遂至诉讼，结果番索胜诉。鉴于春秋中后期士和农已趋合流，这时士的"食田"已和从前的禄田有别，所以这里的土地买卖已属民间买卖的范畴。

② 从表面看，这里所卖的只是宅圃，耕地不能买卖，故要"弃"之。但细检上引文，"弃田耘"与"卖宅圃"并言，很可能是为了避免行文的呆板而变换的说法，并不表明耕地不能买卖。在这段引文的前面还有这样的记载："利之所在民归之……故中章、胥己仕，而中牟之民弃田圃随文学者邑之半。"（《外储说左上·经四》）这里的"弃田圃"即上面的"弃其田耘、卖宅圃"，既然"弃圃"的含义是"卖宅圃"，那么，这里的"弃田"不也可以理解为"卖田地"吗？正因为土地可以买卖，上面《吕氏春秋》所载的无权无势的野人才有可能发生扩大土地的欲望。

③《管子》书中屡屡谈到民间的兼并，尤其是商人对农民的兼并，这种兼并以农民份地的私有化为前提，并显然主要是通过土地买卖和抵押的途径进行的。所以《越绝书·计倪内经第五》论经商之道，谓"阳且尽之岁，亟发粜，以收田宅牛马……"，应该是有所据的。《史记·货殖列传》谈到南阳孔氏在战国末年"大鼓铸，规陂池"。在人口稠密的三晋故地"规陂池"，发展灌溉农业，买卖更应是其土地的主要来源。

政治地位已经大为提高。他们已经取得过去只有“士”才有的当兵纳赋的权利，虽然这是以赋敛负担的加重为代价的①。

赋制的改革也反映了同时期国家、领主、农民之间关系的深刻变化。过去，农民是依附于土地之上的，他们往往作为土地的附属物被封赐给贵族领主，而领主则以政治统治者兼土地所有者的身份君临于农民之上。《仪礼·丧服》云：“君谓有地者也。”郑注：“天子诸侯及卿大夫有地者，皆曰君。”在这种制度下，农民虽然没有纳赋的资格，但却要随军服贱役，这种役是依附于赋的，就像农民在人身上依附于领主一样。现在国家却越过领主贵族直接向其领地上的农民征赋，为了实现这一点，国家采取了一系列削弱贵族领主特权的措施。这样，过去隶属于各级领主贵族的农奴就被置于国家的直接管辖之下了。从公社的束缚和领主的统治下解脱出来的农民，其流动空前的频繁，在这种新的历史条件下，国家为了重新把农民束缚在土地上，以保证其赋税的可靠来源，普遍建立户籍制度和乡闾什伍组织②，于是昔日的农奴就变成国家的编户齐民了。

四　封建地主制经济政治制度的建立

春秋战国是我国封建地主制逐步取代封建领主制的时期，当时社会大变动的核心，是封建地主土地所有制取代封建领主土地所有制。封建地主土地所有制不同于封建领主土地所有制③的特点有：第一，它打破了贵族对土地的垄断和严格的等级占有制度，庶民也可以私有土地；第二，它在一定程度上实现了土地所有权和政治统治权的分离；第三，它打破了“田里不粥”的成规，民间土地可以买卖，地权具有相对运动的性质。总之，地主土地所有制较之领主土地所有制，已基本上摆脱了共同体的外观，私有化的程度进一步加深。这种土地所有制的形成，正是从农民份地的私有化开始的。

（一）农民的分化和庶民地主的产生

与农民经济独立性的加强和份地私有化同时并行的，是农民阶级中的贫富分化的加速。到了战国中期，这种分化已相当严重。孟子指出，当时不少农民由于土地不足，“仰

① 李根蟠，春秋赋税制度及其演变初探，中国史研究，1979，(3)。

② 什伍原为军队中的组织，随着士农的合流，各国先后实行相应的军政改革，什伍遂逐渐成为全国性的农村（以及城市）居民组织的细胞。在农村建立什伍组织的明确记载，是《左传》昭公4年郑国子产实行的“庐井有伍”，将农村中田地相连的五家编组为“伍”，是与“作丘赋”相配套的措施。《左传》昭公23年楚沈尹戌有“亲其民人，明其伍候”语，这些都说明春秋时代什伍组织确实推广到农村了。《管子》书中谈什伍组织的地方很多。《乘马》有五家为伍、十家为连的“邑制”，与军事组织相配合。《度地》等谓秋天阅民定什伍，已是定制。《禁藏》把“什伍为行列，赏诛以为文武，缮农具当器械……故耕器具则战器备，农事习则攻战巧”作为“为国之本”的重要内容。《轻重乙》有通过什伍组织向农民摊卖铁农具的记载。战国中期，商鞅在秦变法，把什伍编制和连坐法结合起来，由于普遍的兵农合一，秦国农民的主体部分就是所谓“士伍”。总之，春秋战国之际以后，兵农合一，什伍组织已成为普遍性的制度，表明农民的成份和地位均比前代发生了重大的变化。

③ 中国封建领主土地所有制本质上也是一种私有制，但它是仍然保留着共同体外观的私有制。一方面，它附丽于作为农村公社变体的井田制之上，另一方面，贵族统治者也按宗法制的原则组成一个共同体，各级贵族以该共同体成员的资格，并依其等级身份之高低占有相应的土地和臣民。这实际上是体现了家长制家庭公社残余的贵族集体私有制。

不足以事父母，俯不足以畜妻子，乐岁终身苦，凶年不免于死亡。”从而出现了一大批流民。《商君书·徕民》也谈到当时的三晋地区有一批“上无通名，下无田宅”的贫民。《管子》一书对民间这种贫富分化的现象揭露得尤其深刻。它指出农民的再生产具有“月不足而岁有余”（《治国》）的特点，而且收成的丰歉在不同年份间很不均衡（《七主七臣》），国家的征敛随意性很大，商人高利贷者趁机插足农民再生产过程以牟利，在这种情况下，“分地若一，强者能守，分财若一，智者能收，智者有十倍人之功，愚者有不赓本之事，然而人君不能调，故民有相百倍之生（按指产业）也”（《国蓄》）。这样，在庶民中就产生了“下阴相隶”（《山国轨》）和“下相役”（《国蓄》）的新的剥削和压迫的关系。一批不同于过去的领主贵族的庶民地主出现了。这些庶民地主有些是通过务农致富的，有些是通过经商致富兼并土地而成为地主的，此外还有一些具有士人身份的庶民地主和从旧贵族转化而来的庶民地主。除了庶民地主以外，还有主要通过军功赏赐而又形成的身份性地主。但不管是庶民地主还是军功地主，他们都没有过去领主贵族那种与土地权力相结合的政治统治权力。庶民地主和以军功地主为主体的身份性地主共同构成了新的地主阶级。

（二）封建租佃制的出现

由于新的地主阶级缺乏对农民的直接的政治统治权力和人身隶属关系，不可能像过去的领主贵族那样实行助耕公田的劳役地租制，他们所能采取的剥削方式，除了部分军功地主和权势之家役使隶属农民外，一般有以下三种：一是使用奴隶，二是使用雇工，三是出租土地。租佃制在当时还在发生和发展的早期，似乎还隐藏在诸如雇佣、属役等剥削关系之中。《吕氏春秋·审分》云：

> 今以众地者，公作则迟，有所匿其力也，分地则速（注：分地，独也。速、疾也。获稼穑则入已，分而有之，各欲得其疾成，无藏匿、无舒迟），无所匿迟也。(1)
>
> 主亦有地，臣主同地，则臣有所匿其邪矣（邪、私也，不欲君知，故蔽之也），主无所避其累矣。(2)

这里讲的正是庶民地主采取什么样的劳动组织形式最为有利的问题。作者的结论是，无论使用奴隶劳动，还是使用雇工或隶属农民集体劳动，效果均不理想，最好的劳动组织形式是“分地”。所谓“分地”，就把耕地分成小块让劳动者包干，这是租佃制的早期形态或其萌芽①。《吕氏春秋》的这段记载表明，早期的租佃关系很可能是被雇佣、役属关系的外表所掩盖，到了汉代，才开始显山露水。尽管如此，它却是最符合生产力发展的

---

① 我们先看上述引文(2)。这是指使用家庭奴隶从事耕作；主人则是一个没有完全脱离劳动的、庶民中的富农或小地主。“地”字是动词，作“治地”解；“主亦有地”的“有”字疑为衍文。“主亦地”，即主人也参加治地劳动，故曰“臣主同地”。在这种情况下，由于奴隶（臣）生产积极性不高，“有所匿其邪”，主人既要自己劳动，又要监督奴隶劳动，左右支绌，自然不胜其“累”了。再看，引文(1)，“今以众地者”指“以众治地”，“众”的身份可能是佣客，也可能是“役属”；但肯定不是国家征发的民众。有两种可供选择的劳动组织形式，一种是“公作”，一种是“分地”。前者是集体耕作，大呼隆，可以偷奸耍滑，故“迟”。后者是把地分开包干，各人劳动成果一目了然，故“无所匿迟也”。这里的“分地”，似是雇工劳动中划分地段包干的责任制形式，便于主家检查劳动的数量和质量，它虽然不是完整意义上的租佃制，但这种经验的发展，无疑会导致租佃制的产生和发展。

要求、因而是当时最有生命力和发展前途的一种剥削方式。

（三）中央集权制和封建国家的经济职能

随着封建地主制取代封建领主制，政治上的集权制也取代了分封制。统治权力集中于中央，地方设置郡县，由中央政府委派官吏进行管理，从而改变了以前统治权力分散于各级领主贵族的状况。这个集权制的封建国家，本质上与新兴的地主阶级的利益是一致的；新兴地主阶级由于缺乏与土地权力直接相结合的政治统治权力，也需要一个中央集权的政府来维护他们剥削农民的利益。但这个封建国家又是靠农民提供的租税赋役来维持的，它一方面要对农民进行剥削，另一方面又要想法让农民的再生产能够维持下去。战国时的各国政府，对军功地主和力农致富的庶民地主是鼓励和支持的，但与商人和商人地主的利益却往往发生矛盾，因为商人兼并活动的过分发展往往使不少农民贫困破产，迫使或是诱使相当数量的农民弃农逐末，从而对各国封建政府的奖励耕战的政策构成威胁。因此，战国中晚期的一些思想家和政治家相继提出重农抑商的政策思想。

自新石器时代以来，农业就是我国最重要的生产部门，进入阶级社会以后，历朝政府无不重视农业，把发展农业视为自己的经济职能之一。但封建地主制形成后，又出现了一些新的情况。在封建领主制下，农民被授予份地，领主领地内有“公有地”，有仓库，有内部分工和交换，在这个范围内，农民的再生产是有保障的。在封建地主制下，农民的生产条件却缺乏这种保障，而封建国家却在一定程度上负担起保证农民再生产能够继续下去的任务。从战国的情况看，各国政府在这方面主要采取了以下几类措施：一是对农民生产的督促、指导和管理；二是兴修水利，推广铁农具等等；三是当农民缺乏生产资料和生活资料、再生产难以为继时，给予接济（主要是“授田”，借贷、赈济等）；四是利用国家掌握的粮食和物资，贵粜贱籴，平抑物价，稳定市场，使农民少受商人、高利贷者的中间盘剥。以上四项，尤其是后两项，反映了地主制下农民再生产的特点。

总之，春秋战国时代，以铁农具的普及为中心，农业生产力发生了新的飞跃，导致了经济政治制度的深刻变化，使我国由封建领主制社会转变为封建地主制社会。在这种制度下，农业劳动者经济上的独立性比之前代有了很大的提高，他们土地可以私有，经营相当自主，无论自耕农还是佃农，都是以个体家庭为单位从事农业生产的，因此他们生产的积极性比之领主制下的农奴为高。总是力图在他们私有或是使用的小块土地上，用增加劳动投入和改进生产技术的方法提高单位面积的产量，以维持一家数口的生计。国家对小农经济再生产所负担的经济职能亦有所加强。加上学术的下移和百家争鸣局面的出现。所有这些，与中国传统农学的形成和发展都息息相关。中国传统农学在长期农业实践的基础上形成于战国时代，这并非是偶然的。

第二章　农家的出现与先秦时期的农学文献

第一节　农家和农书的出现

春秋战国时期，中国古代农业科学技术的发展产生了一次质的飞跃，其突出的表现之一是农家和农书的出现，它标志着中国传统农学已经初步形成。

一　农家的出现及其出现的条件

《汉书·艺文志》在介绍先秦秦汉学术流派时，把农家作为当时诸子百家中的一家。农家的著作共 9 种，其中《神农》20 篇和《野老》17 篇系“六国时”作品。他们和其他学派一样，有自己的关于政治和社会的主张，同时又以系统地阐述农业科学技术原理而见长。农家的著作，应该包括这两方面的内容，可称之为早期的农书。实际上，把农业科学技术或有关问题作为主要内容或主要内容之一的著作不限于《汉书·艺文志》中所提到的几种。这些农书或农学文献的出现，使传统的农业科学技术第一次有了文字的系统总结，从而成为中国传统农学形成的重要标志之一。

农家和农书在春秋战国时期的出现，除了上面谈到的长期的农业生产实践经验积累的条件外，还与当时学术文化的发展的态势有关。

春秋以前的学术文化制度是与当时的经济政治制度相适应的。当时，只有贵族才有入学受教育的权利，而专门的学术是掌握在官府手中，有关典籍由周王室和诸侯的太史秘藏不得外传，即所谓“学在官府”。这种状况在春秋战国发生了很大的变化。由于王室衰微，灭国继踵，王官失官失守，王官子弟也不能承袭其职，原来由王官所掌管的典籍文献和文化知识也就不能不流布于民间。孔子说：“吾闻之，天子失官，官学在四夷。”[①]就是指这种情况。与此同时，贵族阶层发生了剧烈的分化，相当一部分贵族，尤其是贵族下层的士，失去了贵族的地位，除了一部分补充了农民的队伍以外，相当一部分从原来的武士转化为研学论道以干禄的文士。文士阶层的出现加速了学术下移的过程。一些有名的士纷纷聚徒讲学，宣传自己的政治主张，逐渐形成不同的学派，终于出现了百家争鸣的局面。《庄子·天下》：“其数散于天下，而又设于国中者，百家之学，时或称而道之。”这里的“数”，泛指制度法则和典籍文献[②]。这说明诸子百家的政治经济和思想文化等各方面的主张，虽然反映了春秋战国社会大变动中不同阶级和阶层的利益和愿望，是针对“时弊”而发的，但其在学术上的渊源，却可以追溯到春秋以前的王官之学。

---

① 《左传》昭公十七年。

② 《荀子·荣辱》：“循法则度量，刑辟图籍，不知其义，谨守其数，慎不敢损益也。”

二 先秦农家的两个派别

关于诸子百家之一的农家，《汉书·艺文志》说："农家者流，盖出自农稷之官。播百谷，劝耕桑，以足衣食，故八政一曰食，二曰货。孔子曰'所重民食'，此其所长也。及鄙者为之，以为无所事圣王，欲使君臣并耕，诗上下之序。"农稷之官起源甚早，传说五帝时代的尧已任命羲和"历象日月星辰，敬授人时"；舜继尧位后，任命禹为司空，管治水，任命周弃为后稷，管农业，"播时百谷"（《尚书·尧典》）。作为掌管农业的专职官吏，后稷一职延续至西周时代。据《国语·周语上》载，西周的农官有农师、农正、后稷等。其中"后稷"是"农官之君"（《国语》韦注）。"后稷"又称"稷"，地位颇高。"夫民之大事在农，上帝之粢盛于是乎出，民之蕃庶于是乎生，事之供给于是乎在，和协辑睦于是乎兴，财用蕃殖于是乎始，敦庬纯固于时乎成，是故稷为大官。"在周天子举行的藉田之礼中，后稷扮演着重要的角色，先由稷根据太史提供的气象情报向周王请示报告，才开始藉田礼的准备工作。行藉田礼时，后稷负责监察和"省功"，并"纪农协功"。后稷属下的农正，又称农大夫，据韦注，即所谓"田畯"。在《诗经》的农事诗中，经常有"田畯"出现，他们负责监督农夫在藉田上的劳动。农正下面还有农师。从《国语·周语上》的记载看，后稷、农正和农师，主要是管理周天子藉田中的生产事务，对于周天子直接管辖之外的农田，后稷只是督促各级贵族去抓，即"遍戒百姓"。各级贵族都有自己的直属领地，估计也各有其管理人员。春秋以前实行世官制，农稷之官在世世代代指导农业生产的过程中，必然积累不少资料与文件；这些资料与文件在"王官失守"后流布民间，为后来农家的出现和农书的编纂作了资料上的准备。

应该指出，上述资料与文件，从根本上说，是农业劳动者实践经验的结晶。但当时的农业劳动者没有受教育的机会，不掌握总结这些实践经验的必要的文化知识，而这个责任，在当时的条件下，只能由少数脱离直接农业劳动、而又负担着管理和指导农业生产职能的官吏来承担。

从《汉书·艺文志》的叙述看，先秦农家可以分为两派：一派其学说的内容带有"官方农学"的色彩；另一派学说则带有"鄙者农学"或"平民农学"的色彩。无论是带有"官方农学"色彩的农家，还是带有"鄙者农学"色彩的农家，其学说均应包括两个方面，一方面是关于社会政治的主张，另一方面是关于农业科学技术的知识。

《吕氏春秋》中有《上农》、《任地》、《辩土》、《审时》四篇，《上农》谈农业政策思想，其他三篇谈农业科学技术，从其内容分析，当系取材于以《后稷》命名的农书，其中官方农学的色彩甚浓，应属前一派的农家。关于这个问题，本章第二节将详细讨论。《孟子·滕文公上》谈到当时"有为神农之言者许行"，主张"贤者与民并耕而食，饔飧而治"，则属后一派的农家。从孟子和许行学说的信奉者陈相的辩论中，可以窥见许行学说的有关内容，一是主张人人参加生产劳动，反对剥削，反对有脱离生产劳动的管理者；二是主张统一市场价格，反对商业剥削与欺诈①。这些主张鲜明地反映了当时备受封建国

① 《孟子·滕文公上》："从许子之道，则市价不二，国中无伪；虽使五尺之童之市，莫之敢欺。布帛长短同，则贾相若；麻缕丝絮轻重同，则价相若；五谷多寡同，则价相若。"

家和商人高利贷者层层剥削的小生产者（主要是个体小农）的处境和愿望①，和《汉书·艺文志》所说的“及鄙者为之，以为无所事圣王，欲使君臣并耕，誖上下之序”，若合符节。这一派学者亲自参加农业劳动②，对农业科学技术应有所总结。《汉书·艺文志》所载六国时农书《神农》和《野老》，大概就是这一派的著作，里面应有农学方面的内容，可惜原书已经失佚，在后世典籍中所保存的只是一鳞半爪，难窥全豹③。

现存的属于先秦时代的农学文献可以分为三类：第一类是讲农业技术及其原则原理的，以《吕氏春秋》中《上农》、《任地》、《辩土》、《审时》四篇为代表④；第二类是讲土和水的，如《尚书·禹贡》、《管子》中的《地员》篇和《度地》篇等；第三类是讲农时的，如《夏小正》、《礼记·月令》、《吕氏春秋·十二纪》等。下面首先分别对第二和第三类农业文献予以介绍。至于《吕氏春秋·上农》等四篇，则留待第三章专门介绍。

第二节 最早的土壤学著作——《禹贡》

一 《禹贡》的主要内容

首先应该提到的是《禹贡》。《禹贡》是《尚书》中的一篇，被收在“虞夏书”中。书序说：“禹别九州，随山浚川，任土作贡。”该篇内容包括两大部分：一部分是讲区域地理的，另一部分则是讲山川走向的。它是中国古代地理学的经典之一。其中与传统农学关系密切的是第一部分。《禹贡》把当时的中国划分为九州，叙述了各州的地理位置、重要山川、交通路线、土壤植被、物产贡赋和土地的等级，以及“少数民族”等。它对当时全国的土壤作了相当科学的分类，并论述了各地区不同的土壤及其相应的物产。因此，它虽不是专门的农学著作，但包含了关于土壤学和农业地理的丰富内容。英国学者李约瑟称之为“可能是世界上最古老的土壤学著作”⑤。

二 关于《禹贡》的写作时代

《禹贡》中的有关农学方面的内容，我们以后还要谈到。在这里简单谈一谈与《禹贡》的写作时代相关的问题。《禹贡》旧说为大禹或虞夏时代所作，这种说法已为近世学

---

① 许行的农家学派作为个体小农利益的代表者，强烈地反对剥削，但他们找不到出路，只能幻想恢复神农氏时代人人参加劳动、没有阶级和剥削的原始社会，在实践上他们只能依附于像滕文公那样主张恢复井田制的所谓“贤君”。他们虽然没有完全否定农业与手工业、商业的社会分工的必要性，但反对从事社会管理事务的脑力劳动者的存在，是违反社会发展规律的。

② 《孟子·滕文公上》：“孟子曰：许子必种粟而后食乎？曰：然。”

③ 如《论衡》中提到“神农后稷藏种之方”，《氾胜之书》佚文中也谈到“神农”的溲种法和“神农”的其它一些言论。马国翰《玉函山房辑佚书》辑有《神农书》一卷，内容驳杂不纯，又以《吕氏春秋》中《上农》等四篇辑为《野老》一卷，尤不类。

④ 《吕氏春秋·上农》等四篇中，《上农》是讲农业政策的，但这四篇是一个整体，所以我们把它们放在一起来讲述。

⑤ 李约瑟、鲁桂珍著，董恺忱、郑瑞戈译，中国古代的地植物学，农业考古，1984，(1)。

者所摒弃。但学界对它的成书年代判断不一，有断为西周的[①]，有断为春秋的[②]，有断为战国的[③]。其中战国说是主流，信从者较多。战国说的主要理由之一是《禹贡》将全国领土划分为“九州”，但“九州”之说是战国时代才出现的。最近又有人对战国说进行反驳[④]。他们指出《禹贡》中的“九州”纯系依自然条件分区，不是行政区划。《说文》川部州字云：“水中可居曰州。昔尧遭洪水，民居水中高土，故曰九州。一曰州，畴也，各畴其土而生之。”是知《禹贡》“九州”的州字不过是在治水过程中自然形成的一块块民众居住地的意思。如果《禹贡》成书于战国，孔子就不可能把它收到《尚书》中去。《禹贡》语言古朴，不似战国时人语，但与《周书》的《康诰》《大诰》等也大不相同。推测是平王东迁后某一大家利用有关历史档案资料写成的。其时在西周末或春秋初。

上述说法似乎是有道理的。我们还可以从《禹贡》自身找到判断其写作时代的某种线索。《禹贡》所述九州中田和赋各有等级（分上中下三等，每等中又分上中下三级，共九个等级）。以前的学者一般把田的等级视为耕地肥瘠程度的等差。《禹贡》所载九州田的等级依次为雍（上上）、徐（上中）、青（上下）、豫（中上）、冀（中中）、兖（中）、梁（下上）、荆（下中）、扬（下下），这并不符合各地土壤肥瘠的实际情况。而且，如果田等确系反映土地肥瘠的等级差别的话，为什么赋等和田等不一致呢？如雍州田为上上等，而赋则为中下等；荆州田为下中等，赋却为上下等。这是难以解释的。其实，东汉郑玄早就指出《禹贡》中的田等是按“地形高下”划分的；后来西晋王肃认为田等标准是土地肥瘠，才把问题搞乱了[⑤]。近来一些中外学者已经肯定《禹贡》田等只有理解为按地势高下划分才符合实际[⑥]。从大禹治水的历史背景看，首先注意到的是各个地区的地形高下，也是顺理成章的事。我们如果把这一点确定下来，《禹贡》九州的赋等与田等不一致就容易理解了；这里的赋等应该大体代表了《禹贡》写作时代或其所反映的时代各地经济发展的状况。请看表 2-1。

表 2-1　《禹贡》九州的田等和赋等

九州名	冀	兖	青	徐	扬	荆	豫	梁	雍
田　等	中中	中下	上下	上中	下下	下中	中上	下上	上上
赋　等	上上	下下	中上	中中	下上	上下	上中	下中	中下

如果上述判断可以成立的话，那么，它并不反映战国时代的状况，而是反映了战国以前的状况。例如，战国时代西方的秦国和东方的齐国都已迅速强大起来，但在《禹贡》中，秦国所在的雍州赋等为“中下”，齐国所在的兖州赋等为“下下”。

总之，《禹贡》虽不是虞夏时代的作品，但不排除它包含了长期以来有关资料的积累。它的成书似在战国以前的某个时期，其时秦国和齐国尚未强大起来。

---

① 辛树帜，禹贡新解，农业出版社，1980 年。

② 辛树帜，禹贡著作时代的推测，西北农学院学报，1957，(3)

③ 如顾颉刚、郭沫若等。

④ 金景芳、吕绍纲，尚书·虞夏书新解，辽宁古籍出版社，1996 年。

⑤ 《尚书·禹贡》孔颖达疏云，郑玄云：“田著高下之等者，当为水害备也。”则郑谓地形高下为五等也。王肃云：“言其土地各有肥瘠。”则肃定其肥瘠以为九等也。

⑥ 李约瑟、鲁桂珍著，董恺忱、郑瑞戈译，中国古代的地植物学，农业考古，1984，(1)。林甘泉，中国封建土地制度史，第一卷，中国社会科学出版社，1990 年，第 69 页。

第三节　最早的生态地植物学著作——《管子·地员》篇

先秦有关土壤学的文献，除《禹贡》外，最重要的是《管子》中的《地员》篇，它收在《管子》的《杂篇》中。

一　《地员》篇的主要内容

《地员》篇主要是讨论各种土地与其上所生植物以及农业的关系的。尹知章注云："地员者，土地高下，水泉深浅，各有其位。"宋凤翔说："《说文》：'员，物数也。'此篇皆言地生物之数，故以地员名篇。"《地员》篇全文分两大部分。

前一部分，着重阐述土地与植物的关系。首先论述大平原中"渎田"①的各种土壤——息土②、赤垆、黄唐、赤埴、黑埴。在这些不同的土壤区中，地势有高下，水泉有深浅，因而它们所宜生的谷物和草木就有差别。次述15种水泉的深浅各不相同的丘陵地。复述依次自高而下的五种山地，各有其宜生的草木及水泉的深浅，反映了植物的垂直分布。然后作出"草土之道"（植物与土壤的相关之道）的概括：凡草土之道，各有穀造（录次），或高或下，各有草土（物）③。接着举出一个小地形中植物自下而上不同的"十二衰"来，作为示例。

后一部分是对"九州之土"的分类介绍："凡土物三十，其种三十六"。实际上只谈到了18种土壤④，这18种土壤又分为上土、中土、下土三等，各统六种土壤。每种土壤都有它所特宜的两个谷类品种，总共为36个。对每种土壤，不但说明其性状，所宜谷类品种，更述及它们在丘陵山地上可以生产的各种有用植物，如树木、果品、纤维、药物、香料等，并及于畜牧、渔业以及其他动物之类。尤以上土之中的粟（息）土、沃土、位土叙述为详。其他各种土壤都与这三种土壤相比，定出它们生产力的差别。

《管子·地员》篇对土壤的分类和每类性状的描述比《尚书·禹贡》更为细致，对各类土壤与植物关系的分析也更为深入，而且进行了理论的概括，是我国古代一篇极可宝贵的生态地植物学论文。

二　《地员》篇的时代性和地域性

要正确评价《地员》在中国农学史上的地位，需要对《地员》篇的时代性和地域性

① 尹注："渎田，谓穿沟渎而溉田。"但从此文依次讲丘陵和山地的土壤看，这里应该是讲平原的土壤。夏纬瑛认为，《尔雅·释水》以江淮河济为"四渎"，所谓"渎田"应指这片大平原中的土地。见：夏纬瑛，管子地员篇校释，中华书局，1958年。

② 原文作"悉徙"，尹注："谓其地每年皆须更易也。"但"悉徙"与下文赤垆、黄唐、斥埴、黑埴等土壤同例，也应为土壤名。许维遹认为"悉徙"乃"息土"之误，为多数学者所接受，今从之。

③ 据夏纬瑛《管子地员篇校释》校改。"穀造"，章炳麟认为是"录次"之误，可从。

④ 每种土壤的名称，叫做"五某"，它们各有五物（品色），所以共为90品。

作出判断。而要判断《地员》篇的时代性，又离不开对《管子》一书时代性的总体认识。

《管子》虽托名管仲，但并非管仲所著，亦非出于一时一人之手，这已成定论。问题在于它是不同学派作品的杂凑呢，还是大体有一个思想体系？是先秦时代的作品呢，还是汉代或部分是汉代的作品？我们同意这样一种观点，即《管子》是齐国稷下学者中以弘扬管仲的功业为己任的一派学者作品的汇集[①]，基本上属于法家思想体系（人称齐法家或东国法家，而与秦晋法家相区别），但也吸收了其他学派的一些思想观点。战国时人韩非说过："今境内之民皆言治，藏管、商之法者皆有之。"司马迁也读过《管子》[②]。《管子》应该主要是战国时代的作品。针对《管子》（主要是指其中的《轻重》篇）乃汉代作品的观点，一些学者已从各个方面予以批驳[③]。在这里，我们可以从农学的角度补充一点意见。

（一）从《管子》所载农业技术看它的时代性

《管子》是讨论如何治国平天下的书，但作者对农业十分重视，书中不少地方谈到农业和农民的状况，并对农业技术和农学思想多有涉及，比较集中表述这方面内容的，除《地员》外，还有《度地》、《水地》、《四时》等，"三才"理论也多所阐发，这些，我们以后还要陆续提到。在《管子》成书的时代，铁农具已经普及。《海王》云："今铁官之数曰：……耕者必有一耒一耜一铫，若其事立。"《轻重乙》云："一农之事，必有一耜一铫一镰一耨一椎一铚，然后成为农。"这和战国时代的考古发现和有关文献记载是一致的。《管子》中也提到了"犁"，如《乘马》云："距国门之外，穷四竟之内，丈夫二犁，童子五尺一犁，以为三日之功。"《山权数》还谈到"一马之田"。以犁和马作为田地或劳动量的衡量标准，表明犁耕和畜耕已经出现。但使用畜力的犁耕并没有推广，所以当时土壤耕作技术仍然属于"耕耰"体系，而不属于"耕—摩—蔺"体系（后者以《氾胜之书》为代表）[④]。而这正是战国和汉代生产技术的重要区别之一。其耕作技术更接近于春秋时代，而不是更接近于汉代。我们试把《国语·齐语》和《管子·小匡》的有关记载比较一下：

> 今夫农群萃而州处，察其四时，权节其用，耒、耜、枷、芟；及寒，击菒除田，以待时耕；及耕，深耕而疾耰之，以待时雨；时雨既至，挟其枪、刈、耨、镈，以旦暮从事于田野（《齐语》）

---

① 最近白奚提出，《管子》是稷下学宫中一批佚名的齐国本土学者所作。异国游学之士（如宋钘、慎到、环渊等）很活跃，这一方面促进了齐国与外界思想文化的交流，另一方面又对齐国固有的思想文化造成极大的冲击。如何接受外来文化的挑战，弘扬固有的思想文化，就成为摆在齐国本土学者面前的当务之急。这些学者除个别如田骈等外，大多是佚名学者，他们名气不大，需要一面精神上的旗帜，以号召和团结那些以继承和弘扬齐国本土文化为职志的齐人，很自然就把目光投向辅佐齐桓公"九合诸侯，一匡天下"的管仲，一方面收集管仲的遗闻佚事，另一方面又依托管仲之名并结合当时现实的需要来阐发他们的学术思想，从而汇集为《管子》一书。见：中国阴阳与五行说的合流，中国社会科学，1997，(5)。

② 《史记·管晏列传》曰："吾读管氏《牧民》、《山高》、《乘马》、《轻重》、《九府》。"

③ 对这个问题，许多学者都有所论述，可参阅：胡家聪，管子新探，中国社会科学出版社，1995年；台湾学者杜正胜《关于〈管子·轻重〉诸篇的年代问题》。

④ "耕耰"体系的特点是：土壤耕作和播种紧密联系在一起，耕松土壤后旋即播种，播种后旋即覆土（耰）。"耕摩蔺"体系的特点是：土壤耕作已和播种分开，土壤耕翻后，反复摩平、镇压（蔺），待时播种。后者是与畜力耕作的推广相联系的。

今夫农群萃而州处，审其四时，权节其用，备其械器[①]，比耒耜耰芨（枷芟）[②]，及寒，击藳除田，以待时乃耕[③]，深耕、均种、疾耰，先雨耘耨，以待时雨，时雨既至，挟其枪刈耨镈，以旦暮从事于田野。（《小匡》）

从《齐语》看，当时农田耕作技术包括以下三个环节：一是冬天“击菒除田”；二是“深耕疾耰”；三是中耕。《小匡》所载耕作技术虽然有所进步，但基本上没有超出这个框架。如果说《小匡》只是转录《齐语》的材料，那么，我们再看看其他一些记载：

春十日不害耕事，夏十日不害耘事，秋十日不害敛实，冬二十日不害除田。此谓之时作。（《山国轨》）

且四方之不至则六时以制之：春曰倳耜，次曰获麦，次曰薄芋（疑为芓之误，通耔），次曰树麻，次曰绝菹，次曰大雨且至，趣其壅培。（《轻重甲》）

《山国轨》和《轻重甲》都属于《管子》中时代较晚的作品，其所载耕作技术仍属“耕耰”体系，所以主要耕具仍为直插式的耜（“倳”即有“插入”之义），而用以耰（覆种平土）地的工具——“椎”（木榔头）也成为农夫必备的工具之一（见上引《轻重乙》文）。还值得注意的是“除田”。《齐语》中的“菒”是枯草，《小匡》中的“藳”也是指枯草[④]。“击菒除田”是除草整地，是冬天在休闲田上进行的。这表明，在《齐语》和《小匡》所反映的时代，仍然是实行休闲制的[⑤]。战国时代是我国从休闲制向连年种植制过渡的时期，至汉代，连作制在黄河流域已经普及。只有少数耕作不当变坏的田才实行休闲。《山国轨》谈四时农作时还把“除田”放在重要位置，说明其成篇的年代不可能晚到秦汉[⑥]。

（二）《地员》篇产生的条件

现在我们再回到《地员》篇来。《地员》篇开头说：“夫管仲之匡天下也，其施七尺……”我们在上一章谈到，在管仲生活的春秋早中期，由于铸铁农具的逐渐推广，以前一些不能利用的土地，现在都可以利用起来，《齐语》中即已提到“陆（高平之地）、阜（土山）、陵（丘陵）、墐（沟上之道路）”等各类土地，以后又有发展，如《山至数》提到“有山处之国，有汜下水多之国，有山地分之国，有水泆之国，有漏壤之国”。当时农民纷纷逃亡以抵制公田劳役制，其前提之一是在铁农具推广后，农民个体生产能力加强，有可能在原来领主控制不到的地方垦荒，从而找到自己的出路。就是在这种情况下，管仲实行“相地而衰征”的新政策。为了实行“相地而衰征”，就需要对各个地区土壤、物产、生产能力等进行调查，以便定出合理的征赋的级别。当时实行“相地而衰征”政策的不

---

① 原作“权节具备其械器用”，今据郭沫若《管子集校》改。

② 依孙星衍说改。见《管子集校》。

③ 原作“以待时乃耕”，虽可通，但参照《齐语》，似应校改为“以待时（耕），乃（及）耕”。

④ 尹注：“冬寒之月，即击其草之藳者，修除其田，以待春之耕也。”

⑤《左传》僖公二十八年舆人之诵曰：“原田每每，舍其旧而新是谋。”意思是田野中的草好茂盛啊，赶快去耕翻经过了休闲的“新田”吧！（杨伯峻《春秋左传注》）这说明春秋中期尚实行休闲制。

⑥《中国农学史》上册认为“除田即在秋耕以后，冬天把土块击碎，把残存在田中的藳秆拔掉……必须秋耕，才能进行‘击藳除田’的工作。”作者误把“菒”当作“藳”（禾秆）。其实，即使是《小匡》也不是作“击藳除田”，而是作“击藳（草木之枯者）除田”。不要说管仲时代的工具和技术条件不可能实行秋耕，即使在汜胜之时代，由于没有畜力耙，也不可能普遍实行秋耕。所以《中国农学史》上册对“除田”的解释是错误的。

止是齐国，也不止是春秋时代，例如《荀子》中就提到过“相地而衰征”；《管子·乘马》还谈到把各种山林川泽折算为可耕地的标准，即所谓“地均以实数”。在劳动人民扩大耕地和土地利用范围的实践中，以及“相地而衰征”政策的长期实行中，积累了各地区地形、地下水位、土壤、物产等丰富资料，这些资料为《地员》篇的写作提供了坚实基础。《地员》的作者依托管仲事迹作为全篇的缘起，应该说是有一定的历史依据的。如果是汉代人写的作品而依托管仲立言，这是难以理解的。

因此，无论从《管子》全书看，还是从《地员》篇本身看，把《地员》篇定为战国的作品，是比较合理的。

关于《地员》篇所反映的地域，学术界存在不同的看法。夏纬瑛的《管子地员篇校释》，认为《地员》篇所述的平原、丘陵、山地均与关中地区无涉，所说“九州”之土也缺乏西北地区的黄土，并由此得出《地员》篇不可能出于建都于关中的秦汉时代的人们的手笔的结论。友于予以反驳，指出根据他们的调查，《地员》篇对关中的土宜叙述特别详尽；同时认为只有在秦汉统一以后，才有需要和可能对全国的土宜进行全面的调查，从而论证《地员》为汉代的作品①。这个问题值得进一步研究。不过，战国时代各国之间的交往十分频繁，大一统的趋势已经十分明显；而齐国在威、宣、滑诸王之世，曾是当时具有统一全国的雄心与实力的数一数二的强国，《地员》叙述天下“九州”的土壤，可能正是这种背景下的产物②。因此，即使《地员》篇在一定程度上反映了秦国的土宜，也不能成为断定《地员》篇写成于汉代的理由。

第四节 最早的关于水利科学的著作——《管子·度地》篇

一 《度地》篇的主要内容

《管子·度地》篇主要是谈治水的，并涉及如何变水害为水利的问题。文章首先提出：“善为国者，必先除其五害”，然后可致地利与人治。所谓“五害”，指水、旱、风雾雹霜、厉（瘟疫）和虫五种灾害；其中又以水害最为严重。作者在列举了经水、枝水、川水、谷水、渊水等五种水流③以后指出：“因其利而往（注）之可也；因（其势）而扼之可也，而不久，常有危殆矣。”④作者在水害发生原因时，对水性作了细致的分析：“水之性，行至曲必留退，满则后推前，地（河床）下则平（缓）行，地（河床）高则控（失控），杜

---

① 友于，管子地员篇研究，农史研究集刊，第一册，科学出版社，1959年。又见：中国农业遗产研究室编，中国农学史，上册，科学出版社，1959年。

② 《史记·田敬仲完世家》称齐威王时“最强于诸侯”；《战国策·齐策一》称，宣王时“齐之强，天下不能当”。故萌发“辟土地，朝秦楚，莅中国而抚四夷”的“大欲”（《孟子·梁惠王上》）。齐滑王“奋二世之余烈，南举楚淮，北并巨宋，苞十二国，西摧三晋，却强秦，五国宾从，邹鲁之君，泗上诸侯，皆入臣”（《盐铁论·论儒》）。遂开始酝酿帝制运动，一度与秦并称“东帝”“西帝”。

③ 所谓“经水“，是出于山而入于海的水；所谓“枝水”，是从他水流入大水及海的水，所谓“川水”，是出于地沟而流于大水及海的水，所谓“谷水”，是从山沟流出的水，所谓“渊水”，是水出于地而不流的水。

④ 此句据《管子集校》引王念孙、许维遹意见校改。

曲则捣毁。杜曲激则跃[①]，跃则倚（偏斜），倚则环（盘旋），环则中（形成旋涡），中则涵（涵容泥沙），涵则塞（淤塞），塞则移（他移），移则控（失控），控则水妄行；水妄行则伤人……”[②]

如何防治水害？作者提出三方面的措施。一是要设置水官，令习水者为吏，负责治水事宜。在岁末农闲时节作好劳动力的组织和各种工具和材料的准备。“常以毋事具器，有事用之，水可常制”。二是要选好治水工程的施工季节。要把工程安排在“春三月”“故事已，新事未起”的时候进行，这不但由于这时天地干燥，气候渐暖，宜于工程的进行，而且因为这时筑成之堤岸堤土会日渐着实和坚固（“土乃益刚”）。夏秋农忙季节和寒冷的冬季则不安排土功之事；这时的气候和土的状况也不适宜于施工。三是平时要督促水官水吏对各处堤防经常进行检查维修，从河中取土“岁高其堤”，并作好应急的各项准备，“备之常时，祸从何来？”对筑堤技术，文中有具体的论述：“令甲士作堤大水之旁，大其下，小其上，随水而行。地有不生草者，必为之囊；大者为之堤，小者为之防，夹水四周[③]，禾稼不伤。岁埤增之，树以荆棘，以固其地；杂之以柏杨，以备缺水。……令下贫守之，往往而为界，可以毋败。”

这里讲到了沿水筑堤，把不长草的地方辟为蓄水池，四周修堤防以保护庄稼，种上荆棘以固土护堤，种上柏杨之类树木以备修堤治水之需，平时派下贫守护，实行分区管理的责任制，等等，已形成配套的技术措施和管理制度。

尤其可贵的是文中总结了变水害为水利的经验，提出了发展灌溉的设想：“夫水之性，以高走下则疾，至于剽石；而下向高，则留而不行。故高其上，领瓴之；尺有十分之三，里满四十九者；水可走也，乃迂其道而远之，以势行之。”

对“故高其上领瓴之尺有十分之三里满四十九者水可走也”这段文字有各种不同的解释，但基本意思还是清楚的。它指的是筑坝截流，提高水位，然后引水分洪，甚至可以灌溉他处高地[④]。对这种情况，《管子·地数》有更为简明的概括，这就是“夫水激而流渠”。

二　《度地》成篇的时代背景

想要正确判断《度地》篇的价值及其时代性，需要对我国上古时代治水事业的发展作些必要的考察。黄河流经土质疏松、植被较少的黄土地区，挟带着大量泥沙[⑤]，河水泛滥大概很早就发生了。我国文明时代的帷幕就是从大禹治水开始揭开的。但大禹治水主

---

① 许维遹认为，“杜”与“土”通，“杜曲”即地曲。郭沫若认为，“杜”同“堵”或“陼”。堤岸之弯曲处，如为土，则水将捣毁之；如为崖岸，则水被激而飞跃。见《管子集校》。

② 《管子集校》引姚永概云：“环谓水圆折之时。圆折则盘旋而有中矣。涵，容也。既旋成中，则泥沙必随之而涵容。涵容多则塞。塞之既久，水不能旋，则移而他去。他移则控叩，控叩必妄行也。”

③ 按郭沫若意见校改，见《管子集校》。

④ 这段文字的标点，采取了巫宝三先生的意见。见：试论《管子》中《度地》、《地员》二篇农学论文对于发展农业生产的意义及其农学思想的渊源，中国经济史研究，1986，(1)。巫氏杂取尹注和方苞之说，认为其具体方法是用瓦管彼此相接，每尺要有三寸落差，顺着地势引水，迂远其道，使水流不致太疾，这样，约满四十九里之长，水流即可从低处引向高处。

⑤ 黄河水早就是混浊的，《左传》中已有“俟河之清，人寿几何”的谚语。

要是采取疏导（疏通河道）的办法，田野中则用沟洫系统来排水。这时并不存在大规模连贯的堤防。不但河道两旁有宽阔的荒滩可供汛期河水的徜徉，而且有众多的薮泽作为泄洪的处所，人们在沼泽和居民点旁边也筑些简单的堤坝，防止洪水的漫溢，但却没有后世那种缺溢堵口的事情发生。但在雨季或汛期田野中的洪潦，则必须及时排泄到川泽中去。故修建沟洫实为当时治水之要务。贾谊治河策说："古者立国居民，疆理土地，必遗川泽之分，度水势所不及，大川无防，小水得入，陂障卑下，以为汗泽，使秋水多，得有所休息，左右游波，宽缓而不迫。"① 这里讲的主要是战国以前的情况。至战国之世，沟洫废弃，土地垦辟，人口增多，势不能不遏限洪水的漫溢，乃有大规模堤防之作。所以贾谊又说："堤防之作，近起战国。"滨河的齐、赵、魏三国，相继筑堤，去河二十五里，初步形成连贯的河堤。因此，堤防的修建和维护成为十分重要的工作。因为人们懂得"若积水而失其壅隄"（《吕氏春秋·荡兵》），后果是非常严重的；而"巨防容蝼"，亦可至于"漂邑杀人"（《吕氏春秋·慎小》）。人们在长期修建和维护堤防的过程中积累了不少的经验。战国时已出现了像白圭这样的擅长于修堤和护堤的治水专家②。与此同时，农田水利建设的重点也由修建沟洫排水转到农田灌溉上来，还出现了像漳水十二渠和郑国渠这样的大规模的工程。《管子·度地》篇正是当时新形势下对治水经验的一个总结。这个总结表明，战国时代的治水技术已经达到了一个相当先进的水平。

但我们也要看到，《度地》篇是从防治水害的角度来论述的，主要谈堤防修筑的技术和组织管理，发展灌溉的设想是第二位的内容。在这一点上也体现了它作为战国时代作品的特点。有的学者认为《度地》是汉武帝时代的作品，是很难站住脚的③。

第五节 与农时有关的一些文献

一 最早的历书——《夏小正》

《夏小正》是我国现存最早的文献之一，也是现存采用夏时最早的历书。隋代以前，它只是西汉戴德汇编的《大戴礼记》中的一篇，以后出现了单行本，在《隋书·经籍志》中第一次被单独著录。从北宋至清代，研究者有十余家。

（一）《夏小正》的基本内容与时代性

《夏小正》由"经"和"传"两部分组成，全文共400多字。它的内容是按一年十二个月，分别记载每月的物候、气象、星象和有关重大政事，特别是生产方面的大事。书中反映当时的农业生产的内容包括谷物、纤维植物、染料、园艺作物的种植，蚕桑，畜牧和采集、渔猎；蚕桑和养马颇受重视；马的阉割，染料的蓝和园艺作物的芸、桃、杏等的栽培，均为首次见于记载。《夏小正》文句简奥不下于甲骨文，大多数是二字、三字

---

① 《汉书，沟洫志》。

② 《韩非子》和《孟子》中都有记载。

③ 《中国农学史》上册第五章第六节。

或四字为一完整句子。其指时标志，以动植物变化为主，用以指时的标准星象都是一些比较容易看到的亮星，如辰参、织女等。缺少十一月、十二月和二月的星象记载。还没有出现四季和节气的概念[①]。《夏小正》记载的生产事项，包括农耕、渔猎、采集、蚕桑、畜牧等，但无一字提到“百工之事”，这是社会分工还不发达的反映。所有这些，表明《夏小正》历法的原始和时代的古老。

相传夏禹曾“颁夏时于邦国”[②]。《礼记·礼运》载：“孔子曰：我欲观夏道，是故至杞，而不足征也；吾得夏时焉。”郑玄笺：“得夏四时之书也，其书存者有《小正》。”《史记·夏本纪》也说：“太史公曰：孔子正夏时，学者多传《夏小正》云。”这些记载表明，《夏小正》在春秋时代以前已经出现，春秋时代的杞国还在使用它。夏纬瑛、范楚玉认为，《夏小正》的经文成书年代可能是商代或商周之际，最迟也是春秋以前居住在淮海地区沿用夏时的杞人整理记录而成的。其内容则保留了许多夏代的东西，为我们研究中国上古的农业和农业科学技术提供了宝贵的资料。《夏小正》的《传》则是战国时候的人作的[③]。

关于《夏小正》所反映的地域，夏纬瑛认为经文中有明显的反映淮海地区物候的记载，表明它是淮海地区的产物。但对此也有不同意见。

（二）关于《夏小正》是否“十月历”的问题

刘尧汉和陈久金把《夏小正》和彝族的太阳历作对比研究，指出《夏小正》原是把一年分为十个月的太阳历，今本《夏小正》把一年分为十二个月是后人添加的[④]。其主要论据如下；

(1)《夏小正》有星象记载的月份只有1～10月，11月和12月没有星象记载。从这些记载中可以看出，各月太阳所行经的经度大致相等，大致平均每月日行35度多；表明它是把一年分为十个月的。如果一年分为十二月，每月日行应为30度（太阳一年在黄道上运行一周，行经360度）。

(2) 从参星出现的情况看，从“正月初昏参中”日在危到三月“参则伏”日在胃，再到五月“参则见”日在井，每月日行都是35度。从五月“参则见”日在井到下年正月“初昏参中”日在危，相隔210余度，若以一年十个月计，相隔六个月，每月日行也是35度余；若以一年十二月计，则相隔八个月，每月日行26度，显然不合理。

(3) 从北斗斗柄指向看，《夏小正》正月“县在下”，六月“正在上”；从下指到上指为五个月。由于一年四季斗建辰移是均匀的，斗柄由上指回到下指也应是五个月。这也说明《夏小正》是十月历。

(4)《夏小正》五月物候与农历六月物候一致，以后渐渐出现差距，七月中出现了农历八、九月才有的物候，如“秀雚苇”、“寒蝉鸣”；九月“王始裘”，相当于农历的十月底十一月初，所以十月已进入全年最寒冷的季节了。

(5)《夏小正》五月“时有养日（白昼最长，即夏至）”，十月“时有养夜（黑夜最长，

---

① 《夏小正》中有“时有养日”和“时有养夜”的记载，相当于“夏至”和“冬至”的概念。

② 见今本《竹书纪年》卷上。

③ 夏纬瑛、范楚玉，《夏小正》及其在农业史上的意义，中国史研究，1989，(3)。

④ 陈久金、刘尧汉，《夏小正》新解，农史研究，1983，(1)。

即冬至)”；从夏至到冬至只有五个月。那么，从冬至到夏至也应该是五个月。合起来，一年正好是十个月。

他们还认为，《管子·幼官图》中的五方星、十图、三十节气，也是一年十个月的太阳历。对于这个问题，学术界仍有不同的意见，讨论仍然在继续。刘陈二氏的立论不但是新颖的，而且是有根据的，因而是值得重视的。中国历史上的太阳历还有东汉末年出现的道教的“二十四气历”，后来演变为“二十八宿旁通历”，宋代沈括“十二气历”的方案就是在它们的启发下提出的。参看第三编第四章第一节。

二 《吕氏春秋·十二纪》和《礼记·月令》

(一)《月令》的主要内容

《吕氏春秋·十二纪》和《礼记·月令》的内容基本上是一样的，只是少数地方文字略有差异，但《吕氏春秋·十二纪》是分为十二篇分列“十二纪”之首，《礼记·月令》则是合为一篇（以下为叙述方便，把它们简称《月令》）。它们都是按阴历十二个月的顺序记述每个月的星象、物候、节气及有关政事。在每个月的政事中，绝大多数与农业有关，包括种植业、畜牧业、蚕桑业、虞衡（林、渔）业等农业活动和农业祭祀等。在这些农事活动的记述中，虽然也涉及农业技术的内容，但重点却是讲政府应如何根据不同时令对农业生产进行管理的。它指示统治者在一年中的不同时期应该做什么，不应该做什么。因此，它不是农家月令，而是官方月令，带有官方农学的色彩。但它却开了后世月令类农书的先河。

《月令》比《夏小正》进了一大步，无论对星象、物候还是对农事的记载都更为详尽、具体和系统，而且包含了二十四节气的大部分内容，奠定了后来的二十四节气和七十二候的基础。

(二)《月令》与阴阳五行

《月令》还有一个显著的特点，这就是它构筑了一个完整的阴阳五行的体系，不但把四时和五行相配，而且把各种各样的事物都纳入五行系统之中。兹列表2-2：

表2-2 《月令》五行系统表

	春	夏	中央	秋	冬
五行	木	火	土	金	水
四方	东	南	中	西	北
十日	甲乙	丙丁	戊己	庚辛	壬癸
五帝	太皞	炎帝	黄帝	少皞	颛顼
五神	句芒	祝融	后土	蓐收	玄冥
五虫	鳞	羽	倮	毛	介
五音	角	徵	宫	商	羽
十二律	大簇 夹钟 姑洗	中吕 蕤宾 林钟		夷则 南吕 无射	应钟 黄钟 大吕

续表

	春	夏	中央	秋	冬
五数	八	七	五	九	六
五味	酸	苦	甘	辛	咸
五臭	膻	焦	香	腥	朽
五祀	户	灶	中霤	门	行
五祀祭先品	脾	肺	心	肝	肾
明堂	青阳	明堂	太庙	总章	玄堂
五色	青	赤	黄	白	黑
五谷	麦	菽	稷	麻	黍
五牲	羊	鸡	牛	犬	彘

所谓阴阳是指阴阳二气。所谓五行是指金木水火土五种东西。阴阳五行学说试图用它们来解释宇宙间万事万物的构成与变化。这种学说出现很早。记述商周之际发生的事情的《尚书·洪范》中已有五行的记载：“五行，一曰水，二曰火，三曰木，四曰金，五曰土。水曰润下，火曰炎上，木曰曲直，金曰从革，土爰稼穑。”这是从自然现象中推导出来的朴素的理论。西周末年伯阳父则用阴阳二气的失调来解释地震发生的原因。同样是一种朴素的，具有唯物论因素的理论。后来阴阳五行论在其发展过程中，把天道和人事相比附，逐步变得复杂起来，出现唯心主义的倾向。《管子》的《四时》、《五行》等篇，已把四时与五行相配合，并提出“务时以寄政”的主张，以至认为四时皆有禁忌，人们如果违反它，就会发生灾异，带有明显的天人感应的色彩。《月令》把这种理论发展得更为完备，用五行相生来解释四时的运行和万物的变化，形成无所不包的宇宙图式。要求统治者“凡举大事，毋逆大数，必顺其时，慎因其类”。因此，从阴阳五行学说的发展史看，《月令》的写成应该是相对晚后的。但这只是一方面。另一方面，《月令》的取材又是相当古老的。这里不妨略举数例。《月令》所载农事活动包括农耕、畜牧、蚕桑和虞衡，其中关于农耕内容最多，占第二位的是虞衡。虞衡在经济生活中占居重要地位，反映了较早时代的情况；而战国时代，从《管子》等文献记载看，经济上的三大支柱是五谷、桑麻和六畜。《月令》季夏之月，“烧薙行水，利以杀草，可以粪田畴，可以美土彊”。这些活动是在休闲田上进行的。它作为一种重要农事活动记载在《月令》里，当是休闲制仍然普遍推行的反映。孟春之月“天子祈谷于上帝，躬耕帝籍。命布农事，皆修封疆，审端径术”，这是井田制仍然实行的标志；与此相关，《月令》中的治水活动主要是排水防涝，还看不到农田灌溉的普遍存在。凡此种种，表明《月令》取材的时代性和写作者思想体系的时代性是并不一致的。《月令》大概是战国较晚时的一位阴阳学家利用古老的农书或官方档案资料写成的官方政事月令。

《月令》分列每月的天象、气象、物候、节气和农事，与《夏小正》一脉相承。《月令》所记物候内容与《夏小正》基本相同，只是某些物候期作了调整。但对星象的记载则明显比《夏小正》进步，每月都有太阳宿次、昏旦、中星三项，十分整齐。《月令》除注意适时安排各项农事活动外，还注意到“善相丘陵、坂险、原隰，土地所宜，五谷所殖”。又提出“无变天之道，无绝地之理，无乱人之纪”（均见“孟春之月”），主要指不要打乱由天时、地宜所决定的农业生产秩序。可见《月令》有关农业的内容中包含了“三才”思想，但这些有关农业的内容是被填充到阴阳五行世界图式的框架之中的。好比一座楼房，设计图纸是阴阳五行学说，建筑材料则包含了传统农学的砖瓦木石。

关于阴阳家，《汉书·艺文志》说过这样的一段话；“阴阳家者流，盖出于羲和之官，敬顺昊天，历象日月星辰，敬授民时，此其所长也。及拘者为之，则牵于禁忌，泥于小数，舍人事而任鬼神。”这种说法是比较客观和中肯的。对《月令》中的阴阳五行思想，我们也可以作这样的评价。

（三）《月令》与《十二纪》的关系

关于《吕氏春秋·十二纪》和《礼记·月令》孰先孰后的问题，存在两种不同的意见。《礼记·月令》正义引郑康成《三礼目录》云：“《月令》本《吕氏春秋·十二纪》之首章也。”《四库全书总目提要》云：“《十二纪》即《礼记》之《月令》，顾以十二月割为十二篇，每篇之后，各间他文四篇。”《月令》和《十二纪》文字几乎完全相同，单从文字上是难以判别孰先孰后的，也没有很大的意义。《吕氏春秋·序意》：“维秦八年，……良人请问《十二纪》。”则《吕氏春秋》的《十二纪》在秦始皇八年以前即已完成。但十二纪之首篇并非出于吕不韦之手，而是另有所本。因为《十二纪》成书时秦国仍然采用周正（秦始皇二十六年才改用夏正），而《十二纪》之首篇却是采用夏正。所以有的学者推测“《十二纪》之首篇，系吕氏本之古农书并杂以阴阳家说增删而成”①。不能排除《十二纪》是直接抄《月令》的，但即使是这样，《月令》也必然是以更古的材料为根据的。

---

① 陈奇猷，吕氏春秋校释，第一册，第3页。

第三章 传统农学的奠基作——《吕氏春秋·上农》等四篇

第一节 《吕氏春秋》和《上农》等四篇在《吕氏春秋》中的地位

《吕氏春秋》是战国末年秦相吕不韦组织他的宾客们集体撰写的，写成于秦王政八年（公元前239)。《上农》、《任地》、《辩土》、《审时》是其中的四篇。

一 吕不韦与《吕氏春秋》

吕不韦（公元前300？～前236)，卫国濮阳（今河南濮阳西南）人。原是阳翟（今河南禹县）地方的一个贩贱卖贵、囤积居奇的大商人。后来从事政治投机，拥戴在赵国当人质的秦公子异人（后改名子楚)；子楚继位为秦庄襄王以后，吕不韦因拥立之功，拜丞相，封文信侯。是时，秦国经过了商鞅变法，成为战国七雄中综合国力最为强大的国家，并以逐步吞并山东六国为其基本国策之一。吕不韦为相时，灭东西二周，山东六国虽还苟延残喘，但大量土地已割让给秦国；秦国统一天下的大势已成定局。吕不韦就是在这种形势下组织撰写《吕氏春秋》的。

《史记·吕不韦传》云：

> 是时诸侯多辩士，如荀卿之徒，著书布天下。吕不韦乃使其客人人著所闻，集论以为八览、六论、十二纪，二十余万言，以为备天地万物古今之事，号曰《吕氏春秋》。布咸阳市门，悬千金其上，延诸侯游士宾客，有能增损一字者，予千金①。

《吕氏春秋》全书160篇，从形式看，十二纪、八览、六论篇数都有一定，十分整齐；从篇章的安排看，也自有体系，如“十二纪”以十二月令作为组合材料的纲领，各篇文章的内容各与春夏秋冬的时令相配。在内容上则是对百家九流的思想学说兼收并蓄，并基本上保留了这些不同思想学说原来的面貌，甚至几乎不分轩轾地加以赞许②；《吕氏春

---

① 《史记·十二诸侯年表》也说：“吕不韦者，秦庄襄王相，亦上观上古，删拾春秋，集六国时事，以为八览、六论、十二纪，为《吕氏春秋》。”

② 如《吕氏春秋·不二》云：“老聃贵柔，孔子贵仁，墨翟贵廉，关尹贵清，子列子贵虚，陈骈贵齐，阳生贵己，孙膑贵势，王廖贵先，儿良贵后。此十人者，皆天下之豪士也。”

秋》中虽然也有所偏爱，也有一定的思想倾向[①]，但编者并没有把它所包容的不同学说融合为新的思想体系，研究者可以指出书中各篇文章的学派属性，甚至在同一篇中找出出自不同学派的观点。所以《汉书·艺文志》把《吕氏春秋》著录于“杂家”类，并说：“杂家者流，盖出于议官，兼儒墨，合名法，知国体之有此，见王治之无不贯，此其长也。”吕不韦大概是想向世人昭示他统一天下和治理天下的政见，认为治理天下不能蔽于一家之见，而应该吸收百家九流之长，即掌握全部真理，使天下大治。故《吕氏春秋·序意》云：“上揆之天，下验之地，中审之人，若此，则是非可不可无所遁矣。”[②]

秦始皇执政后，吕不韦被杀，《吕氏春秋》的理论没有得到实践。秦始皇采取韩非的法家学说统一了中国，但不久就溃亡。汉兴，吸收了秦亡的教训，王霸并用，崇尚无为，与民休息，许多方面与《吕氏春秋》的理论是一致的[③]。这说明《吕氏春秋》辑合百家九流学说之长而建立的理论，在相当程度上是适应了时代的需要的。

二 《上农》等四篇在《吕氏春秋》中的地位

《上农》、《任地》、《辩土》、《审时》四篇收录于《吕氏春秋》“六论”之一的《士容论》中。《士容论》共6篇，第一篇是《士容》，讲士的修养和风度；第二篇是《务大》，系讲士必须高瞻远瞩，树立远大的奋斗目标，争取当“三王之佐”那样的历史人物；以下即是讲农业政策和农业科技的《上农》等四篇。从内容上看，似乎前两篇和后四篇没有什么瓜葛，有的学者甚至认为这四篇是临时添加上去的[④]。不过从《吕氏春秋》的编纂原则和时代思想看，《上农》等四篇安排在《士容论》中不应该是随意的。农业是春秋战国决定性的生产部门，当时的各个学派虽然在政治思想方面有很多分歧，但在重视农业方面却是少有的一致，都把农业视为富国强兵之本，天下安危之所系。秦国正是靠商鞅变法，实行耕战政策，而成为虎视宇内的头号强国，其重农程度超过当时任何一个国家，作为秦丞相的吕不韦，在他所主持编写的百科全书式的著作中，怎么可能忘掉农业和农家呢？从出土的云梦秦简看，战国晚期的秦国对农业的管理是十分严格的。当时除了大量的民田外，还有相当数量的国有土地，无论民田或是官田，都被置于国家的控管之下，各级官吏不但要负责征收赋税，而且要及时报告各地农田庄稼生长情况、降雨情况、受灾情况等，对各种作物的播种量都有具体的规定，对耕牛的饲养和使用定期进行评比，等

---

① 对《吕氏春秋》编者的思想倾向，研究者存在不同的看法：《四库全书总目》说它“大抵以儒为主，而参以道家、墨家”；卢文弨《书吕氏春秋后》谓“《吕氏春秋》一书，大约宗墨氏之学，而缘以儒术”；近人杜国庠认为，“在吕不韦的主观上，比较是有意畸重于道家”；熊铁基也认为《吕氏春秋》是秦汉“新道家”的代表作（《秦汉新道家论稿》，上海人民出版社，1984年）。

② 元陈澔《礼记集说》：“吕不韦相秦十余年，此时已有必得天下之势，故大集群儒，损益先王之礼而作此书，名曰《春秋》，将欲为一代兴王之典礼也，故其间亦多有未见之礼经合者。其后徙死，始皇并天下，李斯作相，尽废先王之制，而《吕氏春秋》亦无用矣。然其书也，亦当时儒生学士有志者所为，犹能仿佛古制，故记礼者有取焉。”

③ 刘元彦，吕氏春秋是先秦各家思想最大的综合者，中国文化与中国哲学，东方出版社，1986年。

④ 石声汉在《中国古代农书评介》（农业出版社，1980年）中说：“前两篇与农业生产无关。”王毓瑚在《先秦农家言四篇别释》（农业出版社，1981年）中推测，“六论中的六篇文字原已完成，却发现全书缺少了农家之言，与百家兼收并蓄之旨不合，又为了形式整齐，于是撤掉四篇，另找了这四篇补了进去，排在最后，却顾不得内容上有些不伦不类了。”

等。在这种制度下，各级政府的管理人员是必须懂得一些农业生产和农业科技知识的。战国时代的“士”，已从春秋以前的那种作为贵族下层的武士转变为研学论道以求仕的文士了，他们是封建官僚的后备军。在吕不韦看来，国家的管理人才主要应从这些“士”中挑选①。《士容论》是谈士的，《士容》和《务大》谈士的风范和志向，而作为国家后备管理人才的士，当然也应该掌握一些农业政策和农业科学技术的知识，所以接着安排了《上农》等四篇，似乎也是顺理成章的②。

对《吕氏春秋》一书，东汉高诱曾为之作注，有《诸子集成》本、《四部丛刊》本。历代多有校释者。现代学者的研究成果，最重要的是许维遹的《吕氏春秋集释》③和陈奇猷的《吕氏春秋校释》(1984)。专门研究《上农》等四篇的有夏纬瑛《吕氏春秋上农等四篇校释》(1956)和王毓瑚《先秦农家言四篇别释》(1981)。这两篇著作奠定了进一步研究《上农》等四篇的基础。

第二节 《上农》等四篇的取材及其时代性

一 《上农》等四篇的取材

关于《上农》等四篇的取材问题，学术界存在两种不同的看法：一种认为“大致取材于《后稷》农书”④；另一种认为是“出自吕氏门客中的农家，或为神农之言者的一个小组，集体创作成果”⑤。吕不韦门下有食客3000，其中当不乏农家学派；至于《上农》等四篇是一个人所写，还是一个小组的个体创作，今天已无从考证。但有一点可以肯定，《后稷》农书曾经存在过，《上农》等四篇至少有一部分、甚至是大部分是取材于它。

《上农》等四篇采自古农书，古人已有见及此。如《四库全书总目·钦定授时通考提要》说：“《管子》、《吕览》所陈种植之法，并文句典奥，与其他篇不类。盖古者必有专书，故诸子得引之。今已佚不可见矣。”《吕氏春秋》乃杂家书，“上观尚古，删拾《春秋》，集六国时事”，取材五花八门，其中当有当时流传的农家著作。《上农》中有这样的话：“后稷曰：所以务耕织者，以为本教也。”这里的“后稷”，不像是指周族的始祖后稷，也不像是指周代的农官后稷，应为农书之名。《任地》劈头就说：“后稷曰：……”紧接着提出十大问题，应是《后稷》书中的话，后面对十大问题的解答也应以《后稷》书为本。蒋维乔《吕氏春秋汇校》指出，明代大学者杨慎在《丹铅总录》中引上文径作“后稷书”。

但《后稷》一书不见于《汉书·艺文志》著录，近世学者或因此而怀疑它的存在。其

① 吕不韦对士的态度和商鞅有所不同。商鞅认为游学之士引诱农民脱离生产干扰国家政策的贯彻，应予取缔。吕不韦对法家多所批评，具有儒家的倾向，他是把士当作国家管理人才的后备军看待的。

② 石声汉认为《士容论》六篇自成一个独立体系：第一篇概括广泛说明“士容”是什么——“士容”即学者们(士)原则上的修养(容)；第二篇《务大》，说明有“容”之“士”应当“务”(从事)“大”(重要)的事；第三篇“上农”，指明“农”(包括农业政策和农业技术)正是大事，需要付以“上”等的注意；以后三篇则分别阐述有关农业科技。

③ 其书成于1931年，今有文学古籍刊行社1955年的排印本。

④ 夏纬瑛，吕氏春秋上农等四篇校释，农业出版社，1956年。

⑤ 石声汉，中国古代农书评介，农业出版社，1980年。

实这本书西汉时可能还有流传。如《论衡 · 商虫》说："《神农》、《后稷》藏种之方，煮马粪以汁渍种者，令禾不虫。"《神农》是先秦古农书，见于《汉书 · 艺文志》，与之并提的"后稷"，当系古农书无疑。《氾胜之书》在谈到溲种技术时，亦有"状如后稷法"语，并说"如此则区种，大旱浇之，其收百石以上，十倍于'后稷'"。这也应指《后稷》书中所记之古农法。《汉书 · 食货志》说赵过实行的"一亩三圳、岁代处"的代田法是"古法"，并溯源于"后稷"："后稷始圳田，以二耜为耦，广尺深尺曰圳，长终亩，一亩三圳，一夫三百圳，而播种于圳中。"这并非空言托古。这里的"后稷"，不应理解为被尊为农神的周始祖弃，而应理解为以"后稷"命名的古农书或古农法。《任地》称引的《后稷》，其圳亩制中也有"上田弃亩"一说，这大概就是"后稷圳田法"。赵过的代田法应即渊源于此，是在新的历史条件下，把这种高田种圳的抗旱耕作古法加以改进而成的。直到《齐民要术 · 杂说》，还有"稼穑之力，虽未逮于老农，规划之间，窃自同于'后稷'"的话。这里所指的，也不是后稷其人，而是"后稷"其书。故此，先秦时代出过一本以"后稷"命名的农书，大可不必怀疑。

上文谈到，我国上古时代的农稷之官在长期管理和指导农业生产的过程中所积累的有关资料，成为后世农家和农书的渊源。《后稷》农书，更与这些农稷之官有着直接的联系。我们看到，《上农》等篇不但称引《后稷》，而且通篇都是以农民的监督者和指导者的身份说话的，所谈农业技术又着重于圳亩规格及其相关技术，以及对掌握农时的劝戒等，与农稷之官的职掌若合符节。我们已经指出，我国上古时代曾经普遍存在过农田沟洫系统，它的修建不是单个农户所能为力的，这种公共的经济职能，最初由农村公社担当，进入阶级社会以后，农村公社由原始的井田制演变为各级贵族的授田制，而篡夺了农村公社土地所有权的各级统治者，总是把疆理土地、建造和维修农田沟洫系统作为自己的经济职能。在这过程中，掌握统一的圳亩规格，指导农业生产，主要就是农稷之官的任务了。《上农》等四篇科学技术内容重点的安排，应从这样一个大的背景来理解；这正是《后稷》农书"官方农学"性质的反映。又，《上农》说："所以务耕织者，以为本教也。是故天子亲率诸侯耕帝藉田……"事实上，自西周晚期宣王"不藉千亩"，藉田礼已逐渐被废弃，《后稷》成书时，藉田礼恐怕已成"昨日黄花"①，作者何以还津津乐道？原来佐王行藉礼曾是后稷高贵身份的标志，这实际上反映了作者对其先辈光荣历史的眷恋②。即此一端，就可以说明此类文字确系出于农稷之官的后人或其关系亲密者之手，从而也证明了《上农》诸篇所据的是以"后稷"命名的古农书。

《后稷》农书不大可能写成于西周，但从先秦农家的发展看，它的出现当早于六国时鄙者所为的《神农》、《野老》。正如《四库提要》所说，《上农》等篇文句典奥，不同于《吕氏春秋》其他文字，甚至与《论语》《孟子》这些较早的文献也不相类，反映了它是

① 西周由天子主持的藉田礼，是与"藉田以力"的劳役地租制相联系的；至西周末宣王"不籍千亩"，藉田礼已被废弃，"藉田以力"的制度也随之衰落。西汉景帝恢复藉田礼，为历代帝王所承袭，但已完全变成一种劝农的仪式了。

② 稷作为农官的称呼，一直延续至战国以至秦统一以后。湖北云梦龙岗秦简中，就有"取传书，乡部稷官□其田及□作务勿以论"的记载，这里的"稷官"就是泛指乡以下的农官。但西周时"稷为大官"，到秦统一前后，"稷"已经成为乡以下的属官了。而且，这时管农事的官吏，一般都有具体的称呼，"稷"这一泛称已经很少使用了。

比较古老的①。如果从《上农》等四篇实际内容的时代性看，它所依据的《后稷》农书很可能形成于战国以前的春秋时代。

二 《上农》等四篇所反映的时代性和地域性

关于《上农》等四篇农业政策和农业科学技术论文，以前学术界一般认为它反映了战国时代或战国末年农业的情况。实际上它是先秦时代农业生产和农业科学技术长期发展的总结，而且在相当程度地主要是反映了战国以前的情况的。这在《任地》诸篇所载技术体系中反映得非常清楚。

（一）《任地》诸篇技术体系所反映的时代性

（1）《任地》等篇所载的农业技术是以畎亩制为中心的完整体系。畎亩制是农田沟洫系统的产物；而沟洫系统普遍存在于虞夏商周时代，这在本篇第一章已经作了论证。战国时代，农田沟洫系统已逐渐废弃。《事物纪原》引《沿革》说："井田废，沟洫堙，水利（按指农田灌溉）所以作也。本起魏李悝。"井田沟洫之制既遭破坏，依附以存的畎亩制也就走向衰落了。并非说畎亩结构的农田战国时代已经绝迹，但它已经越来越失去作为农田结构主导形式的地位了。而低畦农田则代之而兴②。由此可见，《任地》诸篇所述相当完整和成熟的畎亩制及其相关技术，主要应是反映了战国以前的情形。

（2）《任地》中提到"息者欲劳，劳者欲息"，耕地劳息交替，正是对休闲制土地利用原则的概括。这还可以从《上农》的下述记载中获得佐证："上田，夫食九人，下田，夫食五人，可以益不可以损：一人治之，十人食之，六畜皆在其中矣。"这里的"夫"是指以父家长为代表的一个农户，耕地有肥瘠，从而划分为不同的等级，生产能力各异。但不同等级的土地与不同数量的牧地相搭配，以期在相同劳力的条件下，都可以达到相当的生产量。这和《周礼》中不同等级土地搭配不同数量的"莱"（可供放牧的休闲田）是一致的，是一种休闲耕作制。但战国时已由休闲制为主过渡到连年种植制为主了。《吕氏春秋·乐成》讲战国中期魏国的情形："魏氏之行田以百亩，邺独二百亩，为田恶也。""行田百亩"相当于《周礼·大司徒》的"不易之地"，"行田二百亩"相当于"一易之地"，战国中期的魏国只在部分盐碱墝瘠地区实行了。《商君书·徕民》："地方百里……恶田处什二，良田处什四，以此食作夫五万。"依此计算，每户（一夫）约得108亩，是按"不易之田家百亩"计算的，并没有把休闲田规划在内。可见《任地》记述的耕作制度并非战国时代的主流。

（3）《诗经》中所记农具有耜、钱、镈、铚、艾，《上农》等四篇提到的农具有耒、耜、耨、铚、艾，两者比较，种类大抵相同，但有所发展和改进，主要表现在两个方面：一是出现了"耨"。《任地》："耨柄尺，其耨（博）六寸，所以间稼也。"这是从"镈"分化

---

① 《上农》等篇多采取韵文形式，有些地方文风与《老子》相类，颇堪注意。

② 有的学者认为畎亩制创始于战国，并称之为"畦种法"，是值得商榷的。畎亩制非但不是创始于战国，而且与畦作法显然是两码事。战国正是畎亩制衰落，畦作法代兴的时代。战国以前文献没有关于"畦"的记载。畦这种农田形式是战国时代才出现的。

出来的、适于蹲着或俯身在垄行间除草间苗的短柄宽刃锄①；二是出现了经过改进的耜。《任地》："是以六尺之耜所以成亩也，其博八寸所以成圳也。"这比《周礼·考工记》"耜广五寸，二耜为耦"的情形进了一步。由于耜刃加宽，不必两人合耦了，还有可能已经取消踏脚横木和加上了铁刃套，发展为铁锸了②。或谓《任地》中的耜即铁犁③。但从《任地》记载看，耜用以作甽成亩，仍为手推足蹠的直插式农具，丝毫看不出用牛牵引的迹象。战国时期牛耕已获得初步推广，尤以秦国的牛耕比较普遍，但在《任地》诸篇中，并没有得到应有的反映。

（4）施肥和灌溉在战国时备受重视，这已是农业史上的常识，但《任地》等三篇农业论文，无论是提出的问题，还是对问题的解答，都没有涉及施肥和灌溉的内容。这一突出的事实明显地反映了它的时代性。

（5）《审时》篇提到的粮食作物有6种，以禾、黍、稻、麻、菽、麦为序。这和《诗经》所载粮食作物种类是一致的。战国文献中常提到"五谷"，汉儒有不同的解释，综合起来仍是以上6种作物，只是或无黍，或无稻、或无麻的差别。但春秋战国时代粮食作物的构成发生了重要的变化，黍的地位下降，麦和菽的地位上升，尤其是菽发展很快，战国时菽和粟并称列为主要的粮食作物。但《审时》所载粮食作物，禾黍为首，菽麦居后，如果这一顺序反映了作物重要性的等差的话，这就不是战国，而是战国以前、商周以来的情况。

但《任地》诸篇所述也包括了战国时代部分生产技术在内。如谈到土壤耕作时，提出"五耕五耨，必审以尽"的要求；这只有在铁农具有了较大推广后才有可能，应是战国时代新经验的总结。在低地沟洫农业中，庄稼是种在垄即亩上的；而《任地》则把"上田弃亩"和"下田弃甽"并提，又提出"上田被其处"的技术要求，反映了春秋战国以来土地利用范围的扩大、自然景观的变化和生产技术的发展。

（二）从《上农》等四篇所载井田制及其变化看它的时代性

上文已经谈到，《任地》诸篇所记述的严格的甽亩规划是沟洫制的产物，而沟洫制和井田制是二位一体的。因此，《任地》诸篇以甽亩制为特色的农业是与井田制结合在一起的。井田制及相关的一些制度，在《上农》中也有反映。井田制把耕地划分为公田和私田，私田分配给农民耕种，公田则由各级领主直接掌握，由农夫代耕。为了督促农民生产，周天子每年春耕开始时在公田举行藉田礼，"王耕一坺，班三之，庶人终于千亩"（《国语·周语上》）。《上农》："是故天子亲率诸侯耕帝藉田……后妃率九嫔蚕于郊，桑于公田。"就是指这件事。《上农》虽未直接言及私田，但"大任地之道"的记载说明当时实行"一夫百亩"并按耕地的不同等级配以休闲田的授田制，否则就不可能以"夫"为单位定出统一的产量要求。由于农民是有自己的独立经济的，所以《上农》强调不要滥发兵役和徭役，保证农民能按照时令进行生产。"若民不力田，墨（没）乃家畜（蓄）"，说明农民对其份地只有使用权，所有权属贵族领主，所以能没收的只有"家畜（蓄）"。这

① 李根蟠，试论《吕氏春秋·上农》等四篇的时代性，农史研究，第八集，农业出版社，1989年。
② 李根蟠，先秦农器名实考辨，农业考古，1989年，第2期。
③ 中国农业科学院，南京农学院中国农业遗产研究室，中国农学史，上册，第四章，科学出版社，1984年。

种农民被束缚在土地上，“苟非同姓，男不出御，女不出嫁”①。“凡民自七尺以上属诸三官，农攻粟，工攻器，贾攻货”人身依附关系比较严重②。所有这些，都与西周实行的井田制基本一致。

但在《上农》的记述中也反映了井田制已发生了某些变化。

其一，“量力不足，不敢渠地而耕”。“渠”借为“巨”，指的是扩大耕地。这反映当时有些富裕农民在扩大耕地，也反映耕地已向私有化发展。《淮南子·人间训》记载了这样一个故事：“孔子行游马失，食农夫之稼，野人怒，取马而系之。……乃使马圉往说之。至，见野人曰：‘子耕于东野，至于西野，吾马之失，安能不食子之苗！’野人大喜，解马而与之。”可见至迟春秋晚期，部分农民确实有可能扩大自己的私有耕地了。到了战国，“辟草莱，任土地”（《孟子》语）终成不可遏止之势。尤其是商鞅在秦国废井田制，“开阡陌封疆”（《史记·商君列传》），鼓励垦荒，“任民所耕，不限多少”（《文献通考·田赋考》）。反观《上农》记载，扩大耕地还受到一定的限制，尚处于农民耕地私有化的初始阶段。

其二，“农不上闻，不敢私籍（藉）于庸”。据孙诒让的解释：“‘上闻’，谓赐爵也。”“‘不敢私籍于庸’，谓不得私养庸以代耕。”③ 按，雇佣劳动在春秋时代已经出现④。盖自春秋以来，随着农民份地的私有化，农民当中也发生了分化，部分贫苦农民要出卖劳动力，另一些富裕农民则雇人代耕。还有一些农民通过军功等获得爵位，已经成为或正在转化为地主阶级中的一分子。《上农》规定只许有爵位的“农”雇工，不许一般农民雇工，这种限制的意义在于保护井田制下领得份地的农民能不违农时地从事生产，似乎是井田制开始崩坏，但还没有完全崩坏时的情形。

从以上分析看，《上农》等四篇所反映的时代性和它的取材是密切相关的。《上农》等四篇主要取材于《后稷》农书，但并非完全照抄，而是经过了添补。它是先秦时代农业生产和农业科学技术长期发展的一个总结，主要反映了春秋时代的情况，在某些方面也反映了战国时代的情况。

（三）《上农》等四篇所反映的地域性

《上农》等四篇的地域性也是与其取材和时代性相联系的。不能认为它只是反映秦国农业的情况。如《任地》篇说的四月底收大麦，五月中旬收小麦，既符合秦地关中的情况，也适合河南、山东的部分地区。《辩土》篇强调的“下田弃甽”，虽然也适合关中的长安、户县、周至一带的下湿地区⑤，但这在黄土高原毕竟是局部的；这一原则毋宁说更适合于黄河下游大平原的广大地区。《上农》所说的“夫食”之数与《孟子》所载基本相

---

① 这和《孟子》所鼓吹恢复井田制下那种“死徙无出乡，乡里同井”（《滕文公上》）的描述大体一致。

② 《国语·齐语》记载管仲相齐，实行“四民勿使杂处”的政策，与此相似。传称管仲是取法先王，即按照西周旧制而加以损益的。

③ 夏纬瑛，吕氏春秋上农等四篇校释，农业出版社，1956年，第4～5页。

④ 如《韩非子·外储说右下》：“齐桓公微服以巡民家，人有年老而自养者，桓公问其故，对曰：‘臣有子三人，家贫，无以妻子，庸未反。’”又《左传》襄公二十七年载齐国的申叔虞在楚国“赁仆于野”。

⑤ 东汉杜笃《论都赋》，还说当时长安“滨据南山，带以泾渭，号曰陆海。畎渎润淤，水泉灌溉，渐泽成川，粳稻陶遂。”

同；孟子是邹（今山东邹县东南）人，曾游历齐、宋、滕、魏等国，但没有到过秦国，这一生产指标很可能首先产生于山东六国而非秦国。《审时》诸篇的粮食作物种类以黄河流域原产的禾黍为主，兼种稻、麻、菽、麦；而且所记述的生产技术较高。所有这些，都说明《上农》等四篇所反映的地域主要是黄河中下游地区，既不可能是长江流域，也并非局限于秦国之一隅。

第三节 《上农》等四篇的结构、内容和农学体系

作为《上农》等四篇主要材料来源的、以《后稷》农书为代表的、“官方农学”色彩甚浓的农家学派，虽然是以阐述农业科技的原则和原理见长的，但也有自己的关于社会政治经济的思想。所以《上农》等四篇的内容也包括这两个方面。其中，《上农》主要讲述农业政策，《任地》等三篇则主要讲述农业科学技术。而它们又是被纳入《吕氏春秋》“上揆之天，下验之地，中审之人”的总框架和大体系之中的。《上农》制定的各项政策是为了保证有较充足的劳动力来从事农业生产，即“中审之人”，《任地》《辩土》两篇总结土地利用和土壤改良的原则和方法，即“下验之地”，《审时》强调农时之得失与否对农作物产量和品质的影响，即“上揆之天”。又受全书篇数、字数和写作旨趣的限制，所以只能抓住农业生产中最主要的问题着重从理论上进行阐述。要把握《上农》等四篇的内容和体系，首先应该看到这样一个基本特点。

一 《上农》篇的思想体系

《上农》主要反映了以《后稷》农书为代表的农家学派的政策思想，但又经过了改造，添加了具有战国中晚期鲜明时代特色的思想观点。可以说《上农》是杂揉了诸家学说的。

《上农》开篇就说：“古先圣王之所以导其民者，先务于农，民农非徒为地利也，贵其志也。”明确表示其所提倡的重农，首先是从政治上来考虑的。接着从正反两方面论述引导人民从事农业，可以使人民变得朴实易用、奉公守法和安土重迁，可以达到“少私议”、“公法立、力专一”的目的，从而可以很方便地驱使人民为统治者去打仗①。总之，是大有利于巩固中央集权的专制统治。这从思想到语言都酷似法家那一套。

但在引述“《后稷》曰：所以务耕织者，以为本教也”以后，论述的侧重点就改变了。首先是讲述通过天子“亲耕”（藉田礼）和后妃亲蚕作出男耕女织的典范，引导人民“敬时爱日，非老不休，非疾不息，非死不舍”。接着定出不同等级耕地的“夫食”指标和农牧兼营的生产要求（“大任地之道”），下面就是各种政策的规定，包括“当时之务”② 的各种限制（“不兴土功，不作师徒”，庶人不能举行嫁娶冠祀等活动，没有爵位

---

① 《上农》说：“民农则朴，朴则易用，易用则边境安，主位尊。民农则重，重则少私义（议），少私义（议）则公法立，力专一。民农则其产復（複），其产復（複）则重徙，重徙则死其处而无二虑。民舍本而事末则不令（聆），不令（聆）则不可以守，不可以战。民舍本而事末则其产约，其产约则轻迁徙，轻迁徙则国家有患，皆有远志，无有居心。民舍本事末则好智，好智则多诈，多诈则巧法令，以是为非，以非为是。”

② 春秋战国把农业称为“时事”或“时务”。这里的“时之务”应连读。“时”指农时，“时之务”即农时之务，“当时之务”犹言农忙之时。

者不得私自雇工)，“野禁”(“地未辟易，不操麻，不出粪；齿年未长，不敢为园圃；量力不足，不敢渠地而耕；农不敢行；贾不敢为异事”[①]) 和“四时之禁”(主要内容是禁止在农事季节从事山林川泽的生产活动，以保证大田生产有足够的劳动力)；限制和禁止的对象，均为“害于时”的生产或非生产活动。所以这些政策的核心是保证农民不违农时地从事农业生产，尤其是大田的粮食生产。对农民虽也采取“若民不力田，墨(没)乃家畜(蓄)”的强制手段，但也有劝导的一面。而且这一套政策不光是针对农民的，如文中亟言“夺之以土功”、“夺之以水事”、“夺之以兵事”的危害，指出“数夺民时，大饥乃来”，就是对统治者提出鉴戒。

《上农》前后两部分对工商业的态度也不完全一样。前面一段明确提出反对农民“舍本而事末”，指出人民“事末”会对中央集权的封建政府产生离心的倾向，如说“民舍本事末则好智，好智则多诈，多诈则巧法令，以是为非，以非为是”，这就明显带有重农抑末的色彩。但后面一段在重农的同时并没有排斥工商，而是把农、工、商同列为国家经济 的三大部门，认为三者必须各安其位，否则“三疑乃极”，就会“国家难治”，以致“失毁其国”。

这样看来，《上农》篇在引述《后稷》以前和以后思想体系并不完全一致。后一部分更符合《后稷》书原有的思想体系，虽然也可能作过某种改动；前一部分则更多地带有战国中晚期的时代色彩[②]。

二 《任地》等三篇的农学体系

《任地》等三篇是先秦文献中讲述农业科技最为集中和最为深入的一组论文，内容十分丰富，是我们研究先秦时代传统农学的主要依据。

(一)《任地》等三篇的主要内容

《任地》从引述“后稷曰”开始，提出了农业生产中的十大问题。这十大问题是：

子能以窐为突乎？

子能藏其恶而揖之以阴乎？

子能使吾士(土)靖而甽浴士(土)乎？

子能使[吾土]保湿安地而处乎？

子能使雚夷(荑)毋淫乎？

---

① 这里的断句根据高诱的注。俞樾认为“贾”字应上读，则此文成为“农不敢行贾，不敢为异事”。夏纬瑛、陈奇猷然其说，谓此句意思是指农民不敢经商或做其他非农的事。这在字面上是说得通的，但也有问题。如“异事”指非农之事，应包括工商而言，为什么上面要单说“行贾”呢？其实高诱的注是有根据的，因为如不断句为“农不敢行，贾不敢为异事”，则“野禁”只有四而不足五，上文的“野禁有五”就会落空。“农不敢行”，高注谓“守其疆亩也”，可 通。“农不敢行；贾不敢为异事”与后文的三官之说是一致的。这种解释可能更符合原文的意思。难点是这里的“异事”含义不明确。俞樾即以此提出异议：如果作“贾不敢为异事”，那就不是野禁了。我推测“异事”指商人职责范围以外的事，可能由于当时商人没有完全脱离农业生产(如《周礼》中就有“贾田”)故仍列于“野禁”之中。

② 罗根泽《管子探源》附录《古代经济学中之本农末商说》云：“吾国虽自古称以农立国，而于工商则三代未尝卑弃。抑工商，提倡耕农，盖在荀卿之时。制为本农抑末之口号，则当在战国之末，而盛行于西汉之初。”

子能使子之野尽为泠风乎？

子能使藁（槀）数节而又茎坚乎？

子能使穗大而坚均乎？

子能使粟圜（圆）而糠薄乎？

子能使米多沃而食之彊乎？[①]

前四个问题的中心是如何把低洼盐碱地改造为可以耕作的良田。第五个问题讲杂草的防除。第六个问题讲使庄稼地通风。这仍然是与前面的问题相联系的。后面的四个问题，包括如何使作物“茎坚”、“穗大”、“粟圜”、“多沃”等，是对农作物产量和品质的要求。这十个问题，提出在当时条件农业生产的任务和目标，可以说是《任地》等三篇的纲领。以后的文字，实际上都是围绕这些问题来展开的。

除了提出这十大问题外，《任地》还包括两部分内容：一是讲土地利用的总原则，即所谓“耕之大方”。这些原则包括：正确处理力与柔、肥与棘（瘠）、劳与息、急与缓、燥与湿的关系；对“上田”和“下田”的不同利用方式；深耕的作用和要求；甽（畎）与亩的规格；泽耕旱耨的原则等。二是论述掌握农时的重要性和方法。

《辩土》主要是谈耕作栽培技术方法的，即所谓“耕道”。首先谈“辩土”而耕的一些原则。接着谈耕作栽培中要防止“三盗”，即地窃、苗窃和草窃。亟言不合理畎亩结构的危害。以后依次谈播种和中耕的技术原则。

《审时》主要论述掌握农时的重要性。首先提出了“厚之（时）为宝”[②] 的论断。接着依次论述了禾、黍、稻、麻、菽、麦六种从事播种得时、先时、后时对该种作物产量和质量的不同影响，最后从产量和质量的对比中，论证了“得时之稼兴，失时之稼约”结论。

可见，在《任地》等三篇论文中，《任地》带有总论的性质，《辩土》和《审时》带有分论的性质。

（二）《任地》等三篇农业科学技术体系的中心

《任地》等三篇所载的农业科学技术可以归纳为两个方面，一是土地利用，二是农时掌握。农时掌握主要是强调其重要性，掌握农时的方法则只是介绍了按照物候确定播种和收获时期的经验，篇幅相对较小。土地利用是论述的重点，篇幅也较大，播种和中耕等项技术也在论述土地利用时顺带讲了。而土地利用技术的中心环节又是农田的畎亩结构。

---

① 对这十大问题原文的校改，主要根据夏纬瑛《吕氏春秋上农等四篇校释》而有所损益。这十大问题用现在的话来说就是：你能使渍水的洼地做成高起的垄吗？你能消除土壤中的盐碱等有害物质而使之保持一定的湿润程度吗？你能使土壤洁净而又用沟洫排水洗碱吗？你能使土壤保墒而不流失吗？你能使杂草不蔓延为害吗？你能使农田通风良好吗？你能使庄稼节多而茎秆坚强吗？你能使庄稼的穗子大而健壮整齐吗？你能使庄稼的籽粒饱满而糠少皮薄吗？你能使庄稼的米质好而吃起来有劲吗？

② 此据陈奇猷《吕氏春秋校释》校改。对这一句的校读，学术界有不同的看法。夏纬瑛《吕氏春秋上农等四篇校释》认为“厚”字为“候”之误，或其借字，校改为“凡农之道，候之为宝”。王毓瑚《先秦农家言四篇别释》认为“厚”或为“序”之误，把此文校改为“凡农之道，序之为宝”。陈奇猷认为“厚”字不误，厚犹重也。“厚之”之“之”字当为“时”字之误。盖“时”字古作“旹”，坏其下半“日”则为“㞢”，即“之”字。故其校改为“凡农之道，厚时为宝”。

上文谈到，《任地》开篇提出的十大问题中，头四个问题都是围绕着如何改造涝洼地而展开的，而其技术关键就是建立起农田的畎亩结构。在第一个问题中，"窒"即低洼，"突"即高出[①]。"以窒为突"就是把低洼地改造成高出的可耕地，真是开宗明义。第二个问题中的"恶"应指低洼渍水地中常见的盐碱等有害物质。《左传》成公六年记载晋国准备迁都，许多人主张迁到"郇瑕氏之地"，因为这里"沃饶而近盐（指河东盐池）"，韩献子表示反对，说"土薄水浅，其恶易觏（成也）"。这里的"恶"，就是指包括盐碱在内的有害物质[②]。因此，第二个问题就是要求既要保持（揖与挹通，也可理解为挹取）土壤的润泽，又要排除其中的盐碱等有害物质。这是低洼地改造的题中应有之义。第三个问题是指怎样作甽才能达到排水洗碱的目的；这是头两个问题的合乎逻辑的发展，并点明最为关键的技术措施——作甽。甽土翻到田面上成为亩。这就形成了农田的畎亩结构[③]。第四个问题讲防止水土流失。《礼记·郊特牲》谈到腊祭祭坊（堤防）与水庸（水沟），其祷词曰："土返其宅，水归其壑。"这与要求土壤"保湿"和"安居其处"基本上是同一意义。这与上面三个问题密切相关，因为农田畎亩结构本身，就有防止水土流失的作用[④]。以上四个问题是相互联系的一个整体。

关于畎亩制，《任地》提出"上田弃亩（种甽），下田弃甽（种亩）"的原则，但"上田弃亩"，除"上田被其处"一语外，并无具体的论述。看来，这种适于干旱高地的特殊种植法在当时并没有广泛推行。《任地》和《辩土》通篇论述的中心是"下田弃甽"及其相关技术。即在田间挖排水沟，把庄稼种在垄（亩）上。"故亩欲广以平，甽欲小以深；下得阴，上得阳，然后咸生"（《辩土》）。畎亩的耕作有其相配套的农具，畎亩的规格以其所使用的农具为标准："所以六尺之耜所以成亩也，其博八寸所以成甽也。耨柄尺，此其度也，其耨（博）六寸，所以间稼也"（《任地》）。具体说，"六尺为步，步百为亩"，亩基宽六尺，亩间小沟——甽宽和深各一尺，则亩面宽五尺，高一尺。可见"亩"是与"甽"相间的600尺的长垄。在五尺宽的垄面上种三行庄稼，行幅和行距均为一尺[⑤]。亩宽（基宽）以六尺之耜为度，甽之宽、深，庄稼行距行幅则以一尺长的耨柄为度。八寸宽的耜正好用以挖一尺宽的甽，六寸宽的耨正好用以在一尺宽的行中进行中耕。文中所述耕耰、条播、间苗、中耕等项农业技术，都是在这基础上进行的。文中提出在土地利用中要防止"三盗"：大甽小亩像躺在沙滩上的鱼，禾苗长得像毛鬣一样，这是"地窃"；

---

① 陈奇猷据俞樾说，认为"突"乃"穾"之误。"穾"与下文"阴"为韵。《说文》"穾，深也，一曰灶突。"此用后一义。亦通。

② 恶，夏纬瑛认为与亚、垩通，指干旱发白的土壤。我认为，可以理解为土壤因地下水位高而又返碱的现象。这种盐碱物质也往往使土壤发白。这样理解更有利于把握第二个问题与第一个问题之间的联系。

③ "靖"通"净"，即洁净。以"甽浴土"使土壤洁净，正是排水洗碱。这是倒装句法。原文"吾士"当作"吾土"；"士"改为"土"，诸家无异辞。古士与土通。谭戒甫认为"吾土"当作"五土"，盖即《周礼·地官·大司徒》所谓"山林、川泽、丘陵、坟衍、原隰"五地。陈奇猷从之。但《任地》通篇讲低洼地的改造，不涉"五地"，且山林、丘陵等不产生"甽浴士（土）"的问题。

④ 水潦经过纵横交错的沟洫，地下迳流减慢，部分流水下渗，部分泥土沉积沟中，从而防止了水土流失。参阅：辛树帜，禹贡新解，农业出版社，1964年。

⑤ 行距和行幅均为一尺的根据是："耨柄尺，此其度也"（《任地》），"茎生于地者五分之以地"（《辩土》）。见夏纬瑛《吕氏春秋上农等四篇校释》。但夏氏许多垄中只种两行庄稼，两行之间空一尺，两边亦空一尺。则未免空地太多。

庄稼种得太密又没有行列，苗出了但长不好，就是“苗窃”；杂草长得太多，不除草就荒了，除草又伤苗根，这就是“草窃”。其实这都是畎亩结构不合理所致。只有广而平的亩和小而深的畎相配合的畎亩结构，才有利于实行条播，从而才会形成行列整齐的作物布局和通风透光的农田小气候，这就是所谓“衡（横）行必得，纵行必术；正其行，通其风，夬心（必）中央，帅为泠风”（《辩土》），《任地》开头提出的第六个问题——“子能使子之野尽为泠风乎”①，在这里获得了解答。也只有在这种畎亩结构和作物布局下，才便于进行间苗和中耕除草。《任地》开头提出的第五个问题——“子能使藋夷（荑）毋淫乎”②，也在这里获得了解答。所以十大问题中的第五和第六个问题，实际上也是和前面的几个问题联系在一起的。这些问题的解决均有赖于农田畎亩结构的建立。

上述分析表明，《任地》等三篇的农业技术体系在相当程度上是以农田畎亩结构为中心而展开的。

（三）《任地》等三篇农业科学技术体系的指导思想

《任地》等三篇的农业技术体系，又是以“三才”理论为指导的。在这三篇中包含了对中国传统农学中关于“天、地、人”关系的经典性论述：“夫稼，为之者人也，生之者地也，养之者天也”（《审时》）；“天生时，地生财，不与民谋”（《任地》）。在这里，“稼”是农业生产的对象，“人”是农业生产的主体。“天”是与“地”相对的自然界的一部分，其最关紧要的内容和特征是气候变化的时序性。“地”与“天”相对的自然界的另一部分，它蕴涵作为人类生活资料和生产资料来源的动植物资源和矿物资源，又是农作物生长的载体，因而是财富之所由出。“天”和“地”共同构成了农业生产的环境条件。农业生产是由“天、地、人、稼”等因素构成的相互联系的整体。上引《审时》篇对农业生产中天地人关系的概括，相当准确地反映了作为自然再生产和经济再生产统一体的农业之本质。

“天、地、人”关系的“三才”理论，像一根红线贯穿在《任地》等三篇农学论文之中。从其两大内容看，土地利用是讲“地”，农时掌握是讲“天”。从篇章安排看，《辩土》讲“地”，《审时》讲“天”，《任地》既讲“地”，又讲“天”。从《任地》中提出的十个问题看，前六个问题都是讲“地”，后四个问题讲对作物高效高产优质的要求。但如与《审时》联系看即可发现，作者是把在农业生产中对“天时”的顺应和把握作为争取高产优质的必要条件的，所以还是归结到“天”。这三篇似乎没有讲“人”，实际上篇篇都是讲“人”，因为无论是改良土壤或掌握农时，都要依靠人的主观能动性。尤其是这三篇中讲对“地”的因素的处理，不是听其自然，任其所生，而是运用人类自己的智慧，通过劳动把不利的土地环境改造为有利于农业生产的自然环境。在这过程中，也部分地克服了天时条件中的不利因素，如通过精耕细作和合理的农田结构，防止或缓解旱涝的危害；采用合理的播种方式和农田结构，又可以创造良好的农田小气候。而《上农》篇则从政治上处理农业生产中“人”的问题，中心是如何把农民固着在土地上，督促他们从

① 泠风为和风，诸家无异词。

② 夏纬瑛认为藋通蓧，蓧是生长在干旱地方的一种小苇子。夷当作荑，泛指茅，这里是指白茅。陈奇猷认为训藋为蓧非，蓧即萑，《管子·地员》藋与萑并提，说明它们是不同的植物。

事农业生产，采取各种措施保证农业生产，尤其是在农忙季节能有充足的劳动力。

《任地》等三篇没有专门讲“稼”，但实际上也包含了对“稼”的认识。例如，十大问题中对作物高产优质的具体要求，在一定程度上可视为作物育种的标准；《审时》中对得时、失时之稼的论述中，不仅包含了对“稼”与“时”相关性的认识，也包含了对作物植株各部分相关性的认识；尤其值得注意的是，文中阐述了如何在甽亩农田的基础上，通过合理密植、条播、中耕等措施，建立行列整齐、通风透光的有序的作物群体结构，这是一项意义重大的创造。

可以说，《任地》等三篇构成了以“三才”理论为指导的相当完整的农学体系。

（四）《任地》等三篇的研究和写作方法

《任地》等三篇在研究和写作方法上也很有特色。从行文中可以看出作者非常重视田间的实际观察，而且观察得十分细致。所以作者能够生动具体地描述不合理的甽亩结构对作物生长的危害，并形象地比喻为“三盗”；所以作者能够对合理的甽亩结构和不合理的甽亩结构对“得时”的庄稼和“失时”（包括“先时”和“后时”）的庄稼作出细致的比较。作者不是抓住一点就作结论，而是进行综合的研究和全面的分析。例如分析“时”与“稼”关系时，首先对六种主要粮食作物逐个作出分析对比，然后加以综合；在综合中又注意事物的数量和质量的对比关系，指出：“茎相若［而］称之，得时者重，粟之多。量粟相若而舂之，得时者多米。量米相若而食之，得时者忍饥。是故得时之稼，其臭香，其味甘，其气章；百日食之，耳目聪明，心意睿智，四卫变强，殉气不入，身无苛（疴）殃。”这样，作者得出的“得时之稼兴，失时之稼约”结论，就显得很有份量并令人信服了。可以说，在经验科学阶段，这已经达到了相当高的水平。

同时，作者并不满足于直接观察的结果，而且进一步在这基础上作出理论的探讨，从中概括出一些原理原则来。无论是对农业生产中“天、地、人”关系和作用的阐述，还是对土地利用中“耕之大方”的概括，都是言简意赅，内涵丰实，堪为经典。有了这样的原理原则的统率，传统的农学知识就不光是散漫的知识片断，而是凝集成为相当完整的知识体系了。它本身就是传统农学形成的重要条件和标志。

（五）《任地》等三篇在中国农学史中的地位

总的来说，《任地》等三篇是先秦时代、尤其是战国以前科学技术发展的一个光辉的总结，是中国传统农学的奠基作。它所记述的精耕细作农业技术，如土壤耕作的原则和方法、播种方法和播种技术、中耕技术、对农时的重视与掌握等，直接为后世所继承和发展；它所记述的垄作法，虽然由于自然景观的文化、农具和耕作技术的发展，在黄河流域地区没有继续获得推广，但在适于垄作的地区来说，它所总结的理论和方法，仍然是这项技术进一步发展的基础；另外，它所提出的“上田弃亩”的耕作法，对后世畦作、区田和代田法的发生和发展，给予巨大的启发和影响。更加重要的是，它第一次对农业生产中天地人的关系作出科学的概括，并把这种精神贯彻到全部论述之中。这种精神和原则一直为后世农学所承传，成为中国传统农业精耕细作传统中最重要的指导思想。因此，《任地》等三篇不但是中国保存至今最早的完整的农学论文，而且是中国传统农学中最重要的经典之一。

当然，《任地》等三篇也有它的局限性。由于它取材的限制，它主要反映了战国以前农业生产和农业技术的状况，对战国时期农业生产和农业技术的新进展，虽有所反映，但反映得很不充分。同时，《任地》等三篇属于耕作栽培总论的性质，没有涉及各种作物的具体栽培方法，对于种植业以外的生产项目的有关科学技术问题，更是完全没有接触。因此，要全面掌握先秦时代的传统农学，是不能仅仅局限于《任地》等三篇的。

第四章　农时理论和农时系统的建立和发展

第一节　对“时”重要性的认识

农业是以自然再生产为基础的经济再生产，受自然界气候的影响至大，表现为明显的季节性和紧迫的时间性。这一点，中国古代农业尤为突出。

一　对“时”的重要性的论证

中国古代农民和农学家农时意识之强烈为世所罕见。他们把“时”的因素放在首要的地位，认为从事农业生产首先要知时顺天（自然），“以事适时”（《吕氏春秋·召类》）。因为“举事而不时，力虽尽而功不成”（《管子·禁藏》）。为什么呢？春秋战国时代的人们作出这样的回答：

春气至则草木产，秋气至则草木落。产与落或使之，非自然也。故使之者至，则物无不为，使之者不至，则物无可为。古人审其所以使，故物莫不为用。（《吕氏春秋·义赏》）

春者，阳气始上，故万物生；夏者，阳气毕上，故万物长；秋者，阴气始下，故万物收；冬者，阴气毕下，故万物藏。故春夏生长，秋冬收藏，四时之节也。（《管子·形势解》）

这是以阴阳二气的消长来解释气候的变迁，以草木万物的生长收藏对气候变迁的依赖来说明掌握农时的重要性。这种论证侧重于理论方面。

通过观察和实证论证“时”对庄稼生长的极端重要性的，是《吕氏春秋》中的《任地》等三篇。《吕氏春秋·辩土》指出：“今之耕也营而无获者，其蚤（早）者先时，晚者不及时，寒暑不节，稼乃多菑（灾）。”《审时》对六种主要粮食作物“得时”和“先时”、“后时”的不同生产效果作了细致的对比（表4-1）。从中得出的结论是“得时之稼兴，失时之稼约”。“得时之稼”籽实多，出米率高，品质好，味甘气章，服之耐饥，有益健康，远胜于“失时之稼”。这一结论完全是从长期的农业生产实践中通过观察和对比而获得的。于是作者提出了“凡农之道，厚之（时）为宝”的命题。“时”对农业生产如此的重要，这就要求在指导农业生产时，做到“无失民时，无使之治下。知贫富利器，皆时至而作，渴（竭）时而止”（《吕氏春秋·任地》）。

表 4-1　《审时》六种作物“得时”“失时”生产效果比较表

作物	得时			先时		后时	
	植株	子实	其他	植株	子实	植株	子实
禾	茎秆坚硬，穗子长大	子粒饱满，糠薄，米粒油润	吃着有劲	茎叶细弱，穗子秃钝	有秕粒，米不香	茎叶细弱，穗子尖细	有青粒，不饱满
黍	茎高而直，穗子长大	米圆糠薄	容易舂，有香味	植株高大，但不坚实，叶子繁盛，穗子短小		茎矮细弱，穗子短小	糠皮厚，子粒小，不香
稻	植株强大，分蘖较多，穗如马尾	子粒饱满，米圆糠薄	容易舂，有香味	植株高大，茎叶徒长，穗子短小	秕谷多，糠皮厚，米粒薄	植株细弱	秕谷多，糠皮薄，子粒小
麻	株高节间长，茎细而坚实，色泽鲜亮	花多，子多	纤维厚而均匀，可以免蝗				
菽	茎秆强大，分枝较多，叶密荚多	豆粒大而圆，饱满	容易饱，有香味，不受虫害	茎叶徒长，叶稀节疏	秕荚多	茎短节疏，植株细弱	不结实
麦	穗长色深，小穗七八对	子粒饱满，子粒重大	容易饱，有香味，不受虫害		粒小而不饱满	易遭病虫害，苗弱穗青	不成熟

注：引自《中国农业科学技术史稿》第 132 页，农业出版社，1989 年。

二　农时意识的全民性

中国古代的农时意识具有全民性。农时的重要反映到政治家和思想家的头脑中，被视为治国的根本之一。大体上自原始社会向阶级社会过渡以来，观象授时即成为国家首要的政务之一。司马迁根据有关记载和传说追述当时的情况说：

神农以前尚矣。盖黄帝考定星历，建立五行，起消息，正闰余，于是有天地神祇物类之官，是谓五官，各司其序，不相乱也。民是以能有信，神是以能明德，民神异业，敬而不渎，故神降之嘉生，民以物享，灾祸不生，所求不匮。

少皞氏之衰也，九黎乱德。民神杂扰，不可放物，祸灾荐至，莫尽其气。颛顼受之，乃命南正重司天以属神，命火正黎司地以属民，使复旧常，无相侵渎。

其后三苗服九黎之德，故二官咸废所职，而闰余乖次，孟陬殄灭，摄提无纪，历数失序。尧复遂重黎之后，不忘旧者，使复典之，而立羲和之官。明时正度，则阴阳调，风雨节，茂气至，民无夭疫。年耆禅舜，申戒文祖，云：天之历数在尔躬。舜亦以命禹。由是观之，王者所重也。（《史记·历书》）

舜继尧位以后，说过一句有名的话：“食哉惟时”（《尚书·尧典》）。意思是：解决民食问题的关键，是掌握农时从事生产①。这是长期农业生产实践的总结，它把对掌握农时重要性的认识，从感性认识提高到理性认识上来了。《管子·四时》也说：“不知四时，

① 孔安国传：“所重在于民食，唯当敬授民时。”蔡沈《书集传》：“舜言足食之道唯在于不违农时也。”

乃失国之基。不知五谷之故，国家乃路。"

既然掌握农时如此之重要，所以制历授时，使农民的生产活动有正确的依据，就成为历代政府的重要经济职能。直到春秋战国时代，各国统治者都要负担起"班朔正时"的任务（关于这一点，我们以后还将谈到）。也正因为掌握农时如此之重要，所以通晓天时地利，就成为统治集团理想人才的标准①。

同时，掌握农时对国计民生的重要性，又要求统治者的各种举措要"不违农时"，使农民能够按照时令从事生产。《左传》成公八年：晋悼公即位复霸的一系列措施中有"时用民，欲无犯时"。春秋战国时的诸子百家尽管有诸多的分歧，但在主张"不违农时"、"使民以时"方面，却是少有的一致。例如，上面我们已经谈到《吕氏春秋·上农》强调"敬时爱日"，对各种"害于时"的活动规定了种种的禁令。又如孟子说："虽有智慧，不如乘势，虽有镃錤，不如待时。"（《公孙丑上》），而"不违农时，谷不可胜食也"（《梁惠王上》）。荀子也说："长养有时则六畜育，杀生有时而草木殖。""春耕、夏耘、秋收、冬藏，四者不失时，故五谷不绝，而百姓有余食也。"（《王制》）所以"……罕兴力役，无夺农时，如是则国富矣"（《富国》）。《管子》还提出了"春十日不害耕事，夏十日不害耘事，秋十日不害敛实，冬二十日不害除田"（《山国轨》）的具体要求。

春秋战国时期，民间也出现一些观天测时的能手。有些思想家提出，应该对此予以鼓励。《管子·山权数》说："民之知时，曰岁且阨，曰某谷不登、曰某谷丰者，置之黄金一斤，直食八石。"这种政策是否已经付诸实行，如果付诸实行，实行的程度如何，已难详考；但它从一个侧面说明了当时对农时的重视。

三 农时内涵的诸方面

中国古代农学的农时意识之所以特别强烈，与自然条件的特殊性有关。黄河流域是中华文明的起源地之一，它是中国传统农学的第一个摇篮。它地处北温带，四季分明，作物多为一年生，树木多为落叶树，农作物的萌芽、生长、开花、结实，与气候的年周期节奏是一致的。在人们尚无法改变自然界大气候的条件下，农事活动的程序不能不取决于气候变化的时序性。春耕、夏耘、秋收、冬藏早就成为人们的常识。

黄河流域春旱多风，必须在春天解冻后短暂的适耕期内抓紧耕翻并抢墒播种。《管子·臣乘马》："桓公曰：'何谓春事二十五日之内？'管子对曰：'日至（按指冬至）六十日而阳冻（向阳面的冰冻）释，七十［五］日②而阴冻释，阴冻（向阴面的冰冻）释而艺稷，百日不艺稷，故春事二十五日之内耳。'"这是强调稷的播种必须在冬至后75日（这时地上的冰冻全部消释）～100日这一期限（共25天）内完成。春播的时机成为掌握农时最关键的一环。要在这样一个短的时间内完成春播任务，先耕什么地，后耕什么地就要非常讲究。《吕氏春秋·辩土》云："凡耕之道，必始于垆，为其寡泽而后枯；必厚（后）其靹，为其唯（虽）厚（后）而及。"这段话可以解释为："凡是耕作的原理，要先

---

① 《说苑·臣术》记伊尹言："……其言足以调阴阳，正四时，节风雨，如是者举以为三公……九卿者，不失四时，通于沟渠，修堤防，树五谷，通于地理者也。……如是者举为九卿。"

② 原文为"七十日"，据前后文时间推算，十之后应脱"五"字。

耕质地粘重的“垆土”，因为它含水分少，稍后（耕）就会干枯；质地疏松的“靹土”不妨迟些耕，因为迟些耕也还来得及。”①

禾苗出土以后，就要抓紧中耕除草，“日服其镈，不解（懈）于时”（《国语·周语上》)。《管子·治国》称“耕耨者有时”②。《度地》称“夏三月，天地气壮，大暑至，万物荣华，利以疾薅杀草秽”③。《国语·齐语》描写中耕时节的农民是“时雨既至，挟其枪刈耨镈，以旦暮从事于田野”。

黄河流域的作物的收获期一般在秋季，“秋”成为收获的同义语④。而秋天正是多雨易涝的季节，收获不能不抓紧。冬麦收获的夏季正值高温逼热，时有大雨，更是“龙口夺食”。战国时人已充分认识到抓紧收获时机的迫切性，故有“收获如盗寇之至”之说⑤。《管子·度地》说，秋三月“利以疾作，收敛毋留”。《吕氏春秋·审时》也说：“种禾不时，不折必穛；稼熟而不获，必遇天灾。”⑥

春耕、夏耘、秋收，是种植业中三个重要环节，需要抓紧时机进行，所以上古时代有所谓“三时”之说。如春秋时随国季梁认为：祭神的粢盛丰备是表示“三时不害，民和年丰”；因此，更根本的工作是“务其三时，修其五教”（《左传》桓公6年）。所谓“三时”，指的就是农时，这主要是从种植业中引发出来的概念。

但农时的概念并不局限于种植业，广义农业的其他生产部门同样要“不失时”。黄河流域动物的生长和活动规律也深受季节变化的制约。畜禽一般在春天发情交配，古人深明于此，自觉地使其牧养活动适应这种规律。据《夏小正》、《周礼》、《礼记·月令》等的记载，夏商周三代的大牲畜饲养业，平时公母畜分群放牧，仲春之月（夏历二月）合群交配，即所谓“仲春通淫”。至于“鸡豚狗彘之畜”，也要“无失其时”（《孟子·梁惠王上》)，即“孕字不失时也”（《孟子》赵岐注）。山林川泽则强调“以时禁发”（《荀子·王制》)。因为山林川泽中野生动植物的生息活动，也是受制于自然界时序的变化，遵守这种规律，才能达到养用结合、永续利用的目的。可见有了“时”的意识，才会产生保护和合理利用自然资源的思想，才会产生夏商周三代的虞衡业（详第六章第二节）。

对“时”或“天时”的认识与掌握，是中国传统农学的重要组成部分，并且往往被

---

① 此据游修龄先生的意见校改和今释。“垆”是质地粘重、水分很少的土壤，“靹”是质地疏松的土壤。夏纬瑛《吕氏春秋上农等四篇校释》此句校改为“凡耕之道，必始于垆，为其寡泽而后（厚）枯；必厚（后）其靹，为其唯（虽）厚（后）而及”。改“唯”为“虽”，改“厚”为“后”都是正确的；但改“后”为“厚”则不妥。陈奇猷《吕氏春秋校释》把“垆土”解释为肥沃的易于渗洩的黑土，“靹土”则是瘠薄的需加客土改良的白土，比较牵强。

② 按《治国》所说，耕耨均有时间性，而雨水不足更增加了它的迫切性，为了抢农时，甚至要借贷雇工。《韩非子·外储说左上》则谈到主人要用美食易钱求取雇工的深耕熟耘。

③《管子》有所谓“寒耕热耘”之说。

④ 例如《轻重乙》：“夫岁有四秋而分有四时，故泰春农事且作，请以什伍农夫赋耜铁，此谓之春之秋；大夏且至，丝纩之所作，此谓之夏之秋，而大秋成，五谷之所会，此谓秋之秋。大冬营室中，女事纺绩缉缕之所作，此谓之冬之秋。”这里的“秋”已从季节的概念衍变为收获的概念，而且已扩展到农作物的收获之外了。

⑤《通典》卷二食货二水利田载：“魏文侯使李悝作尽地力之教……必杂五种，以备灾害；力耕数耘，收获如盗寇之至……”《汉书》也有类似的话，但是放在对殷周之盛农民生产、生活的叙述中。但这段话打上很深的战国时代的烙印，不可能出于战国以前。详见：李根蟠，对战国秦汉小农耕织结合程度的估计，中国社会经济史研究，1996，(4)。

⑥ 今本《审时》原文作：“斩木不时，不折必穗；稼就而不获，必受天灾。”今据王毓瑚《先秦农家言四篇别释》校改。

置于首要的地位[①]。我们不妨称之为“农时学”[②]。

第二节 从物候指时到二十四节气
——掌握农时手段和方法的发展

中国古代人民是如何掌握农时的呢？这有一个发展过程。

一 物候指时

对气候的季节变化，最初人们不是根据对天象的观察，而是根据自然界生物和非生物对气候变化的反应去捕捉气候变化的信息。自然界草木的荣枯，鸟兽的出没，冰霜的凝消，等等，是与气候的变化相互呼应的。“天气变于上，人物应于下矣”（《论衡·变动》），这就是所谓“物候”[③]。以物候为从事农事活动的依据，这是人类掌握农时的最初手段。在中国近世一些或多或少保留原始农业成分的少数民族中，差不多都有以物候指示农时的成套经验，有的甚至形成了物候计时体系——物候历[④]。这些民族应用物候指时早于应用天象指时。我国中原地区远古时代也应经历过这样一个阶段。相传黄帝时代的少皞氏“以鸟名官”：玄鸟氏司分（春分、秋分），赵伯氏司至（夏至、冬至），青鸟氏司启（立春、立夏），丹鸟氏司闭（立秋、立冬）。玄鸟是燕子，大抵春分来秋分去，赵伯是伯劳，大抵夏至来冬至去，青鸟是鸧鷃，大抵立春鸣立夏止，丹鸟是鷩雉，大抵立秋来立冬去[⑤]。以它们分别命名掌管分、至、启、闭的官员，说明远古时代确有以候鸟的来去鸣止作为季节转换标志的经验。甲骨文中的“禾”字作“𠂤”，从禾从人，是人负禾的形象，而禾则表现了谷穗下垂的粟的植株，故《说文》讲“谷熟为年”。这和古代藏族“以麦熟为岁首”（《旧唐书·吐蕃传》），黎族“以藷蓣之熟，以占天文之岁”（《太平寰宇记》）如出一辙，都是物候指时时代所留下的痕迹。据一些学者的考证，甲骨文中的“夏”字是蝉的形象[⑥]，而“秋”字则是类似蟋蟀一类动物的形象[⑦]。可见，我国自古就把蝉和蟋蟀视作夏天和秋天标志的物候动物；因为它们的鸣叫意味着夏天或秋天到来。同

---

① 中国古代农学重视“时”的传统，从先秦一直延续到后世。如西汉《氾胜之书》讲北方旱农耕作栽培原理以“趣（趋）时”为首，明马一龙阐发“三才”理论以“知时为上”，等等。

② 由于我国传统农学十分重视“时”的因素，所以有些学者把它称之为“时间农学”。见：刘长林，中国系统思维，第五编，生态农学，中国社会科学出版社，1990年。

③ 物候指时虽然起源很早，但“物候”一词却相对晚出。它最初见于唐代文献，如唐杨炯《登秘书省阁诗序》：“平看日月，唐都之物候可知。”又，唐郑谷诗：“山川应物候，臬壤起农情。”

④ 如西双版纳景洪县的基诺人，“借宝”树叶落完了，“吉个老”鸟叫了，就该上山在待耕地段上砍树芟草；当苦笋发芽，“拉查巴布”鸟叫了，就该烧荒；满山的“借宝”盛开白花，就撒苞谷、种棉花；“借达卡”（马登树）开花，“卡巴”鸟等叫了，就该撒旱谷了。类似的经验在许多民族中都存在。在独龙等族，还形成了物候历，把一年分成若干月，以某种特定的物候的出现为一年或一月开始的标志，月无定日，比较粗疏，但与农事安排密切结合。由于天气的寒暑，草木的荣枯，鸟兽的出没是受地球绕太阳公转的规律所支配的，所以物候历本质上是一种太阳历。参阅：李根蟠、卢勋，中国南方少数民族原始农业形态，第一章第三节，农业出版社，1987年。

⑤《左传》昭公十七年。参阅：谢世俊，中国古代气象史稿，重庆出版社，1992年，第106～109页。

⑥ 丁山，甲骨文中所见氏族及其制度，科学出版社，1956年，第29页。

⑦ 郭沫若，殷墟萃编，第二篇，科学出版社，1956年。

时这也说明我们的祖先最初确实是以物候指时的。又据近人研究，楚帛书中保留了以肖形动物为标志的物候月历名①。

物候指时的经验与习惯延续至后世，《夏小正》、《礼记·月令》等都有每月物候的详细记载，以后还将谈到。又如《诗经·七月》就记录了每个月的物候与农事，类似后世的“十二月生产调”，兹列表 4-2。

表 4-2　《诗经·七月》所载每月物候与农事

月　份	物候、天象	农　　事
一月		于（修）耜，纳（冰）于凌阴
二月	春日载阳，有鸣仓庚（黄莺）	举趾（开耕），献羔祭韭
三月		条（修剪）桑
四月	秀葽（远志结籽）	
五月	鸣蜩（蝉），螽斯动股	
六月	莎鸡振羽	食郁及薁
七月	流火（大火星），鸣鵙（伯劳），（蟋蟀）在野	烹葵及菽，食瓜
八月	（蟋蟀）在檐下，萑苇	剥枣，断瓠，载绩，其获
九月	（蟋蟀）在户，肃霜	授衣，叔苴（拾麻子），筑场圃
十月	陨萚，（蟋蟀）在床下	获稻，纳禾稼，涤场（净场）
十一月	觱发	于貉，取彼狐狸
十二月	栗烈	献豜于公，凿冰冲冲

在《吕氏春秋·审时》中也记载了以物候指时的系统经验：

草谌大月②，冬至后五旬七日菖始生；菖（菖蒲）者，百草之先生者也，于是始耕。孟夏之昔，杀三叶而获大麦（高诱注：昔，终也。三叶，荠、亭历、菥蓂也。是月之季枯死，大麦熟可获）。日至（夏至），苦菜（苣荬菜）死（秀）而资（资，蒺藜）生，而树麻与菽：此告民地宝尽死（矣）。凡（丸＝芄，芄兰）草生藏（而）日（己＝芑）中（屮＝草苗）出③，狶首（天名精）生而麦无叶，而从事于蓄藏，此告民究也④。

以菖蒲的出生为始耕期的标志，据说是黄帝时代的经验；这虽是一种传说，但也表明这套物候指时的经验是十分古老的。《任地》在介绍了这套经验后，又作了以下的概括：“五时，见生而树生，见死而获死。”意思是，在一年之中，可以视草的发生和死匿而定种稼和收获之时。⑤ 这是物候指时的重要原则之一。

---

① 刘信芳，中国最早的物候历月名，中华文史论丛，第 53 辑，上海古籍出版社，1994 年。

② “大月”指冬月。这句的意思是百草在冬月枯萎。夏纬瑛改谌为谌，训为屈。陈奇猷指出谌有退让之义，不必改动。

③ 这一句，夏纬瑛认为“凡草生藏”是错简，日中出是夏至。陈奇猷认为应作“丸草生而己屮出”与“狶草生而麦无叶”相对为文。丸、己、屮因形近而误为凡、日、中，而字则因下文“蓄藏”而误为“藏”。丸是芄之省文，己是芑之省文，屮为草苗。芄草生，芑苗出，与狶草生、麦无叶皆是同一期间事，此时麦熟，将获而收藏。见《吕氏春秋校释》。

④ 此段文字的校释，主要根据夏纬瑛《吕氏春秋上农等四篇校释》，并参以陈奇猷《吕氏春秋校释》的意见。

⑤ 夏纬瑛，《吕氏春秋上农等四篇校释》。高注：“五时”，五行生杀之时也。“见生”。谓春夏种稼而生也。“见死”，谓秋冬获刈收死者也。基本上是对的。

二 天象指时的开始——星象指时

物候指时虽能比较准确反映气候的实际变化，但往往年无定时，月无定日，同一物候现象在不同地区不同年份出现早晚不一，作为较大范围适用的记时体系，显得过于粗放和不稳定。于是人们又继而求助于天象的观察。我国古代对天象的观察很早就开始了，传说黄帝“迎日推筴（策)”(《史记·五帝本纪》)①，“考定星历，建立五行，起消息，正闰余”(《史记·历书》)，已带有依据天象推算历法的意味了。具体情况如何，现在已难考其详。但考古发掘已发现不少反映原始人类从事天文观测的实物资料，表明我国先民很早就进行天文观测。例如河南郑州大河村仰韶文化遗址有不少刻划在陶器中的太阳纹图像，浙江余姚河姆渡文化遗址牙骨雕板中有日纹四鸟图等。近年在河南濮阳西水坡出土一组距今6400年的与人同葬的蚌塑龙虎，有的研究者认为是中国古代天文学四象说中东龙西虎的实证，是世界上最早的天文图②。如果这一论断能够成立的话，当时的天文观察已经达到相当高的水平。

当时测天活动是很普遍的，原始人都能掌握不少观测星星出没的知识，世代相传延至三代，故《尚书·洪范》有“庶民惟星，星有好风，星有好雨”③ 之说。《周易》中则有天气谚语的记载④。明代著名学者顾炎武说：“三代以上，人人皆知天文。‘七月流火’，农夫之辞也；‘三星在天’，妇人之语也；‘月离于毕’，戍卒之作也；‘龙尾伏辰’，儿童之谣也。后世文人学士有问之而茫然不知者矣。”⑤《国语·周语中》载：“夫辰角见而雨毕，天根见而水涸，本见而草木节解，驷见而陨霜，火见而清风戒寒。”这也是反映了以星象纪时的古老经验⑥。《吕氏春秋·贵因》：“夫审天者，察列星而知四时，因也。”

人们在长期的观察中发现，某些恒星在天空中出现的不同时间、不同方位和不同形态，与气候的季节变化规律相吻合。如终年可见的北斗星座，“斗柄东向，天下皆春；斗柄南向，天下皆夏；斗柄西向，天下皆秋；斗柄北向，天下皆冬”(《鹖冠子·环流》)，

---

① 《史记集解》：“晋灼曰：‘策，数也，迎数之也。’瓒曰：‘日月朔望未来而推之，故曰迎日。’”

② 冯时，河南濮阳西水坡M45号墓的天文学研究，文物，1990年，第3期。

③ 传引马融说：“箕星好风，毕星好雨。”

④ 如《震·六三》：“震苏苏，震先行无眚。”是说先打雷后下雨，不会成眚（灾害）。这条谚语一直流传于后世。《田家五行》有“未雨先雷，船去步来”之说，《群芳谱·天谱》有“打头雷，主无雨”的记载，现代民间谚语则说：“雷公先唱歌，有雨也不多。”《周易》中还有其他气象谚语，见：谢世俊，中国古代气象史稿，重庆出版社，1992年，第177～182页。

⑤ 《日知录》卷三十“天文”，文中所引出自《诗经》、《七月》等篇。

⑥ 由于《左传》、《国语》不是讲农业生产的，而且农业生产由小农独立经营，国家不直接掌握，所以在农业生产中如何具体掌握农时，《左传》、《国语》中反映不多，但在修路、建桥、“筑城等土木工程要在收获后封冻前进行，也有一个顺时、趋时的问题。《国语·周语上》在地面的引文之后接着说：“故先王之教曰：‘雨毕而除道，水涸而成梁，草木解而备藏，陨霜而冬裘具，清风至而修城郭宫室。’故《夏书》曰：‘九月除道，十月成梁。’其时儆曰：‘收而场功，偫而畚梮。营室之中，土功其始。火之初见，期于司里。’”就是把星象与物候相结合以指时。《左传》庄公十九年：“凡土功，龙见而毕务，戒事也，火见而致用，水昏正而栽，日至而毕。”则完全是以星象指时。

俨然一个天然大时钟①。《夏小正》也是利用北斗星座斗柄的指向来指时的。如"正月斗柄县在下"，"六月，初昏，斗柄正在上"，"七月，斗柄县在下则旦"。

星象指时经验的发展，在一定条件下，也会形成自己独特的历法。中国远古时代就实行过以"大火"星（心宿二）纪时的"火历"。相传颛顼氏时代"命南正重司天以属神，命火正黎司地以属民"（《国语·楚语》）；这位"火正"就是负责观察"大火"的出没和方位以指导人民从事生产的。《左传》襄公九年晋士弱说："古之火正，或食于心，或食于味，以出入火。是故味为鹑火，心为大火。陶唐氏之火正阏伯居商丘，祀大火，而火纪时焉。相土因之，故商主大火。""火历"的基本特点是用肉眼直接观察昏时（日落后三刻或二刻半）"大火"的出、中、流、伏、内等不同位置，借以确定岁首和耕作收获等农时②。兹把先秦古籍中所记载的部分大火星星象及其指时意义列表 4-3。

表 4-3　先秦古籍所载"大火"星的出没及其指时意义

星　象	指　时　意　义	出　处
火见而清风戒寒	周代大火星初见于农历十月，见到它意味着凉风将至，要作好御寒过冬的准备	《国语·周语中》
火出而毕赋（冰）	春秋时农历三四月黄昏时大火星出现于东方地平线上，这时天气转暖，公室要颁冰供食物保鲜之用	《左传》昭公四年
日永星火，以正仲夏	夏至时大火星黄昏见于南方的中天	《尚书·尧典》
火中，寒暑乃退	季冬十二月平旦大火星正中在南方，大寒退；季夏六月黄昏，大火重新正中在南方，大暑退	《左传》昭公三年
七月流火，九月授衣	大火黄昏中天后，开始西斜而行，其时暑气渐消，天气转冷	《豳风·七月》
八月……辰（大火星）则伏	大火星在黄昏时没入西方地平线下	《夏小正》
九月，内火。……辰系于日	大火星与太阳一起出入，所以大火星在夜空中消失	《夏小正》

三　阴阳合历与标准时体系

（一）历象日月星辰

恒星纪时可以应用于较大范围，但仍然是比较粗疏的；恒星方位的变化要在较长的时期中才能显示出来，对于较短时段的标识则无能为力，因而也就难以形成精确的计时系统。较短时段记时的标志，莫若月相的变化明显。于是又逐渐形成回归年与朔望月相

① 地球的自转轴指向天球北极，这使地球的自转和公转所反映出的恒星周日或周年视运动，实际只表现为恒星围绕天球北极的旋转，而天极则相对不动。黄河流域位于北纬 36 度左右，这一地区人们所观测到的北天极也就高出北方地平线上 36 度，以北天极为中心，以 36 度为半径的圆形天区实际上是一个终年不没入地平线的"恒显圈"；北斗星则是这个恒显圈中常年可以观测的最重要的星象。古人利用它的这个特点建立了最早的指时系统。参见：冯时，中国天文考古录，四川人民出版社，1996 年，第 29～30 页。

② 庞朴，火历钩沉——一个遗失已久的古历之发现，中国文化，创刊号，1989 年 12 月。金景芳、吕绍纲，《尚书·虞夏书》新解，辽宁古籍出版社，1996 年，第 25～28 页。

结合的阴阳合历。但回归年与朔望月和日之间都不成整数的倍数，故需要有大小月和置闰来协调；置闰遂成为中国传统阴阳合历的重要特点之一。《尚书·尧典》载："乃命羲和，钦若昊天，历象日月星辰，敬授人时。……期三百有六旬有六日，以闰月定四时以成岁。""羲"与"和"是不同部落首领的名字①。"历"是推算，"象"是观察②。过去以恒星指时，如"火历"，只须肉眼观察即可，现在要根据日月星辰③ 推算出年、月、日、四时以至闰月来，就非"历象"不可了④。尧舜时是否已经有了阴阳合历，学术界尚有不同的看法，但殷代已经有了阴阳合历则是无可怀疑的事实。从甲骨文的资料看，商代的历法把一年分为12个月，月有大小，大月30日，小月29日；年有平闰之分，平年12个月，闰年13个月；闰年最初置于年终，称为13月，后来改置年中⑤。春秋时出现了四分历。《左传》僖公五年和昭公二十年记载了两次"日南至"（冬至），间隔133年，其间记录了闰月48次，失闰1次，共计有闰月49，平均为19年7闰。这表明春秋时代已在实践中摸索出19年七闰的法则。由于19年7闰采取的回归年长度为365又1/4天，故被称为四分历。这是当时世界上最先进的历法。

（二）阴阳合历中的标准时体系

朔望月便于计时，却难以反映气候的变化。为了解决这个矛盾，就需要根据太阳的视运动确定几个能反映季节变化的时点，建立一个标准时的体系。相传尧命令羲和制历时，已经在进行这方面的努力。

> 分命羲仲，宅嵎夷，曰旸谷。寅宾出日，平秩东作。日中星鸟，以殷仲春。厥民析，鸟兽孳尾。申命羲叔，宅南交，平秩南讹（为），敬致。日永星火，以正仲夏。厥民因，鸟兽希革。分命和仲，宅西，曰昧谷。寅饯纳日，平秩西成。宵中星虚，以殷仲秋。厥民夷，鸟兽毛毨。申命和叔，宅朔方，曰幽都。平在朔易。日短星昴，以正仲冬。厥民隩，鸟兽氄毛。

这一记载的大致意思是，分别命令羲仲、羲叔、和仲、和叔在东、南、西、北四方的某个地方，恭敬地迎候太阳的出入（实际上是观察太阳的视运动），以确定农事活动的次序（"东作""南讹"、"西成"、"朔易"均指耕种收藏的农事活动。"平秩"，伪孔传训为平均次序）。分别以"鸟"、"火"、"虚"、"昴"四星在初昏时刻的出现作为"日中"、"日永"、"宵中"、"日短"（"日中"、"日永"、"宵中"、"日短"，历代注家多训为春分、夏至、秋分、冬至）的标志，并以此确定春、夏、秋、冬四季之"中"。与春夏秋冬四季相

---

① 在《山海经》中，羲和成了神话中的人物，太阳的母亲。如《海外东经》："东南海之外，甘水之间，有羲和之国。有女子名曰羲和，方浴日于甘渊。羲和者，帝俊之妻，生十日。"

② 盛百二《尚书释天》引王安石曰："历者步其数，象者占其象。"

③ 孔颖达疏："日行迟，月行疾，每月之朔，月行及日而与之会，其必在宿分。二十八宿是日月所会之处。辰，时也。集会有时，故谓之辰。日月所会及四方中星俱是二十八宿。举其人目所统见，以星言之；论其日月所会，以辰言之。其实一物，故星辰共文。"

④ 这里的解释主要依据金景芳等《〈尚书·虞夏书〉新解》。

⑤ 陈梦家，殷墟卜辞综述，科学出版社，1956年，第223页。

适应，老百姓和鸟兽都发生不同的动态变化①。

《尧典》以四方配四时，甲骨文和《山海经》中则有相应的四方风、四方神的记载：

东方曰析，凤（风）曰劦；南方曰因，凤（风）曰岂（微）；西方曰朿，凤（风）曰彝；□□□（北方曰）九，凤（风）曰役。（合集14294）

有人② 名曰折丹，东方曰折（折同析），来风曰俊，处东极以出入风。（《大荒东经》）

有神名曰因【因】乎，南方曰因【乎】，夸（来）风曰【乎】民，处南极以出入风③。

有人名曰石夷，西方曰夷④，来风曰韦，西北隅处以司日月长短。（《大荒西经》）

有人名曰鳧（鵷），方曰鳧（鵷）来【之】风曰狻，是处东极隅以止日月，使无相间出没，司其短长。（《大荒东经》）

研究者认为其中折同析，朿、彝同夷，九、鵷、同隩，与《尧典》所载相互对应。并从而论定殷代有司分、至（春分、秋分、夏至、冬至）的四方之神，而由分、至组成的“四节”，构成当时阴阳合历中的标准时体系⑤。

表4-4 《尧典》、甲骨文、《山海经》“四方”名称

方位	《尧典》所载人民四季动态	四方神		四方风	
		甲骨文	山海经	甲骨文	山海经
东	析	析	折，折	劦	俊
南	因	因	因，因乎	岂（微）	民
西	夷	朿	夷，石夷	彝	韦
北	隩	九	鳧（鵷）	役	狻

① 关于鸟兽的动态变化比较清楚：“孳尾”是指孳乳和交尾，“希革”是指夏天毛羽稀疏和脱换，“毛毨”是指毛羽更生整理，“氄毛”是指长出众多细软的茸毛。这正好与四季的变化相适应。关于“民”的动态变化，“析”指农民分散于田野从事农作；“隩”谓民天寒入室而居，诸家无异辞。但对“因”和“夷”则有不同解释。伪孔传谓“因谓老弱就在田之丁壮以助农也”，“夷，平也。老壮者在田，与夏平也”。江声《尚书集注音疏》云：“冬言隩，春主析，以出入言，时谓民之居处。则夏言因，秋言夷，亦当以居处言。因是就高，夷之言平，承上因而言夷，则是去高居平地也。”江说可从。

② “有人”二字今本无，今据《北堂书钞》卷一五一及《太平御览》卷九引文增补。

③ 据孙诒让《札迻》卷3及胡厚宣，释殷代求年于四方和四方风的祭祀，复旦学报，1956，(1) 校改。

④ 此四字今本脱，现据胡厚宣上引文补。

⑤ 胡厚宣，甲骨文四方风名考（1941），甲骨学商史论丛，初集第二册，1941年；冯时，殷卜辞四方风研究，考古学报，1994，(2) 关于《尧典》和甲骨文四方风记载孰先孰后的问题，学术界有不同看法。胡厚宣认为《尧典》所载有从甲骨文衍化而来的痕迹；冯时则认为殷代虽有四节，但并非四季，殷代只有与农事活动相适应的春、冬二季，《尧典》的“仲春”“仲夏”“仲秋”“仲冬”显示了后人附会的痕迹。金景芳则认为，《尧典》是后人根据历史档案材料写定的，时间约在周平王东迁之后，所记是尧时史实的实录，看不出有参考甲骨文和《山海经》加以引申和改造的痕迹。我们认为，从《尧典》看，春夏秋冬“民”的四种动态“析”“因”“夷”“隩”，虽然学术界有不同的解释，但这是老百姓的活动则没有疑义，并不含有什么神秘的意义。而在甲骨文和《山海经》中，它们却变成了四方名或四方神名，显然，是后者从前后演变而来，而不是相反。说《尧典》是从甲骨文四方风演变而来，缺乏充足的根据。但《尧典》是后人根据传说和某些历史资料编写而成的，难免要掺杂某些后世的观念。

以上记载还可以从考古发现中获得某种印证。如山东莒县陵阳河大汶口文化遗址出土陶尊上刻划的图象文字中，有作“”，是太阳在云气簇托下升起于群山之巅的形象，当地至今仍然能够在每年春分时节观察到这种景象，它正是我国东夷先民观天测时的实录①。论者或谓与《尧典》所载羲仲受命在东方旸谷观测日出的传说有关。还有的学者认为，河姆渡遗址出土文物中有雕刻在骨板上的一日双鸟图象，它反映了二分（春分，秋分）日时太阳分主东西两方的古老观念②。

《尧典》以太阳出没方位（主要与日影观测相联系）和四中星的昏见作为“日中”、“日永”、“宵中”、“日短”的标志，它们相当于后来的“春分”、“夏至”、“秋分”、“冬至”的概念，但不一定有后世那么精确。当时大概已有日影的观测，但可能是以自然物（如山峰）或人体为标志的③。而后世准确的“分”“至”点的是建立在的用圭表对日影进行实测的基础之上的。圭表测日起于何时还不清楚，但周代已有用“土圭”测日影的明确记载，如《周礼·大司徒》云：“以土圭之法测土深，正日景以求地中。日南则景短，多暑；日北则景长，多寒；日东则景夕，多风；日西则景朝，多阴。”这虽然是讲如何“求地中”以便建都的，但这种方法无疑会运用到测“时”上，从而能更准确地确定分、至和四时，更准确地测定一个回归年的长度。《周礼》中有“冯相氏”，“掌十有二岁，十有二月，十有二辰，十日，二十有八星之位。辨其叙事，以会天位。冬夏至日，春秋至月，以辨四时之叙。”这是一个专门掌管天象历法的官员。不过，《周礼》中除四时外，未见其它节气。

但不晚于春秋，已形成由分、至、启（立春、立夏）、闭（立秋、立冬）所组成的“八节”④，并形成一定的制度和礼仪。且看《左传》以下的记载：

春，王正月辛亥朔，日南至。公既视朔，遂登台以望，而书，礼也。凡分至启闭，必书云物，为备故也。（《左传》僖公五年）

闰月不告朔，非礼也。闰以正时，时以作事，事以厚生，生民之道，于是乎在 矣。不告朔闰，弃时政也，何以为民？（《左传》文公六年）

于是闰三月，非礼也。先王之正时也，履端于始，举正于中，归余于终。履端于始，序则不衍，举正于中，民则不惑，归余于中，事则不悖。（《左传》文公元年）

上面谈到，历法的发展是先有物候历，后有天文历。在天文历发展的阶段，最初人们观察星象以定季节，继之又观察月相以定月。以月的圆缺周期为一月，关键是确定每月开始的一日，即所谓朔。故每年秋冬之际，天子颁历谓班朔，而列国诸侯每月朔日则有告朔、视朔之礼⑤。以月之盈亏定月虽利于记时，但并不能反映气候的季节变化。后者

① 苏兆庆，莒之文明的先声，中国先秦史学会第4次年会论文，1989年10月，河南淮阳。

② 参见：冯时，中国天文考古录。

③ 我国观测日影起源很早。古代神话中有夸父逐日的故事。《山海经·大荒北经》说：“夸父不量力，欲追日景，逮之于禺谷。”可能就是原始人类在观测日影方面长期而艰苦的探索活动的神话化。

④ 上引《左传》昭公十七年剡子追述其先祖少皞“以鸟名官”时也谈到了分、至、启、闭。但那时是以候鸟的来去鸣止作为时节标志，不是日影测定的结果，不可能很准确。当时分、至、启、闭的概念可能还没有形成，剡子是以春秋时代之概念而况之。

⑤ 诸侯于每月朔日，以特羊告于庙，谓之“告朔”，告朔后，在太庙听治政事，谓之“视朔”。

是由地球绕太阳公转决定的。因而朔望月还需与太阳年相结合。但朔望月和太阳年并不成整数倍数的关系，因此，在实行朔望月的条件下就产生了“正时”的问题。“正时”包括两个方面的内容：

一是确定标准时体系。即所谓“履端于始，举正于中”：“履端于始”指“步历以冬至为始”（江永《群经补义》），“举正于中”指“历象日景（影）中星，以记分至在四仲月也”（沈彤《小疏》）。即以分至为标准时以补朔望月之不逮。只有这样，才能正确把握气候季节变化的时序，“序则不衍”“民则不惑”是也。《左传》僖公五年所载“八节”观象之礼应由此出。以分至定标准时还形成了某种宗教仪式。如《国语·鲁语下》“大采朝日”（春分）、“少采夕月”（秋分）、“日中考证”等。

二是置闰。置闰是为了调整朔望月与太阳年之间的关系。因为一个太阳年包括十二个朔望月，另多出若干天；经若干年后，把多余的天数汇积成月，放在年终，即所谓“归余于终”。这是一种很古老的办法。据卜辞，武丁至祖甲，岁终置闰，名曰十三月。至春秋时，置闰已不一定在岁终，使月的顺序更符合季节的变化。

四 二十四节气与三十时节

（一）二十四节气的形成

战国时代，人们对天象的观测和标准时的确定进入了一个新的阶段。《孟子·离娄下》云：“天之高也，星辰之远也，苟求其故（按，宜作“规律”解），千岁之日至，可坐而定也。”在标准时体系的继续发展中，为了更具体地指导农业生产，人们又尝试把一个太阳年划分为若干较小的时段，这种探索的结果导致二十四节气的产生。它是以土圭测日晷[①] 为依据逐步形成的。以“分、至、启、闭”为八个基点，每两点间再均匀地划分三段，分别以相应的气象、物候或某种农事活动命名，这就是二十四节气。二十四节气的系统记载始见于战国时代成书的《逸周书·时则训》[②]。《逸周书·时则训》关于二十四节气和七十二候的系统见下文表4-10。保存了许多先秦史料的《周髀算经》[③]，对二十四节气作了以下的解释：二至者，寒暑之极，二分者，阴阳之和，四立者，生长收藏之始，

① 圭是测日影的竿子，亦称“表”。晷是日中时的日影长度。

② 前人认为二十四节气是汉代人所制定，最早见于《淮南子·天文训》，《逸周书·时则训》为晚出之书。但把《逸周书·时则训》与《淮南子》相比，不能证明前者晚于后者。且《逸周书·时则训》多春秋时习惯用语，应是先秦著作。参见：黄怀信，《逸周书》源流考辨，西北大学出版社，1992年。

③ 《周髀算经》不见于《汉书·艺文志》著录，而且书中有引用《吕氏春秋》之处，近人颇有疑其为汉代以后人之所作。但书中所载“盖天说”比汉代的“浑天说”、“宣夜说”为早，所载数学资料也比《九章算术》为早，其中《吕氏春秋》文当系后人混入，前代注家亦早已指出。数学史家李俨认为它是我国最古的算书，并假定其为战国时作品（见《中国算学史》，上海，1937年）。又据数学史家李迪研究，《周髀算经》是我国早期官方天文历法著作的代表。《周髀算经》这个书名始见于唐代，原来叫《周髀》；而《周髀》一词也迟至东汉末年才见于记载。不过，它所代表的天文学内容，则是从西周初开始的，甚至更早。它作为官府的记录和文献，长期保存在国家的天文机构中，并陆续有所增补，内容比较完整的“周髀”，完成于公元前235年到公元前156年之间。“髀”亦称股，即大腿或大腿骨；站立时的髀，象测日影的标杆，故说“髀者表也”。大概古代曾以站立的人体作为测日的标志，而站立首先要依靠腿部（髀）的直立，髀成为最初的测日“标杆”的代称；以后，标杆的内容已经变换，但“髀”的名称仍然延续下来。见《中国数学通史》。

是为八节；节三气，三而八之，故为二十四。”《周髀算经》还对每个节气的日影长度作了比较粗疏的计算①。

二十四节气准确地反映了地球公转形成的日地关系，与黄河流域一年中冷暖干湿的气候变化和农事活动的节奏十分切合。有人将二十四节气与黄河流域中下游地区近代气象加以比较，发现大暑小暑正是一年中气温最高的时期，小寒大寒是一年中最冷季节，雨水节与平均初雨日期比较吻合，小雪节与平均初雪日期很一致。惊蛰与10厘米地温通过温度5℃的日期相近，标志着春耕季节的到来。谷雨有“雨生百谷”之意，这时气温已上升到12℃以上，是北方春播的黄金季节。小满、芒种是黄河中下游大麦、小麦的灌浆期和成熟期。霜降节接近平均初霜日期，是一年中生长季节的结束②。可见二十四节气一开始就是为农业生产服务的，是在天时观测与农业实践的密切结合中形成的。它是中国传统历法的中心内容之一，中国传统的阴阳合历通过它而具有指导农业生产的作用。直到今天，仍然没有失去它的意义。

先秦时代，二十四节气似乎已经应用于对农业生产的指导。例如《管子·臣乘马》说：“日至六十日而阳冻释，七十［五］日而阴冻释，阴冻释而艺稷，百日不艺稷，故春事二十五日之内耳。”日至即冬至，冬至后60日，相当于先秦时期的惊蛰节，冬至后75日，相当于先秦时期的雨水节。按15天为单位计算，15天正好是一个节气。这里很可能已经用二十四节气来计算农时和指导生产了③。

（二）三十时节

除了二十四节气外，还有过三十时节，见于《管子》一书中的《幼官》和《幼官图》④。这是以12天为一节，把一年360天分为30节的节气安排。它的四季是以“地气发”、“小郢”、“期风至”、“始寒”为起点，相当于二十四节气的“四立”（立春、立夏、立秋、立冬）⑤，而以“清明”、“大暑至”、“始前”、“寒至”为中点，相当于二十四节气

---

① 《周髀算经》载有二十四节气的晷影长度表，但除冬至、夏至是实测值外，其余节气均为计算值，计算方法是用过去实测的冬夏二至影长以十二除，得到气的损益值为九寸九又六分之一分，从冬至后顺减，从夏至后顺加。这种计算当然是不准确的。冬夏至的实测影长也较粗，谢世俊《中国古代气象史稿》推测它大约是公元前1502年的观测记录。

② 中国农业科学院农业气象室编，二十四节气与农业生产，农业出版社，1960年。

③ 《管子·轻重己》中也有“八节”的记载，其名称分别为春始（相当于立春）、春至（春分）、夏始（立夏）、夏至（夏至）、秋始（立秋）、秋至（秋分）、冬始（立冬）、冬至（冬至），每节之间相距46天。比相应的二十四节气中“八节”间的相距的日数多一天（如立春至春分为三个节气，相距45天），有可能是反映二十四节气尚未定型时的情况。

④ 据近人考证，“幼官”和“幼官图”乃“玄宫”和“玄宫图”之误，其说是。但鉴于《幼官》之名已经流行，我们仍然沿用其旧称。

⑤ “地气发”即《礼记·月令》孟春的“地气上腾”，相当于“立春”。“小郢”的“郢”读为“盈”或“赢”，可训为“满”。“小郢”实即“小满”，但“小郢”在4月7日至18日，“小满”在4月16日至30日。“期风至”的“期”字是“朗”字之误，读为“凉”。《礼记·月令》孟秋七月“凉风至”，与《管子·幼官》的“期风至”正相符合，相当于“立秋”。《管子·四时》记四时之气，冬季之气叫“寒气”。“始寒”相当于“立冬”。参阅：郭沫若，《管子集校》；李零，《管子》三十时节与二十四节气，管子学刊，1988，(2)。

中的“二分二至”（春分、夏至、秋分、冬至）①。中点以前的四个时节，一般两两相偶，表现为二气交替上升（如“小郢”、“绝气下”与“中郢”、“中绝”；“始寒”、“小榆”与“中寒”、“中榆”），中点以后的时节，如果是三个，则这三个时节自为一组（如“三卯”、“三酉”），如果是两个，则这两个时节连同中点自成一组（如“三暑”“三寒”）。时节的命名主要依据各种“气”的阴阳消长，不同于二十四节气名称多表示某种物候或农时。见表4-5。

表4-5 《管子·幼官》三十时节安排表

四时	序	时节	相当于	月份	四时	序	时节	相当于	月份
春	1	地气发	立春	1	秋	16	期风至	小暑、立秋	7
	2	小卯②		1		17	小卯		7
	3	天气下		1，2		18	白露下		7，8
	4	义气至		2		19	复理		8
	5	清明	春分	2		20	始前③	白露、秋分	8
	6	始卯		3		21	始卯		9
	7	中卯		3		22	中卯		9
	8	下卯		3，4		23	下卯		9，10
夏	9	小郢	立夏	4	冬	24	始寒	霜降、立冬	10
	10	绝气下		4		25	小榆		10
	11	中郢		5		26	中寒		11
	12	中绝		5		27	中榆		11
	13	大暑至	夏至、大暑	5，6		28	寒至	冬至、小寒	11，12
	14	中暑		6		29	大寒之阴		12
	15	小暑终		6		30	大寒终		12

三十时节属于“四时五行时令”④。这种节气系统刻意与五行牵合，但不能与月整齐地相配，也不能按季节整齐地四分，实际运用时不大方便，所以没有推广开来。

《管子·幼官》所载“三十时节”并非孤例。在银雀山汉简中也有以“三十时”名篇者。是一种以6日为一节、12日为一时，分一年360日为30时的时令书。兹据近人的研究⑤，将其内容列表4-6。

《三十时》除了表列的内容以外，还记载了各个时节的物候、宜忌和相应的音律，它虽然同属五行时令的系统，但“分、至、启、闭”的概念比较清晰，似乎更多地考虑与二十四节气的衔接。它与《幼官》的三十时节一样，反映了我国古代人民在阴阳合历的

---

① 《幼官》的“清明”（2月19～30日）比二十四节气的“清明”早，相当于“春分”。“大暑至”（5月25日至6月6日）与二十四节气的“夏至”“大暑”均相及。“始前”（8月19～30日）相当于二十四节气的“秋分”。“寒至”（11月25日至12月6日）与二十四节气的“冬至”“小寒”均相及。

② 这里的“小卯”和下面的“始卯”、“中卯”、“下卯”中的“卯”，今本均作“卯”，现据赵守正《管子注释》（广西人民出版社，1982年）改为“卯”。

③ 《幼官》“十二始节赋事”，或以“始节”为时节名，但《幼官图》作“十二始前，节弟赋事”，“前”不可能是衍文，故节名仍以“始前”为是。李零认为“始前”也许是“始肃”之误，《礼记·月令》孟秋“天地始肃”。见：李零，《管子》三十时节与二十四节气，管子学刊，1988，(2)。

④ “四时五行时令”之书见于《汉书·艺文志·术数略》“五行类”著录，有《四时五行经》二十六卷和《阴阳五行时令》十九卷。

⑤ 李零，读银雀山汉简《三十时》，简帛研究，第二辑，法律出版社，1997年。

条件下，为了正确把握气候与农时的节奏所进行的广泛的探索。

表 4-6 “三十时”的时节名称及其内容表

五　行	四　时	十二月	积时积日	时　节　名	气名及其他
木	春	春一月	4 时 48 日	作春	始解（1）
			5 时 60 日	少受	起生气（2）
			6 时 72 日	乃生	生气也（3）
		春二月	7 时 84 日	华实	生气也（4）
			8 时 96 日	——	——（5）
			9 时 108 日	□□	生气也（6）
火		春三月	10 时 120 日	中生	生气也（7）
			11 时 132 日	春没	上六刑，下六生（8）
	夏	夏一月	12 时 144 日	始夏	生气也（9）
			13 时 156 日	清/绝气	柔气（10）
			14 时 168 日	音	闭气也（11）
土		夏二月	15 时 180 日	中绝	——（12）
			16 时 192 日	夏至	——（13）
		夏三月	17 时 204 日	——	盛气也（14）
			18 时 216 日	夏没	上六生，下六刑（15）
	秋	秋一月	19 时 228 日	［作秋］/凉气	杀气也（16）
			20 时 240 日	——	——（17）
			21 时 252 日	帛（白）洛（露）	——（18）
金		秋二月	22 时 264 日	——	——（19）
			23 时 276 日	霜气	杀气也（20）
			24 时 288 日	秋乱	生气也（21）
		秋三月	25 时 300 日	——	——（22）
			26 时 312 日	秋末	上六生，下六刑（23）
	冬	冬一月	27 时 324 日	始寒	刚气也（24）
水			28 时 336 日	贼气	杀气（25）
			29 时 348 日	［中寒］	——（26）
		冬二月	30 时 360 日	——	——（27）
			1 时 12 日	冬至/大寒始陧	——（28）
		冬三月	2 时 24 日	大寒之隆	刚气也（29）
			3 时 36 日	冬没	上六刑，下六生

五　中国传统农学中的指时系统及其特点

上面我们探讨了中国传统农学指时手段的发展，下面我们再作一些综合的考察。兹把《尚书·尧典》、《夏小正》、《礼记·月令》所载指时手段列表 4-7，4-8，4-9。

表 4-7 《尚书·尧典》四时星象鸟兽动态及农事

季节	中星	日夜长短	鸟兽动态	人民活动	农事
仲春	鸟	日中	孳尾	析	东作
仲夏	火	日永	希革	因	南讹
仲秋	虚	宵中	毛毨	夷	西成
仲冬	昴	日短	氄毛	隩	朔易

表 4-8 《夏小正》每月物候天象气象和农事安排

月	物候	天象	气象	农事
1	启蛰，雁北乡，雉震呴，魚陟负冰，田鼠出，獭【献】[祭]鱼，鹰则为鸠，柳稊，梅、杏、杝桃则华，缇缟	鞠则见，初昏参中，斗柄县在下	时有俊风，寒日涤冻涂	农纬厥耒，园有见韭，农率均田，采芸，鸡桴粥
2	祭鲔，荣堇，昆【小虫】[蚩]抵蚳，[玄鸟]来降，剥鱓，有鸣仓庚，荣芸，时有见稊			往耰黍，初俊羔，采蘩
3	蝼则鸣，田鼠化为駕，拂桐芭，鸣鸠	参则伏	越有小旱	摄桑【萎杨】[委扬]，颁冰，采识，妾子始蚕，执养宫事，祈麦实
4	鸣札，鸣蜮，王萯秀，秀幽，	昴则见，初昏南门正	越有大旱	囿有见杏，取荼，执陟攻驹
5	浮游有殷，鴂则鸣，良蜩鸣，鸠为鹰，唐蜩鸣	参则见，初昏大火中	时有养日	乃衣【瓜】，启灌蓝蓼，种黍【菽糜】，煮梅，蓄兰，【菽】[叔]【糜】[麻]，颁马
6	鹰始挚	初昏斗柄正在上		煮桃
7	秀雚苇，狸子肇肆，湟潦生苹，爽死，荓秀，寒蝉鸣，	汉案户，初昏织女正东乡，斗柄县在下则旦	时有霖雨	灌荼
8	鹿【人】从，駕为鼠，	辰则伏，参中则旦		剥瓜，玄校，剥枣，栗零
9	遰鸿雁，陟玄鸟，熊羆貊貉鼶鼬则穴，荣鞠，雀入于海为蛤	内火，辰系于日		树麦，王始裘
10	豺祭兽，黑鸟浴，玄雉入于淮为蜃	初昏南门见，织女正北乡则旦	时有养夜	
11				王狩，陈筋革，啬人不从
12	鸣弋，陨麋角			玄驹贲，纳【卵蒜】[民蒜]，虞人入梁

表中所引经文据夏纬瑛《夏小正经文校释》校改。

表 4-9 《礼记·月令》所载天象气象物候和农事安排

月	节气	天象	物候	气象与阴阳消长	农政撮要
孟春	立春	日在营室，昏参中，旦尾中	东风解冻，蛰虫始振，鱼上冰，獭祭鱼，鸿雁来	天气下降，地气上腾，天地和同，草木萌动	天子祈谷，躬耕帝藉，命布农事，发禁令
仲春	日夜分	日在奎，昏弧中，旦建星中	桃始华，仓庚鸣，鹰化为鸠，玄鸟至，蛰虫咸动	始雨水，雷乃发声，始电	
季春		日在胃，昏星中，旦牵牛中	桐始华，田鼠化为鴽，萍始生	生气方盛，阳气发泄，句者毕出，萌者尽达，不可以内，虹始见，时雨将降，下水上腾	司空修堤防，通沟渎；后妃躬桑，牛马合群游牝
孟夏	立夏	日在毕，昏翼中，旦婺女中	蝼蝈鸣，蚯蚓出，王瓜生，苦菜秀，靡草死		劳农劝民，毋或失时，麦秋至，农乃登麦；蚕事毕，后妃献茧
仲夏	小暑，日长至	日在东井，昏亢中，旦危中	螳螂生，䴗始鸣，反舌无声，鹿角解，蝉始鸣，半夏生，木堇荣	阴阳争，死生分	农乃登黍，游牝别群，班马政
季夏		日在柳，昏火中，旦奎中	蟋蟀居壁，鹰乃学习，腐草为萤	温风始至，水潦昌盛，土润溽暑，大雨时行	渔采，收秩刍，养牺牲，毋举大事妨农，烧薙行水
孟秋	立秋，凉风至，白露降	日在翼，昏建星中，旦毕中	寒蝉鸣，鹰乃祭鸟	凉风至，白露降，天地始肃	农乃登谷，完堤防，谨壅塞，备水潦
仲秋	日夜分	日在角，昏牵牛中，旦觜觿中	鸿雁来，玄鸟归，群鸟养羞，蛰虫坏户	盲风至，雷始收声，杀气浸盛，阳气日衰，水始涸	修仓囷，趣民收敛，劝种麦
季秋	霜始降	日在房，昏虚中，旦柳中	鸿雁来宾，爵入大水为蛤，鞠有黄华，豺乃祭兽戮禽，草木黄落，蛰虫咸俯在内		农事备收，田猎，班马政，
孟冬	立冬	日在尾，昏危中，旦七星	水始冰，地始冻，雉人大水为蜃，	虹藏不见，天气上腾，地气下降，天地不通，闭塞而成冬	谨盖藏，祈年劳农
仲冬	日短至	日在斗，昏东辟中，旦轸中	冰益壮，地始坼，鹖旦不鸣，虎始交，芸始生，荔挺出，蚯蚓结，麋角解，水泉动	阴阳争，诸生荡	酿酒，采猎
季冬		日在婺女，昏娄中，旦氐中	雁北乡，鹊始巢，雉雊，鸡乳，征鸟疾厉，冰方盛，水泽腹坚		命渔师始鱼，备耕

从以上三表可以看出，中国传统农学对农时的把握，不是单纯依赖一种手段，而是综合运用多种手段，形成一个指时系统。这种特点早在《尚书·尧典》就已表现出来了，《尧典》既以鸟、火、虚、昴四星在黄昏时的出现作为春夏秋冬四季的标志，同时也记录

了四季鸟兽的动态变化、人民活动与居处的变化（这些活动的变化在一定意义上也是一种物候）等。《夏小正》和《礼记·月令》都胪列了每月的天象、气象、物候以至节气，作为安排农事和其他活动的依据。我们还可以看出，这个指时系统是在不断发展完善的。以节气而论，《尧典》只有四节的原始概念，《夏小正》只有"养日"和"养夜"的概念，而《礼记·月令》不但有四时八节的概念，而且实际上包含了二十四节气的大部分内容了。又，虽然指时的手段在发展，但物候始终在这个系统中占居重要的地位，而且可以看出物候知识继承和发展的明显线索。

在二十四节气形成以后，它逐渐成为我国人民安排各项农业生产的主要依据，但它并没有排斥其他的指时手段，在它形成的同时，人们又在上古物候知识积累的基础上，整理出的七十二候。七十二候以五日为一候，以一特定的物候现象命名，它与二十四节气相配合，每节气三候，形成比较完整的气候概念。其系统记载始见于《逸周书·时则训》。七十二候与二十四节气的配合见表4-10。

表4-10　二十四节气与七十二候配合表

月份	节气	第一候	第二候	第三候
孟春	立春	东风解冻	蛰虫始振	鱼上冰
	雨水	獭祭鱼	候雁北	草木萌动
仲春	惊蛰	桃始华	仓庚鸣	鹰化为鸠
	春分	玄鸟至	雷乃发声	始电
季春	清明	桐始华	田鼠化为鴽	虹始见
	谷雨	萍始生	鸣鸠拂其羽	戴胜降于桑
孟夏	立夏	蝼蝈鸣	蚯蚓出	王瓜生
	小满	苦菜秀	靡草死	麦秋至
仲夏	芒种	螳螂生	鵙始鸣	反舌无声
	夏至	鹿角解	蜩始鸣	半夏生
季夏	小暑	温风至	蟀蟋居壁	鹰如鸷
	大暑	腐草为萤	土润溽暑	大雨时行
孟秋	立秋	凉风至	白露降	寒蝉鸣
	处暑	鹰乃祭鸟	天地始肃	禾乃登
仲秋	白露	鸿雁来	玄鸟归	群鸟养羞
	秋分	雷乃收声	蛰虫坯户	水始涸
季秋	寒露	鸿雁来宾	雀入大水为蛤	菊有黄花
	霜降	豺乃祭兽	草木黄落	蛰虫咸俯
孟冬	立冬	水始冰	地始冻	雉入大水为蜃
	小雪	虹藏不见	天气腾地气降	闭塞成冬
仲冬	大雪	鹖鴠不鸣	虎始交	荔挺出
	冬至	蚯蚓结	麋鹿解	水泉动
季冬	小寒	雁北乡	鹊始巢	雉始雊
	大寒	鸡始乳	征鸟厉疾	水泽腹坚

还应指出的是，春秋战国时期人们还在长期天文观测的基础上，试图依据岁星（木

星）在不同星空区域中十二年一循环的运行，对超长期的气候变化规律以及它所导致的农业丰歉作出预测①。

所有这些，反映了中国传统农学指时系统的一个明显特点，这就是把世界当作一个整体，在日月运行与天地万物的相互关系中去把握气候的变化，并从而指导农业生产。

第三节 对“时”的本质的认识和关于反常气候的知识

一 对“时”的本质的认识

古人把自然界气候变化的时序性称之为“时”，后来把“时”与“天”相联系，称之为“天时”。我国古代农业生产活动中对“天时”的观察可以追溯到农业起源的时代，因有“神农因天之时，分地之利”的传说。什么是“时”？《说文》云：“时，四时也。从日，寺声。旹，古文时，从之日。”按，甲骨文中“时”作“旹”，从日，从之。与日字的古文基本相同。甲骨文的“之”字作“㞢”，从“止”在“一”上，象人足在地上有所往之形②。“时”字从日、从之，其初义应是指“日之行”，即太阳的运行。这是一种朴素的唯物的认识。《尚书·洪范》曰：“庶征：曰雨，曰旸，曰燠，曰燥，曰风：曰时。五者来备，各以其叙，庶草蕃芜。一极备，凶；一极无，凶。”③ 这里，把“时”看作是降雨量（雨）、光照（旸）、温度（燠、寒）、大气流动（风）等气象因素按一定次序的消长。这比甲骨文“时”字所反映的认识又前进了一步。但《尚书·洪范》中的这种朴素的唯物的认识，是被当时占统治地位的宗教神学所扭曲的；本来是自然现象的雨、旸、燠、寒、风，变成了上帝显示其意志，对人间善恶行为进行奖惩的“庶征”。到了春秋时代，人们进一步把上述的各种气象因素概括为“六气”。《左传》昭公元年载：“天有六气……六气曰：阴、阳、风、雨、晦、明也。分为四时，序为五节，过则为灾……”这就是说，“时”是“气”运行所呈现的秩序，而“气”则是“天”的本质。按照气候变化的时序性制定的历法和节气，人们也称之为“时”。

后来，人们又把“天”之“气”概括为阴阳（阴阳概念的起源与光照有关，详本编第七章）二气，尤其强调“阳气”在万物生化中的作用。如《管子·宙合》说：“天淯阳，无计量，地化生，无法厓。”“淯”是古“育”字。这句话的意思是：天以其无量无涯的“阳”（阳气）来化育大地上的万物。我们知道，气候的季节变化是由地球绕太阳公转引起的，而太阳能是农业生产所需能源的根本来源。先秦时代当然不可能产生这样的科学

---

① 《史记·货殖列传》载：“故岁在金，穰（丰年）；水，毁；木，饥（康）；火，旱。……六岁穰，六岁旱，十二岁一大饥。”《越绝书·计倪内经第五》亦云：“太阴三岁处金则穰，三岁处水则毁，三岁处木则康（小丰年），三岁处火则旱……天下六岁一穰，六岁一康；凡十二岁一饥。”

② 《说文》：“之，出也。从屮过屮，枝茎益大而有所之。一者，地也。”注者多以“草木枝干之左右旁出”为其初义，而以“往”为其后起之义。其实是不确切的。罗振玉《增订殷墟书契考释》：“按卜辞从止从一，人之所之也。《尔雅·释诂》‘之，往也。’当为‘之’之初谊。”得之。

③ 此据孔颖达《尚书正义》的句读。“时”是总括雨、旸、燠、寒、风五者而言的。孙星衍《尚书古今文注疏》句读为“曰时五者来备”，训“时”为“是”。虽可通，但“五者来备”，意思已说清楚，若加“曰时”，反成蛇足，不大符合古人语言习惯。

概念，但在某种意义上，已向这种认识接近了。

昼夜四季的变化是有周期的，由此制约的生物的生长衰杀也是有周期的，表现为循环往复的形式，古人或称之为“圜道”；并推广到其他方面，形成一种天道循环的发展观。《吕氏春秋·圜道》云：“日夜一周，圜道也。（月）［日］躔二十八宿，轸与角属，圜道也。精（按指精气）行四时，一上一下，各有遇，圜道也。物动（按指物受四时精气之所动）则萌，萌则生，生则长，长而大，大而成，成乃衰，衰乃杀，杀乃藏，圜道也。”这种天道循环的发展观在古代中国影响很大，其合理性和局限性是并存的。

春秋战时代，人们逐步把“天”和“时”联系起来，形成“天时”的概念。这一概念实际上是把“时”，即气候变化的时序性作为“天”最重要的内容和特征。它是传统农学中“三才”理论形成的主要标志之一；以后我们还将谈到。

二 关于反常气候的认识和对策

（一）关于异常气候的知识①

气候的变化是有一定规律的，故尔称为“时”；“时”本身就包括“有序”的意思在内。但“时”也有脱离常轨即“失序”的时候，这时就会给人间正常的生产和生活带来灾害。对此，先秦时代已经有所认识和论述。如上引《左传·昭公元年》已指出，“时”“节”是由“六气”的运行构成的，“过则为灾”。《尚书·洪范》也认为某种气象出现过多或不足，就会引起凶灾，又说：“岁月日时无易，百谷用成……岁月日时既易，百谷用不成。”《管子·七臣七主》说得更明白：“夫凶岁雷旱，非无雨露也，其燥湿非其时也。”《吕氏春秋·贵信》曰：

> 天行不信，不能成岁，地行不信，草木不大。春之德风，风不信，其华不盛，华不盛则果实不生。夏之德暑，暑不信，其土不肥，土不肥则长遂而精。秋之德雨，雨不信，其谷不坚，谷不坚则五谷不成。冬之德寒，寒不信，其地不刚，地不刚则冰闭不开。天地之大，四时之化，犹不能以不信成物，又况人事乎？

对反常气候出现的规律性，人们也有所探索。《吕氏春秋·情欲》：“秋早寒则冬必暖矣，春多雨则夏必旱矣。天地不能两。”这种探索当然还是很初步的。

我国很早就对反常气候有所记录。例如《春秋》隐公九年记有：“三月癸酉，大雨，震电。庚辰，大雨雪。”周三月相当于夏历的正月，按正常情况，不应该有雷电，既有雷电，就不应该有大雪。《左传》对此解释说：“书，时失也。”即节候失常。但对反常气候及其带来的灾害的系统记载，则始见于《管子·幼官》：“春行冬政肃，行秋政霜，行夏政阉。……夏行春政风，行冬政落，重则雹，行秋政水。……秋行夏政叶，行春政华，行冬政耗。……冬行秋政雾，行夏政雷，行春政烝泄。”文中的“政”，一般认为是指政令，实际上也包含了时令，或者说，这种政令是以时令为基础的。如果这样来理解“令”，则以上貌似荒诞的记述，实际上包含了先秦时代人们对气候反常变化长期观察所得的宝贵

① 主要依据谢世俊《中国古代气象史稿》有关章节，重庆出版社，1992年。

经验。只是人们在这些经验上蒙上了一层天人感应的色彩而已。在《礼记·月令》中，对异常气候的记述更为系统全面。兹把《幼官》和《月令》中有关记述分别列表4-11，4-12。

表4-11 《管子·幼官》所载的异常气候

季节	反常时令	反常气候含义
春	行冬政肃	指春季低温
	行秋政霜	终霜期推迟，作物易受霜害
	行夏政阉	“阉”假作蔫，指植物枯萎；春季气温偏高少雨，容易干旱所致
夏	行春政风	夏季气温较低，多风，即春季天气形势结束得晚
	行冬政落，重则雹	“落”假为零，雨零之意，即多连阴雨，为夏季低温特征；如夏季冷空气强，则会激发冰雹
	行秋政水	夏季如果天气凉，就会多雨，发大水。民谚：暑伏凉，浇倒墙
秋	行夏政叶	作物光长叶子不秀穗
	行春政华	树木再花
	行冬政耗	秋季低温，作物受害严重
冬	行秋政雾	冬季凉而不寒，天气多雾
	行夏政雷	冬季气温高，会打雷
	行春政烝泄	烝，热气升腾；泄，地气逸出。此即冬暖

表4-12 《礼记·月令》所载异常气候

月份	行春令	行夏令	行秋令	行冬令
孟春		雨水不时，草木早落，国时有恐	其民大疫，猋风暴雨总至	水潦为败，雪霜大至，首种不入
仲春		国乃大旱，煖气早来，虫螟为害	其国大水，寒气总至，寇戎来征	阳气不胜，麦乃不熟，民多相掠
季春		民多疾疫，时雨不降，山林不收	天多沉阴，淫雨早来，兵革并起	寒气时发，草木皆肃，国有大恐
孟夏	蝗虫为灾，暴风来格，秀草不实		苦雨数来，五谷不滋，四鄙入保	草木早枯，后乃大水，败其城郭
仲夏	五谷晚熟，百螣时起，其国乃饥		草木零落，果实早成，民殃于疫	雹冻伤谷，道路不通，暴兵来至
季夏	谷实鲜落，国多风欬，民乃迁徙		丘隰水潦，禾稼不熟，乃多女灾	风寒不时，鹰隼早鸷，四鄙入保
孟秋	其国乃旱，阳气复还，五谷无实	国多水灾，寒热不节，民多疟疾		阴气大盛，介虫败谷，戎兵乃来
仲秋	秋雨不降，草木生荣，国乃有恐	其国乃旱，蛰虫不藏，五谷复生		风灾数起，收雷先行，草木早死
季秋	煖风来至，民气解惰，师兴不居	其国大水，冬藏殃败，民多鼽嚏		国多盗贼，边境不宁，土地分裂
孟冬	冻闭不密，地气上泄，民多流亡	国多暴风，方冬不寒，蛰虫复出	雪霜不时，小兵时起，土地侵削	
仲冬	蝗虫为败，水泉咸竭，民多疥厉	其国乃旱，氛雾冥冥，雷乃发声	天时雨汁，瓜瓠不成，国有大兵	
季冬	胎夭多伤，国多固疾，命之曰逆	水潦败国，时雪不降，冰冻消释	白露早降，介虫为妖，四鄙入保	

从上表看，《月令》关于异常气候的记载与《幼官》基本上是一致的，但更为具体和完备。以春三月为例，正常的气候是气温渐升，风雨时至。若行夏令，气候偏旱，偏暖；而春旱往往导致病虫害发生，作物减收，人民疾病。若行秋令，相当于现在所说的“倒春寒”，多寒潮，暴风雨，低温阴雨，终霜晚。若行冬令，低温冷害，霜雪频繁，播种困难，冬麦不熟。这些记载比《幼官》“春行冬政肃，行秋政霜，行夏政阉”前进了一大步。夏、秋、冬三季异常气候亦然①。《月令》所载异常气候及其所造成的后果，在涉及自然方面基本上是正确的。在当时条件下，自然灾害往往引起社会动乱、外敌入侵，也是事实，但自然灾害是否会引起社会动乱，及其造成危害的大小，主要还看政治是否修明。至于《月令》把气候的反常看成是统治者施政违反自然界的时序所致，以及夏行秋令（自然界的阴冷）就会引起“女灾”（人类社会的阴盛阳衰）之类，那就纯粹是“天人感应”的唯心主义臆说了。应该说，《月令》是在“天人感应”的外壳中，包含了许多珍贵的关于异常气候的知识。

（二）对异常气候灾害的对策

在古代生产力的条件下，“天时”是人们无力改变的。所以人们反复强调要顺应天时变化的规律来从事农业生产。但在气候出现反常并导致自然灾害发生的时候，人们也并非采取完全消极被动的态度。一种办法是兴修农田水利，如《管子·立政》说：“决水潦，通沟渎，修障防，安水藏，使时水虽过度，无害于五谷，岁虽凶旱，有所秎获，司空之事也。”《管子·度地》在这方面有系统的论述；本篇第二章已有介绍，于此不赘。

除了兴修水利以外，先秦时代在对付反常气候所造成的自然灾害方面还有其他一些办法。《管子·轻重甲》：“且四方之不至，则六时以制之：春曰傳耜（春耕），次曰获麦，次曰薄芋（疑为芓之误，通耔），次曰树麻，次曰绝菹（排积水），次曰大雨且至，趣其壅培。”古以“四方风”代表四季，“四方之不至”应指“天时”的失常。所谓“六时”并非一般意义上的“天时”，而是指抓紧季节进行的六种农活，用它来制御或抵消“天时”失常所带来的损害。这些农活中，包括耕作、排水和种植结构的安排等。值得注意的是，当时人们不但认识到抓紧春耕、春播、中耕、排涝等有抵御自然灾害的作用，而且认识到合理的作物种植次序的安排也有避免或抵消自然灾害危害的作用。冬种夏收的小麦固然有“续绝继乏”缓解青黄不接时粮食压力的作用，比较晚播的大麻似乎也可补春播作物收获之不足（尤其是在春播作物受灾的时候）。所以《汉书·食货志》说：“种谷必杂五种，以备灾害。”② 颜师古注：“岁月有宜，及水旱之利也。”《吕氏春秋·审时》结尾说：“黄帝曰：四时之不正，正五谷而已。”也是说用正确安排五谷的种植次序来防御“四时之不正”。可见是一种非常古老的经验。

① 《礼记·月令》与《管子·幼官》相校，其“仲冬”月中“气雾冥冥”是冬行秋令现象；“天时雨汁”是冬行夏令现象，两者应互调。

② 《汉书·食货志》把这句话列于对“殷周之盛”的叙述中，《通典》引作李悝的话。后者是对的。无论如何，这是战国以前长期农业实践经验的总结。

第五章　传统农业土壤学的建立和发展

土地是农业生产的基本要素之一，土地对农业生产的重要性是不言而喻的。我国很早就有对土地与农业生产关系的明确论述，如：

百谷草木丽乎土（《周易·离·彖辞》）。

天覆万物而制之，地载万物而养之（《管子·形势解》）①。

地者，万物之本原，诸生之根菀也（《管子·水地》）。

夫民之所生，衣与食也；食之自所生，土与水也（《管子·禁藏》）。

为人下者其犹土也，深扬之而得甘泉焉，树之五谷而蕃焉，草木殖焉，禽兽育焉，生则立焉，死则入焉。多其功而不息，为人下者，其犹土也（《荀子·尧问》引孔子语）。

总之，人们把土地视为万物之所由生，财富之所由出，农业之所依。因此又产生了“地利”“地财”的概念；“尽地利”成为农业生产的基本要求之一。在长期与土地打交道的过程中，人们积累了有关土地和土壤的丰富知识，逐步形成科学的体系。我国传统土壤学包括两种很有特色而相互联系的理论，这就是土宜论和土脉论。

第一节　土　宜　论

一　土宜概念的出现

土宜或地宜的概念出现颇早。人们从事农业，首先必须选择耕地，并利用不同土地经营不同的生产项目。中国幅员辽阔，地形复杂，除了平原和盆地外，更多的是高原、山地和丘陵，母岩和地形的差别，导致各地土壤的差异，有时在数米之内土壤就有明显的变化，因此，农业生产中的因地制宜显得更为重要。土宜或地宜的概念正是在这样的条件下和这样的过程中孕育生长出来的。传说“神农乃始教民播种五谷，相土地宜：燥湿、肥墝、高下”（《淮南子·脩务训》），这表明人们从事农业伊始，即已进行选择耕地的活动，这是地宜概念产生的前提，至于当时是否已经有“相土地宜”的明确概念，则或许有后人附益的成分。《诗经·大雅·生民》：“诞后稷（周族先祖弃）之穑，有相之道。”所谓“相”，是视察的意思，这是说周弃懂得观察和选择土地的方法。《史记·周本纪》则径说周弃“相地之宜，宜谷者稼穑焉”。这可视为地宜说的滥觞。当时人们是怎样“相地”即选择耕地的呢？主要是看地形和看土质。《诗·大雅·公刘》：“既景迺冈，相其阴阳，观其流泉，度其原隰，彻田为粮。”这是看地形。《大雅·緜》：“周原朊朊，堇荼如

① 《管子·形势解》又说：“地生养万物，地之则也。”

饴。……乃疆乃理，乃宣乃亩。”① 这是看土质。当时耕地主要选择在平原（原）和低地（隰）比较湿润肥美的地方。堇和荼是两种生长在湿润肥沃土地上的植物，可以作为农田指示植物；现在农民识别土壤，仍以生长苦菜的地方为良好的土地②。《大雅·緜》的记载说明，当时的人民已经懂得利用指示植物来选择耕地了③。选择耕地除了要求湿润肥美以外，还要看是否向阳（“相其阴阳”）和水泉的流向（“观其流泉”），前者为了使作物获得充足或适当的光照和温度，后者是为了使农田沟洫的布局与水泉流向一致以利排水。两者都是畎亩规划的依据。《左传》成公二年记载晋国打败齐国以后，为了东进的方便，要挟齐国“尽东其亩”，遭到了反对。齐使宾媚人说：“先王疆理天下，物（视也）土之宜而布其利，故《诗》曰：‘我疆我理，南东其亩。’（《小雅·信南山》）今吾子疆理诸侯，而曰‘尽东其亩’而已，唯吾子戎车是利，无顾土宜，其无乃非先王之命乎？”这是“土宜”一词时代比较明确的最早记载之一。但从宾媚人的话看，不晚于西周时代“地宜”的观念已经产生了。④ 到了春秋战国时代，按照“土宜”发展农业生产，已经成为农夫的常识，同时也是政府有关官员的职责，反映这方面事实的记载比比皆是，如：

相高下，视墝肥，序五种，则君子不如农人（《荀子·儒效》）。

相高下，观肥墝，序五种，省农功，谨蓄藏，以时顺修……治田之事也（《荀子·王制》）。

相高下，定肥硗，观地宜，明诏期，前后农夫，以时钧修焉，使五谷桑麻皆安其处，由田之事也（《管子·立政》）⑤。

务于畜养之理，察于土地之宜，六畜遂，五谷殖，则入多（《韩非子·外储说左上·难二》）。

二 土宜概念的内涵

土宜的概念包括不同层次的内容。请看《周礼·大司徒》的以下记载：“以土宜之法，辨十有二土之名物，以相民宅而知其利害，以阜人民，以蕃鸟兽（畜牧业），以毓草木（农林业），以任土事（郑玄注；就地所生，任民所能）；辨十二壤之物而知其种，以教稼穑焉。”

（一）因土种植

土宜的第一层含义是按照不同的土壤，安排不同的作物。如《大司徒》把土壤分为十二类，要求弄清不同类型的土壤性质和它所适宜的作物种类。郑玄注《周礼·土方

---

① 《公刘》和《緜》分别记载周族先祖公刘和古公亶父事迹，时在西周建国以前。

② 夏纬瑛，诗经中有关农事章句的解释，农业出版社，1981年，第2页。

③ 不同的地形和土壤，生长着不同的植物，《管子·地员》把这种有规律的现象称为“草土之道”。这样，从土地上所生长的草（或植物），可以考察出土地或土壤的性质，所以，《周礼》把掌握辨别土壤性质的职官名之为“草人”。见：夏纬瑛，《周礼》书中有关农业条文的解释，农业出版社，1979年，第40～41页。

④ 《左传》文公六年，“君子”批评秦穆公“死而弃民”（以良为殉），指出“古之王者知命之不长”，就要树立各种典范与礼则，“使毋失土宜，众隶赖之，然后即命”。可为上述论断的补充证据之一。

⑤ 《管子·立政》又说：“桑麻不植于野，五谷不宜其地，国之贫也。”

氏》说:“土宜谓九谷稙穉所宜也。”就是指土宜的第一层含义而言的。这和荀子所说的“相高下,视墝肥,序五种”基本上是同一意义。《周礼》中有专门负责这一方面事务的职官。如“遂人”的职责之一是“以土宜教甿(农民)稼穑”;“司稼掌巡邦野之稼,而辨穜稑之种,周知其名与其所宜地以为法,而县(悬)之于邑间”。土宜的原则不但要解决“五谷宜其地”(《管子·立政》)的问题,而且贯彻到改土和养土的过程中。《周礼·地官草人》所职掌的“土化之法”,也要“以物(视察)地,相其地而为之种”。关于土壤改良问题,我们以后还要谈到。对各种土壤所宜种植的作物,《管子·地员》中有具体详细的记载。现以其中所论及江淮河济间大平原(“渎”)中的五种土壤为例加以说明。请看表 5-1①。

表 5-1 《地员》所载黄河下游平原(渎田)五土壤所宜农作物和植被等情况表

土 类	所宜农作物	草	木	地下水位	水	民
悉徙(息土)	五种	蚖蓄、杜荣	楚棘	五施②	苍	强
赤垆	五种,麻白布黄	白茅、雚	赤棠	四施	白而甘	寿
黄堂	黍、秫	□□、茅	櫄、榎、桑	二施	黄而糗	流徙
赤埴	大菽、麦	萯、雚	杞	二施	碱赤	流徙
黑埴	稻、麦	苹、蓨	白棠	一施	黑而苦	

(二)因地制宜,发展各业

土宜的第二层含义是:应该按照一个地区内的不同土地类型,来全面安排农牧林渔各项生产。《周礼·大司徒》“以土宜之法,辨十有二土之名物”的所谓“名物”,就是指山林、川泽、丘陵、坟衍、原隰等不同类型的土地,③《周礼》中称之为“五地”;它要求人们按照“五地”之所宜来合理安排居民点和农牧各业。《周礼·大司徒》的职掌中有“土会之法”,“辨五地之物生”,专门调查上述五类土地所宜生长的动植物。《礼记·月令》:孟春之月“王命布农事,……善相丘陵、坂险、原隰,土地所宜,五谷所殖,以教导民”④。公元前 548 年,楚国的蔿掩为了征赋而对各类土田进行全面的登记:“书土田,度山林,鸠薮泽,辨京陵,表淳卤,数疆潦,规偃猪,町原防,牧隰皋,井衍沃。”(《左传》襄公二十五年)这是调查收聚山林薮泽的物产,标出各类高地、盐碱地、瘠薄地、涝洼地,规划蓄水池,划分出小块农田,在下湿地放牧,把肥沃的平原规划为井田。这可称得上是我国见之于记载的最早的土地利用规划。这一记载表明,春秋战国时代,不但形成了合理利用各类土地全面发展农林牧渔各业的思想,而且把这一思想付诸实践了。当时土地利用的大格局是,低平肥沃的土壤种植粮食桑麻,但耕地一般分布在城邑附近,较远一些的地方就是郊牧(《国语·周语中》:“国有郊牧”)。山林川泽则利用其天然富

① 表中所引,采用夏纬瑛《管子地员篇校释》的解释。

② 一施为七尺。

③ 《周礼·大司徒》职文开头就说:“……以天下土地之图,周知九州之地域、广轮之数,辨其山林、川泽、丘陵、坟衍、原隰之名物。”后面说的“十二土之名物”,正与此相对应。

④ 《孔子家语·相鲁》:“孔子初任为中都宰……二年,定公以为司空,乃别五土之性,而物各得其所生之宜,咸得厥所。”可资参考。

源生产财富（《国语·周语上》：“犹土之有山川，财用于是乎出；犹其有原隰衍沃，衣食于是乎生。”）。

一个地区内各类土地的合理利用，包括对居民点和城邑的配置。《管子·度地》云：“故圣人之处国者，必于不倾之地，而择地形之肥饶者；乡山，左右经水若泽，内为落渠之写，因大川而注焉。乃以其天材，地之所生，利养其人，以育六畜，天下之人皆归其德而惠其义矣。”都邑要依山傍水，周围要有广大的肥沃的可耕地，要有可供排水的河川，选择这样的地方才能“利养其人”。当时人们已认识到“土薄水浅，其恶易觏”，即地下水位高的地方容易盐碱化，不利于农业生产，且易致病。故选择“土厚水深”，流水畅通的地方居住和生产①。

（三）重视农业的地区性

土宜还有第三层含义，这就是重视农业的地区性，根据地区的特点安排人民的生产与生活。上引《周礼·大司徒》职文的内容并不限于合理利用同一地区的各类土地，因为它要求“辨十二土之名物”，而不是辨一土之名物。古人把黄道周天划分为十二次，每次各有分野。所以“十二土”非指十二种土壤而是指十二个不同地区。② 先秦时代的人们已经积累了不少关于农业地理的知识，已经认识到农业具有地区性的特点。《尚书·禹贡》和《周礼·职方氏》分别谈到“九州”③的土壤和物产，在一定程度上反映了这种认识的发展。《禹贡》虽然记载了九州的土壤和植被，对九州物产的记述则只是侧重于各地可以充当贡品的土特产，基本不涉及各地区的农牧业。《职方氏》则系统记述了九州所宜的粮食作物、畜禽和其他土特产（主要是林、渔、矿产），《职方氏》所反映的时代人们对不同地区地宜的知识比《禹贡》所反映的时代显然丰富了。兹列表 5-2，5-3。

---

① 见《左传》成公六年。

②《周礼·大司徒》郑注：“十二土分野十二邦，上系十二次，各有所宜也。”（夏纬瑛，〈周礼〉书中有关农业条文的解释，农业出版社，1979 年）谓“十二土”指地形而言，“十二壤”指土质而言，非是。

③《禹贡》和《周礼·职方氏》所记“九州”不完全相同。它们所包括的地区范围请参看下表：

州别	《禹贡》	《职方氏》
冀	河北西部北部，山西、河南北部等地	河南北部、山西南部等地
兖	山东西部和北部，河南东南部	河北南部，山东西部和中部等地
青	山东东部等地	山东南部，安徽北部，江苏北部等地
徐	山东南部，江苏北部，安徽北部等地	——
扬	江苏、安徽、浙江南部，江西等地	安徽南部江苏南部，浙江、江西等地
荆	湖北、湖南等地	湖北、湖南等地
豫	河南，湖北北部等地	河南南部，湖北北部，安徽北部等地
梁	陕西南部，四川等地	——
雍	陕西北部，甘肃等地	陕西、甘肃、四川等地
幽	——	河北及山东沿海地区等地
并	——	山西北部，河北北部等地

表 5-2 《禹贡》九州土壤物产表

州	土 壤	植 被	地势	物 产	周边民族物产
冀	白壤		中中	皮服	岛夷皮服
兖	黑坟	厥草惟繇、厥木惟条	中下	桑蚕、漆丝、织文	
青	白坟		上下	盐、絺、海物、岱畎丝、枲、铅、松、怪石	莱夷作牧、厥篚檿丝
徐	赤埴坟	草木渐包	上中	五色土、羽畎夏翟、峄阳孤桐、泗滨浮磬、	淮夷蠙珠暨鱼、玄纤缟
扬	涂泥	篠簜既敷，厥草惟夭，厥木惟乔	下下	金三品、瑶、琨、篠、簜、齿、革、羽、毛	岛夷卉服、厥篚织贝、厥包桔柚
荆	涂泥		下中	羽、毛、齿、革、金三品、杶、榦、栝、柏、砺、砥、砮、丹、箘簵楛、菁茅、玄纁玑组、大龟	
豫	壤、下土坟垆		中上	漆、枲、丝、纻、纤、纩、磬错	
梁	青黎		下上	璆、铁、银、镂、砮、熊、罴、狐、狸	织皮
雍	黄壤		上上	球、琳、琅玕	织皮：昆仑、析支、渠搜、西戎

表 5-3 《周礼·职方氏》九州物产表

州	山泽川浸	所宜粮食	所宜畜牧	土特产	性别比
扬	会稽、具区、三江、五湖	稻	鸟兽	金、锡、竹、箭	二男五女
荆	衡山、云梦、江汉、颍湛	稻	鸟兽	丹、银、齿、革	一男二女
豫	华山、圃田、荧雒、波溠	黍、稷、菽、麦、稻	马、牛、羊、豕、犬、鸡	林、漆、丝、枲	
青	沂山、望诸、淮泗、沂沭	稻、麦	鸡、狗	蒲、鱼	二男二女
兖	岱山、大野、河泲、庐维	黍、稷、麦、稻	马、牛、羊、豕、犬、鸡	蒲、鱼	二男三女
雍	岳山、弦蒲、泾汭、渭洛	黍、稷	牛、马	玉石	三男二女
幽	医无闾、貕养、河泲、菑时	黍、稷、稻	马、牛、羊、豕	鱼、盐	一男三女
冀	霍山、杨纡、漳、汾潞	黍、稷	牛、羊	松、柏	五男三女
并	恒山、余昭祁、虖池呕夷、涞易	黍、稷、麦、稻、菽	马、牛、羊、豕、犬	布、帛	二男三女

第二节　土壤分类和对土壤与动植物关系的认识[①]

一　土壤分类理论

（一）土壤分类理论形成的条件

土宜论是建立在对不同土壤、不同地类及其与动植物关系的深刻认识的基础上的。早在原始农业阶段，人们在与土地打交道的过程中已积累了一些对各类不同土地和不同土壤的知识[②]。进入阶级社会以后，在因地制宜发展农业生产的需要之外，又加上"任土作贡"（《禹贡》）和"相地而衰征"（《国语·齐语》）的需要，对各类土地和各种土壤的调查鉴别相继展开，上引春秋时楚国蒍掩为"庀赋"而"书土田"即是一例。《周礼》中有"土训"一职，"掌道地图以昭地事，道地慝以辨地物，而原其生以诏地求。"就是负责调查掌握各地土地物产及其生产情况，"训说土地善恶之势"的[③]。先秦时代的土壤和土地的分类知识就是在这样的条件下积累和发展起来的。

（二）对土地类型的划分

对土地类型的划分，最流行的是"五地"（或称"五土"）说。《周礼·大司徒》云："以土会之法辨五地之物生。一曰山林，其动物宜毛物，其植物宜皁物，其民毛而方。二曰川泽，其动物宜鳞物，其植物宜膏物，其民黑而津。三曰丘陵，其动物宜羽物，其植物宜覈物，其民专而长。四曰坟衍，其动物宜介物，其植物宜荚物，其民皙而瘠。五曰原隰，其动物宜羸物，其植物宜丛物，其民丰肉而庳。"还有一种分类方法见于《管子·山国轨》。管仲在回答齐桓公何谓"别群轨、相壤宜"的问题时说："有莞蒲之壤，有竹箭檀柘之壤，有汜下渐泽之壤，有水潦鱼鳖之壤。今四壤之数，君皆善官而守之，则籍于财物，不籍于人。"莞蒲是浅水植物，竹箭檀柘为生长于山麓和平地的树木，"汜下渐泽之壤"应为沼泽地带，"水潦鱼鳖之壤"当然是指水域地区了。管仲认为，"今四壤之数"应派专门人员负责管理，则国家财赋可由此出，不用向老百姓征收。也就是说，他向齐桓公建议因地制宜发展农林牧副渔各项生产，不要把适于林牧副渔的四类土地用于谷物生产，反过来，也不要把适于种植谷物的农田用于林牧副渔。显然，这里的分类是根据土壤植被、产物和自然地势而划分为山麓林地、沼泽土壤、浅水地区、水域之壤和

---

① 此节主要根据之一：范楚玉，我国古代农业生产中人们对地的认识，自然科学史研究，1983年，第二卷第3期。

② 传说"神农乃始教民播种五谷，相土地宜，燥湿、肥墝、高下"（《淮南子·脩务训》）。民族学也可以为我们提供原始时代人们对土壤认识的材料。如解放前尚处于刀耕火种阶段的云南独龙族，还不懂得耕翻土地，没有任何田间管理和人工施肥的措施，他们的土壤知识相当贫乏，但已知道生长不同种类或品种的林地宜于栽种不同的作物。如野生核桃树地上芋头生长最好，竹木混合林地以种玉米和谷子为佳。在刀耕火种的后期，随着向锄耕农业的过渡，他们进一步积累了某些关于土地利用的知识。如知道种在含有丰富腐殖质的黑土的从事生长得好，还知道选择坡度比较平缓和向阳的坡面作耕地等等。参见：李根蟠、卢勋，中国南方少数民族原始农业形态，农业出版社，1987年。

③ 参见《周礼》郑笺。

农田土壤五种的。

（三）《禹贡》对土壤类型的划分

对土壤类型有各种不同的划分方法。在土壤分类方面取得最大成就的是《尚书·禹贡》和《管子·地员》。

《禹贡》把九州土壤划分为白壤、黑坟、白坟、斥、埴坟、涂泥、壤、坟垆、青黎、黄壤十类。命名的主要依据仍然是土壤的颜色和质地。黑、黄、赤、白、青是描述土壤颜色的。壤、坟、斥、埴、垆、黎、涂泥用以表示土壤的某种特定的性质①；土壤的颜色也在一定程度上反映土壤的性质。如黄土高原（雍州）肥沃而疏松的原生黄土称黄壤，河北一带（冀州）黄土因含盐碱物质较多，呈白色，故称白壤，山东半岛丘陵地区富含腐殖质、肥沃而松软的土壤称黑坟，土性坚刚的称垆，粘土称埴，盐渍土称斥，下湿土称涂泥等。篇中又按地势高下把九州之土分为三级九等，对土壤水文也有描述。据近人考证，《禹贡》所述大体符合我国现今土壤分布状况。兹把近人对《禹贡》土壤的鉴别列表5-4。

表 5-4　《禹贡》所载土壤鉴定表

州	土　类	陈恩凤的鉴定②	李约瑟的鉴定③
冀	白壤	盐渍土	黄土（母质）上的碳酸盐褐土，有些为碳酸盐浅色草甸土，部分为盐渍土
兖	黑坟	灰棕壤	碳酸盐浅色草甸土，部分为盐渍土
青	白坟，海滨广斥	灰壤，海滨盐渍土	褐色和棕色森林土，部分山石区，沿海为盐土
徐	赤埴坟	棕壤	局部为红色石灰土，碳酸盐和淋溶浅色草甸土，部分为盐渍土，有些砂姜土
扬	涂泥	湿土	草甸沼泽土，在无石灰质冲积层上的、灌水的老水稻土。
荆	涂泥	湿土	草甸沼泽土，在无石灰质冲积层上的、灌水的老水稻土。
豫	壤，下土坟垆	石灰性冲积土	如呈区域分布，壤为碳酸盐和淋溶褐土，坟垆则为浅冲甸土及砂姜土；就垂直土壤剖面而论，皆为含砂姜土的土壤
梁	青黎	成都平原无石灰性冲积土	在江汉河谷两侧为山地腐殖质暗色森林土
雍	黄壤	淡绿钙土	黄土上形成的灰色碳酸盐和山地褐土，碳酸盐浅色草甸土，有时为盐渍土

---

① 壤，《禹贡》孔传："无块曰壤。"又引马氏注曰："天性和美也。"即指土性和缓肥美的土壤。坟，孔传训"坟起"，马氏注谓"有膏肥也"。指土性松隆而肥沃的土壤。埴，孔传"土粘曰埴"，即粘土。垆，《说文》训为"刚土"，指土性坚刚的土壤。黎，孔传谓"青黎"为"色青黑而沃壤"，王肃释"黎"为"小疏也"。可见是一种比较疏松的土壤。《说文》："卤，西方咸地也……东方谓之㡿（斥）。"斥是一种盐渍土。涂泥，孔传谓"地泉湿"，即粘质湿土。李约瑟认为："壤"一般指发生在黄土上的土壤和由其演变而成的冲积土，"坟"是指近期开垦的富有腐殖质的森林土壤，"垆"是指黑色、带有粘盘和砂姜层的、坚硬致密的土壤，"埴"适用于一切含粘土多的粘性土壤，"斥"无疑指盐土类型的盐渍化土壤。见：李约瑟，中国古代的地植物学，农业考古，1984，(1)。

② 陈恩凤，中国土壤地理，第七章，商务印书馆，1951年。转引自：中国农学史，上册，科学出版社，1959年，第196页。

③ 李约瑟，中国古代的地植物学，农业考古，1984，(1)。

（四）《周礼·草人》对土壤的分类

《周礼·地官·草人》载：“凡粪种，骍刚用牛，赤缇用羊，坟壤用麋，渴泽用鹿，咸舄用貆，勃壤用狐，埴垆用豕，彊檃用蕡，轻爂用犬。”据郑玄解释，骍刚是一种色红、土质刚、土性燥的土壤，赤缇是颜色带淡红的土壤，坟壤是土质松软的土壤，渴泽是水干了的沼泽地，咸舄是一种盐碱土，勃壤是一种粉散轻松的土壤，埴垆是一种粘而不板结的土壤，彊檃是一种土性坚硬而板结的土壤，轻爂是一种轻而松的土壤。这里的分类原则主要是考虑土壤的颜色特征和质地，即今天所谓的土壤的物理性质和化学性质。

二 《管子·地员》在土壤分类和生态地植物学方面的贡献

与《禹贡》相比，《管子·地员》所记载的农业土壤学知识和理论又有很大的进步。这主要表现在以下三个方面：

（一）对土壤性状的把握

《管子·地员》对土壤的性状及其相关条件有更加深入细致的把握。《禹贡》把九州土壤划分为10类，《地员》则把九州的土壤划分为18类90种。分类更细了；但这还不是主要的。分类的依据仍然是土壤的颜色和质地，但更重质地，且有对土壤性状的具体描述，这是《禹贡》所无的。《地员》对“九州”土壤性状的记述，参看表5-5。

《地员》对土壤性状的描述有几点值得注意：

首先是十分重视土壤结构及土壤水分状况，重视其抗御水旱的能力。例如对“粟（息）土”是江淮河济间大平原的冲积土，被称为“群土之长”，它的性状是：“淖（泥也）而不肕（韧）（粘也），刚（干燥）而不觳（《正韻》：“觳，无润也”），不泞车轮，不污手足。”“干而不挌（垎），湛而不泽，无高下葆泽以处”。

表5-5 《管子·地员》所载九州土壤及其所宜作物品种表

土别	等级	土壤性状	所宜作物品种及生长情况	地力
五粟	上上	淖而不肕（韧），刚而不觳，不泞车轮，不污手足。干而不挌（垎）湛而不泽，无高下葆泽以处	大重、细重，白茎白秀（穗），无不宜也。（秋品种）	100
五沃	上上	剽忞橐土（虚松有蠹囊），虫易（豸，蚯蚓等）全（穴）处；忞剽不白，下乃以泽。干而不斥（坼）、湛而不泽，无高下葆泽以处	大苗、细苗，赨茎黑秀，箭长。（粟品种）	100
五位	上上	不塥不灰，青忞以落【及】，无高下葆泽以处	大苇无、细苇无，赨（赤色）茎白秀。（粱品种）	100
五隱	上	黑土黑落，青怵以肥，芬（粉）然若灰	［大］槦（穛）葛（穑），［细穛穑］，赨茎黄秀恚目（以兹）（带黑色）（水稻品种）	80
五壤	上	芬（粉）然若［屯以］泽【若屯土】，忍水旱，无不宜也	大水肠、细水肠，赨茎黄秀以慈（兹），忍水旱，无不宜也。（水稻品种）	80

续表

土别	等级	土 壤 性 状	所宜作物品种及生长情况	地力
五浮（桴）	上	捍然如米以葆泽，不离不坼	［大蘼］忍、［细］蘼忍，其叶如藿（萑）【叶】以长，狐茸、黄茎、黑茎、黑秀，其粟大。无不宜也。（穄品种）	80
五忞	中	廪然如壏，润湿以处，忍水旱	大稷、细稷，赨茎黄秀［以］慈（兹），细粟如麻（糜），忍水旱。（粟品种）	70
五纑（垆）	中	强力刚坚	大邯郸、细邯郸，茎叶如扶（秩）櫄（穮），其粟大。（稻品种）	70
五壏	中	芬（粉）然若糠以肥（脆）	大荔（秽）、细荔（秽），青茎黄秀。（未知是何作物品种）	70
五剽	中	华然如芬（粉）以脤（蜃）	大秬、细秬，黑茎青秀。（黍品种）	60
五沙	中	粟焉如屑（糈），尘厉（糲）	大萯（秠）细萯（秠），白茎青秀以蔓（璊）（红色）。（黍品种）	60
五塥	中	累然如仆累，不忍水旱	大樛（穋）杞（秬）黑茎青秀。（黍类品种）	60
五犹	下	状如粪	大华小华，白茎黑秀。（黍类品种）	50
五壮	下	如鼠肝	［大］青粱、［细青粱］，黑茎黑秀。（粟品种）	50
五殖（埴）	下	甚泽以疏，离坼以臞【堵】	雁膳，黑实；朱蜷，黄实。（水稻品种）	40
五觳	下	娄娄然，不忍水旱	大菽细菽，多白实（大豆品种）	40
五凫（舄）	下	坚而不骼	陵（稜）稻，黑鹅、马夫（秩）（稻品种）	30
五桀	下	甚咸以苦，其物为下	白稻，……长狭（稻品种）	30

这是说息土干时有润泽、不坚垎，湿时不沾手、不泥泞；无论高地或低地的土壤，都隐含着水分。“无高下葆泽以处”，也是“粟土”和仅次于“粟土”的“沃土”和“位土”的共同特点。又如，上土中的“壤土”“芬（粉）然若［屯以］泽”、“忍水旱，无不宜也”，“浮（桴）土”“捍然如米以葆泽，不离不坼”（虽杂有沙粒而能葆藏水分，且不松散不开裂），“忞土”“廪然如壏，润湿以处，忍水旱”，都是这些讲土壤有良好的结构和涵蓄水分、抗御水旱的能力。相反，中下等的有礓石的“塥土”，“累然如仆累（块垒），不忍水旱”。

其次是注意到土壤中动物的活动。如“沃土”的性状是“剽忞橐土，虫易（豸）全（穴）处”，是指土壤虚松有橐囊，而虫豸穴居其中。所谓“豸”是无脚的虫，可能是指蚯蚓，或包括蚯蚓在内。《荀子·劝学》云："螾（蚯蚓）无爪牙之利，筋骨之强，上食埃土，下饮黄泉，其心一也。"当时人们似乎已经注意到蚯蚓对改良土壤的作用。由于土壤中有虫豸的活动，所以虽虚松而不干白，因为它下面是有润泽的（"忞剽不白，下乃以泽"）。

同时，《地员》还注意到各类土壤的水文状况，如水泉的颜色、气味、深浅等等。文章第一部分叙述平原地区的五种土壤时，特别标出其地下水位的高度；叙述丘陵和山地各类土地时亦然①。这应该是在广泛的实测数据的基础上进行的综合，虽然未免经过了整齐化。这表明，当时的人们不但对土壤有过细致的观察，而且对土壤的一些性状进行过实测。李约瑟通过对"息土"和"耗土"② 名称含义的分析，推测古代中国人也曾用过挖坑填坑的办法测试土壤的密度或紧密度③。

（二）土壤肥力等级及生产能力

重视土壤的生产能力，并划分了土壤肥力的等级。上文谈到，《禹贡》"九州"土地的等级是按地势的高下划分的，并非土壤的肥力等级。但不晚于春秋（可能还要往前追溯）已经按土壤的肥力划分土地的等级了。如《周礼》中有"上地"、"中地"、"下地"，就是根据其肥瘠程度和生产能力来划分的。《周礼·遂人》："辨其野之土，上地、中地、下地，以颁田里。上地，夫一廛，田百亩，莱五十亩，余夫亦如之；中地，夫一廛，田百亩，莱百亩，余夫亦如之；下地，夫一廛，田百亩，莱二百亩，余夫亦如之。"正如郑司农注《大司马》所说："上地谓肥美田也，……下地……田薄恶者所休多。"正因为上中下地肥力不一样，所以在向农民分配份地时，需要搭配不同数量的休闲地（莱），以求得各个农户生产条件的大体均衡。④《周礼·小司徒》授田的办法有所不同，是把上中下地分别授予家庭人口不等的农户，但这里的上中下地的划分，同样反映了土地肥瘠程度和生产能力的差异。

按肥力划分土壤等级还见于《管子·乘马数》："郡县上臾（腴）之壤守之若干，间壤（即中等土壤）守之若干，下壤守之若干。故相壤定籍而民不移，振贫补不足，下乐上。"看来，按肥力划分土壤等级，除了分配份地的需要外，还有"相壤定籍"（与"相地而衰征"意义相似）的需要。当然，这是建立在农业生产实践中对土壤认识日益深化的基础之上的。

《地员》对土壤等级的划分更为细致。它把"九州"十八类土壤划分为上、中、下三等，每等包括六个土类，同一等级中也有所差别。其中最好的土壤是息土、沃土和位土，

---

① 按地下水位的高低划分土地差等的，还见于《管子·乘马》："一仞见孪不大涝，五尺见水不大旱。一仞见水轻征，十分去一，二则去二，三则去三，四则去四，五则去半比之于山。五尺见水，十分去一，四则去二，三则去三，二则去四，尺而见水，比之于泽。"这是按地下水位的高低区分旱地和涝地的等级，而分别减轻其赋税。

② 《淮南子·地形训》："坚土人刚，弱土人肥，垆土人大，沙土人细，息土人美，耗土人丑。"夏纬瑛认为，这里的"息土"即《管子·地员》中的"悉徙"，是指大平原中主要由冲积生息而成的土壤。

③ 李约瑟指出，据《九章算术·商功》载，某人在地面挖一万立方呎的深沟，如果土为壤型，得一万二千五百立方呎土（据刘徽注壤土即息土），如果土为坚型，仅得七千五百立方呎土。前者沟四土五，后者沟四土三。他认为"息土"是填坑有余的土壤，"耗土"是填坑不足的土壤。

④ 《周礼·大司徒》："凡造都鄙，制其地域而封沟之，以其室数制之，不易之地家百亩，一易之地用家二百亩，再易之地家三百亩。"这里虽无上中下之名，但同样是按土地的肥力状况来划分的。

其他土壤的生产能力都与之相比较而确定其等差。如等级最接近“三土”的“隱土”等三种土壤，“不如三土以十分之二”，而最下等的“桀土”，“不如三土以十分之七”。可见，《地员》的土壤等级划分，是着眼于土壤对农业生产的综合能力，而以土壤的肥力差别为基础的①。

（三）土壤与生物群落的关系

非常注意土壤和各类土地与植物群落的关系，与农业生产的关系，注意对生态环境的综合考察。《地员》一篇分为前后两部分：前一部分以地形为纲，按平原、丘陵、山区的次序进行论述，每类地区中则包含若干不同的土壤或地类；后一部分以土壤为纲，按九州十八类土壤的次序进行论述，每类土壤的分布区中则包含着不同的地形。在不同的土壤和地形中，植物和动物都有不同的分布。为了叙述方便，我们从后一部分说起。

《地员》作者在叙述“九州”土壤时，不但描述其性状，而且指出每种土壤所特别适宜种植的两个作物品种。尤其是对“息土”、“沃土”、“位土”这三种最上等的土壤，更详列其上生长的各种植物，包括树木、果类、纤维、药物、香料等，并及于畜牧、渔业。作者还具体指出了同一种土壤中，植物在不同小地形中的分布情况。如“五粟（息）之土，若在陵在山，在隫在衍，其阴其阳，尽宜桐、柞，莫不秀长”。“五沃之土，若在丘在山，在陵在冈，若在陬、陵之阳，其左其右，宜彼群木”。某些植物又在其特宜生长的环境，如“其阴则生之楂藜，其阳【则】安树之五麻”。在“位土”分布的地区，“其山之浅（山中有浅水之处），有茏（荭草）与斥（芹）；其山之枭（阜）（山麓），多桔符榆（不详）；其山之末（半），有箭（莿）（山莓）与苑（紫菀之类）；在山之旁，有彼黄蝱（贝母），及彼白昌（菖蒲），山藜（藜）、苇、苉（芒）”。详见表 5-6。

表 5-6　《管子·地员》所载“三土”所宜农畜草木表

土　类	谷	品　种	木	草	动　物
五粟	秫	大重、细重	桐、柞、榆、柳、檿、桑、柘、栎、槐、杨、竹箭、藻（枣）、龟（楸）、楢、檀	薛荔、疸芷、蘪蕪、椒、连	其泽多魚，牧宜牛羊
五沃	粟、五麻	大苗、細苗	桐、柞、扶、櫄、白梓、梅、杏、桃、李、棘、棠、槐、杨、榆、桑、杞、枋、楂藜		其泽多魚，牧宜牛羊
五位	粱	大苇无、细苇无	竹箭、求（枣）、䁖（楸）、楢、檀、榆、桃、柳、楝、桑、松、杞、茸（樲）、槐、棟（楝）、柞、榖（檕）	群药安遂：薑、桔梗、小辛、大蒙。茏、斥（芹）、多桔符榆、黄蝱、白昌、山藜（藜）、苇、苉	

① 按土地生产能力划分其等级，还扩展到农业土壤以外。如《乘马》：“地之不可食者，山之无木者，百而当一。涸泽，百而当一。地之无草木者，百而当一。樊棘杂处，民不得入焉，百而当一。薮，镰缠得入焉，九而当一。蔓山具草可以为材，可以为轴，斤斧得入焉，九而当一。汎山，其木可以为棺，可以为车，斤斧得入焉，九而当一。流水，网罟得入焉，五而当一。林，其木可以为棺，可以为车斤斧得入焉，五而当一。泽，网罟得入焉，五而当一。命之曰：地均以实数。”

现在再谈《地员》前一部分的论述。关于平原地区（“渎田”）各类土壤的农牧业和动植物分布情况，上文已经作了叙述，详见“《地员》所载黄河下游平原（渎田）五土壤所宜农作物和植被等情况表”（表 5-1）。对丘陵和山区的植物分布，作者也作了相似的描述。如山区，作者列举了自高而下的五种山体的植物分布和水泉深浅，见表 5-7。

表 5-7　《地员》所载五种山体植被与地下水位情况表

名　称	地　貌	草	木	泉　深
悬泉	最高的山，有泉自上溜下，其地不干	如（茹）茅、走（蓶）（疑为生于高山的禾本科植物）	樠（落叶松）	2
复吕（複蔞）	重山之顶巅	鱼肠（当系女肠，紫菀属）、莸（莸为有气味的植物）	柳	3
泉英	两山相重而有泉者	蘄（山蘄，当归）、白昌（水菖蒲）	杨（山杨）	5
山之材（尉）	低山而有杂木的地带	莌（莶）（豨莶草）、蔷（蔷蘼，麦门冬）	格（椵）（梓属）	14
山之侧	由山麓降至山下之处	蔄（旋花）、蒌（蒌蒿）	品（樞）榆（刺榆）	21

在叙述了各类土壤和土地的植被、水文、农牧业等情况后，《地员》的作者又举出一个有水有陆的小地形中植物分布由低而高的变化作为示例，并作出关于“草土之道”的概括：

凡草土之道，各有榖造，或高或下，各有草土（物）。叶（荷）下于鬵（芰或苽），鬵下于苋（莞）（莞丛生水中，似蒲而小），苋（莞）下于蒲（蒲草），蒲下于苇（芦苇），苇下于雚（萑）（小苇子），雚（萑）下于蒌（蒿蒌），蒌下于荓（扫帚菜），荓下于萧（艾蒿），萧下于薜（薜，莎草之类），薜（薜）下于萑（蓷）（益母草），萑（蓷）于茅（白茅）。凡彼草物，有十二衰，各有所归。

作者在这里通过实证性研究，揭示了植物按地势高低不同垂直分布的特点（图 5-1），并与前面所述平原、丘陵、山地三类地区植物的分布相呼应。所谓“榖造”，是“录次”的意思，所谓“草土之道”，就是指植物与土地（包括土壤和地形等因素）相互依存的客观规律。

图 5-1　植物垂直分布特点

从上面的叙述可以看出，先秦时代的人们不是孤立地看待土壤和土地，而是把它放在整个生态环境中，并着重从土地与植物的相互关系中去考察它。所谓“草土之道”就是对这种思想与理论的概括。中国的传统土壤学，实质上也是生态地植物学。

同时，中国传统土壤学与农业生产有密不可分的关系，并为农业生产服务。在有关土壤学的著述中，总是列举各种土壤和土地所宜生长的农作物、草木、畜鱼以至野生动物等，土壤的分类以土壤肥力的等差为基础，并重视各类土地的综合生产能力。所有这些都为因地制宜发展种植业和林牧渔各业提供了依据。

第三节　土脉论及改造土地环境的理论与实践

一　土　脉　论

（一）“土”与“壤”的区分

上面我们介绍了先秦时代人们对土地和土壤的分类；当时还有另一种分类的方法，这就是“土”和“壤”的区分。例如《周礼·大司徒》的“土宜之法”，就把“十二土”和“十二壤”并列在一起，两者的内涵显然有所区别。据郑玄的解释：“壤，亦土也，变言耳。以万物自生焉则言土；土，犹吐也。以人所耕稼树艺焉，则言壤；壤，和缓之貌。”这就是说，土是自然生成的，用现在的话说，就是自然土壤；壤则是经过人类的耕作活动而形成的，用现在的话说，就是耕作土壤（农田土壤）。郑玄的解释大体符合《周礼》的原意。在先秦秦汉古籍中，“壤”有时和“土”通用，有时则包含“肥美、和缓”等意义，以至作为代表一种优良的土壤类别①；“壤”源于“土”而优于“土”。这表明，两千多年前我国人民已经知道自然土在人力作用下，可以熟化为“壤”。这和现代土壤学所揭示的原理是一致的。

事实上，在古代以至现代生产力条件下，作物生长的外部环境条件中，气候是人们难以改变的，但土壤在很大程度上则是可以改变的，地形在一定程度上也是可以改变的。因此，我国古代人民总是把改善农业环境条件的努力侧重在土地上。对于这一点，先秦时代的人们已经有了明确的认识。例如，《管子·乘马》云：“春秋冬夏，阴阳之推移也，时之短长，阴阳之利用也，日夜之易，阴阳之化也。”然则阴阳正矣，虽不正，有余不可损，不足不可益也。天地（也），莫之能损益也；然则可以正政者，地也，故不可不正也”。《管子·乘马》的作者虽然是从为政的角度立论的，但其中的道理无疑是从农业生产中获得并推衍开来的。

（二）“土气”、“土膏”和“土脉”

作为我国人民改造土地环境的实践的结晶，并为之提供理论根据的就是“土脉论”。

① 《禹贡》“厥土为白壤”，马注：“壤，天性和美也。”“咸则三壤”，孔传：“无块曰壤。”《说文》：“壤，柔土也。”《释名》：“壤，瀼也，肥濡意也。”《玉篇》：“地之缓肥曰壤。”《说文句读》：“张华曰：凡土三尺以上为壤，三尺以下为土。则以上下言之，谓常耕治者为壤矣。”今人或谓“壤”字从“襄”，襄者助也，为人工培育之义（中国科学院自然科学研究所，中国古代地理学史，科学出版社，1984 年）。

它在西周末年已经形成了。《国语·周语上》载虢文公云：

夫民之大事在农。……古者太史顺时䚄（韦注，视也）土，阳瘅（厚也）愤（积也）盈，土气震发，农祥晨正（农祥，房星也。晨正谓立春之日，晨中于午也。农事之候，故曰农祥也），日月底于天庙，（底，至也；天庙，营室也。孟春之月，日月皆在营室），土乃脉发（脉，理也。《农书》曰："春土冒橛，陈根可拔，耕者急发。"），先时九日，太史告稷曰："自今至于初吉（按，初吉指每月上旬的吉日，这里指立春而言①），阳气俱烝（升也），土膏其动（膏，土润也；其动，润泽欲行），弗震弗渝（变也），脉乃满眚（灾也），谷乃不殖。"

这是中国农学史上十分重要的一段文字，其中第一次提到了"土气"、"土脉"、"土膏"等概念。"气"在我国古代人的心目中是一种具有广泛功能的、能够流动的精微物质；是一个笼统的、内涵丰富的概念。人们在反复的农业实践中发现，每当春暖解冻，土壤中的水分和养分开始流动，土壤呈松解状态，这正是春耕的适宜时节。土壤温湿度的变化，水分、养分、气体的流动的综合性状，被概括为"土气"。"膏"的原义是猪等动物的脂肪，是我国上古主要的食用油脂，人们又用它来调制化妆品，润滑车毂等；于是又取得甘美、润泽等意义②，有时也表示物之精华③。"土膏"则是指土壤中某种肥沃润泽的精华之物④。"土气"就其主要成分和内容来说，可称为"土膏"。"脉"是气血相互连贯的通道，并用以喻指象血脉那样相互连通自成系统的事物。"土脉"是指"土气"或"土膏"有规律的博动和流通。所以"土气"、"土膏"和"土脉"是相互依存、三位一体的。

（三）水与土的关系

在这里，还应该谈一谈古人对水与土关系的认识。先秦时代的人们很早就把水和土联系在一起。认为人们赖以生存的财富都是水土所演生的。如《国语·周语上》说："夫水土演而民用也，水土无所演，民乏财用，不亡何待！"《管子·禁藏》则说："夫民之所生，衣与食也；食之所生，水与土也。"但水和土是一种什么关系呢？《管子·水地》：云；"地者，万物之本原，诸生之根菀，美恶、贤不肖、愚俊之所生也。水者，地之气血，如筋脉之流通者也。"⑤ 这里把水视为"地"之血脉，与上引《国语·周语》文把"土气""土膏"和"土脉"相联系，是十分相似的。"土膏"，韦昭把它释为土之润泽；或释"膏"为"神之液"；可见"土膏"是离不开水的。而"土膏"或"土气"之流通与博动就是"土脉"。当然，"土膏"不光指土壤中的水分，它也包括了土壤中可供作物生长需要的各种养分在内；因为这些养分只有融解或融混于水中，才能被土壤所吸收利用，所

---

① 金景芳，古史论集，第381～384页。韦注谓"二月朔日也"，误。

② 《礼记·内则》"沃之以膏曰淳熬"，《诗经·卫风·伯兮》"岂无膏沐，谁适为容"，用的是"膏"的原义。《山海经·海内经》"西南黑水之间有都广之野，后稷葬焉，爰有膏菽、膏稻、膏黍、膏稷"，《礼记·礼运》"天降膏露"，膏是甘美义；《诗经·曹风·下泉》"芃芃黍苗，阴雨膏之"，膏是润泽义，故《广雅·释言》谓"膏，泽也"。

③ 《穆天子传》卷一："曰：天子之瑶，玉果、璿珠、烛银、黄金之膏。"郭璞注："金膏亦犹玉膏，皆其精汋也。"《春秋元命苞》："膏者神之液。"

④ 后世习称肥沃的耕地为"膏壤"或"膏腴"。如潘岳《籍田赋》："沃野坟腴，膏壤平坻。"

⑤ 《水地》又说："水者何也？万物之本原也，诸生之宗室也，美恶、贤不肖、愚俊之所产也。"与上引文对"地"的表述基本一致，也反映了对水与土地之间密切关系的认识。

以人们把水突出出来。所以《水地》所论与土脉论是相通的。

古人所说的“土脉”，可以理解为土壤的肥力，或土壤肥力的基础；“土脉论”的提出，标志着我国先民在一定程度上认识到肥力（气脉）是土壤的本质。[①]人们把土壤看成是有气脉的活的机体，也就是说，把土壤及其肥力是可以变动的、运动着的物质。而人们是可以干预这种变化的。《吕氏春秋·任地》“地可使肥，又可使棘（瘠）”，就是对这种认识的一种概括[②]。《周礼·大司徒》作出“土”和“壤”的区分，也表明人们已经认识到，通过人类的农业活动，可以使自然土壤发生适合人类需要的变化。这些思想理论和方法的产生，在土壤学史上具有里程碑和转折点的意义。

二　对土壤环境的改造

在传统农学思想指导下，先秦时代对土壤环境的改造是综合性的，主要措施有耕作、施肥、排灌、农田结构的改良和耕作栽培制度等。下面只就土壤耕作和农田施肥两个方面略作介绍。

先秦时代的土壤耕作包括耕、耰、耨三个环节。春秋战国时期，土壤耕作技术和理论发展到了一个新的阶段。为了正确估量这种发展，需要对就这一发展的起点有所了解。

（一）耕种耰的关系

土壤耕作并非与农业一同产生的。我国近世仍然保存原始农业遗风的一些少数民族，如云南西部的独龙族、怒族、傈僳族等，在很长时期内不知土壤耕作为何物，只是将准备垦种的土地上的林木砍倒烧光，旋即用尖头木棒挖土点种，不复翻土，年年易地，是谓“刀耕农业”。虽说播种以前不必翻土，播种以后却一定要覆土，以防种子晾晒干死和鸟兽啄食诸害。而其时的覆种，仅仅以足踩或用木锄、木耒、竹帚等拨掩，以种不外露为度[③]。即使进入锄耕农业阶段以后，土壤耕作也只是播前的简单松土。

我国中原地区上古时代也有类似情况，在很长时期内，耕依附于种，甚至可以视为播种活动的一部分；但由于黄河流域春旱多风，播后要迅速覆土摩平，以利保墒全苗，这就是“耰”。所以我国上古时代总是以播种为中心，“耕”中含种，而耕耰相连的。

今本《说文》耒部：“耕，犁也，从耒，井声。一曰古者井田。”但古本《齐民要术》引《说文》却作“耕，种也。”看来，《齐民要术》引用的是当时所见的古本《说

---

① 这种土脉论为后世农学家所继承，并把用和土宜论结合起来。如陈旉说：“土壤气脉，其类不一，肥沃硗确，美恶不同，治之各有宜也。”（《农书·粪田之宜篇》）明代马一龙径说：“土，地脉也。”（《农说》）这和我们现在所说的“肥力是土壤的本质”并不抵牾。

② “地可使肥”，下节谈对土壤环境的改造，就是在这种思想的指导下进行的。“地可使棘”，当时也确实存在因土地使用过度或不当而造成地力下降乃至衰竭的现象，可参看第七章第三节中关于帛书《经法》等篇“三才”理论的论述。

③ 李根蟠、卢勋，中国南方少数民族原始农业形态，农业出版社，1987年。

文》，而今本《说文》这一条则是经过后人修改的①。因为耕字形成之时，大概尚未有犁耕，起码犁耕尚不普遍。而《说文》的耕字从耒从井，井字中间有一点，是用耒在井田中挖土点播的意思②。这表明上古时代“耕”和“种”密不可分，“耕”即是种，或包含了种。先秦古籍中以“春耕、夏耘、秋收、冬藏”（或前三者）概括全年农事活动③，好像没有谈到“种”，其实，说“耕”即已包摄播种之义④。“耰”也可以追溯到很古老的时代，如《吕氏春秋·恃君览·长利》载尧舜时代的伯成子高“耕在野，……协而耰”。耰的本义是覆土，后兼有碎土之义，以后又出现专用的工具，也称为耰⑤。《诗经·大雅·大田》：“大田多稼，既种既戒，既备乃事（以上指备耕，包括准备和处理种子），以我覃耜，俶载南亩，播厥百谷。”孔疏：“《论语》云长沮桀溺耦而耕，即云耰而不辍。注云：耰，覆种也。是古未解牛耕，人耕即下种，故云民既炽菑，则下其众谷。”其说甚是。长沮桀溺耕耰配合的“耦耕”，实际上是一种以播种为中心的农事活动。

由于耕耰这种保墒耕作技术的发展，又出现了“解衣耕”的技术。《说文》：“𧝓，《汉令》：‘解衣耕谓之襄。’从衣，𤕦声（息良切）。𡨥，古文襄。”从襄字古文的形态看，确是农人手持耒耜耕作的象形。那为什么襄字要从衣呢？陆宗达认为，衣是指地的表皮。在天旱时，先铲除耕地的表层，把又干又硬的土皮扒开，然后用表层下湿润的土播种撒子，再用表层的土覆盖上去，以待其发芽生长。古代管这种耕作方法叫“襄”，其作用是防旱保墒。陆氏又指出，古书中多在“除土”、“反土”的意义上使用“襄”字，如《左传》定公十年：“葬定公，雨，不克襄事。”“襄事”即指除土、反土的工作；虽然不是种庄稼，但工序是一致的。所以，“襄”作为“解衣耕”的明确记载虽然始见于《汉令》，但这种技术春秋战国时代应已出现⑥。

春秋战国耕作技术和耕作理论的发展可以概括为以下两个方面。

1．“深耕、疾耰、易耨”

这方面的记载很多，如“深耕而疾耰之”（《国语·齐语》），“深其耕而熟耰之”（《庄子·则阳》），“深耕易耨”（《孟子·梁惠王上》），“耕者且深，耨者熟耘”（《韩非子·外储说左上》）“五耕五耨，必审以尽”（《吕氏春秋·任地》）等等。这些记载是前

① 《古本考》云：“涛按：《齐民要术》卷一引作‘耕，种也’，盖六朝本如此。止观《辅行传·宏决》一之四引‘耕，犁也’，是唐本已与今本同矣。”《说文解字校录》和《说文解字义证》也说《齐民要术》引《说文》作“耕，种也”。（以上均转引自丁福保《说文解字诂林》）这说明他们所看到的古本《齐民要术》是这样的。今本《齐民要术》与今本《说文》同。

② 现在能够识别的甲骨文中无“耕”字，表示耕作的唯一的字是“耤”字，乃一人蹠耒或扶耒而耕的形象。金文中加“昔”字作声符。这大概就是耕字的初文。后来，由于“藉（耤）田”礼制度的建立，“耤”为帝王自耕专用，于是又另造一个“耕”字来表示耕作。

③ 如《荀子·王制》：“春耕、夏耘、秋收、冬藏，四者不失时，故五谷不绝，而百姓有余食也。”《淮南子·人间训》引魏文侯语：“民春以力耕，夏以强耘，秋以收敛。”

④ 《易·无妄》六二爻辞：“不耕获，不菑畲。”以“耕获”代表全年农事，“耕”也就是“种”，故以“获”为对文。

⑤ 学术界有人认为耰原是一种摩田器，用以碎土，亦作覆种之用，与“耰”的字义演变刚好相反，是难以成立的。详见，李根蟠，说“耕耰”，平准，第2集，中国商业出版社，1990年。

⑥ 陆宗达，《说文解字通论》，第165～166页。陆氏又认为，《说文》无墒字，土部：壤，柔土也。柔土含湿度宜于耕作，壤即今墒字。张祥龄的《释襄》指出：“𧝓从衣从𤕦，𤕦从畴（㽙），含有耕作之意。又认为，襄字从衣取义于农夫的“脱衣就功。”（见《说文解字诂林》）可备一说，仍以陆氏的解释为胜。

代所无的。

春秋战国时代之所以能够提出上述技术原则，一方面是由于铁农具的推广应用提供了“深耕、疾耰、易耨”的可能性，另一方面则是由于人们在农业实践正反两方面的经验教训中提高了对精耕细作增产作用的认识。最有代表性的是《庄子·则阳》下面上段话：“昔予为禾，耕而卤莽之，则其实亦卤莽而报予；耘而灭裂之，其实亦灭裂而报予。予来年变齐，深其耕而熟耰之，其禾繁以滋，予终年厌餐。”战国诸子中类似的言论颇多①。而《管子》甚至将是否“深耕易耨”作为判别一个国家粮食生产富余还是不足的重要标志：“行其田野，观其耕耘，计其农事，则饥饱之国可知也。其耕之不深，耘之不谨，地宜不任，草田多秽，耕者不必肥，荒者不必硗，以人猥计其野，草田多而辟田少者，虽不水旱，饥国之野也。”

关于深耕的具体要求，《吕氏春秋·任地》提出“其深殖之度，阴土必得”，即要求耕到地里有湿土的地方，即现在所说的“耕地要见墒”的意思；又指出深耕能使“大草不生，又无螟蜮（蟥）”②，从而达到“今兹美禾，来兹美麦”的效果。

春秋时代的耰，在许多场合下，仍然是与播种相联系的覆种和平土。如《国语·齐语》“及耕，深耕而疾耰之”，《管子·小匡》记同一件事作“深耕、均种、疾耰”，可见“耕”包括了种，而耰是覆种。又提出了“疾耰”和“熟耰”的技术原则。“疾耰”是要求在播种后迅速及时碎土覆种，不用多说。关于“熟耰”，《吕氏春秋·辩土》说：“熟有（为）耰也，必务其培，其耰也植（稹），植（稹）者其生也必先；其施土也均，均者其生也必坚。”③“稹”作“致密”解。这段话的意思是，“熟耰”就是要做好覆土（“培”）的工作，覆土要致密和均匀。覆土致密，种土相亲，出苗才快；覆土均匀，庄稼的根子才能长得坚实。致密和均匀，就是“熟耰”的具体要求。耰，高诱注释为“覆种”，但从“稹”、“均”、“坚”等技术要领看，它已经包含了“摩平”之义。黄河流域春旱多风，土壤蒸发量大，“疾耰”和“熟耰”是适应这种自然环境而创造的抗旱保墒整地技术，是从早期粗放耕作向以“耕、耙、耮”为中心的旱地精耕细作技术体系过渡的环节之一。

我国开始中耕除草不晚于商代，西周时中耕备受重视。春秋战国时中耕技术和理论又有所发展。请看以下记载：

> 日服其镈，不解于时（《国语·周语》上）。
>
> 时雨既至，挟其枪刈耨镈，以旦暮从事于田野（《国语·齐语》）。
>
> 如农夫之务去草焉，芟夷蕴崇之，绝其本根，勿使能殖，则善者信矣（《左传》隐公六年）。
>
> 譬如农夫，是穮是蓘，虽有饥馑，必有丰年（《左传》昭公元年）。
>
> 夏三月，天地气壮，大暑至，万物荣华，利以疾薅杀草秽（《管子·度地》）。
>
> 凡禾之患，不俱生而俱死。是以先生者美米，后生者为粃。是故其耨也，长

① 如《荀子·天论》：“楛耕伤稼，楛耘失岁……田秽稼恶。”《富国》：“田肥以易则出实百倍。……田瘠以秽则出实不半。”“田肥以易”是精耕细作的结果，“田瘠以秽”则是粗放耕作所致。

② 据夏纬瑛《吕氏春秋上农等四篇校释》校改。《说文》：“螟，虫食谷叶者，”“蟥，虫食苗叶者。”

③ 据夏纬瑛《吕氏春秋上农等四篇校释》校改。

其兄而去其弟。树肥无使扶疏，树墝不欲专生而族居。肥而扶疏则多秕，墝而专居则多死。不知稼者，其耨也，去其兄而养其弟，不收其粟而收其秕；上下不安，则禾多死。厚土则孽不通，薄土则蓄䆉而不发（《吕氏春秋·辩土》）。

从上述记载中，可以看出当时的中耕包含了多项内容，而且每项内容都已提出了具体的技术要领。

除草 称“耨”、“耘”、“穮”①。除草要“疾”、“易”（易也是速、疾之意），要“绝其本根，勿使能殖”，而且要“日服其镈，不解于时”，“旦暮从事于田野”。时雨既至即开始进行，因雨后杂草容易生长，要抓紧防除，亦有利于保墒。这已是后世“锄早、锄小、锄了、锄不厌数”的滥觞。

培土 称“蓘”，或称“耔”②。培土不能太厚，也不能太薄。“厚土则孽（按即“蘖”）不通，薄土则蓄䆉而不发”。意思是培土厚了，分蘖长不出来；培土薄了，分蘖太多，不足以支持禾苗向上拔节③。

间苗 称为“耨”。《吕氏春秋·辩土》首次论述了间苗问题，提出了“长其兄而去其弟”（即留大去小、留壮去弱）的间苗原则，因为庄稼不同时出苗，却同时收获，所以“先生者美米，后生者为秕”；又从正反两方面论述了“长兄去弟”和“长弟去兄”的不同后果。间苗还有一个重要的作用是使禾苗能保持适当的密度，而禾苗的稀密又要视土壤的肥瘠而定：“树肥无使扶疏，树墝不欲专生而族居”；意思是“肥沃土壤的苗要防止长得太繁茂，瘠薄土壤的苗不宜太稀而要簇居”。因为肥而繁茂会多秕籽，墝薄稀疏的苗容易死亡（“肥而扶疏则多秕，墝而专居则多死”）。这是关于“肥田宜稀，薄田宜密”的合理密植原则的最早记述④。

2.“耕之大方”

《吕氏春秋·任地》云：“凡耕之大方：力者欲柔，柔者欲力；息者欲劳，劳者欲息；棘者欲肥，肥者欲棘；急者欲缓，缓者欲急；湿者欲燥，燥者欲湿。”这段话的大致意思是：刚硬的土壤要使它柔软些，柔软的土壤要使它刚硬些；休闲过的土地要开耕，耕作多年的土地要休闲；瘦瘠的土地要使它肥起来，过肥的土地要使它瘦一些；过于着实的土地要使它疏松一些，过于疏松的土地要使它着实一些；过于潮湿的土地要使它干爽些，过于干燥的土地要使它湿润些⑤。显然，这些耕作原则的提出，是建立在“土壤及其肥力

---

① 《左传》昭公元年杜预注：“穮，耘也。”《说文》训“穮”为“耕禾间”，已接近于今日“中耕”的概念。

② 《左传》昭公元年杜预注：“壅苗为蓘。”《诗经·小雅·甫田》：“或耘或耔。”毛传：“耔，雝（壅）本也。”

③ 根据陈奇猷《吕氏春秋校释》的解释。夏纬瑛《吕氏春秋上农等四篇校释》认为这里讲的是覆种，不符合引文原意，陈奇猷已经驳正。

④ 上述解释根据游修龄先生审阅本篇初稿时提出的意见添补。

⑤ 这段文字的意译主要根据夏纬瑛《吕氏春秋上农等四篇校释》。在上述五对相互对立的性状中，劳息、肥棘、湿燥的含义都比较明显；最难区分的是力柔和急缓。高注：“急者谓彊垆刚土也，故欲缓；缓者谓沙堧弱土也，故欲急。和二者之中，乃能殖谷。”夏纬瑛认为，力与柔相对，当然是指刚土，高氏现在把急和缓解释为刚和弱，没有和力与柔这对性状区别开来，故不取。夏氏根据下文“人肥（耜，即耕）必以泽，使苗坚而地隙；人耨必以旱，使地肥而土缓”，认为“隙”和“缓”义近，都有“疏和”之义；而与此相对的“急”，应指“着实”。陈奇猷从之。王毓瑚认为，高注未可轻易否定，“力”和“柔”也许是“有劲”、“没劲”的意思。《中国农业科技史稿》则以土壤肥力释放的快慢来解释“急”和“缓”。这两种解释都有道理，但训诂学上的根据不足。按“力”有强坚义，训“力土”为刚土可通。姑从夏说。但这个问题还可以进一步探索。

是可以变动的”这样一种理论的基础之上的。文中对土壤性状这五对矛盾的处理原则，是“调和折中”四个字，使无太过，亦无不及；在《氾胜之书》中首次明确载录的“和土”的原则，在这里已经呼之欲出了。

上述土壤性状的五对矛盾，在一定意义下可以归结为一对矛盾，即“肥”与“瘠”的矛盾。而这对矛盾是可以相互转化的。所以《任地》又说：“地可使肥，又可使棘。”这里的“肥”，应作广义的理解，包括土壤中比较适合农业生产的一些性状。《任地》的作者认为，适当的土壤耕作措施是使土壤转化到比较理想状态的重要手段。例如，“人肥（耜，即耕）[①] 必以泽，使苗坚而地隙；人耨必以旱，使地肥而土缓”。这是说：耕地要在土壤尚湿润的时候进行，这样可以使土壤疏松，种上去的庄稼容易踏根；天旱时要抓紧锄地，以减少土壤水分的发散，增加土壤的持水能力和疏松程度。[②] 可见中国古代很早就认识到中耕除草的御旱改土作用。而“泽耕旱耜”只不过是通过耕作措施改良土壤的一个示例而已[③]。

对土壤的改良也可以利用自然的力量进行。《礼记·月令》：

季夏之月……土润溽暑，大雨时行，烧薙行水，利以杀草，如以热汤，可以粪田畴，可以美土彊。（郑玄注：润溽，谓涂湿也。薙，谓迫地芟草也。此谓欲稼莱地，先薙其草，草干烧之，至此月大雨，流水潦畜于其中，则草死不生，而地美可稼也。粪、美互言耳。土彊，彊檗之地。土润溽，膏泽易行也。《薙人》掌杀草，职曰：“夏日至而薙之，……如欲其化也，则水火变之。”）

这是说，夏天把休闲地上的草莱割除，晒干烧掉；等到季夏之月下大雨时，把热汤一样的水潦蓄在田中，草根容易烂死，等于给田畴加肥，可以使坚硬难耕的土壤变得肥美。《夏小正》“七月灌荼”，与此相似。可见其起源颇早。这些活动是在休闲地上进行的。郑玄认为《周礼·薙氏》的除草活动在休闲地（莱）上进行，这是对的。看来当时的休闲地是要采取一定的措施来改善其土壤状况的。从这一记载中，我们可以进一步理解《任地》所说“息者欲劳，劳者欲息”的意义。

除了“耕之大方”外，《任地》作者又提出了对不同地形土地利用的原则。这就是“上田弃亩，下田弃甽”。夏纬瑛指出，“上田”是高旱的田；“下田”是下湿的田。“亩”是经耕整后田中所起的垄；“甽”是垄和垄间凹下的小沟。高旱的田，要把庄稼种到凹下之处（凹畦种植），而不种在高出的亩上；下湿的田，要把庄稼种在高出的地方（高畦种植），而不种在凹下的甽里。这就叫做“上田弃亩，下田弃甽”。[④] 前者是避其湿，后者是避其燥。至于上田和下田的不同的土壤耕作原则，《辩土》提出“上田则被其处，下田则尽其汙”。夏纬瑛指出，高旱的“上田”需保墒，低湿的“下田”要排水。“上田”易干，故先耕，耕后必耰摩以保墒，故说“上田被其处”；谓其得覆被以处而可保存水分。下田易湿，宜后耕以排水，故说“下田尽其汙”；言其得散尽汙水。

---

① 据俞樾意见校改。转见夏纬瑛《吕氏春秋上农等四篇校释》。

② 夏纬瑛说，这里的“肥”字是广义的，土地能保住水分，也就是所谓“肥”了。

③ 夏纬瑛说：“人肥（耜，即耕）必以泽，使苗坚而地隙，人耨必以旱，使地肥而土缓”，是承“地可使肥，又可使棘。”来说的。这一语，并非只是说“棘肥”问题，舨实在代表着上文“棘者欲肥，肥者欲棘；急者欲缓，缓者欲急；湿者欲燥，燥者欲湿”等原则的意义而言的；“耜泽耨旱”也不过是举的一个例子而已。

④ 夏纬瑛，《吕氏春秋上农等四篇校释》，农业出版社，1964 年，第 37 页。

以上这些原则的提出，反映了先秦时代人民改造土壤环境，变不利条件为有利条件的努力。也体现了力图使土壤矛盾着的性状中偏颇的一面向另一方面适度转化的思想。

总之，先秦时代耕作改土的理论基础正是土脉论和土宜论。而对这些理论作为系统记述的则是《吕氏春秋·任地》等篇。

（二）“土化之法”——“粪”与“粪种”

施肥是给作物创造良好土壤环境的另一重要措施。中国何时有意识地在农田中使用肥料，学术界有不同看法。有的学者认为殷代已经开始施肥，但还难以论定。不过，战国时代施肥已经受到比较普遍的重视，则是明显的事实。当时的人们要求“积力于田畴，必且粪溉”（《韩非子·解老》），而“多粪肥田”已经成为“农夫众庶”的日常任务了（《荀子·富国》）①。战国时代还没有出现关于农田施肥原理原则的系统总结，但是仍然有一些线索表明，当时的农田施肥活动是以承认土壤肥力可以变化的土脉论为指导思想的。例如，《周礼·地官·草人》云：“掌土化之法以物地，相其宜而为之种。”（郑注：土化之法，化之使美，若氾胜之术也。）所谓“土化之法”就是人为使土地变得肥美而适合农作需要的办法。这种方法的理论基础显然是“土脉论”。

中国肥料古称“粪”。在甲骨文中，“粪”字作“[illegible]”，乃双手执箕弃除废物之形。《说文》“粪”字作“[illegible]”。“粪，弃除也，从廾推𠦒弃釆也。官溥说，似釆非釆者矢字。”可见“粪”字的本义弃除废物，后来，人们把包括人畜粪溺在内的废弃物施用于土地，“粪”就逐渐变为肥料和施肥的专称。“粪”字字义的这种变化，说明中国人很早就懂得农业内部的废物利用，变无用之物为有用之物。

先秦时代，“粪”和“播”二字有时可以通用。如《老子》中有“却走马以粪”的话，魏源《老子本义》：“粪，傅奕（本）作播，古字通。”②“却走马以粪”也可以写作“却走马以播”，即把原来的战马用于耕播③。《孟子》中的“凶年粪其田而不足，则必取盈焉”（《滕文公上》），“耕者之所获，一夫百亩；百亩之粪，上农，夫食九人，上次，食八人……”（《万章下》），其中的“粪”字都应该读为“播”，才能文从字顺，如果按照传统

---

① 《说苑·建本》：“孟子曰：人知粪其田，莫知粪其心，粪其田莫过利苗得粟，粪心易行而得其所欲。”用农田施肥比喻修心养性，亦可见“粪田”已较普遍。

② 《说文》的“粪（[illegible]）”字亦与“播”字有关，“粪”所从之“釆”，官溥说是“矢（屎）”字，似乎不对。《说文》中有“釆”字，谓系兽爪之形，训为“辨”；或说其后或演变为“番”。但《说文》中又有古文“番”作“[illegible]”，从“釆”从手形。段注：“按《九歌》‘[illegible]（[illegible]）芳椒兮成堂’，王注：‘布香椒于堂上也。’[illegible]一作播，丁度、淇兴祖皆云‘[illegible]，古播字’。”《隶释》载《汉幽州刺史朱龟碑》“播芳馨”，《魏横海将军吕君碑》“遂播声兮芳表”，播均作“[illegible]”。《说文》：“播，穜（种）也，一曰布也。”“[illegible]”从“釆”从手形，疑即以手在阡陌纵横的田中点播或是撒布种子之形；乃“播”字之初文。《说文》“粪”字所从之“釆”，或与“播”有关。“播”有时也像“粪”一样，可以训为“弃除”。如《楚辞·思古》“播规榘以背度兮”，注：“播，弃也。”这也从一个侧面说明“粪”与“播”可以相通。

③ 若把“粪”释为肥料，是以马粪为肥料呢？还是用“走马”拉肥料呢？还是稀里糊涂的；不如把“粪”解释为播清楚。

的注释作“肥料”或“施肥”解，就显得窒碍难通①。

为什么“粪”和“播”可以相通呢？这和原始的施肥方式有关。上文谈到，我国上古没有独立于播种之外的耕作，因此最初的施肥方式大概是把肥料和种子混和在一起播种，而不可能象后来那样把基肥施放到田中，然后再进行翻耕。这有些类似于后世的所谓“种肥”。施肥和播种合二而一，所以“粪”和“播”在一定条件下也就可以通用了。

了解了这一点，对我国上古时代的“粪种”，也可以获得新的理解。《氾胜之书》说：“汤有旱灾，伊尹作区田，教民粪种，负水浇稼。”“粪种”是否伊尹所创，姑且勿论，但粪种在各种施肥方式中，如果不是最古老的，也应该是最古老的方式之一。“粪种”的方法，见于《周礼·草人》，但语焉不详，只说什么土壤用什么兽类（“凡粪种，骍刚用牛，赤缇用羊，坟壤用麋，渴泽用鹿，咸舄用貆，勃壤用狐，埴垆用豕，彊檃用蕡，轻爂用犬”）。郑玄注云：“凡所谓粪种者，皆谓煮取汁也。”即以不同兽类的骨汁渍种，使用于不同类型的土地上。他又引郑司农曰：“用牛骨渍其种也，谓之粪种。”这种解释受到宋以来一些学者的驳难，如清代的江永认为骨汁渍种不能使土地“化之使美”，粪应施于地中，“如用兽，则以骨灰撒诸田”，而不是用于渍种，“粪种”的“种”字应读四声（粪其地以种禾），而不是读三声（粪渍其种子）等等②。现代学者多从其说，已经基本上不采用二郑的说法了③。但二郑去古未远，郑康成又当过管理经济的大司农，他们的解释未可轻易否定。江永是用后世施肥的概念衡量上古时代的“粪种法”，也未必见得是妥当的。其实从《周礼》的原文看，分别用九类不同的兽粪或兽骨灰施用于九类不同的土地中，是无论如何也做不到的；但用九类不同兽骨渍种施用于不同类型的土壤中则是可能的。我们认为，“粪种”最初应该就是下粪和播种紧密相连的原始施肥方式，以后为了避免直接用畜粪拌种容易灼伤种子的弊病，可能发展为以动物骨汁渍种的方法，而仍然沿用“粪种”之名。这种原始的施肥方式，确实是存在过的。如，《氾胜之书》引述“伊尹”区田粪种法中，就有“区种粟二十粒，美粪一升，合土和之”的记载，多少保存了古代“粪种法”的遗意；而“取雪汁渍原蚕矢，五六日，待释，和谷（如麦饭状），种之”，不也是和骨汁渍种相似吗？其实，“溲种”也是从古老的“粪种”演化而来的，这个问题，留

---

① 上引《孟子·滕文公上》文是讲“校数岁之中以为常”的贡法的弊端的，如果把“粪”作施肥解，就很别扭。《孟子正义》引孔广森说，以为“粪其田而不足”，是指“其所获不足之处以偿今年粪田之费”，似乎当时已经流行使用商品肥，尤觉牵强。但如把“粪”解作“播”，则这句话的意思只是说，凶年农民连播种的种子都不够，还要按常额纳“贡”，是很不合理的。上引《孟子·万章下》文，若释“粪”为肥料，“百亩之粪”直译就是“一百亩的肥料”或明或暗“一百亩的施肥”，这和“上农，夫食九人”，如何连得起来呢？赵岐注：“百亩之田，加之以粪，是为上农夫，其所得谷，足以食九口”，痛快倒是痛快，但显然是增字解经。而且，用粪的叫“上农夫”，难道中农和下农就一定不施肥吗？其实，这里的“粪”应作播解，而它又是与上文的“耕者之所获，一夫百亩”，相呼应的。意指百亩播种之所获，能供养多少人吃饭。

② 见孙诒让《周礼正义》引江永说。孙诒让指出江说本于南宋项安世。项安世说：“粪种者，积壅秽以培毓之，今南方田皆然。郑司农以为以兽骨汁渍其种，失矣。”（《周礼订义》卷二十七引）其实对郑注持异议者，还可以追溯到北宋王安石的《周官新义》和刘执中的《周官中义》。刘氏说：“……又取九兽之粪，以化其土，然后种之。非特用其粪，以令其民薙草而灰之，以和其粪，则地有可化之理……”转引自：萧璠，“粪种”试释，食货月刊，第16卷，第9，10期，1987年12月。

③ 黄中业，《“粪种”解》，历史研究，1980年，第5期。又见《中国农业科技史稿》第129页。均谓“粪种”系用兽粪施之于田。

待下编再说①。

肥料除了来源于人们生产和生活中的废弃物之外，还来源于自然界的天然物。人们很早就认识到，田间杂草腐烂以后也可以充当肥料。《诗经·周颂·良耜》说："其镈斯赵，以薅荼蓼；荼蓼朽矣，黍稷茂矣。"上文提到，在实行休闲耕作制的时期，人们已经有意识地把休闲田中的杂草锄掉或烧掉，并配合使用自然力，以达到肥田的目的，即所谓"烧薙行水"等。春秋战国时期人们还割草烧灰作肥料。《礼记·月令》"仲夏之月……毋烧灰"，云梦秦简《田律》"春二月……毋敢夜（择）草为灰"，从这类限制性的规定看，当时烧草木灰是相当普遍的，其中相当一部分应是用于施肥②。

（三）烧薙与淤灌

上文已经谈到，从虞夏到春秋，人们通过修建农田沟洫和建立合理的农田结构把低洼地改造为适于耕作的良田。战国时期，随着黄河流域大规模农田灌溉事业的发展，人们又创造了另一种利用自然物和自然力改良土壤的办法，这就是"淤灌"。这是利用黄土地区河流含沙量大的特点，把灌溉与肥田和改良盐碱地相结合。人们大概是从开垦被河水泛滥过的荒滩地的过程中获得启发，从而发明了淤灌和放淤的办法。不同于古埃及利用尼罗河定期泛滥来淤地，中国战国时代的淤灌是采取工程手段有计划进行的。《管子·轻重乙》提到"河淤诸侯，亩钟之国"，反映战国时代利用河水淤灌和放淤相当普遍。漳水十二渠和郑国渠正是这方面的成功范例。漳水发源于山西山地，在邺（今河北省磁县临漳一带）进入河北大平原，流势很急，每逢雨季，往往泛滥成灾；长期的泛滥，又形成严重的盐碱化土壤，被称为"终古斥卤"。魏文侯（前445～前396）和魏襄王（前318～前296）时，西门豹和史起先后兴修和改建漳水十二渠，采用淹灌洗碱和种植水稻相结合的办法，把盐碱瘠地改造成亩产一钟的良田③。郑国渠灌区位于陕西省关中盆地北部，那里原来的确是低洼积水盐碱地，也是古老的猎场。该渠始建于秦王政元年（前246），引泾水灌溉，全长三百余里。《汉书·沟洫志》称："渠就，用注填阏之水，溉泽卤之地四百余顷，收皆亩一钟。于是关中沃野，无凶年，秦以富强。"

先秦时代通过耕作、施肥、灌溉等措施改良土壤的活动，其理论基础正是"土脉论"和"土宜论"。这些活动导致了土地利用率的不断提高。在原始生荒耕作制下，人们还不知土壤耕作为何物；人们利用耒耜等农具进行土壤耕作后，才由生荒耕作制进入熟荒耕作制，这一过程在原始农业时代已经完成。夏商周三代，中国从撂荒制转入休闲制，人们的耕作技术也有了相应的提高，并在休闲地上采取了某些改良土壤的措施。春秋战国时代"深耕易耨"和人工施肥技术的发展，则导致了从休闲制向连作制的过渡。战国时代的土地利用率已经远远高于同时代的西欧。

---

① 《淮南子·泰族训》："后稷垦草发菑，粪土树谷，使五种各得其宜，因地之势也。"《人间训》有类似的记载。后稷时是否已经懂得施肥，尚无其他证据。说后稷时已"粪土种谷"，显然是把历史现实化了。但它反映了汉代重视施肥的事实，当时已"粪种"，而且"粪土"了。

② 烧灰不一定都用于施肥，也可能用作染媒或用以藏物。

③ 据《史记·河渠书》、《汉书·沟洫志》、《论衡·率性》、左思《魏都赋》等。

第六章　农业生物学知识的积累

第一节　农业生物学知识的积累及其在农业生产上的应用

从农业的总体来分析，农业技术措施可以区分为两大部分：一是适应和改善农业生物生长的环境条件，二是提高农业生物自身的生产能力。中国传统农业精耕细作体系包含上述两方面的技术措施。如何提高农业生物的生产能力，其技术措施也可以区分为两个方面，一是努力获取高产、优质或适合人类某种需要的家养动植物种类和品种；二是根据农业生物特性采取相应的措施，两者都是以日益深化的对各种农业生物特性的正确认识和巧妙利用为基础的。

先秦时代人们在农业生产实践中积累了相当丰富的农业生物学知识。这些知识和理论明显的特点之一，就是重视农业生物与环境条件的关系，重视农业生物体外部形态及其所反映的农业生物的特性，重视农业生物体内部不同部位和器官之间的关系，重视不同农业生物体之间的关系，重视农业生物群体生产能力的发挥，等等。总之，我们的祖先不是孤立地考察单个的生物体，而是从农业生物体内部和外部的各种关系中考察它，并把从这种考察中得来的知识用于农业生产中。下面分别予以介绍。

一　品种培育和对农业生物遗传变异性的认识

（一）作物品种培育

农业是从野生动植物的驯化开始的，这种驯化本身就是在自然选择基础上的人工选择。在野生动植物驯化为栽培植物和家养动物以后，这种人工选择仍未停止，从而培育出多种多样的品种来。

我国先民的选种活动可以追溯到传说中后稷教稼的时代。《诗经·大雅·生民》载：“诞！后稷之穑，有相之道；茀厥丰草，种之黄茂，实方实苞，实种实褎，实发实秀，实坚实好，实颖实栗。即有邰之家。”这首诗从“诞！后稷之穑（伟大啊！后稷的稼穑）”开始，在“实种（播种）实褎（发芽）”处分为两部分：在这之后讲作物从播种到成熟的过程，在这以前是播种前的准备工作。“有相之道”指选择耕地，“茀厥茂草”指清理场地，“种之黄茂，实方实苞”指选种。“黄茂”是光润美好，“方”是硕大，“苞”是饱满或充满活力。这是对选种的具体要求①。

以前人们一般认为《生民》所反映的是西周时代的情况。但《生民》是追述周族始祖弃的活动的，而周弃是在原始社会向阶级社会过渡的尧舜时代被任命为后稷的。原始时代是否可能出现选种活动呢？答案应该是肯定的。例如近世我国南方一些保留原始农业成分的民族，很早就开始选种和传种②。近年在江苏高邮龙虬庄新石器时代遗址第8-4文化层中，发现距今7000～5500年的炭化稻米，对炭化稻米的实测表明，第四文化层的炭化稻米粒长、粒宽、粒厚显著大于其他文化层，反映在栽培水稻的种质在驯化和选育的过程中获得明显的改良。与水稻种质改良相伴随，该遗址各层土壤水稻植物蛋白石含量分析表明，在1500年的原始稻作过程中，稻谷的产量增加了18倍。③这表明作物驯化和品种选育是分不开的；在一定意义上，选种是与农业同时发生的。

《周礼》中有一些关于种子工作的记载。如《天官·内宰》云："上春，诏王后帅六宫之人，而生穜稑之种，而献之于王。"（郑玄注：古者使后宫藏种，以其有传类蕃孳之祥，必生而献之，示能育之，使不伤败，且以佐王耕事，共禘郊也。）原始人把作物种子的蕃育与妇女的生育能力联系起来，认为能生育的妇女对种子的萌发生长能产生某种神秘的影响，于是形成了由妇女保藏种子之类的习俗。《内宰》所载，就是这种十分古老的习俗的遗留④。这种以古老习俗为外衣的良种保藏制度，在周代应该是实行过的。那么，当时是怎样保藏种子的呢？《天官·舍人》职文称："以岁时县（悬）穜稑之种，以共（供）王后之春献种。"（郑玄注：县之者，欲其风气燥达也。）这里悬挂的应是谷穗，目的是保持种子的干燥，与《氾胜之书》的办法很相似；若然，穗选在汉代之前早就出现了⑤。又，《地官·司稼》载："掌巡邦野之稼，而辨穜稑之种，周知其名，与其所宜之地以为法，而县于邑闾。"（郑玄注：遍知种所宜之地，悬以示民，后年种谷以为法。）这是一种品种调查的制度，反映当时对选种工作的重视和民间选种活动的普遍。

战国时人白圭说："欲长钱，取下谷；长斗石，取上种。"意思是说，如果想赚钱，最好收购低价的谷物做粮食生意；如果想增产，最好是采用优良的品种。这表明战国人已认识到选用良种是最经济的增产方法。

近年出土的湖北荆门包山楚简中，记载了公元前322年楚国11个地区为籴种而向国库贷款黄金。研究者指出，贷金籴种的目的，是为了在春耕时节向农民"贷种食"，而所籴之种则应是当地生产的水稻良种；因此，这些记载表明，在公元4世纪我国的水稻生产中，已存在大面积推广良种的意识⑥。

广泛的选种实践，已经取得了不少成绩。《诗经》中已有"秬"、"秠"（黍的两个品

---

① 夏纬瑛，《诗经》中有关农事章句的解释，农业出版社，1981年，第6页。

② 李根蟠等，中国南方少数民族原始农业形态，农业出版社，1987年，第73～75页。

③ 张敏、汤陵华，江淮东部的原始稻作农业及相关讨论，农业考古，1996，（3）；王才林、张敏，高邮龙虬庄遗址原始稻作遗存的再研究，农业考古，1998，（1）。

④ 参见梁家勉等：中国农业科技史稿，农业出版社，1989年，第132页。

⑤《周礼》是战国时人摭拾西周以来的文教制度而写成的，它使用的材料，或早或晚，需要与其他材料参证而定。但从有关民族学的材料看，有些尚保留许多原始农业成分的民族已经懂得穗选了。

⑥ 后德浚，籴种考，中国农史，1995，（4）。

种)、"穈"、"芑"[①]（稷的两个品种）等"嘉种"（良种）（见《大雅·生民》）和"重"（后熟）、"穋"（先熟）（见《七月》）"稙"（先种）"稺"（后种）（见《閟宫》）等品种类型的记载[②]。《管子·地员》记载了"九州"18类土壤所宜品种36个（其中脱漏2个），其中粟（包括秫和粱）的品种12个，黍（包括穄）的品种10个，水稻（包括粳稻）的品种12个（其中脱漏2个），大豆品种2个。这些只是当时众多品种中见于记载的一部分。

（二）植物无性繁殖

先秦时代在无性繁殖方面也取得了初步成绩。《韩非子·说林上》："夫杨，横树之即生，倒树之即生，折而树之又生。"这是对树木扦插成活的最早记载之一。树木的嫁接亦已发生。《尔雅·释木》云："休，无实李椦；椄虑李；驳，赤李。"无实李即无核李，椦即座，系砧木，椄即嫁接，虑李又称麦李，品种名，做接穗，驳代表嫁接后所得的杂种，叫赤李。[③] 其中"椄"字是上古时代表示嫁接的专用字。《说文》："椄，续木也，从木，妾声。"段注："今栽花植果者，以彼枝移接此树，而花果同彼树矣。椄之言接也。今接字行而椄废。"这说明我国嫁接技术的起源是很早的。

（三）对遗传性和变异性的认识

在选种育种的实践中，人们逐渐对生物的遗传性和变异性有所了解。《荀子·富国》："譬之若屮（草）木，枝叶必类本。"郑玄注《礼记》："类，谓比式。"孔颖达《礼记》疏："品物相随曰类。"《吕氏春秋·别类》云："夫种麦而得麦，种稷而得稷，人不怪也。"[④]相传春秋时代的计倪也说过："惠种生圣，痴种生狂；桂实生桂，桐实生桐"（越绝书·计然内经第五）。这些都是在我国古代文献中对作物遗传性的最早表述。

生物不但有遗传性，同时也会发生变异，在人工定向的培育下，变异更为明显。《尔雅·释鸟》云："舒雁，鹅；舒凫，鹜。"邢昺疏引李巡曰："野曰雁，家曰鹅。""野曰凫，家曰鹜。"鹅是由雁驯化而来的，鸭（鹜）是由凫驯化而来的；雁和凫经过人工驯化以后，性情变得舒驯，故称之为"舒雁"和"舒凫"。这表明人们已经认识到雁和凫在人工培育下所发生的变异。人们用"穜""稑"等表示早熟和晚熟的名词称呼不同的品种类型，也表明人们已经认识到同一作物的性状也会发生变异的事实。事实上，整个驯化育种工作都是实际上利用生物的遗传性与变异性，但要自觉地认识到这一点并上升为理论，却要有一个漫长的过程。

---

① 《大雅·生民》提到了"秬"、"秠"、"穈"、"芑"，以前人们一般认为是西周时代育成的品种。但《生民》是追述周始祖弃（后稷）的活动的，而周弃是尧舜时代的人物。甲骨文中已有"白稷"品种的记载（《合集》32014："……叀白稷登。三。……"），论者认为就是《诗经·生民》中的"芑"（毛传："芑，白苗也。"苗一般指粟，故《尔雅·释草》郭璞注训芑为"白粱粟"，稷也就是粟）。可见"芑"这个品种的出现不迟于商代，很可能要追溯到原始时代。此外，甲骨文中还有"白来"，是麦的一个品种，也就是《新五代史》《附录》第三《回鹘》所说回鹘"其地宜白麦"的白麦。见于省吾《甲骨文字释林·释黍、来、䅘》。

② "重"、"穋"相当于《周礼·内宰》的"穜稑之种"，郑玄注引郑司农曰："先种后熟谓之穜，后种先熟谓之稑。"《说文》："稑，疾熟也。"则"穜"（"重"）是指生长期长的晚熟品种，"稑"（"穋"）是指生长期短的早熟品种。可以先种的"稙"，应是比较耐寒的品种；需要后种的"稺（通稚）"则是比较不耐寒的品种。

③ 吴小航，我国接木的最早记载，农史研究，第五辑，农业出版社，1985年。

④ 《吕氏春秋·用民》也说："夫种麦而得麦，种粟而得粟，人不怪也。"

二 对农业生物体形态、生理特性及生物体内部相关性的认识和利用

我国古代人民对各种农业生物的外部形态、生理特点的观察是相当深入细致的，并据此采取不同的技术措施，以求取得最好的生产效果。

（一）对农业生物形态特点的认识

如甲骨文中，“禾”（）“黍”（）二字分别为粟和黍的象形，正确地把握了前者攒穗、后者散穗的特点。“来”（）字是小麦植株的形象，麦穗挺直有芒，加一横似强调其芒。“稻”（）[①] 字是从“水”之“”，既反映稻和黍一样是散穗的作物，又反映了稻需要在水田环境中生长的习性。“牛”（）“羊”（）二字表现了牛角向上弯、羊角向下弯的特征。“豕”（）是肥腹垂尾的猪的形象。犬（）是腹瘦尾卷的狗的形象。鸡（）字则是打鸣的公鸡的头颈部的特写。这些作物和牲畜的特点。都在甲骨文中表现得唯妙唯肖。

人们对生物形态的观察，并不停留在表面上，而是在肉眼能及的范围内，进到比较深入的层次。如《吕氏春秋·精通》说：“人或谓兔丝无根，兔丝非无根也，其根不属（也）[地]，茯苓（是）[通之也]。”[②] 尤其令人惊异的是古人早就发现大豆有根瘤。大豆古称“菽”，其初文“尗”在金文中亦作“”，一横表示地面，地面上有张开的子叶，地面下有附根的诸多根瘤，三点即喻其多。[③] 对鸟兽也有一些较深层次的观察。《尔雅·释鸟》：“亢，鸟嚨。聂粻，嗉。”郭璞注：“嚨谓喉嚨，亢即咽。嗉者，受食之处，别名嗉；今江东呼粻。”粻指食粮，嗉是鸟的食管末端盛食物的囊，俗称“嗉囊”。猴鼠一类动物颊中也有藏食的地方，叫做“嗛”。《释兽》云：“牛曰齝，羊曰齛，麋鹿曰齸，鸟曰嗉，寓鼠曰嗛：齸属。”据郭璞的解释，齝是指“食之已久，复出嚼之”；即反刍。齛和齸是齝的别称，它们都是反刍动物。这表明当时对牛羊等动物反刍的特性已经有所认识。但《尔雅》把有嗉的鸟类和有嗛的猴、鼠都和牛羊鹿一样归入“齸类”，则是不科学的。

人们对作物植株的各个部位有细致的观察，并以不同的词来称呼它们。如《吕氏春秋·审时》论“得时之稼”和“失时之稼”不同生产效果时，对作物茎、叶、穗等的性状及其相关性有比较详细的描述，兹把其中表示作物植株各个部位的名词列表 6-1。

表 6-1 《审时》所载作物植株各部位名称

古 名	今 名	备 注	古 名	今 名	备 注
本	植株基部	高注训根，误	节	节	
茎	茎秆		莩	麻着子花序	原作复，据夏释改
秱	穗轴	原作稠，据夏释改	荚	豆的荚果	
穗	穗		枝	豆茎分枝	
穖	小穗		秕	不孕小穗	
芳、房	子房		粟、粒	结实小穗	

应该说明的是，“本”本来既可作“根”解，也可作“干”或“植株基部”解；但具

① 此字以前一般认为是黍字的别体，游修龄先生考证后隶定为“稻”字。

② 据陈奇猷，《吕氏春秋校释》校改。

③ 胡道静，释菽篇，农书·农史论集，农业出版社，1985 年。

体到《审时》，则以后者为是①。除《审时》外还可以举出另外的例子。如《尔雅·释草》云："荷，芙渠。其茎茄，其叶蕸，其本蔤（茎下白蒻在泥中者），其华（花）菡萏，其实莲，其根藕，其中（莲中子也）的，的中薏（中心苦）。"② 在这里，已经对水生植物莲的各个部位作出细致的区分，并冠以不同的名称了；而"本"与"根"也是区分为两物的。

（二）对作物生理特性的认识

从《诗经》、《尔雅》等古籍看，古人很早就发现大麻是雌雄异株的植物，并分别予以命名：雌麻称"苴"，其子称"黂"，可供食用，列于"五谷"中；雄麻称"枲"，其表皮充当衣着原料③。对植物性别的这种认识，当时是处于世界领先地位的。

中国古籍中的"秀"字是表示禾本科作物的生殖发育过程的。《论语·子罕》："苗而不秀者有矣夫，秀而不实者有矣乎。"朱熹集注："谷之始生曰苗，吐华曰秀。"后世遂以开花为秀。但这是不确切的。《说文》"秀"字从禾从人，人字写成大肚子的样子，与孕字上部"乃"字相同，即有禾怀孕的含义。它是指禾的孕穗，俗称"做肚"。在古人的想象中，以为颖壳（"稃"）内老早有一个小小的"人"(仁)，这个人逐渐发育了、充实了，脱去稃壳就是米④，未脱去稃壳正在发育的状态就叫做"秀"。⑤ 它反映了古人对作物生殖生长观察的细致，在肉眼观测的条件下已经达到相当高的水平。

作物生长离不开水。早在甲骨文中就有不少关于求雨的卜辞。春秋战国时期，随着农业实践和农田水利的发展，人们对水与动植物生命活动的关系又有了新的认识。《管子·水地》云："是以水者，万物之准也……集于草木，根得其度，华得其数，实得其量。……万物莫不以生。"正是看到了生物生命活动对水的依赖，所以《水地》篇又明确地提出了水是"诸生之宗室"的命题⑥。

---

① 《吕氏春秋·审时》"是以得时之禾：长稠（稍）长穗，大本而茎杀，疏穖而穗大。"高注："杀，或作小。本，根也。茎稍小，'鼠尾'、'桑条'谷也。"夏纬瑛说："'大本而茎杀'，照高注所解，就是根大而茎小。但是，一种得时的谷子，生长得好，'长稍长穗'，怎样又能根大而茎小呢？'本'不是'根'的意思，应该是指植株的。"夏说是。但训"本"为植株，似嫌笼统；且容易与文中的"茎"相混淆。按，"本"有"根"义，亦有"干"义。如《广雅·释木》云："本，榦（干）也。"这里的"干"是指动植物的主体部分。《史记·魏其武安侯列传》引俗语曰："枝大于本，胫大于股，不折必披。"《后汉书·李固传》："犹扣树本，百枝皆动也。"这里与"枝"对言的"本"，就是指树干。故古籍中多有"本根"并言或分言的。如《国语·晋语八》："枝叶益长，本根益茂。"《左传》隐公六年："如农夫之务去草焉，芟夷蕴崇之，绝其本根，勿使能殖，则善者信矣。"崔寔《政论》："根拔则本颠。""本"亦可指物体的基部。如《齐民要术·养牛马驴骡第五十六》："尾本欲大而强。"这里的"尾本"是指尾部接近躯体的粗大部分。《齐民要术》卷十引《异物志》"交趾所产甘蔗特醇好，本末无厚薄，其味至均。"这里的"本"则指甘蔗接近根部的粗大部分。据此，我们认为，《审时》中的"本"应指植株的基部。《韩非子·扬权》："枝大本小将不胜春风。"《贾子·大都》："本细末大，弛必至心。"这些引文中的"本"都是指植株的基部，而不是指其根。

② 《淮南子·说山训》："譬如树荷山上……"高注："荷，水华，芙渠。其茎曰茄，其本曰密，本根曰耦，其花曰芙蓉，其秀曰菡萏，其实曰莲。连之（茂）[藏]者（花）[菂]，(花)[菂]之中心曰薏。"（据《说文》段注校改）其根据应该就是《尔雅》。

③ 《尔雅》："黂，枲实。枲，麻，别二名。""莩，麻田。"孙炎注："黂，麻子。""莩，苴麻盛子者。"

④ 段玉裁《说文解字注》米部："出于稃谓之米，结于稃内谓之人。"

⑤ 游修龄，释"秀"，农史研究，1983，(1)；中国稻作史，第70～72页。

⑥ 《水地》还由此推衍出去，把"水"看成是万物的本原。"水者何也？万物之本原也，诸生之宗室也，美恶贤不肖愚俊之者产也。"这是中国哲学史上第一次明确提出将一种物质作为世界万物的元素和本原的思想。

古人很早就注意到生物生长与阳光的关系。《诗经·大雅·公刘》记载早周时期人们选择耕地时就已“相其阴阳”。《管子·地员》记载了山地的阳坡和阴坡所生长的不同植物。动植物的向光性也受到人们的注意并加以利用。如《荀子·劝学》：“蓬生麻中，不扶自直。”这是当时流行的一句成语①。人们还利用动物的趋光性，夜晚举火来消灭危害农作物和果树的害虫②。

（三）对蚕的生理特性的观察与描述

《荀子》中有《蚕赋》一首，对蚕的生理特性作了生动的描述，其中写道：“此夫身女好而头马首者与？屡化而不寿者与？善壮而拙老者与？有父母而无牝牡者与？冬伏而夏滋③，食桑而吐丝，前乱而后治，夏生而恶暑，喜湿而恶雨，蛹以为母，蛾以为父，三俯三起，事乃大已。夫是之谓蚕理。”这首全文只有169个字的赋中，对蚕的有些生理特征的概括是相当准确的。例如，当时饲养的是一化性蚕种，四月底催青，五月上中旬孵化饲养，六月底以前化蛾产卵，此后进入十个多月的休眠状态（滞育期）；《蚕赋》用“冬伏而夏滋”这样简洁的句子来概括它。又如蚕儿吐丝作茧，开始吐的是乱丝，待至基本上形成茧框时，就改而有规律地吐出“8”字形的丝；《蚕赋》称之为“前乱而后治”。蚕卵孵化前虽然要经过“浴种”，但蚕儿生长其间，阴雨连绵、温度太高，会使蚕体因散发水分困难而衰弱致病；又，小蚕虽然要求较高的温度，但“营茧期”的大蚕，正值暑热的夏季，却会感到高温的威胁。“夏生而恶暑，喜湿而恶雨”比较准确地反映了蚕儿生长其间对环境条件的要求④。

（四）对生物体内部相关性的认识和利用

先秦时期人们在对生物体的观察中，已经注意到生物体内部不同部位、不同器官之间相互依存的关系，并巧妙利用这种关系，使之按人类所需要的方向发展。

如《左传》成公十七年载：“仲尼曰：鲍庄子之知不如葵，葵犹能卫其足。”古人以葵为菜，认识到葵有分蘖的特性，及时掐去旧叶而不伤其根，可以促其多长嫩叶，达到提高产量与质量的目的。故古诗云：“采葵不伤根，伤根葵不生。”所谓“葵犹能卫其足”，其实是人们为了对葵菜的利用能够持久而有意识地在采叶时保护其根。这一比喻反映了人们对葵菜各部位特性的深刻了解。

又如当时人们已注意到树木有直根（柢）和蔓根之分，认识到它们对树木生长有不同作用。《韩非子·解老》云：“树木有曼根、直根。[直]根者，书谓之‘柢’。柢也者，

① “蓬”即飞蓬，是属于菊科的野草，生长很散乱；但在大麻地里的蓬草，却是矗立向上的。这是由于大麻的植株长得又快又高，处于受光的有利地位，迫使蓬只有向上生长才能获得阳光。这是植物向光性的一种表现。

② 《诗经·小雅·大田》：“去其螟螣，及其蟊贼，无害我田稺，田祖有灵，秉畀炎火。”这大概是利用昆虫的向光性来诱杀农田害虫的最早记载；但人们还不知其所以然，还以为是田祖显灵，把害虫抓起来投到火中。战国文献有以火捕蝉的记载。《荀子·致士》：“夫耀蝉者，务在明其火，振其树而已，火不明，虽振其树，无益也。”《吕氏春秋·期贤》也说：“今夫爚蝉者，务在明其火，振其树而已。火不明，虽振其树，何益？”蝉乃果木和桑树的害虫，此乃以火诱捕之法。其对火的作用的认识，显然比《诗经》所载要进步一些。

③ “滋”本作“游”，俞樾谓此赋“游”独不入韵，疑为“滋”之误。滋亦长也。

④ 参见梁家勉等：《中国农业科学技术史稿》，农业出版社，1989年，第148～149页。

木之所以建立也；曼根者，木之所以持生也。……柢固则生长，根深则视久。故曰：深其根，固其柢，长生久视之道也。”“曼根”即支根，其功能是吸收养料维持生命，即所谓“持生”；“直根”即主根，其功能是支撑树木的生长，即所谓“建生”。人们认识到根对植物的生长极为重要的作用。“百仞之松，本伤于下，而末枯于上”（《吕氏春秋·先己》）①。所以除草要“绝其本根，勿使能殖”。但反过来，如果枝叶受到过度的伤害，也会危及本根的生存。有人以此作政治上的比喻：“公族，公室之枝叶也；若去之，则本根无所庇荫矣”（《左传》文公七年）。

人们又注意到树木本枝之间的关系和果实与树体之间的关系。枝叶太繁，会影响树干的壮实；果实太多，也会影响枝叶的生长和使树脆弱。所谓“末大必折，尾大不掉”（《左传》昭公十一年），“木实繁者披其枝，披其枝者伤其心”（《战国策·秦策三》）②，就是指这种情形。因此要进行修剪，去掉部分枝叶，人们并以此作政治上的比喻。如《韩非子·扬权》云：“为人君者，数披其木，毋使木枝扶疏。……枝大本小将不胜春风……枝将害心。”树木修剪的作用不限于保护树干，还可以使树木形成人们生产所需要的树形。如我国很早就开始对桑树的修剪，《夏小正》中的三月“摄桑”（整理桑树枝条），《诗经·七月》中的“蚕月条桑，取彼斧斨，以伐远扬”，都是讲桑树的修剪。

先秦时代对畜禽形态与习性的观察也很细致，并出现了专门的学问——相畜学。以相马为例，《吕氏春秋·观表》云：“古者之善相马者，寒风是相口齿，麻朝相颊，子女厉相目，卫忌相髭，许鄙相脈，投伐褐相胸胁，管青相膹肕，陈悲相股脚，秦牙相前，赞君相后。凡此十人者，皆天下之良工也。其所以相者不同，见马之一徵也，而知节之高卑，足之滑易，材之坚脆，能之长短。”这种由此及彼，由外及里的相畜学，是建立在把畜禽各部分看作相互联系的整体的基础之上的。

巧妙利用动物不同器官之间的“相关性”的典型例子是阉割术。甲骨文中已有反映阉猪、骟马的象形字。《夏小正》和《周礼》中都有骟马的记载，叫“攻驹”或“攻特”。摘除性腺（当时主要是摘除雄性的生殖器）的畜禽，失去了生殖能力，但性情温顺，易于育肥和役使，它既是选择种畜时汰劣留壮的一种手段，又是提高畜禽生产能力的巧妙而经济的方法。

三 对生物群体中彼此之间相互关系的认识和利用

在农业生态系统中，各个生物个体和各种生物之间不是相互孤立的，而是相互依存和相互制约的。先秦时代的人们认识到生物的群体性质，所谓“草木畴生，禽兽群焉”（《荀子·劝学》），并对其相互关系多所论述。如“树相近而靡，或軵（反推）之也。”（《吕氏春秋·精通》）。“树郁则为蠹，草郁则为蒉”（《吕氏春秋·达郁》）。冬与夏不能两刑，草与稼不能两成，新谷熟而陈谷亏”（《吕氏春秋·博志》）。世间万事万物都是相生相克的。《吕氏春秋·观表》说：“凡居天地之间、六合之内者，其务为相安利也？夫相害危者，不可胜数。”这当然也包括生物界在内。尤其值得注意的是，先秦人们对自然

① 《吕氏春秋·至忠》：“今有树于此，而欲其美也，以时灌之；则如恶之，而日伐其根，则必无活树矣。”

② 《吕氏春秋·博志》：“果实繁者木必庳（借为披）。”

界的食物链已经有所认识。如《诗经·小雅·小宛》云:"螟蛉(毛传:桑虫也)有子,蜾蠃(毛传:蒲卢也,按即细腰蜂)负之。"这是说,细腰蜂以螟蛉之子来喂养其幼虫。《庄子·山木》也讲述了螳螂捕蝉,异鹊在后的故事,并得出"物固相累,二类相召"的结论。对植物之间的附生现象亦有所描述。如《诗经·頍弁》:"茑与女萝,施于松柏。"茑是小灌木,攀缘于古木之上,女萝即菟丝,也是攀缘植物。"茑与女萝,施于松柏",正确地反映这两种攀缘植物的特性。

对生物群体内部的相互关系巧妙地加以利用,也可以使它向有利于人类的方向发展。这是中国传统农学的重要特色之一。在这方面,先秦时代已露端倪,其中最突出的成就是在甽亩农田的基础上建立了合理的作物群体结构。

《吕氏春秋·辩土》分析了农田中庄稼和杂草的相互关系,指出:"既种而无行,耕(茎)[生]而不长,则苗相窃也[1]。弗除则芜,除之则虚(高注:动稼根),则草窃之也。"按,"既"应读为"概",稠密的意思,这里是指没有行列的撒播。禾苗没有行列,相互挤轧,生长不好,这叫"苗窃";由于没有行列,又给除草造成困难,不除嘛,地荒了,除嘛,又会伤及禾根,这叫"草窃"[2]。正是在这种深刻分析的基础上,《辩土》的作者提出了庄稼应有整齐行列的理论:

> 茎(按,指禾苗)生于地者五分之以地。茎(苗)生有行[3],故遬(速)长;弱不相害,故遬(速)大。衡(横)行必得,纵行必术(按,通"遂",通达也);正其行,通其风,夬(按,通"缺",指两行庄稼之间的空缺)心(必)中央,帅为泠风(按指"和风")。

这是要求禾苗有整齐的行列,才能通风透光,达到庄稼"速长""速大"目的。《辩土》作者又进一步指出:"苗,其弱也欲孤(高注:弱,小也。苗始生小时,欲得其孤特疏数适中,则茂好也),其长也欲相与居(俱)(言相依植不偃仆),其熟也欲相扶(高注:扶,相扶持,不可伤折也);是故三以为族(高注:聚也),乃多粟"。植物本有集聚而族生的习性,尤其是禾本科植物,本身细弱,以族生为适。《辩土》正是顺应植物的这种习性,提出种庄稼不但行与行之间、簇与簇之间距离要相等,而且要求每簇三株禾苗左右,使禾苗小的时候有充足的生长空间,叶面不遮盖土面,以利分蘖;长大后以茎叶相互封行,覆盖田面,而不引起倒伏为度。成熟时茎叶相互扶持,不致折伤或倒伏。叶片的生长从一片叶来说,是由小到大的过程,从全株和整个田间来说,是由少到多的过程。现代农学提出"叶面积系数"的概念,要求达到最适叶面积系数,超过了它,就会引起倒伏。《辩土》所提出作物生长三个阶段动态变化的合理标准的见解,与之相当接近,是令人惊异的[4]。

这样,《辩土》提出了一个合理的田间作物群体结构的模式。如何达到这种合理的群体结构呢?根据《任地》等三篇所载,首先是要有合理的甽亩农田结构。"故亩欲广以平,

---

① 以上按夏纬瑛校改。陈奇猷认为"耕而不长"犹耕而不深,用"长"不用"深",盖与"行"为韵。耕不深则苗根不能深扎,在表土互相交错,故曰苗窃。不如夏氏校改合理。

② 这里的解释主要根据夏纬瑛《吕氏春秋上农等四篇校释》。夏氏肯定高注是对的,但他认为上句讲种得太密,下句是讲种得太稀,所以才长杂草,则是不对的。陈奇猷已经作了批评。

③ 《齐民要术》引作"吾苗有行"。

④ 游修龄,中国稻作史,中国农业出版社,1995年,第68页。

甽欲小以深；下得阴，上得阳，然后咸生。”第二是合理密植，“慎其种，勿使数，亦无使疏。”并且要“熟有（为）耰也”，以保证全苗。第三是实行条播，采取标准的株行距，保证禾苗行列整齐。第四是抓紧中耕，中耕除了除草和培土以外，还要按照合理作物群体结构的要求间苗定苗。通过这些措施，就能把散漫无序的个体组织成整齐有序、结构合理的群体。这种农田作物结构，显然优于西欧中世纪实行撒播所形成的农田作物布局。这在古代世界应该是一项了不起的技术成就，闪耀着智慧的光芒。

四　对农业生物与外部环境的关系的认识和“物宜”概念的提出

先秦时代的人们，还十分注意生物与其生活的外部环境之间的关系。在《诗经》中已有不少关于植物生态环境的描述。如，

山有扶苏，隰有荷华……山有乔松，隰有游龙（《郑风·山有扶苏》）。

山有苞栎，隰有六驳……山有包棣，隰有树檖（《秦风·晨风》）。

山有枢，隰有榆……山有栲，隰有杻……山有漆，隰有栗（《唐风·山有枢》）。

阪有漆，隰有栗……阪有桑，隰有杨（《秦风·东邻》）。

于以采蘩，于沼于沚……于以采蘩，于涧之中（《召南·采蘩》）。

于以采苹，南涧之滨……于以采苹，于彼行潦（《召南·采苹》）。

这些诗句使我们看到，当时山上或阪地等比较干旱的地方长着松树、郁李、漆树、枢树、栲树等，比较潮湿的原野长着六驳（梓榆）、柏树、栗树、杨树等，而沼泽地则生长着白蒿（蘩）、浮苹等。反映了诗人对这些植物生活环境的了解。《国语·晋语九》：“《志》有之曰：高山峻原，不生草木；松柏之下，其土不肥。”这种知识见于古老的《志》，说明其渊源久远。动植物都要具备一定的环境条件才能生息繁衍，如，“水泉深则鱼鳖归之，树木盛则飞鸟归之，庶草茂则禽兽归之”（《吕氏春秋·功名》）。“如草木之产也，各以其物”（《国语·晋语五》）。“必壤地美然后草木硕大”（《韩非子·难二》）等等。动物也和它所生活的环境形成相互依存的关系，所以人们又认为：“古之大事，必乘其产，生其水土，而知其人心；安其教训而服习其道”（《左传》僖公十五年）。《荀子·致士》：“树落则粪本。”树木生长于土中，树叶黄落以后，又复归于土中，成为树木继续生长的养料。这里已隐含了生物与其周围环境进行着某种物质循环的思想。用休闲地中（或田间）的杂草和人类生产生活中的废弃物（“粪”）作肥料，实际上就是对农业生态系统物质循环的一种利用，虽然当时还没有达到自觉的理性认识。

生物的生长发育除了受水土、地形等条件的制约外，还与自然界气候的变化有密切的关系，本篇第四章对此已有所论述。还值得一提的是，先秦时代的人们已经注意到天象变化对生物的影响。如《吕氏春秋·精通》说：“月望则蚌蛤实，群阴盈；月晦则蚌蛤虚，群阴亏。”据近人研究，蚌肉的盈缩变化确与月光刺激其性腺有关。

《庄子·至乐》：“种有几（幾）：得水则为䚡（按，继也），得水土之际则为鼃蠙之衣（按，指青苔之类），生于陵屯（按，阜也）则为陵舄（按，指车前草）……”这里的“种”指物种；“几”应作规律、机理解。这是说生物得到水生命才能延续，在“水土之

际”的环境中生长出青苔，在陵阜中生长出车前子，等等。姑勿论它所阐述的规律是否符合实际，但其中确实包含了一定的生物种类与一定的环境条件相适应的思想①。

对先秦的地植物生态学知识作了最全面阐述的，就是我们地面已经介绍过的《管子·地员》和《周礼》中的一些篇章。不论是《周礼》还是《管子·地员》，都详细列出不同土壤和不同地类所宜生长的作物品种和动植物，这从另一方面来说，就是指出不同作物品种和动植物所适应或所需要的土壤与环境。总之，人们已经认识到在各地一定的气候土壤条件下，有相应的生物群落；而每种农业生物或其品种都有它所适宜的环境。先秦时代的思想家用“地气”来解释这些差异及其形成原因。《考工记》云：“桔逾淮而北为枳，鸜鹆不逾济，貉逾汶则死，此地气然也。”这里的“地气”的概念比《国语·周语上》“土气”的含义宽泛一些，似包括一个地区的土壤气候等环境条件在内。这就是后来的“风土论”②。

因此，在农业生产中，就应该把各种作物和品种安排在适宜的环境中，不同的环境安排不同的生产项目。《礼记·月令》：“善相丘陵、坂险、原隰，土地所宜，五谷所殖。”《吕氏春秋·适威》：“若五种之于地也，必应其类，而蕃息百倍。”就是这个意思。有关内容，在谈土宜论时实际上多已涉及，这里就不再重复了。

在这里应该指出的是，先秦时代人们在实践中已经明确认识到，农业生产必须考虑农业生物的特性，而且明确已经提出了“物宜”的概念。首先在理论上进行概括的是韩非。他指出，“故物者有所宜，材者有所施，各处其宜，而上无为”（《韩非子·扬权》）；因此，农业生产要“顺乎物性之宜，务于畜养之理”（《韩非子·难二》）。这大概是“物宜”概念首次见于文献者③。“物宜”这一概念，后来和“时宜”“地宜”一起，合称“三宜”。

第二节 保护和合理利用自然资源的理论

一 保护和合理利用自然资源理论的基本内容

保护和合理利用自然资源是先秦农学中很有特色的一种理论，而其意义则超越了传统农学的范围。它起源很早，《逸周书·大聚》载周公旦追述的“禹之禁”，就包含了这方面的内容，表明这种思想和实践在我国从原始社会向文明时代过渡时即已产生。在先秦古籍中，有关记载比比皆是，在70年代出土的云梦秦简中也有这方面的条文。现分别将其主要内容介绍如下。

---

① 夏纬瑛、苟萃华，评胡适谓庄子书中的生物进化论，科学史文集，第四集（生物史专辑），上海科技出版社，1980年。

② 所谓“风土”，据王祯的解释是：“风行地上，各有方位，土性所宜，因随气化。”包括了各地的气候和土壤。

③ 《吕氏春秋·诬徒》：“草木鸡狗牛马，不可谯诟遇之，谯诟遇之，则亦谯诟报人。”毕沅曰：“谯诟”亦即贾谊疏之“謑诟”，谓遇之不如其分。注家并引《庄子·则阳》“予昔为禾，耕而卤莽之，其实亦卤莽以报之”释之。按，这也是“顺乎物性之宜，务于畜养之理”的意思。参阅陈奇猷《吕氏春秋校释》。

（一）对林业资源的保护利用

首先是只允许在一定的时间内砍伐林木，反对滥砍滥伐。如《逸周书·文传》说："山林非时不登斧斤，以成草木之长。"《荀子·王制》说："草木荣华滋硕之时，则斧斤不入山林，不夭其生，不绝其长也。"又说："斩伐、长养不失其时，故山林不童，而百姓有余财也。"《孟子·梁惠王上》："斤斧以时入山林，林木不可胜用也。"这也就是所谓"时禁"。

禁止砍伐林木的时间主要是春季和夏季。《逸周书·大聚》规定的禁期是"春三月"，即整个春季。《管子·禁藏》："当春三月……毋伐木，毋夭英（谓草木之初生），毋折竿（笋之初生也。），所以息百长也。"《礼记·月令》中有孟春之月"禁止伐木"，季春之月"毋伐桑柘"，孟夏之月"毋伐大树"，季夏之月"毋有砍伐"等记载。前些年出土的云梦秦简《田律》则有"春二月，毋敢伐材木山林……唯不幸死而伐绾（棺）享（椁）者，是不用时"的条文，即除了不幸死亡而需要棺木者外，一律禁止在春天砍伐山林①。

与此相联系的是保护幼小的林木，以保证林木的生长和再生。《国语·鲁语》把"山不槎（砍）蘖（断木上长出的新生的枝条），泽不伐夭（未长成之草木）"作为"古训"加以强调。《逸周书·文传》也说："无杀夭胎，无伐不成材。"《礼记·王制》规定："木不中伐，不鬻于市；草木零落，然后入山林。"这和上述"时禁"意义相同，只是从不同的侧面予以论述而已。

为了保护森林等自然资源，又制定了防火法令——"火宪"。《荀子·王制》："修火宪，养山林薮泽草木鱼鳖百索（蔬）②，以时禁发，使国家足用而财物不屈，虞师之事也。"《管子·立政》："修火宪，敬（警）山泽林薮积草，夫财之所出，以时禁发焉，使民足于宫室之用，薪蒸之所积，虞师之事也。"《礼记·王制》"昆虫未蛰，不以火田"，《月令》季春之月"毋烧灰"，云梦秦简《田律》"不夏月，不敢夜草为灰"，大概就是"火宪"内容之一。《周礼》中还有一个专门"掌行火之政令"的"司爟"。

（二）对渔业资源的保护利用

首先还是"时禁"，即只允许在一定的时期内捕鱼。《荀子·王制》："汙池渊沼川泽，谨其时禁，故鱼鳖优多而百姓有余用也。"《逸周书·文传》："川泽非时不入网罟，以成鱼鳖之长。"什么时候禁止捕鱼呢？主要是在鱼类和其他水生动物孕别之时。即怀子与产卵期间。《荀子·王制》："鼋鼍鱼鳖鳅鳝孕别之时，网罟毒药不入泽，不夭其生，不绝其长也。"《逸周书·大聚》则具体指为"夏三月"。《睡虎地秦简·田律》："毋□□□□□□□毒鱼鳖，置穽罔（网），至七月而纵之。"与《逸周书·大聚》所言合。《国语·鲁语上》记载了有名的里革断罟的故事：

> 宣公夏滥（渍网）于泗渊，里革断其罟而弃之曰："古者大寒降（减退），土蛰发（大寒降，土蛰发为孟春之月），水虞于是乎讲罛（大网）罶（竹编鱼具），

---

① 《睡虎地秦简·田律》中还有"不夏月，毋敢夜草为灰，取生荔"的记载，整理小组注曰："荔，疑读为甲，《释名·释天》：'甲，孚甲也，万物解孚甲而生也。'即植物发芽时所戴的种皮。取生甲，采取刚刚出芽的植物。"

② 据王先谦考证，"百索"即百蔬。

取名鱼，登川禽，而尝之以寝庙（登尝，盛物于豆以荐神）……鸟兽孕，水虫成，兽虞于是乎禁罝（兽网）罗（鸟网），矠（以矛猎物）鱼鳖以为夏槁（干肉），助生阜也。鸟兽成，水虫孕，水虞于是乎禁罜䍡（小鱼网），设阱鄂（捕兽设施），以实庙庖，畜功用也。且夫山不槎（砍）蘖（断木上长出的新生的枝条），泽不伐夭（未长成之草木），鱼禁鲲（鱼子）鲕（小鱼），兽长麑（幼鹿）麇（幼麋），鸟翼鷇（待哺幼鸟）卵，虫舍蚳（蚁卵）蝝（未生翼的蝗子），蕃庶物也。——古之训也。今鱼方别孕，不教鱼长，又行网罟，贪无艺也。”

这里，把什么时候允许捕鱼，什么时候不允许捕鱼，讲得很清楚了。

与此相联系，是禁止捕捉小鱼。所谓“鱼禁鲲（鱼子）鲕（小鱼）”，为此，禁止使用小鱼网（罜䍡）。《孟子·梁惠王上》载：“数网（密网）不入汙池，鱼鳖不可胜食也。”《淮南子·应道训》记载春秋时季子把亶父治理得很好，以致渔民自觉地不取小鱼。

禁止竭泽而渔。如《礼记·月令》规定“毋竭川泽，毋漉陂池”。《云梦秦简》规定不准使用毒药。《太平御览》八十四引《逸周书·文传》有“泽不行害”的内容，也就是不许使用毒药。

（三）对野生动物的保护利用

对野生动物的狩猎也有“时禁”。《逸周书·文传》：“畋猎以时，童不夭胎，马不驰骛，土不失宜。”《太平御览》八十四引作“畋猎唯时，不杀童牛，不夭胎，童牛不服，童马不驰，不骛泽①，不行害……”《国语·鲁语上》“鸟兽孕……兽虞于是乎禁罝（兽网）罗（鸟网）”，《管子·禁藏》“当春三月……毋杀畜生，毋拊卵……”，《礼记》季春之月“田猎，罘、罗、网、毕、翳，餧兽之药无出九门”，《睡虎地秦简·田律》“不夏月，毋敢……麛（小鹿，亦作小兽的通称）䴠（卵）鷇”，“……禁苑者，麛时（泛指野兽幼小之时）毋敢将犬以之田”，就是这种“时禁”的具体化。

这种“时禁”是为了保护幼小和怀孕的禽兽以及尚未孵化的禽卵，反对斩尽杀绝式的狩猎。《礼记·王制》有“不麛不卵，不杀胎（怀胎母兽），不夭牝（年青母兽），不覆巢”的记载。《周礼》中有掌管狩猎事务的“迹人”，也规定“禁麛卵者与其毒矢射者”。这就是说，禁止猎取幼兽、怀孕母兽，禁止攫取鸟卵，倾覆鸟巢和使用毒箭。目的是保证野生动物种群能够正常的生长延续。《逸周书·文传》说：“不麛不卵，以成鸟兽之长。”这与《国语·鲁语》所说的“……兽长麑（幼鹿）麇（幼麋），鸟翼鷇（待哺幼鸟）卵，虫舍蚳（蚁卵）蝝（未生翼的蝗子），蕃庶物也”的记载精神一致。

二 保护和合理利用自然资源理论形成的基础及其意义

先秦时代保护和合理利用自然资源的思想，是我国古代劳动人民长期实践经验的总结，是建立在对广义农业生产的“时宜”、“地宜”、“物宜”的深刻认识的基础之上的。

① 朱右曾说：“骛泽犹竭泽”。见：逸周书汇校集注，上海古籍出版社，1995年。

(一)总结历史教训,着眼永续利用

我国远古时代黄河流域的开发过程中,有过一个对自然资源破坏比较严重的时代。《管子·揆度》云:“黄帝之王……破增薮,焚沛泽,逐禽兽。”《孟子·滕文公上》:“舜使益掌火,益烈山泽而焚之,禽兽逃匿。”这在当时开拓了人类的活动空间,是必要的。以后,随着人口增加、土地垦辟,山林川泽自然资源受到破坏的情况仍然不断发生[①]。但在这过程中人们也逐渐认识到,自然资源是有限的,如果利用过度或不适当的攫取,就会妨害资源的再生,导致资源的枯竭,影响到以后的继续利用。黄土地区气候偏旱,天然植被相对并不丰茂,对自然资源的合理利用就更显得必要。

竭泽而渔,岂不获得?而明年无鱼;焚薮而田,岂不获得?而明年无兽(《吕氏春秋·义赏》)。

覆巢毁卵,则凤凰不至,刳兽食胎,则麒麟不来。干泽涸渔,则龟蛇不往(《吕氏春秋·应同》)[②]。

这些无疑是对历史上的经验教训的深刻总结。所以先秦诸子论述保护自然资源的必要性时,总是着眼于自然资源的永续利用,是从人类的长远利益立论的。在上面所引述的资料中,这种思想已经反映得相当清楚,保护和合理利用野生动植物资源是为了“不绝其长”,从而“使国家足用而财物不屈”(俱《荀子·王制》语)。这方面的例子,除了荀子、孟子等人的言论外,还可以举出不少来。如《逸周书·文传》曰:“无杀夭胎[③],无伐不成材,无墯(隳)四时。如此者十年,有十年之积者王。生十杀一者物十重,生一杀十者物顿空。十重者王,顿空者亡。”[④] 它说明“将欲取之,必先予之”的道理,只有保护与利用相结合,生之不绝,取之有节,才能保持发展的后劲,成功王霸之业。

(二)保护、合理利用自然资源与“三才”理论

当时人们所利用的自然资源,主要是野生动植物;人们已经认识到,野生动植物资源是可以再生的,而其生长繁息和农作物、禽畜一样,是受天时制约的。其生长发育的阶段性和自然界气候变化的节律是一致的。所以先秦古籍中论述对自然资源的保护利用时,无不强调要顺时,“以时禁发”。因为“养长时,则六畜育(禽兽亦然),杀生时,则草木殖(作物亦然)”(《荀子·王制》)。上面谈到了我国先秦时期保护和合理利用自然资源的一系列措施,其中心点是“时禁”,而“时禁”的目的正是保证野生动植物顺应自然界季节变化的规律正常地生长和繁育。因为“养长时,则六畜育(禽兽亦然),杀生时,则草木殖(作物亦然)”(《荀子·王制》)。只有这样,才能达到经济利用和永续利用的

---

① 《孟子·告子上》曾揭露当时山林受破坏的情况:“牛山之木尝美矣,以其郊于大国也,斧斤伐之,可以为美乎?是其日夜之所息,雨露之所润,非无萌蘖之生焉,牛羊又从而牧之,是若彼濯濯也。人见其濯濯也,以为未尝有材焉。此岂山之性也哉!”

② 《史记·孔子世家》载孔子说:“刳胎杀夭,则麒麟不至郊;竭泽涸渔,则蛟龙不合阴阳;覆巢毁卵,则凤凰不翔。”以此相似。

③ 《汇校》引唐大沛云:此句脱二字,当作“无杀童,无夭胎。”

④ 战国时人已经明确认识到,做事不能光顾眼前的利益,应该考虑到长远的利益。如《吕氏春秋·长利》说:“利虽倍数于今,而不便于后,弗为也。”

目的。因此，保护和合理利用自然资源的思想的出现，是和先秦时代对天时认识的深化分不开的。

先秦时代保护和利用自然资源的思想，和当时“物地宜，尽地利”认识的深化也是分不开的。先秦时代的“物地宜，尽地利”，不但包括对各类农田的合理利用，也包括对农田以外的各类土地的合理利用保护和合理利用山林川泽的野生动植物资源，正是当时“地宜”思想的一个组成部分；或者说，是以“地宜”思想为基础的。所以，《逸周书·文传》谈“以时”入山林川泽和“以时”狩猎，是和“土不失宜”相联系的。它又指出：土可犯，材可蓄。湿润不［可］谷［之地］，树之竹、苇、莞、蒲；砾石不可谷［之地］，树之葛、木。以为絺绤，以为材用。故凡土地之闲者，圣人裁之，并为民用。是以鱼鳖归其泉，鸟归其林。”

在我国的上古时代，虽然种植业早就成为主要的生产部门，但在很长一段时间内，由于地广人稀，原野不能尽辟，农田一段分布在都邑的近郊，郊外则辟为牧场，山林川泽仍然是人们重要的生产对象。山林川泽之所以受到人们的重视，这是因为当时这些地方盛产林木苇材鸟兽鱼鳖等各类山货水产，在以半干旱草原为主的自然环境中显得特别珍贵。山林薮泽被称为“物之钟”、“国之宝”。《国语·周语上》：“民之有口，犹土之有山川，财用于是乎出，其犹原隰衍沃，衣食于是乎生。”山林川泽和原隰衍沃并提，显示了它在经济生活中的重要地位。《国语·楚语下》载王孙圉论宝，把山林薮泽作为国之六宝之一。“山林薮泽足以备财用，则宝之。”这除了与自然环境有关外，还因为当时种植业不够稳定，经常受自然灾害的威胁，需要以山林川泽的天然富源作经济生活的必要补充①。《周礼·天官·冢宰》“以九职任万民”，其中“三农”、“园圃”、“薮牧”、“虞衡”、“聚敛疏材”属广义农业范畴，“虞衡”在“九职”中列于第三位，而且“聚敛疏材”实际上也可以包括在“虞衡”之中。大概反映了战国以前生产结构的实况。《周礼》中有“山虞”“林衡”“泽虞”“川衡”之职，统称“虞衡”，就是掌管有关山林川泽的生产事宜的。这类官吏，在《诗经》《左传》《国语》《夏小正》以至金文彝铭中均可找到。《史记·货殖列传》引《周书》曰：“农不出则乏其食，工不出则乏其事，商不出则三宝绝，虞不出则财匮少。”亦见“虞衡”的重要性。到了战国时代，渔猎采集在经济生活中的地位已经下降，但仍不失为农牧业的重要补充。所以，春秋战国政治家在作国土总体利用规划时，总是把山林川泽考虑在内的。《管子·八观》“以原野的五谷生产，观一国之饥饱；以山泽、桑麻、六畜之产，观一国之贫富。”“夫山泽广大，则草木易多也……山泽虽广，草木毋禁……闭货之门也，故曰时货不遂，金玉虽多，谓之贫国也。”

这时山林川泽的“禁发”，除了保护自然资源外，还有保证大田农业有充足劳动力的意义在内。故《管子·八观》又说：

> 山林虽近，草木虽美，宫室必有度，禁发必有时，是何也？曰：大木不可独伐也，大木不可独举也，大木不可独运也，大木不可加之薄墙之上。故曰山林虽广，草木虽美，禁发必有时；国虽充盈，金玉虽多，宫室必有度。江海虽广，池泽虽博，鱼鳖虽多，网罟必有正。船网不可一（财）［裁］而成也。非私草木爱鱼鳖也，恶废民生于谷也。

① 《国语·周语中》：“周制有之曰：……国有薮牧，疆有寓望，薮妓圃草，囿有林池，所以御灾也。”

这是就一般年景而言的。山林川泽还作为储藏天然财富的一个“资源库”，在年成丰歉之间作调剂之用。在粮食歉收的年份，统治者就会开放山林川泽，让人民从山泽的资源中获取维持生计的资料，以安全渡过荒年。

总之，保护与利用自然资源的思想理论，是和先秦时代人们对“天、地、人”的认识与安排联系在一起的。首先，它跟“天时”的掌握有关，其次，它跟“土宜”的利用有关，第三，它跟“农事”的安排有关，最后，它还与对“人”在自然界中的位置和作用的认识相关联。《逸周书·大聚》：“旦（周公旦）闻禹之禁：春三月山林不登斧[斤]，以成草木之长；夏三月川泽不入网罟，以成鱼鳖之长。且以并农力（执）[桑]，成男女之功。夫然，则有（生）[土]（而）不失其宜，万物不失其性，人不失其事，天不失其时，以成万财①。这是战国时人依托周公发表的议论。《荀子·王制》在论述了必须“以时”利用山林川泽自然资源和“以时”从事农业生产之后，接着也说：“圣人之用也，上察于天，下错于地，塞备天地之间，加绝万物之上……”

由此可见，先秦时代保护和合理利用自然资源的思想的理论依据，正是“天、地、人”关系的“三才”理论。

从上文不完全的介绍可以看到，先秦时代在农业生物学方面的成就是巨大的；但同时我们也应该看到它发展的局限性。先秦时代的农业生物学知识是比较零散的，缺乏系统性，没有出现系统总结有关生物学知识的著作。先秦著作中涉及生物学知识比较多的有三类：一类是《诗经》、《楚辞》等文学作品。《诗经》中提到了分属59科的132种植物②，《楚辞》涉及的植物也有55种③。两部诗歌集中不少关于生物生境和特性的描述，但这些描述大多数是作为起兴或衬托的手段，它们不是被描述的主体，因此也不可能记述系统的生物学知识。另一类是《管子·地员》等土壤学著作，这些著作包含了丰富的植物生态学的知识，但主要是从“土宜”的角度来谈植物和动物的，生物同样不是被描述的主体；因此也称不上是生物学的著作。第三类是《尔雅》。《尔雅》中有专篇《释草》、《释木》、《释虫》、《释兽》等，并运用同属性生物的类比来区别动植物的种类，比《诗经》、《管子·地员》等更接近于生物学的专文，但它毕竟只是一部字书而已。先秦时代，在作为中国传统农学基础的一些学科中，传统的指时系统已经建立起来，传统的土壤学亦已形成，而中国的古典生物学仍然处于酝酿和知识积累的阶段。

---

① 据《逸周书汇校集注》校改。

② 陆文郁，《诗经草木今释》，天津人民出版社，1957年。

③ 吴仁杰，《离骚草木疏》，丛书集成初编本。

第七章　“三才”理论与传统农学思想的形成

以上三章分别论述了中国传统农学对“天”、“地”、“物”诸因素的认识，以及相关的农时学、农业土壤学和农业生物学的知识和理论。但中国传统农学并非这些知识理论的简单拼盘，而是以某种富于哲理性的思想和理论把它们串联起来，从而形成一个科学知识的体系。这种指导思想核心和总纲，就是论述天、地、人关系的“三才”理论。这成为中国传统农学的最显著特色之一。

“三才”是中国传统哲学的一种宇宙模式，它把天、地，人看成是宇宙组成的三大要素，这三大要素的功能和本质，人们习惯用天时、地利（或地宜）、人力（或人和）这种通俗的语言来表述它，并作为一种分析框架应用到各个领域，这种理论主要是在长期农业生产实践的基础上形成的，又反过来支配和推动了中国传统农业科技的发展①。

第一节　“三才”理论的内涵与特点

中国传统农学中关于“天、地、人”关系的经典性论述见之于《吕氏春秋·审时》：“夫稼，为之者人也，生之者地也，养之者天也。”“稼”是指农作物，扩大一些，也不妨理解为农业生物，或为人们培育和利用的一切生物，这是农业生产的对象。而人则是农业生产中的主体。“天”在这里并非有意志的人格神，而是和“地”相对的自然界的一部分，其最关紧要的内容和特征是气候变化的时序性。“地”是与“天”相对的自然界的另一部分，它蕴藏着作为人类生活资料和生产资料来源的动植物资源和矿物资源，又是农作物生长的载体，因而是财富之所由出。《吕氏春秋·任地》说：“天下时，地生财，不与民谋。”正是把“天时”的运行和“地财”的生长视为一种自然的过程。“天”和“地”共同构成农业生产中的环境条件。因此，《吕氏春秋·审时》的上述引文是对农业生产中农作物（或农业生物）与自然环境和人类劳动之间关系的一种概括；它把农业生产看作稼、天、地、人诸因素组成的整体。我们知道，农业是以农作物、禽畜等的生长、发育、成熟、蕃衍的过程为基础的，这是自然再生产。但这一过程又是在人的劳动的干预下，按照人的预定目标进行的，因而它又是经济再生产。作为自然再生产，农业生物离不开它周围的自然环境；作为经济再生产，农业生物又离不开作为农业生产主导者的人。农业是农业生物、自然环境和人构成的相互依存、相互制约的生态系统和经济系统，这就是农业的本质。《吕氏春秋·审时》的上述概括是接触到了农业的这一本质的。

“三才”理论对“天、地、人、稼”关系的概括和表述虽然很简明，但其内涵却是十

---

① 本节主要根据：李根蟠，农业实践与“三才”理论的形成，农业考古，1997，(1)；李根蟠，从“三才”理论看中国传统农学的特点，华夏文明与传世藏书——中国国际汉学研讨会论文集，中国社会科学出版社，1996 年。

分丰富深刻的。它是中国传统农学思想或理论的核心。以下对的“三才”理论在中国传统农学中各个方面所表现出来的特点作一些简要的归纳。

（一）整体观、联系观和动态观

“三才”理论把农业生产看作各种因素相互联系的、运动的整体，它所包含的整体观、联系观、动态观，贯穿于我国传统农学和农艺的各个方面。例如，人们对天时的掌握不是采取单一的手段，而是综合运用多种手段，形成一个指时的体系。保留了夏代历法内容的《夏小正》，已列出每月的物候、星象、气象和农事，这就把天上的日月星辰，地上的草木鸟兽和人间的生产活动，以季节变化为轴，联结起来，具备后世“三才”理论整体观的雏形。这种情况后来又有所发展，形成为一种传统。传统指时系统以二十四节气和物候的结合为重要特色。二十四节气制定和以标准时体系为核心，并考虑了多方面的因素。而物候指时本身即以对天上、地下、人间万事万物相互联系的认识为前提。中国传统土壤学的显著特点，是从整个生态系统中去考察土壤及其变化，把土壤看成是与天上的“阴阳”变幻、地上的草木荣枯相互联系的活的机体。“土宜论”和“土脉论”正是这种土壤学理论的精粹。中国传统生物学这一特点也至为明显：它把生物体视为由各个相互联系的部分组成的整体，注意由表及里、由此及彼、抑此促彼的观察与利用；它把生物群落视为由同类或不同类的生物组成的相互联系的整体，注意它们之间的群体结构、彼此关系和物质循环，并运用于农业生产中；它把生物与其周围环境视为相互联系的整体，注意生物与气候土壤的关系，后者导致生物学与土壤学的交融，以至形成极有特色的风土论和生态地植物学。

（二）人与自然的关系，主观能动性与客观规律的关系

在“三才”理论体系中，“人”与“天”“地”并列，既非大自然（“天”“地”）的奴隶，又非大自然的主宰，他是以自然过程的参与者的身份出现的。因此，人和自然不是对抗的关系，而是协调的关系。先秦传统农学中很有特色的保护和合理利用自然资源的思想的产生与此有关。农业生物的生长离不开自然环境，更离不开作为农业生产主导者的人，古人深明此理，故《管子·八观》说：“谷非地不生，地非民不动，民非用力毋以致财。天下之所生，生于用力。”但人在农业生产中作用的发挥必须建立在尊重自然界客观规律的基础上。农业生物在自然环境中生长，有其客观规律性，人类可以干预这一过程，使它符合自己的目标，但不能凌驾于自然之上，违反客观规律。《吕氏春秋·义赏》：“春气至则草木产，秋气至则草木落，产与落或使之，非自然[①]也。故使之者至，物无不为，使之者不至，物无可为。古之人审其所以使，故物莫不为用。”因此，中国传统农业总是强调因时、因地、因物制宜，即所谓“三宜”，把这看作是一切农业举措必须遵守的原则；这一原则的基本内容，先秦时代的农学已经大体具备了。但人们在客观规律面前不是无能为力的，人们认识了客观规律，就有了农业生产的主动权，不但可以趋利避害，而且可以“制天命而用之”（《荀子》语）。如前所述，中国传统农学认为农业的

① 这里的“自然”，不是指“大自然”，而是指“自然而然”，全句强调了生物生长对自然条件的依赖，并非自然而然地生长。

环境条件不是固定不变的，农业生物的特性及其与周围环境的关系也不是固定不变的，这就展示了人们在农业生产领域内充分发挥其主观能动性的广阔空间。土壤环境的改造，优良品种的选育，都与这种思想的指导有关。即使人们无法左右的“天时”，人们也不是完全消极被动的。

（三）“三才”理论与精耕细作和集约经营

从基本方面和发展方向看，我国传统农业技术的主要特点是“精耕细作”。精耕细作的农业技术虽然很早就形成，但“精耕细作”一词的出现却很晚，是近人对中国传统农业技术精华的一种概括①，指的是一个综合的技术体系。精细的土壤耕作（这种传统是春秋战国铁器牛耕推广后逐渐形成的）是精耕细作的重要内容之一，但精耕细作不能归结为精细的土壤耕作。因为它只是中国传统农业改善农业环境多种措施中的一种。除了改善农业环境以外，中国传统农业还十分重视提高农业生物本身的生产能力，即积极采取生物技术措施。以上两个方面相互联结，共同构成中国农业的技术体系。这个技术体系所体现的，正是“三才”理论的整体观、联系观和动态观。从另一方面来说，精耕细作是中国古代人民充分发挥主观能动性，克服自然条件中的不利因素，发挥其有利因素而创造的一种巧妙的农艺。先秦时代人民为了解决发展低地农业中的涝洼盐碱问题而创造的畎亩农田形式及其相关技术，包含了精耕细作农业技术的萌芽。可以说，“三才”理论是精耕细作最重要的指导思想。另一方面，精耕细作又是以集约的土地利用方式为基础的，精耕细作的所有措施，都是围绕着提高土地利用率，增加单位面积农业用地产品的数量、质量和种类这样一个轴心旋转的。在中国的农业历史上，土地利用率是不断提高的，先秦时代已完成从撂荒制到休闲制，从休闲制到连作制的两次大的飞跃。我国至迟从战国李悝“尽地力之教“开始，即已走上以提高单位面积产量作为增加生产的主要手段的道路。这只有在实行精耕细作的条件下，才是可能的。精耕细作、集约的土地利用方式、“三才”理论三位一体，构成中国传统农业科学技术的基本特点，而其中的灵魂则是“三才”理论。

第二节　农业实践与“三才”理论的形成（一）

一　“三才”理论形成的条件和出现的时期

（一）“三才”与“八卦”

上文说过，“三才”理论贯穿于《吕氏春秋·上农》等四篇的整个农学体系之中，成为它最重要的指导思想。但是，《吕氏春秋·上农》诸篇的农学内容虽然是和“三才”理论水乳交融地结合在一起的，却没有用“三才”这个词。“三才”（或作“三材”）一词始见于《易传》。如《说卦》云：“昔圣人之作〈易〉也，将以顺性命之理，是以立天之道曰阴与阳，立地之道曰刚与柔，立人之道曰仁与义，兼三才而两之，故（易）以六爻以

---

① 董恺忱，传统农业、精耕细作和集约农法词义辨析，平准学刊，第二集，中国商业出版社，1987 年。“精耕细作”一语，晚清时期已经出现，到了现代，使用频率变得相当高。

成卦。”这种“三才”论离农业已较远。而且它说由六爻组成的《易经》的卦象分别代表天地人“三才”，那么，三才，观念应形成于殷周之际。因为《周易·系辞下》说：“《易》之兴也，其殷之末世，周之盛德耶!”唐孔颖达《周易正义》卷首，则把“三才”追溯到传说伏羲作八卦之时①。如果这种说法能成立，“三才”理论就有可能是从中国古代哲学中移植到农业中去的。但这种说法是靠不住的。据近人研究，八卦中的阴爻（－－）和阳爻（—）只是表示卜筮时所得的偶数和奇数，不论是八卦中的三爻或（易经）六十四卦中的六爻的卦象，都是数占的符号，不包含天、地、人的哲学意义。②而且，更重要的是，不要说伏羲氏时代，即使是殷周之盛，也不具备形成“三才”理论的基本条件。

诚然，从人类制造工具、从事生产那一天起，就必然要把周围的自然当作不依赖其主观意识的客观存在，但要使这一点成为自觉的认识，需要经历很长的过程。而且人类的认识总是从具体到抽象的，原始人类的实践水平和智力发展水平都不可能从林林总总的大千世界中抽象出天、地、人三大要素。当原始人的智力发展到能够思考人与自然之间和各种自然现象之间的关系的时候，虽然人类已掌握了不少具体知识，但在超出其实践范围时，他们所面临的仍然是一个未知的海洋，他们只好用虚构的联系代替客观事物真实的联系，用幻想填补未知的真空，这就是宗教观念之所由生。在中国哲学发展史上，殷周是宗教神学统治的时代。殷人信奉的“帝”或“上帝”是拥有主宰人间吉凶祸福的无上权威的至上神，人匍匐“上帝”的脚下，所有重大的物事都要事先通过占卜揣测“上帝”的意旨。甲骨文中的“天”字（“”或“”）作人形而强调其头，表示人之顶巅，作“大”或“上”解③。后来“天”被用以指称人们头顶上的苍天，而天被认为是至上神的住所，于是“天”成为至上神的代称。西周时，“帝”已基本上被“天”所取代，但“天”仍是“监下民、典厥义”（《尚书·高宗肜日》）的至上神，“夙夜畏天之威”（《诗·周颂·我将》）的人们仍然要“小心翼翼，昭事上帝”（《诗·大雅·大明》）。在西周末年以前的文献中，将“天”和“地”或其他事物相配或并言者凤毛麟角。据近人统计，在《尚书》反映周初思想的十一篇中，“帝”字仅33见，“天”字却106见，但并无言及“天地”或“天道”者④。在这种情况下，当然不可能产生具有哲学意义的把天、地、人并称的“三才”观念。

（二）“三才”理论形成的条件

从哲学思想发展的角度看，“三才”理论的形成要有两个基本条件：一是至上神的“天”要向与“地”相对的自然之天转化，二是“人”要在“天”或“神”面前站立起来。

---

① 《周易正义》卷首称：“夫易者变化之总名，改换之殊称。……然变化运行在阴阳二气，故圣人初画八卦，设刚柔两画，象二气也；布三位，象三才也。谓之为易，取变化之义。”

② 汪宁生根据西南地区少数民族的占卜法，与《周易》进行比较研究。他指出四川凉山彝族有一种叫“雷夫孜”的占卜方法，巫师左手握细竹或草杆一束，右手随便分去一部分，观看所余是奇是偶。如此进行三次。由于数分奇偶而卜必三次，故有八种可能的排列组合。古代筮法与此相似。一画代表奇数，这就是阳爻；二画代表偶数，这就是阴爻；卜三次可得出八种组合方式，这就是八卦。详见：八卦起源，考古，1976，(4)。

③ 徐中舒主编，甲骨文字典，四川辞书出版社，1988年。

④ 张立民，中国哲学逻辑结构论，中国社会科学出版社，1988年，第113页。

在中国哲学史上，“天”的自然化最明显的标志，是《国语·周语上》所载西周末伯阳父论三川地震的一番话：

周将亡矣，夫天地之气，不失其序；若失其序，民乱之也。阳伏不能出，阴迫不能烝（升也），于是有地震。今三川实震，是阳所以失其镇阴也。阳失而在阴，川源必塞；源塞，国必亡。夫水土演而民用也；水土无所演，民乏财用，不亡何待！

伯阳父虽然把天地之气的失序说成是“民乱”所致，但他用天地阴阳二气的失序来解释地震的产生，又认为人民衣食财用乃“水土”所“演”，因而自然灾害引起的链锁反应将导致西周的灭亡，这些都是朴素的唯物论观点。这是中国哲学思想发展中，从至上神之天的观念向自然之天的观念转化的一个重要标志。春秋时代的人们认为天有“六气”，地有“五行”，它们是经天纬地的“数之常也”。如，

天六地五，数之常也。（杜注：天有六气，谓阴、阳、风、雨、晦、明也。地有五行，金、木、水、火、土也）（《国语·周语上》）

天有六气……六气曰：阴、阳、风、雨、晦、明也。分为四时，序为五节，过则为灾……（《左传》昭公元年）

既然自然界本身的“六气”、“五行”决定着世界的秩序，那么，作为至上神的“天”虽未销声匿迹，却已黯然失色了。春秋轻天重人、民为神主的言论纷纷出现。如说“夫民，神之主也”（《左传》桓公六年季梁语），“神聪明正直而壹者也，依人而行”（《左传》庄公二十三年史嚣语），等等。殷代或西周初年那种神人或天人关系已被颠倒过来。与“天”相配的概念频频出现，如在《左传》和《国语》中，“天地”出现 70 次，“天道”出现 27 次。而且有人已开始把天地人三要素并列来论述有关问题了，例如《左传》昭公二十五年子大叔引郑子产的话：“夫礼，天之经也，地之义也，民之行也。”可以有把握地说，不晚于春秋中晚期，“三才”观念确实已经出现①。

二 关于“天时”及相关观念的形成

那么，突破至上神的观念，促成“三才”理论形成的物质基础或根本动力是什么呢？毫无疑问，主要是农业生产的实践。为了说明这一点，让我们对“三才”理论所包含的一些重要概念，如天时、地利、人和及相关概念的形成和发展作些分析。

（一）“天时”观念的出现

本章第一节已经谈到，我国“时”的概念和“天”的概念很早即已出现，但春秋战国以前，就像人们很少把“天”和“地”、“道”等联成“天地”、“天道”等词一样，人们也没有把“天”和“时”联成“天时”的概念。上引《左传》昭公元年提到“天有六

① 春秋时代还有不少反映“三才”观念的理论，如《国语·周语下》：“及其得也……度于天地而顺于时动，和于民神而仪于物则。……及其失也，唯不帅天地之度，不顺四时之序，不度民神之义，不仪生物之则。”《国语·周语下》：“王亦鉴于黎苗之王，下及夏商之季，上不象天，而下不仪地，中不和民，而方不顺时。”《国语·楚语下》：“天地民及四时之务为七事。……天事武，地事文，民事忠信。”

气”，“分为四时”，把“气”视为“天”的本质，把“时”视为“天气”运行的秩序，“天时”的概念已呼之欲出。但“天时”概念的正式出现还要稍后一些。关于“天时”较早的记载如：

《易传》：“先天而天弗违，后天而奉天时。”（乾卦《文言》）

《孟子·公孙丑》：“天时不如地利，地利不如人和。”

《荀子·王制》：“农夫朴力而寡能，则上不失天时，下不失地利，中得人和而百事不废。”

还有《管子》中的记载，大抵都是战国时代的文献。这些“天时”大多是指自然界自己的运动，而不是上帝意志的体现。

（二）“气”的“介入”

“天”的自然化，唯物的“天时”观的出现，以“气”的“介入”为前提。而作为哲学范畴的“气”的概念的形成，是和农业实践有关的。《说文》：“[illegible]（气），云气也，凡气之属皆从气。”“云（雲），山川气也，从雨云，象云回转形。凡云之属皆从云。[illegible]，古文，省雨；[illegible]亦古文云。”说明“气”这个概念是从“云”衍生而来的。远古时代，人们为务农而测天，云是重要的观测对象。《左传》昭公十七年载剡子言：“昔者黄帝以云纪，故为云师而云名。”甲骨文中多有祭云求雨之卜辞。《左传》僖公五年说：“凡分、至、启、闭，必书云物，为备物故也。”这是一种相沿已久的制度。人们在观测中不难看到，山川之气升而为云，云又可凝结为雨而降落，风雨阴晴多与云气变化有关，从而导引出“气”的概念。（“气”的另一来源是人的呼吸之气）。在相当长的一段时间里内，在宗教神学世界观的支配下，人们认为“气”可以上达于天，沟通人神，上古燔柴祭天，就是希冀把人的请求通过烟气上达于天帝。甲骨文“气”作“乞求”解，大概与此有关。而后世烧香拜神即其孑遗。但不久人们就认识到，天上各种气象的交替出现，不过是“气”自身变化所致；人们把“气”看作充斥于莽莽苍苍的天地之间的一种流动不息的精微之物，世间万物由它凝聚而成。这样，中国传统哲学重要的表示物质的概念——“气”就产生了。

（三）“阴阳”与“天气”

与“气”相联系的是“阴阳”。太阳光及太阳光之所照为“阳”，太阳光照不到的地方就是“阴”①。《说文》：“阳，高明也。”“阴，闇也，水之南，山之北也。”中国处于北半球，“山北水南，日所不及”（《说文系辞》），故为“阴”。地上的阳光空气为“阳”，地下阳光晒不到的湿土为“阴”。梁启超则认为，阴阳两字的真正来源是没有“阜”旁的“侌”、“昜”二字。《说文》：“霒，云覆日也。”“昜，开也。”和我们今天所谓“阴天”“晴天”的概念一致。这种“阴阳”的原始概念，是在农业生产实践中对相关自然现象的概括并予以运用的。作物的生长需要充足的光照，人们他早就懂得在向阳的地方选择耕地。《诗经·大雅·公刘》记公刘率领周族迁豳，“乃景乃冈，相其阴阳，观其流泉……彻田为粮”。所谓“乃景乃冈，相其阴阳”，就是指选择耕地和居处时通过测日影判别阴

① 梁启超，阴阳五行说之来历，东方杂志，二十卷20号，1933年。

阳。《吕氏春秋·辩土》：“故亩欲广以平，甽欲小以深，下得阴，上得阳，然后咸生。”高注：“阴，湿也；阳，日也。”还是从原始意义上使用阴阳的概念。背日者（阴）寒，向日者（阳）暖；阴阳因又取得寒暖之义。故“六气”中以阴阳代表寒暖。阴阳又可以包摄其他四种“天气”，如明为阳，晦为阴，风为阳，雨为阴。于是又用阴阳代表全部的“天气”。中国处于典型的季风气候区，每年海洋的暖湿气流和大陆的干冷气流交替进退给人以深刻的印象。因此人们用“阴阳推移”来表示和解释四季的更替、气候的变化。先秦古籍中这方面的记载很多，如，

春秋冬夏，阴阳之推移也，时之短长，阴阳之利用也，日月之易，阴阳之化也（《管子·乘马》）。

春者，阳气始上，故万物生；夏者，阳气毕上，故万物长；秋者，阴气始下，故万物收；冬者，阴气毕下，故万物藏。故春夏生长，秋冬收藏，四时之节也（《管子·形势解》）。

故阴阳者，天地之大理也。四时者，阴阳之大经也（《管子·四时》）。

《易传》以“阴阳”为“天道”，其初始意义应在于此。在以后的很长时期内，阴阳学说在农学上的应用，也主要用于解释农业生产中时令的变化。

总之，无论“天时”中的“时”和“气”的概念，或与“天时”密切相关的“阴阳”概念，其起源都是与农业生产的实践有关的。

三　“地利”的原始意义和人们对农业生产中土地因素认识的发展

（一）“地利”的原始意义

我们再来看看“地利”。

《说文》“刀部”：“利，铦也。从刀。和然后利，从和省。”《易曰》：“利者义之和也。”“𥝢，古文利。”许慎说“利”从刀是对的；但说“利”从和省却不对。甲骨文中“利”字作“”，从刀从禾，原意应为收割禾谷而获得利益①。利作锋利解只是其引申义。古人已有见及此。如俞樾《儿笘录》云：

利字从刀从禾会意，非从和省也。成二年《左传》曰：“先王疆理天下，物土之宜而布其利。”盖利之本义谓土地所出者。土地所出莫重于禾；以刀刈禾，利无大于此者矣。《诗》曰：“彼有遗秉，此有不敛穧，伊寡妇之利。”即利字从禾从刀之意也②。

① 《甲骨文金文字典》解“利”字：“《说文》：‘利，铦也。刀和然后利。从刀和省。𥝢，古文利。’古文字象以耒（刀）剌地种禾之形。”解释近是而不确。其引《说文》与今本不同，未知何据。

② 转引自《说文解字诂林》。俞樾又说：“……以刀割禾为利，以刀断木为制，是故制为裁，而利亦为裁。《周易·文言传》‘利物足以和义’，何注曰：‘利者，裁成也。’许君不识从刀从禾之义，而曲附和义之说，谓从和省，失之甚矣。至铦利之义亦从以刀刈禾而得，非其本义也。古文作‘𥝢’，从勿无理，盖从二刀。”俞樾的解释比较正确，只是说古文利字不从勿，而从二刀，不确。甲骨文和金文“利”字的形象均不能证明“二刀”之说。在这个问题上，康殷的解释比较合理。段注训“铦”为臿属，谓古文利“盖从刃禾”，均误。反不如《说文》。

金文“利”或作“[illegible]”，后来演变为“𥝢”；其所从之“[illegible]”非“勿”非“刃”，乃以刀割物之形。近人康殷认为，“利”字“象用刀割禾，刀过之处，碎叶断茎迸散刀边之状。用以表示刀锋之铦利。”① 对“利”所从“[illegible]”作了比较合理的解释。铦即利（锋利），是“利”引申义。

可见，从“利”字的起源看，“地利”完全是从农业生产中得出的概念。俞樾所引《左传》“物土之宜而布其利”，把土宜和地利相联系，是辩证的观点，只有用其宜，才能得其利。也说明“土宜”与“地利”两个概念的密切关系。又，“利”虽用“以刀割禾”会意，但“禾”只是作代表，“利”可泛指土地之所出。正如《管子·宙合》说：“山陵岑岩，渊泉闳流泉逾瀷而不尽，高下肥硗，物有所宜，故曰地不一利。”所以“地利”也可以称为“地财”、“地材”、“地生”或“地用”②。从原始的意义上讲利的，还可以找出一些例子。如《国语·周语上》载周厉王“专利”，就是专山泽大地之所产。“夫利，百物之所生也，天地之所载也，而或专之，其害多矣”。《论语·尧曰》：“因民之所利而利之，斯不亦惠而不费乎！”邢疏：“民居五土，所利不同，山者利其禽兽，渚者利其鱼盐，中原利其五谷，人君因其所利，使各居其所安不易其利，则是惠爱利民在政，且不费于财也。”《荀子·富国》：“量地而又立国，计利而畜民，度人力而授事。使民必胜事，事必出利，利足以生民，皆使衣食百用出入相揜，必时臧余，谓之称数。”这里的“利”是地利，“事”是农事。荀子认为，立国的关键是人地相称，地利足以养民（除满足人民的消费外，还有所节余），民力足以胜事。这里的“利”正是指土地之所产。

（二）对“土”认识的科学化

但在很长时期内，人们对土地何以能生育万物没有科学的理解，认为有某种神灵在起作用，于是产生了对土地神——“社”的崇拜，出现了以人畜血液向土地神献祭的种种仪式。土地崇拜发生于原始社会而延续于后世。私有制和国家出现后，人间出现了君王，天上出现了至上神，“地”为“天”所统辖，人为神所统治。人们对土地的一些正确认识是蜷缩在宗教神学的蜗壳之中的。随着农业实践的发展，到了西周末期，人们对土地的认识产生了一次飞跃。其标志就是上节所述以《国语·周语上》论“土气”、“土膏”、“土脉”为代表的“土脉论”的产生。“土脉论”的提出，表明我国先民已经在相当大的程度上突破了宗教神学的束缚，把土地和土壤视为一种运动着的物质。《国语·周语上》载虢文公在谈“土气”外，还谈到属于“天气”范围内的“阴阳”二气，用阴阳二气的分布来解释春雷的震发。这些论述比上引伯阳父论地震还要早一些。它说明“天地之气”的唯物观念确实是在农业实践中吸收思想营养而形成的。还应指出的是，虢文公讲春耕时节的掌握，不但要看天象，而且要看地脉，两者相结合。每年立春，当房星

---

① 康殷，《古文字形发微》。

② 如《山权数》：“天以时为权，地以财为权。”《枢言》：“天以时使，地以材使。”《君臣下》：“审天时，物地生。”《乘马数》：“守地用，人筴。”按，地用指地利，与天时相联系。人筴指人谋，这里是指轻重之策。这也是从农业的天地人中衍生出来的思想。《礼记·郊特牲》：“地载万物，天垂象。取财于地，取法于天，是以尊天而亲地也。”孔颖达疏云：“取财于地者，地须产财，并在地出，为人所取也。取法于天者，人知四时早晚，皆仿日月星辰，以为耕作之候，是取法于天。”孔氏的解释不但阐明了“取财于地”的意义，而且揭示了上引《礼记》文中所包含的天地人的关系及人在其中的主导地位。

(农祥星)晨悬中天，日月相逢于“营室”所在天宇时，大地的气脉开始搏动，这时就要进行春耕。这实际上已把“天、地、人”三大要素都考虑进去了，已经向“三才”理论大步迈进了。

第三节　农业实践与“三才”理论的形成（二）

一　农业实践中“人”的发现

（一）精耕细作的萌芽和春秋时代对人的力量的认识

在殷代和西周初年，宗教神学的灵光笼罩一切，人还屈伏在至上神的阴影中。殷代所有重大的农事活动都要祭祀和问卜。这是和当时生产力低下，人类在大自然面前还显得软弱无力有关。但这种情况逐渐发生变化。西周的农业虽然还比较粗放，保留了一些原始农业时代带来的痕迹，如木石工具的广泛使用，从原始采猎演化而来的“虞衡”仍在经济生活中占居重要地位等；但进步也是明显的。不但在相当程度上，越来越多地使用青铜农具，休闲耕作制基本上代替了撂荒耕作制，而且，精耕细作的农业技术亦已萌芽。人们在向江湖沿岸的低平地区开辟农田，为了改变内涝渍水的土壤环境，修建了排水洗碱的农田沟洫系统，普遍形成了畎亩结构的农田，在这基础上实行垄作、条播和中耕，建立行列整齐、通风透光、合理有序的农田作物结构。这已经是属于精耕细作的范畴了。所谓“精耕细作”，在一定意义上就是发挥人的主观能动性，克服自然环境中不利方面，充分利用其有利方面的一种巧妙的农艺。到了春秋时代，以畎亩农田为基础的一套技术已经发展到比较成熟的形态，形成了某种技术规范。《吕氏春秋·任地》等三篇的有关记载，正是这种技术的总结。而且自春秋以来，铁农具和牛耕已在推广之中，农业生产力酝酿着一次新的飞跃。这样，人自身的力量就逐渐被发现了。《左传》昭公元年载晋赵武言：“譬如农夫，是穮（音标，除草）是蓘（音滚，壅土)，虽有饥馑，必有丰年。”这是说，虽然有不可避免的自然灾害，但只要农民坚持精耕细作，就一定能获得丰收的年成。在这里，已把争取丰收的基点放在人自身的努力上。由于认识到农业必须依靠人的力量，当时社会上流行这样的箴言：“民生在勤，勤则不匮”（《左传》宣公十二年)①。郑国子产曾说：“政如农功，日夜思之，思其始而成其终，朝夕行之。行无越思，如农之有畔，其过鲜矣”。② 从事农业，要有周密的思考，坚毅的努力，重人而不依赖天——这已是人们的常识。故政治家多以农功比喻政事。春秋时代农业祭祀仍然相当普遍，但在先进的人们看来，这种祭祀与人事相比，处于次要的地位。随国的季梁说得最为精彩。他说：“夫民，神之主也，是以圣王先成民而后致力于神。”首先要“务其三时”，致力于农业生产，才是正道；然后才“絜（洁）其禋祀”，表示“民和年丰”；如果倒行逆施，年啬民怨，靠丰盛的祭品来媚神徼福是没有用的（《左传》桓公六年)。《左传》昭公十六

---

① 《齐民要术·序》引作“人生在勤，勤则不匮。”接着又引“古语”“力能胜贫，谨能胜祸。”估计也是春秋时的俗语。

② 《左传》襄公二十五年。

年载：“郑大旱，使屠击、祝款、竖柎有事于桑山（杜注：有事，祭也）。斩其木，不雨。子产曰：‘有事于山，艺山林也；而斩其木，其罪大矣。’”郑子产提出过“天道远，人道迩，不相及也”的命题，实际上并不相信祭祀能消灾免祸；他认为通过人类自身努力来发展生产才是最可靠的，为媚神而破坏生产是极大的罪过。这种，“人”就再也不是神或自然的奴仆了。只有在这样的基础上，才能形成“人”与天地并列的“三才”思想。

（二）战国时荀况天人相分和人定胜天的思想

逮至战国，铁农具在黄河流域基本上普及，农田灌溉工程相继兴建，农业生产有了巨大的发展，人利用自然改造自然的力量充分地显示出来了，人的精神状态也空前的昂扬。这种时代特征在荀况的思想中表现得最为鲜明。他说：

> 今是土之生五谷也，人善治之，则亩数盆，一岁而再获之；然后瓜桃枣李一本数以盆鼓，然后荤菜百疏（蔬）以泽量，然后六畜禽兽一而剸车，鼋鼍、鱼鳖、鳅鳣以时别，一而成群，然后飞鸟雁凫若烟海，然后昆虫百物生其间，可以相食养者，不可胜数也。（《荀子·王制》）

他对人类自身能力的这种信心，显然是建立在农业生产力蓬勃发展和巨大提高的基础之上的。荀子认为，“天”是无意志的自然界，虽有其客观规律，但并不有意识给人类降福降祸；人不能改变自然规律，但在自然界中有其独立地位和能动作用，社会的治理靠人不靠天。“天行有常，不为尧存，不为桀亡。应之以治则吉，应之以乱则凶。强本（农业）而节用，则天不能贫”，“本（农业）荒而用侈，则天不能富”（《荀子·天论》）。荀子十分明确地指出，发展社会生产，不能立足于天的赐予，只能立足于人的劳动：

> 大天而思之，孰与物畜而制之？（杨注：尊大天而思慕之，欲其丰富，孰与使物畜积，而我裁判之）从天而颂之，孰与制天命而用之？（从天而美其盛德，岂如制裁天之所命，而我用之，谓若曲者为轮，直者为桷，任材而用也）望时而待之，孰与应时而使之？（望时而待，谓若农夫之待岁也。孰如应春生夏长之候，使不失时也）因物而多之，孰与骋能而化之？（因物之自多，不如聘其智能而化之使多也，若后稷播种然）思物而物之，孰与理物而勿失之？（思得万物以为己物，孰与理物皆得其宜，不使有所得丧）愿与物之所以生，孰与有物之所以成？故错人而思天，则失万物之情。（物之生虽在天，成之则在人也。此皆言理平丰富在人所为，不在天也。若废人而妄思天，虽劳心苦思，犹无益也。）

荀子这些思想的前提是“明于天人之分”。“天人相分”的思想，在春秋时代郑子产那里已见端倪，荀子则鲜明地把它标识在自己学说的旗帜上。这种理论的矛头是指向天神统辖人间的宗教神学的。只有在宗教神学“天人一体”的精神枷锁中解脱出来，才有哲学思想中大写的“人”。在“明分”基础上的“天人相参”（《荀子·天论》：“天有其时，地有其财，人有其治，是之谓能参。”），是中国传统“三才”理论的精粹①，而其中所蕴涵的正是在生气勃勃的农业实践中人们经验的结晶。

① 有人笼统地把“三才”理论划归“天人合一”学说的范畴，窃以为不妥。参见《从“三才”理论看中国传统农学的特点》。

二　“人和”与“人力”

(一)“人力”与“人和”的初义

在“三才”理论最流行的表述中，与“天时”“地利”并列的是“人力”或“人和”。这反映了人们对“天、地、人”关系中“人”的地位和作用的一种认识。“人力”和“人和”的本质是什么？两者有何差别？关系如何？这是“三才”理论中的重要问题。学术界有些人认为，“人和”出现在先，“人力”出现在后；战国讲“人和”，秦汉讲“人力”；前者强调适应自然，后者强调改造自然，是秦汉农业生产发展的结果①。这种认识并不准确，需要在这里加以讨论。

的确，《淮南子》和《汉书·食货志》都谈到“人力”②，但谈“人力”绝非自秦汉始。“力”字在甲骨文中作“丿”，是原始农具之耒形。大概因为用耒耕作要用力，所以引申为气力的力。可见“力”的起源很早，并且自始就是与农业有关的。这在早期文献中也有反映。如《尚书·盘庚》：“若服田力穑，亦乃有秋。”《多方》：“力畋尔田。”《左传》襄公十三年：“小人农力以事其上。”《国语·晋语》：“庶人（主要是农民）食力。”这里的“力”是指劳动力。在古代农业中，劳动力和土地是最主要的生产要素，人们很早就直观地感觉到了这一点。把其间关系说得最清楚的是《管子》：“彼民非谷不食，谷非地不生，地非民不动，民非作力毋以致财。夫财之所生，生于用力，用力之所生，生于劳身。”

把人的因素归结为“力”，以“人力”和“天时地利”并提，就是地地道道的农业思想，农业语言。而其起源当是很早的。

“和”字的产生看来比“力”字晚，与农业生产的关系也要间接得多。现在已经识别的甲骨文中无“和”字。《说文》口部：“咊（和），相譍（应）也。从口，和声。”可见“和”字的原初意义是应和之意。“人和”一词的出现也应相对晚后。

(二)“人力”与“人和”的关系

在先秦典籍中，《管子》谈“人力”最多。如《权修》：“地之生财有时，民之用力有倦……”以“时、财、力”揭示“天、地、人”三要素之实质。《山权数》则径说：“天以时为权，地以财为权，人以力为权。”《君臣下》说：“审天时，物地生，以辑民力。”又说：“故君人者上注，臣人者下注，上注者，纪天时，务民力；下注者，发地利，足财用。”但《管子》也谈“人和”。如《禁藏》云：“四时备具，而民功百倍矣。……顺天之时，约地之宜，忠人之和。故风雨时，五谷实，草木美多，六畜蕃息，国富而兵强，民材而令行。”③

① 董粉和，中国秦汉科技史（《中国全史》本），人民出版社，1994 年。

② 《淮南子·主术训》：“食者民之本也，国者君之本也。是故人君者，上因天时，下尽地财，中用人力。”《汉书·食货志》载晁错言：“粟米布帛，生于地，长于时，聚于力。”

③ 《管子》非出自一时一人之手，对其成书年代有不同看法。我们认为它主要是战国时代作品，第二章已有所论证。认为《管子》杂有汉代作品的也主要指《轻重》诸篇而言。我们在上文所举的例子，只有《山权修》属《轻重》篇。故不能根据《管子》中的材料说汉代才谈“人力”。

在先秦典籍中，《荀子》谈“人和”最多。如《富国》讲人主要有威仪，方足实施其管理职能，“若是则万物得宜，事变得应，上得天时，下得地利，中得人和，则财货[①]浑浑如泉源，汸汸如河海，暴暴如丘山，不时焚烧，无所臧之。”但《荀子》也谈“人力”。如《富国》“量地而立国，计利而富民，度人力而授事”；《王霸》“用国者，得百姓之力则富”，等等。上引《荀子·天论》文实质上就是对“人力”的颂扬。

那么，“人力”和“人和”到底是什么关系呢？关于这一点，《荀子·王制》有精辟的说明：

> 水火有气而无生，草木有生而无知，禽兽有知而无义。人有气，有生，有知，且有义，故最为天下贵也。力不若牛，走不若马，而牛马为用，何也？曰：人能群，彼不能群也。人何以能群？曰：分。分何以能行？曰：义。故义以分则和，和则一，一则多力，多力则强，强则胜物。故宫室可得而居也；故序四时，裁万物，兼利天下。无它故焉，得分义也。

上述这段话清楚地表明，“人力”和“人和”存在着有机联系。农业生产离不开人的劳动能力，但农业生产不是孤立的个人进行的，而是社会群体的行为。在荀子看来，要发挥群体的作用，使各个单个的人的分散的“力”变成强大的“合力”，就必须按“义”规定各人的名分和分工，使群体和谐一致。因此，“和”正是为了发挥和加强“力”，两者是一致的。而这又是人类能胜于其他的“物”，为“天下贵”的关键所在。这样一种思想和理论，显然是要在人类社会实践有更大发展的条件下，才有可能提出来的。因此，“人力”的概念虽然比“人和”的概念更为古老，但在某种意义上说，“人和”要比“人力”高一个层次。而不是相反。

“人和”概念的形成，表明在“三才”理论中，“人”是被作为群体对待的。它不但看到人的自然性，而且看到人的社会性，懂得通过调整社会关系以充分发挥人类群体的力量。这是“三才”理论所包含的整体观的一部分。重视整体（在一定意义上，个体被相对忽视）正是中国人传统思维方式的特点之一，而这一特点正源于农业。

三　对农业生产中“人”的作用的认识的拓展和深化

农业生产不是单纯的劳动力付出，“人力”必须与其他因素相配合始能发挥其作用。先秦思想家已注意及此，其认识有一个逐步提高的过程。以下略举数例以说明之。

（一）墨翟的天人观

战国初年墨翟指出，禽兽生活完全依赖自然，人类不同，“赖其力则生，不赖其力则不生”（《非乐》）。这里的“力”，就是指人类的劳动。他主张努力劳动，认为“强必富，不强必贫；强必饱，不强必饥”（《非命》）。但人类从事农业生产时，不能离开自然，尤其不能违反自然界气候变化的时序性，即所谓“以时生财”，“力时急而自养俭”（《七

---

① 《荀子·富国》：“田野县鄙，财之本也。……百姓时和，事业（按指农业）得叙，货之源也。”在荀子看来，财货来源于农业，故此段引文的“天时、地利、人和”均指农业生产。它和上引《管子·揆度》，都从一个侧面说明“三才”理论来源于农业实践，最初出于对农业生产诸因素的概括。

患》)。墨子和其他许多思想家一样,把“时”的变化看作“天”的根本特征①。《墨子》也提到“地”的因素,如《七患》:“食不可不务也,地不可不力也。”但如何发挥人类劳动力的作用,墨子提出的办法是“强从事”,即延长劳动日(“蚤出暮入”、“夙兴夜寐”)和增加劳动强度(“竭股肱之力”),较少提到工具和科技的因素,在一定程度上反映了他所代表的小生产者眼界的偏狭。

(二)《管子》对“人”的因素的认识

成书于战国的《管子》,对“人力”不但谈得多,而且比《墨子》进了一大步。如上引《八观》中对农业生产中“力”与“地”两大要素的论述,已和西方近世经济学家“土地为财富之母,而劳动则为财富之父和能动要素”② 的说法相当接近。《管子》把墨子分别谈到的“力”、“时”、“地”统一起来。《管子·小问》:“力地而动于时,则国必富矣。”注谓“勤力于地利,其所动作,必合于时。”这正是对农业生产中“天、地、人”关系的恰当表述。这种认识在当时带有一定的普遍性和代表性。

《墨子》的“节民力”与“强从事”,是从统治阶级根本利益出发,强调保护劳动力,保护小农经济的一种思想。《管子》也有类似的思想,它提出“量民力”(《牧民》)、“用力不可以苦”(《版法》)的原则。因为“用力苦则事不工,事不工则数复之,故曰劳矣”(《版法解》)。过度使用民力,人民就会感到烦劳,以致起而反抗,事情反而做不成③。为了提高劳动者的生产积极性,《管子》还提出过“均地分力”的方案,下文还将谈到。这种通过调整社会关系使民力得以合理使用和充分发挥,即属于“人和”的范围。此外,《管子》还重视社会生产中工具的因素和科学技术的因素。如《管子·小匡》提出务农不但要“审其四时”,而且要“备其械器”;《国准》说“立械器以使万物,天下皆利”④。《地员》和《度地》论述了土壤科学和水利科学中的一系列问题。但把工具与科技的因素与“力”联系起来,并纳入“人”的因素范畴内的,则是韩非子。

(三)《韩非子》对“人”的因素和天人关系的认识

对战国后期文献中所反映的“三才”理论,人们以前往往注重《吕氏春秋》而忽视了《韩非子》。其实,《韩非子》中有不少关于“三才”理论的精彩论述。《韩非子·八经》里提出了“四徵”。“言会众端,必揆之以地,谋之以天,验之以物,参之以人。四徵者符,乃可以观矣”。这虽不单是指农业生产,但完全适用于农业生产,甚至主要是附属于农业生产的。除了“天、地、人”外,《韩非子》还注意到“物”的因素。《扬权》:

---

① 墨子认为“天”有意志,能赏善罚恶。但他又否定命运,认为人间的贫富治乱,不是命运决定的,而是要通过人的努力去争取。在他看来,“天以磨为日月星辰以昭道之,制为四时春秋冬夏以纪纲之,雷降雪霜雨露,以长遂五谷丝麻,以民得而财利之”(《天志中》)。“天”的这种“兼而有之,兼而食之”的表现,正被用作证明天有意志、欲兼爱兼利的证据。这种“天志”论更多是作为劝说王公庶人向善辟恶的一种手段。因此,墨子思想体系中的天人关系,虽然不属于“三才”理论的范畴,但在相当程度上是对农业生产中天人关系的认识中推演出来的。

② 威廉·配弟语。见《赋税论》中译本第74页,商务印书馆,1968年。

③ 帛书《经法》等篇中也谈到“毋人執”、“毋乱民功”的问题,也是指不要过度使用民力,使人民过于疲劳。参看本章第四节。

④ 在先秦诸子中,《管子》对生产工具的因素是比较重视的,提到生产工具的篇章不少,这里恕不一一列举。

“故物者有所宜，材者有所施，各处其宜，而上无为。”因此，农业生产要“务于畜养之理”。而物宜是与土宜结合在一起的。在中国传统农学“三才”理论的发展中，这大概是第一次明确提出了“物宜”的问题。对“人”的因素，《韩非子》也有重要的发展。它重视人的劳动，即“力”，主张“力田疾作”（《姦劫》）、“强力生财”，指出“民以力得富”（《六反》）、“能越力于地者富”（《心度》）。但光有力气还不行，要依靠先进工具和科学技术。《难二》云：

> 举事慎阴阳之和，种树顺四时之适，无早晚之失、寒温之灾，则入多；不以小功妨大务，不以私欲害人事，丈夫尽于耕农，妇人力于织纴，则入多；务于畜养之理，察于土地之宜，六畜遂，五谷殖，则入多；明于权计，审于地形、舟车机械之利，用力少，致功大，则入多；利商市关梁之行，能以所有致所无，客商归之，外货留之，俭于财用，节于衣食，宫室器械，周于资用，不事玩好，则入多。入多皆人为也。若天事，风雨时，寒温适，土地不加大，而有丰年之功，则入多。

这段文字涉及社会生产、流通、消费等各方面，但重点还是讲农业生产。战国时代，铁器牛耕已在推广，韩非子应能看到它们“用力少致功大”的革命作用，故上文“舟车器械之利”，包括了农业工具和设施在内。韩非子重视技术，他说过“因技能则不急而自疾”（《功名》）。当时农业技术的发展已经孕育出中国的传统农学，韩非子反复要求人们“种树顺四时之适”，“察于土地之宜”，“务于畜养之理”，即是传统农学已经形成的反映。尤其独具慧眼的是，他不是把这些纳入“天”而是纳入“人”的作用范围，他在编制上述各项要求以后总括地说：“入多，皆人为也。”因为对“天、地、物”的规律要靠人去掌握。当然，风调雨顺也能导致丰产增收，但立足点是“人为”，包括人的劳动，工具，技能，和对自然规律的认识。这样，《韩非子》就把“三才”理论中对“人”的因素的认识大大拓展和深化了。

四　从帛书《经法》看“三才”理论在政治经济等领域的推广

“三才”理论从农业实践中产生以后，又反过来被推广到手工业、商业、军事、道德规范、政治经济等领域。这方面的材料很多，在这里仅举长沙马王堆出土帛书《经法》①（属于战国中期的作品）为例，说明“三才”理论是如何从农业领域推广到政治经济领域，同时又保留了它脱胎于农业领域的明显烙印的。《经法·君正》云：“人之本在地，地之本在宜，宜之生在时，时之用在民，民之用在力，力之用在节。”这种理论完全是对农业生产中天时、地利、人力关系的概括，而且它比《管子·小问》的“力地而动于时”更进了一步。因此，在经济工作的指导上，就要“知地宜，须时而动，节民以使，则财生”；反过来，“动静不时，种树失地之宜，[则天] 地之道失”（《经法·论》）。由此出发，“三才”被尊为治国的“前道”（《十大经·前道》）。《十大经·观》云：“夫是使民

① 马王堆汉墓帛书整理小组编，经法，文物出版社，1976年。下文所引《经法》资料出此。

毋人執[1]，举事毋阳察，力地毋阴蔽。阴蔽者，土芒（荒），阳察者夺光，人執者摐兵[2]。是故为主者，时揑三乐[3]，毋乱民功，毋逆天时，则五谷溜[4]孰（熟），民［乃］蕃兹（滋）。君臣上下，交得其志。”

大意是：执政者役使人民时不要使他们太疲劳；办事不要使天阳有所损伤；尽力于土地，不要使地阴有所破坏。地阴的破坏，就是使土地荒废。天阳的破坏，就是夺去了太阳的光和热；民众太疲劳，遇到战争，就会扔掉武器不干了。所以执政者要时时把握住这三把钥匙，不扰乱民众的事功，不违背自然的时令，这样，就会五谷成熟，民众丰足[5]。与此相类的记载还有：“毋阳窃，毋阴窃，毋土敝，毋人執，毋党别。阳窃者，天夺［其光，阴窃］者土地芒（荒），土敝者天加之以兵，人執者流之四方，党别［者］，□内相功（攻）。阳窃者疾，阴窃者几［饥］，土敝者亡地，人執者失民，党别者乱，此胃（谓）五逆[6]。（《经法·国次》）。

很明显，这里讲的治国之道，完全是从作为农业实践之结晶的“三才”理论中引申出来的。

这里还值得注意的是所谓“毋阳察”和“毋阴蔽”。《十大经》中的“阳察”、“阴蔽”，也就是《经法》中的“阳窃”、“阴窃”。它和《吕氏春秋·辩土》中“毋与三盗任地”的论述，无论在思想脉络或表达方式上，都有相似之处。“阳察”（阳窃）大概是指耽误了农时，使作物生长季节不足，得不到足够的光和热。“阴蔽”（阴窃）也是指地力使用的过度和不适宜的耕作使土地干枯坚垎。《吕氏春秋·音初》：“土弊则草木不长。”《礼记·乐记》；“土敝则草木不长。”是使用地力过度，农作物不能正常生长的意思。这可能是连种制代替休闲制和推广犁耕以后出现的新问题。它也从一个侧面反映了战国时代人们对天时地利及其利用的认识。

以上事实说明，“三才”理论不是从中国古代哲学思想中移植到农业生产中来的。毫无疑问，它是长期农业生产实践的升华，又反过来成为农业生产的指导思想，促进了传统农学的形成和发展。

英国著名的中国科技史专家李约瑟（Joseph Needham），认为中国的科学技术观是一种有机统一的自然观他说：

> 中国思想家基本上不相信有一个专一管理宇宙的神，而宁可从非人力（天）方面进行思索。非人力实际上意味着“天”或许多“天”，然而这里最好译成“宇宙的秩序”。与此相似，道（或天道）是“自然的秩序”。因此在中国古代的世界观中，人并不被看成是造物主为其享用而准备的宇宙的主人。从早期起，就有一种自然阶梯的观念，在这个阶梯中，人被看成是生命的最高形式（按，参阅上引《荀子·王制》文），但从未给他们对其余的“创造物”为所欲

---

① 高亨说，執读为勩。《说文》：“勩，劳也。”见《经法》载《〈十大经〉初论》，下同。《经法》注谓執读为槷（nie），意为摩擦不安。似不如高说通畅。

② 高亨说，“摐”读为纵，舍也。

③ 原注“揑”当为“节”，见《越语》。高亨谓“揑”为“握”之误，“乐”读为“钥”。

④ 《国语·越语》作“稑”。

⑤ 以上根据高亨的解释，见《经法》，第119～120页。

⑥ 《国语·越语》也有类似记载，但“阳察”“阴蔽”“人艺”均指军事而言，与《经法》所言有别。

为的任何特权。宇宙并非专为满足人的需要而存在的。人在宇宙中的作用是“帮助天和地的转变与养育过程”（按，原文应为“参天地之化育”），这就是为什么人们常说人与天、地形成三位一体（人、天、地）。对人来说，他不应探究天的方式或与天竞争，而是要在符合其基本必然规律时，与它保持一致。这就像有三个各有自己组织的层次，如那著名的叙述“天时、地利、人和”。

因此，关键的字眼始终是“和谐”。古代中国人在整个自然界寻求秩序与和谐，并将此视为一切人类关系的理想①。

李约瑟是第一位系统深入地研究过中国科学技术史的外国学者，在一定意义上可以说是“旁观者清”了。他所表述的中国的有机统一自然观，大概没有比在中国传统农学中表现得更为典型的了。作为这种有机统一自然观的集中体现的“三才”理论，是在农业生产中孕育出来，并形成一种理论框架，推广应用到政治、经济、思想、文化的各个领域中去。历史上，中国传统农业和传统农学对中国传统文化发生深刻而广泛的影响，“三才”理论及其所代表的有机统一的自然观，就是最重要的表现。

① 李约瑟，历史与对人的估计——中国人的世界科学技术观，李约瑟文集，辽宁科学技术出版社，1986 年。

第二篇

秦汉魏晋南北朝时期的农学

秦汉魏晋南北朝时期是中国传统农学继续发展并臻于成熟的时期。它的主要标志：一是北方旱农精耕细作技术体系的形成，二是以《齐民要术》为代表的一批传统农学经典的出现。这两件事相互联系、密不可分。北方旱农精耕细作技术体系的形成是《齐民要术》等农书得以出现的基础；而《齐民要术》等农书则是对这个技术体系的系统总结，使之系统化和得以流传于世。

那么，以《齐民要术》等农书为主要载体的本时期的传统农学，比起前代究竟有些什么进步呢？我们认为主要表现在以下三个方面：

第一，基础更加扩大，内容更加丰富，体系更加庞大。先秦农书（如《吕氏春秋·任地》诸篇）所载农业技术的原理原则是建立在耒耜操作的基础上的；本时期农书（从《氾胜之书》到《齐民要术》）则是建立在牛耕技术的基础上的。先秦农书只谈种植业（主要是粮食种植），只有作物栽培总论；本时期农书不但有作物栽培总论，而且有作物栽培分论，不但谈到粮食作物，而且谈到经济作物、园艺作物，经济林木等，对蚕桑生产技术、畜牧生产技术、人工养鱼生产技术等第一次作了系统总结。《齐民要术》实际上是当时包罗万象的农业百科全书。这显然与铁犁牛耕的普及使农业生产力进入新的发展阶段，农业生产的各部门获得全方位的发展，以及不同地区、不同民族、不同类型农业文化交流融汇分不开的。

第二，在农学基础学科继续发展的基础上，技术手段更加多样化，有许多重要的创新。先秦农书重点谈农时掌握和土地利用，对如何提高农业生物自身的生产能力，虽然有所涉及，但谈得不多。比起先秦的农书，本时期农书的进步是很显著的。农时体系、掌握农时的原则和手段、土地利用的原则和方法，都更加完备和具体。在土壤环境改良方面，突出的成就是形成了“耕、耙、耢、压、锄”相结合的旱地耕作体系，大大加强了土壤的防旱保墒能力。对前世农书所没有讨论过的施肥和灌溉问题，也有总结和论述。尤其重要的是，本时期的农书十分注意提高农业生物自身的生产能力。不但对作物、果木、畜禽等的选种、繁育、种子保藏处理等技术方法和原理，作了具体深入的总结，而且在从事各项农业生产时，总是根据生物的不同特性，采取相应的“因物制宜”的措施，巧妙地利用生物体内部的关系，农业生态系统中生物体之间、生物体与环境之间的关系，趋利避害，为我所用。总之，是把提高农业生物自身的生产能力放在与改善农业环境条件同等重要的地位，构成技术体系中的两根支柱。这在本时期的农学中表现得十分突出，这与本时期农业生物学的长足发展分不开的。

第三，指导思想的深化。作为传统农学的灵魂和核心，“三才”理论在先秦时代即已形成；在秦汉魏晋南北朝时期，它获得继承和发展。这种发展主要表现在两个方面：一是农业生产要靠天时、地利、人力诸因素的配合和协调，已经成为各个阶层的常识，这是在广度方面的发展；二是“三才”理论在农业生产各个领域和各个环节中的贯彻和具体化，这是在深度方面的发展。以《齐民要术》为代表的本时期的农书，在处理一切农业技术问题时，无不贯彻“因时制宜”、“因地制宜”和“因物制宜”的原则，无不体现在尊重客观规律的基础上，充分发挥人的主观能动性，通过精耕细作、巧顺物情来夺取高产优质的精神，而这正是“三才”理论的具体化。由于有这些思想原则的指导，这些农书在论述各项生产技术的原则、原理时，具体细致而深入，闪烁着辩证法的光辉。

本时期农学的发展也有其局限性或不足之处。

本时期农学主要是对北方旱地农业技术方法与原理的总结，南方地区的农业生产技术很少见于文献记载，更缺乏系统的总结。这是由于地区经济发展的不平衡所致，也反映了中原人对南方农业生产和农业技术的了解还不够。此其一。

先秦时代作为传统农学基础学科的农时学和土壤学的发展相当快，如土壤学已出现若干专论性著作。本时期似乎未能保持这种发展势头，虽有发展，但不大，没有出现专门的论著；主要发展偏重在应用方面。本时期古典生物学发展较快，农业生物学知识有丰富的积累，并广泛应用到农业生产中。但这些知识尚缺乏系统化，更没有在理论上加以概括、总结和提高。总的说来，基础学科落后于生产技术的发展，理论落后于实践的发展。基础学科和基础理论发展的这种滞后，后来成为我国农业科学进一步发展，尤其是传统农学向现代农学转变的严重障碍。此其二。

以上是我们对本时期传统农学的一些基本看法。本篇的任务是具体阐述本时期农学发展的基本过程、基本内容和基本特点。

本篇共分六章。主要包括：从生产力、经济、政治、文化等方面阐述本时期农学发展的历史背景；介绍本时期的农书和农学文献，由于《齐民要术》的地位特别重要，故列专章论述；论述本时期农学的主要内容，是本篇的重点。我们仍然采取把基础学科和相应的生产技术的原则原理放在一块叙述的办法，分别论述“农时学”理论与实践的发展，合理利用和改善土壤环境的理论和技术（重点介绍北方旱地土壤耕作体系的形成），农业生物学和提高农业生物生产能力技术的发展；本时期以“三才”理论为核心的农学思想继续发展，它的特点，如前所述，一是“三才”理论的普及化，农业生产要靠天、地、人等因素的配合成为各阶层的共识；二是“三才”理论的具体化，被贯彻和“融合”到农业生产的各个技术环节中；本篇不列有关农学思想的专章，对有关内容，一是在介绍农书（主要是《氾胜之书》和《齐民要术》）时予以论述，二是在有关本时期农学内容的各章中随时讲述，三是在个别章中列专节介绍本时期思想家政治家对农业生产中天地人关系的论述。

还要指出的是，论述本时期农学的主要依据是《氾胜之书》、《四民月令》、《齐民要术》等农书，而这些农书农史界的前辈和同行已有很深入的研究。本篇的有关内容，大量吸收了他们的研究成果，予以综合①；所以首先应该向这些前辈和同行表示感谢之忱。当然，这里也有笔者的取舍选择和学习心得；至于取舍和综合是否得当，体会时是否正确，只能由笔者负责了。

① 本篇引用前人的成果和论点，尽可能注明出处；但由于引用较多，且有篇幅之限和行文繁琐之虑，难免有所遗漏，特此申明，非敢掠美之谓也。

第八章　秦汉魏晋南北朝时期农学发展的历史背景

第一节　农业生产力的巨大发展和农业地区布局的变化

秦汉时期我国建立了统一的中央集权的封建大帝国。魏晋南北朝则出现了我国历史上第一次大分裂的局面。本时期的农业是在国家的统一和分裂中曲折前进的。农业经济的重心在黄河流域，但农区与牧区之间、旱农区与泽农区之间，其经济力量和地位也在不断的变化消长。牛耕耦犁在黄河流域的普及，农业生产全方位的发展，各地区各民族农业文化的交流，为北方旱农精耕细作的技术体系的形成和高水平的传统农学经典的出现奠定了基础。

一　牛耕的普及与农田水利发展

（一）牛耕在黄河流域的普及传统农具的发展

上篇谈到，牛耕在春秋战国时代已获得了初步的推广，但从春秋到西汉初期，在出土的铁农具中，铁犁的数量较少，形制也比较原始，反映出当时牛耕的推广还很有限。到了西汉中期，情况发生了很大的变化。在出土的西汉中期以后的铁农具中，犁铧的比例明显增加；目前已出土的汉代犁铧，绝大部分属于汉代中期以后。陕西关中是汉代犁铧出土集中的地区，多为全铁铧。一种是长40厘米左右、重9～15公斤的巨型大铧，即汉代文献称为“铃镛”（《说文》）者；有人进行过复制和试耕，认为是“数牛挽行”用以开大沟的，即古农书所载用于修水利的“浚犁”①。一种是小型犁铧，是从开沟播种用的古犁演变而来的，《释名》称“镛”，《齐民要术》称“耩”，是一种小型无壁犁铧，用以中耕除草壅苗开浅沟的②。再一种是长约30厘米、重约7.5公斤的舌型大铧，这是西汉中期以后最主要的耕犁；这种舌型大铧又往往和铁犁壁同时出土，说明这种汉犁已经装上了犁壁；犁壁的作用是使犁铧翻起的土垡断碎，并向一定方向翻转；汉代既有向一边翻土的菱形、瓦形和方形缺角壁，也有向两侧翻土的马鞍形壁③。

在汉代至魏晋的壁画和画像砖石刻中有不少“牛耕图”（主要是东汉时代的），从中可以看到汉犁的整体结构和牵引方式。完整的汉犁，除了铁铧外，还有木质的犁底、犁梢、犁辕、犁箭、犁衡等部件。犁底（犁床）较长，前端尖削以安铁铧，后部拖行于犁

---

① 张传玺，两汉大铁犁研究，北京大学学报，1985，(1)。

② 李根蟠，“镛”与“耩犁”——秦汉农具名实考辨之一，古今农业，1987，(1)。

③ 陕西省发现汉代犁铧和镡土，文物，1966，(1)。

沟中以稳定犁架。犁梢倾斜安装于犁底后端，供耕者扶犁推进之用。犁辕是从犁梢中部伸出的直长木杆。犁箭连结犁底和犁辕的中部，起固定和支撑作用。犁衡是中点与犁辕前端连结的横杆。以上各部件构成一个完整的框架，故中国传统犁又称“框形犁”。这种犁用两条牛牵引，犁衡的两端分别压在两头牛的肩上，即所谓“肩轭”。这种牛耕方式俗称“二牛抬杠”，也即文献中所说的“耦犁”。据《汉书·食货志》载，汉武帝末年赵过为搜粟都尉，推行代田法；与代田法相配合，“其耕耘下种田器皆有便巧……用耦犁，二牛三人”。所谓“耦犁”，当指以二牛牵引为动力，以舌形大铧和犁壁为主要部件的框形犁。正如先秦时代称二人并耕为“耦耕”一样，汉代也把二牛拉犁称为“耦犁”。至于为什么要“二牛三人”，根据民族志的材料分析，是因为耦犁发明之初，犁箭是固定的，从而犁辕与犁底之间的夹角也是固定的，不能起调节耕地深浅的作用，所以耕作时除了牵牛人和掌犁人外，还要有站在犁辕旁或坐在犁衡上以掌握调节耕深的压辕人①。后来发明了活动犁箭或功能相似的装置，耕牛也调教得更为驯熟，压辕人和牵牛人就可以省掉，因此，我们在东汉的牛耕图中看到，一般只要两牛两人或两牛一人就可以了。由此可见，耦犁是包括改进了的犁铧、与之相配合的犁壁、结构比较完整的犁架，以及双牲牵引等内容的一个完整的牛耕体系。耦犁虽然不一定是赵过本人发明的，但起码是他总结劳动大众的经验加以推广的。耦犁既区别于人工操作的耒耜，也区别于亦耒亦犁、亦锸亦铧的古犁；它的出现，使我国的耕犁最终告别了耒耜，发展到了真犁，即正式犁的阶段。采取耦犁等便巧农器大大提高了农业劳动生产率，据《汉书·食货志》记载，二牛三人可耕田五顷（大亩），相当于“一夫百亩（小亩）”的12倍。正因为使用耦犁的劳动生产率大大超越了耒耜，牛耕才在黄河流域获得真正的普及，铁犁牛耕在农业生产中的主导地位才真正确立起来。从此，牛被人们认为是“耕农之本，百姓之所仰，为用最大，国家之为强弱也”（《艺文类聚》卷八十五引《风俗通》）。贾思勰说：“赵过始作牛耕，实胜耒耜之利。”所谓“始作牛耕”，是指与耒耜划清界限的，以耦犁为标志的牛耕体系。从完整的意义讲，我国真正的牛耕时代的到来，可以以赵过推广耦犁为标志②。以耦犁推广为标志的牛耕在黄河流域的普及，是中国农业生产力发展中一个新的里程碑，它不但大大提高了粮食亩产量和农业劳动生产率，为农业生产和整个社会经济文化的全面发展奠定了新的基础，而且改变了中国传统农业的面貌，使传统农业技术获得新的形态，而这又呼唤和造就了传统农学的新的形态。

魏晋南北朝时期，我国黄河流域的牛耕技术又有新的进步。从该时期的牛耕图像资料看，当时除继续采取“二牛抬杠”的方式以外，已出现了单牛拉犁的方式③。到南北朝时期，后者可能已经逐渐占居主导地位④。当时一牛挽拉的犁可能是一种双长辕犁。又据《齐民要术》记载，山东地区有一种“柔便”的“蔚犁”，可能是与传统长辕犁相区别的短辕犁，但具体形制尚不清楚。总的来看，这一时期黄河流域的耕犁和牛耕方式，是向

① 宋兆麟，西汉时期农业技术的发展，考古，1976，(1)；李朝真，从白族的“二牛三人”耕作法看汉代的耦犁法，农史研究，第五辑，农业出版社，1985年。

② 李根蟠，“镈”与“耦犁”——秦汉农具名实考辨之一，古今农业1987，(1)。

③ 萧亢达，河西壁画墓中所见农业生产概况，农业考古，1985，(2)。

④ 鲁全才，汉唐之间的牛耕和犁耙耱耧，武汉大学学报，1980，(6)。

着更加有利于个体小农使用的方向发展的①。

除铁犁牛耕外，这一时期农具还有很多发明创造。铁农具进一步普及，西汉时代，铁农具已被认为是“民之大用”、“农夫之死士”②。继铁犁改进以后，适应牛耕的需要，出现了畜力牵引的耱（劳）和耙。西汉时发明了世界上最早的播种机械——耧车。这些及其他一些农具的发明，使北方旱地耕播农具形成了系列。农业的发展，产量的增加，又促进了谷物加工工具的进步。人力操作的、畜力牵引的、水力推动的石磨、石碓相继出现。至迟汉代，利用风力清洁谷物的机械——“飏扇”，即风车亦已发明。总之，本时期是中国传统农具发展的一个黄金时代。

（二）农田水利建设和治河防洪的发展

我国农田水利的重点，战国以前是防洪排涝，战国以后转到农田灌溉。随着秦汉统一封建帝国的建立，我国的农田水利建设也进入一个新的阶段。秦朝国祚短暂，除统一黄河堤防和在进军岭南的过程中修建灵渠外，在农田水利建设方面没有很大的建树。农田水利建设高潮的真正兴起，是在汉代，尤其是汉武帝时代。当时的农田水利是围绕着解决关中和西北军事据点的粮食供给这一中心进行的，出现不少由中央主持修建的大型灌溉渠系。西汉晚期以后的农田水利以汉汝江淮流域陂塘的发展为特点，这是与中央集权的削弱、豪族地主势力的增强相关联的。魏晋南北朝时期，北方迭经战乱，农田水利工程废多兴少，比较突出的是曹魏时期对淮河流域和海河流域的水利开发。淮河流域的屯田水利的发展，不但加强了曹魏政权的经济实力，而且使淮河流域一度成为全国的重要经济区。海河流域的水利建设的发展，则促进了黄河下游大平原的开发，使黄河流域经济的发展更趋平衡。

在这里应当指出的是，黄河中下游农田水利虽然有巨大的发展，但由于这里水资源的限制，能够灌溉的农田毕竟是少数，旱作仍然是华北农业的主体。以后还要谈到，当地的防旱保墒问题，很大程度上是依靠土壤耕作来解决的。

在农田水利重点由排涝转移到灌溉的同时，治河防洪也进入了以修筑堤防为主的新阶段。我国堤防起源颇早。《国语·周语》有禹“陂障九泽”的说法，《诗经》等文献中也记有各地的“陂”、“坟”、“防”，这些指的都是堤防。但这时的堤防只是与田间沟洫相配合的防洪排涝的辅助手段。在以疏导为主的治水阶段，要依靠大量的湖沼薮泽蓄泄洪水，不允许妨碍洪水宣泄的大规模的连贯的堤防的存在。公元前651年葵丘之盟中就有“无曲防（按，曲，周也；曲防指比较连贯的堤防）”的规定（《孟子·告子下》）。春秋战国时期铁器的推广促进了黄河中下游地区的进一步开发，大量荒地，包括以前供泄洪用的薮泽荒滩被辟为农田，人口迅速繁衍，出现了一批颇具规模的城市，这种情况势必对防洪治河提出新的要求，人们再也不能让洪水象以前那样四处漫流。战国初，较大规模的堤防已屡见记载，用堤防防止洪水漫溢出漕，成为人们与洪水斗争的主要手段。不过战国时群雄割据，不免“壅防百川，各以自利”（《汉书·沟洫志》贾让语），黄河堤

① 长江流域及其南境，秦汉时期牛耕也在逐步推广，但牛耕方式与黄河流域有所区别。限于篇幅，不作详细介绍。

② 《盐铁论·水旱》贤良语；《盐铁论·禁耕》文学语（“死士”原作“死生”，据《通典》十引文校改）。

防分属各国，修筑不尽合理，甚至有给邻国制造困难的人为险工。至秦始皇统一六国后，才“决通川防，夷去险阻”（《史记·秦始皇本纪》）使黄河大堤第一次获得统一的整治。用连贯的堤防约束洪水，标志着人们由消极防水转为积极治水，是一大进步，但也带来了新问题。黄河以含沙量大著称。汉人说：“河水重浊，号为一石水而六斗泥。”（《汉书·沟洫志》载张戎语）未筑堤时，河水漫溢于两岸，泥沙散布；筑堤以后，泥沙大量淤积于河道之中，逐年将下游河床提高，到西汉时，终于形成了“地上河”。加上对黄河滩地无计划的围垦，造成了河道的紊乱。因此，到了西汉，尤其是汉武帝以后，河患频仍，严重威胁着黄河下游人民的生命财产。从文帝时河决东郡酸枣（今河南延津西南）到新莽时期，见于史籍的黄河决口有11次之多。东汉明帝永平年间，王景受命治河，系统修筑了从荥阳到千乘（今山东高青北）海口的千里黄河大堤，固定了黄河第二次大改道（新莽时）后的新河线，又疏浚了被黄河洪水侵犯的汴渠，使河汴分流。黄河从此出现了800年相对安流的局面。对黄河下游农业生产发展具有重要意义。南北朝时期，黄河下游分支多，湖泽多，旧河道多，黄河南北大片地区“秋夏霖涝，千里为湖”（《晋书·慕容德载记》），说明当时黄河堤防已经残破不堪。但当时洪灾的记载较少。主要是因为当时人口稀少，洪水到来时可以任其泛溢①。

二 农业生产全方位的发展

秦汉魏晋南北朝时期不但大田粮食种植业、园艺业、畜牧业、蚕桑业等获得了巨大的发展，而且经济作物摆脱了对粮食生产的依附地位，成为大田农业中的一个独立的生产部门，独立的林业生产和独立的渔业生产亦相继出现。总之，这是农业生产获得全方位的发展的时代，它为传统农学的发展提供了空前广阔的基础。

（一）粮食作物构成的变化

本时期主要粮食作物种类与战国以前大体一致。《氾胜之书》以禾、秫、稻、黍、小麦、大麦、大豆、小豆、麻为九谷。《齐民要术》设有专章论述的粮食作物依次为谷（稷、粟）、黍穄（黍的一种，粘者为黍，不粘者为穄）、粱、秫、大豆、小豆、麻子（大麻）、大麦、小麦、水稻、旱稻等。若把同类作物归并在一起，上述作物名称实际上没有超出“五谷”② 的范围。不过各种粮食在粮作中所占的地位有所变化。

粟仍然保持最重要粮食作物的地位。汉代人称“稷”为“五谷之长”，考古发现的有关遗物也多。由于粟是最重要的谷物，人们又逐渐习惯用“谷”来称呼粟了。《齐民要术》说：“谷，稷也。名粟。谷者，五谷之总名，非指谓粟也。然今人专以稷为谷，望俗名之耳。”《齐民要术》把“谷”列于粮作首位。对其耕作栽培技术和品种的记述最为详尽。

大豆与粟并列为最主要的粮食的现象从春秋战国之际延续至西汉初年。西汉以后大

---

① 中国水利史稿，上册，第四章第二节，水利电力出版社，1979年。

② “五谷”一词出自先秦时代的文献，汉代学者有不同解释，但归纳起来，不外粟、黍、菽、稻、麦、麻6种粮食作物。

豆种植面积似乎有所减少。《氾胜之书》宣传大豆的重要性，要求每人种五亩（240步的大亩）大豆[1]。汉代大豆的利用方式也更加多样化，豆豉、豆腐、豆芽、豆酱相继出现[2]，其中豆腐发明的意义尤大。在魏晋南北朝，大豆在粮作中的地位仍然显赫。豆类作物被广泛用来与禾谷类作物轮作；绿豆、小豆等有时还作为绿肥作物参加轮作，构成我国传统农业中用地与养地相结合的重要方式。大豆又被用作饲料作物，《齐民要术》称之为“茭”。

春秋以来，麦类种植尤其是冬麦种植也有很大发展。这种发展开始主要是在黄河下游地区；《淮南子·地形训》等提到“东方”“其地宜麦”。西汉中期，汉武帝接受董仲舒的建议，在关中地区大力推广冬麦种植（《汉书·食货志上》）。西汉末氾胜之“教田三辅”，在推广种麦方面作出了很大成绩（《晋书·食货志》）。目前，在黄河流域已发现不少汉代麦作遗存。魏晋南北朝时期，北方小麦看不到显著的发展（但“瞿麦”即燕麦的种植始见于《齐民要术》）。这一时期，北方种麦主要着眼于它能解决青黄不接时期的粮食供应，以冬麦为枢纽的复种制尚未发展起来，麦类在北方粮作中仍然处于次要地位[3]。

南方的“楚越之地”，向以“饭稻羹鱼”著称。随着南方人口的增加和农田水利的开发，水稻生产也不断增长。巴蜀、江南、淮南、南阳、汉中等都是当时重要的稻产区。在北方，农田水利的发展也导致了水稻的扩展，利用河水淤灌盐碱地往往是和改种水稻相结合的。曹魏时，黄河黄河下游“兖豫州东界”，因大量兴修陂塘，实行“火耕水耨”式的水稻种植有所扩展；但这种趋势因西晋时废除质量低劣的陂塘、改水为旱而受到抑制。其他地区水利也是兴少废多，故水稻种植总趋势是收缩。从《齐民要术》看，北魏时黄河流域一般只在河流隈曲便于浸灌的地方开辟小块稻田。水稻在北方粮作中只占次要地位，生产技术也远逊于旱作。

黍在粮作中的地位春秋以后明显下降，与殷周时期不可同日而语；但南北朝时期由于荒地增多，适于作为开荒地先锋作物的黍的地位有所回升。以大麻籽作粮食，虽然农书中仍有记载，考古也发现过汉代的麻籽，不过，它在粮作中已不占重要地位。

（二）经济作物成为独立的生产部门

这一时期的经济作物已经摆脱依附于粮食生产的地位，无论是种植种类或是生产规模都有发展。

大麻逐渐退出粮作行列以后，作为纤维作物的重要性增加了。《齐民要术》把“种麻”（纤维用麻）和“种麻子”分列，而且“种麻”列于“种麻子”之前，并说明种麻子是为了“捣治作烛”。从《四民月令》和《齐民要术》看，一般大田作物不施粪肥，惟独

---

① 若按一家耕田百亩，每人平均20亩计，5亩大豆占耕地的25%，实际上每户耕地不足百亩，则每人5亩大豆约占耕地的35%以上。

② 豉始见于许慎《说文》和史游的《急就篇》。《神农本草经》中的“大豆黄卷”和长沙马王堆汉墓遣册中的“黄卷”，即豆芽。用豆作酱，始见于《四民月令》。豆腐的发明者传说是西汉的淮南王刘安，近年在河南密县打虎亭东汉墓的化石中发现了包括浸豆、磨豆、过滤、煮浆、点浆、镇压等程序的豆腐生产图，证明豆腐的发明确实是在汉代。参见：陈文华，豆腐起源于何时，农业考古，1991，(1)。

③ 南方种麦始见于《绝越书》，在长沙马王堆汉墓中也有大小麦遗存。东晋南朝在淮北和江南地区推广种麦，亦颇有成效，南齐时的淮南地区，“菽麦二种，盖是北土所宜，彼人便之，不减粳稻”（《南齐书·徐孝嗣传》）。

麻田施粪作基肥，足见对纤维用麻生产的重视。农家种麻很普遍，从曹魏开始，历朝租调中有麻布的征收。秦汉时期还出现了上千亩的大面积的麻田（《史记·货殖列传》）。南方也有种大麻的，但大麻主要产区在北方。

我国染料生产起源很早，《夏小正》中已有植蓝的记载。但当时的蓝是一种园圃作物。到了汉代，种蓝在有些地方形成大规模的专业化生产①。汉代另外两种染料作物巵（栀子）和茜（茜草），在大城市郊区也有种植达千亩之多的（《史记·货殖列传》）。地黄和紫草、红蓝花的种植分别始见于《四民月令》和《齐民要术》。

我国对动物油脂的利用较早，对植物油脂的利用较晚。种子含油量较高的大麻、芜菁、芸苔虽然种植较早，不晚于汉代又驯化了“荏”（白苏）②，但都是直接食用不用来榨油。西汉时张骞通西域后，胡麻（芝麻）和红蓝花先后引进中原③，榨油技术可能同时传入。《氾胜之书》中已有关于胡麻种植的记载。榨取和利用植物油不晚于西晋④。《齐民要术》中胡麻和红蓝花都列了专篇。胡麻篇紧接粮食作物之后，生产技术记载颇详。反映它已是重要的大田作物。红蓝花篇则反映当时已出现规模可观的商品性红蓝花生产。同时，芜菁籽、大麻籽和荏也用来榨油。这样，我国才有了真正的油料作物⑤。

（三）园圃业的继续发展和独立林业生产的出现

战国以前的园圃业已和大田农业分离，但园圃业内部则是园圃不分的。秦汉时代园和圃已各有其特定的生产内容。《说文》：“种菜曰圃，”“园所以树果也。”当时除了地主和农民作为副业的园圃外，还出现了大规模的专业化园艺生产⑥。本时期见于文献记载的栽培蔬菜种类越来越多。据对《氾胜之书》、《四民月令》和《南都赋》（东汉张衡著）的统计，汉代的栽培蔬菜有 21 种。《齐民要术》所载蔬菜增至 35 种⑦；包括栽培方法首次被记载的蓴、藕、芡、芰（菱）等水生蔬菜。果树的种类也很丰富。

战国以前的林业活动一般依附于虞衡业或园圃业，这种情形战国以后也发生了变化。《淮南子·主术训》在谈到汉代农业生产内容时，特别提到“丘陵坂险不生五谷者，以树竹木”，表明林业已和五谷、六畜、桑麻并列，成为农业生产的重要项目。从《四民月令》和西汉王褒《僮约》看，汉代地主除种植果木桑柘外，还种植竹、漆、桐、梓、松、柏、杂木等。而一般农户的生产活动，也包含舍旁种树和上山砍柴等内容。经营大规模

---

① 赵歧，《蓝赋序》，见《全上古三代秦汉三国六朝文》。

② 《氾胜之书》谈到“区种荏”。

③ 张华（晋）《博物志》。

④ 张华（晋）《博物志》。

⑤ 粮食作物中的高粱、经济作物中的棉花、甘蔗和茶叶，本时期均已栽培，但主要分布在南方或边疆少数民族地区。

⑥ 《史记·货殖列传》“安邑（今山西夏县、运城一带）千树枣，燕秦（今河北北部及陕西一带）千树栗，蜀、汉、江陵（今四川、湖北、陕西南部一带）千树橘……及名国万家之城，带郭千亩姜韭：此其人皆与千户侯等。”《齐民要术》中也有瓜（甜瓜）、葵、芜菁等大规模商品生产的记载。

⑦ 前 21 种是：葵、韭、瓜、瓠、芜菁、芥、大葱、小葱、胡葱、小蒜、杂蒜、薤、蓼、苏、蕺、薺、蘘荷、豍豆、胡豆、芋、苜蓿。汉代见于其他文献的栽培蔬菜还有筍、蒲、芸、胡蒜等。后 35 种是：葵、瓜、冬瓜、越瓜、胡瓜、茄子、瓠、芋、蔓菁、菘、芦菔、蒜（包括胡蒜、小蒜、黄蒜、泽蒜等）、薤、葱、芸苔、蜀芥、芥子、胡荽、兰香、荏、蓼、姜、蘘荷、蘧、白蘧、芹、马芹子、堇、胡葸、苜蓿、蓴、藕、芡、菱。

经济林木或用材林的亦已出现①。这些都表明林业已成为独立的生产部门。

（四）畜牧业、蚕桑业和渔业的继续发展

畜牧业继续向前发展，其重要特点之一是以养马业为基干的大规模国营畜牧业的兴起。战国以后，封建地主制经济逐步形成，并进而建立起中央集权的统一帝国；在北方则有以骑马为特征的强大游牧民族的崛起。为了对内加强统治，尤其是为了对付北方的游牧人，由国家直接掌握大量战马，以建立和保持一支有迅速应变能力的常备军，是十分必要的。战国时各国的战骑辄以万计、10万计。睡虎地秦简记载了放牧牛马羊等官畜的责任制度、廪食标准和奖惩办法。对农民所授份地普遍征收刍稿，显然也是为了饲养官畜。统一后的秦国，设有专管车服舆马的太仆，位列九卿，又设六牧师令掌边郡养马。汉承秦制。西汉时“太仆牧师诸苑三十六所，分布北边西边，以郎为苑监，官奴婢三万人，养马三十万匹”②。到了汉武帝时增至40万匹。除西北边郡设置牧苑外，在京畿和内地的郡国，官牧也相当普遍。东汉时期西北边郡国营牧场缩小，但开辟了云南四川的新牧场。魏晋南北朝少数民族统治下的北方官牧也颇发达。如北魏时的河西牧场，“畜产滋盛，马至二百余万匹，橐驼将半之，牛羊则无数”（《魏书·食货志》）。后来又从这里抽调10匹马，沿途徙牧到黄河以南，在河南孟县建立河阳牧场，以保卫京师洛阳。本时期民营畜牧业仍然是发达的，在不同条件下有着不同发展方向。贵族地主饲养着大量牲畜。汉代地主一般有较大畜群。甚至“原马被山，牛羊满谷”（《盐铁论·取下》）。在商品经济刺激下，部分地主走上主要经营畜牧业的道路。个体小农饲养畜禽也相当普遍，但规模较小，主要提供农业生产所需要的肥料和动力，日益走上小规模经营，为农业生产服务的轨道。由于秦汉之际战争的破坏，汉初畜牧业一度呈现凋敝状态。为了扭转这种局面，汉政府实行鼓励民间畜牧业发展的政策，到了汉武帝初年，“众庶街巷有马，阡陌之间成群”（《史记·平准书》）；“牛马成群，农夫以马耕载，而民莫不骑乘”（《盐铁论·未通》）。在南北朝时，北方民间畜牧业更加发达，政府征发民间牛马为赋税③。而一些领民酋长，更是“牛羊驼马，色别为群，谷量而已”（《魏书·尔朱荣传》）。

蚕桑业在本时期获得重大发展。蚕桑和农耕一样，被视为本业；政府采取鼓励和推动农户实行耕织结合的政策，自东汉末年曹操创行租佃制以来，绢帛丝绵和谷物一样，是每个农户必须向政府交纳的物品，反映了农民养蚕织绢的普遍性和农桑并重、耕织结合的生产体制的进一步确立。蚕桑业的发展在农书中也有反映，无论《氾胜之书》、《四民月令》或《齐民要术》，都把桑蚕纺织活动作为其重要内容之一。在当时，蚕矢是重要肥料，向桑椹则是青黄不接或灾荒时重要食物来源，这些都是以蚕桑业的普通发展为前提的。从《四民月令》看，汉代地主不但使用“蚕妾”从事蚕桑生产，而且在蚕事大忙季节要动员家中妇女儿童全力以赴，并独自完成养蚕、缫丝、纺织、印染等全部生产过程。

---

① 《史记·货殖列传》说：“山居千章之材……淮北常山已南、河济之间千树萩，陈夏千亩漆，齐鲁千亩桑麻，渭川千亩竹……此其人亦与千户侯等。”《齐民要术》总结了榆、白杨、棠、榖楮、漆（今本缺）、槐、柳、楸、梓、梧、柞和竹的栽培技术，并计算了商品经营的利润。

② 《汉书·景帝纪》注引《汉官仪》。

③ 如北魏太常年间（416～423）规定：“调民二十户，输戎马一匹，大牛一头”，“六部民羊满百口，输戎马一匹”（《魏书·太祖纪》）。

除了作为农家副业存在，主要为了纳赋和自用的蚕桑业以外，专业性的、主要为了出售和赢利的蚕桑业亦已出现。如战国秦汉山东地区就有经营上千亩桑田的。蚕桑织品不但是主要的衣被原料之一，而且是中央王朝向北方游牧民族交换和对外贸易的最重要的物资。

殷周时代，水产捕捞是依附于虞衡的一个生产项目。战国以来捕捞业继续发展，人工养鱼突破了王室贵族园囿的藩篱，成为一种生产事业；部分水产品成为商品，出现了大规模的河流陂池养鱼；管理渔业的专职官吏和渔业税也出现了。所有这些，表明渔业成为独立的生产部门。

三　多元交汇体系下农业地区的变化和农业文化的交流

上篇谈到，我国传统农业是一个多元交汇的体系，这一体系的基本构架先秦时代已经形成，在本时期又有新的变化。不同地区、不同民族、不同类型农业文化的交流和碰撞，使本时期的农业实践具有空前丰富的内容，也给本时期传统农学的发展提供了空前广阔的基础。

（一）农区与牧区的消长

上篇谈到，我国经历长时期的“华夷杂处”以后，战国时代形成了农牧区分立的格局。在这以后，农牧区的界线并非固定不变的，在不同时期互有进退，总的趋势是农耕区和农耕文化的扩展。

秦汉是农区向牧区扩展的重要时期。秦汉时代的边境屯田既是两大经济区对峙的产物，又是当时农区向牧区扩展的主要方式。早在秦始皇时代，蒙恬收复匈奴占有的河南地，沿河筑县，“徙谪戍以充之”（《史记·匈奴列传》），是为边防屯田的滥觞。汉文帝时，晁错建议“徙民实边”，“选常居者，家室田作以备胡”（《汉书·晁错传》），可视为民屯之始。汉武帝时大举出击匈奴，再度把匈奴逐出河套地区，占领羌人、月氏和匈奴长期游牧的河西走廊，分别置朔方、五原、云中和张掖、武威、酒泉、敦煌等郡，继续移民实边，并实行大规模军屯。太初元年（104）部署在从河套到甘肃西北部的屯田卒达60万（《汉书·武帝纪》），正式揭开了中国屯田史的序幕。汉宣帝时，赵充国开始了在羌人活动的河湟地区的大规模兵屯。汉代的屯田还深入到西域的一些战略据点。秦汉屯田大多是从西北游牧民族手中夺取或收复的土地上进行的，屯田又往往伴随着农田水利建设以及先进农具和先进农艺的推广（如在河西走廊等西北边郡推行耦犁和代田法），因此，屯田的发展标志着农耕文化向牧区的扩展。这种扩展的结果之一，就是在农区和牧区之间形成广大的半农半牧区。在两汉的主要屯田地区中，河套地区以民屯为主，时有“新秦中”之称，河湟地区屯田时兴时废，西域屯田因受自然条件的限制，规模不大，惟有河西屯田的规模最大，组织最完善，成效最显著。河西走廊屯田区象插进牧区的一根楔子，一方面把漠北的匈奴和甘青的羌族分隔开来，另一方面又把中原农区和西域天山南路的分散农业地区联结起来，意义十分重大。

在东北地区，自战国晚期燕国略地东胡，汉武帝平定朝鲜，在辽东半岛和朝鲜半岛设置郡县后，大批汉人进入东北，铁器牛耕等随之传入，开创了东北农业的新局面。穢貊族系在松嫩平原和鸭绿江及其支流浑河流域建立的夫余国和高句丽国，也进入了铁耕时代。

在“西南夷”地区，汉武帝时并入汉帝国的版图，也实行移民垦殖。战国至西汉，西南夷诸部仍处于青铜时代，不谙牛耕；到了东汉，铁器牛耕开始在西南夷地区推广了。

总之，秦汉时期中原的农耕方式正在步步为营地向牧区和农牧错杂地区推进。

魏晋南北朝时期，随着东汉末年以来匈奴、羌、氐、羯、鲜卑等族的内迁和南下，出现了与秦汉相反的牧进农退的变化。这些民族原来都以游牧为生，有的内迁较晚，基本上仍过着游牧生活；有的虽然内迁已久，逐步适应了农耕生活，但是在战乱频仍、荒地很多的情况下，也不免部分地恢复其旧日的习惯。在原农区的东北部，由于乌桓、鲜卑的南迁，尤其是鲜卑慕容氏在蓟燕地区多次建立割据政权，燕、代一带实际上成为半农半牧区。在西北部，黄土高原和河套地区多为南下游牧人所据，农耕区退至关中北山至山西吕梁山一线以南。河西走廊魏晋和前凉时农业尚较繁荣，朝六国后期农业衰落，北朝时回复到以牧为主；北魏时的国家牧场正设置在这里。在河湟地区，鲜卑人的一支建立吐谷浑国，以游牧为主，与氐羌人杂居。不过内迁各族在与汉族接触中，都或迟或早地接受了农耕文明，并逐步与汉族相融合。例如，活动在黄土高原的匈奴人的后裔稽胡人，北朝时已基本上转为以营农为主。鲜卑族是东汉末新兴的游牧民族，鲜卑拓拔部经济尤为落后，与汉族接触也较晚；但他们进入华北后很快发生了变化。在建立北魏以前，拓拔鲜卑部已在河套平原、银川平原和河北地区屯田，成绩显著，又把山东人民迁到平城一带，计口授田，以至“离散诸部，分土定居，不听迁徙”（《魏书·贺讷传》）。魏孝文帝时，按中原农耕文化要求进行了一系列改革，实行有名的均田制，大力恢复和发展黄河流域的农业生产。中国历史上进入中原地区的游牧民族，一般都与鲜卑拓拔部走着同一条道路。更饶有兴味的是，为了抵御游牧的柔然族的入侵，北魏统治者也学汉族的样子，在今河北赤城至内蒙古五原一线筑起了长城，俨然以农耕变化的保卫者自居。这也清楚地表明，长城作为农牧分区的标志，实际上不在于区别不同的种族，而在于区别不同的农业文化。而中原的农耕方式在经历过一次重大的历史考验后更加站稳了脚跟。

据近人研究，秦汉魏晋南北朝时期农牧区的这种消长进退，是与气候的变化相联系的。中国历史上气候经历颇有规律的冷暖变化，大体上约三四百年为一个周期。秦汉统一的四百年间，是中国气候变暖时期。汉武帝改造“上林苑”，把南方的植物，如“卢桔夏熟，黄柑橙楱，枇杷橪柿，亭柰厚朴，梬枣杨梅，樱桃葡萄”（司马相如《上林赋》）等都移植到长安来，为现在所不能想象。这正是农区得以向牧区扩张的重要条件。魏晋南北朝的三百多年，则是中国历史上由暖变冷的时期，北方年平均温度较现在下降了约摄氏 1.5 度。而年平均温度每下降一度，北方草原牧区将要向南推移几百里之多。这正是北方游牧民族之所以在本时期大举南下的重要原因之一①。

（二）旱农区与泽农区的变化

在长城以南的农区内部，也存在不同的农业类型。其中最主要的类型是旱作农业与水田农业，并大体以秦岭淮河为界形成以种植粟黍为主的北方旱农区和以种植水稻为主

① 游修龄，《齐民要术》成书背景小议，中国经济史研究，1994，（1）。

的南方泽农区。两个地区的农业各有其向深度和广度的发展，这种发展又是在相互关联中展开的。由于黄河流域有广阔平原，疏松的土壤，森林较少，铁器牛耕首先在这里获得推广和普及；本时期和先秦时代一样，全国经济重心仍然在黄河流域。但在黄河流域内部各地区的经济地位和发展态势，不同时期是有所变化的。

关中地区有悠久的农业历史，战国期间，很少受到战乱的破坏；战国末年秦国在其北部修建郑国渠，使数以万顷计的“斥卤”（盐碱地）变成亩产一钟的良田，直接奠定了秦灭六国的基础。秦帝国建立后，由于其特殊的政治地位，当原山东六国因苛重的赋役经济频于崩溃时，关中经济独能完好并继续发展。西汉时期，关中是京师所在，是水利建设的重点，耦犁、代田法、冬麦等的主要推广区，又可以得到与之密切联系的巴蜀农产品和河西等地区畜产品的源源不断的供应，故成为全国首富之区。关东地区有着比关中盆地更为广阔的平原，农业很有基础，西汉时代每年要供应关中400万石漕粮。从太行山东南起，越黄河而东，由济水和鸿沟分黄河之处起，直到东海之滨，北达鲁北，西南至鸿沟系统汳水、淮水以及蒗荡渠流经的区域，是关东盛产粮食的地区。但黄河的频繁泛滥对该区农业生产威胁很大。在这一地区的北部和南部，农业相对落后[①]。西汉中期后，南阳地区和汝南地区的陂塘水利有较大发展，洛阳和宛成为全国最繁荣的城市，加上关中在两汉之际和东汉与羌人长期战争中受到严重破坏，长安不复为都，黄河流域经济重心有东渐之势。

东汉末年农民大起义以后，先是军阀混战，继之是内迁的原北方游牧诸族纷纷建立割据政权，国家分裂，黄河流域陷入长期战乱之中，人口丧亡，土地荒芜，农业生产受到极其严重的破坏。但农业生产力的发展并没有中止，生产工具和生产技术都继续有所进步。汉族的地主和农民往往建立坞壁以自保，在这种形式下，从事农业生产，延续和发展了精耕细作的传统，各地区各民族农业文化的交流也在新的条件下加速进行。所有这些，使得黄河流域仍然保留了其经济上的优势地位，并为隋唐统一后北方经济的复兴打下了基础。

在这一时期，黄河流域内部各地区之间发展不平衡的状况也发生了某些变化。其中，黄河下游大平原北部和中部的进一步开发最值得注意。从先秦到西汉，黄河流经华北大平原北部，在今河北省沧县进入渤海，下游支流很多，经常漫溢，因而有“九河”之称。故尔这一地区长期以来人迹罕至。春秋战国时，“九河”逐渐堙塞，部分被垦为田[②]。但因河患威胁，这里还是一片萧条。王莽时，黄河改道从山东千乘入海，东汉章帝时王景治河成功，自此到唐末，黄河长期相对安流，为华北大平原中部和东北部的开发创造了有利条件。三国时，曹操经营河北，开凿了白沟、利漕、平虏、泉州诸渠，使分流入海的各河，在天津附近汇流入海，形成海河水系，加速了该地区的开发。继东汉初张湛在狐奴（今北京顺义）引潮白河灌溉种稻后，曹魏时刘靖和樊晨又先后修建和改建戾陵堰和车箱渠，引永定河灌田万余顷。这一时期河北蚕桑丝织业也有较大发展，地位逐渐超过战国秦汉时的齐鲁地区。到了北魏后期，河北已经成为北魏、东魏和东齐“资储”的重要供应地了。

---

① 史念海，秦汉时代的农业地区，河山集，三联书店，1963年。

② 《纬宝乾图》《尚书中候》等载，齐桓公为开拓疆土，填平了“九河”中的8条。

秦岭淮河以南的长江中下游及其南境农业起源颇早，夏商周三代，南方的稻作文化集团，在北方骑马集团兴起前，曾是与中原粟作文化集团——华夏族相抗衡的重要力量；他们在农业生产和农业科技方面多所建树。战国秦汉时期南方农业在继续发展。就目前考古所见，湖北、湖南、江苏、浙江、广东、广西战国时已经使用铁器，福建、江西汉代亦已使用铁器。除长江下游地区早已开始犁耕外，东汉时期又有庐江郡（今安徽巢县）和九真郡（今越南北部）推广牛耕的记载。不过，当时南方经济发展很不平衡，铁器牛耕推广程度远逊于黄河流域，农业开发始终没有突破星点状或斑块状分布的格局。秦汉时，江南以地旷人稀著称①。由于地旷人稀，耕作相当粗放，许多水田采取“火耕水耨”的方式，旱地则多行刀耕火种。比起当时的黄河流域，差距显然是拉大了②。

魏晋南北朝时期情况发生了很大变化，东汉末年以来，黄河流域长期战乱，南方则相对安定，大量北方人纷纷到南方避难。由此导致的劳动力的增加，成为南方农业发展的直接动力③。在移民和土著两支劳动大军的共同努力下，水利建设和土地垦辟持续进行，农业的发展使得南方政权有可能长期与北方抗衡。这一时期，南方农业最发达的是长江下游地区，到刘宋时，已是“地广野丰，民勤本业，一岁或稔，则数郡忘饥”。带山傍海，拥有良田数10万顷的会稽郡，其富庶程度，据说可以与汉代的关中媲美。建康附近在南古末年也是“良畴美柘，畦畎相望”。长江中游的荆湖地区，因受战争影响，农业逊于江南，但也有长足的发展，“余粮栖亩，户不夜扃”。岭南农业也有进步，“米不外散，恒为丰国”，在这基础上，陈霸先得从岭南崛起，建立陈朝。不过，本时期南方各地区经济发展很不平衡，长江下游地区尚较落后，即使长江下游，荒地仍多，太湖平原以东开发就很有限。总的说来，本时期南方经济的发展尚不足以取代北方的地位。

自秦汉以来，南方的农业技术也有所进步，就某些作物（如水稻）的栽培技术而言，并不比黄河流域落后，甚至某些环节还要先进一些；但从总体来看，这时南方的农业主要向广度发展，农业技术水平远逊于黄河流域的旱作农业。

（三）各地农业文化的交流与融汇：以黄河流域为例

在多元交汇的体系下，不同地区、不同民族、不同类型农业文化的交流和融汇是很频繁的。而黄河流域中下游往往成为交流与融汇的中心。现以黄河流域为中心，对这种交流与融汇的情况略作说明。

战国秦汉，中原王朝与北方匈奴等游牧民族政权的斗争相当激烈，但两大经济区经济联系与文化交流也空前活跃，在这过程中游牧民族的牲畜和畜产品源源不断地进入中原。战国时，《荀子·王制》就说过：“北海则有走马吠犬焉，然而中国得而畜之。”汉代，北部西部民族“赢驴馲驼，衔尾入塞，驒騱騵马，尽为我畜，鼲鼦狐貉，綵旃文罽，充于内府”（《盐铁论·力耕》）。这种情况在半农半牧区表现的更为明显。秦汉的半农半牧

① 汉平帝元始二年（2），黄河流域的河南、河北、山东、山西、陕西五省，在籍人口共有2825.93万人，占全国总人口的66%，而面积数倍于它的江苏、浙江、福建、江西、湖南、广东、广西八省区，共688.38万人，占总人口的11.8%。

② 造成这种状况的原因，南方的被征服地位在一定时期内使其经济发展受到某些影响，更重要的是当时生产资料的积累和劳动力的增殖，在南方山多林密，土质粘重，洼地水面较多的自然条件下，还不足以进行更大规模的开发。

③ 据估计，从永嘉到刘宋之季，南渡人口约90万，占西晋北方人口的1/8强。为刘宋政府在籍人口的1/6。

区在长城以南和龙门、碣石一线以北，这里“多马牛羊、旃裘、筋角”（《史记·货殖列传》），西汉的国营牧场多分布在这里。汉朝从匈奴俘获的大量牲畜，多数应在这里饲养。汉代涌现的一批私人大牧主也多在这一地区经营，他们也从牧区获得牲畜的供应。如乌氏倮就是由于给戎王送礼，戎王“什倍其赏，与之畜，畜至用谷量马牛”（《史记·货殖列传》）。所以司马迁谈到半农半牧区的天水、陇西、北地、上郡时说：“西有羌中之利，北有戎狄之畜，畜牧为天下饶。”从牧区传入中原的这些牲畜，除用于军事以外，也为农区农耕和运输提供了动力。《盐铁论·未通》载御史言，谈到“内地人众，水泉荐草不能相赡，地势温湿，不宜牛马”，由于“却羌胡以为苑囿”（主要指半农半牧区），才使得“騊駼駃騠实于内厩，匹夫莫不乘坚良”。北方民族培育的驴、骡、骆驼，战国初中原仍很罕见，被称为“奇畜”，西汉中期以后，在中原发展很快，东汉时，驴已是“服重致远，上山下谷，野人之所用”[①] 的常畜了，骡用于运输、作战，亦屡见于记载。骆驼是丝绸之路上的陆舟，运输用的重要役畜而河西成为骆驼生产的重要基地。中原地区畜种的改良，往往得力于牧区牲畜品种的引入。例如西域马就对汉代马种的改良起了很大的作用。牧区的畜牧技术对农区也有影响。骑术就是从北方草原民族传入中原的，“胡服骑射”就是其中的突出事件。这些技术往往是通过内迁、被俘、被掠为奴等途径进入中原的牧区人民传播的。曾做过汉武帝马监的金日磾就是被俘的匈奴人。汉画石砖中还有正在阉牛的胡人的形象。《齐民要术》记述马牛羊等牲畜的牧养、保健和畜产品加工等技术颇详，这与当时大量的游牧民进入中原有关，这些记述中包含了牧区人民的宝贵经验。例如，书中所载的“白羊”，就是蒙古草原的羊种；称羊脓病、口颊生疮为“可妬浑”，显然是胡语的音译；而“抓冬羔”正是源于牧区的经验，至今仍为牧区人民所实行。而马和驴杂交培育出的骡，显然是北方草原地区人民的创造。

再看看作物引种的情况。上篇谈到，作为中原人民主要粮食作物的五谷，小麦原产西亚，是羌人通过新疆、河湟一线传入中原的；水稻是南方百越族人民首先驯化和培育的；而春秋时从东北山戎传入的“戎菽”，对大豆在中原的推广起了巨大作用。五谷中只有粟和黍是黄河流域人民自己驯化的。秦汉帝国建立以后，引种活动更加频繁。汉武帝在上林苑中广植从岭南等地征集而来的奇卉异木，从农学看，正是大规模的引种试验，这是黄河流域引种史上的一段插曲。张骞通西域前后，通过西域引进了葡萄、苜蓿等一批原产西方的作物，已为人们所熟知。仅就《齐民要术》看，就有不少来自胡地、冠以胡名的作物和品种，如胡谷、胡秫、胡豆、胡麻、胡桃、胡瓜、胡葵、胡葱、胡蒜、胡荽、胡栗、胡椒等。

其实，《齐民要术》包含了不少黄河流域从区外引种和黄河流域内各地区相互引种的材料。书中所引《广志》就记录了不少黄河流域以外的作物品种。如“蝉鸣稻”，《广志》标明是“南方”（按指岭南）的品种，是一种极早熟的水稻品种[②]；南北朝时期已经传播到河南南部地区了[③]。贾思勰自己也讲述过贩椒商人把蜀椒种引进青州的故事。区内

① 《后汉书·灵帝纪》注引《续汉书》。

② 清屈大均《广东新语》云：“谷……最早者六十日，种之六十日而熟，又曰蝉鸣稻。”

③ 庾肩吾《谢东宫赉米启》：“滍水鸣蝉，香闻七里。”庾信诗：“六月蝉鸣稻，千金龙骨渠。”庾肩吾父子是南北朝时南阳郡新野人，滍水即今河南鲁山叶县境内的沙河。

引种的事例就更多。如《齐民要术·蔓菁第十八》云："今并州无大蒜，朝歌取种，一岁之后，还成百子蒜矣，其瓣粗细，正与条中子同。芜菁根，其大如椀口，虽种他州子，一年亦变大。……并州豌豆，度井陉以东，山东谷子，入壶关、上党，苗而无实。皆余目所亲见，非信传疑：盖土地之异者也。"《齐民要术》多处还介绍了异地传种提高成活率的经验。如《插梨第三十七》说："凡远道取梨枝（作嫁接的插穗）者，下根（指剪口一端）即烧三四寸，亦可行数百里犹生。"《种椒第四十三》说："若移大栽者，二月、三月中移之。先作熟蘘泥，掘出，则封根合泥埋之（行百余里，犹得生之）。"《栽树第三十二》引《食经》"种名果法"，介绍了把果枝（插条）种在芋魁或芜菁根中，谓"可得行种"，即便于运送，从而推广果树的良种。

以上事实说明，本时期各地区各民族农业文化的交流是相当频繁的；这种交流与融汇，正是本时期传统农学得以继续发展的重要基础之一。

第二节 社会经济制度、文化思想与农学发展的两个问题

一 封建地主制下的地主、农民与国家

中国封建地主制开始形成于战国时代。秦汉时期，封建地主制已经完全确立；魏晋南北朝时期又发生了某些变化。封建地主制是以地主土地所有制为基础的经济体系，在这个体系中，地主经济、农民经济、国家经济及国家对经济的管理和参预，是三种相互依存相互制约的主要经济成分和经济形式。中国封建地主制经济正是在这三种经济形式的相互关联和此消彼长中向前发展的。为了了解本时期传统农学发展的基础，有必要对这三种经济形式及其相互关系作一简要的介绍。

（一）地主经济

地主和领主都是通过占有土地、依靠剥削农民的剩余劳动为生的，从广义上说，都可以归入封建地主阶级的范畴；但两者又有明显的区别，以至形成为两种不同经济制度和经济时代的基础。在封建领主制下，只有大小贵族才能占有土地，取得领主的身份；领主在其领地上，土地所有权和政治统治权是结合在一起的；各级贵族的土地所有权主要通过分封制取得，贵族土地虽然在一定条件下可以相互让渡，但分配给农民使用的份地是不允许买卖的。如第一篇所述，封建地主制是从农民份地的私有化、民间土地可以买卖开始的；因此，取得地主资格的不一定是具有贵族身份的人；而地主也不可能象领主那样把土地所有权和政治统治权结合在一起。

本时期土地买卖已很流行，不过，买卖还不是完全自由的，还受到国家和乡族势力的诸多限制，并夹杂了一些超经济强制的因素。土地买卖成为地主取得土地的主要途径；封赐、占夺也是地主取得土地的途径，不过在总体处于次要地位。按其身份和地位，我们可把封建地主制下的地主分为两类：一类是身份性地主，一类是庶民地主。身份性地主，初期主要是依靠军功而获得爵位和土地的军功地主，后来则主要是官僚贵族地主。他

们拥有政治特权，封赐和依仗权势占夺土地成为其土地重要的以至主要的来源。不过即使是衣租食税的封君，也没有直接统治封邑中人民的权力。非身份性的庶民地主中，一部分是“力田致富”的“力田”地主，这是汉代，尤其是西汉封建统治的重要基础；更多是用经商和放债积累的货币资本购买土地的商人地主①。庶民地主中之枭雄者，因其富厚、武断乡曲、交通王侯，被称为“豪民”、“豪富”、“豪强”。

西汉中期以后，官僚、地主、商人三位一体的倾向趋于明显，豪族地主地位和势力有很大发展。豪族以宗族关系为内部结合的纽带，以掩盖对同宗下族和依附宾客的剥削和控制，同时又普遍建立了私人武装。东汉政权的建立得力于南阳、河北等地豪强的支持，这批豪强成为东汉的新贵。在东汉末年的长期战乱中，他们进一步以军事编制部勒宗族宾客，或聚族以自保，或举宗以避难，势力越益膨胀。豪族的上层是世族，亦即士族，是由部分官僚地主转化而来的②。魏晋南北朝时期，士族的政治经济特权进一步制度化，并经历了盛极而衰的过程。这一时期的世家豪族虽然部分地取得对其依附人口的统治权力，但这种权力始终不是普遍的和完全合法的。

地主的经营方式，一种是出租给农民分散经营，一种是使用雇工或奴婢直接经营；这两种方式往往同时使用。但总的来说，收取收获物50%的实物地租的租佃方式已逐渐占居主导地位。王莽指责西汉统治时说：“豪民侵陵，分田劫假，厥名三十，实十税五也。”意思是说，政府名义上向农民征收1/30的税，实际上农民却要向地主交纳50%的地租。这里讲的是当时社会上带普遍性的现象。魏晋南北朝时期，租佃关系更加发展，许多佃客没有独立的户口，依附于主人的户籍中，“佃谷与大家量分”。

地主经济一般以自给性生产为基础，收取的地租主要供其家庭消费，但消费之余也拿到市场上出售，以换取其他消费品；地主有时也从事某些商品性的生产，或从事买贱卖贵的农产品购销活动。战国西汉，部分被称为“素封”的货殖家，从事各种工商业活动，但仍然经营或多或少的农业生产作为其经济的依托，即所谓“以末致财，用本守之”。这是商人地主中的一种类型。西汉以后，这类商人地主减少。随着自然经济的强化，东汉以后的地主田庄虽然也从事农产品购销活动，有时也经营某些商品性生产，但总是把从事农林牧副渔相结合的多种经营，以便必要时随时可以做到自给自足（所谓“闭门成市”）作为首要的经营原则。《四民月令》中所反映的地主田庄，就是这样一种典型。

（二）农民经济

封建地主制下的农民是从领主制下的实际上处于农奴地位的村社农民转化而来的。战国时已普遍出现直接隶属于国家的、独立从事农业生产的“五口之家”或数口之家。不过，在相当一段时间里，仍然保留着“授田制”的外壳，农民的土地所有权是不完整的。秦始皇统一中国后，“令黔首自实田”，承认了农民的土地私有权和土地占有的不均，这才有了比较完整的自耕农形态。秦代和西汉初的农民中，虽然也包含了雇农和佃农，但

---

① 战国和秦代，庶民地主中还有一部分是从原六国旧贵族中演变而来的。这部分地主，在秦末农民战争中很活跃。汉王朝建立以后，有的在秦汉之际的战争中被消灭，有的地位发生了变化，有的在西汉政府迁徙豪强的政策中受到打击，以后作为庶民地主中的一个阶层就不复存在了。

② 汉武帝以来崇尚儒术，逐渐出现一些以经术名世、累世公卿、故吏门生遍天下的家族。东汉末年贡荐与选士均以族姓、阀阅（世家门弟）为准。

自耕农无疑占居主要的地位。

以自耕农为主体的农民是国家的编户齐民，他们登记在政府的户籍之中，要向国家交土地税、人头税，服各种徭役和兵役。土地税虽然只有平均收获量的1/30，人头税和徭役兵役的负担却很重，占农民对国家负担的80%以上。这种沉重的负担，往往打断农民正常的生产活动，反映了农民对国家存在相当严重的人身依附关系。农民经济以自给性生产为基础，耕织结合，力求自给自足，但由于其经营规模细小，不可能完全满足自身生产和生活的需要，因此，他们需要在市场上出售部分产品，购进另外一些产品。也就是说，他们以市场为其再生产的必要外部条件之一。西汉人头税收取货币，有时还要用货币代役，这种情况，更加加深了农民对市场的依赖程度；同时也给商人、高利贷者插足农民再生产过程提供了可乘之机。在国家、商人、高利贷者层层盘剥下的汉代自耕农，经济是相当拮据的。这种状况汉代许多作家都有所描述。如晁错说：

> 今农夫五口之家，其服役者不下二人，其能耕者不过百亩，百亩之收不过百石。春耕夏耘，秋获冬藏，伐薪樵，治官府，给徭役，春不得避风尘，夏不得避暑热，秋不得避阴雨，冬不得避寒冻，四时之间，亡日休息；又私自送往迎来，吊死问疾，养孤长幼在其中。勤苦如此，尚复被水旱之灾，急征暴（虐）[赋]，赋敛不时，朝令而暮改。当具，有者半贾（价）而卖，亡者取倍称之息，于是有卖田宅鬻子孙以偿责（债）者矣。（《汉书·食货志》）

破产农民的出路主要有两条：一是沦为公私奴隶，二是沦为地主的佃农。由于土地兼并和债务奴隶的发展，西汉时代奴隶问题和土地问题一度成为最迫切的社会问题。但大量农民沦为奴隶的倾向，不但受到农民的抵制，而且受到政府的制止，并没有能够发展为主要的生产方式。而充当地主佃户的农民却越来越多。不过，这一阶段租佃关系的发展是和依附关系的发展同步进行的。因为破产的农民虽然失去土地，但仍然是政府的编户齐民；他们虽然不用交纳土地税，但人头税和徭役兵役照例是不能免除的。在籍的破产农民如果充当本地地主的佃户，他们就要在负担地主的地租之外，继续负担国家的赋役，这是超出他们的负担能力的。因此他们只好流亡他乡（汉代“流民”问题十分突出，与此有关），充当“流庸”，或是在没有户口的情况下给外地地主当佃农；而这同时需要地主势力的荫护，成为地主的依附人口。汉代的佃农首先是在流寓他乡的“客”中发展起来的，佃耕称为“客耕”，以至后来佃农被称为“佃客”。这种情况开始是非“法”的。但农民的艰难境况、地主势力的发展，使之成为不可遏止之势；而政府的现行政策又无异于“为丛驱雀，为渊驱鱼”。东汉时代已经出现了大批地主门下的“徒附”，到了魏晋南北朝时期，地主的依附性佃农（以及其他依附人口）终于取得部分合法的地位。当时被称为“佃客”、“部曲”的农业劳动者，大多数实际上是依附性的佃农。不过，即使是劳动者人身依附关系空前强化的魏晋南北朝时代，自耕农在农民队伍中仍然占着相当大的比重。

（三）国家对农业经济的参预和管理

在中国封建地主制下，除了私有土地以外，还有一定数量的国有土地与之共存。国有土地的来源，主要是无主荒地、籍没田和对外扩张占有的土地等。这些国有土地是私有土地的必要补充，而不是对土地私有制的否定；它往往通过封赐、招垦以至出卖等方式转化为私有土地。但封建政府也利用国有土地直接组织农牧业生产，形成中国封建时代农业经济的重要特色之一。例如汉代不但在边郡实行大规模的屯田，而且内地中央的各官府、地方的各郡国都有相当数量的公田，并设有相应的农官进行管理。东汉末年，战乱频仍，荒田遍野，曹魏在黄河流域和淮河流域进行大规模的屯田，为北方的统一奠定了物质基础，事实上，整个魏晋南北朝时期，无论南方或北方，屯田活动始终没有停止过。这些国有土地的经营，除了部分利用徭役劳动外，普遍采用了民间流行的租佃方式。例如汉代内地向公田采取“假民公田”或收取“假税”的方式。曹魏屯田则采取类似民间“见税十五”的官私对半分（用私牛者）或四六分（使用官牛者）的办法。至于官牧，上节已经论及。

封建国家除直接经营农牧业以外，还负担了管理社会经济、扶持小农经济、调节阶级关系等职能。

封建国家与小农的关系具有二重性。封建国家主要依靠农民提供的赋役来维持王室贵族的奢侈生活和庞大的国家机器的开支，为了保证它对农民的剥削，它必须加强对农民的控制，控制的主要手段之一是通过户籍和里甲制度把农民固着在土地上，不得随意迁移。同时为了保证其赋役的来源和封建统治的稳定，封建统治者又要注意剥削的限度，要给予小农经济适当的扶持，使其社会再生产能够继续下去。所以历代封建地主政权无不实行重农政策。这些政策包括：轻徭薄赋，使小农经济再生产有可以继续进行的条件和环境；奖励和督课农民生产，推广先进工具和技术；组织农田水利基本建设；在农民再生产遇到困难时给予接济，如减免赋税，赋予或假予耕牛、种子以至土地；利用国家掌握的粮食和物资平抑物价，稳定市场，使农民少受商人、高利贷者的中间盘剥；等等。

封建国家与地主的关系也具有二重性。封建国家是代表地主阶级利益的，是保护地主阶级的私有财产的。但地主总想控制尽可能多的劳动人手，榨取尽可能多的地租，这种贪欲促使地主肆行兼并，严重威胁农民的再生产。国家为了确保赋源，稳定统治，不能不加以限制。地主阶级中各个派系，如当权派和在野派之间的矛盾也不能不反映到封建国家的政策中。秦汉时代，国家对地主兼并活动的限制主要是通过重农抑商、打击豪强、限田、限奴婢等政策来施行的。魏晋南北朝时期，封建国家对世家豪族采取既部分地承认其荫庇人口的权利，又加以限制的政策，从曹魏屯田制、西晋占田课田制到北魏的均田制都包含了国家与世家豪族争夺劳动人手的意义在内，都是为了使劳动力重新与土地结合起来，使封建国家的赋源得以稳定。这一阶段国家与地主的斗争主要集中在括户和荫户的问题上。由于国家实行“以身丁为本”，人头税和力役在赋税中占重要地位的赋税政策，矛盾难以完全解决。直到中唐以后，封建赋税政策和户籍政策作了一次大幅度的调整，赋税的征收“以资产为宗”，自耕农和佃农分别登录在不同户籍项目中，并且有不同的负担，国家、地主和农民的关系才进入一个新的阶段。

（四）农民、地主、国家与传统农学的发展

与封建领主制下的农奴相比，封建地主制下作为农业生产主要承担者的农民，土地可以私有、人身相对自由，经营比较自主，生产积极性比农奴为高。他们经营规模较小，经济力量薄弱，因而力图在小块土地上，通过改善耕作技术，增加劳动投入等途径提高单位面积产量，以维持一家数口的生计。中国传统农业之所以形成精耕细作的传统，这

是非常重要的原因之一。但农民缺乏文化知识去总结生产经验，使之形成比较有系统的农学知识体系，不能不由封建地主阶级的知识分子或某些封建官吏来承担。

本时期的封建地主处于上升时期，是有生气的，对推动社会经济的发展起了积极的作用。西汉中期以后豪族地主势力的膨胀，与耦犁的推广和陂田水利的发展所产生的扩大经营规模的要求有关，因而在相当大程度上是农业生产发展的产物。劳动者人身依附关系的发展亦与此相联系。魏晋南北朝时期北方的坞壁经济的发展，不但是当时战乱频仍形势的产物，而且是精耕细作传统得以延续的重要保证之一①。《四民月令》和《齐民要术》在相当程度上就是地主家庭经济发展的反映。

本时期封建国家直接管理经济，保证小农经济再生产能够继续进行的经济职能，比起封建社会后期更加突出。这种情况对传统农学的发展也产生了影响，例如西汉时代几部综合性农书的出现，实际上就是封建政府重农政策的产物。

二　关于“三才”理论

上篇谈到，“三才”理论是中国传统农学思想的核心；它是我国人民长期农业生产实践经验的结晶，它形成后，又扩展到经济、政治、文化等各个领域。秦汉以后，“三才”理论深入人心，成为人们认识和处理自然和社会中的各种问题时的重要依据。例如，汉初名相陈平就说过：“宰相者，上佐天子理阴阳，顺四时，下育万物之宜。”② 著名思想家扬雄则说：“通天地人之谓儒。”在新的条件下，“三才”理论也有不同的发展方向，但无论是唯心主义的思想家，还是唯物主义的思想家，都重视对天地人关系的阐述，都强调人的力量和作用，反映封建地主制经济上升时期人们朝气蓬勃的精神面貌和对人类自身力量的信心。东汉末年王符在《潜夫论》中反复强调“天工人其代之”，正是当时时代精神的一种反映。

本节所要谈的“三才”理论，是本时期思想家、政治家对农业生产中天地人关系的有关论述，它没有直接谈到农学的具体内容，但与本时期农学发展有着密切的关系；是其重要基础之一。在这里，我们首先作一般性的介绍，然后着重分别讨论《淮南子》和王充对有关问题的论述。

（一）农业生产依靠天地人的协同成为共识

秦汉魏晋南北朝时期，一谈起农业生产，人们都会想起天时、地利和人力。例如，汉代的晁错就说过：“粟米布帛，生于地，长于时，聚于力。”③ 汉文帝后元年，由于连年受灾减产，民食紧缺，文帝下诏让百官讨论问题症结所在，其中问道：“乃天道有不顺，地利或不得，人事多失和？”④《盐铁论·未通第十五》谈到老百姓从事农业生产时说：“丁者治其田里，老者修其唐园，俭力趣时，无饥寒之患。”也是从天、地、人三大因素着眼

① 南方大规模的开发，也需要依靠群体的力量，由地主通过宗族的组织形式率领依附农民来进行，这是南方地主大田庄出现的重要原因之一。

②《史记·陈丞相世家》。

③《汉书·食货志》。

④《汉书·文帝纪》。

的。

在汉代文献中，对农业生产中天地人关系谈得较多的有西汉初年刘安的《淮南子》和东汉王充的《论衡》。这两本书与本时期农学发展关系极大，下面还要专门介绍。

东汉末年的道教经典《太平经》，虽然是宣传道教教义的，其中也包含了对农业生产中天地人关系的正确认识。它把“天地人”称作“三统”，强调它们“相须而立，相形而成”的关系。它认为万物的生育，是天、地、中和三气共同作用的结果；而“中和”是由人来主持的。也就是说，在农业生产的天地人关系中，人是起协调作用的：“天气悦下，地气悦上，二气相通，而为中和之气，相受共养万物，无复有害，故曰太平。天地中和同心，共生万物。中和者，人主之，四时五行共治焉，人当调和而行之”①。从这种认识出发，《太平经》的作者重视农业生产中人的筹划和劳动的作用：“比若耕田，得谷独成实多者，是用心密，用力多也。而耕得谷少不成实者，是其用心小懈，用力少也。”“种禾得禾，种麦得麦，其用功力多者，其稼善”②。农业生产不但要“用力”，而且要“用心”，这是对农业生产中人的因素认识的一种发展。《太平经》中还包含了对农业生产中“地宜”、“物宜”的认识，以及人类与大自然相互依存的关系和保护土地资源、水资源的思想，我们将在相关的章节中予以叙述。

魏晋时期政治家思想家的有关论述也很多。例如成书于魏晋之际的《列子·天瑞》③说：“吾闻天有时，地有利，吾盗天地之时利，云雨之滂润，山泽之产育，以生吾禾，殖吾稼，筑吾垣，建吾舍。陆盗禽兽，水盗鱼鳖，亡非盗也。夫禾稼土木禽兽鱼鳖，皆天之所生，岂吾所有？然吾盗天而无殃。”这一论述表明，人们所从事的农业生产离不开天时地利的条件，是建立在自然再生产的基础上的。但在这一前提下，人也可以发挥其能动作用，即所谓“盗天地之时利”。这种思想后来为南宋的农学家陈旉所继承。

三国魏人司马芝，魏明帝时当过大司农，他对农业的看法是：“富足之由，在于不失天时而尽地力。……夫农民之事田也，自正月耕种，耘锄条桑，耕暵种麦，获刈筑场，十月乃毕。治廪系桥，运输租赋，除道理梁，墐涂室屋，是以终岁，无日不为农事也。”④他虽然只谈到天时和地力，但“尽”和“不失”，都要以人为主导的。

魏晋之际的傅玄（217～218），重视农业，他在上疏中强调农业生产要发挥人事的作用。他说：“圣帝明王受命，天时未必无灾，是以尧有九年之水，汤有七年之旱，惟能济之人事耳。”如何发挥“人事”的作用，傅玄着重指出了两点：

一是要在精耕细作、提高单位面积产量上下功夫。他认为当时的问题在于“本夫务多种而耕暵不熟，徒丧功力而无收”。他陈述了历史的经验以为鉴戒：“近魏初课田，不务多其顷亩，但务修其功力，故白田收至十余斛，水田收数十斛。自顷以来，日增顷亩之课，而田兵益甚，功不能修理，至亩数斛以还，或不足以偿种。非向时异天地，横遇灾害也，其病正在务多顷亩而功不修耳。”⑤

---

① 《太平经合校》，第149、371页。

② 《太平经合校》，第56页。

③ 列子是先秦时代人，《汉书·艺文志》著录列子十八篇，但很早就散失；今本《列子》是出于魏晋之际的伪书，是当时社会思潮的反映。参见：杨伯峻，列子集释，前言，中华书局，1979年。

④ 《三国志·魏书·司马芝传》。

⑤ 《晋书·傅玄传》。

二是发展水利。他指出："陆田者，命悬于天也。人力虽修，水旱不时，则一年功弃矣。(水）田，制之由人，人力苟修，则地利可尽。天时不如地利，地利不如人事。"[①] 鉴于"水功至大，与农事并兴"，一个水利官员管不过来，他建议增加名额，重新挑选"知水者"替代现任水利官，并把全国分为五部，"使各精其方宜"[②]。

曾任西晋著作郎的束皙（？～300以后)，上书论述"广农"方略云："然农穰可致，所由者三：一曰天时不僭，二曰地利无失，三曰人力咸用。若必春无霢霂之润，秋繁滂沲之患，水旱失中，雩禳有请，虽使羲和平秩，后稷亲农，理疆畎于原隰，勤藨蓘于中田，犹不足以致仓庾盈亿之积也。然地利可以计生，人力可以课致……"[③] 束皙认为农业丰收要靠天时地利人力三方面条件的配合。天时难以左右，天灾难以抗御，但地利可尽，人力可致，故应作为"广农"政策考虑的重点。束皙的所谓"致人力"，主要指驱游食者归农，以增加农业的劳动力。所谓"尽地利"，则是从以种植业为中心的农业观念出发，在土狭人稠的"三魏"之地，废牧还农，增加耕地；而把诸牧迁往当时地多人少的"北土"；又主张把当时一些"泞水停洿"的薮泽泄水为田。

西晋郤诜对天时与人事的关系也有所论述，他在奏对中说：

若夫水旱之灾，自然理也。故古者三十年耕必有十年之储，尧汤遭之而人不困，有备故也。自顷风雨虽颇不时，考之万国，或境土相接，而丰约不同；或顷亩相连，而成败异流固非天之必害于人，人实不能均其劳苦。失之于人，而求之于天，则有司惰职而不劝，百姓怠业而咎时，非所以定人志，致丰年也。宜勤农事而已[④]。

郤诜在对自然与人的关系的态度上，比束皙还要积极一些。

以上材料足以说明，农业生产要依靠天地人三大因素的协调，的确已经成为当时各阶层人们的共识。

（二）《淮南子》对农业生产中天地人关系的论述

《淮南子》[⑤] 关于"三才"理论的论述颇多，而且其中的思想直接对《齐民要术》发生深刻的影响。《淮南子》指出，"食者，民之本也，民者，国之本也，国者，君之本也"，把关系到民食的农业放在君国的基础的地位，而主张用"上因天时，下尽地财，中用民力"（《主术训》）的办法来发展农业生产。

《淮南子》把"天时"的地位提得很高。它说：

冬冰可（折）{结}，夏木可（结）[折]，时难得而易失。木方茂盛，终日采而不知，秋风下霜，一夕而殚[⑥]。

---

① 《太平御览》卷821引。

② 《晋书·傅玄传》。

③ 《晋书·束皙传》。

④ 《晋书·郤诜传》。

⑤ 《淮南子》是西汉景帝时淮南王刘安组织其宾客撰写的，书成后在武帝建元二年（前139）上献朝廷。本书"上考之天，下揆之地，中通之理"（《要略》），以道家思想为主融合儒、法、阴阳诸家学说而成，具有明显的唯物主义倾向。

⑥ 《说林训》。

时之反侧，间不容息[①]，先之则大过，后之则不逮。夫日回而月周，时不与人游（从容逸豫之意），故圣人不贵尺之璧，而重寸之阴，时难得而易失也。禹之趋时，履遗而弗取，冠挂而弗顾，非争其先也，而争其得时也。[②]

在《淮南子》中虽然夹杂了天人感应的成分，但它所说的“天时”，基本上是自然的作用和自然的过程。如《泰族训》云：“故阴阳四时，非生万物也；雨露时降，非养草木也；神明接，阴阳和，而万物生矣。……天地四时，非生万物也，神明接，阴阳和，而万物生之。”这是说，“天地四时”不是有目的地创造万物，所谓“神明接，阴阳和”是指大自然自身的作用。这种作用是无形无影的：“是故春风至而甘雨降，生育万物，羽者（禽鸟）妪伏，毛者（野兽）孕育，草木荣华，鸟兽卵胎，莫见其为者，而功既成矣。秋风下霜，倒生[③]挫伤，鹰雕博鸷，昆虫蛰藏，草木注根[④]，鱼鳖凑渊，莫见其为者，灭而无形。”[⑤]从这种认识出发，《淮南子》指出，“为治之本，务在安民，安民之本，在于足用，足用之本在于勿夺时……”

关于“地利”，《淮南子》的提法是“尽地财”，即最大限度地利用各类土地资源，发展多种经营，生产更多财富，以满足人民养生送死的需要。《本经训》在提出“上因天时、下尽地财、中用人力”以后说：“是以群生遂长，五谷蕃殖，教民养育六畜，以时种树，务修田畴，滋植桑麻，肥墝高下，各因其宜，邱陵坂险不生五谷者，以树竹木，春伐枯槁，夏取果蓏，秋畜疏食，冬伐薪蒸，以为民资。是故生无乏用，死无转尸。”这已突破大田农业和园圃业的范畴，接近广义农业的范畴了。

《淮南子》的“用人力”，是以充分尊重客观规律为前提的。它提出了“势”的概念。《主术训》说：“禹决江疏河，以为天下兴利，而不能使水西流。稷辟土垦草，以为百姓力农，然不能使禾冬生。岂其人事不至哉？其势不可也。”

这里的所谓“势”，就是不以人们的主观意志为转移的客观规律。对于“势”，人们不能“逆”，只能“因”。《原道训》说：“是故禹之决渎也，因水以为师；神农之播谷也，因苗以为教。”[⑥]《淮南子》是主张“无为”的，但在农业生产上，却是强调发挥人的主观能动性，所谓“无为”，只是不要违反客观规律蛮干。它指出：“夫地势，水东流，人必事焉，然后水潦得谷行（水势虽东流，人必事而通之，使得循谷而行也）。禾稼春生，人必加工焉，故五谷遂长（加功，谓‘是蔗是蓘’芸耕之也，遂，成也）。听其自流，待其自生，大禹之功不立，而后稷之智不用[⑦]。同样的环境条件，收获各异，主要看主观能力的发挥如何。所以“土壤布在田，能者以为富”[⑧]。

---

① 《淮南子校释》（张双棣著，北京大学出版社 1997 年）引马宗霍云：《说文·口部》云：“呼，外息也。吸，内息也。”一呼一吸为息。间不容息，犹言间不容呼吸也。《说文·心部》又云：“息，喘也。”喘为息之疾者。

② 《原道训》。

③ “倒生”指草木，因草木是本在下而末在上，犹如人头足倒立。

④ 指草木的汁液流注到根部，而停止上流。详见本编第六章。

⑤ 《原道训》。

⑥ 《淮南子校释》（张双棣著，北京大学出版社 1997 年）：马宗霍云：水有自下之性，顺曰性以导之，即《孟子》所谓“行其所无事”也。是禹之决渎，实见水之自下而得决之之法，故曰因水以为师。苗有自生之性，顺其性而气之，即《孟子》所谓“勿助长”也。是神农之播谷，实见苗之自生而得播之之法，故曰因苗以为教。

⑦ 《修务训》。

⑧ 《说林训》。

从上述基本观点出发，《淮南子》强调天、地、人之间的协调和和谐，强调对自然资源的保护，这些将在有关章节中论述。

（三）“天人感应”说的发展和王充对“天人感应”说的批判

本书第一篇谈到，“天”和“时”原来是两个不同的概念。所谓“天”最初是指人的头部或头顶上的蓝天；继之由“天”为“上帝”之居而逐步演变为有意志的人格神。所谓“时”的原始意义是指太阳的运行及其引起气候的季节性变化。春秋战国时代，“天”的观念逐步自然化，人们把“时”看作“天”的根本属性，从而形成科学的“天时”观念。但与此同时，也出现了把阴阳五行学说神秘化的“天人感应”的观念。这种“天人感应”的思想，在汉代获得进一步的发展，其代表人物是汉武帝时代的董仲舒。在董仲舒看来，“天”是宇宙的最高主宰，是人的曾祖父，他按照自己的模样来创造了人；同时创造了万物供人利用。人和天具有共同的气质和感情，天与人可以相互感应；上天以阴阳为生杀手段，四时变化则是上天爱、乐、严、哀意志的表现；人世间也应遵循这些原则来行事。如果国家政治上出了违反天道的事情，“天”就会用自然灾害以至怪异现象发出警告：“天人相与之际，甚可畏也。国家有失道之败，而天乃出灾害以谴告之。不知自省，又出怪异以警惧之；尚不知变，而伤败乃至”①。如果有道之君得到天命或上天的嘉奖，上天就会降下“符瑞”。在西汉末年社会危机与动荡中出现的所谓“谶讳”之学，就是建立在这样的思想基础上的，并在实践上把董仲舒的“天人感应”的谴告说推向了极端荒谬的程度。东汉统治者利用谶纬神学作为巩固自己统治的工具，同时又怪诞地把谶纬神学与儒家经典揉合起来。汉章帝于建初四年（79）召集学者在白虎观进行经学辩论，由班固编成《白虎通义》一书。它发展了董仲舒的思想，把谶讳神学和封建伦理学统一起来，成为封建社会的精神支柱。

“天人感应”说的形成和发展，固然适应了封建地主阶级巩固其统治的需要，但从其思想渊源来看，与传统农学思想也很有关系。上篇谈到，我国传统农学思想的重要特点是它的整体观、联系观和动态观，它最初是在物候指时中表现出来的。物候指时的实质就是从大地上动植物的动态变化中去捕捉天气和季节变化的信息。当人们把物候指时和天象指时结合起来的时候，实际上已经把天（天象）地（物候）人（农事）看成一个相互联系的整体了。后世的《月令》就是在这个基础上发展起来的。当时人们虽然看到了世间世事万物的普遍联系，但对使这些联系能够产生实际意义的具体条件和中间环节却知之甚少，甚至缺乏探究这些联系的有效手段。当人们用臆想的联系代替客观事物真实的联系，或者离开具体条件把这些联系绝对化的时候，就会从正确的基地走上错误的道路，从科学走上谬误。阴阳灾变的推衍，五行怪异的记载等等，在某种意义上说，就是对农学和其他自然科学中重视事物的普遍联系、重视掌握信息的思想方法的一种歪曲和滥用②。而天人感应思想模式的形成，又反过来成为自然科学与农学进一步发展的束缚因素。

---

① 《汉书·董仲舒传》。

② 参阅：金春峰，汉代思想史，汉代自然科学方法论及其与哲学的相互影响，中国社会科学出版社，1997年。

在《淮南子》中，已经可以看到把天人感应作为普遍原理的苗头①，但它对类推的普遍适用性仍然有所保留。到了董仲舒，他抛弃了《淮南子》的犹豫和审慎，径直认为天人感应是天地间的普遍法则，既是天道，也是人道②。但董仲舒的天人感应说并非殷商宗教神学的翻版，它是在包括农学在内的自然科学获得巨大发展的条件下产生的思想体系，其中包含了部分对自然界的合理认识。例如，在殷商时期的宗教神学中，人是匍匐在至上神——上帝脚下的，在董仲舒的思想中，人是宇宙的目的和中心。“人之超然万物之上，而最为天下贵也”。“举凡一切，皆归之以奉人”。人占有与天平等的地位，“下长万物，上参天地”，“天生之，地养之，人成之……三者相为手足，合为一体，不可一无也”③。不但董仲舒的思想，就连谶纬神学和《太平经》这样的宗教经典，也包含了某些合理的成分，从中可以发掘出有用的农学资料，而不宜于笼统地用“唯心主义”把它们一棍子打死的。

对于这种“天人感应”的神学目的论，当时一些进步的思想家进行了针锋相对的批判。其代表人物是王充。王充认为“气”是自然界原始的物质基础，他说：

含气之类，无有不长。天地，含气之自然也（《谈天》）。

天地合气，万物自生，犹夫妇合气，子自生矣（《自然》）。

天道自然，非人事也（《乱龙》）。

天道无为，故春不为生，而夏不为长，秋不为成，冬不为藏。阳气自出，物自生长，阴气自起，物自成藏（《自然》）。

这样，王充就否定了“天”有意志、有目的地创造万物的唯心主义臆说。针对“谴告说”，王充指出：

论灾异，谓古之人君为政失道，天用灾异谴之也。……此疑也。夫国之有灾异也，犹家人之有变怪也。家人既明，人之身中亦将可以喻。身中病，犹天有灾异也。……灾异谓天谴告国政，疾病天谴告人乎（《论衡·谴告》）？

春温夏暑，秋凉冬寒，人君无事，四时自然。夫四时非政所为，而又寒温独应政治？……由此言之，寒温，天地节气，非人所为（《寒温》）。

案谷成败，自有年岁，年岁水旱，五谷不成，非政所致，时数然也（《治期》）。

针对“灾异之至，殆人君以政动天，天动气以应之”，“人主为于下，则天气随人而至矣”的观点，王充指出这是“不达物气之理”。他考察了许多“同类相召”的现象，指出有些感应只有单向性，如天对物的感应是不可逆的：“夫天能动物，物焉能动天？”原因是由于力量不够：“气之所加，远近有差”，“近水则寒，近火则温，远之渐微”（《寒温》）。人不能动天，也是同样的原因：“以七尺之细形，感皇天之大气，其无分铢之验，必也”（《变动》）。王充还指出，不同类不能互相感应：“凡复变之道，所以能相感动者，以物类也”（《感虚》）。这些见解都十分中肯④。

① 《淮南子·泰族训》：“天之与人，有以相通也。故国危亡而天文变，世惑乱而虹蜺见，万物有以相连，精祲有以相荡也。”

② 参阅：任继愈主编，中国哲学发展史·秦汉卷，人民出版社，1985年，第558～565页。

③ 《春秋繁露·立元神》。

④ 任继愈，中国哲学发展史·秦汉卷，人民出版社，1985年，第563页。

王充在批判天人感应的神学目的论的同时，对许多气象和物候现象及其形成原因，对生物的遗传和变异等作了科学的解释，对传统农学的基础科学的发展作杰出的贡献。这些，将在有关章节予以论述。

在这里，应当指出的是，王充在坚持天道自然的同时，也过分强调了时机和偶然性的作用，走向了命定论。在农业的天人关系关系方面，王充是比较注重天的作用的，但也反映了这种命定论的思想。“天地合气，物偶自生矣。夫耕耘播种，故为之也，及成与不熟，偶自然也”（《物势》）。“无禄之人，……农而无播，……禄恶，殖不滋之谷也”（《偶会》）。

但他也承认人的作用。例如他在承认地力可变的基础上，提出以“深耕细锄，厚加粪壤，勉致人功，以助地力”（《率性》）的方法促使瘠土转化为沃壤。不过，王充似乎把农业生产中人的作用仅仅局限在耕作播种上。他在《自然》篇中说：“然虽自然，亦须有为辅助，耒耜耕耘，因春播种者，人为之也。及谷入地，日夜长大，人不能为也。或为之者，败之道也。宋人有闵其苗之不长者，就而揠之，明日枯死。夫欲为自然者，宋人之徒也。”王充也谈到灌溉，但认为不如降雨作用大。《自然》：“汲井决陂，灌溉园田，物亦生长；霈然而雨，物之茎叶根垓，莫不洽濡，程量澍泽，孰与汲井决陂哉？故无为之为大矣。”

上面介绍的这些对农业生产中天地人关系的认识，对传统农学的发展产生了巨大的影响。本时期的农书，不但吸收了这些思想资料，而且加以发展。在以后的叙述中我们将会看到，本时期农书对农业生产中天地人关系的认识，对客观规律性和主观能动性关系的认识，比之前人更为全面和深刻，而且把它贯穿于农业生产的所有环节中，成为本时期传统农学继续发展和趋于成熟的一个重要标志。

第九章　秦汉魏晋南北朝时期的农书

第一节　农书概况和已佚农书介绍

一　概　况

魏晋南北朝时期的农书和有关文献，比先秦时代有了很大的发展，主要表现在以下几个方面：

首先，与农业生产力和农业技术的巨大发展相适应，出现了对北方旱农精耕细作技术体系进行系统总结的传统农学经典——《氾胜之书》和《齐民要术》。

其次，与农业生产的全方位发展相适应，除了综合性农书以外，还出现了论述畜牧、蚕桑、园艺、种树、养鱼等方面的专书或专篇。

此外，与各地区、各民族农业文化交流的日益频繁相适应，随着中原人了解其他地区的愿望的加强和有关知识的积累，出现了以记录各地植物为主的，以《南方草木状》为代表的一批志录类的书籍。

与先秦的农学文献相比，秦汉魏晋南北朝时期的农书具有明显的特点。先秦农学文献比较注重从农业生产的总体去阐述有关原理和原则，比较注意对与农业基础学科有关知识的总结。魏晋南北朝时期则着重对农业生产中的不同部门和不同作物的技术方法和有关原则的具体阐述，着重对有关原理的具体运用，对这些基础理论本身的阐述是不多的，对有关基础学科知识的专论性文献相对缺乏。就农业生产基本要素的认识看，对“天时”和土壤的认识虽有发展，但并不很突出，对农业生物特性的认识和利用则有长足的发展，但主要也是反映在对有关技术方法的论述之中。

秦汉魏晋南北朝时期农书数量虽不算少，但保存下来的却寥寥无几，包括辑佚本在内，主要有《氾胜之书》、《四民月令》和《齐民要术》；而《齐民要术》是保存至今的唯一完整的，而且水平极高的农书。鉴于《齐民要术》的重要性，本篇第三章将专门予以论述。《氾胜之书》和《四民月令》则在本章中专节论述。《南方草木状》及其他志录类书籍自成一体，也专节处理。因此，下面我们首先把秦汉魏晋南北朝时期已佚的农书作一简要的介绍。

二　已佚农书简介

（一）综合性农书

《汉书·艺文志》著录农书 9 种，其中《神农》、《野老》两种指明是六国时书，4 种“不知何世”，余 3 种可确定为汉代人著作，这就是《董安国十二篇》、《蔡癸一篇》、《氾胜之十八篇》。

《董安国十二篇》,《汉书·艺文志》原注:“汉代内史,不知何帝时。”据《汉书·百官公卿表》,内史系周秦职官,西汉初仍之。汉武帝时更名为“京兆尹”;文帝十四年表中提到“内史董赤”。后人推测“董赤”即“董安国”①。盖汉文帝推行重农政策,董赤作为首都地区的行政长官,编写农书,以示首倡②。

《蔡癸一篇》原注:“宣帝时以言便宜,至弘农太守。”《汉书·食货志》言宣帝时事则云:“而蔡癸以好农使劝郡国,至大官。”两条记载是一致的。可见,蔡癸是由于在地方劝农成绩显著而获得提拔的,《蔡癸》一书应是他在这方面技术经验的一个总结。《汉书补注》引周寿昌曰:“《齐民要术》引崔寔《政论》有赵过教民耕种,三犁共一牛云云。《御览》八百二十二引作宣帝使蔡癸教民耕事,文正同。蔡癸书述过法而崔氏引之。”这种推测是有道理的,蔡癸的农学可能与赵过有某种渊源关系。后人据此把《齐民要术》和《汉书·食货志》中有关赵过事迹的记载辑佚为《蔡癸》书,则不一定可信③。

《汉书·艺文志》农家著录中“不知何世”的农书中,起码有两种大致可以判定是汉代作品。

如《尹都尉》十四篇④就很可能是出于汉代人的手笔。“尹都尉”的年代是可以大致考定的。据《汉书·百官公卿表》,景帝中元二年(前148)改“郡尉”为“都尉”。同表载景帝中六年(前144)把“主爵都尉”更名“都尉”。汉武帝太初元年又更名为“右扶风”,治“内史右地”,与“左冯翊”、“京兆尹”合称“三辅”。该书中用以名书的官号或为“主爵都尉”之改称⑤。又据《艺文类聚》卷八十二,《太平御览》卷九七八、九八〇等载,刘向《别录》提到《尹都尉书》有种瓜篇,有种芥、葵、蓼、薤、葱诸篇。刘向生卒年约为公元前77年～公元前6年;《别录》写成于成帝建始年间(前32～前29)。由此可见,《尹都尉》一书的作者大约是西汉早中期人,其成书最可能是在公元前144年～前104年这一时段。《北史》卷二十九《萧大圜传》云:“获菽寻氾氏之书,露葵征尹君之录。”“尹君之录”当即《尹都尉》。可见《尹都尉》在魏晋南北朝时期仍在流传,并且是颇有名气的。又从上述材料看,有关园艺技术的记载,是《尹都尉》的突出内容。但它的内容似乎并不限于园艺。《齐民要术·种谷第三》在介绍氾胜之的溲种法时说:“‘尹泽’取(减)法‘神农’,复加之骨汁粪汁种种……”清人沈钦韩和马国翰(《玉函山房辑佚书》的作者)认为这里的“尹泽”即“尹都尉”的姓名⑥。这一推测是相当有

① 姚振宗,《汉书艺文志条理》。

② 王毓瑚,中国农学书录,农业出版社,1964年。

③ 见马国翰《玉函山房辑佚书》。马氏之误,王毓瑚已有详论,见:王毓瑚,中国农学书录,农业出版社,1964年。

④ 《新唐书·艺文志》农家著录也有“尹都尉书三卷”。

⑤ 对这段引文,农史界有不同的校读方法。石声汉校改标点为:“居泽趣时咸法神农,复加之骨汁粪汁粪种……”万国鼎则校改标点为:“尹择取减法,神农复加之骨汁粪汁溲种……”石氏的“居泽趣时咸法神农”,原来七个字中改了四个,增加了一个,推测成分太多,根据不足,其说碍难成立。但万氏的标点也有问题。因为《神农》是六国时农书,在“尹泽”书以前,如果有所添加,应该是“尹泽”在神农基础上添加,而不是《神农》在“尹泽”基础上的添加。又正如石氏所指出的,我们“无法说明减的是什么,加的是什么”。故我们认为“减”字可能为衍文。从《齐民要术》所引该段全文看,尹泽正是在“神农”法的基础上加以改进,并增添了新的内容的。

⑥ 沈钦韩的意见,王先谦《汉书补注》(《艺文志》)中曾有引述;马国翰的意见见《玉函山房辑佚书》。

道理的。因为“尹泽”与“神农”对称，应是人名，或是以人命名的古农书或古农法。上文推断《尹都尉》出于西汉景武之间；氾胜之在成帝时做过议郎，又曾被刘向《别录》所引用[①]，他与刘向大体同时或稍早，是完全可能看到和引述《尹都尉》书的。据《论衡·商虫》记载，《神农》、《后稷》均传有骨汁渍种之法。尹泽当在《神农》法的基础上加以改进，其增加的内容即是原料中的兽骨和兽粪的种类，并自许其方法比“后稷法”为优。比较《论衡》和《氾胜之书》的有关记载，自可明了。这种种子处理的方法，主要是适用于粮食作物的。由此看来，《尹都尉》应属于综合性农书。

《赵氏五篇》也可能是汉代作品。《汉书补注》引沈钦韩说：“疑即赵过教田三辅者，《齐民要术·耕田第一》引崔寔《政论》曰：“赵过教民耕殖法，三犁共一牛，一人将之，下种、挽耧皆取备焉，日种一顷至今三辅犹赖其利。”姚振宗也指出，汉代文献所载在农业和农学上有贡献的赵姓人物，“其著闻者，无过于赵过”；他推测，“题曰赵氏者，或其子孙及吏士为之”[②]。这确实是极有可能的。

以上五种，连同《氾胜之书》，都可归入综合性农书一类。它们都是出于负有劝农任务的官吏之手，是西汉重农政策的产物，从一个侧面反映了中央集权封建国家的经济职能。

此外，《汉书·艺文志》“杂占类”有《神农教田相土种植》十四卷，也应与农学有关。

（二）相畜类和畜牧类农书

在专业性农书方面，记载最多的是相畜类和畜牧类。《汉书·艺文志》“形法类”有《相六畜三十八卷》。《三国志·魏书·夏侯玄传》注引《相印书》称“相印法”“本出汉世。……又有鹰经、牛经、马经。”《世说新语·汰侈篇》注引过《相牛经》，《文选》张景阳《七命》注也引述过《相马经》。《隋书·经籍志》“五行”类著录有“相马经一卷”原注说：“梁有伯乐相马经，阙中铜马法，周穆王八马图，齐侯大夫宁戚相牛经，王良相牛经，高堂隆相牛经，淮南八公相鹄经，浮丘公相鹤书，相鸭经，相鸡经，相鹅经……”由于《汉书·艺文志》只有“相六畜”的记载，所以人们推测《相印书》所说汉世的《牛经》、《马经》是从《相六畜》中拆分出来而单独成书的。[③] 但即使是这样，秦汉魏晋南北朝时期流传的相畜书，包括同类的相马书、相牛书肯定不止一种。

由于《相印书》中所说的《马经》和《隋书·经籍志》中所说的《伯乐相马经》均已失传，它们是同书异名还是两本不同的书，也难以考证；近人多认为《齐民要术》中相马的部分保留了它们的基本内容，从而把它当作古代的《相马经》。70 年代在长沙马王堆汉墓中却发现了内容与《齐民要术》相马法和今本《相马经》迥异的帛书《相马经》。全文约 5200 多字，从它的文字类似赋体和提到南山、汉水、江水等迹象看，有的学者推测其为战国时楚人的著作。全文的主要部分只谈到相马的目、睫、眉骨等部分，可能还

---

① 《汉书·艺文志》注：“成帝时为议郎。师古曰：‘刘向《别录》云：使教田三辅，有好田者师之。徙为御史。’”

② 姚振宗，《汉书艺文志条理》。

③ 《相六畜》中应包含相马、牛、羊、猪、狗、鸡的内容，山东临沂银雀山汉墓中出土了有相狗内容的竹简，可能就是《相六畜》书中的一部分。参见：罗福颐，临沂汉简概述，考古，1974，(9)。

不是《相马经》的全部。但仅从现存部分看，也包括了许多精彩的内容。它把相马法的要领概括为："得兔与狐、鸟与鱼，得此四物，毋相其余。"具体说就是："欲得兔之头与肩，欲得狐周草与其耳，与其肫，欲得鸟目与颈膺，欲得鱼之耆（鳍）与脤（疑为"腹或""脤"之讹）。"形象生动，言简意赅。帛书《相马经》的出土，又一次展示了中国古代相畜学的丰富内容①。

《隋书·经籍志》注提到的《阙中铜马法》属于相马法的另一个系统，其特点是铸造铜马式作为良马鉴别的标准模型，并配合以文字的说明。最初铸造铜马式的据说是汉武帝时的善相马者东门京，汉武帝下令把他献的铜马式立于鲁班门外，并把鲁班门改为金马门。东汉初年的名将马援，师承相马名师杨子阿（子舆传仪长孺，仪长孺传丁君都，丁君都传杨子阿，杨子阿传马援），"好骑射，善别名马"。他认为"传闻不如亲见，视景不如察形"，遂根据其所学，并吸收了先辈相马家仪氏（善相鞝）、中帛氏（善相口齿）、谢氏（善相唇鬐）、丁氏（善相身中）的相马经验，用征交阯所得铜鼓，铸造新的铜马模型，"马高三尺五寸，围四尺四寸"。汉光武帝下令"置于宣德殿下，以为名马式"。②姚振宗《后汉书·艺文志》认为《阙中铜马法》包括了东门京和马援的两家著作在内。东门京的铜马式是否附有文字说明，史无明载；但马援的铜相马法确有文字说明。《后汉书·马援传》李贤注曾引马援《铜马相法》云：

> 水火欲分明，水火在鼻两孔之间也。上唇欲急而方，口中欲红而有光，此马千里。颔下欲深，下唇欲缓，牙欲前向，牙欲去齿一寸，则四百里；牙剑锋则千里。目欲满而泽，腹欲充，膁欲小，季肋欲长，悬薄欲厚而缓；悬薄，股也。腹下欲平满，汗沟欲深长，而膝本欲起，肘腋欲开，膝欲方，蹄欲厚三寸，坚如石。

这可能就是《阙中铜马法》的部分内容。

《相牛经》，按《隋书·经籍志》注所说有三种。《世说新语·汰侈篇》注云：

> 《相牛经》曰："牛经出宁戚，传百里奚，汉世河西薛公得其书，以相牛，千百不失。本以负重致远，未服辎軿（按，辎軿是古代有帷幕的车），故文不传。至魏世，高堂生（按，"生"疑为"隆"之误）又传以与晋宣帝，其后王恺得其书焉。"臣按《相经》云："阴虹属颈，千里。"注曰："阴虹者，双筋自尾骨属颈，宁戚所饭者也。"恺之牛，其亦有阴虹也。《宁戚经》云："棰头欲得高，百体欲得紧，大膁细肋难齝（按，《尔雅·释兽》曰：'牛曰齝。'注：'食之既久，复出嚼之。'即反刍之义。），龙头突目好跳。又角欲得细，身欲促，形欲得如卷。"

从《世说新语》的注文看，《宁戚经》大概就是《隋志》所说的"齐侯大夫宁戚《相牛经》"，而《相牛经》则可能是"高堂隆《相牛经》"。高堂隆是与司马懿（即晋宣帝）同时之人，其祖名生。《世说新语》引文"高堂隆"误作"高堂生"。又从引文看，宁戚《相牛经》的对象似乎主要是"负重致远"的牛，晋代盛行以牛拉车，故又在前世宁

① 马王堆汉墓帛书整理小组，马王堆汉墓帛书《相马经》释文，文物，1977，(8)；谢成侠，关于长沙马王堆汉墓帛书〈相马经〉的探讨，文物，1977，(8)。

② 《后汉书·马援传》。

戚相牛法的基础上出现了高堂隆《相牛经》，其主要对象是拉车的牛[①]。至于“王良《相牛经》”，史籍无考，情况不详[②]。

关于家畜饲养方面的农书，《隋书·经籍志》“农家类”后面的注提到，“梁有……《卜式养羊法》、《养猪法》、《月政畜牧栽种法》各一卷”。卜式是汉武帝时人，“以田畜为事”，因输财助边而被提拔，官至太子少傅。曾以“羊百余”“入山牧，十余年，羊致千余头”。又曾为汉武帝牧羊上林苑中，“岁余羊肥息”。他总结养羊的经验是：“以时起居，恶者辄去，毋令败群。”（《史记·平准书》、《汉书·卜式传》）的确是一个养羊能手。《卜式养羊法》可能就是后人根据他的养羊经验撰写而成的。从《隋书·经籍志》注的文字看，《养猪法》是否卜式所撰，难以肯定。但《太平御览》卷903引《博物志》曰：“商丘子有养猪法，卜式有养猪羊法。”或据此认为《隋志》注所说《养猪法》亦卜式所撰。而另有商丘子的《养猪法》[③]。但亦未可遽尔论定[④]。此外，《齐民要术》所引《家政法》中亦多有饲养畜禽方面的内容。

（三）其他专业性农书

《汉书·艺文志》虽没有专门养蚕书的著录，但汉代肯定有关于养蚕的专书。《周礼·夏官·马质》“禁原蚕者”，郑玄注：“《蚕书》：‘蚕为龙精。月值大火，则浴其种。’是蚕与马同气。物莫能两大，禁原蚕者，为伤马与?”《新唐书·艺文志》载有《蚕经》一卷，《崇文总目》载有“《淮南王蚕经》三卷，刘安撰”。不能排除刘安派人收集整理过有关养蚕的资料，后人在此基础上写成《蚕经》一书的可能性。郑玄所见《蚕书》与《蚕经》是否有什么联系，已无可考。但汉魏时代总结养蚕经验并形成文字材料的肯定不止一家。如《太平御览》卷八二一引《氾胜之书》曰：“卫尉前上蚕法，今上农法。民事人所忽略，卫尉懃之，忠国爱民之至。”此外，《汉书·艺文志》杂占类《种树臧果相蚕法》，亦有养蚕方面的内容。

养鱼的专书最著名的是《陶朱公养鱼法》，《隋书·经籍志》说梁代有此书，已亡。《齐民要术》、《文选》张景阳《七命》注引作《陶朱公养鱼经》。这本书托名陶朱公不是偶然的。春秋时的吴越是最早进行大规模的生产性的人工养鱼的地区。《太平御览》卷九三五引《吴越春秋》云：“越王既栖会稽，范蠡等曰：‘臣窃见会稽之山，有鱼池上下二处，水中有三江四渎之流，九溪六谷之广，上池宜君王，下池宜民臣。畜鱼三年，其利可数千万，越国当富强’。”范蠡大概总结和推广过陂池人工养鱼的经验，后人在此基础上写成了养鱼专著而托名于他。《水经注》卷二十八《沔水》载东汉初年的襄阳人习郁“依范蠡养鱼法”凿池养鱼。[⑤]《陶朱公养鱼经》成书当在这以前。《陶朱公养鱼经》已佚，但在《齐民要术》中保留了其部分内容。文字虽然不多，但包括了鱼池建设、鱼种选择、自然孵化、密养轮捕等很有价值的内容，是我国也是世界上第一部关于鲤鱼饲养的专著。

---

① 《三国志·魏书·高堂隆传》说高堂隆在任陈留太守时，曾举荐70多岁的“犊民”酉牧为吏，受到嘉奖。高堂隆或者是总结酉牧的相牛经验而又写成《相牛经》的，也可能是后人根据高堂隆所写的素材推衍成书的。

② 姚振宗怀疑《隋书·经籍志》误题撰人；王毓瑚以为是后起之书而托名王良者。

③ 姚振宗，《隋书经籍志考证》。

④ 王毓瑚，中国农学书录，农业出版社，1964年。

⑤ 《世说新语·任诞》注引《襄阳记》也谈到此事。

此外，《汉书·艺文志》杂占类的《昭明子钓种生鱼鳖》亦应与捕鱼养鱼有关。

《隋书·经籍志》谱系类有《竹谱》① 一卷，没有作者名字；《旧唐书·经籍志》载入农家类，题“戴凯之撰”，但未说明时代。左圭把它收进《百川学海》，并说它的作者是晋代人，未知何据。该书用四言韵语记述竹的种类（共70余种）和产地，文字典雅，是关于竹的第一部专书，宋以后流传极广。《齐民要术》引用过的《魏王花木记》是一部较早的关于花木的专书。

秦汉魏晋南北朝时期还有一些讲述大田生产以外的农家生产和生活的著作，例如《齐民要术》所征引的《家政法》。《隋书·经籍志》农家类著录《月政畜牧栽种法》、《春秋济世六常拟议》；《汉书·艺文志》著录的《种树臧果相蚕书》可归入此类。

三 《南方草木状》及“志录”类著作

秦汉统一封建帝国建立以来，随着各地区各民族文化交流的加强和边远地区经济的发展，人们逐步积累了关于这些边远地区物产风俗的知识，同时也激发了进一步了解这些地区的欲望。在这种情况下，出现了一批反映边远地区物产和风俗的“志录”类著作，其中以反映岭南地区物产的“志录”最为突出。这些著作虽然不是严格的农书，但主要记述各地区的动植物资源，与农业关系密切。

（一）关于汉魏六朝岭南植物的“志录”②

先秦时代，中原人对岭南地区的植物了解是很少的。现存与植物学关系较为密切的著作有《诗经》、《楚辞》和《尔雅》，都没有记载只能生长在南亚热带和热带亚洲地区的植物。《吕氏春秋·本味》虽然提到传闻中的某些岭南作物，但只是记其名目而已，没有真正了解，甚至带有神话色彩。中原人开发岭南始于公元前214年秦始皇的经略南越。西汉时，汉武帝平定吕嘉之乱后，在南越建立交趾七郡及珠崖、儋耳郡。岭南经济有了较大发展，中原人对岭南植物也有了一定程度的了解。如司马相如的《上林赋》，反映西汉京都及附近地区风物和有关传闻佚事的《西京杂记》、《三辅黄图》等，就已涉及岭南地区的物产。西汉始在南海郡设立圃羞官掌岁贡龙眼、荔枝、橘柚等珍果。东汉初期“竞事珍献”，开辟了陵零、桂阳的“峤道”。贡献成为中原人了解岭南物产的一个窗口。杨孚是南海人，生当东汉章和之间，正值贡献之风极盛之时，他站在反对奢靡的立场上，指岭南产品为“异物”，特写《南裔异物志》以规谏当道。第一次对岭南的“异物”作了具体的记载，是我国记述岭南植物的最早的文献。《异物志》的书名自杨孚创立以后，自汉至晋，盛极一时。魏晋南北朝时期，岭南基本上没有战乱，经济发展较快，西汉末平帝时（2），岭南只有7郡55县，到了刘宋孝武帝时（464），郡激增至21个，县激增至193个③。岭南的进一步发展，激发流寓或涉足岭南的人士把他们耳闻目睹的一些异物记载下来，使之流传中土，以广见闻。在这种历史条件下，出现了许多“志”“状”“记”之类

---

① 在本节所述各种农书中，这是唯一保存至今的农书。为了行文的方便，附在本节叙述，特此说明。

② 本节主要根据缪启瑜、邱泽奇，汉魏六朝岭南植物“志录”辑释，农业出版社，1990年。

③ 梁方仲，中国历代户口、田地、田赋统计，上海人民出版社，1980年。

的著作。由于中原人对岭南了解的增多，原来的“异物”已经不“异”，因而，一般用“状”“记”名书。据缪启瑜、邱泽奇《汉魏六朝岭南植物“志录”辑释》，兹把汉魏六朝岭南植物“志录”类著作表 9-1 ①。

表 9-1　汉魏六朝岭南植物“志录”类著作

作者、书名	时代	备注
杨孚《异物志》、《交州异物志》、《南裔志》	后汉议郎	原称《南裔异物志》
万震《南州异物志》	吴丹阳太守	
沈莹《临海异物志》	吴	
薛莹《荆扬已南异物志》	吴末晋初人	
曹叔雅《异物志》		
不题撰人的《异物志》		
徐衷《南方草物状》	东晋刘宋之间人	或称《南方记》《南州记》
裴渊《广州记》	可能是刘宋人	
顾微《广州记》	可能是刘宋人	
缺名《广州记》	不晚于刘宋	
刘欣期《交州记》	东晋末人	
沈怀远《南越志》	刘宋人	
魏完《南中八郡志》		
俞益期《与韩康伯笺》	东晋中期人	
竺法真《登罗浮山疏》、《罗浮山记》	南朝宋末到梁齐间人	
《林邑国记》	或在晋	
康泰《扶南传》、《吴时外国传》		
竺芝《扶南记》		

本书第一篇曾经指出，我国先秦时代还没有专门记述植物的专著；我国古典植物学专著是汉魏时期才出现的。汉魏六朝的植物学文献主要有四类：一是本草类，二是草木注疏类，三是专谱类，四是“志”“记”类。“志记”主要有以下两种：一是在泛述或综述中，部分地涉及植物，如张华《博物志》和郭义恭的《广志》；一类是专述或兼述地区性的植物，如《异物志》。“志录”的特点，第一是对植物的记述比较系统和完整，有丰富的内容和较高的植物学水平；二是其内容主要来自实际调查和观察；三是专门记载岭南的物产，为其他三类著作所缺。“志录”类著作在关于植物形态、植物分类、某些植物的特殊生长发育现象、植物生理、植物生态和植物产品的利用与加工技术等方面，有许多基于细致观察基础上的珍贵记录，反映了它在植物学方面的成就是多方面的。

（二）关于《南方草木状》

在秦汉魏晋南北朝时期“志录”类著作中，最重要的是《南方草木状》。且上表所录之书均已失佚，而《南方草木状》却完整保存至今。

---

① 在表 9-1 中我们没有把《南方草木状》列上，一则该表是根据缪启瑜书中所辑资料编成的，而缪氏认为《南方草木状》是宋代作品；二则我们虽然相信《南方草木状》确系西晋嵇含所作，但关于《南方草木状》，下节将专门予以介绍，故暂不录入此表，这并不表示我们否定它是晋代的作品。

最初著录《南方草木状》的，是宋尤袤（1127～1194）《遂初堂书目》，陈振孙《直斋书录》（端平中及其前后，即1234～1236前后），以后见于《文献通考》和《宋史·艺文志》等。从南宋著录后即题西晋嵇含撰[①]。《南方草木状》不见于《隋书·经籍志》、《旧唐书·经籍志》和《新唐书·艺文志》，但《隋书·经籍志》、《旧唐书·经籍志》著录有《嵇含集》十卷，《南方草木状》或即包含在其中。

嵇含（263～306），字君道，号亳丘子，河南巩县人。世家子弟，好学能文章。永兴中累官至襄城太守。永兴三年（306）夏被任命为广州太守，未到任而被政敌所杀。时年仅44岁。

今本《南方草木状》不足5000字，分三卷。主要介绍晋代交州、广州两个辖区（相当于今广东、广西和越南北部和中部）出产或西方诸国经由交广进入我国的植物及植物制品共80条，并依其性状和效用分为草、木、果、竹四类。它是世界上第一部以热带亚热带植物为对象的区域植物志，其中许多岭南的植物，如山姜、甘藷、冬（柊）叶、蒲葵、赪桐、蕹、榕、朱槿花、水松、刺桐、杉、海枣、人面子、簩箻竹、箪竹等，是首次见于记载的，其名称沿用至今。书中所载植物多为具有经济价值的植物，人工栽培者占有相当比重。其中关于利用黄猄蚁治柑桔虫害，是世界上关于生物防治的最早记载；关于在浮筏上栽蕹，则是蔬菜的无土栽培的最早记载之一。该书所反映的是我国南越族活动的地区，其中包含了珍贵的民族植物学的资料，如浮筏种植，利用野生植物纤维制作的蕉布、竹疏布，利用苏枋作染料，以及越巫、雷信仰传说等等。它又首次载录不少从西亚和欧洲传入我国的植物，包括以西亚语、欧洲语的音译命名的植物和药物，其中耶悉茗、末利（茉莉）、乞力伽和荜茇是首次见之于记载，对诃梨勒、庵摩勒、薰陆形态的描述亦以本书为最早。这些资料对植物学史、农学史、岭南和东亚地方史、民族史、中外文化交流史和医学史[②] 研究均有重要意义。由于《南方草木状》汇集了许多珍贵的史料，加以文字典雅，南宋以后流传广泛。先后被20多种丛书所收载，还印过一些单行本；花谱、地志亦多所引述。《南方草木状》在国外也颇有影响，日本和西方一些著名学者也录用和论述过它[③]。

《南方草木状》的价值是学术界所公认的，但它的作者和撰期，近代却发生了长期的争议。首先对《南方草木状》的作者和撰期提出质疑的是晚清的文廷式（1856～1904）。他认为嵇含并没有到过广州，又书中出现生活在嵇含之后的东晋人“刘涓子”的名字，因此，嵇含不可能作此书。以后质疑者踵起，谓其为托名伪作，乃宋人捃拾他书剪裁成篇。亦有坚持认为《南方草木状》确系嵇含所作。1983年华南农学院召开关于《南方草木状》的国际讨论会，中心就是该书的真伪问题，形成主真、主伪、和存疑三种意见。主真者认为《南方草木状》是（或基本上是）4世纪嵇含所撰，只是该书经历辗转传抄，其中有后人羼入、篡改和笔误；主伪者该书为后人的伪作，但亦有其“母本”，主要就是5世纪以前的《南方草物状》。意见虽然没有统一，但在基本材料的时代性问题上是趋于接

---

① 《遂初堂书目》题“嵇含《南方草木状》”，《直斋书录》题“《南方草木状》一卷，晋襄阳太守嵇含撰”。

② 《南方草木状》中13条直接记载了有具体疗效的药用植物和一种有毒植物，被《本草纲目》引述达25条之多。书中所述黄茅瘴，是关于物候期（茅枯）与疟疾流行季节关系的最早记载。

③ 中国科学院昆明植物研究所编，南方草木状考补，云南民族出版社，1991年。

近的①。

判定《南方草木状》的真伪不能只在枝节问题上纠缠。应该从整个社会背景来考察这个问题。上文谈到，从东汉到南北朝记述中原以外地区物产和风土人情的“志”、“状”、“记”一类著作，成为一时之风气，这不是仅仅从个人行为所能解释的，产生这种社会现象必有其社会根源。这类著作产生的背景主要有两方面，一是自秦汉统一以来，各地区各民族文化交流日益频繁，二是东汉以来中原以外地区开发的加快。在这种情况下，中原人产生了增加对中原以外地区了解的强烈愿望，而中原人对中原以外地区的知识也在逐步积累之中；只有在这种情况下，才有可能产生这类“志录”类的著作。嵇含《南方草木状》正是这类著作中的一种。从嵇含本人看，他是一个世家子弟，曾任中书郎，善文辞，所作诗文多以植物为题材②，对当时流传的各种文献应该比较熟悉，也会了解到比较多的有关传闻，他是有撰写此书的充分条件的。嵇含对岭南风物比较熟悉，可能是他被任命为广州太守的原因之一。他实际上没有到广州赴任，这并不能作为此书不是嵇含所作的理由。因为书序明确说该书是“以所闻铨述”的。有的学者推测该书正是为了到广州赴任作准备而撰写的。由于作者未及赴任而身亡，以至该书迟迟未能显露于世，也因此比较晚才被著录③。书中的不少材料的确是抄自汉魏以来的有关著作，或得之于传闻，亦有因此而失实之处。但这种原始性适足以证明该书时代较早，而不能作为托伪晚出的证据④。一本古书在传抄过程中产生一些错漏和后人添加成分是不足为奇的。主伪论者虽然举出不少论据，但始终没有说明作伪者之所以要作伪的时代背景、动机以及为什么托名于嵇含（须知嵇含并不是一个显赫的人物）的原因。因此，还没有能够提出否定《南方草木状》的作者是西晋嵇含的传统说法的充分证据。

第二节 《氾胜之书》

一 氾胜之和《氾胜之书》

（一）氾胜之事迹和思想

《氾胜之书》的作者氾胜之，正史中没有他的传，古籍中有关他的事迹的记载也寥寥无几。他是西汉末年人，《汉书·艺文志》注说他在汉成帝时当过议郎。祖籍在山东氾水一带。《广韵》云卷二凡第二十九载，氾姓“出敦煌、济北二望。皇甫谧云：‘本姓凡氏，遭秦乱，避地于氾水，因改焉。汉有氾胜之，撰书言种植之事，子辑为敦煌太守，子孙因家焉。’”氾水是济水的支流，在山东曹县北40里，与定陶县交界。氾胜之虽是山东人，

① 《南方草木状》国际学术讨论会论文集，农业出版社，1990年。

② 嵇含作品大多散失，尚存者不过25题的零篇散牍，而其内容，至少有1/3以植物为对象，反映了作者对草木的喜爱。

③ 梁家勉，对《南方草木状》著者及有关问题的探索，《南方草木状》国际学术讨论会论文集，农业出版社，1990年。

④ 李惠林〔美〕，检讨《南方草木状》成书问题，同上书。

但在历史上留下印迹的主要活动却是在西汉京师地区指导农业生产。《汉书·艺文志》注曰；“刘向《别录》云，使教田三辅，有好田者师之。徙为御史。”《晋书·食货志》谓：“昔者轻车使者[①]氾胜之督三辅种麦，而关中遂穰。”他在这些活动中所积累的经验和资料，是撰写农书的基础；而他也是主要靠《氾胜之书》而闻名后世的。

从现存有关《氾胜之书》的资料看，氾胜之具有突出的重农思想。他说：“神农之教，虽有石城汤池，带甲百万，而又无粟者，弗能守也。夫谷帛实天下之命。”[②]把粮食布帛看作国计民生的命脉所系，是当时一些进步思想家的共识；氾胜之的特点是把推广先进的农业科学技术作为发展农业生产的重要途径。他曾经表彰一名佚名的卫尉：“卫尉前上蚕法，今上农法。民事人所忽略，卫尉懃之，忠国爱民之至。”[③]在这里，他把推广先进农业科技，发展农业生产提高到“忠国爱民”的高度。可以说，《氾胜之书》正是在这种思想的指导下写成的。

（二）《氾胜之书》出现的背景和条件

本书的第一篇已经谈到，春秋战国时期，以铁器和牛耕的推广为主要标志，我国的农业生产力发生了一个飞跃。但当时的铁农具以小型的䦆、锸、锄之类为多，铁犁数量很少，而且形制原始，牛耕的推广还是很初步的。长期的战争又使新的生产力所包含的能量不能充分发挥出来。秦的统一本来给生产力的发展创造了有利的条件，但秦朝的苛政暴敛，无限度地使用民力，又造成了社会生产的破坏。刘邦结束了楚汉相争的局面，重新统一了中国，社会进入了一个相对稳定的时期。汉初统治者吸收了亡秦的教训，实行了“休养生息”的政策，重视对农业生产的保护和劝导，社会经济获得了恢复和发展。到了汉武帝时期，生产力又上了一个新的台阶，以“耦犁”的发明和推广为标志，铁犁牛耕在黄河流域获得了普及，并向其他地区推广开去。春秋战国以来生产力跃进所蕴涵的能量，至此充分地迸发出来，农业生产获得全方位的发展，商品经济也呈现出一片繁荣。农业生产力的这种空前的发展，为农业科技的发展提供了新的经验和新的基础。《氾胜之书》正是在这新的基础上对新的经验所作的新的总结。

在战国秦汉农业经济的发展中，关中地区处于领先的地位。商鞅变法后，秦国长期实行奖励耕战的政策，农业经济发展很快，牛耕也比关东六国有较大程度的推广，郑国渠的建成又大大加强了秦国的经济实力，奠定了秦统一六国的基础。秦帝国建立后，赋役的重负主要压在原山东六国的头上，对原秦国本土的经济则采取了保护政策，大量的迁民又使秦本土的人力资源和财力资源获得补充，因此，在山东六国农业经济濒于崩溃的同时，关中地区的经济却相对稳定和有所发展；从而在楚汉战争中成为支持刘邦取得战争胜利的可靠后方。重新统一后的汉帝国，继续建都关中；关中又成为汉朝政府发展农业生产力的重点地区，获得全国各地人力物力的支持。西汉时期，关中地区兴建了一系列大型水利工程，冬麦的种植有了很大发展，赵过总结的“耦犁”和代田法也是首先

---

① “轻车使者”可能是氾胜之“教田三辅”时的职务；氾胜之应是以议郎任“轻车使者”的。《四民月令》“二月”引述《氾胜之书》内容时称氾胜之为“劝农使者”。盖“劝农”是其任务，“轻车”为其乘载工具，以便巡行各地执行劝农的任务也。“劝农使者”和“轻车使者”实际上是一码事。

② 万国鼎，氾胜之书辑释，“十八、杂项”，农业出版社，1980年。

③《太平御览》，卷八二一引《氾胜之书》。

在关中地区推广的。关中成了“膏壤沃野千里”的首富之区。据司马迁的估计，“关中之地[①]，于天下三分之一，而人众不过什三；然量其富，什居其六”（《史记·货殖列传》）。氾胜之在这一地区负责劝农工作，使他在机会接触和了解当时最先进的农业生产技术。

我国自战国以后，黄河流域进入大规模开发的新阶段，耕地大为扩展，沟洫农田逐渐废弃，干旱又成为农业生产中的主要威胁。在氾胜之从事劝农活动的关中地区，情况更是这样。这里降水量不多，分布又不均匀，旱涝交替发生，尤以旱的威胁最大。灌溉工程虽有较大发展，但旱地毕竟是大多数，需要尽可能地接纳和保持天然的降水，包括每年西北季风送来的冬雪。总之，这是一个典型的旱农区；这种自然条件在很大程度上制约着农业技术发展的方向。

氾胜之生活的时代，还向农业生产和农业科技提出了一些新的问题和新的要求。一是人口的迅速增加。据《汉书·地理志》所载，汉平帝年间在籍民户为1200多万，人口数为5900多万，这是汉代人口的最高峰。对粮食的需求量也因此越来越大。二是西汉中期以后，土地兼并日益发展，大量农民丧失土地，社会上出现严重的流民问题。成帝时，虽然“天下无兵革之事，号为安乐”（《汉书·食货志》），但更大的社会危机也在酝酿之中。汉朝统治者面临一个如何安置无地或少地农民，稳定和发展农业生产的问题。

《氾胜之书》就是在上述社会背景下出现的，这些背景在《氾胜之书》中都留下了印迹。

（三）《氾胜之书》的流传和失佚

《氾胜之书》原名是《氾胜之十八篇》（《汉书·艺文志》农家类），《氾胜之书》一名始见于《隋书·经籍志》，后来成为该书的通称。

该书在汉代已拥有崇高的声誉，屡屡为学者所引述。如东汉著名学者郑玄注《周礼·地官·草人》云：“土化之法，化之使美，若氾胜之术也。”唐贾公彦疏云：“汉时农书数家，氾胜（之）为上。”郑玄注《礼记·月令》孟春之月“草木萌动”又云：“此阳气蒸达，可耕之候也。《农书》曰：‘土长冒橛，陈根可拔，耕者急发。’”孔颖达疏谓：“郑所引《农书》，先师以为《氾胜之书》也。”其说是。

东汉时期另一位著名学者崔寔在其所著《四民月令》中亦以《氾胜之书》为其重要依据。兹把《四民月令》每月土壤耕作安排与《氾胜之书》的有关记载[②]作一比较，见表（9-2）。

① 司马迁所说的“关中之地”，包括关中及其所密切相联系的巴蜀和西北四郡。

② 《玉烛宝典》载《四民月令》七月“蒉麦田”。《四民月令辑释》据五月等篇改为“菑麦田”。石声汉《四民月令校注》亦作“菑麦田”。但《氾书》说：“凡麦田，常以五月耕。六月，再耕。七月勿耕！谨摩平以待时。”《齐民要术·大小麦第十》：“大小麦皆须五月、六月暵地。（不暵地而种者，其收倍薄。崔寔曰：‘五月、六月菑麦田也。’）”并没有提到七月菑麦田。故我认为，与其将《玉烛宝典》的“蒉”字改为“菑”字，毋宁将它改为“摩”字，可与《氾书》吻合。未敢自必，特此存疑。按，游修龄先生在审阅本书初稿时指出：《玉烛宝典》中“蒉田”没有错，不必改“菑田”或“摩田”。蒉是一种盛草工具，用以运走田间已经割倒的杂草（即“菑田”所遗的杂草），好作肥料、饲料。《论语·宪问》：“子击磬于卫，有荷蒉而过孔子之门者，曰：有心哉，击磬乎！”这个背荷着杂草蒉的人，即是从田间荷草回来，经过孔子的门前，所发的议论。所言是。

表 9-2 《氾胜之书》和《四民月令》关于土壤耕作的记载

	《四民月令》	《氾胜之书》
正月	雨水中，地气上腾，土长冒橛（农书曰：椓一尺二寸，橛埋于地，令出地二寸，正月冰释，土坟起没橛也）陈根可拔，急菑强土黑垆之田。	春地气通，可耕坚硬强地黑垆土。 春候地气通：椓橛木，长尺二寸，埋尺见其二寸；立春后，土块散，上没橛，陈根可拔。此时。……以时耕，一而当四…
二月	阴冻毕释，可菑美田、缓土及河渚小处（劝农使者氾胜之法）。	
三月	杏花盛，可菑沙、白、轻土之田（氾胜之曰："杏花如荼，可耕白沙也。"）。	杏始华荣，辄耕轻土弱土。
五月	可菑麦田。	凡麦田，常以五月耕，六月，再耕。七月勿耕！谨摩平以待时。
六月	可菑麦田。	
七月	菑麦田。	

资料来源：缪启瑜，四民月令辑释，农业出版社，1981 年。

石声汉，氾胜之书今释，科学出版社，1956 年。

以上资料，除"七月菑麦田"可存疑外，其余可以说是全部源于《氾书》。其中"二月：阴冻毕释，可菑美田缓土及河渚小处（劝农使者氾胜之法）"一节，虽不一定是《氾书》原文，但肯定源于《氾书》；三月引氾胜之"杏花如荼，可耕白沙也"一语也可能是《氾胜之书》的佚文。这些都可补充今人所辑《氾胜之书》之不足。

《氾胜之书》在魏晋南北朝时期仍然备受重视。如北朝萧大圜云："获菽寻氾氏之书。"[①] 贾思勰写作《齐民要术》，也大量引用《氾胜之书》的材料；我们今天所能看到的《氾胜之书》的佚文，主要就是《齐民要术》保存下来的。

隋唐时期，该书仍在流传。《隋书·经籍志》、《旧唐书·经籍志》、《新唐书·艺文志》都有著录。唐代和北宋初年的一些类书，如《北堂书钞》、《艺文类聚》、《初学记》、《太平御览》、《事类赋》等，对它多所征引。大概宋仁宗时期开始流行渐少，此时成书的《崇文总目》未见著录。后来著名的私家目录如晁公武的《郡斋读书志》、陈振孙的《直郡书录解题》都未载此书，仅偶见于郑樵的《通志》。宋以后的官私目录再也没有提到《氾胜之书》。看来此书是在两宋之际亡佚的[②]。

（四）《氾胜之书》的辑佚与整理研究

19 世纪前半期，出现了《氾胜之书》的三种辑佚本：一是洪颐煊辑录的《氾胜之书》二卷，编在他 1811 年所刻的《经典集林》中；二是宋葆淳 1919 年辑录的《汉氾胜之遗书》；三是马国翰辑录的《氾胜之书》二卷，编刊在他的《玉函山房辑佚书》中，时间大约是 19 世纪前半期之末。它们的材料来源主要是《齐民要术》，而所根据的是不好的版本，故问题较多。其中洪、马二氏所辑较好，宋氏所辑最差[③]。

中华人民共和国建立以后，祖国农业遗产的整理研究受到空前的重视，一些学者致

① 《北史》卷二十九《萧大圜传》。

② 吴树平，氾胜之书述略，文史，第十六辑。

③ 万国鼎，氾胜之书辑释，农业出版社，1980 年。石声汉《氾胜之书今释》，科学出版社，1956 年。

力于运用现代科学知识整理和研究《氾胜之书》，对《氾胜之书》进行重新的辑佚和校订，其中最重要的成果是石声汉的《氾胜之书今释》（科学出版社，1956年出版）和万国鼎的《氾胜之书辑释》（中华书局，1957年出版；农业出版社，1980年新二版）。

石声汉的《氾胜之书今释》共辑得3500余字，分作101条，按照1. 耕作，2. 选择播种日期，3. 处理谷物种子，4. 个别作物栽培技术，5. 收获，6. 留种及贮藏，7. “区种法”的次序重新编次。每条先列正文，次列现代口语的“释文”，并附以校记和注释。在“正文和今释”之后，是总体研究的《〈氾胜之书〉底分析》一文。该书的英译本1959年由科学出版社出版。

万国鼎的《氾胜之书辑释》辑得原文3696字。他参照《齐民要术》，把《氾书》原文分为18节：1. 耕田，2. 收种，3. 溲种法，4. 区田法，5. 禾，6. 黍，7. 麦，8. 稻，9. 稗，10. 大豆，11. 小豆，12. 枲，13. 麻，14. 瓜，15. 瓠，16. 芋，17. 桑，18. 杂项。每节又包括三个部分，一是正文，并附以校勘记和注释，二是译文，三是讨论，深入探讨《氾胜之书》中的有关问题。

这两个辑释本的特点，一是注意选用善本，并作了比较认真的校订，因而比前人的辑本完善和精审得多；二是把辑佚整理和研究相结合，并力图运用现代农业科学知识对《氾胜之书》进行新的阐发。这两本书为后人对《氾胜之书》的进一步研究奠定了基础。但两书对《氾胜之书》内容的解释多有不同。

国外有些学者，尤其是日本的学者，也致力于《氾胜之书》的翻译和研究。田岛秀夫、志田容子根据石声汉的校释本翻译了《氾胜之书》，1992年由农文容协出版。日本学者对《氾胜之书》的研究则主要集中在代田法和区田法的问题上[①]。

二 《氾胜之书》的主要内容及其学术价值

（一）现存《氾胜之书》的主要内容

从石声汉和万国鼎辑录的《氾胜之书》资料看，现存《氾胜之书》的内容主要包括以下三个部分：

第一部分，耕作栽培通论[②]。《氾胜之书》首先提出了耕作栽培的总原则：“凡耕之本，在于趣时，和土，务粪泽，早锄早获”[③]；“得时之和，适地之宜，田虽薄恶，收可亩十

① 可参阅西岛定生《中国经济史研究》第三章“代田法的新解释”。该书有冯佐哲等的中译本，农业出版社，1984年。

② 大体上包括石声汉，《氾胜之书今释》的第1，2，3，6节；万国鼎《氾胜之书辑释》的第1，2，3节。

③ 关于这段文字，学术界由于对其内容理解的不同，产生了不同的标点方法。这里采用的是石声汉的标点法。把它译成现代汉语，就是：“耕作栽培的基本原则是：抓紧时令，使土壤达到刚柔适中的最佳状态，注重施肥和保持土壤的润泽，及早锄地，及早收获。”万国鼎的标点方法为：“凡耕之本，在于趣时和土，务粪泽，早锄早获。”今译为“耕种的基本原则是，抓紧适当时间使土壤松和，注意肥料和水分，及早锄地，及早收获。”在这里，万氏把“耕”狭义地理解为土壤耕作，把“趣时”仅仅理解为“和土”的一种手段。但实际上这里的“耕”，是泛指耕作栽培，而“趣时”的要求包括了耕作栽培的各个环节，不限于土壤耕作一个方面。

石”[①]。然后分别论述了土壤耕作的原则和种子处理的方法。前者，着重阐述了土壤耕作的时机和方法，从正反两个方面反复说明正确掌握适宜的土壤耕作时机的重要性。后者包括作物种子的选择、保藏和处理；而着重介绍了一种特殊的种子处理方法——溲种法。此外还涉及播种日期的选择等[②]。

第二部分，作物栽培分论[③]。分别介绍了禾、黍、麦、稻、稗、大豆、小豆、枲、麻、瓜、瓠、芋、桑等13作物的栽培方法，内容涉及耕作、播种、中耕、施肥、灌溉、植物保护、收获等生产环节。

第三部分，特殊作物高产栽培法——区田法[④]。这是《氾胜之书》中非常突出的一个部分，《氾胜之书》现存的3000多字中，有关区种法的文字，多达1000多字；而且在后世的农书和类书中多被征引。

（二）《氾胜之书》在农学上的成就和地位

《氾胜之书》原来分十八篇，在《汉书·艺文志》所著录的九种农家著作中，它的篇数仅次于“《神农》二十篇”。现存《氾胜之书》的以上内容，仅仅是原书的一部分，以至一小部分。但仅从这一小部分内容已经可以看出，它所反映农业科学技术，与前代农书相比，达到一个新的水平。

在《氾胜之书》之前最有代表性的农学文献是《吕氏春秋·任地》等三篇 。《氾胜之书》所提出的“凡耕之本，在于趣时，和土，务粪，泽，早锄，早获”的耕作栽培总原则，包括了“趣时”、“和土”、“务粪”、“务泽”、“早锄”、“早获”等六个技术环节，不但把《任地》等三篇的精华都概括了进去，而且包含了更为丰富和深刻的内容。

如中国传统农学一贯重视对农时的掌握，《氾胜之书》概括为“趣时”的原则。《审时》篇只谈到“得时之稼”和“失时之稼”的利害对比，《氾胜之书》则具体论述了耕作、播种、中耕、施肥、收获等各项农活适期的掌握。就土壤耕作的适期而论，不但有时令的要求、物候的标志，而且有用木橛测候的具体方法。

关于土壤耕作，《吕氏春秋·任地》提出：“凡耕之大方：力者欲柔，柔者欲力；息者欲劳，劳者欲息；棘者欲肥，肥者欲棘；急者欲缓，缓者欲急；湿者欲燥，燥者欲湿。”《氾胜之书》用“和土”两个字进行概括，不但尽得其精髓，而且提高了一步。《氾胜之书》还总结了“强土而弱之”，“弱土而强之”等具体的耕作技术，把《任地》《辩土》诸篇“深耕熟耰”技术发展为“耕、摩、蔺”相结合的崭新体系，而扬弃了畎亩结构的形式，使北方旱地耕作技术进入一个新的阶段。

《任地》诸篇没有谈到施肥和灌溉，战国时其他文献有谈到施肥和灌溉的，但很少涉及施肥和灌溉的具体技术；而《氾胜之书》不但把施肥和灌溉作为耕作栽培的基本措施之一，而且记述了施肥和灌溉的具体技术。《氾胜之书》提出的“务粪、泽”的技术原则，

---

① 这段文字，石声汉放在“凡耕之本，在于趣时，和土，务粪泽，早锄早获”之后；万国鼎则放在第一节最后。按，这两段文字都是讲耕作栽培的总原则，是“三才”理论的具体化。石氏的处理比较合理

② 关于播种日期的选择，石声汉，《氾胜之书今释》专列为第2节，共3条，内容带有浓厚的阴阳五行色彩，是讲种植宜忌的。此外，“获不可不速，常以急疾为务。芒张叶黄，疾获之无疑”一条，也应居于通论范围。

③ 大体包括石声汉，《氾胜之书今释》的第4，5节；万国鼎，《氾胜之书辑释》的第5～17节。

④ 大体包括石声汉，《氾胜之书今释》的第7节；万国鼎，《氾胜之书辑释》的第4节。

是指尽力保持土壤的肥沃和湿润，包括了灌溉和施肥，但不限于灌溉和施肥。事实上，《氾胜之书》更重视通过精细耕作的措施，千方百计使土壤接纳可能接纳的一切降水（包括降雨和降雪），并减少自然蒸发，以保证作物生长对水分的需要。与《任地》诸篇重点讲农田的排涝洗碱不同，《氾胜之书》农业技术的中心环节是防旱保墒。

中国古代农业有实行中耕的悠久传统，《氾胜之书》继承了这一传统，并第一次明确把"早锄"作为耕作栽培的基本原则之一。"早锄"的目的，一方面是消灭杂草，防止《吕氏春秋·辩土》所说的"草窃"；另一方面是切断土壤表层的毛细管，以减少土壤水分的蒸发，是"和土"和保"泽"的手段之一。

"早获"，是指及时迅速地进行收获："获不可不速，常以急疾为务。芒张叶黄，疾获之无疑"。这也是对一种有悠久历史的技术传统的新概括。

以上各项技术原则是相互联系、密不可分的；贯彻其中的一根红线就是"三才"理论。"趣时"就是掌握"天时"，它体现在耕作、播种、施肥、灌溉、收获等各个环节中。"和土"就是为作物生长创造一个结构良好、水分、温度等各种条件相互协调土壤环境，以充分发挥"地利"，"趣时"、"务粪泽"都是它的手段之一。而无论"趣时""和土"或"务粪泽"、"早锄早获"，都以发挥人的主观能动性为前提。可以说《氾胜之书》的"耕之本"正是"三才"理论在耕作栽培方面的具体化。

《氾胜之书》不但重视对农业环境的适应与改造，而且着力于农业生物自身的生产能力的提高。也就是说，在"三才"理论的体系中，不但注意"天、地、人"的因素，而且注意"稼"的因素。在《氾胜之书》作物栽培通论部分中，第一次记述了穗选的技术，作物种子保藏的技术，并且详细介绍了用骨汁、粪汁拌种，以提高种子生活能力的方法。在作物栽培分论部分中，提高作物生产能力的生物技术措施更是屡见不鲜。

《氾胜之书》不但提出了作物栽培的总的原则，而且把这些原则贯彻到各种具体作物的栽培中去。如果说，《吕氏春秋·任地》等三篇是作物栽培通论，那么，《氾胜之书》已经包括了作物栽培的通论和各论了。《氾胜之书》论及的作物有：粮食类的禾（谷子）、黍、宿麦（冬小麦）、旋麦（春小麦）、水稻、小豆、大豆、麻（大麻），油料类的胡麻（芝麻）、荏（油苏子），纤维类的枲（雄株大麻），蔬菜类的瓜、瓠，以及芋、稗、桑等。这些作物的栽培方法，基本上都是第一次见于文献记载的，其中包含了许多重要的农业科技成就。例如，在先秦时代已经观察到大豆根瘤的基础上，指出大豆自身具有肥力——"豆有膏"，并从而提出对豆类的中耕应该有所节制的技术原则。在蔬菜栽培方面，第一次记载了瓠的靠接和瓜、薤、小豆之间间作套种的技术。在水稻栽培方面，第一次记载了通过延长或缩短水道来调节稻田水温的技术等。《氾胜之书》对冬小麦栽培技术的论述尤详，这和氾胜之曾经在关中推广冬小麦的经历有关。小麦是原产于西亚冬雨区的越年生作物，并不适应黄河流域冬春雨雪相对稀缺的自然条件；但中国传统作物是春种秋收的一年生作物，冬麦的收获正值青黄不接时期，有"续绝继乏"之功，又为社会所迫切需要。我国古代人民为了推广冬麦种植，克服了重重困难。从《氾胜之书》看，已经形成了适应黄河流域中游相对干旱的自然条件的一系列冬麦栽培技术措施。例如及早夏耕，穗选育种，适时播种，渍种抗旱，秋天棘麦壅根，冬天压雪保墒等等。诸如此类的技术成就还可以举出不少。这些各别作物栽培技术，贯彻了因时、因地、因物制宜的精神。

《氾胜之书》还第一次记载了区田法。这是少种多收、抗旱高产的综合性技术。其特点是把农田作成若干宽幅或方形小区，采取深翻作区、集中施肥、等距点播、及时灌溉等措施，夺取高额丰产。典型地体现了中国传统农学精耕细作的精神。由于作物集中种在一个个小区中，便于浇水抗旱，从而保证最基本的收成。它又不一定要求在成片的耕地，不一定采用铁犁牛耕，但要求投入大量劳力，比较适合缺乏牛力和大农具、经济力量比较薄弱的小农经营。它是适应由于人口增加和土地兼并的发展，许多农民缺乏土地，而自然灾害又时有发生的情况而创造出来的。历来被作为御旱济贫的救世之方。是最能反映中国传统农学特点的技术之一。

总之，《氾胜之书》是继《吕氏春秋·任地》等三篇以后最重要的农学著作。它是在铁犁牛耕基本普及条件下对我国农业科学技术的一个具有划时代意义的新总结，是中国传统农学的经典之一。

（三）《氾胜之书》在农业经济思想方面的贡献①

《氾胜之书》不但是伟大的农学著作，而且在经济思想方面也有其一定的贡献。

上文谈到，氾胜之经济思想的核心是重农。在重农思想的指导下，氾胜之非常重视备荒防灾。氾胜之所提倡的农业技术，其目标一是高产，二是御灾。区田法就是典型的一例。《氾胜之书》说；“汤有旱灾，伊尹作为区田，教民粪种，负水浇稼。区田以粪气为美，非必须良田也。诸山陵，近邑高危、倾阪、及丘城上，皆可为区田。”一般农田耕作技术亦以防旱保墒为中心环节。除此之外，氾胜之还注意在作物安排上采取措施。为此，他提倡适当种植大豆、稗子等作物以备灾荒。如，“稗既堪水旱，种无不熟之时，又特滋茂盛，易生芜秽。良田亩得二三十斛。宜种之备凶年”。“大豆保岁易为，宜古之所以备凶年也。谨计家口数，种大豆，率人五亩，此田之本也”。我国战国时代即有“种谷必杂五种，以备灾害”（《汉书·食货志》）的传统，但在种植计划中如何安排备荒作物的具体论述，则以《氾胜之书》为最早。

《氾胜之书》在经济思想史上突出之点是已经注意到投入与产出，成本与利润的计算。前者有该书提供的区田法用工量、下种量和亩产量的数字，并可据此计算出劳动生产率和下种量与收获量之比②。关于成本与利润的计算，《氾胜之书》有以下记载：

> 种瓠法，以三月耕良田十亩。……一本三实，一区十二实，一亩得二千八百八十实，十亩凡得五万七千六百瓢。瓢直十钱，并直五十七万六千文。用蚕矢二百石，牛耕、功力，直二万六千文。余有五十五万。肥猪、明烛，利在其外（上文谈到，瓠的外壳，“破以为瓢。其中白肤，以养猪致肥；其瓣，以作烛致明。”）。

在这一记述中，有关生产成本列出蚕矢（肥料费）、牛耕（应包括畜力与农具的费用在内）和功力（似乎是雇用劳动力的费用）三项，并计算出其货币支出之总数；这已包含了农业投入的主要内容，但未提及种子的支出。有关生产收入列出了出售主产品瓠瓢的货币收入，副产品“白肤”的“肥猪、明烛”之利虽也估计在内，但没有具体计算其价格与货币收入。看来这一记载所反映的是以出售瓠瓢为目的，使用雇佣劳动力进行的商

---

① 本节主要参考路兆丰《中国古代农书的经济思想》中的有关部分，新华出版社，1991年。

② 路兆丰，中国古代农书的经济思想，新华出版社，1991年，第26～27页。

品性生产，可能因为是自己留种，所以没有把瓠种的支出计算在内，用白肤肥猪、明烛，可能主要也是自身消费，故也不计算在货币收入之内。这里关于成本、支出和利润的计算虽然还不很完备，但却是有关农业生产成本等项计算的最早记录，这是战国秦汉时代商品性农业有了一定发展的产物，标志着中国经济思想史上农业经济核算思想的萌芽。

（四）《汜胜之书》的不足之处

应当指出，《汜胜之书》在科学上取得重大成就的同时，也存在不足之处。这主要表现在两个方面：

一是受当时流行的阴阳五行说的影响，内容中夹杂着某些迷信和不科学的成分。《汜胜之书》中谈到九谷播种日期的宜忌：

> 小豆，忌卯；稻、麻忌辰；禾忌丙；黍忌丑；秫忌寅、未；小麦忌戌；大麦忌子；大豆忌申、卯。凡九谷有忌日；种之不避其忌，则多伤败。此非虚语也！其自然者，烧黍穰则害瓠。
>
> 小麦忌戌，大麦忌子；除日不中种。

这种宜忌之说是从阴阳五行说衍生出来的。原始的阴阳五行说本是一种对自然界各种事物的性质及其相互关系的朴素的认识，与农业生产实践有密切的联系。但后来经过子思、孟子、邹衍等人的改造，再经秦汉儒家的鼓吹，阴阳五行学说与时令相结合，形成无所不包的世界模式，应用于自然现象和社会生活各个领域的解释。在这个世界模式中，不同时令人们的行事各有宜忌，人们是不能违背的。关于谷物种植日期的宜忌之说，很早就在社会上流传。如云梦秦简《日书》中就有好几个地方谈到五谷宜忌①。汜胜之虽然是一个务实的农学家，也难免受当时流俗的影响。在这个问题上，汜胜之比起后来的贾思勰，实逊一筹；贾思勰在引述《汜胜之书》上面这段话时，就明确表示了不同意见②。

上面引文谈到的"烧黍穰害瓠"，也是当时社会上流行的不科学的说法③。类似的还有埋种测岁宜的方法④ 等。世界上的万事万物都是相互联系的，中国古代人民很早就注意到这一点，这成为中国传统思维方式的重要特点之一。古代人用物候测天指时等，就是基于对世界上各种事物存在普遍联系的认识。但当时人们对各种事物相互联系的具体规律及其原因的知识毕竟不多，如果囿于一时或局部的经验，把它扩大化，或用臆想的

---

①《睡虎地秦墓竹简》中谈到五谷宜忌有以下四处：

禾良日：己亥、癸亥、五酉、五丑。禾忌日：稷龙寅，秫丑，稻亥，麦子，菽、荅卯，麻辰，葵癸亥。各常□忌，不可种之及初获出人之。辛卯，不可以初获禾。

五种忌：丙及寅禾，甲及子麦，乙巳及丑黍，辰麻，卯及戌叔（菽），亥稻。不如可以始种及获赏（尝），其岁或弗食。

五谷龙日：子麦，丑黍，寅稷，辰麻，申戌叔，壬辰瓜，癸葵。

五种忌日：丙及寅禾，甲及子麦，乙巳及丑黍，辰卯及戌叔，亥稻，不可始种获，始赏。其岁或弗食。凡有入殴（也），必以岁后，有出殴（也），必以岁前。

② 贾思勰的原话是："《史记》曰：'阴阳之家，拘而多忌。'止可知其梗概，不可委曲从之。谚曰'以时及泽'，为上策也。"（《齐民要术·种谷第三》）

③《太平御览》卷九十七引《风俗通义》："烧穰杀黍。俗说家人烧黍穰，则使田中瓠枯死也。"

④ 原文是："欲知岁所宜，以布囊盛粟等诸物种，平量之，埋阴地。冬至后五十日，发取，量之。息最多者，岁所宜也。"

联系代替客观事物真实的联系，认识就会走偏。以上各种不科学的说法就是这样产生的。

二是为了取得宣传上的效果而出现的某些虚夸和失实之处。这主要是指《氾胜之书》中所记载的区田法的产量。区田法是一种精耕细作、抗旱高产的耕作栽培法，这是没有问题的，但它所宣传的产量，实有夸大之嫌。《氾胜之书》说："区种，天旱常溉之，一亩常收百斛。"这一诱人的产量，几千年来吸引着不少人进行区田法的试验，但虽然可以取得小面积丰产的效果，但都没有能够达到"亩产百石"的指标。现代学者也曾为此争论，有人称之为"'亩产百斛'之谜"。其实是不可信的。据近人的计算，"亩产百斛"换算成今日的市制，合每市亩 2887 斤。[①] 这在汉代的技术条件下，确实是匪夷所思的。其实，从现存《氾胜之书》的资料看，氾胜之本人也没有实现过这样高的产量。氾胜之说："得时之和，适地之宜，田虽薄恶，收可亩十石。"又说："验美田至十九石，中田十三石，薄田十一石。"前者是一般农作法所能达到的高产指标，后者则可能是氾胜之试行区田法实际达到的产量。看来所谓"亩产百斛"，或者是传闻中理想化的产量数字，或者是按小区所曾达到的最高产量推算出来的，而不是实际能够达到的平均水平。盖西汉末年，由于人口激增，土地兼并恶性发展，加之自然灾害不时发生，许多农民丧失土地，经济陷于困境。氾胜之推广区田法的目的之一，就是为无地或少地的农民找一条出路，使他们能够活下去，以维持封建统治的稳定。他所设计的区田法，强调不要求成片耕地，可以利用边角荒地，不要求铁犁牛耕，可以利用人力作区，用意正在于此。为了增强对贫苦农民的吸引力，着意渲染其高产的效果，以至把理想化的、自己也没有达到的高产指标写到书中。这种做法，是有悖于他作为一个农学家所奉行的求实精神的。

第三节 《四民月令》

一　崔寔与《四民月令》

（一）崔寔生平事迹

《四民月令》的作者崔寔，生活在东汉中晚期之间，生年不详，卒于汉灵帝建宁三年（170）[②]。涿郡安平（今河北省安平县）人。出生于当地一个"清门望族"之家，祖骃，父瑗，虽未居显位，然均有文名[③]。崔寔中年以前居家。汉桓帝元嘉元年（151）由原郡荐举，出仕为郎，同年转为议郎。不久（约元嘉元年以后，延熹二年以前，即 151～159 之间）[④]，出任五原太守。任内劝导当地人民种麻和发展家庭纺织业，并整顿边防，卓有成效。因病去职，再任议郎。大约延熹六年（163），鲜卑犯边，被任命为辽东太守，因母

---

① 陈树平，氾胜之书述略，文史，第十六辑。

② 据石声汉考证，崔寔生于汉和帝永平十五年（103）前后。其理由是：从崔寔本传看，崔寔在父死居丧时处事老成练达，应是中年之人，崔瑗卒年 66 岁（大致是汉安帝二年，即 143），假定当崔寔 40 岁，则大约出生于公元 103 年。见：石声汉，四民月令校注，中华书局，1965 年。

③ 崔骃与班固齐名，崔瑗与马融、张衡友善。

④ 本节崔寔活动的年代根据石声汉的推算。见《四民月令校注》附录一《试论崔寔和四民月令》。下同。

丧未竟就职。以后，大约永康元年（167）底到建宁二年（169）之间，被任命为尚书，“以世方阻乱，称疾不视事。数月免归”。为官清廉，去世时，“家徒四壁立，无以殡敛”。崔寔是当时与蔡邕齐名的著名的学者，两次任议郎期间，均参与在“东观”（东汉的国家藏书馆）撰修《汉纪》、审定《五经》等工作。“所著碑、论、箴、铭、答、七言、词文、表、记、书，凡十五篇”。代表作是《政论》（政治论文集）① 一书，“指切时要，言辩而确，当世称之”（《后汉书·本传》）。

（二）崔寔的政治观点与经济思想

崔寔生活的时代，土地兼并恶性发展，阶级矛盾空前尖锐，东汉王朝的统治已经行将崩溃。崔寔敏锐地感觉到封建统治的危机，是东汉第一个起来揭露土地兼并恶果，并尖锐地抨击当时的黑暗政治的思想家。他在《政论》里指出当时的情况是：

上家累钜亿之赀，斥地侔封君之土；行苞苴以乱执政，养剑客以威黔首，专杀不辜，号无市死之子；生死之奉，多拟人主。故下户踦岖，无所跱足，乃父子低首，奴事富人，躬率妻孥，为之服役。故富者席余而日炽，贫者蹑短而又岁蹴，历代为虏，犹不赡于衣食，生有终身之勤，死有暴骨之忧，岁小不登，流离沟壑，嫁妻卖子，其所以伤心腐藏，失生人之乐者，盖不可不胜陈。

崔寔强调“国以民为本，民以谷为命；命尽则根拔，根拔则本颠”。他站在封建士大夫的立场上，从“农本”与“民本”的基本观点出发，试图扶东汉王朝大厦于将倾。他给东汉王朝所开的药方，基本精神是在维持封建秩序的前提下发展本业，缓和矛盾。崔寔写作《四民月令》，与他的这些基本思想是密切相关的。

为了发展农业生产，崔寔重视先进农具的推广和农田水利建设。《齐民要术·耕田第一》引《政论》云：

武帝以赵过为搜粟都尉，教民耕殖。其法：三犁共一牛，一人将之，下种，挽耧，皆取备焉。日种一顷。至今三辅犹赖其利。今辽东耕犁，辕长四尺，回转相妨；既用两牛，两人牵之，一人将耕，一人下种，二人挽犁，凡用两牛六人，一日才种二十五亩。其悬绝如此。

在这段文字里，崔寔赞扬赵过推广耧犁等先进农具的功绩，对赵过耧犁和当时辽东直辕犁的不同工作效率作了鲜明的对比，反映了他对先进农具作用和提高劳动生产率意义的深刻认识②。又，《太平御览》卷七十五引《政论》说：“战国海内十二分，魏州有史起，引漳水灌邺，民以兴歌；蜀郡李冰，凿离堆，通二江，益部至今赖之；秦开郑国，汉作白渠，而关中号为陆海。”这表明崔寔也十分重视发展农田水利的作用③。有迹象表

① 《后汉书·崔寔传》系《政论》于汉桓帝元嘉元年崔寔初出仕为郎时。严可均《全后汉文》卷四十六崔寔《政论》小序认为《政论》“成于守辽东后，故有‘仆前为五原太守’及‘今辽东犁耕’云云；本传系于桓帝初除为郎时，未得其实。”《政论》大概是崔寔任职期间陆续写成的政论文章，其最后完成当在被任命为辽东太守之后。

② 这段文字可能是崔寔被任命为辽东太守以后写的。他在赴任以前，应对辽东地区的农业生产情况作了调查，并与中原地区情况作了对比。这段文字反映了这种情况，似乎也包含了崔寔到辽东后如何施政，如何抓农业的设想在内。

③ 《后汉书·崔瑗传》记载崔寔的父亲崔瑗在当汲县令时，主持“开稻田数百顷。视事七年，百姓歌之”。以一县之力，兴修水利，开稻田数万亩，是相当可观的。看来，崔寔父子对农田水利都很重视。

明，在崔寔所著《四民月令》中，可能有农闲兴修农田水利的安排[①]。无论是推广先进农具，还是兴修农田水利，都是为了发展农业，使人民得免饥寒，从而保证封建统治的稳定。

崔寔的这种思想，还反映在他五原任内的实践活动中。《东观汉纪》载："……寔至官，劝种麻，命工伐木，作机纺车，教民纺绩。"《政论》自述此事说："仆前为五原太守，土地［宜麻枲，而俗］不知缉织。冬至，积草卧伏其中；若见吏，以草缠身，令人酸鼻。吾乃卖储峙，得二十余万，诣雁门广武迎织师，使巧手作机纺车，以教民织。具以上闻。"[②]崔寔对人民生活的关心是真诚的；尽管这种关心最终还是为了稳固东汉王朝的"国本"。崔寔主张强本抑末，但他心目中的"本"，主要指农桑；他所反对的"末"，则仅仅是指奢侈品的生产和交换，即所谓"列肆卖侈功，商贾鬻僭服，百工作淫器"。他说："且世奢服僭，则无用之器贵，本务之业贱矣。农桑勤而利薄，工商逸而利厚。故农夫辍耒而雕镂，工女投杼而刺文，躬耕者少，末作者众……"[③] 至于对民生日用品的生产和交换，崔寔并不加以反对和限制。他自已在父亲死后，曾做过几年酿酒的生意。在《四民月令》中也包括了手工业生产和农副产品买卖活动的内容。他的这种思想和东汉时另一位思想家王符的观点颇为相似[④]。

崔寔抨击土地兼并，同情处境悲惨的下户，但并没有提出触及封建土地制度的解决方案。他解决土地问题的办法，仅仅是把无地农民迁移到地广人稀的地区，让农民暂时找一条出路，以缓和矛盾，即所谓"开草辟土振人之术"[⑤]。崔寔反对奢侈和僭越，不仅因为奢侈和僭越破坏封建等级秩序，对农桑本业造成损害，而且因为奢侈和僭越激化社会的矛盾，危及社会的稳定。他认为当时的情况已经是："天戚戚，人汲汲，外溺奢风，内忧穷竭。故在位者则犯王法以聚敛，愚民则冒罪戳以为健。俗之败坏，乃至于斯！"正是从这个意义上，他强调了"风俗"对稳定封建统治的重要性。他说："风俗者，国之诊脉也；年谷如肌肤。肌肤虽和，而诊脉不和，亦［未］为休也。"[⑥] 崔寔写作《四民月令》，既反映了他对发展农桑生产的重视，同时也包含了匡正风俗的意图在内。在《四民月令》的设计中，崔寔很重视利用"宗族、婚姻、宾旅"的纽带，来维系地主的家族及其依附人口，调和阶级矛盾的。不但逢年过节要拜候"君、师、故将、宗人、父友、友亲、乡党耆老"，而且要对"宗族、婚姻、宾旅"中的贫户进行救济活动。如三月，"冬谷或尽，椹、麦未熟，乃顺阳布德，振赡匮乏，务先九族，自亲者始。无或蕴财，忍人之穷；无或利名，罄家继富"；九月十月收获后，"存问九族孤寡老病不能自存者，分厚彻重，以救其寒"；"五谷既登，家储蓄积，乃顺时令，勅丧纪，同宗有贫窭久丧不堪葬

① 《太平御览》卷七十二"陂"引《舆地志》云："崔寔《月令》云：'孙叔敖作期思陂。'"如这确实是《四民月令》的内容之一，则《四民月令》中应有农闲兴修农田水利的安排。

② 《太平御览》卷八二六"织"引。"宜麻枲，而俗"五字据《后汉书·崔寔传》补。《后汉书·崔寔传》和《齐民要术·序》也有关于此事的记载。

③ 《群书治要》卷四十五崔寔《政论》。

④ 王符《潜夫论·务本》云："富民者以农桑为本，以游业为末；百工者以致用为本，以巧饰为末；商贾者以通货为本，以鬻奇为末。"王符是崔寔父亲崔瑗的朋友，崔寔的思想可能受王符的影响。

⑤ 《通典·食货一》引《政论》。

⑥ 《太平御览》卷三七五引《政论》。"未"字据《群书治要》卷四十五补。

者，则纠合众人，共兴举之……”年终，各种祭祀活动完毕以后，“乃请召宗族、婚姻、宾旅。讲好和礼，以笃恩纪；休农息役，惠必下洽”①。所有这些活动，目的正是为了缓和阶级矛盾。

《四民月令》作为一部家庭经营手册，主要是根据当时农业生产的实况来设计的，但同时也融汇了作者的政治观点和经济思想于其中。

（三）《四民月令》写作的时间和地点

崔寔写作《四民月令》的时间和地点，史籍没有明确记载，只能从崔寔的经历和《四民月令》本身找寻某种线索。

崔寔出身于“清门望族”，这样的家庭，其男性成员在选择自己“出仕”时机的时候，一般是很慎重的，不肯轻易屈节；他们平常的生活，很大程度上是依靠经营田庄来维持的。崔寔在中年出仕以前，曾长期居家，应该参与对家庭经济的管理，② 在父亲死后的一段时间，因治丧变卖田宅，家庭经济困顿，又曾“以酤酿鬻贩为业”。在这过程中，他积累了管理家庭经济，从事农、工、商业活动的经验，为他以后写作《四民月令》奠定了基础③。中年出仕以后，他有机会接触更多的农学文献，在任五原太守时，又获得指导地方农业生产的经验。《四民月令》的写作应该是在崔寔积累了较多的这方面经验的时候。

农业有明显的地区性，不同地区农事活动的时间安排不能千篇一律；崔寔懂得这一点，《四民月令》的农事安排是以洛阳为准的。如正月有“雨水中，地气上腾，土长冒橛，陈根可拔，急菑强土黑垆之田”的安排，在“陈根可拔”后，崔寔自注曰：“此周雒京师之法。其冀州远郡，各以其寒暑早晏，不拘于此也。”书中其它农事季节也和洛阳地区相符。而且，书中关于正月“贺谒君师”、“成童入太学”等安排，也只有在洛阳才有可能。很明显，《四民月令》的生产活动和社会活动都是就洛阳地区来安排的。这一情况表明，《四民月令》很可能是在崔寔居住在洛阳的时候写成的。④

把上述两个方面的情况结合起来看，《四民月令》的写作应是在崔寔中年出仕以后居住在洛阳之时⑤。

（四）《四民月令》的流传和整理研究

《四民月令》成书以来，从魏晋南北朝到唐初，一直在社会上流传。贾思勰在写作《齐民要术》时，对《四民月令》的资料多处引用；并以《四民月令》每月对家庭经济和社会活动的安排为骨干材料，写成一篇《杂说第三十》。杜台卿北周末年撰写《玉烛宝典》的时候，每月都录有一段《四民月令》的材料。唐末韩鄂写《四时纂要》，也引述过《四民月令》。《隋书·经籍志》农家类著录有“《四人月令》一卷（汉大尚书崔寔撰）”，

① 以上引文均见：缪启瑜，四民月令辑释，农业出版社，1981年。

② 崔寔父亲崔瑗性豪达，好宾客。

③ 参阅：石声汉，四民月令校注，附录一，中华书局，1965年。

④ 《四民月令》的农事安排以洛阳为标准，原因之一是洛阳是当时的首都，而《四民月令》在某种意义上是面向全国的。因此，这并不意味着崔寔的田庄都在洛阳。参看缪启瑜《四民月令辑释》。

⑤ 石声汉和缪启瑜都认为《四民月令》是崔寔居住在洛阳的时候写的，但具体时间，石声汉谓系在召拜议郎，迁大将军梁冀司马以前，缪启瑜则谓系在移居洛阳后的晚年。其实，无论具体坐实到哪个时候，都难找到充足的根据。

《旧唐书·经籍志》、《新唐书·艺文志》仍之。《四人月令》即《四民月令》，因避唐太宗名讳，把“民”改为“人”。从隋末到宋代的类书如《北堂书钞》、《艺文类聚》、《初学记》、《白氏六帖》、《太平御览》都摘抄《四民月令》的材料。南宋王应麟《困学纪闻》说：“崔寔《四民月令》，朱文公谓其见当时风俗。”可见南宋时其书尚在。该书大概是在南宋末年的战火中散失的，所以在元代所撰修的《宋史·艺文志》中，已经没有《四民月令》这本书。自此以后，《四民月令》长期堙没无闻。

至清代，有人着手进行《四民月令》的辑佚工作。从乾隆年间出现了任兆麟、王谟两种《四民月令》辑佚本，质量不高，错误颇多。嘉庆中，严可均辑录《四民月令》一卷，作为《全后汉文》第四十七卷收入《全上古三代秦汉六朝文》中；1921年，又在唐鸿学以《玉烛宝典》材料为基础辑《四民月令》，收入《古逸丛书》中。严、唐二辑本比任王二氏有很大进步，但仍有不足之处。

新中国建立后，农史工作者把《四民月令》的整理研究当作整理祖国农业遗产工作的重要组成部分。1965年，中华书局出版了石声汉的《四民月令校注》。1981年，农业出版社出版了缪启瑜的《四民月令辑释》。这两个辑佚本均以《玉烛宝典》为主要根据，广泛汲取《齐民要术》和各种类书中的有关资料，参考各种辑本，尽量做到不漏辑、不误辑，对所辑原文作了详细的校勘和注释，并分别在“附录”和“序说”中分析了崔寔的生平、思想和《四民月令》的内容与价值。他们的工作，比前人大大前进了一步，为对《四民月令》的进一步研究奠定了基础。同时，作为反映东汉末年地主经济和社会生产生活的珍贵资料，《四民月令》亦为史学界所重视和研究。

在国外，也有学者整理研究《四民月令》并取得可观的成绩。德国学者克里斯廷·赫尔茨于公元963年把《四民月令》译成德文，在汉堡出版，书名叫《崔寔〈四民月令〉，后汉的农家历》[①]。在日本，渡部武根据石声汉的《四民月令校注》，参据日本前田影印的《玉烛宝典》加以订正，并按月列出正文、通释和译注。1987年由日本平凡社出版，日译本的副题为“汉代的岁时与农事”[②]。守屋美都雄1963年也曾进行过《四民月令》的辑佚工作[③]。

二《四民月令》的内容、性质及其在农学史上的地位

（一）《四民月令》的内容与主题

《四民月令》的主题，是按一年十二个月的次序，将一个家庭中的事务，作有秩序有计划的安排[④]。这些家庭事务，可以区分为三类：一是家庭生产和交换；二是家庭生活（其中又包括祭祀、医药养生、子弟教育、住房和器物的修缮保藏等方面）；二是社会交往。见表9-3，9-4。

---

① 《Christine Herzer：Das Szu-min Yaeh-Ling das Tsui Shih，Ein Bauern-Kalender an saer Spateren Han—Zeit》Hamburg，1963。转见：天野元之助著、彭世奖译，中国古农书考，农业出版社，1992年。

② 该书收入《东洋文库》第467号。

③ 《中國古歲時記の研究——資料復元を中心こして——》帝國書院，1963年。

④ 石声汉，四民月令校注，中华书局，1965年，第89页。

表 9-3 《四民月令》所载家庭生产与交换活动表

月	农 时	大 田	园 圃	林 木	畜 牧	采 集	蚕桑加工	粜 卖
一	百卉萌动,蛰虫启户, 雨水	雨水中,地气上腾,土长冒橛,陈根可拔,急菑强土黑垆之田。 可种春麦、䴵豆(豍),尽二月止。 粪田畴。(畴,麻田也。)	可种瓜、瓠、芥、葵、䪥、大小葱、蓼、苏、苜蓿及杂蒜、芋。 可种韭。 可别䪥、芥。 上辛,扫除韭畦中枯叶	自朔暨晦,可移诸树:竹、漆、桐、梓、松、柏、杂木;唯有果实者,及望而止。 是月,尽二月可剶树枝。 自是月以终季夏,不可以伐竹木,必生蠹虫			令女红促织布, 令典馈酿春酒。作诸酱。上旬𩞄豆,中旬煮之。以碎豆作末都;至六七月之交,分以藏瓜,可以作鱼酱、肉酱、清酱	
二	阴冻毕释。 春分中,雷且发声。 玄鸟巢。	阴冻毕释,可菑美田、缓土及河渚小处。 可种植禾、大豆、苴麻、胡麻。	可种地黄	是月也,榆荚成。 自是月尽三月,可以掩树枝。 收薪炭		采桃花、茜,及括楼、土瓜根。其滨山可采乌头。天雄、天门冬。 二月采术	蚕事未起,令缝人浣冬衣,彻复为袷,其有羸帛,遂为秋服。 是月也,榆荚成。及青收,干以为旨蓄;色变白,将落,可收为醔酱、隃酱	可粜粟、黍、大小豆、麻、麦子
三	清明 谷雨 杏花盛 时雨降 昏参夕,桑椹赤 榆荚落 桃花盛	是月也,杏花盛,可菑沙白轻土之田。 时雨降,可种秔稻及稙禾、苴麻、胡豆、胡麻。 昏参夕,桑椹赤,可种大豆,谓之上时。 三月桃花盛,农人候时而种也 利沟渎。	三日可种瓜。 (清明)节后十日封生姜,至立夏后芽出,可种之。 时雨降,别小葱。 榆荚落,可种蓝			是日(三日)以及上除,可采艾、乌韭、瞿麦、柳絮	清明节,命蚕妾治蚕室,涂隟穴,具槌、梼、簿、笼。 谷雨中,蚕毕生,乃同妇子,以懃其事	可粜黍,买布
四	立夏 蚕大食 蚕入簇,时雨降。 布谷鸣 草始藏	蚕入簇,时雨降,可种黍禾——谓之上时——及大小豆、胡麻。	立夏后,蚕大食,可种生薑。 收芜菁及芥、亭历、冬葵、莨菪子。 布谷鸣,收小蒜。 别小葱				取鲖鱼作酱。 可作醢、酱。 茧既入簇,趣缲,剖绵,具机杼,敬经络。 草始茂,可烧灰。 可作枣糒	可籴䵂麦及大麦。 收弊絮

续表

月	农时	大田	园圃	林木	畜牧	采集	蚕桑加工	籴卖
五	芒种节后，阳气始亏，阴慝将萌，暖气始盛，虫蠹并兴。淋雨将降。是月也，阴阳争。	时雨降，可种胡麻。先后日至各五日，可种禾及牡麻。先后各二日，可种黍。是月也，可别稻及蓝。尽至后二十日止。可菑麦田。	别蓝		刈英刍。日至后，可籴麸麹，曝干，置罂中，密封，至冬可以养马		麦既入，多作糒，以供出入之粮。可作酱酱及醢酱	粜大小豆、胡麻。籴穬、大小麦。收弊絮及布帛。日至后，可籴麸麹
六	大暑	趣耘锄，毋失时。可菑麦田。	是月六日可种葵。中伏后可种冬葵；可种芜菁、冬蓝、小蒜；别大葱。大暑中后，可畜瓠、藏瓜，收芥子，尽七月止。				命女红织缣缚。可烧灰，染青绀诸杂色。是月廿日，可捣择小麦磑之……作麴	可籴大豆。籴穬，小麦。收缣缚
七	处暑中，向秋节	菑麦田	可种芜菁及芥、苜蓿、大小葱、小蒜、胡葱；别韰。藏韭菁	收柏实	刈刍茭	采葸耳。	四日，命治麴室，具簿、槌、椩。六日，馔治五谷、磨具。七日，遂作麴	可粜小、大豆。籴麦。收缣练
八	暑小退。凉风戒寒 白露 秋分	凡种大小麦，得白露节，可种薄田；秋分，种中田；后十日，种美田。唯麹，早晚无常	可断瓠作蓄。干地黄。收韭菁；作捣齑。可干葵。收豆藿。种大小蒜、芥		可种苜蓿 刈刍茭	八日，可采车前实、乌头、天雄及王不留行。刈萑苇及刍茭。	趣练缣帛，染采色。擘绵，治絮，制新，浣故。作末都	及韦履贱好，豫买以备隆冬 粜种麦。籴黍
九		治场圃，涂囷仓，修窦窖，修箪窖	藏此薑、蘘荷。作葵菹、干葵			采菊花，收枳实。		

续表

月	农时	大田	园圃	林木	畜牧	采集	蚕桑加工	籴卖
十		趣纳禾稼，毋或在野	可收芜菁、藏瓜。别大葱			收括楼。	渍麴；麴泽，酿冬酒。 作脯腊。 作凉餳，煮暴饴。 可析麻，趣绩布缕，作白履、"不借"	卖缣帛、弊絮。 籴粟、大小豆、麻子
十一	冬至 是月也，阴阳争	平量五谷各一升，小罂盛，埋垣北阴墙下（测岁宜）		伐竹木	买白犬养之，以供祖祢。		可酿醢	籴秔稻、粟、米、小豆、麻子
十二		合耦田器，养耕牛，选任田者，以俟农事之起			养耕牛			

表 9-4 《四民月令》所载家庭生活和社会交往活动表

月	家庭生活			社会交往
	祭祀	医药养生	教育及其他	
一	正月之旦，是谓正日，躬率妻孥，洁祀祖祢。 乃以上丁，祀祖于门，及祖祢，道阳出滞，祈福祥焉。 以上亥祠先穑，以祈丰年	上除若十五日，合诸膏…… 收白犬骨及肝血(可以合注药)	择元日，可以冠子。 命成童以上入大学……命幼童入小学……	谒贺君、师、故将、宗人、父友、友亲、乡党耆老
二	祠太社之日，荐韭卵于祖祢		择元日，可结婚。 玄鸟巢，刻涂墙。	顺阳习射，以备不虞。
三		自是月尽夏至，煖气将盛，日烈暵，利以漆油，作诸日煎药	农事尚闲……葺治墙屋，以待雨	是月也，冬谷或尽，椹、麦未熟，乃顺阳布德，振赡匮乏，务先九族，自亲者始。无或蕴财，忍人之穷；无或利名，罄家继富。 缮修门户，警设守备，以御春饥草窃之寇
五	夏至之日，荐麦鱼于祖，祢厥明祠冢	合止利黄连丸等药。 是月也，阴阳争，血气散，先后日至各五日，寝别内外。 先后日至各十日，薄滋味，毋多食肥醲；距立秋，毋食煮饼及水溲饼。	弛角弓弩…… 以灰藏旃裘毛毳之物及羽箭。 以竿挂油衣，勿襞藏	
六	初伏，荐麦瓜于祖祢			
七		七日，可合蓝丸及蜀漆丸	曝经书及衣裳。 作干糗	

续表

月	家庭生活			社会交往
	祭　祀	医药养生	教育及其他	
八	筮择月节后良日，祠岁时所奉尊神。 以祠太社之日，荐黍豚于祖祢。		得凉燥，可上角弓弩……	
九				缮五兵，习战射，以防寒冻穷厄之寇。 存问九族孤寡老病不和自存者，分厚彻重，以救其寒
十	……酿冬酒……以供冬至、腊、正、祖荐韭卵之祠		培筑垣墙，塞向墐户	五谷既登，家储蓄积，乃顺时令，勅丧纪，同宗有贫窭久丧不堪葬者，则纠合众人，共兴举之……
十一	冬至之日，荐黍羔，先荐玄冥于井，以及祖祢。 买白犬养之，以供祖祢	是月也，阴阳争，血气散。先后日至各五日，寝别外内	研水冻，命幼童读《孝经》……	
十二	腊日荐稻雁……腊先祖、五祀。 其明日，是谓小新岁，进酒降神…… 其明日，又祀，是谓蒸祭。 后三日，祀冢。 是月也，群神频行，大蜡礼兴……	去猪盍车骨及腊时祠祀炙箑、东门磔白鸡头。求牛胆		……小新岁……其进酒尊长，及脩刺贺君、师、耆老，如正日。 事（按指祀冢）毕，乃请召宗族、婚姻、宾旅。讲好和礼，以笃恩纪；休农息役，惠必下洽。 ……大蜡礼兴，乃冢祠君、师、九族、友朋，以崇慎终不背之义

从以上表 9-3，9-4 可以看出，《四民月令》所载家庭事务虽然牵涉广泛的方面，但有关家庭生产和交换的内容，无论从项目数量来看，还是从文字数量来看，都是最多的。在家庭生产当中，大田作物栽培、园圃作物栽培、林木种植和利用、畜牧、采集，都属于广义农业的范畴，其中种植业、尤其是粮食作物种植业占居主导地位。在家庭手工业中，桑蚕纺织是与农业相结合的特殊的手工业生产项目，酿造和其他食品制作也是以农产品为原料的，属于农产品从生产转向消费的重要一环。交换活动主要是农产品和家庭副业产品的贱买贵卖。因此，虽然《四民月令》不是专谈农事的，更没有具体论述农业生产技术的原理，只讲什么时令应该作什么事情，但这些事情大多直接或间接与农业有关，《四民月令》整个按月安排的计划中，中心和起决定作用的是无疑是农事活动，这与后世专谈节序的月令书不同，所以历来都把它视为农书①。

① 王毓瑚，中国农学书录，农业出版社，1964 年。石声汉，四民月令校注，中华书局，1965 年。王毓瑚先生说："本书只不专讲农学，但与农家活动有关者究居大半，与后世一般月令专言节序的有不同，所以历来都视为农书。"石声汉原则上同意这一意见，但认为"大半"二字，估计略高。但强调农事的确处于中心地位。

（二）《四民月令》的性质

月令类农书渊源久远。其源头至少可以追溯到《夏小正》，战国时期出现了《礼记·月令》。本书第一篇已经作了介绍。《四民月令》无疑是参照《礼记·月令》的形式而写成的。但它又与《礼记·月令》有明显的不同。《礼记·月令》是一种官方的月令，是政府按月安排其政务的指导性手册。由于农业是关系国计民生的大事，所以《礼记·月令》实际上也是以农业为中心的（在这一点上，《四民月令》和《礼记·月令》是基本相同的）。《说文》："令，号也。"甲骨文"令"字作"令"，上部之"亼"，或谓为口形，或谓为木铎形，但不外是宣发号令的意思（古人振铎以发号令）；下部则为一跪跽之人以示受命。所以"月令"一词原来就带有官方农学的烙印。《礼记·月令》以政府发施政令的方式，以君国为本位，对以农业生产为中心的社会生活进行宏观指导。崔寔借用其形式而赋之以新义，故特别标明其为《四民月令》，表示它与官方月令的区别。《四民月令》虽然也对各种生产和社会活动提供指导性意见，但这些意见不像政府的政令那样带有强制性；它以民家为本位，以"月令"形式安排的各种活动是以家庭为单位进行的，因此属于微观经济的范畴。

《四民月令》是一部农家月令，这在学术界认识是一致的。但《四民月令》是地主的经营手册呢，还是对包括广大小农也适用的农书？在学术界则有不同认识。其实这两种观点都有其合理的成分，但如果片面强调一个方面，就会失之于偏颇。

"四民"包括"士、农、工、商"，是指四种不同职业的编户齐民①。"四民月令"，顾名思义，它按时令所安排的各项活动应该对"士、农、工、商""四民"都是适用的；从《四民月令》的内容来考察，它的确有普遍适用的一面，并非只适用于哪一个阶层。书中对各项农事的时间安排，如"三月桃花盛，农人候时而种也"；六月"趣耘锄，毋失时"；十月"趣纳禾稼，毋或在野"；只要是气候条件相似的地方，当然对所有经营农业的编户齐民都是适用的。其手工业和商业活动的安排亦然。

时令本身虽然没有阶级性，但如何根据时令来安排各种活动则不能不反映出设计者的阶级倾向。《四民月令》确实是以崔寔自己那种类型的地主的家庭经济和家庭生活为原型来进行设计的。这和书题之"四民"并不矛盾；在崔寔看来，他们这种类型的地主，就

---

① "四民"一词，始见于《国语·齐语》。指"士、农、工、商"；但当时的"士"仍然是脱离生产的武士集团。战国以后以后士，的地位的变化，"士、农、工、商"逐渐成为四种不同职业的编户齐民。

关于《四民月令》这一名称的意义，石声汉认为："《四民月令》书中所揭出的'四民'，它的意义是'以农业、小手工业收入为主，商业收入为辅，来维持一个士大夫家庭生活'的四民合一；而'月令'则借自古来某些书中的'月令'部分，即把生产和生活的事情按季节月份来安排。"这种说法影响很大，固在一定程度上反映了《四民月令》所设计的家庭经济的特点，但很难说是符合"四民"的原意的。因为按石氏的说法，应称为"四业合一"（农业、手工业、商业和读书致仕），而不是"四民合一"。缪启瑜则认为："《四民月令》仿照'月令'的体裁按月安排士农工商的正当活动，使'四民'各务本业，这是《四民月令》的基本目的，也只有从这个方面入手，才能找到本书为什么被题名为《四民月令》的根源。"这种说法，比较合理。质言之，我们应该从与"官方其令"相对待的意义上来理解《四民月令》这一名称。至于石氏认为《四民月令》是地主的经营手册，则大致上反映了这部著作的阶级性质。

是“士”阶层的中坚；而“四民”是以“士”为首的①。

《四民月令》所反映的家庭经济的规模是颇为可观的。以粮食作物为主大田生产是这个家庭经济的中心，大田作物包括粮食类的禾（谷子）、小麦、大麦、穬麦、黍、稻、大豆、小豆等，另有纤维用的大麻、油料用的胡麻等。园圃生产也占重要地位，蔬菜有十余种，包括葵、芥、芜菁、瓜、瓠、芋、韭、薤、生姜、大小蒜、大小葱等。染料有蓝和地黄。居于广义农业生产范畴的还有果树、林木、畜牧、采集（主要是药材的采集）等生产项目。在手工业生产方面，蚕桑纺织备受重视，家庭自己制作布帛缣缚，并从事酒、醋、酱、饴糖、脯腊、果脯、腌菜、酱瓜等酿造加工活动。当然不可能要求每个家庭的经营内容都包括《四民月令》中的所有大项和细目，但《四民月令》显然主要是为财力和人力都比较雄厚的家庭设计的。

在这个设计中，光是从事手工业生产和家内劳动的，就有专门采桑养蚕的“蚕妾”，专门纺织的“女红”，专门缝洗衣着的“缝人”，专管酿造和饮食品的“典馈”，专管采集野生植物的“司部”等。这些都是有严重人身依附关系的劳动者。在大田和园圃中从事农业生产的劳动者的身份，《四民月令》没有明确的记载。但从每年年终都要“选任田者”看，似乎是在“宗族、婚姻、宾旅”的贫者中选任的；又从每年青黄不接时和收获后都要救济贫弱看，这些家庭虽然经济困顿，但仍有自己的独立经济。看来，这些被“选任”的田者，多数属于佃农。他们平时要负担沉重的劳动，农闲时还要参加“缮五兵，习战射”的军事训练，对主人存在着一定程度上的人身依附关系。

《四民月令》设计的阶级性质，在有关商业活动的安排中反映得特别明显。这些商业活动主要是农副产品的买卖，其特点是：收获后贱价买进，青黄不接和播种时卖出。例如，二三月播种时“粜粟、黍、大小豆、麻、麦子”；十月收获后“籴粟、大小豆、麻子”；十一月“籴秔稻、粟、米、小豆、麻子”。四、五、六月麦收后“籴穬、大小麦”，直至七月；八月种麦时则“粜种麦”。又如从三月起，天气逐渐暖和，蚕事纺织活动逐渐进入高潮，收买布帛弊絮的活动随即开始，至六七月，收买缣缚等丝织品；十月天气开始寒冷，故转而“卖缣帛、弊絮”。在这里，进行贱买贵卖活动的显然是地主和商人。因为当时存在着广大的小农，他们虽然有独立经济，但处境困顿，收获后立刻要交租、纳税、还债，不能不贱价卖出农副产品，在播种或青黄不接时，缺乏生产资料和生活资料，又不得不高价买进。而能够利用他们的困境来牟取高利的，当然是地主和商人。

由此可以看出，《四民月令》的确主要是为地主设计的，在这个意义上，可以称之为地主家庭经济的经营手册。

（三）《四民月令》在农学史上的地位

《氾胜之书》和《四民月令》是汉代两部最重要的农书，两者相比，《四民月令》在农学水平上要逊于《氾胜之书》。氾胜之总结了《吕氏春秋·任地》等三篇出现以来农业生产和农业科技的新成就和新经验，深刻地阐述了北方旱农耕作栽培技术的原则和原理，

① “士”在春秋以前，是一个脱离生产的武士集团，春秋战国时期，士发生了巨大的变化，一部分与农民合流，另一部分演变为研学论道以求仕的文士集团。“士”在出仕以前，经济地位并不一样，有的是地主，有的是农民，一般都从事农业经营，所谓“耕读之家”。这些“士”，是官僚队伍的后备军。

形成一个比较完整的思想体系，把中国传统农学推进到一个新的阶段。《四民月令》在这方面的创新不多，它只是交待某月某时应该做某某事情，很少介绍具体的操作方法，更没有阐述有关原则和原理。

但《四民月令》在中国农学史上有其不可替代的重要地位。如前所述，它是我国第一部“农家月令”书。它不但对《礼记·月令》类著作进行了推陈出新的改造，完成了从“官方月令”到“农家月令”的转换；而且它所反映的农事活动比《礼记·月令》要丰富和具体得多。在《四民月令》中，每月的农业生产，包括耕地、催芽、播种、分栽、耘锄、收获、储藏，以及蚕桑、畜牧、果树、林木的经营等等，细致而合理，又提醒人们注意农业生产安排的地区性，其中有些生产技术，如“别稻”（水稻移栽）和树木的压条繁殖，是农书中首见的记载。因此，《四民月令》不但是农家月令的开创之作，而且可以称得上是一部代表作①。

《四民月令》比《礼记·月令》还有一个明显的进步，这就是它基本上摆脱了《礼记·月令》天人感应的阴阳学的色彩。在《四民月令》有关生产活动的安排上，除了“正月上辛，扫除韭畦中枯叶”这一条记载外，其余一切农业、手工业操作，都只以节令和物候为标准，看不出迷信和禁忌的成分②。如果考虑到当时社会上弥漫着“纤纬”神学之风，崔寔的这种实事求是科学态度更加显得难能可贵。在这方面，他比氾胜之还要强一些。

① 与农学史上农家月令体裁的开创相对应，《四民月令》在经济思想史上则是家庭经济学的开创之作，完成了从宏观经济思想到微观经济思想的转换。

② 《四民月令》在某些养生和社会活动的安排上带有宜忌迷信色彩，如春分后，夏至、冬至要“寝别内外”，“冠子”结婚、祠祀要“簇择元日”等。

第十章 《齐民要术》

第一节 贾思勰与《齐民要术》写作的若干问题

《齐民要术》的作者贾思勰，正史没有他的传记，其他史籍中也找不到关于他事迹的记载，人们只是从本书的题署中得知他当过“后魏高阳太守”①。对贾思勰和有关《齐民要术》写作的一些情况，我们只能从《齐民要术》本身以及一些有关资料中去寻找。

一 《齐民要术》写作的时代和所反映的地域

（一）贾思勰和《齐民要术》的写作时代

《魏书》中虽然没有贾思勰的传，但有贾思伯、贾思同兄弟的传，他们都在后魏政府当过高官，分别给肃宗和静帝讲过《左氏春秋》②。由于贾思勰与这两人同一朝代，同一姓，又同以“思”字为名，故自姚振宗《隋书经籍志考证》提出“思勰或与之同时、同族”的推论以来，基本上得到了学术界的认同③。贾思伯、贾思同是后魏末期人，贾思伯死于公元526年，贾思同死于公元540年。贾思勰与他们应是基本上同一时代的人，《齐民要术》大概写作于公元6世纪的30～40年代之间。

从《齐民要术》中也可以找到贾思勰生活的时代和《齐民要术》成书时代的具体线索。《齐民要术·种桑柘第四十五》述及桑椹的御荒作用时说：“故杜葛乱后，饥馑荐臻，即仰以全躯命，数州之内，既死而生者，干椹之力也。”所谓“杜葛之乱”指杜洛周、葛荣起兵攻占河北六州，其事历经三年，于公元528年（永安初）以失败告终。此事为贾思勰所亲见，《齐民要术》的写作当在此以后。

《齐民要术·种谷第三》引述氾胜之区田法时说：“西兖州刺史刘仁之，老成懿德，谓余曰：“昔在洛阳，于宅田以七十步之地，试为区田，收粟三十六石”。据《魏书·刘仁之传》，刘仁之系在出帝初（大约是永熙二年，533）出任西兖州刺史，于东魏武定二年（544）终于西兖州任所。贾思勰的《齐民要术》既以“老成懿德”称之，且称“西兖州刺史”，则《齐民要术》的写作当在刘仁之仍健在于任所之时，即公元533～544年之

---

① 《齐民要术》的各种版本，包括现残存《齐民要术》最早刻本——北宋崇文院本卷端题署为“后魏高阳太守贾思勰撰”。《通志·艺文略》题为“后汉”，焦竑《国史经籍志》题为“汉”，均误。

② 《魏书》卷七十二。

③ 据《齐民要术》自注，贾思勰与刘仁之有交谊，据《魏书·刘仁之传》，刘与冯元兴系深交，而据《魏书·冯元兴传》，元兴与贾思伯同时为肃宗的侍读或侍讲，彼此颇相得。这些迹象也表明贾思勰和贾思伯是有关系的。见：梁家勉，有关《齐民要术》若干问题的再探讨，农史研究，第二辑，农业出版社，1982年。

间①。

贾思勰写作《齐民要术》，应在他已经积累了丰富的经验（这才有可能写出像《齐民要术》这样的经典著作）和取得较高的社会地位（这才有可能与刘仁之这样的大官往来）以后，并且很可能已经退休归田（这才有可能获得充裕的写作时间），他生命的最后阶段可能在东魏的武定朝，甚至跨入北齐；假如他活了70多岁，则他的青少年时代应当经历过北魏孝文帝的改革②。

（二）贾思勰的籍贯和《齐民要术》所记述的地区

据《魏书》所载，贾思伯和贾思同是齐郡益都人，则贾思勰也应该是齐郡益都（旧治在今山东省寿光县南）人。这在《齐民要术》中也可以找到证据。

《齐民要术》中出现最多的地域名称是与山东，尤其是与齐郡有关的。如述犁，说济州以西习用的长辕犁不如“齐人蔚犁之柔便”（《齐民要术·耕田第一》）；述麦䴬法，引“齐人喜当风飏去黄衣”为例；述品种，谈到“青州有蜀椒种”（《齐民要术·种椒第四十三》），“青州有乐氏枣，丰肌细核，多膏肥美，为天下第一。……齐郡西安、广饶二县所有名枣是也”（《齐民要术·种枣第三十三》）。齐郡属青州，益都是齐郡的郡治，西安（今山东益都县境）、广饶（今山东广饶县），是齐郡的两个县。贾姓是当时齐郡的望族，贾思勰对齐地、齐俗、齐人如此津津乐道，说明他对“齐”是相当熟悉和充满感情的，他的“地望”和乡土观念显然与“齐”分不开。故有学者推测，益都—齐郡—青州，是贾思勰的家乡辐射圈，其中最小的一圈（通常说的原籍）是益都③。

贾思勰当过高阳太守，但北魏的行政区中，有两个高阳郡：一属瀛州所领，郡治在今河北省高阳县境内；一属青州所领，郡治在今山东省桓台县东。贾思勰任职的是哪一个高阳郡，学术界有不同意见。梁家勉认为，应以前者为是，其理由有三：（1）贾思勰在《齐民要术》中自称曾亲历“井陉以东”；井陉属今河北省境，可能是作者赴任时从山西东北行所经。（2）书中提到造白醪曲的“皇甫吏部家法”，皇甫吏部很可能是指元雍的女婿皇甫瑒，元雍曾受封高阳，据各种资料分析，应是瀛州的高阳。皇甫瑒也可能一度居此。皇甫瑒的家法可能是贾思勰莅官时查询所得。（3）书中谈到“杜葛之乱”，杜葛的活动，正是在这一高阳郡及其邻境（冀、定、沧、瀛、殷等州）。贾思勰很可能是杜葛乱后到此担任太守的，故对“杜葛之乱”给人民带来的灾难有真切的感受④。我们基本上同意这种看法。

贾思勰足迹所涉颇广。书中所提到的地名，除上面已经提到的益都、齐郡、青州、西安、广饶和高阳外，还有河南境的朝歌（淇县）；陕西境的茂陵；山西境的壶关、上党，北部的代（大同及其附近），中部的并（太原及其附近），东部的辽（昔阳）；河北境的井陉、渔阳（密云）等。这些都应是贾思勰工作过或者是到过的地方。

由此看来，《齐民要术》所反映的主要是黄河流域中下游地区。这是北方旱作农业地区的一部分。

---

① ，④梁家勉，有关《齐民要术》若干问题的再探讨，农史研究，第二辑，农业出版社，1982年。

② 梁家勉推测贾思勰出生于北魏延兴三年（473）左右。见上引梁文。

③ 缪启愉，齐民要术导读，巴蜀书社，1988年，第2～3页。又见上引梁文。

（三）《齐民要术》出现于此时此地的原因

作为我国北方旱农技术的一部经典著作，《齐民要术》不是出现在国家统一的汉唐盛世，而是出现在国家处于分裂状态，农业生产遭遇较大的曲折的魏晋南北朝时期，这一事实，容易引起人们的困惑。对这个问题，我们应该如何理解呢？

诚然，魏晋南北朝时期黄河流域由于长期的战乱，农业生产受到很大的破坏，但这些破坏主要发生在有形的物质财富的层面，农业生产力其实并没有因此而倒退，例如农业生产工具仍然有所进步，战国秦汉以来形成的精耕细作的传统并没有因此而中断，同时由于各地区各民族农业文化的交流和融合，农业生产的内容更加丰富。即以精耕细作的传统而言，它甚至往往被作为克服困难、振兴农业的一种手段。曹魏初年，为了恢复北方残破的农业经济，在广泛实行屯田的同时，比较强调精耕细作。西晋傅玄追述说："近魏初课田，不务多其顷亩，但务修其功力，故白田收至十余斛，水田收数十斛。"① 南北朝时期，战乱之外又加上北方游牧民族的进入，相当大一部分农田荒废了，相当大一部分人口死亡或它迁，留居北方的人口往往依托坞壁以自保，他们在有限的耕地上实行精耕细作，或称为"坞壁农业"②。这种"坞壁农业"是北方地区社会经济在战乱中得以继续生存发展的重要支撑点。北魏是拓拔鲜卑族建立的政权。拓拔鲜卑作为一个游牧民族而入主中原，在与汉族的长期接触中逐渐接受了汉族的农耕文化。北魏孝文帝改革，实行汉化政策，在经济上主要就是接受汉族传统的以精耕细作为重要特征的农业生产方式及相应的经济制度。孝文帝以后，北方社会又进入一个社会动乱，自然灾害频仍的年代；但孝文帝太和改革所肯定的发展方向已经不可逆转。所以太和改革后，能够出现《齐民要术》这样系统总结北方旱农精耕细作技术的伟大农书，并不是偶然的。

《齐民要术》主要反映黄河流域中下游，尤其是河北地区（指太行山以东黄河以北地区）农业的情况，这也并不是偶然的。黄河流域中下游地区的经济在魏晋南北朝时期的确遭受了严重的破坏，但社会经济的进程并非完全是消极的。河北地区的进一步开发，从而使黄河流域内部各地区之间的发展更加平衡，就是当时经济进程中具有积极意义的重要方面。秦汉时期，关中及其相联系的地区③是全国首富之区，关东（函谷关以东）也是很重要的农业区，但其中农业比较发达的，只是从太行山东南起，越黄河而东，由济水和鸿沟分黄河之处起，直到东海之滨，北达鲁北，西南至鸿沟系统汳水、淮水以及蒗荡渠流经的地区；即使在这个地区，黄河频繁的泛滥对农业的威胁也很大。在这一地区的北部和南部，农业相对落后④。从先秦到西汉，黄河流经华北大平原北部，在今河北省沧县进入渤海，下游支流很多，经常漫溢，因有"九河"之称。故尔这一地区长期以来人迹罕至。春秋战国时，"九河"逐渐堙塞，部分被垦为田⑤。但因河患威胁，这里还是一片萧条。王莽时，黄河改道从山东千乘入海，东汉章帝时王景治河成功，自此到唐末，黄

---

① 《晋书》卷四十七《傅玄传》。

② 唐启宇，中国农史稿，农业出版社，1985 年，第 363 页。

③ 在《史记·货殖列传》中，它被称为"关西"（函谷关以西）或"山西"（殽山以西）。"山西"以关中为中心，包括巴蜀农业区和天水、陇西、北地、上郡的半农半牧区。

④ 史念海，秦汉时期的农业地区，河山集，三联书店，1963 年。

⑤ 《纬宝乾图》、《尚书中候》等载，齐桓公为开拓疆土，填平了"九河"中的 8 条。

河长期相对安流，为华北大平原中部和东北部的开发创造了有利条件。三国时，曹操经营河北，开凿了白沟、利漕、平虏、泉州诸渠，使分流入海的各河，在天津附近汇流入海，形成海河水系，加速了该地区的开发。到了北朝后期，河北已成为北魏、东魏、东齐"资储"的重要供应地，时人说："国之资储，唯籍河北。"[①]《齐民要术》反映的地区不止河北，但河北在其中是十分重要的。贾思勰曾经任职的瀛州高阳郡，就是处于这一地区之中。《齐民要术》在此时此地的出现，与魏晋南北朝时期黄河下游经济的发展是分不开的。

需要指出的是，不应把《齐民要术》的内容仅仅看作魏晋南北朝时期农业科学技术成果的记录，它实际上是长期以来，特别是《氾胜之书》出现以来黄河流域旱农精耕细作技术发展的一个总结。《齐民要术》大量引述汉代《氾胜之书》、《四民月令》等农书和其他有关文献资料就是一个证明。其实除了直接引用的文献材料外，其他不少技术也可以在汉魏时代找到它的渊源。例如，《齐民要术》所述播种前的晒种技术和畜力牵引的铁耙——铁齿镉楱，在现存农书中是最早的记载；但在《后汉书·逸民传》中，就已讲述过高凤在场院中晒种遭雨的故事；而在嘉峪关魏晋墓中出土的画像砖中，已发现畜力耙的图像。

农业生产技术在农业实践中的创造，和这些技术以文字形式的总结，即农书的创作，是既有联系又有区别的两件事。文字的总结一般滞后于技术的创新。而且，从我国农业生产和农业科技发展的历史看，农业经济的繁荣和重要农书的出现并不总是同步的，甚至往往是不同步的。农书的创作有其区别于经济发展的特殊规律。一方面，农业技术和有关科学知识必须积累到一定程度，重要农书的创作才有丰厚的基础；另一方面，社会上必须出现克服困难振兴农业的迫切需要，重要农书的创作才会获得足够的动力。魏晋南北朝时期，我国战国秦汉以来形成的精耕细作农业传统，在经受了由于长期战乱和游牧民族的进入而产生的巨大的冲击和历史性的考验以后，不但站稳了脚跟，而且在各民族各地区农业文化的交流中获得了丰富和发展，到了北魏时期，北方旱农精耕细作技术体系已经完全成熟。同时，北方经济在迭经破坏后亟待恢复，为此，北魏政府也不能不注重农业，不能不求助于精耕细作传统的继承和发扬。《齐民要术》所载西兖州刺史刘仁之的区田法试验，就是北魏地方政府官员重视精耕细作经验的总结的一例。其实《齐民要术》本身就是最大的证明。北魏时期农业生产中所遇到的困难在《齐民要术》中也多有反映，肥料不足就是突出的一点；而《齐民要术》中提出的作物轮作和种植绿肥，就是为了解决这一问题的新创造[②]。恢复社会经济的迫切需要，呼唤着新农书的出现。总之，北魏时期，创作一部全面总结北方旱农精耕细作经验的著作的客观条件已经完全具备。

这种情况不独《齐民要术》为然。如《氾胜之书》不是出现在西汉的盛世，而是出现在西汉的末世。就是因为到了西汉末年，农业科学技术才有更丰厚的积累，而且当时土地兼并、人口增多，许多农民土地不足或丧失土地，农业生产和农业经济产生了一些迫切需要解决的新问题。元初三大农书的出现也有类似情况，一方面，元朝统治者认识到，不能在中原地区推行游牧生产方式，迫切要求通过总结传统精耕细作农业技术的经

① 《北史》卷十五《常山王遵附晖传》。

② 游修龄，齐民要术成书背景小议，中国经济史研究，1994，(1)。

验，以恢复迭经破坏、频临崩溃的经济；另一方面，那时不论南方或北方，农业科学技术都积累了更为丰富、可资总结的经验。这种现象带有一定的规律性。同时，它也从一个侧面反映我国传统农学精耕细作体系的强大生命力。

二　贾思勰的写作《齐民要术》的态度和方法

（一）贾思勰写作《齐民要术》的双重身分

贾思勰生活在门阀界限比较森严的时代。北魏孝文帝时曾评定地方士族门弟，根据“以贵袭贵，以贱袭贱”的原则分配官职。贾思勰之所以能够当高阳郡太守，当与官登台省、贵为帝师的贾思伯、贾思同的门阀有关。但贾氏兄弟虽为高门望族，但史载其少时外出从师，曾因家贫“无以酬之”而“质其衣物”①，似中落到中小地主阶层。贾思勰在出仕前可能有类似情况。从《齐民要术》中反对豪富们奢侈无度，强调“力能胜贫”，“用之以节”（《齐民要术·序》）看，思想也比较接近地主的中下层②。贾思勰应该亲自参加过农业的经营，所以他对农业生产的各个环节非常熟悉，对买卖奴婢、使用雇佣劳动的事也如数家珍。书中还谈到他家养过200只羊（《齐民要术·养羊第五十七》）。《齐民要术》中所记述的丰富的农业科技知识，一方面是他在任太守等职指导农业生产过程中积累起来的，同时也和他亲自参加农业经营有关。

从《齐民要术》中，可以看出贾思勰的双重身分和写作的双重目的。一方面，他是亲自经营农业的地主，另一方面，他又是（或者曾经是）指导农业生产的政府官员。贾思勰写这本书是为像他这样经营农业的地主服务的，其中对地主家庭经济的各个方面及其有关的生产技术都有详细的叙述。贾思勰在自序结尾中说：“鄙意晓示家童，未敢闻之有识，故丁宁周至，言提其耳，每事指斥，不尚浮词。览者无或嗤焉。”这固然是谦虚之词，但也不纯粹是谦虚。贾思勰写这本书最直接的目的，大概是给他家族中的子弟或直接管理农业生产的人看，让他们“晓示家童”③的，所以对有关具体事务及技术方法总是作出尽可能周详的交待。当然，这对与贾思勰同一类型的地主来说，也是有指导意义的。尤其是书中谈到较大规模的商品性农业经营和买贱卖贵的农产品购销活动原则，显然是为地主家庭经济设计的。因此，《齐民要术》被一些学者称为“我国现存的一部古代家庭经济学”，“封建地主经济的经营指南”④；“地主治生之学的奠基之作”⑤。但另一方面，他的书又不单单是为地主写的。该书取名《齐民要术》，据他自己的说明，“齐民”一词出自《史记·平准书》“齐民无盖藏”，“若今言平民也”。所谓“齐民要术”，就是指平民百

---

① 《魏书》本传。

② 梁家勉，有关《齐民要术》若干问题的再探讨，农史研究，第二辑，农业出版社，1982年。

③ 所谓“家童”，有的学者理解为家中年轻的子弟，不妥。“童”通“僮”，“家童”即家中的仆役，是直接从事农业生产的人。把“晓示家童”理解为直接给“家童”看也不妥。因为这些直接从事农业劳动的人没有文化，这本书是给家族中那些管理生产的人作为“晓示家童”的依据的。

④ 胡寄窗，中国经济思想史，中册，上海人民出版社，1963年，第298～299页。

⑤ 赵靖主编，中国经济思想通史，第二册，第34章，北京大学出版社，1995年。

姓从事生活资料生产最重要的技术和知识。书中确实一再提到“贫家”和“少地之家”①。在《齐民要术·序》里，他完全是从治国安民的角度阐述农业的重要性和发展农业生产的途径，从而论证了写作《齐民要术》的意义。这显然是以一个治民教农官员的身份说话的。他写作《齐民要术》是为封建统治的长治久安服务的。他说“殷周之盛，诗书所述，要在安民，富而教之”，这也可视为《齐民要术》写作的根本目的。

（二）贾思勰写作《齐民要术》的态度和方法②

贾思勰是具有实事求是科学精神的杰出学者，他把自己写作《齐民要术》的态度和方法概括为16个字，这就是“采捃经传，爰及歌谣，询之老成，验之行事”（《齐民要术·序》）。

所谓采捃经传，就是广泛收集历史文献中的有关农业科学技术知识的资料。农业科技是有继承性的，任何创新都只有在既有成果的基础上进行。贾思勰非常重视历史的经验，他开创了中国古代农书系统收集历史资料的先例。《齐民要术》共引用了150多种前人著作③，征引内容虽涉及重农理论、农业政策、植物名称种类、文义考释和少量农业占卜、祈禳等诸多方面，但主要是讲农业科学技术的，属于农业生产和农业实践经验的总结。许多有价值的前代农书，如《氾胜之书》、《四民月令》、《陶朱公养鱼经》等的重要内容，即因《齐民要术》的征引而得以保存至今④。贾思勰引用前人资料是很严谨的，一一注明出处，而且忠实于原文，不擅改一字；这在古代农书中是很少见的，可以说树立了一个典范。贾思勰在吸收前人的科技知识是又是十分审慎的，采取了一种有甄别、有批判的态度。例如《周礼》“仲冬斩阳木，仲夏斩阴木”，郑玄注：“阳木生山南者，阴木生山北者。冬则斩阳，夏则斩阴，调坚软也。”贾思勰在引用此文时加以反驳说：“案松柏之性，不生虫蠹，四时皆得，无所选焉。山中杂木，自非七月、四月两时杀者，率多生虫，无山南山北之异。郑君之说，又无取。则《周官》伐木，盖以顺天道、调阴阳，未必为坚韧与虫蠹也。”⑤《氾胜之书》说种黍“欲疏于禾”，贾思勰根据自己对黍的生长习性的观察，认为黍需要密植，他指出：“疏黍虽科，而米黄，又多减及空；今概，虽不科，而米白，且均熟不减，更胜疏者。氾氏云‘欲疏于禾’，义未闻也。”⑥《齐民要术》虽然也引用了一些占卜、宜忌之类带有迷信色彩的文字，但贾思勰对此是采取存疑的态度的。例如，他在引述了《氾胜之书》关于九谷忌日的说法以后指出；“《史记》曰：‘阴阳之家，拘而多忌。’止可知其梗概，不可委曲从之。谚曰‘以时及泽’，为上策也。”这是贾思勰科学精神的突出反映。

---

① 《齐民要术·种谷第三》：“谚曰：‘家贫无所有，秋墙三五堵。’盖言秋墙坚实，土功之时，一劳永逸，亦贫家之宝也。”谈到区种法时又说：“少地之家，所宜遵用之。”他强调防灾救荒，种植救荒作物“以助民食”，主要也是为平民百姓着想的。

② 范楚玉，贾思勰经济思想初探，平准学刊，第三辑下册，中国商业出版社，1986年。

③ 据胡立初《〈齐民要术〉引用书目考证》，《齐民要术》所引用的书，计经部20种，史部65种，子部41种，集部19种，合四部155种，此外无书名可考的，尚不下数十种。见齐鲁大学《国学汇编》。

④ 关于《齐民要术》所征引前代文献中有关农业科技的知识，石声汉的《从齐民要术看中国古代的农业科学知识》（科学出版社，1957年）第二节有比较集中的介绍。

⑤ 《齐民要术·伐木第五十五》

⑥ 《齐民要术·黍穄第四》

所谓爰及歌谣，就是参照农谚中所反映的劳动人民的实践经验。广大劳动农民的农业生产实践是农业科学技术最广阔、最丰富的源泉，但他们由于贫困和受压迫，没有受教育的机会，他们在实践中所积累的心得体会，只能身授口传给别人和下一代。“口授”的最好形式是农谚，即士大夫所说的“俚语”。农谚言简意赅，生动活泼，容易流传久远。贾思勰对之甚为重视，常引用来为问题作结论。全书引用了30多条农谚，为后人留下了非常宝贵的资料。如论述耕地以“燥湿得所为佳”；“若水旱不调，宁燥不湿”，因为“湿耕坚垎，数年不佳”，最后则引证了“湿耕泽锄，不如归去”这一农谚作结论（《齐民要术·耕地第一》）；论述种麻要抢时间时，引用了“五月及泽，父子不相借”等农谚，贴切而又有说服力（《齐民要术·种麻第八》）。

所谓询之老成，就是向有经验的人，包括老农和有经验的知识分子请教。贾思勰非常重视实践的经验，他说过，“智如禹汤，不如尝更”（意即圣贤的聪明才智，也不如亲身的实践）。在《齐民要术》中有许多精彩而朴实的论述，完全是实践经验的结晶，就是作者向有实践经验的人学习得来的。例如，“菅茅之地，宜纵牛羊践之”（《齐民要术·耕田第一》）；“选好穗色纯者，劁刈高悬之，至春治取，别种以拟明年种子”（《齐民要术·收种第二》）；“凡谷田，菉豆、小豆底为上，麻、黍、胡麻次之，蔓菁、大豆为下”（《齐民要术·种谷第三》）；“麻欲得良田，不用故墟”（《齐民要术·种麻第八》）等等结论，如果不是出于有经验的老农，是不可能体会得如此深刻的。贾思勰还虚心向其他有经验的人学习，如他在引述氾胜之的区田法时，介绍了同时代人的有关试验：“西兖州刺史刘仁之，老成懿德，谓余曰：‘昔在洛阳，于宅田以七十步之地，试为区田，收粟三十六石。’”（《齐民要术·种谷第三》）。这也是贾思勰“询之老成”的一例。

所谓验之行事，就是以自己的实践来验证前人和今人的经验和结论。这里的所谓“实践”，当然不可能是作者亲自参加农业劳动，也不可能有近代这样的在实验室进行的科学实验，主要是指作者深入到生产实际中去，进行深入细致的观察和调查。上文已经多次谈到贾思勰用自己的实际经验来纠正历史文献不确切之处，实际上属于“验之行事”的范围。又如，贾思勰对粟的品种显然是作过一番调查研究的。他除引述《广志》所载的11个粟的品种外，又列举了从当时民间调查所得的86个品种，在对它们的品质性能作了细致分析的基础上，把它们归纳成几类：朱谷等14种，“早熟耐旱，熟早免虫”；今坠车等24种，“穗皆有毛，耐风，免雀暴”；宝珠黄等38种，“中租大谷”；竹叶青等10种，“晚熟，耐水，有虫灾则尽矣”；等等。（《齐民要术·种谷第三》）贾思勰还亲自观察到这样的现象：“并州豌豆，度井陉已东；山东谷子，入壶关、上党，苗而无实。”他经过思考后得出的结论是：“盖土地之宜也”（《齐民要术·种蒜第十九》）。他还用自己失败的教训来说明为羊储积冬季饲料的重要性，在《齐民要术·养羊第五十七》中说：“余昔有羊二百口，茭豆既少，无以饲，一岁之中，饿死过半。假有在者，疥瘦羸弊，与死不殊，毛复浅短，全无润泽。余初谓家自不宜，又疑岁道疫病，乃饥饿所致，无他故也。人家八月收获之始，多无庸暇，宜卖羊雇人，所费既少，所存者大。”

在以上四项中，“爰及歌谣，询之老成，验之行事”是汲取当代劳动人民、知识分子和作者本人的实践经验，是《齐民要术》材料来源的主体部分；“采捃经传”是汲取历史的经验，是《齐民要术》主体部分的重要佐证。在这样的写作态度与方法的指导下，全书写得严谨、质朴、精到、详明，堪称后世农书的典范。

第二节 《齐民要术》的内容

一 《齐民要术》的基本内容与结构

《齐民要术》全书共十卷，九十二篇，连卷前的“序”和“杂说”，共约115 000余字，篇幅之大在中国古代农书中是罕见的。《齐民要术》的内容，牵涉到广泛的方面，用贾思勰自己的话来说，叫做法“起自耕农，终于醯醢，资生之业，靡不毕书”。

《齐民要术》卷首的“序”是全书的总纲，它交待了本书写作的缘起和目的意图。其中绝大部分篇幅是列举历代有关言论和事例，论证发展农业生产的必要性及其途径，最后一段扼要介绍了该书的写作态度方法和基本内容。

正文十卷，前六卷依次论述农、林、牧、渔各业的生产技术，是全书最主要的部分，其中又可分为作物、林果、鱼畜三个单元；七、八、九三卷论述以农副产品加工为中心的副业生产，是次要部分；卷十讲南方植物，是附录性的参考资料。

第一、二、三卷讲大田作物（包括粮食作物和经济作物）和蔬菜的种植。卷一的开首是《耕田第一》和《收种第二》两篇，论述土壤耕作技术和种子选育和保藏技术，属于统辖这三卷的耕作栽培总论。以后为分论。首先讲述以粮食作物为主的大田作物，其次序是谷（粟）、黍穄、粱秫（粟之别种）、大豆、小豆、麻、麻子、大小麦、水稻、旱稻和胡麻，其中《种谷第三》论述最为详赡，这一次序和安排大致反映了当时各种粮食作物重要性的等次。《齐民要术》和《氾胜之书》一样把以收获纤维为目的的“麻”和以收获籽实为目的的“麻子”分列；同时又第一次把油料作物的胡麻列为专篇，反映了大田经济作物的发展。次述蔬菜，其次序是瓜、瓠、芋、葵、蔓菁、蒜、䪥、葱、韭、蜀芥、芸苔、芥子、胡荽、兰香、荏、蓼、姜、蘘荷、芹、藘，其中瓜、瓠、芋放在主要讲大田作物的第二卷的末尾，第三卷专讲蔬菜，以葵为首，反映了葵是当时最主要的蔬菜。在蔬菜的种类中，辛香类蔬菜占很大比重，是当时蔬菜构成中的重要特点之一。卷三在叙述了各种蔬菜之后，还介绍了饲料作物苜蓿。卷三的末尾是《杂说第三十》，杂引各种有关资料，其中前一部分以《四民月令》的材料为骨干，叙述了每个月生产和生活的安排，作为按作物种类和生产项目论述的一种补充；后一部分收集了占验年成丰歉和谷价贵贱的资料。以上三卷，可自成一个单元，是本书的大头。

第四卷第五卷讲果树和林木。卷四开首的《园篱第三十一》和《栽树第三十二》可视为这两卷（林果培育）的总论，以后分论果树和经济林木。果树以枣为首，以后依次为桃柰、李、梅杏、梨、栗、柿、安石榴、木瓜、椒、茱萸，均安排在第四卷。卷五讲经济林木和染料植物，以桑柘为首，并附养蚕法，以后依次为榆、白杨、棠、穀楮、漆、槐、柳、楸、梓、梧、柞、竹、红蓝花、栀子、蓝、紫草。卷五的最后一篇是《伐木第五十五》，附种地黄法，属于这两卷总论和分论中的未尽事宜。以上两卷也可构成一个独立的单元。

第六卷是讲动物饲养的，包括饲养畜禽和人工养鱼。首篇为《养牛、马、驴、骡第五十六》开头部分带有动物饲养总论的性质（其中谈到“服牛乘马，量其力能，寒温饮饲，适其天性：如不肥充繁息者，未之有也”，是动物饲养的总原则)，而以大部分篇幅介绍相马牛的方法和医治牛马病的诸方。还首次记述马驴杂交培育出骡的方法。以后依次为养羊，养猪，养鸡和养鹅、鸭，内容包括选种繁育、饲养管理、饲料生产、疾病防治和畜产品（毛、乳、蛋等）加工等；其中养羊篇内容较丰富，并附以制酥酪法，收驴马驹、羔、犊法等。最后是《养鱼第六十一》，主要引述了《陶朱公养鱼经》所载人工养殖鲤鱼的方法，并首次记载了蓴、藕、莲、芡、芰等水生蔬菜的种植方法，作为该篇的附录。这也是一个独立的单元。

以上三个单元构成全书最重要的部分。这一部分的每一篇中又基本上由三部分组成：首先是解题，在篇题下以小字注的形式出现，一般先引用前人文献，再加作者按语，内容包括该篇作物（或是动物）名称的解释，和辨误正名，历史记载，过去和当代的品种和地方名产，引种来源，兼及生物形态和性状等；解题之后是本文，介绍各种作物和畜禽的生产技术，是全篇的核心，内容都是作者调查和观察所得，是全书精华之所在。本文之后是引文，引录前人记述作为本文所述农业生产技术的补充说明和充实有关内容。解题、本文和引文相互结合，使每篇的论述形成一个严整的体系。

第七、八、九卷讲述酿造、食品加工、荤素菜谱和文化用品等，基本上属于副业的范畴。卷七的首篇是《货殖第六十三》，主要转述了《史记·货殖列传》和《汉书·食货志》中关于农副产品商品性生产和贩销的资料，它表明这三卷中所说的副业生产并不完全是一种自给性的生产。卷七《货殖》篇之后是《涂瓮第六十三》。卷八开始的《黄衣、黄蒸（酱曲）及糵（制饴糖用的麦芽）第六十八》、《常满盐、花盐（汰去杂质的盐）第六十九》是讲酿制的各项准备工作的，在某种意义上可以视为副业加工的总论。七、八、九卷的其他篇则是酿造加工和烹调各论，包括制曲造酒（造神曲并酒、白醪曲、笨曲并酒、法酒等四篇）、作酱、作酢（醋）、作豉、和齑（细碎的调味香料）、作鱼鲊（一种加米饭酿成的鱼肉）、脯腊（腊肉、腊鱼等）、羹臛（肉羹）法、蒸缹法（蒸法之一种）、胚、腤（胚、腤都是烩法）、煎、消（煎、消都是用油煎炒）、菹绿（在肉类中加酸菜或醋）、炙（烤）、作脺（带骨肉酱）、奥（油焖肉）、糟（糟肉）、苞（用茅草包裹着风藏或冷藏的肉）、饼法、粽、糙（竹箬裹蒸的糯米粉糕）法、煮糗（一种糊状食品）、醴酪（加饴糖的杏仁麦粥）、飧饭（水泡饭）、素食、作菹藏生菜法、餳餔（各种饴糖）等，最后还有煮胶和笔墨两篇。这三卷的各篇没有题解，在本文后面有时有少量的引文。

卷十是“五谷果蓏菜茹非中国物产者”。这里的“中国”指我国的北方，主要是指后魏的疆域。本卷只有一篇，即第九十二篇，全是引述前人的文献资料，主要是记述南方的热带亚热带植物资源。

由此可见，《齐民要术》不但内容十分丰富，而且有着层次分明结构严密的体系。参见表10-1。

表10-1 《齐民要术》结构与内容简表

	总 论	分 论	附 论
序（序）	交待本书写作的缘起和目的意图。以绝大部分篇幅列举历代有关言论和事例，论证发展农业生产的必要性及其途径，最后一段扼要介绍了该书的写作态度方法和基本内容。		

续表

<table>
<tr><th colspan="3"></th><th>总 论</th><th>分 论</th><th>附 论</th></tr>
<tr><td rowspan="4">正
文</td><td rowspan="3">广义农业生产</td><td>农：大田作物与蔬菜（卷一至三）</td><td>卷一的《耕田第一》和《收种第二》，论述土壤耕作技术和种子选育和保藏技术，属于耕作栽培总论</td><td>卷一《种谷第三》至卷三《种苜蓿第二十九》。分论以粮食作物为主、并包括经济作物的大田作物（第一、二卷）和蔬菜栽培技术</td><td>卷三末尾《杂说第三十》，前面以《四民月令》的材料为骨干，叙述了每个月生产和生活的安排；后面收集了占验年成丰歉和谷价贵贱的资料</td></tr>
<tr><td>林：果树林木（卷四至五）</td><td>卷四开首的《园篱第三十一》和《栽树第三十二》属林果培育总论</td><td>卷四讲果树，以枣为首；卷五讲经济林木和染料植物，以桑柘（附养蚕法）为首</td><td>卷五末篇《伐木第五十五》，乃林果栽培总论分论中的未尽事宜</td></tr>
<tr><td>牧：动物饲养（卷六）</td><td>首篇为《养牛、马、驴、骡第五十六》开头部分，其中谈到动物饲养总原则“服牛乘马，量其力能，寒温饮饲，适其天性”</td><td>分述牛、马、驴、骡、羊、猪、鸡、鹅、鸭的品种繁育、饲养管理、饲料生产、疾病防治畜产品加工和养鱼法</td><td>作为《养鱼第六十一》的附录，首次记载了莼、藕、莲、芡、芰等水生蔬菜的种植方法</td></tr>
<tr><td colspan="2">食品加工（卷七至九）</td><td>包括卷七开首的《货殖第六十三》和其后的《涂瓮第六十三》、卷八开首的《黄衣、黄蒸及糵第六十八》和《常满盐、花盐第六十九》，前者收录了农副产品商品性生产和贩销的资料，向者讲酿制的各项准备工作</td><td>七、八、九卷的其他篇为酿造加工和烹调各论，包括制曲、造酒、作酱、作酢（醋）、作豉、和齑、作鱼鲊、脯腊、蒸、煎、菹、炙（烤）、饼、酪等各种烹调方法</td><td>卷九最后为煮胶和笔墨两篇，属于附录</td></tr>
<tr><td colspan="3">附录（卷十）</td><td colspan="3">引述前人的文献资料，记述中原以外地区、主要是南方的热带亚热带植物资源</td></tr>
</table>

注：今本《齐民要术》中序之后有卷首杂说一篇，乃唐以后所羼入，详见下节。故不列于表内。

二 《齐民要术》中的掺杂部分和失佚部分

（一）关于卷首《杂说》①

前面说到，《齐民要术》中有《杂说第三十》，但卷前又一有《杂说》一篇，而所载内容和风格与贾氏本文明显有所不同，主要反映在以下方面：

1．思想基调的不同

上面谈到，贾思勰是以封建政府的地方官员和直接经营土地的地主的双重身份写作《齐民要术》的，他总结农业生产和经营的经验，既是为与他相类似的经营地主服务，也是为封建王朝治国安民服务，所以他对农业生产的宏观指导和对家庭经济的微观管理是结合在一起的。这些思想和意图集中地反映在《齐民要术》的序中。而卷首《杂说》开

① 本节是在游修龄先生的启发下写成的，游修龄先生还提出了具体的意见。另外，李长年曾对《齐民要术》卷首杂说与本文的不同之处，列表予以说明。请参看：李长年，齐民要术研究，农业出版社，1959 年，第 25～28 页。

头则说："夫治生之道，不仕则农；若昧于田畴，则多匮乏。"与《齐民要术·序》的论述相比，其思想抱负和思想境界是大异其趣的。《杂说》的作者大概是一个未能挤身仕途而转而经营农业的地主阶级知识分子，他的兴趣主要在于如何经营好他的田庄，所以《杂说》除了介绍农业生产技术经验以外，还反复交代地主田庄的经营原则："凡人家营田，须量已力，宁可少好，不可多恶。""欲善其事，先利其器。悦以使人，人忘其劳。且须调习器械，务令快利；秣饲牛畜，事须肥健；抚恤其人，常遗欢悦。"

2. 作物种类和名称的不同

《杂说》提到的大田作物有粟（谷）、黍、油麻、大豆、荞麦、穬（穬?）麦、小麦、麻。与《齐民要术》本文相比，明显的不同是后者没有荞麦，前者却一再提到荞麦；后者谈到水稻，前者没有谈到水稻；芝麻，后者称胡麻，前者称油麻；等等。其中"荞麦"一称，始见于《玉篇》，《玉篇》为梁顾野王所撰，后经唐宋人的增补，梁是否有荞麦，不能断定；但在《齐民要术》本文中是毫无踪影的。《杂说》中荞麦如此显赫，与《齐民要术》显非同一时代。《杂说》提到的蔬菜种类有瓜、茄子、葱、萝卜、莴苣、蔓菁、芥子、小豆、白豆等，又有泛称"菜"和"杂菜"者。与《齐民要术》本文相比，明显的不同是后者无莴苣，前者有莴苣；后者小豆类作物和大田作物放在一起，前者却和蔬菜作物放在一起；尤其值得注意的是，《齐民要术》本文《蔓菁第十八》已有"菘、芦菔附出"，《杂说》又讲"萝卜"种法，萝卜和芦菔，一书而同物异名，显示"萝卜"是后人掺入的方言称呼。莴苣原产西亚，在我国始见于唐代文献，如杜甫就有《种莴苣》的诗。北宋初年成书的《清异录》说："莴国使者来汉，隋人求得菜种，酬之甚厚，故因名千金菜，今莴苣也。"① 据此，《杂说》是不可能成于北魏时代贾思勰之手的。

3. 耕作技术与名称的不同

《杂说》所载耕作技术与《齐民要术》本文往往有不同称呼。例如，《齐民要术》本文称"劳"者，《杂说》称"盖"或"盖磨"；《齐民要术》本文要求耕地在土壤"燥湿得所"时进行，《杂说》承其说，但称作"干湿得所"，等等。两者所载农业技术虽然基本一致，但确实有所差别。如小麦播种期，《齐民要术》本文在八月中戊社前，《杂说》在秋社后；葱的播种期，《齐民要术》本文在七月，《杂说》在四月；粟的播种量，《齐民要术》本文为良地一亩五升，薄地一亩三升，《杂说》为"小亩一升"——不但播种量不同，面积单位亦异。《杂说》黍粟地要求锄四遍，基本上是遵循"浅—深—浅"的程序，亦与《齐民要术》本文所载有较明显差别。但尤其明显，反映了不同时代的差别的是以下两个方面：

《齐民要术》本文的大田作物，除麻以外，一般不施肥（不包括绿肥），《杂说》则强调大田作物要施肥："凡田地中有良有薄者，即须加粪粪之"。为此，《杂说》用颇大的篇幅介绍了积制堆肥的"踏粪法"。《齐民要术》本文中却无此记载。与此相联系，《杂说》所讲耕地技术与《齐民要术》本文比较，最大的特色之一是土壤耕作与基肥施用相结合，或者说，把基肥施用作为土壤耕作中的重要环节之一。此其一。

《齐民要术》本文的大田作物，一般是一年一作，不进行复种的，《杂说》中大田作物的复种已经占有一定的地位。一种方式是禾谷类作物收割后种一茬荞麦。所以"禾秋

① 梁家勉主编，中国农业科学技术史稿，农业出版社，1989年，第346页。

收了，先耕荞麦地”；以便“立秋前后，皆十日内种之”。另一种方式是黍子收割后种一茬穬麦。“其所粪种黍地，亦刈黍了，即耕两徧，熟盖，下（糠）［穬］麦[①]。至春，锄三徧止。”《杂说》强调大田施肥，其重要原因之一当是实行复种的需要[②]。《杂说》中的蔬菜生产的集约化程度也有所发展。它在论述了大田生产以后，又介绍了利用城郊十亩良田，通过合理的安排，在春夏秋三季，同时或连续种植十几种蔬菜，使农田在时间和空间上得到充分利用的方法。

总之，卷首《杂说》从思想倾向、技术内容，到行文风格，都与《齐民要术》本文有很大差别，所以学术界一般认为这后人掺杂之作。这应该是没有疑问的。但它究竟出于哪一个朝代的人的手笔？

在现存《齐民要术》最早的版本——北宋崇文院刻本中，已有卷首《杂说》了。这说明《杂说》出现颇早，应在北宋以前。从上文介绍《杂说》所载作物品种和生产技术看，它主要反映了北方地区的生产技术，当时，北方的人口应该有较大的增加，人地比例不会像魏晋南北朝那样宽裕，故促使复种制度的发展；但复种制度的发展还是有限的，参加复种的大田作物似乎只有荞麦和穬麦，小麦仍然强调夏耕晒垡以后秋播。由此看来，《杂说》很可能是唐代的著作，甚至是唐中叶以前的著作。《杂说》把“悦以使人，人忘其劳”，“抚恤其人，常遗欢悦”作为经营原则之一，在一定程度上也反映了唐代农业劳动者人身依附关系某种程度的松弛[③]。语言学史也可以提供某些线索。“了”字用作动作完成的过去词是隋唐以后才开始通俗起来的，在不到1 200字的《杂说》中，“收了”“耕了”等习语出现四处之多，《齐民要术》11万多字，这样的用语则绝无仅有[④]。这也说明卷首《杂说》应是出自唐代人之手。

《杂说》虽非出于贾思勰之手，但它的经营思想和生产技术确实是从《齐民要术》那里继承而来的，例如集约经营、精耕细作，以至“耕、耙、耢、压、锄”的土壤耕作技术等，《杂说》的作者对《齐民要术》是有较深体会的。这从一个侧面《齐民要术》对唐代农业生产和农业科技的巨大影响。另一方面，如前所述，《杂说》无论从作物种类或生产技术方面，比起《齐民要术》，都有某些反映时代特征的进步。在现存农书较少的唐代，它所保存的资料是宝贵的。因此，《杂说》在中国农学史上是占有一定地位的。

（二）《齐民要术》其他掺杂部分和失佚部分[⑤]

《齐民要术》中有大量的小字注文。这些注文往往进一步阐述正文所提出的技术原则的根据，并从正反两个方面反复比较遵守或违反这些原则的利弊得失，它们是正文的必要补充，与正文血肉相连，其重要性有时甚至超过正文，不是作者自己动手，是很难写

---

① 各本均作“糠”，据《齐民要术校释》改。

② 以种黍为例，《杂说》要求十二月、正月之间载粪粪地，春天种了粟、大豆、油麻等作物以后，“然后转所粪得地，耕五六徧，每耕一徧，盖两徧，最后盖三徧。还纵横盖之。”然后用这种施过肥的黍地，收获后复种穬麦

③ 这类说法，不见于《齐民要术》本文。相反，《齐民要术·序》比较强调对劳动者的督课。如引《仲长子》说：“稼穑不修，桑果不茂，畜产不肥，鞭之可也；杝落不完，垣墙不牢，扫除不净，笞之可也。”《齐民要术》中，对使用奴婢的记载也比较多。

④ 南京大学柳士镇先生的意见。转引自缪启愉，齐民要术导读，巴蜀书社，1988年，第28～29页。

⑤ 本节主要依据缪启愉《〈齐民要术〉导读》。

得出来的。这类注文占注文中的大部分。篇题后以双行小注形式出现的解题，也是出于贾思勰自己的手笔。但《齐民要术》注文中确有少量后人添加的成分，主要有以下四种情况：一是对某些不常见字的注音和解释，二是刻书人在校勘中把别本的异文以小字注的形式指出（如“一本作×”），三是后人在引《汉书》正文下面添加了唐代人颜师古的注，四是个别注文与正文不相干或口气不同者。

《齐民要术》除了少量后人添加的成分外，也有部分已经失佚的文字。例如卷五《种漆》篇只讲到漆器的收藏保养方法，没有漆树栽培的记载；同卷《种红蓝花及栀子》只讲到红蓝花，没有讲到栀子，有关的内容，显然是失佚了。在卷九的《饼法》中，也丢失了“曼头饼”和“浑沌饼”两条。

第三节 《齐民要术》所反映的贾思勰的思想

孟子曾经说过：“读其书，不知其人，可乎？”要了解《齐民要术》，必须研究作者的思想。而研究贾思勰的思想，又离不开《齐民要术》。本节主要谈贾思勰的经济思想。首先介绍贾思勰经济思想的核心——重农思想，然后介绍他的农学思想和经营思想；这两方面实际上是很难截然分开的。关于商品性农业的生产规划和经济核算，是贾思勰农业经营思想的一部分，由于内容比较丰富，我们把它作为单独的一项来介绍。

一 贾思勰的重农思想

（一）贾思勰重农思想的特点

贾思勰经济思想的核心是重农主义，这种思想贯彻于《齐民要术》全书，而在《序》中作了比较集中的表述。贾思勰主要是以民食是安邦治国的基础（即所谓“食为政首”）来论述农业的重要性，指出只有农业生产发展了，人民富裕了，社会才能安定（即所谓“要在安民，富而教之”[①]）的道理。这也是《齐民要术》写作的根本出发点。

这种思想和春秋战国以来的农本思想一脉相承，本来也不算什么新鲜的思想，但它在贾思勰的《齐民要术》仍然表现出明显的特色。

首先，贾思勰的论述不是徒托空言，而是通过具体总结历史经验来展开的。他从神农氏发明农业说起，历举历代圣君贤相重视农业、发展农业的言论和事迹，来说明有关问题，表现了作为一个农学家讲求实际的风格；也反映了他十分重视封建国家（包括各级政府）组织和指导农业生产的经济职能。

同时，关于农业的发展，贾思勰是向前看的，不迷信古人，重视实践，主张革新进取，认为后来者居上。这些思想，在《齐民要术》中表现得十分突出。他说：

> 神农、仓颉，圣人也；其于事也，有所不能矣。故赵过始为牛耕，实胜耒耜之利；蔡伦立意造纸，岂方缣牍之烦？且耿寿昌之常平仓，桑弘羊之均输法，

---

① “要在安民，富而教之”，语出《汉书·食货志》。而《汉志》“富而教之”又是本于《论语·子路》“……既富矣，又何加焉？曰：教之”。但孔子的意思是人民富裕了，才能有效地进行教化；贾思勰则赋予“富而教之”以“教民致富”的新义。

益国利民，不朽之术也。谚曰："智如禹汤，不如尝更（按，亲身经历之意）。"是以樊迟请学稼，孔子答曰；"吾不如老农。"然则圣贤之智，犹有所未达，而又况于凡庸者乎？

与此相联系，贾思勰十分重视先进工具和先进技术的推广和应用。他对先进的生产工具提高劳动生产率的意义有充分认识，肯定各级政府在提倡和推广先进工具和先进技术方面的作用。历史上赵过、王景、任延、皇甫隆等人推广牛耕、耧犁，茨充、崔寔等人推广丝麻纺织技术的事迹，都在贾思勰的笔下熠熠生辉。例如，"九真、庐江，不知牛耕，每致困乏，任延、王景乃铸作田器，教之垦辟，岁岁开广，百姓充给。敦煌不晓作耧犁；及种，人牛功力既费，而收谷更少。皇甫隆乃教作耧犁，所省庸力过半，得谷加五"。

在贾思勰以重农为核心的经济思想中，还有一个明显的特点，就是把对农业发展的宏观指导和对家庭经济的微观管理结合起来。他认为两者的道理是相通的，用他的话来说，就是"家犹国，国犹家……其义一也"（《齐民要术·序》）。在《齐民要术》中，如何发展农业生产的和如何经营家庭经济的论述往往是分不开的。这是贾思勰经济思想中最有创造性的部分。关于贾思勰的家庭经济经营管理的思想，下面还有专门论述。

（二）节俭和备荒减灾思想

与重农思想相联系，贾思勰提倡节俭，十分珍惜农民的劳动成果。他说："夫财货之生，既艰难矣，用之又无节；凡人之性，好懒惰矣，率之又不笃；加以政令失所，水旱为灾，一谷不登，赀腐相继：古今同患，所不能止也，嗟乎！"在这里，贾思勰纵观历史，总结了造成灾荒和经济危机的四大原因——用之无节，率之不笃，政令失所，水旱为灾——其中人事因素占了三个，而节约列于首位。因为"穷窘之来，所由有渐"，丰收时不知积蓄，宽裕时不知精打细算，遇到困难就会束手无策，这是导致经济危机的更加经常性的原因。

作为重农思想的一个组成部分，贾思勰又非常重视备荒减灾。中国是一个自然灾害经常发生的国家，在古代农业生产尚不稳定的条件下，灾荒对国计民生影响尤大。因此，历代政治家和思想家，都很重视备荒减灾。贾思勰继承了这种思想，但他不是着重从经济和社会的角度（历来思想家谈备荒，多从储备和赈济等方面想办法），而是着重从农业生产的角度来论述这个问题的。

《齐民要术》提出的备荒的办法之一是注意作物种类和品种的合理安排、早晚搭配。贾思勰提出"凡田欲早晚相杂"，"防岁道有所宜"①。这是从战国时已出现的"种谷必杂五种"的思路延续下来的。

二是千方百计寻找代粮植物。《齐民要术》对稗、芋、芜菁、杏、桑椹、橡子、芰（菱）等的救饥作用很重视，强调可以种植、采集、收藏这些东西以备荒。这方面的论述。如：

按芋可以救饥馑，度荒年。今中国多不以此为意，后至有耳目所不闻见者。及水、旱、风、虫、霜、雹之灾，便能饿死满道，白骨交横。知而不种，坐致

① 《齐民要术·种谷第三》。

泯灭，悲乎！人君者，安可不督课之哉（《齐民要术·种芋第十六》?

按杏一种，尚可振贫穷，救饥馑，而况五果、蓏、菜之饶，岂直助粮而已矣？谚曰；“木奴千，无凶年。”盖言果实可以市易五谷也（《齐民要术·种梅杏第三十六》）。

二　贾思勰的农学思想

（一）“三才”思想——在顺应自然规律前提下发挥主观能动性

贾思勰农学思想的中心是“三才”理论。这种理论，与《吕氏春秋·任地》等篇以及《氾胜之书》等是一脉相承的，但更强调对客观规律的尊重。《齐民要术·种谷第三》说：

凡谷成熟有早晚，苗秆有高下，收实有多少，质性有强弱，米味有美恶，粒实有息耗（早熟者苗短而收多，晚熟者苗长而收少。强苗者短，黄谷之属是也；弱苗者长，青白黑是也。收少者美而耗，收多者恶而息也）。地势有良薄（良田宜种晚，薄田宜种早。良地非独宜晚，早亦无害；薄地宜早，晚必不成实也），山泽有异宜（山田种强苗，以避风霜；泽田种弱苗，以求华实也）。顺天时，量地利，则用力少而成功多。任情返道，劳而无获（入泉伐木，登山求鱼，手必虚；迎风散水，逆坡走丸，其势难）。

所谓“任情返道”，是指任凭主观意志，违背客观规律；这样做，不会有好结果。所以一定要顺应自然规律。这里的自然规律，既包括“天时”、“地利”，也包括“物宜”。引文开始的一大段，是讲不同作物和不同品种有不同的特性，在安排农业生产中是必须予以考虑的。在农业生产中对物性的高度重视，是《齐民要术》不同于前代农书的显著特点之一。顺应自然规律，概括起来就是因时制宜、因地制宜和因物制宜。贾思勰在论述当时最主要作物《种谷》篇的正文开头说了上面这段话，显然是把它看作有普遍意义的指导原则的。事实上，《齐民要术》全书所有农业技术措施，都体现了“三宜”精神。所以，虽然贾思勰在这方面的直接论述并不多，但他的三才思想贯穿于《齐民要术》全书，是十分突出的。

贾思勰还往往引用前人的论述来表达自己的意见。如引述《淮南子·主术训》说：“禹决江疏河，以为天下兴利，而不能使水西流。稷辟土垦草，以为百姓力农，然不能使禾冬生。岂其人事不至哉？其势不可也。”这里的所谓“势”，就是不以人们的主观意志为转移的客观规律。对于“势”，人们不能“逆”，只能“因”。上面所引《齐民要术》“迎风散水，逆坡走丸，其势难”中的“势”，显然就是借用了《淮南子》的概念。

但人在自然规律面前并不是无能为力的，贾思勰认为在顺应自然规律的前提下，必须而且能够充分发挥人的主观能动性。他引《淮南子·修务训》云：“夫地势，水东流，人必事焉，然后水潦得谷行（水势虽东流，人必事而通之，使得循谷而行也）。禾稼春生，人必加工焉，故五谷遂长（加功，谓‘是藨是蓘’芸耕之也，遂，成也）。听其自流，待其自生，大禹之功不立，而后稷之智不用。”由此出发，又引出强调“勤”与“力”重要性的思想来。《齐民要术·序》中广泛引述了前人这方面的言论，如：

《仲长子》曰："天为之时，而我不农，谷亦不可得而取之。青春降焉，时雨至焉，始于耕田，终于簠簋，惰者釜之，勤者钟之。矧夫不为，而尚乎食也哉？"

《淮南子》曰："……故田者不强，囷仓不盈。"

传曰："人生在勤，勤则不匮。"古语曰："力能胜贫，谨能胜祸。"

贾思勰所说的"力"指劳动力，首先指劳动者的体力，他主张充分发挥人的劳动能力，以争取丰收。这就是所谓"勤"①。与此相应，贾思勰所提倡的生产技术带有劳动集约的色彩，在"锄不厌数""耕地欲熟"等项技术中表现得尤为明显②。同时，他所提倡的"勤"于"力"的劳动又是要讲求劳动效益的，其前提是认识和尊重客观规律，即所谓"顺天时，量地利，则用力少而成功多"。在明于天时、地利和物性的基础上，"勤"于"力"和"用力少"，看起来矛盾，其实是统一的。

（二）精耕细作求高产的集约经营思想

《齐民要术》农学思想的另一重要内容是强调集约化的农业生产。我国农业实行集约化生产的思想萌芽于战国时代。战国初期李悝在魏国推行"尽地力之教"，指出"治田勤谨，则亩益三斗，不勤损亦如之"（《汉书·食货志》）。《荀子》说："今是土之生五谷也，人善治之，则亩数盆，一岁而再获之。"从此，通过精耕细作提高单位面积产量成为我国农业发展的主攻方向。汉代的区田法可以说是少种多收的典型。代田法也是以提高单位面积产量为其重要目标的。魏晋南北朝时期，北方战乱，地荒人稀，休闲制和粗放经营都一度有所回升，但人们经过正反两方面的比较，进一步认识到粗放经营的效果不如精耕细作，明确表示对盲目扩大耕地面积的反对。晋代傅玄指出，"耕夫务多种，而耕暵不熟，徒丧功力而无收"，故尔他主要"不务多其顷亩，但务修其功力"（《晋书·傅玄传》）。这是十分可贵的思想。贾思勰在引述《氾胜之书》的区田法时注道："谚曰：'顷不比亩善。'"谓多恶不如少善也（《齐民要术·种谷第三》）。《齐民要术》卷首《杂说》："凡人家营田，须量己力，宁可少好，不可多恶。"与"多恶不如少善"的思想是一致的。这些论述明确表示不赞成广种薄收的粗放式经营，主张在一定土地面积上，多投入劳动，实行精耕细作，以生产出尽可能多的粮食来。或谓我国精耕细作集约经营方式，是在人口增加耕地相对不足的条件下产生的。但魏晋南北朝时期并没有出现人多地少的情况，当时流行"顷不比亩善"这条农谚，显然是我国农民在长期的农业生产实践中，在粗放经营和集约经营生产效果的比较中所得出的结论。农学家不过是把这些经验加以总结和载之于文献吧了。

（三）以粮食生产为中心，多种经营的思想

贾思勰的重农，首先是重视粮食生产，这是没有问题的，但他并不把农业仅仅归结为粮食生产，对多种经营的发展同样给予高度的关注。《齐民要术·序》所列举的历史上

① 贾思勰主张的"勤"首先是对劳动者说的，但他认为作为生产指导者的各级官员也是需要"勤"的。他在《序》中举出了很多勤于治民的明君贤相，以示提倡

② 参见本篇第十二章第二节有关部分。

重视农业发展农业的事例中，就包括了蔬菜、果树、林木、畜牧、桑麻纺织等多种项目；《齐民要术》正文也囊括了粮食作物、经济作物、园艺作物、林木、种桑养蚕、畜牧、养鱼、农副产品加工等多方面的内容。农副产品的加工，是农业生产的继续，是从生产转向消费的一个必要环节；经过加工的农副产品；不但更好地满足了各种不同的消费需求，而且增加了产品中所包含的价值。对此，贾思勰是非常重视的，《齐民要术》中叙述了许多农副产品加工（包括酿造酒、醋、酱、豉，把粮食、蔬菜、果品、肉鱼等制作成耐储藏的食物等）的方法，而且明确指出农副产品经过加工后可以增加利润的事实①。

尤其值得注意的是，贾思勰所提倡的粮食生产和多种经营相结合的农业中，首先是为了满足地主田庄中生活上与生产上的多种多样需要，但其中除自给性生产外，也包括了商品性生产。贾思勰在《齐民要术·序》中表示了对商业活动的贬抑，他说："舍本逐末，圣贤所非，日富岁贫，饥寒所渐，故商贾之事，阙而不录。"实际上他所贬抑的只是脱离生产的非民生日用品的贩鬻活动，即所谓"舍本逐末"，而商品性农业生产和在此基础上的农副产品粜籴活动，贾思勰非但不加反对，而且是予以提倡的。例如，《齐民要术·序》中所载猗顿依据陶朱公的致富术（"欲速富，畜五牸"），"乃畜牛羊，子息万计"，显然是一种商品性的畜牧业；李衡于武陵种甘橘千树，后"岁得绢数千匹"，则是一种商品性的园艺业。在《齐民要术》正文中，对蔬菜、油料、染料、林木等的商品性经营，更是津津乐道（详见下节）。上文介绍贾思勰提倡农副产品加工以增加利润，也是着眼于出售的。贾思勰在《齐民要术》中还专门安排了《货殖第六十二》和《杂说第三十》两篇，前者着重介绍了《史记·货殖列传》和《汉书·食货志》等文献中所述商业活动的原则，后者转述了崔寔《四民月令》中所载各个月份中的农产品粜籴活动，显然，贾思勰是把商品性农业生产和在此基础上的农副产品粜籴活动归入"本"业的范畴的。在农副产品的贩鬻中，要注意价格的变动，对此，贾思勰在《四民月令》的基础上进行了总结："凡籴五谷、菜子，皆须初熟日籴，将种时粜，收利必倍。凡冬籴豆谷，至夏秋初雨潦之时粜之，价亦倍矣。盖自然之数。"又引鲁秋胡曰："力田不如逢年，丰者尤宜多籴。"总之，是要充分利用不同季节和不同年成之间农产品的差异，实行粜贵籴贱以获得尽量多的赢利。在这个问题上，《齐民要术》作为地主的家庭经济学的性质表现得十分明显。

三　商品性农业的经营规划和经济核算

在商品性农业的经营规划和经济核算方面，《齐民要术》有着比前代农书更为丰富的内容。它主要包括以下几个方面：

（1）注意按照市场的条件来安排生产。例如冬种商品葵，要选择"近州郡都邑有市之处"的"负郭良田"，根据作物的季节性和市场的需求分批采卖："三月初，叶大如钱，逐穊处拔大者卖之"。"自四月八日以后，日日剪卖……周而复始，日日无穷。至八月社日止，留作秋菜。九月，指地卖（按地块估算产量的大宗出售），两亩得绢一匹"（《齐民要术·种葵第十七》）。种植商品芜菁，亦选择"近市良田"，并采用叶根粗大产量高的

① 如贾思勰指出，种榆利益很大，但若把榆木制成各种器物，则"其利十倍"（《齐民要术·种榆、白杨第四十六》），而"种蓝一亩，敌谷田一顷，能自染青者，其利又倍矣"（《齐民要术·种蓝第五十三》）。

“九英”品种[①]（《齐民要术·蔓菁第十八》）；种榆亦“地须近市。（卖柴、荚、叶省功也。）”为卖荚、叶和椽的，宜种凡榆；为提供木料制作各种器物的，可种梜榆。（《齐民要术·种榆、白杨第四十六》）等等。

（2）要有适当的规模和合理的田间布局。如“冬种葵法”需用“负郭良田三十亩”，耕耙精熟，“于中逐长穿井十口。……井别作桔槔、辘轳”（《齐民要术·种葵第十七》）；种榆选择“其白土薄地不宜五谷者”、“割地一方种之”，地以顷计（《齐民要术·种榆、白杨第四十六》）。种瓜，“使行阵整直，两行微相近，两行外相远，中间通步道，道外还两行相近。如是作次弟，经四小道，通一车道。凡一顷地中，须开十字大巷，通两乘车，来回运辇。其瓜，都聚在十字巷中”，便于采摘和运输（《齐民要术·种瓜第十四》）。这些规划和安排，都是为了获得规模效益。

（3）使用临时性雇工，以降低成本。规模经营的商品生产，所需劳动力比较多，为了减少劳动费用的开支，贾思勰主张雇用廉价的临时性短工。如种红蓝花，“一顷花，日须百人摘，以一家之手，十不充一。但驾车地头，每旦当有小儿僮女十百为群，自来分摘，正须平量，中半分取。是以单夫只妇，亦得多种”（《齐民要术·种红蓝花、栀子第五十二》）。这里的劳动报酬采取了采摘成品的对分制，有利于调动雇工的积极性。在榆树的修剪工作中，则采取“指柴雇人”的办法：“其岁岁科简剶治之功，指柴雇人——十束雇一人——无业之人，争来就作”。这是用修剪下来的柴薪充当雇值，对于雇主来说，这的确是个好办法，既节省了开支，又推销了副产品，一举两得。

（4）重视产品的加工和综合开发利用，以增加收益。贾思勰认识到加工和综合利用可以使农产品增值。在这些方面，他有细致的计算。如，

种芜菁：“一顷取叶三十载。正月、二月，卖作蘸菹，三载得一奴。收根依晧法，一顷收二百载。二十载得一婢。（细剉和茎饲牛羊，全掷乞猪，并得充肥，亚于大豆耳。）一顷收子二百石，输与压油家，三量盛米，此为收粟米六百石，亦胜谷田十顷。”（《齐民要术·蔓菁第十八》）

种榆：“三年春，可将荚叶卖之。五年之后，便堪作椽。不梜者，即可斫卖。（一根十文。）梜者，镟作独乐及盏。一个三文。）十年之后，魁、椀、瓶、榼，器皿，无所不任。（一椀七文，一魁二十，瓶、榼各直一百文也。）十五年后，中为车毂及蒲桃瓮。（瓮一口直三百；车毂一具直绢三匹。）”（《齐民要术·种榆、白杨第四十六》）

种桑柘：“三年、间斸去，堪为浑心扶老杖。（一根三文。）十年，中四破为杖，（一根直二十文。）任为马鞭、胡床。（马鞭一枚直十文，胡床一具直百文。）十五年，任为弓材，（一张三百。）亦堪作履。（一两六十。）裁截碎木，中作锥、刀靶。二十年，好作犊车材。（一乘直万钱。）欲作鞍桥者，生枝长三尺许，以绳系旁枝，木橛钉著地上，令曲如桥。十年之后，便是浑成柘桥。（一具直绢一匹。）”（《齐民要术·种桑柘第四十五》）

种红蓝花：其花“岁收绢三百匹”；此外，“一顷收子二百斛，与麻子同价，既任车脂，亦堪为烛，即是直头成米。（二百石米，已当谷田；三百匹绢，超然

① 贾思勰说：“‘九英’叶根粗大，虽堪举卖，气味不美；欲自食者，须种细根。”

在外。)”(《齐民要术·种红蓝花、栀子第五十二》)

种榖楮:“指地卖者,功省而利少。煮剥卖皮者,虽劳而利大。(其柴足以供燃。)自能造纸,其利又多。种三十亩者,岁斫十亩,三年一遍,岁收绢百匹。”(《齐民要术·种榖楮第四十八》)

(5)重视成本和利润的计算。在这方面,《齐民要术》在《氾胜之书》的基础上又有发展。除详细引述了《氾胜之书》关于种瓠的成本和利润的计算外,把经济核算推广到蔬菜、染料、林木、鱼畜等多种生产项目中去,经济核算的内容也更加丰富了。从上面引述的例子中可以看到,《齐民要术》已分别计算正产品和副产品的各项收入,不像《氾胜之书》只笼统提到总的货币收入;又注意到收入的累计、近期收入和远景收入,注意到蔬菜、染料、林木等项收入与谷田收入的比较。如种葵,贾思勰指出葵与谷的比价是“一升葵,还得一升米”;而“一亩得葵三载”,种三十亩葵,“合收米九十车。车准二十斛,为米一千二百石”,以亩产十石计,“胜作十顷谷田”。成本则是“止须一乘车牛,专供此园。(耕、劳、輂粪、卖菜,终岁不闲。)”这里的成本,除了耕作、施肥所需的人畜力外,还包括了销售运输的费用;这比《氾胜之书》的计算,也是一个进步。

第四节 《齐民要术》在农学史上的地位及其流传和研究

一 《齐民要术》在中国和世界农学史上的地位

(一)我国第一部完整保存至今的大型综合性农书

从《齐民要术》涉及的范围来看,它是我国第一部囊括广义农业的各个方面、囊括农业生产技术的各个环节、囊括古今农业资料的大型综合性农书。

在《齐民要术》以前,我国已经出现了若干综合性农书和畜牧、园艺等专业性农书,但这时的所谓综合性农书,如《吕氏春秋·任地》等三篇(属于作物栽培总论性质)和《氾胜之书》(包括作物栽培通论和分论),实际上只限于种植业的范围,《四民月令》虽然涉及农、林、牧、副各个方面,但只讲农业生产的安排,基本上不讲生产技术,更缺少理论上的说明。专业性农书亦多阙略。《齐民要术》和这些农书相比,显然大大前进了一步。

《齐民要术》内容的广泛,是前所未有的。它所记述的生产技术以种植业为主,兼及蚕桑、林业、畜牧、养鱼、农副产品储藏加工等各个方面。凡是人们在生产和生活上所需要的项目,差不多都囊括在内。在种植业方面,则以粮食为主,兼及园艺作物、纤维作物、油料作物、染料作物、饲料作物等。从内容来讲,全面记述了生产技术的各个方面和各个环节,如作物栽培中的耕地选择、品种选育、茬口安排、土壤耕作、种子处理、播种时期与播种技术、中耕除草、施肥、灌溉、植保、收获和产品的保藏等等;动物养殖中的繁育、饲养、设施、饲料生产、疾病防治和相畜等等。从地区来讲,以反映黄河流域中下游农业生产技术为主,同时也涉及南方及其他地区的植物和品种等。《齐民要术》不但包括了农业生产和农业科技的方方面面,而且经过了作者的精心安排,形成层次分明的严整体系。

《齐民要术》记载的详尽，是前所未有的。它对农业生产技术的介绍具体细致，对其中各个技术环节的要点交待得清清楚楚，反复说明这样处理的理由，行文亦通俗明快。它不但立足于现实，系统总结了当代的实践经验，而且广泛收集了有关历史资料。它记载的详尽系统，远非以前的农书可以比拟，如现存《氾胜之书》和《四民月令》都只有3000来字，《齐民要术》则长达11万余字。

《齐民要术》保存的完整，也是前所未有的。《汉书·艺文志》著录的《神农》等9种农业专著现已全部失传了，《氾胜之书》和《四民月令》也是残书，其他散见的一些篇章也不完全是原来的面貌。魏晋南北朝以前的农书，只有《齐民要术》基本上完整地保存至今，而且部头这样大，确实弥足珍贵。

总之，像《齐民要术》这样把各种生产项目和各种生产环节的科学技术知识融为一炉，把古今农业生产和农业科技资料融为一炉，而又完整地保存下来的百科全书式著作，在中国农学史上的确是空前的。

（二）标志着中国传统农学臻于成熟的一个里程碑

从《齐民要术》达到的水平看，它是秦汉以来我国黄河流域农业科学技术的一个系统总结，是标志着我国传统农学臻于成熟的一个里程碑。

上文谈到，《齐民要术》虽然成书于北魏，实际上却是长期以来农业生产实践经验积累的结果。它不但辑录了《氾胜之书》、《四民月令》等农书，保存了汉代农业科学技术的精华，而且着重总结了《氾胜之书》以后北方旱地农业的新经验、新成就，其中之荦荦大者如：

在土壤耕作方面，在《氾胜之书》“耕—摩—蔺”技术的基础上，发展为“耕、耙、耢、压、锄”体系，使以防旱保墒为中心的北方旱地土壤耕作技术臻于成熟；

在农田施肥方面，在系统总结前代施肥经验的基础上，新增了种植绿肥的项目；

在种植制度方面，在连作的基础上，创造了丰富多彩的轮作倒茬间套混作的方式；

在植物保护方面，总结了耕作、轮作、利用火力、曝晒、药物和采用抗逆性品种等项方法；

在作物育种方面，在田间穗选的基础上，创造了类似现代种子田的选育和复壮相结合的制度；

在园艺林木生产方面，首次详细记载了蔬菜生产中的畦作方法，首次详细记载了扦插、压条、嫁接等项技术，以及首次详细记载了多种蔬菜、果树、林木的精耕细作生产技术；

在动物生产方面，首次详细记载了有关栽桑养蚕的生产技术，首次详细记载了主要畜禽的繁育、饲养、相畜、兽医等项技术，并保存了有关人工养鱼技术的最早记载；

在农副产品加工方面，首次详细记载了利用微生物进行酿造的技术。

总之，《齐民要术》反映了中国以精耕细作为特征的农业科技全面达到一个新的水平，标志着我国北方旱地农业精耕细作的技术体系已经完全成熟了。

本书第一篇已经谈到，中国传统农学以“三才”理论为指导，以精耕细作为特点，它奠基于春秋战国时代，其标志是以《吕氏春秋·上农》等四篇为代表的一批农书和农学文献的出现。如果说，《吕氏春秋·上农》等四篇是标志着中国传统农学奠基的一个里程碑，那么，《齐民要术》就是标志着中国传统农学臻于成熟的一个里程碑。这两个里程碑各有其时代特点。《吕氏春秋·上农》等四篇第一次对农业生产中“天、地、人”的关系作了经典性的概括。在农业技术方面，它着重说明土地利用和农时掌握的原则，而且是偏重于理论上的阐述，对“三才”理论中“稼”（农业生物）的因素，对农业技术中提高农业生物生产能力的措施，虽然有所涉及，但论述得很不够。当时的精耕细作的农业技术处于初创阶段，尚未形成完整的体系。《齐民要术》继承了《吕氏春秋·上农》等四篇的“三才”思想，并使之深化。它在强调发挥人的主观能动性的前提下指出：“顺天时，量地利，则用力少而成功多。任情返道，劳而无获（入泉伐木，登山求鱼，手必虚；迎风散水，逆坡走丸，其势难）。”① 在它所记载的每一项农业技术中，无不贯彻了因时、因地、因物制宜的精神。在《齐民要术》中，精耕细作技术已不再是萌芽或初创状态，而是形成了完整的体系。其中有两点是非常突出的。一是对农业生产和生态体系中农业生物的因素的认识有了长足的进步，在《齐民要术》所记载的农业技术中，不但重视对环境条件的适应（主要是对气候条件的适应，也包括对土地条件的适应）和改造（主要是对土地条件的改造，也包括对局部气候条件的改造），而且把提高农业生物自身生产能力的技术措施放在十分重要的地位（包括轮作倒茬、育种保种和利用生物体内部和外部的各种关系“为我所用”的各种技术措施）；而后者正是建立在对“物性”深刻认识的基础上的。二是精耕细作首先是在种植业中形成和发展起来的，并逐渐推广到广义农业的其他领域中去。在《齐民要术》中，精耕细作技术不但在种植业中形成完整的体系，而且精耕细作所体现的集约经营、提高生产率的基本精神，已贯彻到蚕桑、林木、畜牧、渔业等项生产中，从而形成广义农业中的广义精耕细作体系。这两个方面，都是中国传统农学臻于成熟的重要标志。

（三）从世界农学史看《齐民要术》

欧洲古罗马时期曾有过几种农书，如公元前2世纪卡图（Macus Porcius Cato，243～149b. c.）的《农业志》(De Agriculture)；公元前1世纪发禄（Macus Teronfius Varro，116～27b. c.）的《论农业》(Rerom Rusticarum)；公元1世纪科路美拉（Luclus Junius Moderaus Columella，100b. c.）的《农业论》(De Re Rustica）等，这些农书内容比较简略，以讲述经营管理为主，反映了奴隶制的生产关系。到了中世纪，在一个很长的时期内，欧洲的农书几乎绝迹。中国汉代农书无论数量和质量都超过同时期的古罗马农书。而《齐民要术》更是填补了世界农业史中这一时期农书的空白。

与农书的稀缺相联系，欧洲中世纪的农业也是停滞和落后的。当时广泛实行“二圃制”和“三圃制”，耕作粗放，种植制度机械呆板，肥料极度缺乏，土地利用率和单位面积产量都很低。这和《齐民要术》所反映的农业和农学相比，实有天壤之别。

《齐民要术》所反映的农业和农学，在当时的世界上无疑处于领先地位。

---

① 《齐民要术·收种第二》

二 《齐民要术》的流传和整理研究状况①

(一)《齐民要术》在古代的流传和影响

《齐民要术》为老百姓策划谋生致富之术，从种庄稼到饲养动物，以至酿造、烹调，面面俱到，而且包含了许多新经验和新技术，详明实用，它一出来就受到人们的重视。唐初太史令李淳风（602～670）写了一本《演齐人要术》，该书虽然已经失传，但从书名即可看到，它是《齐民要术》的推演。只不过当时避唐太宗李世民的名讳，把“民”字改为“人”字罢了。接着，武则天命臣下编纂《兆人本业》，并亲自删定，这是中国第一部官撰农书。这本书亦已失传，但从有关文献得知，它是讲述农民四时种植方法的，与《齐民要术》有着密切的关系；“兆人”本来就是“齐民”的意思。唐末韩鄂写《四时纂要》，大量引述了《齐民要术》的内容；如果把这些内容删去，就几乎不成其为农书。这些事实表明，《齐民要术》在当时的影响是很大的。

《齐民要术》在唐以前没有刻本，全靠手抄流传。五代末周世宗时窦俨建议把《齐民要术》、《四时纂要》、《韦氏目录》三书中有关粮食蔬菜种植和栽桑养蚕的材料选录汇编成书，但没有实行。至北宋天圣（1023～1031）年间，才由当时的皇家藏书馆“崇文院”正式刊印，颁发各地劝农官员作为指导农业生产之用。这标志着《齐民要术》指导农业生产的实用价值已受到朝廷的重视，并上升到由国家正式发行的地位。不过“崇文院刻本”当时的印数很少，秘藏于皇家内库，“非朝廷要人不可得”，流传到民间的极少②。而由于《齐民要术》满足了当时指导农业生产的需要，《齐民要术》仍然以手工传抄的方式在民间广泛传播，在有一定文化的中小地主和市民中传抄尤广③。

《齐民要术》在南宋仍然享有巨大的声誉。《续资治通鉴长编》的作者南宋李焘推崇《齐民要术》，说它是“在农家最峣然出其类者”。如果说，在唐以前《齐民要术》主要流传于北方，那么，南宋以后《齐民要术》则在南方地区大为盛行，并从而传遍整个中国。这和当时北方人大量流寓南方，而南方刻书业又特别发达有关，但主要还是由于《齐民要术》所阐述的农业科技原理原则，有许多是南北相通的。南宋绍兴十四年（1144），流寓南方做官的山东济南人张辚“欲使天下之人皆知务农重谷之道”，将《齐民要术》刊行于世。这是“崇文院刻本”出现110多年后《齐民要术》的第一次重刻，功不可没④。以后元、明、清到民国，《齐民要术》的翻刻和流传日益广泛，至民国初年，《齐民要术》的刻本已经发展到20多种；大量刊印是在江浙地区。而手抄本直到清代仍然没有绝迹。

《齐民要术》对后世农学的巨大影响，在其他方面也反映出来，例如，元、明、清的四大农书——《农桑辑要》、王祯《农书》、《农政全书》、《授时通考》，无不以《齐民要

---

① 本节主要根据缪启愉《齐民要术》导读，巴蜀书社，1988年。

② “崇文院刻本”早已散失，现在唯一的孤本是在日本，但只残存第五、第八两卷。1914年罗振玉借该两卷用珂罗版影印，我国才有少量的影印本流通。

③ 现存的最早抄本是“金泽文库本”，是1274年日本人依据“崇文院刻本”的抄本再抄的卷子本（抄好后装裱成卷轴，不装订成册子），因其原藏于日本金泽文库而又得名。该本缺第三卷，只存九卷。

④ 张辚刻本（绍兴龙舒本）早已亡佚，现存的只有残缺不全的宋校本。其明钞本有上海涵芬楼影印（1924年）群碧楼藏本（《四部丛刊》本）。

术》的规模为规模，以《齐民要术》的材料为基本材料。而书名套用《齐民要术》格式的，如《山居要术》、《齐民要书》、《齐民四术》、《治生要术》等，代不乏例。

（二）近现代对《齐民要术》的整理和研究

对《齐民要术》的校勘整理，清代已开始。《齐民要术》在长期的传抄翻印中，文字脱落错讹，素称难读。尤其是印数最多，独占《齐民要术》书市长达200年之久《津逮秘书》本①；不但错字、脱空、墨钉（缺字的黑块）、错简、脱页严重，而且任意臆改，“疮痍满目”，影响极坏。清代乾嘉学派兴起后，这个问题始引起人们的注意。嘉庆年间（1796～1820）吾点、黄廷鉴等进行了认真的校勘整理。1804年，黄廷鉴的校本由张海鹏刊印发行，是即《学津讨原》本②，但校勘最精的吾点校本迄未出版。到1896年，又有刘寿曾等校勘的《渐西村舍》本出版③，但质量赶不上《津逮秘书》本。

进入民国，特别是在“五四”新文化运动以后，科学技术知识逐渐受到人们的重视。1922年商务印书馆影印了《齐民要术》南宋本的明代抄本，给读者提供了唯一的完整的善本（《四部丛刊》本），于是《齐民要术》开始从校勘进入研究的阶段。民国期间开始出现解说《齐民要术》，对《齐民要术》的作者、版本和引用书目进行考证，以及分析《齐民要术》内容等的文章。这些文章是清代以前没有的，不过还在开拓阶段，文章不多。

新中国建立后，祖国农业遗产的整理受到空前的重视，有关研究机构相继建立，《齐民要术》的整理研究被放在十分突出的地位。一些学者在前人工作的基础上，运用现代农业科学知识与传统的考据学相结合，对《齐民要术》重新进行校勘、标点和注释，廓清明本的严重脱误，纠补清本的缺憾和不足，尽量恢复《齐民要术》的本来面目，并对其内容用现代科学知识予以解释。在这方面，最重要的成果是石声汉的《齐民要术今释》和缪启愉的《齐民要术校释》；他们的工作，为对《齐民要术》的进一步研究奠定了坚实的基础。

《齐民要术今释》共四册，1957年12月～1958年8月由科学出版社出版。该书以《四部丛刊》本为底本，校以“崇文院刻本”、“金泽文库本”和六种明清版本，以及《艺文类聚》、《太平御览》、《初学记》等类书，把校记、注释附于正文之后，最后加上现代汉语的“释文”。这是当代学者以现代科学方法系统整理《齐民要术》的第一部著作，在国内外产生了重大影响。

《齐民要术校释》精装一册，1982年由农业出版社出版。该书的校勘以两宋本为基础，以明清刻本为副本，以中国农业遗产研究室所藏清以后各种校勘稿本为辅助，以近现代中外学者整理《齐民要术》的成果为参考，并以唐以前引用《齐民要术》的文献作参校。共参考版本23种（利用了现存所有重要的版本、仅有的孤本和稿本），征引文献古籍289

---

① 明代有《齐民要术》的三种刻本：1524年马直卿刻于湖湘的湖湘本；1603年胡震亨的《秘册汇函》本——1630年毛晋的《津逮秘书》本；华亭沈氏刊刻的竹东书舍本。《秘册汇函》本和《津逮秘书》本这两个本子实际上是同一版本，自毛晋继承翻印以后，《秘册汇函》本不再增多，而被大量翻印的《津逮秘书》本所代替。

② 《学津讨原》本 除张海鹏刊印的外，又有商务印书馆的影印本，中华书局《学津讨原》本影印的《四部备要》本。

③ 刊印者为袁昶。又有1917年据《渐西村舍》本印行的龙谿精舍本，商务印书馆据《渐西村舍》本排印的《丛书集成》本。

种。是在广泛吸收前人成果基础上的集大成的著作；而考订之翔实，校释之精审，超越了前人，是迄今最完善的一部《齐民要术》校释本。书末附有《宋以来齐民要术校勘始末述评》和《齐民要术主要版本的流传》二文，可供参考。该书经作者修改后，1998年由中国农业出版社出版了第二版。

应该指出的是，《齐民要术》虽然经过了近人的校释，但仍然存在非校勘、注释所能解决的难读难解的问题，近人也在作一些疑难字义的考证，和利用现代科学的知识予以解释，这从另一个方面加深了对本书的理解，其中游修龄做的工作较有成绩；他的"《齐民要术》疑义考释"已收入《农史研究文集》①中。

研究《齐民要术》的论著也大量涌现。大体可以分为三类：一是对贾思勰其人其书进行考订，包括作者的里籍、成书年代、活动地区及其思想观点等；二是对《齐民要术》全书进行深入研究和全面评述；三是对《齐民要术》所涉及的内容进行分科分项的专题研究。重要的研究成果有：万国鼎《论"齐民要术"——我国现存最早的完整农书》(《历史研究》1956年第1期)；梁家勉《齐民要术的撰者注者和撰期》(《华南农业科学》，1957年第3期)；石声汉《从齐民要术看中国古代的农业科学知识》(科学出版社，1957年1月)；李长年《齐民要术研究》(农业出版社，1959年)；游修龄《〈齐民要术〉及其作者贾思勰》(人民出版社，1976年)。其中尤以游著利用现代科学知识对《齐民要术》内容所作的新的阐述令人耳目一新②。

(三)《齐民要术》在国外的流传和国外学者的研究

《齐民要术》在国外的流传最早是日本。藤原佐世在宽平年间(889～907)编写的《日本国现在书目》中已载有"《齐民要术》十卷"，说明该书在唐代已流传到日本。当时《齐民要术》还没有刻本，传去的只能是手抄本，今已不存。《齐民要术》最早的刻本"崇文院刻本"也流传到了日本，并保存至今，成为世界上硕果仅存的"崇文院刻本"(尽管是残本)。《齐民要术》在日本还以日本人自己的手抄本的形式流传，现存的"金泽文库本"即是日本人根据北宋本抄写的。《齐民要术》在日本的第一个刻本，刊刻于日本元享元年(1744，清乾隆九年)，刊刻者山田罗谷(好之)作了简单的校注，并附上日语的译文。他在《序》中写道：

> 我从事农业生产三十余年，凡是民家生产上生活上的事业，只要向《齐民要术》求教，依照着去做，经过历年的试行，没有一件不成功的，尤其关于农业生产的切实指导。可以和老农的宝贵经验媲美的，只有这部书。所以要特为译成日文，并加上注释，刊成新书行世。

---

① 中国农业出版社，1999年。

② 该书稿成于"文革"之前，原名为《〈齐民要术〉的农业科学知识》，人民出版社已印出了校样，因"文革"开始而搁置。"文革"中"评法批儒"时，人民日报革委会派人到作者所在单位浙江农业大学革委会，指出此书内容很好，但全属农业科技，要求把贾思勰作为法家代表人物加以发挥，并用"浙江农业大学理论学习小组"的名义发表。在这种情况下，作者违心地凑上了一些贾思勰是法家的思想内容。后来，作者曾自占一绝自省云："思勰原本是农家，为评儒法披法裟；穿靴带帽费笔墨，始信不学水平差。"这是在那个荒唐的年代正常的科学研究下扭曲的一例。但这种时代的烙印并不能掩盖这本书精湛科学内容的光彩；日本著名学者天野元之助在《后魏の贾思勰の〈齐民要术〉の研究》引用本书的内容达四十余处。现在荒唐的时代已经过去，我们应该为这本书正名了。

公元1826年，仁科干依据山田罗谷本覆刻了《齐民要术》，这是《齐民要术》在日本的第二个刻本。日本著名考证学者猪饲敬所（彦博）（1761～1845）则进一步用宋本来校正山田本的错失（山田刻本依据的是最坏的《津逮秘书》本），为开展《齐民要术》的研究提供了良好的基础。

日本现代学者对《齐民要术》的整理研究投入了更大的热情，形成了所谓“贾学”。他们一方面致力于《齐民要术》的校勘、注释和翻译的工作，同时开展对《齐民要术》的深入研究，尤其注意将《齐民要术》所载的旱农技术与欧、美、澳等地的旱地农业进行比较研究阐发《齐民要术》时代中国农业科技的特点和成就，对《齐民要术》给予高度的评价。日本京都大学人文科学研究所技术史部曾于1948～1950年举办有天野元之助（农业史）、薮内清（科技史）、大岛利一（农业史）、篠田统（食物史）、北村四郎（本草学、栽培植物学）、米田贤次郎（农业史）等参加的《齐民要术》轮谈会，并翻译了《齐民要术》卷一至卷八，油印出版。西山武一、熊代幸雄二氏对《齐民要术》进行了深入细致的校释，并在轮谈会工作的基础上把它译成日文，1957年及1959年先后出版了《校订译注齐民要术》上下册①。这是日本学者整理《齐民要术》的重要成果。日本学者研究《齐民要术》最有影响的权威论著是熊代幸雄的《旱地农法中的东洋与近代命题》② 和天野元之助的《后魏の贾思勰の〈齐民要术〉的研究》③。上述论文是把《齐民要术》所载耕作技术与西方近代耕作技术进行对比研究，得出“东亚经验的原理与西方科学的原理极为接近”，而“东亚经验的原理却先于西方，早在六世纪即已完成”的结论。

《齐民要术》在欧美各国同样受到高度重视。至迟19世纪末，《齐民要术》已传到欧洲，英国著名博物学家达尔文在创立进化论过程中阅读了大量国内外文献，包括中国的农书和医药书，其中就可能有《齐民要术》。他在《物种起源》一书中写道：“要看到一部中国古代的百科全书清楚地记载着选择原理。”“中国人对于各种植物和果树，也应用了同样的原理。”据考证，这部“百科全书”，可能就是指《齐民要术》。有的西方学者推崇《齐民要术》，认为“即使在全世界范围内也是卓越的、杰出的、系统完整的农业科学理论与实践的巨著”。现代欧美学者介绍和研究《齐民要术》的不乏其人。如英国著名学者李约瑟（Joseph Needham）在编著《中国科学技术史》第六卷（生物学与农学分册）时，以《齐民要术》为重要材料。《齐民要术》作为全世界人民的共同财富，正在越来越引起国际学术界的关注。

---

① 东京大学出版会出版。该译注限于前九卷，缺第十卷。1969年由亚细亚经济出版会出版修订增补版，合为一册。1976年印第三版。

② 该文收载于熊代所著《比较农法论》，御茶の水书房，1969年。该文的中译载于《农业考古》，1985，(1)。

③ 京都大学出版会，1978年。

第十一章 “农时学”理论与实践的发展

第一节 二十四节气的完备与规范化

一《淮南子·天文训》中关于二十四节气的系统记载

二十四节气是中国传统农学指时体系中最具特色的重要组成部分。二十四节气的形成，经历了漫长的过程，到了秦汉时期而臻于完备。在《淮南子·天文训》中有关于二十四节气的系统记载。为醒目见，兹列表11-1。

表11-1 《淮南子》中关于二十四节气的记载

节气	斗建	音律	气候意义	节气	斗建	音律	气候意义
冬至	子、中绳	黄钟	阴气极，阳气萌	夏至	午、中绳	黄钟	阳气极，阴气萌
小寒	癸	应钟		小暑	丁	太吕	
大寒	丑	无射		大暑	未	太簇	
立春	报德之维	南吕	阳气解冻	立秋	背阳之维	夹钟	凉风至
雨水	寅	夷则		处暑	申	姑洗	
雷惊蛰	甲	林钟		白露降	庚	仲吕	
春分	卯、中绳	蕤宾	雷行	秋分	酉、中绳	蕤宾	雷戒，蛰虫北①乡
清明风	乙	仲吕		寒露	辛	林钟	
谷雨	辰	姑洗		霜降	戌	夷则	
立夏	常羊之维	夹钟	大风济②	立冬	蹄③通之维	南吕	草木毕死
小满	巳	太簇		小雪	亥	无射	
芒种	丙	太吕		大雪	壬	应钟	

《淮南子·天文训》所载二十四节气比之前代有明显的进步，主要表现在以下三个方面：

首先是二十四节气名称与顺序的定型。上篇谈到，关于二十四节气名称的系统记载，始见于《逸周书·时则训》。但据卢文弨的考证，《时则训》中“雨水”和“惊蛰”、“清明”和“谷雨”的前后次序，原来应是相互调换的。也就是说，先秦时代虽然已经具备产生二十四节气的条件，但当时二十四节气的名称与后世不完全一样，今本《时则训》二

① 在这里，“北”为“背”的意思。

② 济通“沵”，是止的意思。

③ 蹄应为号（號）字之误。

十四节气的名称和顺序可能经过汉代人的整理和修改。但《淮南子》所载二十四节气的名称和顺序，已经与后世完全相同，历2000多年而没有改变。这标志着二十四节气的定型。

其次是二十四节气的天文定位。《淮南子·天文训》是按“斗转星移”的原则，根据北斗星斗柄的指向来定二十四节气的。正北的子辰与正南的午辰相连（经），正东的卯辰和正西的酉辰相连（纬），形成两条相互垂直的线（“二绳”）。斗柄“中绳”分别为冬夏二“至”和春秋二“分”，与《鹖冠子》“斗柄东向，天下皆春；斗柄南向，天下皆夏；斗柄西向，天下皆秋；斗柄北向，天下皆冬”的记载一致①。“二绳”把天穹划分为四区，即分别由丑寅、辰巳、未辛、戌亥组成的四鉤。每一方的中心处叫“维”。“东北为报德之维，西南为背阴之维，东南为常阳之维。”“两维之间，九十一度十六分度之五而升，日行一度，十五日为一节，以生二十四时之变。”见图11-1（采自《淮南子全译》上册第212页附录四）。

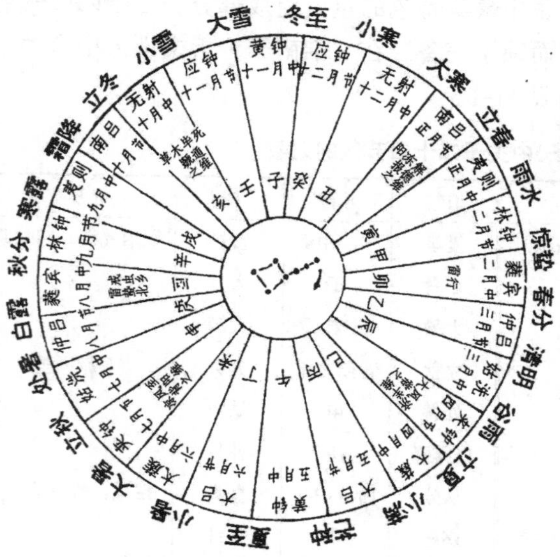

图11-1　北斗运行定二十四节气图

《淮南子·天文训》还以阴阳二气的消长为理论依据，对二十四节气的气候意义作了简要的描述。如冬至夏至分别是阴阳二气盛衰转换的枢纽，有相应的物候与日晷：“日冬至，井水盛，盆水溢，羊脱毛，麋角解，鹊始巢；八尺之修，日中而景丈三尺。日夏至而流黄泽，石精出；蝉始鸣，半夏生；蚊虻不食驹犊，鸷鸟不搏黄口；八尺之景，修径尺五寸。景修则阴气胜，景短则阳气胜。”春分秋分分别以“雷行”“雷戒”为标志，它们所在的夏历二月和八月，“阴阳气均，日夜分平”，是冬半年和夏半年的分界，“故曰二月会而万物生，八月会而草木死”。立春“阳气解冻”，立夏“大风济”，立秋“凉风至”，立冬“草木皆死”，也描述得相当准确。《淮南子·天文训》只对“二绳”、“四维”上的八个节气气候意义作出解释，而其他节气的气候意义实际上已经包括在它的名称中了。这些解释是建立在精密的天文定位的基础上的，它标志着中国古代人民对二十四节气的认识发展到了一个新的阶段。

二　历法的改进和二十四节气与农历月序的协调

二十四节气在中国古代农业生产中作用的充分发挥，还有赖于历法的进一步完善。

① 《淮南子·天文训》还有以其他星象确定四时的办法：“辰星正四时，常以二月春分效奎、娄，以五月夏至效东井、舆鬼，以八月秋分效角、亢，以十一月冬至效斗、牵牛。”

（一）从颛顼历到太初历

秦始皇统一中国后，根据当时流行的五德始终说，自认为秦是以“水德”取代了周的“火德”，必须对正朔、历日制度作相应的改变，于是颁发了全国统一的“颛顼历”。以夏历十月为岁首，仍称“十月”，第四个月则称“端月”（端月即正月，因避秦嬴政名讳而改“正”为“端”）。汉代秦后，仍然延续颛顼历实行达百年之久。但民间自周代以来，在实际的生产和生活中，一直采用比较符合季节实际变化的“夏时”。出于政治需要而实行的，以十月为岁首的颛顼历，与四季顺序和民间习惯不协调的矛盾，随着时间的推移，越来越突出。而且颛顼历本已疏阔，行用一百多年来，误差越大，出现“朔晦月见，弦望满亏”（《汉书·律历志》）等月相名不副实的现象，已经到了非改革不可的地步了。

元封七年（前104），汉武帝下令由公孙卿、壶遂、司马迁等“议造汉历”，并召募了一批民间的制历能手参加工作；由于改行新的历法，把元封七年改为太初元年，新历法也就命名为太初历。太初历以孟春正月为每年的第一个月，明确规定一个回归年由二十四节气组成，而把闰月设置在没有中气的月份，这就不但解决了长期以来历法与民间生产和生活习惯的矛盾，而且建立了朔望月与二十四节气协调的对应关系。这是中国传统历法中意义深远的改进。

第一篇谈到，二十四节气是从标准时体系发展而来的，而标准时体系则是为了弥补以朔望月计时的某些缺陷而产生的。二十四节气本身也有一个与朔望月协调的问题；但在很长时期内，这种协调没有能够最终完成。原因是置闰没有规律，缺乏正确的准则，以至节气与月序不能一一对应，不便于生产季节的推算；在实行年终置闰的颛顼历时，这种情形尤甚。太初历以无中气之月为闰，使这个长期困扰人们的问题获得解决。《汉书·律历志》云：

> 时所以纪启闭也；月所以纪分至也。启闭者，节也；分至者，中也。节不必在其月，故时中必在正数之月。

《续汉书·律历志》云：

> 月四时推移，故置十二中以定月位。有朔而无中者为闰月。中之始曰节，与中为二十四气，以除一岁日，为一气之日数也。

当时二十四节气均称“气”，每月二“气”，前者（单数）称“节”或“节气”，包括启（立春、立夏）闭（立秋、立冬）在内；后者（双数）称“中”或“中气”，包括分（春分、秋分）至（夏至、冬至）在内。节气可以在本月的上半月，也可以在上月的下半月，但中气必须分配在指定的月中。这就是“置十二中以定月位”。如以古之“八节”而言，春夏秋冬四季（时）是从立春、立夏、立秋、立冬（启闭）开始的，不一定在规定的月中，而作为季节中点（时中）的春分、秋分、夏至、冬至，则固定在每年的二、五、八、十一月中。由于实行“置十二中以定月位”，节气、中气和月份的关系就基本固定了。见表11-2。

表11-2　二十四节气与月份对应表

月份	正	二	三	四	五	六	七	八	九	十	十一	十二
节气	立春	惊蛰	清明	立夏	芒种	小暑	立秋	白露	寒露	立冬	大雪	小寒
中气	雨水	春分	谷雨	小满	夏至	大暑	处暑	秋分	霜降	小雪	冬至	大寒

如果遇到闰年，一年中有十三个月，总会有一个月没有中气①，就拿它作为闰月（"有朔而无中者为闰月"）。这样安排闰月，可以使节气（包括"中"与"节"）与月序的偏离不超过半个月。这种历法，对生产和生活的安排无疑是很有利的。

（二）从太初历到后汉四分历

但太初历也有其缺点，它是八十一分历，即一个朔望月的日数（朔策）为29又43/81，由此导出的回归年日数（岁实）为365又385/1539。这两个数值比四分历的相应数值（29又499/940，365又1/4）的误差都大。公元85年，东汉编欣、李梵、贾逵等集体修订了乾象历，乾象历重新采用了四分法，取一年长度为365又1/4日，故又称"后汉四分历"。"后汉四分历"还列入了二十四节气的昏旦中星，以及昼夜刻漏、晷影长短的实测结果。这些使得二十四节气进一步趋于完善。下面以冬至、小寒为例列表11-3。

表11-3　后汉四分历节气与星瞳、刻漏、晷影对应关系举例

节气	日所在	黄道去极	晷景	昼漏刻	夜漏刻	昏中星	旦中星
冬至	斗二十一度（八分退二）	百一十五度	丈三尺	四十五	五十五	奎六（弱）	亢二（少强退一）
小寒	女二度（七分进一）	百一十三度	丈二尺三寸	四十五（八分）	五十四（二分）	娄六（半强退一）	氐七（少弱退二）

（三）确定节气的其他辅助手段

如前所述，秦汉时代人们是用观测日晷和星象等方法来确定节气的。但有时候实际气候的变化和天文的变化并不完全一致，这就需要用其他办法来校正，以便尽可能准确地把握气候的实际变化。《史记·天官书》载："冬至短极，县土炭，炭动，鹿解角，兰根出，泉水跃，略以知日至，要决晷景。"这是说，测定冬至主要看晷景，但也采用其他辅助手段。其中，"鹿解角，兰根出，泉水跃"是冬至时节的物候，"县土炭"则是以炭测定空气湿度以帮助确定冬至点的办法。炭吸附性和透气性均好，易燥易湿，人们在实践中懂得"悬羽与炭而知燥湿之气"（《淮南子·说山训》）。"县土炭"候气的具体方法，是把等重的土和炭分置"衡"的两端，冬至到来时，空气干燥，炭首先变轻而上翘；夏至到来时，空气潮湿，炭首先变重而下沉。这实际上是一种天平式的"湿度计"。对其机理，《淮南子·天文训》解释说："日冬至则水从之，日夏至则火从之，故五月火正而水漏，十一月水正而阴胜。阳气为火，阴气为水，水胜故夏至湿，火胜故冬至燥。燥故炭轻，湿故炭重。"②这个办法后来又有所改进，用铁代替了土；因为铁受空气燥湿的影响比土还小，更适宜作为对空气燥湿反应敏感的炭的参照物。这个办法大概实行了不短的时间，所

---

① 朔望月的现代理论值是29.53059日，比两个中气之间的间隔大约短一天。假如第一个月的望日正值中气，那么32个月以后，两者之差累计就会超过一个月。这期间就会出现一个没有中气的月份（一般是在第16个月前后出现）。

② 《史记·天官书》集解引孟康曰："先冬至三日，县土炭于衡两端，轻重均适，冬至日阳气至则炭重；夏至日阴气至则土重。"方法是对的，解释却不对；似乎土的吸湿和散湿均比炭快，这是不符合实际的。正如［日］瀧川资言《史记会注考证》所指出的："炭易燥易湿，土则不然，故县以候气也。《淮南》为是，《集解》诸说皆非也。"

以东汉末年的李寻以此作譬，说："政治感阴阳，犹铁炭之低昂。"① 注引孟康曰："《天文志》云'县土炭'也，以铁易土耳。先冬夏至，县铁炭于衡，各一端，令适停。冬，阳气至，炭仰而铁低。夏，阴气至，炭低而铁仰。以此候二至也。"这一解释是完全正确的。这是一种简单而巧妙的测量湿度的方法。也是世界上最早的测湿仪。

除了土炭或铁炭测湿外，当时还有其他的候气法，如律管候气法等，但其机理和效果都不大清楚，这里就不予介绍了②。

（四）早期道教的"二十四气历"

东汉顺帝时，张道陵在四川创立了道教，世称"五斗米道"，当时曾经实行过自创的历法。《张天师二十四治图经》云：

> 太上以汉安二年正月七日中时下二十四治，上八治，中八治，下八治，应天二十四气，合二十八宿，付天师张道陵奉行于布化③。
>
> 天师以建安元年正月七日，出下四治，名备治，合前二十八宿也。星宿治随天立历，运设教劫④。

这里所说的"随天立历"显然与制历有关。具体说来，是将二十八宿与二十四气配合起来计月计日。这种历法以立春为岁首，一年分为春夏秋冬四季，每季三个月，九十日⑤。每月两个节气，十二个月共二十四节气。《玄都开辟律》云："二十四气为天使。一气十五日，一岁十二月，月二气，终岁为二十四气，皆是自然之气也。"⑥ 道教又设二十四治（职），以应二十四气；其重要职责之一当是掌握节气、制定和贯彻历法。东汉时五斗米道经书《太上三五正一盟威录》⑦ 有二十四治与节气相配的完整记录如表 11-4。

表 11-4　道教太阳历二十四气、二十八宿及月日数表

气应	日宿	二至前后日数	节气	气应	日宿	二至前后日数	节气
正月节	虚	冬至后 45	立春	五月节	觜参	冬至后 165	芒种
正月中	危	冬至后 60	雨水	五月中	井	冬至后 180	夏至
二月节	室壁	冬至后 75	惊蛰	六月节	鬼	夏至后 15	小暑
二月中	奎	冬至后 90	春分	六月中	柳	夏至后 30	大暑
三月节	娄	冬至后 105	清明	七月节	星	夏至后 45	立秋
三月中	胃	冬至后 120	谷雨	七月中	张	夏至后 60	处暑
四月节	昴	冬至后 135	立夏	八月节	翼	夏至后 75	白露
四月中	毕	冬至后 150	小满	八月中	轸	夏至后 90	秋分

① 李寻以炭对燥湿之气的灵敏反应来论证天人感应的理论，当然是不对的，但也说明以此法候气行之已久。

② 据《续汉书·律历志》的记载，律管候气是在一个内外三层的密封的屋子——"缇室"里进行的，按照不同方位把律管分别放到不同的木案上，律管里端塞上"葭莩"（芦花）灰，据说节气到时，相应的律管中的灰就会动，逸出律管。

③ 《道藏要籍选刊》，第 1 册第 206 页。

④ 《三洞珠囊》，《道藏要籍选刊》，第 10 册第 296 页。

⑤ 关于道教历法的岁首，北周时的道教类书《无上秘要》有以下记载："假令元始皇上丈人以立春之日纳元，始玉虚之气，受皇上丈人之号……春三月九十日……周夏三月九十日……周秋三月九十日……周冬三月九十日中，结气凝神，还复正形。四度回周，周而复生. 此元始四改之化，随节易容，天地之运，皆有盛衰，否泰休息，以应天关。"

⑥ 《道藏要籍选刊》，第 10 册第 339 页。

⑦ 《道藏》，第 28 册第 438 页。据陈国符考证这是东汉末年张道陵创教时的道经。

续表

气应	日宿	二至前后日数	节气	气应	日宿	二至前后日数	节气
九月节	角亢	夏至后105	寒露	十一月节	箕	夏至后165	大雪
九月中	氐	夏至后120	霜降	十一月中	斗	夏至后180	冬至
十月节	房	夏至后135	立冬	十二月节	牛	冬至后15	小寒
十月中	心尾	豆至后150	小雪	十二月中	女	冬至后30	大寒

道教之所以重视节气，是因为节气代表了“天之气”，这固然与个人修炼有关，这更与二十四节气在民间的广泛使用有关。五斗米道作为一个很有势力的民间宗教群体，并一度成为农民政权依以建立的精神支柱，它依据民间广泛流行的二十四节气来制订历法，是顺理成章的事情。这种按恒星方位以二十四气来计月计日的历法，研究者称之为“二十四气历”。它是一种太阳历，不同于官方的阴阳合历。道教中有所谓五腊日，很可能是为了协调一年360日与回归年之间的差距而设置的，类似于彝族十月太阳历中最后五天的“过年日”。“二十四气历”在道教势力范围内实行过相当长的一段时间，后来，唐代的道士进一步改编成“二十八宿旁通历”，流传于民间。宋代民间天文学家卫朴尚能背诵之，沈括正是在他的启发下提出了独具创意的新历法——“十二气历”①。

（五）汉代“纬书”对节气的记述和解释

还应指出的是，秦汉时代方士化了的儒生所编写的纬书② 中，虽然充满了封建迷信的内容，但其中有时也包含了一些自然科学的知识。如纬书把易数与历法结合起来，以八卦配八风（八节），以坎、离、震、兑四正卦之二十四爻配二十四节气，以十二消息卦，每卦六爻，凡七十二爻，配一年七十二候，形成所谓“卦气说”。以每日、每候卦气的寒温清浊来附会人事的善恶；以节候的误差引出灾异的占验③。例如《易纬·通卦验》：

> 立春：雨水降，条风至。雉雊，鸡乳，冰解，杨柳榑。晷长丈一尺二分。青阳云出房，如积水。当至不至则兵起，来年麦不成。人足少阳脉虚……
>
> 雨水，冻冰释，猛风至，獭祭鱼，鸧鴳鸣，蝙蝠出。晷长九尺一寸六分，黄阳云出亢，南黄北黑。当至不至，则旱，麦不为。人足手阳脉虚……

每个节气都有相应的描述。以卦气附会人事的吉凶当然是荒谬的，但这些叙述中也包含了人们长期积累的关于节气、物候和天象等方面的知识。

在纬书中甚至出现了用地球的运动来解释节气产生的理论。如，“地有四游，冬至地上行，北而西三万里；夏至地中行，南而东三万里；春秋二分则其中矣。地恒动不止，而人不知，譬如人在大舟中闭牖而坐，舟行而不觉也”（《尚书纬·考灵曜》）④。地球四时不停运动着。冬至地球偏北，相对来说太阳偏南；夏至地球偏南，相对来说太阳偏南。而

① 此节根据：祝亚平，道教文化与科学，第四章第三节，中国科学技术大学出版社，1995年。

② 所谓纬书，是对儒家的经典而言的，其内容附会经文，衍及旁义，把孔子和经学神化。它起于秦，流行于西汉末年，而盛行于东汉。

③ 易纬的这种“卦气说”，渊源于西汉末年孟喜、京房的易学，他们以《易》的六十四卦为编码，把物候编成详细的图式，拿它和实际物候相比较，可以知道季节“提前”或“后退”的情况，从而校正节气。

④ 张华《博物志》卷41等引。转见吕子方《中国科技史论文集》中《古代的“地动说”》一文中。吕氏对中国古代的“地动说”资料进行了系统的收集和研究。

分至等节气正是由此而又产生。这是科学史上十分重要的创见。何以得知地球是运动的呢？《春秋斗运枢》说："地动则见于天象。"这是应用运动相对性的原理，以日月星辰的变化推导出地球的运动来；同时用"闭舟而行"对"地恒动不止而人不知"作了通俗易懂的解释①。

第二节 在农业生产中对农时的掌握

一 确定播种期的指时手段

秦汉魏晋南北朝时期农业生产中对农时的掌握相当细致，而且不断进步。请看下表11-5。

表11-5 《氾胜之书》、《四民月令》、《齐民要术》在主要大田作物播种时机掌握的比较

作物	《氾胜之书》	《四民月令》	《齐民要术》
禾	种禾无期，因地为时。三月榆荚时，雨，高地强土可种禾	二、三月时雨降，可种稙禾；四月蚕人簇，时雨降，可种禾——谓之上时；五月，先后日至各五日，可种禾	二三月种者为稙禾，四五月种者为穉禾。二月上旬及麻菩杨生种者为上时，三月上旬及清明节、桃始花为中时，四月上旬及枣叶生、桑花落为下时（岁道宜晚者，五、六月初亦得。遇小雨，宜接湿种；遇大雨，待薉生
黍	黍者暑也，种者必待暑。先夏至二十日，此时有雨，彊土可种黍	四月蚕人簇，时雨降，可种黍；五月先后（日至）各二日，可种黍	三月上旬种者为上时，四月上旬种者为中时，五月上旬为下时。夏种黍穄，与稙谷同时；非夏者，大率以椹赤为候。（谚曰："椹厘厘，种黍时。"）燥湿候黄场（墒）
麦	种麦得时无不善。夏至后七十日，可种宿麦。早种则虫而有节，晚种则穗小而少实	正月可种春麦；尽二月止。 八月，凡种大小麦，得白露节，可种薄田；秋分，种中田；后十日，种美田。唯𪍿，早晚无常	穬麦：八月中戊社前种者为上时（掷者，亩用二升半），下戊前为中时（用子三升），八月末、九月初为下时（用子三升半或四升）。 小麦……八月上戊社前为上时（掷者，用子一升半也），中戊前为中时（用子二升），下戊前为下时（用子二升半）
稻	冬至后一百一十日可种稻 三月种秔稻，四月种秫稻	三月时雨降，可种秔稻	水稻，三月种者为上时，四月上旬为中时，中旬为下时。 旱稻，二月半种为上时，三月为中时，四月初及半为下时
大豆	三月榆荚时，有雨，高田可种大豆。……夏至后二十日尚可种	二月可种大豆；三月，昏参夕，桑椹赤，可种大豆，谓之上时。四月蚕人簇，时雨降，可种大豆	春大豆，次稙谷之后。二月中旬为上时，（一亩用子八升）三月上旬为中时，（用子一斗）四月中旬为下时。（用子一斗二升）岁宜晚者，五六月亦得；然稍晚稍加种子

① 在古代天文学和宇宙论中，对于日月星辰的运行，特别是行星的顺行、逆行等复杂的视运动，总不能提出合理的解释，其根本原因就是假定"地"是静止不动的。因之，一个运动着的地球是现代天文学的起点。汉代纬书对地球运动的认识已经达到相当高的水平。见：钟肇鹏，谶纬论略，辽宁教育出版社，1991年，第220～221页。

续表

作物	《氾胜之书》	《四民月令》	《齐民要术》
小豆	椹黑时，注雨种	四月蚕入簇，时雨降，可种小豆	夏至后十日种者为上时，（一亩用子八升，）初伏断手为中时，（一亩用子一斗）中伏断手为下时，（一亩用子为一斗二升）中伏以后则晚矣。（谚曰：“立秋叶如荷钱，犹得豆”者，指谓宜晚之岁耳，不可为常矣。）
枲	春冻解，耕摩、施肥、候种	五月，先后日至各五日，可种牡麻	夏至前十日为上时，至日为中时，后十日为下时。（“麦黄种麻，麻黄种麦”，亦良候也）
苴麻	二月下旬，三月上旬，傍雨种之	二月可种苴麻；三月时雨降，可种苴麻	三月种者为上时，四月为中时，五月初为下时
胡麻		二月；三月时雨降；四月蚕入簇，时雨降(上时)；五月时雨降，可种胡麻	二三月为上时，四月中旬为中时，五月上旬为下时（月半前种者，实多而成；月半后而种者，少子而多秕也

从上表及其他有关资料可以看出，当时农业生产中对农时的掌握，采用以下一些手段或指标。

（一）节气

农书中有时明确指出某种作物应在某个节气播种，如《四民月令》五月，“先后日至（按，指夏至）各五日，可种禾及牡麻。先后各二日，可种黍”；八月，“凡种大小麦，得白露节，可种薄田；秋分，种中田；后十日，种美田”。现存《四民月令》残文中提到的节气有雨水、春分、清明、谷雨、立夏、芒种、夏至、大暑、白露、秋分、冬至等十余个。有时则只是说某月可种某种作物；但由于西汉中期后二十四节气已经完全融合到历法中去，节气与月序的对应关系已经固定下来，所以月份中已经包含了节气的内容。如《四民月令》八月：“筮择月节后良日，祠岁时常所奉尊神。”就是指该月的“节气”① ——“白露”。以节气指时，不但适用于大田作物，而且适用于广义农业的一切方面。如《四民月令》三月规定，清明节，治蚕室，节后十日封生姜，立夏后芽出种之，谷雨中，养蚕活动全面展开，等等。

（二）物候

二十四节气虽然能够比较准确地反映黄河流域气候季节变化的规律，但它既经固定下来，就难免有时会与气候的实际状况发生某些偏差。在这种情况下，物候往往能够更准确地反映气候的实际变化。所以农书在指出某种作物应该在某月某节气播种时，往往同时附上物候的指标。如《四民月令》三月，以“桑椹赤”为种大豆适期的标志；以“榆荚落”为蓝的播种适期的标志，以“桃花盛”为全面开展春播，“农人候时而种”的标志。在《齐民要术》中，以“椹赤”为种黍之候；并举出“椹厘厘，种黍时”的农谚

① 这里的“节气”，与后世习用的节气的概念有所差别。当时每月固定二“气”，前者为“节”（或称“节气”），后者为“中”（或称“中气”）。后世合称为节气。

为证；种麻（枲）以“夏至前十日为上时，至日为中时，后十日为下时”；同时指出“‘麦黄种麻，麻黄种麦’，亦良候也”。值得注意的是，农书中往往用与生产和生活关系最为密切的事物，如桑椹赤或黑、蚕大食、蚕入簇、茧既入簇，榆荚的成或落（古人常采榆荚为食），杨树生叶，桃杏花开等，作为物候的标志。“麦黄种麻，麻黄种麦”是以两种重要作物的成熟期互为对方播种期的标志，简单明了，非常实用。栽树除规定了时令的适期以外，还以树木自身叶片生长时所呈现的形象为标志。《齐民要术·栽树第三十二》载：“然枣——鸡口，槐——兔目，桑——蝦蟇眼，榆——负瘤散[①]，自余杂木——鼠耳、虻（按，指牛蝱）翅，各其时（此等名目，皆时叶生形容之所象似，以此时栽种者，叶皆即生）。”

（三）气象

主要是根据降雨情况来把握播种期。在气候比较干旱（尤其是经常发生春旱）的黄河流域，趁雨后抢墒播种是非常重要的。所以农书中往往明确指出这一点。以种谷子（禾）为例，《氾胜之书》说：“三月榆荚时，雨，高地强土可种禾。”《四民月令》说二月三月“时雨降”，可种稙禾；四月“蚕入簇，时雨降，可种黍禾——谓之上时”。《齐民要术》则指出，“凡种谷，雨后为佳。遇小雨，宜接湿种；遇大雨，待薉生（小雨不接湿，无以生禾苗；大雨不待白背，湿辗则令苗瘦。薉若盛者，先锄一徧，然后纳种为佳）。”其实这对于许多作物都是适用的。如胡麻，“欲种截雨脚（若不缘湿，融而不生）”（《胡麻第十三》）。所谓“截雨脚”，就是趁雨还没有停止时播种；否则，种子就会和土壤粘在一起。又如旱稻和兰香移栽，要趁五六月连雨天“拔栽之”。

不过，把《氾胜之书》和《齐民要术》细作比较，两者还是有些区别。《氾胜之书》强调春播作物趁雨播种。《齐民要术》的原则则是，最好趁雨种，但不强调非有雨才能种，主要依靠土壤良好的墒情。这是因为《齐民要术》时代耕作技术进步了（尤其是广泛实行秋耕），土壤的保墒能力增强了。关于这些，请参看第十二章有关部分。

（四）天象

主要是指星象。根据星象确定农时是一种古老的经验，《淮南子·主术训》云：

> 故先王之政，四海之云至而修封疆（立春之后，四海出云）；虾蟇鸣燕降，而达路除道（三月之时）；阴降百泉，则修桥梁（十月之时）。昏张中，则务种谷（三月中，张星中于南方，张，南方朱鸟之宿也）；大火中，则种黍菽（大火，东方苍龙之宿，在四月建巳中南方）；虚中，则种宿麦（虚，北方玄武之宿，八月建酉，中于南方）；昴中则收敛畜积，伐薪木（昴星，西方白虎宿也，季秋之月，收敛畜积也）。

秦汉魏晋南北朝时代，星象已不是主要的指时手段，但作为辅助的手段，人们还在使用。《四民月令》把“昏参夕”和“桑椹赤”一起作为大豆播种适期的指标。所谓“昏参夕”，是指黄昏时参星西斜；这时桑椹发红，但还没有变黑，正是种大豆的好时机。

---

① 未详所指。

《四民月令》中载有“河射角，堪夜作。犁星没，水生骨”的古农谚[①]。其中“河”指银河，“角”指东方苍龙之首的角宿；银河斜穿苍龙指向西北，物换春回（至今东北民间还有“银河吊角，鸡报春早”的谚语），正是生产大忙之时，所以“堪夜作”。“犁”指三星横斜若犁，是心宿三星。大火西沉备寒衣，是古老的经验；三星没了，天气更冷，水开始结冰，故云“水生骨”[②]。《齐民要术》没有星象指时的直接记录，但引述了一些有关的历史记载[③]。

（五）杂节

我国古代除二十四节气外，还有一些杂节，如伏、腊、梅、社等，起源很古，也包含了一些气象的意义。1972年山东临沂银雀山三号汉墓出土《汉武帝元光元年历谱》竹简32枚，基本上完整地记载了元光元年（134）的日历，历书在每日干支下记有节气名称，还记有若干的杂节的名称。可见杂节在当时是很流行的。在本时期的农书中，杂节也用作指时的标志之一。如《四民月令》六月：“中伏后，可种冬葵，可种芜菁、冬蓝、小葱，别大葱。”《齐民要术·小豆第七》云：“夏至后十日种者为上时，初伏断手（按，“断手”犹言“断止”）为中时，中伏断手为下时，中伏以后则晚矣。（谚曰：“立秋叶如荷钱，犹得豆”者，指谓宜晚之岁耳，不可为常矣。”）“伏”起源于先秦时代。《史记·秦本纪》：“德公二年，初伏。”时在春秋中期（676）。夏至后第三个庚日为初伏，第四个庚日为中伏，立秋后第一个庚日为末伏。伏日要进行祭祀[④]。伏的意义是指阳气始伏；夏至后正是阳气盛极而伏之时。又，《齐民要术·大小麦第十》“穬麦：八月中戊社前种者为上时”；“小麦……八月上戊社前为上时”。“社”起源更早，最初是农村公社的一种标志，后来发展为社会基层组织和信仰中心，二十五家为社，社有社庙作为祭祀和集会的场所。汉代以前只有春社，社日是立春后第五个戊日；汉代以后有春秋二社，秋社是立秋后的第五个戊日。八月上戊是八月的第一个戊日，八月中戊是八月的第二个戊日，这些戊日与秋社并不一定在同一日，这里的精神是要赶在社前种麦，最晚不得迟于上戊（小麦）或中戊（穬麦）播种。按照古人的说法，“麦经两社（播在秋社前，收在春社后），即倍收而子颗坚实”（陈旉《农书》）。

以上各种指时手段不是孤立或并列的，而是以节气为中心把各种指时手段综合运用于实际生产中。仍以种禾为例，《氾胜之书》“三月榆荚时，雨，高地强土可种禾”。“三月”包括了该月的“节”、“中”二“气”在内；“榆荚”是物候；“雨”是气象。到了《齐民要术》，农时的掌握就更加具体和细致：“二、三月种者为稙禾，四、五月种者为穉禾。二月上旬及麻菩（指去年秋季掉在田里的大麻种子在早春萌发了）杨生（指杨树出叶）[⑤]种者为上时，三月上旬及清明节、桃始花为中时，四月上旬及枣叶生、桑花落为下时。岁道宜晚者，五、六月初亦得。”“凡种谷，雨后为佳。遇小雨，宜接湿种；遇大雨，

---

① 引自《古农谚》。

② 谢世俊，中国气象史稿，重庆人民出版社，1992年，第535页。

③ 除引述上引《淮南子·人间训》的引文外，还引了其他一些资料，如《尚书灵考曜》：“春，鸟星昏中，以种稷。夏，火星昏中，可以种黍菽。秋，虚星昏中，以收敛。”《尚书大传》：“秋，昏，虚星中，可以种麦。”等。

④ 《四民月令》六月：“初伏，荐麦瓜于祖祢。”

⑤ 采游修龄先生说。见：游修龄，论农谚，农业考古，1995，(3)。

待薉生。”（小雨不接湿，无以生禾苗；大雨不待白背，湿辗则令苗瘦。薉若盛者，先锄一遍，然后纳种为佳）”。

二 播种期掌握的若干原则

（一）适时播种，宁早勿晚，早晚相杂

在适期播种的前提下，宁早勿晚，是播种期掌握的重要原则。《氾胜之书》谈到种枲时说；“种枲太早，则刚坚、厚皮、多节；晚则皮不坚。宁失于早，不失于晚。”《氾胜之书》又指出，小麦“早种则虫而有节（按指冬前拔节），晚种则穗小而少实”。但在适种期内，还是以早为好。故《齐民要术》讲小麦的播种期，“八月上戊社前为上时（掷者，用子一升半也），中戊前为中时（用子二升），下戊前为下时（用子二升半）”。不独小麦为然，其他所有作物的播种期，《齐民要术》均区分为“上时”、“中时”、“下时”，在整个适耕期内，播种早的为“上时”，播种晚的为“下时”，居于早晚之间的为“中时”[①]。

再以种麻（枲）为例，《齐民要术》指出“夏至前十日为上时，至日为中时，至后十日为下时”后，又引用谣谚对“趋时”的原则作了生动的说明："谚曰；‘夏至后，不没狗。’或答曰；‘但雨多，没橐驼。’[②] 又谚曰；‘五月及泽，父子不相借。’言及泽急，说非辞也[③]。夏至后者，非唯浅短，皮亦轻薄。此亦趋时不可失也。父子之间，尚不相假借，而况他人者也？”这里亟言夏至后种麻的害处；虽然遇到雨水充足的年头，也可长得茂盛，但这不可靠，即使这样，其产量质量均逊于夏至前播种的。所以还是以“趋时及泽”为基本原则。

《齐民要术·种谷第三》中还论述了种植业中播种期掌握的一般原则：“凡田欲早晚相杂（防岁道有所宜）。有闰之岁，节气近后，宜晚田。然大率欲早，早田倍多于晚（早田净而易治，晚者芜秽难治。其收任多少，从岁所宜，非关早晚。然早谷皮薄，米实而多；晚谷皮厚，米少而虚也）”。贾思勰在这里提出了“大率欲早”，而“早晚相杂”的原则；并阐明了为什么要这样做的理由。早种之优于晚种，从上引材料的论述看，可以归纳为以下三个方面：一是早种作物有充足的生长时间，质量比晚种的好，如系谷物，则米实饱满，皮薄；如系大麻，则秆长皮厚。一是早种的比晚种的杂草少，容易锄治。三是晚播的不但质量为“下”，而且用种量也要相应增加。至于为什么还要“早晚相杂”，则是出于防灾的考虑，作物有早播的，有晚播的，万一受灾，才不至于“全军覆没”。

树木的移栽，也适用“宁早勿晚”的原则。《齐民要术·栽树第三十二》云：“凡栽树，正月为上时（谚曰：“正月可栽大树。”言得时则易生也），二月为中时，三月为下时。……早栽者，叶晚出。虽然，大率宁早为佳，不可晚也。”

---

① 《齐民要术·种谷第三》又说：“凡五谷，大判上旬种者全收，中旬中收，下旬下收。”这似乎也是在强调早种；但这种机械的说法是不科学的。不过，它与《齐民要术》关于播种期的其他记载不相符合，疑有误。一种可能是文中的“旬”字为“时”字之误；另一种可能是这一段话是引用其他文献的，但脱漏了出处。

② 这句话的意思是说：农谚说，夏至后种麻，麻的植株长不大，遮不住狗。但有人说，虽然是在夏至后种麻，只要雨水充足，麻就可以长得遮住骆驼。

③ 意思是：抢墒播种很紧迫，所以说出不合常情的话。

（二）“因物为时”、“因地为时”和“因岁为时”

作物的播种期一般来说是“宁早勿晚”，但仍然要灵活地加以掌握。具体说来：

一是“因物制宜”。这是很容易理解的，因为无论《氾胜之书》或是《齐民要术》，每种作物的播种期都是不同的。不但不同作物要“因物制宜”，同一作物的不同品种也要“因物制宜”。贾思勰指出，“凡谷成熟有早晚”（《齐民要术·种谷篇》），播种期也不一样，如种禾，“二月、三月种者为稙禾，四月、五月种者为穉禾”。这里的“谷”，是“五谷之总名”；所以这种处理原则是带有普遍性的。

二是“因地为时”。《氾胜之书》首先提出“种禾无期，因地为时”这一原则。至于种禾时机如何因地制宜来掌握，现存《氾胜之书》的材料只谈到“三月榆荚时，雨，高地强土可种禾”。《四民月令》八月：“凡种大小麦，得白露节，可种薄田；秋分，种中田；后十日，种美田。”《齐民要术》进一步指出“因地为时”原则的普遍性并把它进一步具体化。《种谷第三》解释“地势良薄”对播种期的影响时说：“良田宜种晚，薄田宜种早。良地非独宜晚，早亦无害；薄地宜早，晚必不成实也。”薄田肥力低，庄稼生长慢，故宜早种；美田肥力高，庄稼长得快，故宜晚种；这是符合科学道理的。

三是“因岁为时”。这就是上引《齐民要术·种谷》篇谈到的“有闰之岁，节气近后，宜晚田”。这是因为作物播种期一般是按月安排的，但有闰月的年分，节气偏后，播种期也要适当后延。这就是所谓“宜晚之岁”。《小豆第七》指出“谚曰：‘立秋叶如荷钱，犹得豆’者，指谓宜晚之岁耳，不可为常。”

（三）上中下时及其他

从春秋战国到秦汉魏晋南北朝时期，播种期似有展宽的趋势。兹以谷子为例。《管子·臣乘马》：“桓公曰：‘何谓春事二十五日之内？’管子对曰：‘日至（按指冬至）六十日而阳冻（向阳面的冰冻）释，七十［五］日①而阴冻释，阴冻（向阴面的冰冻）释而艺稷，百日不艺稷，故春事二十五日之内耳。’”冬至是十一月“中气”，冬至后75日是汉代以后的惊蛰节（二月上旬），再过25日就是三月底或三月初，清明节前几天。这25天，大概是包括春耕春种在内的。这种情况，到了汉代发生了某种变化。《氾胜之书》春耕在正月“雨水节”开始，谷子的播种则在三月榆荚时开始。《四民月令》二月、三月时雨降，都可以种稙禾，四月蚕入簇，时雨降，则是种禾的“上时”，直到五月，夏至前后五日，还可以种禾。《齐民要术·种谷第三》进一步指出：“二、三月种者为稙禾，四、五月种者为穉禾。二月上旬及麻菩、杨生种者为上时，三月上旬及清明节、桃始花为中时，四月上旬及枣叶生、桑花落为下时。岁道宜晚者，五、六月初亦得。”《齐民要术》关于各种作物播种期上时、中时、下时的规定，比起笼统说“得时”、“失时”，要更为具体。播种期的这种展宽，在一定程度上可能与作物品种增多、土壤的保墒能力有所加强有关。但也反映了当时农业技术于比较粗放的一面。农业技术越进步，播种期的掌握越严格，因为只有这样，才能适应增加复种指数，即实行多熟种植的要求。因此，作物播种期限比较宽的情况，从一个侧面说明，当时大田作物一般是不实行复种制的。

① 原文为“七十日”，据前后文时间推算，十之后应脱“五”字。

三 耕作和收获时机的掌握

(一)《氾胜之书》对耕作时机的论述

《氾胜之书》对耕作时机的掌握有具体细致的论述，它认为应在“天地气和”、土壤“和解”时进行土壤的耕作：“春解冻，地气始通，土一和解。夏至，天气始暑，阴气始盛，土复解。夏至后九十日，昼夜分，天地气和。以此时耕田，一而当五，名曰膏泽，皆得时功”。在这里，氾胜之认为，应该在土壤“和解”时进行耕作。所谓“土和解”，是指土壤中水分、气体通达，土壤松解、湿润适度的状态[①]。只有在这种状态下耕作，才能保持土壤的肥沃和润泽（“膏泽”），叫做“得时功”。而土壤的“和解”状态，是在“天气”和“地气”协调与和谐的结果；在一年之中，只有三个时期能够达到，这就是“春解冻”（相当于“雨水”[②]）、“夏至”和“夏至后九十日”（相当于“秋分”）。

《氾胜之书》特别重视春耕时机的掌握。并总结了具体的测候方法：“春候地气始通：椓橛木，长尺二寸，埋尺，见其二寸；立春后，土块散，上没橛，陈根可拔：此时。二十日以后，和气去，土即刚。以时耕，一而当四。和气去耕，四不当一”。氾胜之强调春耕必须在“地气始通”后进行，反对“早耕”。他说：“春气未通，土历适不保泽，终岁不宜稼，非粪不解——慎无（旱）[早] 耕；须草生 [复耕]。至可种时，有雨即种，土相亲，苗独生，草秽烂，皆成良田。此一耕而当五也。不如此而（旱）[早] 耕，块硬，苗秽同孔出，不可锄始，反为败田。”[③] 通观《氾书》耕田法全文，反对春耕之“早耕”包括两层意思：初耕要待“地气始通”；复耕要“须草生”。本段引文指出不适时地早耕将导致“块硬，苗秽同孔出，不可锄始，反为败田”的结果。其中“块硬”，与上文“春气

① 万国鼎认为，“土和解”是指“土壤湿润适度的时候”（《氾胜之书辑释》）。石声汉认为，“所谓地气，是土壤结构与水分温度等的综合状态。水分适当，温度够高而不太高，结构有团粒而无大块，是‘地气’最好‘最通’的情形，则称为‘和气’。‘和气’明显地是‘地气’与‘天气’十分调和的情形。”（《氾胜之书今释》）

② 《管子·臣乘马》“日至（按指冬至）六十日而阳冻（向阳面的冰冻）释”，《四民月令》正月“雨水中，地气上腾，土长冒橛（农书曰：椓一尺二寸，橛埋于地，令出地二寸，正月冰释，土坟起没橛也）陈根可拔，急菑强土黑垆之田”。

③ 今本《齐民要术》引述《氾胜之书》这段文字时，两个地方都作“旱耕”。石声汉把两处的“旱耕”改为“早耕”。理由是《氾书》和《齐民要术》同为北方旱农技术的记录，《齐民要术》明确反对湿耕，不反对“旱耕”，主张耕田“宁燥勿湿”，因而《氾书》也不应反对“旱耕”，问题是把握耕作时机，不能过早，要等草生以后耕翻，如此，播种后才能草烂苗长。并以现代关中仍习惯播种前十天左右翻一次地的实例作为佐证。（《氾胜之书今释》）万国鼎不同意这种看法，认为《氾书》要求在春冻初解、土壤湿润适度时耕作，正体现了反对“旱耕”的要求，所以这两处旱耕并不错。（《氾胜之书辑释》）万氏此说颇为牵强。正如《中国农学史》上册指出的：“当春气未通时，冻犹未解，地并不旱，所说‘苗秽同孔出’，并不是旱耕的关系，却是早耕的毛病。耕得早，种得晚，不论旱耕湿耕，同样发生草患，这是显而易见的一般经验。”从现存《氾书》的全部文字看，反对早耕的精神是十分清楚的。耕田法各段彼此相关，论述颇有层次。先概述春、夏、秋耕作的适宜时机，次分述强土与弱土春耕的时机与方法。以上是从正面论证春耕适时的重要性。继之，即上文所引一段，则从反面论证春气未通而初耕和草未生而复耕的害处（“土适历不保泽，终岁不宜稼”；“块硬，苗秽同孔出，不可锄始，反为败田”），并阐述春耕（包括强土和弱土在内）的一般原则。总的精神是耕在适时，不可太早。可见，石氏把《氾书》两处“旱耕”校改为“早耕”，理由是充分的，“旱”字无疑是“早”字传抄之讹。又从《氾胜之书》论述耕田法的全部文字看，这里应在“须草生”处断句，“须草生”后据文意补“复耕”二字，这两个字可能是省略，也可能是遗漏。详见：李根蟠，读《氾胜之书》札记，中国农史，1998年，(4)。

未通，则土历适不保泽，终岁不宜稼，非粪不解”相通①，乃言春耕的初耕太早之弊；“苗秽同孔出”②，为不待草生而复耕之弊；“不可锄始，反为败田”，则兼二者而言。

春耕时机的把握也要“因地制宜”。《氾胜之书》指出，春天地气始通时首先要耕的是“坚硬强地黑垆土”；“轻土弱土”，等“杏始华荣”时耕作③。据《四民月令》相应的记载，“春地气通”在正月，“杏花盛”在三月；至于介于强土和轻土之间的比较肥美的土壤，《四民月令》安排在二月，即“阴冻毕释，可菑美田、缓土及河渚小处。”并注明这是“劝农使者氾胜之法”④。

与春耕忌“早”相反，夏耕却宜“早”。《氾胜之书》说：“凡麦田，当以五月耕，六月耕，七月勿耕！谨摩平以待时。五月耕，一当三，六月耕，一当再。若七月耕，五不当一。”《氾胜之书》虽然提到秋耕，但又指出：“秋无雨而耕，绝土气，土坚垎，名曰腊田。及盛冬耕，泄阴气，土枯燥，名曰脯田。脯田与腊田，皆伤田。”

（二）《齐民要术》对耕作时机的论述

在土壤耕作时机的掌握上，《齐民要术》对《氾胜之书》既有继承又有发展。《耕田第一》说：

> 凡耕高下田，不问春秋，必须燥湿得所为佳。若水旱不调，宁燥不湿。（燥耕虽块，一经得雨，地则粉解。湿耕坚垎，数年不佳。谚曰：“湿耕泽锄，不如归去。”言无益而又有损。湿耕者，白背速镉楱之，亦无伤；否则大恶也。）春耕寻手劳，秋耕待白背劳。（春既多风，若不寻劳，地必虚燥。秋田壏实，湿劳令地硬。谚曰；“耕而不劳，不如作暴。”盖言泽难遇，喜天时故也。……”）

在这里，《齐民要术》把耕作时机的掌握归结为一个简单的原则：视土壤的湿度而定，即 所谓“燥湿得所为佳”。而所谓“燥湿得所”，应该就是《氾胜之书》所说的土“和解”的最主要的指标，它把握住了土壤适耕期的关键。《氾胜之书》着重讲粘重的“垆土”的春耕时机的把握，所以强调要在春季初解冻，土壤湿润适度时抓紧耕作；正如万国鼎所指出的，全解时可能太湿，不宜耕；而且我国北方春旱多风，更可能在全解时水分已蒸发过多，太干燥，不能耕了，所以土壤这种湿润适度的状态是稍纵即逝的⑤。《齐民要术》不但所反映的地区和所针对的土壤与《氾胜之书》有所区别，而且土壤耕作保墒技术已有长足的进步，一方面可以通过秋耕借秋墒以济春旱，另一方面又可以通过耕后的耙劳增强土壤的保墒能力，所以就不必过于强调土壤耕作要趁春冻初解之时了。详见第十二章。

---

① 这是说春气未通而耕，地上是疏疏落落的硬土块，不能保持水分，整年长不好庄稼，非施粪不能解问题。按万国鼎的解释，“历适”为“疏落”意，是指土块之间不相连接的状态，“块硬”则为土块本身的性状。两者正好互补，说明这种土地的“不保泽”和“不宜稼”。

② “秽”指草，“苗秽同孔出”是草荒。

③ 《太平御览》卷九六八“杏”引《氾胜之书》：“杏始华，辄耕轻土，杏花落，趣耕阑。”又说：“杏花如何，可耕白沙。”按，据《齐民要术》引《《氾胜之书》看，“阑”应为“蔺”之误。《说文系传》：“《荆楚岁时记》引犍为舍人曰：‘杏花如荼，可种白沙。’”古“荼”可读如“茶”，正与“沙”押韵。《太平御览》引文“何”应为“荼”之误。犍为舍人是西汉武帝时人，可见《氾胜之书》所载是长期实践经验的积累。

④ 参见第九章第二节表9-2。

⑤ 万国鼎，氾胜之书辑释，中华书局，1957年，第32～33页。

（三）《氾胜之书》和《齐民要术》对收获时机掌握的异同

关于作物的收获，早在战国时期就有“收获如盗冠之至”之说。《氾胜之书》继承了这一思想，把“早获”作为耕作栽培的基本原则之一。并指出：“获不可不速，常以急疾为务。芒张叶黄，捷获之无疑。”具体到各种作物，都贯彻了这一精神。如“获禾之法，熟过半断之”。“获麻之法，霜下实成。速斫之，其树大者，以锯锯之”。又如“获豆之法，荚黑而茎苍，辄收无疑；其实将落，反失之。故曰：豆熟于场。于场获豆，即青荚在上，黑荚在下”。中心思想还是“早”字。而且已经认识到豆的后熟作用和成熟后裂荚的特性。

《齐民要术》在继承《氾胜之书》这一基本原则的基础上有所变通，似乎更强调因物制宜，适时收获。主要作物谷子要求适时早收；“熟，速刈。干，速积（刈早则镰伤①，刈晚则穗折，遇风则收减。湿积则藁烂，积晚则损耗，连雨则生耳②。）”。其他作物收获的早晚，主要看其籽实是否容易掉粒。如“刈穄欲早，刈黍欲晚”；因为“穄晚多零落，黍早米不成。谚曰；‘穄青喉，黍折头’”（《黍穄第四》）。穄容易掉粒，在剑叶以上至穗颈的一段茎还带着绿色时（“青喉”）就要及早收割；黍籽粒成熟不一致，早收了籽粒不饱满，所以要等到充分成熟、穗头下垂时（“折头”）才收割。

粱秫和大豆“收刈欲晚”，也是由于“性不零落，早刈损实”。大小豆收获适期的具体标志是“叶落尽”，因为“叶未落尽者，难治而易湿也”。在这个问题的处理上，《齐民要术》和《氾胜之书》有些不同。这大概是因为《氾胜之书》时代生产上采用的大豆品种多为较易落粒的类型，所以利用其后熟作用而提前收获。而《齐民要术》时代采用的大豆品种则多为不易落粒的类型，所以要等大豆充分成熟以后才收获；但《齐民要术》也注意到豆类的后熟作用。例如它指出：“豆角三青两黄，拔而倒竖笼丛之，生者均熟，不畏严霜，从本至末，全无秕减，乃胜刈者。”

第三节　农业气象学的进步及其在农业生产中的应用

秦汉魏晋南北朝时期农业气象学比起先秦时代有较大的进步，人们掌握的有关农业气象知识更加丰富，随着手段和方法的改进，观测也更为精密，而且出现了对农业气象和物候现象的科学解释；在这方面，成就最为突出的是东汉末年伟大的思想家王充。

一　对云雨风等气象现象的观测

（一）测雨

在各种气象因素中，雨对农业生产的关系最密切。在黄河流域半干旱的自然环境中，农业生产对降水的依赖尤大。卜辞中已有许多贞雨的记载。降水现象有雨、雪、雹、霜的分类。雨也有各种细致的区分：如“耳雨”——毛毛雨；“疾雨”——急雨；“洌雨”——

① “镰伤”即伤镰，指早刈引起的籽粒不饱满。

② 指禾穗因高温雨湿而长霉或发芽。

暴雨；"盅（调）雨"——调和无灾之雨；等[1]。历代政府都很重视农业生产中雨情的报告。如秦代的《田律》规定：

> 雨为澍〈澍〉，及诱（秀）粟，辄以书言澍〈澍〉稼、诱（秀）粟及豤（垦）田暘毋（无）稼者顷数。稼已生而后雨，亦辄言雨少多，所利顷数。早〈旱〉及暴风雨、水潦、备（螽）蚰、群它物伤稼者，亦辄言其顷数。近县令轻足行其书，远县令邮行之，尽八月□□之[2]。

这种制度汉代也延续下来，如东汉政府就规定："自立春至立夏，尽立秋，郡国上雨泽。"[3]也就是说，从农作物春耕春播开始的整个生长时期，各地都要向中央政府报告降雨情况和农田的墒情。当时似乎已经形成一个全国性的雨情情报网。

（二）测云

云和雨的关系密切。《诗经》许多诗句就把兴云和降雨联系起来[4]。我国就开始对云的观察了。传说黄帝"以云纪，故为云师而云名"（《左传》昭公十七年，《史记·五帝本纪》）。以后，观察和记载云物形成制度。故《左传》僖公五年说："凡分至启闭，必书云物，为备故也。"在这过程中，人们积累了丰富的知识，战国时代已达到相当的高度。《吕氏春秋·明理》载："其云状，有若犬，若马，若白鹄，若众车。有其状若人，苍衣赤首，不动，其名曰天（衡）[冲]，有其状若县（釜）[旍]而赤，其名曰云旍。有其状若众马以斗，其名曰滑马。其状若众植（华）[雚]而长，黄上白下，其名曰蚩尤之旗。"据考证，"天冲"是在天边发展的秃积雨云，可能产生雷阵雨天气。"云旍"是一种形似带旄尾的旗帜的云，即鬃积雨云，是一种带有雷阵雨的云。"滑马"象群马相斗，是强对流天气下的云。"蚩尤之旗"象彗星，黄色的象彗头，白色的象彗尾，类似民间测天的"逗点云""钩钩云"，是天气变坏的征兆[5]。《吕氏春秋·应同》亦云："山云草莽，水云鱼鳞，旱云烟火，雨云水波，无不皆类其所生以示人。"《管子·侈靡》说："云平而雨不甚，无委云，雨则速已。"这是说，云块比较平坦时，下雨也不会很大；如果没有供应雨水的云共存，雨很快就会停了。

汉代，人们对云的观察和有关知识继续发展。如《史记·天官书》载："稍云精白者……阵云如立垣。杼之类杼。轴云两端兑。杓云如绳者。鉤云句曲。若烟非烟，若云非云，郁郁纷纷，萧索轮困，是谓卿云，卿云，喜气也。"这里列出了七种云：属卷云类的稍云；属保状高积云或堡状层积云的阵云；形如布帛的杼云；两头尖的轴云；象绳索的杓云（或为索云）；钩状的鉤云。

（三）对季风的认识

我国地处北半球，大气运动受季节的影响十分明显，形成了季风气候；这种现象很早就引起古人的注意。上编谈到，在甲骨卜辞和《山海经》中已有四方风的记载，《吕氏

---

① 谢世俊，中国气象史稿，重庆人民出版社，1992年。

② 睡虎地秦墓竹简，文物出版社，1978年，第24～25页。

③ 《后汉书·礼仪志》

④ 如《小雅·大田》："有渰萋萋，兴雨祁祁，雨我公田，遂及我私。"

⑤ 谢世俊：《中国气象史稿》重庆人民出版社，1992年，第459～460页。

春秋·有始》已提到所谓“八风”，汉代的许多文献，如《淮南子》、《史记》等都提到“八风”。在这些文献中，八风的名称不完全一样，大致《吕氏春秋·有始》和《淮南子·地形训》为一类，《淮南子·天文训》、《史记·律书》、《易·通卦验》、《说文》等为另一类。兹把其有关内容列表如下：

表 11-6　“八风”名称及其意义

节气	方位	风名一①	风名二②	《史记·律书》对其气象意义的解释
立春	东北	炎风	条风	条风居东北，主出万物。条之言条理万物而出之，故曰条风。
春分	东	滔风	明庶风	明庶风居东方。明庶者，明众物尽出也。
立夏	东南	熏风	清明风	清明风居东南维。主风吹万物而西之。
夏至	南	巨风	景风	景风居南方。景者，言阳气道竟，故曰景风。
立秋	西南	凄风	凉风	凉风居西南维，主地。地者，沈夺万物气也。
秋分	西	飂风	阊阖风	阊阖风居西方。阊者，倡也；阖者，藏也。言阳气道万物，阖黄泉也。
立冬	西北	厉风	不周风	不周风居西北，主杀生。
冬至	北	寒风	广莫风	广莫风居北方。广莫者，言阳气在下，阴莫阳广大也。

现以“风名二”为例，对八风意义作些简单的说明。所谓条风，是指初春时来自东北方的调和的化生万物的春风，故又称“融风”[③]；明庶风是春分时节使万物生长的东风[④]；清明风是立夏时节温热的东南风，故又称“熏风”；景风是夏至时来自南方的大风，故又称“巨风”[⑤]；凉风是立秋时来自西南方的清凉风，故又称“凄风”；阊阖风是秋分时的西风，故又称“飂风”；不周风是立冬时来自西北方的凛冽的寒风，故又称“厉风（丽风）”；广莫风是冬至时来自北方大漠的寒风，故如称“寒风”。这是在长期细致观察基础上对我国季风现象的一种概括。《史记·律书》则用阴阳二气的消长来解释季风的变换及其对自然界植物的生杀作用。

（四）观测方法与手段

当时气象观测的方法和手段，一种是直接的观察，一种是间接的观察，即所谓物候测天，还有一种是利用简单的仪器进行观测。直接观察已如上述。物候测天也积累了许多知识。例如《淮南子·说林训》把“山云蒸，柱础润”作为判断天快要下雨的征兆。

---

① 这是《吕氏春秋·有始》所载“八风”名。《淮南子·地形训》基本同此，只是东方“滔风”作“条风”，东南“熏风”作“景风”。

② 这是《淮南子·天文训》所载“八风”名。《史记·律书》《易·通卦验》《说文》同此，只是《说文》东北“条风”作“融风”。

③ 《国语·周语上》：“先立春五日，瞽告有协风至。”条、融、协都有调和、畅达的意思。《淮南子·地形训》把“条风”安排在东方，《吕氏春秋·有始》东方的“滔风”也就是“条风”，滔条同音通假。

④ 《淮南子·地形训》既把“条风”安排在东方，则安排在东北方的“炎风”可能相当于“明庶风”；“炎”读如“焰”，与“明”义亦相通。

⑤ 《史记·律书》是把“景”音训为“竟”，并与阳气之极盛相联系。

《论衡·变动》则指出：“故天且雨，蝼蚁徙，蚯蚓出，琴弦缓[①]，固疾发。”这是在现实生活的还可以获得验证的古老经验。也有看星星预测水旱的。如《史记·天官书》说：“汉（银河），星多，多水；少则旱。”气象观测的仪器，除了上面已经介绍过的土炭、律管候气等外，还应提到古代的测风仪。《淮南子·齐俗训》说那些“不通于道者”，“终身隶于人，辟若伣之见风也，无须臾之间定矣”。据历代注家考证，“伣”是“綄”（音缓）之误。綄是古代的一种测风仪器，叫“候风羽”，楚地叫“五两”，是用鸡毛五两系在长竿上而成。从《淮南子》以之作譬看，汉代民间使用应是相当普遍的。汉代官府测天还有“铜凤凰”和“相风铜乌”，东汉张衡又发明了“候风地动仪”，这些就不一一介绍了。

二 对气象和物候的规律与成因的解释

（一）对物候现象的解释

中国古代利用物候指时和测天有着悠久的历史，但对物候现象的科学解释始见于汉代。《淮南子》已经用阴阳二气的作用来说明有关物候现象的发生，如《泰族训》云：“夫湿之至也，莫见其形，而炭已重矣；风之至也，莫见其象，而木已动矣……故天之且风，草木未动而鸟已翔矣；其且雨也，阴曀未集而鱼已噞矣：以阴阳之气相动也。故寒暑燥湿，以类相从；声响徐疾，以音相应也。”

王充在这方面的论述尤多，他在批判当时流行的天人感应说时，提出了“天气变于上，人物应于下”的理论：

> 天气变于上，人物应于下矣。故天且雨，商羊起舞，非使天雨也。商羊者，知雨之物也，天且雨，屈其一足起舞矣[②]。故天且雨，蝼蚁徙，蚯蚓出，琴弦缓，固疾发，此物为天所动之验也。故天且风，巢居之虫动，且雨，穴处之物扰，风雨之气感虫物也（《变动》）。
>
> 夫风至而树枝动，树枝不能致风。是故夏末蜻蛚鸣，寒螀啼，感阴气也。雷动而雉惊，发蛰而蛇出，起阳气也。夜及半而鹤唳，晨将旦而鸡鸣，此虽非变，天气动物，物应天气之验也。顾可言寒温感动人君，人君起气而以赏罚，乃言以赏罚感动皇天，天为寒温以应政治乎（《变动》）？
>
> 是且天将雨，螘（蚁）出蚋（飞行的蚊类蠛子）蜚，为与气相应也。或时诸虫之生，自与时气相应，如何辄归罪于部吏乎？天道自然，吉凶偶会（《商虫》）。

在这里，王充坚持了“天道自然”的观点，否定了人的政治行为能引起皇天感应的谬说。他承认世界上万事万物是相互联系的，所以能从“人物”的变化看出天气即将发生的变化，而这种联系的基础是“气”的“动”与“应”的关系。王充认为，天可以动

---

① 古代作琴弦的材料，或用丝，或用动物的肋、革、肠等，都是动物蛋白纤维，有吸湿性，风雨来临前，空气湿度大，琴弦因吸湿而变长，音调也就变低，因此古人往往用乐器发声的低昂来测知气候的变化。

② 商羊，古代认为是一种“水祥”，能预测天雨。后来附会为儿童游戏，孩子们单腿跳，边跳边唱“雨来了！”就预兆有雨。实际上这并不科学。如果有这样一种动物，也是发生怪异变化的动物。

物，而物不可动天。这是因为“气”之不足，“类”之不同。[①] 他打了一个比方：“夫天能动物，物焉能动天！……故人在天地之间，犹蚤虱之在衣裳之内，蝼蚁之在穴中。蚤虱、蝼蚁为逆顺纵横，能令衣裳穴隙之间气变动乎？”（《变动》）这种理论主要是针对天人感应说的。“天”在这里主要是指自然界的气候。自然界气候变化能对动植物和人类的活动方式产生重大影响，这是显而易见的事实；现代科学表明，人类和生物界的活动，也能对自然界的气候产生影响，不过，这种影响要显露出来，需要经过漫长的岁月和科学的监测。古人在当时的科学水平下难以科学地认识到这一点，我们不能以此苛求古人。所以王充的这一论断虽然有一定局限性，但在当时仍然是一种光辉的唯物主义认识。此外，王充具有丰富的物候知识，而且对风雨发生的物候规律，也作出了初步的概括。如他指出：“故天且风，巢居之虫动，且雨，穴处之物扰。”

（二）对云雨雷电成因的解释

对云雨雷电成因的解释，古人也是用阴阳二气的运动变化进行解释的。如《大戴礼记·曾子天圆》：“阴阳之气各静其所，则静矣，偏则风，俱则雷，交则电，乱则雾，和则雨。”《慎到》云：“阳与阴夹峙，则磨轧有光而为电。”晋顾恺之《雷电赋》：“阴阳相薄，为雷为电。”这种认识在秦汉魏晋南北朝时期是相当普遍的。主张天人感应的董仲舒的所谓“天”有多层含义（神灵之天，自然之天和道德之天）。当他把“天”看作由精气组成的自然之天的时候，雷、电、风、雹、雨、露、霜、雪的变化都是阴阳二气运动的自然结果：

> 二月，京师雨雹，鲍敞问董仲舒曰：“雹何物也？何气而生之？”仲舒曰：“阴气胁阳气。天地之气，阴阳参半，和气周旋，朝夕不息……以此推移，无有差慝。运动抑扬，更相动薄，则熏蒿歊蒸，而风、雨、云、雾、雷、电、雪、雹生焉。气上薄为雨，下薄为雾。风其噫也，云其气也。雷其相击之声也，电其相击之光也。”[②]

汉代的一些纬书中也有类似的说法[③]。在当时来说，这种解释是科学的；其中看不出唯心主义的“热昏的胡话”。

王充在这些正确认识的基础上有所发展，他对风雨雷电成因解释的理论基础仍然是气论，但又不是简单套用阴阳相激的模式。例如，王充认为雷电是“太阳之激气”产生的，所以雷的发生规律是：“正月阳动，故正月雷始，五月阳盛，故五月雷迅，秋冬阳衰，故秋冬雷潜。”他还指出了“千里不同风，百里不同雷”（《雷虚》）的雷雨分布规律。关于云和雨之间的转化和循环，战国时人已经接触到这个问题，到汉代，人们的认识更加深化了。《吕氏春秋·圆道》云：

---

① 参阅本书第八章第二节有关部分。

② 《董子文集·雨雹对》

③ 纬书不少地方用阴阳相激或相合来解释风雨雷电的产生。如：“阴阳和合，其电耀耀也。其光长而雷殷殷也”（《易纬·稽览图》）。“阴阳相薄而为雷”（《河图·开始图》）。“阴阳合为雷，阴阳激为电”（《春秋元命包》《太平御览》卷12引）。“阴气凝而为雪”（《春秋元命包》、《事类赋》卷3引）。“阴阳和而为雨”（《春秋元命包》、《太平御览》卷10引）。“阴阳聚而为云”（《春秋元命包》、《太平御览》卷8引）。“阴阳怒而为风，乱而为雾”（《春秋元命包》、《初学记》卷1引），转见：钟肇鹏，谶纬论略，辽宁教育出版社，1991年。

云气西行，云云然（高注：云，运也。周旋运布，肤寸而合，西行则雨也），冬夏不辍；水泉东流，日夜不休；上不竭，下不满，小为大，重为轻，圆道也（高注：小者泉之源也，流不止也，集于海，是为大也。水湿而重，升而为云，是为轻也）。

所谓“圆道”，是把世间的事物看作循环往复过程的一种自然观：《圆道》的作者指出，“云气西行”、“水泉东流”就是这样一种循环往复的过程。高诱的注补充了云气西行降雨和水（轻）蒸发升腾为云（轻）的环节，使得这幅循环图更为清晰：东方海洋上空的水汽被季风吹向西方的大陆，形成降雨，雨集成河，东流入海，循环往复而不竭。王充已经注意到云转化为雨的变化过程及其规律，从而针对所谓“天喜而施雨”的天人感应臆说，提出了“雨从地上，不从天下”的科学论断：

案天将雨，山先出云，云积为雨，雨流为水（《论衡·顺鼓》）。

雨从地上，不从天下。见雨从上集，则谓从天下矣；其实地上也。然其出地起于山……雨之出山，或云云载而行，云散水坠，名为雨矣。夫云则雨，雨则云矣。初出为云，云繁为雨……云雾，雨之征也。夏则为露，冬则为霜，温则为雨，寒则为雪。雨露冻凝者，皆由地发，不由天降也（《论衡·说日》）。

看来王充已经认识到，地上的水气升腾凝聚而为云，云在运行过程中依不同的天气条件而形成不同的降水形式。王充的认识是相当科学的，而且已经包含了自然界水的循环运动的宝贵思想①。

对自然界的一些怪异现象，例如“天雨谷”，当时一些人认为是一种凶兆；王充对此进行了批判，并从实际出发，根据对云雨发生规律的科学理解，对这种现象作出了精彩的解释：

天雨谷，论者谓之从天而下，应变而生。如以云雨论之，雨谷之变不足怪也。何以验之？夫云气出于丘山，降散则为雨矣。人见其从天而坠，则谓之天雨水也。夏日雨水，冬日天寒，则雨凝而为雪，皆由云气发于丘山，不从天降明矣。夫谷之雨，犹复云雨之亦从地起，因与疾风俱飘，参于天，集于地。人见其从天落也，则谓之“天雨谷”。建武三十一年，陈留雨谷，谷下蔽地。案视谷形，若茨而黑，有似于稗实也。此或时夷狄之地，生出此谷。夷狄不粒食，此谷生于草野之中，成熟垂委于地，遭疾风暴起，吹扬与之俱飞，风衰谷集，坠于中国。中国见之谓之雨谷。何以效之？野火燔山泽，山泽之中，草木皆烧，其叶为灰疾风暴起，吹扬之，参天而飞，风衰叶下，集于道路。夫天雨谷者，草木叶烧飞而集之类也。而世以为雨谷，作传书者以为变怪。天言施气，地主产物。有叶实可啄食者，皆地所生，非天所为也。今谷非气所生，须土以成。虽云怪变，怪变因类。生地之物，更从天集，生天之物，可从地出乎？地之有万物，犹天之有列星也。星不更生于地，谷何独生于天乎（《感虚》）？

---

① 《内经·素问》：“地气上为云，天气下为雨；雨出地气，云出天气。”也是讲云和雨的循环的，但论述角度有所不同。

三　气象知识在农业生产中的运用

（一）农田小气候与人工小气候

上篇谈到，在古代生产力水平下，人们还不可能改变自然界的气候条件，只能适应它和利用它。但在一定的范围和一定的限度内，人们仍然可能改善农田小气候，使之有利于农作物的生长。例如《吕氏春秋·任地》等三篇就记载了先秦时代在甽亩农田的基础上，通过合理的作物布局，造成有利于作物生长的通风透光的农田小气候的理论和实践。这种理论和实践在秦汉魏晋南北朝时期继续发展。赵过总结的代田法和《氾胜之书》记载的区田法，都是甽亩农田的发展，都是在创造和利用农田小气候效应。土壤耕作保墒技术在某种意义上也是利用小气候效应。这些将在以后的有关章节中介绍。

在这里，我们要谈的是，人们不但可以改善农田小气候，而且可以创造出某种符合人类需要的人工小气候。例如，秦汉时代我国人民已在园艺作物的促成栽培上利用地形小气候，以至创造人工小气候，从而在一定程度上突破自然界季节的限制和地域的限制，生产出各种侔天地造化的“非时之物”来。早在秦始皇时代，就曾“冬种瓜于骊山阬谷中温处，瓜实成”。[①] 这是利用地形小气候冬天种瓜成功的实践。利用人工小气候栽培蔬菜的最早记载见于《汉书·包信臣传》：“太官园种冬生葱韭菜茹，覆以屋庑，昼夜爇（燃）蕴火，待温气乃生。”这是世界上最早的温室，比西欧温室的出现早1000多年。召信臣是汉元帝时人，他在元帝末年以生产“非时之物”为理由，奏请撤消太官园温室。汉代温室的出现当在这以前。汉代朝廷的这种温室设施，虽然一度被撤销，但后来还是继续存在。王嘉《拾遗记》说：“汉兴至哀、平、元、成，尚宫室，崇苑囿，孝哀广四时之房……及乎灵瑞嘉禽，丰卉殊木，生非其址。”这种“四时之房”也应是温室设施，而在其中培育的似乎不止是蔬菜。又，《后汉书·邓皇后传》记载邓皇后在永初七年（113）的一个诏令，提到当时宫室用“或郁养强孰，或穿凿萌芽”的办法，培育“不时之物”，下禁令，“凡所省二十三种”。所谓“郁养强孰”，王先谦《后汉书集解》引《通鉴》胡注说：“言火其下，使土气蒸发，郁暖而养之，强使先时成熟也。”这是温室促成培育的方法，而且采用地下火道加温，比室内生火要先进。所谓“穿凿萌芽”，大概是挖掘土坑（堆土在北面），利用坑内温度比地上高的特点，在坑内进行蔬菜的催芽育苗，也是促成栽培法之一。从禁止“不时之物”达23种之多看，当时利用上述方法培育蔬菜的种类已相当多，水平也相当高了。还有迹象表明，这种办法已由皇室官府推广到民间，《盐铁论·散不足》谈到当时富人享用的东西中有“冬葵温韭”，这应该是用温室来培养的“不时之物”。至于在土坑内催芽等方法，在民间的园圃生产中应用就更为广泛了[②]。

（二）对霜寒灾害的预测与预防

寒冷天气及其所引起的霜害等，对农业生产威胁颇大；秦汉魏晋南北朝时期人们已经注意对霜寒灾害的预测和预防。《论衡·寒温》说：“民间占寒温，今日寒而明日温；朝

---

① 《汉书·儒林传》颜注引东汉卫宏《尚定古文尚书序》。

② 梁家勉主编，中国农业科学技术史稿，农业出版社，1989年，第216页。

有繁霜，夕有列光；旦雨气温，旦旸气寒。”这种预测是相当科学的：“旦雨”为夜间有云雨，辐射降温少，所以温度较高；“旦旸”是因为夜间无云，辐射降温多，所以很冷。

在预测的基础上，人们采取了各种预防霜寒灾害的方法。如《氾胜之书》记载了人工预防霜害防露害的办法：“稙禾，夏至后八十九十日，常夜半候之，天有霜若白露下，以平明时，令两人持长索相对，各持一端，以槩禾中，去霜露，日出乃止。如此，禾稼五谷不伤矣。”“黍心初生，畏天露。令两人对持长索，搜去其露，日出乃止。”这是在实践中总结出来并在实践中被证明为有效的办法，适用于各种禾谷类作物。这种“赶霜”方法之所以能够减轻霜害的机理：“可能是因为赶霜使禾的植株摆动，空气流动上下温度交换，处于穗部的最低临界位置发生变动；霜被赶掉后，太阳出来温度回升时，不需要吸收更多的热量溶化霜，穗部温度不致再次降低”①。

《齐民要术》则记述了果树熏烟防霜的方法：“凡五果，花盛时遭霜，则无子。常预于园中，往往贮恶草生粪。天雨新晴，北风寒切，是夜必霜。此时放火作煴，少得烟气，则免于霜矣。”从这一记载看，当时人们不但已经认识到，果树花期如果遇到晚霜，会使花器受到损害，因而不能结实；而且掌握了晚霜的发生规律：“天雨新晴，北风寒切，是夜必霜”。采取的预防措施也是简单而有效的。

为了防止果木的幼苗在寒冷的冬天受到伤害，《齐民要术》提出草裹、埋土等一系列措施，这里就不一一介绍了。

① 同上，第202页。

第十二章　合理利用与改善土壤环境的理论和技术

我国传统的土壤学，先秦时代已取得辉煌的成果，秦汉魏晋南北朝时期的土壤学在此基础上主要向应用方面发展。在理论上的建树也有一些，虽不很多，但这些理论被广泛应用于农业生产，改善土壤环境的技术有长足的发展。其中最突出的成就是以防旱保墒为中心的、由"耕、耙、耢、压、锄"等环节的组成的旱地土壤耕作体系的确立。施肥和灌溉的理论和技术，也第一次在农书中获得记述和总结。

第一节　土壤分类，土宜论和土脉论

一　土壤分类

这一时期没有专论土壤分类的文献，严格说来也没有像《禹贡》和《管子·地员》那样就全国范围进行土壤的分类；但是不少文献谈到了土壤的种类。我们把这些有关文献分为农书和非农书（以《淮南子》为代表）两类加以介绍。先从后者说起。

（一）按土壤质地等性状的分类

《淮南子·地形训》谈到了九州之土和五方之土：

何谓九州？东南神州曰农土（高注：东南辰为农祥，后稷之所经纬也，故曰农土），正南次州曰沃土（沃，盛也。五月建午，稼穑盛张，故曰沃土也），西南戎州曰滔土（滔，大也。七月建申，五谷成大，故曰滔土也），正西弇州曰并土（并犹成也。八月建酉，百谷成熟，故曰并土也），正中冀州曰中土（冀，大也。四方之主，故曰中土也），西北台州曰肥土，正北泲州曰成土（未闻），东北薄州曰隐土（气所隐藏，故曰隐土也），正东阳州曰申土（申，复也。阴气尽于北，阳气复起东北，故曰申土）。

正土之气也御乎埃天。（《太平御览》引下有注："正土，中土也。"）偏土之气御乎清天。（《太平御览》引下有注："偏土，方土也。"）壮土之气御于赤天。（《太平御览》引下有注："壮土，南方土也。"）弱土之气御于白天。（《太平御览》引下有注："弱土，西方土也。"）牝土之气御于玄天。（《太平御览》引下有注："牝土，北方土也。"）

从上引两条材料看，不但缺乏像《管子·地员》那样的对土壤性状的具体描述，而且有些地方显然是为了牵合阴阳五行的五方说而拼凑出来的，并不具备土壤分类学的意义。《淮南子·天文训》中具备土壤分类学意义的是下面一段话"土地各以（其）类生

[人]……轻土多利，重土多迟……是故坚土人刚，弱土人（肥）[脆][①]；垆土人大，沙土人细；息土人美，秏土人丑。”[②] 这里提到的并非八种并列的土壤类型，而是根据土壤性状的不同侧面对土壤类别的四组划分方法。在这四组性状中，重轻与坚弱相近，但有区别；坚弱以土质的坚硬程度来划分，重轻则以土壤的重量和板结程度来划分。农书中也是轻土和弱土并提的（详后）。这里的“垆土”与“沙土”相对，应指粘重的土壤。但《说文》训“垆”为“刚土”[③]；《汉书·地理志》注也说“垆”是“黑刚土”。则“垆”也可归入“坚土”类中。可见《淮南子·天文训》上述土壤类别是相互交叉的。关于“息土”和“秏土”，《九章算术·商功》有以下记载：“今有穿地，积一万尺，其为坚壤各几何？答曰：为坚七千五百尺，为壤一万二千五百尺。穿地四，为壤五，为坚三，为墟四”（刘徽注：“壤谓息土；坚谓筑土。”）。据此，李约瑟认为“息土”是填坑有余的土壤，“秏土”是填坑不足的土壤。在上述三种土壤中，“壤”为“息土”，“坚”为“秏土”，“墟”介于“息土”与“秏土”之间。这同样说明《淮南子·天文训》的各种分类方法的土壤类别是相互交叉的。

《说文》土部中也有一些专门表示土壤类型的字，见表 12-1。

表 12-1 《说文》所载专门表示土壤类型的字

字	解释	备 注
垆	黑刚土	今本《说文》作“刚土”，《禹贡》释文及《韵会》等引作“黑刚土”
埲	赤刚土	《玉篇》“埲，赤坚土也。”历代注家均认为埲即《草人》的“骍刚”
埵	坚土	《说文句读》认为“坚或埾之伪”，埾土即聚土
埆	坚土	
堇	粘土	《部首订》：“土之粘者，其色必黄，地性然也。故从黄土会意。古者涂事用堇，盖取堇性粘……”
埴	粘土	埴为粘土。历代注家完全一致
壤	柔土	
塿	塺土	《说文》：“塺，尘也。”④

这里包括了刚土两种、坚土两种、粘土两种、柔土一种、塺土一种。从《玉篇》“埲，赤坚土也”看，刚土也是坚土，只是程度有差别罢了。两种刚土名称在先秦文献中已经有了，两种坚土的名称则未见，似乎反映了土壤分类的细化，但这两种土壤的具体性状无载。在粘土中，“埴”土已见于先秦，“堇”作为表示土的一种性质的字在先秦亦已出现，但似乎没有被当作一种单独的土类。塿土的确切意义还搞不很清楚。

“壤”训“柔土”；柔与弱相类，据此，“壤”属于《淮南子》中的所谓“弱土”。不

① 引文据：张双林，淮南子校释 北京大学出版社，1997 年，校改。《校释》云：下文“垆土人大，沙土人细，息土人美，秏土人醜”，大与细对，美与丑对，刚与肥则不对矣。肥当作脆。《广雅·释诂》：“脆，弱也。”脆即脆之俗体，坚土人刚，弱土人脆，正相对成义。《家语·执辔篇》：“坚土之人刚，弱土之人柔。”柔亦脆也。

② 《大戴礼记·易本命》：“是故坚土之人肥，虚土之人大，沙土之人细，息土之人美，秏土之人丑。”与此相似。

③ 《禹贡》释文及《韵会》等引作“黑刚土”。

④ “塺土”，徐锴《说文系传》改为“摩土”。王氏疏证改为“历土”，《说文句读》表示存疑。

过这里的“柔”似乎解释为“和缓”更合适。《禹贡》“厥土惟白壤”，马注：“壤，天性和美也。”《释名》：“壤，瀼也，肥瀼意也。”《玉篇》：“地之缓肥曰壤。”可见当时人们都把“壤”作为一种肥美和缓的土壤类型。但当时人们有时也从另一种意义上来使用“壤”这个词。如张华《博物志》：“凡土，三尺以上为壤，三尺以下为土。”“三尺”的数字不必拘泥，这实际上是把土中的耕层视为“壤”，和郑玄《周礼》注“壤，亦土也，变言耳。以万物自生焉则言土；土，犹吐也。以人所耕稼树艺焉，则言壤；壤，和缓之貌”，是相通的。

上篇谈到，《管子·地员》篇已经注意到土壤中小动物的活动及其对土壤性状的影响。秦汉时，又产生了表示有小动物频繁活动的土类的专名。《方言》卷六云：“坻、坦，埸也。梁宋之间蚍蜉（大蚂蚁）、犁鼠（蚡鼠）之埸谓之坻，螾（蚯蚓）埸谓之坦。”在这里，“埸”是指经过这些小动物钻穴作巢后的疏松杂粪的土壤。“埸”亦作“塲”，有时又可通“壤”[①]。这表明已经认识到蚯蚓等小动物的活动对土壤性状产生良好的作用。

（二）按土壤颜色的分类

土壤的颜色，在相当程度上是土壤性质的反映；所以除了根据土壤的质地划分土壤类型外，还有根据土壤的颜色划分土壤类型的。《论衡·十性》：“九州田土之性，善恶不同，故有黄赤黑之别，上中下之差。”如《孝经援神契》说：“土黄白宜种禾，黑坟宜黍麦，苍赤宜菽，白宜稻，汙泉宜稻。”[②]张华《博物志》也说：“五土所宜，黄白宜种禾，黑坟宜黍麦，苍赤宜菽芋，下泉宜稻，得其宜，则利百倍。”关于五色命名的土壤的性质，《释名·释地》有以下解释：“土青曰黎，似藜草色也。土黄而细密曰埴，埴，膱也。粘朊如脂之膱也。土赤曰鼠肝，似鼠肝色也。土白曰漂，漂，轻飞散也。土黑曰卢，卢然解散也。”据此，土色青（苍）的叫“黎”，相当于《禹贡》中的“青黎”；土色黄而細密的叫“稙”，也就是《淮南子》和《说文》中的“埴”；土色赤的叫“鼠肝”，相当于《地员》中的“五弘”（“五弘之状如鼠肝”）；土色白的叫“漂”，相当于《草人》中的“轻㶿”（郑注：“轻爨，轻脆者。”《说文》：“漂，漂爨也。”）；土色黑的叫“卢”，它和《说文》所说的“垆”颜色相同，但所描述的性质有所差别。看来，我们应该把《释名》中提到的“黎”、“埴”、“鼠肝”、“漂”、“卢”视为五色土中有代表性的土类；而不应把它们视为五色土的全部。例如，黄土不都是“埴”土；白土不都是“轻爨”土[③]。

（三）主要农书中提到的土地类型土壤类型

从现存的材料的，《氾胜之书》和《四民月令》把土壤按其肥力区分为美田和薄田，另一方面按其质地区分为强土、弱土和介于两者之间的缓土。强土包括了《淮南子》中的坚土、重土、粘土，弱土包括了《淮南子》中的轻土、弱土、沙土，强土和弱土土性有所偏，缓土则土性和缓适中，是比较肥美的，故常与美田并提。试看表12-2。

---

① 潘岳，《藉田赋》“坻埸染履”，李善注引《方言》此文云：“浮壤之名也。音伤，亦作壤。”参阅钱绎《方言疏证》。

② 《纬书集成》，上册，上海古籍出版社，1994年，第336页。

③ 例如《禹贡》中有雍州的“黄壤”，《氾胜之书》中有“白沙土”，都不是《释名》的五色土所能涵盖的。

表 12-2 《氾胜之书》和《四民月令》中所载土类

土类	《氾胜之书》	《四民月令》
强土	春地气通，可耕坚硬强地黑垆土	正月，雨水中，地气上腾，土长冒橛陈根可拔，急菑强土黑垆之田
缓土	种芋法，宜择肥缓土近水处，和柔粪之	二月，阴冻毕释，可菑美田、缓土及河渚小处
弱土	杏始华荣，辄耕轻土弱土	杏花盛，可菑沙、白、轻土之田（氾胜之曰："杏花如荼，可耕白沙也。"）

《齐民要术》中，既按肥力（良田、薄田）和地势（高田、下田）区分耕地的不同种类，又按颜色和质地的区分土壤的不同类型。颜色有黄、白、黑、青之分，质地有"刚强"、"软"、"沙"之别。"刚强之地"相当于《氾胜之书》中的"强土"，"软土"则不能等同于《氾胜之书》的"弱土"；它是比较疏松肥沃的土壤，大体相当于《说文》中的"壤"或《氾胜之书》中的"缓土"。"沙土"则属于《氾胜之书》中的"弱土"一类。《齐民要术》一般兼用描述颜色和质地的词来区别土壤的类别。如《种蒜第十九》："蒜宜良软地。"（白软地，蒜甜美而科大；黑软次之；刚强之地，辛辣而瘦小也。）所谓"白软"地，似指沙质壤土，所谓"黑软"地，似指粘质壤土①。

二　土宜论与土地利用

（一）对土宜的一般论述

土宜论或地宜论是我国传统农业土壤学的重要特色之一。进入秦汉以后，人们在这方面继续有所论述，如《淮南子·地形训》在论及五方所宜物产时说："东方……其地宜麦，多虎豹，南方……其地宜稻，多兕象；西方……其地宜黍，多旄犀。北方……其地宜菽，多犬马。中央……其地宜禾，多牛马及六畜。"它还谈到不同流域亦各有所宜的农作物："汾水濛浊而宜麻，泲水通和而宜麦，河水中（浊）[调]② 而宜菽，洛水轻利而宜禾，渭水多力而宜黍，汉水重安而宜竹。江水肥仁而宜稻，平土之人慧而好五谷。"同一地区的不同地类应该经营不同的生产项目，使农业生产获得全面发展。《淮南子·主术训》说：

> 食者民之本也，民者国之本也，国者，君之本也。上因天时，下尽地财，中用民力。是以群生遂长，五谷蕃殖，教民养育六畜，以时种树，务修田畴，滋植桑麻，肥墝高下，各因其宜，丘陵坂险不生五谷者，以树竹木，春伐枯槁，夏取果蓏，秋畜疏食，冬伐薪蒸，以为民资。是故生无乏用，死无转尸。

《论衡·量知》也说："地性生草，山性生木。如地种葵韭，山树枣栗，名曰美园茂林。"应该指出，因地制宜种植不同的作物，发展农业生产，已经成为当时人们的常识，甚至在一些宗教典籍中也有所反映。如《太平经》中就有以下记载：

---

① 《齐民要术》有时也单用颜色来描述土壤的类别。如《旱稻第十二》："旱稻用下田，白土胜黑土。"这里的"白土"可能是指沙质壤土，而"黑土"则是指粘性较重的土壤。

② 今本作"中浊"，义不相属。《太平御览》百谷部五作"河水中调而宜菽"，是据此改之。

天地之性，万物各自有宜。当任其所长，所能为，所不能为者，不可强也。万物虽俱受阴阳之气，比若鱼不能无水，游于高山之上，及其有水，无有高下，皆能游往。大木不能无土，生于江海之中。是以古者圣人明王之授事也，五土各取其所宜，乃其物得好且善，而各畅茂，国家为其得富，……如人不卜相其土地而种之，则万物不得成，竟其天年……

非其土地，不可强种，种之不生。言种不良，内不得其处，安能长久？六极八方，各有所宜，其物皆见，事事不同。①

这里因地制宜的原则讲得十分清楚，而且是从土宜与物性相结合的角度进行论述的。至于不同类型的土壤种植不同种类的作物，上面引述的《孝经援神契》和《博物志》的材料已经论及了。

上篇谈到，注意农业的地区性，在同一地区因地制宜，全面发展，因土种植，这是我国传统农学土宜论的三个层次，先秦时代均有论述。到了秦汉魏晋南北朝时期，这已经不是什么新的创造了。秦汉魏晋南北朝时期的发展在于，土宜论在农业生产中的细化和深化；这在《齐民要术》的有关论述中反映得最为明显。

（二）《齐民要术》中的土宜论和土地利用原则

《齐民要术》是在土宜论的基础上建立其关于土地利用的原则和方法的，书中对这些原则和方法的论述具体而深入，具有以下特点：

一是因土种植，土宜与物宜结合考虑。《齐民要术》非常重视因土种植，差不多每种作物都指出其所宜的土壤地形条件，包括土质、肥瘠、地势高下、向阴向阳等。如“麻欲得良田”；“穬麦非良地不须种”；“粱、秫并欲薄地而稀”；“谷子良田薄地均可；”水稻“地无良薄，水清则美”；“蒜宜良软地”；“䪥宜白软良地”；“姜宜白沙地”；“胡荽宜黑软青沙良地，……（树阴下不得禾豆处，亦得）”② 等等。《齐民要术》不但指出各种从事应该选择什么样的耕地，而且说明这种选择的根据。如指出种竹“宜高平之地（近山阜，尤是所宜）”，因为竹若种在“下田，得水即死”。在作这些选择的时候，《齐民要术》是把土宜与物宜结合起来考虑的。如胡麻有抑制杂草生长的特性，所以安排在“白地”（指休闲地或新垦地）地种植；小麦对水的需求比黄河流域原产的粟黍高，在当时农田灌溉尚不普遍的条件下，必须安排在“下田”种植，为了说明这个问题，书中还引述了一首民谚：“高田种小麦，稴䅟不成穗。男儿在他乡，那得不憔悴。”③ 又，《收种第二》论述“山泽有异宜”指出：“山田种强苗，以避风霜；泽田种弱苗，以求华实也。”这里的所谓“强苗”、“弱苗”，不但包括了不同的作物，而且包括了作物的不同品种。这也是因土种植原则深化的一个标志。

二是见缝插针，提高土地利用率。我国的种植制度战国时代已由休闲制转为连作制，

---

① 《太平经合校》中华书局，1960年，第203，210页。

② 《学津讨原》本作“树荫下，得；禾豆处，亦得。”虽可通，但《齐民要术》似无关于禾豆类作物间作蔬菜的记载；故据《农政全书》作了以上校改。详见石声汉《齐民要术今释》。

③ 《周礼·稻人》：“泽草所生，种之芒种。”郑司农云：“泽草之所生，其地可种芒种；芒种，稻麦也。”郑玄《孝经》注：“下田宜稻麦。”《公羊传》定公元年何休注亦云：“隰宜麦。”（见孙诒让《周礼正义》）可见黄河流域麦作推广之初，一般是种在下田的。

《齐民要术》时期主要实行连作制，复种尚未普遍，提高土地利用率的主要方式是间套混作。例如在桑树的行列之间间种豆类或芜菁，可以充分利用土地的间隙生产更多的农产品；又如楮树籽、槐树籽分别与大麻籽混播，可以利用楮树苗和槐树苗未长大以前的时间空档多生产一些农产品。间套混作除了提高土地利用率以外，还包含了利用农业生物间的相互依存相互促进关系的意义在内。请参看本书第十三章在关部分。

三是尽量扩大土地利用范围。《齐民要术·耕田》篇是从开荒说起的。除了扩大农田以外，贾思勰又主张充分利用不宜种植五谷的土地种植果树和林木；但对不同种类和不同用场的树木也要各随其宜。例如，由于“枣性炒故”，“其阜劳之地，不任耕稼者，历落种枣则任矣”（《种枣第三十三》）。“楮宜涧谷间种之”（《种榖楮第四十八》）。“柞宜于山泽之曲”；“下田停水之处，不得五谷者，可以种柳”；种箕柳则于“山涧河旁及下田不得五谷之处”（《种槐……第五十》）；种茱萸“宜故城、堤、冢高燥之处”（《种茱萸第四十四》）。《齐民要术》还指出，池沼不但可以养鱼，而且可以培育莼、藕、芡、芰等水生蔬菜。

四是用养结合，着眼于土地的持续利用。当时养地的措施，除农田施肥外，主要是依靠豆科作物与禾谷类作物的轮作，这将在有关部分论述，于此不赘。

五是统筹兼顾、全面提高土地的生产能力。在贯彻土宜原则时，《齐民要术》不是孤立地考虑一块块的耕地，而是作全盘的筹划。例如，贾思勰主张把旱稻安排在夏天积水的“下田”，为什么呢？贾思勰指出：“非言下田胜高原，但夏停水者，不得禾、豆、麦，稻田种，虽涝亦收，所谓彼此俱获，不失地利故也。下田种者，用功多；高原种者，与禾同等也。”

贾思勰在这里不是孤立考虑旱稻的土宜，就旱稻自身而言，高田下田都是可以的，但夏天积水的“下田”，却不能种禾、豆、麦，如果旱稻种在高田，就会挤占了禾、豆、麦的位置，下田就不能得到合理的利用，因而从全局看，不利于地利的充分发挥。穬麦的情形与此相似：“凡种穬麦，高下田皆得用，但必须良熟耳。高田假拟禾豆，自可专用下田也”。又如孤立地看，榆树种在地边似乎是不错的，但与谷田联系起来考虑，就有问题了；因为榆树“其于地畔种者，致雀损谷；既非丛林，率多曲戾。不如割地一方种之。其白土薄地不宜五谷者，唯宜榆及白榆”（《种榆、白杨第四十六》）。

在中国传统农学中，土宜和地利是不可分的，贯彻土宜的原则是为了充分发挥地利，而要充分发挥地利，就要有统筹兼顾。中国传统农学的整体观，在土宜问题上也充分体现出来了。

三 土脉论的发展

把土壤视为有气脉的活的机体（土脉论），是中国传统土壤理论的另一个重要特色；秦汉时期农学在这个方面也有所发展。

（一）《氾胜之书》“和土”的理论

《氾胜之书》说：“凡耕之本，在于趣时，和土，务粪泽，早锄早获。”“和土”是“耕之本”（耕作栽培的总原则）中的一个重要环节；而它正是建立在土脉论的基础之上的。

什么是“和土”？石声汉把“和土”译作“使土地和解”①。万国鼎不同意这种看法，认为《氾胜之书》中常见“和解”一词，指的是土壤自身产生的适合耕作的湿润适度状态，而非指耕作所产生的后果②。他认为“和土”应和“趣时”连在一起，意思是“抓紧适当时间使土壤松和”③。这种解释有一定道理，但似乎未能尽发《氾书》之奥。

“和土”的“和”字作动词，读去声。“和土”即通过耕作等手段使土达到“和”的要求。所以《氾胜之书》中又有“耕和土”、“调和田”、“和柔”田土和“土和”、“土不和”等说法④，并不一定都与“趣时”连用。可见，“和土”和“趣时”是既有联系又有区别的两件事，不应混为一谈⑤。《广韵·戈韵》：“和，不坚不柔也。”《周礼·大司乐》郑玄注：“和，刚柔适也。”“和土”意谓使土壤刚柔适中，即书中所谓“强土而弱之”，“弱土而强之”。但光这样说还不够，“和”的本义是应和、协调的意思，在后来的发展中成为古人心目中自然界和社会秩序和谐的理想状态，以致成为万物得以生发的契机。《氾书》把秋分时节昼夜分、冷暖适的状态称为“天地气和”。《淮南子·氾论训》：“天地之气，莫大于和，和者阴阳调，日夜分而生物。春分而生，秋分而成，生之与成，必得和之精。”⑥“和”则是指土壤整体性状的一种理想状态。土壤以松紧适度、形成团粒结构者为好，古人虽无团粒结构的概念，但对此已有所认识，而用“和”这样一个模糊的概念来表达这种认识。抽象模糊的哲学概念和具体细致的感性经验的结合，正是中国古代农学的明显特色之一。《吕氏春秋·任地》：“凡耕之大方：力者欲柔，柔者欲力；息者欲劳，劳者欲息；棘者欲肥，肥者欲棘；急者欲缓，缓者欲急；湿者欲燥，燥者欲湿。”这里所追求的正是各种对立因子之间恰到好处的配合（结合）。“和土”，可以说已把上述原则都包括进去了，而力求使土壤达到刚柔、燥湿、肥瘠适中的最佳状态。就一概念虽然是模糊的，却包含了丰富的内涵。

“和土”的前提是把土壤看作有气脉的、可变动的活的机体。《氾胜之书》屡屡谈到“地气”，这种“地气”不但是处于不断的运动变化之中，而且这种变化是可以测候的（参看本章第一节）。地气的变化受天气的影响，有一定的规律可循。在“天地气和”的条件下，土壤自身可以呈现水分、气体通达，温度适中的“和气”、“和解”状态。“和土”的要求，就是抓紧这样的时机进行耕作，并通过耕作措施纠正土壤性状中的某种偏颇，使土壤达到理想的状态。例如：

春地气通，可耕坚硬强地黑垆土，辄平摩其块以生草，草生复耕之，天有

---

① 石声汉，氾胜之书今释，科学出版社，1956年。

② 万国鼎，《氾胜之书》的整理和分析兼与石声汉先生商榷，南京农学院学报，1957年，第2期。

③ 万国鼎，氾胜之书辑释。

④ 《氾胜之书》：“春解冻，耕和土，种旋麦。”“种麻，豫调和田。”“又种芋法，宜择肥缓土近水处，和柔，粪之。”“……种大豆。土和无块，亩五升；土不和，则益之。”

⑤ 李根蟠：读《氾胜之书》札记，中国农史，1998，(4)。

⑥ 早在西周末年，史伯已经提出“和实生物，同则不继”（《国语·郑语》）的思想，后来“和”成为人们心目中阴阳协调生成万物的一种机制。如《老子》第四十二章：“道生一，一生二，二生三，三生万物。万物负阴而抱阳，冲气以为和。”《庄子·田子方》：“至阴肃肃，至阳赫赫，肃肃出乎天，赫赫发乎地，两者交通成和，而生也。”《荀子·天论》：“列星随旋，日月递炤，阴阳大化，风雨博施，万物各得其和以生，各得其养以成。”董仲舒《春秋繁露·循天之道》：“和者，天地之所生成也。”“中和者，天下之大美也”，“致中和，天地位焉，万物育焉”。《太平经》：“天地与中和相通，并力同心，共生凡物。”

小雨复耕，和之，勿令有块以待时。所谓强土而弱之也。

杏始华荣，辄耕轻土弱土。望杏花落，复耕。耕辄藺之。草生，有雨泽，耕重藺之，土甚轻者，以牛羊践之。如此则土强。此谓"弱土而强之"也。

由此可见，《氾胜之书》的"和土"理论是对"土脉论"的一种发展。

（二）王充关于人工改良土壤的理论

王充继承了先秦以来的土脉论的思想，认为土壤是具有气脉的，他称之为"气"；而这种"气"提供植物生长的营养物质，是植物生长的必要条件。《论衡·道虚》云："且人之生，以食为气，犹草木之生以土为气矣。拔草木之根，使之离土，则枯而早死。"所以"气"应该理解为土壤的肥力，或肥力的基础。但土壤的肥力状况是人力所能加以改变的。王充在这个问题上的观点集中反映在《论衡·率性》中：

夫肥沃墝埆，土地之本性也。肥而又沃者性美，树稼丰茂。墝而埆者性恶，深耕细锄，厚加粪壤，勉致人功，以助地力，其树稼与彼肥沃者相似类也。地之高下，亦如此焉。以钁锸凿地，以埤增下，则其下与高者齐。如复增钁锸，则夫下者不徒齐者也，反更为高，而又其高者反为下。

上述论述包括以下几个要点：

一是土壤肥力及其指标。文中所谓"地力"就是指土壤的肥力，土地肥力高低的标志是它的综合生产能力，即所谓"肥而又沃者性美，树稼丰茂"。王充还说过："地力盛者，草木畅茂。一亩之收，当中田五亩之分。苗田，人知出谷多者地力盛。"[①] 仲长统也说过："观草木而又肥墝之势可知。"[②]"地力"的基础是"地气"。所以《史记·乐书》说："土敝则草木不长，……气衰则生物不育。"

二是土壤肥力的可变动性。王充指出，地力不是固定不变的，"墝而埆"的土地可以通过改造，使"其树稼与彼肥沃者相似类也"。这是对《吕氏春秋·任地》"地可使肥，亦可使棘"思想的继承和发展。[③]与此相类，地形的高下也是可以改变的。

三是土地由瘠向肥转化的条件。王充明确概括为"深耕细锄，厚加粪壤，勉致人功，以助地力"。《吕氏春秋·任地》虽然指出了"地可使肥"，但没有实现这种转化的条件，而且在论述耕作技术时也没有论及施肥问题。王充第一次论述了肥力转化的条件，并明确把它概括为高标准的耕作和施肥两个方面。而地形的高下也可以通过人工加工来改变。这无疑是对土脉论的一个重要的发展，同时也反映了当时精耕细作技术的进步。

王充是一个哲学家，《论衡·率性》篇的主题是阐明人性的美恶是可以改变的。举出上述农业生产方面的事例是为了论证他的观点。这表明以上这些已经成为人们的常识。这些常识是在长期改良土壤、平整土地的农业实践中取得的，哲学家只是加以概括而已。[④]

---

① 《论衡·效力》。

② 《齐民要术·序》引《仲长子》。这种认识在当时具有相当的普遍性，又《汉书·贾山传》："地之硗者，虽有善种，不能生焉；江皋河濒，虽有恶种，无不猥大。（李奇曰："皋，水边淤地也。"）……故地之美者善养禾。"

③ 《文选》嵇康《养生论》：夫田种者，一亩十斛，谓之良田，此负天下之通称也。不知区种可百余斛。田种一也，至于树养不同，则功收相悬，谓商无十倍之价，农无百斛之望，此守常不变者也。这也是建立在土壤肥力在人工耕作的条件下是可以变动的认识的基础上的。

④ 梁家勉主编，中国农业科学技术史稿，农业出版社，1989年，第198页。

还应该指出的是，当时关于土地可以变化的活的机体的认识已经深入人心，以至一些宣传“天人感应”的唯心主义著作中，也包含了这一类土地可以变化的观点。例如《白虎通义·天地》说：“地者易也。言养万物怀任（妊），交易变化也。”虽则这种观点是被放在“天人感应”的框子中的。这也从一个侧面说明土脉论思想的普遍性。

第二节 从“耕—摩—蔺”到“耕—耙—耱—压—锄”——北方旱地土壤耕作技术体系的完善

一 对防旱保墒认识的深化

（一）干旱重新成为农业生产中的突出矛盾

黄河流域气候比较干燥，年平均降水量大体在400～750毫米之间。这虽然不算太少，但季节分布很不平均，降雨集中在高温的夏秋之际，漫长的冬春雨雪稀缺，尤其是春季风沙多，蒸发量大，极易造成干旱；降水量年变率大，又加剧了这种状况。在《齐民要术》中常见“春多风旱”（《耕田篇》）、“春雨难期”（《种胡荽篇》）、“四月亢旱”、“竟冬无雪”（《种葵篇》）等话头，表明干旱是当时农业的最大威胁。因此，抗旱保墒成为发展黄河流域农业生产的技术关键之一。

在我国上古时代，黄河流域有较多的薮泽沮洳。从原始社会晚期起，人们往往把耕地选择在比较湿润的低平地区，这使干旱的威胁在相当大的程度上获得缓解，防洪排涝的问题却突出出来，为此，人们修建了与沟洫系统相配套的畎亩农田。当时地广人稀，农田呈星星点式或斑块式分布，故人们有可能这样做。战国以后，随着铁农具和牛耕的逐步推广，耕地扩展到更大的范围，黄河流域的农区已经连成一片；原来低平地区内涝积水的状况也有了很大的改变，农田沟洫系统逐渐被废弃。于是，干旱重新成为农业生产的主要矛盾。

解决农田的干旱问题，无非是两条途径：一是通过灌溉增加土壤中的含水量，二是千方百计地保住土壤中由于降水而获得的水分。正是由于干旱重新成为农业生产中的主要矛盾，从战国到西汉黄河流域掀了的农田水利建设高潮，结果是建成了若干抗旱防灾能力较强的灌区。不过，由于水资源的限制，黄河流域能够灌溉的农田毕竟是少数，多数农田要靠保住土壤原有的水分来抵御干旱。在降水量不多而蒸发量相当大的黄河流域，这是至关重要的一件事。这就需要采取适当的土壤耕措施。秦汉魏晋南北朝时期的土壤耕作技术，很大程度上就是围绕防旱保墒这个中心来进行的。

（二）从“务泽”到“及泽”

上篇谈到，在先秦的一些农学文献中，例如《管子·地员》篇，已经很注意土壤中的含水量和保水的性能。《吕氏春秋·辩土》说垆土“寡泽而后枯”，说起垄“高而危则泽夺”；这里的“泽”都是指土壤中的含水量。“泽”这个概念沿用至后世。《氾胜之书》第一次把“务泽”作为耕作栽培的基本原则之一。所谓务泽，包含了提高土壤的蓄水能力（即保墒能力）的意义在内。书中提到的“保泽”、“居泽”，就是保墒、蓄墒的意思。《齐民要术》常常使用“泽”这个表示土壤水分的名词，一般是指土壤的墒情，但作为“泽”的来源，它有时指雨水，有时指灌溉水①。《齐民要术》非常重视土壤水分的动态变化。上文谈到，《齐民要术》第一次明确把土壤的干湿程度作为土壤适耕期的指标，又把“及泽”作为耕作栽培的重要原则之一。贾思勰在批评阴阳家的忌日说时，引用了当时的农谚：“以时、及泽，为上策也”（《齐民要术·种谷第三》）。把“及泽”提到与“以时”同等重要的地位。所谓“及泽”，是指在做好土壤保墒工作的同时，趁土壤墒情良好的时机，抓紧耕作或播种。它相当于现在所说的“抢墒”或“趁墒”。“及泽”的紧迫性，还反映在种麻时“五月及泽，父子不相借”这一谚语中（《种麻第八》)。《齐民要术》中还有“接泽”、“接湿”、“接润”、“藉泽”等提法，意思是相同或相近的。

由于人们很注意土壤水分的动态变化，《齐民要术》中还记载了一些表示土壤水分不同状态的专有名词。华北平原每年惊蛰前后土壤开始解冻，当土层融化部分逐渐加厚，而下面还有冻层托水，或是解冻水和融雪积聚于地表，这就是“返浆”，是春季保墒的有利时机。《齐民要术》称返浆初期为“地释”，称返浆盛期为“地液”，这是耕播移栽的好时机之一②。返浆阶段过后，进入退墒阶段，土壤呈现褐色或黄色，土壤中的水、气、热比较协调，有利于作物幼苗的生长和根系下扎；土壤的这种状态，《齐民要术》称为“黄塲”，认为是耕作的最好时机。如种黍穄，“燥湿侯黄塲”；种旱稻，“黄塲纳种（不宜湿下)”；种蒜，“黄塲时，以耧耩”；等等③。

“塲”，缪启愉认为是从上文引述的《方言》的“場”（“塲”）演化而来的。由于小动物经常活动的土壤疏松而保湿，故把有相似性状的土壤称之为“塲”。这个“塲”字，也就是后来的“墒”字④。

在《齐民要术》中，表示土壤水分状态的名词还有“ 堳实”、“白背”等。“堳实”是指雨水多而致土壤下陷塌实的状态。《齐民要术》指出，秋耕以后不能马上就耮，就是因为夏秋雨多，“秋田堳实，湿劳令地硬”。“白背”是指潮湿的土壤经日晒后，里面（“腹”）仍然湿润，表面（“背”）则干燥发白的状态。土壤耕作的许多作业，必须在“白背”时进行，否则土壤太过潮湿操作就会引起土壤粘连或板结。

二 《氾胜之书》的土壤耕作技术体系

（一）从“耕—耰”到“耕、摩、蔺”

上篇谈到，先秦时期的土壤耕作属于“耕—耰”体系，它的特点是耕作对播种的依附；耕后即播，播后即耰——覆土、摩平；摩平只是覆土作业的一部分。这时牛耕尚未推广，

① 李长年指出：“雨和泽在要术里不通用，所指的对象不同。虽然天雨是土壤中水分的来源之一，但泽字不能指雨水而言。”见《齐民要术研究》（农业出版社1959年）第66页。缪启愉的看法稍有不同，参见《齐民要术导读》（巴蜀书社，1988年）第59～61页。

② 如种苜蓿，“每至正月，烧去枯叶。地液辄耕垄……”

③ 此段主要根据：缪启愉，齐民要术导读，巴蜀书社，1988年，第61～62页。

④ 缪启愉，齐民要术校释，农业出版社，1982年，第76～77页注【三】。

耕用耒耜，耰用木榔头。战国以后，牛耕逐步在黄河流域推广，尤其是西汉中期以后，出现了带有犁壁的大铁犁和二牛抬杠的牛耕方式，翻耕土地的能力大大加强，牛犁最后“告别”了耒耜的形态而在黄河流域获得了普及。土壤耕作进入了新的阶段，它摆脱了对播种的依附状态，可以在播种前多次进行。每次播后都要“摩”、“蔺”土地；碎土、平土已不光是播后覆土作业的一部分。这种情形在《氾胜之书》中有明确的记载。

春地气通，可耕坚硬强地黑垆土，辄平摩其块以生草，草生复耕之，天有小雨复耕，和之，勿令有块以待时（按，指播种之时）。所谓“强土而弱之”也。

杏始华荣，辄耕轻土弱土。望杏花落，复耕。耕辄蔺之。草生，有雨泽，耕重蔺之，土甚轻者，以牛羊践之。如此则土强。此谓“弱土而强之”也。

凡麦田，当以五月耕，六月耕，七月勿耕！谨摩平以待时。

《氾胜之书》还谈到了秋耕。显然，这时的土壤耕作已经完全独立于播种了。《氾胜之书》中的“摩”，后亦作“耱”，即前此之“耰”和后世称“耢”者。《齐民要术·耕田第一》“春耕寻手劳”，自注云：“古曰耰，今曰劳。《说文》曰：“耰，摩田器。”今人亦名“劳”曰“摩”，鄙语曰：“耕田摩劳”也。”这是从其渊源说的，实际上“摩”和“耰”并不完全一样。作为农活，耕耰与播种相依存，耕摩与播种相独立。摩既然是耕后的整地作业，在耕后多次进行，原来的木榔头显然已经不堪其任了。《氾胜之书》时代应该已有畜力摩田器，但尚未有明确的称呼，或即以“摩”为名，唯其形制尚难确言[①]。《氾胜之书》中的“蔺”通“躏”，为践踏镇压之义。当时亦应有“挞”一类兼有镇压功能 的摩田器，或是在被称为“摩”的农具上加上重物，使之起镇压作用。

总之，不晚于西汉末年，崭新的“耕、摩、蔺”耕作体系已取代了原来的“耕—耰”体系。“耕—耰”只能施于播行及其附近，主要功能是保证种子的出苗；“耕、摩、蔺”则能使农田普遍形成疏松柔和的耕层，土壤保墒能力大为提高。“耕、摩、蔺”还大大加强改良土壤的能力，上面引述的“强土而弱之”和“弱土而强之”的技术，就充分证明了这一点。

镇压已成为土壤耕作中的一环。《氾胜之书》所说的“蔺”即镇压，主要用于对弱土的改良，已如上述。也用于蓄雪保泽：“冬雨雪止，辄以蔺之，掩地雪，勿使从风飞去；后雪复蔺之；则立春保泽，冻虫死，来年宜稼。”“冬雨雪止，以物辄蔺麦上，掩其雪，勿令从风飞去。后雪复如此。则麦耐旱，多实。”前者行于冬闲地，后者行于冬麦地。有时也在播后实行镇压，主要行于“区种”。如区种冬麦，“覆土厚二寸，以足践之，令种土相亲”。

中耕技术也有发展，《氾胜之书》第一次把“早锄”作为耕作栽培的基本原则之一。书中记载了各种作物的中耕要求。中耕工具除传统的锄外，还有用“棘柴”来“耧”的，即所谓“秋锄曳柴壅麦根”，开了以耙劳进行中耕的先河。

（二）《氾胜之书》土壤耕作体系的局限性

以《氾胜之书》为代表的汉代土壤耕作技术虽然有很大进步，但也存在一定的局限

① 从出土的图像资料看，汉代确有畜力摩田器，最初大概是一块长木条。《释名·释用器》在“犁”之后有“檀”，并说：“檀，坦也，摩之使坦然平也。”“檀”应即畜力摩田器。畜力摩肩接踵田器称为“劳”，始见于《齐民要术》。

性。在当时的土壤耕作体系中，还缺少“耙”这一环节。从《氾胜之书》中看不出有畜力耙的使用；目前出土的汉代实物和画像资料中也不见畜力耙的形象。看来，畜力耙在汉代还没有出现；即使有，使用也很不普遍。没有耙，不能不使土壤耕作的防旱保墒功能大打折扣。因为耕后摩劳只能使表层土细碎，减少表土水分的损失，但土壤底层水分仍能通过毛细管不断上升到表层而陆续汽化；而且没有经过耙，表层以下翻耕起来的土垡难以破碎，相互架空，非但不能蓄墒，反而容易跑墒。时间越长，跑墒越多。这样，秋耕就难以发挥蓄墒和保墒的作用。《氾胜之书》虽然谈到了秋耕，但受到重视的只是春耕和夏耕。书中还特别指出：“秋无雨而耕，绝土气，土坚垎，名曰腊田。及盛冬耕，泄阴气，土枯燥，名曰脯田。脯田与腊田，皆伤田。二岁不起稼，则一岁休之。”由于当时主要是春耕，所以《氾胜之书》又强调“慎无早耕”①。这里的“耕”是指春耕。这和后世农书所说的“秋耕宜早，春耕宜迟”的要求是一致的。春耕必须在土地解冻初期地温升高，土壤中水分、气体通达，湿润适度的短暂期间进行。“春气未通，土历适不保泽，终岁不宜稼”，这大概是古今同理的。但《氾胜之书》的“慎无早耕”，还包含初耕后必须等青草长起来或有雨时再耕的意思在内。“须草生”是为了压青肥地，减少草害，也是为了提高土壤的保水能力。要等青草长起来，自然不能早。待雨耕则是因为土地耕后摩而不耙，保墒能力及其持久性较差，又无秋墒接济，故只能强调候春雨抢墒耕种，所以也不能随意提早。由于同一原因，《氾胜之书》又强调各种作物要趁雨播种②。

三　《齐民要术》的土壤耕作技术体系

（一）“耙”和“耕劳”

从《氾胜之书》发展到《齐民要术》所反映的时代，我国北方旱地的耕作技术又出现了一次飞跃——从“耕、摩、蔺”发展到“耕、耙、耱、压、锄”，北方旱地土壤耕作技术体系臻于成熟。这里的关键是耕作体系中“耙”这一环节的出现。

“耙”这种工序的出现和“耙”这种农具的发明，是一件事情的两个方面。关于畜力耙的文字记载始见于《齐民要术》，称为铁齿𨫒楱。而畜力拉耙的图像，在甘肃嘉峪关魏晋墓中已有发现。它的出现当不晚于三国时代。耱只能使表土细碎，耙则能使表层以下的土垡破碎，切断和打乱土壤中的毛细管通道，使土壤中底层的水分不至于上升到表土被蒸发掉；同时它还能去掉草木的根茬。土壤中水分的散失，主要是通过土壤中的毛细管的作用由下面提升到地表，然后气化蒸发掉。耙的使用打乱了土壤中毛细管的通道，把上行水堵截在土壤中，从而使土壤的蓄墒保墒能力大为增强。但耙要和耱配合使用，单用耙也难以达到持久保墒的目的。耙后再耱过的土壤，可把上层松土压紧，堵塞非毛细

---

① “早耕”，今本作“旱耕”，据《氾胜之书今释》意见校改。参见本书第十一章第二节中“《氾胜之书》对耕作时机的论述”部分。

② 《氾胜之书》这方面的记载很多。如，“三月榆荚时，雨，高地强土可种禾”；“先夏至二十日，此时有雨，彊土 可种黍”；“三月榆荚时，有雨，高田可种大豆”；小豆，“椹黑时，注雨种”；麻“二月下旬，三月上旬，傍雨种之”。

管孔隙避免了漏风气化失墒，也阻隔了底深墒的跑失①。

在《齐民要术》中，耕后使用耙有两处记载：一条是开荒地耕翻后，用“铁齿𨫒榛再徧杷之，漫泽黍穄，劳亦再徧。明年乃中为谷田”。另一条是种旱稻，“凡种下田，不问秋夏，候水尽，地白背时，速耕，杷劳频繁令熟”；“其高田种者……亦秋耕，杷劳令熟”。其他场合谈土壤耕作时往往只提耕和耢。那么，当时耙是否已经普遍使用？我们认为，耙在当时应该是比较普遍使用的。理由如下：从魏晋北朝时代嘉峪关墓画像资料看，当时用耙已较普遍，很难想象这一时期经济发展颇快的黄河下游地区反而落在其后，此其一；《齐民要术》中的旱稻耕作栽培法基本上是从北方作物的旱作法中移植过去的，因此《旱稻》篇中所述耕、耙、耢在北方旱地耕作中应该带有一定的普遍性，此其二；下文将要谈到，《齐民要术》非常重视秋耕，这是它和《氾胜之书》明显不同之处，如果不是当时“耙”地已经比较普遍，是难以得到合理解释的，此其三。不但如此，我们还可以从《齐民要术》找到“劳”包括“耙”的直接证据。例如，《齐民要术·耕田第一》在论述“劳”的时机掌握的原则及其理由时，引用了桓宽《盐铁论》的话：“茂林之下无丰草，大块之间无美苗。”可见，“劳”包括了把“大块”土垡打碎的任务，如果“劳”不包含“耙”的内容，是难以完成这个任务的。又如，《种葵第十七》讲耕地的要求是“每耕即劳，以铁齿杷耧去陈根，使地极熟，令如麻地”，这里讲的耕后的“劳”，显然包括“耙”，即使用铁齿耙的操作在内。我们知道，耙和劳都是在耕后进行的，耙是在畜力摩劳普遍实行的基础上发明的，在很长时期内被作为摩劳操作的一部分看待的；这可能就是《齐民要术》一般只提“耕”、“劳”，而没有把“耙”单独提出来的原因。

如果这种理解不错的话，那么，《齐民要术》讲述“耕劳”时，往往包含了“耙”在内。不但如此，《齐民要术》有时讲“耕”，实际上已包含耕、耙、耢。如前所述，种葵篇的耕和耕后的劳（包括了耙），其技术的要求是“令如麻地”；而《种麻第八》的记载则是：“耕不厌熟（纵横七徧以上，则麻无叶也）。”可见这里的“耕”，包括了耕耙耢三项工序在内。

（二）对秋耕的重视，附论夏耕、春耕、冬耕

有了耕耙耢的配合，秋耕的作用就能充分地发挥出来，北方旱地耕作技术由此上了一个新的台阶。和《氾胜之书》不同的是，《齐民要术》十分重视秋耕。《耕田第一》秋耕与春耕并提，但强调“秋耕稀青者为上”。《黍穄》篇说春夏耕地要采取“再劳”的补救措施。春种蔬菜明确要求用秋耕地。如《种葵第十七》说：“早种者，必秋耕。”《种胡荽第二十四》说：“春种者，用秋耕地。”等等。这些记载表明，一般春播作物，都使用秋耕地。在因牛力不足难以秋耕的，也要实行秋锋灭茬。许多种林木的地，也要求“秋耕令熟”②。

秋耕最大的好处是借秋雨以济春旱。前面谈到，黄河流域年降水量本不算太少，问题是集中在夏秋之间，春播前后往往缺雨。光进行春季的耕摩，能利用的雨泽不多，能

① 作为农活，“劳”有三种意义，亦即劳的三种用途：一是耕后劳耕耙后的平地和碎土，兼有盖压的功效；二是播后劳，有覆种、镇压、提墒等作用；三是苗期劳，是中耕形式的一种。

② 如白杨、楮、杨柳、榆、梓等。

解决的问题有限。中国古代劳动人民的聪明在于，他们虽然不能把秋雨挪到春天下，但能够把秋雨给土壤带来的水分尽量保住，以供来春作物出苗、生长之用，从而大大缓解春旱的威胁。但只有秋收后进行耕耙耢的土地，才能形成上虚下实、结构良好之耕层，无坚垎虚燥之虞，从而充分收蓄并长久保存住秋墒。对于秋耕的这一好处，时人已有深刻的认识。贾思勰说："若遇春旱，秋耕之地，得仰垄待雨。（春耕者，不中也。）"[①] 对北方旱农来说，秋墒实在太重要了。一般应当在收获后抓紧秋耕[②]，即令没有秋耕的条件，也要浅耕灭茬："凡秋收之后，牛力弱，未及即秋耕者，谷、黍、穄、粱、秫茇之下，即移羸速锋之，地恒润泽而不坚硬。乃至冬初，常得耕劳，不患枯旱。若牛力少者，但九月、十月一劳之，至春稿种亦得。"[③]"羸"指弱牛[④]，"锋"是人蹠畜拉两便的类似耒耜的农具。秋收后，地面裸露，原来塌实的土壤因毛细管水上升蒸发，底墒、深墒会很快丧失。浅锋灭茬作为应急措施，其作用就在于及时切断土壤毛细管通道，防止秋墒的走失，换来从容进行耕耙耢的时间。

秋耕的另一个好处是可以深翻。深翻加厚了土层，翻出的部分心土经一秋冬，有足够的时间使其风化变熟，这就既增加了地力，又能多蓄秋雨。春耕却不能得到这种深耕的好处。因为临近春播，如翻出心土，生土来不及风化，会影响作物的生长。故《齐民要术》总结了"秋耕欲深，春耕欲浅"的原则。与此相联系的还有"初耕欲深，转地欲浅"的原则。因为"耕不深，地不熟；转不浅，动生土也"（《齐民要术·耕田第一》）。

秋耕还可以充分利用田间青草，把它翻压作肥料。这问题，《氾胜之书》已经注意到了，但《氾胜之书》讲的是春耕压青，春耕离春播的时间很短，能利用的青草有限。秋耕则不同，不但初次秋耕时可以压青草为肥，初耕后青草长出还可以继续翻压。贾思勰说："秋耕稀青者为上。"又说："比至冬月，青草复生者，其美与小豆同也。"《齐民要术》重视绿肥的种植和利用，应是与这种经验的发展有关。

《齐民要术》对夏耕亦颇重视。夏耕主要适于冬麦地和停水下田。作用是晒垡——"暵地"。《齐民要术》强调"大小麦皆须五六月暵地"；"不暵地而种者，其收倍薄"。"暵"或作"熯"，即夏耕晒垡，可以改变土壤渍水、不透气状态。晒后再耕耙收墒，入秋下种。经过充分曝晒的土垡，遇雨酥散，有利于提高地温，改善土壤结构，促进养料分解。从《氾胜之书》开始，麦田强调"暵地"，很大程度上是由于小麦种在下田。下田如不种麦，除夏耕外，还要秋耕（如旱稻）。实行夏耕的还有秋菜地，见种葱、胡荽等篇。

《齐民要术》中春耕也相当普遍，但如上所说，贾思勰认为只经过春耕的地远逊于秋耕地。这是就高田而言的；至于下田，则明确指出不宜于春耕。《齐民要术·旱稻第十二》云："凡下田停水处，燥则坚垎，湿则污泥，难治而易荒，墝埆而杀种——其春耕者，

① 《齐民要术·种谷第三》

② 上引《种谷篇》所说的是一般的原则，《齐民要术》在论述各种作物的耕作栽培时，有的指明要用秋耕地，如《种葵》篇说："旱种者，必秋耕。"《种瓜》篇说："秋耕之。"《种胡荽》篇明确要求"春种者用秋耕地"；有的未明言用秋耕地，但实际上包含了以用秋耕地为上的意思在内。如《黍穄》篇要求"地必欲熟（再转乃佳。若春夏耕者，下种后，再劳为良）"。所谓"下种后，再劳为良"，是在没有进行秋耕的特殊情况下的补救措施。这就说明，一般耕地是要进行秋耕的。

③ 《齐民要术·耕田第一》

④ 缪启愉，齐民要术校释，农业出版社，1982 年。

杀种尤甚——故宜五、六月暵之，以拟穬麦。秋水潦，不得纳种者，九月中复一转，至春种麦，万不失一（春耕者十不收一，盖误人耳）。”贾思勰还反对冬耕。他说：“按今世有十月十一月耕者，非直逆天道，害蛰虫，地亦无膏润，收必薄少也。”这种观点，与《氾胜之书》一脉相承。

（三）土壤耕作的一般要求和要领

《齐民要术》对土壤耕作提出“熟”的要求。例如种黍穄，“地必欲熟”；种小豆，“熟耕”；种麻“耕不厌熟”；种旱稻，“候水尽，地白背时，速耕，杷劳频烦令熟”；冬种瓜，“使之极熟”；种芜菁“耕地欲熟”；种蒜，“三遍熟耕”；种胡麻，“令好调熟，调熟如麻地”；种姜，“不厌熟”；种各种林木，也都要求“耕地令熟”等。“熟”又叫“调熟”，“调”也是“和”的意思。《氾胜之书》说：“种麻，豫调和田。”《齐民要术》种麻的要求则是“耕不厌熟”。“熟”即包含了“调和”的意思，并与之一脉相承。可见《齐民要术》提出耕地要“熟”的要求，是《氾胜之书》“和土”思想的继承和发展。

根据这一总的要求，《齐民要术》提出了一些具体的耕作技术要领。如“犁欲廉，劳欲再”。要求犁条要小，要犁细、犁深、犁透，指出犁条小才能耕得深细，而且牛不易疲倦；[①] 每次犁后都要反复耙劳，因为“再劳地熟，旱亦保泽也”。而要求反复多次的耕。一般三次以上，如种麻子，“耕须再遍”；种黍穄，“再转乃佳”；种蒜，“三遍熟耕”；种䪥“三转乃佳”；种胡荽，“三遍耕熟”[②]；最多的要耕七次，如种麻，要求“纵横七徧以上，则麻无叶也”；种姜，“纵横七遍尤善”等。

耕地时机的掌握，以“燥湿得所为佳”；上面已经讲过。这种一般的原则，具体到渍水的下田，则以水尽“白背”为适耕时机的标志。《种旱稻》篇说：“凡种下田，不问秋夏，候水尽，地白背时，速耕，杷劳频繁令熟（过燥则坚，过雨则泥，所以宜速耕也）。”对耙劳时机的掌握，也在前代经验的基础上有所发展，有所阐述。已考虑到春秋气候和土壤水分状况的不同特点，而制定不同的要求：“春耕寻手劳”，因为“春既多风，若不寻劳地必虚燥”；“秋耕待白背劳”，因为“秋田塌实（按，这是由于秋天雨水较多的缘故），湿劳令地硬”。

至于耕地深浅的掌握，上文已经谈过了。

（四）耕作与“因物制宜”

以上谈的是土壤耕作的一般原则和要领；也谈到了春耕秋耕的不同要求，下田和高田的不同要求。对不同作物，因其物性的不同，也有不同要求。兹举数例如下：

种大豆：“地不求熟（秋锋之地，即稿种。地过熟者，苗茂而实少）”；这就是说，种大豆不一定要求用秋耕地。但种过大豆的地收获后却一定要进行秋耕：“刈讫，则速耕（大豆性炒，秋不耕则无泽也）”。大豆有根瘤，具有自肥作用，地过熟可能会使植株生长

---

① 这里提出的“犁欲廉”的要求，在后世获得继承和发展，如清代的《知本提纲》说：“耕如象行，细如叠瓦，宁廉勿贪，宁燥勿湿。”

② 其具体方法，以秋种为例：“五月子熟，拔去，急耕，十余日又一转，入六月又一转，令好调熟，调熟如麻地。”

过旺，从而影响籽粒的产量；同时，大豆耗水量大（“性炒”），所以秋收后要求迅速秋耕保墒。

种韭：“治畦，下水，粪覆，悉与葵同。然畦欲极深（韭，一剪一加粪；又根性上跳，故须深也）。”韭菜分蘖的新鳞茎，是生在老鳞茎的上面，新鳞茎年年向上提升；贾思勰对韭菜的这种生物学特性已有所认识，并用“根性上跳”这样生动的语言来概括它。由于韭菜具有这种特性，所以要求不断培壅，以保证其新根的正常生长，从而延长其采割寿命；“畦欲极深”正是根据这种需要而采取的相应的整地措施①。

种枣：地不耕也，但“欲令牛马履践令净”。因为“枣性坚强，不宜苗稼，是以不耕，荒秽则虫生，所以须净；地坚饶实，故宜践也”。所谓“枣性坚强”，是指枣的吸水吸肥能力强，生长旺盛，周围的禾不是它的竞争对手，所以“不宜苗稼”；中耕采取“牛马履践”的方法，作用不但是除草，而且可将浮根踩断，促进这新根生长和根系下扎，增强其抗旱抗寒能力，从而达到“饶实”的目的②。

（五）播种方式与镇压技术的发展

《齐民要术》时代一般实行条播，有时也实行撒播和点播，根据不同作物、不同土壤和不同生产目的而灵活掌握。如种下田，或土壤水分较多，则不必或不能耧播。

条播方式有二：一是“耧下”，二是“耧耩”漫散而后劳。“耧下”的耧用空心耧脚，“耧耩”的耧用实心耧脚，开沟散子。在《齐民要术》中，主要作物谷子、黍穄、麻、胡麻等，没有明言播种方式，实际上广泛使用耧播；豆类、麦类亦如此。贾思勰认为，“熟耕，耧下为良”；“凡耧种者，非直土浅易生，然于锋锄亦便”（《种大小麦》篇）。耧播适宜于旱地，由于可把种子直接播到湿土层，毕播种与覆土于一役，故有防旱作用。如大豆，“必须耧下”，因为“种欲深故，豆性强，苗深则及泽”（《大小豆》篇）。如种下田，或土壤水分较多的，则不必或不能耧播。土壤墒情较好的，可以用“耧耩，漫掷而劳”的办法，种小豆、种麻等都有用此法的。

撒播方式也有两种：一种是耕后漫掷，二是漫掷后犁畤；两者均要劳。后者入土较深，且带条播意味。撒播在大田作物中并不普遍，只在特殊情况下采用。如开荒地种黍穄用漫掷法，欲其稠密，意在抑制杂草生长。作为饲料种植的大豆，用漫散犁畤法，因不用中耕，连草带豆秧割下作饲料。某些蔬菜、染料用此法，则是欲其密，而逐步分批间取。

点种。种麦是先畤，然后逐犁稀种。这两种作物都是种在不宜耧播的下田。而稀种有省种耐旱的好处。红蓝花或锄掊而稀种之，好处是“子科大而易料理”。这些都是在精耕细作的基础上，根据特殊条件或特殊需要而采取的措施。未经耕地而种的叫“穑种”，是最次的播种方式，不得已而采用之。如上面谈到的，作物收获后来不及秋耕，采取及时浅耕灭茬、明春穑种的办法。

播种还有一些因物制宜的特殊办法，试举二例：

种葱：要“炒谷拌和”葱子后播种，因为“葱子性涩，不以谷和，下不均调；不炒

① 游修龄，《齐民要术》及其作者贾思勰》，人民出版社，1975年，第57页。

② 缪启愉，齐民要术导读，巴蜀书社，1988年，第217页。

谷，则草秽生”。所谓“葱子性涩”，是因为葱子有棱角，互相粘连，所以要和炒过的谷拌和，下种才能均匀。但谷子要炒过，否则就会发芽长成葱地的杂草。与此相似的还有种胡麻法，要“炒沙令燥，中半和之（不和沙，下不均）”。

种韭：“以升盏合地为处，布子于围内”。这是因为“韭性内生，不向外长，围种令科成”。

这些播种方式看似繁杂，但却充分体现了因时、因地、因物制宜的精神。

土壤镇压技术的发展，主要表现在旱作中普遍进行播后镇压。在播种后使用牲畜拉的“劳”，其实已经包含了摩平和镇压的功能。有些作物播后还要使用专用的畜拉的或人拉的镇压工具——挞。压上重物的挞称“重挞”。挞的作用是压紧浮土，使种土相亲，以利提墒保苗。挞主要用于某些旱作物的春播。又种谷子，“凡春种欲深，宜曳重挞”；因为“春气冷，生迟，不曳挞则根虚，虽生辄死”。亦可以足代挞。“凡种，欲牛迟缓行，种人令促步足蹑垄底”（牛迟则子匀，足蹑则苗茂。足迹相接者，亦不烦挞也）。① 挞的使用，要视墒情、雨情、气温、种子大小等灵活掌握。夏季高温多雨，或春季雨多土湿的年份，均不能用挞；一定要用，也要等土表面发白（“白背”）时进行。种子细小如黍穄等，亦不用挞。

《氾胜之书》记载的压雪收墒技术，在《齐民要术》中得到继承和发展。如在阴历十月底播种葵菜，播后再劳，以后“每雪，辄一劳之”，能“令地保泽，叶又不虫”，至“春暖草生，葵亦俱生”，防旱保墒的作用能延续至明年四月（《齐民要术·种葵第十七》）。

（六）中耕技术原则原理和手段

《齐民要术》中耕技术的进步表现在以下方面：

1. 对中耕认识的深化。《齐民要术·种谷第三》指出：“春锄起地，夏为除草。”起地就是松土，切断土壤毛细管，提高土壤保墒性能。该篇又说：“锄者非指除草，乃地熟而实多，糠薄，米息。锄得十遍，便得“八米”也。”《大小麦》说：“锄麦倍收，皮薄面多”。《齐民要术·种瓜第十四》说：“多锄则饶子，不锄则无实。”“五谷、蔬菜、果蓏之属皆如此。”认识到中耕不但有除草保墒的作用，还能熟化土壤，提高作物的产量和质量。

2. 对中耕技术要领的总结。

一是“锄早锄小”。“凡五谷，唯小锄为良”。因为“小锄者，非直省功，谷亦倍胜。大锄者，草根繁茂，用功多而收益少”。如种谷，“苗生如马耳，则镞锄”（谚曰：欲得谷，马耳镞）。种麻，“布叶而锄”，“频繁再遍止，高而锄者，便伤麻”。种䅉“叶生即锄”。

二是“锄不厌数”。“数”有“多”的意思，也有“快”的意思，因此又派生出“熟锄”和“速锄”的要求。如种谷，“苗出垄则深锄，周而复始，勿以无草而暂停”。种旱稻，“苗长三寸，耙劳而锄之。锄唯欲速”；因为“稻苗性弱，不能扇草，故宜数锄之”。种麻子，“锄常令净”。对园艺作物，如葵、韭等，“锄不厌数”更为必要。又如，“瓜生，比至初花，必须三四遍熟锄，勿令有草生”。种蒜，“勿以无草而不锄，不锄则科小”。

三是中耕与间苗、补苗相结合。不同作物按不同要求间苗。种谷，“良田率一尺留一

---

① 《齐民要术·种谷第三》。

科（刘章《耕田歌》曰："深耕穊种，立苗欲疏，非其类者，锄而去之。"谚云："回车倒马，掷衣不下，皆十石之收。"言大稀大穊之收，皆均平也)"。"稀豁之处，锄而补之(用功盖不足言，利益动能百倍)"（以上均见《齐民要术·种谷第三》）。

四是"因物制宜"，即根据不同作物确定不同的锄法。如瓜的"锄法：皆起禾茇，令直竖。其瓜蔓本底，皆令土下四厢高，微雨时，得停水"。旱稻"宜冒雨薅之。科大，如穊者，五、六月中霖雨时，拔而栽之"。种地黄"有草，锄不限徧数。锄时别作小刃锄，勿使细土覆心"。一般作物中耕不用镩，但种韰"五月锋，八月初耩"；因为"不耩则白短"。一般作物都应该多锄，但也并非所有作物都如此。如大豆"锋耩各一，锄不过再"；小豆"锋而不耩，锄不过再"；胡麻也"锄不过三遍"。

五是"因时制宜"，即按作物的不同生长期和不同的气候条件确定锄法。"故春锄不用触湿。六月以后，虽湿亦无嫌"。因为"春苗既浅，阴未覆地，湿锄则地坚。夏苗阴厚，地不见日，故虽湿亦无害也"。又如苗期中耕可用耙劳，苗长高以后则用锋耩。

这些技术要求，《氾胜之书》已有记载，但《齐民要术》更加具体和细致。

中耕手段的多样化。《齐民要术》的中耕除了用传统的锄具外，还使用耙劳和锋镩。耙劳之用于中耕，是《齐民要术》所载旱地耕作技术的一大特色。其作用一是盖压保墒，防止水分以气态水形式扩散损失，二是"令地软熟"，方便锋锄。如种谷，"苗既出垄，每一经雨，白背时，辄以铁齿镉楱纵横杷而劳之（杷法，令人坐上，数以手断去草；草塞齿，则伤苗。如此令地熟软，易锄省功。中锋止)"。黍穄"苗生垅平，即宜杷劳"。"凡大小豆，生既布叶，皆得用铁齿镉楱纵横杷而劳之"。苗长高以后，可用锋和镩。锋和镩都是畜力牵引的无犁壁的小型耕具。锋比犁小而锐，可用于浅耕灭茬或中耕。"苗高一尺，锋之（三徧者皆佳)"。镩前平后上弯，中有高棱，可以除草、壅苗、开小沟；因不能松土保墒，应用较少。锄仍然是使用最为广泛的一种中耕工具。

（七）压雪蓄雪收墒

始见于《氾胜之书》记载的压雪收墒技术，在《齐民要术》获得很大发展，《齐民要术·耕田第一》引述了《氾胜之书》关于"蔺冬雪"的记载，显然是把它当作耕作体系中的一环看待的。同时它又着重记述了这种技术在冬种蔬菜① 中的应用。如冬种葵，"有雪，勿令从风飞去（劳雪令地保泽，叶又不虫)，每雪，辄一劳之"。"春暖草生，葵亦俱生"。"四月以前，虽旱亦不须浇，地实保泽，雪势未尽故也"（《种葵第十七》）。又如冬天下种的区种瓜，"冬月大雪时，速并力推雪于坑上为大堆。至春草生，瓜亦生，茎肥叶茂，异于常者。且常有润泽，旱亦无害"（《种瓜第十四》）。这种方法也适用于越瓜和茄子的栽培。这种冬天蓄雪的办法，和秋耕蓄雨一样，目的都是把天然降水尽可能地收蓄到土壤中，供明春作物出苗生长之需。

（八）土壤保墒能力的空前提高

总之，《齐民要术》时代已经形成了由"耕、耙、耢、压、锄"等环节组成的旱农耕作技术体系。这一耕作技术体系的中心是防旱保墒、培肥地力、争取高产。有了这样一

① 冬种菜是采取初冬露地播种，藏子于地，来春早出苗的蔬菜栽培技术。

个耕作体系，土壤的防旱保墒能力大大增强，作物的生长发育获得较好的土壤环境，人们在农业生产中获得更大的主动权，各种农事安排也有了更大的回旋余地。为了说明这个问题，我们把《氾胜之书》和《齐民要术》所载若干作物播期掌握原则列表12-3。

表12-3 《氾胜之书》和《齐民要术》若干作物播种时机之比较

作物	《氾胜之书》	《齐民要术》
粟	三月榆荚时，雨，高地强土可种禾	注明种谷时期，凡种谷，雨后为佳
黍	先夏至二十日，此时有雨，彊土可种黍	注明播种时期，燥湿候黄墒（墒）
麦	当种麦，若天旱雨泽，则薄渍麦种以酢浆并蚕矢，夜半渍，向晨速投之，令与白露俱下	注明播种时期，没有提雨水或土壤湿度条件
大豆	三月榆荚时，有雨，高田可种大豆	春大豆只提播种时期，夏播大豆（茭），"若泽多者，逆坐择豆，然后劳之"
小豆	椹黑时，注雨种	只提播种时期，"泽多者，耧耩，漫掷而下之，如种麻法"
麻	二月下旬，三月上旬，傍雨种之	泽多者，先渍麻子令芽生，待地白背，耧耩，漫掷子，空曳劳

从上表看，《氾胜之书》除种于水田的水稻外，其他春播作物都强调趁雨播种。如"先夏至二十日，此时有雨，彊土可种黍"；" 三月榆荚时，有雨，高田可种大豆"；小豆，"椹黑时，注雨种"；苴麻"二月下旬，三月上旬，傍雨种之"。秋播小麦也种于下田，虽然没有说一定要在下雨时种，但却交代了没有雨时的特殊处理措施。《齐民要术》却很少这种话头，它的原则是，最好趁雨种，但不强调非有雨才能种。这一点，在表中有充分的反映。这一原则，在《种胡荽第二十四》中表达得更为清楚。它指出，"春种者，用秋耕地。开春冻解地起有润泽时，急接泽种之"；播种又要选择在"旦暮润时"。贾思勰总结说："春雨难期，必得藉泽，蹉跎失机，则不得矣。"这就是说，不是消极地等雨，而是要"藉泽"。"泽"在这里是指土壤的墒情，"藉泽"就是依靠土壤良好的墒情。为什么能够依靠土壤的墒情呢？这是因为耕作技术进步了（尤其是广泛实行秋耕），土壤的保墒能力增强了。强调种胡荽要用秋耕地；就是因为经过秋耕的土地保墒能力强；这正是当时耕作体系中的重要一环。上一章提到《齐民要术》中反映出来的播种期展宽的现象，"耕、耙、耢、压、锄"防旱保墒土壤耕作体系的建立，正是其最重要的基础之一。

第三节 施肥与灌溉——进步与局限

一 《氾胜之书》的施肥原理与方法

在中国古代农书中，《氾胜之书》第一次把施肥纳入耕作栽培的总原则之中，并记述了具体的施肥方法。因此，《氾胜之书》是研究我国早期施肥原理与方法的最重要的文献。

（一）基肥与追肥

上篇曾经谈到，先秦时代，尤其是战国以前，没有独立于播种之外的土壤耕作，因此，最早的施肥方法很可能是在播种时把肥料和种子一起下到地里，与后世的种肥相似。到了《氾胜之书》时代，随着牛耕的推广，“耕、摩、蔺”耕作体系代替了“耕—耰”体系，施肥方法也发生了相应的改变，主要在播种前结合土壤耕作施之于土壤，这就是基肥。

具体方法，一种是大田撒施。如，

种枲：春冻解，耕治其土。春草生，布粪田，复耕，平摩之。

这是初耕后复耕前，把粪撒布在田中，然后和春草一起翻到地里，作为肥料。这种肥料可以较长时期供给从事生长的需要。

种芋：宜择肥缓土近水处，和柔，粪之。二月注雨，可种芋。

这也是基肥，因为它是与耕作相结合的。“和柔粪之”，可理解为通过耕作和施肥使土壤达到“和柔”的目的；“粪”即施肥是“和土”的重要手段之一。

另一种是集中穴施，主要实行于蔬菜种植和“区种法”。如，

种瓠法：以三月耕良田十亩。作区方深一尺。以杵筑之，令可居泽。相去一步。区种四实。蚕矢一斗，与土粪合。浇之，水二升；所干处，复浇之……（1）

种芋：区方深皆可三尺。取豆萁内区中，足践之，厚尺五寸。取区上湿土与粪和之，内区中萁上，令厚尺二寸，以水浇之，足践令保泽。取五芋子置四角及中央，足践之。旱数浇之。萁烂。芋生子，皆长三尺。一区收三石。（2）

区种瓜：一亩为二十四科。区方圆三尺，深五寸。一科用一石粪，粪与土合和，令相半。……（3）

区种大豆法：坎方深各六寸，相去二尺，一亩得千二百八十坎。其坎成，取美粪一升，合坎中土搅和，以纳坎中。临种沃之，坎三升水……（4）

集中施肥可以更有效地利用有限的肥料。其中有几点是值得注意的。第一，虽然是集中穴施，但差不多每一条材料都交待要把肥料与土壤充分混合；这样做有利于土壤对肥料的吸收，从而使肥效得以保持。第二，当时蚕矢是精肥，肥效较快，土粪是粗肥，肥效较迟。种瓠时以蚕矢与土粪合（1），即精肥与粗肥、速效肥与迟效肥相结合，是比较合理的施肥方法。第三，水肥结合。每条材料都揭示了施肥后的浇水；其中引文（3）紧接着谈到渗灌问题，因文字过长，没有全引。对穴施肥料充足的水分尤其必要。没有水肥的结合，肥料的肥效就无法充分发挥出来。第四，区种芋时，在三尺深的区中，先垫上一尺五寸的豆秸（萁），后放一尺二寸的湿土与粪的混合物，浇水；再在上面种芋（3）。垫底的豆秸浇水腐烂发热，起到了温床的作用，有利于芋子的早种（据《氾胜之书》，当时种芋在二月）；豆秸腐烂后，又能为逐渐长大的芋子（芋子前期需肥可由上层土粪供应）提供后续的肥料和疏松的土壤环境。这是一种颇有价值的提高大田播种而丰产的施肥法①。第五，区种大豆也施基肥（4）。这是合理的。现代农业科学表明，大豆虽然有根瘤菌的固氮作用，但这种作用需要待大豆长到一定程度后才比较明显，因此，施用基肥以供大豆苗期生长的需要，仍然是必要的①。上引材料（3）表明，汉代人们已经考虑到作物生长期间不同阶段对肥料的需求。

---

① 中国农业科学院农业遗产研究室中国农学史，上册，科学出版社，1959年，第171页。

为了作物生长期间所需肥料，又有追肥的出现：

种麻，豫调和田。二月下旬，三月上旬，傍雨种之。……树高一尺，以蚕矢粪之，树三升；无蚕矢，以溷中熟粪粪之亦善，树一升。

上引种枲材料，强调了基肥的施用；这里的“豫调和田”是否包括施肥在内，不明确，但“树高一尺”时施肥显然是为了供应麻晚期生长的需要，以期长出更加丰盛的麻子。从中可以看出，《氾胜之书》是根据生产目的不同，来合理安排施肥方法的。由于这里施用的是追肥，所以要用速效肥料，《氾胜之书》提出两种可供选择的肥料，一是蚕矢，二是“溷中熟粪”。“溷”或作“圂”，俱训“厕”。《释名·释宫室》：“厕或曰溷，言溷浊也。”《说文》：“圂，厕也，从□，象豕在□中会意。”《汉书·燕剌王刘旦传》记载“厕中群豕出”，注谓“厕，养豕圂也”。但“厕”也是人们便溺之地，《左传》成公十年载：“晋侯将食，张(胀)，如厕，陷而卒。”即其一例。“圂”“厕”互训说明当时的厕所和猪圈是结合在一起的。这种情况在考古文物中获得充分的证明。各地汉代遗址出土的猪圈模型的重要特点之一，就是往往与厕所连在一起，与解放前农村中的连厕圈相仿。圈厕结合为积肥提供了方便。不晚于汉代，人们确实已经利用圈厕中的粪便了。《氾胜之书》“溷中熟粪”，是指“溷”中猪粪尿、人粪尿和垫圈物充分混合了的腐熟了的肥料。就不但是使用厩肥的最早明确记载，而且表明人们已经懂得生粪要经过沤制腐熟后才能在农田中施用①。

（二）粪种法与种肥

《氾胜之书》记载了以骨汁或雪水调粪溲种的种子处理法，这是该书一项突出的内容。石声汉据古文献记载，称该法为“粪种”；万氏则力斥其非，认为应正名为“溲种”。“溲种”一词遂被普遍使用，几至约定俗成。我们认为，从这种方法所使用的手段看，称之为“溲种”自无不可，但从其渊源及其与施肥之关系看，则仍以“粪种”之称为宜。为了说明有关问题，先把该法原文引述如下②：

取马骨，剉；一石以水三石煮之。三沸，沥去滓，以汁渍附子五枚。三四日，去附子，以汁和蚕矢羊矢等分，挠，令洞洞如稠粥。先种二十日时，以溲种，如麦饭状。——常天旱燥时溲之，立干。——薄布，数挠，令易干。明日，复溲。——天阴雨，则勿溲。六七溲而止。辄曝，谨藏，勿令复湿。至可种时，以余汁溲而种之。则禾稼不蝗虫。无马骨，亦可用雪汁。雪汁者，五谷之精也，使稼耐旱。常以冬藏雪汁，器盛埋于地中。取雪汁，渍原蚕矢。五六日，待释，手挼之；和谷（如麦饭状）种之，能御旱。治种如此，则收常倍。(1)

尹择取（减）法神农，复加之骨汁粪汁种种③。剉马骨，牛、羊、猪、麋、鹿骨一斗，以雪汁三斗。煮之三沸。以汁渍④ 附子；——率：汁一斗，附子五枚。渍之五日，去附子。捣麋鹿羊矢等分，置汁中，熟挠，和之。候晏，温，又溲曝，状如“后稷法”。皆溲汁干乃止。若无骨，煮缲蛹汁和溲。如此则区种，

---

① 中国农业科学技术史稿，农业出版社1989年，第199页。

② 下面的引文主要根据石声汉《氾胜之书今释》，但有些地方作了一些改动。

③ 此处标点法与石声汉、万国鼎都不一样，理由见本书第九章。详见：李根蟠，读《氾胜之书》札记，中国农史，1998，第4期。

④ 此处石声汉《氾胜之书今释》作“煮”，误；今从万国鼎《辑释》改。

大旱浇之，其收至亩百石以上，十倍于后稷。(2)

以上两种方法的要点是，以马骨等煮水，去渣，浸泡附子，然后加上蚕矢、羊矢等，搅拌成稠粥状，用它拌种，使种子包裹上一层由蚕矢、羊矢、骨胶等组成的粪壳。后法与前法比较，兽骨、兽粪种类有所增加或有所变化，但以骨汁和粪拌种这一基本点并无二致。这两种方法中的骨汁均可用他物替代，前法是雪汁，后法是缲蛹汁。兽骨煮出的骨胶，不但起粘合作用，而且它含有丰富的磷和其他元素，粘附在种子外面，也不易走失，特别是磷不致被土壤中的铁和铝固定；蚕粪、羊粪等都是优质有机肥，包裹在种子周围有利于幼苗对肥料的吸收；附子辛热有毒，可能有驱虫杀虫作用。它类似今日的"种子肥料衣"，而兼有供肥与防虫之效。根据近人的试验，该法具有催芽作用，使种子提早出苗，生长良好而分蘖多，株高、穗长、穗重、小穗数和种子重量等增产因子都有增加①。从世界范围看，包衣种子的试验和推广是现代的事情，而我国早在两千多年前就有了"包衣种子"的雏形，这是了不起的事。

《氾胜之书》指出雪水浸种能使作物耐旱增产，这也是一项天才的发现。这大概是由于人们在实践中认识到，雪水浸种能促进作物的根系发达，故能耐旱。据近人试验，用雪水浸稻种，催出的芽粗壮而根长；播后竖芽快，秧苗素质好；移栽后分蘖多，生育期提早二三天，株高、穗长、每穗粒数均优于用井水浸种的，且空壳率低，千粒重增加，增产19.2%。据研究，雪水浸种增产的机理，一是雪水中重水含量比普通水少1/4，而重水对各种生命活动有抑制作用；二是雪水经过冰冻，排除了其中的气体，导电性能发生了变化，密度增加，变得更"稠"了，表面张力增大，水分子内部压力和相互间作用的能量都显著增加，表现出与生物细胞内的水的性质相似的强大的生物活性，因此，植物吸收雪水能力比吸收自来水能力大2～6倍。三是雪水中所含氮化物比普通水要高得多②。当时人们当然不可能懂得这些道理，但确实知道雪水能够促进农作物的生长，所谓"雪汁者，五谷之精也"，包含了人们在实践中得来的这种正确认识③。

《氾胜之书》的这两种种子处理法，《中国农学史》分别称之为"后稷法"和"伊尹法"。前者是有根据的，后者却没有根据。上述引文(2)自称取法"神农"，其增产效果比"后稷"如何如何；则引文(1)是以"后稷法"为基础的，引文(2)则是"尹择"在"神农法"的基础上加以改进的④。《论衡·商虫》："《神农》《后稷》藏种之方，煮马屎

---

① 南京农学院植物生理教研室，二千年前的有机物溲种法的试验报告农业遗产研究集刊第2册，中华书局1958；张履鹏等，溲种法试验报告，农业遗产研究集刊，第二册，中华书局，1958年；朱培仁，中国包衣种子的发生和发展，中国农史，1983，第1期。

② 林蒲田，中国古代土壤分类和土地利用，科学出版社，1996，第143～144页。

③ 雪水浸种的技术，从西汉一直延续至近世。如明代耿荫楼的《国脉民天》说："如遇冬雪，多收在缸内化水，至下种时先将雪水浸种一日夜每浸一炷香时，捞出滴干了些，又浸又捞，如此五六次，吃雪水既饱自然耐旱，腊雪更妙。"明代万历年间成书的《诸城县志》载："农人取雪融水，以浴五谷种，晒干，来春播之。"直到现代，太行山地区涉县、武安、辉县、林县等地，在冬至后用雪水拌种，共拌49天，称作"七七小麦"。转引自：钱伟长，我国历史上的科学发明，重庆出版社，1989，第3页。

④ 石氏谓此段文字所述方法手续较繁杂，不类前段之简明，疑非《氾书》原文，是颇有道理的。其实这一段正可理解为氾胜之引述的"尹择法"。这段引文谈到了"后稷法"，并自许比"后稷法"为优。据此，称《齐民要术》所引《氾书》"溲种法"前一段文字为"后稷法"，固无不可。其实前段是氾胜之在后稷古法基础上改进的方法。就其渊源说，可以分别称之为"后稷法"和"神农法"，就其发展看，则宜称之为"氾氏法"和"尹氏法"。

以汁渍种者，令禾不虫。”[①] 看来，《氾胜之书》的这项技术渊源于古法而有所改进。《周礼·草人》“粪种”郑玄注：“凡所以粪种者，皆谓煮取汁也。……郑司农云：‘用牛，以牛骨汁渍其种也，谓之粪种。’”关于“粪种”的意义，本书第五章已经有所论述。而《氾胜之书》上述记载与二郑所说基本上一致。石声汉据此称之为“粪种法”，是有根据的。万国鼎也认为“溲种法”相当于今日所说的种肥，这基本上不错；但既然如此，就没有理由否认“溲种”与“粪种”的联系了。正如夏纬瑛指出的，《氾书》的“溲种”与《周礼》的“粪种”大意一致。“言‘粪种’者，直接道出其目的，言‘溲种’者，只取其处理过程中之一事耳”。“‘溲种’和‘粪种’原为一事，都是为了给种子初发的芽苗增加肥力，一切猜测，就可以焕然冰释了”[②]。

我们说过，“种肥”或“类种肥”是比较原始的施肥方式；“粪种”是由它发展而来的。在《氾胜之书》中，还保留了比较古朴的种肥施用方法。如，“薄田不能粪者，以原蚕矢[③]杂禾种种之，则禾不虫”。这种方法相当接近原始的施肥法（或称原始粪种法），但当时是在地瘦肥缺，不能普遍施用基肥的情况下使用的。直接将肥料“杂禾种”播种，在肥料未经处理情况下，有可能损伤种子，于是原始粪种法向“渍种”的方向发展。“当种麦，若天旱无雨泽，则薄渍麦种酢浆（醋）并蚕矢。夜半渍，向晨速投之，令与白露俱下。酢浆令麦耐旱，蚕矢令麦忍寒。”这是小麦的抗旱播种法，从施肥角度看，仍属种肥的范畴，但肥料（蚕矢）已经经过了处理，种子也经过了处理。在这里，我们已经看到“粪种”从肥料直接混合种子播种到以肥料渍种然后播种的变化。引文（1）中用雪水替代骨汁的办法：“取雪汁，渍原蚕矢。五六日，待释，手挼之；和谷（如麦饭状）种之，能御旱”。在一定程度上也反映了上述同一趋向的发展。在这个基础上，演变为骨汁和粪渍种的“粪种法”或“溲种法”就只有一步之遥了。

原始粪种法的另一个发展方向是从穴施到撒施演变为基肥施用法。区种法的“上农夫区”，“区种粟二十粒，美粪一升，合土和之”。这和原始的粪种法是相当接近的。《氾胜之书》把“区田”和“粪种”相连[④]，应该是有一定的根据的。

二 《齐民要术》的施肥原理和方法

与《氾胜之书》相比，《齐民要术》肥料种类增加，制肥和用肥的方法也有进步；其中最突出的是绿肥的栽培利用和蔬菜栽培上施肥水平的提高。

（一）绿肥的栽培和利用

我国古代人民很早就发现田间杂草腐烂以后有利于庄稼的生长，《诗经》中已有“荼蓼朽矣，黍稷茂矣”的诗句；《礼记》载季夏至之月在休闲田地“烧薙行水”，也是利用

① 《论衡·商虫》所说“渍种”与《氾胜之书》同，但所用原料，一为“马屎”，一为“马骨”。“马屎”渍种，可能是古时渍种之另法，也可能是传闻或传抄之误。

② 夏纬瑛，周礼书中有关农业条文的解释，第42～43页。

③ “原蚕矢”是指二化性或多化性蚕的屎。万国鼎，氾胜之书辑释（中华书局，1957年）把“原蚕矢”解释为蚕屎的原粒，根据似乎不足。至于为什么要用“原蚕”的屎，不详。

④ 《氾胜之书》：“汤有旱灾，伊尹作为区田，教民粪种，负水浇稼。”

田间杂草肥田的一种方式。到了汉代，人们已经有意识地把田间青草翻压到地里充当肥料，就是后来所说的“稀青”。如《氾胜之书》就明确指出春天初耕后，要“待草生”复耕，这样趁雨播种，才能达到“土相亲，苗独生，草秽烂，皆成良田”的目的。这可以说是利用绿肥的前奏。这是天然绿肥。至于人工种植绿肥，最早记载见于晋张华撰写的《广志》：“苕草，色青黄，紫华，十二月稻下种之，蔓延殷盛，可以美田。”① 这里讲的是南方（更确切说，应该是岭南）的冬种春翻的绿肥②。当时的中原人是把它作为一种新鲜事看待的。

在这以后，我国北方地区长期战乱，人少地多，牲畜虽然不少，但受进入中原的游牧族的影响，多采取放牧的方式，肥料的积攒比较困难。在《齐民要术》的字里行间，我们可以深深地感到当时肥料的缺乏。例如论述主要粮食作物谷子时，没有只字提到“粪”，在大田作物中，只有在讲到种麻时说“地薄者粪之”，但马上又说：“无熟粪者，用小豆底亦得。”③ 肥料的紧缺与农业生产发展的要求形成尖锐的矛盾。正是在这种情况下，绿肥作为对传统肥料的一种替代，广泛地发展起来了。这在《齐民要术》中获得了充分的反映。

《齐民要术》继承了《氾胜之书》利用天然绿肥的方式，并有所发展。当时普遍实行秋耕，则为这种利用创造了良好的条件。《耕田第一》说：“秋耕者稀青为上。”（比至冬月，青草复生者，其美与小豆同也。）

我国北方人工栽培绿肥的记载也始见于《齐民要术》。该书关于绿肥栽培有以下记载：

凡美田之法，绿豆为上，小豆、胡麻次之。悉皆五六月中穊种。七月、八月犁稀杀之，为春谷田，则亩收十石，其美与蚕矢熟粪同（《耕田第一》）。(1)

区种瓜法：六月雨后种菉豆，八月中犁稀杀之；十月又一转，即十月中种瓜（《种瓜第十四》）。(2)

若粪不可得者，五、六月中穊种菉豆，至七、八月犁掩杀之，如以粪粪田，则良美与粪不殊，又省功力（《种葵第十七》）。(3)

其拟种之地，必须春种绿豆，五月掩杀之（《种葱第二十一》）。(4)

从以上记载可以看出，当时对栽培绿肥的利用已经相当广泛，并且对其原理和原则有所总结。一，指出利用栽培绿肥的好处是：其肥效与蚕矢、熟粪等精肥相同，有明显的增产效果（种植绿豆翻压后种春谷，亩产十石，比通常亩产增加三四倍），而且节省劳力（1），（3）。二，对各种绿肥的肥效作了比较，并评定了它们的等次，其中以绿豆为最好，小豆、胡麻为次；可能还有其他绿肥。当时栽培绿肥的种类已经不少。它们一般都是具有根瘤固氮作用的豆科作物。三，对绿肥的利用方式也有明确的论述。当时一般是把绿肥翻压到地里充当基肥，书中以绿豆为例，记载了其播种和耕翻的时间，一般是五六月播种，七八月耕翻，以备秋冬种蔬菜或明春种谷物；也可以春种夏翻，用以种葱

---

① 《齐民要术》卷十“苕”引。

② 苕草即紫云英，是一种与根瘤固氮菌共生而在种子中含有较丰富蛋白质的植物，不但植株本身沤入土中可以增加土壤的氮肥，而且种过紫云英的土地，固氮能力也必将增加。

③ 《齐民要术·种麻第八》。

(4)。不管什么时候播种，从播种到翻压大概都是两个月，这时正是绿豆的生长盛期，故肥效最高①。

(二) 蔬菜栽培中施肥水平的提高

从《齐民要术》记载看，魏晋南北朝时期大田作物，除麻以外，很少施用粪肥；地力的恢复和培养主要依靠绿肥栽培和禾豆轮作；但在蔬菜方面，用肥的数量和用肥的讲究，都是空前的。

以种葵为例，《齐民要术》强调“地不厌良，故墟尤善，薄即粪之，不宜妄种”。种葵实行畦种，作畦时，要求“深掘，以熟粪对半和土覆其上，令厚一寸，铁齿杷耧之，令熟，足踏使坚平；下水，令彻泽（按，这是基肥）。水尽，下葵子，又以熟粪和土覆其上，令厚一寸余（按，这相当于种肥）。葵生三月，然后浇之。（浇用晨夕，日中便止。）每一掐，辄杷耧地令起，下水加粪（按这相当于追肥）。三掐更种，一岁之中，凡得三辈”。这种栽培法在蔬菜生产中带有普遍性。所以《齐民要术·种葵第十七》指出：“凡畦种之物，治畦皆如种葵法。”

把这些记载和《氾胜之书》有关记载相比较，在强调施肥，强调粪土混和、水肥结合等方面两书是一致的。但《氾胜之书》中的蔬菜施肥只谈到基肥，《齐民要术》则不但谈到基肥，而且谈到种肥和追肥。这不独种葵为然。如“区种瓜法”，既要种菉豆犁稀作基肥（参见前节引文），又要在下种后“以粪五升覆之（亦令均平）；又以土一升，薄散粪上，复以足微蹑之”。这相当于种肥。种瓜还有一种方法：

> 冬天以瓜子数枚，内热牛粪中，冻即拾聚，置之阴地。（量地多少，以足为限。）正月地释即耕，逐鴫布之。率方一步，下一斗粪，耕土覆之。肥茂早熟，虽不及区种，亦胜凡瓜远矣（《种瓜第十四》）。

这似乎可称为基肥与种肥的特殊结合。种椒突出种肥：

> 四月初，畦种之（治畦下水，如种葵法）。方三寸一子，筛土覆之，令厚寸许；复筛熟粪，以盖土上。旱辄浇之，常令润泽（《种椒第四十三》）。

又如种韭，种苜蓿，“治畦，下水，粪覆，悉与葵同”。而特别强调追肥，韭，“一剪一加粪”，“一岁之中，不过五剪（每剪，杷耧，下水，加粪）”（《种韭第二十二》）；苜蓿“亦一剪一上粪，铁杷耧土令起，然后下水”（《种苜蓿第二十九》）等等。

施肥量或重或轻，视作物而异。如“姜宜白沙地，少与粪和”。蘘荷“微须加粪，以土覆其上”。

(三) 肥料种类的增加和“熟粪”问题

《齐民要术》所载绿肥以外的肥料，除一般称粪者外，还提到了以下几种：

旧墙土 如种蔓菁，“种不求多，唯须良地，故墟新粪坏墙垣乃佳”（《蔓菁第十八》）。意思是说，连作地新近施用过坏墙土的种蔓菁最好。这是旧墙土用作肥料的首次记载。旧墙土经过非共生固氮细菌和硝化细菌群的长期作用，积累了大量的氮化物和硝

① 绿豆生长到两个月左右，正值花期，翻压作肥，肥效最佳。《群芳谱》引《法天生意》说：“（菉）豆有花，犁翻豆秧入地，麦苗易茂。”（转引自：中国农学史上册，科学出版社，1984年，第255页。）

酸盐，有较高的肥效；是北方农村中易得而常用的肥源。

草木灰　《齐民要术·蔓菁第十八》又谈到如果没有“故墟新粪坏墙垣”，可以施用草木灰作为替代办法：“若无故墟粪者[①]，以灰为粪，令厚一寸；灰多则燥不生也。”

陈屋草　如榆树“于堑坑中种者，以陈屋草布堑中，散榆荚于草上，以土覆之。烧亦如法（陈草速朽，肥良胜粪，无陈草者，用粪粪之亦佳。不粪，虽生而瘦……）”（《种榆》篇）。

骨肥　我国古代对骨质磷肥在农业生产上的应用颇早，骨头除煮汁渍种外，也可以直接用作肥料。《安石榴第四十一》载：

> 栽安石榴法：……掘圆坑深一尺七寸，口径尺。竖枝于坑畔（环圆布枝，令匀调也）。置枯骨、礓石于枝间（骨石，此是树性所宜。下土筑之，一重土，一重骨、石，平坎止。其土令没枝头一寸许也）。水浇常令润泽。既生，又以骨石布其根下，则科圆枝茂可爱。

稻麦糠　稻麦糠用作肥料见于《种竹第五十一》：“稻麦糠粪之（二糠各自堪粪，不令和杂）。”

蚕矢　如桑田中耕时，“不用近树（伤桑，破犁，所谓两失）。其犁不著处，斸地令起，斫去浮根，以蚕矢粪之”（《桑柘第四十五》）。

此外，还有上引《种瓜》篇提到的牛粪。

由此可见，魏晋南北朝时代肥料的种类比前代有所增加，人们开辟了更多的肥源。

文献中提到上述几种肥料时，都明确指出其内容，可见其不同于一般所称的“粪”。那么一般所称的“粪”究竟是指什么呢？它似乎是指人畜粪尿与人们生产生活中的其他废弃物混合物。为了说明这个问题，要从“熟粪”谈起。《齐民要术》强调使用“熟粪”。如上引种葵，就要求施用熟粪。又如种兰香，下种后要“徙熟粪，仅得盖子便止”；种青桐，下子后，“少与熟粪和土覆之”；等等。上篇谈到，《氾胜之书》已提出要使用“溷中熟粪”，《齐民要术》中的“熟粪”应与此相类。《齐民要术》不但强调使用“熟粪”，而且第一次对生粪和熟粪的性质和施用效果作了比较：“凡生粪粪地无势；多于熟粪，令地小荒矣”（《种瓜第十四》）。这里指出施用生粪的缺点是肥效不高，而且容易滋生杂草。使用“生粪”之所以容易长草，是因为生粪中含有草籽，一是牲畜粪便中留下没有消化的草籽，二是垫圈的杂草秸秆中带来的草籽，它们没有经过发酵腐熟，施用到地上就会长出各种杂草。可见，一般所谓“粪”，是由人畜粪便、垫圈物、废弃物混合堆制而成的。

既然当时强调使用熟粪，就必然已经出现沤制肥料使之腐熟的方法；可惜这一时期现存农书资料中未见有关记载吧了。但《齐民要术》卷首中载有“踏粪法”：“凡人家秋收治田后，场上所有穰，谷䅌[②]等，并须收贮一处。每日布牛脚下，三寸厚，每平旦收聚堆积之；还依前布之，经宿则堆聚。计经冬一具牛，踏成三十车粪。至十二月、正月之间，即载粪粪地。”这是把经过践踏的秸秆、谷壳和牛粪尿的混合物，长时期的堆沤，在微生物作用下而成的腐熟了的肥料；是积肥与制肥相结合的方法。这段文字虽然不是

---

① 石声汉《齐民要术今释》和缪启愉《齐民要术校释》均说：“故墟粪”中的“墟”字疑为“垣”字之误。实际上，“故墟粪者”正是上文“故墟新粪坏墙垣”的简化形式，无须改“墟”为“垣”。

② “谷䅌”是指谷壳及断茎残叶之类。见：缪启愉，齐民要术校释，农业出版社，1982年，第19页。

出于贾思勰之手，但应是长期经验积累的产物；其中也包括了秦汉魏晋南北朝时期的经验在内。

三 农田灌溉技术及有关问题

（一）农田形式的变化

战国以前，我国农田水利的重点在于防洪排涝，主要方法是建立农田沟洫系统，与沟洫系统相适应的农田形式是畎亩农田。战国以后，农田水利的重点转移到农田灌溉上来，各种水利灌溉工程相继兴起，农田形式也因而发生了相应的变化。低畦农田逐渐取代了以前的畎亩农田。

“畦”字始见之于战国文献。《庄子·天地》载子贡“过汉阴，见一丈人，方将圃畦，凿隧而入井，抱瓮而出灌”。《释文》引李巡曰：“菜蔬曰圃，埒中曰畦。”畦是田埂围护的农田[①]多用作菜地。《楚辞·招魂》：“倚沼畦瀛遥望博。”王逸注：“畦，犹区也。”《急就篇》：“顷町界亩畦埒封。”颜师古注：“田区谓之畦，今之种稻及菜为畦者，取名于此。一说五十亩曰畦。埒者，田间堳道也。”这里的“区”，当即“区田”的“区”。“区”，据石声汉的考证，读音为“ou”（欧），原义是掊成的“坎窞”[②]。这些都表明，战国秦汉的“畦”，相当于现在所说的低畦（有时又用以指称低畦四周的田埒[③]），而不同于后世的高畦[④]。这种畦，是便于灌溉的农田形式，与便于排水的畎亩农田正好相反。低畦农田在需要灌溉的园圃和稻田中首先发展起来，并逐步推广到大田中去[⑤]。战国时已有用“畦陌”代表农田的。如《韩非子·外储说左上》：“庸客致力而疾耕耘，尽巧而正畦陌……”[⑥]秦汉又有用“畦亩”作为农田代称的。如《盐铁论·水旱》：“故农民不离畦亩而足乎田器。”《盐铁论·说邹》：“诸生守畦亩之虑。”畦是低畦农田已如上述；而“亩”也不是原来的高垄了。《战国策·齐策三》：“使曹沫释三尺之剑而操铫鎒，与农夫居垄亩之中，则不若农夫。”鲍彪注：“垄，田埒也。”垄既指田埒，则“亩”应是低于田埒的田面；故这时单言“亩”实际上也指的时低畦农田。所以秦汉人习称的“畦亩”，包括两类低畦农田，只是田区大小不同，种植作物各异了。这种农田形式，秦田商鞅变法后曾以法律形式固定下来。在四川青川战国墓出土的秦牍中，记载了秦武王二年（前309）重修的《为田律》，从它所规定的修建农田的标准样式看，“田”已是被封埒阡陌围着的低畦，见不到甽、遂、沟、洫、浍相连通的农田沟洫系统。亩的四周是高出田面的“畛”，亩与亩之间已经没有

---

① “谷穢”是指谷壳及断茎残叶之类。见：缪启愉，齐民要术校释，农业出版社，1982年，第19页。

② 石声汉，氾胜之书今释，科学出版社，1956年，第38～39页。

③ 唐玄应《一切经音义》卷十七引《苍颉篇》：“畦，埒也。”《集韵·齐韵》：“畦，田起堳埒也。”

④ 后世的畦，或指垄。清魏源《吴农备荒议》云：“畦广丈许，中高旁下，畦间有沟。”这就是高畦。有些农史学家囿于后世这种“畦”的概念，把战国以前的畎亩农田称作“畦种法”，是不符合历史实际的。

⑤ “畦”渊源于井田制下的“圭田”，“圭田”原是国中零星不井之地，没有完整的沟洫体系。井田的基本形式是□，百亩为一田；圭田的基本形式则是△，五十亩为一田。由于供应城中居民副食的需要，圭田多用以种菜，菜地要求能灌溉，由此形成低畦农田的形式，以后这种农田就习惯称为“畦”（“畦”字合圭田二字而成，故又有五十亩为畦的说法）了。详见：李根蟠，井田制及其相关诸问题，中国经济史研究1989年，第2期。

⑥ 引文据《韩子集释》校改。

“甽”了。上述规定反映了当时低畦农田的普遍性。河南淮阳出土的汉代三进陶院落模型，也为我们认识本时期的农田形式提供了形象直观的资料。这个模型的侧院为水浇地和旱田，水浇地约占2/5，其中有圆形水井，与水井连接的干渠把水浇地分为东西两部分，每边有畦田7块，每块畦田中有32棵（8×4）苗，每两块畦田中有高出畦面的支渠，便于放水流入畦内①。这正是适于灌溉的低畦农田的一个缩影。战国秦汉时虽然仍有以“甽亩”称农田的，不过这很大程度上只是语言习惯上的惰性而已。

（二）陂塘水田的灌溉技术

水稻的种植需要灌溉，因此一般采取低畦农田的形式，并往往与陂塘蓄水相结合。早在《周礼》中已经有这方面的记载：“稻人掌稼下地，以潴蓄水，以防止水，以沟荡水，以遂均水，以列（埒）舍水，以浍写（泻）水……”意思是要修建陂塘（潴）堤坝（防）之类的蓄水工程，用沟渠使蓄水库中的水平畅地流到农田（荡水），通过田首小沟（遂）把水均匀地分配到各畦中，并以田埂（列）使畦内保持一定的水层，并用排水大沟（浍）来排泄（写）余水。这是一个虽然是初步的，但却相当完整的稻田灌溉系统。它与《周礼》中《遂人》、《匠人》诸职文中所载的沟洫系统完全不同；主要反映了南方稻作区的情况，起码是起源于南方的。

秦汉以来，随着陂塘水利的发展，这种陂塘水田的灌溉模式也在南北各地获得推广。相应的灌溉技术也应获得发展。但当时的文献中还没有系统的总结。我们只能从《氾胜之书》的记载中获得一些消息：“种稻区不欲大，大则水深浅不适。冬至后一百一十日可种稻。……始种稻欲温，温者缺其塍，令水道相直；夏至后大热，令水道错。”从这一记载中可以看出，当时的稻田灌溉采取小畦串灌的方式。采取小畦的目的是便于平整，使稻畦内的水能够深浅一致。上下田块串灌的方式比较简便，但容易引起水肥的流失。不过，当时利用串灌中水口位置的不同安排，来调节稻田的水温，却是一个很聪明的办法。由于稻田水层浅，受太阳的照射，温度一般高于灌溉水源。当时关中（《氾胜之书》反映的是关中地区的情况）种稻时间是冬至后110天，即三月初，还比较冷，所以“稻欲温”；办法是把进水口和出水口对正，使进来的水成一直线流过，这样就可以尽量保持原来较高的稻田水面的温度。夏至后天气酷热，需要降低稻田田面水温，办法是把进水口和出水口错开，使进来的水成一斜线弯曲地流过，这样就可以尽量降低原来较高的稻田水面的温度，以利禾苗的生长②。

从出土的汉代实物模型和图像资料看，当时已经出现陂塘养鱼、种植水生作物，水田种稻的综合利用技术，由于文献记载的不足，这里只好从略。

（三）圃畦的规格和灌溉技术

园艺生产中的土地利用，使用“畦”的形式由来已久，但畦具体规格，直到《齐民

① 汉代农田布局的一个缩影，农业考古，1985，(1)。

② 水温调节技术，不但适用于水稻栽培，而且适用于其他旱作物。例如《氾胜之书》谈到种麻时说：“天旱，以流水浇之，树（株）五升。无流水，曝井水，杀其寒气以浇之。”夏日炎热而井水冷凉，如直接浇地，作物会因土温骤降而降低根系呼吸和吸收水肥的能力，从而发生生理萎蔫。

要术》才有所总结。《齐民要术·种葵第十七》载："春必畦种，水浇。"（春多风旱，非畦不得。且畦者，地省而菜多，一畦供一口。）"畦长两步，广一步。"（大则水难均，又不用人足入。）这一记载清楚地表明，畦种与水浇是密不可分的。可以说，畦这种农田形式首先是为了灌溉的需要；在春旱多风的自然条件下，蔬菜生产中更不能不采取畦的形式。同时，畦种便于提高土地利用率和土地生产率，"地省而菜多"。畦的规格是"长两步，广一步"。这是一种小畦。小畦的好处是易于平整，使浇水容易均匀。这与稻田采取小畦的作用是相似的。同时，小畦还便于作物的田间管理，因为畦小农夫就可以不用进入畦内，站在畦边的埝埒上就可进行操作了。《齐民要术》还指出，"凡畦种之物，治畦皆如种葵法"。查《齐民要术》中畦种的作物有：茄子、冬瓜、葵、蔓菁、韭、芥子、蜀芥、芸苔、蓼、芹、藘、堇、苜蓿、椒、蓝、种桑椹、青桐。上面谈园圃施肥时已经指出，当时的蔬菜生产，正在这种农田形式下，采取"粪大水勤"的精耕细作技术，从而获得高产的。

对圃畦中的灌溉设施，《齐民要术》也有所记载："又冬种葵法：近州郡都邑有市之处，负郭良田三十亩……于中逐长穿井十口。（井必相当，斜角则妨地。地形狭长者，井必作一行；地形正方者，作两三行亦不嫌也。）井别作桔槔、辘轳。（井深用辘轳，井浅用桔槔）柳罐，令受一石。罐小，则用功费。"① 水井和提水设施的这种安排，目的是最合理地利用土地，发挥灌溉设施的效益。

关于灌溉技术，当时人们已经考虑到作物自身需要和周围环境的气候和土壤等因素，并据此确定灌溉的时间、水量和灌溉的方式。从《种葵篇》分析，灌溉主要有以下要点：一是下种前要把水浇透，"令彻泽。水尽，下葵子"。二是"葵生三月，然后浇之"；"浇用晨夕，日中便止"。三是"每一掐，辄杷耧地令起，下水加粪"。这种灌溉技术在蔬菜生产中带有一定的普遍性，但某些作物又有其自身的特殊要求。如"芹、藘并收根畦种之。常令足水。尤忌潘泔及碱水"。还有一种冬种葵，十月末地将冻时下子，至明年春暖时出芽。前期生长所需水分主要靠"堆"、"劳"冬雪来供应（但"若竟冬无雪，腊月中汲井水普浇悉令彻泽"，至"正月地释，驱羊踏破地皮"，"不踏即枯涸，皮破即膏润"）；至四月才开始浇水，因为"四月亢旱，不浇则不长；有雨即不须。四月以前，虽旱亦不须浇，地实保泽，雪势未尽故也"。具体方法是，"日日剪卖。其剪处，寻以手拌斫劚地令起，水浇，粪覆之"。即松土、施肥与灌溉相结合。这些灌溉方法积累和流传下来，形成了我国传统农业中看天、看地、看庄稼合理灌溉的技术原则。

还应提到的是，《氾胜之书》记载了区田法蔬菜生产中的"渗灌"技术："区种瓜：一亩为二十四科。区方圆三尺，深五寸。一科用一石粪，粪与土合和，令相半。以三斗瓦瓮埋著科中央，令瓮口上与地平。盛水瓮中，令满。种瓜瓮四面如各一子。以瓦盖瓮口。水或减，辄增，常令水满。"这种办法是通过瓦瓮的渗透作用，使土壤经常保持适量的水分供应，而不破坏土壤的结构，不产生板结的现象，较好协调土壤中的水、肥、气、热状况，并可避免水分的流失，减少蒸发。完全符合现代渗灌的原理。用渗灌与其他方法相配合，达到"瓜收亩万钱"的效果。在2000多年前有此创造，的确是难能可贵的。

《氾胜之书》又记载了区种瓠中的灌溉方法："坑畔周匝小渠子，深四五寸，以水停

① 《齐民要术·种葵第十七》。

之，令其遥润，不得坑中下水。”这也是与渗灌的基本精神符合的节水的灌溉方法。

（四）淤灌经验的初步总结

我国北方许多河流含沙量很高，《汉书·沟洫志》说：“河水重浊，号为一石水而六斗泥。”这既会带来河道的淤塞和泛滥，而本身又是一种宝贵的水土资源。春秋战国以来，我国古代人民在兴修农田水利灌溉工程的过程中，往往利用黄土地区河流含沙量大的特点，用以肥田和改造盐碱地。人们大概是从开垦被河流泛滥过的荒滩地的过程中获得启发，从而发明了淤灌和放淤的方法。不同于古埃及利用尼罗河定期泛滥来淤地，它是采取工程手段有计划进行的。《管子·轻重乙》提到“河淤诸侯，亩钟之国”。反映战国时利用河水放淤和淤灌相当普遍。而漳水十二渠和郑国渠正是这方面的成功范例。西汉末年，著名治河理论家贾让总结了春秋战国以来这方面的经验，指出：“若有渠灌，则盐卤下湿，填淤加肥，故种禾麦，更为秔稻。高田五倍数，下田十倍。”① 这是淤灌、种稻和改良盐碱地相结合的办法，是中国古代人民的一项伟大创造。

第四节 代田法和区田法

在汉代农学史中，代田法和区田法占居特殊的地位，它们是我国古代劳动人民改造土壤环境以夺取丰产的重要创造。

一 代 田 法

（一）代田法在农学上的特点

《汉书·食货志》载：

> 武帝末年，悔征伐之事……下诏曰：“方今之务，在于力农。”以赵过为搜粟都尉。过能为代田，一亩三甽，岁代处，故曰代田。古法也。后稷始甽田，以二耜为耦，广尺深尺曰甽，长终亩，一亩三甽，一夫三百甽，而播种于甽中。苗生叶以上，稍耨陇草，因隤其土以附（根苗）[苗根]。故其诗曰：“或芸或芓，黍稷儗儗。”芸，除草也。（秄）[芓]，附根也。言苗稍壮，每耨辄附根，比盛暑，陇尽而根深，能风与旱，故儗儗而盛也。其耕耘下种田器，皆有便巧。率十二夫为田一井一屋，故亩五顷，用耦犁二牛三人，一岁之收，常过缦田亩一斛以上，善者倍之。过使教田太常、三辅，大农置工巧奴与从事，为作田器。二千石遣令长、三老、力田及里父老善田者受田器，学耕种养苗状。民或苦少牛，亡以趋泽，故平都令光教过以人挽犁。率人多者田日三十亩，少者十三亩，以故田多垦辟。过试以离宫卒田其宫壖② 地，课得谷皆多其旁田亩一斛以上。令命家田三辅公田，又教边郡及居延城。是后边城、河东、弘农、三辅、太常民皆便代田，用力少而得谷多。

根据以上记载，代田法在农学上的特点可以概括如下：

---

① 《汉书·沟洫志》。

② 颜注：“壖，余也。”宫壖地即宫墙外的空闲地。

一是甽陇相间，苗生甽中。有甽有垄，是代田区别于“缦田”① 的第一个特点。汉武帝时实行一步宽、240 步长的大亩制。在这样的亩中，挖三条甽，甽是沟，其深1尺，② 宽1尺，长则与亩等（240 步，1440 尺）三甽之间是三条垄（陇），其宽与高各1尺。作物播种于甽中，籍垄岸防风保墒，苗出即耨，培以垄土，故根深本固，无倒伏之虞。

二是甽垄“岁代处”。今岁为垄者，明岁作甽；今岁作甽者，明岁为垄。因为每年总是在甽中播种，所以禾苗生长的地方也随着甽垄的互易而每年轮换着。有的学者以欧洲中世纪的二圃制或三圃制比附代田法，有欠允当。我国自战国以来，休闲制已被连作制所取代，代田法的甽垄代处，种休更替，并未越出连作制的范畴，但劳息相均、用养兼顾的精神，确实是寓乎其中的。

三是半面耕法。代田“岁代处”，盖行半面耕法，即每年施犁耕翻者，仅为作甽播种之处，翻耕之沟土聚而成垄，垄上就不再耕翻了③。和这作垄沟的半面式犁耕相结合的，是所谓“隤”垄土的半面式的中耕。代田之中耕，自苗生叶始，渐次颓垄土壅苗根，直到垄与甽平。所以垄这部分虽然没有实行犁耕，然而在第二年作甽以前，实际上已经锄翻一遍了。这种半面式犁耕与半面式锄耕的相互补充和相互轮替，实在是“岁代处”的又一含义。代田法以“用力少”见称，这应该是其原因之一。

四是新田器的应用。赵过实行代田法时，有特殊的“便巧”农器与之相配套，故能取得显著的效果。这些“便巧”农器中的可考者，一是“耦犁”，二是“耧车”。耦犁大大提高了犁耕的能力，而且由于有了犁壁，便于翻土作垄。耧车则大大提高了条播的效率。这些农机具，使代田法如虎添翼。

代田法施行的效果，班固用“用力少而得谷多”一句话来概括。分而言之，其作用，一是增加产量。由于代田法农田布局巧妙，耕耨之法精细，能防风抗旱，增加产量。史称“亩增一斛”，这应该是大亩。《淮南子·主术训》：“中年之获，卒岁之收，不过亩四石。”准此计算，代田法每亩增产的幅度为25%。二是提高劳动生产率。代田法配合耦犁等便巧农器，二牛三人可耕田五顷（大亩），其劳动生产率盖为“一夫百亩（周亩）”的12倍。1200 小亩正好相当于大亩5顷。这就是《汉书·食货志》所说的“率十二夫为田一井一屋，故亩五顷，用耦犁……”的意思。

（二）代田法的渊源和实行的背景

《汉书·食货志》说代田法是“古法”，溯源于“后稷”。这不能简单地看作是托古自重。这里的所谓“后稷”，不是指被尊为农神的周先祖弃，而是指以“后稷”命名的农书。这和《吕氏春秋·上农》等四篇所称引的《后稷》农书应是一码事。《吕氏春秋·任地》等阐述的以畎亩制为中心的农业技术，应即《后稷》农书之要义。畎亩制的种植法，《任地》曾以“上田弃亩，下田弃甽”来概括。现在代田法种甽不种垄，正是“上田弃亩”的后稷农法所衍变，应无疑义。

① “缦田”，颜师古注：“谓不为亩者也。”王先谦曰：“作‘为甽’是。”其实，颜注的“亩”应理解为“垄”；这样，王说与颜说实际上是一致的。

② 此尺为汉尺，1汉尺＝0.231 米。

③ 先秦时代实行畎亩制的垄作法，作垄时，也只是部分地翻土，即所谓“掩地表亩”；代田法的半面耕，应是由此发展而来的。

但不能把代田法和甽亩制等同视之。《吕氏春秋·任地》等篇虽然谈到“上田弃亩”，但只能视为特例，通篇论述的重心是在“下田弃甽”及其相关技术，其用意在于排涝；播种于亩（垄）上，故亩欲宽平，甽欲深窄，一亩作成一垄。代田法只实行“上田弃亩”，用意在于抗旱；播种于甽中，而籍垄挡风，故甽垄等宽，一亩三甽。《任地》等篇使用的农具仍然是耒耜；代田法则与耦犁相配套。所以代田法貌似复古，实则大异。

上篇谈到，甽亩制是与沟洫制相表里的，是适应发展低地农业防洪排涝的需要而产生的。自战国以来，自然景观发生了很大变化，耕地扩展到更大范围，防旱抗旱的任务更形迫切。代田法正是在农业生产面临新的形势下，为了解决防旱抗旱的问题，在“上田弃甽”的后稷古法的基础上加以变通而创造出来。

上篇还谈到，战国以前的耕作制度主要是休闲制；《吕氏春秋·任地》“耕之大方”中有所谓“息者欲劳，劳者欲息”，正是这种情况的反映。战国以来，连作制已逐步取代休闲制。但在推行连作制过程中，有些地方会因为地力使用过度而出现所谓“阴窃”（帛书《经法·国次》）的问题①。《史记·乐书》说：“土敝则草木不长，……气衰则生物不育。”代田法实行的甽垄“岁代处”，正是为了解决在连作制下如何保持地力问题而创造的一种新技术。

春秋战国以来，铁农具已经逐步普及，但牛耕的推广程度在很长时间内一直是有限的。到了汉武帝时代，农业生产在经过几个世纪的发展以后已经积累了更为雄厚的物质基础。牛犁已经有可能取代人工操作的耒耜成为主要的耕具。这种情况，呼唤着新的农业技术的产生。代田法的创造亦与此有关。

（三）代田法的推广及其成效

以上是就农业生产自身发展的背景来观察代田法的产生。从政治背景看，汉武帝时代由于内外兴作，使用民力过度，到其末年，社会危机业已显露；为了缓解社会矛盾，汉武帝重新实行重农政策。代田法就是这种政策的产物。代田法可以说是第一次由国家有组织地推广新的农业技术和新的农业工具。组织工作亦相当细致，赵过亲自指导在宫壖地进行试验，取得增产效果；又组织三辅地区地方官（令长）、农村基层首领和种田能手（三老、力田、里父老善田者）接受新农法和新农器的训练，培养骨干，同时抓紧新田器的制作和供应；然后从三辅地区逐步推广到河东、弘农和西北边郡等地。

代田法的推行取得显著的成效，产量提高，垦田增多，对汉武帝晚年以后社会经济的恢复起了重要作用；尤其是与代田法相辅而行的耦犁、耧车等新农具由此得到了推广，使中国封建社会农业生产力的发展上了一个新的台阶。我国牛耕在黄河流域向真正普及，正是从赵过推行代田法开始的。

但是代田法这种特殊耕法的本身却没有能够经久延续下去。在西汉晚年的《氾胜之书》中，已经看不见实行代田法的痕迹，实际上自那时到现在，黄河流域盛行的主要是平翻低畦的耕作法。

究其原因，一方面，代田法对牛力和农具的要求较高，适合较大规模的耕种，而以小农分散经营为主的中国封建农业，对此缺乏足够的适应能力。为了克服这一缺点，赵

① 参阅本书第七章第四节中“‘三才’理论与政治经济”一段。

过提倡人力挽犁，但作用毕竟不大。真正能实行代田法的，可能只有边郡的屯田，政府公田及某些富豪之家。另一方面，在黄河流域旱作技术发展史上，代田法只是防风抗旱的多种农法之一。当“耕耙耢”耕作技术体系逐步形成，可以通过这套措施，使黄河流域春旱问题获得相当程度的缓解时，便不一定实行特殊的垄沟种植了。而且耢、耙都是畜力牵引的碎土、平土、覆种工具，适于与全面翻耕的平翻方式相配合，而与半面耕、作垄沟的方式相扞格。如前所述，《氾胜之书》时代已有畜力牵引的碎土覆种工具，虽然“耢”的名称尚未出现，该书所反映的耕作法，就是全面耕翻的平翻法，而不是半面耕、作垄沟的代田法。不过，代田法虽然未能经久普遍施行，但它所包含的先进技术因素，仍然被后世所继承或吸收，对中国农业科技的发展产生了深刻的影响。

二 区 田 法

关于区田法的记载始见于《氾胜之书》。氾胜之托言此法为商代伊尹所创，实际上氾胜之提倡此法是有深刻的现实的社会原因的，是西汉末年社会发展的产物；当然，这种抗旱丰产的栽培技术并非一蹴而就，它是以前人经验的长期积累为依据的。

（一）区田法的两种形式

区田法的“区”，读音是“欧”（ou），它的原义是掊成的坎窞①。区田法就是因为庄稼种在“区”中而得名。农田结构或是布局的具体方式则有两种：

一是沟状区田法：《氾胜之书》提供的样式是：

以亩为率，令一亩之地，长十八丈，广四丈八尺，当横分十八丈作十五町，町间分十四道，以通人行，道广一尺五寸，町皆广一丈五寸，长四丈八尺。尺直横凿町作沟，沟（广）一尺，深亦一尺。积壤于沟间，相去亦一尺。尝悉以一尺地积壤，不相受，令弘作二尺地以积壤②。

积禾黍于沟间，夹沟为两行。去沟两边为二寸半，中央相去五寸（按，指行距），旁行相去亦五寸（按，指株距）。一沟留四十四株。一亩合万五千七百五十株。种禾黍，令上有一寸土，不可令过一寸，亦不可令减一寸。

凡区种麦，令相去二寸一行。一行容五十二株。一亩凡九万三千五百五十株。麦上令土厚二寸。

凡区种大豆，令相去一尺二寸。一行容九株。一亩凡六千四百八十株。区种荏，令相去三尺③。

这是在长18丈、宽4丈8尺的一亩土地上，把18丈横分为15町，15町之间留下14条长1尺5寸宽的行人道。每町宽1丈5寸，长4丈8尺。每一町上，每隔1尺横着挖一条长1丈5寸（相当于町宽）的直沟，沟宽1尺，挖土深也是1尺。挖出的土仍堆在沟里，但可堆一部分到沟边即土埂上，放土的地方展宽为2尺。这样，沟就呈现略微低

---

① 石声汉氾胜之书今释，科学出版社，1956年，第38～39页。

② 此句中的“壤”字，《齐民要术》各本都作“穰”。万国鼎认为古代有“凿地出土为壤”的古训，“穰”字是“壤”字的误写或坏字。其说是。只有这样校改，这段话才说得通。但“穰”字应为“壤”的假借字。

③ 据《氾胜之书辑释》而略有改动。

洼的状态。参见图 12-1。

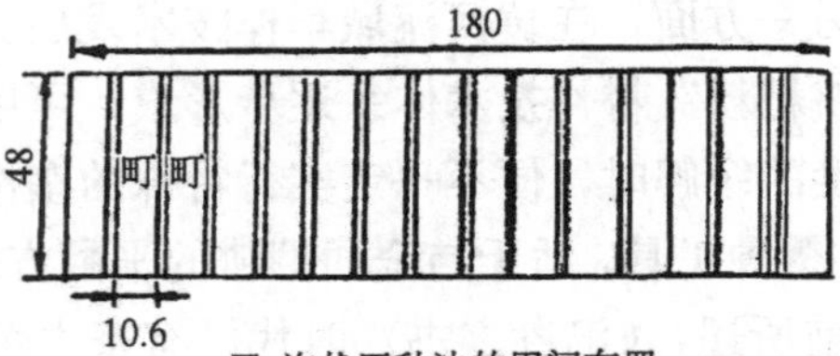

甲. 沟状区种法的田间布置

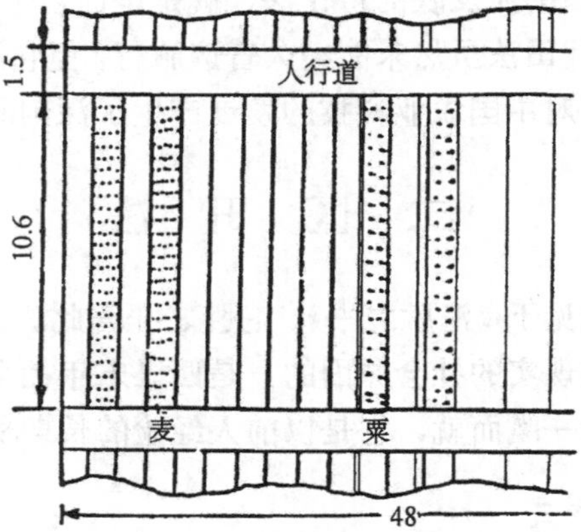

乙. 沟状区种粟、麦的町内点播方式

单位：尺

图 12-1　沟状区种法的田间布置（图甲）
和粟、麦町内点播方式（图乙）

二是窝状区田法①：《氾胜之书》提供的样式是：

上农夫区，方深各六寸，间相去九寸。一亩三千七百区。一日作千区。区种粟二十粒，美粪一升，合土和之。亩用种二升。秋收区别三升粟，亩收百斛。丁男长女治十亩。十亩收千石。岁食三十六石，支二十六年。

一亩千二十七区。方九寸，深六寸，相去二尺，一亩千二十七区。用种一升，收粟五十一石。一日作三百区。

下农夫区，方九寸，深六寸，相去三尺，一亩五百六十七区。用种半升，收粟二十八石。一日作二百区②。

这种区种法的标准样式，是在一块地中布满一个个的方形小窝。见表 12-4，图 12-2。

表 12-4　窝状区田（小方形区种法）区划简表

	规格（方/深）	区间距	每亩区数	每日作区	每亩粟下种量	每亩产量
上农夫区	6×6 寸	0.9 尺	3700	1000	2 升	100 石
中农夫区	9×6 寸	2 尺	1027	300	1 升	51 石
下农夫区	9×6 寸	3 尺	567	200	0.5 升	28 石

① “沟状区田法”和“窝状区田法”，是采取吴树平的称呼。见《氾胜之书述略》，载《文史》第十六辑。

② 据《氾胜之书辑释》。据万国鼎的复算，文中的载每亩区数，比计算可能达到的区数少些；可能是《氾胜之书》留有余地或其他原因。

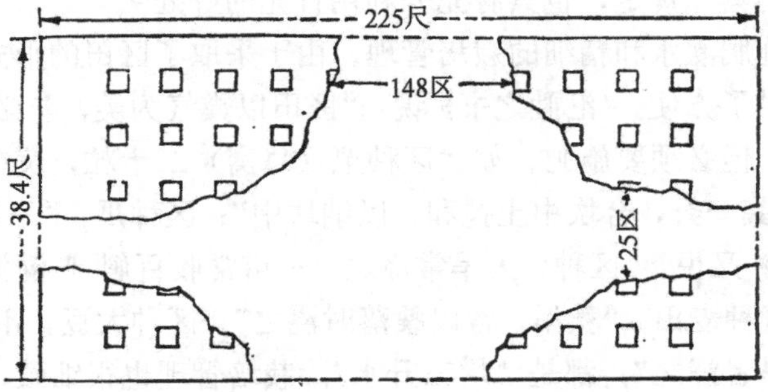

图 12-2 窝状区种法上农夫区的田间布置

不过，以上只是按比较规整的土地所设计的样式，实际上是可以变通的。大体说来，沟状区田适合于在较大片的平地上实行，窝状区田则可以在斜坡、丘陵的小块地上实行。

（二）区田法的技术特点和丰产原因

区田法的技术特点主要表现在以下三个方面：

一是深翻作区，把庄稼集中种在区中。沟状区田要挖出深一尺、宽一尺的沟，作物播种于沟中；沟与沟之间也是相隔一尺。这种形式与代田法很相似。两者的区别在于：代田是在长条形的亩中“一亩三甽”；区田法则是把长方形的亩分成15町，再在每町上挖出14条约长1丈的沟。这样的安排更便于管理。此其一。如前所述，代田法是用耦犁进行半面耕的，土翻起后形成垄，以后用垄土壅苗；区田法的作沟，从《氾胜之书》的叙述看，应是使用人力的，翻起来的松土仍放在沟中，部分堆在土埂上。此其二。因此，可以说，沟状区田法是在新的条件下代田法的继承和发展。窝状区田也是人工深翻作区的。翻耕的深度则因不同作物而异。如禾、黍、麦等须根系作物要深翻6寸到1尺；瓠，1尺；芋，3尺。《氾胜之书》说：“区田不耕旁地，庶尽地力。”说明区田法只深翻沟中或区中的土壤，不耕沟或区以外的土地，这当然是为了精耕细作、少种多收，同时也应与人工深翻不能铺得太开有关。而区在地平面以下，既便于接纳浇灌的水，又可减少水分的向上蒸发，尤其是侧渗的漏出与蒸发；避免营养物质的侧渗流失，有利于“保泽（墒）”和保肥。

二是对株行距和每亩立苗数量有严格的规定。沟状区田每种作物的株行距都有一定的规格。如禾黍，沿沟种2行，离沟边各2.5寸，株距5寸，同一沟中的行距5寸（不同沟之间的行距则是1尺5寸）。并规定一条沟中种44株，每亩种15 750株。小麦，每沟种5行，行距2寸，边行距沟1寸，株距2寸，每行52株，一亩共93 600株。大豆，每沟种2行，株距1尺2寸，一亩共6480株。从这种严格的要求看，沟状区田应该是采取按行点种的方法。从其布局看，则类似于今日的宽窄行播法，而更便于通风透光，它使植株在行列间有较多接触斜照日光的机会，提高植株对日光的吸收利用率，从而达到增产的目的。①上篇谈到，先秦时代人们已经重视作物的田间布局，在畎亩农田的基础上，通过条播、合理密植、中耕等措施建立一个合理的、有序的作物群体结构。代田和沟状区田都是这方面经验的继承和进一步发展。窝状区田法也有对各种作物每亩播种量，以

① 万国鼎，氾胜之书辑释，中华书局，1957年，第88～89页。

至每窝播种粒数的具体规定，也具有充分利用日光的好处①。

三是集中的施肥灌水和精细的栽培管理。由于采取了区田的形式，给集中的施肥灌水和田间管理提供了方便。《氾胜之书》说："区田以粪气为美，非必良田也。"指出区田不一定要有好地，但必须要施肥。如"区种粟（每窝）二十粒，美粪一升，合土和之"；区种大豆，"取美粪一升，合坎中土搅和，以纳坎中"；区种瓜，"一科（坎）用一石粪"，等等。《氾胜之书》又说："区种，天旱常浇之，一亩常收百斛。"灌溉是区田增产最重要的原因之一。又区种麦田，"秋旱，常以桑落时浇之"；区种大豆，不但"临种沃之"，而且生长期间也"旱者浇之"，都是"坎三升水"。栽培管理也很细致，播种后覆土的厚度有一定的要求，不能厚了，也不能薄了。播后采取"以足践之"或"以掌抑之"的办法进行镇压，以达到"种土相亲"的要求。重视中耕除草："区中草生，拔之，区间草以刬刬之，若以锄锄"；"苗长不能耘之者，以鉤镰比地刈其草"。区种麦还有一些特殊的措施："麦生根成，锄区间秋草。缘以棘柴律土壅麦根"；"春冻解，棘柴律之，突绝其枯叶，区间草生锄之"。

总之，区田法的特点是把庄稼种在沟状或窝状的小区中，在区内综合运用深耕细作、合理密植、等距点播、施肥灌水、加强管理等措施，夺取高额丰产。

（三）关于区田法的产量和劳动生产率

区田法的产量，据《氾胜之书》记载，可以达到亩产"百斛"或"百石"②。汉亩是240步的大亩，六尺为步，故1汉亩＝8640平方汉尺。1汉尺＝0.693市尺。1汉亩＝0.69市亩。汉代1斛（即1石）＝0.19969市担＝19.969市斤；100斛＝19.969市担＝1996.9市斤。按此折算，汉代"亩产百斛"相当于2787市斤/市亩。由于产量这样高，以至"丁男长女治十亩。十亩收千石。岁食三十六石，支二十六年"。按这样计算，一个劳动力种五亩地，年产量可以养活26个人（如果一个人吃，可以吃26年）。我们在第一编曾经推算过战国时期的农业劳动生产率，大概是每个农业劳动力可以养活2.5人。《氾胜之书》记载的农业劳动生产率，相当于战国时代的10倍还多。

这种诱人的高产指标，两千年来吸引了不少的试验者试图仿效它，但宣称达到《氾胜之书》所载的高产指标的绝无仅有，而且仅仅是一种小面积的试验③。绝大多数试验结果，虽然可以增产，但达不到《氾胜之书》所宣传的指标。这样高的亩产量，即使在现代科学水平下，也是无法达到的④。从有关资料看，氾胜之本人也没有达到过这样高的产量指标。据《太平御览》卷八二一《田》云："氾胜之奏曰：昔汤有旱灾，伊尹为区田，

① 关于区田法的密植程度，学术界有不同估计。万国鼎经过计算，认为《氾胜之书》所载"区田法"的种植密度超过现代的种植密度（《氾胜之书辑释》）。吴树平不同意这种看法，认为除麦以外，禾、黍、大豆、荏、胡麻等作物的区种的株行距，从今天的标准来看，都不算过密（《氾胜之书述略》，载《文史》第十六辑）。李长年比较了《氾胜之书》（区种）和《齐民要术》的播种量，认为后者有增加密度的趋势（《齐民要术研究》）。

② 《氾胜之书》谈到"亩百石（或斛）"的起码有四个地方：1. 总括性的："区种，天旱常溉之，一亩常收百斛"；2. 窝状区田上农夫区，"秋收区别三升粟，亩收百斛"；3. "尹择"法粪种，"如此则以区种，大旱浇之，其收至亩百石以上"；4. 区种麦，"区一亩得百石以上"。

③ 《齐民要术》记载北魏刘仁之试验区种法，70方步地收粟36石，合每亩123石。

④ 建国以后春播谷子小面积的最高产量记录是1300多斤。《氾胜之书》记载的区田法产量，超过它一倍多，是匪夷所思的。

教民粪种，负水浇稼，收至亩百石。胜之试为之，收至亩四十石。”① 据此，氾胜之自己试验的结果只达到《氾胜之书》中所宣传的指标的40%，但这也有1100多斤，接近建国后的最高记录了。在介绍“尹择”粪种法（据说此法区种也能亩产百石）时，氾胜之写了“验美田至十九石，中田十三石，薄田十一石”的话，这大概是氾胜之另一次试验的结果。汉代亩产十石就是高产田②，亩产达到十一至十九石，应该说也是相当高的了。由此可见，“亩产百石”是不可信的。

那么，亩产百石的数字是怎么来的呢？似乎是推算出来的。《氾胜之书》讲窝状区田法的上农夫区“一亩三千七百区”，“秋收区别三升粟”，总计每亩收粟111斛；“亩产百斛”正是约言其概数。问题在于，1亩地中3700个6寸见方（相当于市制的4寸见方）的小窝，每个小窝都长20株，收获3升（约0.6市斤）粟，是不可能的。这可能是根据理论上的数字来推导，或是以孤立的个别的高产的窝的产量当作平均的产量而推算出来的③。这无论是作者自己的推算，还是迻录前人的资料，都是靠不住的④。

由于“亩产百斛”的数字不能成立，据此计算的劳动生产率的数字失去了依据。

（四）对区田法的评价

区田法和代田法是汉代两种重要的综合性的耕作栽培法，两者有同有异。它们都是属于精耕细作的范畴，都着眼于高产和抗旱。但代田法在争取提高单位面积产量的同时，还力求提高劳动生产率；它对农具和牛力的要求比较高，适于大规模的经营。而区田法则着重于提高劳动集约的程度，力求少种多收；由于它“不耕旁地”，“不先治地”，所以不采用或不一定采用铁犁牛耕，但作“区”、施肥、灌溉、管理，却要求投入大量的劳力；相比之下，它更适合于缺乏牛力和农具，经济力量薄弱的小农经营。

西汉末年氾胜之在关中地区提倡区田法，并不是偶然的。关中是西汉京都所在地，人口相当稠密，尤其是两汉的中晚期，土地兼并激烈，大量自耕农贫困破产，缺乏耕地，成为严重的社会问题。氾胜之的区田法正是在这种形势下出现的。第一，它可以在小块土地上实行；第二，它不要求铁犁牛耕；第三，它可以直接在荒地上作“区”，并且“诸山陵，近邑高危、倾阪、及丘城上，皆可为区田”；第四，虽然耕种面积不大，却可以获得高额丰产。这种耕作栽培方式，显然比较符合经济拮据的贫苦农民的需要。氾胜之提倡它，也是为了给贫苦农民指一条可以维持生计的路，以消解威胁封建统治的社会不稳定的因素。为了增加对贫苦农民的吸引力，甚至对其产量指标作了夸大宣传。

区田法的优点是精耕细作、抗旱高产，缺点是不与当时的先进工具相结合，各种作业费劳力太多。尤其是窝状区田法，不适合于使用畜力牵引工具，只能依靠人工。就这点来看，不能说是一种进步。

---

① 《书钞》卷三十九《兴利》：“氾胜之区田云：昔汤有旱灾，伊尹作区田云云。乃负水浇稼，收至亩百石。胜之试为之，收至亩四十石。”

② 《氾胜之书》：“得时之和，适地之宜，田虽薄恶，收可亩十石。”

③ 如以每窝20株，每亩3700窝算，每亩株数达7400株；而这3700窝的面积，仅占一亩总面积的15.42%。这样的种植密度是难以想象的。

④ 学术界许多学者历来对《氾胜之书》区田数字数字的可靠性表示怀疑。又有些学者认为“亩产百斛”的“亩”，是实际播种的“区”的面积相加而得，并不计算“旁地”；证据似乎不足。

区田法所包含的精耕细作的技术和少种多收的方向等合理的因素，被后来的农业生产和农业科技所吸收、继承和发展，在民间，类似的特殊的高产抗旱栽培法，在一定条件下，也断断续续继续被人们所采用；但它的具体方式，虽然往往作为济时救急的手段被推行于一时，并不断吸引人们为追求高产目标而试图仿效，但始终未能大规模推广。重要原因之一，就是所费劳力太多，在经济上缺乏可行性。这在一定程度上也反映了我国传统技术所固有的局限性的一面。

第十三章　农业生物学和提高农业生物生产能力技术的发展

秦汉魏晋南北朝是我国古典生物学形成的时期，这一时期出现了一批重要的生物学著作，对各种生物的形态与分类、生理与生态、遗传与变异，以及生物进化等方面的知识，都有长足的进步。这些知识被广泛地运用到农业生产中，“因物制宜”成为农业生产中的基本原则之一，提高农业生物自身的生产能力受到空前的重视，被放到与改善农业环境同等重要的地位，构成农业科技体系中的两根支柱。

第一节　对生物遗传变异的认识和农业生物的繁育

一　对生物遗传变异的认识和生物进化的思想

（一）《淮南子》的生物进化思想

关于生物的起源和发展，历来存在着不同的解释。一种观点认为世界上所有生物和人类，都是“天”所创造的，它可以追溯到商周时代的“天帝”的观念。这种观念在春秋战国时代受到了动摇，但又以变化了的形态延续下来。汉代董仲舒大倡“天人感应”的神学目的论，在他看来，“天”是有意志的、至高无上的神，是“人之曾祖父”（《春秋繁露·服制象》），而“天地之生万物也，以养人”（《春秋繁露·天符人数》）。这种观点，在后世影响是颇大的。

早在春秋战国时期，人们就试图用物质来解释包括生物在内的万物的起源。如《管子·水地》把水看作万物的本原；《管子·内业》则认为构成生命和万物根源的是“精气”①。《荀子》也认为万物产生于气，同时描述了万物进化的几个阶梯：“水火有气而无生（无机界），草木有生而无知（植物界），禽兽有知而无义（动物界），人有气有生有知亦且有义（人类），故最为天下贵。”

西汉初期的《淮南子》继承和发展了精气说，提出了“洞同天地，浑沌为朴，未造而成物，谓之太一。同出于一，所为各异，有鸟、有鱼、有兽，谓之分物”（《诠言训》）。所谓“一”或“太一”，就是“卓然独立，块然独处，上通九天，下贯九野，员不中规，方不中矩”（《原道训》）的浑然一体的“气”。书中还具体描述了生物的进化过程：

> 胈□生海人，海人生若菌，若菌生圣人，圣人生庶人，凡胈者生于庶人。羽嘉生飞龙，飞龙生凤凰，凤凰生鸾鸟，鸾鸟生庶鸟，凡羽者生于庶鸟。毛犊生

① “精也者，气之精也。”“凡物之精，比则为主，下生五谷，上为列星。”“人之生也，天出其精，地出其形，合此以为人。”

应龙，应龙生建马，建马生麒麟，麒麟生庶兽，凡毛者生于庶兽。鳞薄生蛟龙，蛟龙生鲲鲠，鲲鲠生建邪，建邪生庶鱼，凡鳞者生于庶鱼。介潭生先龙，先龙生玄鼋，玄鼋生灵龟，灵龟生庶龟，凡介者生于庶龟。煖湿生朕□。煖湿生于毛风，毛风生于湿玄。湿玄生羽风，羽风生煖介，煖介生鳞薄，介潭生于煖介。五类杂种兴于外，肖形而蕃。日冯生阳阏，阳阏生乔如，乔如生干木，干木生庶木，凡木者，生于庶木。招摇生程若，程若生玄玉，玄玉生醴泉，醴泉生皇辜，皇辜生庶草，凡根茇草者生于庶草。海闾生屈龙，屈龙生容华，容华生蔈，蔈生藻，藻生浮草，凡浮生不根茇者生于萍藻。（《地形训》）

下面试以五类动物的进化为例，图解如下（图 13-1）：

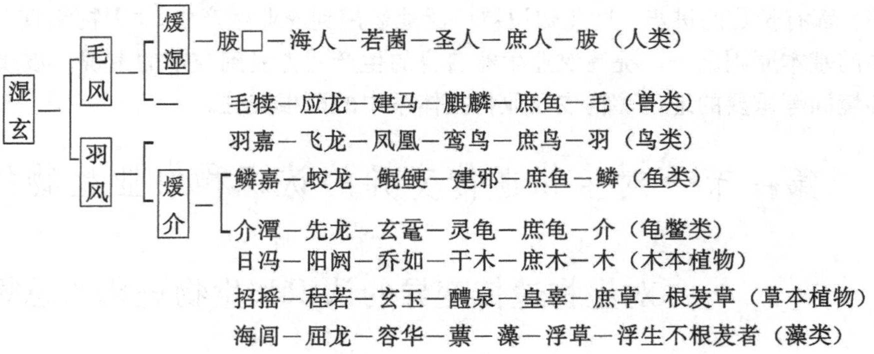

图 13-1　五类动物进化

从以上图解可以看出，《淮南子》利用当时已经达到的分类学知识，把生物分类学和朴素的生物进化观结合在一起。它把动物分为朕（人类）、毛（兽类）、羽（鸟类）、鳞（鱼类）、介（龟鳖类）五类，把植物木、草、藻三类。每一类动植物都有一个原始型[①]发展而来，而所有动物都有一个共同的祖先类型，叫做“湿玄”。“湿玄”派生出“毛风”和“羽风”两支；再分别演变出五类动物。这五类动物各按其自身性状特征而蕃衍下去，称作“五类杂种兴乎外，肖形而蕃”。当时虽然已经积累了许多关于生物性状与分类的知识，但毕竟还有广大的未知领域，《淮南子》的作者把已有知识和主观臆想揉合在一起，构建了一个无所不包的生物进化图式，其中虽然有不少不科学以至荒诞之处，但毕竟闪烁着进化论的思想火花，在古代世界中是绝无仅有的第一人[②]。

（二）王充对生物遗传性和变异性的论述

王充继承了前世的“精气说”，吸收了《淮南子》的进化观，认为“元气”是构成包括生物在内的天地万物的原初物质基础；而“元气”是似烟似雾、无始无终的物质元素。但生命却是有始有终的，“死者生之效，生者死之验也”（《论衡·道虚》）。他明确指出“天地合气，万物自生”（《论衡·自然》）[③]，反对把人与万物的产生看成是上天有目的的

① 如“朕□”是人类的原始型，“毛犊”是兽类的原始型等。

② 荀萃华，再谈〈淮南子〉书中的进化观，自然科学史研究，1983，(2)。

③ 所谓“天地合气”，《自然》篇有更具体的描述：“天覆于上，地偃于下，下气蒸上，上气降下，万物自生其中间矣。”

创造①。

王充在批判天人感应的种种臆说时，根据当时已经积累起来的生物学知识，阐述了有关生物的遗传性和变异性的问题。他继承和发展了《淮南子·地形训》关于“五类杂种兴乎外，肖形而蕃”的思想，提出了“物生自类本种”的命题。《论衡·奇怪》：

> 子性类父……万物生于土，各似本种。不类土者，生不出于土，土徒养育之也。母之怀子，犹土之育物也。……物生自类本种……且夫含血之类，相与为牝牡，牝牡之会，皆见同类之物，精感欲动，乃能施授。……天地之间，异类之物，相与交接，未之有也。

这段议论是针对“天生圣人”的各种奇谈怪论②而发的。他在这里指出，土地上生育的各种生物，都和它们本来的种类相似③，而不与土地相似，因为土地只是起养育的作用生长环境，而不是生命的来源。同一种类的生物可以交接，不同种类的生物则不能交接。例如“牡马见牝牛，雌雀见雄鸡，不与相合”，这是因为“异类殊性，情欲不相得也”（《奇怪》）。

王充明确指出，生物的繁育和物性的遗传都与种子（生殖细胞）分不开。《论衡·物势》说：“因气而生，种类相产，万物生天地间，皆一实也。”所谓“种类相产”，既包括生命的繁衍，也包括种性的遗传；它本质上是“气”的活动，但都是通过种子（实）来实现的。《论衡·初禀》说：“草木生于实核，出土为栽蘖，稍生茎叶，成为长短巨细，皆由实核。”说明植物的个体发育是从种子（实核）开始的，植物亲代的特征是通过生殖，由种子传留给后代的④。

在王充生活的时代，人们把所谓凤凰、麒麟、嘉禾等作为为统治者歌功颂德、粉饰太平的“瑞物”，有些人认为这些“瑞物”是可以种类相传的。王充反对这种观点，《论衡·讲瑞》云：“瑞物皆起和气而生，生于常类之中，而有诡异之性，则为瑞矣。故夫凤凰之至也，犹赤乌之集也。谓凤凰有种，赤乌复有类乎？……嘉禾生于禾中，与禾穗异。谓之嘉禾。”“然则瑞应之出，殆无种类，因和而起，气和而生。”王充在这里指出，所谓“瑞物”或“瑞应”只是常种中发生的一种变异，这种变异了的特性不能遗传，不能自成种类。何以知其然呢？他提出两点理由：第一，“同类而有奇，奇为不世，不世难审”，即指出这是一种特殊的罕见的变异；第二，“试种嘉禾之实，不能得嘉禾。恒见粢粱之粟，茎穗怪奇”。所谓“嘉禾”，是指禾谷类作物的分枝变异，如一茎多穗等，这在我国古书中时有记载。多穗禾产量应比单穗禾高，看来人们一定曾经进行过试种，但不能保持其

---

① 《论衡·物势》：“天地合气，人偶自生。”“天地不能故生人，则其万物亦不能故也。天地合气，物偶自生。”这种“合气生物”的思想，也从《淮南子》吸收了思想资料。如《淮南子·本经训》云：“距日冬至四十六日，天含和而未降，地怀气而未扬，阴阳储与，呼吸浸潭，包裹风俗，斟酌万殊，旁薄众宜，以相呕咐酝酿，而成育群生。”

② 《奇怪》篇所批判的，有的如刘邦母亲与神龙交接而生刘邦的传说，完全是汉朝统治者编造的谎话，有的如禹母吞薏苡而生禹，原是一种图腾传说，但后来也被统治者神化了。

③ 王充在《论衡·讲瑞》时引述过以下一种意见：“凤凰麒麟，生有种类，若龟龙有种类。故龟生龟，龙生龙，形色大小不异前者，见之父，察其子孙，何谓不可知？”虽然王充对这种的论调是持批评态度的，但他批评的只是“瑞物有种类”的观点，而不是种类相传的观点；这也说明物种特性代代相传，已成为人们的常识了。

④ 王充在《论衡·初禀》篇中举出上引这个例子，是为了论证“富贵命定”的观点，这是不对的；但也说明种子对延续生命、遗传种性的作用已是当时人们普通的常识。

亲本多穗的性状，从而证明这是一种不可遗传的变异①。王充在这里所讲的是变异的一种类型。用变异解释“瑞物”的出现，这就消除了蒙在“瑞物”上的神秘色彩，具有积极的意义。

王充的上述论述反映了我国古代人民对生物遗传和变异认识的深化。“物生自类本种”和“种类相产”作为对生物遗传性的概括，比起“夫种麦而得麦，种稷而得稷”（《吕氏春秋·用民》）这种个别性的命题，自然是高出一个层次的。他关于动物同类相交，异类不能交接的观点，与1000多年后瑞典著名的博物学家林奈（1707～1778）关于物种的概念十分相似的②，不能不说是一种天才的思想。但王充把“物生自类本种”和命定论联系起来，不承认物性也是可以在一定条件下改变的；他只谈到生物中不可遗传的那种特殊的变异，而忽视了生物发展中大量发生的、虽然不那么特异、但却可以逐步积累起来形成可以遗传的新的性状的那种变异。这样，王充对生物遗传变异性的认识，就不能不打上机械论的烙印。

（三）《齐民要术》中对生物遗传与变异的认识

中国古代农业是通过驯化、引进、育种相结合来取得高产优质的作物和畜禽品种的，并由此逐步加深对农业生物的遗传变异及其与环境条件关系的认识。这些认识反映在农书中，是从《齐民要术》开始的。贾思勰虽然没有提出“遗传性”这个概念，但他认为各种生物各有其不同的“性”或“天性”，这种“性”是相对固定的，世代相传的，以致在农业生产中必须依据生物的不同的“性”，采取不同的技术措施。这种“性”，无疑是属于遗传性的范畴的。在《齐民要术》中，这类论述很多。例如，“大豆性炒”（吸收水分多，易使土地干燥），“䵃性多秽”（叶细长，易长草），蜀芥、芸苔、芥子“性不耐寒”，“荏性甚易生”，“枣性坚强”，“桃性皮急”（皮紧），“李性耐久”（树龄长），“榆性扇地”（树冠大，遮荫），“白杨……性甚劲直”，“竹性爱向西南引”（竹鞭的延伸性），“羊性怯弱”，“猪性甚便水生之草”等等，不一而足。

但同一物种的不同个体或品种之间性质，又存在着差异。贾思勰说：“凡谷成熟有早晚，苗秆有高下，收实有多少，质性有强弱，米味有美恶，粒实有息耗。”③贾思勰又指出，如果直接播种梨子，“每梨有十许子，唯二子生梨，余皆生杜”（《齐民要术·插梨第三十七》)。也就是说，只有不足2/10的种子能长成梨，其余的都变成了杜④。这些差异，都属于生物变异性的范畴，或者是以生物的变异性为基础的。

贾思勰通过实践和观察，发现了生物的变异与环境条件的改变有着密切的关系，《齐民要术·种蒜第十九》云：

> 瓦子垅底，置独辫蒜于瓦上，以土覆之，蒜科横阔而大，形容殊别，亦足以为异。今并州无大蒜，朝歌取种，一岁之后，还成百子蒜矣，其辫粗细，正

---

① 苟萃华等，中国古代生物学史，科学出版社，1989年，第十六章。

② 林奈认为，物种是这样一群生物，它们之间性状很相似，不同个体之间的差异，好比同一家庭里不同成员的差异。它们之间可以进行杂交，并产生能生育的后代。不同物种之间则不能进行杂交，即使杂交了，也不能产生能生育的后代。

③ 《齐民要术·种谷第三》

④ 这是由于导花授粉形成种子的杂种性，所以差异性很大。

与条中子同。芜菁根，其大如椀口，虽种他州子，一年亦变大。蒜辫变小，芜菁根变大，二事相反，其理难推。又八月中方得熟，九月中始刈得花子。至于五谷蔬果，与余州早晚不殊，亦一异也。并州豌豆，度井陉以东，山东谷子，入壶关、上党，苗而无实。皆余目所亲见，非信传疑：盖土地之异者也。

这里所谈的，不论是当地品种改变栽培方法，还是从外地引进新的品种，都是由于环境条件的改变而引起作物的变异，即贾思勰所说“土地之异者”①。

尤其难能可贵的是，贾思勰根据当时群众和自己的实践经验指出，作物的变异可以通过环境条件的改变和适当的栽培措施，使之固定化，从而形成新的特性。《齐民要术·种椒第四十三》云：“此物性不耐寒，阳中之树，冬须草裹。（不裹即死。）其生小阴中者，少禀寒气，则不用裹。所谓“习以性成”。一木之性，寒暑异容；若朱、蓝之染，能不易质？”任何植物都有改变自己适应新环境的能力；这种能力在其生命的早期阶段最充分，而随着植物的生长，这种可塑性不断削弱。贾思勰发现了这一原理，并用“习以性成”来概括它。这里的“习”是指对改变了的环境条件的逐步适应，“性”则是指不同于原来特性的新的特性。这种新的特性，对原来的特性来说，就是变异。而这种变异，只有在获得了遗传后代的能力时，才称得上“性成”。因此，“习以性成”包括了生物遗传性和变异性相互依存、相互转化的辩证关系②。

与王充的论述相比，贾思勰对生物遗传和变异性的认识显然大大前进了一步。贾思勰不但指出生物的“性”可以遗传，而且指出生物的“性”可以变化。他实际上展示了生物变异的普遍性，同时考察了这种变异发生的条件，并分析了生物变异性向遗传性的转化。这些认识，充满了辩证法的精神，比王充的论述更能体现中国传统农学的特色。下面还要谈到的《齐民要术》所记述的对植物和动物的种间杂交实践的总结，更是对王充有关理论的一种发展和突破。

上篇说过，中国传统农业很早就开始的农业生物的驯化、引种和育种工作，实际上是建立在对生物遗传和变异性的利用的基础上的，但要对此形成自觉的认识，需要漫长的过程。贾思勰的上述认识，正是在长期的驯化、引种和育种工作中总结出来的，同时又反过来对引种和育种工作的发展起着指导作用。

二　作物种子选育和处理的理论与方法

中国传统农业以作物种植业为主，而农作物是依靠种子繁衍的，上引王充《论衡·初禀》的一段话，清楚地反映了古代人民对种子在农业生产中重要性的认识。正是基于这种认识，中国传统农学把提高种子的生产能力作为增产的最重要措施之一。其方法，一是选择高产优质、符合人们需要的好种子，二是对种子进行适当的处理，以增强其生命的活力。《齐民要术》正文开头有两篇总论性的文字：一为“耕田”，讲土壤耕作，这是改善农作物生长环境技术的中心；二为“收种”，讲种子的选育和处理，这是提高农作物

① 《南方草木状》也谈到了环境改变引起植物变异的例子：“芜菁，岭峤已南俱无之，偶有士人因官携就彼种之，出地则为芥，亦橘种江北为枳之义也。”

② 游修龄，《齐民要术》及其作者贾思勰，人民出版社，1976年，第93页。

自身生产能力技术的中心。贾思勰把它们放在同等重要的地位，充分反映了中国传统农学对种子的重视。

（一）从穗选法到系统选育法

中国传统农业没有像现代农业那样的专业化品种培育的工作，当时是在农业生产选择优良种子的过程中逐步培育出众多的作物品种来的。所以古代选种的概念和现代的育种的概念是既有联系，又有区别的；育种是选种的自然结果。这是我们谈论古代品种选育时应当注意的。我国古代人民很早就利用生物中普遍存在的遗传和变异现象进行作物品种的选育，秦汉以后，这种工作建立在更加自觉的基础上，并且有了明确记载，发展到颇为成熟的形态。

从已知的材料看，禾谷类作物最早的品种选育方法可能是粒选，继而是穗选；穗选的迹象，在《周礼·舍人》的记载中已依稀可见有①，但明确的记载则始见于《氾胜之书》："取麦种，候熟可获，择穗大彊者，斩束立场中之高燥处，曝使极燥。无令有白鱼，有辄扬治之。取干艾杂藏之，麦一石，艾一把；藏以瓦器竹器。顺时种之，则收常倍。""取禾种，择高大者，斩一节下，把悬高燥处，苗则不败。"这里所记载的选种方法，无论是麦还是禾，都是在田间进行的，选择性状符合人们需要的好穗子，悬挂在高燥的地方，使之干燥，作为明年的种子使用。

田间穗选比混合粒选有更大的优越性，它使所选种子的性状更加整齐划一。田间穗选可以向两个方向发展。如果利用选出的单个穗子进行连续的繁育，从而培育出具有该禾穗优良性状的品种，这就是后世所说的"一穗传"，"一穗传"的方法应该早就在民间流传，但明确的记载直到清代才出现。如果田间穗选和其他技术措施相结合，就形成系统选育的方法。这种系统选育法，最能体现中国传统农学的精神。有关这方面的记载始见于《齐民要术·收种第二》：

> 粟、黍、穄、粱、秫，常岁岁别收，选好穗纯色者，劁刈高悬之。至春治取，别种，以拟明年种子（耧耩稀种，一斗可种一亩。量家田所需种子多少而种之）。其别种种子，常须加锄（锄多则无秕也）。先治而别埋（先治，场净不杂；窖埋，又胜器盛），还以所治蘘草蔽窖（不尔必有为杂之患）。将种前二十许日，开出水洮（浮秕去则无莠），即晒令燥，种之。

上面所引是《齐民要术》"收种"技术的核心，其特点，一是把选种、繁种和防杂保纯相结合，二是把选种、保藏和种子处理相结合。因此，它涉及的范围不仅仅是品种的选育。就品种选育而是言，其方法的要点是：一，每年都要在田间选择纯色好穗，作为第二年大田种子；二，单独种植，提前打场，单收单藏，用本田的秸秆蔽窖，尽量避免机械混杂和生物学混杂（不同品种的天然种间杂交）②，考虑相当细致和周到；三，加强管理，使良种繁育的后代能有一个良好的生长环境。年年如此，就可以使作物品种的优良性状得到不断的积累和更新。这既是繁种的方法，也是育种的方法，更是种子保纯复

---

① 参阅本书第六章第一节"一品种培育和对农业生物遗传变异性的认识"。

② 《齐民要术》非常重视种子的保纯，《收种第二》说："种杂者，禾则早晚不均，舂复减而难熟，粜卖以杂糅见疵。炊爨失生熟之节。所以特宜存意，不可徒然。"

壮的方法。它类似现代的种子田，和近代农业科学的混合选种法原理一致，而更体现了传统农学综合性和整体性的特点。这种方法的出现，表明中国传统农学把的品种选育的理论和方法，已经到达成熟的阶段。

品种选育技术的进步结出了丰硕的果实，本时期大田作物品种的数量比先秦时代有了很大的增加。成篇于战国时代的《管子·地员》记录了当时粟、黍、水稻、大豆品种30多个。而西晋郭义恭的《广志》，仅粟类（包括粱、秫）品种就记载了17个，《齐民要术》又补充了90个，合计107个。水稻品种，《广志》记载了13个，《齐民要术》补充了24个，共37个①。仅此两项，即数倍于《管子·地员》的记载。这些丰富多彩的品种和品种类型，从一个方面为因地制宜、因时制宜地安排生产提供了良好的条件，并满足人们生活上的多种多样的需要。

还值得一提的是品种的命名和分类。贾思勰以粟为例概括了当时品种命名的方法："今世粟名，多以人姓字为名目，亦有观形立名，亦有会义为称。"他还把100多个粟的品种分为四类：一是"朱谷"等早熟、耐旱、免虫品种；二是"今堕车"等穗上有芒、耐风、免雀暴的品种；三是"宝珠黄"等中熟大谷；四是"竹叶青"等晚熟、耐水，有虫灾则被害尽的品种（《齐民要术·种谷第三》）。在作了这样的分类以后，贾思勰说："凡谷，成熟有早晚（熟期），苗秆有高下（株形），收实有多少（产量），质性有强弱（对环境的适应能力，包括吸水吸肥能力和抗逆性等），米味有美恶（食味），粒实有息耗（出米率）。"这既是作物品种分类标准，也是品种选育目标中的几个主要方面。说明当时人们选育和辨识品种时，已经注意到它的产量、质量（包括食味和出米率等）及与之密切相关的熟期、株形②、对环境的适应能力等，反映了人们对各种品种特性认识的深化。

（二）"本母子瓜"——甜瓜早熟品种定向培育法

《齐民要术》还介绍了甜瓜选取"本母子瓜"作种子，以培育早熟甜瓜品种的技术要领。《种瓜第十四》载：

> 收瓜子法：常岁岁先取"本母子瓜"，截去两头，止取中央子。（"本母子"者，瓜生数叶，便结子；子复早熟。用中辈瓜子者，蔓长二三尺，然后结子。用后辈子者，蔓长足，然后结子；子亦晚熟。种早子，熟速而瓜小；种晚子者，熟迟而瓜大。去两头者，近蒂子，瓜曲而细；近头子，瓜短而喎。凡瓜，落疏、青黑者为美；黄、白及斑，虽大而恶。若种苦瓜子，虽烂熟气香，其味犹苦也。）

甜瓜是炎夏季节的水果，喜温暖，怕雨湿，在开花和成熟期更需要多日照和干燥的环境，否则容易滋生病害，落花落果，影响产量和质量；因此，早熟（避开多雨季节）成为甜瓜育种的主要方向之一。甜瓜有在侧蔓结瓜的特性；近根部早分枝的支蔓上，常在第一、二腋叶就长雌花，结瓜很早。这就是"本母子瓜"。这种瓜本身就早熟，它中部的籽实形成早，充实而饱满，生命力强；选取它做种子，而且年年这样做，就可以培育出早熟而

---

① 参阅梁家勉等《中国农业科学技术史稿》，农业出版社，1989年。第280～281页，表5-2。

② 当时人们已经认识到品种株形的高矮与作物的产量和质量有密切的关系。

丰产的甜瓜品种来。这种安排相当科学合理，和现代育种中定向培育的原理是一致的①。

《齐民要术·种瓜十四》还介绍了甜瓜的另一种选种法："食瓜时，美者收取，即以细糠拌之，日曝向燥，挼而簸之，净而且速也。"

这种办法除选取品质好的"美"瓜外，还利用风力却掉瘪子，留下饱满的瓜子作种子。

（三）种子的保藏处理

我国传统农学不但重视选种和育种，而且十分注意对已经选出种子的保藏和处理，以保持和提高它们的生命力。

种子的保藏主要要求是使种子保持干燥，避免"浥郁"生虫。《氾胜之书》："种伤湿郁热则生虫也。"《齐民要术·收种第二》说："凡五谷种子，浥郁则不生，生者亦寻死。"其实，这不但适合于五谷，也适合于其他作物的种子②。"浥郁"，不但导致种子发热变质，而且容量招致害虫。《论衡·商虫》指出："然夫虫之生，必依温湿。温湿之气，常在春夏。秋冬之气，寒而干燥，虫未曾生。……谷干燥者虫不生；温湿饐餲，虫生不禁。"所以种子保藏主要采取晒种和拌药等方法。前引《氾胜之书》关于麦禾穗选的记载，都是把选种和悬挂高燥之处、曝晒、拌药等结合在一起处理的。《论衡·商虫》也说："藏宿麦之种，烈日干暴，投于燥器，则虫不生。如不干暴，闸喋之虫，生如云烟。"这种办法也为《齐民要术》所继承。《大小麦第十》载："令立秋前治（按指治场）讫（立秋后则虫生）。蒿、艾箪盛之，良（以蒿、艾蔽窖埋之，亦佳。窖麦法：必须日曝令干，及热埋之）。"一般谷物、蔬菜以至树木的种子在贮藏前都要晒种。葱子、韭菜子等不宜在烈日下曝晒，也"必薄布阴干，勿令浥郁"（《种葱第二十一》）。

播种前种子必须经过处理，一般有以下几个环节：

水选　作用是去掉秕粒和杂草种子。《齐民要术》指出，黍稷类种子种前必须水选（水洮），"浮秕去则无莠"；水稻种子也要水选，"浮者不去，秋则生稗"。他如瓜子、茄子、桑椹、柘子、楮子等也要"水淘使净"。

晒种　临种前晒种可以增加种皮的透气性，降低种子含水量，提高细胞液的浓度，促进种子内酶的活动，提高种子的发芽率，同时也能杀死种子表面的一些病菌。晒种在关于汉代的文献中已有记载，《齐民要术》明确指出谷子、黍穄、粱秫、葵、胡荽、虀、桑、柘等作物种前必须晒种，往往在水选后进行；有些在晒种后还要进行某些特殊处理③。

浸种、催芽　作物播种前的浸种催芽的记载始见于《齐民要术》。《种胡荽第二十四》说："凡种菜，子难生者，皆水沃令芽生，无不即生矣。"实际上，不但是蔬菜，包括大田作物和树木的种子，凡是出芽比较困难的，都可以作浸种催芽的处理。兹把《齐民要术》中有关浸种催芽的记载列表13-1。

---

① 缪启愉，齐民要术导读，巴蜀书社，1988年，第243页。

② 如"葱性热，多喜浥郁；浥郁则不生"；种韭，"芽不生者，是浥郁矣"。

③ 如胡荽种子晒后要搓开，使果实内两粒种子分离，突变果柄，露出种孔。虀晒后要剥掉鳞茎外层的"莩余"（干膜），切掉下面的"强根"。种葵："临种时，必燥曝葵子（葵子虽经岁不浥，然湿种者，疥而不肥）。"

表 13-1 《齐民要术》关于浸种催芽的记载

作物	方法
麻	泽多者，先渍麻子令芽生（取雨水浸之，生芽疾，用井水则生迟。浸法：著水中，如炊两石米顷，漉出，著席上，布令厚三四寸，数搅之，令均得地气。一宿则芽出。水若滂沛，十日亦不生），泽少者，暂浸即出，不得待芽生
水稻	渍经三宿，漉出；内草篅中裛之。复经三宿，芽生，长二分。一亩三升，择
旱稻	渍种如法，裛令开口
胡荽	地正月中冻解者，时节既早，虽浸，芽不生，但燥种之，不须浸子。地若二月始解者，岁月稍晚，恐泽少，不时生，失岁计矣；便于暖处笼盛胡荽子，一日三度以水沃之，二三日则芽生，于旦暮时接润漫择之，数日即出。大体与种麻法相似。 其春种小小供食者……若种者，挼生子，令中破，笼盛，一日再度以水沃之，令生芽，然后种之。再宿即生矣（昼用箔盖，夜则去之。昼不盖，热不生；夜不去，虫栖之）
槐	五月夏至前十余日，以水沃之（如浸麻子法也），六七日，当芽生。好雨种麻时，和麻子撒之
蓝	三月中浸子，令芽生，乃畦种之

从以上记述看，要不要浸种催芽，浸种催芽到什么程度，要视作物的不同、墒情的不同、气候的不同而定。如水稻催芽“长二分”，旱稻只令“开口”；种麻，“泽多”时浸种催芽，“泽少”时“暂浸即出”；种胡荽，二月冻解的，应该浸种催芽，正月冻解的，则不能浸种催芽。所以，浸种催芽严格说应该是两个既有联系又有区别的概念，催芽必须浸种，但浸种却不一定达到催芽的程度。浸种催芽的具体方法，已经注意到水分、空气和温度的协调，已经注意到雨水和井水水质的不同对浸种催芽的影响，安排比较合理。

渍种拌种 《氾胜之书》所介绍的“粪种-溲种法”，实际上就是一种种子处理与种肥相结合的方法，请参阅本书第十二章第三节，于此不赘。《齐民要术》也记载种瓜时“先以水净淘瓜子，以盐和之”；因为“盐和则有笼死”。“笼”是指瓜的病害；这是用瓜子拌盐的办法预防病害。

（四）特殊的低温处理种子的“冬种”法

《齐民要术》介绍了瓜和葵的冬种法。

冬种瓜（甜瓜）的方法有两种。一种是“区种瓜法”：以夏种菉豆穐青为底肥，地耕好后于十月中种瓜。每两步作一盆口大五寸深菜畦形的“区”（坑），“坑底必令平正，以足踏之，令其保泽。以瓜子大豆各十枚，遍布坑中（瓜子大豆两物为双，籍其起土故也），以粪五升覆之（亦令均平），又以土一升，薄散粪上，复以足微蹑之。冬月大雪时，速并力推雪于坑上为大堆。至春草生，瓜亦生，茎肥叶茂，异于常者。且常有润泽，旱亦无害。五月瓜便熟”（《种瓜第十四》）。种子经过冬天低温处理，加上施足肥、壅冬雪等措施，达到抗旱、早熟、丰产的目的。冬瓜、越瓜、瓠子都可以用这种方法。另一种方法是：“冬天以瓜子数枚，内热牛粪中，冻即拾聚，置之阴地（量地多少，以足为限）。正月地释即耕，逐鴫布之。率方一步，下一斗粪，耕土覆之。肥茂早熟，虽不及区种，亦胜凡瓜远矣”（《种瓜第十四》）。先利用牛粪的温度使瓜子萌动，冷却后把瓜子冻在里面，然后放到阴地，经过冬天的自然低温处理，到春天播种下去，肥茂早熟，远远胜过一般的瓜。这种方法，虽稍逊于大肥大水（雪）的区种法，但其中种子低温处理起了更为主要的作用，其效果也看得更加清楚。

冬种葵的方法是，选择良田，耕地极熟，并准备好井灌的设施，然后“……十月末，地将冻，漫散子，唯概为佳（亩用子六升）。散讫，即再劳。有雪，勿令从风飞去（劳雪令地保泽，叶又不虫），每雪，辄一劳之。若竟冬无雪，腊月中汲井水普浇悉令彻泽（有雪则不荒）。正月地释，驱羊踏破地皮（不踏即沽涸，皮破即膏润）。春暖草生，葵亦俱生”（《种葵第十七》）。用这种方法，加上其他措施，据说30亩菜地收益胜过10顷谷田。

以上都是利用冬天自然低温来处理种子，增强种子的生命力，使之更加抗旱耐寒；属于自然春化法①。下面还将谈到，在果木种子处理方面也有相似的方法。

三 果树林木的繁育

中国古代的果树林木的繁育，和大田作物、园艺作物有相同之处，都重视对播种材料或繁育材料的选择和处理；但也有不同之处，大田园艺作物一般采取有性繁殖的方法，果树林木除有性繁殖外，还大量采取了无性繁育的方法，成为传统农学中异彩纷呈的一个领域。无性繁育的方法先秦时代即已出现，但比较系统的记载始见于《齐民要术》。《齐民要术》把果木的繁育方法归结为“种”（播种，即实生苗繁殖）、“栽”（扦插）和“插”（嫁接）三种。更细致划分还可以分出“分根”和“压条”两种，不过它们也可以视为取得扦插材料的一种特殊方式。以下分别作简要的介绍②。

（一）实生苗繁殖及对其局限性的认识

播种是果树林木最早的繁育方法，《齐民要术》时代，果树中的桃、梨、栗，林木中的桑、柘、榆、楮、柞、槐、梓、青桐等仍采用，或部分采用播种法。播种前往往也像大田作物那样采取水选、晒种等措施处理种子。如种桑，“桑椹熟时，收黑鲁椹，（黄鲁桑，不耐久。谚曰：鲁桑百，丰绵帛。言其桑好，功省用多。）即日以水淘取子，晒干，仍畦种”③。这里谈到了品种的选择和种子的处理。桃、梨的实生苗繁殖则采取特殊的“合肉”埋种幼苗移栽相结合的方式：“桃、柰桃，欲种，法：熟时合肉全埋粪地中（直置凡地则不生，生亦不茂……）；至春既生，移栽实地（若仍处粪地中，则实小而味苦矣）。栽法：以锹合土掘移之（桃性易种难栽，若离本土，率多死矣，故须然矣）”。④“种者，梨熟时，全埋之。经年，至春地释，分栽之，多著熟粪及水。”“合肉”埋种的方式有两方面的含义：第一，它不是实行春播，而是实行秋播，目的是利用冬季的低温来影

① 这种自然春化法，直到现代仍在民间流行。本书第十二章谈到的太行山区冬至后用雪水浸种的“七七小麦”，就属于这类技术。又北京近郊一带，在冬季把小麦播种在土中，称作“冻黄”，也有在冬至后将种子播下，让雪覆盖，称作“闷麦”；在蔬菜栽培方面则有太行山区的“住冬八瓣蒜”等。转见：钱伟长，我国历史上的科学发明，重庆出版社，1989，第3～4页。下面将要谈到的蚕卵低温催青技术也可以归入这个范畴。

② 本节论述主要依据：游修龄，〈齐民要术〉及其作者贾思勰，人民出版社，1975年。

③ 又如，“种柘法：耕地令熟，耧耩作垅。柘子熟时，多收，以水淘汰令净，曝干。散讫，劳之”。“楮宜涧谷间种之。地欲极良。秋上楮子熟时，多收，净淘，曝令燥。耕地令熟，二月耧耩之，和麻子漫散之……”

④ 种桃还有一种方法，不是合肉全埋，而是把新鲜果核埋在放了牛粪的向阳的深坑中，至春出芽时，连核对一起种下。“桃熟时，于墙南阳中暖处，选取好桃数十枚，擘取核，即内牛粪中，头向上，取烂粪和土厚覆之，令厚尺余。至春桃始动时，徐徐拨去粪土，皆应生芽，合取核种之，万不失一。其余以熟粪粪之，则益桃味。”

响种子，增强其出芽和抗寒的力量，这是一种自然春化法；第二，这是一种简易有效的自然保存方式，种核在果肉的包裹中，可以不必消毒、干燥贮藏，就能保证安全局种出苗。这是一种很简便有效的方法，但它比较适合于小农经济的条件；因其无法对种核进行考查选择，对现代化的大规模生产不甚适应①。

板栗也采取播种的方法，但种子的处理方式与桃、梨等有别。《种栗第三十八》云："栗，种而不栽（栽者，虽生，寻死矣）。栗初熟出壳，即于屋里埋著湿土中（埋必须深，勿令冻彻。若路远者，以韦囊盛之。停二日以上，及见风日者，则不复生矣）。至春二月，悉芽生，出而种之。"这是因为板栗怕干、怕热、怕冻死，所以采取这种湿土埋种的方法。

播种的方法，在《齐民要术》的果树栽培中只占次要的地位，因为人们已经认识到果树的实生苗繁殖存在成熟迟、品质差、性状不稳定等缺点。《种桃》篇指出种桃之所以采用实生苗繁殖的方式，是因为"桃性早实，三岁便结子，故不求栽也"。谈到柰和林檎就指明"不种，但栽之"，因为"种之虽生，而味不佳"（《柰、林檎第三十九》）。《插梨第三十七》虽然讲了实生苗繁殖的方法，但接着就说："若穞生、种而不栽者，则著子迟。每梨有十许子，唯二子生梨，余皆生杜"。这是说，野生或播种的不但结果迟，而且会产生不可避免的变质现象。这也是我国文献上关于有性繁殖导致遗传分离的最早记载。

在林木生产中也有类似的问题。例如《种桑柘第四十五》指出："大都种椹，长迟，不如压枝之速。无栽者，乃种椹也。"

为了克服实生苗繁殖的上述缺点，乃有扦插、嫁接等方法的创造。

（二）扦插、分根、压枝

林木的扦插先秦时代已经出现，但果树的扦插繁殖则始见之于《齐民要术》的记载。扦插的目的在于加速生长和提前结果，这在《齐民要术》亦有明确的论述。如《种李第三十五》云："李欲栽（李性坚，实晚，五岁始子，是以藉栽。栽者三岁便结子也）。"扦插繁育之所以能提前结果，是因为根据现代生物学上的阶段发育理论，扦插材料在原来的母体中的"发育年龄"是保留有效的。李树播种需要5年才结果，如采用扦插法，扦插材料已有二年的"发育年龄"，则插后三年就能结果。《齐民要术》时代虽然不会产生阶段发育的概念，但他们在实践中已经知道扦插能够使树木加速生长，提早结实，并且对此已经有所总结；这应该说是一个重要的成就。

扦插繁殖中要注意扦插材料的选择。一般要选择当年春天长出的新枝条。如栽安石榴，要"三月初，取枝大如手大指者"；栽杨柳，"从五月初，尽七月末，每天雨时，即触雨折取春生少枝，长一尺以上者，插著垅中，二尺一根，数日即生"，因为，"少枝叶青气壮，故长疾也"。箕柳、白杨亦用扦插法。用作扦插材料的枝条，都要把向下的一头烧二三寸，以防插条中汁液（"伤流液"）的流失。

《齐民要术·栽树第三十二》还引述了《食经》利用芋魁作插条的营养基的方法："种名果法：三月上旬，斫取好直枝，如大母指，长五尺，内著芋魁中种之。无芋，大芜菁根亦可用。胜种核，核，三四年乃如此大耳。可得行种。"扦插本来就可以加快果木的

---

① 现在关中有些地方仍采用全桃埋种的方法，据果农反映，发芽早，生长快，结果大而多。转见：缪启愉，齐民要术导读，巴蜀书社，1988年，第119页。

生长，加上培养基的作用，插条健壮，效果更佳。所以是推广优良果树品种的好方法。

扦插，《齐民要术》称为“栽”。但“栽”不但包括扦插，也包括压条和分根；在贾思勰看来，分根和压条都是“取栽”的一种方式①。而且，分根、压条和扦插在加快生长提早结实的作用和机理上是一致的。对分根的方法，《齐民要术·柰、林檎第三十九》第一次作了总结：“于树旁数尺许掘坑，洩其根头（露出根部的末端），则生栽（生出可供“栽”的枝条）矣。凡树栽者，皆然矣。”

关于压条，始见于《四民月令》二月：“自是月尽三月，可掩树枝（埋树枝土中令生，二岁以上，可移种之）。”《齐民要术》称为“压枝”，方法有所改进，有关技术要领的记载更为详尽。《种桑柘第四十五》云：“须取栽者，正月二月中，以钩弋压下枝，令著地，条叶生高数寸，仍以燥土壅之（土湿则烂）。明年正月中，截取而种之。”至于各种果木具体采取什么繁殖方法，则要因不同树种制宜。如柳树枝条生活力强，成活易，用扦插法。枣树极易发生根蘖，优良品种的种仁少，实生繁殖不易保纯，故用分根法；“常选好味者，留栽之”。柰和林檎，“此果根不浮薉（按指浅根产生分蘖的现象），栽故难求，是以须压也”，所以“取栽如压桑法”。

（三）嫁接的理论和方法

我国果木嫁接有悠久的历史，但首先对嫁接的具体的技术及原则作系统总结的，是《齐民要术》的《插梨》篇②。现摘要介绍如下：

砧木的选择　《齐民要术》比较了各种砧木的优劣，“棠，梨大而细理；杜次之；桑梨大恶；枣、石榴上插得者，为上梨，虽治十，收得一二也”。结论是应该“用棠、杜”为砧木。现代科学告诉我们，棠、杜与梨的亲缘近（同科同属不同种），亲和力好，故嫁接成活率高，桑、枣、石榴与梨的亲缘远（不同科），亲和力差，故嫁接成活率低。贾思勰虽然没有亲和力这个概念，但他根据嫁接后果实的品质和成活率高低来确定砧木的种类，是合理的，符合现代科学原理的。同时，从亲缘关系远的枣、石榴与梨的嫁接取得部分成功的事实看，中国古代人民果木嫁接实践所达到的广度和深度是令人惊叹的。

接穗的选择　《齐民要术》提出：一要“折取其美梨枝阳中者”（即优良梨种的向阳枝条），因为“阴中枝则实少”。这非常符合科学道理。因为向阳果枝经常得到阳光的照射，质地致密，发芽力强。这一选择原则现在仍然适用。二要用“鸠脚老枝”。因为“用根蒂小枝，树形可喜，五年方结子；鸠脚老枝，三年即结子，而树丑。”嫁接能提早结果，道理和扦插是一样的，而效果更为明显（“插者弥疾”）。所以应选“发育年龄”大的“鸠脚老枝”作接穗，而不应选近根部的徒长小枝作接穗。

---

① 我们这样说，在一定意义上把问题简化了。事实上，“栽”的含义更广阔些；苗木的移植也称为“栽”。这是一方面。另一方面，“栽”又可以包括在广义的“种”的范围内。如栽柳可以称为种柳，栽李可以称为种李。但从狭义看，可以把播种称为“种”，把扦插、分根和压条称为“栽”而与嫁接（“插”）相区别。有的学者认为《齐民要术》从来没有把扦插和扦插材料称为“栽”（缪启愉《齐民要术导读》第69页），这是不完全符合实际的。例如李树和安石榴的扦插都称“栽”。中国古汉语的语法，动词和名词可以互相转化。扦插称“栽”，则扦插材料也可称“栽”。

② 嫁接，先秦时代已经有了，但具体技术则缺如。汉代的《氾胜之书》，记载了区种瓠的靠接方法：“即下瓠子十颗；复以前粪覆之。既生，长二尺余，便总聚十茎一处，以布缠之五寸许，复用泥泥之。不过数日，缠处便合为一茎。留强者，余悉掐去。引蔓结子。子外之条，亦掐去之，勿令蔓延”。

嫁接时间 “梨叶微动（叶芽萌动）为上时，将欲开莩（花芽即将开放）为下时”。这也是物候指时的一例。这时休眠期已经过去，叶芽刚刚开始萌动，是果木生命力最强的时候，嫁接容易成活。

嫁接方法 “先作麻纫，缠十许匝；以锯截杜，令去地五六寸。（不缠，恐插时皮披，留杜高者，梨枝繁茂，遇大风则披。其高留杜者，梨树早成，然宜作蒿箪盛杜，以土筑之令没，风时，以笼盛梨，则免披耳。）斜攕竹为籤。刺皮木之际，令深一寸许。折取其美梨枝阳中者（阴中枝则实少），长五六寸，亦斜攕之，令过心，大小长短的与籤等；以刀微劙梨枝斜攕之际，剥去黑皮（勿令伤青皮，青皮伤即死），拔去竹籤，即插梨，令至劙处，木边向木，皮还近皮。插讫，以绵幕杜头，封熟泥于上，以土培覆，令梨枝仅得出头，以土壅四畔。当梨上沃水，水尽以土覆之，勿令坚涸。百不失一（梨枝甚脆，培土时宜慎之，勿使掌拨，掌拨则折）”。第一步，把作砧木的树桩用麻皮缠上十来道，在离地五六寸处锯掉（砧木留得高的，要有防风措施）；斜削竹签插入砧木树皮和木质部之间。第二步，斜削五六寸长的梨枝（接穗），斜面通过中心，使大小长短与竹签相等，在斜面开始处绕梨枝表皮轻削一圈，剥去黑皮，但不能伤害青皮。第三步，拔掉竹签，立刻插入梨枝，插到刀削圈的地方为止。这里的技术关键是接穗和砧木的切面要紧贴在一起，“木边向木，皮还近皮”。第四步，用丝绵裹住砧木头部，封泥、掩土、浇水等等。在这里，具体步骤和技术关键都交待得一清二楚。

这种详尽而科学的记录，不但在中国农学史上是空前的，在当时世界的科坛上，也是罕见的。

四 家养动物的选种和繁育

（一）畜禽的选育

我国古代很早就注意对畜禽优良个体的选育，并从而培育出众多的畜禽品种，桓谭《新论·求辅第三》云：“夫畜生贱也，然有尤善者，皆见记识。故马称骅骝骥騄，牛誉郭椒丁栎。”① 这方面经验经过长期的积累，到了《齐民要术》，才有了具体的记述和初步的总结。

《齐民要术》重视畜禽的选育工作，把它看作提高畜禽生产能力的重要措施。其畜禽选育的技术原则和特点，可以归结为以下几个方面：

一是母畜选择与仔畜选择相结合，既注意选择具有优良性状的亲本，又尽量使畜禽繁育过程与外界环境条件的变化保持协调。

贾思勰认为母畜对畜牧生产十分重要。他引述了陶朱公“子欲速富，当畜五牸（牛、马、猪、羊、驴五畜之牸）”的经验。“牸”就是毋畜。作为这种经验的实践和发展，贾思勰主张可以经常在市场中“伺候”，看到怀孕即将生产的母畜就买下来饲养，“乳母好，堪为种产者，因留之以为种，恶者还卖……还更买怀孕者。一岁之中，牛马驴得两番，羊得四倍”。他说：“羊羔腊月、正月生者，留以作种；余月生者，剩（阉割）而卖之。用

① 《艺文类聚》卷九十三，转见《全后汉文》卷十三。

二万钱作羊本，必岁收千口。所留之种，率皆精好，与世间绝殊，不可同日而语之。”①

这里虽然是讲从市场购买母畜进行繁殖的方法，但对于整个畜牧业的选育工作无疑具有普遍意义。至于为什么要选用腊月、正月出生的羊羔作种②，贾思勰有详细的说明：

非此月生者，毛必卷焦，骨骼细小。所以然者，是逢寒遇热故也。其八、九、十月生者，虽值秋肥，然比至冬暮，母乳已竭，春草未生，是故不佳。其三四月生者，草虽茂美，而羔小未食，常饮热乳，所以亦恶。五、六、七月生者，两热相仍，恶中之甚。其十一月及十二月生者，母既含重，肤躯充满，草虽枯，亦不羸瘦；母乳适尽，即得春草，是以极佳也（《齐民要术·养羊第五十七》）。

他指出选择冬羔作种，可以使怀孕母畜处于秋草正肥之时，从而“肤躯充满”，有丰富的乳汁来抚育冬羔，开春“母乳适尽”时又可接上春草；这是通过协调牲畜的繁育时期与环境条件的关系，使母肥仔壮，从而达到“极佳”的效果。

对鸡、鸭、鹅等家禽的选种，也注意贯彻这一原则。例如，鸡种的选留，即要选择“形小，浅毛，脚细短”母鸡（因为这种母鸡“守窠，少声，善育雏子”，即下蛋多，善带小鸡）；又要选择“桑（叶）落时生”（《齐民要术·养鸡第五十九》）的蛋（大概是因为这时在百谷收获之后，鸡的食物比较丰富，生长发育比较健壮）③。“鹅鸭，并一岁再伏者为种（一伏者得子少，三伏者，冬寒，雏亦多死也）”（《齐民要术·养鹅鸭第六十》）。也是对其生产性能以及与环境的协调作了综合的考虑。

可见，《齐民要术》的畜种选育工作，已经综合考虑了生物的遗传性和环境条件等各方面的因素了。这和作物的选种育种方法的基本原则是一致的，而更重视对环境的适应与协调和留种时间的选择。

二是选种与相畜的结合；或者说，把选种建立在相畜的基础上。例如，“母猪取短喙无柔毛者良（喙长则牙多，一厢三牙以上则不烦畜，为难肥故。有柔毛者，爓治难净也）”（《齐民要术·养猪第五十八》）。嘴筒（喙）短的猪善于吃食，消化系统必然发达，因而易于早熟和肥育。嘴筒长的猪近于原始型，牙多，不善吃食，难肥育；有绒毛的猪也养不好。这些都可以在现代养猪的经验中获得验证④。又上面谈到要选择短脚浅毛鸡作种，也和现代经验相吻合。现代浙江农谚有“矮脚鸡，勤下蛋，一年下了二百廿”，“矮脚鸡娘勤生子”的说法。此外，多产的母鸡少叫喊，低产的母鸡多叫喊，这种相关现象也是存在的⑤。

《齐民要术》的《养牛马驴骡》篇没有直接谈到选种的问题，但用了大量篇幅介绍相畜的方法，这里面已经包含了选种的内容在内了。应该说，相畜学主要是适应选择畜禽

---

① 《齐民要术·养羊第五十七》，贾思勰重视母畜的选择，但并不轻视公畜的选择。例如，谈到留作种羊的公畜时指出，“羝无角者更佳”。

② 贾思勰指出：“常留腊月、正月生羔为种者上，十一月、二月生者次之。”

③ 《齐民要术·养鸡第五十九》：“鸡种，取桑落时生者为良（形小，浅毛，脚细短者是也。守窠，少声，善育雏子）；春夏生者则不佳（形大，毛羽悦泽，脚粗长者是。游荡饶声，产乳易厌，既不守窠，则无缘蕃息也）。”这里谈到对母鸡的选择和对下蛋时间的选择；两者之间似乎没有严格的对应关系，因而对上述引文不宜作机械的理解。

④ 梁家勉主编，中国农业科学技术史稿，农业出版社，1989年，第302页。

⑤ 鸡的生产性能同它的体型结构有着密切的相关。一般产卵量高的鸡，体型都偏小，（肉用鸡偏大），体质细致，羽毛紧凑，腿脚较矮（即所谓脚细短）。成年鸡的体重只有1公斤左右，但产卵量却较高，每年可达两百个以上。详见：游修龄，《齐民要术》及其作者贾思勰，人民出版社，1975年，第74～75页。

优良的个体的需要（这中间就包含了选种的意义）而产生的。如前所述，在我国，相畜学在先秦时代即已出现，秦汉魏晋南北朝时期又有了重大的发展；而相畜学的存在和发展本身，就是我国传统农学中畜禽选育的突出特点的反映。

三是在选种留种的同时，配合进行畜禽的阉割，把选优和汰劣结合起来。贾思勰注意畜禽选育工作中寻找公母畜的恰当比例。如《齐民要术·养羊第五十七》云：

大率十口二羝（按，指公羊）（羝少则不孕，羝多则乱群。不孕者必瘦，瘦则非唯不蕃息，经冬或死）羝无角者更佳。（有角者，喜相抵触，伤胎所由也。）拟供厨者，宜剩（按，指阉割）之。（剩法：生十余日，布裹齿脉碎之。）

羊羔腊月、五月生者，留以作种；余月生者，剩而卖之。

现代科学证明，母羊怀孕后能分泌体黄激素，促进新陈代谢的旺盛，提高吸收消化率，所以比未孕母羊要肥。在自然交配的条件下，文中所规定的公母比例也是合理的。而在这里，阉割是保证所留种畜品质优良和比例适当的主要手段。

猪种的选留也和阉割相配合。《齐民要术·养猪第五十八》载：“初产者，宜煮谷饲之。其子三日便掐尾，六十日后犍。（三日掐尾，则不畏风。凡犍猪死者，皆尾风所致耳。犍不截尾，则前大后小。犍者，骨细肉多；不犍者，骨粗肉少。如犍牛法者，无风死之患。”所谓“犍”就是阉割。为什么小猪产后三日就要掐去尾尖？这是因为这些小猪（主要是指公猪）除留种的以外都要阉割，阉割的猪往往患破伤风而致死，掐了尾就不怕“风”了；而且犍猪掐了尾的，可避免“前大后小”的弊病。犍猪除了可以保持种猪的合理比例以外，还有利于饲养和肥育，使猪骨细肉多。

在《齐民要术》中，家禽的公母比例也有规定，鹅是“三雌一雄”；鸭是“五雌一雄”；鸡是“雌鸡十只，雄鸡一”（引《家政法》）。为了保证这种比例的获得，阉割也应该是主要手段之一。

（二）家畜的远缘杂交

中国古代畜牧业不但有通过种内杂交培育优良品种的丰富经验，而且有进行种间杂交的成功实践。最突出的就是由马和驴杂交产生的骡。而骡的培育成功首先是北方少数民族的贡献。《逸周书》载伊尹为四方朝献令，规定正北的方国的献物中有“駃騠”一项。所谓“駃騠”，就是以马为父本的骡；而区别于以驴为父本的的𬴊①。骡之传入中原，不晚于战国；但直至汉初，它仍然是珍贵难得之物，被中原人视为“奇畜”。西汉时代，北方的牲畜大量引入中原，尤其是魏晋南北朝，由于北方游牧民族纷纷进入中原，也带来了他们的生产习惯和生产技术，并加速与中原文化的融合。所以，《齐民要术》第一次记述了马驴杂交培育骡的方法和有关技术原则，这不是偶然的。

𬴊，驴覆马生𬴊，则准常。以马覆驴，所生骡者，形容壮大，弥复胜马，然必选七八岁草驴（母驴），骨目（骨窍，指骨盆）正大者：母长则受驹，父大则子壮。草骡不产，产无不死。养草骡，常须防勿令杂群也（《齐民要术·养牛马驴骡第五十六》）。

---

① 《说文》“𬴊，驴父马母也。”“駃騠，马父𬴊子也。”段注：“谓马父之骡也，以别于驴父之骡也。今人谓马父之骡为马骡，谓驴父马母者为驴骡。”

上述记载有三点尤可注意：一是明确指出马和驴杂交所产生的变异，其后代表现出强大的杂交优势，尤其是马骡，“形容壮大，弥复胜马”；二是要重视亲本的选择，要选择骨盆大的母驴和健壮的马驹，它们直接影响到所产生的杂交后代的质量；三是指出了远缘杂交后代不育的事实，因此要防止母骡与其他畜群的混杂。

这些总结不论在农学史上，或是在生物学史上，都具有重要的意义。而其中包括了我国北方少数民族的实践经验在内。

第二节 对农业生物特性的认识和利用

上篇谈到，先秦时代“物宜”的概念已经出现，但还没有看到这一原则在耕作栽培中具体运用的记述。到了秦汉魏晋南北朝时期，正如我们在前两章中已经看到的那样，“因物制宜”的原则已经贯彻到农业生产的一切环节中去。“因物制宜”原则在农业生产中的确立和贯彻，是以对农业生物特性认识的深化为前提的。为了进一步说明为了这个问题，本节第一部分介绍当时人们对作物营养器官和繁殖器官的特性和机理的认识，以及如何根据这些认识来因物制宜地制定耕作栽培措施的。我国传统农学对生物特性认识的一个明显的特点是其整体观和联系观：把每种生物体的各个器官、各个部位、各个生育阶段看作相互联系的整体；把农业生态系统中的各个生物个体和各种生物看作相互联系的整体；把农业生态系统中的生物体及其环境条件看作相互联系的整体。本节的二、三、四部分将分别介绍本时期对这些方面特性的认识及其利用。

一 对植物根茎花实特性的认识和“因物制宜”的农业措施

（一）对植物根的认识及相应的农业措施

秦汉魏晋南北朝时期人们不仅认识到植物依靠根来吸收营养物质和根对整个植株的支撑作用，而且认识到根系的大小与树冠大小的相关性。这方面的记载很多，如，

枝叶扶疏，荣华纷缛，末虽繁蔚，致之者根也“（《后汉书·延笃传》）。

今夫万物之疏跃枝举，百事之茎叶条棒，皆本于一根，而条循千万也”（《淮南子·俶真训》）。

木之有根，根深即本固……《淮南子·泰族训》

根浅则（末）［枝］短，本伤则（枝）［末］枯①（《淮南子·缪称训》）

木大者根欋（按指根系四布的意思②）（《淮南子·说林训》）。

除了对各种植物的根的共性有所认识外，人们还认识到不同植物的根又有不同的特点，并进而采取相应的农业技术措施。

例一，认识到大豆根瘤具有肥力，因而豆类作物的中耕要有节制。《氾胜之书》载：“豆生布叶锄之；生五六叶，又锄之。大豆小豆不可尽治也。古所以不尽治者，豆生布叶，

---

① 《淮南子校释》：“枝”与“末”二字当互易。

② 《淮南子校释》：杨树达云：“根欋谓其根四布也。《说文·行部》云：‘衢，四达谓之衢。’《释名·释道》云：‘齐鲁间谓四齿杷为欋。’《山海经·中山经》：‘宣山，其上有桑焉，其枝四衢。’……衢欋 欋义并同。”

豆有膏，尽治之则伤膏，伤则不成。”这里的所谓“治”，是锄治之省，指中耕。[①]“不可尽治”就是不能按一般的中耕要求锄足锄够；豆刚刚生叶时锄一次，长五六片叶时又锄一次就可以了。《齐民要术》对粟、黍、麦、麻、稻及各种蔬菜等的中耕十分重视，往往要求“锄不厌数”，唯独种大豆要求“锋耩各一，锄不过再”，正可视为《氾书》大小豆“不可尽治”的注脚。为什么“不可尽治”呢？上篇说过，我国古代很早就观察到大豆有根瘤。不晚于汉代，认识又有所发展，了解到这些根瘤是具有肥力的，这就是所谓“豆有膏”。古代农业上所言之“膏”，系指某种有利于作物生长的肥美的物质。如称“膏泽”、“膏腴”、“土膏”等，一般与土壤有关。豆的这种“膏”正是从根瘤中产生的，使土壤肥沃润泽，所以中耕要有节制，以免伤害根瘤，影响豆的产量。根据现代科学观察与实验，当大豆苗期子叶出土后，生存在土壤中的根瘤菌即开始活动，从根毛进入根的皮层内，豆根皮层的薄壁细胞受根瘤菌刺激，原生质膨大，细胞直径增大1～2倍，开始分裂并形成根瘤。一般在第一对真叶展开时，就有根瘤形成。开花前，根瘤增长较慢，从开花末期到鼓粒期，根瘤数量较多较重。《氾书》“豆生布叶，豆有膏”的记载，与现代科学对根瘤形成规律的研究结果一致，说明古人的观察是相当细致和准确的。用“膏”表示根瘤或根瘤的性状，表明当时人们已认识到豆类根瘤具有肥力，它与豆类的收成有密切的关系（所谓“伤则不成”）。《氾书》要求减少大小豆中耕的次数，并要求中耕在豆生长的早期进行，与现代科学所揭示的豆类根瘤生长规律吻合。《氾书》的这种认识，延续至近世，仍被人们用以指导生产。如清人包世臣在就曾指出：“……惟（耘）豆宜远本，近则伤根，走膏泽。”“豆惟宜耕劳地熟，一芸可收，自有膏泽，不资粪力。”[②]

例二，认识到韭菜有“根性上跳”的特点，并采取相应的深畦勤壅的措施。《齐民要术·种韭第二十二》：“（韭）治畦，下水，粪覆，悉与葵同。然畦欲极深（韭，一剪一加粪；又根性上跳，故须深也）。”韭菜分蘖的新鳞茎，是生在老鳞茎的上面，新鳞茎年年向上提升，鳞茎下的根也跟随着年年向上提升；贾思勰对韭菜的这种生物学特性已有所认识，并用“根性上跳”这样生动的语言来概括它。由于韭菜具有这种特性，所以要

---

① 石声汉（《氾胜之书今释》）、万国鼎（《氾胜之书辑释》）二氏则认为，“尽治”是指尽量摘豆叶作菜吃。查《氾书》中带“治”字的文句，有耕治、锄治、扬治、治田、治地、治种、治芓等。它可广泛用于各种操作，但并非可用于一切操作。《广韵·至韵》：“治，理也。”在实际应用上，大致凡属建设性、生产性，能变杂乱为有序、变荒秽为良美者，可称“治”。如治田、治畦、治种、治场、治丝、治宅、治稿，推而广之，治家、治国、治学、治军等等。凡属“破坏性”、消费性的操作，似乎不能称“治”。如砍树不能称伐治，拆屋不能称拆治，宰杀牲畜不能称宰治，收割庄稼不能称刈治或获治等。我国古代确有摘取豆叶作菜的习惯，但这一操作，古代以“采”名之，似未闻称“治”或“采治”者。对《氾书》此段的“治”，石氏认为最好的解释是：“摘取叶子，整理作为蔬菜。”这显然是为了和“治，理也”的古训挂钩。但摘豆叶作菜，“整理”并非其必要的、不可缺少的含义。如果把这里的“治”解释为摘豆叶，则“尽治”就是把豆叶摘光。种豆的主要目的是收获豆子，摘豆叶只是附带的。豆叶摘光何以长豆呢？这似乎是常识，一般不可能出现“尽治”豆叶的情形，不劳反复叮咛。从上引《氾书》文字看，“不可尽治”前讲的是小豆的中耕，把“治”理解为中耕（“治”为“锄治”之省），顺理成章，何须作别出心裁的解释？

② 《郡县农政》第10页。关于《氾胜之书》的上引记述，游修龄在《从“齐民要术”看我国古代的作物栽培》（《农业学报》第7卷第1期，1956年）中早已指出，《氾胜之书》关于“豆有膏”、“不可尽治”的记载表明，我国古代很早就对豆类根瘤及其作用有所认识。“膏”指根瘤。“所谓‘治’就是中耕。就是说豆科作物的中耕只宜在生长初期五六片叶子时举行，以后如果‘治’得太多，伤及根瘤，对产量反而有害”。但这一观点当时受到万国鼎先生的批评（《氾胜之书辑释》）。万氏认为“豆有膏”是指豆叶有汁液，“治”是指摘豆叶作菜吃，“不可尽治”是讲不能把豆叶摘光。这种观点遂在农史界主宰了40多年。但这种观点十分可商。详见李根蟠《读〈氾胜之书〉札记》。

求不断培壅，以保证其新根的正常生长，从而延长其采割寿命；“畦欲极深”正是根据这种需要而采取的相应的整地措施。①

例三，当时已认识到果木分布在表土上的根受刺激后，其不定芽能萌发出新的分蘖，形成新枝，是扦插的好材料。但树木有的根系分布浅，易生新枝（“浮秽”）；有的则否。所以在果木的无性繁育中，要根据各种果木根性是否“浮薉”，来决定是分根取栽呢，还是压条取栽。在中耕中也要根据作物根系分布的深浅，决定是锄，还是用手拔（请参看十二章的有关部分）。

（二）对植物茎的认识及相应的农业措施

秦汉魏晋南北朝时期对植物茎的认识有很大的进步，已经不单纯观察和分辨其外部形态，而且对其内部构造和性质已经有所探索了。其中值得注意的有两点：

一是发现植物茎部折断或受伤后会渗泌出一种汁液，如修剪过的桑枝会渗出“白汁”，掐断豆苗后也会渗出汁液。这种汁液，现代植物生理学称之为“伤流液”。伤流液除含有水分以外，还含有氨基酸、糖分、生长激素、各种有机营养和矿质元素。又从果木繁殖中的插条要烧下头二三寸，而且指出“不烧则漏汁”（《种安石榴四十一》）看，《齐民要术》时代人们似乎已经认识到包含着营养物质的汁液有下行的特点。

二是对“青皮”及其作用的认识。所谓“青皮”是含形成层的呈绿色的表皮内层（韧皮部）。当时人们当然不可能发现“青皮”中有筛管、导管等结构，但他们懂得“青皮”对植物的生命至关重要，大概也朦胧地感到了它具有输送植物生命所需要的营养物质 的作用。②《齐民要术·插梨》篇讲到嫁接中剔去粗黑的表皮时，千万不能伤及青皮，“青皮伤即死”；而嫁接成活的关键在于砧木和接穗青皮的紧密接合（“木边向木，皮还近皮”）。据《齐民要术·耕田第一》所载，当时开荒中对于那些难以砍伐的大树，采取所谓“劖杀”的办法：“其林木大者劖杀之，叶死不扇，便任耕种”。所谓“劖杀之”，据王桢《农书·垦耕》篇注释说：“谓剥断树皮，其树立死。”实际上是在近树根处剥掉一圈包括“青皮”在内的树皮，彻底切断其韧皮部的筛管，使树叶通过光合作用制造的营养物质不能向下输送到根部，根系由于得不到营养，其生理功能停止，从而导致了树木的死亡；这应该说是一种非常科学而巧妙的方法。后面还要谈到的“嫁枣法”，实际上也是建立在对植物韧皮部运输营养物质功能认识的基础上的。③

《齐民要术》还指出桃树有“皮急”的特性。《种桃柰第三十四》说：“桃性皮急，四年以上，宜以刀竖劚其皮（不劚者，皮急即死）。”所谓“皮急”是指树皮太紧，这对树干内部生活薄壁细胞、输导组织产生了一种束缚作用。“以刀竖劚其皮”相当于现代的“纵伤”技术，纵割树皮，深达木质部，可解除韧皮部的束缚，加速枝条的生长，有利于

---

① 游修龄，《齐民要术》及其作者贾思勰，人民出版社 1975 年，第 57 页。

② 17 世纪意大利学者马尔比基（M. Malphighi）进行了著名的环剥试验，发现植物体内存在两条方向相反的物质运输路线：一条是沿木质部导管，由根向地上部分输送的上行液流，主要运输根部吸收的水分和矿质营养物质；另一条是沿韧皮部筛管运输的下行液流，主要运送绿叶制造的有机营养物质。中国古代没有显微镜，不可能作这样细致的观察，但已发现植物体内有汁液，茎上有青皮，均与植物的生命活动密切相关。

③ 周肇基，中国古代对植物物质运输的认识和控制，自然科学史研究，1997，(3)。

延长桃树的寿命①。

有些植物有特殊的茎，如竹有地下茎，俗称竹鞭。秦汉魏晋南北朝时期人们还认识不到它是茎的一种，仍以“根”称之；但对其特性已有所认识，并懂得利用它。《齐民要术·种竹第五十一》载：

> 正月二月中，斸取西南引根并茎，芟去叶，于园内东北角种之，令坑深二尺许，覆土厚五寸（竹性爱向西南引，故于园东北角种之。数岁之后，自当满园。谚云：“东家种竹，西家治地。”为滋蔓而来生也。其居东北角者，老竹，种不生，生亦不能滋茂，故须取其西南引少根也）。

《齐民要术》这里所说的“根”，实际上是俗称竹鞭的竹的地下茎。《齐民要术》所记的竹属于单轴型散生竹类。其竹鞭有在地下横走的特性，竹鞭节上生芽，有的芽发育成笋，长成新竹；有的芽抽生成新鞭，这样逐步发展为大片的竹林。散生竹鞭有自北向南、自西向东延伸（趋向阳光温暖）的特性。《齐民要术》所说的正是竹鞭的这一方面的特性及对这种特性的利用②。

（三）对植物花的认识及相应的农业措施

秦汉魏晋南北朝时期人们在农业生产中很注意对植物花的特性的观察。例如，《氾胜之书》谈到：“豆花憎见日，见日则黄烂而根焦也。”豆花是紧贴着豆茎生的，四围有叶子荫蔽着，在这种生活条件下形成喜阴的特性，一旦受到阳光的强烈照射，就会黄烂枯萎。古人有摘豆叶子作菜吃的习惯，有时叶子摘得过多，就会把豆花暴露在阳光之下，引起豆的植株的某种变化；豆花的上述特性，可能就是这样被发现的③。

红花，或称红蓝花，据说是汉武帝时张骞通西域后传入的④，魏晋南北朝时生产很盛，人们主要利用它的花中的红色素来制作胭脂之类的化妆品。《齐民要术》指出采摘红花的技术要领是：“花出，欲日日乘凉摘取（不摘则干）；摘必须尽（留余即合）。”即要求每日清晨把已开的红花全部摘取。这是非常符合红花生理特性的农业措施。红花开花时间最多不超过48小时，花瓣由黄变红时必须及时采摘，过后就会变暗红色而凋萎，所以一般要在花蕾刚刚露出花瓣后的次日，即24～36小时内及时采摘。采摘时间之所以必须在清晨露水未干之前进行，是因为红花的叶缘和花序总苞上有许多尖刺，清晨时刺软不扎手，日出露干以后刺变硬扎手，且会影响花的质量。可见当时人们的观察和处理是很细致的。

在甜瓜的生产中，人们注意到它有雌花，有雄花，着生在不同部位；根据它的这种特性，采取“引蔓”措施，可以促使甜瓜结出更多的瓜来：“……瓜引蔓，皆沿茇上，茇多则瓜多，茇少则瓜少。茇多则蔓广，蔓广则歧多，歧多则饶子。其瓜会是歧头而生；无歧而花者，皆是浪花，终无瓜矣。故令蔓生在茇上，瓜悬在下”。“若无茇而种瓜者，地虽美好，正得长苗直引，无多盘歧，故瓜少子。若无茇处，树干柴亦得（凡干柴草，不

---

① 明代《多能鄙事》说：“桃，三年实，五盛，七衰，十死。至六年以刀剺其皮，令胶出，可多活五年。”

② 缪启愉，齐民要术导读，巴蜀书社，1988。竹鞭也有向肥沃疏松均由延伸的特点。因此竹鞭从东北向西南延伸只是其特性的一个方面。

③ 参阅万国鼎，氾胜之书辑释，中华书局，1957年。

④ 见（晋）张华，《博物志》。

妨滋茂)”（《齐民要术·种瓜第十四》）。在这里，“蔓”指主茎，“歧”指分枝，相当于现在农民所说的“子蔓”（第一次分枝）和“孙蔓”（第二次分枝）。人们发现，雌花多发生在歧上，所以“其瓜会是歧头而生”；雄花多发生在蔓上，所以“无歧而花者，皆是浪花，终无瓜矣”。“浪花”就是指不能结瓜的雄花。人们根据“蔓广则歧多，歧多则饶子”的认识，在准备种瓜的地里预留较高的谷茬（“茇”），以供“引蔓”之用；没有谷茬，用干柴代替也行。这样，不但“茇多则蔓广”，从而歧多瓜多；而且谷茬或干柴把瓜蔓架起，使“瓜悬在下”，也有利于瓜的生长①。

秦汉魏晋南北朝时期人们对大麻的开花授粉及与此相关性状的认识，比前代又有所进步，并据此确定了雄麻的收获时间。我国早在先秦时代已经认识到大麻是雌雄异株的植物，人们栽培大麻，既利用其表皮的纤维，也利用它的籽实。汉代以后，无论《氾胜之书》或《齐民要术》，都把以收纤维为的大麻和以收籽实为目的的大麻分开讲述。前者，《氾胜之书》称为枲，《齐民要术》称为麻；后者，《氾胜之书》称为麻，《齐民要术》称为麻子。《齐民要术》认为，前者要选用白麻子，后者要选用斑黑麻子，因为“斑黑者饶实”②。人们把雄麻的花粉称为“勃”，把花序称为“穗”。《氾胜之书》说：“获麻之法，穗勃勃如灰，拔之。”《齐民要术·种麻第八》说：“勃如灰，便收（刈拔各随乡法。未勃者收，皮不成；放勃不收而即骊）。”这是说，雄麻花粉象灰一样散出时，就要收获。收获早了，表皮纤维还没有长好，收获晚了，表皮会变黑而影响质量。《齐民要术》引崔寔《四民月令》指出，“牡麻，有花无实”。《种麻子第九》又指出：“既放勃，拔去雄（若未放勃去雄者，则不成子实）。”这就清楚地表明雌麻是依靠雄麻的授粉才能结实的。我国劳动人民对大麻性别及授粉和结实关系的认识，同古代西亚人民对椰枣性别的认识一样，都属于世界上最早的科学记载。

（四）对植物果实的认识及相应的农业措施

种植业大多是以收获植物的籽实或果实为目的的，而且大多是通过植物的籽实或果实来进行繁育的；因此，籽实和核实深为人们所重视，并在生产过程中不断加深对它的认识。

不晚于汉代，我国人民已发现豆类等作物籽实的裂荚性和后熟性，并在生产中予以利用。《氾胜之书》说：“获豆之法，荚黑而茎苍，辄收无疑；其实将落，反失之。故曰：豆熟于场。于获豆，即青荚在上，黑荚在下。”这是说，大豆收获应当在下部豆荚已发黑，但茎秆和上部豆荚仍保持绿色时进行，送到场上，俟其后熟，即所谓“后熟于场”。《齐民要术·小豆第七》说：“豆角三青两黄，拔而倒竖笼丛之，生者均熟，不畏严霜，从本至末，全无秕减，乃胜刈者。”这里谈到的办法更为具体：在豆荚大半（3/5）青小半（2/5）黄时拔起，倒竖着排起来，不久青的也都变熟，这样可以避免损失，颗粒还家。

胡麻（芝麻）花是自下而上依次开放的，花期长达两个月左右，下部已在结果，上部还在开花；而且蒴果干裂，一碰就会落粒。《齐民要术》针对它的这些特性采取了相应

① 参阅：游修龄《齐民要术》及其作者贾思勰，人民出版社，1975年，第54～55页。

② 《齐民要术》说“白麻子为雄麻”，是不确切的。大概是斑黑麻子繁育的植株子实多，故用于以收子实为目的的栽培；灰白麻子繁育的植株纤维较好，故用于以收纤维为目的的栽培。

的技术措施："刈束欲小（束大则难燥；打，手复不胜），以五六束为一丛，斜倚之（不尔，则风吹倒，损收也）。候口开，乘车诣田斗薮（倒竖，以小杖微打之）；还丛之。三日一打。四五遍乃尽耳。"这是说，芝麻收割时五六小束就地斜靠着为一丛，以便晒晾，减少搬运中的损失，并防止风吹落粒。等蒴果一开口，就乘车到田里"斗薮"，即把芝麻倒竖，用小棒轻轻敲打，以收集裂开的蒴果中的籽粒；芝麻束还按原样放好。三天一次，四五次就能收打干净。这是利用芝麻的后熟性分次脱粒，尽量避免落粒损失的办法。

汉代，人们还发现瓜类果实表面的绒毛与果实本身的生长很有关系，并利用它的这种特性实行定向培育。《氾胜之书》谈到瓠的种植时说："以藁荐其下，无令亲土多疮瘢。度可作瓢，以手摩其实，从蒂至底，去其毛，不复长，且厚。八月微霜下，收取。"自古以来，种植瓜果切忌用手摸。但种葫芦的目的是生产瓢，葫芦长到一定程度时，就不需要它再长大，而是需要它的表皮长成比较厚实的壳。《氾胜之书》用"以手摩其实，从蒂至底，去其毛"的办法达到了这一目的。[①]

至于这一时期人们根据植物籽实的不同特性，对种子进行不同的处理，或者采取不同的播种方法，前面有关章节已经谈到，这里不再重复。

二　对生物体内部关系的认识和利用

（一）对生物体外部形态和内在特征关系的认识和利用

注意生物体外部形态与内在性状的相关性，是中国古代农学的一大特点。在（《齐民要术·种谷第三》）中贾思勰指出："凡谷成熟有早晚，苗秆有高下，收实有多少，质性有强弱，米味有美恶，粒实有息耗。（早熟者苗短而收多，晚熟者苗长而收少。强苗者短，黄谷之属是也；弱苗者长，青白黑是也。收少者美而耗，收多者恶而息也。）"在这里，贾思勰指出了谷子成熟期早晚、产量高低与植株高矮的相关性，指出产量和质量之间存在的矛盾[②]，其观察之敏锐和正确，使现代育种家为之惊叹。这一记述表明，当时已经培育出一批比高秆品种为优的早熟丰产的矮秆品种，这是具有重大意义的成就。贾思勰这话历来不大为人们所注意，人们似乎热衷于追求植株高大的高产品种。但我国建国后粮食产量的提高，颇大程度上正是得力于一批矮秆高产的水稻和小麦品种之育成，而品种产量与质量之间的矛盾，[③] 至今仍是育种工作者需要努力解决的问题。[④]

中国古代的相畜学也是通过观察牲畜外部形态来鉴别其优劣的一种学问。它自先秦产生以来，不断发展，产生了不少专门的著作，可惜均已失佚，但在《齐民要术》中，尤其是《养牛马驴骡》篇中，还保留了其中一部分重要成果。以相马为例，《齐民要术》的方法是：先淘汰严重失格和外形不良的马（所谓"三羸五驽"），再相其余；整体体型鉴

---

① 其机理现在还不很清楚。《中国古代生物学史》第110页（苟萃华等著，科学出版社，1989年）认为可能与绒毛的去除和轻度的机械损伤有关。

② 关于质量和产量的矛盾，还有其他一些记载，如《黍穄第四》"凡黍，粘者收薄。穄，味美者，亦收薄，难舂。"

③ 《论衡》中也谈到林木生产中生长速度和木材品质之间的矛盾。如《状留》篇云："枫桐之树，生而速长，故其皮肌不能坚刚。树檀以五月生叶，后彼春荣之木，其树强劲，车以为轴。"

④ 游修龄，《齐民要术》及其作者贾思勰，人民出版社，1975年，第48页。

定和局部的部位鉴定相结合；在部位鉴定时突出重点，照顾一般；注意外部形态与内部器官的有机联系。例如，对马的体型作整体性鉴别时，贾思勰提出："望之大，就之小，筋马也；望之小，就之大，肉马也。""筋马"类似现代干燥型的骑乘种，是良好的战马；"肉马"类似现代结实型的乘挽兼用种，是良好的役用马。"望"是站在马的侧面较远的地方，观察马的整体形状；"就"是就近察看马体（一般从前面开始，再向后移动）。观察的步骤首先是"望"，然后是"就"。筋马作为骑乘马，其体型及鬐甲较高，特别是马头，常常呈昂首远眺的姿态，从侧面看去，给人以"望之大"的印象；肉马的体型及鬐甲较矮，马头重垂，从侧面看去，给人以"望之小"的感觉。反之，从正前方就近察看时，因筋马的头较小，头颈较细，皮薄，胸围较窄，便给人以"就之小"的感觉；而肉马的头大，颈粗短，胸围较宽，就给人以"就之大"的印象。又如《齐民要术》以外部器官来推知其内部脏腑的机能：它对马的耳朵很重视，多所论述，认为良马的耳朵要短小，耳壳要厚，两耳的距离要靠近，要向前竖起，象斜斩的竹筒。耳朵是听觉器官，与神经反应机能之间有一定的联系，从耳朵的外形、位置、方向等可以间接判断神经对外界反应是否机警灵敏。《齐民要术》又认为"鼻孔欲得大"，"鼻欲广而方"，因为"鼻大则肺大，肺大则能奔"。正确地把鼻孔的大小同肺活量联系起来。这些都是相当科学的①。

（二）对生物体不同部位不同器官相互关系的认识和利用

生物体不同部位和不同器官是相互关联的，根据人们的生产目的，采取符合生物特性的适当措施，就可以提高生物自身的生产能力。在这方面，秦汉魏晋南北朝时期已经积累了丰富的经验。

植物的地上部分和地下部分，地上部分的主茎和分枝，是相互联系的统一体，它们相互依存，保持着平衡的发展，如果把地上部切割去一部分，打破其原有的平衡状态，植物就会以强盛的力再生能力萌发新芽，长成新枝，达到新的平衡。早在先秦时代，人们就对桑树进行修剪，截干整枝；实际上就是利用了植物生理上的这种机制。桑树的修剪，《齐民要术》称为"剶桑"，已经总结出一套方法和原则。

从《齐民要术》的有关记载看，修剪已经推广到其他林木的生产中，而且在实践中发现了植物的顶端优势，并根据不同生产目的来加以利用了。如种榆树的目的是为了取得用材，要它长成粗大的树干，所以要保护其顶端。在（《齐民要术·种榆、白杨第四十六》）记载："初生三年，不用采叶，尤忌捋心（捋心则科茹不长……）；不用剶沐（剶者长而细，又多瘢痕；不剶虽短，粗而无病。谚曰：'不剶不沐，十年成毂。'言易粗也。必欲剶者，宜留二寸）。"所谓"捋心则科茹不长"，是指小榆树被摘掉顶芽后，主干长不高长不大，下部反而长出丛密的分枝，形成臃肿矮脞的样子②。种柳树则是为了观赏，美化环境，所以要适时地去掉顶端，促使分枝的发生。在（《齐民要术·种槐、柳、楸、梓、梧、柞第五十》）中记载："一年中，即高一丈余。其旁生枝条，即掐去，令直耸上。高下任人，取足，便掐去正心，即四散下垂，婀娜可爱（若不掐心，则枝不四散，或斜或曲，生亦不佳）。"先是摘掉旁生枝叶，使植株向上生长；达到人们所希望的高度后，即

---

① 游修龄，《齐民要术》及其作者贾思勰，人民出版社 1975 年，第 70 页，72～73 页。

② 缪启愉，齐民要术校释，农业出版社，1982 年，第 247 页。

去掉顶芽，促使众多的侧芽纷纷长出新枝条，形成美观可爱的树形。

这种抑此促彼，为我所用的做法，也被应用到蔬菜生产中。如据《齐民要术》所载，当时葵菜有畦种的，有大田种的；后者又有冬种春生的春葵，有五月初种的和六月一日种的秋葵。当秋葵刚刚可以采食的时候，“附地剪却春葵，令根上桥（按，蘖也）生者，柔软至好，仍供常食，美于秋菜”。秋葵的采摘，初期掐去其上部，留五六片叶，到八月中剪去主茎，只留下葵株下部长出的侧茎。“栟生肥嫩，比至收时，高与人膝等，茎叶皆美，科虽不高，菜实倍多”；而不这样处理的，“虽高数尺，科叶坚硬，全不中食；所可用者，唯有菜心。附叶黄涩，至恶，煮亦不美。看虽似多，其实倍少”。这是利用葵菜分蘖的特性，剪掉主茎，促进分蘖，使之生产出更多的鲜嫩的茎叶，并充分发挥其生产潜力。

植物的茎叶和花果之间的关系，也可以按类似的原则处理，以达到人们所期望的结果。《齐民要术·种枣》篇载有“嫁枣法”：“正月一日日出时，反斧斑驳推之，名曰‘嫁枣’（不推则花而无实，斫则子萎而落也）。”这是用斧背疏疏落落地敲击树干，使树干韧皮部局部受伤，阻止部分光合作用产生的有机物向下输送，使更多的有机物留在上部供应枝条结果，从而提高产量和质量。在林檎树的培育中，也有类似的方法①。这种方法后来发展为“开甲”技术，与现代果树生产中的“环剥法”的原理相同。②《齐民要术》又载有“嫁李法”，方法是“以砖石著李树歧中”，即以砖石压在李树的分叉处，或“以杖微打歧间”，或用煮寒食节醴酪的拨火棍烫压枝叉间，作用和目的与“嫁枣法”是相同的；同时还使树枝更加开张舒展，能吸收更多的阳光。

植物的花与果之间，花果的数量与质量之间也是相互制约的。为了解决这个矛盾，古人采取了相应的措施。《符子》说：“择其果之繁者伐之。”③ 指的是把过多的果实去掉；这是关于疏果的最早记载。类似的有疏花。如《齐民要术·种枣第三十三》载：“候大蚕入簇，以杖击其枝间，振去狂花。”因为“不打，花繁，不实不成”。主要是为了去掉过多的花朵，以确保座果率并使果实变大；同时也起了辅助授粉的作用。这种办法，在华北一些农村中沿用至今。蔬菜生产中也有类似的技术。《氾胜之书》讲培育大葫芦的方法，“著三实，以马箠㲉其心，勿令蔓延；多实，实细”；即在结了三个葫芦后，就用马鞭打去瓜蔓的尖端。这是用控制果实的数量的办法来确保核实的质量；同时这也是我国古代打顶摘心的最早记载。

蘘荷是一种春种的蔬菜，以其地下茎供食用。《齐民要术》提供的办法是：“八月初，踏其苗令死（不踏则根不滋润）。九月中取旁生根为菹，亦可酱中藏之。”这是用抑制地上部分的办法来提高地下部分的质量。相似的有大蒜生产中的拔苔。《齐民要术·种蒜》篇说：“条拳则轧之（不轧则独科）。”这里的“科”指地下鳞茎，即俗称的蒜头；“条”指蒜的花苔。蒜苔开始弯曲（“拳”）时就要把它拔掉，否则就会影响蒜头的生长；而及时拔掉蒜苔，则可达到抑上促下（抑制花苔的生长，使养料能够集中供应鳞茎的营养生

① 《齐民要术·柰、林檎第三十九》：“林檎树以正月二月中，翻斧斑驳椎之，则饶子。”

② 《齐民要术》所记载的“嫁枣”时间可能有问题。后世的“开甲”在盛花期进行，而且不止一次。《齐民要术》“嫁枣”在正月初一，椎打破坏的地方到开花时很可能已经愈合，起不到应有的作用。参看：缪启愉，齐民要术导读，巴蜀书社，1988年，第278页。

③ 《太平御览》，946引。

长），一举两得（既促进了蒜头生长，又获得鲜美的蒜苔）的目的。

切伤植物的根部，可以促使新的分蘖的发生。上面介绍过《齐民要术》的果木无性繁殖技术中有“泄根”取栽一法，就是对植物根部和植株相互关联这种特性的一种利用。①

就植物的地下根系而言，它们彼此之间也有一种相互制约的关系。《齐民要术》讲到桑田的耕作时，提出“凡耕桑田，不用近树。其犁不著处，劚地令起，斫去浮根，以蚕矢粪之”。却掉浮根可以促进根系的其他部分更好地生长，所以《齐民要术》说：“去浮根，不妨耧犁，令树肥茂也。”

在动物生产中也有类似的方法。例如阉割术就是明显的一例。由于有关部分已经论及，于此不赘。

（三）对生物不同生长阶段之间相互关系的认识和利用

秦汉魏晋南北朝时期，人们对作物生长过程的阶段性已经有所认识。《齐民要术》引述《杂阴阳书》中有以下记载：

禾生于枣或杨。九十日秀，秀后六十日成。

黍生于榆。六十日秀，秀后四十日成。

大豆生于槐。九十日秀，秀后七十日熟。

小豆生于李。六十日秀，秀后六十日成。

麻生于杨或荆。七十日花，后六十日熟。

大麦生于杏。二百日秀，秀后五十日成。……小麦生于桃。二百一十日秀，秀后六十日成。

稻生于柳或杨。八十日秀，秀后七十日成。

在上述材料中，明确把作物的生长过程分为两个阶段，从萌生到“秀”是第一个阶段；从“秀”到成熟是第二个阶段。我们在上篇已经指出，所谓“秀”，是指孕穗而言。因此，这两个阶段实际上大体相当于现在所说的营养生长阶段和生殖生长阶段。现在一般把幼穗分化作为生殖生长阶段的开始，但古人凭肉眼观察是难以看出幼穗的分化的，所以他们把肉眼看得见的“秀”（孕穗）作为作物生长新阶段（即形成人们所需要的籽实的阶段）的开始。应当说，这在当时已是很不简单，在对作物生长发育过程的认识史上具有着重大的意义。

对于秋种夏收的越年生麦类作物，从“生”到“秀”的时间特别长，经过冬前生长阶段，冬天停止生长阶段和开春的再度生长的阶段，这些不同生长阶段之间也时相互关联，相互制约的。《氾胜之书》曾介绍秋天耧麦壅根的经验：“秋锄以棘柴楼（耧）之，以壅麦根。故谚曰：‘子欲富，黄金覆。’黄金覆者，谓秋锄麦曳柴壅麦根也。”这既有保墒保暖的作用，也是为了抑制小麦的冬前生长（更确切说，是抑制地面部分的生长，促进根部的发展）。因为人们认识到，小麦冬前生长过旺，会影响明春小麦返青后的生长，现在北方农村还有“麦无两旺”的说法。

① 具体方法是：离大树数尺绕着大树挖坑，露出其侧根，把它切断，促使其伤口萌发不定芽，以后长成新的植株，切取作为扦插的材料。

果木在其生长发育的年周期中，要经历一个休眠的阶段。古人虽然没有产生“休眠期”这个概念，但对果木休眠期的特点已经有所认识，并且根据这种认识来安排农业生产了。例如，《淮南子·原道训》讲“春风至而甘雨降，生育万物”，“草木荣华”；“秋风下霜，倒生[1] 挫伤”，“草木注根”。“草木注根”，历代注家无释。“注”者，流聚之谓也。“草木注根”，殆指深秋以后草木体中的营养物质向根部流动集中而贮存起来。北宋陈翥《桐谱》指出桐树移栽要在十月至正月这四个月，因为这时“叶陨，汁归其根，皮杆不通”，移栽容易成活；“如用春植，由皮汁通，叶将萌，故叶瘁矣”。南宋温革《分门琐碎录·农艺门竹杂说》谓：“竹之滋润，春发于枝叶，夏藏于干，冬归于根。”正可视为“草木注根”的恰当注脚[2]。

秦汉魏晋南北朝时期人们明确地把树木的修剪整枝安排在树木的休眠期。《四民月令》：“正月尽二月，可剝树枝。”《齐民要术》在谈到桑树的修剪时更进一步指出：“剝桑，十二月为上时，正月次之，二月为下（白汁出，则损叶）。”上面谈到，当时人们已经认识到植物在折断或受伤时，有汁液（伤流液）溢泌出来。处于休眠期的树木，其树液是停止流动的；树液流动，“白汁出”，意味着休眠期已经过去。现代科学研究表明，许多植物春季根压最强，伤流量最多，以供应早春幼芽萌动的需要。所以贾思勰说“白汁出，则损叶”，是很正确的。利用休眠期按照不同的生产目的进行修剪，可以避免树木营养成分的损失，是符合科学道理的。当时人们认为，树木的移栽时期虽然修剪时期限制那么严格，但亦以安排在休眠期为好：

> 正月，自朔暨晦，可移诸树：竹、漆、桐、梓、松、柏、杂木。唯有果实者，及望而止；过十五日，则果实少（《四民月令》）。
>
> 凡栽树，正月为上时（谚曰：“正月可栽大树。”言得时则易生也），二月为中时，三月为下时（《齐民要术·栽树第三十二》）。

此外，自古以来人们就懂得最好把砍伐树木安排在冬季。如《礼记·王制》说：“草木零落，然后入山林。”《淮南子·主术训》说：“草木未落，斤斧不得入于山林。”因为在植物的休眠期采伐，不但对植物的伤害最小，利于树木的再生；而且这时茎秆含水量低，营养物质少，采伐下的树木不易虫蛀和开裂，质量较好。

果木是一种多年生的植物，不同年份之间的生长，也是相互制约的。秦汉时代人们已经认识到果树存在大小年的现象。《盐铁论·非鞅》载：“夫梅李实多者，来年为之衰。”《符子》所谓“伐果实之繁者”，《齐民要术》所谓“振狂花”之类的措施，也包含了限制果树不使当年结果太多，以至影响其后续生产能力的意义在内。

三 对生物群体中彼此之间相互关系的认识和利用

自然界的生物以群落的形式存在，群落中的各种生物是相互依存和相互制约的。在农业生态系统中，生物同样是以彼此关联的群体的形式存在的，而不是以彼此孤立的个

---

① “倒生”指草木，因草木是本在下而末在上，犹如人头足倒立。

② 南宋沈括《梦溪笔谈》卷二十六《药议》指出有宿根的中草药“须取无茎叶时采，则津液皆归其根。欲验之，但取芦菔、地黄辈观，无苗时采，则实而沉，有苗时采则虚而浮”。

体形式存在的。不过，农业中的生物群体不是自然形成的，而是人们根据自己的意愿建立的；而这种群体结构是否合理和具有多高的生产能力，则视人们对自然界生物之间关系认识之精粗与深浅的不同而各异。

（一）合理密植和作物的群体结构

上篇谈到，先秦时代人们已经在大田生产中建立起一个行列整齐、通风透光的有序的作物群体结构，这是先秦农学的重要成就之一。这种群体结构的建成要有三个条件，一是合理的农田畎亩结构，二是实行条播，三是合理密植。这种关于大田作物布局的技术原则，在秦汉魏晋南北朝时期获得继承和发展，但具体形式则有所变化。

采取畎亩形式和实行条播的代田法，可以说是这种技术的直接继承；于此不赘。随着牛耕的普及，畎亩农田的形式一般已经不再采用，但条播仍然是最基本的播种方式，耧车就是适应条播发展的需要而发明的①；合理密植仍然为人们所重视，而且先秦时代的《吕氏春秋·辩土》只是笼统地说："慎其种，勿使数，亦无使疏。"秦汉魏晋南北朝的文献中则有关于各种作物播种量的明确记载。见表13-2。

表13-2 秦律、《氾胜之书》、《齐民要术》若干作物的下种量

作物	秦 律	《氾胜之书》	《齐民要术》
禾	亩一斗	区种：上农夫区亩二升；中，一升；下，半升。	良地一亩，用子五升，薄地三升（此为稙谷，晚田加种也）
黍	亩大半斗	一亩三升	一亩用子四升
麦	亩一斗	区种一亩二升	上时（八月中戊社前）亩二升半，中时（下戊前）亩三升，下时（八月末九月初）亩三升半或四升
大豆	亩半斗	土和，亩五升，不和则益之；区种亩二升	春大豆，上时（二月中旬）亩八升，中时（三月上旬）亩一斗，下时（四月上旬）亩一斗二升；种茭，一亩八升
小豆	亩大半斗	一亩五升	上时（夏至后十日）亩八升，中时（初伏断手）亩一斗，下时（中伏断手）亩一斗二升
稻	亩二斗大半升	一亩四升	
麻	亩二斗大半升		良田亩三升，薄田亩二升；种麻子，亩三升
胡麻			亩二升

注：表中的亩和量，分别是秦制、汉制和北魏制，没有作统一折算。

从上表中，我们可以看到中国传统农学在播种量掌握方面前进的步伐。秦律和《氾胜之书》只是记载了若干作物播种的绝对量，而《齐民要术》已经有了如何调节播种量的具体而科学的说明。播种量的确定首先要"因物制宜"，即按不同的作物决定其播种量。如指出黍是密植比稀植好；麻要适当密植；而粱、秫却要求稀植②。但各种作物的播种量也不是一成不变的，其调节的原则，一是"因时制宜"，具体说，早播的少些，迟播的多

① 这里所说的"条播"是从广义上理解的，即指有行列的播种。据《齐民要术》的记载，当时的播种方法是多种多样的。"耧种"和"耧耩稀种"属于条播自无问题，"稿种"和"逐犁稀种"虽属点种，但应该有行列；撒播中的"耧耩漫掷"，实际上也可以形成行列，都可归入广义的条播的范畴。

② 《齐民要术·黍穄第四》："疏黍虽科大而米黄，又多减反空，今概虽不科，而米白而均熟，不减，更胜疏者。"《种麻第八》云："概则细而不长，稀则粗而皮恶。"《梁秫第四》："梁秫欲薄地而稀"，"苗概，穗不成"。

些①；二是"因地制宜"，具体说，土壤肥沃的多些，土壤瘦瘠的少些②。这种安排是很符合科学道理的。早播的营养生长旺，有充分时间分蘖或分枝，单株的叶面积大，播种量少些就可以保证每亩有足够的总叶面积；迟播的营养生长差，分蘖或分枝少，单株叶面积小，要靠适当增加播种量（从而增加每亩总株数）来达到每亩适宜的总叶面积。肥土能满足较大群体株数的生长需要，所以要适当多播；瘦土不能满足较大群体株数的生长需要，所以要适当少播。有了适宜的密度，再与条播中耕等措施相配合，就可以把散漫无序的个体组织成整齐有序结构合理的群体③。

（二）间套混作和轮作倒茬的起源和发展

以上所说的是就同一种作物的田间布局而言的。秦汉魏晋南北朝时期人们还通过间套混作、轮作倒茬，把不同种类的作物组织起来，在空间上和时间上形成合理的结构和序列。这是该时期农业科技的一项重大的成就。

间套混作的明确记载始见于《氾胜之书》④。它介绍了土中埋瓮盛水渗润周围土壤以种瓜，"又种薤十根，令周回瓮，居瓜子外。至五月瓜熟，薤可拔卖之，与瓜相避。又可种小豆于瓜中，亩四五升，其藿（按指豆叶）可卖"；用这样的办法，"瓜收亩万钱"。据《氾胜之书》说，上述"区种瓜"是在"冬至的九十日、百日种之"，即在农历的二三月间，而《齐民要术》载，种薤是在二三月，种小豆则以夏至后十日（约在农历六月初）为上时；可见《氾胜之书》瓜田种薤是间作，瓜田种小豆则是套作。《氾胜之书》又介绍了黍和桑椹子混播，黍熟收获以后，"桑生正与黍高平，因以利镰摩地刈之，曝令燥；后有风调，放火烧之，当逆风起火。桑至春生"。这种办法，可以利用桑苗尚小的空档，多收一茬黍子；黍收后用火烧则兼有加肥、除虫和加速明年桑苗旺长的作用。

---

① 兹把《齐民要术》所载若干作物播期与播种量关系列表如下：

作物	上时	中时	下时
大豆	8	10	12
小豆	8	10	12
穬麦	2.5	3.0	3.5～4.0
小麦	1.5	2.0	2.5

单位：升/亩；为北魏亩制与量制。

② 见表13-2谷（禾）、麻两项。在这个问题上，《齐民要术》与《四民月令》的看法似有不同。但《齐民要术》也引述了《四民月令》下述的话："大小豆，美田欲稀，薄田欲稠。""稻，美田欲稀，薄田欲稠。"（《四民月令》的这种认识，似乎可以追溯到更早的时期，《睡虎地秦简·仓律》中规定了几种主要作物的播种量，但又指出，"利田畴，其有不尽此数者，可殴（也）"。）而《齐民要术》关于大小豆和水稻的播种量均没有作良田和薄田的区别，很难肯定贾思勰对崔寔的观点是赞成的。李长年《齐民要术研究》认为贾思勰赞同崔寔的观点，根据不够充分。

③ 当时人们不但注意大田作物的整体布局，而且也注意果园的合理布局。例如，王褒《僮约》对各种果树的种植提出"三丈一树，八尺为行"，"果类相从，纵横相当"的要求，也是着眼于合理的群体结构。

④ 间作的历史似乎可以追溯到更早的时代。《睡虎地秦简·仓律》中有关于若干主要作物播种量的规定，但该条律文中又谈到"其有本者，称议种之"，注谓"本，《周礼·大司徒》注：'犹旧也。'有本，疑指田中已有作物。""有本"，指田中已有作物，应无疑义；但这里的"本"，似宜直接训为植株。若然，这条律文就可能是我国已知关于作物间作的最早记载。所谓"称议种之"，就是酌量减少播种量的意思。不过这里还有一种可能，即"本"是指前茬作物留下的根茬，则这里只是指前茬作物收获后，不翻耕而直接播种，即《周礼注》所谓"夷下麦"之类。存疑待考。

到了《齐民要术》，除引述《氾胜之书》材料外，又增加了多种间套混作的方式，见表13-3。

表13-3 《齐民要术》中关于间套混作的记载

主作物	种植方式
麻子	六月间，可于麻子地间散芜菁子而锄之，拟收其根
葱	葱中亦种胡荽，寻手（随时）供食，乃至孟冬为菹（腌菜），亦无妨
桑	桑苗第二年假植，率五尺一根，其下常劚种菉豆、小豆（二豆良美，润泽益桑）。桑树大如臂时定植，率十步一树，种禾豆，欲得逼树（不失地利，田又调熟）；或岁常绕树一步散芜菁子（不劳逼树），收获之后，放猪啖之，有胜耕者
楮	耕地令熟，二月耧耩之，和麻子漫散之，即劳。秋冬仍留麻勿刈，为楮作暖（若不和麻子种，率多冻死）
槐	麻子槐子混播，当年，麻熟刈去，独留槐；次年仍于槐下种麻（胁槐令长）；三年正月，移而植之，亭亭条直，千百若一
大豆	羊一千头者，三四月中，种大豆一顷杂谷，并草留之，不须锄治，八九月中，刈为青茭

轮作出现很早，《吕氏春秋》已有"今兹美禾，来兹美麦"的说法。郑众注《周礼·薙氏》云："今俗间谓麦下为夷下。言芟夷其麦，以其下种禾豆也。"《氾胜之书》也谈到"禾收，区种（麦）"。《水经注》卷三十一《㶏水》："马仁陂……在比阳县西五十里…………溉田万顷，随年变种，境无俭岁。"所谓"随年变种"，指每年更换种植作物的种类，即所谓轮作换茬；它和农田灌溉一起，构成了保证当地粮食稳产的因素。

到了《齐民要术》，轮作倒茬已经成为一种普遍性的种植制度。它把作物轮作中的前茬称为"底"，并把若干主要作物的可供选择的前茬分为上中下三等，见表13-4。

表13-4 《齐民要术》中若干作物可供选择的前茬

作物	上底	中底	下底	备注
谷（粟）	绿豆，小豆，瓜	麻，黍，胡麻	芜菁，大豆	菉豆、小豆、胡麻等稀青后种谷极佳；谷田必须岁易（飆子则莠多而收薄矣）
黍穄	新开荒地	大豆	谷（粟）	
大豆（青茭）	麦			当年麦茬
小豆	麦，谷			当年麦茬，头年谷茬
麻				不用故墟（用故墟有点叶夭折之患）
稻				稻无所缘，唯岁易为良（不岁易者，草稗俱生）
胡麻	白地			"白地"指休闲或开荒地
瓜	小豆	黍		良地晚禾后、夏播菉豆稀青后种亦可
葵	葵			故墟弥善；夏种菉豆稀青后种葵亦可
胡荽	麦			麦底地亦得种
蔓菁	大小麦			当年麦茬，取根者用此
葱	绿豆（绿肥）			春种绿豆，五月掩杀之

从上述两表可以看到，魏晋南北朝时期的轮作倒茬既有其严格的一面，又有其灵活的一面。例如，谷子不能重茬，这是一条原则；但种过菉豆、小豆、瓜、麻、黍、胡麻、芜菁、大豆等作物的地都可以种谷子，谷子收获以后，又可以种植黍穄、小豆、大豆等作物。把表中的前后茬关系连接起来，可以排列出许多种轮作倒茬的形式。

总之，秦汉魏晋南北朝时期在间套混作和轮作倒茬方面积累了相当丰富的经验，间套混作和轮作倒茬已经成为种植制度中不可不分割的组成部分。

还有一个问题需要在这里谈一谈。有的学者根据《齐民要术》排列出来的可能的轮作方式，认为当时二年三熟制已经比较流行。这是值得商榷的。我国自战国以来确立了连作制的主导地位，同时也散见关于复种的记载；魏晋南北朝时期北方战乱频仍，荒地很多，不存在提高耕地的复种指数的迫切需要，二年三熟制没有实行的社会基础。从《齐民要术》的记载看，在大小麦收获后，当年可种大豆（青茭）、小豆、根用蔓菁等，这些作物当年收获后，第二年都可以种谷子等；如果把这两年作为一个周期，似乎是二年三熟制。但这个周期是不能连续的。因为《齐民要术·大小麦》篇明确规定："大小麦皆须五六月暵地。（不暵而种者，其收倍薄。崔寔曰："五月、六月菑麦田也。"）所谓"暵地"，就是夏耕晒垡，晒后再耕耙收墒，以待入秋下种。由于需要"暵地"，一般要选择休闲地种麦。《齐民要术》对主要作物差不多都说明其"底"应是何种作物，但大小麦却什么也没有记载；原因即在于此。

（三）对间套混作和轮作倒茬的机理的认识

间套混作和轮作倒茬是中国传统农学的出色创造，它是建立在对不同作物的特性及其种间关系的深刻认识的基础之上的。中国古代人民在长期实践中了解到，不同作物植株高矮，根系深浅，生育期长短，对温度、水分、光照、肥料等的需求各不一样，而且彼此之间或相生，或相克，必须合理搭配，才能互不相妨，以至互相促进；从而创造出丰富多彩的间套混作和轮作倒茬的形式来。对于其中的机理，当时还不可能完全掌握，但确实有所探索，有所认识了。例如，一块地里如果连续种植一种作物，往往会引起与之共生的某些病虫害以至杂草的滋生，轮作倒茬则可减轻病虫害和杂草的为害；魏晋南北朝时代人们对此已有所认识。例如，《齐民要术》指出"谷田必须岁易"，否则"飙子则莠多而收薄"。（《广韵》："飙，再扬谷。"飙子指重茬谷地里，谷子子粒落地长成莠草，与播子同时发芽生长，干扰谷子正常生长，又传播病虫害。重茬谷的确莠草多，现在还有"不怕重种，只怕重芽"，"谷种谷，坐着哭"的农谚[①]）；种稻"唯岁易为良"，如果连种，"草稗俱生，芟亦不死"；种麻如用"故墟"（种过麻的地），就有"点叶、夭折之患，不任作布"（"点叶"大概指现在所说危害叶片的炭疽病；"夭折"大概指现在所说危害大麻茎的立枯病[②]）。这和现代农学所揭示的原理是一致的。

上文谈到，不晚于汉代，人们已经知道"豆有膏"，即豆的根瘤中含有肥力；到了魏晋南北朝，人们已经明确地认识到豆之"膏"不但能供应自己生长所需养分，而且可以肥地益稼，促进其他作物的生长。《齐民要术》指出，在桑田中间种豆类，"不失地利，田又调熟"，"二豆（菉豆、小豆）良美，润泽益桑"。《齐民要术》把大小豆放在突出的地位（在大田作物中的排列仅次于禾黍类作物），特别提倡豆科作物与禾谷类作物轮作，或把豆科作物作为绿肥纳入轮作体系，应该说是与这种认识直接相联系的。

现代植物学研究表明，各种植物在其生长过程中都会产生某种分泌物，而在其周围

---

① 缪启愉，齐民要术导读，巴蜀书社，1988年，第68页。

② 此据《中国农业科学技术史稿》的解释。或说"点叶夭折"系指一种病，即立枯病。

形成固定的生化介质，对一些作物起良好影响，对另一些作物起不利作用[①]。这是农业生物间相生相克关系的客观基础之一。秦汉魏晋南北朝时期，人们对此已经有所认识。早在西晋，杨泉的《物理论》已有“芝麻之于草木，犹铅锡之于五金也，性可制耳”的记载。《齐民要术》主张把芝麻安排在“白地”，即休闲地或开荒地上种植，正是利用芝麻能够抑制杂草生长的特性[②]。《齐民要术》提倡在大麻地套种芜菁，但又指出千万不要在大豆地上混播麻子。这也是古人对作物种间相生相克关系认识和利用的一例[③]。

（四）巧妙借用生物力量的农业措施

中国传统农学对农业生物特性的认识和利用，不仅仅是“因物制宜”采取相应的农业措施，而且还根据对生物相生相克关系的认识，巧妙地借用农业生物的力量，以代替部分人力，甚至达到单纯依靠人力所难以达到的目的。中国传统农学的这种特点，上面谈轮作倒茬和间套混作时实际上已经论及，下面再从两个方面作些补充论证。

对生物共生互利关系的利用，最明显的就是依靠豆类作物肥田益稼，上面已经谈到。这方面的例子还有不少。例如，利用大豆为瓜子起土。《齐民要术·种瓜第十四》载：“……掊坑，大如斗口。纳瓜子四枚、大豆三箇于堆旁向阳中（谚曰：种瓜黄台头），瓜生数叶，掐去豆（瓜性弱，苗不独生，故须大豆为之起土。瓜生不去豆，则豆反扇瓜。不得滋茂。但豆断汁出，更成良润，勿拔之。拔之则土虚燥也）[④]。这种方法的的要点是，把大豆和瓜子同时播下，利用大豆为瓜苗起土，瓜苗长出后把豆苗掐断（既不能让它继续生长，也不能把它拔掉），又利用流出的汁液滋润瓜苗。这确实是一种十分巧妙的方法。

上面谈到的混作方式，基本上都是对作物共生互养关系的利用。如桑椹子与黍混播，不但可以在桑苗未长大前多收一茬黍子，而且黍子与杂草的竞争能力很强，也有利于桑苗的生长。麻楮混播，既多收大麻，又利用大麻为楮苗保暖，与此相类[⑤]。他如桑树下间种芜菁，芜菁收获后放猪进去啃食，既喂养了猪，又拱松了地，还等于施了肥，一举多得，也属于共生互利的范畴；而且把动物生产和植物生产结合在一起。

对生物相克相制作用的利用，在五谷田边种植大麻、胡麻，以防牲畜，就是这方面的显例。《齐民要术·种麻子第九》载：“凡五谷地畔近道者，多为六畜所犯，宜种胡麻、麻子以遮之（胡麻，六畜不食；麻子齧头则科大。收此二实，足供美烛之费也）。”胡麻叶有苦味，牲口不吃；大麻子咬断后，可促进分蘖，长成大科丛。利用这两种作物的上述特性，种在粮田地边，不仅可以防止牲畜糟蹋粮田，而且可以增加额外的收入。

上篇谈到，我国古代人民早在先秦时代就对自然界存在的食物链现象有所认识，并

---

① 游修龄，《齐民要术》及其作者贾思勰，人民出版社，1975年，第88页。

② 《通志》卷七十六：“《吕氏春秋》云：‘桂枝之下无杂木。’雷公云：‘桂枝为钉，入木中，其木即死。江南李后主患清暑阁前生草，徐锴令以桂屑布阶缝中，宿草尽枯。’”这也是对生物之间相克关系利用之一例。按《通志》所引为雷敩《炮炙论》。

③ 贾思勰认为大豆地中杂种麻子会“扇地两损，而收并薄”，指出了杂种的不良后果，但两损的原因，只谈到“扇地”一项，是不全面的。

④ 《齐民要术》同篇论及“区种瓜”时也说：“……以瓜子大豆各十枚，遍布坑中（瓜子大豆两物为双，籍其起土故也）。”

⑤ 这方面的例子还有麻子与槐树籽的混播，详见下节。

作出“物固相累，二物相召”（《庄子·山木》）的概括。秦汉魏晋南北朝时期，人们已将自然界这种物物相制的规律应用到农业生产中了。

例一，养虫饲鸡。汉代的《家政法》载：“养鸡法：二月先耕一亩作田，秫粥洒之，刈生茅覆上，自生白虫。便买雌鸡十只，雄一只。于地上作屋……”将粥洒在地里并盖上茅草，促进土壤中的微生物活动，潜伏在土中的各种虫卵，由于微生物活动带来的环境改善，很快便孵化成小虫，微生物分解淀粉、纤维素后的产物成为小虫的良好食饵，鸡食这种富含蛋白质的小虫，比直接用谷粒喂养的效果还好[1]。

例二，养蚁食虫。晋嵇含《南方草木状》载：“交趾人以席囊贮蚁鬻于市者，其窠如薄絮囊，皆连枝叶，蚁在其中，并窠而卖。蚁赤黄色，大于常蚁。南方柑树，若无此蚁，则其实皆为群蠹所伤，无复一完者矣。”这是我国，也是世界上有意识地利用生物界互相制约的现象防治农业害虫的最早记载。类似的记载在后世的文献中延绵不断。这种大蚁，就是黄猄蚁，又叫黄柑蚁（*Oecophylla Smaragdina Fabr.*），它能捕食棱椿等20几种柑桔害虫，至今在闽粤等省的柑园中仍在应用[2]。这不能认为是一个孤立的事例。其实我国人民对生物相互制约现象的认识和利用是很早的。《礼记·郊特牲》记述古人“腊祭”中有迎虎迎猫的节目，“迎猫为其食田鼠也，迎虎为其食田豕也”。我国传统农业中有意识的生物防治技术，正是这种经验和认识发展的产物。

四　对生物与环境相互关系的认识和利用的若干问题

在先秦时代，人们已经认识到生物和它周围的自然环境有着密不可分的关系。秦汉魏晋南北朝时代，人们这方面的认识和知识继续发展，并广泛应用于农业生产中。例如第十一章谈到“因物为时”和对灾害天气的预防；第十二章谈到土地利用中“土宜”与“物宜”相结合的原则，以及为作物生长创造良好环境条件的一系列措施；本章谈到畜禽选育中注意与环境条件变化的协调等，都是建立在对生物与环境统一性认识的基础之上的。我国传统农业病虫害的防治采取了多种多样的办法，其中尤以农业防治措施最有特色，这种农业防治很大程度上就是从生物（害虫）离不开其生存的环境条件这种认识出发的。例如上文谈到，人们认识到谷物在温湿的条件下容易生虫，于是就用曝晒悬挂使之干燥的方法来保藏种子。又如人们用轮作的方法改变土壤环境，预防谷子立枯病的发生；用调整播种期的方法，避开有利于害虫生长的气候环境；用中耕除草的办法，消灭害虫的滋生基地，等等[3]。上述问题，由于多已论及，不再重复。本节主要想谈两方面的问题。第一，先秦时代主要是解决了一定的环境有其相应的生物群落（或者反过来说，一定的生物要求相应的环境条件）的问题；秦汉魏晋南北朝时期进一步认识到生物的特性是在一定的环境条件下形成的，环境条件一旦改变，就会引起生物的变异。也就是说，生物的生理和生态是相互关联的。我们打算从这个角度谈谈当时人们对作物与光线、水分

---

① 游修龄，中国古代对食物链的认识及其在农业上应用的评述，第三届国际科学史讨论会论文集，科学出版社，1990年。

② 杨沛，黄柑蚁生物学特性及其用于防治柑桔害虫的初步研究，中山大学学报，1982年。

③《齐民要术·蔓菁第十八》指出芜菁应在七月初种，因为六月种的，“根虽粗大，叶复虫食”。《种枣第三十三》提出在枣树行间“欲令牛马履践令净”的措施，理由是“荒秽则虫生，所以须净”。

的关系的认识和利用。第二，先秦时代已经产生保护自然资源的思想，这实质上也关系到生物与环境的关系问题。本节打算谈谈秦汉魏晋南北朝时代这方面思想理论的发展。至于动物饲养中的生物与环境的关系，将在下节集中论述。

（一）对植物与光线关系的认识和利用

早在先秦时代人们就注意到植物生长与光线有密切的关系，《荀子·劝学》篇中就有"蓬生麻中，不扶自直"的话。西汉《盐铁论·轻重》说："故茂林之下无丰草，大块之间无美苗。"《说苑·谈丛》说得更加清楚："高山之巅无美禾，伤于多阳也；大树之下无美草，伤于多主阴也。"人们显然已经认识到是由于树林的遮光使下面的小草长不好。这也是流传已久的经验。所以战国时已有"田中不得有树，用妨五谷"的说法①。《齐民要术》把植物遮光影响其他作物生长的现象称为"扇地"，并对其影响的范围作了具体细致的说明。《种榆、白杨第四十六》云："榆性扇地，其阴下五谷不植（随其高下广狭，东西北三方，所扇各与树等）。"把遮荫的范围和树冠的大小联系起来，并指出东西北三面遮荫，南面不受影响，完全是从实际观察中所得出的结论。根据这种情况，贾思勰建议在园地北畔种榆。贾思勰还把"蓬生麻中，不扶自直"的原理应用到农业生产当中。《种槐、柳、楸、梓、梧、柞第五十》载：

> 五月夏至前十余日，以水浸之（按，指槐子）……六七日，当芽生。好雨种麻时，和麻子撒之。当年之中，即与麻齐。麻熟刈去，独留槐。槐既细长，不能自立，根别竖木，以绳拦之（冬天多风雨，绳拦宜以茅裹；不则伤皮，成痕瘢也）。明年斸地令熟，还于槐下种麻（胁槐令长）。三年正月，移而植之，亭亭条直，千百若一（所谓"蓬生麻中，不扶自直"）。若随宜取栽，非直长迟，树亦曲恶。

这是让槐树苗和长得又快又高的大麻生长在一起，迫使槐树苗为获得阳光而挺直生长，终于被培养成"亭亭条直，千百若一"理想的行道树苗。在《齐民要术》，这并不是孤例；为了培育材用的桑柘，也运用了相似的原理，《齐民要术·种桑拓第四十五》记载："其高原山田，土厚水深之处，多掘深坑，于坑中种桑柘者，随坑深浅，或一丈、丈五，直上出坑，乃扶疏四散。此树条直，异于常材。十年之后，无所不任（一树直绢十匹）。"

植物由于长期的生活环境的差异，形成对光线的不同要求，有所谓喜阳作物、喜阴作物之分。例如五谷喜阳，不能种在榆树下；桑与禾豆间作时，桑树不能太密，因为"阴相接者，则妨禾豆"。但"蘘荷宜在树荫下"，胡荽"树荫下不得禾豆处，亦得"②。果木也有相似的情形。如种梗枣要"阴地种之，阳中则少实"（《齐民要术·种枣第三十三》）。这是安排作物果木种植的主要依据之一。

不唯如此，同一种植物生长在向阳的地方和生长在背阴的也的形成对光线条件的不同的适应性；在农业生产中必须考虑到这一点。如种樱桃，《齐民要术·种桃柰第三十四》记载："二月初，山中取栽，阳中者还种阳地，阴中者还种阴地（若阴阳易地则难生，

① 语出《汉书·食货志》，《通典》引此指出是战国李悝说的话。

② 《学津讨原》本作"树荫下，得；禾豆处，亦得。"虽可通，但《齐民要术》似无禾豆类作物间作蔬菜的记载，故据《农政全书》所引改。详见石声汉，《齐民要术今释》，第一册，第177页。

生亦不实，此果性。生阴地，既入园囿，便是阳中，故多难得生)。”

同样的道理，树木移栽时应不要调乱它原来的背阴面和向阳面。《淮南子·原道训》：“今夫徙树者，失其阴阳之性，则莫不枯槁。”《齐民要术·栽树第三十二》进一步指出：“凡栽一切树木，欲记其阴阳，不令转易（阴阳易位则难生。小小栽者，不烦记也)。”

（二）对生物与水关系的认识和利用

我国古代人民很早就知道，植物与水有着密切关系。《管子·水地》说水是“诸生之宗室”，“集于草木，根得其度，华得其数，实得其量”。王充《论衡·状留》也说：“草木之生者湿，湿者重，死者枯。……然元气所在，在生不在枯。”但不同作物长期生活在不同的生态条件下形成不同的生活习性，它们对水分的要求和消耗、吸收水分的能力是各不相同的。《齐民要术》常常提到某种作物“宜水”，某种作物“性炒”（耗水量大)，就是反映了人们对生物的这种特性的认识。所以人们非常重视灌溉和保泽（墒)，并根据不同的作物采取不同的土壤耕作和灌溉措施，目的就是提供各种作物生长所需要的水分。这在有关章节中已经谈到，于此不赘。

秦汉魏晋南北朝时期人们还认识到植物植株中有汁液，这种汁液与植物的生命力有关。《论衡·无形》：“更以苞瓜喻之。苞瓜之汁，犹人之血也；其肌，犹肉也。试令人损苞瓜之汁，令其形如故，耐（能）为之乎?”所以修剪要在植物的休眠期其体液停止流动时进行，否则“白汁出则损叶”（《齐民要术·种桑柘第四十五》)。扦插时插条要在下面的一头烧二三寸，以免汁液的流失。如《齐民要术·安石榴第四十一》载“栽安石榴法：三月初，取指大如手大指者，斩令长一尺半，八九枝共为一窠，烧下头二寸（不烧则漏汁矣)”。借助大豆为瓜苗起土，当瓜苗出土后，豆苗要掐掉，则用其汁液润泽瓜苗。

人们还注意到在植物移栽、修剪等工作中要注意保持植物体内的水分平衡。例如旱稻移栽时，“其苗长者，亦可捩去叶端数寸，勿伤其心也”（《齐民要术·旱稻第十二》)。这是用减少叶面积的方法，来降低水分的消耗，保持植物体内水分的平衡，提高移栽的成活率。茄苗的移栽，要趁下雨时，“合泥移栽之”；“若旱无雨，浇水令彻泽，夜栽之。白日以席盖，勿令见日”（《齐民要术·种瓜第十四》)。尽量吸收和保持水分，尽量减少因蒸腾作用而造成的水分损失。桑树修剪时，“秋斫欲苦，而避日中（触热树焦枯，苦斫春条茂)；冬春省剝，竟日得作”。因为秋天修剪时，天气尚热，如果在中午进行，剪口受到日晒，会丧失过多的水分；冬春气温较低，修剪则可全天进行。

（三）保护自然资源思想的发展

上篇谈到，随着“三才”理论的形成和发展，先秦时代出现了保护和合理利用自然资源的思想。这种思想在秦汉魏晋南北朝时期获得继承和发展。《淮南子》在这方面有比较系统的论述。如：

> 故先王之法，畋不掩群，不取麛夭，不涸泽而渔，不焚林而猎。豺未祭兽，罝罦不得布于野，獭未祭鱼，网罟不得入于水。鹰隼未挚，罗网不得张于溪谷。草木未落，斤斧不得入于山林，昆虫未蛰，不得以火烧田。孕育不得杀，鷇卵不得探，鱼不长尺不得取，彘不期年不得食。是故草木之发若蒸气，禽兽之归若流泉，飞鸟之归若烟云，有所以致之也（《主术训》)。

刳胎杀夭，麒麟不游，覆巢毁卵，凤凰不翔，钻燧取火，构木为台，焚林而田，渴泽而渔，人械不足，畜藏有余；而万物不繁兆，萌芽卵胎而不成者，处之泰半矣（《本经训》）。

这些论述基本上是先秦时代有关思想观点的继承和系统化；我们不准备多说。下面谈谈秦汉魏晋南北朝时代自然资源保护思想比前代有所发展的地方。

一是对自然资源尤其是山林资源的破坏所造成的严重后果，比之前代有更为深刻的认识。对破坏山林所造成的恶果的认识，可以追溯到很早的时代。孟子（《孟子·告子上》）曾经说过："牛山之木尝美矣，以其郊于大国也好，斧斤伐之，可以为美乎？是其日月之所息，雨露之所养，非无萌蘖之生焉，牛羊又从而牧之，是以若彼濯濯也。人见其濯濯也，以为未尝有材焉，此岂山之性也哉？"生动地描述了牛山的林木被破坏的情况及其原因，并指出这是违反"山之性"的。这是很有代表性的。秦汉时代，山林受到的破坏更加严重，除了薪樵、放牧以外，统治者大兴土木（如杜牧诗："蜀山兀，阿房出。"）、战争、采矿等，都造成了山林的破坏，而人们对山林破坏的恶果也看得更清楚了。刘向《别录》也说："唇亡而齿寒，河水崩，其坏在山。"① 这实际上已经指出了山林破坏导致水土流失，水土流失导致河患的发生。西汉时的贡禹（《汉书·贡禹传》）也说过："斩伐林木亡有时禁，水旱之灾未必不由此也。"明确指出水旱灾害的发生与山林的破坏有关，这在当时，应该说是一种了不起的思想②。

二是出现了保护土地资源和水资源思想的萌芽。先秦时代保护自然资源思想的主要着眼于生物资源的保护和合理利用，秦汉魏晋南北朝时期人们保护自然资源的视野，已经扩大到土地资源和水资源上来了。上引《晁错新书》"焚林斩木不时，命曰伤地"，这里的"地"，似乎不止是指"地财"，而且包括了地涵蓄水土的功能。贡禹也认为过度采矿铸铜铸铁会产生负面效果，"凿地数百丈，销阴气之精，地藏空虚，不能含气出云"。《太平经》中关于这方面的记载更为详细。它认为"天地中和三气""共养万物"，天主生，地主养，人主治理，犹如父母与儿子的关系。既然"地者，万物之母也"，就应该"乐爱养之"，而人"妄穿凿其母而往求生，其母病之矣"。例如，"人乃甚无状，共穿凿地，大兴起土功，不用道理，其深者下著黄泉，浅者数丈。……今天下大屋丘陵冢，及穿凿山阜，采取金石，陶瓦竖柱，妄挖凿沟渎，或闭塞壅阏，当通而不得通者，几何乎"？它指出"泉者，地之血；石者，地之骨也；良土，地之肉也"，都应爱护而不能肆意破坏。它提出"人不妄深凿地，但居其上，足以自蔽形而已，而地不病之也。……凡动土入地，不过三尺……一尺者，阳所照，气属天；二尺者，物所生，气属中和；三尺者，属及地身，气为阴。过此而下者，伤地形，皆为凶"③。两汉是社会经济空前高涨，各项建设事业空前发展的时期。在这过程中，封建国家和地主阶级的经济力量也获得加强，他们奢侈挥霍，大兴土木，崇尚厚葬，滥用和破坏自然资源。这种现象引起一些人的忧虑和批评，《太平经》的作者就是其中的代表之一。这些批评不能说是完全科学的，例如他们在批评

---

① 《古诗源》卷一引。

② 《左传》记载某年郑国天旱，子产差某官员祭祀，这位官员在祭祀过程中砍伐了林木，受到子产的严厉斥责，说："有事于山林，艺山林也；而伐之，罪莫大焉。"似乎模糊地艺山林对于防灾的意义，但很不明确。

③ 《太平经合校》，中华书局，1960年，第112～120页。

统治者的奢侈和厚葬的同时，也反对凿井和采矿这些正常的生产和生活活动。不过，这也使人们仿佛从改造自然的凯歌声中听到了受到破坏的自然界的呻吟，启发人们在改造和利用自然时掌握一定的“度”。《太平经》的作者已认识到人类与大自然相互依存的关系，提出大地是人类和万物的母亲，水是大地的血脉，必须予以保护，这在当时不能不说是十分珍贵的思想。

三是在保护生物资源方面突出了对鸟类尤其是益鸟的保护，并以法令的形式出现。例如《汉书·宣帝纪》载元康三年夏六月诏：“令三辅毋得以春夏擿巢探卵，弹射飞鸟。具为令。”汉代会稽地区也有保护益鸟的地方法规。阚骃《十三州记》载：“上虞县有雁为民田，春拔草根，秋啄除其秽，是以县官禁民不得妄害此鸟，犯则有刑无赦。”这种对益鸟的保护措施，与农业生产中的生物防治措施，具有相同的意义。

第三节　家养动物饲养中对环境与物性关系的认识和处理

一　畜禽饲养

（一）家畜饲养总原则与中国传统畜牧业的特点

中国畜牧业有悠久的历史，对牲畜的饲养管理也有许多创造。但直到《齐民要术》才有关于这方面经验的系统总结。《齐民要术·养牛马驴骡第五十六》载：“服牛乘马，量其力能，寒温饮饲，适其天性：如不肥充繁息者，未之有也。谚曰‘羸牛劣马寒食下’(言其乏食瘦瘠，春中必死)，务在充饱调适而已。”“寒温饮饲，适其天性”这八个字可视为家畜饲养管理的总原则。这个总原则的基本精神，是为家畜生长提供或创造一个适合其天性的环境条件。

动物饲养业与植物种植业不同，它的对象是由不但有生命，而且可以活动的个体所组成的；作物直接从土地中吸收养分和水，在阳光和空气的参与下，通过光合作用制造有机物质；畜禽则以绿色植物或其他动物为食。在种植业中，人们可以为作物的生长选择或改善自然环境条件，但不可能为它提供一个人工的环境（温室除外，在古代条件下，它不但规模很小，而且不可能推广）；而畜牧业却可以部分地做到这一点。牲畜在放牧的条件下，人们不可能对牧场进行大规模的翻耕、施肥和灌溉，但早在先秦时代，人们已实行“孟春焚牧”的制度，即在夏历正月焚烧牧场，促进新草的萌生。以后又出现保护和合理利用牧场的若干措施。但如完全依靠天然牧场，畜禽生产受很大限制，如果把畜禽在一定时期集中到一定地点，在人工控制的环境中实行人工喂养，既可减轻寒暑和虎狼的威胁，也可免除冬天天然牧草供应之继之虞。这就是所谓舍饲。我国畜牧业很早就实行放牧与舍饲相结合的饲养方式。在新石器时代的遗址中即已发现牲畜栏圈和夜宿场一类的设施，舍饲与放牧相结合的饲养方式在《周礼》等文献中已有反映，到了《齐民要术》，这种饲养方式已经发展得相当成熟。这是中国传统畜牧业的一个很重要的特点。所谓“舍饲”就是给牲畜提供一个人工的生长环境，以栏圈代替野栖，以人工喂饲代替野外的自由采食。“舍饲”可以弥补自然环境的不足，为牲畜的生长创造更加良好的条件。

在放牧与舍饲相结合的条件下饲养管理，不但要解决如何顺应自然环境的问题，而且要解决给牲畜提供的人工环境，如何适应牲畜在长期生活的自然环境中生活所形成的“天性”的问题。所谓“寒温饮饲，适其天性”，应该包括了上述两个方面的意义，而后者更为重要。这当然是建立在对生物与环境统一性认识的基础上的。

《齐民要术》关于畜禽饲养管理的经验是十分丰富的。其特点和成就主要表现在以下几个方面。

（二）畜禽饲料补给与饲料的开辟

在《齐民要术》时代，实行放牧与舍饲相结合的饲养方式（在当时农业发展水平下，还不具备全面实行人工喂养的条件），这就产生了一个两者如何配合的问题，即人工喂养如何与放牧采食相协调的问题。一年四季中，春夏秋三季自然界牧草和比较丰盛，可以放牧，让牲畜自由采食，配合适当的人工补饲；冬天天寒草枯，对牲畜威胁最大；这时不宜放牧，必须依靠人工喂饲，保证牲畜安全越冬。（在《养羊第五十七》中）贾思勰指出：“既至冬寒，多饶风霜，或春初雨落，春草未生时，则须饲，不宜出牧。”对于备足冬季饲料，保证牲畜安全越冬的重要性，贾思勰深有体会，他引用“羸牛劣马寒食下”的谚语，指出冬天缺乏饲料的瘦弱牲畜，过不了寒食节就要倒毙。他还以养羊为例，强调这一问题的严重性：“不收茭者，初冬乘秋，似如有肤，羊羔乳食其母，比至正月，母皆瘦死，羔小未能独食水草，寻亦俱死。非直不滋息，或能灭群断种矣。”贾思勰自己在这方面就有过惨痛的教训。①

为了保证冬季饲料的供给，就要广辟饲料的来源，包括种植饲料和收割秋草。贾思勰主张：

> 羊一千口者，二四月中，种大豆一顷杂谷，并草留之，不须锄治，八九月中，刈作青茭。若不种豆谷者，初草实成时，收刈杂草，薄铺使干，勿令浥郁（蹬豆、胡豆、蓬、藜、荆棘为上，大小豆萁次之，高丽豆萁，尤是所便；芦、薍二种则不中。凡乘秋刈草，非直为羊，然大凡悉皆倍胜。崔寔曰：“七月七日刈刍茭”也）（《养羊第五十七》）。

这是古书中关于种植饲料的最早记载。为了保证及时收割饲草，贾思勰甚至主张“卖羊雇人”，认为这样“所费既少，所存者大”。

在羊群放牧期间，也要“起居以时，调其宜适”，“唯远水为良，二日一饮。缓驱行，勿停息。春夏早放，秋冬晚出”。贯彻了“寒温饮饲，适其天性”的原则。为了合理利用冬季的饲草，防止羊群践踏造成的浪费，贾思勰又提出要在高燥处筑圆栅，置饲草于其中，让羊绕栅取食。这一设计非常合理。

放牧采食与人工喂饲合理配合的原则，在猪的饲养中也体现出来了。《齐民要术·养猪第五十八》中记载：“春夏草生，随时放牧。糟糠之属，当日别与（糟糠经夏辄败，不中停放。按，“当日别与”指每日另给新鲜的糟糠，以防败坏变质）。八、九十月，放而不饲。所有糟糠，则蓄待穷冬春初。”

---

① 《齐民要术·养羊第五十七》：“余昔有羊二百口，茭豆既少，无以饲，一岁之中，饿死过半。假有在者，疥瘦羸弊，与死不殊，毛复浅短，全无润泽。余初谓家不宜，又疑岁道疫病，乃饥饿所致，无他故也。”

在人工喂养中，喂养方法和饲料供给的种类要符合不同畜禽的特性，这是家畜饲养管理中应该注意的又一条原则。

例如《齐民要术》把马的饲料分为上中下三等，称为“三刍”：“饥时与恶刍，饱时与善刍，引之令食，食常饱，则无不肥。”这种安排非常适合马的特点。马是单胃动物，不同于牛羊的复胃，没有反刍过程，马胃的容量又不很大，它在消化过程中不断有发酵作用的气体产生，如果饿时喂“善刍”，热心狼吞虎咽，容量发生疝痛。如果先给较差的“恶刍”，使它的食欲受到抑制，慢慢进食，到一定程度时，再用“善刍”引诱它吃饱吃足，就不会发生疝痛。

要根据畜禽食性给饲：“猪性甚便水生之草，杷耧水藻等令近岸，猪则食之，皆肥”；“鹅唯食五谷、稗子及草菜，不食生虫。……鸭，靡不食矣。水稗实成时，尤是所便，噉此足得肥充”。

对幼畜给予特殊的喂饲。羊，“凡初产者，宜煮谷豆饲之”；猪，“初产者，宜煮谷饲之”。这些补料，不但增加幼畜的营养，而且使幼畜的营养器官早期得到锻炼。鹅鸭小雏则需“填嗉”。《齐民要术·养鹅鸭第六十》云：“雏既出，别作笼笼之，先以粳米为糜粥，一顿饱食之，名曰“填嗉”。……然后以粟饭，切苦菜、芜菁为食。以清水与之，浊则易。”“嗉”指“嗉囊”。早在先秦时代，人们已经知道禽鸟多有嗉囊。苗鹅苗鸭生长特别迅速，但消化道发育不完全；“嗔嗉”有刺激和促进消化道发育的作用。这种生产技术延续到现代。

食盐中所含氯和钠是马、牛、羊等所吃草料中所缺乏的，而又是必不可少的元素，由于生理的需要，羊等草食动物喜欢吃盐。《齐民要术》引《家政法》已注意到这一点，并提出对羊补饲食盐的办法：“养羊法，当以瓦器盛一升盐，悬羊栏中，羊喜盐，自数还啖之，不劳人收”。这是我国古代文献中对食草家畜补饲矿物质饲料的最早记载。

（三）畜禽栏圈设施其他

畜禽栏圈是人们给畜禽提供的生长环境，它既要充分考虑如何适应畜禽长期在自然环境中生活所形成的习性，又要充分考虑如何提高畜禽的生产能力以达到人类所期望的要求。例如《齐民要术》介绍羊圈的设计是：

> 圈不厌近，必与人居相连，开窗向圈（所以然者，羊性怯弱，不能御物；狼一入圈，或能绝群）。架北墙为厂（为屋则伤热，热则生疥癣。且屋处惯暖，冬月入田[①]，尤不耐寒）。圈中作台，开窦，无令停水。二日一除，勿使粪秽（秽则污毛；停水则“挟蹄”，眠温则腹胀也）。圈内须并墙竖柴栅，令周匝（羊不揩土，毛常自净；不竖柴者，羊揩墙壁，土、碱相得，毛皆成毡。又竖栅头出墙者，虎狼不敢踰也）。

这种设计，充分考虑了羊性怯弱、怕热、爱干燥、爱干净的特性；也充分考虑了人们需要优质毛皮的生产要求，是非常周到的。

猪圈是另一种设计：“圈不厌小（圈小则肥疾），处不厌秽（泥污得避暑）。亦须小厂，

---

① 从这一记载看，当时有在冬天把羊放到收获了的庄稼地里的习惯，既啃食了地中的谷茬，又增加地中的肥料。是否与后世的羊卧地有什么联系，待考。

以避风雪。”这里考虑的是猪的习性（喜泥污）、生产目的（育肥）和牲畜保护等。最巧妙的是为育肥供食的小猪所提供的生活环境：“供食豚，乳下[①]者佳，简取别饲之。愁其不肥——共母同圈，粟豆难足——宜埋车轮为食场，散粟豆于内，小豚足食，出入自由，则肥速。”车轮辐条之间较窄，小猪能通过，母猪通不过。用车轮在猪圈中隔出一块供应育肥小猪补充饲料（粟豆）的“食场”，即不用母子分圈，又防止了母猪抢食，简单而实用。

野鸡一般栖息在树林中的树枝上，家鸡在相当长时期内仍然保留了这种习性。《齐民要术》介绍的“鸡栖”，“据地为笼，笼内著栈（短木条）”，仍然照顾了鸡的这种习性。贾思勰指出，用鸡栖养鸡，“虽鸣声不朗，而安稳易肥，又免狐狸之患。若任之树林，一遇风寒，大者损瘦，小者或死”。《齐民要术》还记载了“墙匡”养鸡快速育肥的方法：

> 养鸡令速肥，不杝屋，不暴园，不畏乌、鸱、狐狸法：别筑墙匡，开小门，作小厂，令鸡避雨日。雌雄皆斩去六翮（翅翎），无令得飞出，常多收秕、稗、胡豆之类以养之，亦作小槽以贮水。荆藩（荆条编成的短篱）为栖，去地一尺。数扫去尿。凿墙为窠（供产、伏用的墙洞），亦去地一尺。唯冬天著草，不茹（指垫草）则子冻。春夏秋三时则不须，直置土上，任其产、伏；留草则蜫虫生。雏出则著外许，以笼罩之。如鹌鹑大，还纳墙匡中。其供食者，又别作墙匡，蒸小麦饲之，三七日便肥大矣（《养鸡第五十九》）。

这种“墙匡”，在保护家鸡不受野兽的侵害，避免园圃受鸡群的糟蹋的同时，采取限制运动，充分供应精料的办法快速育肥，和种植业中通过精耕细作提高单位面积产量的原则一脉相通。而“荆藩为栖”、“凿墙为窠”，也考虑了鸡本身的习性。

鹅鸭是水禽，幼雏孵出后笼养15日即放出。在这期间，要进行入水的锻炼：“入水中，不用停久，寻宜驱出”。（在《养鹅鸭第六十》中）贾思勰解释这样处理的原因是：“此既水禽，不得水则死；脐未合，久在水中，冷彻亦死。”

禽畜的生活习性和人类的生产目的不同，栏圈的设计也各异。如猪、鸡以育肥为目的，所以采取限制运动、减少消耗的设施和措施，骑乘马（征马）需要健壮的体格和善于奔走，所以在用细刍豆谷喂饲的同时，采取“置槽于迥（远）地，虽复雪寒，勿令安厂下”的措施，目的是“一日一走，令其肉热，马则硬实，而耐寒苦也”（《养牛马驴骡第五十六》）。

总之，按照畜禽的生活习性和人类的生产目来设计的栏圈之类的设施，虽然在一定程度上是畜禽原来生活的自然环境的模拟，但已深深打上人类改造自然、改造生物的烙印。

二 对家蚕家鱼饲养中环境与物性关系的认识和处理

（一）家蚕饲养

家蚕是从野蚕驯化而来的。可能经历过一个在天然的环境下对蚕进行保护、补饲和

---

① “乳下”指母猪腹下位于前面的奶头，这些奶头，接近乳静脉，乳汁分泌多，吃这几个奶管的奶的小猪长得快，而能抢到这些奶管的小猪一般也比较健壮。俗称“顶子猪”。见：缪启瑜，齐民要术校释，农业出版社，1982年，第331～332页。

采收的阶段。不过，养蚕自有文献记载以来，已经是在家内饲养了。例如《夏小正》载三月“妾子始蚕，执养宫事”。在这里，“宫”指专用的蚕室；后世仍把下“蚕室”① 阉割的刑罚称为“宫刑”。所以，家蚕基本上是在人工环境下生活的。“寒温饮饲，适其天性”这一原则的基本精神，对家蚕的饲养同样是适用的。

秦汉魏晋南北朝时期无论对家蚕生活习性的认识，有了很大的进步。仲长统《昌言》说：“钧之于蚕也，寒而饿之则引日多，温而饱之则引日少，此寒温饥饱之为修短，验之于物者也。”② 根据这种认识，为了促进蚕的成熟，采取了室内加温的方法饲养家蚕。这种方法大概汉代已经有了。《汉书·张汤传》提到张贺“下蚕室”一事，颜师古注曰：“凡养蚕者，欲其温而早成，故为密室蓄火以置之。而腐刑亦有中风之患，须入密室乃得以全，因呼为蚕室耳。”《汉书》所说的“蚕室”指密封的行腐刑的处所，它虽非养蚕的地方，但却是从养蚕的房子密封而得义的，而养蚕的房子之所以要密封，是与“蓄火”分不开的。可见“密封蓄火”的“蚕室”，当时已经出现了。不应因为是唐代人的解释而疑之③。因为蚕室要生火加温，所以西晋杨泉的《蚕赋》径称之为“温室”。

室内养蚕的方法，到了南北朝时代已经相当成熟，《齐民要术》对此作了总结。《桑柘第四十五》载：

> 养蚕法：收取种茧，必取居中簇者（近上则丝薄，近地则子不生也）。泥屋用“福得”④ 利上土。屋欲四面开窗，纸糊，厚为篱（草帘）。屋内四角著火（火若在一处，则冷热不均）。初生以毛（羽毛）扫（用荻扫则伤蚕）。调火令冷热得所（热则焦燥，冷则长迟）。比至再眠，常须三箔；中箔上安蚕，上下空置（下箔障士气，上箔防尘埃）。小时采“福得”上桑，著怀中令暖，然后切之（蚕小，不用见露气，得人体，则众恶除）。每饲蚕，卷窗帏，饲讫还下（蚕见明则食，食多则生长）。老时值雨者，则坏茧，宜于屋里簇之：薄布薪于箔上，散蚕讫，又薄以薪覆之。一槌得安十箔。

这一记载表明，当时非常注意给蚕儿的生长提供一个适合其生活习性的良好的环境和条件。蚕室既要密封，又要能够采光；所以采取四面开窗，而又用薄纸糊上的办法⑤。为了便于调节光暗，挂上厚草帘。在四角著火，为的是使蚕室的冷热均匀。在蚕箔的上下空置两箔，以防尘埃和障土气。喂饲也非常讲究，尤其是幼蚕，要采上等的桑叶，放到养蚕人的怀中，使它温暖，去掉露气，然后切细。适应“蚕见明则食”的习性，喂蚕时卷起窗帘，让光照进来；喂完以后把帘放下。等等。

西晋的嵇康曾把养蚕的要诀概括为“桑火寒暑燥湿”6个字（《嵇康集·宅无吉凶摄生论》），这大致包括了家蚕生长所需环境条件的各个方面。而这和《齐民要术》所讲的畜禽饲养的“寒温饮饲，适其天性”的总原则的精神的确是相通的。

---

① 养蚕的“蚕室”是密封的。行刑的“蚕室”取其密封之义，不一定是养蚕的处所。

② 《太平御览》八二五，引仲长统《昌言》逸文。

③ 《四民月令》三月提到“治蚕室”时，有“涂隙穴”的内容，目的是为了蚕室保温和防止虫鼠为害，这也可与《汉书·张汤传》的记载相印证。

④ 所谓“福德”，是指方位。这里所说取“福德”方位吉利的上土和下文讲要取“福德”方位的上等桑，都是迷信的说法。参阅《齐民要术导读》。

⑤ 杨泉《蚕赋》：“于房伊何，在庭之东，东爰日景，西望余阳。”

（二）低温催青的养蚕技术

《齐民要术》引述了晋代郑辑之《永嘉记》关于用低温打破二化性蚕的“滞育”状态，培育出“八辈蚕”的记载。二化性蚕的第二化蚕所产的卵，在通常情况下处于滞育状态，即使当时的温度还很高，也必须等到第二年春天才能孵化。为了打破这种状态，永嘉（今浙江温州地区）的蚕农把二化性蚕的第一化蚕（蚖珍蚕）所产的卵存放在罂（一种陶器的名称）中，并加上盖，然后放到山间的冷泉水中，“使冷气折其出势（按，“出势”指孵化的速度，“折其出势”就是延缓其孵化的速度）”，经过了三七二十一天，蚕卵才孵化了（通常情况下，第一化蚕所产的卵只须七八天就孵化了）；这种蚕叫“爱珍蚕”。它与普通没有经过低温处理而孵化出来的二化蚕不同，它产的卵，当年可以继续孵化。这可以说是世界上第一次人为地利用低温影响来中断蚕的“滞育”；利用这种方法，使二化性蚕连续中断“滞育”，从而在一年中可以孵化四代。这里技术的关键在于温度的掌握。“当令水高下，与重卵相齐”。即要求外面的山泉水与罂中的最上一层卵纸相齐。因为“若外水高（按，外水高则温度低），则卵死不复出；若外水下，卵则冷气少，不能折出其势。不能折出其势，则不得三七日；不得三七日，虽出不成也”。这一事例说明，我国古代人民对于温度对动物生长发育的影响，是有深刻认识的①。

（三）人工鱼池的设计

这里附带谈谈人工养鱼中的环境与物性的问题。《齐民要术》引《陶朱公养鱼经》谈到鱼池设计，“池中九洲八谷，谷上立水二尺，又谷中立水六尺”（凸者为洲，凹者为谷，谷底水深六尺，谷口水深二尺）。让鱼环洲而游，栖谷而息，深水利于鱼类避暑和越冬，浅水适于产卵孵化和幼苗活动，设计比较合理，照顾到鱼类的生活习性。这也体现了给鱼类提供适合其生活习性的人工环境的精神，与畜牧养蚕生产的基本要求是一致的。

---

① 汪子春，我国古代养蚕技术上的一项重大发明——人工低温制生种，昆虫学报，1979，(1)；苟萃华等，中国古代生物学史，科学出版社，1989年，第139～140页。

第三篇

隋唐宋元时期的农学

隋唐宋元时期是中国农学全面发展阶段。作为中国历史上经济发展最快的时期之一的隋唐宋元时期，经济发展的一个最大的特点就是经济重心的南移，南移是南方经济迅速发展的结果，同时也促进了南方的进一步开发，这也为农学提出了许多新的问题。

土地利用问题是当时面临的问题之一。随着经济重心南移，南方人口的增加超出了北方，这就带来了人多地少的矛盾。因此扩大耕地面积，充分发挥现有土地的增产潜力也就成为发展农业的当务之急。隋唐宋元时期，通过多种形式的土地利用方式，辅之以兴修水利，成功地扩大了耕地面积。与此同时，人们也通过精耕细作，培肥地力来提高单位面积产量。这就促进了南方水田耕作技术体系的形成。

南方水田耕作技术体系是适应南方水田特殊的条件而形成的。虽然经过自先秦到秦汉魏晋南北朝的发展，以北方旱地精耕细作为主要内容的农学传统已臻于成熟，且这个传统也或多或少地对南方农业技术的发展产生了积极的影响，但是以保墒抗旱为核心的北方旱地耕作技术体系从根本上来说不能够解决南方水田农业所面临的问题。因此，建立和完善南方水田耕作技术体系也就成为隋唐宋元时期中国农学新的增长点。

农具的改进、完善与配套是南方水田耕作技术体系形成的标志。晚唐时，南方水田已普遍使用先进的曲辕犁（又叫“江东犁”），它是适应南方特殊的地理环境，如地势不平，田面狭小，而改进的一种耕犁；宋代用于平整水田泥浆的特殊农具——耖，得到了广泛的运用；元代发明了中耕的耘荡，加上已有的整地工具耙、耖，形成了耕－耙－耖－耘－耥相结合的水田耕作体系；再加上育秧移栽、烤田、排灌、水旱轮作稻麦两熟复种制的逐渐普及，以及讲究的积肥和用肥，作物地方品种的大量涌现等技术成就，标志着完全不同于北方旱地农业的南方水田精耕细作技术体系已经形成和成熟。与此同时，北方旱地耕作技术体系也在不断的发展，南方水田农业技术体系的形成和南北方农业技术的交流与融汇是隋唐宋元时期中国农学全面发展的标志和特点之一。

如果说经济重心的南移促进了南方水田农业技术体系的形成的话，那么，经济的发展则促进了隋唐宋元时期的农学向着全方位多角度的方向发展。隋唐宋元时期农业生产结构发生很大的变化：稻麦替代粟的传统地位而上升为最主要的粮食作物；纤维作物苎麻地位上升超过大麻，棉花传入长江流域；油料作物更多样化，除芝麻外，芸苔也由蔬菜转向油用，大豆自宋代开始用于榨油；甘蔗和茶的种植已发展为农业生产的重要部门；园艺业有很大发展，蔬菜和果树种类大大增加，花卉栽培十分兴盛；蚕桑业重心自唐中期以后，也由黄河中游逐步转移到江南；畜牧业的农牧分区格局仍维持着，在农耕区，民间作为副业养少量猪、羊和家禽成为主要形式；牧区也有某些变化，如东北和蒙古草原以牧为主的地区种植业比重有所增加；渔业也有很大进展，青、草、鲢、鳙“四大家鱼”的养殖以及将野生鲫鱼培育成观赏金鱼都出现于这一时期。

农学的发展和农业技术的进步需要人们及时地进行总结，与此同时，一些关系到农业生产和农业技术发展的理论问题，诸如什么样的土地适合于种植？什么样的土地适合什么样的作物？地力是否会出现衰竭？如何保持地力常新壮？等等，需要问答。这些都在当时的农书上得到了反映。隋唐宋元时期的农学著作数量空前增多，为前1000多年农书总和的四五倍以上。其次，综合农书从体系到内容继续有发展，专业性农书新出现了蚕桑、茶、花卉、果树、蔬菜、农具、作物品种等专著。它们数量最大，占这一时期农书总数的一大半。反映出农学的分科研究在这一时期，特别是宋元以来十分发达。再就是在唐代以前，中国农书的内容绝大多数是写黄河流域中下游旱地农业生产知识的，而这时期则出现了不少反映长江流域及其以南农业生产知识或南北兼顾的各类农书。现存《四时纂要》、《陈旉农书》、《农桑辑要》、《王祯农书》、《农桑衣食撮要》，还有《茶经》(陆羽)、《蚕书》(秦观)、《司牧安骥集》、《橘录》、《荔枝谱》、《洛阳牡丹记》、《洛阳花木记》、《耒耜经》、《菌谱》、《糖霜谱》等都是具有代表性和开创性的重要著作。

第十四章 隋唐宋元时期农学全面发展的历史背景

第一节 经济的发展与政府的农业政策

隋唐宋元时期，是中国历史上经济发展最快的时期之一，但发展的不平衡性，使这一时期的经济表现出一个最显著特点，就是经济重心的南移。

中国在地理上，由于自然和人文等方面的因素，自古以来，一直有南方和北方之分。其分界线大致以淮河和长江为界。淮河、长江作为南北的分界线在隋唐宋元时期日益明晰起来。在南北界线日益明朗的同时，南北之间的交流却在加强，大运河的开凿，成功地沟通了黄河、淮河和长江几大水系，使南方生产的粮食和其他物资源源不断地进入北方，北方人口的大量南迁，又为南方的开发注入了新的活力，而南方一些物产，如棉花、苎麻等由南到北的传播又大大促进了农业结构的变化。隋唐宋元时期，中国经济的发展所明显地呈现出北南方不同的走向正是南北方交流的原因，也是其结果。

一 唐、宋时期的战争和北方农业的破坏

隋唐五代是中国由统一再度走向分裂的时期。由于阶级矛盾、民族矛盾和统治阶级内部矛盾等三个方面的原因所引发的大大小小的战争此起彼伏。其大者有隋大业七年（611）到大业十四年（618）的隋末的农民战争；唐代天宝十四年（755）到代宗广德元年（763）的安史之乱；唐乾符二年（875）到金统五年（884）的唐末农民战争；公元907年到公元979年五代十国的纷争；以及宋与辽、夏、金等少数民族政权处于长期的军事对峙。

战争的结果不仅是改朝换代，同时也给社会经济，特别是主战场北方地区的农业生产带来了极大的破坏。据史料记载，安史之乱之后，“函、陕凋残，东周尤甚。过宜阳、熊耳，至武牢、成皋，五百里中，编户千余而已。居无尺椽，人无烟爨，萧条凄惨，兽游鬼哭。”[①] 其中破坏最为严重的是安史之乱的中心地带洛阳地区，史载：“东周之地，久陷贼中，宫室焚烧，十不存一，百曹荒废，曾无尺椽，中间畿内，不满千户，井邑榛棘，豺狼所嗥，既乏军储，又鲜人力。东至郑、汴，达于徐方，北自覃怀，经于相土，人烟断绝，千里萧条。”[②] 安史之乱后的藩镇割据，和随后出现的五代纷争又使北方的经济遭受重创。安史之乱被称为唐盛极而衰的转折点，也是经济重心南移的重要一步。

随着国力的削弱，一些北方游牧民族乘虚而入，他们在进入中原地区以后，与以农

① 《旧唐书·刘晏传》。

② 《旧唐书·郭子仪传》。

耕为主的汉民族之间存在着巨大的文化冲突。因此，对于北方农业的破坏甚至比战争本身还要深重。如金朝统治时期，北部中国的肥沃农田，大片大片地被女真统治者掠夺去分配与屯田军户，过不了十年八年，这大片沃土便由瘠薄而至荒芜，女真统治者又再向另外的肥沃地区去进行掠夺，重新分配。这样就使大量的农田一批一批地撂荒，农业生产也随之出现了严重的萎缩状态。到13世纪初，广大的华北地区，即使在风调雨顺之年，田之荒者也动辄百余里。到处是“草莽弥望，狐兔出没”①。蒙古族入主中原之初更是如此，当时的大臣别迭等人甚至提出了“汉人无补于国，可悉空其人以为牧地”的主张②，此项主张尽管遭到耶律楚材等人的反对，但仍然实行了近半个世纪（从1214年金人南迁至1260年忽必烈即位），甚至在忽必烈统治时期，仍然有一些蒙古贵族我行我素，“据民田为牧地”，“田游无度，害稼病民”③。赵天麟曾上疏指出：“今王公大人之家，或占民田近于千顷，不耕不稼，谓之草场，专放孳畜。”④ 这种做法也给北方农业生产带来了很大的破坏。

二　中国经济重心的南移与南方的开发

在北方农业生产因战争而遭受巨大破坏的同时，南方的农业生产却由于其相对安定而得到了迅速的发展。此长彼消的结果，使得中国经济重心由北方转移到了南方。

长期以来，人们一直认为北方黄河流域是中国文明的摇篮，但是随着河姆渡等文化的发现，人们逐渐改变了以往的观念，认为长江流域也是中国文明的摇篮，但不可否认的是，长江文明和黄河文明在差不多相同时间起源之后，长江文明却在很长的时间里落后于黄河文明，北方是中国经济、政治和文化的中心，长江及其以南地区被视为“蛮荒之地”。《史记·货殖列传》记载了秦汉以前全国各地的经济状况，说：“关中之地，于天下三分之一，而人众不过什三，然量其富，什居其六。”又说：“楚、越之地，地广人希，饭稻羹鱼，或火耕而水耨，果隋蠃蛤，不待贾而足。”可见当时以关中为中心的北方经济与以楚越为主体的南方经济有较大的反差。

经过汉末、晋末等几次大的社会动荡之后，北方人口大量南迁，将先进的生产工具和生产技术带到了南方，促进了南方的初步开发，为经济重心的南移奠定了基础。隋唐宋元时期，以江东犁和龙骨翻车为代表的水田农具在南方稻作区得到广泛使用；南方的水利工程建设项目也明显超过北方；耕地面积不断扩大；耕作栽培技术也日趋成熟。这一切使得南方各地的粮食生产有了很大增长。还在唐朝的时候，江淮诸州，“每一岁善熟，则旁资数道”⑤，湖南、江西诸州，也“出米至多，丰熟之时，价亦极贱”⑥。

作为政治中心的北方需要依靠南方的粮食供应才能够维持。隋炀帝开凿运河的原因之一，就是为了转运南方的财物。安史之乱前，南粮北调的局面就已形成，时称“北

① 《大金国志》卷二十三，崇庆元年（1212）记事。
② 《元史·耶律楚材传》。
③ 《元史·撒吉思传》。
④ 《历代名臣奏议》卷六十六。
⑤ 《权载之文集》卷四十七，论江淮水灾上疏。
⑥ 《唐大诏令集》卷七十二，乾符二年南郊赦。

运”。[①] 安史之乱后，北方最重要的农业区河北、河南两道大部分地区处于分裂割据与半割据状态，战祸连绵，生产遭到严重破坏。当时朝廷所能有效控制的地区，主要为关中、淮南、江南东西、剑南、山南、岭南等道，而在这些地区中，只有江南东西道、剑南道等地区比较富庶，因而南方开始成为赋税的主要来源，当时就有“赋出于天下，江南居十九”的说法；[②] 入宋以后更是如此。宋朝每年从东南各地征收的漕粮定额在宋太宗时是500～600万石，到宋真宗时增至700～800万石，这其中又以江西和两浙所占份额最多。[③] 然而，南方真正成为中国经济的重心是在南宋以后。安史之乱以后，虽然北方的经济遭受到严重的打击，但经过长期积累起来的北方经济重心在一定时期里还有其生命力。甚至在一定时期里它还出现反弹。而且重心的真正南移并不是建立在北方的破坏，而是建立在南方加速发展之上。

在南粮北运的同时，南方还在向北方输出农业技术。隋唐以前，南方农业生产技术相对落后，北方人口的南迁，将先进的生产技术和工具带到了南方，促进了南方的开发。但唐宋以后，情况开始向相反的方向发展，南方开始向北方输出技术。唐太和二年(828) 闰三月，政府出其所藏的水车样，征集江南造水车匠赴京，制造龙骨水车，“散给缘郑白渠百姓，以溉水田”，并“分赐畿内诸县，令依样制造，以广溉种”。北方一些地方的水稻生产就是在南方的影响之下发展起来的。北宋淳化年间 (990～994)，主持河北淀泊工程的临津县令黄懋就是福建人，他曾上书说：“闽地惟种水田，缘山导泉，倍费功力。今河北州军多陂塘，引水溉田，省功易就，三五年间，公私必大获其利。”[④] 北方种稻所用的品种也是来自南方。宋初，何承矩在河北种稻，起初种的是晚稻，因北方霜冻，没有收成；吸取教训，改种江东七月即熟的早稻种后，终于获得成功。以后又有不少南方人迁到北方种稻。天圣四年 (1026) 监察御史王沿曾说：“至如北边，本无水田。后徙江南罪人，转相教语，皆知水利。”[⑤] 可见在兴修水田时还引进了南方的种稻技术，它对北方农业生产的发展起了积极作用。

三　农业政策和措施

隋唐宋元时期农业的发展是无数农人辛勤劳动的结果，但也与当时政府的农业政策和措施分不开。陈旉说：“好逸恶劳，常人之情，偷惰苟简者，小人之病。”如何调动农

---

① 《旧唐书·食货志下》：“开元二十二年八月，置河阴县及河阴仓，河西柏崖仓、三门东集津仓，三门西监仓，开三门山十八里，以避湍险，自江淮而南诉鸿沟，悉纳河阴仓，自河阴送纳含嘉仓，又送纳太原仓，谓之北运。”

② 韩愈，《送陆歙州诗序》，见《昌黎文集校注》卷四。

③ 《宋史·食货志·漕运》：“江南西路……岁漕米百二十万石给中都”；沈括《梦溪笔谈》卷十二亦记“江南西路岁漕米一百二十万八千九百石”。而据吴曾《能改斋漫录》的记载，宋代江西漕米之数还不止于此数，“本朝东南岁漕米六百万石，江西居三分之一，天下漕米取于东南，东南之米多取于江西”。据此推断，宋代江西漕运在200万石之数。这200万之数中，又以吉泰盆地所占份额最多，宋曾安止《禾谱》“序”曰：“漕台岁贡百万斛，调之吉者十常六七。”从漕粮一项来说，江西之吉泰盆地是宋代水稻生产最为发达的地区是当之无愧的。最早的水稻品种专志《禾谱》出现于此地并不是偶然的。两浙也是如此，据苏轼《进单锷吴中水利书状》称：“两浙之富，国用所恃，岁漕都下米百五十万石。”沈括所说与之相同。

④ 《宋史·食货志上四·屯田》。

⑤ 《续资治通鉴长编》卷一〇四，天圣四年八月辛巳条。

民的生产积极性，是中国农业管理中一个关键性问题，历来人们都把这个责任推到领导一方，所谓“生产好不好，关键在领导”。宋元时期人们认识到“人之本在勤，勤之本在於尽地利，人事之勤，地利之尽，一本於官吏之劝课”。[①] 劝，即是鼓励；课，就是考查。《陈旉农书》中有“稽功”一篇，则是专就“课”提出来的。其基本思想是，各级官吏必须通过考查农民的农业生产成绩，借以奖勤罚懒，提高农民的生产积极性。“上之人倘不知稽功会事，以明赏罚，则何以劝沮之哉”。《王祯农书》也有“劝助”一篇。“劝助”，也就是鼓励和帮助农民进行农业生产的意思。劝，即陈旉据说的“稽功”，要求把农民的生产积极性与农民自身的切身利益挂起勾来，做到奖勤罚懒。但仅仅是“劝”还是不够的，因为农民生产积极性不高，除了主观上的原因以外，还有客观上的条件，如农民想及时播种，却缺乏种子，生产照样不能进行。因此，王祯认为，劝之外，还须有助。“古者，春而省耕，非但行阡陌而已；资力不足者，诚有以补之也。秋而省敛，非但观刈获而已；食用不给者，诚有以助之也”。进而提出了“爱民”的口号。王祯列举了历史上爱民劝农的模范，以作为各级官吏的榜样，同时对当时形式主义的所谓“劝农”进行了批评。尽管当时的农学家对于劝农颇有微辞，但纵观历史，隋唐宋元时期的劝农还是卓有成效的。

（一）农事管理机构

劝课农桑是中国历代政府的一项基本职能，上自皇帝下至地方官吏莫不以劝农为已任，而唐宋以后，劝农日益专业化，出现了专门的劝农机构和劝农官。

唐代设立司田参军和田正。司田参军初设于景龙三年(709)，各州置一员，掌园宅、口分、永业及荫田[②]。又“每县各置田正二人，于当县拣明娴田种者充之，务令劝课”。[③]

宋代建立农师制度和劝农使。宋太宗太平兴国七年（982），闰十二月，诏诸路州民户或有欲勤稼穑而乏子种与土田者，或有土田而少男丁与牛力者，许众户推一人练土地之宜，明树艺之法，谙会种植者（即通晓农业生产的人）担任农师。农师除了州县给帖补之外，还可以除二税，并免诸杂差徭。农师的职责主要是推广农作物及品种，协助本乡里正、村耆调查土地、种子、劳力、畜力情况，协调不同生产要素所有者之间的关系，使有牛的出牛，有种者出种，有力者出力。并与里胥（乡以下一级官员）一道，对参与酗酒和赌博的惰农进行管教，或上报州县依法处罚。对农师的考核每年都要进行，主要是考察所课种植的功绩，如果考核认为不能勤力者，则要另请高明取而代之[④]。

宋真宗天禧四年（1020），诏诸路提点刑狱朝臣为劝农使，使臣为副使。在此之前，朝廷就曾议论要设置劝农之名，但当时还没有专门的机构（职局）。至此时始设立具体的办事机构。劝农使的职责是“取民籍视其差等，不如式者惩革之；劝恤农民，以时耕垦，招集逃散，检括陷税，凡农田事悉领焉”。[⑤]

蒙古族进入中原地区之初，农业受到暂时的破坏，一些王公大人或军官，曾大规模地“据民田为牧地”，后来在耶律楚材等人的影响下，他们认识到农业生产的重要性之后，

① 王恽，《秋涧先生大全集》卷六十二，“劝农文”。
② 《唐书·肃宗本纪》，查原书不见。此处转引《中国救荒史》之第三篇第三章。
③ 《宋会要·食货志一·农田杂录》。
④ 《宋史·食货志上·农田》。
⑤ 《新唐书·百官四下》。

就逐步改变了这种做法，当游牧民族认识到农业生产的好处时，它对于农业的重视程度反而超出原来的农业民族。中统元年（1260），命各路宣抚司择通晓农事者，充随处劝农官[①]。二年（1261）立劝农司，以陈邃、崔斌、李士勉等人为滨、棣、平阳、济南、河间、邢洛、河南、东平、涿州等地的劝农使[②]。至元七年（1270），立司农司，以参知政事张文谦为卿。设四道巡行劝农司。司农司之设，专掌农桑水利，仍分布劝农官及知水利者，巡行郡邑，察举勤惰。后又改司农司为大司农司，添设巡行劝农使、副各四员[③]。大司农司，秩正二品。凡农桑、水利、学校、饥荒之事悉掌之。尽管中间几次变更，但到至元二十三年（1286）还是恢复[④]。二十四年（1287），升江淮行大司农司事，秩二品，设劝农营田司六，秩四品，使、副各二员，隶行大司农司[⑤]。二十五年（1288）又增置淮东、西两道劝农营田司[⑥]。

在设立大司农司专管农桑的同时，原来各级官员仍然要把加强农业管理作为自己的主要职责，并且把农桑列入年终考核各级官僚的内容。“所在牧民长官提点农事，岁终第其成否，转申司农及户部，秩满之日，注于解由，户部照之以为殿最；又命提刑按察司加体察焉”。与此同时，类似于宋代的农师也保留下来了，据至元七年所颁农桑之制一十四条之规定：“县邑所属村疃，凡五十家立一社，择高年晓农事者一人为之长。”社长的职责在于“教督农民”。同时他享有“复其身，郡县官不得以社长与科差事”的权利。社长与农师一样要求通晓农事的人才能担任，这对于提高农民学习农业生产技术的积极性具有一定的促进作用。

隋唐宋元时期，畜牧业从整体上来说，是趋于衰弱。但由于军事上的需要，养马仍然是国家的要政之一。这其中又以唐代的马政最为突出。唐初，得突厥马2000匹，又于京师东面赤岸泽得隋马3000，全部迁徙到秦、渭二州之北，会州之南，兰州狄道县之西，即陇右之地，置监牧以掌其事，由此开始有了监牧之制。监牧制中有一整套的官僚机构。上自太仆，下至群头，各司其职[⑦]。后来为了牵制太仆的权力，又有了监牧使、群牧都使、闲厩使等官职。监牧制一度对唐代的养马业的发展起到积极的作用。

（二）重农劝农措施

隋唐宋元时期的农业政策和措施虽然每朝各有不同，但主要是围绕着下列一些方面来展开的。

1. 兴修水利，加强水利管理

中国是个灾害多发国家，其中又以南涝北旱为其特点，这都需要靠治水来解决，而兴修水利是个体小农难以完成的，必须依靠集体的力量。而动员组织集体力量，又必须借助于强有力的行政力量。有人认为，中国的集权政治就是建立在治水之上。从隋唐宋

① 《元史·食货志·农桑》。
② 《元史·世祖本纪一》。
③ 《元史·世祖本纪四》。
④ 《元史·百官志三》。
⑤ 《元史·世祖本纪十一》。
⑥ 《元史·世祖本纪十二》。
⑦ 详见《新唐书·兵制》。

元来看，虽然有大型的水利工程，如大运河，是中央政府出面组织兴修的，但更多的小型水利工程是由地方政府来组织的。如唐代对苏州、嘉兴的围垦[①]，宋代太湖下游圩田的兴盛[②]，黄河流域大规模放淤的进行，都与各级政府的组织管理分不开。

政府对于农田水利建设的重视，除了组织兴建和修复大量水利工程之外，还加强了农田水利的管理。唐朝实行三省六部制，六部之中有一部为工部，掌山泽、屯田、工匠诸司公廨纸笔墨之事。此部下设有水部，由水部郎中和员外郎负责，掌天下川渎、陂池之政令，以导达沟洫、堰决、河渠。凡舟楫灌溉之利，咸总而举之。唐宋时期，还通过制定法规来加强农田水利管理，在这方面最突出的要数唐代《水部式》、宋代《农田利害条约》的颁行。

《水部式》是唐代中央政府颁行的农田水利管理法规，是迄今保留的最早的全国性水利法规。《水部式》早已佚失，现存《水部式》残卷发现于敦煌千佛洞之中，共29条，2600余字。内容包括灌溉用水制度、灌区组织管理、农业用水和其它用水关系的处理等。

《农田利害条约》是熙宁变法的重要内容。《条约》规定："凡有能知土地所宜，种植之法及修复陂湖河港，或元无陂塘、圩岸、堤堰、沟洫而可以创修，或水利可及众而为人所擅有，或田去河港不远，为地界所隔，可以均济流通者；县有废田旷土，可纠合兴修，大川沟渎浅塞荒秽，合行浚导，及陂塘堰埭可以取水灌溉，若废坏可兴治者，各述所见，编为图籍，上之有司。其土田迫大川，数经水害，或地势汙下，雨潦所钟，要在修筑圩岸、堤防之类，以障水涝，或疏导沟洫、畎浍，以泄积水，县不能办，州为遣官，事关数州，具奏取旨。民修水利，许贷常平钱谷给用。"[③]

《农田利害条约》的颁行促进了农田水利建设，出现了"四方争言农田水利，古陂废堰，悉务兴复"的局面[④]。据统计，从熙宁三年（1070）至九年（1076）全国兴修农田水利达10793处，受益农田面积达361 178顷有奇[⑤]。这在以往的历史上是少见的。

元代至元七年(1270)所颁布的《农桑之制一十四条》，也包括农田水利方面的内容。"农桑之术，以备旱暵为先。凡河渠之利，委本处正官一员，以时浚治，或民力不足者，提举河渠官相其轻重，官为导之。地高水不能上者，命造水车。贫不能造者，官具材木给之。俟秋成之后，验使水之家，俾均输其直。田无水者凿井，井深不能得水者，听种区田。其有水者，不必区种。仍以区田之法，散诸农民。"[⑥]

2. *减轻农民负担，保证农民的生产时间*

租税是国家的职能，也是国家维持其正常运转所必须，但同时，租税负担过重也将挫伤农民的生产积极性。为了减轻农民的负担，保证农业生产的时间，隋唐宋元时期，总的趋势是政府致力于减轻农民负担。

隋朝放宽了承担赋役的年限，北朝时期，十八成丁，便要承担赋役义务，开皇三年(583)，放宽到21岁，每年的服役时间也由原来的十二番，改为二十日，调也由绢一匹

---

① 李翰，"苏州、嘉兴屯田纪绩颂并序"，《全唐文》卷四三〇。

② 沈括，"万春圩图记"，《长兴集》卷二十一。

③ 《宋史·河渠五》。

④ 《宋史·王安石传》。

⑤ 《宋史·食货志上·农田》。

⑥ 《元史·食货志·农桑》。

减为二丈。隋炀帝即位后，不仅取消了妇女、奴婢、部曲的赋税负担，同时也将成丁年限改为22岁。隋政府还经常出台一些临时性的减免措施。如开皇十年（590）“以宇内无事，益宽徭赋，百姓年五十者，输庸停防”①。

唐朝继承了隋朝的租庸调制度，在减轻农民的赋役负担的同时，特别注意保证农民的生产时间，唐朝将隋朝的输庸代役的办法制度化，可以交绢或布来代替每年20天的力役，这样就保证了农民的生产时间。唐初还屡次下诏，命令有司停不急之务，以保证农时。如唐高祖武德十七年，诏曰：“献岁发生，阳和在候，乃睠甿庶，方就农桑，其力役及不急之务，一切并停。”二十一年，复下诏罢免兴役。贞观元年（627），河北燕赵之际，山西井潞所管，及虞蒲之郊豳延以北，由于出现旱涝虫霜等灾害，导致了饥荒。政府即派员对损失进行调查，并对灾民进行赈济②。为了提高农民的生产积极性，唐朝还曾实行汉代思想家提出的“入粟拜爵”的政策，在唐元和十二年（817）实行的入粟授官。这对于一些人具有一定的吸引力。

宋朝也曾实行减赋税的政策，如熙宁元年（1068）根据谢景温的建议，“请田户五年内科役皆免”③。不过宋代在实行减免赋税的时候，往往把它与开垦荒地，推广作物种植结合起来。如江北诸州在近水之地种植水稻可以免租，开垦荒地则可以获得二三年至八到十年不等的蠲免租税。

3. 兴办义仓，除蝗灭害，加强荒政建设

为了保证在灾荒之年，农民能够继续生产而不致流亡，隋朝还设立了义仓，令民间依据各家贫富情况，出粟麦一石以下，储之闾巷，以备凶年④。义仓为民间普遍自救的事业，有其存在的价值，特别是在消弭灾害方面起着重要的缓冲作用。故历代常沿设之，屡废屡设，直致近代始用他种方法代替。

义仓之设只是一种消极的灾后补救之法，隋唐宋元时期，政府及其官员更主张积极地防灾抗灾，并在对付各种自然灾害方面也发挥着重要的组织、协调和管理作用。其中最为显著的是治蝗。

唐代以前，人民受迷信影响，遇蝗祭拜，坐视食苗不敢捕。开元四年（716），山东大蝗，姚崇奏出御史为捕蝗使，进行大规模的“手捕”、“围打”，汴州刺史倪若水初惑于迷信以为蝗是天灾，自宜修德，肆意反对，经姚崇说服教育，乃行焚瘗之法，捕得蝗虫14万石。尽管如此，当时的朝廷上下，议论纷纷，皆以驱蝗为不便。最后，由于姚崇说服了唐明皇，才取得了这场斗争的主动。

由于有唐朝的好的开端，宋朝政府在治蝗方面做得就更引人注目。宋仁宗景祐元年（1034）正月诏募民掘蝗种给菽米⑤。同年六月，开封府淄州蝗，诸路募民掘蝗种万余石⑥。掘蝗卵的出现是治蝗技术上的一个重要进步。熙宁八年（1075）八月出台熙宁敕，规定治蝗的奖惩条例，被称为中国第一道治蝗法规。百年之后，又出台了“淳熙敕”，对奖惩

① 《隋书·食货志》。
② 《唐大诏令集》卷一一一，田农·温彦博等检行诸州苗稼诏。
③ 《宋史·食货志上·农田》。
④ 《隋书·长孙平传》。
⑤ 《宋史·仁宗本纪》。
⑥ 《宋史·五行志》。

条例做了更为明细的规定，是中国第二道治蝗法规。

元代则制订政策，鼓励通过发展多种经营来对付自然灾害。如至元七年（1270）所颁布的《农桑之制一十四条》，就包括了水利、开荒、林、牧、渔、除蝗等项内容[①]。元政府还积极鼓励棉花生产，刺激了民间的棉花生产。

4. 筹备种子、农具，发行农书，进行农业推广

唐宋时期，政府对于种子工作非常重视。唐德宗贞元五年（789），根据宰相李泌的建议，下诏废止正月晦日之节，以二月初一为中和节，而作为中和节的主要内容之一，就是“百官进农书，司农献穜稑之种”。于是在贞元六年二月戊辰朔这天，有“百僚进《兆人本业》三卷，司农献黍粟各一斗”之事[②]。

宋代政府在种子方面的工作尤其值得称道。宋太宗曾下诏令江南、两浙、荆湖、岭南、福建诸路州郡的稻农，杂植粟、麦、黍、豆等旱地作物，江北诸州的旱农则令广种水稻。宋真宗大中祥符年间还曾下令从福建调运早熟、耐旱、不择地而生，且能择高仰之地种植的占城稻种给江淮、两浙等地区，以备干旱[③]。真宗还曾引种西天绿豆[④]。当时一些地方政府官员也在不遗力地进行农业推广。作物的引进和推广对农业生产和农业技术的发展产生了巨大的影响。以占城稻为例，占城稻引种到长江流域以后，不仅促进了当地早熟稻的发展[⑤]，同时也为梯田的发展准备了适宜的作物。

政府在调济种子的同时，还积极致力于农具的推广。前面提到，唐政府曾出其所藏的水车样，征集江南造水车匠赴京，制造龙骨水车，在北方推广。又如，五代后唐明宗，在一次近郊巡视时，见农民田具细弱，而犁耒尤拙，说：“农具若此，宜其无所获也。”立意要改良当时落后的农具，因此便诏河东、河北进农具，以为式样，在政府的号召下，当时在太原的石敬瑭便进了耒耜一具。又如，北宋淳化五年（994），宋、亳、陈、颖等州的老百姓，因牛力缺乏，自相挽犁而耕，知道这个消息之后，政府曾出钱，以每头牛官借钱三千的办法，到江浙购买。但还是满足不了需要，于是又命直史馆陈尧叟先赍踏犁数千具往宋州，命令当地依样铸造，以赐给各家各户。踏犁最初是太子中允[⑥] 武允成曾经向朝廷进献的，但一直没有被人提起。到淳化五年，陈尧叟才经搜访，发现踏犁的形制还在，于是便命令铸造，并下发给百姓。据陈尧叟的报告：使用踏犁可代牛之功半，比镬耕之功则倍。根据《宋会要》给出的数据是“凡四五人力，可比牛一具”[⑦]，正好是一牛可代 7～10 人之力的一半，看来效果还是不错的[⑧]。也正因为如此，踏犁在两宋时曾几次推广。一次在景德二年（1005），将踏犁的样式交给河北转运使，指示在民间认为可用的情况下，由官家出面推广[⑨]。一次在南宋建炎二年（1128），命令在各州县推广[⑩]。踏犁

① 《元史·食货志》。
② 《旧唐书·德宗本纪下》。
③ 《宋史·食货志上·农田》。
④ 释文莹，《湘山野录》。
⑤ 曾雄生，试论占城稻对中国古代稻作之影响，自然科学史研究，1991，(1)。
⑥ 太子中允，官名，属太子从官。
⑦ 《宋会要辑稿》食货 1。
⑧ 《宋会要辑稿》食货 1。
⑨ 《宋会要辑稿》食货 1。
⑩ 《宋会要辑稿》食货 1。

在各地得到广泛使用，甚至是在一些使用牛耕的地方也同时使用踏犁。静江地方便是如此，这里的人在耕田时，“先施人工踏犁，乃以牛平之”①。

政府还通过编辑、印刷发行科技书籍来促进农业的发展。《唐会要》卷三十六载：“垂拱二年（686）四月七日，太后撰《月寮新诫》及《兆人本业记》，颁朝集使。”《旧唐书·文宗纪》：太和二年二月，“庚戌敕李绛所进则天太后删定《兆人本业》三卷，宜令所在州县写本散配乡村。”《兆人本业》是已知最早的一部唐政府的官修农书，据《困学纪闻》卷五记载《兆人本业》所记为“农俗和四时种莳之法”，共八十事。详细内容，因原书久已失传，现无可考。这本书在大和年间（827～835），曾一度广泛流传。唐代雕版印刷术虽已发明，但使用尚不普遍，所以农书的流传，只要靠写本进行，宋代雕版印刷术开始普及，为农书的出版发行创造了条件。宋天禧四年（1020）宋真宗下诏刻唐韩鄂《四时纂要》及《齐民要术》二书，“以赐劝农使者”。这可能是这两本书的最早刻本。

至元二十三年（1286）元政府向所属各州县颁行官修农书《农桑辑要》，二十六年（1289）又于江南设行大司农司及营田司。这些措施对于元朝经济的恢复和发展起到积极的作用。元朝政府还曾向北方大力推广棉花和苎麻种植。为了消除人们对于异地引种的错误认识，《农桑辑要》中还收录了“论九谷风土及种莳时月”和“论苎麻木棉”两篇，以阐述政府对于风土的正确立场。

宋元时期的劝农效果如何？可以从两个方面来分析。一是劝者。各级劝农官吏，确实存在做表面文章，搞形式主义的一面。王祯就曾对那些只会作官样文章的所谓“劝农”官提出了严厉的批评，他说：

> 今长官皆以‘劝农’署衔，农作之事，已犹未知，安能劝人？借口劝农，比及命驾出郊，先为文移，使各社各乡预相告报，期会赍敛只为烦扰耳。柳子厚有言，‘虽曰爱之，其实害之，虽曰忧之，其实仇之。’种树之喻，可以为戒。庶长民者鉴之，更其宿弊，均其惠利，但具为教条，使相勉励，不其化而民自化矣，又何必命驾乡都，移文期会，欺上诬下，而自徼功利，然后为定典哉？敢告于有司，请著为常法，以免亲诣烦扰之害，斯民幸甚！②

其次，对被劝者来说，也存在保守的一面，他们对于各级官员的劝农活动不能给予积极的配合。王祯在安徽旌德推广农业技术的时候，当地老百姓开始时说：“是固吾事，且吾世为之，安用教？”③ 为了克服农民的保守思想，一些地方官也曾动了一番脑筋，对农民“晓之以理、动之以情、施之以威”，比如，朱熹、黄震、高斯得、陈造、吴泳等人的劝农文中就提到“当职久处田间，习知穑事”④；“太守是浙间贫士人，生长田里，亲曾种田，备知艰苦”⑤；“太守蜀人也，起田中，知农事为详”⑥；“守，淮人也，亦以农起家”⑦。“汝等父老，莫谓太守黄金装带，朱衣引马，与汝邈不相亲，其实亦识字一耕夫

---

① 周去非，《岭外代答·风土门》。

② 王祯《农书·农桑通诀集之四·劝助篇》。

③ 元·戴表元“王伯善农书序”，王毓瑚校，《王祯农书》，农业出版社，1981年，445页。

④ 朱熹，“劝农文”，《晦庵集》卷九十九。

⑤ 黄震，咸淳八年春劝农文，《黄氏日抄》卷七十八。

⑥ 高斯得，“宁国府劝农文”，《耻堂存稿》卷五。

⑦《江湖长翁集》卷三十。

耳”[①]。通过这种说理方式，拉近与农民的关系，同时表明自己所说，并非无源之水，而是有根有据，以提高农民对自己的信任度。

四 租佃制的形成

隋唐时期，继承了北魏、北齐以来的土地制度，实行均田制。均田制就是将国家所掌握的土地按照一定的标准分配给每个成年的公民。隋朝的均田制规定：“一夫受露田八十亩，妇四十亩，奴婢依良人，限数与在京百官同。丁牛一头，受田六十亩，限止四牛。又每丁给永业二十亩为桑田，其中种桑五十根，榆三根，枣五根，不在还受之限。非此田者，悉入还受之分。土不宜桑者给麻田，如桑田法。”[②] 唐朝的均田制根据武德九年(626)的规定：“凡天下丁男，给田一顷。笃疾、废疾，给四十亩；寡妻妾，三十亩，若为户者，加二十亩。所授之田，十分之二为世业，余以为口分。世业之田，身死则承户者授之，口分则收入官，更以给人。”[③] 隋唐按人头所分的田大体是是相当的，只是唐朝没有了丁牛授田的规定，主要原因可能是当时已经考虑到了人口的因素，一些地区因人口众多，不能按规定授予相应数量的土地，即所谓“狭乡”[④]，应受田和已受田之间存在差距。于是在唐朝就废弃了丁牛授田的规定。

“有田则有租，有家则有调，有身则有庸”[⑤]，均田制度在给予每个公民在享有一定数量的土地使用权的同时，也规定了相应的义务。隋朝规定每对授田夫妇必须年纳租粟三石，调绢一匹。单丁的租调是一夫一妇的半数。徭役则由丁男担任，一年三十日。唐规定：每丁年纳租粟二石，每丁役二旬，闰年加两天。不役时折合成绢或布缴纳，一天折绢三尺。每丁岁调，随乡所出，绢或绫二丈，绵三两；如输布，则为二丈五尺，麻三斤。

均田制的实施多少使农民拥有了一定土地的使用权，特别是“凡授田，先课后不课，先贫后富，先无后少”的法律规定，可使无地或少地的农民优先得到一部分土地。在这一定数量的土地上，农民在完成了自己每年所应缴纳的租庸调之后，剩余部分将归自己所有，这就调动了农民的生产积极性，特别是唐朝以实物缴纳代替徭役，使农民可以获得较多的自由时间来安排自己的生产，这对于农业生产的发展和生产技术的提高都是有利的。

但是均田制只是暂时地抑制了土地兼并，而并不能长久地解决两极分化。随着社会经济的发展，人口的增加[⑥]，在耕地不能相应有所扩大的前提下，许多农民所能实际使用的土地越来越少，不得不向地主租地[⑦]，但是交租之后，剩余部分不仅不能满足自己一家的生活所需，而且也不能完成向国家承担的租庸调的义务，于是便选择了逃亡一途。与

---

① 《鹤林集》卷三十九。

② 《隋书·食货志》。

③ 《唐会要》卷八十三，租税上。

④ 《唐六典》卷三“户部尚书”：“凡州县界内所部受田悉足者为宽乡，不足者为狭乡。”

⑤ 《陆宣公集》卷二十二章十二。

⑥ 唐永徽三年(652)，全国户数只有3 800 000户，天宝十三年(754)，达到9 069 154户，前后100年，户数增长了近2.4倍。

⑦ 近代在敦煌和吐鲁番，曾发现不少租佃契约，如唐天授元年(690)张文信租田契，天宝五年(746)吕才艺出租田亩残卷等。

此同时，一部分先富裕起来的王公、百官及富豪之家，却于法律而不顾，“比置庄田，恣行吞并”，“致百姓无处安置，乃别停客户，使其佃食”①。

均田制遭到了破坏，国家的税收也面临困难。于是唐政府决心从改革税收制度入手，解决由于均田制的破坏所带来的后果，唐建中元年（780）颁行两税法，规定“户无主客，以见居为簿；人无丁中，以贫富为差”，“居人之税，秋夏两入之”，“其租庸杂徭悉省，而丁额不废”，“夏税尽六月，秋税尽十一月”②。北宋的农业税也分夏秋两次征收，宋初一般是按照亩收一斗的定额课取谷物，后来改为夏税纳钱，秋税纳米。

两税法以个人财产的多少为征税标准，资产少者税少，资产多者税多，客观上减轻了贫苦农民的负担，但由于资产的多少很难以评估，有人千方百计隐瞒资产，偷税漏税，存在着很多的流弊③。更为重要的是，在两税法之下，土地兼并不再受任何限制，在此后的 30 年间，“百姓土田为有力者所并，三分逾一”④，结果是“富者兼地数百万，贫者无容足之居”⑤。

无容足之居的贫者在宋代被称为“客户”，客户不占有土地，必须租种地主的土地。而地主，包括一些拥有小块土地的自耕农或半自耕农，在宋代则称为“主户”。主户占有土地，同时必须承担国家的赋役。根据北宋政府多次公布的户籍数字平均计算，客户约占总户数的 35％左右，另外的 65％左右则为主户。主户又依据个人资产分为五等，其中第五等人数最多，约占主户总数的 2/3 左右⑥。这一等级的主户，绝大多数是占有小块土地，而仍然不能自给自足的半自耕农，他们还要租种地主的部分土地。他们既要向政府纳税，又要向地主交租。

租佃制实际上是一种契约关系，它主要发生在客户和主户之间。汉代即已有租佃制的出现，“或耕豪民之田，见税什五”。唐宋则比较普遍。无地的客户在向有地的主户租种土地之后，必须向主户交纳地租。地租以实物为主，交纳方法有“定额”和“分成”两种，而以“分成”为多。有牛的客户（牛客）可以与地主对分⑦，无牛的客户（小客）则与地主四六分成，称为“牛米”⑧。除此之外，客户一般不再向主户负担其它的义务。宋朝的法律规定，佃户在完成当年收成之后，经与地主商量之后，双方认为稳妥便利的情况下，可以主动地脱离甲地主而去佃种乙地主的土地，主人不得无理拦阻，强占不放⑨。佃户在购买三五亩土地之后，也可以脱离原来的地主，而自立门户，成为主户。这就标志着租佃制的形成。

广义说来，不仅客户与主户之间存在租佃关系，主户与国家之间实际上也是一种租佃关系。国家作为大地主，把土地租赁给主户，主户再依据亩输一斗不等的定额向国家

---

① 《册府元龟》卷四九五“邦计部·田制”，天宝十一年十一月乙丑诏书。

② 《新唐书·杨炎传》。

③ 《陆宣公奏议》卷十二，论两税之弊须有釐革。

④ 李翱：《李文公集》卷三“进士策问第一道”。

⑤ 《陆宣公翰苑集》卷二十二“均节赋税恤百姓第六条”。

⑥ 翦伯赞，中国史纲要，下册，人民出版社，1983 年，第 16 页。

⑦ 唐龙朔三年（663）张海隆租田契中可以看出。见：韩国磐，隋唐五代史纲，人民出版社，1979 年，第 185～186 页。

⑧ 洪迈，《容斋随笔》第四卷。

⑨ 《宋会要辑稿》食货 1。

纳税，剩余部分自由支配，也构成了一种契约关系。

租佃制实现了产权（所有权或占有权）与经营权（使用权）的分离，“田非耕者之所有，而有田者不耕也”①。地主有产权，以此坐收地租，佃户有经营权，土地是他从外面取得的农业投入。佃户主要是利用家庭成员的劳动力，他们会自我监督，辛勤操作，交易费用被压缩到很小的程度。佃户作为经营者，要求自负盈亏，在支付各项投入成本（包括地租支出）之后，剩余就是佃户自己的收入，因此，佃户的工作积极性很高。产权与经营权的分离还可以使经营单位选择有利的生产规模，在传统的农耕技术条件下，大规模农场不如小规模农场有效率，通过租佃制把大的田产化为由众多佃户经营的小规模农场，正好适应了农业技术的要求②。因此租佃制的形成对于农业和农学都起到了积极的作用。

应该指出的是，唐宋时期的所谓“租佃制”，主客之间并不是一种平等的关系，由于人多地少的矛盾，租佃双方在客观上和法律上都是不平等的。宋代法律规定：“佃客犯主，加凡人一等。主犯之，杖以下勿论；徒以上减凡人一等。”③ 所以宋代所谓的“租佃制”和现代意义上的租赁制还是有区别的。

租佃制，说到底是对土地和农业收成的一种分配，而要使这种分配顺利进行，还必须保证农业收成，因此，政府在注重调整土地政策的同时，更注重制定各种鼓励农业发展的政策，采取种种有利于农业生产的措施，以确保农业收成。

五 工商业的发展和城市的繁荣对农学的影响

经济重心南移和南方的农业的发展促进了整个手工业、商业的发展和城市的繁荣，而城市工商业的发展又反过来促进了农业和农学的发展。

先说手工业。隋唐宋元时期的手工业主要包括矿冶、纺织、陶瓷、造纸、印刷、造船等行业。这些行业都或多或少地与农业有着密切的关系。比如，煤炭的大量开采，使得钢铁冶炼中用煤作为燃料也日益普遍。用煤冶铁，火力得到加强，同时人们还在不断地改进鼓风设备，进一步提高火力，改变冶炼工艺，提高钢铁的质量，从而使冶炼过程得以强化，产量和质量于是也相应提高。灌钢的出现即是一个例子。灌钢，时称团钢，技术在宋代进一步得到改进。团钢需用柔铁（即熟铁），熟铁是用生铁炼成的，“二三炼则生铁自熟，乃是柔铁”。“用柔铁屈盘之，以生铁陷其间，泥封炼之，锻令相入”，即成团钢。冶金技术的发展为农具的制造的改进准备了原材料，为土地的开垦和耕作奠定了基础。纺织业直接取材于农产品，它的发展将直接影响到蚕桑和棉麻的生产。即便是当时新型的手工业行业印刷业也对农学的发展产生了一定的影响。宋代的杭州即是一个以印刷业出名的地方，已知《四时纂要》最早的刻本便是由杭州的施元吉家刻的。造船业的发展所导致的国内外交流的频繁，也为农产的交流带来了便利，同时进一步扩展了人们的视野，改变了人们对于风土的固有观念等。

---

① 苏洵，《嘉祐集》卷五，田制。

② 赵冈，从制度学派的角度看租佃制，中国农史，1997，(2)：51～54。

③ 《宋史·刑法志》。

再说商业。宋元时期，商业经济的发展已直接影响着农业生产。宋代福建荔枝的生产就受到商业资本的操纵。这种操纵是通过买断的方式来进行的，荔枝“初著花时，商人计林断之以立券。若后丰寡，商人知之，不计美恶，悉为红盐者。水浮陆转以入京师，外至北戎西夏。其东南舟行新罗、日本、琉球、大食之属。莫不爱好。重利以酬之。故商人贩益广。而乡人种益多，一岁之出不知几千万亿。而乡人得饫食者，盖鲜矣。以其断林鬻之也”[①]。断林为商业资本侵入农业的一个最典型的例子。更多的情况下，商业是通过价格因素来影响农业生产的发展，元代农书中之所以要极力地推广苎麻和木棉种植，一个重要的原因是这两种作物具有较高的经济价值。《农桑辑要》就对苎麻的比较价值算过这样一笔帐：“此麻一岁三割，每亩得麻三十斤，少不下二十斤。目今陈、蔡间每斤价钞三百文，已过常麻数倍。善绩者，麻皮一斤，得绩一斤。细者，有一斤织布一疋；次，一斤半一疋；又次二斤、三斤一疋。其布柔朋洁白，比之常布，又价高一二倍。然则此麻，但栽植有成，便自宿根，可谓暂劳永利矣。”[②] 低成本、高价值正是某些作物得以推广的原因，也是农书中对之加以特别关照的原因。

三说城市。中国的城市不仅是政治、经济的中心，也是农业技术和人才的中心[③]。唐宋时期，这点表现得更为明显。唐代的宫廷已能利用温泉培育早熟的瓜果蔬菜；柑桔的北移也在长安宫廷中获得了成功的记录；宋代禁中种竹，一二年间无不茂盛，并总结出疏种、密种、浅种、深种的八字法；洛阳牡丹为天下第一，洛阳附近诸县之花，莫及城中者；杭州马塍艺花“足以侔造化、通仙灵”，其堂花术更是名闻遐迩；这是技术方面。在人才方面，城市作为政治中心集中了各地最优秀的农业人才，甚至皇帝本人也要不时地就近进行农事观察与试验；例如，宋真宗在推广占城稻时，也将占城稻种于玉宸殿附近进行试验观察；这方面的例子在宋代还有很多。同时城市又以其经济中心的优势吸引着四方的能工巧手，唐代长安城里的郭橐驼，宋代洛阳城的门园子，都因擅长种树、艺花，乃至具有嫁接等某个方面的特殊技艺，而广受欢迎。

城市的物质和精神生活，还直接影响了蔬菜、花卉的发展。蔬菜是粮食作物之外中国人最主要的食物来源，其所占份额甚至达到了食物量的一半，而且在粮食歉收的情况下，它甚至是唯一的食物来源，因此，历史上有“菜色”一词；同时蔬菜由于缺乏冷藏、容易腐烂，因而使问题更加复杂。因此要解决城市的蔬菜供应问题，必须就近生产和销售。这就使得蔬菜栽培技术在城市及其近郊区快速发展。《齐民要术》卷首“杂说”云：“如去城郭近，务须多种瓜、菜、茄子等，且得供家，有余出卖。”[④] 当时只要在“负郭之间，但得十亩，足赡数口。若稍远城市，可倍添田数，至半顷而止。结庐于上，外周以桑，课之蚕利。内皆种蔬。先作长生韭一二百畦，时新菜二三十种”[⑤]。事实亦是如此，如《东京梦华录》记载：“大抵都城左近，皆是园圃，百里之内，并无闲地。”汴京有一名菜农名纪生，几十年来靠种菜养活一家30口，临死告诫儿孙们说：“此土十亩地，便是青

---

① 蔡襄，《荔枝谱》第三。

② 《农桑辑要·播种·苎麻》。

③ 曾雄生，Agriculture in Cities：An Aspect of Science and Civilization in China，第八届国际中国科技史会议论文，柏林，1998年8月。

④ 《齐民要术》为北魏贾思勰所撰，但其卷端的“杂说”，一般都认为是后人所加。

⑤ 《王祯农书·田制门·圃田》。

铜海。"[①] 南宋都城临安则有"东门菜、西门水、南门柴、北门米"的说法，何谓"东门菜"呢？周必大讲到"盖东门绝无居民，弥望皆菜园"[②]。城市是蔬菜栽培技术最先进的地区，直到近代曾国藩还曾用高价从省城菜园中雇人至其乡下老家种菜。

城市生活使人们脱离了大自然，也产生了一些有钱又有闲的士大夫阶级，为了满足这部分重返自然的心理需求，一些观赏植物受到人们的青睐。唐宋时期，中国花卉业得到了前所未有的发展。唐都长安，王室宫苑种花、赏花之风盛行，并影响到社会风尚。据五代王仁裕《开元天宝遗事》的记载，当时京都长安有"移春槛"和"斗花"的习俗。宋代赏花的风气和唐代相比是有过之而无不及。尤以洛阳和杭州为盛。花卉业的发展，也为各种诸如"牡丹记"、"芍药谱"之类的花谱著作的出现奠定了基础。根据《中国农学书录》的记载，宋代有农书著录为100余种，其种涉及花木栽植技艺的达30多种。当时人就注意到了这种现象："近时士大夫之好事者，尝集牡丹、荔枝与茶之品，为经及谱，以夸于市肆"[③]。可见谱录类著作有相当多的成分是适应市场经济的需要而出现的。

第二节　文化和科学技术的发展

隋唐宋元时期也是文化和科学技术发展的鼎盛时期。说起这个时期的文化，人们很自然地会想到唐诗、宋词、元曲，而这时期也是一个在思想极为活跃的时期，理学及其不同门户的出现便是这一时期精神领域里的重大成果。在科学技术方面则更是熠熠生辉，人们通常所说的"四大发明"（造纸术、印刷术、火药和指南针）有三大发明是在这个时期出现并得到实际运用的。除此之外，这一时期在建筑、桥梁、造船、航海、纺织、陶瓷等都有了长足的进步，传统的科学也进入到了极盛时期，在数学方面，出现了秦九韶（1202～1261）、李冶（1192～1279）、杨辉（约13世纪中叶）和朱世杰（13世纪末，14世纪初）"宋元数学四大家"，在医学方面，则出现了刘完素（约1110～?）、张从正（约1152～1228）、李杲（1180～1251）、朱震亨（1281～1358）"金元医学四大家"，实际上当时在农学也有可以相提并论的四大家，这便是陈旉、孟祺等人为代表的元代司农司、王祯和鲁明善。不过最能代表当时整个科学技术发展水平的还莫过于沈括（1031～1095）和郭守敬（1231～1316）。科技和文化的大发展与当时士大夫阶层的崛起是分不开的。

一　士大夫阶层的崛起

大夫指的是官僚，而士则指的是读书人。对大多数中国传统的读书人来说"学而优则仕"，读书的目的在于做官。然而读书和做官之间并没有划等号，隋唐开始在读书和做官之间设置了一道门槛，这就是科举。跳过了这道门槛的人就可以做官。对于那些做了官的人来说，他们将从此享受国家的俸禄，过着温饱无忧的生活，而对于落榜或隐居之人来说，他们可能就要面临生存问题，何以为生？选择农耕便是其中之一道。唐人所作

① 陶穀，《清异录》卷一。
② 周必大，《二老堂杂记》卷五十八。
③ 曾安止，《禾谱·序》。

农书《杂说》开门见山地指出"夫治生之道，不仕则农"。宋代袁采对士大夫子弟的职业选择有过这样的说法：

> 士大夫之子弟，苟无世禄可守，无常产可依，而欲为仰事俯育之资，莫如为儒。其才质之美，能习进士业者，上可以取科第、致富贵，次可以开门教授，以受束修之奉；其不能习进士业者，上可以事笔札代笺简之役，次可以习点读为童蒙之师。如不能为儒，则医、卜、星、相、农、圃、商、贾、伎、术，凡可以养生，而不至辱先者，皆可为也。①

唐代诗人陆龟蒙便选择了躬耕垂钓的生存方式。他"有田数百亩，屋三十楹，……身畚锸，莍刺无休时，……嗜茶，置园顾渚山下，……赍束书、茶灶、笔床、钓具往来"②。这些经历，为他日后写作《耒耜经》奠定了基础。宋代的陈旉便选择了"种药治圃以治生"的路子，这自然与他后来写作《农书》不无关系。今本《齐民要术·杂说》的作者不详，从行文中可以看出，他可能是一个隐居于田野的知识分子，依靠雇工来从事农业生产。和所有那个时代的知识分子一样，由于很少参与田间劳动，体力不如老农，但他们有知识，懂得经营之道。《杂说》开头便说："夫治生之道，不仕则农，若昧于田畴，则多匮乏。"把农业视为"治生之道"，与贾思勰在序中所抒发的提倡重农，经国济民的抱负纯然不同。把农业看作是治生之道，也许比看作是"齐民之术"更能激发起士人研究农学的热情，因为传统的知识分子虽然以治国平天下为己任，但必须以修身齐家为前提，而治生则是修身齐家所首先要解决的问题。这就要求那些依靠农业为生的人，特别是对农业生产不太熟悉的知识分子钻研农业技术，以满足自身生存的需要，他们深知自己"稼穑之力，虽未逮于老农，规划之间，窃自同于后稷"，正是这种智力上的优势，使他们得以在农学上做出贡献。

科举的结果还使一部分读书人走上了仕途，但这并不意味着他们可以从此告别农桑，不问南亩。实际上很多人在入仕之后，仍然要与农桑打交道，不过他们打交道的方式与一般农人不同，他们并不躬亲农桑，而是劝课农桑，从事农事推广工作。宋元时期的许多地方官都充当着这样的角色，他们在每年的春秋两季都要发布文告，即所谓"劝农文"，鼓励农民积极努力地生产，这其中虽然不乏官样文章，但也有些具有一定的农业科学技术知识。还有一些人在劝农的同时，进行农业科学技术研究，并将自己的成果笔之于书，而成为农学家，元代的王祯和鲁明善就是这样成长起来的农学家。他们的农书都是在他们担任县级地方官时作的。对此，我们在以后的章节中还要叙述。这里我们先叙述一个苏东坡推广秧马的故事。

苏东坡是宋代著名的文学家。绍圣元年（1094），他被贬惠州，南行经江西庐陵（今江西吉安），在庐陵属下的西昌（今江西泰和），宣德致仕郎曾安止曾将自己写作的《禾谱》给东坡雅正，东坡看过之后，觉得该书"文既温雅，事亦详实，惜其有所缺，不谱农器也。"于是向曾安止介绍了秧马发现的经过及其形制，并作秧马歌，用以推广秧马。抵惠州后，又将秧马形制介绍给惠州博罗县令林天和，林建议略加修改，制成"加减秧马"。又介绍给惠州太守，经过推广，"惠州民皆已使用，甚便之"。以后粤北的龙川令翟

---

① 袁采，《世范》卷中。

② 《新唐书·陆龟蒙传》。

东玉将上任时也从苏轼处讨得秧马图纸，带往龙川推广。正当苏轼打算在浙中推广秧马时，碰到浙江衢州进士梁君琯，于是便建议梁将秧马在浙江推广，又将秧马图纸带给他在江苏吴中的儿子，嘱其在江苏推广。前后十余年，苏轼为秧马的普及到处做宣传，使秧马在湖北、江西、江苏、广东、浙江等地得以广泛流传。从苏东坡推广秧马的例子中可以看出，当时士大夫对于农业的态度与孔孟之流有很大的区别。

实际上，无论是否做官，农耕都是传统读书人所应具备的最起码的生存手段，田地对于每个人来说都是非常重要的，无论是宦海荡舟，还是息隐江湖，他们最终的归宿都离不开求田问舍。于是唐代就有“士大夫务农田宅”的记载[①]。古来许多耕读世家，便是在读书之余从事农耕生产，所谓“晴耕雨读”者也。

然而，士人所谓的农耕，很多情况下不过是“佣人代作”而已，受儒家思想的影响，士人亲力亲为过问农事的人并不多。陈旉有言：“士大夫每以耕桑之事为细民之业，孔门所不学，多忽焉而不复知，或知焉而不复论，或论焉而不复实。”[②] 躬耕的读书人虽然少，但还是有，陈旉便是其中之一，他在《农书》“自序”中写道：“是书也，非苟知之，盖尝允蹈之，确乎能其事，乃敢著其说以示人。”况且有些士人认识到“夫治生之道，不仕则农；若昧于田畴，则多匮乏。只如稼穑之力，虽未逮于老农；规划之间，窃自同于‘后稷’”[③]，宋人袁采也说：“人之居家，凡有作为及安顿什物，以至田园、仓库、厨、厕等事，皆自为之区处，然后三令五申，以责付奴仆。”[④] 这些和明末张履祥的想法是一致的，张履祥说：“雇人代作，厥功已疏，自非讲究精审，与石田等耳，”[⑤] 在这种思想的指导下，一些不在官的士人也萌生了究心农事的想法。唐代农书《杂说》便是在这种思想指导下做的。

宋元时期思想文化的最大成果莫过于理学，理学的目的在于“穷天理、明人伦、讲圣言、通世故”[⑥]，关注的是社会问题，但他们提出的口号却是“格物致知”，“即物穷理”。何谓“格物穷理”？宋人韩境对植物学著作《全芳备祖》的作者如是说：“盈天壤间皆物也。物具一性，性得则理存焉。《大学》所谓‘格物’者，格此物也。今君晚而穷理，其昭明贯通，悠然是非得丧之表，毋亦自少时区别草木有得于格物之功欤？昔孔门学诗之训，有曰：‘多识于鸟兽草木之名。’”[⑦] 由此看来，至少部分宋儒认为，研究自然科学与格物穷理是不矛盾的，相反有促进作用。理学家们把这种思想运用于自身的实践当中，对于自然科学，包括农学也产生了一定的影响。宋儒对于一些农业生产的技术性问题也颇有见解。如朱熹自谓：“当职久处田间，习知稼事”，在任南康军（今江西省星子县）地方官时，针对当地农业生产中存在的技术问题，发布了劝农文，提出了一系列相应的技术措施。陆九渊对于水稻增产技术也有过自己的总结。大量谱录类农书的出现也可能与这种“格物”的精神有关。

然而，作为士大夫能够参与农事实践者毕竟有限，那怕是出于个人嗜好的也不多，个

---

① 《新唐书·张嘉贞传》。
② 《陈旉农书·自序》。
③ 《齐民要术·杂说》。
④ 《袁氏世范》卷下。
⑤ 《沈氏农书·张履祥跋》。
⑥ 《朱文公文集·答陈齐仲》。
⑦ 《全芳备祖·韩境序》。

中原因除去面子问题不说，农业劳动又脏又累也是一般人所不愿从事的，因此，大多数的士人仍然是把“诵短文，构小策，以求出身之道”① 做为自己的正业，即便考不上个进士举人，也要混个私塾先生，从事文教事业。唐宋元时期文学艺术的发展，与士人们的这种价值取向有着密切关系。它的背后，显然是农学和其他科学技术的损失，然而文学艺术的发展也对当时的农学产生了影响。有些文学作品的本身就涉及到许多农学内容，如唐宋文学八大家之一的柳宗元（773～819）的《时令论》、《种树郭橐驼传》、《牛赋》、《临江之麋》、《井铭·并序》、《晋问》等等②，晚唐文学家陆龟蒙（？～约881）的《象耕鸟耘辩》、《耒耜经》、《渔具十五首并序》、《和添渔具五篇》、《和茶具十论》、《蠹化》、《禽暴》、《记稻鼠》、《南泾渔父》等③。再如，宋代王安石（1021～1086）与梅尧臣（1002～1060）之间的农具诗，也都涉及到许多农学的内容，特别是对于农具的研究更具有参考价值。在他们之后200年，王祯在编撰《农书》“农器图谱”时就选录了几首他们的唱和诗，其中王诗五首，梅诗一首；在其他论述宋代诗歌以及农具的史等著作中也多有提及。可见，王、梅二人的唱和诗是有一定影响的④。

文艺作品除直接以农学为内外之外，一些文学艺术的体裁和表现方式也影响到农学著作的写作，“图谱类”著作的出现，便可以看作是文学艺术与科学的联姻。宋人郑樵指出：“图谱之学，学术之大者；”“天下之事，不务行而务说，不用图谱可也。若欲成天下之事业，未有无图谱而可行于世者。”“图，经也；书，纬也。一经、一纬，相错而成文；”“见书不见图，闻其声不见其形；见图不见书，见其人不闻其语。图至约也；书至博也。即图而求，易；即书而求，难。”他特别强调图的作用，指出：“非图，不能举要；”“非图，无以通要；”“非图，无以别要。”主张图文并重，提出所谓“索象”，即对照实物，描绘图形。“为天下者，不可以无书，为书者不可以无图。图载象，谱载系，为图所以周之远近，为谱所以洞察古今”。也正是因为有了这种认识，宋元时期出现了一系列的图文并茂的农学著作。与郑樵同时的楼璹《耕织图》和元代王祯的《农器图谱》即其中之大者。

但文艺与农学的这种联姻所产生的后果并不美妙，元代王祯《农书》便因过多地引入诗歌，曾被徐光启指斥为“诗学胜于农学”，从中也不难看出，当时文学艺术对于农学的影响。

二 科学技术的昌盛

隋唐宋元时代是个科学技术发展的鼎盛时期。科学技术得到了全面的发展，取得了一系列极其辉煌的成就，其中有不少是划时代的创造发明，在世界文明史上写下了光辉的篇章。详细地讨论当时科学技术发展的状况在这里是不可能的，这里我们所要关注的是科学技术与也作为科学技术一部分的农学之间的相互促进作用。

（一）印刷术与农书出版

印刷术被称为“文明之母”，它是中国的一项伟大发明，也是中国对于世界文明发展

① 孙思邈，《备急千金要方·序》。

② 张寿祺，柳宗元与农业科学技术，农史研究，第二辑，第119～129页。

③ 曾雄生，陆龟蒙，（《中国古代科学家传》上集），科学出版社，1992年第420～424页。

④ 王永厚，王安石与梅尧臣唱和农具诗，农业考古，1984，（1）：137～140。

的一项伟大贡献。从技术上来说，它在历史上经历了两个发展阶段，一个是雕板印刷阶段，一是活字排版印刷阶段。这两个阶段都是在唐宋时期出现并完成的。雕板印刷术至迟在7世纪下半叶的唐代初期即已问世。北宋仁宗庆历年间（1041～1048）平民毕昇创造了活字印刷术。大大提高了印刷速度，同时节省了开支。

印刷术的发明为农书的出版提供了极为便利的条件。如天禧四年（1020）宋真宗下诏刻韩鄂《四时纂要》及《齐民要术》二书，"以赐劝农使者"。这可能是这两本书的最早刻本。随着农书的刊刻，人们有可能读到更多的农书，这就为农学知识的普及提供了条件，同时也就可能促使更多的农书的出版问世。

同时农书的出版也促进了印刷术的进步。毕昇虽然发明了活字印刷术，但在相当长的时期内似乎并没有得到推广，最流行的仍然是费时费力的雕版印刷。元代时，王祯似乎不知道宋代毕昇已取得了活字印刷术的"专利"，于是来了一个再度发明，他在《农书》末尾"杂录""造活字印书活"中讲述了他自己的一段故事："前任宣州旌德县县尹时，方撰《农书》，因字数甚多，难于刊印，故尚己意命匠创活字，二年而工毕。试印本县志书，约计六万余字，不一月而百部齐成，一如刊板，始知其可用。后二年，予迁任信州永丰县，挈而之官。是农书方成，欲以活字嵌印；今知江西见行命工刊板，故且收贮，以待别用。然古今此法未有所传，故编录于此，以待世之好事者，为印书省便之法，传于永久。本为农书而作，因附于后。"

从这个故事中可以看出，印刷术的发明促进了农书的出版，而农书的出版又促进了印刷术的进步。王祯对于活字印刷术的贡献，还不止于活字的再发明，还有与之相配套的一系列工序。在他所著的《农书》中，对于写刻字体，修整木活字使其大小划一，排字上版求其平整，以及如何刷印方法都作了详细的记述，较好地解决了木活字印刷中一系列具体的技术问题。为了适应活字印刷的需要，他还创造了转轮排字架，采用了以字就人的科学方法。他将活字按韵分放在转盘的特定位置，每字每韵都依字编好号码，登录成册。排版时一人从册子上报号码，另一人坐在轮旁转轮取字，既提高了排字效率，又减轻了排字工的体力劳动。这又为书籍的出版提供了更为便利的条件。据对王毓瑚《中国农学书录》的记载，隋唐宋元时期，共有农书170余种。这与印刷术的发明不无关系。

（二）天文算学与农学

宋元数学四大家中有一家为秦九韶（1202～1261），他的代表作为《数书九章》。《数书九章》完成于淳祐七年（1247）。书分九章，每章九问，凡八十一问。秦九韶在数学上的主要成就是系统地总结和发展了高次方程数值解法和一次同余组解法，提出了相当完备的"正负开方术"和"大衍求一术"，达到了当时世界数学的最高水平，被誉为是他那个民族，他那个时代，并且确实也是所有时代最伟大的数学家之一。秦九韶认为，研究数学"大则可以通神明，顺性命；小则可以经世务，类万物"。但他同时又承认"所谓通神明，顺性命，固肤末于见"，即没有太深的体会，于是便从小处着手，搜求天文历法、生产生活、商业贸易，以及军事活动中的数学问题，"设为问答，以拟于用"。① 其与农有

① 秦九韶，数书九章·序，王守义新释本，安徽科学技术出版社，1992年。

关者，如第二章“天时类”、第三章“田域类”、第五章“赋役类”、第七章“营造类”、第九章“市物类”等，内容广泛涉及到农时、土地利用和规划以及作物等许多农学问题。

以“天时类”为类。天时，本为古之“三才”之一。孟子在论述战争胜败之因素时，曰：“天时不如地利，地利不如人和。”打仗如此，从事农业生产也不例外，早在战国时期，天时、地利、人和的“三才”思想就已广泛运用于指导农业生产实践，《吕氏春秋·审时》说：“夫稼，为之者人也，生之者地也，养之者天也。”明末清初的思想家兼农学家陆世仪说：“天时、地利、人和，不特用兵为然，凡事皆有之，即农田一事关系尤重。”天时如此重要自然引起了人们的重视。早于秦九韶约100年的南宋农学家陈旉就在其所著《农书》（1149）中专辟有“天时之宜篇”，而在《数书九章》之后20余年出版的《农桑辑要》（1273）则有一篇“论九谷风土及种莳时月”，又其后60余年，王祯在《农书》中将“授时篇”作为“农桑通诀”的第一篇。《数书九章》“天时类”之述正是从天时与农事的关系这一角度提出来的，秦九韶在“自序”中如是说：

“七精回穹，人事之纪，追缀而求，宵星画晷，历久则疏，性智能革，不寻天道，模袭何益。三农务穑，厥施自天，以滋以生，雨膏雪零。司牧闵焉，尺寸验之，积以器移，忧喜皆非。述天时第二。”

“天时”做为一个问题同时出现在农书和数书中，正显示了当时科学家们对于农业的关心，所不同者，农学家注重理论概括，而数学家讲究精确计算。

（三）地学与农学

隋唐宋元时期地学的发展主要表现在两个方面，一是游记和域外地理著作的大量出现，二是地图的制作，这二者都对农学的发展产生了影响，并在农书中得到了反映。

隋唐宋元时期，域外地理著作和游记主要有玄奘（596～664）的《大唐西域记》、周去非的《岭外代答》、赵汝适的《诸蕃志》、周达观的《真腊风土记》、汪大渊的《岛夷志略》、王延德的《西州程记》、范成大的《揽辔录》、《骖鸾录》、《吴船记》、陆游的《入蜀记》、丘处机、李志常的《长春真人西游记》、耶律楚材的《西游录》等。

这些著作对于所到地区的农业情况都有记载，如《西域记》中提到印度波理夜旦罗国（Paryatra）和摩揭陀国（Magadha）的所谓的“异稻种”，值得注意的是在波理夜旦罗国有所谓“六十日而收获”的“异稻种”，这个稻种使人想起宋代江浙一带名为“六十日”的水稻品种，二者不约而同，是否有联系还有待进一步研究。[①]《岭外代答》中提到了双季稻的种植情况。《西州程记》则记载了高昌（今新疆吐鲁番东南）地区的农牧业生产情况，提到这里“有羊，尾大而不能走，尾重者3斤，小者1斤，肉如熊白而甚美”；还提到了这里“有水，源出金岭，导之周围国城，以溉田园，作水硙。地产五谷，惟无荞麦。……出貂鼠、白叠、绣文花蕊布”。《骖鸾录》中不仅首先的到了“梯田”的名称，还提到了安徽休宁的林业状况，说：“休宁山中宜杉，土人稀作田，多以种杉为业。杉又易生之物，故取之难穷。”《吴船录》中提到眉州城中种荷的情形，说“城中荷花特盛，处处有池塘，他郡种荷者，皆买种于眉。”《吴船录》中还描述了峨眉山上多样的植被和多

① 游修龄，古代早稻品种六十日之谜，古今农业，1994，(3)：64～66。

样的气候。《入蜀记》则描述了大江中看到的“木筏，广十余丈，长五十余丈。上有三四十家，妻子、鸡犬、臼碓皆具，中为阡陌相往来”的情景。这种木筏实际上是一种大型的架田。《西游录》中对于寻思干地方的农业生产情况有颇为详细的记载，“寻思干者，西人云肥也，以地土肥饶故名之。……环郭数十里皆园林也。家必有园，园必成趣，率飞渠走泉，方池圆沼，柏柳相接，桃李连延，亦一时之胜概也。瓜大者如马首，长可以容狐。八谷中无黍糯大豆，余皆有之。盛夏无雨，引河以激。率二亩收钟许。酿以蒲桃，味如中山九醖。颇有桑，鲜能蚕者，故丝茧绝难，皆服屈眴”。

地学的发展极大地扩展了人们的视野，也使得人们对于一些传统的观念提出了挑战。以前人们的地理观念局限于所谓“九州”之中，而“今国家区宇之大，人民之众，际所覆载，皆为所有，非九州所能限也”。由于“今去古已远，疆野散阔”①，这就要求人们必须“稽诸古而验于今”，重新考察各地的风土物产，对农业进行全面的规划。

中国在地理上，由于自然和人文等方面的因素，自古以来，一直有南方和北方之分。其分界线大致以淮河和长江为界。淮河、长江作为南北的分界线在隋唐宋元时期日益明晢起来。唐宋时期，人们经常提到“江淮”这一地理概念，指的是淮河以南长江流域及其以南地区。绍兴十一年（1141），南宋与金国之间签订的和议，更使淮水中流成为宋金两个政治实体的分界线，线以北的中国就处于金朝的统治之下，线以南的中国则归南宋管辖。1234 年，蒙古灭金后，宋元之间继续处在南北对峙状态，直到 1279 年，南宋灭亡。南北对峙宋金、宋元之间军事实力的反映，也是自然、政治、经济等各种综合地理因素的体现。元代统一之后，南北的分界线并没有消失，于是在王祯《农书》“地利篇”有以江淮为界对南北的划分。王祯还把对“地利”的看法，绘制成农业地图，附在《农书》之中。这可能也是当时地图学发展的一个反映，宋代就出现了许多地图，并通过石刻的形式保存至今，如《九域守令图》、《禹迹图》、《华夷图》、《地理图》、《平江图》、《静江府城图》等，这些都是宋以前所没有的。而元代朱思本（1273～1337）的“舆地图”更是地图学史上的一个重要成就。

三 中外交流的发达

从汉代以来，丝绸之路一直是陆路上沟通中国和西亚、欧、非的主要通道，隋唐宋元时期，随着国力的强盛，疆土的拓展，中外之间的交流日趋发达。丝绸之路上往来日益频繁。隋人裴矩《西域图记》中所说的南道，越葱岭后，经吐火罗（今阿富汗）、波斯（今伊朗）等到阿拉伯、拂菻（罗马），这是丝绸南路；该书所说的中道，越葱岭后，经康国（今独联体撒马尔罕）等处到波斯、拂菻，这是丝绸北路。同时，随着造船技术的发展，指南针的使用和航海技术的进步，一改汉唐以来以陆路为主的对外交流，变为海上陆上同时交流。一些重要的交通港口也因此而繁荣。唐代商胡大率麕集于广州。广州江中“有婆罗门、波斯、昆仑等船，不知其数，并载香药珍宝，积载如山。其舶深六七丈，师子国，大石国、骨唐国、白蛮、赤蛮等往来居住，种类极多”②。宋元时期，称外

① 《王祯农书·农桑通诀·地利篇》。

② 元开，《唐大和上东征传》，引自向达：《唐代长安与西域文明》，第 34 页。

国为“番”或“蕃”。南宋时期，当时最大的两处对外贸易港口广州和泉州都设有“蕃坊”，供外商居住。同时，还设立“蕃市”和“蕃学”。

海陆并进，促进了中外交流的发展。隋唐宋元时期的对外交往中，丝绸仍然是大宗，唐代以后，除丝绸之外，又出了一个大宗物品，这便是茶叶。与此同时，中国也在积极地引进各种“番物”。这些引进的番物有的以原产地命名，如莴苣、菠菜、波斯枣、占城稻等；有的以外观形态命名，如赤茎革麻、金桃、银桃、偏桃、黄粒稻、木棉等；有的冠以“番”字或“胡”或“西”，表示外来，如番荔枝、番石榴、番椒、番茄、番木瓜，这种情形一直沿用明清时期，如红薯，被称为“番薯”即是一例；胡榛子（又名：阿月浑子、无名子、无名木）[1]、西瓜等；有的直接以外文读音命名，如枣椰子，一名波斯枣，又依据原波斯读音（＊gurmang）和（＊khurmang）译为“鹘莽”或“窟莽”。油橄榄，一名齐墩树，则可能是阿拉伯语 Zeitun 转译而来。扁桃，又偏桃，唐时称婆淡树，系伊朗语 Bodan 的音译。

中外交流的发达，不仅仅是为中国带来的一些新的物产，更为重要的是它促进了人们观念的转变，促进了科技的发展。如，正确的风土观的形成，就与各地物产的交流分不开。元代官修农书《农桑辑要》中，就以当时甘蔗和茶叶等的引种成功为例，认为不同的风土条件下是可以引种的。书中说：“盖不知中国之物，出于异方者非一，以古言之，胡桃、西瓜，是不产于流沙葱岭之外乎？以今言之，甘蔗、茗芽，是不产于牂柯（汉代的郡名，在今贵州省西北）、邛（汉代的郡名，四川省西昌一带）、筰（汉代的郡名，四川省汉源县）之表乎？然皆为中国珍用，奚独至于麻棉而疑之！”这种观念对于棉花种植和棉纺织业在中国的普及起到了积极的作用，同时也为棉花种植技术和纺织技术的进步奠定基础。

除了一些物产之外，外来的一些科技成就，也可能对中国的农业技术产生一些影响。如一些建筑物中所用的扇车和提水装置，即可能对灌溉工具的发明产生影响。如唐玄宗采用西亚建筑技术建造的凉殿中即有水激扇车，[2] 这种扇车以水流为动力，带动叶片，旋转生风。可能和唐宋以后普遍使用的灌溉工具“水转筒车”有相似的原理。王祯《农书》所记水转筒车的工作原理是“水激筒转，众筒兜水，次第下顷于岸上”。在中国，水力运转的水车和玄宗的水激扇车一样最早出现于唐朝，有陈廷章的《水轮赋》为证。所谓“水轮”，是把木制的轮子架设于流水之上，利用水流冲击的力量，使木轮转动，这样就可以引水上升，达到使水为农桑服务的目的。而凉殿“四隅积水成帘飞洒，座内含冻”，以及王鉷自雨亭子“檐上飞溜四注，当夏处之，凛若高秋”[3]，又与拂林国“引水潜流上遍于屋宇”[4] 相仿，且可能与“高转筒车”原理相似。水转筒车又可能进一步促进了水转翻车的出现。翻车等虽然在唐以前即已出现，但“水转翻车”和“高转筒车”等出现于唐宋以后[5]，可能与外来文明有关。当然最后的结论，有待于进一步的研究。

---

① 《本草纲目》卷三十。

② 《唐语林》卷四。

③ 《唐语林》卷五。

④ 《旧唐书 · 拂林国传》。

⑤ 《王祯农书 · 农器图谱集之十三》载：牛转翻车“与前水转翻车皆出新制。”表明水转翻车的出现时间大致在宋元之间。

四 民族交融，衣食和生活用品的变化

隋唐宋元，随着国力的强盛，疆域扩展，原来居住在边境的一些少族民族成为中华民族的一员。民族交融，促进了衣食和生活用品的变化。影响是相互的，在汉族学习少数民族的同时，少数民族也在学习汉族。“胡着汉帽，汉着胡帽”①，即是这种民族融合的生动体现。这里我们主要关注，少数民族进入中原以后，所引起的衣食和生活用品方面的变化。

（一）胡服

历史上将北方游牧民族所穿服装称为“胡服”，早在战国时期，赵武灵王为了适应战争的需要，就曾“胡服骑射”，将胡服引进来装备军队，以后逐渐在社会上流行起来。到了魏晋南北朝时期，大量北方少数民族入居中原，胡服成为社会上司空见惯的服装，特别是它很适合于农民在田间劳动的需要，就更加得到普及。唐代胡服更成一种时尚，“士女皆竟衣胡服”②，甚至被废为庶人，徙往黔州的太子承乾，也不忘“好突厥言及所服”③。当时最流行的是一种胡帽。隋及唐初，宫人骑马，多著羃䍦，永徽以后，皆用帷帽。开元初遂俱用胡帽，民间因之相习成风④。这种情形在宋代愈演愈烈，以致宋代屡次下令禁止士庶和妇女仿效契丹人的衣服和装饰⑤。

（二）胡食

开元以后，与胡服同时盛行的还有胡食。胡食者，即毕罗、烧饼、胡饼、搭纳等⑥。据向达的考证，毕罗相当于今天北方人所说的饽饽、南方人所说的馍馍（现通称馒头），或是中亚的抓饭。胡饼，或即今日北方通行之烧饼。至于唐代之烧饼与今日之烧饼不同，其显著之别即在不著胡麻⑦。（笔者按：不著芝麻的烧饼，北京人称为“火烧”。胡食中另有烧饼，可能与今日烧饼同）。搭纳，向达在书中没有解释，从字音而言，似北京的褡裢火烧，是一种长条形的馅饼。

（三）葡萄酒

汉朝张骞凿空西域，将西域的葡萄种子引进了内地，并且在都城中移植了葡萄，为了食用的目的，开始了小规模地种植这种水果。唐朝传入了一种新的葡萄品种——马乳葡萄。“破高昌，收马乳葡萄实，于苑中种之。并得其酒法，帝自损益造酒。酒成，凡有

---

① 刘肃，《大唐新语》卷九，“从善”第十九。

② 《旧唐书·舆服志》。

③ 《新唐书·承乾传》。

④ 向达，唐代长安与西域文明，三联书店，1987年，第45页。

⑤ 刘复生，宋代‘衣服变古’及其时代特征，中国史研究，1998，(2)：85～93。

⑥ 慧琳，一切经音义，卷三十七，陀罗尼集第十二。

⑦ 向达，唐代长安与西域文明，三联书店，1987年，第50页。

八色，芳辛酷烈，味兼醍醐，既颁赐群臣，京中始识其味”①。到了7世纪末期，在长安禁苑的两座葡萄园中，都已栽培了马乳葡萄。以后又传到了深宫禁苑以外的地方，在民间栽种。马乳葡萄主要是用作制造葡萄酒，盛产马乳葡萄的山西太原等地也因葡萄酒而名噪一时②。然而，葡萄酒酿造的长足发展则是在元代。葡萄用于鲜食，很难以保存，这就客观上限制了葡萄栽培的发展。而葡萄酒酿造技术的传入，为葡萄的销路打开了一个更为重要的途径，因此必将促进葡萄生产的发展。元代随着葡萄酒酿造的大发展，葡萄栽培技术也得到了总结，并出现在农书之中，《农桑辑要》和《农桑衣食撮要》中均有葡萄栽培技术的文字。

（四）三勒浆

《四时纂要》“八月”有一条，名为“造三勒浆”。三勒浆，是一种酒精饮料，它“味至美，饮之醉人，消食下气”。但三勒，连同它的加工方法都是外来的。唐李肇记当时天下名酒云：“又有三勒浆类，酒法出波斯。三勒者，谓菴摩勒、毗梨勒、诃梨勒。”据谢弗和向达考证，三勒，梵文的意思是“三果”。汉文也将它们称作“三果”，或“三勒”，“勒”（＊rak）是吐火罗方言中这三种水果各自名称的最后一个音节。吐火罗语是中亚的一种重要的印欧语系语言，而“三勒”各自的汉文名称似乎也是来源于吐火罗语。“庵摩勒”（梵言“amalaki”，波斯文“amola”），毗黎勒（梵言“vibhitaki”，波斯文“balila”），诃黎勒（梵言“haritaki”，波斯文“halila”）③。三勒，既是食品，但同时又被认为具有神奇的功效，甚至被称为长生不老的灵丹妙药。唐天宝年间，一个来自突骑施、石国、史国、米国和罽宾的联合使团向唐朝宫廷贡献了一批贵重的物品，其中便有一种礼物是庵摩勒。但这种物品更常见的来源是通过南方海路随佛教传来的。鉴真至广州大云寺，曾见诃梨勒树，说：“此寺有诃梨勒树二株，子如大枣。”④广州的法性寺亦有此树，以水煎诃梨勒子，名诃子汤。钱易云：“诃子汤，广之山村皆有诃梨树。就中郭下法性寺佛殿前四五十株，子小而味不涩，皆是陆路。广州每岁进贡，只采兹寺者。”⑤唐代的官修本草书中提到，这三种重要的药用植物产于安南，而在岭南至少也生长着庵摩勒和毗黎勒。而11世纪时，宋朝的药物学家苏颂则称，诃黎勒“岭南皆有而广州最盛。”三勒浆是以这三种原料，加上白蜜等，发酵而成的一种酒精饮料，这种酒在唐代的北方地区非常流行，唐都长安市上有售。

（五）糖霜

唐以前，糖主要是粮食，如粟和稻等加工而成的麦芽糖。另外甜食的另一个来源便

① 《册府元龟》卷九七〇，朝贡三。

② 《刘梦得集》卷九，“野田生葡萄，缠绕一枝蒿，移来碧墀下，张王日日高。分歧浩繁缛，修蔓蟠诘曲。扬翘向庭柯，意思如有属。为之上长檠，布濩当轩绿。米液溉其根，理疏看渗漉。繁葩组绶结，悬实珠玑蹙。马乳带轻霜，龙鳞曜初旭。有客汾阴至，临堂瞪双目。自言我晋人，种此如种玉，酿之成美酒，令人饮不足。为君持一斗，往取凉州牧。”

③ 谢弗著，吴玉贵译，唐代的外来文明，中国社会科学出版社，1995年，第314页；向达，唐代长安与西域文明，三联书店，1987年，第51页。

④ 《唐大和上东征传》，引自：向达，唐代长安与西域文明，三联书店，1987年，51页。

⑤ 钱易，《南部新书》庚。

是蜂蜜。唐朝时，西域等地出产的一种蔗糖传到了中国，并受到欢迎。据史书记载：“西蕃胡国出石蜜，中国贵之，太宗遣使至摩揭陀国取其法，令扬州煎蔗之汁，于中厨自造焉。色味逾于西域所出者。”从此，中国有了自己的蔗糖工业。早期的蔗糖可能是红糖，古人称为沙糖，而不是现在所说的经过提纯的砂糖。经过提纯的结晶质糖古称“糖霜”。这种糖似乎是在唐宋间研制成的。唐朝大历间有僧号邹和尚，一日骑骡下山，踏践了蔗农黄某的蔗苗，黄某要他赔偿，邹和尚说，我把制糖霜的技术告诉你做抵偿，可以吗？黄某试过之后，最终相信了他的话，并取得了10倍的附加值。从此之后，糖霜法也就流传开了①。

唐宋以前，中国虽然有悠久的种蔗历史，但蔗糖加工方面却始终不见有糖霜法。宋人洪迈对甘蔗的加工和食用历史有过这样的一段叙述：“糖霜之名，唐以前无所见。自古食蔗者，始为蔗浆，宋玉《招魂》所谓‘胹鳖炰羔，有柘浆些’，是也。其后为蔗饧。孙亮使黄门就中藏吏取交州献甘蔗饧是也。后又为石蜜。南中八郡志云：‘笮甘蔗汁曝成饴，谓之石蜜。’本草亦云：‘炼糖和乳为石蜜’是也。后又为蔗酒。唐赤土国用甘蔗作酒，杂以紫瓜根是也。唐太宗遣使至摩揭陀国取熬糖法，即诏扬州上诸蔗榨沈如其剂，色味愈于西域远甚。然只是今之沙糖。蔗之技尽于此，不言作霜。”② 洪迈的叙述非常清楚，从中可以看出，中国的蔗糖加工经过了蔗浆、蔗饧、石蜜、蔗酒、沙糖和糖霜几个阶段。其中蔗浆是最早也是唐以前最基本的加工方法。除洪迈提到了《楚辞·招魂》之外，还有南朝梁元帝“谢东宫赍瓜启”提到“味夺蔗浆，甘逾石蜜”。唐王维“敕赐百官樱桃”的诗：“饱食不须愁内热，大官还有蔗浆寒”。

洪迈还考究了糖霜二字在文献中的最早出处。其曰：

> 然则糖霜非古也，历世诗人摸奇写异亦无一章一句言之，唯东坡公过金山寺作诗送遂宁僧圆宝云：‘涪江与中泠，共此一味水，冰盘荐琥珀，何似糖霜美。’黄鲁直在戎州作颂，答梓州雍熙长老寄糖霜云：‘远寄蔗霜知有味，胜于崔子水晶盐，正宗扫地从谁说，我舌犹能及鼻尖。’则遂宁糖霜见于文字者，实始二公。

遂宁是当时糖霜的名产地，洪迈说：“甘蔗所在皆植，独福唐、四明、番禺、广汉、遂宁有糖冰，而遂宁为冠，四郡所产甚微，而颗碎色浅味薄才比遂之最下者，亦皆起于近世。”③ 糖霜技术的引进又进一步促进了甘蔗生产的发展。

第三节 农业生产状况

一 人口的增加与土地利用多样化

（一）人口的增加

农业生产的发展从其所养活的人口可以得到反映。唐宋时期，中国南北各地都经历

① 王灼，《糖霜谱·原委第一》。
② 洪迈，《容斋五笔》六卷。
③ 洪迈，《容斋五笔》六卷。

了一个快速的人口增长过程。据史书记载，春秋、战国时期全国约有 2000 万人，汉代人口高峰时，登记在册的全国人口约 5960 万人（平帝二年，公元 2 年），而到了唐代天宝十三年（754）唐王朝所控制的人口为 5300 万人，宋代人口又有所增加，虽然史籍所载宋代人口数最高记录为徽宗大观四年（1110）的 4673 4784 万，但据学者们的估计，“到 12 世纪初，中国的实际人口有史以来，首次突破 1 亿”。[①]

然而由于生产力水平和战争等方面的因素，人口增长在区域上是不平衡的。《史记》等书在提到南方落后的经济状况时，经常提到“地广人希”这样一个事实，人口稀少是长期以来困绕南方经济发展的一个重要因素，尽管人口稀少又有许多方面的原因，如《史记》上说“江南卑湿，丈夫早夭”等。但自汉末之乱以后，南方人口的增长速度要显著地大于北方，主要原因是由于北方人口的大量南迁。在经历了汉末、晋末等几次大的人口南迁高潮之后，中唐的安史之乱以后又出现了第三次人口南迁的高潮。“天宝末，禄山作乱，中原鼎沸，衣冠南走”。[②] 当时南迁的北方人口主要流向长江中下游地区，也有的流向更远的岭南一带。五代十国时期，又经历了一次人口南迁的高潮。当时有不少人口或西迁西蜀，或南迁江南。然而更大规模的人口南迁却出现在两宋之交。北宋被金灭亡后，“高宗南渡，民之从者如归市”，[③] “中原士民，扶携南渡，不知几千万人”，[④] 以至于“建炎（1127～1130）之后，江、浙、湘、湖、闽、广，西北流寓之人遍满”。[⑤]

大量外来人口的流入，加上南方的自然增长，使得南方人口显著增长，这从开元（713～741）到元和年间（806～820）南方人口的增加情况中就可以看得出来，据《元和郡县图志》的记载，南方的苏州、洪州（今江西南昌）、饶州（今江西波阳等地）、吉州（今江西吉安）、鄂州（今湖北武汉）等地的人口都有不同程度的涨幅，[⑥]而与此同时，政府统计的全国户口数却由原来的 9 619 254 户，减少到 2 473 963 户，减少了 75%，说明当时南方的实际人口还要远远超过统计数字。

人口的增加不仅仅是农业生产发展的表现，同时它又给农业带来了极大的压力。这种压力最直接的表现就是耕地不足。唐开元、天宝中，就出现了“耕者益力，四海之内，高山绝壑，耒耜亦满”的情形，这在一些诗人的笔下也有所反映，张籍《野老歌》载：“老农家贫在山住，耕种山田三四亩。”[⑦] 到了宋代发展更为迅速，出现了“田尽而地，地

① 何炳棣，中国历史上的早熟稻，农业考古，1990 年，第 1 期，第 125 页。

② 《太平广记》卷四〇四，肃宗朝八宝条。

③ 《宋史·食货志上六·振恤》

④ 《宋会要辑稿》，刑法二之一四七。

⑤ 庄绰，《鸡肋编》卷上。

⑥ 唐《元和郡县图志》所载江南九道户数增加表：

地区	开元时户数	元和时户数	资料来源	地区	开元时户数	元和时户数	资料来源
苏州	68 093	100 808	卷二十五	衡州	13 513	18 047	卷二十九
洪州	55 405	91 129	卷二十八	邵州	12 320	18 000	卷二十九
饶州	14 062	46 116	卷二十八	泉州	30 754	35 571	卷二十九
吉州	34 381	41 025	卷二十八	溪州	477	889	卷三十
鄂州	19 190	38 618	卷二十七	总计	248 295	390 203	

⑦ 《全唐诗》，第十二册，中华书局，第 4280 页。

尽而山，山乡细民，必求垦佃，犹胜不稼”的局面。[①] 据宝庆《四明志》中《奉化志》“风俗”一节里就说：“右山左海，土狭人稠。旧以垦辟为事，凡山颠水湄，有可耕者，累石堑土，高寻丈而延袤数百里，不以为劳。”而当时的福建一带则更是“水无涓滴不为用，山到崔嵬犹力耕”[②]。然而，“四海无闲田，农夫犹饿死”。人口与土地之间的矛盾，在当时的生产力水平底下，似乎达到了一个极限。人口增长最快的南方更是如此。于是继汉武帝时出现的“生子辄杀”的现象之后，宋代一些地区由于“地狭人稠，无以赡养，生子多不举”[③]，东南数州之地被迫采取了“薅子”的方式来控制人口数量，以至“男多则杀男，女多则杀女”[④]。扩大耕地面积已成当务之急。

（二）土地利用的多样化

土地利用形式的发展动力首先源于人口压力。唐宋以后，随着经济重心的南移，南方人口大量增加，出现了人多地少的局面。何处去取得耕地的补尝呢？南方和北方相比，地形地势较为复杂，除了有早已开垦利用的平原以外，更多的是山川和湖泊，于是与水争田，与山争地是解决耕地不足问题的主要方向。从当时的技术条件来说，一些耐旱耐涝作物品种，如黄穋稻和占城稻等的出现和引进为山川和湖泊的开发利用提供了一定的可能性。另外各种农具的出现，也为土地利用方式的多样化创造了条件。隋唐宋元时期的土地利用形式有畲田、梯田、圩田、架田、沙田和涂田等几种主要的形式。

1. 畲田和梯田

畲田，是山地土地利用的一种形式，实际上就是刀耕火种。唐宋时期，畲田主要分布在上起三峡，经武陵，包括湘赣五岭以下，至东南诸山地[⑤]。宋代在三峡等地区仍有大量的畲田分布[⑥]。

所谓梯田，也就是在山区，丘陵区坡地上，筑坝平土，修成许多高低不等，形状不

---

① 王祯，《农书·农器图谱集之一·田制·梯田》，王毓瑚校本，农业出版社，1981 年，第 191 页。

② 方勺，《泊宅编》(二)，卷中。

③ 《宋史·食货志上·农田》。

④ 《宋会要辑稿·刑法》。

⑤ 唐诗中所载畲田分布情况

地点	作者	诗　句	出　处
四川夔府东屯	杜甫	斫畲应费日	杜诗分类集注卷七
三峡	元稹	田仰畲刀少用牛，田畴付火罢耘锄	元氏长庆集卷二十一
湖南	刘长卿	火种山田薄；湘山独种畲；重岫夹畲田	刘随州集卷一，卷五
武陵	刘禹锡	照山畲火动；火种开山脊	刘梦得集卷三，卷八
衡阳	柳宗元	火耕因烟烬，薪采久摧剥	柳河东集卷四十三
道州	吕温	乃悟焚如功，来岁终受益	吕衡州集卷二
江西江州	白居易	灰种畲田粟；马瘦畲田粟；春畲烟勃勃	白氏长庆集卷十、十四、十九
安徽南昌滩	元稹	畲余宿麦黄山腰	元氏长庆集卷二十
浙江杭州	白居易	畲粟灰难锄	白香山集卷五十一
江苏江南	陈元	海将盐作雪，山用火耕田	计有功唐诗纪事卷四十七
广东	李德裕	五月畲田收火米	李卫公别集卷四

⑥ 范成大，《劳畲耕·并序》：“畲田，峡中刀耕火种之地也。”

规则的半月型田块，上下相接，像阶梯一样，故名梯田。梯田，是开山造田的一种形式。开山造田在中国也有着悠久的历史，汉代时发明的区种法，就是山地的开发利用的一种形式，因为“诸山、陵、近邑高危倾阪及丘城上皆可为区田”。但是区田的主要用意在于小块土地上的精耕细作，以提高单位面积的产量，所以区田并没有成为利用山地的主要形式，相反以广种薄收为特征的畲田在唐宋以前的很长的时期里主宰着山地的利用。

唐代云南部分地区已有梯田的出现。据《蛮书》记载，“蛮治山田，殊为精好……绕田皆用源泉，水旱无损”①，又据《南昭德化碑》记载，当时南昭境内“厄塞流潦，高原为禾黍之田”②，这种具有人工灌溉设施、种植禾黍的山田，就是已知文献记载的最早的梯田。

梯田之名，始见于宋代，南宋诗人范成大在《骖鸾录》中记载了他游历袁州（今江西宜春）时所看到的情景，“岭阪上皆禾田，层层而上至顶，名曰梯田”。梯田，自唐宋出现以后，一直沿用至今，今天在一些山区仍然有大量梯田存在。

宋元时期，闽、江、淮、浙等地都有许多梯田的分布。其中宋时以福建梯田最多。据方勺《泊宅编》卷三载：“七闽地狭瘠而水源浅远……垦山陇为田，层起如阶级。”梁克家《淳熙三山志》载：“闽山多于田，人率危耕侧种，塍级满山，宛若缪篆。”又《宋会要辑稿·瑞异》二之二九载：“闽地瘠狭，层山之巅，苟可置人力，未有寻丈之地不丘而为田。”其他地区，如安徽、浙东及江西的抚州、袁州、信州、吉州、江州等地都有梯田分布。

2. 围田和圩田

畲田和梯田所开发的都是山区的农田，但从唐宋以后的情况来看，新增耕地面积主要来自湖区或水滨地区。早在春秋末期，长江下游太湖地区的人们就已开始筑圩围田。这种围田到唐五代时期，则已发展成“塘浦圩田”。据范仲淹说：“江南旧有圩田，每一圩方数十里，如大城，中有河渠，外有门闸。旱则开闸引江水之利，潦则闭闸拒江水之害。旱涝不及，为农美利。”③ 进入南宋之后，围湖造田又进入到了一个新的高潮。当时从事圩田的人，主要是一些地主和军队。卫经在谈到两浙地区的围田时说：“自绍兴末年，始因军中侵夺，濒湖水荡，工力易办，创置堤埂，号为坝田。民已被其害，而犹未至甚者，潴水之地尚多也。隆兴、乾道之后，豪宗大姓，相继迭出，广包强占，无岁无之，陂湖之利，日朘月削，已无几何，而所在围田，则遍满矣。以臣耳目所接，三十年间，昔日之曰江曰湖曰草荡者，今皆田也。”④

两宋时期，大规模的圩田在长江下游及太湖流域地区如星罗棋布。浙东的鉴湖、浙西的太湖、明州的广德湖、东钱湖、萧山之湘湖、丹阳的练湖、昆山的淀山湖、常熟的常湖、秀州的华亭泖等都被围为田。以浙东之鉴湖为例，北宋大中祥符（1008～1016）始有盗湖为田者，但当时的规模还很小。半个世纪以后，至治平、熙宁间（1064～1077），朝廷兴水利，盗湖为田的规模扩大，又过了半个大约半个世纪，到政和末（1117），围湖

① 樊绰，《蛮书·云南管内物产》，向达校注本，中华书局，1962年，第172～173页。

② 引自：汪宁生，《云南考古》，云南人民出版社，1980年，第160页。

③ 李心传，《建炎以来朝野杂记·圩田》甲集，卷十六。

④ 《后乐集》卷十三，《论围田劄子》。

造田达到了高潮，使得鉴湖者仅存其名，鉴湖由湖变田仅用了一个世纪的时间，这在历史的长河中是非常短暂的。宋代的圩田不仅发展快，而且规模大，一圩之田，往往达千顷左右。如宣州宣城县的化成圩，水陆田达880余顷；建康府溧水县的永丰圩，有田950余顷；太平州芜湖县的万春圩，1280顷。圩岸之长，或数十里，或数百里。如，永丰圩圩岸周围长200余里[①]；太平州当涂县的广济圩岸长93里；太平州黄池镇的福定圩，周围40余里；无为州庐江县的杨柳圩周围50里；宣成县的化成、惠民两圩圩岸共长80余里；芜湖的万春、陶新、政和三圩圩岸共长145里。这些都是著名的大圩，且大多分布在今安徽芜湖一带。

3. 架田

葑田，又名架田，是一种浮在水面上的田坵。葑原本是菰的地下根茎，菰即今天所称的茭白。古代的菰是食用其籽粒，称为菰米，又名雕胡。菰茎被一种真菌寄生后，即膨大成茭白，可以食用，但不能结子。宋以后，食茭白者日众，菰米遂萎缩。

凡沼泽地水涸以后，原先长的菰，水生类的根茎残留甚为厚密，称为葑。天长日久，浮于水面，便可耕种，成为葑田。葑田之名在唐诗中已有提及，唐秦系诗："树喧巢鸟出，路细葑田移"[②]，这首诗名为"题镜湖野老所居"，说明唐时浙江绍兴一带已应用葑田了。北宋苏颂《图经本草》（1061）对葑田之形成和利用做了记载，其曰："今江湖陂泽中皆有之，即江南人呼为茭草者。……两浙下泽处，菰草最多，其根相结而生，久则并浮于水上，彼人谓之菰葑。割去其叶，便可耕治，俗名葑田。"唐宋以前，虽然不见葑田的名字，但却很早已开始了对葑田的利用。晋郭璞《江都赋》中有"标之以翠翳，泛之以浮菰，播匪艺之芒种，挺自然之嘉蔬"，江都在今江苏省仪征县东北。诗中的"浮菰"指的就是葑泥所铺的木筏，芒种和嘉蔬指的都是稻[③]。说明早在晋代今江苏仪征一带即开始利用葑田种植水稻。人造架田就是在对天然葑田的利用基础上发展起来的。王祯说："架田，架犹筏也，亦名葑田。"《陈旉农书》上说："若深水薮泽，则有葑田，以木缚为田坵，浮系水面，以葑泥附木架上而种艺之。其木架田坵，随水高下浮泛，自不淹溺。"

宋元时期，江浙、淮东、二广一带都有使用，其分布的范围也相当广泛。其中二浙最多，北宋隐逸诗人林逋（和靖）就专有"葑田"一诗："淤泥肥黑稻秧青，阔盖深流旋旋生。拟倩湖君书版籍，水仙今佃老农耕。"他还有："阴沉画轴林间寺，零落棋枰葑上田。"描述杭州西湖上的葑田景象。西湖葑田一度发展到很大的面积，以致于影响了杭州市民的生活用水等问题，于是苏东坡到杭州任通判时，向上提出了开挖西湖的请求，并得以实施，将挖起的葑泥，堆成长堤，后人称之为苏堤[④]。

与梯田和圩田有所不同，架田在种植粮食作物的同时，还大量地种植蔬菜。这除了人多地少的原因以外，还与城市商品经济的发展有一定的关系，城市人口稠密，对副食的需求量大，种蔬菜的收入比粮食的收入要高得多，于是人们就千方百计地扩大蔬菜的种植面积，因此，架田在种植水稻的同时，还种植了一些蔬菜，以满足城市人口对副食

---

① 1里＝500米。

② 秦系，"题镜湖野老所居"，《全唐诗》第八册，卷二六〇，中华书局，第2896页。

③ 《礼记·曲礼》："凡祭宗庙之礼，……稻曰嘉蔬。"郑玄注："嘉，善也。稻、菰、蔬之属也。"稻上编，第19页。又《周礼·地官》："泽草所生，种之芒种。"郑玄注曰："芒种，稻麦也。"这里只能是稻。稻上编，第16页。

④ 王祯，《农书·农器图谱集之一》，第189页。

的需求。

规模大的架田除了种植作物以外，还可以供人居住。唐代诗人张籍在《江南行》一诗中写道："江南人家多桔树。吴姬舟上织白苎。土地卑湿饶虫蛇。连木为牌入江住。江村亥日长为市。落帆度桥来浦里。浦莎覆城竹为屋。无井家家饮潮水。长干午日沽春酒。高高酒旗悬江口。娼楼两岸临水栅。夜唱竹枝留北客。江南风土欢乐多。悠悠处处尽经过。"① 南宋诗人陆游在《入蜀记》中也提到他在湖北东南富池附近江面见到的情景："十四日晓，雨，过一小石山，自顶直削其半，与余姚江滨之蜀山绝相类。抛大江，遇一木筏，广十余丈，长五十余丈。上有三四十家，妻子、鸡犬、臼碓皆具，中为阡陌相往来。亦有神祠，素所未睹也。舟人云：此尚其小者耳，大者于筏上铺土作蔬圃，或作酒肆，皆不复能入峡，但行大江而已。"② 从土地资源开发利用的角度来看，架田发展到这种程度已不仅是架田，而是一种真正意义上的人造土地，它不仅直接地扩大了耕面积，还通过减少住宅建设占用耕地的方式，间接地扩大了耕地面积。

4. *涂田和沙田*

涂田是在海涂上开垦的一种农田。王祯探讨了海涂形成的机理，曰："大抵水种皆须涂泥。然濒海之地，复有此等田法。其潮水所泛，沙泥积于岛屿，或垫溺盘曲。其顷亩不等，上有咸草丛生，候有潮来，渐惹涂泥。"早期对于海涂的利用大概采用的也是一种类似于圩田的方式，这就是筑堤。称为"捍海塘"或"捍海堰"。唐朝浙江盐官"有捍海塘堤，长百二十四里"。塘堤在唐初可能即已存在，而在"开元元年重筑"。③ 又公元766～779年，李承实曾在通州、楚州沿海筑捍海堰，"东距大海，北接盐城，袤一百四十二里"。④ "捍海塘"或"捍海堰"的修筑，"遮护民田，屏蔽盐灶，其功甚大"。⑤ 表明当时已开始大规模对海涂的利用，并已开发出了大量的涂田。

沙田是在原来沙洲的基础上开发出来的，《数书九章》"田域类"中有"计地容民"一题，反映的就是这种情况："问沙洲一段，形如棹刀，广一千九百二十步，纵三千六百步，大斜二千五百步，小斜 一千八百二十步，以安集流民，每户给一十五亩，欲知地积，容民几何？"从"容民"二字可以看出，沙田的出现与人口增长有着密切关系。宋乾道年间(1165～1173)，梁俊彦请税沙田，以助军饷。虽然这一建议一出台，便遭到反对，但请税沙田这一事实表明，当时的沙田面积定复不少。宋元时期，围绕着是否应对沙田征税一直是许多朝廷命官议论的焦点，而问题的关键就在于沙田易受潮水冲刷，而极不稳定，沙田面积无法计算，按亩征税操作起来有困难。《数书九章》"田域类"中凡九问，三问涉及到沙田面积计算，由此也可见，南宋时期，沙田在当时土地开发利用中的地位。

二 农田水利的兴修

土地利用，不仅仅是土地的问题，更多的还是水利的问题。与水争田首先就要面临

① 《全唐诗》，第十二册，中华书局，第4288页。

② 陆游，《渭南文集》卷四十六，入蜀记第四。

③ 《新唐书·地理五》。

④ 《宋史·河渠七》。

⑤ 《宋史·河渠七》。

着水灾的危害，而与山争田同样也要面临着水的问题，因为山田地势较高，易受干旱，因此发展水利灌溉是开发山田的重要条件。治田必须治水，在土地利用多样化的同时，隋唐宋元时期的农田水利建设也进入了一个新的发展时期。隋唐宋元时期的农田水利发展可以从南北方来加以叙述。北方的发展起伏较大，而南方的发展相对平稳。据冀朝鼎统计，唐宋兴修的水利项目明显地呈现出南增北减的趋势。这也是经济重心南移的一个重要的反映。

表 14-1　唐宋水利项目比较表

	北方主要省份				南方主要省份			
	陕西	河南	山西	直隶	江苏	浙江	江西	福建
唐	32	11	32	24	18	44	20	29
北宋	12	7	25	20	43	86	18	45
金及南宋	4	2	14	4	73	185	36	63

注：资料来源于冀朝鼎，中国历史上的基本经济区与水利事业的发展，中国社会科学出版社，1981 年，第 36 页。

（一）北方的农田水利

北方干旱，所以水利建设以灌溉为主，但由于长期以来，北方一直做为中国的政治中心，加之其边境地区又经常面临着外族的入侵，所以北方的水利建设有时又带有较大的政治和军事色彩。这在一个方面促进了农田水利的发展，另一个方面又制约着农田水利的发展，如漕运与灌溉之间就始终存在矛盾，这个问题在隋唐宋元时期就已出现，如北宋熙宁年间，在引浊放淤问题上，就展开了激烈的争论，其深层原因就是围绕着漕运和灌溉展开的，结果是主张淤灌的一方在当时占据了上风，如当时管辖京东淤田的李宽说："攀山涨水甚浊，乞开四斗门，引以淤田，权罢漕运再旬。"①

中国北方的农田水利建设自西汉达到高潮之后，开始走向衰落，然而，中唐以前，北方的农田水利又进入到了一个复兴时期，水利建设遍及黄河流域及西北各地，西汉时期的水利工程几乎全部恢复，并修建了一些新的灌区。最突出的是引黄灌溉的成功和关中水利的恢复。然而，这个时期好景不长，中唐以后，北方战乱，水利建设停滞进而衰退。从天宝十四年（755）以后的 20 多年中，黄河流域几乎没有兴修新的水利工程，与此同时，一些原有的水利工程的灌溉能力也在下降，著名的郑白渠② 在高宗、武后时还可以维持一万多顷灌溉面积，经过战乱之后，到大历年间（766～779），灌溉面积缩减到 6200 顷。直到宋代以后，才又进入到一个恢复和发展的时期。此一时期较大的农田水利工程有河北海河流域的淀泊工程，西北地区的渠堰整治以及大规模的引浊放淤。

1. 关中水利的恢复和改造

关中水利原本具有很好的基础。秦、汉时期这里曾成为京师重地，一方面有赖于这里发达的水利系统，另一方面政府也非常重视这里的水利建设。关中水利主要是围绕着泾、渭、洛、汧四大水源来展开的。秦曾利用泾河筑成了郑国渠，西汉曾利用渭河和洛

① 《宋史·河渠志五》。

② 郑国渠和白渠，唐时称为郑白渠。

河建立成国渠、漕渠和龙首渠，曹魏时曾引汧水至郿县（今属陕西）和成国渠相连。

隋唐建国之后，关中又成为京畿之地，政府对于关中水利颇为关心，如隋开皇元年（581）都官尚书元晖奏请引杜阳水灌三趾（畤）原，由李询主持，工程完成之后“溉舄卤之地数千顷，民赖其利”①。唐立足关中之后，“凡京畿之内，渠堰陂池之坏决，则下于所由，而后修之”②，并设专官，主持关中水利的修治与管理。

唐代关中的水利建设主要表现在对原有水利工程的恢复和改造。如唐代在原西汉所开的成国渠渠口修了六个水门，称为“六门堰”，又增加了苇川、莫谷、香谷、武安等四大水源，灌溉面积扩大到2万余顷。又重修曹魏时期所开的汧水渠，改称为“升原渠”。升原渠引汧水经虢镇西北周原东南流，又合武亭水入六门堰，在六门堰东，汇入成国渠（东段）。因为引水上了周原，故名升原渠。唐朝又在原秦汉时的郑白渠基础上开通了太白、中白和南白三大支流，称为“三白渠”，还在泾水兴建拦河大堰，由料石砌筑而成，长宽各有百步，称为“将军翣”。唐代关中的农田水利，虽然都是在前代基础上进行的恢复和改建，但渠系较前更密，这些工程大大提高了原有水利工程的灌溉能力。

然而，北宋开始，关中的水利建设又开始停滞。它反映在两个方面，一是汉唐引用泾、渭、洛等水的灌溉渠系，北宋主要只引用泾水；二是泾水原有的拦河坝“将军翣”，在北宋初遭到破坏，就一直未能很也地修复，灌溉面积大减③。直到宋末大观年间（1107～1110）改建了丰利渠，农田水利才有所改善。此渠为石渠，“疏泾水入渠者五尺，下与白渠会，溉七邑田三万五千九十余顷。”④

2. 引洛引黄灌溉工程的成功

洛水下游原本是一处古灌区。但自从北周重开龙首渠之后，长期没有水利建设的记载。致使朝邑一带不少地方重新成为斥卤之地。唐开元七年（719），在同州刺史姜师度主持下，重建引洛灌区，于“朝邑、河西二县，开河以灌通灵陂，收弃地二千顷，为上田置十余屯”⑤。同时通过开凿田间沟洫，引水泡田，种稻洗碱，使大片盐碱洼地成“原田弥望，畎浍连属”的膏腴稻田。此外，唐代还在朝邑东北大规模引黄灌溉也取得了成功。在此之前，汉武帝时曾有过一次大规模的尝试，当时在朝邑隔河相望的山西永济一带，河东太守番系组织数万人修建了引黄灌溉工程，后因黄河主流摆离渠口，未能奏效。唐高祖武德七年（624），治中云得臣自龙门引黄河水溉韩城县田6000余顷⑥。

3. 河北海河流域的淀泊工程

如果说唐代关中水利的恢复多少是出于政治的需要，那么，宋代淀泊工程的出现则与军事有关。北宋时，从白沟上游的拒马河，自东至今雄县、霸县、信安镇一线，是宋辽的分界线。为了防止辽国骑兵南下，端拱元年（988），知雄州何承矩上疏言：“臣幼侍先臣关南征行，熟知北边道路川源之势，若于顺安砦西开易河蒲口，导水东注于海，东西三百余里，南北五七十里，资其陂泽，筑堤贮水为屯田，可以遏敌骑之奔轶。俟期岁

① 《隋书·李询传》，又《隋书·元晖传》。

② 《唐六典·都水监》。

③ 《中国农学史（初稿）》，下册，科学出版社，1988年，第29页。

④ 《长安志图》卷下。

⑤ 《新唐书·姜师度传》。

⑥ 《新唐书·地理一》。

间，关南诸泊悉壅填，即播为稻田。”[①] 当时沧州临津令福建人黄懋也认为屯田种稻于公于私都有利。宋太祖采纳了这一建议，以何承矩为制置河北沿边屯田使，于淳化四年（993）三月壬子，调拨各州镇兵 18 000 人，在雄、莫、霸等地（今河北雄县、任丘、霸县等）兴修堤堰 600 百，设置斗门进行调节，引淀水灌溉种稻。[②] 第一年种稻因错用了南方的晚熟品种，在河北不能抽穗，“值霜不成”，于是遭到了本来就反对他屯田者的攻击，第二年改用南方早稻品种，“是岁八月，稻熟”，“至是，承矩载稻穗数车，遣吏送阙下，议者乃息”。[③]“由是自顺安以东濒海，广袤数百里悉为稻田。”[④] 这一成功极大地促进了河北淀泊工程的进一步开发，到熙宁年间（1068～1085），界河南岸洼地接纳了滹沱、漳、淇、易、白（沟）、和黄河诸水系，形成了 30 处由大小淀泊组成的淀泊带，西起保州（今河北保定市）东至沧州泥沽海口，约 800 余里。然而，从发展水稻生产的角度来说，淀泊工程的效果并不理想，“在河北者虽有其实，而岁入无几；利在蓄水，以限戎马而已。”[⑤]

在宋辽边界的北方一侧，辽国政府为了便于骑兵活动，禁止在其统治的南京道地区（今北京市和唐山地区）决水种稻。以后禁令稍宽，但种稻面积也极为有限。金熙宗时（1135～1140）曾奖励种稻，终因水利灌溉设施大都破坏，无条件大面积种稻。

4. 黄汴诸河的大规模引浊放淤

中国北方许多河流含沙量很高，对于河道整治和引水灌溉都会带来一定的麻烦，但利用富含有机质的含泥沙水进行灌溉，历史上称为“淤田”，则又不失为一种变害为利的妙法。战国秦汉时期，北方的一些水利工程，如漳水渠、郑国渠等就开始了引泥沙水进行灌溉，改良盐碱地，使“终古斥卤”变为良田。以后这种工作还在继续。对此沈括做过专门的考证，他说：“熙宁中，初行淤田法。论者以谓：《史记》所载：‘泾水一斛，其泥数斗。且粪且溉，长我禾黍。’所谓粪，即淤也。余出使至宿州，得一石碑，乃唐人凿六陡门，发汴水以淤下泽，民获其利，刻石以颂刺史之功。则淤田之法，其来盖久矣。”[⑥] 然而，大规模的引浊放淤却是出现在宋朝的熙宁年间。

北宋熙宁二年（1069），政府设立了“淤田司”，专门负责有关引浊淤田的工作，至熙宁五年（1072）程昉引漳河、洺河淤地，面积达 2400 余顷。此后，他又提出了引黄河、滹沱河水进行淤田的主张。尽管中间存在许多的争论，但由于宰相王安石的大力支持，引浊放淤在熙宁年间的进展还是比较顺利的，淤灌改土的地区一共有 34 处之多，包括开封汴河一带、豫北、冀南、冀中、晋西南及陕东等地，其中有淤田面积记载的共 9 处，面积达 645 万亩。[⑦] 淤灌也收到了良好的效果，一是改良了大片盐碱地，使得原来深、冀、沧（今河北沧县东南）、瀛（今河北河间县）等地，大量不可种艺的斥卤之地，经过黄河、

① 《宋史·何继筠传》附子“承矩传”。

② 《续资治通鉴长编》卷三十四。

③ 《宋史·食货志·屯田》。

④ 《宋史·何继筠传》附子“承矩传”。

⑤ 《宋史·食货志上·屯田》。

⑥ 《梦溪笔谈》卷二十四《杂志》一。

⑦ 朱更翎，北宋淤灌治碱高潮及其经验教训，水利水电科学研究院科学研究论文集，第十二集（水利史），水利电力出版社，1982 年，第 102～103 页。

滹沱和漳水等的淤灌之后，成为“美田”。[①] 二是提高了产量，使原来五七斗的亩产量，提高了三倍，达两三石[②]。

引浊放淤的最大障碍来自漕运和防洪。如熙宁六年（1073）放淤，“汴水比忽减落，中河绝流，其洼下处才余一、二尺许，访闻下流公私重船，初不预知放水淤田时日，以致减剥不及，类皆搁折损坏，致留滞久，人情不安”。淤灌除了造成航运阻塞之外，最大的危害可能来自洪水。由于淤灌一般都有在汛期或涨水期进行，这时流量大，水势猛，如不注意容易造成决口，泛滥成灾，危及人们的生命和财产安全。熙宁年间在濉阳界中发汴堤淤田时就曾引发了水灾，幸好有都水丞侯叔献的及时处理，才免于大祸。[③] 由于存在安全上的隐患，加上朝廷仰漕运为命脉，所以大规模的放淤未能坚持下去，从公元1069～1078年，只有短短的十年便宣告终止。

（二）南方的农田水利

安史之乱以后，北方藩镇割据，战端迭起，农业和水利逐渐衰落，而南方却蓬勃发展。特别是进入南宋以后，南方的水利建设已明显地超过了北方，故《宋史》如是说：“大抵南渡后，水田之利，富于中原，故水利大兴。”[④] 王祯在《农书》中也引述前人的话说：“惟南方熟于水利，官陂官塘，处处有之；民间所自为溪堨，难以数计，大可灌田数百顷，小可溉田数十亩。”[⑤] 南方的水利建设依据于自身的地理条件，主要分为丘陵平原的陂湖灌溉，低湿洼地的水网圩田和东南沿海的捍海石塘。

1. 南方的陂塘湖堰工程

陂湖塘堰是南方丘陵平原地区开发农田水利的主要工程形式，它一般是利用环山抱洼的有利地形，修筑长堤，围成陂湖，就地调蓄迳流，灌溉农田。这类工程主要分布于淮南及江、浙低山浅丘及高亢平原地区。这一时期，除了对旧有的工程进行修缮，改建和扩建以外，还新建了不少大、中、小型陂湖。其中在淮南地区修复和整治的陂塘工程主要有芍陂、扬州五塘（陈公、句城、小新、上雷、下雷）及白水塘（又名白水陂），江南地区改建和扩建的陂湖水利工程主要有丹阳练湖、杭州西湖、余杭南北湖、皖南的大农陂、永丰陂、德政陂、绍兴鉴湖，以及鄞县广德湖、东钱湖等。除此之外，南方其他地区也出现若干规模较大、质量较高的灌溉工程。如唐元和三年，江西观察使韦丹，在南昌附近“筑堤捍江，长十二里，疏为斗门，以走潦水”，还修筑陂塘598所，灌溉农田12 000顷[⑥]。

2. 太湖塘浦圩田系统

太湖地区像碟形，中部低洼，故又名笠泽。容易被水淹没，需要筑堤挡水；四周除西部山区特高外，东、南、北三面沿海、沿江一带的边缘地段也比较高，容易受干旱影响，则有赖于沟渠灌溉。塘浦圩田系统就是在这种特殊的环境下形成的。

---

① 《梦溪笔谈》卷十三《权智》。

② 《宋史·河渠志》；《续资治通鉴长编》卷二七七。

③ 《梦溪笔谈》卷十三《权智》。

④ 《宋史·食货志上·农田》。

⑤ 《王祯农书·农桑通诀·灌溉篇》第40页。

⑥ 《新唐书·韦丹》；韩愈，唐故江西观察使韦公墓志铭，《昌黎先生集》，朱文公校本，卷二十五。

早在先秦和秦汉时期，太湖地区就已开始修筑湖堤和海塘，用以抵挡海潮和湖水的泛滥和侵袭；到唐代，以土塘为主的南北海塘系统已初步形成，环绕太湖东南半圈的沿湖长堤也在唐中叶以后全线接通。为大规模的塘浦圩田建设奠定了基础。

中唐以后，太湖地区广兴屯田，当时在浙西设置了 3 大屯区，其中以嘉兴屯区规模最大，设有 27 屯，自太湖之滨至东南沿海，“广轮曲折，千有余里”，都属于嘉兴屯区的范围。屯区内有严密的组织机构。在这个机构的组织管理之下，展开了大规模的治水治田工作，“画为封疆属于海，浚其畎浍达于川，求遂人治野之法，修稻人稼穑之政”，形成了“畎距于沟，沟达于川，……浩浩其流。乃与湖连，上则有涂（途），中亦有船”的沟渠路系统。“旱则溉之，水则泄焉，曰雨曰霁，以沟为天”①，基本上达到了水旱无忧，旱涝有秋的目的。使得嘉兴屯区在当时浙西、江淮，乃至全国的粮食供应中都占据举足轻重的地位。

塘浦圩田系统就是在屯田的基础上形成的。它的特点是在低洼区筑堤作圩，防洪排水，在高仰处深浚塘浦，引水灌溉。成为以出海干河为纲，“或五里、七里而为一纵埔，又七里、十里而为一横塘”② 的纵横渠道交错的水网。网上的每个节点，即所有干河、支渠、海口以及圩堤之间，都普遍设置了堰闸、斗门，调节水位和流量，以达到旱灌涝泄的目的。浦和塘的堤岸就形成圩田的堤岸，高出最高水位，足以保护低田不被淹没。渠身深阔，渠口设闸，看需要而启闭，洪水时足以分洪泄水入江、入海，干旱时足以担负高田的灌溉。因此水旱无虑，而东南成为全国著名的财富之处。

五代吴越时期，继承唐代水利建设的丰硕成果，创设“撩浅军”，着力于太湖塘浦圩田的养护管理，保证了以吴淞江为纲，东北、东南通江出海河港为两翼的排水出路的通畅，使塘浦圩田得以发展，有效地减轻了水旱灾害，促进了农业生产的发展。然而，好景不长。两宋以后，由于自然淤积和围湖造田的极大发展，水路不畅，蓄洪泄洪能力也随之下降，水旱灾害也随之频繁发生，有关东南水利的议论也日益增多。

三　农具和动力的创新与发展

扩大耕地面积不仅有赖于水利的兴修，也有赖于农具的改进，犁刀的出现就是一个例子。荒地由于年久失耕，“根株骈密，虽强牛利器”，也很难以奏效，适应开垦荒地的需要，出现了犁刀。犁刀又称銐刀和劙刀。《宋会要》在说到乾道五年（1169）官田开荒时，就有“每牛三头，用开荒銐刀一副”的记载③。严格说来，犁刀并不是一种能单独使用的农具，而只是一种附加在犁上的一种刀刃，“其制如短镰，而背则加厚”，这种刀刃有良好的破土和节断根株的性能，使用方法有两种：一是先刃后犁，“先用一牛引曳小犁，仍置刃裂地，阔及一垅，然后犁鑱随过，覆墢截然”；一是刃犁合一，“于本犁辕首里边就置此刃”。前者“省力过半”，后者“比之别用人畜，尤省便也。”④

① 唐·李翰，“苏州、嘉兴屯田纪绩颂·并序”，《全唐文》卷四三〇。

② 郏亶：“水利书”，《吴郡志》卷十九。

③《宋会要辑稿·食货三·营田》。

④《王祯农书·农器图谱集之五》。

在为扩大耕地面积改进农具的同时，随着经济重心的南移，稻作的勃兴，一大批与稻作有关的农具相继出现，唐代出现了以江东犁为代表的水田整地农具，包括水田耙、碌碡和礰礋。宋代耖得以普及，标志着水田整地农具的完善，还出现了秧马、秧船等与水稻移栽有关的农具，宋元时期则是水田中耕农具的完善时期，出现了不少与水田中耕有关的不和农具，如耘爪、耘荡（耥）、薅鼓、田漏等。宋元时期还出现了掼稻簟、笐和乔扦等晾晒工具。与此同时，一些原有的农具也由于水稻生产的需要，得到了进一步的推广运用。传统南方水田稻作农具至此已基本出现，并配套定型。

北方旱地农具随着旱地耕作技术体系在魏晋时期的定型，也已经基本上定型了。隋唐宋元时期，旱地农具的发展主要是在原有农具上的改进，并进一步完善。其中最有典型意义的有犁刀、耧锄、下粪耧种、砘车、推镰、麦笼、麦钐和麦绰等。以耧车为例，它原本是汉代出现的一种畜力条播农具，宋元时期，对这种旱地农具进行了改进，发展出了耧锄和下粪耧种两种新的畜力农具。

隋唐宋元时期，无论是南方还是北方，灌溉农具都得到创新和发展，并得到了广泛的使用。其中最引人注目的便是水车。水车有二种，一是东汉毕岚发明、三国马钧改进的翻车，这种灌溉工具虽然是在北方发芽，却在南方开花结果。隋唐时期，南方稻区，水车已得到了比较普遍的使用，《元和郡县图志》江南道蕲春县条下有“翻车水”、“翻车城”，以翻车为名，就是当时使用情况的反映。不仅如此，南方水车的使用还反馈到了北方，唐文宗太和二年（828），曾奏准征发江南水车匠造水车，在畿内诸县加以推广①。唐朝水车的普及情况从来自日本方面的材料得到了证实。日本《类聚三代格》卷八载：天长六年（829）五月《太政府符》称：“耕种之利，水田为本，水田之难，尤其旱损。传闻唐国之风，渠堰不便之处，多构水车。无水之地，以斯不失其利。此间之民，素无此备，动若焦损。宜下仰民间，作备件器，以为农业之资。其以手转、以足踏、服牛回等，备随便宜。若有贫乏之辈，不堪作备者，国司作给。经用破损，随亦修理。”② 这一记载，不仅确实无疑地反映日本使用的水车是由中国引人的，而且还透视出当时中国龙骨水车已比较普遍，且已有手转、足踏、牛转等多种型式。

元代王祯《农书》中的《农器图谱》是关于传统农具集大成的著作，在其所载的百余种农具中，除有些是沿袭或存录前代的农具之外，大部分是宋元时期使用，新创或经改良过的。这一时期的农具主要有如特点：

一是高效。这一时期出现了一些功效较高的农具，如中耕用的耘荡和耧锄，收刈用的推镰和麦钐、麦绰、麦笼，灌溉用的翻车和筒车等，这些工具中，不少应用了轮轴或齿轮作为传动装置，达到了相当高的水平。

二是省力。这是指减轻劳动强度或起劳动保护作用的农具，如稻田中耕所用的耘荡、秧马、耘爪等。

三是专用。这就是分工更为精细，更为专门化。以犁铧而论，有镵与铧之分，“镵狭而厚、唯可正用，铧阔而薄，翻覆可使”，故“开垦生地宜用镵，翻转熟地宜用铧”，“盖镵开生地着力易，铧耕熟地见功多。北方多用铧，南方皆多用镵”。王祯《农书》把镵与

① 《册府元龟》卷四九七《邦计部·河渠门》。

② 转引自：唐耕耦，唐代水车的使用和推广，文史哲，1978，(4)：74～75。

铧的特点、适用范围说得很清楚。除镵和铧外，开垦芦苇蒿莱荒地有专用犁刀，北方汙泽地春耕有专用的“刬”，又有“劐子”套在耧足上专用于与播种相结合的浅耕。又如水田的平地作业，育秧田用平板和田荡，本田用耖。直播稻田苗期的除草，江淮地区有专用的“辊轴”。麦田出现了专用的收获工具等等。

四是完善。如在犁辕与犁盘间使用了挂钩，使唐代已出现的曲辕犁进一步完善化。又如在耧车的耧斗后加上盛细粪或蚕沙的装置，可使播种与施肥同时完成，即所谓下粪耧种。

五是配套。北方旱作农具，魏晋南北朝时期已基本配套，此时进一步完善。南方水田耕作农具，唐代已有犁、耙、碌碡和礰礋，宋代又加入了耖、铁搭、平板、田荡等，就形成了完整的系列。此外，还有用于育秧移栽的秧绳、秧弹、秧马，用于水田中的耘荡，捞子，用于排灌的翻车、筒车、戽斗等，南方水田农具至此亦已完整配套。在东北地区，也有适用于起垄的趟头和适于垄作中播种用的窍瓠等配套的农具。这一系列的特点表明，中国传统农具发展至此，已臻于成熟阶段[①]。

在传统农具日益完备的同时，人们还在动力上作文章，以应付各种自然灾害带来的不测，有应急农具的增加及水力和风力的利用。自春秋战国时期开始使用牛耕以来，牛就成了农民的宝贝，同时也与上层统治者有着密切的关系。唐朝时人们便已认识到“牛废则耕废”的道理[②]，与此同时，由于中国的农业结构以农桑为主，农桑的发展却导致畜牧业的萎缩，加上天灾人祸，畜力的缺乏反过来又困扰着农桑的发展。于是人们在积极保护耕牛的同时，又积极研制一些在缺乏耕牛的情况下仍然能够进行耕作的农具。这里我们要提到的有唐代王方翼发明的“人耕之法”，宋代推广的踏犁和唐宋以后开始流行的铁搭。

唐高宗永淳年（682），夏州（今陕西榆林县西南）都督王方翼[③] 发明了一种人力耕地机械，这件事在新旧《唐书》中都有记载。不过《新唐书》中称为“耦耕法”，而《旧唐书》中称为“人耕之法”，字面虽然不同，但内容却是一致的，因为“耦耕”指的也是两人或两人以上的合力并耕，所以耦耕法实际上也就是人耕之法，它的关键在于以人力代替牛力，古时有一个比例，认为“一牛可代七至十人之力”，因此，以人力代替牛力，必然要付出许多劳动力的代价，王方翼设计的思想在于，通过一种机械装置，所谓“张机键”或“施关键”，减轻人力的支出，做到“力省而见功多”[④]。由于历史记载较为简略，其具体情况现已不得而知。不过人耕之法却启发了后人对于耕犁的改进。明嘉靖年间湖北郧阳知府欧阳必进的实践即是其中之一。

北宋淳化五年（994），由政府出面推广的踏犁，宋人以为是太子中允武允成首先提出来的，而据元代王祯的考证，踏犁不过就是唐代的“长镵”，先秦时代的“蹠铧”[⑤]。它

---

① 梁家勉主编，中国农业科学技术史稿，农业出版社，1989 年，382～283 页。

② 《新唐书·武后传》。

③ 《旧唐书·王方翼传》：“王方翼，并州祈人（今山西祈县）也。方翼父仁表，贞观中为岐州刺史。仁表卒，妻李氏为主所斥，居于凤泉别业。时翼尚幼，乃与庸保齐力勤作，苦心计，功不虚弃，数年辟田数十顷，修饰馆宇，列植树木，遂为富室。”王方翼能发明人耕之法，可能与幼时的这种经历有关。

④ 《新唐书·王方翼传》。

⑤ 《王祯农书·农器图谱集之三》。

们都是由古代耒耜发展而来。踏犁的形制在南宋周去非的《岭外代答》[①] 和元代《王祯农书》[②] 中有记载，二者大同小异。只不过《岭外代答》中记载的踏犁，在犁柄中间的左边有一短柄，用于脚踏；而《王祯农书》中脚踏的部位在“鑱柄后跟”。

铁搭，即铁齿耙。有四齿，或六齿不等。这也是唐宋以后，在江南地区所广泛采用的一种人力整地农具。徐献忠《吴兴掌故集》卷二说：“中国耕田必用牛。以铁齿把土，乃东夷儋罗国之法，今江南皆用之。不知中国原有此法，抑唐以后仿而为之也。”出土文物表明，铁齿耙这种农业具在战国已经出现，在河北、山东、江苏等地也出土了汉代的铁齿耙或耙范，耙齿有三至八个不等[③]。然而，南方地区的大量使用却是在唐宋以后。唐人戴叔伦有“女耕田行”一诗，曰：“乳燕入巢笋成行，谁家二女种新谷。无人无牛不及犁，持刀斫地翻作泥。自言家贫母年老，长兄从军未娶嫂。去年灾疫牛囤空，截绢买刀都市中。头巾掩面畏人识，以刀代牛谁与同，姊妹相携心正苦，不见路人惟见土。疏通畦垅防乱苗，整顿沟塍待时雨。日正南冈下饷归，可怜朝雉扰惊飞，东邻西舍花发尽，共怜余芳泪满衣。”诗中描写了一对姊妹，以刀代犁在田中耕作的情景。此处的刀，就是铁搭。“上农多以牛耕，无牛犁耕者以刀耕，其制如锄而四齿，谓之铁搭，人日耕一亩，率十人当一牛”。[④] 王祯《农书》上说：“南方农家或乏牛犁，举此劚地，以代耕垦，取其疏利；仍就镉锛块壤，兼有耙钁之效。尝见数家为朋，工力相助，日可劚地数亩。江南地少土润，多有此等人力。”

铁搭自唐宋以后，至明清时期，乃至近代，在江南地区曾广泛使用，有许多经济和自然条件等方面的因素。牛畜的缺乏是其根本。明末宋应星就算过这样一笔帐：“愚见贫农之家，会计牛值与水草之资，窃盗死病之变，不若人力亦便，假如有牛者，供办十亩，无牛用锄，而勤者半之，既已无牛，则秋获之后，田中无复刍牧之患，而菽、麦、麻、蔬诸种，纷纷可种，以再获偿半荒之亩，似亦相当也。”[⑤] 铁搭虽然具有翻得深，特别是用于早稻收割之后，可使稻田的排水良好，但这并不是导致铁搭全面取代牛耕的原因，如果仅仅从技术的角度来看，使用牛耕，外加铁搭，似更为合理，但铁搭却取代了牛耕，根本原因在于牛力的缺乏。

传统的农业动力只有人力和畜力，宋元时期，动力得以创新，其中又以对水力的运用表现得最为突出。唐宋元时期，出现了水转翻车、水转筒车、水转高车、水磨、水砻、水碾、水轮三事、水转连磨、水击面罗、机碓、水转大纺车等，这些都是用水为动力来推动的灌溉工具和加工工具。以水转翻车为例，据《王祯农书》记载，水转翻车的结构同于脚踏翻车，但必须安装于流水岸边。水转翻车，无需人力畜力，“日夜不止，绝胜踏车”，而且以水力代替人力，“工役既省，所利又溥”。[⑥]

与水转翻车等差不多同时创制的还有风转翻车。最早记载见于元初任仁发《水利

---

① 周去非，《岭外代答·风土门》。

② 《王祯农书·农器图谱集之三》。

③ 唐云明，保定东壁阳城调查，文物，1959，(9)：82；山东省博物馆，山东省莱芜县西汉农具铁范，文物，1977，(7)：68～73；南京博物院，利国驿古代炼铁炉的调查及清理，文物，1960，(4)：46。

④ 《古今图书集成·职方典》六九六《松江府部·松江风俗考》。

⑤ 宋应星，《天工开物·乃粒·稻》。

⑥ 《王祯农书·农器图谱集之十三》。

集》。集中提到浙西治水有“水车、风车、手戽、桔槔等器”。显然，其中的“风车”无疑是指风转水车，而非加工谷物的风扇车。风力这一时期也用于谷物加工。元人耶律楚材有“冲风磨旧麦，悬碓杵新粳”① 的诗句，原注：“西人作磨，风动机轴以磨麦”。这说明，在元代东南和西北地区都已利用风力作为动力了。惟因造价昂贵，一般贫苦农户无力置办，难以推广。

四　农业结构和耕作制度的变化

（一）农桑为主要框架的农业结构的形成

农业结构指的是农业各部分的构成及其比例。隋唐宋元时期的大农业主要由谷物、蚕桑（棉麻）、畜牧、园艺（果树、蔬菜、花卉、药材、茶叶）、林木等方面组成，但仍然是以谷物生产和衣着原料生产的“农桑”为主，这在隋唐宋元时期的农书上也得到了反映。比如，金元时期的许多农书就都以“农桑”来命名，如《农桑要旨》、《农桑直说》、《农桑辑要》、《农桑衣食撮要》，以及王祯《农书》中的“农桑通诀”。再从农书的内容来说，宋元时期的综合性农书，一般也主要是包括谷物种植、栽桑养蚕以及畜牧饲养等方面的内容。如陈旉《农书》，此书共分三卷，上卷以水稻生产为主；中卷牛说，讲耕牛的饲养管理和疾病防治；下卷蚕桑，兼及种麻，在篇幅也仅次于卷上。楼璹的《耕织图》则是农桑内容图像化的产物。耕图 21 幅，完全是水稻从种到收的全过程，织图 24 幅，则是从养蚕到缫丝纺织的全过程。再从王祯《农书》中的“农桑通诀”来看，这部分共有 6 集，26 目。其中与农业起源和三才理论有关的是一集六目，六目之中，三目没列序号，分别以“农事起本”、“牛耕起本”和“蚕事起本”为题，这种安排与《陈旉农书》是一致的；以大田生产耕耘收藏的有三集九目，以桑树栽培和畜物饲养的有一集九目，以蚕丝生产和迷信活动有关的有一集二目。从中也可以看出，当时的农业结构仍然是以五谷、桑麻和六畜等三大部门的生产为主干。但畜牧业已退为次要的位置，它在农区已不是一个独立的生产部门，而仅是为农桑种植业提供动力和肥料而已。

（二）畜牧业的萎缩

铁搭何以取代牛耕？应急农具何以不断增加？为什么宋元时期的人们在积极寻找新的动力来源？原因之一就在于畜力的缺乏，畜牧业的萎缩。隋唐宋元时期，为了应付日益增加的人口，大量的土地被开垦出来，用于种植粮食和桑麻，这样就使得用于放牧的土地日趋减少，农桑业的发展是以牺牲畜牧业为其代价的。

早在战国时期，到处提倡“垦草”、“治莱”的结果，使得一些地方出现“无所刍牧牛马之地”②，唐代已是“四海无闲田，农夫犹饿死”，于是进入宋元以后便出现了“田尽而地、地尽而山，山乡细民，必求垦佃，犹不胜稼”③ 的局面，一切可耕地都被尽可能地用于发展农桑，这两大项与人们的衣食温饱，是生死存亡密切相关的产业，畜牧业发展

① 《湛然居士文集·西域河中十咏》。

② 《战国策·魏策一》。

③ 《王祯农书·农器图谱集之一》。

的余地非常有限，人们所能看到的便是畜牧业的日趋萎缩①。一个最突出的表现就是“均田制”中已经没有了“牛地”的给授。隋唐继续执行北魏以来所实行均田制，但在授田的对象和数量上却做了一些调整。隋朝仍然和北魏和北齐一样，把牛作为分田的依据，除了成丁可以享受一定数量的土地之外，还规定：“丁牛一头，受田三十亩，限四牛。”② 或，“丁牛一头，受田六十亩，限止四牛。”③ 同时“魏令”还规定：“职分公田，不问贵贱，一人一顷，以供刍秣。”④ 但能够拥有职分田的人毕竟不多，一些人恐怕连自己应得的露田和桑田等也得不到保证。于是北齐天保年间，宋世良建议“请以富家牛地，先给贫人”⑤。唐宋时期，均田制中没有了丁牛受田的规定，尽管有些人可以以种种理由请射牧地，但已缺乏法律的依据。而且当时的实际情况也是拿不出更多土地进行放牧。陈旉对此种情况就深有感触，他在《农书》说：“古者分田之制，必有莱牧之地，称田而为等差，故养牧得宜，博硕肥腯，不疾瘯蠡。……后世无莱牧之地，动失其宜。”⑥ 由于没有了专门的牧地，迫使人们在规划农田时做出考虑，陈旉对于高田的利用规划就是在缺乏牧地的情况下，试图给耕牛保留一定牧地的尝试。同样，陈旉对田塍和坡地的规划设计也体现了这一思想。他说：“田方耕时，大为塍垄，俾牛可牧其上，踏践坚实而无渗漏。”“其欹斜坡陁之处，可种蔬茹麻麦粟豆，而傍亦可种桑牧牛。牛得水草之便，用力省而功兼倍也。”⑦

畜牧业已经失去了作为一种独立的产业的地位，而成为农业、军事和政治的附庸。牛作为农具写进了诗人的诗歌⑧，写进了农学家的《农器图谱》。马则成为战争的工具，“马者，国之武备，天去其备，国将危亡”⑨。除此之外，马还是贵族特权的象征。国家对于马的依赖与重视，使得养马业得到了异乎寻常的发展。7世纪早期，正当唐朝建立之初，唐朝的统治者发现在陇右（今甘肃）草原上牧养的由国家所掌握的马匹只有5000匹。其中3000匹是从已倾覆的隋朝所继承的，其余的是得自突厥的战利品⑩。到了7世纪中叶时，唐政府就宣布已经拥有了70.6万匹马。然而，养马业并不具有生产的性质，“马之所值，或相倍蓰，或相什伯，或相千万，以夫贵者乘之，三军用之，刍秣之精，教习之适，养治之至，驾驭之良，有圉人、校人、驭夫、驭仆专掌其事。此马之所以贵重也。”“马必待富足，然后可以养治。”⑪ 马成为消费者。牛马如此，其他家禽家畜，如猪、羊、鸡、狗也不例外，它们的价值也主要体现在农业上面。或用作积肥，或用以看家，或用以司晨。

畜牧业的萎缩，在人们的日常用语中也得到了反映。先秦时期，人们往往将五谷、桑

① 曾雄生，中西方农业结构及其发展问题之比较，传统文化与现代化，1993，(3)。
② 《魏书·食货志》。
③ 《隋书·食货志》。
④ 《通典·食货·田制》下。
⑤ 《通典·食货·田制》下。
⑥ 《陈旉农书·牧养役用之宜篇第一》卷中。
⑦ 《陈旉农书·地势之宜篇第二》卷上。
⑧ 梅尧臣和王安石的农具唱和诗中就有“耕牛”一诗。
⑨ 《新唐书》卷三十六，第3718页。
⑩ 《新唐书》卷五十，第3752页。
⑪ 《陈旉农书》卷中“牛说”。

麻与六兽相提并论，但是到了唐宋以后，六畜已丧失了独立的地位，所以日常用语中人们只提“农桑”，而不提“六畜”，如“农桑撮要”、“农桑辑要”、“农桑通诀”等，虽然在一些农书中还有关于六畜方面的内容，但很难取得与五谷、桑麻鼎足而三的地位。

（三）农业生物种类的增加

农业的内容可以从农业生物的种类上得到反映。隋唐宋元时期，农业生物的种类显著增加。原因主要有三个方面：一是对传统农业生物的继承；二是一些原来野生生物也纳入栽培和饲养范围，成为农业生物，这其中最为引人瞩目的便是观赏植物；三是通过中外交流传入大量的生物物种。

在种类增加的同时，人们对于农业生物也有了较为明确的分类。其中《农桑辑要》堪为代表，书中将农业生物分为：九谷、桑柘、瓜菜、果实、竹木、药草、孳畜、禽鱼等九大类。这种分类和排序，既考虑到了这些生物的不同用途，同时也考虑到了这些生物用途的大小。但在今人看来，其中也存在一些问题：一是书中排拆了花卉一项，而这正是唐宋以来农业生物中最引人注目的一项；二是苎麻和棉花，位置特殊，却没有归入到适当的类别中去，这可能与苎麻木棉在当时还只是一个新的增长点有关；三是书名《农桑辑要》只是对当时作者认为重要的农业生物做了介绍，而一些农业生物在书中没有得到反映。

1. *粮油作物*

自先秦以来，人们一般都将作物，特别是粮油作物，统称为五谷、六谷或百谷，但五谷用得最多。五谷之名始于先秦，然何谓“五谷”，却有争议。一说是黍、稷、麦、豆、麻；一说是黍、稷、麦、菽、稻；还有一说是稻、黍、稷、麦、麻。争议的存在，表明五谷的概念是不确定的，它可能因时因地而异。隋唐宋元时期，使用九谷和百谷作为总称的时候比较多。如，《农桑辑要》提到“收九谷”和“九谷风土”等，《王祯农书》也提到了“九谷”，但书中还用到了“百谷谱”作为全书第二部分的名称。九谷，据《农桑辑要》的解释，指的是黍、稷、稗、稻、麻、大麦、小麦、大豆、小豆等九种粮油作物；《王祯农书》中所包括的种类除“稗”改为“秫”以外，其余与《农桑辑要》一样，但是隋唐宋元时期实际粮油作物种类远不止于九种。

表 14-2　农书所载之粮油作物

书　名	作　物	种　数
齐民要术	谷、稗、黍、穄、大豆、小豆、麻、麻子、大、小麦、瞿麦、青稞、水稻、旱稻、胡麻	15
四时纂要	麦、谷、豆、大豆、胡麻、旱稻、麻子、黍稷、水稻、苴麻、小豆、大麦、小麦、薯芋、薏苡、荞麦	16
陈旉农书	稻、粟、芝麻、麦、豆	5
农桑辑要	大、小麦、青稞、水稻、旱稻、稗、黍、穄、粱、秫、大豆、豍豆、小豆、绿豆、白豆、豌豆、蜀黍、荞麦、胡麻、麻子、苏子	21
王祯农书	粟、水稻、旱稻、大、小麦、青稞、黍、穄、粱秫、大豆、豍豆、小豆、豌豆、荞麦、蜀黍、胡麻、麻子、苏子	18
农桑衣食撮要	麻、黍、穄、大豍豆、豌乌豆、麻子、苏子、大豆、稻、粟、秫黍、红豇豆、白豇豆、芝麻、黑豆、荞麦、大、小麦、豌豆、绿豆、油菜	21

从表中可以看出，隋唐宋元时期，粮油作物的种类有所增加，其中的荞麦和蜀黍（即高粱），油料作物中的油菜等就是这一时期新增的种类，有些作物虽然早有栽培，如薯蓣、薏苡等，但却是在这时才第一次出现在农书之中。

荞麦是一种种植季节较长而生育期短，适应性广而耐旱性强的作物，荞麦的普遍种植对于增加复种面积，扩大土地利用和防旱救荒都有一定的作用。但是唐以前，荞麦的种植似乎并不普遍，《齐民要术·杂说》中虽然关于荞麦的记载，但现在一般认为，“杂说”并非贾思勰所作，而可能出自唐人之手。有说《齐民要术·大小麦第十》附出的“瞿麦”即荞麦，但仅是一家之说[①]。农书中关于荞麦最为确切的记载则首见于《四时纂要》。同时，荞麦在有关的诗文也累累提及。如白居易的“月明荞麦花如雪”[②]温庭筠的“满山荞麦花”[③]等，一般认为荞麦是在唐代开始普及的。

高粱是现代中国主要的粮食作物之一，但是中国何时开始栽培高粱的，国内学术界一直存在着争论。以往有学者根据某些文献记载，认为高粱是元代以后从西方逐渐传入中国的，近年由于考古发掘中不断有发现高粱遗存的报道，有人又提出黄河流域也是高粱的原产地之一[④,⑤]。与此同时，也有人对若干考古报告中提到的“高粱”遗存表示怀疑[⑥]。较为普遍的观点是中国古代文献中缺乏中原地区早期种植高粱的明确记载，先秦两汉时代的“高粱”遗存也需要作进一步的鉴定。根据现有材料，黄河流域原产高粱的可能性不大[⑦]。高粱既非中国土产，那么，它又是何时何地传入中国的呢？

国际学术界普遍认为，高粱原产地在延伸于非洲北部、东部和南部雨林的大草原，哈兰（Harlan）认为最早的驯化地在乍得、苏丹和乌干达。公元前2000年，或甚至于更早些时候，开始传布到非洲的西部和东南部，并且过海传到了印度，到达印度的时间大约在公元前2000年的前半叶。A. M. Watson. 华生认为，中国的高粱是从印度传入的。“在伊斯兰时代以前，高粱或许就从印度向外扩展到一些广泛的互不相连的地区。最早可能传到了中国。被认定为1100年到公元前800年的一些考古发现，可能含有高粱的籽粒、茎叶，但这些东西的年代尚未确定，另外一些不确定的证据的年代大致在公元前400年到纪元前后，这和先前人们认为13世纪以前的中国并没有关于高粱的文献记载的认识正好相反。而在那之前很久，高粱或许就已带到了东南亚和爪哇，在这儿，高粱和野生高粱近缘（*s. propinquum*）杂交，产生了具有特殊品质的中国高粱（kaoliang）”[⑧]华生虽然也没有提出中国栽培高粱的确切时间，但他却认为13世纪的元代以前，中国已有高粱的栽培，他的这一推论和中国古代一些文献的记载是相吻合的，如曹魏时期张揖的《广雅》载：“藋粱，木稷也。”晋郭义恭《广志》中也有“杨禾，似藋，粒细，左折右炊，停

① 孟方平，说荞麦，农业考古，1983，(2)：91。

② 《长庆集》卷十四“村夜”。

③ “题卢处士山居”，《全唐诗》卷五八一。

④ 胡锡文，古之粱秫即今之高粱，中国农史，1981，(1)。

⑤ 何炳棣，黄土与中国农业的起源，香港中文大学出版，1969年。

⑥ 安志敏，大河村炭化粮食的鉴定和问题——兼论高粱的起源及在我国的栽培，文物，1981，(11)。

⑦ 梁家勉主编，中国农业科技史稿，农业出版社，1989年，第258页。

⑧ 译自：Andrew M. Watson, Agricultural innovation in the early Islamic world, Cambridge University Press, 1983, P 11.

则牙生。此中国巴禾、木稷也。”晋张华《博物志》也提到“蜀黍”，这些都是早期有关高粱的记载，其特点是以中原习见的作物如黍、稷、粱、禾等况之，并加上说明其产地或特征的限制词，故《齐民要术》将它列入“非中国物产者”。尤其是巴禾、蜀黍之称，可能反映它是从中国巴蜀地区少数民族开始种植的，也与印度等地传入说暗合，其传入的时间当在魏晋时期。

魏晋时期，高粱虽然进入到了中国，但可能仅局限于边疆地区种植，内地种植并不普遍，农书中记载高粱栽培始见于《务本新书》，后《农桑辑要》、《王祯农书》和《农桑衣食撮要》都有记载。供食用、作饲料，秸秆还可以作多种杂用，强调高粱的利用价值，这种不见于以前农书的新杂粮，显然已为人们所重视。除此之外，高粱还以其“茎高丈余”的优势，广泛种植用以保护其它农业生物。

粮食作物种类的增加并没有削弱某些作物在粮食供应中的地位，相反一些作物在粮食供应中的地位还得以加强，稻麦即是如此。中国的粮食生产结构自新石器时代，开始就以粟稻为主，所谓“北粟南稻”，由于隋唐以前，中国的经济重心一直是在北方的黄河流域，所以粟在全国的粮食供应中占有重要的地位。这种格局到了隋唐时期，随着经济重心的南移开始被打破。稻逐渐取代粟在粮食供应中的地位，麦紧跟而上，与粟处于同等的地位。形成了稻粟麦三分天下的局面。从《四时纂要》和《齐民要术》的比较中，就可以看出，唐代的大田作物种类与北魏大体相同而有所增加。但作物结构却有了较大的变化。《齐民要术》所载的各种粮食作物中，谷（粟）列于首位，大、小麦和水、旱稻却位居其后。而在《四时纂要》中，有关大、小麦的农作活动出现的次数最多，其次才是粟和稻。豆类出现的次数不多，黍稷就更少，至于曾一度被认为“五谷”之一的麻子，虽也提到过一次，但书中又提到了大麻油，似乎主要是作油料而不是作粮食作物了。

到了宋元时期，稻麦的地位又得到了进一步的加强。唐宋以后，南方地区各种土地的利用形式不断出现，加上大量的旱地改为水田，扩大了水稻的种植面积，同时耕作技术的不断提高，也大大地提高了单位面积的产量，这使得水稻在全国粮食供应中的地位扶摇直上。

在水稻向北方扩展的同时，麦类作物也在早有麦作种植的南方地区，由于有各级政府的鼓励而得以发展。唐代许多州郡都有种麦的记载，甚至在一些边疆少数民族地区也有了麦的种植，如唐韦丹在广西容州教种麦①。当时云南地区也多种麦，并最早出现了稻麦两熟的记载。宋代，由于北方人口的大量南迁，他们把原有的饮食习惯也带到了南方，社会对麦类的需要量空前增加，以及佃户种麦所能获得的实际利益，因而促进小麦在南方的种植达到了高潮。南宋庄季裕在《鸡肋编》中说：“建炎（1127～1130）之后，江、浙、湘、湖、闽、广西北流寓之人遍满。绍兴（1131～1162）初，麦一斛至万二千钱，农获其利倍于种稻，而佃户输租，只有秋课，而种麦之利，独归客户。于是竟种春稼，极目不减淮北。”

由于以上种种原因，稻麦在中国的粮食供应中地位不断上升。这从当时赋税制度中也得到反映。唐建中元年（780）颁布实行两税法。两税法规定：“居人之税，秋夏两征

① 《新唐书·循吏传》。

之，……夏税无过六月，秋税无过十一月。”[①] 六月和十一月正分别是麦和稻都已收完的月份。两税法的实行，显然是以稻麦生产的增长为重要前提的。

在稻麦成为主要的粮食作物的同时，芝麻、油菜等也开始成为重要的油料作物。中国的油料作物主要有大豆、芝麻、油菜和花生等。大豆原产于中国，但在很长的时期里，大豆是作为粮食作物而存在的，宋元以前仍是如此。宋元以前，中国主要的油料作物是芝麻。芝麻，以前多称“胡麻”、晋石勒讳胡，改称芝麻，但唐宋时多称为油麻，也有称芝麻，唐宋以后才开始比较固定地称为脂麻、芝麻[②]，但到今天还有油麻等的称法。芝麻是宋元时期的农书中所仅见的一种食用油料作物。可见其在当时油料供应中的地位。

但从宋代开始一种新的油料作物开始崭露头角。油菜之名始见于宋代。《三农记》引《图经》说：油菜“形微似白菜，叶青，有微刺。春菜苔可以为蔬。三月，开小黄花，四瓣，若芥花；结荚收子，亦如芥子，但灰赤色。出油胜诸子，油入蔬，清香；造烛甚明，点灯光亮；涂发黑润。饼饲猪易肥，上田壅苗堪茂。秦人名菜麻，言子可以出油如芝麻也。一名胡蔬，始出自陇右胡地。一名芸苔。”[③] 这是一种典型的白菜类型油菜。宋代时，油菜栽培已在长江流域发展起来。项安世在《送董熠归鄱阳》一文中提到“自过汉水，菜花弥望不绝，土人以其子为油”。油菜又名寒菜，《图经》又引云洽居士云：“寒菜，言其耐寒也，”由于它是唯一的冬季油料作物，所以自元代以后，油菜就已成为南方稻田里重要的冬作物。

油菜的勃兴也可能与农业结构的变化有一定的联系。毫无疑问，油菜是作为油脂生产的原料生产的。长期以来，作为油脂生产的重要来源，除了植物之外，更多的是来自动物的脂肪。在中国最先使用的油脂可能是动物的脂肪。油字最初并没有油脂的意思，而芝麻最初称之为“脂麻”，也与最初使用的是动物脂肪有关[④]。汉代以后，随着芝麻的进入，开始了植物油和动物油并用的时代，但由于畜牧业的日趋萎缩，动物油所占比重在减少，而植物油的用量在增加。到了唐宋以后，人口的增加，人均耕地占有量在不断下降，用于发展畜牧业的土地更少了，使得畜牧业进一步萎缩，从另一个方面来说，意味着动物油脂的减少，这在人多地少的南方更是如此，因此油菜首先在南方地区得到发展。油菜的勃兴，弥补了由于畜牧业的萎缩所致的油脂原料的不足。

2. 棉麻作物

隋唐宋元时期，衣着原料生产开始发生重大的变化。此前衣着原料主要来自于桑柘和大麻。其中桑柘是养蚕获取蚕丝的重要原料，其生产的丝绸主要供富贵人穿着，大麻是普通百姓衣着原料的主要来源。苎麻和棉花虽然在南方一些地区和边疆地区有所种植，但并不普遍。《农桑辑要》不失时机地收入有关棉花和苎麻栽培的内容，但却将它们放在五谷之后，而没有单独地成为一项独立的内容。《王祯农书》中大概已感觉到这样安排不妥，于是又将木棉和苎麻的内容拿出来，放入“杂类”。无论如何，棉花进入中原和苎麻的北迁都是隋唐宋元时期值得大书的一笔。

---

① 《旧唐书·杨炎传》。

② 《农桑辑要·瓜菜·蔓菁》引《务本新书》。

③ 张宗法：《三农纪》卷十二，“油属”。

④ 刘敦愿，中国古代的养猪业，张仲葛、朱先煌主编《中国畜牧史料集》，科学出版社，1986年，第212页。

棉花是最重要的衣着原料之一。在中国，其出现远晚于麻丝，然其发展竟超越麻丝之上，由于其拥有特殊优秀的性质，非其他纤维品所能及，“且比之桑蚕，无采养之劳，有必收之效；埒之枲苎，免缉绩之工，得御寒之益，可谓不麻而布，不茧而絮”。① 以致于到了明朝“地无南北皆宜之，人无贫富皆赖之”。② 然而，棉花却并非中国原产，而是从印度等地传入中国的，甚至被誉为“传入物品中之有最大价值者”。③

人们普遍认为，公元2～4世纪，中国的新疆、海南岛、云南等边疆地区已种植棉花。那么，中国内地，特别是中原地区是何时开始有棉花种植的呢？自元代以来，人们都以为棉花是宋元期间传入到中原地区的。元代农学家王祯说：“中国自桑土既蚕之后，惟以茧纩为务，殊不知木绵之为用。夫木绵产自海南，诸种艺制作之法駸駸北来，江淮川蜀既获其利；至南北混一之后，商贩于北，服被渐广，名曰‘吉布’，又曰‘棉布’。”④ 明丘濬《大学衍义补》：“自古中国所以为衣者，丝麻葛褐，四者而已。汉唐之世，远夷虽以木绵入贡，中国未有其种，民未以为服，官未以为调。宋元之间，始传其种入中国，关陕闽广，首得其利。”⑤ 这种观点为人们广为接受。但有迹象表明，唐人对于棉花或棉布已不陌生。大约从9世纪开始，在唐代的诗歌中出现了许多与棉花或棉布有关的诗句，如：白居易的“鹤氅毳疏无实事，木棉花冷得虚名”。⑥ 皮日休的“巾之劫贝布，馔以旃檀饵”。⑦ 张籍的“自爱肌肤黑如漆，得时半脱木棉裘”。⑧ 白居易的“短屏风掩卧床头，乌毡青帽白氎裘”。⑨ 元稹（779～831）的“大布垢尘须火浣，木绵温软当绵衣”。⑩ 王建的“白氎家家织，红蕉处处栽”⑪。以上诗中所提到的木棉、吉贝、白氎等就是后来的棉花。学术界普遍认为，“吉贝”及其转音，如“古贝”、“织贝”、“却贝”、“家贝”等，一词源于印度梵文Karpasa，佛经中译成劫婆娑，或劫波育、或迦波罗。而“白氎”及其转音，如“帛叠”、“白叠”、“白褺”、“钵吒”、“白答”等，则源于古波斯语pataka，而且是与现代波斯文“bagtak”同源一个字。都是与棉花或棉布有关。更有学者认为，吉贝可能是指亚洲棉（中棉），而白氎则可能是指非洲棉（草棉）。⑫

如果说，白氎和吉贝等多少还带有异国情调的话，木棉及木棉花（又作“木绵”或“木棉花”）的出现，则完全是本地化的产物。汉语中，木棉一词最早出现于晋朝，⑬ 但当时的木棉是指锦葵科的草棉（*Gossypium herbaceum* L. 即棉花），还是同属的木本棉（*G.*

① 《王祯农书·农器图谱集之十九·木绵序》。

② 明·丘濬.《大学衍义补》，引自明·徐光启，《农政全书》卷之三十五，“蚕桑广类”，石声汉校注本，古籍出版社，1981年，第968～969页。

③ 唐启宇，中国作物栽培史稿，农业出版社，1986年，第475页。

④ 《王祯农书》农器图谱集之十九，王毓瑚校本，农业出版社，1981年，第414页。

⑤ 丘濬《大学衍义补》，引自明·徐光启，《农政全书》卷之三十五，“蚕桑广类”，石声汉校注本，古籍出版社，1981年，第968～969页。

⑥ 白居易，新制绫袄成，感而有咏，《全唐诗》卷四百五十一，白居易二十八，中华书局，1960年，5103页。

⑦ 皮日休：孤园寺，《全唐诗》第十八册，中华书局，7040页。

⑧ 张籍：昆仑儿。

⑨ 白居易：卯饮。

⑩ 元稹：送岭南崔侍御，《全唐诗》卷五四〇，元稹十七，中华书局，1960年，第4572页。

⑪ 王建：送郑权尚出镇岭南。

⑫ 汪若海，白叠与哈达，中国农史，1989，(4)，第91～92页。

⑬ 晋·张勃《吴录·地理志》，见《齐民要术校释》，农业出版社，1982年，第702页。

arboreum L.)，或者是木棉科的木棉（Ceiba pentandra Gaertn. 或 Bombax ceiba L.，即攀枝花），还有争论。不过白居易诗中出现的可以用来御寒的“木棉花”指的可能是棉花而不是攀枝花。

棉花和攀枝花虽然都称为花，但花的意义却有不同。棉花之所以称为花，却并不是因为其所开之花（flower），而是因为其所结之果（fruit 蒴果）。棉花开花之后，便是结铃，铃中吐絮似花，故称为花。而攀枝花之得名却是因为其开之花（flower），而非其所结之铃果（fruit）。当人们把攀枝花称为木棉花的时候，想到的是它所开的花，而非它所结的果。相反当人们提到棉花时，想到的是它的果，而非它花。攀枝花一般是正月开花，花落然后生叶。花朵很大，初开为金黄色，隔日转深红色，十分艳丽，非常引人注目，唐诗中也的确有欣赏攀枝花之艳丽的诗句，如：“蜀客南行祭碧鸡，木绵花发锦江西，山桥日晚行人少，时见猩猩树上啼。”① 诗中的木绵花显然指的是攀枝花，诗中描写的川西一带正是攀枝花的产地之一。从这个意义上来说，唐代诗人李商隐（812～858）诗中的“木棉花”也可能是攀枝花，诗中描绘的是花开鸟鸣的春天的景色。诗云：“今日致身歌舞地，木棉花暖鹧鸪飞。”② 一个“暖”字正体现出春暖花开的自然景色，而且攀枝花火红的颜色也正给人一种温暖的感觉，这种暖色怎么也不会与“冷”联系起来，从而更加证明，白居易诗中的“木棉花”可能不是攀枝花，而是棉花。和攀枝花相比，棉花不仅开花较晚，而且花色也无甚可观，不会引取人太多的注意。而且，当木棉花与衣服联系起来的时候，恐怕就不能把它当作攀枝花所开之花，而更可能是棉花所结之果。因为作为攀枝花的木棉花尽管秀色可餐，花本身是不能御寒蔽体的。而攀枝花絮尽管经人工搓捻，“可缉为布”，但已不称作“木棉花”。棉花的价值即在于这种似花的果实能够给人们提供衣着原料，而白居易诗中作为御寒衣着原料来使用的正是花，即棉纤维，因此，白居易诗中的木棉花更可能是棉花。倘若如此，棉织品在唐朝就已进入中原地区了。

但是唐朝中原地区是否有棉花种植呢？这是一个很重要的问题。韩鄂《四时纂要》中的“种木绵法”一条，这是目前已知最早的种木棉的最早记载。从记载的内容来看，当时已经积累了较为丰富的植棉经验，显然当时棉花种植已有时日了，再从书中所记载的棉花播种期（谷雨节前后，即四月十九至二十一日前后）来看，也与今日中国北方地区的棉花播种期相同③，由此也可证明当时北方地区已有棉花种植。

但由于长期以来，人们普遍认为棉花是宋元之交才开始传入中原地区的，而《四时纂要》又是唐朝的作品，于是便对《四时纂要》中出现的这一条提出了疑问。加上元代的《农桑辑要》“栽木绵法”只有本身“新添”的一条，没有引到此条。吴懔《种艺必用》大量抄袭《四时纂要》，也没有抄到这一条。而这一条又放在违时令记载的后面，④ 在体例上也似与全书不符。因此怀疑这条可能是后人添加进去的资料，甚至认为“说不定这是朝鲜人加进去的”⑤。

的确，《四时纂要》现仅存朝鲜的重刻本，这个刻本刻于明朝万历十八年（1590），当

① 唐·张籍：送蜀客，《全唐诗》卷三八六，张籍五，中华书局，1960 年，第 4350 页。
② 唐·李商隐，李卫公德裕。
③ 山东农学院主编，作物栽培学（北方本），下册，农业出版社，1980 年，第 579 页。
④ 韩鄂撰，缪启愉校释，《四时纂要校释》，农业出版社，1981 年，第 107～108 页。
⑤ 元·大司农编撰，缪启愉校释，元刻农桑辑要校释，农业出版社，1988 年，第 138 页。

时棉花和棉布已是“地无南北皆种之，人无南北皆宜之”，棉花种植和纺织技术已相当成熟，原《四时纂要》中如果没有这条，传刻人加入这条也似有可能，果真如此的话，加入进去的内容应与当时所能看到的或使用的有关内容相同或相似。但从《四时纂要》和元明时期农书有关内容的比较来看，《四时纂要》中所记载的植棉技术似乎要落后于元明时期的水平，最明显的一点就是棉花整枝技术。这项技术至少在元代即已出现，元代之后，这项技术得到了广泛的运用，而且技术越来越精细，到了明代的时候，人们对于整枝的时间、方法、及其与土肥的关系，也都有了比较具体的了解。如果《四时纂要》中的“种木绵法”是后人补进去的话，不见有整枝技术是很难以理解的。

更为值得注意的是，《四时纂要》中记载了用的打铙吹角办法来防止棉桃殒落，尽管有学者称赞它为一条“音乐作用于作物的古农书记载”[①]，但打铙吹角不过是一种禳镇的玩意，而禳镇内容充斥正是《四时纂要》的一大特色。所以从栽培方法和当时的习俗看，又不像是后人加入的[②]。内容上来分析，“种木绵法”仍有可能是原书中所故有的。至于依据《农桑辑要》等没有辑录“种木绵法”这条，从而得出元时所见《四时纂要》似乎还没有这一条的结论，也可以举出相反的例子。因为依照《农桑辑要》的采录原则应采录而没有采录的《四时纂要》资料不止“种木绵法”这一条，有学者发现，“三月”篇“种薏苡”等条也没有被采录[③]。至于它在体例上为什么附于四季行令之后，而不列在种植各类作物之中，除了有学者发现，在“正月”和“十二月”中也有类似情况之外[④]，我们认为这可能是因为“种木绵法”对于《四时纂要》来说的确是一种“新添”的资料，在以前的农书，如《齐民要术》等中，没有现成的资料可供利用，而《四时纂要》的内容又大多引述前人的材料，包括现已遗失的材料，“种木绵法”可能是作者自己的创作，所以被置于最后。

假如《四时纂要》的成书年代如下章所考证的在公元945～960年之间的话，则在此之前中原地区已有棉花种植。但是有宋一代，棉花种植的普及程度并不高，且主要局限于江南一带，只是到了宋元以后才得到了发展。这其中最少有三个方面的原因：

一是经济上的原因。唐宋以后人口的增加，不仅使得吃饭成为问题，更使得穿衣成为问题。长期以来人们在研究宋代以后人口的快速增长的原因时，往往只看到粮食的增长所起到的作用，因而过分地夸大了占城稻引进的作用，实际上，温饱问题必须同时解决才能才是人口增长的重要原因。棉花的引进与发展不仅是人口增长的需要，更是人口增长的原因。

二是气候上的原因。宋代以后的气候变冷，使得穿暖问题变得更为迫切。据竺可桢的物候分析，从东汉（公元初）至南北朝时期，是中国气候转寒冷的时期，但到隋唐五代又明显转暖，而从宋朝（特别是南宋）以后，历元、明、清的历史时期，气候却比现在冷（除去短时期的回暖）。持续的寒冷气候，必然表现为春暖推迟，秋寒提前，延长的冷冬，必然加剧人们对于过冬衣被的需求。这可能就是棉花在宋元时期得到了迅速发展

① 胡道静，音乐作用于作物的古农书记载，古今农业，1987，(1)：14。
② 万国鼎，韩鄂四时纂要，中国农报，1962，(11)。
③ 韩鄂撰，缪启愉校释，“校释前言”，《四时纂要校释》，第5页。
④ 韩鄂撰，缪启愉校释，“校释前言”，《四时纂要校释》，第4页。

的客观原因。

三是技术上的原因。棉花是一种外来的作物，要使它在内地生根开花结果，必须具备一定的技术条件。的确，在棉花内迁的过程中，由于技术上的原因，一些地方并没有取得成功，甚至有些地方因此而萌生出风土不宜的想法，这种情况到了元朝初年都还存在，《农桑辑要》中所收录的孟祺所撰的“论九谷风土时月及苎麻木绵”就是为了消除这种观念而作，孟祺认为，棉花引种的失败“託之风土，种艺之不谨者有之；抑种艺虽谨，不得其法者亦有之”。把植棉技术作为扩大棉花种植的关键。与此同时，植棉技术和棉纺技术也的确得到了长足的发展，这从《四时纂要》、《农桑辑要》、《王祯农书》中都可以得以了反映。

除了栽培技术之外，棉纺织技术的发展也是棉花得以推广的原因，棉花最初进入内地时，似乎并没有做为纺织的原料，而主要是作为棉席和棉袄的填充物。但随着棉纺织技术的进步，棉花用途得以扩大，棉花可以纺织成各种布料，成为春、夏、秋、冬四季皆宜的服装布料，大大地扩大了棉花的用途。成为棉花在宋元时期迅速发展的原因。历史上往往把这个贡献归之于黄道婆。由于以上几个方面的原因，使得棉花在宋元以后得到了普及，到明代已是“地无南北皆宜之，人无贫富皆赖之”的大众衣料。

和棉花相比，苎麻的问题相对清楚一些。中国北方原本有苎麻种植，《诗经》有“东门之池，可以沤纻”，可以为证。但北方的苎麻栽培随着气候变迁，冷暖交替而兴衰，冷时，北方苎麻即萎缩，暖时又发展。而中国南方却始终有苎麻栽培。故苏颂《图经本草》记载：“今闽、蜀、江、浙有之。”元代北方苎麻种植又开始复兴，《农桑辑要》说：“苎麻本南方之物。……近岁以来，苎麻艺于河南。……滋茂繁盛，与本土无异。……遂即已试之效，令所在种之。”表明元初苎麻引种到河南还为时不久，并且正设法在北方继续推广，为此，《农桑辑要》首载了苎麻的栽培方法，后来，王祯《农书》“农器图谱”还专为苎麻设立一门，备载治苎纺织工具。不过苎麻，甚至包括整个麻类作物，在衣着原料生产中的地位远不及棉花，它的产地仍然主要在长江以南地区。

3. *蔬菜作物*

隋唐宋元时期，适应人口增长，工商业的发展和城市的繁荣，蔬菜栽培得到了很大的发展，表现之一就是栽培蔬菜种类的增加。据统计，《齐民要术》记载了栽培方法的蔬菜共有30余种，和《齐民要术》相比，《四时纂要》所记载蔬菜种类虽然也只有35种栽培蔬菜，但其中却有1/4的种类是隋以前所没有的，它们是菌、百合、枸杞、莴苣、术、黄菁、决明、牛膝、牛蒡和薯蓣。这其中除菌和莴苣以外，现大多已不是蔬菜作物。宋代蔬菜作物的种类又有增加，据《梦粱录》记载，仅临安一地，蔬菜就有苔心矮菜、矮黄、大白头、小白头、夏菘、黄芽、芥菜、生菜、菠棱菜、莴苣、苦荬、葱、薤、韭、大蒜、小蒜、紫茄、水茄、梢瓜、黄瓜、葫芦、冬瓜、瓠子、芋、山药、牛蒡、茭白、蕨菜、萝卜、甘露子、水芹、芦笋、鸡头菜、藕条菜、姜、姜芽、新姜、老姜、菌等40余种。《农桑辑要》卷之五的“瓜菜”，和《王祯农书·百谷谱》中的“蓏属”和“蔬属”，虽然记载的瓜蔬种类也是30余种，但有不少种类是这一时期新添的。如菌子、菠菜、莴苣、莙荙、西瓜等。

菌子，中国很早就知道真菌门担子菌纲中的某些种类可供食用。《尔雅·释草》：“中馗、菌，小者菌。”郭璞注：“地蕈也，似盖，今江东名为土菌，亦曰馗厨，可啖之。”

《说文解字》:“蕈、桑荬”;“葇、木耳也。”《齐民要术》中有三处提到木耳的食法。[①] 但食用菌的人工培养却最早见于《四时纂要》。《四时纂要·三月》中有“种菌子”一条,以后相关的内容又见于《农桑辑要》、《王祯农书》等农书之中,更为重要的是,在宋代还出现了第一部关于食用菌的专谱——《菌谱》,这都说明食用菌已成为重要的蔬菜。

菠菜,自隋唐时期传入中国后,到宋元时期种植发展较快,成为冬春季节的重要蔬菜。

莴苣,原产于西亚,隋唐时期传入中国,最早的文献记载见于唐代,如,唐代的《食疗本草》和《本草拾遗》;杜甫也有《种莴苣》诗。从最早见于“本草”一类的书可以看出,莴苣最初大概是作为药用植物来栽培的,后来才发展为蔬菜。

莙荙,又名菾菜,品种不一。原产于西域。《氄牖闲评》有“军达(莙荙)出大食田”之语,魏晋南北朝时已传入中国,陶弘景已著录其名,《玉篇》已训为“菜”,但可能种植不广,因此迟至《农桑辑要》中才述及它的栽培方法。

西瓜的原产地在非洲热带的干旱沙漠地带。考古学家现已在埃及古墓中,发现有西瓜子和叶片;在南非卡拉哈里半沙漠地区,迄今为止,仍有野生西瓜种;而且根据西瓜热耐旱的特点,南非小气候环境和风土条件也非常适合西瓜起源的自然摇篮。因此现在一般认为西瓜起源于非洲。西瓜的传播首先从埃及传到小亚细亚地区,一支沿地中海北岸传到欧洲腹地,19 世纪中叶移植到美国,又进入北美和南美。另一支则经波斯向东传入印度;向北经阿富汗,越帕米尔高原,沿丝绸之路传入西域、回纥,引种到中国内地。[②]

西瓜传入中国新疆地区大约是在唐代初年,而传入中国内地大约是在五代、宋辽时期。西瓜一词见于《新五代史》:“(胡峤)居虏中七年,当周广顺三年亡归中国,略能道其所见,云:自幽州西北入居庸关,明日又西北入石门关……又行三日,遂至上京,……自上京东去四十里,至真珠寨,始食菜,明日东行,地势渐高,西望平地,松林郁然,数十里遂入平川,多草木,始食西瓜。云契丹破回纥得此种,以牛粪覆棚而种,大如中国冬瓜而味甘。”[③] 1995 年夏秋之际,考古人员在赤峰市敖汉旗境内一座大型壁画墓中,发现了中国迄今已知时代最早的西瓜图画。[④] 从而证实了胡峤的记载是可信的。然而,契丹只是把西瓜从西域带到了他们所统治的北方地区,至于南方西瓜种植则在其后。据现已发现的南宋施州郡守秦伯玉于咸淳六年(1270)所立《西瓜碑》的记载,推测淮西(南?)地区种植西瓜的时间开始于南宋绍熙元年(1190)前后。[⑤] 但当时所种的西瓜,瓜种可能并不是直接来自北方,因为碑中另外还提到了一种“回回瓜”,它是庚子嘉熙(1240)“北游带过种来”,咸淳五年(1269)试种并取得成功的。

在种类增加的同时,隋唐宋元时期主要蔬菜的种类也发生了一些变化,从《齐民要术》的记载来看,魏晋时期北方的主要栽培蔬菜主要有瓜(甜瓜)、葵和芜菁等,而隋唐

① 见其中的“羹臛法”、“作菹藏生菜法”、“五谷、果蓏、菜茹非中国物产者”。

② 美·劳费尔著,林筠因译,中国伊朗编,商务印书馆,1964 年,第 263~271 页。

③《新五代史·四夷附录·契丹》。

④ 王大方、张松柏,西域瓜果香飘草原——从内蒙古发现我国古代最早的西瓜图谈契丹人的贡献,农业考古,1996,(1):180。

⑤ 秦伯玉,西瓜碑,中国科学技术典籍通汇·农学卷一,河南教育出版社,第 421 页。

宋元时期，菘、萝卜等成为蔬菜的主要当家品种。

菘，即白菜。明代李时珍引陆佃《埤雅》说："菘，凌冬晚凋，四时常见，有松之操，故曰菘，今俗之白菜。"原产于中国南方，由于隋唐宋元以前，中国的政治经济文化的重心在北方，在汉代以前似无记载，有人认为《诗经》中的"葑"，就是今天以白菜为主的一类蔬菜。东汉《四民月令》中尚无菘的记载，只是到了三国以后，菘才见之于记录，如，《吴录》"陆逊催人种豆、菘"的记载。但总的说来，隋唐宋元以前，菘菜的栽培似乎并不普遍，《齐民要术》中虽然记载了菘，但仅仅是附于蔓菁之中，且内容也非常简略，只是提到"菘菜似芜菁，无毛而大"。种法"与芜菁同"。菘真正成为一种"南北皆有"的蔬菜则是在隋唐宋元时期。唐《新修本草》载："菜中有菘，最为恒食，性和利人，无余逆忤，今人多食。"①

萝卜。古称菲，芦葩，又名莱菔、雹突。《诗经·谷风》有："采葑采菲"之句，菲即莱菔。元代又因其不同的生长时期，而给予不同的名称："春曰破地锥，夏曰夏生，秋曰萝葡，冬曰土酥。"由于萝卜"生熟皆可食，腌藏腊豉，以助时馔；凶年亦可济饥，功用甚广"，加上它"四时皆可种"，食用的时间长，所以在元代已"在在有之"，② 成为广泛分布的一种大众蔬菜。据《农桑辑要》记载，当时萝卜的品种有水萝卜，可以在农历正二月种，亦可在末伏时种；有60日，到夏四月还可种；有大萝卜，在初伏时种。

4. 果树

隋唐宋元以前，果树的种类根据《齐民要术》的记载，主要有枣、桃、李、梅、杏、梨、栗、柰、林檎、柿、安石榴等。唐朝，一些外来的果树已引进到了中国。见于记载的主要有以下几种：

金桃、银桃，原产于康国（即萨马尔罕），7世纪，"康国献金桃、银桃，诏令植之于苑囿"③。不过这一果树可能并没有在中国存活很长的时间，唐宋时期，国产的金桃是用桃和柿嫁接产生的。

波斯枣，又名海枣、海棕、枣椰子。因原产波斯而得名。据《酉阳杂俎》的记载，"波斯枣，出波斯国，波斯国呼为窟莽，树长三、四丈，围五、六尺，叶似土藤，不凋，二月生花，状如蕉花，有两甲，渐渐开罅，中有十余房，子长二寸，黄白色，有核，熟则则紫黑，状类干枣，味甘如饧，可食"。在中国它主要是用作药材，本草书中认为波斯枣具有"补中益气，除痰嗽，补虚损，好颜色，令人肥健"的优点。天宝五年（746），陀拔斯单国（里海附近的一个古国）国王向唐朝贡献了"千年枣"，即波斯枣。这种果树在9世纪时，广州已有种植。现多零星栽培于台湾、两广、福建、云南等地。

巴旦杏，又名偏桃或扁桃。《酉阳杂俎》载："偏桃，出波斯国，波斯呼为婆淡，树长五六丈。围四、五尺。叶如桃而阔大，三月开花，白色，花落结实，状如桃子而形偏，故谓之偏桃，其肉苦涩不可啖，核中仁甘甜，西域诸国并珍之。"引入后主要栽培于新疆、甘肃、陕西等温暖而较干燥地区。北宋京师引进了一种名曰巴榄子的果树，即或是巴旦杏。"巴榄子，如杏核。色白。褊而尖长。来自西蕃。比年近畿人种之亦生。树似樱桃。

① 唐《新修本草》辑复本，安徽科学技术出版社，1981年，第462页。

② 《王祯农书·百谷谱三》。

③ 《册府元龟》卷九七〇，第8页。

枝小而极低。惟前马元忠家。开花结实，后移植禁御”。[①] 此种果树在《东京梦华录》中也有记载，名为巴览子。

婆那婆树，《酉阳杂俎》载：“婆那婆树，出波斯国，亦出拂林，呼为阿蔀瓣，树长五六丈，皮色青绿，叶极光净，冬夏不凋，无花结实，其实从树茎出，大如冬瓜。有壳裹之，壳上有刺，瓤至甘甜可食，核大如枣，一实新数百枚。核中仁如粟黄，炒食之甚美。”

油橄榄，名齐墩树。《酉阳杂俎》载：“齐墩树，出波斯国，亦出拂林国，拂林呼为齐虚。树长二三丈，皮青白，花似柚，极芳香，子实似杨桃，五月熟，西域人压为油，以煮饼果，如中国之巨胜也。”

阿月浑子，这是一种生长在粟特、呼罗珊以及波斯等的美味坚果。中国记载首见于唐开元年间《本草拾遗》，其曰：阿月浑子“生西国诸番，云与胡榛子同树，一岁榛子，二岁浑子也。”[②] 其后《酉阳杂俎》也加著录。大约从 9 世纪时起，在岭南地区就已经种植了这种坚果。[③]

莳罗子，唐时从苏门答腊传入，原产于印度或波斯。

唐宋时期，除了从国外引进大量的果树种类以外，还立足于国内驯化栽培了一些新的果树品种。猕猴桃[④] 即是其中之一。猕猴桃之名见于唐人陈藏器所著之《本草拾遗》，又见于《开宝本草》。《证类本草·果部下品》载《开宝》之文载：“猕猴桃……一名藤梨，一名木子，一名猕猴梨；生山谷；藤生著树，叶圆有毛，其形似鸡卵大，其皮褐色，经霜始甘美可食。”唐人岑参曾有“中庭井栏上，一架猕猴桃”[⑤] 的诗句，这是猕猴桃人工栽培最直接的证据。有资料表明，唐代已将猕猴桃用于加工制酒。杜甫曾作《谢严中丞送青城山道士乳酒一瓶》诗，乳酒即猕猴桃酒，因汁液混浊似乳，故名乳酒。

隋唐宋元时期，随着经济重心的南移，一些南方的常绿果树，如柑橘、荔枝等开始引人注目，并逐渐由南向北移植，并取得了一定的成功。《农桑辑要》中所载果树种类与《齐民要术》基本相当，新添的主要有银杏、橙、橘、樝子等。《王祯农书》中则增加了荔枝、龙眼、橄榄、余甘子等。

银杏是中国特有的古老的孑遗植物，俗名白果，“以其实之白”；“一名鸭脚，取其叶之似”。[⑥] 雌雄异株，古人对此已有认识，《博闻录》：“银杏。有雌雄。雄者有三稜，雌者有二稜，须合种之。”“其木多历年岁，其大或至连抱，可作栋梁。”[⑥]果实可供食用和药用。“初收时，小儿不宜食，食则香霍。惟炮、煮作颗食为美”。[⑥]

橙、橘、樝子等皆为南方的果树，“橘生南山川谷，及江浙、荆、襄皆有之”。柑“生江、汉、唐、邓间”[⑥]，唐代在长安宫庭内栽培柑桔，曾获得结实与“江南及蜀道所进

---

① 朱弁：《曲洧旧闻》四。

② 见《政和证类本草·木部》卷十二。

③ 美·劳费尔著，林筠因译，中国伊朗编，北京，商务印书馆，1963 年，第 72 页。

④ 夏纬英认为，猕猴桃，即没核桃之讹。见《植物名释札记》，第 263 页。

⑤ 岑参，“宿太白东溪李老舍寄弟侄”，《岑嘉州诗》卷一。

⑥ 《王祯农书·百谷谱·果属》。

不异”的成效[①]。宋代柑橘的主要产区仍然是江浙、四川和闽广地区。其中浙江的温州、苏州太湖中的洞庭山、江西赣江沿岸、四川果州（今南充）、梓州（今三台市）、开州（今开县）、夔州（今奉节）等地都以盛产柑橘闻名。元代继续向北方推进，当时西川、唐、邓多有栽种成就，怀州亦有旧日橙、柑、橘等果树。

荔枝在中国是最具有传奇色彩的果树。秦汉时期，当北方人因开拓南越，而首次接触到荔枝之后，这种鲜果美味便引起了统治者的注意，汉武帝重修的上林苑中就建有专门的扶荔宫[②]，用以移植荔枝，但尽管付出了极大的努力，荔枝的移植还是未能成功。所以到了唐宋的时候，北方人要想吃到新鲜的荔枝，还是非常困难的，从“一骑红尘妃子笑，无人知是荔枝来”的诗句中可知，当时只有贵如杨妃这样的人才有可能通过驿传这种古代的特快专递方式吃到新鲜的荔枝，而对于一般的人来说，想要“日啖荔枝三百颗”，只有“不辞长做岭南人”了。对于荔枝的喜爱和荔枝的难得构成了中国人对于荔枝的特殊情结，这种情结使人们更多地想了解关于荔枝的一切，荔枝谱的编著便是这种情结的产物。

唐宋时期福建、四川、广南等是荔枝的主要产地。宋人评论说，荔枝“闽中第一，蜀川次之，岭南为下”[③]。荔枝是广受欢迎的果品，它不仅在国内很有市场，又作为珍品远销与宋对峙的辽、夏、金统治区，而且还出口到朝鲜、日本、大食（今阿拉伯各国）等国家和地区。

龙眼与荔枝近似，对于北方人来说不易分得清楚，故宋人有谓汉《西京杂记》载尉佗献高祖龙眼树，“即今之荔枝也”[④]。至元代始分清了龙眼与荔枝。“龙眼，花与荔枝同开，树亦如荔枝，但枝叶稍小。壳青黄色，形如弹丸。核如木梡而不坚。肉白而带浆，其甘如蜜。熟于八月，白露后，方可采摘。一朵五六十颗，作一穗。荔枝过即龙眼熟，故谓之‘荔枝奴’”。这是《王祯农书》中对于龙眼的描述。龙眼和荔枝一样是南方最重要的果品之一，但龙眼却远不及荔枝受人重视，唐宋时期，不仅没有出现龙眼的专谱，农书中记载龙眼也仅此一处。

同样的还有橄榄和余甘子。“橄榄，生岭南及闽广州郡。性畏寒，江浙难种。树大数围，实长寸许，形如诃子而无棱瓣。其子先生者向下，后生者渐高”。不过从《王祯农书》的记载来看，当时橄榄和余甘子还似乎是以采集野生果为主。严格说来还没有成为农业生物。

5. 竹木

植树造林是传统农业的内容之一，竹木也是农业生物之一类。《齐民要术》中便有关

---

① 《全唐文》卷九六二（贺宫内柑子结实表）：“近宫内种柑子树数株，今秋以来，结实一百五颗，乃与江南及蜀道所进无别。”段成式《酉阳杂俎》：“天宝十年，上谓宰臣曰：‘近日于宫内种甘子数株，今秋结实一百五十颗，与江南蜀道所进不异。”

② 《三辅黄图》卷三：“扶荔宫，在上林苑中，汉武帝元鼎六年，破南越，起扶荔宫，以植所得奇草异木：菖蒲百本、山姜十本、甘蕉十二本、留求子十本、桂百本、蜜香、指甲花百本，龙眼、荔枝、槟榔、橄榄、千岁子、甘桔皆百余本。上木，南北异宜，岁时多枯瘁。荔枝自交趾移植百株于庭，无一生者，连年犹移植不息。后数岁，偶一株稍茂，终无华实，帝亦珍惜之。一旦萎死，守吏坐诛者数十人，遂不复莳矣。”

③ 《重修政和经史证类备用本草》卷二十三。

④ 《说郛》十八顾文荐《负暄野录》。

于竹木种植的记载，但与之相比，隋唐宋元时期的林木种植呈现出两个方面的特点：

一是竹类上升到林木的首位。《齐民要术》中有“种竹”一条，但位置靠后，不见其重要。但隋唐宋元时期，竹类便上升到了首位，不仅出现了《笋谱》，在许多的笔记杂录中都有种竹法的记载，如《梦溪忘怀录》、《癸辛杂识》、《东坡志林》、《山家清供》等等，元代《农桑辑要》和《王祯农书》都将有关植树造林的内容称为“竹木”，竹在前，木在后，反映了竹在林木中的地位。

二是林木种类的增加。仅《农桑辑要》标明新添的就有：漆、皂荚、楝、椿、苇、蒲等。《齐民要术》有“漆”一篇，但所记仅是收贮和保存漆器的方法，并无种法的记载。本书新添：“春分前后移栽。后树高，六七月，以刚斧斫其皮开，以竹管承之，汁滴则成漆。”皂荚，在《博闻录》中有记载，本书新添：“种者，二三月种。不结角者，南北二面，去地一尺钻孔，用木钉钉之，泥封窍，即结。”楝、椿、苇、蒲等则完全是本书新添，书中介绍了楝、椿、樗、苇、蒲的种栽方法，还对香椿和臭椿作了区别。指出：“木实而叶香，有凤眼草者，谓之椿；木疏而气臭，无凤眼草者，谓之樗。……又曰：有花而荚者谓樗，无花不实谓椿。”书中没有提到香椿可供食用。

本时期还从国外引进了不少新的树种。见于《酉阳杂俎》记载的就有：贝多树、菩提树、波斯皂荚、娑罗树等。“贝多，出摩伽陀国，长六七尺，经冬不凋，此树有三种……”贝多，即贝页，在印度供写经用。“菩提树，出摩伽陀国，在摩伽诃菩提寺，盖释迦如来，成道时树，一名思惟树”。唐以前即已传入中国，种植在佛寺的空地上，唐贞观十五年（641），一位印度国王向唐朝皇帝贡献了一颗菩提树，贞观二十一年（647）摩揭陀国又贡献了一颗菩提树。“波斯皂荚，出波斯国，呼为‘忽野簷默’，拂林呼为‘阿梨去伐’，树长三四丈，围四五尺，叶似钩缘而短小，经寒不凋，不花而实，其荚长二尺，中有隔，隔内各有一子，大如指头，赤色，至坚硬，中黑如墨，甜如饴，可啖，亦入药用”。娑罗树在唐以前即已进入中国，不过大规模地进入则是在唐朝，唐玄宗天宝初年，唐朝四镇长官在拔汗那得到了200茎娑罗树枝，派人专程送到了长安。代宗时，又有更多的娑罗树从西方运来。至宋代，娑罗树已成为文献中一个常见的树种①。

6. 药草

中医使用的药物主要来自于植物，而植物又主要采自野生植物。汉代皇家园囿中已有药用植物栽培，但唐宋以前，药用植物栽培未为普遍。唐宋以后，药材的需求量加大，野生采集 已不敷使用，于是药材栽培大兴。唐代政府医疗管理机构太医署令就在京师有药园，由药园师掌管。药园师“以时种莳收采诸药。京师置药园一所，择良田三顷，取庶人十六已上，二十已下充”。②北宋名苑艮岳中就有专门的药园，种植有参、术、杞、菊、黄精、芎藭等药用植物③。官府之外，民间的药用植物栽培也很普遍。据宋人杨天惠《附子记》载，绵州彰明县（今四川江油县南）赤水等四乡共有100多顷种植附子，每年收获达16万斤，陕西、福建、浙江等地的商贾纷纷远道前来购买。山居隐士也参与了药材栽培。山居的隐者，讲所谓修身养性，需要较多地服食某些药物，在采集不到的情况下，

① 谢弗著，吴玉贵译，唐代的外来文明，中国社会科学出版社，1995年，第274页。

② 《唐六典》卷十四。

③ 赵佶：《艮岳记》。

他们就自己动手进行栽培。陈旉《农书》洪兴祖后序在讲到陈旉的生平时说到:“西山陈居士……平生读书,不求仕进,所至即种药治圃以自给。”由此可见,种药是山居生活的重要内容之一。

从《农桑辑要》一书来看,隋唐宋元时期栽培的主要药草作物有紫草、红花、蓝、栀子、茶、椒、茱萸、茴香、莲藕、芡、薯芋(山药)、地黄、枸杞、菊花、苍术、黄精、百合、牛蒡子、决明、甘蔗、薏苡、藤花、薄菏、罂粟、苜蓿等,其中栀子、枸杞、甘蔗、薏苡、藤花、薄菏、罂粟等是《农桑辑要》新添的。

7. 观赏植物

仅唐代后期宰相李德裕在其所著的《平泉山居草木记》一书中,就记载了他别墅中的奇花异草约70种,这70余种花木之中有产自南方的山茶、紫丁香、百叶木芙蓉、百叶蔷薇、紫桂、簇蝶、海石楠、俱那、四时杜鹃、紫苑、黄槿等。而据《酉阳杂俎》的记载,唐代还从国外引进了捺祇、野悉蜜、毗尸沙等花卉。宋代栽培的花卉已达200多种,这其中还不包括许多观赏竹类。

观赏植物的种类至多,他们虽不载于农书,但很多却各有专谱。也有的被收入在诸如《全芳备祖》这样一些综合性的花谱著作之中。唐宋时期有专谱的观赏植物有:牡丹、芍药、菊花、兰花、海棠、梅花、玉蕊等。其他没有专谱而见于《全芳备祖》等书中的还有:琼化、甘棠、桃花等百余种。在这众多的观赏植物种类中最重要的当属有专谱的那几种。

在唐代所有的花卉及花卉品种之中,以牡丹最为突出。牡丹,是毛莨科落叶灌木,原产于中国西北部,但是在隋唐以前,牡丹还是作为一种野生植物生长于山谷道旁,竹间水际,除以其根入药以外,尚未被作为观赏植物来栽培。牡丹栽培最早始于何时,现并无确切记载。宋人刘斧在《海山记》中说:“帝自素死,……乃辟地周二百里为西苑,……诏天下境内所有鸟兽草木,驿至京师,易州进二十相牡丹。”据此有人认为牡丹栽培始于隋代。不过此说在唐代就有人提出了怀疑,段成式在《酉阳杂俎》中说:“牡丹,前史无说处,……成式检隋朝种植法七十卷中,初不记说牡丹,则知隋朝花药中所无也。”但《种植法》一书不载,并不能就证明隋代没有牡丹栽培。不过至迟到唐代,牡丹肯定已人工栽培。唐宪宗元和时人舒元舆《牡丹赋·序》说:“古人言花者,牡丹未尝与焉,盖遁于深山自幽而芳,不为贵者所知,花则何过焉。天后之向西河也,有众香精舍,下有牡丹,其花特异,天后叹上苑之有阙,因命移植焉。由此京国牡丹日月寖盛。”说明牡丹栽培始于唐武则天统治时期。但又有一说认为,牡丹栽培始于唐玄宗开元末年,《种艺必用》提到:“牡丹前史无说,唯《谢康乐集》中言:‘竹间水际多牡丹’,开元末,裴士淹奉使至汾州众香寺,得白牡丹一窠,植于私第。当时名公有诗云:‘长安年少惜春残,争认慈恩紫牡丹,别有玉盘乘露冷,无人起就月中看。’元和初尤少。今与戎葵角多少矣。”说明牡丹栽培始于开元末,并已由上苑到了私第。但无论如何,天宝初年,牡丹民受到了唐玄宗的赏识。“禁中重木芍药,即今牡丹也。上因移植于兴庆池东沉香亭。得数本红、紫、浅红、通白者。会花开,上乘照夜白,妃以步辇从,诏选梨园弟子中尤者……将欲歌之”。这种赏花习俗,还由宫廷影响到民间,刘禹锡在《赏牡丹》诗中说:“庭前芍药妖无格,池上芙蕖净少情,惟有牡丹真国色,花开时节动京城。”牡丹栽培的兴起与牡丹花色华丽动人有关,也和唐代社会经济繁荣分不开,从此牡丹成为中国著名的栽培花卉。

宋人最重梅花。有关梅花的诗作很多，并出现了《梅谱》，而在陈景沂所撰《全芳备祖》中也将梅花列在首位。

8. 孳畜

在植物种类增加的同时，动物的种类也在增加。在增加的种类中又有相当多的是从外来引进的。仅在唐代，据谢弗的研究，就有马、骆驼、牛、绵羊、山羊、驴、骡、野驴、犬等家畜；有鹰、孔雀、鹦鹉、鸵鸟等飞禽①。以马为例，隋文帝时，大宛国献千里马"狮子驄"，直到唐初还有五驹②。唐初武德年间，康居国献康居马4000匹，康居马也是"大宛马种，形容极大"，入唐以后成为官马③。隋代，游牧于青海一带的吐谷浑部落引进过波斯草马，唐玄宗时还从突厥引入蒙古马等。在引进外来畜种同时，一些原来野生动物也开始了人工饲养。不过和植物比较起来增长的速度要慢一些。本期的所饲养的动物种类仍然是：马、牛、羊、猪、鸡、鹅、鸭、蜜蜂等为主，新增加的有鹌鹑、四大家鱼、金鱼，还有育珠和养蚝之类。

鹌鹑原为野生，《本草纲目》引宋人宗奭说："鹑有雌雄，常于田野屡得其卵。"宋代开始被养为笼鸟，罗愿《尔雅翼·鹑》："鹑性虽淳，然特好斗，今人以平底锦囊，养之怀袖间，乐观其斗。"当时"有少年得斗鹑，其侪求之不与……，少年追杀"④，为了一只斗鹑不惜杀人，可见鹌鹑已深受人们的喜爱，这也许就是养鹑最初的契机⑤。

唐以前，中国养殖的鱼类一直是以鲤鱼为主，到唐代，李唐王朝因为忌讳鲤、李同音，明文规定百姓不得捕食买卖鲤鱼，违者重罚。使饲养鲤鱼一度遭到限制。因此之故，再加上经济的发展，对于鱼类需求量的增加，促进了渔业生产的发展。青、草、鲢、鳙四大家鱼的养殖，便是在这种情况下发展起来的。据嘉泰《会稽志·鱼部》的记载，浙江会稽和诸暨以南地方，有许多的养鱼专业户，品种除鲤鱼以外，还有青、草、鲢、鳙四大家鱼。每年春天，他们从江州买来鱼苗，放在池中饲养，开始时饲以比较精细的粉，稍大则用糠糟，大了则饲以草，第二年就可以出售。

观赏鱼虽然与渔业生产没有太大的关系，但它的出现却标志着渔业技术的进步。《开元天宝遗事·盆溪鱼》卷上载："帝曲宴近臣于禁苑中，帝指示（张）九龄、（李）林甫曰：'槛前盆池中所养数头鱼鲜活可爱。'销夏，鱼朝恩洞房，四壁夹安琉璃板，中贮江水及萍藻诸色鱼蟹，号曰藻洞。"这是有关盆养观赏鱼的最早记载，说明唐代已出现观赏鱼的养殖。

中国历史上所采集的珍珠，历来都是天然育成的。宋代创造了一种人工育珠技术，时称养珠法。《文昌杂录》载："礼部侍郎谢公言，有一养珠法，以今所作假珠，择光莹圆润者，取稍大蚌蛤，以清水浸之，伺其口开，急以珠投之。频换清水，夜置月中，蚌蛤采月华玩，此经两秋，即成真珠矣。"⑥ 这是中国人工育珠的一个发端。

在水产养殖中，宋代还创造了贝类的人工养殖。北宋梅尧臣《食蠔》诗云："薄宦游

---

① 谢弗著，吴玉贵译，唐代的外来文明，中国社会科学出版社，1995年。

② 张鷟：《朝野佥载》卷五。

③《唐会要·诸蕃马印》。

④《宋史·王安石传》。

⑤ 陈耀王、王峰，鹌鹑发展的历史，农史研究，第四辑，农业出版社，1984年，第68页。

⑥《文昌杂录·养珠法》，引自《说郛》卷三十一。

海乡，雅闻静康蠔，宿昔思一饱，钻灼苦未高。传闻巨浪中，碨蠝如六鳌。亦复有细民，并海施竹牢。采掇种其间，冲激恣风涛，咸卤与日滋，蕃息依江皋。”诗中的“并海施竹牢，采掇种其间”，就是后来的插竹养蠔，养蠔人在海浅处插竹扈，以繁殖牡蛎。插竹所养之蠔，称为竹蛎。① 北宋时还利用了人工养牡蛎的办法来巩固桥基。蔡襄在福建泉州造洛阳石桥，为了巩固桥基，便“多取蛎房散置石基上，岁久延蔓相粘，基益胶固矣。元丰初，王祖道知州奏立法，辄取蛎者徒二年”。② 这可以说是中国人工养殖贝类的开端。

（四）耕作制度的变化

在以农桑为主的农业结构形成的同时，种植业内部的结构也围绕着农（稻麦）桑这样两个主题发生了一些变化。宋元时期，随着人口的增加，人均占有土地的相对减少，人们在积极扩大耕地面积的同时，也着眼于对现有土地的利用，这就是实行多熟制，来提高单位面积产量，以满足日益增长的人口的需要。

水稻是南方地区的主要粮食作物。隋唐宋元时期仍然是以中晚稻为主，生育期为150～180天。加上整地时间，扣除秧龄，实际大田生产时间不会超过半年。如何来利用另一个半年时间，也就成为南方耕作制度变化的主要方向。是有稻麦、稻菜、稻油、稻鱼、双季稻等一年二熟耕作制度的出现。北方的耕作制度也有所发展，休闲减少，并也出现了以冬麦为中心的一年二熟，或两年三熟的耕作制度。与此同时，人们还利用桑间种植麦、荞麦、苎麻、谷子、高粱、绿豆、黑豆、芝麻、瓜、芋等，形成桑园间作。元代开始把套种运用于区田之上，创造出了区田套种法。这些耕作制度的变化都在一定程度上提高了土地的利用率。对经济的发展和人口的增加产生了影响。

在隋唐宋元耕作制度所发生的变化中，稻田耕作制度的变化困难最大，对历史的影响也最为深远。尽管水稻大田生产所需时间不会超过半年，但留给后作的有效生产时间却不多，这主要是江南的冬季不能生产水稻，而春夏麦收之后，再种水稻又错过了最佳的生产时期，因此稻麦二熟和水稻连作存在严重的季节上的矛盾。为了解决这个矛盾，人们采取了两个方面的措施，一是培育和采用生育期短的水稻品种，如黄穋稻、占城稻等；二是广泛采用水稻移栽。从历史实际来看，黄穋稻和占城稻等的使用，虽然有利于二熟制的发展，但当时主要用于对付水旱灾害，而不是用来发展二熟制，真正对于二熟制发展起重大作用的在当时主要是水稻移栽的普及。

中国水稻移栽的最早记载见于东汉崔寔的《四民月令》，《齐民要术》也提到将植株生长稠密的地方移到生长稀疏的地方，但是隋唐以前的江南地区，由于普遍采用的火耕而水耨的水稻栽培方法，移栽可能并不普遍。中唐以后，随着经济重心的南移，水稻移栽才在江南地区得到了普遍的推广。唐诗中就有很多描写的水稻移栽的诗句。③ 和《四民月令》及《齐民要术》所载北方水稻移栽旨在减少草害和补株不同，南方水稻移栽的普及，究其原因主要是由于水稻移栽可以缓和前后作之间的矛盾。从宋元时期的情况来看，

---

① 冯时可，《雨航杂录》卷下。

② 方勺，《泊宅编二》卷中。

③ 如高适：“溪水堪垂钓，江山耐插秧；”杜甫：“六月青稻多，千畦碧泉乱，插秧适云已，引溜加溉灌；”岑参：“水种新秧彼；刘禹锡：田塍望如线，白水光参差……水平苗漠漠，烟火生墟落；”张籍：“江南热旱天气毒，雨中移秧颜色鲜；”白居易：“泥秧水畦稻；水苗泥易耨。”

当时的秧龄大约是一至两个月，也就是说，移栽的实现可以为大田增加一至两个月的有效生产时间，因此对于稻麦的生产都有积极的意义。

随着水稻移栽的普及，与之相关的农具也应运而生。这其中最主要的有秧马和秧弹。秧马出现于宋代。据苏东坡的记载，首先见于湖北武昌，其材料和形制是“以榆枣为腹，欲其滑；以楸梧为背，欲其轻，腹如舟，昂其首尾；背如覆瓦，以便两髀雀跃于泥中，系束稿其首以缚秧，日行千畦，较之伛偻而作劳者，劳佚相绝矣”。后来王祯在写作《农器图谱》时，将其收入了农书，并配上了插图（秧马图）。

但是由于插图不甚精确，加上对于苏东坡文意的理解不同，对于秧马的功用在理解上产生了分歧，有人认为秧马是一种拔秧的工具，有人认为秧马是一种插秧的工具，还有的甚至认为秧马是一种运秧的工具。近年来争论已归于平衡，而拔秧说已几成定论。一则是苏东坡的“秧马歌，并序”中有“系束稿其首以缚秧”一语，因为根据现时江南水稻生产实际，双手拔秧满一把之后，需要用几根稻草将其捆成一束，以便抛掷田间插莳①。二是《东坡先生外集·题秧马歌后》说：“俯伛秧田非独腰脊之苦，而农夫侧胫上打洗秧根，积久皆至疮烂。今得秧马则又于两小颊子上打洗，又完其胫。”拔秧时往往拔起秧根带起泥，不便运输和插莳，需要打洗，在秧马发明以前，主要是在拔秧人借助于秧田中的水在小腿上打洗，这种现象现在仍然能见到，秧马发明的用意之一便是便于秧泥的打洗，可见秧马的作用也在于拔秧，而非插秧②。三是南方稻区拔秧时还在使用一种“秧马凳”或“秧凳”的工具，且这种“秧凳”与苏东坡所说的“秧马”在形制上有相似之处。今人更在清代文献中发现了不少有关秧马系拔秧工具的明确记载，如道光二年（1822）湖北《长阳县志》卷三载：“其插秧禾，先数日，人骑秧马，入秧田取秧，扎成大把，名秧把。”光绪四年（1878）四川《彭县志》卷三载：“其分秧也，乘檪（音翘），谓之秧马。无鞍而骑，不驱而驰，周旋从人，载拔载移，约秧以秸，名为秧头也。”清末顾尚绘的《老农笔记》中也提到：“拔秧法：在清水秧拔苗，先放水入秧田，约深三、四寸，乃乘秧马拔之。”③

但是，如果秧马仅仅是秧凳的话，也有一些与东坡所说相矛盾之处。首先，现今秧凳的作用主要是“坐”，而不是“行”，它挪动一步之后，需要等手边所能够到的秧全部拔完为止，方须挪动第二步，无需“一蹴辄百余步”④，更不要快似“追风”⑤，因此，东坡所说“日行千畦”，与秧凳不合。其次，现今秧凳在功用上与一般四脚小凳并没有太大的区别，主要用于“坐着干活”，在形制上也大同小异，只不过是秧凳比四脚小凳多了一块底板，底板大于凳面，其所以在四脚小凳上还要加上一底板，主要为了防止四小脚陷入田泥之中，拔出费力，不便挪动，因此，又与东坡所说“以榆枣为腹，欲其滑”有出入。其三，秧凳之用，仍需“俯伛秧田”，难免“腰脊之苦”，也无“打洗秧根”之设施，也与《东坡先生外集·题秧马歌后》所说不符。一言以蔽之，古之秧马并不等于今之秧凳。

① 王瑞明，宋代秧马的用途，社会科学战线，1981，(3)。
② 刘崇德，关于秧马的推广及用途，农业考古 1983，(2)。
③ 游修龄，中国稻作史，农业出版社，1995 年，第 158 页。
④ 《东坡志林》卷之六。
⑤ 南宋·居简，《北磵集》卷八。

事实上，秧马除有秧凳的拔秧功能以外，的确还可能具有插秧和运秧的功能。楼璹《耕织图诗》中即有一“插秧”，诗云：“晨雨麦秋润，午风槐夏凉。溪南与溪北，啸歌插新秧。抛掷不停手，左右无乱行。我将教秧马，代劳民莫忘。”很显然这里所说的秧马当是指插秧工具而言。清代刘应棠则认为秧马是一种运载秧的工具，《梭山农谱》云：“秧虽既拔，尚累之箕；农者再食，乃担至田间分种焉。宋东坡先生有秧马歌，意秧去田远者，须此马载之而行乎？山乡无传矣，箕以盛之。”明末清初的陆世仪则认为秧马是一种拔秧和载秧用的工具，《思辨录辑要》卷十一：“按秧马，制甚有理。今农家拔秧时宜用之。可省足力，兼可载秧，供拔莳者，甚便。”只有秧马作为秧的运载工具，才需“欲其滑”，“日行千畦”。因此，秧马可能是一种以拔秧为主，兼有载秧和插秧作用的工具①。

秧弹，即用以规范插秧行、株距的长篾条。宋元时期，主要用于柜田的插秧。“江乡柜田，内平而广，农人秧莳，漫无准则，故制此长篾，掣于田之两际，其直如弦，循此布秧，了无欹斜，犹梓匠之绳墨也”②。“长弹一引彻两际，秧垅依约无斜横”③。秧弹就是后代江南秧绳的滥觞。它能使移栽后的株左右不乱行，有利于水稻的生长和田间管理。

① 有关秧马的文献索引表：

时 代	作 者	出 处
北宋	苏轼	东坡诗抄
北宋	苏轼	东坡志林卷六
北宋	黄彻	溪诗话卷十
宋代	居简	北硐集卷八
宋代	曹勋	松隐文集卷十六
宋代	林希逸	竹溪斋十一稿续集卷一
南宋	楼璹	耕织图诗
南宋	陆游	剑南诗稿卷十七，三十八，四十六，六十七
南宋	郑清之	安晚集卷五
南宋	赵蕃	淳熙稿卷八
南宋	韩淲	涧泉集卷十六
南宋	刘克庄	后村先生大全集卷十二
元	袁士元	书林外集卷二
元	王祯	农书卷八
明	徐光启	农政全书卷二十一
明清	陆世仪	思辨录辑要卷十一
清	刘应棠	梭山农谱
清	蒋廷锡	古今图书集成卷二四六
清	弦图	授时通考卷三十四
清	倪倬	农雅卷四
清	汪汲	古愚消夏录卷二十三
清	陶澍	陶文毅公全集卷三十五
清	吴邦庆	泽农要录卷四
清	胡天游	石笥山房文集卷一

② 农器图谱集之六·秧弹。

③ 农器图谱集之一·柜田。

五　垦田面积的增加和单位面积产量的提高

水利的兴修、工具的改进、土地利用方式的多样化和耕作制度的改变等，直接导致了耕地面积的增加和单位面积产量的提高。

历代的垦田面积从来就没有一个准确的数字，隋唐宋元时期也是如此，但从当时的有关资料中还是不难看出当时耕地面积的增长趋势，见表14-3。

表14-3　唐宋时期耕地面积变化

年　代	垦　田　数
开宝末（975）	2 952 320.60
至道二年（996）	3 125 251.25
景德中（1004～1007）	1 860 000.00
天禧五年（1021）	5 247 584.32
皇祐中（1049～1053）	2 280 000.00
治平中（1064～1067）	4 480 000.00

以上是有关北宋时期垦田数的一组数据，虽然前后有很大的出入，但增长的趋势还是明显的。需要指出的是，这里所谓的垦田数只是政府征收田赋的依据，不是实际的垦田数，而当时“而赋租所不加者十居其七”，也就是说有7/10的垦田面积尚未计算在内。因此，当时人估计，治平年间的全国的垦田面积不少于1000余万顷①。

在耕地面积增加的同时，隋唐宋元时期的单位面积产量也有所提高。根据唐启宇的估计，唐代的平均单产为每亩一石半。考虑到度量标准的因素，唐代的生产水平比汉代提高了一倍多；北宋比唐代单产没有增进多少，平均单产也为一石半，辽金则呈现落后现象，为一石左右。南宋与元朝单产水平有所提高②。其中南宋的单产水平最高。高斯得提到两浙的上田每亩收5～6石③。据闵宗殿研究，南宋时太湖地区的水稻产量，上田收3石，次等2石，大约平均亩产2. 5石左右，约合亩产450斤左右④。

以千余万顷的耕地，2石的单产，养活上亿的人口是不成问题的，这也就是唐宋经济、文化、科技等得以繁荣的物质基础。

---

① 《宋史·食货志·农田》。

② 唐启宇，中国农史稿，农业出版社，1985年，第547，651～652页。

③ 高斯得，《耻堂存稿》卷五，“宁国府劝农文”。

④ 闵宗殿，宋明清时期太湖地区水稻亩产量的探讨，中国农史，1984，(3)。

第十五章　农学著作

第一节　农学著作总数量空前增多

一　农学著作的数量及作者的构成

据《汉书·艺文志》和《隋书·经籍志》的记载，汉代及汉代以前，共有农书九种，隋及隋代以前，共有农书五种十九卷。隋唐以后，特别是宋元时期，农书数量空前增加，仅《宋史·艺文志》中就记载了农书一百零七部，四百二十三卷篇。这其中除《夏小正戴氏传》、蔡邕《月令章句》、《齐民要术》等四五部隋以前的农书外，大多数农书都是在唐宋以后出现的。当然史籍中的有关著录并不能反映当时农书的全部情况，由于受客观条件的限制，当时不可能将所有的农书都收集起来，加以著述，遗漏也是难免的。其次，从主观上来说，农书的著录只是反映了当时人对农书的取舍标准，实际上，从现在的观点来看，有些属于农学的著作，在当时并未加以收入，有关畜牧兽医方面的著作，就往往收录在“五行志”和“医家类”中，如《辨养马论》、《相马经》、《马经》、《相马病经》等就被著录在《宋史·艺文志》“五行类”中，而《疗驼经》、《明堂灸马经》等则著录在“杂艺术类”中。因此，实际的农书种类，比古代书目的有关记载还要多。元代统治中国的时间虽然很短，不足百年，但是农书出现却不少，光是大型的农书就有《农桑辑要》、《王祯农书》和《农桑衣食撮要》三部，这在整个中国农学史上都是罕见的。除此之外，宋元之交，还有许多小型的农书，仅为《农桑辑要》和《王祯农书》所引用的就有《种莳直说》、《韩氏直说》、《农桑直说》、《农桑要旨》、《士农必用》、《务本新书》等书，这些农书大多数是这个时期出现的。据对王毓瑚《中国农学书录》的著录，从春秋战国到唐代以前近1400年里的农书总计为30多种，而隋唐宋元近800年的时期里，共有农书170余种①。

为数众多的农书背后，是为数众多的作者群。这些作者的身份有官方，有纯属私人的。自隋唐开始，科举成了通向仕途的敲门砖。同时，也使读书人面临着一种选择。一些读书人在考场不利，或无意仕进的前提下，转而躬耕自给，写作农书。唐代陆龟蒙，出身官宦世家，其父陆宾虞曾担任过御史之职。早年的陆龟蒙也曾热衷于科举。他从小就精通《诗》、《书》、《仪礼》、《春秋》等儒家经典，特别是对于《春秋》更有研究。但最终在进士考试中以落榜告终。此后，陆龟蒙跟随湖州刺史张博游历，并成为张的幕僚。后

---

① 尽管如此也不见得完备。宋杭州太守沈立的《牡丹记》就不见著录。据苏轼“牡丹记叙”云：“《牡丹记》十卷……，凡牡丹之见于传记与栽植、接养、剥治之方、古今咏歌诗赋，下至怪奇小说皆在。”是一部“精究博备”的牡丹专谱。详见：杨宝霖，宋代花谱佚书——沈立《牡丹记》，农业考古，1990，(2)：336。

来他回到了他的故乡松江甫里，过起了隐居的生活。他的农学成就，也就是在他隐居期间做出的。他写作了许多与农业生产有关的诗歌和小品文，其中在农学上最有影响的当属《耒耜经》。宋代的陈翥，自称“铜陵逸民”，早年曾闭门苦读，却一次次地名落孙山，40岁时，始感到仕途无望，于是“退为治生”，于庆历八年（1048）在村后西山南面植桐种竹，并在此基础之上，写就了《桐谱》一书，以“补农家说”。这些都是促使农书迅速增加的原因。

也有人是在官场失意之后开始写作农书的。大科学家沈括早年曾在各地做官，晚年隐居京口附近的梦溪，著有《梦溪笔谈》、《茶论》和《梦溪忘怀录》。《梦溪笔谈》被誉为中国科技史上的经典著作，其中就包括了许多与农业生产技术有关的内容；《茶论》顾名思义是一本茶学专著；而《忘怀录》“所集皆饮食、器用之式，种艺之方，可以资山居之乐者”，① 则是一本山居系统农书。元代的汪汝懋曾任国史编修，后来弃官讲学。至正庚子年（1360）写成《山居四要》。所谓‘四要’就是摄生、养生、卫生、治生之要。治生部分是讲农事的，体裁依照月令，每月分标禳法、下子、扦插、栽种、移植、收藏以及杂事等目。此外，卫生部分附有治六畜病方若干。

私人农书的出现是隋唐宋元时期农书数量猛增的原因。以个人身份去写作农书除了仕途狭隘或蹇滞之外，观念的改变也是原因之一。自孔子将农视为小人之事，知识分子都不屑于与农为伍。写作农书成为一件不大光彩的事，《齐民要术》的作者贾思勰就有这种思想，他在谈到写作的宗旨时说：“鄙意晓示家童，未敢闻之有识。”生怕人笑话。这种心态到此时开始改变。但人们观念的转变有一个过程。隋唐五代时期，政府虽然开始重视农书，但弥漫在人们头脑中的某些观念可能还左右着人们的行动，韩鄂在《四时纂要》“自序”中提到，“编成五卷，虽惭老农老圃，但冀传子传孙。仍希好事英贤，庶几不罪于此。”可见当时人们鄙农的思想并未消除。而诗文更受人们的欢迎，读书人热衷于“诵短文，构小策，以求出身之道”，② 这可能是唐代农书相对较少的一个原因。另一个原因，当时印刷术虽已发明，但似乎还没有用来印刷农书，则天皇后出面组织编写的《兆人本业》都是靠抄写下发到基层去的。所以唐代的农书不多。

宋朝的情况较之唐代要好些，但士大夫们仍然是“以耕桑之事为细民之业，孔门所不学，多忽焉而不复知，或知焉而不复论，或论焉而不复实。”③ 宋代虽然出了不少花谱一类的著作，但这些著作无论是作者本人，或是当时的人都不把它当作农书，有哗众取宠之心，而无实事求是之意，“近时士大夫之好事者，尝集牡丹、荔枝与茶之品，为经及谱，以夸于市肆”。至于“农者，政之所先。而稻之品亦不一，惜其未有能集之者”。④ 正如陆游有诗云：“欧阳公谱西都花，蔡公亦记北苑茶，农功最大置不录，如弃六艺崇百家。”⑤ 只是后来有了曾安止爷孙俩的出现才打破了这种局面，为谱录类著作中增添了《禾谱》和《农器谱》两书。

鄙农的观念在元代得到了很大的改变。元人在一个较短的时间内，写出了许多农书。

---

① 晁公武，《昭德先生郡斋读书志·农家类》，衢州本，卷十二。

② 唐，孙思邈，《备急千金要方·序》。

③ 《陈旉农书·自序》。

④ 曾安止，《禾谱·序》。

⑤ 陆游，“耒阳令曾君寄‘禾谱’、‘农器谱’二书求诗”，《剑南诗稿》卷六十七。

而且多数集中在元初尚未并宋的一个较短的仅 14 年的历史时期，集中在北方地区。这是一种异乎寻常的现象。宋以前和明清（鸦片战争前）都没有这种现象。元人，特别是元初人，表现出一种相率写作农书的风气。更为值得注意的是，元代农书和宋、明清时期的农书不同，元人写的全是综合性农书和蚕桑专书（表 15-1），没有写过一本花谱、茶谱一类的观赏消遣书。在综合性农书中也不谈花卉，尽管有些植物可供观赏，如菊花，但栽培者的目的显然不在于此，但《务本新书》提到菊花的作用是“苗作菜食，花入药用”[1]。这是观念的一次大转变。

表 15-1　元代农书一览表

书名	作者	成书时间（年）	引述情况
务本新书	不详	1273 前	《农桑辑要》中多有引用，且以蚕、桑为主。
士农必用	不详	1273 前	《农桑辑要》和《王祯农书》中引用，且主要集中于栽桑、养蚕部分。
蚕桑直说		1273 前	
种莳直说	不详	1273 前	《农桑辑要》和《王祯农书》中引用。
农桑要旨	不详	1273 前	《农桑辑要》和《王祯农书》中引用。
农桑直说	不详	1300 前	《农桑辑要》和《王祯农书》中引用。
务本直言	不详	1300 前	《王祯农书》中引用。
蚕经	不详	1273 前	《农桑辑要》中引用了四处。
蚕书	陈旉	1149	《王祯农书》中引用了三处，题为“南方蚕书”或“蚕书”，皆是陈旉《农书》卷下蚕桑部分内容。
栽桑图说	苗好谦	1318	
农桑辑要	司农司	1273	
王祯农书	王祯	1300	
种桑之法	苗好谦	1309	
农桑衣食撮要	鲁明善	1314	
栽桑图说		1318	

元代农书在短时期内的密集出现，除了当时人们观念的改变以外，仕途的狭窄也可能是另一个原因。元朝实行民族歧视政策，元世祖至元时，把居住在当时中国境内的人分为四等：第一等是蒙古人；第二等是色目人；第三等是汉人；第四等是南人。元朝政府采取各种方法来固定这些民族的等级。在统治机构中：长官和掌权的官吏都是蒙古人或色目人，其次才是汉人，而南人在宋亡后的一个长时期内，几乎很少人在中央作官[2]。也可能有汉族知识分子不愿意和蒙古贵族合作，不愿意做元朝的官，而躬耕隐居。孔子

① 引自《农桑辑要》卷六，药草。

② 《元史》卷八十五《百官志序》。《元史》卷一七二《程钜夫传》。

曰："余少也贱，故多能鄙事。"农业即为鄙事之一，做不了官的汉族知识分子，转而从事读书人所不乐为之的农事，使他们接近农民，熟悉了农业，进而编写农书。

元代农书迭出还有一个原因，便是社会的需要。蒙古族原本是个游牧民族，他们进入中原以后，逐渐认识到了农业生产的重要性，便改变了原来占农田为牧地的做法，转而重视起农业生产来，由于他们原来对于农桑并不熟悉，迫切地需要尽快地掌握农业生产知识，于是成立了许多专门的机构，并组织编纂农书，从当时出版的一些农书的书名中便可看出，当时人急待掌握农业生产的心情，如"必用"、"直说"、"直言"、"要旨"、"类要"、"辑要"、"撮要"等，这是一个方面；另一个方面，这些书虽然是为蒙古人尽快掌握农业生产用的，但作者可能都是汉人，自古以农耕为固有文化的汉族人，在外来文化入侵的情况下，也会通过写作农书来保留自己的文化。这些构成了元代农书多的原因。

二 南方农学著作首次出现

农书从其所写作的区域性来说，有全国性农书，有地方性农书。隋唐宋元时期，一个显著的特点就是南方农书的出现，并在此基础上出现了全国性农书。

唐以前，中国农书，如《氾胜之书》、《四民月令》和《齐民要术》等都是以黄河流域的农业生产为主要对象，尽管在《齐民要术》中，有一卷名为"五谷、果、蓏、菜茹非中国物产者"一卷，记载了南方所出产的一些植物，但是对于南方的农业生产技术却很少涉及，它和《南方草木状》等书具有同样之性质，皆属于植物志之类，而不足以农书称也。

南方农学著作的出现首见于唐代。如果把山居一类的著作也算作是农书的话，那么，南方农学著作应以王旻的《山居要术》为最早，尽管王旻的生卒年月不详，但是在韩鄂的《四时纂要》所引用的书目之中，就有《山居要术》一书。其次就是陆龟蒙的《耒耜经》和陆羽的《茶经》。《耒耜经》记载了当时江南地区所使用的主要农具的构造和功用。《茶经》则是作者陆羽在长期隐居湖州，并在研究湖州顾渚山茶业的基础之上，所写成的一部茶叶专著。宋代出现的许多与《茶经》相类似的谱录类农学著作，大多也是属于南方的农学著作，如，《荔枝谱》、《橘录》等。

唐代出南方的这些农书和宋代出现的许多谱录类著作，虽然都是以南方农业生产为主要对象，是最早的一批关于南方农业生产的农书，但是，真正能够体现南方农业生产特点（即种稻和种桑）的农书，还应属于北宋曾安止的《禾谱》和南宋陈旉的《农书》。《禾谱》是一部水稻品种专志，成书于北宋哲宗（1086～1100）年间，书中记载了近自龙泉（江西遂川），远至太平（安徽当涂），以西昌（今江西泰和）为主的水稻品种，一共有50余种之多。这是中国农业史上最早的一部水稻品种专志。可惜已失传。《陈旉农书》，成书于南宋绍兴十九年（1149），以南方的水稻生产为主，兼及旱谷、蔬菜、蚕桑和养牛，是南方农书最杰出的代表。

《种艺必用》是继《陈旉农书》之后的又一部南方农书。原书保留在残存的《永乐大典》中，后经胡道静校录，由农业出版社出版单行本①。《种艺必用》的作者吴怿的事迹

① 宋·吴怿撰，元·张福补遗，胡道静校录，《种艺必用》，农业出版社，1962年。

在宋、金、元至明初四朝的各种传记中都没有记载，据胡道静先生从书中征引的文献和事实的考证，吴怿当为南宋人，其时期已迫近南宋季年。其理由，一是书中较多记载南方的种艺经验，如第十一条提到："浙中田，遇冬月水在田，至春至大熟。谚云谓之'过冬水'，广人谓之'寒水'，楚人谓之'泉田'。"第二十八条叙浙间植桑方法等。又，对于南方的栽培植物纪述也较多，如土龙脑、荔枝、橄榄、杨梅、枇杷、茉莉、素馨花等。二是，第八十二条述橄榄，谓《南方草木状》中"榄"字作"棪"字。与南宋末年曾收于《百川学海》中的《南方草木状》合。若作者所据即此本，则撰著年代已垂南宋末年，距临安城破时最多不过6年，否则也不会早得太久[①]。其实，只要证明《种艺必用》是南宋的作品，就可以证明它是一本南方农书。而这一点很容易做到，这就是书中引用了南宋陈旉《农书》的内容。书中之第十五条、十六条就全部是引自陈旉《农书》"六种之宜篇"。

三 专科农书——"谱录"多

在隋唐宋元众多的农书之中，又以谱录类农书和专科研究的农书为最多。谱录类农书的出现与当时社会上所出现的修谱之风有关，唐宋时期，除了上述所提到谱录类农书以外，还出现了各种各样的谱录类著作，如家谱、族谱等，这与士大夫阶级讲究等级和门第有着密切的关系，由于谱录类著作的增加，影响到了图书分类，宋尤袤《遂初堂书目》首创了"谱录"一门。除此之外，谱录类农书的出现还有其自身的原因，这就是城市和商品经济的发展，士大夫阶级的出现，所导致的农业生产的商品化和专业化。

谱录类农书又可以分为茶、蔬菜类、果树类、花卉类和竹木类几种。在唐代除了众所周知的《茶经》和《耒耜经》以外，已失传的还有贾耽的《百花谱》，据宋曾慥《类说》卷七引《海棠记》说："唐相贾耽著《百花谱》，以海棠为花中神仙。"唐人郑熊的《广中荔枝谱》，清初人编写的《广群芳谱》荔枝部引用过这本书，书中所记的品种有22个，虽已失传，但本书却是关于荔枝专谱最早的一部书。宋代谱录类农书更多，据统计，共有82种，占宋代全部105种的78%，谱录的对象，除了农具（如曾之瑾的《农器谱》）、茶叶、荔枝等以外，还增加了笋、牡丹、桐、禾（水稻）、糖霜、柑桔、菊、菌等新的谱录对象，有的谱录对象甚至有多种著作，如茶叶，牡丹、荔枝等等，都有好几种以上的著作。除了专谱以外，还出现了一些综合性的谱录性著作，如《全芳备祖》等。

四 官修农书和劝农文的出现

隋唐宋元时期，除了大量的私人农学著作以外，还出现了官修农书和劝农文。隋唐宋元时期，统治者对于农业的重视，促进了官修农书的出现。《唐会要》卷三十六载："垂拱二年（686）四月七日，太后撰《月寮新诫》及《兆人本业记》，颁朝集使。"《旧唐书·文宗纪》（太和二年二月）："庚戌敕李绛所进则天太后删定《兆人本业》三卷，宜令所在州县写本散配乡村。"《兆人本业》是已知最早的一部唐政府的官修农书，据《困学

---

① 宋·吴怿撰，元·张福补遗，胡道静校录，《种艺必用·引言》，农业出版社，1962年，第10页。

纪闻》卷五记载《兆人本业》所记为“农俗和四时种莳之法”，共80事。详细内容，因原书久已失传，现无可考。这本书在大和年间（827～835），曾一度广泛流传。唐代雕版印刷术虽已发明，但使用尚不普遍，所以农书的流传，只要靠写本进行，宋代雕版印刷术开始普及，为农书的出版发行创造了条件。宋天禧四年（1020）宋真宗下诏刻唐韩鄂《四时纂要》及《齐民要术》二书，“以赐劝农使者”。这可能是这两本书的最早刻本。在刻印前人著作的同时，宋真宗还曾下令朝臣编纂了一部12卷的《授时要录》。这可能是一本月令体裁的官修农书。在宋代类似性质的官农书还有《大农孝经》、《本书》等。元代在这方面更为突出。至元二十三年（1286）元政府向所属各州县颁行官修农书《农桑辑要》这是现存最早的官修农书。为了消除人们对于异地引种的错误认识，书中还收录了“论九谷风土及种莳时月”和“论苎麻木棉”两篇，以阐述政府对于风土的正确立场。

上行下效，各级地方政府在中央的指示之下，也积极致力于劝农工作，并为此发布了许多文告，这就是劝农文。北宋以前，就有许多劝农诗和劝农文等劝农文告，然而，很多都是官样文章搞形式主义，“上下习熟，视为文具”。① 南宋时这种作风稍有改变，劝农文中的技术内容增加。如，朱熹的《南康军劝农文》、高斯得的《宁国府劝农文》、真德秀的《泉州劝农文》和《福州劝农文》等，这些劝农文中有些是针对农业生产中所出现的技术问题而发的。例如，南宋绍兴十九年，洋州（今陕西洋县）知州宋莘所作的《劝农文》提到，“余尝巡行东西两郊，见□稻如云雨，稻田尚有荒而不治者，怪而问之，则曰：‘留以种麦’。夫种稻后种麦未晚也，果留其田以种麦，使变成□□，则一年之事废矣，其如公赋何?”。因此，提倡实行稻麦二熟制。为了减轻土壤消耗，文中积极主张“粪壤”，为了粪壤，文中又提出，“村市并建井厕，男女皆如（厕），（积粪）秽，粪秽以肥其田”。“凡建屋先问井厕”。② 又如，咸淳八年（1272）春，黄震根据抚州地区耕作中存在的问题，在《劝农文》中提出：“田须熟耙，牛牵耙索，人立耙上，一耙便平。今抚州，牛牵空耙，耙轻无力，泥土不熟矣。尔农如何不立耙？……浙间秋收后，便耕田，春二月，又耕田，名曰耖田，抚州收稻了，田便荒版，去年见五月间，方有人耕荒田，尽被荒草，抽了地力。”第二年的《劝农文》中又提出：“田须秋耕，土脉虚松，免得闲草抽了地力，今抚州多是荒土，临种方耕，地力减耗矣，尔农如何不秋耕?!”

五　耕织图的出现

耕织图实际上是一种以图阐文的劝农文，它把农业生产中一些关键性的环节用图像的形式，并配以诗词歌谣，完整地表达出来，目的也在于重农劝农。这在耕织图中也有所反映，楼璹在“耕诗”中就明白无误地说：“东皋一犁雨，布谷初催耕，绿野暗春晓，乌犍苦肩赪，我衔劝农字，杖策东郊行，永怀历山下，法事关圣情。”

用美术的形式来表达农桑的内容在五代时期即已出现，如后周世宗留心稼穑，思广劝课之道。命国工刻木为耕夫、织妇、蚕女之状，置于禁中，召近臣观之③。耕织图，在

① 黄震，“咸淳八年春劝农文”，《黄氏日抄》卷七十八。

② 陈显远，陕西洋县南宋《劝农文》碑再考释，农业考古，1990，(2)：169。

③《旧五代史·后周世宗本纪》。

宋仁宗宝元年间（1038～1040）已在宫廷中出现，当时已将农家的耕织情况绘于延春阁壁上[①]。这些美术作品在供帝王欣赏时，同时提醒帝王不要忘了稼穑之艰难。宋高宗也曾经说及此事："朕见令禁中养蚕，庶使知稼穑艰难。祖宗时，于延春阁两壁，画农家养蚕织绢甚详。"[②] 后来，这种耕织图，由宫廷发展到了民间，成为一种介绍和传播农业生产技术的方式。宋元时期出现的耕织图主要有楼璹编绘的耕织图、刘松年的《耕获图》和程棨的《耕织图》。

在宋元耕织图中，以楼璹编绘的耕织图最为有名。楼璹是宋高宗时临安于潜县令，他在访问了农夫蚕妇以后，才编制了这套耕织图。耕织图完成之后不久，正好赶上朝廷派遣使者下来检查工作，被上面发现，接着又有皇帝身边的大臣推荐，引起了朝廷的注意，楼璹受到朝廷的召见，楼璹顺便将图进呈，得到了嘉奖，并得到了提拔重用，先是在审计司工作，后又历任广闽舶使等职。十余年间，政绩卓著。

耕图包括浸种、耕、耙耨、耖、碌碡、布秧、淤荫、拔秧、插秧、一耘、二耘、三耘、灌溉、收割、登场、持穗、簸扬、砻、舂碓、筛、入仓等21幅；织图包括浴蚕、下蚕、喂蚕、一眠、二眠、三眠、分簇、采桑、大起、捉绩、上簇、炙箔、下簇、择茧、窖茧、缫丝、蚕蛾、祝谢、络丝、经、纬、织、攀花、剪帛等24幅，每图皆配以五言八句。楼钥称它是"农桑之务，曲尽情状"[③]。仅从现存题诗来看，就可以了解到当时农业技术的许多情况，以耕图所附题诗为例，我们可以了解到当时已使用池塘浸种；耕、耙、耖、碌碡组合整地；水稻移栽；三次耘田；水车灌溉；连枷脱粒等。有些甚至是后来《王祯农书》也没有提及的。如挂禾用的架。《王祯农书》中有"笐"，提到"今湖湘间收禾，并用笐架悬之"。其实，宋时长江下游地区也已有之。《耕织图诗·登场》有"黄云满高架，白水空西畴"一句，可以为证。

《耕织图》不仅展示了当时农业技术的主要环节，而且直观地描绘了当时使用的农业生产工具。遗憾的是楼璹的《耕织图》现已失传，但从现存的诗歌，以及后来的一些从楼璹本子发展出来的《耕织图》来看，还是可以大致地了解当时农桑生产所用的农具的种类、形制和功用。

楼璹《耕织图》是一部很有影响的作品。元代程棨的《耕织图》，耕织图数与楼图相同，或是摹自该图的。元末虞集《道国学古录》里提到楼璹的《耕织图》，说宋代于郡县所治大门东西壁绘耕织图，"使民得而观之"。耕织图以其形象直观，便于不识字的农民模仿使用，但缺点是造价太高，不易普及，它悬于县所的目的也表明它劝官，大于劝民。楼璹的《耕织图》还对后来《王祯农书》等产生了影响。王祯在"谱"中就多处引用了"图诗"，如"耖"、"连枷"、"筛"、"茧瓮"、"丝篗"、"经架"等，在"蚕室"一篇中，则提到"《耕织图》有'捉绩篇'"。而《耕织图诗》对于《农器图谱》的最大影响，也许更在于《图谱》中加入了衣着原料生产方面的内容，因为《图谱》所依据的曾氏《农器谱》中并没有这一部分的内容，而《耕织图》中最早将耕与织这两方面的内容以图画的形式表达出来。

---

① 王应麟：《困学纪闻》卷十五。
② 《建炎以来系年要录》卷八十七。
③ 《攻媿集》卷七十六。

六 山居农书的兴起

所谓“山居系统农书”，大多都是退隐的士大夫或修道之士，在山林或田野躬自耕作，取得了一些种艺的经验之后而写作的一种农书。在他们的农学著作中，总结了直接与间接的农业技术经验，另外，也大谈颐养之道，所谓“可资山居之乐”，“有水竹山林之适”。与一般讲述农业技术的农书不同，山居系统的农书是种艺、养生和闲适的混合物。①

隐士、高士之流，是指有条件为官吏的“士”阶层中不愿为官做吏者而言。作为士，他们掌握一定的文化知识，而作为“隐士”，他们又缺乏一般官僚阶级所具有的政治、经济特权，由于没有固定的“俸禄”，生活上大都比较清贫俭朴，有的还要亲自参加一定的劳动。早在孔子生活的时代就有“长沮、桀溺耦而耕”，还有荷篠丈人“植其杖而耘”。②文化知识和农业生产的结合，使他们在中国农学史上占有一定的地位。

据皇甫谧云：“鸿崖先生，创高于上皇之世；许由、善卷，不降于唐虞之朝。”③ 在他看来，早在三皇五帝时代就有高隐之士的存在。但隐士阶层是随着战国后期，特别是秦汉时期，私学之风的盛行与官僚制度的发展而形成的。《汉书·艺文志》中农家著作《野老》，即可能是当时的某个隐士所为。从后汉开始辈出的，进入六朝又出现了竹林七贤等一些人，这些人的地位巩固之后就产生了一些“山人业”之类的人。一般认为北宋之后，由于党派之争的激化，因不满于官场而隐居山中的人日益增多。这些人在隐居山林之后，种药治圃，饮茶喝酒，过着粗茶淡饭，表面上却颐然自乐的生活。日常生活之余，他们也写下了一些与自身生活有关的一些著作。而所谓“山居系统农书”也即其中之一。

最早的一部山居农书是唐代王旻所著《山居要术》。王旻是唐玄宗时期的一个修道之士，号为“太和先生”，最初隐居在衡山，后来迁到高密的牢山。《山居要术》共有三卷，原书已失传，不过唐韩鄂所著的《四时纂要》中的药用植物部分则主要来自《山居要术》。《宋史·艺文志·农家类》在王旻《山居要术》三卷之后，还有《山居杂要》三卷、《山居种莳要术》一卷、周绛《补山经》一卷。又据一些书目的记载，唐后期的宰相李德裕也著有《平泉山居草木记》一卷。平泉是他的别墅所在地，在洛阳城外30华里。书中记载了别墅中的奇花异草。

宋代沈括所著的《梦溪忘怀录》也是山居农书中的一种，据胡道静所辑录的《梦溪忘怀录钩沉》，虽然数量不多，仅见原书的梗概，但山居农书所有的内容都已具备。沈括的山居农书，除《梦溪忘怀录》以外，还有一部书，即《茶论》，他在《梦溪笔谈》中提到“余山居，有《茶论》”。④ 可见一些茶叶专著可能是属于山居农书系统。

宋代的山居著作还有林洪所著的《山家清供》。林洪（龙发）是著名隐士林和靖的外甥（一说裔孙），他曾在江淮一带流浪达20年之久，后隐居山中，著有《山家清供》一

---

① 胡道静，沈括的农学著作《梦溪忘怀录》，农书·农史论集，农业出版社，1985年，第30～31页。

② 《论语·微子》。

③ 皇甫谧，《高士传·序》。

④ 《梦溪笔谈》卷二十四。

书。书中104条中，泡茶方法一条，作酒方法两条，音乐一条，余下100条专谈山居雅士的可口菜单及其烹调方法，以及有关的典故。内容以蔬菜为中心。从萝卜开始其包括栽培植物49条，芹、蕨等其他山菜类烹调也有23条。鸟兽6则，鱼虾6则，饭粥面糕类20项；其他与饮食有关的风俗谈10项。从《山家清供》中可以看出当时在蔬菜栽培方面有不少的新发明，如，豆芽等。如果把酿酒也算作是农产品加工的话，[1] 则宋代朱肱的《北山酒经》也可以看作是一本山居农书。

元代的山居著作则有汪汝懋所撰《山居四要》。汪汝懋，字以敬，浮梁人（今江西景德镇市）人，至正年间（1341～1368）曾任国史馆编修，后弃官讲学。至正庚子年（1360）写成《山居四要》一书。所谓"四要"讲的是摄生、养生、卫生、治生之要。其中治生之要部分是讲农事的，体例仿照月令，每月标禳法、下子、扦插、栽种、移植、收藏以及杂事等目，但一般只是记载作物，花果的名称，绝少涉及操作方法。后面另附有种花果，蔬菜法等。此外卫生部分后面还附有治六畜病方若干。

实际上，"茶经"、"笋谱"和"竹谱"之类的著作也可以看作是山居系统农书。首先，茶、竹等主要产于山区；其次，其作者也多是一些在山区隐居之士，如，陆羽、僧赞宁等人。从这个意义上来说，《陈旉农书》和陈翥的《桐谱》也应属于本山居系统的农书。从作者来看，两人都为山区隐居之士；从农书内容来看，也体现了山区的特点，或以山区植物为主要对象。不过《陈旉农书》又与一般的山居系统农书不同，书中有着较为强烈的政治理想，他的农书以大田作物为主，也体现了传统的重农贵粟思想对他的影响，而并不是为了"可资山居之乐"，"有水竹山林之适"。

山居系统农书的一个显著特点就是对山区植物，特别是药用植物栽培经验的总结。这是山居系统农书对传统农学的一个新发展。如，《梦溪忘怀录》就对竹、地黄和黄精等山区植物药物等的栽培经验进行了总结。[2] 某些药用植物，后来也成为农业作物中的一个组成部分，但起先一律被视为采集的野生植物，不是作为园艺来看待的。山居的隐者，修身养性，需要大量服用某些药物，这些药物单纯依靠采集不敷使用，于是便由采集过渡到自己栽培，以后便导致了药农经营的事业。尽管药材采集和种植是民间一向有的传统，但掌握一定文化知识的隐士的需要，以及他们对于药物的刻意追求，使得他们有可能对于已有的经验可以调查总结，并对农学史和药学史产生了一定的影响。对药草栽培经验的总结是隋唐宋元农学发展的一大特点，《农桑辑要》中就有专门的药草栽培一项，而它的起源却是从山居系统农书开始。《四时纂要》中就引用了《山居要术》中许多药用植物的栽培方法。

在农学史上，自东汉崔寔《四民月令》以来，就有采集药物和配制丸散的记载，但只是采集，绝少种植，《齐民要术》中也很少这方面的内容。山居系统农书首次，把药物栽培作为农书的主要内容之一，开创了农书中记载药物栽培方法的先河。后来这些栽培方法又吸收进了综合性农书并加以发展，成为中国传统农学著作中的一项新内容。如《四时纂要》就有关于药用植物栽培和收集方法31条，药剂25条，药物保藏2条；《农

---

① 《宋史·艺文志》即将"酒经"一类的著作放在"农家类"中，其中有：无求子《酒经》一卷，大隐翁《酒经》一卷，窦苹《酒谱》一卷，葛澧《酒谱》一卷等。

② 胡道静，沈括的农学著作《梦溪忘怀录》，农书·农史论集，农业出版社，1985年，第31～35页。

桑辑要》中更把“药草”做为农书中的一目，在书中占有重要的地位。

七　南北农业技术的交流与比较

唐宋以前，南方尚没有农书的出现，而北方的农书由于受到历史条件的限制，也未能将南方农业的内容写进农书。随着国家的统一，南方农学著作的出现，融南北于一体的全国性农书也开始出现。南北融合的趋势首先见于《四时纂要》。关于《四时纂要》的地区性问题，在史学界存在一些争议。一种意见认为，此书主要反映渭水与黄河下游一带农业生产情况①，另一种意见认为，此书所反映的主要是唐末长江流域地区农业生产技术状况②。实际上这是一本南北兼及的农学著作。但《四时纂要》写作时，当时可资参考的反映南方农业生产的农学著作还非常有限，甚至可以说还没有农书。书中的主要材料主要取自《齐民要术》等北方农学著作，所以从内容上来看，《四时纂要》还仍然是一部反映北方农业生产的著作。

唐宋以后，随着《耒耜经》和《陈旉农书》等的出现，填补了南方没有农书的空白，但是南方农书从出现时起就以地方性为特色，元代初年的《农桑辑要》本可以将《陈旉农书》中有关南方农业的内容收录进去，但是，由于《农桑辑要》的写作是在灭宋以前，目的是为了指导黄河中下游的农业生产，因而没有把江南地区的水田生产包括在内，成了这本农书本的最大缺陷。在元代统一中国以后，用这本书用来指导全国的农业生产，特别是江南地区的农业生产就显得有不到之处，《王祯农书》就弥补了这一缺陷。

王祯是山东人，却在南方做官，所以他对南北方的农业生产都有一定的了解。在《王祯农书》中也多处对比南北农业生产的异同。例如，在《垦耕第四》中，王祯详细地叙述了南北方耕垦的特征，并指出“自北向南，习俗不同，曰垦曰耕，作事亦异”。又如，《耙耢第五》在讲到北方用挞时，说：“然南方未尝识此，盖南北习俗不同，故不知用挞之功。至于北方，远近之间亦有不同，有用耙而不知耢；有用耢而不知用耙，亦有不知用挞者。”王祯常常是有意识地把几种作用相同，形制相异的工具放在一起讨论，以便于比较，并根据情况加以采用，用他的话来说就是“今并载之，使南北通知，随宜而用，使无偏废，然后治田之法，可得论其全功也”。在《锄治第七》中又说到：“今采摭南北耘薅之法，备载于篇，庶善稼者相其土宜择而用之。”王祯对南北农业技术的比较用意也正在此，他提倡南北之间互相学习交流、取长补短，以取得南北互利而提高农业生产。以一项不太重要的农具“笐”而言，笐本是湖南等地稻农用于晾晒稻禾的工具，它是适应南方多雨的自然条件而出现的。王祯说：“江南上雨下水，用此甚宜；北方或遇霖潦，亦可仿此，庶得种粮，胜于全废。今特载之，冀南北通用。”③ 由于《王祯农书》是阴补《农桑辑要》之缺，所以书中对南方农业生产的内容，如，提水工具、水利设施、南方水田的垦辟，以及土地利用方式，作了详细地叙述。由于这些内容的加入，使它的内容大大超出了《农桑辑要》，成为第一本兼论南北农业技术的农书。

---

① 缪启愉，四时纂要校释，农业出版社，1981年，第31页。

② 守屋美都雄，四时纂要题解，山本书店，昭和36年，影印本《四时纂要》。

③ 《王祯农书·农器图谱集之六》。

这里尤其值得注意的是《王祯农书》对于南方农业的论述。虽然，对南方农业的论述有《陈旉农书》在先，但是《陈旉农书》对于南方农业的论述过于集中在水稻、养牛和蚕桑三个方面，就水稻方面来说又过于集中在大田生产方面，对于收藏、加工也很少论述，虽然有不少理论性的东西，但由于缺少对南方农业生产技术的详细论述，所以有“虚论多而实事少”之讥。相比之下，《王祯农书》对于南方农业的论述却全面而细致。

第二节 农学著作的特点

一 蚕桑著作的出现

中国是蚕桑生产的起源地之一，但在唐宋以前，有关蚕桑生产技术的文献却不多，在一些综合性农书中所占篇幅也非常有限。现存《氾胜之书》中有“种桑法”一条，其内容不过百字；《齐民要术》中有“种桑柘”一篇，内附“养蚕”，篇幅也只不过是全书的近1%。只是到了隋唐宋元以后，有关蚕桑生产的文献才日益增多。反映在两个方面：第一是大量蚕桑专著的出现。最早著录蚕桑著作的是《旧唐书·经籍志》和《新唐书·艺文志》，在这两部书中，分别著有《蚕经》一卷，或《蚕经》二卷。而现存最早的蚕桑专著是署名秦观（少游）的《蚕书》，在此之前，据《文献通考·经籍考》著录，五代时蜀人孙光宪也著有《蚕书》二卷，另外，北宋的《崇文书目》中也著有《淮南王养蚕经》三卷，署名刘安，实为唐宋时人的假托之作，元代则出现了一部由农学家苗好谦撰写的《栽桑图说》。除蚕桑专著以外，隋唐宋元时期，蚕桑地位上升的第二个表现就是蚕桑在一些综合性农书中所占比重上升。《陈旉农书》分为三卷，其中卷下为“蚕桑”，篇幅仅次于卷上，占全书的第二位，这点在《农桑辑要》中反映尤为明显，《农桑辑要》共六卷，其中栽桑、养蚕，每篇各占一卷，从篇幅和条数上说，都占全书的32%左右，即几乎是全书的1/3。绝对量比《齐民要术》中的“种桑柘”篇，大出9倍多。蚕桑地位的上升，从农书的书名上也得到了反映，桑直接写入书名，与农并列，如《耕桑治生要备》、《耕织图》、《农桑要旨》、《农桑直说》、《农桑撮要》、《农桑辑要》、《农桑通诀》、《农桑衣食撮要》，这些都意味着蚕桑在农书中地位的提高。

二 农具著作的出现

“工欲善其事，必先利其器”，对于农业生产工具的重视也反映了隋唐宋元时期农学水平的提高。先前的一些农书，如，《齐民要术》和《氾胜之书》等，虽然在叙述时，也累累涉及农具，但却没有专门篇幅，讨论农具问题。到了唐宋以后，这种情况开始有了改变。这里首先需要提到的是中国第一部农具专著，唐代陆龟蒙的《耒耜经》。陆龟蒙在序中说：“耒耜者，古圣人之作也。自乃粒以来至于今，生民赖之，有天下国家者，去此无有也。”把农业生产工具提高到一个很高的高度。《耒耜经》虽然篇幅很短，包括序文在内，总共才600余字，但却详细地记载了当时江东地区所普遍采用的一种水田耕作农具“曲辕犁”，还提到了爬（耙）、碌碡和礰礋等三种农具。第二部农具专著则是南宋曾之谨的《农器谱》。曾之谨是北宋时《禾谱》作者曾安止的侄孙，据周必大为该书所作之“序”的介绍，安止当年把《禾谱》献与苏东坡，东坡指出书中缺少农器，（事实据苏东坡“秧马歌”序云：“余过访庐陵，见宣德致士曾君安止，出所作《禾谱》。文既温雅，事亦详实，惜其有所缺，不谱农器也。”可见苏东坡对于农具也是很重视的）当时曾安止已经失去了目力，不能补写，过了100多年，之谨才替他实现了这个愿望。书中记述了耒耜、耨镈、车戽、蓑笠、至刈、条篑、杵臼、斗斛、釜甑、仓庾等十项，还附有“杂记”，都是根据古代经传，又参合当代的形制，写得详细周到，受到了当时人的赞扬，陆游曾给该书提了诗。可惜这本书明代以后就失传了。第三本农具专著就是有名的《农器图谱》，王祯则认为：“器非田不作，田非器不成。”因此，以最大的篇幅写作了《农器图谱》一书。《农器图谱》是在保留了《农器谱》全部的门类的基础上，加以扩充绘图而成的，它的出现是中国农学史上最值得一写的大事。

隋唐宋元时期，除了出现了上述一些农具专著以外，其他的一些农书，或是与农业有关的文献中也多处谈到了农具，或是与农业生产有关的一些工具。如，陆龟蒙他除了写作了《耒耜经》以外，还根据自己多年垂钓和饮茶的经验，做了《渔具十五首，并序》、《和添渔具五篇》及《和茶具十咏》，对渔具和茶具作了叙述。陆羽的《茶经》一书对于茶具也很重视，书中有两篇与茶具有关，一是茶具，记载与茶叶采制有关的工具；一是茶器，记载与茶叶煮饮有关的用具。《陈旉农书》中也有“器用之宜”一篇，也表示了对农具的重视。陈旉说：“工欲善其事，必先利其器。器苟不利，未有能善其事者也。利而不备，也不能济其用也。”《容斋五笔》中则提到了：“霜户器用，曰蔗削、曰蔗镰、曰蔗凳、曰蔗碾、曰榨斗、曰榨床、曰漆瓮，各有制度。”[①]《农桑辑要》中虽然没有农具专篇，但在提到农具时，总是不惜篇幅对其形制加以介绍。可见隋唐宋元时期对于农具是非常重视的。

三　药草进入农书

药用植物自古采自野生。东汉崔寔的《四民月令》虽然收集了20多个药草名目，但只有地黄一种提到是“种”的，其他全是用集野生植物。《齐民要术》中虽然记载了地黄、紫草、红花、蓝、花椒等的栽培，但它们都是作为染料、脂粉和调味香料来栽培的。真正把它们当作药物来栽培的可能是隋唐宋元时期出现的一些山居隐士，因为山居的隐者，讲究修身养性，需要大量服用某些药物，就由采集到自己栽培起来，以后便导致了药农经营的事业。如，《陈旉农书·洪兴祖后序》就讲到，陈旉“所至即种药治圃以自给”，这也就难怪真正把药草栽培写入农书始于隋唐宋元时期出现的山居系统农书。山居系统农书的一个显著特点就是对药用植物栽培经验的总结。这是山居系统农书的一个新发展。此后，一些综合性农书也开始注意到了药草的栽培，《四时纂要》中就记载了相当多的药草，有地黄、黄精、牛膝、术、枸杞、薏苡等10多种，这些药草除直接药用以外，还被制成服饵药食用。最值得注意的是《农桑辑要》，在这本书卷六中，就有专门的“药草”一项，记载了20多种栽培药物。以后在《王祯农书》和《农桑衣食撮要》中也都有药草栽培的记载。

① 《容斋五笔》卷六。

四　花木有了专谱

传统中国农书是排斥花卉的。贾思勰在《齐民要术·序》中的一句话就非常有代表性，其曰："花草之流，可以悦目，徒有春花，而无秋实，匹诸浮伪，盖不足存。"由于《齐民要术》订下了这样的金科玉律，所以后世一些综合性农书都将花卉弃之于农书之外。隋唐宋元时期，出现了许多以各种花草为对象的谱录类著作，这些著作在当时的一些书目也往往和一些正统的农书一道著录为"农家类"著作，表明当时人们的观念发生了变化，不仅如此，一些有关花草的内容也开始堂而皇之地写进了综合性农书之中。这里需要提到的是《分门琐碎录》中的"农艺门"和《种艺必用》及其"补遗"。《分门琐碎录》系南宋初年温革所著的一部类书，里面有许多门，"农艺"只是其中的一门，在这一门中再分为农桑、木、花、果等类，谷麦耕种总说、五谷总论等小类。由此可见花卉已成为"农艺门"中的一部分。《种艺必用》是南宋末年吴怿写的一部农书，"补遗"则为元初张福所补，这两书中对各种观赏植物的莳艺方法有很多记载。花草的引入是农书内容上的一大新发展。

第三节　农书种类

中国古代农书的分类，至今为止并没有一个统一的标准。王毓瑚将农书归纳为9个系统，包括综合性的农书、关于天时、耕作的专书、各种专谱、蚕桑专书、兽医书籍、野菜专著、治蝗书、农家月令书和通书性质的农书。除野菜和治蝗没有专书之外，隋唐宋元时期都有其代表性的农学著作（表15-2）。

表15-2　农书的种类及其代表作

种　类	代表作
综合性农书	四时纂要、陈旉农书、农桑辑要、王祯农书
天时、耕作农书	田家五行
谱录类农书	茶经、橘录、荔枝谱、牡丹记、芍药谱、禾谱、桐谱、农器谱等
蚕桑专书	蚕经、蚕书、栽桑图说、蚕桑直说
兽医专书	司牧安骥集、相马经、马经通玄方论
蔬菜专书	笋谱、菌谱
救荒专书	救荒活民书
月令书和通书	农家历、保生月录、四时纂要、十二月纂要、四时栽种记、农历、四时类要、农桑衣食撮要

石声汉将农书按写作对象分为整体性农书和专业性农书，作为基本的分类；按体裁分为农家月令书、农业知识大全和通书三个类型；按作者分为官书和私人著作；按地域分为全国性农书和地方性农书。按照石声汉的这一分类，则可以看到，隋唐宋元时期不仅出现了许多整体性农书，而且出现了许多专业性农书。不仅出现了月令体农书和农业知识大全式的农书，而且还出现了综合这两者特点的通书。不仅有官修农书，还有私人著作。不仅有面向全国的大型农书，还有专对于一个小区域的小型农书。

月令体农书系将一年的十二个月，乃至每个月的上旬、中旬、下旬，可以或必须进行的农业生产操作事项，按照轻重缓急，分别先后次序，依次安排，作为生产指导书。月令体农书最早创始于后汉崔寔的《四民月令》。以后这种类型的农书一度绝迹，到唐代才又开始出现，最早的一部大概是唐韦行规的《保生月录》，又称为《韦氏月录》。可惜此书现已失传，据《中兴馆阁书目》卷三“时令类”的记载，此书按月令体来写作，“凡饮膳、服饵、种艺、蓄藏之法，皆本月书之”。宋代出现了《十二月纂要》、《四时栽种记》、《四时栽接花果图》和邓御夫的《农历》等月令体农书。但都已失传，内容也不得而知。元代《农桑辑要》就在卷尾“岁用杂事”附录了《四时类要》，列举每个月所应做的各种农事活动。《田家月令》则把月令体例部分列于卷首，而后又申论有关事宜。该书分为上、中、下三卷，每卷又分为若干类，上卷为正月至十二月类；中卷为天文、地理、草木、鸟兽、麟虫等类；下卷为三旬、六甲、气候等类；全书大都以农谚来表述。《王祯农书》则把农家月令的主要特点，如星躔、季节、物候、农业生产程序，灵活而紧凑的联成一体，全部总结在一个小圈中，成“授时图”。然而，元代最有成就最有影响的农家月令体农书，还是那篇首尾都用以时系事体例写成的《农桑衣食撮要》，该书在交待每个所应该做的事项的同时，还详细介绍每种农活的具体做法，成为中国农学史上最突出的月令体农书之一。

农业知识大全式的农书是指着重于各种各项知识的系统记录，时令安排在内，但不另行每月集中突出。技术叙述，除了各种作物，包括谷物、油料、纤维、染料等，还有蔬菜、果树、林木的耕作、选育、栽培、保护，及畜牧、养鱼等广义农业部门之外，甚至还包括产品的加工保藏、酿造、烹调、织染、日用品保护，乃至制造笔、墨和化装品等等。农业知识大全式的农书以北魏的《齐民要术》为祖。该书“采捃经传，爰及歌谣，询之老成，验之行事，起自耕农，终于醯醢，资生之业，靡不毕书”。宋元时期，这类的农书有《农桑辑要》、《王祯农书》等。《农桑辑要》不仅大量引述了《齐民要术》等前人著作中的文字，(引文约 2 万余字，占全书 6.5 万余字的 31%)，而且还新添了不少新的内容。

通书是隋唐宋元时期新出现的一种农书体裁，它脱胎于月令体农书。唐时韦应物曾作有《保生月录》一书，这是一本月令体农书。有感于此书过于简略，唐韩鄂又作了一本《四时纂要》，使其成为一具有本通书性质的农书。从形式上来说，《四时纂要》具有月令体的特点，全书分为春令正月；春令二、三月；夏令四、五、六月；秋令七、八、九月和冬令十、十一、十二月，然后按月系事，依次收录有关的内容。内容上来说，《四时纂要》较之于月令体农书有了很大的扩展，特别是加上了有关丛辰、占卜、祈禳等内容。据缪启愉的统计，全书共 698 条，其中占候、择吉、禳镇就占了 348 条，几占了全书的一半，所以石声汉认为，《四时纂要》是现存最早的通书性质的农书。

中国传统农书，从其作者的身份来看，有官修农书和私人著作之分。唐宋以前的许多农书多为私人著作，不过这些农书的作者多在中央和地方担任过一官半职，所以在他们的著作中充满了儒家“修身齐家治国平天下”的政治抱负，这种性质的私人著作仍然是隋唐宋元时期农书写作的主流，但值得注意的是唐宋时期的农书开始出现一种脱离政治的倾向，这就是山居系统农书的出现。

不论按照那种分类标准，最能体现隋唐宋元时期农学发展的农书莫过于专业性农书的出现。专业性农书，最早只是与相马、医马、相畜和养鱼等畜牧有关，这是因为畜牧业，特别是养马业与国防和统治者的爱好有着非常密切的关系，导致畜牧专业农书最先出现；后又由于宫廷对花木的需要，刺激了花卉庭院这一方面的专书，作为第二批的专业性农书出现，如晋代的《西京杂记》中有关的花木部分，以及稍迟的《晋宫阁簿》等，但严格说来，这些还够不上专业性农书。只是到了唐代以后，才出现了包括花卉在内的，涉及种茶、农器、养蚕、果树等等在内的专业性农书的出现。谱录类农书即属于专业性农书。现存最早的蚕书是北宋秦观的《蚕书》、现存最早的农器专书是唐代陆龟蒙的《耒耜经》、现存最早的茶叶著作是唐代陆羽的《茶经》、中国古代唯一的柑桔专著是宋代韩彦直的《永嘉橘录》、最早的荔枝专著是蔡襄的《荔枝谱》，以及牡丹、芍药、海棠、兰花、菊花、月季、梅花、莲花等等在内的各种专谱。还出现了现存最早的兽医专著《司牧安骥集》和农业气象著作《田家五行》及其《补遗》等。

以下按专业对当时的一些主要的农书进行简要的介绍。

一　茶　叶　类

茶叶类著作有《茶经》、《北苑茶录》等14种。

茶叶类著作中以陆羽的《茶经》为最早。陆羽（733～804）复州竟陵（今湖北天门）人。字鸿渐，自称“桑苎翁”，又号“东冈子”、“竟陵子”。原本为弃儿，后为僧人收养，因不堪师傅虐待，离开了寺院，并一度曾为伶工，后隐居。上元初（760）又至苕溪（今浙江湖州）隐居。在湖州的顾渚山，陆羽与皎然、朱放等人论茶。顾诸山在浙江湖州，是个著名的产茶区。据《郡斋读书志·杂家类》载，陆羽还著有《顾渚山记》2卷，当年陆氏与皎然、朱放等论茶，以顾渚为第一。陆羽和皎然都是当时的茶叶名家，分别著有《茶经》和《茶诀》。后来陆龟蒙在此开设茶园，深受前辈的影响，他写过《茶书》一篇，是继《茶经》、《茶诀》之后又一本茶叶专著。可惜《茶诀》和《茶书》均已失传。唯有陆羽的《茶经》3卷传世。

《茶经》分三卷十门，即一之源、二之具、三之造、四之器、五之煮、六之饮、七之事、八之出、九之略、十之图。其中“一之源”记茶的生产和特性；“二之具”记采茶所用的器物；“三之造”记茶叶的加工，这两节的中心是叙述饼茶的制法，即用甑蒸茶叶，用杵臼捣茶，放入铁模中，拍以为饼，用锥刀开孔，用竹贯茶放入焙炉中焙之，最后剖竹或纫榖树皮串茶，每串有一定的重量，名之曰穿。“四之器”记茶叶加工时所用的器物；“五之煮”记述茶叶的饮用方法，把茶饼以缓火炙过，用木质药研碾为粉末，用罗筛为茶末，煮时用鍑沸汤，一沸之时调以盐少许，二沸之时一边搅动一边放入茶末。饮茶之时，因为茶色以淡黄为贵，所以要酌入越州出产的青瓷茶具中，乘热啜饮浮其上的精英部分。“六之饮”，介绍了饮茶方法，列举了觕（粗）茶、散茶（煎茶）、末茶（粉茶）、饼茶（砖茶）。“七之事”中掇拾古书中有关茶的文字，叙述了茶的历史。这部分所占的篇幅较长。“八之出”，叙述茶的产地，并按上、次、下三个等级评价各地茶叶的优劣。“九之略”，讲述野外茶叶加工的有关事宜。“十之图”，即将上述九个方面的内容用图画的形式表现出来，置诸座隅，以备便览，实际内容还是九个方面。全书系统总结了唐以前种茶经验和自己的体会，包括茶的起源、种类、特性、制法、烹煎、茶具、水的品第、饮茶风俗、名茶产地以及有关茶叶的典故和药用价值等，是世界第一部关于茶叶的专著。

《茶经》的意义主要有以下几个方面：(1) 系统地记载了我国古代有关茶事活动的历史，从而说明我国是世界上茶树的原产地。《茶经·一之源》记载："茶者，南方之嘉木也。一尺，二尺乃至数十尺；其巴山，峡川有两人合抱者……" 这是对茶树的原产大树种的描述，比英国人1823年在印度发现的原产大树种要早1000多年。《茶经》还从植物学和古农学的角度，记录了茶树的植物形态、命名、生态环境、种植方法，以及自古以来各种茶的加工制作和饮方法等，表明我国是茶叶的故乡。(2)《茶经》对饮茶功的探讨，为茶叶学的建立和发展提供了动力和基础。书中把饮茶的作用概括为几个可以理解和验效的方面，即饮茶有解热渴，驱凝闷，缓脑疼，明眼目，息烦劳，舒关节，荡昏寐等功效，同时《茶经》中还具体提出，饮茶能"醒酒"，"令人不眠"，长期饮茶能"有力悦志"，"增益思考"，"轻身换骨"（减肥）；茶叶还被列入医药处方，主治"瘘疮"、"小儿惊厥"等症。(3)《茶经》总结，推广了迄唐代中期我国先进的造茶工艺。把造茶法归结为采、蒸、捣、拍、焙、穿、封七道工序，并提出了制茶质量的鉴别方法"别"。使得造茶有个完整的概念和统一的规范，便于推广。(4)《茶经》记载了一整套茶的煮饮法，总结出了被后人概括称为的"煎茶法"的煮饮法，正如唐代皮日休在"茶经序"中所言："季疵以前，称茗饮者必浑以烹之，与夫沦蔬而啜者无异也。" 陆羽的煎茶法是饮茶史上的一次飞跃，这种茶法至今仍然保留在闽越一带的功夫茶和日本的茶道之中。

《茶经》的问世对于茶业和茶学的发展起到奠础的作用。唐代皮日休评价陆羽和《茶经》的功绩时说："茶事，竟陵子陆季疵言之详矣。""季疵始为《经》三卷，由是分其源，制其具，教其造，设其器，命其煮……其为利也，于人岂小哉！"[①] 自陆羽著《茶经》以后，"天下益知饮茶矣，时鬻茶者，至陶羽形置炀突间，祀为茶神……其后尚茶成风，时回纥入朝，始驱马市茶"。[②] 因此，《茶经》的问世还促进了中国与周边民族和世界各国的经济，文化的交往。

《茶经》流传极广，版本很多。除收入《百川学海》、《说郛》、《文房奇书》、《山居杂志》、《百名家书》、《格致丛书》、《唐宋丛书》、《小史集雅》、《学津讨源》、《湖北先正遗书》、《唐人说荟》、《茶书全集》等丛书以外，还有大量的单行本行世，包括几种明刻本、清刻本和民国刻本，以及日本刻本。日本天野元之助在《中国古农书考》一书中对《茶经》在日本的流传情况有较为详细的叙述，据他估计，《茶经》的刊本大约可以数上30种。[③] 还被译成外文，收录进英国人威·乌克斯（William H. Ukers）所著的《茶叶全书》（All About Tea ）中。

《茶经》之后，各种与茶有关的著作相继出现，据《宋史·艺文志》的记载，陆羽在《茶经》三卷之外，又有《茶记》一卷、温庭筠《采茶录》一卷，不知作者的《茶苑杂录》一卷，张又新的《煎茶水记》一卷，毛文锡《茶谱》一卷，蔡襄《茶录》一卷、沈立《茶法易览》十卷，吕惠卿《建安茶用记》二卷，章炳文《壑源茶录》一卷，宋子安《东溪试茶录》一卷，熊蕃《宣和北苑贡茶录》一卷等12种。不见于"艺文志"的还有

① 《茶经·皮日休序》。

② 《新唐书·陆羽传》。

③ 天野元之助著，彭世奖、林广信译，中国古农书考，农业出版社，1992年，第46页。

陶穀的《茗录》一卷，宋徽宗赵佶的《大观茶论》；審安老人的《茶具图赞》一卷。周绛的《补茶经》一卷；刘异的《北苑拾遗》一卷；王端礼的《茶谱》；蔡宗颜的《茶山节对》一卷，又《茶谱遗事》一卷；曾伉的《北苑总录》十二卷；还有佚名的《北苑煎茶法》一卷；佚名的《茶法总例》一卷；佚名的《茶杂文》一卷；佚名的《茶苑杂录》一卷等。

在众多茶叶类著作中，又以建安茶的著作最多。建安今属福建，北苑是建安属下的一个茶叶产地，其所产之茶，又名"建茶"。宋代福建是全国主要的茶叶生地之一，在宋代出现的各种茶录、茶经中，以记建茶者为最多，第一本就是丁谓的《北苑茶录》。丁谓在写作《北苑茶录》（又名《建安茶录》）时仍然采用了绘图的形式，所以有人称丁谓的著作为"茶图"。

紧接着蔡襄又撰《茶录》二卷，蔡襄认为陆羽的《茶经》，不载闽茶；丁谓的"茶图"虽载闽产，但仅仅是论采造，而不及烹试，于是作者便在皇祐中（1049～1053）撰写了《茶录》二卷，并于治平元年（1064）自书刻石。上篇论茶，下篇论茶器。"论茶"中说："茶色贵白，而饼茶多以珍膏油其面，故有青黄紫黑之异，"又说："茶有真香，而入贡者，微以龙脑和膏，欲助其香。建安民间试茶皆不入香，"并认为"茶味主于甘滑"。自唐至宋，饮茶方式发生了一些变化，前者为煮茶，后者为泡茶，从而使茶器也发生了一些变化。宋代罗大经撰《鹤林玉露》中对此有如下的叙述："《茶经》以鱼目、涌泉连珠，为煮水之节。然后世瀹茶，鲜以鼎鍑，用瓶煮水，难以候视，则当以声辨，一沸、二沸、三沸之说。又陆氏之法，以末就茶鍑，故以第二沸为合量而下末。若以今汤就茶瓯瀹之，当用背二涉三之际为合量。"①《茶录》下篇"论茶器"中的"汤瓶"相当于陆羽说的"鍑"。在"汤瓶"取代"鍑"的同时，制造汤瓶使用的金属也趋于贵重。对此，《茶录》中也有论述。

不过蔡襄的《茶录》也有不完备的地方，于是宋子安又作有《东溪试茶录》一卷。东溪，是建安的地名，书中对它的地理情况做了详细叙述。宋子安作此书，目的是补丁谓"茶图"和蔡襄《茶录》之遗。书分八目，其基本观点是品茶要辨所产之地，有的产地相距很近，而好坏差别很大。因此书中对于诸焙道里远近，言之最详。在"茶名"条中提到，"柑叶茶树高丈余，细叶茶树高者五六尺，丛茶丛生，高不数尺"。从这些记载中可以推想到当时摘叶茶树的大小。

《东溪试茶录》之后，讲建茶的又有黄儒的《品茶要录》二卷。黄儒是建安人。这本书专门论述建茶的采制和加工，不过这本书与别人的著作有个很大的区别，它不是专讲有关建茶的好话，而是针对建茶在加工和制售过程中所出现的假冒伪劣现象进行暴光，以表建茶之真。全文约1300字。分为：一采造过时，二白合盗叶，三入杂，四蒸不熟，五过热，六焦釜，七压叶，八渍膏，九伤焙，十辨壑源沙溪。

黄儒之后，接着熊蕃又撰有《宣和北苑贡茶录》一卷。北苑位于建安东部的凤凰山麓，宋太宗太平兴国（976～983）之初，在这里制造砖茶。到了宣和年间（1119～1125），北苑以盛产贡茶闻名。撰者熊蕃（建阳人）亲自观察了产茶的情况，并作了记录。全文约1700～1800字，旧注约1000字。所论皆建安焙造贡茶的法式，包括建安茶的沿

① 陈继儒采辑《茶董补》卷上。

革、贡茶的变迁、茶芽的等级，还列举了贡茶40余种的名称及其制造年份。书中附有38个图，是熊蕃之子熊克所补，把贡茶的形态和尺寸一一图示，以“写其形制”。书出版于淳熙九年（1182）。

赵汝砺又作《北苑别录》一卷。赵汝砺是熊蕃的门生，他在担任福建路转运使主管帐司之时，有感于《贡茶录》一书中有不完备的地方，撰著此书，全书约2800字，旧注约700字。补“别录”所遗。熊氏书中辑入贡品，此书均有著录。其内容详于采茶、制茶的方法。在“采茶”条中写道：“采茶之法……每日常以五更挝鼓，集群夫于凤凰山（山有打鼓亭），监采官人给一牌入山，至辰刻则复鸣锣以聚之。”在“拣茶”条中写道：“小芽者其小如鹰爪，”“中芽古谓之一鎗二旗是也，”“紫芽，叶之紫者也，”“白合乃小芽有两叶抱而生者是也，”“乌蒂，茶之蒂头是也，”又说：“凡茶以水芽为上，小芽次之，中芽又次之，紫芽、白合、乌蒂皆在所不取。”又在“榨茶”条中说把蒸好的茶叶做原料的“茶黄”再三淋洗，放在榨机中使它出膏。

二　花　卉　类

正统的农学著作是排斥花卉类著作的。唐宋时期，随着经济的繁荣，赏花成为习俗，其中尤以象征宝贵的牡丹等最受人们的青睐。于是花卉类著作便以谱录类形式另行出现。这类著作在唐代即已出现，而以宋代为多（表15-3）。

表15-3　花卉类书

分类	作　者	书　名	成书年代	卷数	内　容
牡丹	僧仲林	越中牡丹花品	986	1	记牡丹之绝丽者32种
	范尚书	牡丹谱			述牡丹52种
	欧阳修	洛阳牡丹记	1031	1	分花品叙、花释名、风俗记，其中花品叙列举了24种
	不详	冀王宫花品	1034	1	记花50种
	李英	吴中花品	1045		所记皆出洛阳花品之外者
	张峋	洛阳花谱		3	记洛阳牡丹，附芍药
	周师厚	洛阳牡丹记		1	记洛阳牡丹46种
	张邦基	陈州牡丹记		1	记一次牡丹突变现象
	陆游	天彭牡丹记	1178	1	记成都牡丹，写法与欧阳修同
	任璹	彭门花谱		1	记成都牡丹
芍药	刘攽	芍药谱	1073	1	记扬州芍药31种
	王观	扬州芍药谱	1075	1	依刘谱次序，另增八种
	孔武仲	芍药谱		1	记芍药33种
菊花	刘蒙	菊谱		1	记菊品35种
	史正志	菊谱	1175	1	记菊品27种
	范成大	范村菊谱	1186	1	记自家花园菊品35种
	胡融	图形菊谱	1191	2	
	沈竞	菊名篇			记各州禁苑菊花90余种
	文保雍	菊谱			
	史铸	百菊集谱	1242	6	为菊谱集大成的著作，记菊160余种
	马楫	菊谱	?		记菊品上百种
兰花	赵时庚	金漳兰谱	1233	3	叙兰容质、品兰高下、天下爱养、坚性封植、灌溉得宜
	王贵学	兰谱	1247	1	分品第、灌溉、分析、沙泥、爱养、兰品六条

续表

分类	作者	书名	成书年代	卷数	内容
海棠	沈立	海棠记	1041～1048	1	
	陈思	海棠谱	1259	3	有关叙事和诗赋
综合及其他	贾躭	百花谱	唐		
	李德裕	平泉山居草木记	唐	1	记平泉别墅中的奇花异草
	范成大	范村梅谱	宋	1	记自家花园中梅12种
	周必大	唐昌玉蕊辨证	1196	1	记长安城中道观唐昌所植玉蕊花
	佚名	四时栽接花果图	宋	1	见于《文献通考·经籍考》
	张宗海	花木录		7	
	周师厚	洛阳花木记	1082	1	记各种花的名色，及栽培方法。
	陈景沂	全芳备祖	1256	58	
	佚名	郊居草木记		1	

花谱类著作，以赏花为宗旨，所以花的品种和品第成为这类著作的主要内容，各书都记载了几十、上百个品种，如史铸的《百菊集谱》中就记载了菊花品种160多种，周师厚的《洛阳花木记》中就记载了洛阳的各种花木名色，计牡丹109种，芍药41种，杂花82种，各种果子花147种，刺花37种，草花89种，水花19种，蔓花6种。从中不难看出当时花卉栽培之盛况。各书在记花品的同时，也叙述了花卉的栽培方法。如《洛阳花木记》中就记载了四时变接法、接花法、栽花法、种祖子法、打削花法、分芍药法等。有时花卉栽培方法也被作为一种风俗记录下来。下面按花卉，重点介绍一下几种主要花谱的情况和陈景沂的《全芳备祖》。

（一）牡丹谱

现存最早的牡丹谱，当属欧阳修的《洛阳牡丹记》。唐宋的花卉栽培中以牡丹最盛，而牡丹栽培又以洛阳最有名，当地人称其他花均有名称，唯独牡丹称花。欧阳修曾在洛阳居住过四年。第一年初到洛阳时，花讯已过，只看到个尾巴，次年与友人一起游嵩山少林寺等地又错过了花期，第三年因悼念亡亲无暇赏花；四年任满离去之时正当花期方至，只看到一些开得早的花，始终未能一览盛况。尽管如此，欧阳修仍然觉得所见一斑已足以令人陶醉，所以写下了《洛阳牡丹记》。

《洛阳牡丹记》分为三部分："花品叙第一"、"花释名第二"、"风俗记第三"。首先记述了"姚黄"、"魏紫"等24种牡丹精品的名称、特征。接着讲述了这些花名的来历，有的是根据产地、花色，有的是根据栽培者的姓氏。在"风俗记第三"中，着重记述了洛阳人的爱花嗜好，又介绍了嫁接牡丹优良品种的方法以及种牡丹的要点。种花要先选好地，除去旧土，用药物"白敛"末一斤和新土种之。这是因为白敛能杀虫，而牡丹花根常被虫吃的缘故。浇花也有一定的规则，必须是在日出之前，或日落之后，并根据季节变化掌握水量。当牡丹花枝上出现花蕾时，应剪去小的，只留一两朵大的。如果出现虫害，一定要寻找虫穴，用硫磺杀灭，这样花才能长得好。

欧阳修之后，一系列关于牡丹的著作相继出现。其中有张邦基的《陈州牡丹记》、陆游的《天彭牡丹谱》。陈州也是一个有名的牡丹产地，宋政和年间（1111～1117），张邦基侨居此地，写有《牡丹记》短文一篇，记载了一次牡丹突变现象。天彭在成都。成都西北有彭门山，也称天彭门。南宋的牡丹最出名，号为“小西京”。陆游在蜀作官期间亲往观赏，写成“牡丹谱”一卷。书仿欧阳修《洛阳牡丹记》体例，分为三篇。第一篇是“花品序”，按花的颜色分别品评甲乙。第二篇是“花释名”，记录各花的名称，凡是已见于欧阳修谱中的都没有载入，只记下了在天彭当地出名的那些，并对各花的形态都作了描述。第三篇是“风俗记”，杂记蜀中人赏花的故事。

（二）芍药谱

如同洛阳人爱好牡丹花一样，扬州人爱好芍药。扬州芍药有甲天下的美誉。最早的芍药谱为为刘攽撰。刘攽，清江（今江西樟树）人。宋熙宁六年（1073），来到广陵，正当四月花开的季节，邀集友人观赏，因作此谱，并请画工将各等芍药描画下来。谱中记扬州芍药 31 种，评为七等。按顺序排列，如下：

上之上，冠群芳，赛群芳、宝妆成、尽天工，妆新、点妆红

上之下：叠香英、积娇红

中之上：醉西施、道妆成、掬香琼、素妆残、试梅装、浅妆匀

中之下，醉娇红、拟香英、妒娇红，缕金囊

下之上：怨春红、妒鹅黄、蘸金香、试浓妆

下之中：宿妆殷、取次妆、聚香丝、簇红丝

下之下：效殷妆、会三英、合欢芳、拟绣鞯、银含棱

刘攽作《芍药谱》第三年，熙宁八年（1075），如皋人王观在扬州知江都县事时，在刘谱的基础上又撰写了《扬州芍药谱》一书，记述了 39 种芍药花，其中 31 种原为刘谱所载，新增的有 8 种，未加列等。计有：御叙黄、袁黄冠子、峡石黄冠子、鲍黄冠子、杨花冠子、湖濒、黾池红、黄楼子。

王谱开卷先讲栽培方法，最后有一后论。在栽培技术方面，王观着重介绍的是分根技术。“方九十月时，悉出其根，涤以甘泉，然后剥削老硬病腐之处，揉调沙粪以培之，易其故土”。还论述了此花要三年或两年一分等栽培要点。提出了及时取根、尽取本土，贮以竹席之器，运往他州，然后壅以沙粪的移植方法。还指出扬州芍药本以龙兴寺的山子、罗汉、观音、弥陀四院为此州之冠，今则以朱氏之园最为冠绝，南北二圃所种有五六万株。开明桥之间，方春之月，拂旦有花市焉。

与刘攽、王观同时的作者中还有孔武仲，他也著有《芍药谱》一卷，全文收在宋吴曾《能改斋漫录》中，所记芍药 33 种，都是按花的形状命名。

（三）菊谱

菊谱以刘蒙所撰最早。刘蒙是彭城（今江苏徐州市）① 人。崇宁甲申（1104）9 月，他到龙门游玩，在伊水之滨访问了种菊吟诗的隐士刘元孙，便和他一起切磋菊花的品种与栽培技术。因看到牡丹、荔枝、香笋、茶、竹、砚、墨等都有“谱”，便萌发了仿效别人编“谱”的念头。刘蒙根据菊花的颜色分类，着重描述各自的花形叶貌，编成了这本《菊谱》。

---

① 天野认为是福建仙游，不知何据。

刘蒙的《菊谱》共记载了菊花35种，“大抵皆中州物产而萃聚于洛阳园圃中者”，分为黄花、白花、杂色三大类。黄花有胜金黄、叠金黄、橚棠菊、叠罗黄、麝香黄、千叶黄、太真黄、单花小金钱、垂丝菊、鸳鸯菊、金铃菊、球子黄、小金铃、藤菊花、十样菊、甘菊、野菊17种；白花有五月菊、金杯玉盘、喜容、御衣黄、万铃菊、莲花菊、芙蓉菊、茉莉菊、木香菊、酴醾菊、艾叶菊、白麝香、银杏菊、白荔枝、波斯菊15种；杂色有佛头菊、桃花菊、胭脂菊3种。

刘蒙在每种菊花的名下，首先记述了它们的别名，如橚棠菊又名金鎚子，叠金黄又名明州菊和小金黄等等。然后对花、蕊、叶、枝的形态、颜色特点进行了描述，如橚棠菊的花色深如赤金，金杯玉盘的花是中心黄、四边浅白，而十样菊“往往有六七色”；五月菊的花蕊“极大，每一须皆中空，攒成一匾球子”，有些花心则极小，甚至多叶而无心等等。花朵的形状因花瓣的不同而千姿百态，有的是“千叶细瓣”，有的是“大叶三层”，有的“尖瘦如剪”，而十样菊的命名就是因为一株上“开花形模各异，或多叶或单叶，或大或小或如金铃”。对于枝叶的描述，特别注重几种“枝条长茂”的品种，如金铃菊、藤菊花、喜容等，喜容的茎条在栽培中可以“引长七八尺至一丈”，这些长茎条的品种都可以用以“编作屏幛”，或结为“浮屠楼阁高丈余”。另外刘蒙还谈到各种菊花的花讯有所不同，如小金铃“夏中开”；单花小金钱“开最早，重阳前已烂熳”。产地有所不同，橚棠菊金陵最多，金杯玉盘出江东等等。

刘蒙之后，作菊谱的还有史正志、范成大、沈竞、胡融、马楫等。但以上诸家所志，皆宋廷南渡之后，“拘于疆域，偏志一隅”。[①] 如范成大的《范村菊谱》，又名《石湖菊谱》，虽然也记载了10余个品种，但都是自己花园里种的。集菊谱大成的著作却是史铸的《百菊集谱》六卷。谱中列举菊的各种品种100多个，在创作新谱的同时，还汇集了上述各家的专谱，还包括周师厚《洛阳花木记》中所载的菊名。以及有关种艺、故事、杂说、方术、辨疑、诗话、辞章歌赋等。宋人的一些菊谱，如沈竞的《菊名篇》、胡融的《图形菊谱》等，也正是由于有了《百菊集谱》才得以保留至今。

（四）兰谱

兰花著作以赵时庚的《金漳兰谱》为最早。作者自序题于绍定癸巳（1233），书也大约就是那年写成的。书有三卷，分为五篇，计有“叙兰容质第一”、“品兰高下第二”、“天下爱养第三”、“坚性耐植第四”、“灌溉得宜第五”。所记栽培方法，因品种而不同，很是细致。赵氏兰谱虽然最早，但最早并不等于最好。明代王世贞评价兰谱时说：“兰谱惟宋王进叔本为最善。”王进叔，即王贵学，临江（今江西清江县）人。王氏兰谱一共六条：一品第之等，二灌溉之候，三分析之法，四沙泥之宜，五爱养之地，六兰品之产。书前有作者的自序，作于淳祐丁未（1247），较赵氏兰谱晚出10余年。

（五）海棠谱

海棠著作，据书目记载有沈立的《海棠记》，但这本书虽已失传，但部分内容却保留在陈思的《海棠谱》中。陈思《海棠谱》上卷中便采录了沈立的“海棠记序”与“海棠

① 《四库全书总目提要》，卷一百十五，子部二十五·谱录类。

记”约430字。“海棠记”写道：“海棠虽盛称于蜀，而蜀人不甚重。今京师江淮尤竞争植之，每一本，价不下数十金，胜地名园，目为雅致。而出江南者，复称之曰‘南海棠’，大抵相类，而花差小，色尤深耳。棠性多类梨，核生者长迟，逮十数年方有花。都下接花工，多以嫩枝附梨而赘之，则易茂矣。种宜垆壤膏沃之地。”“海棠记序”中说：“庆历中（1041～1048），为县洪雅（今四川益州），春多暇日，地富海棠，幸得为东道主，惜其繁艳为一隅之滞卉，为作海棠记，叙其大概，及编次诸公诗句于右，复率芜拙作五言百韵诗一章，四韵诗一章，附于卷末。”这些韵诗也都收入进了《海棠谱》的卷中。

陈思是南宋理宗时的一个钱塘书商，他“采取诸家杂录，及汇次唐以来诸人诗句”写成《海棠谱》三卷。上卷题为“叙事”，援引故实，一一记明出处。中、下卷所记全是唐宋诸家的题咏。除沈立的《海棠记》之外，还引用了其他一些文献。如，海棠栽培方法就引用了《长春备用》所载的，“每岁冬至前后，正宜移掇窠子，随手使肥水，浇以盦过麻屑，粪土壅培根柢，使之厚密，才到春暖，则枝叶自然大发，著花亦繁密矣”。

（六）梅谱

牡丹称盛于唐代，至宋代梅花则有取而代之之势。故范成大说：“梅天下尤物，无论智、愚、贤、不肖，莫敢有异论。学圃之士，必先种梅且不厌多。他花有无、多少，皆不系轻重。”有见于此，范成大又写了另一部花卉专著《范村梅谱》。书中记的是范氏私园中所种的梅花，共12种。如，江梅、早梅、消梅、古梅、重叶梅、绿萼梅、百叶相梅（一名千叶香梅）、鸳鸯梅、杏梅、气条等。自序说“吴下栽梅特盛，其品不一，今始尽得之”。梅之有谱，也以本书为第一部。

梅的价值在于食用和观赏。它可以用四个字来概括：色、香、味、姿。范成大在记载梅花时就非常注意这四者的描述。如，直脚梅“花稍小而疏瘦，有韵香最清，实小而硬”；消梅“其实圆脆，多液无滓。多液则不耐日干，故不入煎造，亦不宜熟，惟堪青啖”。有的梅以观赏为主，如古梅；有的梅以食用为主，可以“取实规利”。

（七）《全芳备祖》

《全芳备祖》是宋代花谱类著作集大成性质的著作。作者陈詠，字景沂，号肥遯，又号愚一子，天台（今浙江天台县）人。景沂自己有这样的简历：“余束发习雕虫，弱冠游方外，初馆西浙，继寓京庠、姑苏、金陵、两淮诸乡校，晨窗夜灯，不倦披阅，记事而提其要，纂言而钩其玄，独于花果草木尤全且备，所集凡四百余门。”

根据韩境序和辑者自序，陈景沂早年即便着手纂集《全芳备祖》，几经努力，估计脱稿在理宗即位（1225）前后。其时，作者约30岁左右，故自称是“少年之书”。其付刻期约在宝祐癸丑至丙辰间（1253～1256）。

此书专辑植物（特别是栽培植物）资料，故称“芳”。据自序：“独于花、果、草、木，尤全且备，”“所辑凡四百余门，”故称“全芳”；涉及有关每一植物的“事实、赋詠、乐赋，必稽其始”，故称“备祖”。从中可知全书内容轮廓和命名大意。

书分前后两集。前集二十七卷，为花部，分记各种花卉。如卷一为“梅花”，卷二为“牡丹”，卷三为“芍药”等等120种左右。后集三十一卷，分为七个部分，计九卷记果，三卷记卉，一卷记草，六卷记木，三卷记农桑，五卷记蔬，四卷记药。著录植物150

余种。

各种植物之下又分三大部分，一是“事实祖”，下分碎录、纪要、杂著三目，记载古今图书中所见的各种文献资料；一是“赋詠祖”，下分五言散句、七言散记、五言散联、七言散联、五言古诗、五言八句、七言八句、五言绝句、七言绝句凡十目，收集文人墨客有关的诗、词、歌、赋。一是“乐赋祖”，收录有关的词，分别以词牌标目。

从篇幅来看，全书虽然侧重于辞藻，但也有探求生植原理的用意。作者在自序中说：“尝谓天地生物岂无所自，拘目睫而不究其本原，则与朝菌为何异？竹何以虚？木何以实？或春发而秋凋，或贯四时而不改柯易叶，此理所难知也。且桃李产于玉衡之宿，杏为东方岁星之精。凡有花可赏，有实可食者，固当录之而不容后也。”

书中对于各部每种植物的序次颇为注意，例如花部首牡丹，果部首荔枝，卉部以芝为首，木部以松为首。这些虽然没有科学的依据，但却是时尚的反映。谱录类著作的一大特点是面向观赏，既为观赏服务，就必然要对所观赏的对象品评高下，因此，分级划等也就成为谱录类著作的主要内容。《全芳备祖》作为谱录类著作的集成，自然也不落窠臼。

作为一部既全且备的植物学著作，书中保留了不少是人间罕见或不传的珍品。这也是这本书留给后人最大的一笔财富。

《全芳备祖》虽取材于前人的著作，但也时出新意，用“陈肥遯识”或“陈肥遯云”等的字样，来表明自已的看法。这和明代徐光启在编纂《农政全书》时，以“玄扈先生曰”的方式，来兼出独见有相似之处。比如，书中以“陈肥遯云”的方式，对蔡襄《荔枝谱》中所论33种荔枝中“间有不论或论未备及有遗者”进行了补充，共24个品种。又如，韩彦直在《橘录》中列出了27个品种，这27个品种中又推乳柑为第一，称为真柑，意思是说其他都是假冒伪劣，而乳柑中又以产于泥山者为第一。《全芳备祖》在抄录了《橘录》之后说，“以上皆韩彦直之录也。韩但知乳橘出于泥山，独不知出于天台之黄岩也。出于泥山者固奇也，出于黄岩者，天下之奇也”。并注明“陈肥遯识”字样。

三 果 树 类

果树作物是中国传统农学著作的重要内容之一。《齐民要术》第四卷就是以果树为主，书中记载了枣、桃、李、梅、杏、梨、栗、柰、林檎、柿、安石榴、木瓜等果树栽培的技术。但专门的果树著作却是唐宋以后才出现的。而且最早出现的果树专著并不是上述《齐民要术》中这些家喻户晓的果树种类，而是对于北方人来说耳熟能详但却难得吃到的荔枝。

（一）荔枝谱

通常所说的《荔枝谱》是指蔡襄所作的《荔枝谱》，实际上，唐宋时期出现了好几种有关荔枝的专著，除蔡襄的《荔枝谱》以外，还有《广中荔枝谱》、《增城荔枝谱》和《莆田荔枝谱》等。《广中荔枝谱》，清初人编写的《广群芳谱·果谱》“荔枝部”引过此书，作者是郑熊，所记的品种有22个。郑熊是唐代人，在此之前，尚无荔枝专书出现，因此关于荔枝的专谱应以本书为最早。《增城荔枝谱》和《莆田荔枝谱》两者，均见于

《通志·艺文略》“食货类·种艺门”的著录，前者的撰人是张宗闵，后者则为徐师闵。除此之外，《增城荔枝谱》在《直斋书录解题》也有著录，不具作者姓名，只是说从书的原序上得知他是福唐人，序文中说，熙宁九年（1076），来到增城做官，积极种植荔枝，搜寻境内所产的荔枝品种，得到100多个，因而写出此谱。从此可知作者是北宋时人。不过所有的这几部“荔枝谱”现都已失传，现存唐宋时期的《荔枝谱》仅有蔡襄所著的一部而已，因此也可以说，蔡襄的《荔枝谱》是现存最早的《荔枝谱》。

蔡襄，字君谟，兴化仙游（今福建仙游县）人。生于北宋大中祥符五年（1012），小时候住在外祖父家，得到外祖父的教导，养成了勤奋好学的习惯。天圣八年（1030），举进士，开始了他的官宦生涯。他的官宦生涯大致可以分为两部分，一为京官，一为地方行政长官。而担任地方官的时间又大部分是在他出生的福建度过的，如，他担任过漳州军事推官，福建路转运使，并曾经几次担任福州和泉州的知州等职务。

蔡襄是一个在科技上颇有建树的人物。他在第二次出知泉州府时主持修造了万安桥。万安桥位于泉州府城东面20里的洛阳江入海口处，故俗称洛阳桥。这是一座规模空前的大型石构梁桥，桥长3600尺，宽15尺。全桥用花岗岩石料砌就，由于首创了筏形基础、应用和发展了尖劈形石桥墩、利用潮汐的涨落浮运和架设石梁、利用繁殖牡蛎以固结桥墩等技术，使洛阳桥在中国乃至世界的桥梁建筑史上都有很高的地位。

蔡襄生于闽，又多年在闽中做官。因此，他对于福建地方的特产荔枝非常熟习，《荔枝谱》一书就是他在嘉祐四年（1059）担任泉州知州时所作。蔡襄在《荔枝谱》中介绍了荔枝的产地和历史，“荔枝之于天下，唯闽、粤、南粤、巴蜀有之。汉初，南粤王尉佗以之备方物，于是始通中国。”同时申明，自己写作《荔枝谱》是有感于中原所见的荔枝仅是岭南、巴蜀所产，又均非佳品，而不知福建的优质荔枝，故特意收集有关福建荔枝的资料，撰写而成。他说：“闽中唯四郡（福州、兴化、泉州、漳州）有之，”“列品虽高，而寂寥无纪，将尤异之物，昔所未有乎，盖亦有之而未始遇乎人也。予家莆阳，再临泉、福二郡，十年往还，道由乡国，每得其尤者，命工写生，萃集既多，因而题目，以为倡始。”因此，书中所记主要是福建四郡所产，并借以向人们介绍有关荔枝的常识。

《荔枝谱》一卷，分为七篇。“一，原本始；二，标尤异；三，志贾鬻；四，明服食；五，慎护养；六，时法制；七，别种类”。书中收集了大量有关荔枝的资料，记述详细、真切，具有很高的学术价值。“原本始”主要讲荔枝的历史、分布，以及“性畏高寒，不堪移殖”等生物学特性。“标尤异”重点介绍了作者家乡所产的荔枝优良品种“陈紫”的特点。书中载：“其树晚熟，其实广上而圆下，大可径寸五分。香气清远，色泽鲜紫，壳薄而平，瓤厚而莹，膜如桃花红，核如丁香母，剥之凝如水精，食之消如绛雪，其味之至，不可得而状也。”色香味各方面都堪称“天下第一”。以陈紫标准，本节中还把各种荔枝按品质分为上、中、下三等，其曰：“荔支以甘为味，虽百千树莫有同者，过甘与淡，失味之中。维陈紫之于色香味自状其类，此所以为天下第一也。凡荔枝皮膜形色一有类陈紫，则已为中品。若夫厚皮尖刺，肌理黄色，附核而赤，食之有查，食已而涩，虽无酢品，自亦下等矣。”“志贾鬻”叙述福建荔枝产销情况。当时通过海路已有出口外销，远至日本、阿拉伯等地，并出现了产销两旺的局面。“明服食”从荔枝自身的生理特性，讲到服食荔枝的作用，其中记述了一株300年生的荔枝老树，即第七节将要提到的“宋公荔枝”，仍“枝叶繁茂，生结不息”。这也是对荔枝生长年限长，是多年生木本植物的一种认识。现福建莆田有一株荔枝老树“宋香荔”。树龄已有1200多年。可能就是蔡襄《荔枝谱》中谈到的“宋公荔”。有的文献称为“宋家香”①。“慎护养”讲述荔枝的栽培管理，由于荔枝畏寒，所以初种的六七年，深冬季节要加覆盖。这节里还提到了荔枝的结果习性和隔年结果的“歇枝”现象，即所谓的大小年。其中有这样的记载：“有间岁生者，谓之歇枝；有仍岁生者，半生半歇也。春花之际，旁生新叶，其色红白，六七月时，色已变绿，此明年开花者也。今年实者，明年歇枝也。”可见当时已能识别结果枝、结果母枝的形态特性。（歇枝，又称歇条。《务本新书》中提到：“椒不歇条，一年繁盛一年”。）“时法制”论述荔枝的加工方法。针对荔枝鲜果下树后，容易变质腐烂的特点，提出了红盐、白晒和蜜煎等三种加工方法，进行保鲜贮藏。“红盐之法，民间以盐梅卤浸佛桑花为红浆，投荔支渍之，曝干，色红而甘酸，可三四年不虫”。“白晒者，正午烈日干之，以核坚为止，畜之瓮中，密封百日，谓之出汗。去汗耐久，不然逾岁坏矣”。“蜜煎：剥生荔枝，榨去其浆，然后蜜煮之”。书中还提出了一种经济实惠的加工方法，这种方法将白晒和蜜煎结合起来，“用晒及半干者为煎，色黄白而味美可爱，其费荔枝减常岁十之六七”。由于采取了这样一些的加工方法，所以当时的荔枝能够远销海内外。“别种类”主要是品种记载。共32种，为：陈紫、江（家）绿、方家红、游家紫、小陈紫、宋公荔枝、蓝家红、周家红、何家红、法石白、绿核、圆丁香、虎皮、牛心、玳瑁红、硫黄、朱柿、蒲桃、蚶壳、龙牙、水荔枝、蜜荔枝、丁香荔、大丁香、双髻小、真珠、十八娘、将军、钗头、粉红、中元红、火山。《荔枝谱》对其中一些著名的品种有详实的描述，如，“绿核，颇类江绿，色丹而小，荔支皆紫核，此以见异”；“玳瑁红，荔支上有黑点，疏密如玳瑁”；“硫黄，颜色正黄，而刺微红”等。

蔡襄的《荔枝谱》是中国现存最早的荔枝专著，也是现存最早的果树栽培学专著。前面说过除本以外，唐宋时期至少还有三本荔枝专著，但是这三本荔枝谱都没有流传下来，如最早的荔枝谱《广中荔枝谱》，自问世以来就不见于各家书目，而据清吴应逵《岭南荔枝谱·序》说，此书早已失传。又如《增城荔枝谱》和《莆田荔枝谱》等书，也只有《通志·艺文略·食货类》加以著录，其他书目中却没有记载，《直斋书录解题》中虽然记载了《增城荔枝谱》，却不载作者的姓名。因此，很难说二者就是一本书。即便是一本书也早已失传，只有蔡襄的著作才一直流传至今。不仅如此，蔡襄的《荔枝谱》还是最早的一部果树栽培学著作。中国古代的果树栽培学著作，据王毓瑚《中国农学书录》的统计，一共有19种之多，其中13种是关于荔枝著作，其他6种著作，以《永嘉橘录》为最早，其他多是明清时期的著作。而《永嘉橘录》则是韩彦直在12世纪70年代后期所作，较《荔枝谱》的成书时间要晚上100多年。由此可见，蔡襄的《荔枝谱》不仅是中国现存最早的荔枝专著，也是中国现存最早的果树栽培学著作。

虽然荔枝在唐宋已有专谱，但写入综合性农书则始自王祯《农书》。书中引白居易的《荔枝图序》对荔枝的生物性状做了准确而生动的描述，“树形团团如帷盖，叶如冬青，花如橘，朵如蒲萄，核如枇杷，壳如红缯，膜如紫绡，肉白如肪”。“若离本枝，一日色变，二日香变，三日味变，四五日外，香色味尽皆去矣”。见于荔枝果实不易保鲜，书中特别介绍了晒荔法。

---

① 林铮、林更生，关于莆田古荔‘宋家香’几个问题，农业考古，1983，(1)：205～207。

(二)《橘录》

《橘录》的作者韩彦直，南宋时人，祖籍延安。是抗金名将韩世忠的长子，生卒年月不详。曾任“司农少卿”，后来长期担任地方官，特别是在永嘉（今温州）任“知州”时，由于当地盛产柑橘，作者就地采访，写成此书。所以又名《永嘉橘录》。据作者自序所记，成书于宋孝宗淳熙五年（1178）。

《橘录》分上、中、下三卷，并有作者“自序”一篇。上、中两卷，主要记载了当时温州一带的柑橘品种（包括一部分种），共有27个品种或种。其中柑有8种：真柑（又名乳柑）、生枝柑、海红柑、洞庭柑、朱柑、金柑、木柑、甜柑；橘分14种：黄橘、塌橘、包橘、绵橘、沙橘、荔枝橘、软条穿橘、油橘、绿橘、乳橘、金橘（可能属金柑属）、自然橘（可能是指橘的实生苗）、早黄橘、冻橘；还有橙（一作枨）属5种：橙、朱栾（可能是酸橙的变种）、香栾（可能是酸橙）、香橼、枸橘。《橘录》对每一品种的描述，包括：树冠形状，枝叶生长状态，果实的大小和形状，果实成熟期的早晚，果皮的色泽、粗细以及光泽程度，果皮剥离的难易，瓤囊的数目与分离的难易，果实的风味，种子（核）的多少等等。并且还指出了每个品种命名的依据，以及品种的适应地区。

下卷分为：种治、始栽、培植、去病、浇灌、采摘、收藏、制治、入药九节。对当地橘农的栽培经验，总结十分详尽。书中指出柑橘宜斥卤之地，并注意到土壤的种类，特别是土壤酸度对柑橘品质的影响，凡圃之近涂泥者，实大而繁，味尤珍，耐久不损。《橘录》总结的“高畦垄栽”经验，在当地一直沿袭至今。在施肥中，强调冬夏两季都要施肥，反映了常绿果树的特点。在防治病虫害方面，书中明确指出柑桔所受的危害主要有两种，一种由藓（真菌）引起；一种由蠹（在树干中蛀食的多种幼虫，也称蛀虫）引起。前者通过刮除病源菌、剪去多余的枝叶以增进果林的通光透气性，即可取得良好的效果；后者可以从蛀穴中将虫钩出，然后用木钉将洞穴填死，以达到治除的目的。这种除虫方法一直沿用至今。在果实采摘方面，韩彦直指出要用小剪刀在平蒂的地方剪断，轻放筐中，细心保护。收采、贮藏要摒开酒气。在贮藏的过程中，要勤于检查，十日一翻，有烂的及时检出。这些做法，也都为后人遵循。书中还介绍了一种连枝掩埋的储藏方法，并指出了这种方法的优缺点，优点是保鲜时间长，缺点是连枝采摘影响次年产量。韩彦直认为，人工嫁接是造成这类果树种类繁多的原因，书中仅用了百余字，精湛而全面地总结了橘农对砧木的培养，接穗的选择，嫁接的时间、方法，以及接后堆土、防雨等保护措施的经验。具体方法：种植朱栾核为砧木，一年后移栽，待长至如小儿拳大时，到春季才进行嫁接。接穗要选择柑之佳、桔之美者，经后向阳的枝条，将砧木留一尺多高，其余截去。然后用皮接法嫁接，接后还要包扎保护，以防雨淋。书中指出朱柑不用嫁接，可用实生苗繁殖。近世一些老桔区，如江西三湖红桔，仍然采用的是这种繁殖方法。

《橘录》是中国最早的一部柑橘专著，也是世界上第一部完整的柑橘栽培学著作。国外已有翻译本。美国植物学家H·S里德（Reed）在其《植物学简史》（A Short History of the Plant Sciences）一书中，认为韩彦直记述的果树整枝、虫害和真菌寄生的控制以及果实的收获、贮藏技术是非常先进的。

（三）《桐谱》

北宋陈翥撰。陈翥（1009～1061），字子翔，自号咸聱子，因喜好种植桐和竹，又自称为桐竹君。安徽铜陵人，并曾隐居西山之南（今铜陵县凤凰山）故又自称之为“铜陵逸民”。《桐谱》就是作者在隐居西山时所作。书前有序，作于皇祐元年（1049），全书仅一卷，内分十目：“叙源”、“类属”、“种植”、“所宜”、“所出”、“采斫”、“器用”、“杂说”、“记志”、“诗赋”等十篇。

《桐谱》系统而又全面地总结了北宋及其以前的有关桐树种植和利用的经验，其中“叙源”一篇，对古代有关桐树名实上存在的一些问题进行了考证，指出古文献上所谓的“桐”、“梧”、“梧桐”，“其实一也”，同时还对桐树的形态特征和生物学特性、桐树的材质，以及桐树的花、叶等的综合利用问题，作了论述和介绍。“类属”一篇，则对桐树的品种及其分类作了专门的论述。把桐树分为七种（白花桐、紫花桐、油桐、刺桐、梧桐、贞桐、赧桐）三类，既注意到了它们之间不同的个体差异，同时也注意到它们之间的一些共性。主要包括如文理、树形、叶形、生长习性、毛色、花实、功用等等方面。突破了《齐民要术》仅仅按花实将桐树划分为“白桐”和“青桐”的界线，是桐树分类上的一个了不起的进步。“种植”一篇，着重介绍了桐树苗木繁育，造林技术，幼林抚育等方面的技术。其中包括播种、压条、留根、整地、造林时期和栽植方法，以及平茬、抹芽和修枝、保护的方法。“所宜”一篇，专门论桐树所适宜的生长环境，包括地势、地力、光照、温度、水分等，并提出了一些相应的技术措施，如中耕、除草、施肥、疏叶等。“所出”一篇，记桐树产地分布，据文中所辑录的有关文献资料表明，北宋时期长江中下游地区，特别是其以南地区，桐树的自然分布和人工栽培均很普遍，其中又以蜀中最为有名。“采斫”一篇，总结了桐树修剪疏枝和成材采伐的经验，“器用”一篇，总结了有关桐树木材利用方面的经验，表明古人对于桐树的材质有了很深的认识。“杂说”一篇选编了有关桐树的逸闻轶事。“记志”一篇，包括《西山植桐记》和《西山桐竹志》两篇文章，记述了作者在西山之南种植桐竹的经历。当时有人劝他种桑治圃，而他却坚决要求植桐竹，并自号为桐竹君。“诗赋”篇，收录了作者有关桐的诗词歌赋，多为作者“借词以见志”之作，

《桐谱》是中国，也是世界上最早专门论述桐树的著作。中国有着悠久的植桐经验，早在《诗经》、《书经》时代就有不少关于桐的记载，然而，有关桐树的专门记载却很少，仅在《齐民要术·种槐、柳、楸、梓、梧、柞第五十》中有一段文字。陈翥在“自序”中如是说：“古者《氾胜之书》，今绝传者，独《齐民要术》行于世，虽古今之法小异，然其言亦甚详矣。然茶有《经》，竹有《谱》，吾皆略而不具。吾植桐于西山之南，乃述其桐之事十篇，作《桐谱》一卷，……庶知吾既不能干禄以代耕，亦有补于农家说云耳。”《桐谱》的问世填补了中国农学史上，没有植桐专著的空白。不仅如此，本书还是古农书中现存唯一的一本桐树专著。据王毓瑚《中国农学书录》的记载，南宋丁黼也曾有《桐谱》一卷，但这本书不见于历来各家书目，只有乾隆《江南通志·艺文志·农圃类》加以著录，书或许是不存在，或许是早已佚失。

《桐谱·序》作于皇祐元年（1049），这是他开始植桐（庆历八年，1048）的第二年，但书中“诗赋第十·西山桐十咏 并序”却提到：“吾始植桐于西山之阳，议者诮其治生之

拙。及数年，桐茂森然，可爱而玩，复私羡之，始知桐之易成耳。”而且诗中也提到“高桐已繁盛，萧萧西山陇，毳叶竞开展，孙枝自森耸”。由此可见，《桐谱》的最后成书年代肯定是在皇祐二年（1050）以后。《桐谱》成书后，何时付刻尚不得而知。其名录最早见于宋代陈振孙的《直斋书录解题》，后来《宋史·艺文志》、《安徽通志》等志书中均有著录。后来出现的一些书都曾对《桐谱》详加引录，表明此书流传颇广。现存的版本主要有：《唐宋丛书》本，《说郛丛书》本，《适园丛书》本，《丛书集成》本，《植物名实图考长编》。各种版本所包括的篇章相同，仅有少数字不同，有的可能是刊刻错误。

四　蔬　菜　类

蔬菜是人们的重要食物，在大型的综合性农书中一直占有较大的篇幅，宋代随着蔬菜种类的增加，还出现了一些关于蔬菜的专谱。如僧赞宁的《笋谱》和陈仁玉的《菌谱》。

（一）《笋谱》

晋人戴凯之著《竹谱》，提到了竹的各种用途，如单竹可“绩以为布，其精者如縠”；射筒（竹）可以贮箭；筋竹为矛；簝竹材质“细软肌薄”，可以束物，与麻枲同；白竹可以为篁；箯竹叶“可以作蓬”；簹竹“土人用为梁柱”；篁竹“大者宜行船，细者为笛”等等。但竹的最主要的用途之一可能是食用。《齐民要术》上说：竹“中国所生，不过淡苦二种”，用口味淡苦来区分竹的种类，可见食用是竹的主要用途。又说：“二月，食淡竹笋，四月、五月，食苦竹笋。蒸、煮、炰、酢，任人所好。”也可见当时食用竹笋之普遍。《齐民要术》一书中还引述了《永嘉记》、《竹谱》和《食经》等书中有关竹笋的采掘、加工和食用的方法。但将竹笋当作一篇单独的文章来作，还是宋僧赞宁。赞宁俗姓高，德清人，卒于宋太宗至道二年（996）。生前著有《笋谱》一卷。此书模仿陆羽《茶经》的体裁，由一之名（10名）、二之出（98种）、三之食（13种）、四之事（60事）、五之杂说（8则）构成。需要指出的是，一之名除了列举了笋的别名之外，还记载了栽培的方法。

（二）《菌谱》

《菌谱》是一部有关食用菌的专著。作者陈仁玉，南宋台州仙居人，当地生产的食用菌号为上等，“为食单所重”。[①] 陈仁玉在书中记载了当地特产的11种菌，计合蕈、稠膏蕈、栗壳蕈、松蕈、竹蕈、麦蕈、玉蕈、紫蕈、鹅膏蕈、黄蕈、四季蕈。目的在于“尽其性而究其用”，书中叙述了菌种的产地、采集期、形状和色味，如合蕈“其质外褐色”、稠膏蕈“生绝顶树杪，初如蕊珠，圆莹类轻酥滴乳。浅黄白色，味尤甘。已乃张伞大若掌”；有些描述非常清楚，如鹅膏蕈“生高山中，状类鹅子，久而伞开。味殊甘滑，不减稠膏。然与杜蕈相乱。杜蕈者生土中，俗言毒螯气所成，食之杀人”，据此，生物学家肯定鹅膏蕈显然就是今天的鹅膏属（Amanita）担子菌[②]。书中还附有解毒之法，指出凡食

① 《四库全书总目提要·子部·谱录类》。
② 荀萃华、汪子春、许维枢等，中国古代生物学史，科学出版社，1989年，第159页。

用杜蕈中毒者，“解之宜以苦茗杂白矾，勺新水并咽之，无不立愈”。

最早记载食用菌培养技术的农书是韩鄂的《四时纂要》。《菌谱》则是关于菌的最早的一部专谱。书前自序题淳祐乙巳（1245）。

五 农 具 类

（一）《耒耜经》及渔具、茶具诗

《耒耜经》一卷，唐陆龟蒙撰。龟蒙，字鲁望，苏州长洲（吴县）人，生年不详；约唐中和元年（881）卒。陆龟蒙长于官僚世家，其父陆宾虞曾任御史之职。早年的陆龟蒙热衷于科学考试。他从小就精通《诗》、《书》、《仪礼》、《春秋》等儒家经典，特别是对《春秋》更有研究。在进士考试中，他以落榜告终。此后，陆龟蒙跟随湖州刺史张博游历，并成为张的助手。后来回到了故乡松江甫里（今江苏吴县东南甪直镇），过起了隐居生活，后人因此称他为“甫里先生”。在甫里，他有田数百亩，屋30楹，牛10头，帮工20多人。由于甫里地势低洼，经常遭受洪涝之害，陆龟蒙因此而常面临着饥馑之苦。在这种情况下，陆龟蒙亲自身扛畚箕，手执铁锸，带领帮工，抗洪救灾，保护庄稼免遭水害。他还亲自参加大田劳动，中耕锄草从不间断。平日稍有闲暇，便带着书籍、茶壶、文具、钓具等往来于江湖之上，当时人又称他为“江湖散人”、“天随子”、他也把自己比作涪翁、渔父、江上丈人。在躬耕南亩、垂钓江湖的生活之余，他写下了许多诗、赋、杂著，并于唐乾符六年（879年）卧病期间自编《笠泽丛书》，其中便有许多反映农事活动和农民生活的田家诗，如“放牛歌”、“获麦歌”、“获稻歌”、“蚕赋”，“渔具”、“茶具”等，而他在农学上的贡献，则主要体现在其小品、杂著之中。

《耒耜经》是一篇小品文，篇幅很短，包括序文在内，总共才600余字，但却详细地记载了当时江东地区所普遍采用的一种水田耕作农具“曲辕犁”，还提到了爬（耙）、碌碡和砺礋等三种农具。

根据《耒耜经》的记载，江东犁系由11个零件组成的农具，所谓“木与金凡十有一事”，11个零件包括：犁镵、犁壁、犁底、压镵、策额、犁辕、犁箭、犁评、犁建、犁梢、犁槃。11个零件除犁镵和犁壁是由金属铸造而的以外，其它皆由木制而成，具体形制和功用如下：

犁镵，长一尺四寸，宽六寸，用于起垡，即切开土块和切断草根。

犁壁，长宽各约一尺，略呈椭圆形，用于覆垡，即翻转犁起的土块，并将杂草和植物残株压于土下。

犁底，即犁床。长四尺，宽四寸，其前端嵌入犁镵，用以固定犁的位置并稳定犁体。

压镵，宽四寸，长二尺。其作用在于固定犁壁，并紧压犁镵于犁底，因此也有固定犁镵的作用。

策额，长一尺六寸，用以固定犁壁。

犁箭，即犁柱，高三尺，下端贯穿在策额、压镵和犁底的孔中，并把它固定在一起，上端贯穿犁辕，并将犁辕的位置固定。

犁辕，长九尺，其形“如桯而樛”，即象向下弯曲的车盖边框一样，后文所谓“辕取车之胸”，也有同样的意思，即辕必须象车盖中间隆起的部分。辕的一端与犁梢相连，另一端与犁盘相连，中间适当位置凿孔，套在犁箭上。是承受牵引的主要部分。

犁评，长一尺三寸，形如长槽，套在犁箭与辕相并交向上延伸的部分之上。评的底面平滑，便于进退，上面的前端较厚（高），后端较薄，中间刻成若干梯级，用以控制耕地的深浅。

犁建，是一根弯曲的木插箫，功用在于限制犁辕、犁评，不致于从犁箭上端滑脱。大小要求适度。

犁梢，即犁柄，长四尺五寸。“梢取舟之尾”，即指梢的形状像船的尾部向上向后翘起的部分。梢装于犁底后端，并在往上的一尺五寸处，凿一孔与犁辕的后端的榫头相接，再上略向后倾斜，末端的粗细以便于手握为度。犁梢实际上是操作杆，耕者用以控制犁入土的宽窄，正进破土面较宽，侧进破土面较窄。实际使用时拐弯掉头处常使用侧进，而拐弯过后，则用正进。犁梢还具有控制耕地深浅的作用，深耕时，将犁梢向上提起，浅耕时则相反。比之犁评在控制耕地深浅方面更为灵活，因为犁评的每次调整都必须停下来进行，而且一经调整则相对固定，而犁梢则可以通过耕者的灵活掌握，随时地调整耕地之深浅。由于犁梢具有控制耕地深浅的功能，而随着耕地经验的积累，耕者更愿意通过犁梢来控制耕地的深浅，因此，后世一些耕犁并无犁评这一结构。

犁槃，长三尺，略弯曲，中间一点和犁辕的前梢系连，可以转动，便于犁身摆动和行进时掉转方向。

上述记载不仅包括了制造犁所用的原材料、各部件的名称，还对各种零部件的形状、大小、尺寸也有详细记述，十分便于仿制流传。

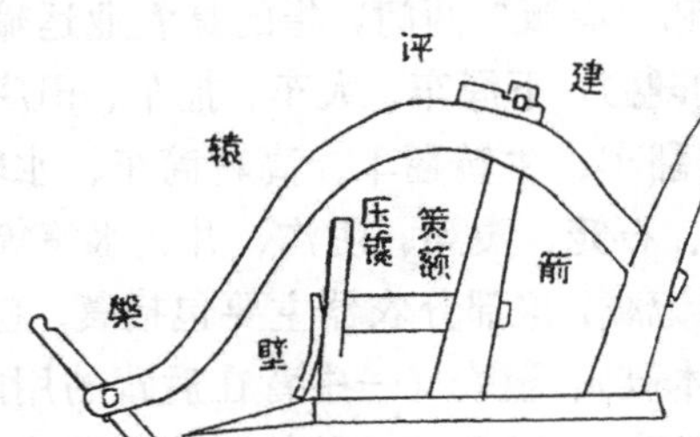

图 15-1　江东犁示意图
（按《耒耜经》所示绘制）①

镵长 1.4 尺
宽 6 寸
壁长 1 尺
宽 1 尺
底长 4 尺
宽 4 寸
压镵长 2 尺
宽 4 寸
策额长 1.6 尺
宽 4 寸
箭高 3 尺

评长 1.3 尺
槃长 3 尺
建长适量
辕长 9 尺
梢长 4.5 尺
梢把手至犁槃垂直
距离约长 6 尺

《渔具十五首并序》及《和添渔具五篇》，对捕鱼之具和捕鱼之术作了全面的叙述。在《渔具十五首》“序”，介绍了 13 类共 19 种渔具和两种渔法。19 种渔具中有属于网罟之类的罛、罾、罼、罩、罞；有属于筌之类的筒和车；还有梁、笱、箄、矠、叉、射、桹、神、沪、䉉、舴艋、笭箵。这些渔具主要根据不同的制造材料和制造方法，以及不同的用途和用法来划分的。两种渔法即“或以术招之，或药而尽之”。凡此种种，正如他自己所说：“矢鱼之具，莫不穷极其趣。”陆龟蒙的好友皮日休对他的渔具诗十分赞赏，认为“凡有

① 原载：张春辉《中国古代农业机械发明史（补编）》，清华大学出版社，1998 年，第 691 页。

渔已来，术之与器，莫不尽于是也”。在《和添渔具五篇》中，陆龟蒙还以渔庵、钓矶、蓑衣、箬笠、背篷等为题，歌咏了与渔人息息相关的五种事物。总的说来是非常全面的。

《和茶具十詠》，对茶具作了叙述。唐代的饮茶风气很盛，陆本人就是个茶嗜者，他在顾渚山下开辟了一处茶园，每年都要收取租茶，并区分为各种等级。“十詠”包括茶坞、茶人、茶笱、茶籯、茶舍、茶灶、茶焙、茶鼎、茶瓯、煮茶等10项，有的为《茶经》所不见，可与之对照研究。

(二)《农器谱》

作者曾之谨是北宋时《禾谱》作者曾安止的侄孙，据周必大为该书所作之“序”的介绍，书中记述了耒耜、耨镈、车戽、蓑笠、铚刈、条篑、杵臼、斗斛、釜甑、仓庾等10项，还附有“杂记”，都是根据古代经传，又参合当代的形制，写得详细周到，受到了当时人的赞扬，陆游曾给该书提了诗。可惜这本书明代以后就失传了。

元代王祯《农书》中的“农器图谱”，就是从《农器谱》发展过来的，有些地方还沿用了曾氏的文字，如薅鼓，就取自曾氏“薅鼓序”，而“农器图谱”对于农器的分类和命名，则大多直接继承了曾氏的方法。因此，虽然曾氏《农器图》已失传，但还是可以根据王祯《农书》的内容来考察曾氏《农器图》的内容。

耒耜，根据“农器图谱”的记载，主要包括整地和播种农器，有耒耜、犁、牛、方耙、人字耙、耖、劳、挞、耰、碌碡、礰礋、耧车、砘车、瓠种、耕槃、牛轭、秧马。

耨镈，在王祯《农书·农器图谱》中做“钱镈”，是为中耕农具，主要有钱、镈、耨、耰锄、耧锄、镫锄、铲、耘荡、耘爪、薅马、薅鼓等。

车戽，则可能相当于“农器图谱”中的“舟车”和“灌溉”两门，指的是农业运输、农用建筑和农田灌溉工具，包括农舟、划船、野航（舴艋）、下泽车、大车、拖车、田庐、守舍、牛室、水栅、水闸、陂塘、翻车、筒车、水转翻车、牛转翻车、高转筒车、水转高车、连筒、架槽、戽斗、刮车、桔槔、辘轳、瓦窦、石笼、浚渠、阴沟、井、水篣等。

蓑笠，为遮雨和遮阳的农器，根据王祯《农书》的记载，这部分农器主要包括蓑、笠、扉（草鞋）、屦（麻鞋）、橇（一种适合于泥中行走的木鞋）、覆壳（一中背在后背的用以遮阳遮雨的农器）、通簪（一名气筒，插于束发中通气筒）、臂篝（一种竹篾编制而成的袖套）、牧笛、葛灯笼。其中牧笛和葛灯笼可能是王祯新加入的。

铚刈，收割农器，根据王祯《农书》的记载，这部分农器除铚、艾、镰、推镰、粟鋻、锲（弯刀）、钹、劚刀等外，还有斧、锯、铡、砺等农用工具。

蓧蒉，各种装粮食的工具，据王祯《农书》所载，包括蓧（竹制品，主要用以装谷种）、蒉（草编制品）、筐、筥（圆形竹筐）、畚、囤、篅、䉛、谷匣（木制方形存粮器）、箩、篓、儋、篮、箕、帚、筛、箕、筲、筛谷箉、扬篮、种箪、晒槃、掼稻箪等。

杵臼，脱壳和碾精农器。王祯《农书》记载的有杵臼、碓、堈碓、砻、辗、辊辗、扬扇、磨、连磨、油榨等。

斗斛，衡器。王祯《农书》并无专门的一门，而合并在“仓禀门”中，有升、斗、概、斛等四种。

釜甑，炊器。相当于王祯《农书》中的“鼎釜门”，包括鼎（做为农器，主要用于缫丝）、釜、甑、甑箪、老瓦盆、匏樽、瓢杯、土鼓等。

仓禀，贮藏粮食的建筑物。根据王祯《农书》的记载，主要有仓、禀、庾、囷、京、谷盅、窖、窦等。

（三）《农器图谱》

王祯的《农器图谱》将农器划分为20门，这20门大致又可以归纳为田制、食物生产和衣物生产三部分，其中食物生产部分占14门，衣物生产5门，田制1门。

《农器图谱》是从《农器谱》发展过来的。两谱相比，完全相同的有耒耜门、至刈门、蓑笠门、条蒉门、杵臼门；稍有改动的有“耨镈”改为“钱镈”，“仓庾”和“斗斛”合做“仓禀”，“釜甑”改做“鼎釜”，“车戽”变为“灌溉”。新增加的有田制、䦆臿、杷朳、舟车、利用、牟麦、蚕缫、蚕桑、织纴、纩絮、麻苎等门。

“田制”主要叙述了各种土地的利用形式。严格说来，田制并不属于农器的范畴，王祯也意识到了这个问题，其曰：“《农器图谱》首以‘田制’命篇者，何也？盖器非田不作，田非器不成。《周礼·遂人》：凡治野‘以土宜教氓稼穑’，而后‘以时器劝氓’；命篇之义，遵所自也。”“䦆臿”，应属于整地农器，这种农器和“耒耜”相比，主要是采用人力操作来使用，取土方式也多为间隙式的。《农器图谱》中主要列举了䦆、臿、锋、长镵、铁搭、朳、镵、铧、鐴（壁）、刬、䥽，还有一种乐器“梧桐角”。“杷朳”，指的是谷物收敛和翻晒农器，有齿曰杷，其中又根据形制、材料和功用分为大杷、小杷、谷杷、竹杷和耘杷。无齿曰朳。此外还有平板、田荡、辊轴、秧弹、杈、朳、乔扦、禾钩、搭爪、禾担、连枷、刮板、击壤等。“朳杷门”的农器除了做收敛和翻晒以外，还有平整田泥和中耕除草的作用，如耘杷，就是一种稻田中耕农器；平板和田荡，则是两种平整田泥的农器，辊轴，则是一种通过碾压除草的农器。“舟车”，指的是各种农用运输工具，有农舟、划船、野航、下泽车、大车、拖车、田庐、守舍、牛室。利用，指的是水利之用，王祯认为，水利的作用非常广泛，除了“前篇已具”的“舟楫灌溉等事”之外，“或造谷食，代人畜之劳，或导沟渠，集云雨之效，或资汲引于庖湢，或供刻漏于田畴。”都离不开水利之用。本篇中的“水利”多指水力，即以水为动力，来加以利用，进行粮食加工等项工作。内容包括浚铧（一种开沟用的工具）、水排（水力鼓风机）、水磨（水力粮食磨粉机）、水砻（水力脱壳机）、水碾（水力碾米机）、水轮三事（集磨、砻、碾三位一体的粮食联合加工机）、水转连磨（以水为动力，通过机械传动，带动多个磨盘同时作功）、水击面罗（与水磨连用的一种水力筛面机）、机碓（水碓）、水转大纺车，与水有关的，本篇中还讲到了缶（打水桶）、绠（井绳）、田漏（一种漏水计时工具）。

上面所说的农器是农家（特别是稻农）所通用的一些农器，除此之外，还有一些特殊的农器，“牟麦门”就是因此而出现的。这一门中，王祯并没有全面地叙述与大麦、水麦生产有关的全部农器，因为农器大多都是通用的，而只是提到了与麦类收获有关的几种农具，如麦笼（收麦时系于腰间的盛麦笼）、麦钐（割麦用的镰刀）、麦绰（竹制抄麦器）、积苫、捃刀（拾麦刀）、拖杷（割麦时，别于腰间拖动，梳理散乱茎穗，以便于收割）、抄竿（用于割麦时，扶起倒伏茎穗所用的一种竹竿）。

《农器图谱》和《农器谱》最大的区别在于衣着生产工具的加入。王祯认为，在《农器图谱》之中加入蚕桑方面的内容，主要是考虑到“农桑”为“衣食之本，不可偏废”，因此“特以蚕具继于农器之后，冀无缺失云”。从中可以看到当时的衣着原料生产工具也已趋于完备。

衣着生产工具的增加，不仅丰富了“农器谱”的内容，而且也改变了原来“农器谱”中的内容，如《农器谱》中的“釜甑”改为《农器图谱》中的“鼎釜”，则可能是加入了缫丝工具“鼎”的缘故。

王祯主要是按照用途来进行农器分类的，同时也考虑到了农器的动力来源和作用对象，如“利用门”中的许多农器，如水磨、水砻和水碾等，按其用途来说，可以加入“杵臼门”，“牟麦门”中的麦笼、麦钐和麦绰等也可以加入“至刈门”，但考虑到动力的来源和作用的特殊对象，因此，又增加了“利用”和“牟麦”两门。但是即令是按用途分类，也有一些归类不当之处，如杷杌门中的许多农器，按其用途来说，本可以归入到耒耜门，或者是钱镈门。更大的问题还在于，王祯把一些原本不是农器的东西，也牵强附会地加入到农器行列，“田制门”的出现就是一个突出的例子，尽管王祯自有说法，但把“田制”当做农器，在历史上也是绝无仅有的。不仅如此，王祯还将籍田、太社、民社等加入到“田制”中来，更是错上加错。同样，在其他一些门中也存在着大量同样的问题，如“耒耜门”中的“牛”、“鑁臿门”中的“梧桐角”、“钱镈门”中的“薅鼓”、“杷杌门”中的“击壤”、“蓑笠门”中的“牧笛”等，原本多为乐器，或一种误乐活动项目，王祯都把它们当作是一种农具来加以介绍，又如，书中的“灌溉门”原本是从曾氏《农器谱》中的“车戽”发展而来的，从车戽二字来看，原书中介绍的主要是灌溉工具，发展成灌溉门以后，则不仅有灌溉工具，而且还加入了各种水利设施，甚至于水利工程，如水栅、水闸、陂塘、水塘、瓦窦、石龙、浚渠、阴沟、井、水筹等，这就使得他的农器标准极不严格。

王祯对于农器的介绍非常注重每种农具的结构与功能，对于每个部件的形制、大小和尺寸都有详细的交待，而且都配以插图，其目的就在于便于仿制，以利推广。如书中对于方形耙是这样描述的，“耙桯长可五尺，阔约四寸，两桯相离五寸许。其桯上相间各凿方窍，以纳木齿。齿长六寸许。其桯两端木栝长可三尺，前梢微昂，穿两木梮以系牛挽钩索。此方耙也”。这是有关耙的形制最早最详细地描述。耙是一种重要的农具，在魏晋南北朝时期即已出现，但文献中却很少提到它的形制。接下来的耖也是如此，文献中耖最早出现于楼璹的《耕织图诗》中，而有关形制的描述却最早出自王祯笔下，书中不仅附有耖的插图，而且还加上这样的文字说明：“高可三尺许，广可四尺，上有横柄，下有列齿。其齿比耙齿倍长且密。人以两手按之，前用畜力挽行，一耖用一人一牛。”对于新出现的农具更是如此，如，耘荡，王祯这样写道：“江浙之间新制也，形如木屐，而实长尺余，阔约三寸，底列短钉二十余枚，簨其上，以贯竹柄。柄长五尺余。耘田之际，农人执之，推荡禾垅间草泥，使之溷溺，则田可精熟；既胜耙锄，又代手足。……兹特图录，庶爱民者播为普法。”这样的例子在书中还有许多。

王祯尽力搜寻每一种农器的出处，并对于南北同一种农器加以比较，说明其中的优劣，以便于改造、推广和使用。如碌碡，王祯提到“北方多以石，南方用木，盖水陆异用，亦各从其宜也”。又如耰锄，王祯提到“北方陆田，举皆用此，江淮间虽有陆田，习俗水种，殊不知菽、粟、黍、穄等稼，耰锄镞布之法，但用直项锄头，刃虽锄也，其用如斸，是名‘镬锄’，故陆田多不丰收。今表此耰锄之效，并其制度，庶南北通用”。

六 畜牧兽医类

关于马的著作见于书目著录的有《景祐医马方》一卷，《辨养马论》一卷，《马口齿诀》一卷，《辨马图》一卷，《医马经》一卷，《骐骥须知》一卷，《育骏方》三卷，《相马经》一卷，常知非的《马经》三卷，孙珪的《集马相书》一卷，《相马病经》三卷，《明堂灸马经》二卷。关于骆驼的，有《论驼经》一卷，《医驼方》一卷，《疗驼经》一卷。关于牛的，有《牛皇经》，《辨五音牛栋法》一卷，贾朴的《牛书》一卷，《牛马书》一卷。此外，尚有《司牧安骥集》八卷。可能是唐李石原著，经宋人一再增补，到宋末已基本上编成为现在的八卷本。

以上各书都已散失了，只有《司牧安骥集》由于宋、元、明当作学习畜牧兽医的必读书籍，一再翻印，才得以保留至今。《司牧安骏集》，是我国现存最古老的一部中兽医学专著，其写成的年代不详。《宋史·艺文志·医书类》著录有“李石司牧安骥集三卷，又司牧安骥方一卷”。但未说明李石是何时人。《陕西经籍志》说它是唐宗室司马李石撰。再根据“这书的附图具有唐代的风格，内容上对唐代医学有相仿之处”，应属唐代的著作①。但书的各篇内容却不一定是李石撰的，较大的可能是隋唐时代大仆寺的一些兽医博士写的教材，由李石组织主编而成。以后在刊印过程中，又续有增补。从各家著录和流传下来的版本来看，本书的卷数很不一致，有2卷、3卷、4卷、5卷和8卷等多种版本。南北宋之间齐刘豫阜昌五年（1134）曾重刊过此书。明代重刊序中清楚交代刊印此书的目的是“俾师以是而教，子弟以是而学”，说明自唐至明历代都以此书作为兽医学的教材。《司牧安骥集》的内容虽然以兽医方剂为主，但其第一卷辑录的丰富的相马经验，也部分反映了我国这一时期家畜外形学的进步。

七 气象类

《田家五行》是一部农业气象和占候方面的著作。作者不详。北京图书馆藏有此书的明刻大本，题“田舍子娄元礼鹤天述”；而《古今图书集成·理学汇编·经籍典（468）·诸子部·五行家类》所载明陈氏《续书目》又著录有陆泳《田家五行》□卷；注文说：“明陆泳撰。《松江府志》：泳，字伯翔，隐居，尽心农书，采方言习俗，作《田家五行》，以占丰歉。杨维桢、陆居仁序而传之。”尽管作者是谁难以考证，但大致可以肯定是元末明初人。书中“六甲类”、“论甲子”条说到“余又至正戊戌九月末旬，因事入吴”，另外许多地方也都记载着元至正年间的事，可知作者是元末时人。本书是作者入吴之后所作，所以书中所述都是吴中的情形。书分上、中、下三卷，每卷分为若干类。上卷自“正月类”至“十二月类”，每月都按日序记载占候；中卷是天文、地理、草木、鸟兽、鳞鱼等类，大部属于物候性质；下卷是三旬、六甲、气候、涓吉、祥符等类。

① 谢成侠校勘，司牧安骥集跋，中华书局，1957年。

八　蚕桑类

《蚕书》的作者，历来有两种说法。《宋史·艺文志》和《四库全书总目提要》等，认为它的作者是秦湛；余嘉锡则根据南宋陈振孙的《直斋书录解题》和王应麟的《困学纪闻》，认为是秦观。“知不足斋丛书”中的《蚕书》也题作秦观，少游。秦观乃秦湛之父，究竟此书作者是谁，二者必居其一。据黄世瑞考证，元丰七年，秦观三十六时编有《淮海闲居集》；作者在《逆旅集·自序》亦云：“予闲居，有所闻辄书记之。”此二处之“闲居”与《蚕书》开篇“予闲居，妇善蚕，从妇论蚕，作蚕书”在语气与笔调上是一致的。从而认定，《蚕书》的作者是秦观，书写成于元丰七年或元丰七年之前①。

与《蚕书》有关的还有一个有争议的问题就是《蚕书》所反映的养蚕技术的地区性问题。一种观点认为，《蚕书》是反映北宋兖州地区蚕业技术的，而另一种意见，则认为《蚕书》主要还是反映北宋时期高邮地区蚕事的，不过其中间也杂有兖人的方法。分歧源于对《蚕书》开场白的理解，兹将《蚕书》前言摘录如下：

> 予闲居，妇善蚕，从妇论蚕，作蚕书。考之《禹贡》扬、梁、幽、雍不贡茧物。兖篚织文，徐篚玄纤缟，荆篚玄纁、玑组，豫篚纤纩，青篚檿丝，皆茧物也。而桑土既蚕，独言于兖。然则九州蚕事为最乎？予游济河之间，见蚕者豫事时作，一妇不蚕，比屋詈之，故知兖人可为蚕师，今予所书，有与吴中蚕家不同者，皆得之兖人也。

据考证，秦观及其妇，皆高邮人氏，照理推测，秦观从妇所论蚕，当然是高邮地区的蚕业。但是秦观所书，并非是秦妇所论，因为他们是高邮人，对于高邮的蚕业生产是大路货，习以为常，司空见惯，倒不值得一写，相反他们对于兖人的蚕业技术倒是非常有兴趣的。因此，对于秦妇是否曾经随父或随夫到过兖州的考证是没有必要的。关键的问题是秦观是否到过兖州，毕竟秦观是本书的作者。《宋史》虽然缺乏秦观曾在兖州做官的记载，或许他根本就没有在兖地做官，但这并不否认他曾经到过兖地，相反秦观在书中交代得很清楚，“予游济河之间。”因此，他写作的《蚕书》是他亲眼所见，而非“从妇所论”，“从妇论蚕”不过是他写作《蚕书》的缘起而已。

再从《蚕书》的内容来看，书中所记也多与北方的蚕事有关。如，在“制居”一节中，提到“建四木宫，梁之以为槌，县筐中间，九寸凡槌十，县以居”。槌者何也？槌者蚕架也，“蚕架，阁蚕盘篚具也”。宋元时期，北方称蚕架为“槌”，《王祯农书·农器图谱集之十六》载曰：“此南方盘篚有架，犹北方椽箔之有槌也。”王祯原本也是山东人氏，他对北方蚕具情况的了解是无庸置疑的，《蚕书》不称架，而称槌，可见其为北方兖州之说无疑，此其一也。其二，宋元时期，缫丝有两种方法，一是热釜，一是冷盆。《王祯农书·农器图谱集之十六》云：“南州夸冷盆，冷盆细缴何轻匀；北俗尚热釜，热釜丝圆尽多绪。”而《蚕书·化治》所介绍的正是热釜缫丝法，这种方法在缫丝过程中，火候要比冷盆高，所以，《蚕书》这样写道：“常令煮茧之鼎，汤如蟹眼。”即釜中之水须保持在沸腾状态。此为《蚕书》乃书兖州蚕事之又一例。其三，宋元时期，缫丝所用的缫车，亦

① 黄世瑞，秦观《蚕书》小考，农史研究，第五辑，农业出版社，1985年，第251～252页。

有南北之别，北缫车据《王祯农书·农器图谱集之十六》图示，包括钱眼、锁星、添梯等部件，而这些部件在《蚕书》中都一一加以了介绍，由此可见，《蚕书》中所介绍的缫车也是兖州地区所用的缫车。其四，有人根据《蚕书·时食》中有关四眠蚕的记载，从而断定《蚕书》所记为南方蚕事，理由是《王祯农书·蚕缫篇》提到“北蚕多是三眠，南蚕俱是四眠”。事实是，北蚕虽然多是三眠，但并非都是三眠，早在《齐民要术》中贾思勰就记载，“今世有三卧一生蚕，四卧再生蚕”，即三眠一化种和四眠二化种，说明北魏时期北方就养有四眠蚕，而晚于《蚕书》的元代农书《农桑辑要》卷四引《桑蚕直说》一书中也有所谓“养四眠蚕法”。《农桑辑要》成书于蒙古灭宋以前，其所引的《桑蚕直说》可以肯定是金元时期代北方的蚕书，由此也就可以肯定，北方饲养有四眠蚕，因此，也就不能据《蚕书》中有关四眠蚕的记载，从而来推翻《蚕书》为北方蚕书的说法。恰恰相反，宋代有关南方蚕区养蚕的记载，表明南方所养多为三眠蚕。如《陈旉农书》所记载的就是三眠蚕；《耕织图诗》中也只有一眠、二眠、三眠的说法，都足以证明南方所养的为三眠蚕。由此可见，《蚕书》中有关四眠蚕的记载，正好证明《蚕书》所记是北方兖州的蚕事。

秦观为什么要记录兖人的蚕业技术呢？这是因为，北宋时期，蚕业中心尚没有完全南移，兖州是全国蚕业技术最为发达的地区之一，秦观曾经到过兖州，亲眼看到了兖州地区先进的蚕业技术，并对此大加赞尝，认为“兖人可为蚕师”，也许正是出于向高邮地区的蚕家推广兖人的蚕业经验，秦观写作了《蚕书》，故曰：“今予所书，有与吴中蚕家不同者，皆得之兖人也。”据此，有理由认为，《蚕书》反映的是北宋时期兖州地区蚕业生产技术。而它的写作目的则在于向南方推广北方的蚕业技术。因此，它又必须尽量地与南方的蚕业实践结合起来。

《蚕书》篇幅很少，全书共1000余字，内容分为种变、时食、制居、化治、钱眼、锁星、添梯、车、祷神、戎治等小节，从浴卵到缫丝各个阶段，都有简明切实的记载。其中种变，讲有关浴卵和孵化技术，文中提到：“腊之日，聚蚕种，沃以牛溲，浴于川，毋伤其籍，乃县之。”这种浴卵方法，在《农桑辑要》中称为“天浴”，其作用在于利用低温来选择优良蚕卵，淘汰劣种。宋元时期，对于蚕卵的选择已从“浴卵”增健，发展到生理上的择优，而《蚕书》是为这一发展的最早记载。时食，即有关蚕的喂养，书中所说体现了依据不同蚕龄，定时定量的喂养原则。制居，即蚕室以及蚕室中的一些蚕器，有筐（蚕盘）、有槌（蚕架）、簇等。化治，即缫丝。钱眼、锁星、添梯和车几节，则对缫车的结构和用法和有关缫车的几个关键部件，做了特别细致的记载。这也是有关缫车的最早记载。《蚕书》的主要科学成就包括以下三个方面：第一，对蚕体生理的定量描述；第二，对多回薄饲养蚕技术的系统记载；第三，对缫车的改进①。

《蚕书》的篇幅虽然很少，但在中国农学史上却有着很重要的地位。中国是世界蚕业的起源地之一。蚕桑业在中国农业结构中占据着相当重要的地位。从商周起，蚕桑业就已相当发达。但是唐宋以前，却没有出现养蚕专著，《氾胜之书》中虽有种桑的特殊技术指导，却没有养蚕的内容；《齐民要术》中虽然有养蚕的内容，但仅仅是作为“种桑柘”之附录；韩鄂《四时纂要》中，引有种桑的方法，和一些关于养蚕的准备事项，但没有养蚕的条文。直到唐代才出现了养蚕方面的专著，《新唐书·艺文志》载有两种《蚕书》，

① 魏东，论秦观《蚕书》，中国农史，1987，(1)。

五代孙光宪又写作了一部《蚕书》，但这些《蚕书》都一并失传了。秦观《蚕书》则是保留到现在的最早的一部蚕业专书。

九 救荒著作

（一）《救荒活民书》

作者董煟，字季兴，鄱阳（今江西省波阳县）人。南宋绍熙五年（1196）进士，曾任浙江瑞安知县。该书分为三卷，上卷是“考古以证今”，选录上古到南宋淳熙九年（1182）历代有关荒政和救荒的文献资料；中卷是“条陈今日救荒之策”，即提出救荒的具体办法。下卷是“备述本朝名臣贤士之所议论，施行可为法戒者”，辑录宋朝各家对荒政的言行。还有“拾遗”一卷。

董煟在书中保留了许多现已失传的资料和史实，如宋代有关治蝗的法规，如熙宁诏书、淳熙敕等就是通过他的书保留下来的。更为重要的是，董煟在摘录前人的资料时，以“煟曰”的形式，对前人的议论和作法进行讨论，提出了自己的见解和主张。如卷上提到：“唐太宗谓王珪曰：‘开皇十四年大旱，隋文帝不许赈给而令百姓就食山东，比至末年，天下储积可供五十年，炀帝恃其富饶，侈心无厌，卒亡天下。但使仓庾之积，足以备凶年，其余何用哉？”蓄积本是为了备荒，没想到文帝好心办坏事，对此，董煟以“煟曰”的形式发表评论道：“蓄积藏于民为上，藏于官次之，积而不发者又其最次。太宗咎隋文积粟起炀帝之侈心，其规模宏远，不乐聚敛可知矣。近世救荒有司鄙吝，不敢尽发常平之粟，至于丰储广惠等仓，又往往久不支动，化为埃尘，谅未悉太宗之意。”指出了只知聚敛，不知散发的后果。

卷二董煟开宗明义地指出，“救荒之法不一，而大致有五”，这五种方法是：常平、义仓、劝分、不抑价、禁遏籴。“常平以赈粜，义仓以赈济，不足则劝分于有力之家，又遏籴有禁，抑价有禁”。除此之外，还有一些辅助的办法，如检旱、减租、贷种、遣使、弛禁、鬻爵、度僧、优农、治盗、捕蝗、和籴、存恤流民、劝种二麦、通融有无、借贷内库之类，对此董煟都一一做了详细的论述。在“捕蝗”一节中，煟曰：“太宗吞蝗，姚崇捕蝗，或者讥其以人胜天，臣曰不然。天灾非一，有可以用力者，有不可以用力者，凡水与旱非人力所为，姑得任之，至于旱伤则有车戽之利，蝗蝻则有捕瘗之法，凡可用力者，岂可坐视而不救耶，为守宰者当激劝斯民使自为方略，以御之可也。”董煟还特别推崇一种避蝗的办法，他提到：“吴遵路知蝗不食豆苗，且虑其遗种为患，故广收豌豆，教民种食，非惟蝗虫不食，次年三四月间，民大获其利，古人处事其周悉如此。”董煟认为救荒没有固定的方法，因为各地“风土不一，山川异宜”，要注意“预先讲究”，即事先调查研究，措施要“讲求实惠”，不可死板拘泥。

卷三辑录了宋代各家对于救荒的言行。前有一“救荒杂说”。中心意思是说，各级官吏（人主、宰执、监司、太守、县令）必须要有一个明确的责任。接着对各级官吏的责任范围作了详细的规定。本卷的中心是辑录有关官员和有识之士的救荒言行。诸如“田锡论救灾”、“毕仲游救荒”、“滕达道赈济”、“吴遵路赈济”、“文彦博减价粜米”、“韩琦平价济村民”、“彭思永赈救水灾”、“吕公著赈济”、“曾巩劝谕赈粜”等40余事。

拾遗部分写法上接近卷一、卷二，即在引述文献的同时，加上“煟曰”的按语，收录了“淳熙敕”等历史上一些重要的文献。

（二）王祯的"备荒论"

元代王祯则开始在农书中以专门的篇幅来写作有关救荒的内容。"百谷谱集之十一"中有专门的"备荒论"一节，专门讨论有关备荒的问题。其中提到"蓄积之法"、"备旱荒之法"、"救水荒之法"、"备虫荒之法"、以及"辟谷之法"。王祯提到，蓄积之法，北方宜用窦窖，南方宜用仓廪；备旱荒之法，莫如区田；救水荒之法，莫如柜田；对于备虫荒之法，王祯提到，惟捕之乃不为灾。宋元时期，人们对于蝗虫的食性已有所了解，董煟在《救荒活民书》中提到"吴遵路知蝗不食豆苗"。王祯也注意到，蝗虫不食芋、桑，与水中菱、芡等作物，因此，主张广种这些作物。这种思路一直启发着明清时期的人们广种番薯，以避蝗灾，并提出了"兴薯利，除蝗害"的口号。"辟谷之法"，除了重复了《救荒活民书》中所录的"刘景先进救荒仙方"外①，又增加了"传写方"、"许真君方"、"服苍术方"等。

宋元时期的救荒著作，无论是在内容，还是写作方式上都开了徐光启《农政全书》有关"荒政"内容的先河。

十　综　合　类

综合性农书一般是以大田及园艺作物栽培、养畜和蚕桑为基本组成部分，而又是大田生产为主，有的还包括水产以及农具、水利、救荒、农产品加工等等内容的农书。隋唐宋元时期出现了大量的综合类农书。见于书目著录的有隋诸葛颖的《种植法》、唐代的《栽植经》、李淳风的《演齐人要术》、《兆人本业》、《保生月录》、《大农孝经》、《真宗授时要录》、《农历》等。这些农书多已散佚，现存综合类农书有《四时纂要》、《陈旉农书》、《农桑辑要》、《王祯农书》等。这也是本时期最重要的几部农书。综合性农书一般篇幅都较大，但也有些农书篇幅不大也可以说是综合性农书。今本《齐民要术·杂说》即便如此。全文总共千余字，内容却非常丰富。从农业生产的基本条件（田地、人力、器械、牛畜），到耕盖纳种锄治之先后次序；从大田作物栽培（粟、黍、油麻、大豆、荞麦、小麦、麻），到蔬菜种植（瓜、葱、萝卜、葵、莴苣、蔓菁、芥、白豆、小豆），小而全地反映了当时北方农业生产及技术的主要内容。

第四节　几部重要农书介绍

一《四时纂要》

（一）本书的成书年代

《四时纂要》的作者是韩鄂，一题作韩谔。韩鄂的事迹不详，仅在《新唐书》卷七十

① 《救荒活民书》将刘景先说成是唐朝人，王祯将刘景先说是晋朝人。但书中都提到"景宁"年号，查唐代并无景宁年号，故是王祯所说为是。

三《宰相世系表》列有这个名字，是唐玄宗时宰相韩休之兄偲的玄孙，没有记载任何事迹。《宰相世系表》上还有一个韩锷，是韩休之弟的玄孙，也没有记载任何事迹。韩休死于公元 739 年，下距唐亡 167 年，据此有学者推算，韩鄂，或韩锷可以是唐时人，也可以是唐末至五代初人①。有学者根据本书作者的自序中有批评韦氏《保生月录》的话，提出他著此书时，必在韦氏之后，时代大约是唐代末年，可能已入五代②。日本学者对于《四时纂要》也做过许多的研究，也大都认为本书是唐朝的作品。因此，现在学术界一般都采用“唐末五代说”③。但这种说法除了以上的几条证据之外，并没有提出更进一步的证据，特别是古来同名同姓的人很多，本书的作者韩鄂究竟是否是开元宰相韩休的裔孙还是缺乏可靠的证据④。日本学者守屋美都雄考证认为，他们系同名异人。因此，不能根据韩休的卒年来推测本书的成书年代。另外，唐末五代也是一个较长的历史时期，即便从唐朝灭亡的那一年（907）开始计算，到五代灭亡的那一年（960）也有半个多世纪。因此，有必要对《四时纂要》的成书年代作进一步的确定。

我们认为，《四时纂要》有可能是五代末期的作品。最早著录《四时纂要》为韩鄂所撰的《新唐书》和“宋人书目”，同时著录有韩鄂的另一本书《岁华纪丽》，而在该书中，有称“唐玄宗”或“唐”的，这至少说明韩鄂在写此书时，已不是唐人，其成书已进入五代甚至更晚。这就排除了《四时纂要》作于唐朝的可能性。《纂要》、《纪丽》二书均不见于《旧唐书·经籍志》。《旧唐书》修撰于天福五年至开运二年间（940～945），书中“经籍志”记载了包括《氾胜之书》、《四民月令》、《齐民要术》，也包括《钱谱》、《鸷击录》、《鹰经》、《相鹤经》、《相贝经》在内的农家 20 部 192 卷著作，而不见有《四时纂要》。这就有二种可能性：一是《旧唐书》的作者没有看到《四时纂要》；二是《四时纂要》还没有写出。如果是后一种可能性，则可认为，《四时纂要》在 945 年前尚末出书。

最早提及《四时纂要》一书为五代末后周（951～960）及宋初人窦俨。窦俨在 958 前后，拜翰林学士，判太常寺。他在一份上疏中提到：“请于《齐民要术》及《四时纂要》、《韦氏月录》中，采其关于田蚕园圃之事，集为一卷，镂版颁行，使之流布。”但这个建议没有得到采纳⑤。由此可知，《四时纂要》在五代末已完成。

综上所述，《四时纂要》极有可能是在公元 945 年至 960 年，这 15 年时间完成的。这个推测还可以从《四时纂要》书中的内容得到一定的佐证。《四时纂要·二月》有“禳镇”一条，其中有载：“八日沐浴。法具正月。八日拔白，神仙良日。上卯日沐发，愈疾疾。南阳太守目盲，太原王景有沉疴，用之皆愈。”此二人都不是一般的人物，且与《纂要》作者同时，并且可能有交往。太守谓谁？不得而知；王景却有名有姓。他极有可能是五代末宋初的王景。据《宋史》载：“王景，莱州掖人（今山东掖县），家世力田。景少倜傥，善骑射，不事生业，结里中恶少，为群盗。梁大将王檀镇滑台（今河南滑县），以景隶麾下，与后唐庄宗战河上，檀有功，景尝右左之。庄宗入汴（河南开封），景来降。累迁奉圣都虞候。清泰末（936），从张敬达围晋阳（今太原），会契丹来援，景以所部归

① 缪启愉，四时纂要校释·前言，农业出版社，1981 年，第 1 页。
② 王毓瑚，中国农学书录，农业出版社，1964 年。
③ 梁家勉，中国农业科学技术史稿，农业出版社，1989 年，第 377 页。
④ 余嘉锡，《四库全书提要辨证》。
⑤《宋史·窦俨传》。

晋祖（后晋高祖石敬瑭）。”[1]这是他首次与太原结缘。以后他又长期在山西、河南、河北等地活动。一直到宋初（960），他被加守太保，封太原郡王。

此王景在历史上颇有名气。一是战功显赫。天福初（937），王景分兵拒守州刺史范延光占据在邺地（河南安阳）所发动的叛乱；开运二年（945），王景又与高行周等大破契丹众于戚城。闻契丹主殂栾城（河北栾县），即间道归镇，斩关而入，契丹遁去汉。入后周以后，王景又受世宗之命，与向拱率兵出大散关进讨，大破蜀军，斩首数万级。二是政绩卓著。乾祐初（948），王景被任命为同平章事，会契丹饥，幽州（今北京等地）民多度关求食，至沧州（河北沧县等地）境者5000余人，景善怀抚，诏给田处之。又如，景在处理政事时不尚刻削，民有讼，必面而诘之，不至太过，即论而释去，不为胥吏所摇，由是，部民便之。由于他勤政爱民，也赢得了老百姓的尊敬与爱戴。广顺初（951），入朝，民周环等数百人遮道留之，不获，有截景马镫者。三是平易近人。娶官妓侯小师为妻，并宠爱有加，在当时誉为美谈；有人偷了他的钱，他知道后不加追究。性谦退，折节下士。每朝廷使至，虽卑位，必降阶送迎，周旋尽礼。

王景在当时的确是很有名气的。王景有个儿子名廷睿，性骄傲，好夸诞，每言：“我当代王景之子”，闻者咸笑之，因目为“王当代”。足见，王景在五代后期的确是具有相当的知名度的。又由于王景主要活动在太原一带活动，这可能就是《四时纂要》中称“太原王景”的原因。而从传记中可以看出，王景年轻时主要是在家乡山东莱州掖县活动，而他与太原结缘是清泰末（936）以后的事，直到享尽天年（963）。因此，《四时纂要》中提到的“太原王景”，很可能就是指他。由此也可证明，《四时纂要》的成书年代当在10世纪的中后期。

（二）地区性问题

作者在“序”中列举了古人有关重农的事迹之后，讲到了本书的写作经过，提到“余以是遍阅农书，搜罗杂诀，《广雅》、《尔雅》，则定其土产；《月令》、《家令》，则叙彼时宜；采范（原文如此，当为氾）胜种树之书，掇崔寔试谷之法；而又韦氏《月录》，伤于简阅，《齐民要术》，弊在迂疏，今则删两氏之繁芜，撮诸家之术数；讳农则可嗤孔子，速富则安问陶朱；加以占八节之风云，卜五谷之贵贱，手试必成之醯醢，家传立效之方书；至于相马、医牛、饭鸡彘，既资博识，岂可弃遗？事出千门，编成五卷，虽惭于老农老圃，但冀传子传孙。仍希好事英贤，庶几不罪于此。故目之为‘四时纂要’云耳”。

《四时纂要》以“四时”（四季）为名，是一本月令体农书。按月记载各种天文（星躔）、占候、丛辰、禳镇、食忌、祭祀、种植、修造（包括酿造、合药和某些小手工艺制品）、牧养、杂事，最后抄录一段《月令》中的“愆忒”作结。其中真正与农业生产有关的是种植和牧养两项，以及杂事中的几条。

从作者的序中可以看出，本书是在汇集前人的有关资料基础之上写成的，由于前人的资料在唐以前大多出自北方人之手，这与中国的经济文化重心长期以来在黄河流域有关，所以本书内容主要以北方地区的农业为主，这也是自然的。但是，关于《四时纂要》的地区问题，在史学界存在一些争议。一种意见认为，此书主要反映渭水与黄河下

① 《宋史·王景传》。

游一带农业生产情况的[①]；另一种意见认为，此书所反映的主要是唐末长江流域地区农业生产技术状况[②]。这里我们赞同第一种看法。理由如下：

(1)《四时纂要·二月》有“种茶”和“收茶子”各一条，是中国古书中关于茶树栽培技术的最早最详细的总结，它非常具体，以致于后世一些农书或茶书的有关茶树栽培的记载都未超出此书内容。胡道静认为，《四时纂要》所记载的种茶法系当时中南地区一般茶农所掌握的栽培技术[③]，据此，有人认为，《四时纂要》是南方农书。但我们却认为，《四时纂要》中“种茶法”的出现，正好可以得出一个相反的结论，即《四时纂要》是北方的农书。

南方是茶树的原产地，茶树在南方自生自长，所以人们对于茶树有点“熟视而无睹”，更不会重视茶树栽培技术的总结。这种情况就如同海棠一样。宋人沈立“海棠记”写道：“海棠虽盛称于蜀，而蜀人不甚重。”[④] 苎麻也是如此，“苎麻本南方之物”，但在南方农书中却很少有关于苎麻栽培技术的记载，相反在元中期尚“不知治苎”的北方，却在元初的《农桑辑要》新添了“栽种苎麻法”。同样，《茶经》中就很少关于茶树栽培的记载，仅仅提到“凡艺而不实，植而罕茂，法如种瓜，三岁可采”。而对于茶叶采摘却相对详细。为什么南方人不重视茶树栽培，主要是因为南方有野生茶树可“伐而掇之”，而在人们的观念中，野生茶叶的品质要好于栽培茶叶的品质，即陆羽所说的“野者上，园者次”。所以只要有野生茶叶可供采摘的情况下，南方人是不会注意茶树栽培技术的，是也就是《茶经》中忽略茶树栽培技术而详于茶叶采摘技术的原因。而北方却不同，由于不是茶树的原产地，没有野生的茶叶可供采摘，而必须借助于栽培，才能品尝到茶叶的芳香。于是在《四时纂要》中出现了“种茶法”的记载。再说，到《四时纂要》写作的时代，茶也已不是早先的“非中国物产”，而早已进入到中原地区了。唐朝全国产茶地已有 50 多个州郡。除南方老茶区之外，河南、陕西、甘肃等省区也都有茶叶生产。这些新发展起来的，或是即将发展起来的茶叶产区急需了解有关的茶树栽培技术与经验，于是有《四时纂要》“种茶”的出现，除了介绍种茶方法之外，本条最后还特地提到“茶未成，开四面不妨种雄麻、黍、穄等”[⑤]。而雄麻、黍、穄等正是北方常见的农作物。因此，《四时纂要》中有关茶的记载，并不能证明《四时纂要》是南方农书，而恰恰说明它是北方农书。

(2)《四时纂要·三月》沿袭了《齐民要术》的说法，认为“种水稻，此月为上时”。《齐民要术·水稻》载：“三月种者为上时，四月上旬为中时，中旬为下时。”这显然指的是北方的水稻播种期。现代华北单季稻作带粳稻安全播种期为 4 月下旬至 5 月下旬。而南方水稻的播种期要早于北方。最早有关南方水稻播种期的记载见于《广志》。《齐民要术》引《广志》云：“南方有蟑鸣稻，七月熟。有盖下白稻，正月种，五月获；获讫，其茎根复生，九月熟。”这表明当时南方有的水稻品种播种期为正月。类似于现代华南双季

① 缪启愉，四时纂要校释，农业出版社，1981 年，第 31 页。

② 守屋美都雄，四时纂要题解，山本书店，昭和 36 年，影印本《四时纂要》。此处据：李伯重，唐代江南农业的发展，农业出版社，1990 年，第 72 页。

③ 胡道静，读《四时纂要》札记，农书·农史论集，农业出版社，1985 年，第 26 页。

④ 引自陈思《海棠谱》卷上。

⑤ 《四时纂要·二月》。

稻作带水稻的安全播种期，籼稻为2月中旬至3月中旬，粳稻在2月上旬至3月上旬。据此有人认为，《广志》所记载的可能是岭南地区的水稻品种，不能代表整个南方地区的情况。那么，再来看一看宋代南方地区水稻播种期的情况。北宋真宗大中祥符四年(1011)，“帝以江淮两浙稍旱，即水田不登，遣使就福建取占城稻三万斛，分给三路为种”。并由朝廷颁布了种植之法：“令民田之高仰者，分给种之。其法曰：南方地暖，二月中下旬至三月上旬，用好竹笼周以稻秆，置此稻于中，外及五斗以上，又以稻秆覆之，入池浸三日，出置宇下。伺其微热如甲拆状，则布于净地，其萌与谷等，即用宽竹器贮之。于耕了平细田，停水深二寸许，布之。经三日，决其水。至五日，视苗长二寸许，即复引水浸之一日，乃可种莳。”这里记载的二月中下旬至三月上旬虽是针对占城稻而言，但却可能是当时占城稻推广地区，即江、淮、两浙地区的水稻播种期。把这条记载与《齐民要术》比较，即使按上时计算，南方水稻的播种期，也要早于北方半个月，甚至一个月的时间。考虑到占城稻为籼稻品种，当时江、淮、两浙的粳稻播种期可能比之还要早上10天，即二月上旬到二月下旬。事实确实如此，据《禾谱》[①]记载：“大率西昌俗以立春、芒种（当为雨水——笔者）节种，小暑、大暑节刈为早稻；清明节种，寒露、霜降节刈为晚稻。”又载：“今江南早禾种，率以正月、二月种之，惟有闰月，则春气差晚，然后晚种，至三月始种，则三月者，未为早种也；以四月、五月种为稚，则今江南盖无此种。”由此，看以看出，南方的水稻播种期普遍要早于北方一个月的时间。这个结论也符合现代的情况。根据现代对于水稻种植区划的研究，华中单双季稻作带的安全播种期，籼稻为3月下旬至4月中旬，粳稻在3月中旬至4月上旬。综上所述，《四时纂要》中“三月种稻为上时”显然指的是北方的情况。由此也可以证明，《四时纂要》和《齐民要术》一样是一部反映北方农业的农书。也许，《四时纂要》没加考虑就照抄了《齐民要术》的内容，光水稻一条不足为例，但看看其他作物的播种期，我们就能看出，《四时纂要》中出现“三月种稻为上时”这一条并不是的偶然的。因为其他作物的播种期上也有和水稻类似情况。

表15-4 农书所载南北农作物播种期对照表

作物	北方农书所载播种期	《四时纂要》播种期	南方农书所载播种期
水稻	三、四	三、四	正、二
麻	夏至前后十日	五	正
粟	二、三、四、五	二、三、四	二
黍	三、四、五	三、四	
大豆	二、三、四、五、六	二、三	四
旱油麻	三、四、五	二、三、四、五	三
晚油麻			五月中旬
小豆		二、五、六	四
萝卜、菘	七		五
麦	八	八	八

① 《禾谱》为北宋曾安止所作，书成于北宋元祐年间（1086～1093），是为中国最早的一部水稻品种专志。当时占城稻已传入作者的家乡西昌（今江西泰和县）四五十年。

同一种作物在北方和南方播种期的不同（表 15-3），其原因除了主要由于地域和季节上的差异以外，还与种植制度有关密切的关系。还是以种水稻为例，南方水稻有早稻和晚稻之分，在唐宋以后还出现了双季稻和水旱轮作制，如“早田获刈才毕，随即耕治晒暴，加粪壅培，而种豆麦蔬茹。”[①] 早田，即早稻田，一般都是在正、二月播种，大暑、小暑前收获。从这条记载中可以看出，早稻的出现不仅影响到水稻自身的播种期，而且还影响到后续作物，如豆、麦、蔬菜等的播种期。而北方始终是以单季稻为主。其播种、收获期也基本不变，这也是南北方播种期不同的一个重要的原因。因此，从水稻的播种期上也可以推断出，《四时纂要》所记载的主要还是北方的农事。另外，《四时纂要》五月杂事中提到收豌豆；八月杂事中提到收胡桃、枣。根据现代农业物候的观察，豌豆成熟在黄淮一带为 6 月 1 日至 7 月 1 日；长江流域为 5 月 1 日至 6 月 1 日[②]；胡桃果实成熟期，长江及其以南地区为 8 月 21 日；长江以北及淮河以南地区为 9 月 1 日；黄淮为 9 月 11 日。[③] 书中所载更与北方接近。

（3）《四时纂要》十月中有“造牛衣；盘瘗蒲桃，包裹栗树、石榴树，不尔即冻死”。的记载。牛衣为何物？故名思义，牛衣乃牛穿之衣。《汉书 · 食货志》有“故贫者常衣牛马之衣”。《前汉书 · 王章传》，“尝卧牛衣中”。《晋书 · 刘寔传》，“好学，少贫苦，口诵手绳，卖牛衣以自给。”颜师古曰：“牛衣，编乱麻为之，即今呼为‘龙具’者。”主要用于牛畜御寒。王祯《农书》曰：“今牧养中，唯牛毛疏，最不耐寒，每近冬月，皆宜以冗麻续作纴紧，编织毯段衣之，如裋褐然，以御寒冽，不然必有冻冽之患，农耕之家不可不预为储备。”[④] 牛衣的采用，足以证明对牛的爱护，于是每近冬月便要造牛衣，具体说来，便是十月。鲁明善《农桑衣食撮要》对牛衣的制造方法做了详细的记载，其曰：“将蓑草间芦花，如织蓑衣法。上用蓑草结缀，则利水；下用芦花结络，则温暖。相连织成四方一片。遇极寒，鼻流清涕，腰软无力；将蓑衣搭牛背脊，用麻绳拴紧，可以敌寒，免致冻损。”牛衣的出现，也说明《四时纂要》为北方农书，南方气候温暖，牛衣似无必要，虽然陈旉《农书》卷中“牧养役用之宜篇”中借用典故，劝人爱重耕牛，提到“古人卧牛衣而待旦，则牛之寒盖有衣矣”。证明当时南方并无牛衣。畜牧史专家谢成侠说：“古代采用牛衣足以证明对牛的重视，但只限于冬季寒冷的北方农村。”[⑤] 而《四时纂要》中出现“造牛衣”一事，足见是北方农书。同样书中的到的盘瘗蒲桃，包裹栗树、石榴树，也都为北方农事，因为这些果树在南方能够安全过冬，无须裹。

（4）有一地之农事，必有一地之农器。《四时纂要》“十二月”中有“造农器”一条，其曰：“收连加、犁、耧、磨、锌、凿、锄、镰、刀、斧。向春人忙，宜先备之。”这里所记载的这些农器有些是南北通用的农器，如连加、犁、锄、镰等，更多的是为北方旱地农器，而真正有南方特色的水田农器却不见记载，入唐以后，南方水田农业也开始走上精耕细作的道路，整田农器也趋于多样，除著名的江东曲辕犁之外，更有耙、碌碡、砺砗等，对此，唐人陆龟蒙在《耒耜经》一文中有详细记载，而在《四时纂要》中却不见

① 《陈旉农书 · 耕耨之宜篇第三》。
② 《中国农业物候图集》，图 94。
③ 《中国农业物候图集》，图 135。
④ 《王祯农书 · 农器图谱集之二十》。
⑤ 谢成侠，中国养牛羊史，农业出版社，1985 年，第 82 页。

这类农器的身影，也足见它反映的是北方的农事。

(5)《四时纂要·十月》“杂事”有“买驴马京中”一句，“京中”是指何处，缪启愉说，《四时纂要》中只有“十月”篇（四五）条“买驴马京中”，暗示着它的地区性。大概韩鄂居住的地区离京都不太远。唐都长安，五代的后梁都开封、洛阳（后唐亦都此二地），因此韩鄂居住的地区当在渭河及黄河下游一带①。李伯重认为，唐亡以后，杨吴、南唐先后建都于扬州、金陵，“京中”未必就是指长安、开封或洛阳，也可能指扬州或金陵②。我们认为，京中应以缪启愉所说为是，这不仅仅是对京中字面上的解释，更主要是考虑到畜牧的分布，因为驴马在南方并不多见，在南方农书中，有关驴马的内容非常少，而更多的是有关牛、猪，以及一些家禽的记载，农业生产中也很少使用，而驴马则是北方旱地农区的主要畜力，如牵引耧锄使用的就是驴。除京中之外，书中还提到了太原和南阳，这也表明本书主要是以北方农业为对象的农书。

综上所述，本书所反映的是北方农业的内容的著作，但同时也加入了一些已经传入到了北方的南方农业的内容。从写书的客观条件来看，国家的统一，为写作一部南北通用的农书奠定了基础，作者完全有可能收集到当时全国各地的资料，来写作农书。从本书的内容来看，书中继承了《齐民要术》中，大量有关北方农业生产的内容，但同时，也采录了一些已传入到北方的南方农业生产的内容，如，书中“种茶”和“收茶子”两条。茶在《齐民要术》中被列为“非中国物产”，而在《四时纂要》中有关种茶的方法的记载就特别详细，而这些种茶方法，系当时中南地区一般茶农所掌握的栽培技术。又如一月条“别羊病法”的夹注特别详细地指出：“荆湖、江浙以南，多是山羊，可广五尺。”又南宋陈元靓《岁时广记》卷二“黄梅雨”条所引《四时纂要》提到“梅熟而雨曰梅雨。又闽人以立夏后逢庚日为入梅，芒种后逢壬为出梅。农以得梅雨乃宜耕耨。故谚云：‘梅不雨，无米炊’”。但书的内容还是以黄河流域的农业生产为主。从上面的引文就可以看出，《四时纂要》不是以南方为出发点来写作的。从书的内容来看，书中麦的记载比稻多，符合北方农业生产的情况，其次，书中的材料主要来自集华北农业之大成的《齐民要术》。

（三）贡献

由于《四时纂要》是一部以北方农业生产为主兼及南方农业生产的农学著作。所以，本书和《齐民要术》相比最大的贡献则是对于南方某些农业技术的记述。这其中最为突出的就是对茶叶栽培技术的总结。

其次，本书还增添了一些前代农书，如《齐民要术》等所没有记载过的作物，如，薏苡、薯蓣和荞麦等。

本书还最早记载了有关食用菌栽培技术。书中“三月”有“种菌子”一条，比较详细地记载了食用菌的两种栽培方法。

《四时纂要》还首开农书记载养蜂的记录。对于蜂蜜的利用最早见于《礼记·内则》，而人工养蜂见于记载的则是晋皇甫谧《高士传》中的汉代隐士姜岐，而农书中记载养蜂则以本书为最早，书中“六月”有“开蜜”一条，说：“开蜜，以此月为上时，若韭花开

---

① 缪启愉，“校释前言”，《四时纂要校释》，农业出版社，1981年，第3页。

② 李伯重，唐代江南农业的发展，农业出版社，1990年，第72页。

后，蜂采则蜜恶而不耐久。”

（四）地位

《四时纂要》在中国农学史上的地位可以从两个方面来考察，第一，作为一本月令体农书，它和东汉崔寔的《四民月令》相比，有继承和发展的一面。《四时纂要》和《四民月令》在内容上是一致的，即以农、工、商来维持士大夫家庭一年四季的生计。但是细比较起来，士、农、工、商在两本月令体农书中所占比重各不相同，首先，《四时纂要》中作为士大夫生活内容的重要组成部分的占候、择吉和禳镇给人的印象非常深刻，据缪启愉统计，全书共698条，这方面的内容就有348条，几占全书的一半。其次，作为士大夫生活来源的商业活动，在《四时纂要》中开始出现萎缩，仅有33条。真正保持不变的是其中的农业生产。农业生产共有245条，是本书的主体，其中蔬菜70条，所占比重最大，大田作物（包括粮食、油料和纤维作物），共59条居第二，这些方面大体与《四民月令》相当。

第二，作为继《齐民要术》之后的又一本农书，且书中的主要内容来自《齐民要术》，它和《齐民要术》的内容相比也有发展的一面。《四时纂要》最早记载了棉花、薏苡、薯蓣、百合、食用菌、牛蒡、莴苣和茶叶，以及术、决明、黄精等多种药用植物的栽培技术，还有养蜂技术。在兽医方剂方面有不少不见于《齐民要术》。油衣、油漆用的干性油的提制，不见于以前的记载，《四时纂要》还最早记载了用麦麸作“麦豉”的方法，干制酱黄的方法，酱油的加热灭菌处理方法等。

《四时纂要》是继《齐民要术》之后的又一部月令体农书，虽然它的大多数内容采自以前的文献，但也增加了一些新的内容，并保存了不少现已失传的资料。作为农书，它在农学理论和农业技术方面，不能和早于它的《齐民要术》与晚于它的《陈旉农书》相比，但仍有它一定的价值。首先，它具有一定的实用价值，后周时窦俨向周世宗（954～959）建议选刻前代农书，《四时纂要》与《齐民要术》并举；宋代天禧四年（1020）将《四时纂要》与《齐民要术》二书一并开始校刻，随后颁给各地劝农官，此外，还有不少私人刻本。这使得《四时纂要》在宋代的影响很大，宋代的一些农书，如《橘录》、《救荒活民书》等都提到了此书。宋后一些农书，如《农桑辑要》和《种艺必用》等，都选录了不少《四时纂要》的内容，这些都说明了本书在历史上的受重视程度。此外，本书还流传到了朝鲜，在朝鲜李朝统治时期盛极一时，“从高丽末到李朝初，由于同元朝的关系，以《农桑辑要》、《四时纂要》为开端，《陈旉农书》、《王祯农书》等很多中国农书流入朝鲜，其中利用最多的是《农桑辑要》和《四时纂要》”[①]。对此，金容燮作过这样的解释：“朝鲜的农业由于从前受到中国华北地区农法很大的影响，所以这二个地区的农法有类似的地方，《农桑辑要》和《四时纂要》两书是作为把华北地区农业系统化了的东西而被接受的。”[②] 由此可见，《四时纂要》的影响之远。这也就难怪，《四时纂要》在中国失传后，而在朝鲜却一直保留下来，而免于失传，成为研究从《齐民要术》到《陈旉农书》600余年农学史重要的参考资料。

---

① 韩国·李光麟，论养蚕经验撮要，历史学报，第28号，1965（转自《农史研究》第二辑，第149页）。

② 韩国、金容燮，韩鲜后期农业史研究，一潮阁，1971（转自《农史研究》第二辑，第149页）。

其次，《四时纂要》具有史学价值。中唐以后，正是中国经济重心由北向南的转移时期，在中国农学史上也出现了这个转折，而《四时纂要》则可以看作是转折点，书中虽然以北方的农业生产为主，但也加入了一些南方农业生产的内容。因此，本书对于研究转折时期的社会经济史和农业技术史有着重要的参考价值。

二《陈旉农书》

（一）关于陈旉

《陈旉农书》的作者是陈旉，自号西山隐居全真子，又号如是庵全真子，生平事迹不详。据书后所附“陈旉跋”和“洪兴祖后序”来看，《农书》是在南宋绍兴十九年(1149）时完成的，成书后曾到仪真访问洪兴祖，并出示所著《农书》，当时他已74岁，据此推知他生于北宋熙宁九年（1076)。洪兴祖在再三阅读之后，决定在真州刊刻流传，但是刊刻的质量不好，“传者失真，首尾颠错，意义不贯者甚多。又为或人不晓旨趣，妄自删改，徒事絺章绘句，而理致乖越”。于是五年后，陈旉以耄耋之年，“取家藏副本，缮写成帙”。

从陈旉的自号来看，陈旉是一个道教徒，并且是属于全真教派。全真教是宋元道教的大宗，创教于靖康（1127）以后，教徒多为“河北之士”。这个教派提倡济贫拔苦，先人后己，与物无私，主张儒、佛、道三教合一，以清静无为，隐居潜修为主，不尚符录，不事烧炼，自食其力。这些在陈旉的为人和他所著的农书中都得到反映。据《农书》后所附洪兴祖序称：“西山陈居士，于六经诸子百家之书，释老氏黄帝神农氏之学，贯穿出入，往往成诵，如见其人，如指诸掌。下至术数小道，亦精其能，其尤精者，易也。平生读书，不求仕进，所至即种药治圃以自给。”可见作者是个博学多能，而又自食其力的学者。《农书》中多处引用儒家经典，或先王，先圣之言，充满着儒门理学的色彩，而引《列子》：“耕稼盗天地之时利。”又表明他是个道教信徒，在“祈报篇”中又有儒道合一的倾向，这种诸家思想的综合，可能就是陈旉在农学理论上取得新建树的原因之一。受道家崇尚自然，注重实践的影响，陈旉写作农书不是“誊口空言”，他自信地说：“是书也，非苟知之，盖尝允蹈之，确乎能其事，乃敢著其说以示人。”宋儒治经，重《易》、《春秋》、《礼记》，而又着重在《易》中寻究哲理。同时，宋儒常以自我为中心，敢于独立思考，另立新说。受此影响，陈旉写作《农书》时，从研究方法到编写体例，都力求突破以往农书的框框。他认为，前人的《齐民要术》和《四时纂要》等农书“迂疏不适用”，这当然有打击别人，抬高自己的意味。但陈旉确实在写作农书时，做到不抄书，着重写自己的心得体会，即使引用古书，也努力融会贯通在自己的文章里。受佛教的影响，陈旉希望自己的《农书》“有补于来世”。

（二）西山在何处？

陈旉自称“西山隐居全真子”，并曾“躬耕西山”，书成之后，又以74岁的高龄，访问洪兴祖于仪真，西山当距仪真不远，据此，有学者认为，此西山可能是扬州西山，也可能是太湖洞庭西山。但也有学者认为可能是杭州西山。

西山是历史上经常出现的一个地名。据《中国古今地名大辞典》所载，“西山”共有

26处，但这并不完全，宋代另一本农书《桐谱》的作者陈翥也提到西山，此西山在作者的家乡安徽省铜陵，但辞典中并没有提到，因此不能根据辞典中的西山来确定西山的所在地。同样也不能根据陈旉当时的年龄来确定西山距离仪真的远近。因为人的健康状况不同，活动范围也有大小，从洪兴祖“后序”讲到陈旉“平生读书，不求仕进，所至即种药治圃以自给”的情况来看，陈旉的活动范围很大。因此，必须根据书中的内容来确定西山的所在地。对此，姜义安做这样的分析，他根据《农书》有关“耕耨之宜”、“地势之宜”，如葑田、“耘田之法”，以及书中有关于湖中安吉（今浙江省安吉县）种桑法等的记载，推断陈旉所在的西山似乎应是浙江的杭州。

从成书的背景来看，绍兴十九年，正是金主亮引兵南下，骚扰淮东西的时候，扬州正是争夺的地点之一，这时陈旉能否住在扬州安静地著书是个问题，而当时的杭州是南宋政治、经济、文化的中心，社会相对安定，《农书》有可能在这种环境下出现。

但是假定农书是在杭州附近的西山完成的，对于一个致力于有用于社会的陈旉来说，他何以要跑到仪真去见洪兴祖，而不就近“藉仁人君子，能取信于人者，以利天下之心为心”，“推而广之，以行于此时而利后世”。舍近就远，不可谓智。西山究竟在何处？仍然是个谜。

（三）《陈旉农书》的内容分析

《陈旉农书》的篇幅不大，全书共有一万余字，分上中下三卷，上卷总论土壤耕作和作物栽培；中卷牛说，讲述耕畜的饲养管理；下卷蚕桑，讨论有关种桑养蚕的技术。三卷合一，构成了一个有机的整体；其中上卷是全书的主体，占有全书2/3的篇幅；中卷的牛说，因为牛是农耕的主要动力，在经营性质上仍是上卷的一部分，但《陈旉农书》却是现存古农书中第一次用专篇来系统讨论耕牛的问题；下卷讲蚕桑，也是因为蚕桑是农耕的重要组成部分，尽管如此，把蚕桑作为农书中的一个重点问题来处理，也是这本书的首创。

《陈旉农书》对完整的农学体系的追求，在上卷的内容与篇次安排上也得到了反映。上卷以十二宜为篇名，篇与篇之间，互有联系，有一定的内容与顺序，从而构成了一个完整的整体。“宜”就是合适、相称、恰到好处的意思。“夫稼，为之者人也”，农业生产首先是人的事业，《陈旉农书》的第一篇“财力之宜”，强调生产的规模（特别是耕种土地的面积）要和财力、人力相称。陈旉说：“贪多务得未免苟简灭裂之患，十不得一二。”他还借用当时的谚语说：“多虚不如少实，广种不如狭收。”进而提出：“农之治田，不在连阡跨陌之多，唯其财力相称，则丰穰可期也审矣。”“财力之宜”虽然着眼于财力，但落脚点却在于耕地面积的大小。而耕地面积除了本身的面积大小之外，还包含有很多其它的因素，地势即其中之一。于是陈旉在接着的“地势之宜篇”便着重谈土地的规划利用问题。地势的高低不仅影响到土地的规划利用，同时也影响到耕作的先后迟缓和翻耕的深浅，于是在“地势之宜篇”之后，接着便是“耕耨之宜篇”。复由于耕耨有“先后迟缓”之别，由是又引出了“天时之宜”的问题。指出：“农事必知天地时宜，则生之、蓄之、长之、育之、成之、熟之、无不遂矣。”强调“顺天地时利之宜”。在此基础上，再来谈各种农作物的栽培，于是有了“六种之宜篇”。本篇中主要讨论了几种旱地作物的栽培时序问题。庄稼种的好坏，有赖于人，因此农家居住靠近农田，便于照顾耕作，所以把讨论农家住宅布置的“居处之宜”安插为第六篇；居处的远近只是一种客观，真正要提高土壤肥力还得靠人的主观努力，这就是“治”。在“粪田之宜篇”中，陈旉提出了两个杰出的关于土壤肥力的学说，一是“虽土壤异宜，顾治之如何耳，治之得宜皆可成就”。二是提出了“地力常新壮”的论断。谈到治，自然而然地转到了人事，甚至于鬼神。于是有“节用”（勤俭节约）、“稽功”（奖勤罚懒）、“器用”（物质准备）、“念虑”（精神准备）、“祈报”（敬事鬼神）等篇，但是，人事的问题不光是个从物质到精神的准备过程，更重要的还是个技术性问题，于是，书中还专有两篇谈论水稻的田间管理和水稻育秧技术，即“薅耘之宜篇”和“善其根苗篇”。

《陈旉农书》从内容到体裁都突破了先前农书的樊篱，而开创了一种新的农学体系①。上述十二“宜”和“祈报”和“善其根苗”两篇所论的内容构成一个完整的有机体。

十二宜的内容

序号	篇名	内容
1	财力	生产经营规模要和财力、人力相称
2	地势	农田基本建设要与地势相宜
3	耕耨	整地中耕要与地形地势相宜
4	天时	农事安排要与节气相宜
5	六种	作物生产要与月令相宜
6	居处	生产和生活须统筹规划
7	粪田	用粪种类与土壤性质相宜
8	薅耘	中耕除草必须因时因地（势）制宜
9	节用	消费与生产要相宜
10	稽功	赏罚与勤惰相宜
11	器用	物质准备要与生产相宜
12	念虑	精神准备与生产相宜

《陈旉农书》卷中第一次系统地讨论了耕牛的问题。陈旉认为，衣食财用之所从出，非牛无以成其事，牛之功多于马。强调人对于牛必须要有“爱重之心”。卷中所提到了耕牛问题主要包括牧养、役用和医治三个方面。牧养时必须做到“顺时调适”，牧养结合，牢栏清洁。役用时必须做到“勿竭其力”，“勿犯寒暑”、“勿使太劳”。医治方面则提出了辨证施治，对症下药的原则，同时提出要注意防止疫病传染。

《陈旉农书》末尾一卷是蚕桑。内容包括种桑、收蚕种、育蚕、用火采桑、簇箔藏茧等五篇，详细地介绍了种桑养蚕的技术和方法。种桑之法篇中主要介绍了桑树的种子繁殖方法，还提到了压条和嫁接等无性繁殖方法。收蚕种之法篇则介绍了蚕种的保存、浴蚕、蚕室和喂养小蚕的技术；育蚕之法则强调自摘种，以保证出苗整齐；用火采桑之法，提出在给蚕喂叶时，利用火来控制蚕室湿度和温度的方法，还提到了叶室的作用。簇箔和藏茧之法，介绍了簇箔的制作和收茧藏茧的方法等。这部分内容，为后来《王祯农

① 范楚玉，陈旉的农学思想，自然科学史研究，1991，10（2）：172。

书》“蚕缫门”所引用，并被冠以“蚕书”，或“南方蚕书”的名字。

（四）《陈旉农书》在农学上的主要贡献

《陈旉农书》的篇幅不大（连序跋约共12 500字），但内容比较切实，在中国农学上表现了不少新的发展。万国鼎将其中比较突出的归纳为下列五点：(1) 第一次用专篇来系统地讨论土地利用；(2) 第一次明白地提出两个杰出的对于土壤看法的基本原则；(3) 不但用专篇谈论肥料，其它各篇中也颇有具体而细致的论述，对于肥源、保肥和施用方法有不少新的创始和发展；(4) 这是现存第一部专门谈论南方水稻区农业技术的农书，并有专篇谈论水稻的秧田育苗；(5) 具有相当完善而有系统的体系①。其实，这五点只是《陈旉农书》卷上所涉及的内容，卷中和卷下对于养牛、种桑、养蚕也多有贡献，即便是在卷上中也还有一些值得注意的地方，比如，“六种之宜篇”就是对南方旱地作物栽培的首次总结。兹就六种做一解释如下。

六种，指的是各种农作物，在本篇中提到的有麻、粟、芝麻、豆、萝卜、菘菜（白菜）、麦等，六种之宜，主要是谈这几种作物栽种时期的先后次序，值得注意的是本篇中并没有提到当时南方地区最主要的作物，实际上也就是本书所讨论的主要对象——水稻。这里就涉及到对篇名“六种”的解释，六种是指什么？万国鼎在校注《陈旉农书》时说：“所谓‘六种’，不知是什么意思。《氾胜之书》说‘凡田有六道，麦为首种’，六道是什么，也没有解释。从‘麦为首种’来看，首种指一年之中最先种在田里的，六道可能是指栽种时期的先后说。这里陈旉所说的六种，也许是采取《氾胜之书》的‘六道’的意思。“六种之宜篇”主要是谈各种作物在一年之中的栽培先后次序的，和这个意思也符合。但各种作物为什么不包括水稻在内呢？这倒底还是没有解答出我们的疑问，首先可以肯定六不是个实数，而是虚数。因为本篇中提到的作物就有七种之多，是如“五谷”、“六谷”、“九谷”及“百谷”一样，为农作物的总称吗？也不是，因为如果是这样的话，不可能不包括水稻在内。实际上，正是由于它不包括应该包括的水稻在内才引起我们的警觉，六种中没有水稻，而全部是旱地作物，如麻、粟、麦等，旱地，古称为“陆田”，作物称之为“种”，是故“六种”者，乃旱地作物也。六，陆相通。比如，宋元时期的一个水稻品种“黄绿稻”，又叫“黄陆谷”，或“黄穋禾”，明清时期的一些方志中就写作“黄六稻”。直到今日，“六”之大写仍然写作“陆”。故陈旉所谓的“六种”可能就是“陆种”，指的是水稻以外的旱地作物②。宋人袁采《世范》卷下有：“人有小儿，须常戒约，莫令与邻里，损折果木之属；人养牛羊，须常看守，莫令与邻里，践踏山地六种之属；人养鸡鸭，须常照管，莫令与邻里，损啄菜茹六种之属；有产业之家，又须各自勤谨，坟墓山林，欲丛绿长茂荫映，须高其墙围，令人不得逾越；园圃种植菜茹六种及有时果去处，严其篱围，不通人往来，则亦不致临时责怪他人也。”这里的“六种”似乎只是农作物的意思，而不包括果木在内。

陈旉《农书》本是以南方水稻农业为主要对象有著作，何以要用一个专篇来讨论旱地作物地栽培呢？这可能与当时的社会背景有关。南方虽以水稻种植为主，但旱地作物

① 万国鼎，陈旉农书评价，《陈旉农书校注》，农业出版社，1965年，第9页。
② 曾雄生，“六道、首种、六种考”，自然科学史研究，1994，(4)：359～366。

（陆种）仍然占有一定的比例，这是必然的，也是必须的，特别是到了宋代以后，人们更是从防御自然灾害的角度来强调旱地作物的种植，从政府的诏令和地方官员的劝农文中就可以看出，劝种诸谷的目的在于防灾，以备在青黄不接或水稻歉收的情况下解决生计问题。“种谷必杂五种，以备灾害”这是当时举国上下的一致认识。为此，政府在积极向北方推广水稻种植的同时，也致力于向以水稻种植为主的南方普及旱地作物种植，如，北宋淳化四年二月，诏江南、两浙、荆湖、岭南、福建诸州长吏，劝民益种诸谷，民乏粟、麦、黍、豆者，于淮北州郡给之。进入南宋以后，政府亦屡屡下诏，谕民杂种粟、麦、麻、豆。一些地方官吏也此下发了许多劝农文。这些诏令和文告无不强调杂种诸谷的防灾意义，如，韩元吉《建宁府劝农文》：“高者种粟，低者种豆，有水源者艺稻，无水源者播麦。但使五谷四时有收，则可足食而无凶年之患。”《又劝农文》说：“粟麦所以为食，则或遇水旱之忧，二稻虽捐，亦不至于冻馁矣。”“俾民多种二麦……盖以丰为不可常恃，欲备荒歉，而接食也……若高原陆地之不可种麦者，则亦豆粟所宜。”① 朱熹《劝农文》中亦说：“山原陆地可种粟、麦、麻、豆去处，亦须趁时竭力耕种，务尽地力。庶几青黄未交之际，有以接续饮食，不至饥饿。”②《陈旉农书·六种之宜篇》即是在这种背景下出现的。通篇的指导思想和政府的有关诏书以及地方官的劝农文是一脉相承的，这就是备荒、续乏、继绝。本篇开头便说：“种莳之事，各有攸叙。能知时宜，不违先后之序，则相继以生成，相资以利用，种无虚日，收无虚月。一岁所资，绵绵相继，尚何匮乏之足患，冻馁之足忧哉。”本篇结尾又说：“《诗》曰：‘十月纳禾稼，黍稷穜稑，禾麻菽麦’，无不毕有，以资岁计，尚何穷匮乏绝之患耶。”由此，也可以证明，陈旉所谓的“六种”也即陆种。

然而，仅仅知道杂种诸谷的意义还是不够的，还必须明了种植的方法，才能真正地取到作用。众所周知，陈旉以前，中国的北方已有数千年的旱地作物栽培历史，并且积累了丰富的经验，这些经验不仅通过农民的言传身教而代代相传，记载在像《氾胜之书》和《齐民要术》这样一些农书之中，而且还通过人口的迁徙，传播到了南方地区，促进了南方旱作栽培技术的发展。但是，南方在气候和土壤等自然因素有不同于北方的特点，南方的旱地作物栽培自然也不能照搬北方的技术，因此，研究南方旱地作物的栽培方法，也就成为当时农学家所面临的一大课题。《农书》成书于南宋初绍兴十九年（1149），正值两宋之交，当时北方人口由于战乱，而大量南迁，促进了以麦为主的旱地作物（陆种）的发展，庄季裕在《鸡肋编》中说：“建炎（1127～1130）之后，江、浙、湖、湘、闽、广，西北流寓之人遍满。绍兴（1131～1162）初，麦一斛至万二千钱，农获其利倍于种稻，而佃户输租，只有秋课，而种麦之利，独归客户。于是竞种春稼，极目不减淮北。”随着南方旱地作物的发展，也要求人们及时地总结南方旱地生产的经验，“六种之宜篇”正是总结南方旱地作物栽培技术的产物。本篇大致按月份，介绍了麻枲、粟、油麻、豆、萝卜、菘菜（白菜）、麦等的整地、播种、耘锄、施肥、防虫、收治等等事项。

但是由于《陈旉农书》是以水稻种植为主要内容，所以有关旱作技术的内容比较简

① 《南涧甲乙稿》卷十八文。

② 《晦庵集》卷九十九。

略，况且事属初创，也难臻完善，其后《王祯农书》对于南方旱作技术又有了很大的补充。

（五）版本及流传情况

陈旉的跋文说："此书成于绍兴十九年（1149年），真州虽曾刊行。而当时传者失真，首尾颠错，意义不贯者甚多。……仆诚忧之，故取家藏副本，缮写成帙，以待当时君子，采取以献于上，然后锲版流布。"叙述了此书初刊于绍兴十九年，五年后，即绍兴二十四年（1154年）作者草成跋文以待再刊的经过。

关于洪兴租的刊本，"洪真州题后"中说他见到陈旉的《农书》三卷后，"喜其言，取其书读之三复，日：如居士者，可谓士矣。因以仪真劝农文附其后，俾属邑刻而传之"。陈旉生前，洪兴祖肯定刊行过旧本，但经陈旉缮写改正后的《农书》在陈旉生前是否已经刊行的问题，至今仍未弄明白。只是其后由安徽新安人汪纲发现了此书，在宋宁宗嘉定七年（1214）刊行，流传于后世。

三 元代的三大农书

元代在中国的统治时间不长，总共不到一百年的时间。但是却在中国农学史上留下了三部了不起的农书，这三部农书分别是《农桑辑要》、《王祯农书》和《农桑衣食撮要》。

（一）《农桑辑要》

《农桑辑要》是元代专管农桑、水利的中央机构"大司农"主持编写的。具体的编写人是孟祺、张文谦、畅师文，苗好谦等人。

孟祺（1241～1291），字德卿，安徽宿县人，至元七年（1270）出使高丽。回国后任山东东西道劝农副使。他是唯一在《农桑辑要》中署名的作者，不过也仅见于元刊本中，通过元刊本可以得知，书中重要的一篇短论"论九谷风土时月及苎麻木绵"及其他的一些篇目，系出自孟祺之手。考虑到大司农司当时只有孟祺和张文谦等人在工作，推测孟祺可能是本书初编的主要纂稿人，而张文谦则可能是本书的组织者，或主纂官。

张文谦至元七年任司农卿和大司农卿，主管大司农司工作，他曾主持制订过"农桑之制十四条"，对农业和农村工作有相当的认识。

畅师文曾经长期担任地方劝农官，地区遍及四川、陕西、江北、山东、河北等地，深知"教民种艺法"，并曾内调到翰林院工作，《元史》本传载，他在至元二十三年（1286），曾"上所纂《农桑辑要》书"，据此，有人认为畅师文是本书的作者之一，实际上，本书最初写作时，并没有他在内，至元二十三年所上之书，可能是经他修订再版的。

苗好谦的一生也主要是从事劝农工作，史载，苗好谦曾于至大二年（1309）任淮西廉访司佥事时，曾向朝廷献所著《种桑之法》。延祐三年（1316）以苗所到之处，栽桑皆有成效，于是将该法推广于全国各道，苗也因此被提拔为大司农丞，延祐五年（1318）苗氏进所撰《栽桑图说》，由政府刊印1000部颁行各处。《农桑辑要》中的栽桑养蚕部分可能就是经苗氏之手修订再版的。

《农桑辑要》作为一部由政府出面所修订的农书，其出现与元代的重农劝农政策有着密切的关系。蒙古族进入中原以后，当时的一些蒙古族将领，提出将长城以内的新征服的地区的农田全部改为牧地，引起了一些不同的意见，最后采用了耶律楚材的建议，奖励这些地方的农民继续从事农业生产，供纳赋税，这个办法果然取得了好的效果。元代统治者开始重视农业。至元元年（1264），元世祖即位，第二年便设置了专管农业的“劝农司”，后来又改为“司农司”，《农桑辑要》就是在这种历史背景下，由司农司主持编写的，据该书“原序”说：“大司农司，不治他事，而专以劝课农桑为务，行之五，六年，功效大著。民间垦辟种艺之业，增前数倍。农司诸公，又虑夫田里之人，虽能勤身从事，而播殖之宜，蚕缫之节，或未得其术，则力劳而功寡，获约而不丰矣。于是，遍求古今所有农家之书，披阅参考，删其繁重，摭其切要，纂成一书，目曰《农桑辑要》。”原序的作者是翰林院大学士王磐，序题于至元十年（1273），因此，一般都将该年作为本书的成书年。但从王磐的序中可以看出，王磐的序是在“镂为版本，进呈毕，将以颁天下”的情况下，题于卷首的，因此，本书的成书年代还要早些。

《农桑辑要》修成之后，曾经颁发给各级劝农官员，作为指导农业生产之用。在它之前，唐代有经过武则天皇后删定的《兆人本业》和宋代的《真宗授时要录》，但这两部书均已失传。因此《农桑辑要》也就成了现存最早的官修农书，其后大约过了500年，清代的乾隆皇帝才叫人又编写了一本《授时通考》，这本书成了中国历史上第二部，也是最后的一部官修农书。

《农桑辑要》全书共有6.5万多字，分作七卷。卷一典训，讲述农桑起源及其经史中关于重农的言论和事迹，相当于全书的绪论；卷二耕垦，播种，包括整地，选种总论及大田作物的栽培各论；卷三栽桑；卷四养蚕；讲述种桑养蚕，篇幅大，内容丰富而精细，远超以前的农书，显示了其农桑并重的特点；卷五瓜菜、果实，讲的是园艺作物，但和以前的农书一样，不包括观赏植物方面的内容；卷六竹木、药草，记载多种林木和药用植物，兼及水生植物和甘蔗；卷七孳畜、禽鱼、蜜蜂，讲动物饲养，牲畜极重医疗，但不采相马、相牛之类的内容，取舍较以前的农书不同。从全书的整个布局来看，《农桑辑要》基本上继承了《齐民要术》的内容，据粗略的统计，《农桑辑要》所引《齐民要术》的内容，大约有2万多字，约占全书的31%，在所引书的第一位，《农桑辑要》所省略的只是《齐民要术》中的食品和烹调部分。但是《农桑辑要》和《齐民要术》等书相比，也有一些显著的特点。

首先，《农桑辑要》增加一些新的资料。如苎麻、木棉、西瓜、胡萝卜、同蒿、人苋、莙荙、甘蔗、养蜂等，都注明了“新添”。尽管新添的内容不多，仅占全书的7%，但这些添加的内容显然是总结当时的经验写出的第一手材料。从中可以看出，《农桑辑要》迈出了《齐民要术》原有的范围，大大丰富了古代农书的内容。

其次，《农桑辑要》的最大的发展还主要在于，它第一次将蚕桑生产放在与农业同等重要的地位，这从书名中就可以看出来，从篇幅来看，虽然栽桑养蚕，各占其中的一卷，但这两卷的篇幅却将近占全书的1/3。篇幅之大，和《齐民要术》相比较就更为明显了，在《齐民要术》中，养蚕没有专篇，而仅在“种桑柘”篇中作为附录，篇幅仅相当于《农桑辑要》的1/10。《农桑辑要》中以大量的篇幅介绍了当时栽桑养蚕的成就。

第三，《农桑辑要》在重视蚕桑的同时，积极提倡向北方推广苎麻和棉花种植。为此在卷二的后面新添了苎麻和木棉两项内容，详细地记载了这两种作物的种植，管理与加工，应用的方法，接着又新添两段“论九谷风土及种莳时月”和“论苎麻、木棉”，从理论上阐述向北方推广木棉和苎麻的可能性，从而发展了风土论的思想，把人的因素引进了旧有的风土观念之中，强调发挥人的主观能动性和人的聪明才智。成为农学思想史上的一个里程碑。根据同一理论，《农桑辑要》还提出从西川（今四川），唐、邓（今河南南阳，唐河，邓县一带）等地将柑桔类果实向北方移植，试图打破自古以来就一直存在的“桔逾淮而北为枳”的论断。但似乎没能取得预期的效果，因为柑桔类仍然受到自然条件的限制，到目前为止，黄河以北仍不易栽培推广。

第四，《农桑辑要》除了辑录了《齐民要术》和新添许多新的内容以外，还辑录了《士农必用》、《务本新书》、《四时类要》、《博闻录》、《韩氏直说》、《农桑要旨》和《种莳直说》等农书，由于这些农书的大多数现已失传，而只有通过《农桑辑要》的辑录，才能部分地了解其中的一些内容，因此，本书在客观上起到了保留和传播古代农业科学技术的作用。

《农桑辑要》问世以后，曾一再刊刻，早在元代就至少有三个刊本，首刊于至元年间，再版于延祐元年，三版情况不明。明代也有三个版本，一是明初刊本，藏于日本小岛氏宝素堂，著录于日本人澁江全善、森立之所著《经籍访古志》中。二是明张师说辑刊，陈无私订正的《田园经济丛书》本，著录于沈乾一《丛书书目汇编》中。三是明末胡文焕刊印的《格致丛书》本。清代有《武英殿聚珍版丛书》刊本，其后都是这个聚珍本的复刻本或排印本，总共有近 20 种。1982 年，农业出版社出版的石声汉校注的《农桑辑要校注》，即是以清乾隆间苏州府刻的“武英殿聚珍版”本为基础，整理校改作成的。

元明时的刊本现已不多见，仅在上海图书馆存有一元代大字刻本孤本，这个本子已由上海图书馆影印出版，“通汇”所用的即是这个本子。它和常见的清代的刻本（即武英殿本）相比，有不少的优点。武英殿本的祖本是《永乐大典》本，原书七卷，《大典》编者合并为二卷，后来《四库全书》的编者又从《永乐大典》中辑出来，重新分为七卷，经这一合一分，出现一些错乱也就在所难免。而元刊大字本则是十足的原汁原味。对比之后就会发现，虽然殿本补正了元刻本的一些错误，但殿本打乱了元刻的篇章体系，有的是割裂，将原来的一篇分为几篇，有的归并，将几篇合为一篇，有的是窜衍，有的是脱漏。还有严重的错误。从中也就可以看出，元刊本的优越性。对此，1988 年，农业出版社出版的由缪启愉校释的《元刻农桑辑要校释》一书做了详细的说明。这也是迄今为止，研究《农桑辑要》最为详细的一本书。

《农桑辑要》的成书在元代初年，当时元代刚灭金，尚未统一南宋，所以它的内容仍然是以北方的农业生产技术为主，而没有包括江南地区的水田农业技术在内，尽管当时南方地区已经出现了《陈旉农书》(1149 年)，但《农桑辑要》却未能收录，这个缺陷在元代统一全国以后，就日益显露出来，40 多年后的王祯和鲁明善在亲自指导农业生产的实践中发现了这个缺陷，并做了弥补。分别写出了《农书》和《农桑衣食撮要》这两本重要的农书。

（二）《王祯农书》

王祯，字伯善，山东东平（今东平县）人，生活于 13～14 世纪之间。其生平事迹，今天留下的文献很少。尽管如此，仍然可以大略地知道，王祯是个阅历非常丰富的人。据江西等处儒学副提举祝将仕所说，王祯在担任永丰县尹时就已是“东鲁名儒，年高学博，南北游宦，涉历有年”①。这在其所著的《农书》中得到了充分的反映。《农书》中不仅广泛地引述了经史、农书，还兼及诸子、医学本草、重要类书、笔记杂录、名人诗赋等。可见说他“年高学博”并非虚语。

至于说他“南北游宦”，一般只知道他在江南做官，但从《农书》中搜索，宦游南北也确实颇有眉目。王祯在某些作物或农具写进《农书》时，常常会提到自己的一些见闻。如，王祯提到“愚尝见燕山栗”；铲“尝见燕赵北，亦传辽沈东”；“又尝见北方稻田，不解插秧，惟务撒种，却于轴间交穿板木，谓之‘雁翅’，状如砺礋而小，以磙打水土成泥”；麦绰“尝见北地芟取荞麦亦用此具，但中加密耳”。耕索“今秦晋之地，亦用长辕犁，……如山东及淮汉等处用三牛四牛”。这些地区，除山东是王祯原籍外，其余燕、赵、秦、晋、营州等地，均在今河北、山西、陕西及辽宁等地。至于江淮之间，更是“愚尝客居江淮，目击其事”（沙田），书中“江淮”、“淮上”、“淮人”、“淮民”等提到很多，可见王氏对江淮之间的农业情况尤为熟识。

再说江南，他足迹所及，非仅限于皖东南的旌德（今属安徽）和赣东隅的永丰（今江西广丰县）二县，江、浙、湘、赣等地区他都到过，诸如“余尝盛夏过吴中”（秧马），“今平江虎丘寺剑池”（高转筒车），“尝见江东农家用之”（镫锄），“尝见浙间一种，谓之阴瓜”（甜瓜），“尝见于江浙农家”（筛谷箉），“尝到江西等处”（水转连磨），“今湖湘间收禾，并用笐架悬之”（笐架），等等，不一而足。看来用“读万卷书，行万里路”来形容王祯的经历并不过份，这也就是他后来写作《农书》的资本。

元成宗元贞元年（1295）出任宣州旌德县令，后又调任信州永丰县令。关于王祯在这两地的任职情况，王祯的儒友信州教授戴表元在其为《王祯农书》所写的“序”中作了比较详细的介绍，其曰：

> 丙申岁（1296），客宣城县（今安徽宣城县），闻旌德宰王君伯善，儒者也，而旌德治。问之，其法：岁教民种桑若干株，凡麻苎、禾黍、牟麦之类，所以莳艺芟获，皆授之以方，又图画所为钱、镈、耰、耙、耖诸杂用之器，使民为之。民初曰：‘是固吾事，且吾世为之，安用教？’他县为宰者群揶揄之，以为是殊不切于事，良守将、贤部使，知之不问，问亦不以为能也。如是三年，伯善未去旌德，而旌德之民利赖而诵歌之。盖伯善不独教之以为农之方与器，又能不扰而安全之，使民心驯而日化之也。后六年，余以荐得官信州，伯善再调来宰永丰。丰、信近邑，余既知伯善贤，益慕其治加详。伯善之政孚于永丰又加速，大抵不异居旌德时。山斋修然，终日清坐，不施一鞭，不动一檄，而民趋功听令惟谨。

王祯《农书》就是在这两地任职期间写作的。问题出在王祯倒底在旌德任职几年？一说三年，一说六年，一说九年。三种说法都同意王祯到旌德任职始于贞元元年（1295）。

---

① “元帝刻行《王祯农书》诏书抄白的”，见：王毓瑚校，《王祯农书》，农业出版社，1981年，第446页。

三年者即元贞元年到大德二年（1298）①；六年者，即从贞元元年到大德四年（1300）②；九年者，即从贞元元年（1295）到大德八年（1304）③。

笔者认为，要搞清楚王祯在旌德任期问题，首先应该确定王祯是那一年到永丰上任的。戴表元在“序”中提到他在客居宣城6年之后，即丙申年（1296）之后的第六年大德六年（1302），被举荐得官信州的那一年，王祯又调来宰永丰。初读至此，以为王祯是在戴表元的同时，或稍后调到永丰的，即大德六年，或其后。细读之后才发现，戴到信州时，王祯在永丰已是政绩卓著，大抵不异于旌德时。推测王祯到永丰已有些日子。事实也正是如此，王祯在戴表元被举荐到信州的前二年，即大德四年（1300）已调任信州永丰县尹，《元诗小传》记载：“王祯，字伯善，东平人，大德四年知永丰县事，以课农兴学为务……著有《农器图谱》、《农桑通诀》诸书，尝刊于卢陵云。”

综合起来，王祯的任职情况很清楚，即贞元元年到旌德任职，大德四年到永丰任职，中间约有五年时间，其中在旌德任期至少为三年（1295至1298），后二年（即1298至1300）可能在旌德任职，也可能为农书写作收集资料。

在搞清楚了王祯在旌德的任期之后，再来看看《农书》的写作时间。以前一般都根据王祯自序，将农书的成书时间定在皇庆癸丑（1313）。但这个年代是很不准确的。王祯在《农书》后附的“杂录”中，记述了“造活字印书法”，结尾处有这样的一段话：“前任宣州旌德县尹时，方撰农书，因字数甚多，难于刊印，故尚己意命匠创活字，二年而工毕。试印本县志书，约计六万余字，不一月而百部齐成，一如刊板，始知其可用。后二年，予迁任信州永丰县，挈而之官。是农书方成，欲以活字嵌印；今知江西见行命工刊板，故且收贮，以待别用。”从中可知，王祯在出任宣州旌德县令时就开始了《农书》的写作，时间当在1295到1298年之间；到永丰任职时，《农书》已经写成，时间当在1300到1304年之间；前后经历了约10年的时间。从《农器图谱》中提到“尝到江西等处”之语，也表明《农书》，至少是其中的《农器图谱》部分，在王祯到江西永丰任职（大德四年，1300）之前即已完成。成书之后，王祯本想用活字嵌印，得知江西官方已决定刊印而作罢。而据“元帝刻行王祯农书诏书抄白”所示，江西官方决定刊行《农书》是在大德八年（1304），当时王祯在永丰任上。综上所述，《王祯农书》的成书年代当在1300年左右。王祯在1313年所作的“自序”只不过是书成之后，在书首加的一个补序。

《王祯农书》系由三部分（这三部分本是各自独立的，后来合成一书）组成的，第一部分共有6卷，19篇。名为“农桑通诀”，即农业通论。书中首先论述了农业，牛耕和桑业的起源；农业与天时，地利及人力三者之间的关系，接着按照农业生产春耕，夏耘，秋收，冬藏的基本顺序记载了大田作物生产过程中，每个环节所应该采取的一些共同的基本措施；最后是“种植”，“畜养”和“蚕缫”三篇，记载有关林木种植，包括桑树，禽畜饲养以及蚕茧加工等方面的技术。在“通诀”这一部分中，还穿插了一些与农业生产技术关系不大的内容，如，“祈报”，“劝助”等篇。第二部分“百谷谱”，共有4卷11篇，这部分属于作物栽培个论，书中一共叙述了谷属，蔬属等7类，80多种植物的栽培，保

① 郝时远，元《王祯农书》成书年代，中国农史，1985，(1)。
② 彭世奖，也谈《王祯农书》的成书年代，中国农史，1986，(2)。
③ 缪启愉，王祯的为人、政绩和《王祯农书》，农业考古，1990，(2)。

护，收获，贮藏和加工利用等方面的技术与方法，后面还附有一段“备荒论”；第三部分“农器图谱”是《王祯农书》的重点。这部分共有12卷之多，篇幅上占全书的4/5。收集了306件图，分作20门。

《王祯农书》的特点主要有两个方面，一是它第一次将南北农业技术写进同一本农书之中。唐宋以前，南方尚没有农书的出现，而北方的农书由于受到历史条件的限制，也未能将南方农业的内容写进农书，唐宋以后，随着《耒耜经》和《陈旉农书》等的出现，填补了南方没有农书的空白，但是南方农书从出现时起就以地方性为特色，元代初年的《农桑辑要》本可以将《陈旉农书》中有关南方农业的内容收录进去，但是，由于《农桑辑要》的写作是在灭宋以前，目的是为了指导黄河中下游的农业生产，因而没有把江南地区的水田生产包括在内，成了这本农书的最大缺陷，因次在元代统一中国以后，用这本书用来指导全国的农业生产，特别是江南地区的农业生产就显得有不是之处，《王祯农书》就弥补了这一缺陷。

王祯是山东人，却在南方担任地方官，所以他对南北方的农业生产都有一定的了解。在《王祯农书》中也多处对比南北农业生产的异同。例如，在《垦耕篇第四》中，王祯详细地叙述了南北方耕垦的特征，并指出“自北自南，习俗不同，曰垦曰耕，作事亦异”。又如，《耙耢篇第五》在讲到北方用挞时，说：“然南方未尝识此，盖南北习俗不同，故不知用挞之功。至于北方，远近之间亦有不同，有用耙而不知耢；有用耢而不知用耙，亦有不知用挞者。”再如《播种篇第六》说：“凡下种法，有漫种、耧种、瓠种、区种之别。漫种者，用斗盛谷种，挟左腋间，右手料取而撒之；随撒随行，约行三步许，即再料取；务要布种均匀，则苗生稀稠得所。秦晋之间，皆用此法。南方惟大麦则点种，其余粟、豆、麻、小麦之类，亦用漫种。”王祯常常是有意识地把几种作用相同，形制相异的工具放在一起讨论，以便于比较，并根据情况加以采用，用他的话来说就是，“今并载之，使南北通知，随宜而用，使无偏废，然后治田之法，可得论其全功也”。在《锄治篇第七》中又说到：“今采摭南北耘薅之法，备载于篇，庶善稼者相其土宜择而用之。”由于《王祯农书》是阴补《农桑辑要》之缺，所以书中对南方农业生产的内容，如，提水工具、水利设施、南方水田的垦辟，以及土地利用方式，作了详细地叙述。由于这些内容的加入，使它的内容大大超出了《农桑辑要》，成为第一本兼论南北农业技术的农书。

由于《王祯农书》是一本兼论南北农业技术的农书，所以对南北方农业技术多有发展。以南方旱地作物栽培为例，虽有《陈旉农书》“六种之宜篇”在先，但内容十分简略。比如在其中我们就很难以知道当时南方种大麦、小麦、粟、豆、麻等所用的播种方法。而《王祯农书》中却有明确的交待。又如《王祯农书》“蔬属·芥”中提到：“今江南农家所种，如种葵法。俟成苗，必移栽之。早者七月半后种，迟者八月半种。厚加培壅。草即锄之，旱即灌之。冬芥经春长心，中为咸淡二菹，亦任为盐菜。……如欲收子者，即不摘心。盖南北寒暖异宜，故种略不同，而其用则一。”像这样一些具体的技术在《陈旉农书》中也是不多见的。究其原因可能是与当时南方旱地技术相对落后有关。王祯说：“江淮间虽有陆田，习俗水种，殊不知菽、粟、黍、穄等稼，耰耡镞布之法，但用直项锄头；刃虽锄也，其用如斸，是名‘镢锄’，故陆田多不丰收。”①

① 《王祯农书·农器图谱集之四》。

《王祯农书》的第二大特征就是“农器图谱”的写作。这不仅是以前历代无法比拟的，而且后世农书和类书所记载的农具也大都以它为范本。写作农具专著，是从唐宋以后开始的，最早的农具著作是陆龟蒙的《耒耜经》，不过这只是一篇写农具的短文，其中主要记载了江东犁（曲辕犁）等几种农具，宋代以后又出现了曾之谨写作的《农器谱》，书中记述了耒耜、耨镈、车庠、蓑笠、篠蒉、杵臼、斗斛、釜甑、仓庾等十大类农器，还附有“杂记”，都是根据古代经典，结合当代的形制写出来的。但是这本农书后来已经失传了，曾之谨的书可能没有图，宋代还有一本图文并茂的农书，这就是楼璹的《耕织图》，可惜这本书也和曾之谨的书一样失传了。但是这两本书对于《王祯农书》的写作有着直接的影响，王祯就是在前人的基础之上，将《农器谱》和《耕织图》结合起来，形成自己的《农器图谱》。《农器图谱》将农器划分为20门（其中有些并非全部属于农具的范畴，如，田制，籍田，太社，薅鼓，梧桐角之类），每门下面又分作若干项，每一项都附有图，一共有近300件图，并加以文字说明，记述其结构、来源和用法等，大多数图文后面还附有韵文和诗歌对该种农器加以总结。这种作法本不是王祯的创举，最早采用这种方法的是楼璹的《耕织图》，但却使得王祯遭到了非议，明代徐光启就认为，王祯的诗学胜于农学，尽管如此，真正确立《王祯农书》在中国农业科学技术史上地位的就是《农器图谱》。

《农器图谱》中，不仅记载了历史上已有的各种农具，包括已经失传了的农具和机械，如，水排，这本是东汉时期发明的一种水利鼓风机，但后来失传了，王祯通过收集，查阅资料，询问请教，终于搞清了水排的构造原理，并将其复原，绘制成图，记载于“农器图谱”之中。而且对宋元时期出现的新农具作了介绍，如，整地用的劘刀，施肥用的粪耧，中耕用的耧锄，灌溉用的水转翻车，收麦用的麦钐、麦绰、麦笼；加工用的“水轮三事”；劳动保护用的秧马，耘爪等。《农器图谱》中还记载了当时在印刷和纺织机械方面的贡献。

（三）《农桑衣食撮要》

在《王祯农书》出版后不久，即元代仁宗延祐元年（1314），又一本重要的农书问世了这就是《农桑衣食撮要》。其作者是鲁明善，是维吾尔族人，祖辈是高昌地区的名门望族，父亲迦鲁纳答思，是元代著名的学者和外交家，通晓印度、中亚、汉、藏等多种语言文字，曾作过外交使者到过许多国家，也接待过许多外国使臣。待人接物处处表现了宽厚、机智、廉洁的作风。元世祖时，他由西域进入大都（今北京）从事翻译佛经的工作，并担任过皇太子的师傅。历事世祖、成宗、武宗、仁宗四朝，做过禁卫领行人，官至开府仪同三司大司徒。位居显赫，深得朝廷器重。鲁明善跟随父亲长期在汉族地区居住，深受汉族文化的影响，读过曾子、子思的书，治过圣贤之学。取汉姓鲁，名铁柱，字明善，也足见其受儒家文化影响。

鲁明善受父辈的恩荫，曾在朝廷里为皇帝支持文史工作。后来又以奉议大夫的名义被派到江西行省辅佐狱讼之事。延祐元年（1314）被任命为中顺大夫安丰路（今安徽寿县）达鲁花赤。第二年改授亚中大夫太平路总管，后以先后在池州府、衡州、桂阳、靖州等地任职，这就是他一生“执笔抽简于天子左右，亦为外宰相属，连领六郡，五为监，一为守”的履历。所到之处，虽然任期都不长，但政绩显赫，声震朝野。百姓对他深表怀念，为之树碑立传。他重视抓农业生产，每到一处或“讲学劝农”，或“复葺农桑为书以教人”，或“修农书，亲劝耕稼”。《农桑衣食撮要》就是他在安丰路任职一年期撰写并刊刻的，以后又在至顺元年（1330）再刊于学宫。

《农桑衣食撮要》又称为《农桑撮要》，从书名和内容来说，都与司农司撰写的《农桑辑要》有相同之处。首先，这两部农书都继承了《齐民要术》的传统，皆为百科性、综合性农书，内容涉及农业生产和农村生活的方方面面。《齐民要术》号称“起自耕农，终于醯醢，资生之业，靡不毕书”，而《农桑衣食撮要》则“凡天时、地利之宜，种植敛藏之法，纤悉无遗，具在是书”。全书总共11 000余字，所载农事有208条，主要内容包括气象、物候、农田、水利、作物栽培（如谷物、块根作物、油料作物、纤维作物、绿肥作物、药材、染料作物、香料作物、饮料作物等）、蔬菜栽培、瓜类栽培、果树栽培、竹木栽培、栽桑养蚕、畜禽饲养、养蜂采蜜、贮藏加工等。其次，这两本书中蚕桑都占有相当重要的地位。《齐民要求》中只有“种桑拓”一篇，养蚕只是此篇的附录。《农桑辑要》中栽桑、养蚕各占一卷，篇幅和条数上几乎占全书的1/3。《农桑撮要》中蚕桑也占有1/5的条数，两书名中“桑”与“农”并列，也反映了对蚕桑的重视，体现了元代农书的特色。第三，《农桑辑要》中一些新添的内容在《农桑撮要》中也有反映。《辑要》在摘录前代农书的同时，还添加了一些新的内容，据统计共38项，占全书的6. 6%。这些内容大多被改编收入《撮要》之中，如种苎麻、木棉、西瓜、萝卜、菠菜、银杏、松、桧、皂荚、栀子，以及取漆、养蜂等。

然而，《农桑衣食撮要》与《农桑辑要》也有许多不同之处。首先，在体裁上，有鉴于过去的“务农之书，或繁或简，田畴之人，往往多不能悉；有司点视虽频，劳而寡效”①，《农桑衣食撮要》采用了古已有之的“月令”体，书中“考种艺敛藏之节，集岁时伏腊之需，以事系月，编类成帙”②，因此，明代有人将此书改名为《养民月宜》。虽然《农桑辑要》之后所附“岁用杂事”一节亦属月令体，但内容十分简略，仅相当于《撮要》的目录，而《撮要》不仅列出每月该做的事，而且在每件事下面还写明该怎么做，语言通俗易懂，切实可行，使读者能够“一览了然”，书中虽然增加了不少的内容，但他的篇幅仅有一万多字，是《农桑辑要》的1/6，《王祯农书》的1/11，这使得它更便于流传。清《四库全书总目提要》对此作了中肯的评价，其曰：“明善此书，分十二月令，件系条列，简明易晓，使种艺敛藏之节，开卷了然，盖以阴补《农桑辑要》所未备，亦可谓留心民事讲求实用者矣。”

其次，《撮要》较《辑要》在内容上也有新的增加。鲁明善为了写作农书，曾与同事们一起商量，还访问了许多有经验的老人，这使得他的农书中有许多新经验、新技术。如关于小麦的播种期、播种量，《齐民要术》等农书中虽有记载，但时过境迁已不适用，而当时的《农桑辑要》中也记载。鲁明善便在书中补上了这条，他在“八月，种大麦小麦”一中写道：“白露节后逢上戊日，每亩种子三升；中戊日，每亩种子五升；下戊日，每亩种子七升。”把播种量与播种期联系起来，播种期越早，播种量越小。关于木瓜的移栽期，鲁明善一反春间移栽的陈规，提出“秋社前后移栽之，次年便结子，胜如春间

---

① 《农桑衣食撮要》张栗序。

② 《农桑衣食撮要》张栗序。

栽”。把栽木瓜安排在八月份进行。关于树木的移栽，长期以来流传着这样的农谚：“移树无时，莫教树知，多留宿土，记取南枝。”鲁明善在继承的基础之上加以发挥，提出“宜宽深开掘，用少粪水和土成泥浆。根有宿土者，栽于泥中，候水吃定，次日方用土覆盖。根无宿土者，深栽于泥中，轻提起树根与地平，则根舒畅，易得活。三四日后方可用水浇灌。上半月移栽则多实。宜爱护，勿令动摇”。为了提高果树产量，鲁明善还记载了“骟树”法，即“树芽未生之时，于根傍掘土，须要宽深，寻纂心钉地根截去，留四边乱根勿动，却用土覆盖，筑令实，则结果肥大，胜插接（即嫁接）者，谓之骟树”。像这样的新技术、新经验书中还有许多，如蔬菜栽培方面，如，正月“种茄匏冬瓜葫芦菜瓜”中，提到蔬菜冷床育苗技术；四月“防雾伤麦”，提到用绳索拉扯防止霜沙危害小麦技术，虽然早在《氾胜之书》中就已提到，不过当时是用于防止霜雾，元代进一步发挥用来防沙雾，也算是有所创造。又如，二月“种西瓜”，三月“种甜瓜”，提到了掐蔓整枝技术。值得注意的是鲁明善作为维吾尔族的农学家，还介绍了一些少数民族的生产技术和经验，如收羊种，防治羊的疥疮、口鼻疮、茧蹄等病症，种葡萄技术，制造酪、酥油、干酪的方法等。又《撮要》成书于元统一南方之后，且鲁明善所在的安徽寿县在淮河以南，接近长江流域，因此较之于《辑要》又增加了南方农业方面的内容，一些南方特产，如鸡头（即芡实）、菱、藕、茭笋（白）、茈菰（慈菇）、竹笋、鳜鱼等，均在书中有所介绍。而最能体现南方特色的莫过于种稻。《农桑辑要》在讲到种稻时，除了抄录《氾胜之书》和《齐民要术》等书的有关材料以外，几乎没有增加任何新的内容，而《农桑衣食撮要》讲到种稻的地方共有六处之多，其中包括犁秧田、浸稻种、插稻秧、壅田、耘稻、收五谷种等条。上述内容的加入，使《农桑衣食撮要》的内容在地域上比《农桑辑要》要广泛得多。

除了增加新内容外，还删除了一些旧内容。作为月令体农书，《农桑衣食撮要》和《四民月令》及《四时纂要》比较起来，全书没有任何商业行为的叙述，其中有关教育的条文，也仅仅是以农民为对象，而不像《四民月令》那样作为“士”的“家礼”内容；有关占候，禳禁的内容也很少。因此可以说这本书的对象是农民，而不像《四民月令》或《四时纂要》那样，主要是以经营农工商的士家地主为对象。这就使得全书的内容更加精炼集中，也体现了作者“农桑，衣食之本”的思想。为了更好地为农民服务，书中对每项农事活动的具体操作都作了说明，文字通俗易懂，便于读者掌握。

《农桑衣食撮要》是一部比较好的农书，在农学史上享有较高的地位。月令体农书起源于先秦的《夏小正》，以后历代都有类似著作，如《吕氏春秋·十二纪》和《礼记·月令》等。但这些书偏重于物候，《四民月令》原本早已不传，现只有几种辑本，《隋书·经籍志》中的《田家历》、唐代韦行规的《保生月录》等也没有流传下来；《四时纂要》虽然通过邻邦保留下来，但在国内却没有发挥应有的作用；宋代的《十二月纂要》、《四时栽种记》和邓御夫的《农历》也同样失传；宋末元初的《四时类要》除《农桑辑要》所引的那些片断和“岁用杂事”一节以外，也见不到了。因此，《农桑衣食撮要》是继唐末《四时纂要》之后，保存至今比较完备的一部月令体农书。明清以来这类农书不少，但能与《撮要》相提并论的只有丁宜曾的《农圃便览》。

本书从元代开始曾多次翻刻。皇家藏书的《永乐大典》和《四库全书》都收录过，书名在明代曾题为《农桑摄要》和《养民月宜》。

第十六章　农时学的发展和时宜的掌握

第一节　天时与农时

唐初屡次下诏，命令有司停不急之务，以保证农时。就是一些非办不可的事，也尽量安排在农闲季节。贞观五年（631），有司上书言："皇太子将行冠礼，宜用二月为吉，请追兵以备仪注"。太宗曰："今东作方兴，恐妨农事"。令改用十月。太子少保肖瑀奏言："准阴阳家用二月为胜。"太宗曰："阴阳拘忌，朕所不行……且吉凶在人，岂假阴阳拘忌！农时甚要，不可暂失"①。宋也如此。治平四年（1067），诏曰："岁比不登，今春时雨，农民桑蚕、谷麦，众作勤劳，一岁之功，并在此时。其委安抚、转运司敕戒州县吏，省事息民，无夺其时"②。除了省事息民以不夺农时之外，政府还在农时到来之时，尽量提供给农民必要的生产条件，以使农民以时赴功。北宋淳化五年（994）推广踏犁，就是因为"属时雨霑足，帝虑其耕稼失时"③，乃有应急之举。可见时人对于农时的重视。

一　《四时纂要》中的占候

《四时纂要》每月开始都有占候一节。其理由是"凡出行，要知昏晓；上屋架屋，所为百事，莫不顺其早晚，是以列为篇首，实为切务"④。

《四时纂要》中占候的种类很多。从时间上来说有晦朔占、岁首杂占、月内杂占、节气占（如立春杂占、春分占、立夏杂占等）；从所占对象来说有月影、云气、风雨、雷、雾、地元（即野生植物，如荠、葶苈）、农作物（稻、麦、黍、粟、大豆、小豆）等等。古人试图通过占候来预测今后的天气走向和农作物的收成，以便更好地安排农业生产，做到有的放矢。如正月晦朔占，"朔旦，晴明无云，而温不风至暮，蚕善而米贱，若有疾风盛雨折木发屋，扬沙走石，丝绵贵，蚕败而谷不成。晦与旦风雨者，皆谷贵。朔日雾，岁饥。朔日雷雨者，下田与麦善，禾黍小熟"。又如二月月内杂占，"是月无三卯，稻为上，早种之。有三卯，宜豆。无丙午，夏禾稼不长"。

占候是各级地方官的一项职能，各级官吏通过占候来指导农业生产。如南宋吴泳《隆兴府劝农文》中说："职在劝农，朝夕思念，惟恐岁一不登，以病吾农，故为汝占丙午太岁，则有麻麦加倍之谣；占正旦清明，则有米贱蚕善之证；占月朔遇辛，则有五谷

---

① 《贞观政要》卷八务农。

② 《宋史·食货志·农田》。

③ 《宋史·食货志·农田》。

④ 《四时纂要·正月》。

皆熟之兆；占甲子不雨，则无赤地千里之尤。又为汝预占先分后社，则犹恐夺汝之食，俾汝不得挝田鼓、赛社翁也；又为汝占有闰之岁，则又恐节气近后，田收晚而谷米虚也”[①]。

二　陈旉对于天时的论述

陈旉《农书》中有“天时之宜篇”，专门讨论有关于天时的问题。说到天，它经常跟气合在一起而称为天气。气是一种流动着的、可以有各种不同表现形态的精微物质，天，即宇宙自然界，是气存在的空间。大地上的动植物生长和人类的活动都受它的制约。古人在探讨生物的生长发育时，总是将它与气联系起来，所谓“土敝则草木不长，气衰则生物不遂”。进而认为，生物的美恶也与气有关。王观《扬州芍药谱》说：“今洛阳之牡丹，维扬之芍药，受天地之气以生。”欧阳修用气的理论解释了洛阳牡丹甲天下的原因，他说：“有常之气，其推于物者，亦宜为有常之形，物之常者，不甚美亦不甚恶，及气之病也，美恶隔并而不相和入。故物有极美与极恶者，皆得于气之偏也。花之钟其美，与夫瘿木臃肿之钟其恶，美恶之异是得一气之偏也”[②]。

气不仅存在于空间之中，也存在于时间之中，随时间而变化。从气与生物生长的关系出发，陈旉在“天时之宜篇”中探讨了有关天时问题的发生机理，他说：“万物因时受气，因气发生；其或气至而时未至，或时至而气未至，则造化发生之理因之也。若仲冬而李梅实，季秋而昆虫不蛰藏，类可见矣。天反时为灾，地反物为妖。灾妖之生，不虚其应者，气类召之也。阴阳一有衍忒，则四序乱而不能生成万物。寒暑一失代谢，即节候差而不能运转一气”。简单说来就是，作物的生长发育受到“气”的制约，而“气”又因时而变化，是有天时的发生。所谓“天时”问题，也即时与气的问题。这里的“气”，指的是节气，主要表现为各种天气和气候的变化。而时，指的是时序，主要是指季节。气候随时间的推移，季节的往复而变化。

天时问题的客观存在，要求人们在从事农业生产时必须按节气变化来安排农事活动，只有这样才能取得成功。“四时各有其务，十二月各有其宜。先时而种，则失之太早而不生；后时而艺，则失之太晚而不成”[③]。陈旉在讲水稻育秧时就提到过这样的现象：“多见人才暖便下种，不测其节候尚寒，忽为暴寒所折，芽蘖冻烂瓮臭”。烂秧不仅是人力物力的浪费，而且“其苗田已不复可下种，乃始别择白田以为秧地，未免忽略”。这正是先时而起所带来的恶果。陈旉说：“在耕稼，盗天地之时利，可不知耶？传曰，不先时而起，不后时而缩。故农事必知天地时宜，则生之、蓄之、长之、育之、成之、熟之，无不遂矣”[④]。又说：“种莳之事，各有攸叙。能知时宜，不违先后之序，则相继以生成，相资以利用。种无虚日，收无虚月。一岁所资，绵绵相继，尚何匮乏之足患，冻馁之足忧哉”[⑤]。“顺天地时利之宜，识阴阳消长之理，则百谷之成，斯可必矣”。

然而，“四时八节之行，气候有盈缩踦赢之度。五运六气所生，阴阳消长有太过不及

---

① 《鹤林集》卷三十九。

② 欧阳修，《洛阳牡丹记》。

③ 王祯，《农书·农桑通诀·授时篇第一》。

④ 陈旉，《农书·天时之宜篇》。

⑤ 陈旉，《农书·六种之宜篇》。

之差。其道甚微，其效甚著”。陈旉提出“盗天地之时利”。一个“盗”字说明天地时利之难得而又势在必得，因为这有这样，才能取得收成。如何在农业生产中做到“不先时而起，不后时而缩”呢？陈旉根据《尚书·尧典》的有关记载，引进了“观象授时”的办法，这也是古来所通行的一种办法。观象，即通过观察天上日月星辰和地上鸟兽虫鱼的变化，来做为授时的依据。授时则属于历法。农事活动多以历法为依据。因而，历法的精确与否直接关系着农业生产。然而，当时的历法却并不尽如人意。

中国的农历是一种阴阳合历，以朔望定月，又求合于回归年。由于12个朔望月比1个回归年要短，因此用闰月来调节，19年而7闰。又由于一年中有的有闰月，有的没有闰月，月份不能表示确切的季节，因此，又规定了二十四节气来补救。二十四节气是太阳历，它能够较为确切地反映四季冷暖变化。从二十四节气的命名就可以看到，二十四节气对于农事安排具有指导意义。但农业生产中最常用的还是太阴历，传统的历法中，年、月、日的计算是以太阴历为准，而二十四节气、七十二候等与以阴历计算的年、月、日之间并没有对应的关系，也就是说，每个节气到来的日子在阴历中是不固定的。这对于主要依据月令来行事的百姓来说很不方便。在很长的时期里，一般人们，特别是农民对于阳历似乎并没有很好的把握，而所谓农历尽管是阴阳合历，但更多的时候指的是阴历，即以朔望定月。从农书来看，虽然二十四节气，特别是其中的二至日，也用作安排农事的依据，但并没有出现相应的农书。真正用于指导农业生产最多的并不是二十四节气，而是以朔望定月的阴历，中国古代之月令体农书正是适应这种需要而出现并发展的①，尽管自汉代历法改革以后，实行“置十二中气以定月位”，不含中气的月作为闰月处理的作法，但节气、中气和月份的关系还不是很固定的，以朔望定月，以建寅之月朔（农历正月初一）为始春，建巳之月朔（四月初一）为首夏，与实际的节气之间还存在游移。因此至宋元时期还经常会出现“或气至而时未至，或时至而气未至”的现象，也就是说历法中的时序与实际的气候变化之间还是存在矛盾的，历法并不能反映气候的变化。

陈旉说：“今人雷同以建寅之月朔为始春，建巳之月朔为首夏，殊不知阴阳有消长，气候有盈缩，冒昧以作事，其克有成耶？设或有成，亦幸而已，其可以为常耶？”陈旉只是批判了常规的方法，并没有给出新的方法，而是把希望寄托在“圣王”的身上，希望他能“设官分职以掌之，各置其官师以教导之”。

三 隋唐宋元时期与农业有关的历法改革思想

隋唐宋元时期经历了多次的历法改革。隋朝先后颁行了开皇历和大业历，还出现了由刘焯撰成的皇极历。唐建国后启用戊寅元历。麟德二年（619）又颁行了以皇极历为基础的李淳风作的麟德历。后麟德历又在开元十七年（729）为一行的大衍历所取代。大衍历以后，唐代还行用过五种历法。

宋代的历法改革尤其频繁。北宋从开国（960）到首都开封被金兵占领（1126），这

① 为什么农书中直接提到二十四节气的并不多，而一般是安月来安排农事？李根蟠认为是由于汉代历法改革以后，实行“置十二中气以定月位”，不含中气的月作为闰月处理，这样，节气、中气和月份的关系就基本固定了，月份中也包含了节气的意义在内。

167年间颁行了9个历法。南宋从宋高宗赵构南渡（1127）到首都临安被蒙古军队占领（1276）这150年间也颁行了9个历法。平均起来每17～18年就要修改一次历法。

宋代频繁的改历，它的背后有着农业生产发展所给的推动作用。自春秋战国以来，中国发展了一种“月令”思想。这种思想是说：在某个节气所在的月份中应该做某种一定的生产、政治和宗教活动。违背这个秩序就要受灾殃。这种思想反映了农业社会受自然季节条件支配的实质。西汉以后，和二十四节气定型的同时，月令也定型下来。它受到统治者和广大人民的重视。严格说来，在一定的地区农业生产活动的日期安排就取决于气候的变化。气候变化的基本因素是地球绕太阳的运动，它的表现即二十四节气。但是，其他复杂的日地关系对气候变化的影响也是很大的。一般说来，汉唐时代的历法改革中有不少次主要并不是由于农业生产的要求，而是由于推算明显地与天象不符，甚至是由于纯粹的政治原因。可是到了宋代，像由于手工业的发展向其他科学技术提出更高要求一样，在农业方面也提出了更精细地安排农活的要求。而在古代，农业气象预报还不发达，因此，人们就自然只能以准确的历法为组织农事的标志。又由于月令思想的影响，人们不但要求得到准确的历法，也要求得到准确的朔日。这就对太阳和月亮运动的掌握提出了高要求。北宋频繁的改历反映了这种高要求[①]。

频繁的改革说明了宋代天文和历法的进步，因而，历法预报的误差很容易发现。但是，另一方面，也说明宋代历法发展的缓慢。大多数的改革只不过就最近几次的观测作一些改正，以求合于一时。这样的历法，行用一久就一定要出现新的误差。但就是在这种改错，错改的过程中，天文历法得以进步，并才有后来元代授时历的发展高峰的出现。

（一）沈括的“十二气历”

陈旉之前，科学家沈括就提出了以十二节气定历的主张，“用十二气为一年，更不用十二月，直以立春之日为孟春之一日，惊蛰为仲春之一日，大尽三十日，岁岁齐尽，永无闰除。十二月常一大一小相间，纵有两小相并，一岁不过一次，如此则如时之气常正，岁政不相陵夺，日月五星亦自从之，不须改旧法，事虽有击之者，如海胎育之类，不预岁时寒暑之节，寓之历闰可也”。以十二节气定月，月亮圆缺和季节无关，但是可以在历书上注明“朔”、“望”以备参考。这个历法既简单，又便于农业生产。但是它根本否定了中国几千年的阴阳历传统习惯。在当时是难以实行的，沈括自已就认识到这一点，他说：“今此历论尤当取怪怒攻骂。然异时必有用予之说者”[②]。

纯阳历在当时既难实行，阴阳历之间的矛盾自然也难以消除，协调二者之间关系的工作还要继续。于是陈旉之后，又有数学家秦九韶对这些问题提出了自己的解决方法。

（二）秦九韶的天时问题

《数书九章》“天时类”，凡九问。所述问题大致可以分为两个方面：一是天文历法，一是测雨验雪，即有关降水量的测量问题。涉及天文历法共有五问，五问之中除“缀术推星”之外，其余四问皆以计算冬至时刻有关。众所周知，冬至是二十四节气之一，是

① 中国天文学史整理研究小组编著，中国天文学史，科学出版社，1987年，第33～34页。
② 沈括，《梦溪笔谈·补笔谈》。

一个回归年的起算点，冬至的时刻确定得准确度，关系到全年节气预报的准确度，或许正因为如此，冬至时刻被秦九韶称之为“气骨”。“推气治历”一题即要求算出嘉泰甲子年（1204 年）冬至发生的时刻。冬至时刻不仅是出于推算节气的需要，也是安排农事的主要依据。古代许多农事活动安排都是从冬至或夏至日开始计算的，兹举例如下：

时间	农事	出处
冬至后五旬七日	于是始耕	吕氏春秋·任地
夏至后九十日	此时耕田，一而当五，名曰膏泽	氾胜之书·耕田
夏至后八十、九十日	持长索，概禾中，去霜露	氾胜之书·种谷
夏至前二十日	有雨，强土可种黍	氾胜之书·种黍
夏至后二十日	尚可种大豆	氾胜之书·大豆
夏至后二十日	沤枲	氾胜之书·种麻
夏至后七十日	可种宿麦	氾胜之书·大小麦
冬至后一百一十日	可种稻	氾胜之书·种稻
夏至先后各二日	可种黍	四民月令·五月
夏至先后各五日	可种牡麻	四民月令·五月
夏至后二十日前	可别稻及蓝	四民月令·五月
夏至前十日	种麻为上时	齐民要术·种麻
夏至日	种麻为中时	齐民要术·种麻
夏至后十日	种麻为下时	齐民要术·种麻

冬至日还是古代进行农业预测的重要标准。《氾胜之书》：“欲知岁所宜，以布囊盛粟等诸物种，平量之，埋阴地——冬至日窖埋。冬至后五十日，发取量之，息最多者，岁所宜也。”《淮南子》：“从冬至日数至来年正月朔日，五十日者，民食足；不满五十日者，日减一斗；有余日，日益一斗。”冬至日的确定，也就相应地确定了夏至日。古人除了直接以二至日作为安排农事，进行农业预测的主要依据以外，而且还大量地利用以二至日为标准所定二十四节气等来安排农事。时至今日，农谚中还有“懵懵懂懂，清明下种”，“小暑捋，大暑割”，“立秋栽禾，不够喂鸡婆”等说法。

然而，推气只能推出较为准确的节气发生时间，并不能协调阴阳历之间的关系。《数书九章》“天时类”的宗旨之一就是尽量协调阴历与阳历之间的矛盾，为指导农业生产服务。还是以书中的“推气治历”为例，题中除了要求出气骨以外，还要求出岁余。所谓“岁余”，指的是回归年长度与阴历年 360 日的差数。原题术文先推算出岁余为 5.242 930 30 日，也就是说，如果以农历计算，每年冬至生产的时刻是不同的，年与年之间要相差 5 天多。岁余的算出，便利于人们在从事农业生产时对一些农事早做安排。陈旉说：“故农事，以先知备豫为善。”就是这个道理。

一般认为早晚二天对于农业并无大碍，据此有人提出所谓“古代历法的绝大部分内容与农业无关”的观点。但持这种观点的人忽略了一个基本事实，这就是“历久则疏”，如果失于计算，差之毫厘，则可谬以千里，以岁余为例，一年的岁余为 5.242 930 30 日，6 年为 31.457 581 80 日，这在农业生产上是不容许的。据上引《四民月令》的记载，黍和牡麻的播种期分别是“夏至先后各二日”和“夏至先后各五日”，五天的误差已接近极限。再以《齐民要术》所记载的农作物播种期为例，书中所记载的农作物播种期多有

“上时”、“中时”和“下时”之分，如：

作物	上时	中时	下时	差数（天）
谷	二月上旬	三月上旬	四月上旬	30
黍	三月上旬	四月上旬	五月上旬	30
大豆	二月中旬	三月上旬	四月上旬	30
小豆	夏至后十日	初伏断手	中伏断手	10
麻	夏至前十日	至日	夏至后十日	10
麻子	三月	四月	五月初	30
大小麦	八月中戊前	下戊前	八月末九月初	10
水稻	三月	四月上旬	四月中旬	30
旱稻	二月半	三月	四月初及半	30
胡麻	二、三月	四月上旬	五月上旬	30
瓜	二月上旬	三月上旬	四月上旬	30

从上述举例中可以看出，上、中、下时之间有时相差1个月，有时相差只有10多天，有的作物的最佳播种期只有几天，如果错过，必将影响产量，如黍的最佳播种期是在夏至前后几天之内，因此农谚中有这样的说法，“前十鸱张，后十羌襄，欲得黍，近我傍”。“我傍”，谓近夏至也，如果失算，则很可能错过作物的最佳播种时期。由于最佳播种期往往只有几天，所以每当这个时候，也就是农民最为忙碌的时候，贾思勰在书中“种麻”篇也提到了此时劳动力紧张状况，“谚曰：‘五月及泽，父子不相借。’言及泽急，说非辞也。夏至后者，非唯浅短，皮亦轻薄。此亦趋时不可失也。父子之间，尚不相假借，而况他人者也？”由此可见，迟早一两天，对于一个种田度日的农民来说，并非是“完全无所谓”的，更何况“历久则疏”所产生的更大的误差呢？这就要求对“节气”，农民称之为“日子”，做出精益求精的推求。是以《数书九章》中有“天时类”，而“天时类”又是着眼于为农业服务，这在九韶“自序”中已有交待。元代人杨桓在为郭守敬四丈高表的建成所作的铭文中也有很好的阐述，其曰：“圣人修政，惟农是本。农之所见，时则为准。过与不及，民安究之？动措由中，圣人授之。时在于天，术何以得？制器求之，乃见天则。”① 可见历法为农业生产服务并不是偶然的，由此也可证明，为农业服务是古代历法最重要的功能之一。

（三）郭守敬的授时历

郭守敬，字若思。顺德邢台（今河北邢台）人。元太宗三年（1231）生，延祐三年（1316）卒。是元代最著名的天文学家和水利工程专家。作为天文学家，郭守敬的科学贡献最终都体现在《授时历》之中。

至元十三年（1276），攻占南宋都城临安（今杭州），是年元世祖忽必烈下令由太子赞善王恂、都水监郭守敬领导，设立太史局，召集南北历官，修订新历。经过四年的努力，新历告成，被命名为“授时历”，以后又由郭守敬完成了最后的完善工作。因此，郭

① 苏天爵，《元文类》卷十七。

守敬通常被认为是“授时历”的作者。

“授时历”登上了中国古代历法的最高峰。它所用的天文数据几乎都是中国历史上最先进的。就以与农业生产关系最为密切的冬至时刻来说，约在公元前 20 世纪首见冬至时刻的记载。然而在何承天（443）以前，误差多在 2 至 3 日间。周琮（1064）以前，误差在 3 小时左右。杨忠辅（1199）以前，误差约 1．5 小时。郭守敬（1278 年前后）测定的误差在 15 分钟以下，达到最高水平①。

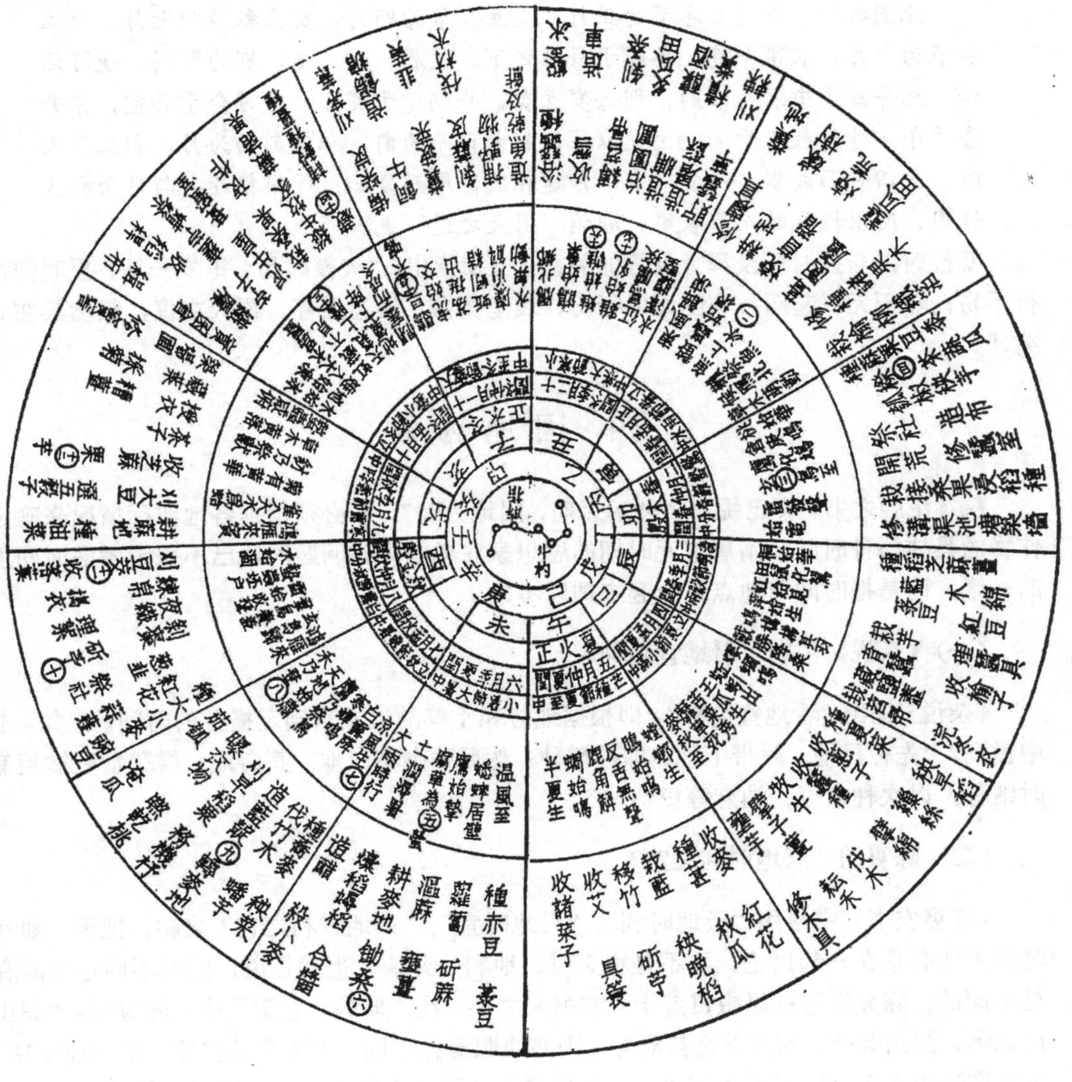

授　时　图

（四）王祯的“授时图”

古人授时主要依据天象和物候，即天上日月星辰的运行变化和地上草木鸟兽虫鱼的

① 陈美东，古历新探，辽宁教育出版社，1995 年，第 64～79 页。

生长，所以称为“观象授时”。而观象又主要借助于天文仪器来进行的，最早的天文仪器是传说中舜帝的“璿璣玉衡”。以后又出现了浑天仪等天文仪器。但还没有授时图的出现。

王祯首创“授时图”，它是根据天象、节气、候气及其与农事的关系来绘制的。王祯说：“二十八宿周天之度，十二辰日月之会，二十四气之推移，七十二候之迁变，如环之循，如轮之转；农桑之节，以此占之。”

王祯对“授时图”的内容做了这样的解说：

> 此图之作，以交立春节为正月，交立夏节为四月，交立秋节为七月，交立冬节为十月；农事早晚，各疏于每月之下。星辰、干、支，别为圆图，使可运转，北斗旋于中以为准则。则每岁立春，斗柄建于寅方，日月会于营室，东井昏于午，建星辰正于南。由此以往，积十日而为旬，积三旬而为月，积三月而时，积四时而成岁。一岁之中，月建相次，周而复始；气候推迁，与日历相为体用，所以授民时而节农事，即谓‘用天之道’也。

就授时图与授时历及浑天仪等的关系，王祯指出：“夫授时历，每岁一新，授时图常行不易；非历无以起图，非图无以行历，表里相参，转运无停，浑天之仪，粲然具在是矣。”

四　因地为时

汉《氾胜之书》即已提出“种禾无期，因地为时”，即必须根据各地实际情况来确定作物的具体播种时间。隋唐宋元时期的思想家在考虑天时问题时，已不限于考虑时间上的一维，而是把时间与地点结合起来加以考虑。

（一）《杂说》中的“看地宜纳种”

《杂说》提出“看地宜纳种”，即根据地势和土壤的性质来确定播种的时间。比如，书中提到：“先种黑地、微带下地，即种糙种；然后种高壤白地。其白地，候寒食后榆荚盛时纳种。以次种大豆、油麻等田”。

（二）陈旉的“天地时利之宜”

《陈旉农书》中常用“天地时利”、“天地时宜”、“天地时利之宜”之称，把天、地和时紧密地联系在一起讨论，而不是将天时、地利分开谈。也就是说，同时不同地的时宜是不同的。陈旉将这种思想贯穿于《农书》之中。在“地势之宜篇”中，陈旉说：“夫山川原隰，江湖薮泽，其高下之势既异，则寒燠肥瘠各不同。大率高地多寒，泉冽而土冷，传所谓高山多冬，以言常风寒也；且易以旱干。下地多肥饶，易以淹浸。故治之各有宜也”。指出了天时中的温度、湿度等与地势的关系。在“耕耨之宜篇”中，陈旉说：“夫耕耨之先后迟速，各有宜也。”而决定先后迟速的主要因素来自地势。不同的地势，有不同的改造方法，有不同的作物，而不同的作物又有不同的耕种时间。早田，即“地势之宜篇”中的“高田早稻”，要求“获刈才毕，随即耕治晒暴”；晚田，即地势较低而种晚稻的田，“宜待春乃耕”；“山川原隰多寒，经冬深耕”；“平陂易野，平耕而深浸”。即便是在“居处之宜篇”中，陈旉也考虑到了“天地时利”的问题。

（三）沈括的天时观

实际上，在陈旉提出“天地时利之宜”的思想之前，沈括就有相应的思想提出。他说：“医家有五运六气之术，大则候天地之变，寒暑、风雨、水旱、螟蝗，率皆有法，小则人之众疾，亦随气运盛衰。今人不知所用，而胶于定法，故其术皆不验。假令厥阴，用事其气多风，民病湿泄，岂溥天之下，皆多风，溥天之民，皆病湿泄邪？至于一邑之间，而旸雨有不同者，此气运安在？欲无不谬，不可得也”。沈括接着说：“大凡物理有常有变，运气所主者常也，异夫所主者，皆变也。常则如本气，变则无所不至而各有所占。故其候有从、逆、淫、郁、胜、复、大过、不足之变，其法皆不同。……随其所变，疾疠应之，皆视当时当处之候。虽数里之间，但气候不同而所应全异，岂可胶于一证”①。沈括的运气说，虽非针对农业气候提出来的，但却和当时人们对于农业气候的认识有一脉相承的关系。

沈括还具体地考察了物候和海拔高度、物候和纬度、物候和植物品种以及物候和栽培技术等方面的关系。他说：

> 土气有早晚，天时有愆伏。如平地三月花者，深山中则四月花。白乐天（即唐代诗人白居易，772～846）游大林寺诗云：‘人间四月芳菲尽，山寺桃花始盛开’，盖常理也。此地势高下之不同也。如筀竹笋，有二月生者，有四月生者，有五月方生者，谓之晚筀；稻有七月熟者，有八、九月熟者，有十月熟者，谓之晚稻。一物同一畦之间自有早晚，此性之不同也。岭峤微草，凌冬不凋；并、汾乔木，望秋先陨；诸越则桃李冬实，朔漠则桃李夏荣。此地气之不同。一亩之稼，则粪溉者先芽，一丘之禾，则后种者晚实，此人力之不同也，岂可一切拘以定月哉?!②

从这里可以看出，沈括的天时观，考虑到了地势（即海拔）、物性和地气（即纬度）等多方面的因素，更重要的是他解释了栽培作物的物侯除受自然因素制约外，人的因素，即栽培技术也起了很大作用。这是非常正确又富有积极意义的见解，指出提高栽培技术可以使作物早熟增产。

（四）秦九韶的“揆日究微”

秦九韶在《数书九章》“天时类”中也考虑到了天时与地宜之间的关系。“揆日究微”一题便要求算出，临安府（今杭州市）在夏至后多少日的日影长度与阳城（今河南登封告成镇）夏至日的日影长度相等。何以要作如此的计算呢？先看计算得出的结果，经过计算得出，阳城夏至影长与临安大暑后五日寅时影长相等。假使仍然按照阳城夏至影长作为临安府夏至时刻的标准，则临安的夏至日要晚到一个多月，这显然会引起错乱，而不利于以夏至来临为主要参照点的农事安排。

---

① 《梦溪笔谈》卷七《象数一》。

② 《梦溪笔谈》卷二十六《药议》。

（五）论九谷风土时月

孟祺在“论九谷风土及种莳时月”一文中，不仅指出了“谷之为品不一，风土各有所宜”。同时也指出了“种艺之时，早晚又各不同”。第一次系统地将种莳时月与九谷风土结合起来讨论。指出了气候的寒冷和播种的迟早同方位的关系。方即南方、北方，相当于后世说的纬度；位，即地势高下，相当后世说的地形和海拔高度等。说：

若夫时之早晚，案《齐民要术》有上、中、下三时，大率以洛阳土中为准，此亦举一隅之义尔。以周公土圭之法推之：洛南千里，其地多暑；洛北千里，其地多寒。暑既多矣，种艺之时，不得不加早；寒既多矣，种艺之时，不得不加迟。又山川高下之不一，原隰广隘之不齐，虽南乎洛，其间山原高旷，景气凄清，与北方同寒者有焉；虽北乎洛，山隈掩抱，风和日煦，与南方同暑者有矣。东西以是为差，苟此而同之。殆类夫胶柱而鼓瑟矣，《汜胜之书》有言，种无期，因地为时，此不刊之论也。

这里不仅指出了气候寒暑与纬度高低的关系，而且强调共性之间的特殊性，也就是说有些地方虽然按纬度来说，应该多暑，但因海拔很高，和北方一些地方一样的寒冷，同样有些地方按纬度来说，应属多寒，但由于地形的缘故，如避风向阳，也可能象南方一样温暖。这种特殊性，要求人们在选择农时的时候，应当考虑当地的实际情况来决定，这就叫做“因地为时”。

《士农必用》也指出：“种艺之宜，惟在审其时月，又合地方之宜，使之不失其中。栽培所宜春分前后十日，十月内，并为上时。春分前后，以及发生也；十月号‘阳月’，又曰‘小春’，本气长生之月，故宜栽培，以养元气。此洛阳方佐千里之所宜。其它地方，随时取中可也”①。

王祯虽然发明了“授时指掌活法之图”，“此图之作，以交立春节为正月，交立夏节为四月，交立秋节为七月，交立冬节为十月”，不依历书作载月份，而依节气定月，可以正确地表示季节的变化。但他自己同时也认为这个以阳历为基础所绘制的“授时图”并非功德圆满，“若夫远近寒暖之渐殊，正闰常变之或异，又当推测晷度，斟酌先后，庶几人与天合，物乘气至，则生养之节，不至差谬”。把地理概念引入到时宜问题是宋元时期农学思想的又一个重要进步。

“因地为时”的思想在栽培上得到具体的应用。栽桑就是一个例子。“平昔栽桑，多于春月全树移栽。……迤南地分，十月埋栽；河朔地法颇寒，故宜秋栽。霖雨内为上时”。因此创造了“秋栽法”②。种甘蔗又是一个例子：“如大都天气，宜三月内下种，迤南暄热，二月内亦得”③。不仅如此，宋元时期因地为时，因时受气的思想还被用来解释一些特有的现象。比如，宋人以为，洛阳牡丹何以天下第一，原因就在于：“洛阳于三河间，古善地。昔周公以尺寸考日出没则知寒暑风雨，乘与顺于此取正，盖天下之中，草

① 《农桑辑要》卷三，栽桑。
② 《农桑辑要》卷三，栽桑。
③ 《农桑辑要》卷六，药草。

木之华，得中华之气者多，故独与他方异”①。

五　农时标志

得时与失时，需要一个标准，古代计算农时的标准有多种，至隋唐宋元时期仍没有统一的标准。实际使用中的有如下几种：

（一）天象

隋唐宋元时期，天象仍是农时的标志之一。《杂说》有“候昏、心中，下黍种无问”。“昏”，指黄昏。蔡邕《月令章句》：“日入後漏三刻为昏，日出前漏三刻为明，星辰可见之时也”。“房”、“心”是二星宿名（二十八宿之一）。“中”，代表方位，指正南方。“候昏房、心中”，是说察候到黄昏时房宿、心宿运行到正南方的那个节候。

心宿、房宿也称“火星”。“火星”昏中，也用来表示月份。《淮南子·主术训》：“大火中，则种黍、菽”。高诱注：“大火，东方苍龙之宿。四月建巳，中在南方”。《齐民要术》卷二《黍穄》篇引《尚书考灵曜》：“夏，火星昏中，可以种黍、菽”。小注：“火，东方苍龙之宿。四月昏，中在南方”。都在四月。但也有说在五月的，如《尚书·尧典》：“日永星火，以正仲夏，”即在五月。《礼记·月令》孔颖达疏说明《月令》“昏中”或“旦中”的节候和历法有不同，是因为“昏、明中星，皆大略而言”。同时地区也有不同。

（二）物候

从《夏小正》到《豳风·七月》，从《礼记·月令》到《四民月令》，物候都是其中最重要的指时方法。物候仍是隋唐宋元最重要的指时方法之一。人们往往是按照所要从事作业的对象的生长发育情况来确定农事的安排。如根据苎麻芽动，来确定移栽时间；桧芽蘖动，来确定桧枝扦插的时间②；有时也根据别种动植物的生长发育情况来确定农事活动。宋元时期，物候知识又有了新的提高。

首先是实际观察记录。古代物侯的第一手观测记录，现在保留下来的已经不多。目前所见最早而又有一定内容的实测记录是南宋吕祖谦（1137～1181）写的《庚子·辛丑日记》。吕祖谦是一位著名的天文学家，浙江金华人，他在逝世前两年居家养病期间每天都记日记，并且记下了他所留心观察的物候。日记从宋孝宗淳熙七年（1180）正月初一到次年七月二十八日，记有腊梅、樱桃、杏、桃、紫荆、李、海棠、梨、蔷薇、蜀葵、萱草、莲、芙蓉、菊等20多种植物开花和第一次听到春禽、秋虫鸣叫的时间。这是世界上现存最早的凭实际观测获得的记录。在观测的基础上，形成了“二十四番花信风”这样一个比较固定的物候指针。二十四番花信风的说法，见于南宋陈元靓《岁时广时》引《东皋杂录》。南宋周辉（宋光宗时人）《清波杂志》有一条：“江南自初春至首夏，有二十四番风信，梅花风最先，楝花最后”。明代王逵《蠡海集·气象颂》（《丛书集成初编》）的叙述比较完整：“一月二气六候；自小寒至谷雨，凡四月、八气、二十四候。每

① 欧阳修，《洛阳牡丹记》。
② 《农桑辑要》卷六竹木。

候五日，以一花之风应之；小寒：一候梅花，二候山茶，三候水仙；谷雨：一候牡丹，二候酴醿，三候楝花。花竟则立夏矣”。

其次是把物候知识进行了一次总结，把一年的物候和节气、农事活动等做成圆形图表，以方便使用。这种做法最初见于南宋陈元靓（1190～1258）《岁时广记》，由四个同心圆构成，分为四层，最内一层为二十四个方位，向外依次为二十四节气，二十四卦和物候。外二层用二十四条线段分开。每格里写着相应的节气等，如“立夏，四月节气，震卦九四，蝼蝈鸣、蚯蚓出、王瓜生”等等。王祯的“授时图”也具有同样的性质。图表中包括斗杓指时、干支、四季、月份、节气、物候、农事诸项内容，而且是按七十二候排列，例如正月立春节、雨水中，其物候依次是：“东风解冻、蛰虫始振、鱼上冰、獭祭鱼、候雁北、草木萌动”，相应的农事活动则为“修农具、粪地、耕地、嫁树、烧苜蓿、烧荒、茸园庐、垄瓜田、修种诸果木、栽榆柳织箔”。

（三）节气

二十四节气体系形成之后，一直是主要的农事计时标准。隋唐宋元时期下面几个节气最受人们的关注。

（1）芒种：《陈旉农书》：“《周礼》所谓‘泽草所生，种之芒种’是也。芒种有二义，郑玄谓有芒之种，若今之黄绿谷是也；一谓待芒种节过乃种。今人占候，夏至小满至芒种节，则大水已过，然后以黄绿谷种之于湖田。则是有芒之种与芒种节候二义可并用也”。

（2）春分：《农桑辑要》新添：“银杏，春分前后移栽”。“插杉，用惊蛰前后五日”。“漆，春分前后移栽”。“藤花，春分前后移栽”。“种松、柏，八九月中择成熟松子，子去台收顿。至来春春分时，甜水浸子十日。治畦，下水，上粪，漫散子于畦内，如种菜法”。

（3）立秋：晒大小麦“须在立秋前，秋后则已有虫生，恐无益矣”。种荞麦有说“立秋在六月，即秋前十日种，立秋在七月，即秋后十日种。定秋之迟疾，宜细详之”。有说“立秋前后，皆十日内种之”。或笼统地说“立秋前后”①。

（四）月令

月令仍然是最主要的农事安排依据，月令体农书是隋唐宋元时期最主要的农书体裁之一，除《四时纂要》、《农桑衣食撮要》之外，现存失传的《农历》等也可能是月令体农书。如月令体这种农事安排方式也在一些综合性农书中得到应用。《陈旉农书》中的“六时之宜篇”就是按照月令的方式来安排有关旱地作物种植的。

表 16-1

月份	农事
正月	种麻枲
二月	种粟
三月	种早麻
四月	种豆
五月	治地

① 《农桑衣食撮要·七月》。

续表

月份	农事
五月中旬后	种晚油麻
五六月	刈麻枲
七八月	收早油麻
七月	豆成熟
七月	治地
七夕（农历七月初七夜）后	种萝蔔、菘菜
八月社前	种麦
九月	晚油麻成熟

《王祯农书》在简述了陈旉“六种之宜篇”的内容之后，指出“如此，则种之有次序，所谓‘顺天之时’也”。《农桑辑要》所收《四时类要》则完全是月令性质。

（五）杂节

（1）社日：社日本是古代祭祀土地神的日子，有春社和秋社之分，分别指立春和立秋后第五个戊日，即春分和秋分前后，因为春分、秋分是太阳历，每年固定，春社、秋社是按阴历计算的，因而每年不同，可能在春分、秋分之前，或之后。宋元时期，大小麦的播种时间一般要求选择在腊月以前，所谓“小麦不过冬，大麦不过年”，而且最好选择腊日种，认为“腊日种麦及豆，来年必熟”①。但最为普遍的做法是选择秋社前后。《陈旉农书·六种之宜篇》：“八月社前即可种麦。宜屡耘而屡粪。麦经两社，即倍收而子颗坚实”。《士农必用》：“社后种麦争回耧”。又云：“社后种麦争回牛”。言夺时之急，如此之甚也。“木瓜，秋社前后移栽”。《博闻录》：“社日以杵舂百果树下，则结实牢”。“栽松，春社前带土栽培，百株百活，舍此时，决无生理也”。《农桑辑要》新添：“萵苣……秋社前一二日种者，霜降后可为菜”。“同蒿……秋社前十日种，可为秋菜”。《务本新书》：“木瓜，秋社前后移栽，至次年率多结子，远胜春栽”。

（2）寒食：寒食节即清明节的前一天，也有将清明节当寒食节，清明节本是许多农作物播种的季节，农谚中有“懵懵懂懂，清明下种”的说法，所以紧跟清明节的寒食节也就成为农事安排的重要参照日。《务本新书》：“寒食之后，将二年之上桑全树以兜橛祛定，掘地成渠，条上已成小枝者，出露土上，其余条树，以土全覆”。“种山药，宜寒食前后，沙白地”。

（3）伏日：伏日是农历中划分夏季最炎热的三个阶段，指夏至后第三个庚日起到立秋后第二个庚日前一天止的一段时间。由于夏至和立秋也是二十四节气中与农业最为有关的两个节气，与之相关的伏日也因之成为计算农时的标准日。《农桑辑要》新添：“大萝蔔，初伏种之。水萝蔔，末伏种”。“胡萝蔔，伏内畦种”。

（4）火日：指干支中属火的日子，即丙、丁、巳、午之日。《梦溪》云：“种竹，但林外取向阳者，向北而栽，盖根无不向南。必用雨下；遇火日及有西风则不可。花木亦然”。

（5）血忌日：《农桑辑要》：“竹以三伏内及腊月中斫者，不蛀。一云用血忌日”。“斫

① 宋．吴怿，《种艺必用》。

松木，须五更初，便削去皮，则无白蚁。血忌日尤好”。血忌日，即每月的一个地支日，如正月为丑日，二月为未日之类。

（6）重九日：罂粟“重九日种，又中秋夜种，则罂大子满”①。

以上六个杂节中，（1），（2），（3）与阳历有关，（4），（5），（6）与阴历相关，仍然体现了中国传统历法中阴阳合历的特点。

农时的标志有多种，任何一种都可以单独使用，但有时候也有两种或两种以上混合使用。如《杂说》中就提到：“其白地，候寒食后榆荚盛时纳种。以次种大豆、油麻等田”。

（六）计时工具——田漏

宋元时期，计时工具漏刻已运用于农业生产，是有田漏的出现。田漏主要用于水稻耘田。水稻耘田是一项时间紧任务重的农活，为了提高效率，宋代还引进了计时器来监察劳动进度。是有田漏的运用。漏，是中国古代的一种计时仪器，有沙漏和水漏两种，而水漏又有称漏和浮漏之分。田漏用的是单级受水型浮箭漏②。对此，王祯在《农书》中有详细记载，并附图一幅。

> 夫称漏以权衡作之，殆不如浮漏之简要。今田漏概取其制，置箭壶内，刻以为节；既壶水下注，即水起箭浮，略刻渐露。自巳初下漏而测景焉，至申初为三辰，得二十五刻；倍为六辰，得五十刻。尽之子箭，视其下，尚可增十余刻也，乃于卯酉之时上水以试之；今日午至来日午而漏与景合，且数日皆然，则箭可用矣。如或有差，当随所差而损益之，改画辰刻，又试如初，必待其合也。农家置此，以揆时计工，不可阙者③。

田漏除用于耘田之外，其它时候也有用者。如“七月既望，谷艾而草衰，则仆鼓决漏”④。

六 掌握农时的原则与方法

农时的掌握最终必须落实到各项农事活动上来，真德秀“再守泉州劝农文”说：“春宜深耕，夏宜数耘，禾稻成熟，宜早收敛，豆麦黍粟麻芋菜蔬，各宜及时用功布种；陂塘沟港潴蓄水得，各宜及时用功浚治，此便是用天之道”⑤。隋唐宋元时期，人们在掌握农时方面，大体遵循以下原则与方法。

（一）秋耕宜早，春耕宜迟

无论秋耕还是春耕，都必须选择天气和暖的时候，因此，秋耕一般要求早，而春耕则要求迟。“大抵秋耕宜早，春耕宜迟。秋耕宜早者，乘天气未寒，将阳和之气掩在地中，其苗易荣，过秋天气寒冷，有霜时，必待日高，方可耕地，恐掩寒气在内，令地薄不收

---

① 《博闻录》，引自《农桑辑要》卷六，药草。

② 华同旭，中国漏刻，安徽科学技术出版社，1991年，第102页。

③ 《王祯农书．农器图谱集之十四》。

④ 苏轼，《苏东坡全集》，卷三十二。

⑤ 《西山文集》，卷四十。

子粒。春耕宜迟者，亦待春气和暖，日高时依前耕耙”[①]。

秋耕宜早，春耕宜迟，是就一个季度来说的，就一天而言，耕作时机也有早晚之分并且因地而异。王祯说：

> 北方农俗所传，春宜早晚耕，夏宜兼夜耕，秋宜日高耕。……南方水田泥耕，其田高下阔狭不等。……高田早熟，八月燥耕而熯之，以种二麦。……下田晚熟，十月收刈既毕，即乘天晴无水而耕之。节其水浅深，常令块坺半出水面，日曝雪冻，土乃酥碎。仲春土膏脉起，即再耕治。……南方人畜耐暑，其耕，四时皆以中昼。此南北地势之异宜也[②]。

（二）适时播种，注意天气

魏晋南北朝时期，提出了“适时播种，宁早勿晚”的原则。宋元时期，在执行这个原则时还附加了一个条件，即注意天气。这与南方水稻种植密不可分。

水稻秧田准备好了之后，到了春天以后就开始播种。播种时尤其要注意天气的变化。过早由于天气尚寒，容易引起烂秧，过迟则会影响秧苗在大田的生长时间。这个问题在江南稻区至今仍然是个很难以解决的问题。或许是当时多熟制的发展，有些人出于后作的考虑，往往提前下种，据《禾谱》所载当时西昌（今江西泰和）有在立春（也即公历2月4日前后）就下种的，这显然是很早的，据气象资料显示2月初，泰和县的日平均气温尚不足5度，又据竺可祯的考证，北宋时期的年平均气温要比现在高出1～2度，局部地区可能要高些，但要高出7度，达到现在所公认的日平均气温稳定超过10度的水稻播种标准，似乎不太可能，因此，即便是播种耐寒性较强的粳稻，也难免出现烂秧，正如陈旉所说：“多见人才暖便下种，不测其节候尚寒，忽为暴寒所折，芽蘖冻烂瓮臭”。烂秧不仅是人力物力的浪费，而且“其苗田已不复可下种，乃始别择白田以为秧地，未免忽略”。陈旉在书中提出了一种稳妥的办法，即适当地晚一些，他说：“若气候尚有寒，当且从容熟治苗田，以待其暖，则力役宽裕，无窘迫灭裂之患”。

（三）移树无期却有期

移栽是隋唐宋元时期所广泛采用的一种栽培方法，许多植物都需要进行移栽，在大量移栽的经验之上，移栽技术已趋于成熟。“移树无时，莫教树知，多留宿土，记取南枝”[③]，便是对这一经验最简明的总结。

“移树无时”。表明一年四季都是可以移栽的。但这必须以后三者“莫教树知，多留宿土，记取南枝”为前题，如果后三者做不到，不同时期移栽的效果是不同的。事实上，隋唐宋元时期对于移栽的适期还是非常讲究的。

《四时纂要》提到，正月：移桑；二月：移楸，移椒；三月：栽杏；四月：移椒；五月：栽蓝，栽旱稻，移竹。

《农桑衣食撮要》提到，正月：移栽诸色果木树，栽桑树，移栽诸树，栽葱韭薤，移

---

① 《农桑辑要》，卷二，耕垦。

② 王祯，《农书·农桑通诀集之二》，垦耕篇第四。

③ 《农桑衣食提要·正月》。沈括《梦溪忘怀录·种竹法》：“种竹无时，雨下便移，多留宿土，记取南枝”。

栽诸般花窠；三月：移石榴；五月：插稻秧，移竹；八月：分韭菜，栽木瓜；九月：栽诸般冬菜；十二月：栽桑。

从上可以看出，不同的作物移栽的月分不同，这些月分主要集中于上半年。某此树木可以在不同的季节移栽，如桑树移栽既可在正月，也可在十二月，甚至有说“一岁之中，除大寒时分，不能移栽，其余月分皆可”[①]。但从生产实际来看，主要集中在仲春、秋季和初冬时期。元代北方的农学家更主张秋栽，理由是“平昔栽桑，多于春月全树移栽。春多大风吹摆，加之春雨难得，又天气渐热，芽叶难禁，故多不活。活也迟得力。……迤南地分，十月埋栽；河朔地法颇寒，故宜秋栽”[②]。这主要是针对北方的实际情况提出来的。南方采用种子繁殖的桑苗要经过两次移栽，头一次是在播种后当年的八月上旬进行，第二次是次年正月上旬进行。

移栽时期的确立，除考虑气候等条件以外，还要考虑植物自身的生长情况。陈翥就主张桐树移栽应选择十月、十一月、十二月、正月这四个月，因为此时“叶陨，汁归其根，皮杆不通”，移栽容易成活，“至春则荣茂”。“如用春植，由皮汁通，叶将萌，故叶瘁矣”。《金漳兰谱》主张兰花移栽，“必于寒露之后，立冬之前分之，盖取万物得归根之时”。《农桑辑要》在提到苎麻移栽时，则指出：“来年春首，移栽：地气已动为上时，芽动为中时，苗长为下时”。由此可见，当时人们在确定移栽时期时，除了要考虑季节气候等因素之外，还要考虑所移栽植物自身的生长情况。

在古人看来，即便确定在某个月之后，移栽的具体日期也有讲究，《四时纂要·五月》中就提到“移竹：此月十三日神日可移之”。在日期选定之后，移栽的时辰也要考虑：以桑树移栽为例，有说“一岁之中，除大寒时分，不能移栽，其余月分皆可”[③]。当时有人在长安做过这样的试验，他发现在长安这个地方移栽地桑，除十一月不能成活以外，其他月份都可以。但是在季节上还存在差异。春季及寒冷的月份，必须在晴天的巳、午两个时辰（即上午九点至下午一点）移栽才好；天热的月分则须要选择晚上天凉以后移栽。

在确定了日期之后，具体移栽时，还要考虑其他一些因素，如天气情况。《种艺必用补遗》：“谚曰‘栽竹无时，雨下便移，多留宿土，记取南枝’……种竹不拘四时，凡遇雨皆可”。《务本新书》：“霖雨内为上时”。

从播种到移栽这段时间，称为“苗龄”或“秧龄”。“苗龄”或“秧龄”的长短因作物而异，有的可以长一两年，有的则只有一两个月。一般说来，秧苗越小，移栽的成活率越高。兹以水稻秧龄为例。

《陈旉农书·善其根苗篇》中指出：“得其时宜，即一月可胜两月，长茂且无疏失”。这表明陈旉是主张缩短秧龄的，但是“一个月可胜两月”，并不表明陈旉所说的秧龄就是一个月，也可能是一个多月或两个月，而事实上当时普遍实行的是两个月或两个以上的秧龄，据《禾谱》记载：“大率西昌俗以立春、芒种节种，小暑、大暑节刈为早稻”。从立春（二月初）到芒种（六月初），中间相去四个月，作为早稻的播种期，跨度实在是太大了，如果把它理解为“立春时播种，而芒种节移栽”，则比较接近事实，因为至少宋元

---

① 《务本新书》，引自《农桑辑要》卷三，栽桑。

② 《务本新书》，引自《农桑辑要》卷三，栽桑。

③ 《农桑辑要·栽桑·移栽》。

时期的水稻移栽多在芒种前后，陆游有“插秧四月中”之说，而《农桑认食撮要》则提到“芒种前后插之”(不过芒种前后移栽的水稻不是早稻，而可能是中稻或晚稻。游修龄认为可能是文字有误)，也就是说宋元时期一般是在五月下旬到六月中旬移栽水稻，从立春下种，到芒种移栽，秧龄长达四个月以上，但是各地的情况并不一样，相对于江西来说，两浙的秧龄可能要短一些，根据陆游《代乡邻作插秧歌》所说“浸种二月初，插秧四月中”推算，两浙地区的秧龄当在两个半月左右。

然而不论是四个半月还是两个半月，这样的秧显然过老，秧龄过长，本田的生长时间缩短，不利于分蘖，最终影响产量。秧龄长的原因主要有二：一是播种期早，二月初到三月初就播种；二是移栽迟，五月底到六月中才移栽。因此，缩短秧龄可以从两个方面下手，一是推迟播种期，这样在移栽期不变的情况下，秧龄也就相对缩短了。同时推迟播种期不仅可以缩短秧龄，还可以防止烂秧，陈旉就是从这个角度提出秧龄问题的。二是提早移栽。朱熹《劝农文》提到了秧龄的问题，指出：“秧苗既长，便须及时趁早栽插，莫令迟缓，过却时节”。

但是何时移栽才算得上是“及时趁早”呢？朱熹并没有给出一个定量的标准，而且当时播种早晚相差很大，也很难用天数来计算，于是到了元代则提出了根据稻秧生长长度来计算的秧龄的标准。《齐民要术》在谈到北方稻田中耕除草时说“既生七、八寸，拔而栽之”。这里所谓的“拔而栽之”，并不是由秧田到本田的移栽，而是为了方便除草，从田中临时拔起，除草之后又在原田栽下，“栽而不移”。从时间上来说，和书中所说到的北土以外地区的除草是一致的，即稻苗长至七八寸的时候。这种以秧苗长度来确定拔栽期的方法，比较单纯用天数计算要合理、方便、而且实用，但这种秧龄是否适用于宋元以后南方秧田到本田的水稻移栽呢？元代《王祯农书·百谷谱·水稻》在引述了《齐民要术》有关水稻技术的记载之后，写道：“又有作为畦埂，耕耙既熟，放水匀停，掷种于内；候苗生五六寸，拔而秧之。今江南皆用此法”。王祯在《农书·农桑通诀·播种》中提到南方水稻清明浸种，“小满、芒种间，分而莳之”。算起来，秧龄大约在40至60天之间。相比之下，北方的秧龄可能要长一些，“北土高原，本无陂泽，逐水曲而田者。纳种如前法，既生七、八寸，拔而栽之”。这里虽然基本上照搬了《齐民要术》的说法，但拔而栽之，指的是移栽，而不是除草。可见到了元代，无论是北方，还是南方秧龄都有了一个明确的标准。

根据秧苗的长短或叶片的数量确定移栽期，在其他栽培植物上也有使用。《种艺必用》：“其茄着五叶，因雨移之”，也就是说茄秧的移栽期是在长出五片叶子的时候。这种方法直观，简便易行。

（四）锄治时期的确定与间隔

作物在播种或移栽之后，何时可以锄治呢？古人主要是根据作物的生长情况来确定。如，《氾胜之书》载，粟“苗生如马耳，则镞锄；……苗出垅则深锄”；“豆生布叶锄之，生五、六叶，又锄之”。大麻“生布叶，锄之”。这种方法仍然是隋唐宋元时期确定锄治时期的主要方法。《陈旉农书》提到“三月种早麻，才甲拆，即耘鉏，令苗稀疏。一月凡三耘鉏，则茂盛。七八月可收也”[①]。“才甲拆，即耘鉏”意思是说，种子的外皮刚裂开，长出叶芽，便要锄治。《农桑辑要》新添“栽种苎麻法”提到“苗高，勤锄”，把苗期的生长做为锄治的依据，而《王祯农书·水稻》则明确提到“苗高七八寸则耘之”。

（五）及时采收

“农家收获，尤当及时。……盖刈早者米青而不坚，刈晚则零落而损收，又恐为风雨损坏”[②]。掌握成熟收获期的方法主要有以下数端。

一是根据颜色：如大小麦，“五六月麦熟，带青收一半，合熟收一半，若过熟则抛费”[③]。《杂说》首次记载述了荞麦的耕作栽培技术，并特别强调适期收获，“凡荞麦，……下两重子黑，上头一重子白，皆是白汁，满似如浓，即须收刈之。但对梢相答铺之，其白者日渐尽变为黑，如此乃为得所。若待上头总黑，半已下黑子，尽总落矣”。荞麦是自下而上，边开花，边结实，故上下果实不可能一致成熟，所以下部 2/3 已黑为准，上部尚未完全成熟，也只好收获。这表明当时人们对于荞麦的开花成实习性已有所认识。

二是根据果蒂：如棉花，“绵欲落时为熟”[④]。

三是根据味道：如甘蔗，“直至九月霜后，品尝秸秆，酸甜者成熟，味苦者未成熟”[⑤]。

四是根据需要：《梦溪笔谈》提出“古法采草药，多用二月、八月，此殊未当”。古人为什么要在此时采药呢？书中说这是因为“二月草已芽，八月苗未枯，采掇者易辨识耳”。但沈括指出：这个时候采取，“在药则未为良时”。何以此时采药不好呢？书中接着分析了此时采药的缺陷，指出应当根据对于植物药用部分（根、茎、叶、花、果实）的不同要求，要因时、因地、因药制宜，不能千篇一律。

> 大率用根者，若有宿根，须取无茎叶时采，则津泽皆归其根。欲验之，但取芦菔、地黄辈观；无苗时采，则实而沈；有苗时采，则虚而浮。其无宿根者，即候苗成而未有花时采，则根生已足而又未衰。如今之紫草，未花时采，则根色鲜泽；过而采，则根色黯恶，此其效也。用叶者取其叶初长足时，用牙（芽）者自从本说，用花者取花初敷时，用实者成实时采。皆不可限以时月[⑥]。

（六）冬修水利

冬天是农闲季节，趁此时兴修水利，不会影响农业生产，因此古来一般将兴修水利安排在冬季。朱熹“劝谕筑埂岸”云：“今晓示农民，火急趁此未耕之际，递相劝率，各将今秋田亩开浚陂塘，修筑埂岸，毋至后时，追悔毋及”[⑦]。袁采《世范》也说：“池塘陂湖河埭蓄田以溉田者，须于每年冬月水涸之际，浚之使深，筑之使固，遇天时亢旱，虽不致于大稔，亦不致于全损。今人往往于亢旱之际常思修治，至收刈之后则忘之矣。谚

---

① 《陈旉农书·六种之宜篇》。
② 《王祯农书·百谷谱·水稻》。
③ 《韩氏直说》，引自《农桑辑要》，卷二，播种·大小麦。
④ 《农桑辑要》，卷二，播种·木绵。
⑤ 《农桑辑要》，卷六，药草·甘蔗。
⑥ 《梦溪笔谈》，卷二十六《药议》。
⑦ 《晦庵集》，卷九十九。

所谓‘三月思种桑，六月思筑塘。’盖伤人之无远虑如此”[①]。

第二节 天气和天灾

一 农业气象预报

天气是由多种因素构成的，而每一种因素都会对农业生产产生影响。宋人王炎有诗云：“五风十雨天时好，又见西郊稻秫肥”。因此，气象预报对于预测农业的收成，安排农事活动，都十分必要。隋唐宋元时期人们在进行气象预报时主要考虑到以下一些因素。

1. 风向和风力

风是气象的主要因素。殷代已有四方风名，汉代发展为24方位的称呼。唐代，李淳风《乙巳占》中有一张占风图，列出了24个风向的名称，并且指出，这些方位是由八个天干、四卦名、十二辰（地支）组合而成。“子”指北方，“午”指南方，“卯”指东方，“酉”指西方。还举例说明怎样判定风向，说凡风从戌（西北偏西）来的，须看吹向是否是辰（东南偏东）；风从辛（西偏北）来的，须看吹向是否是乙（东偏南）；风从乾（西北）来的，须看吹向是否是巽（东南）。这就是根据风的去向来决定来向。唐代还使用风向器乌候和羽占来确定风向，“常住安居，宜用乌候；军旅权设，宜用羽占”。唐代除观测水平各向的风外，也观测自下而上和自上而下的旋风，方向混乱的乱风。“其扶摇、独鹿、四转、五复之风，各以形状占之”。唐代还使用了相风旌相风。“相风旌，五王宫中，各于庭中竖长竿，挂五色旌于竿头，旌之四垂，缀以小金铃，有声，即使侍从者视旌之所向，可知四方之风候也”[②]。

唐代已将风力分为八级，主要根据是风吹树的强度。“凡风起初迟后疾者，其来远，初急后缓，其来近。凡风动叶，十里；鸣条，百里；摇枝，二百里；堕叶，三百里；折小枝，四百里；折大枝，五百里；一云折木飞砂千里，或云伐木施千里；又云折木千里；拔大树及根五千里。凡鸣条已上皆百里风也”[③]。

2. 湿度

中国是最早发明测湿仪器的国家。在《史记·天官书》中曾提到把土和炭分别挂在天平两侧，以观测挂炭一端天平升降的仪器。《淮南子》对这一仪器作了解释，其曰：“夫湿之至也，莫见其形，而炭已重矣”[④]。又曰：“燥故炭轻，湿故炭重”[⑤]。宋代这种测湿仪器已用于天气预报。《物类相感志》提到，把土炭两件东西，放在天平两边，使它们平衡，然后悬挂在房间里。天将下雨的时候，炭就会变重，天晴了，炭会变轻。东汉王充《论衡》中有“天且雨，……琴弦缓”的说法，元末明初的《田家五行》一书中也说

---

① 《袁氏世范》，卷下。

② 《开元天宝遗事》，卷下。

③ 《乙巳占·占风远近法第六十九》。

④ 《淮南子·泰族训》。

⑤ 《淮南子·天文训》。

到：如果质量很好的干洁弦线忽然自动变松宽了，那是因为琴床潮湿的缘故，出现这种现象，预示着天将阴雨。书中还提到，琴弦的弦线所产生的音调如果调不好，也预兆有阴雨天气。

3. 相雨

测雨、验雪是对已经形成的天气现象进行计量，这对于统治者了解一个地区全国乃至的农业生产情况会大有帮助，但是作为一个农业生产者来说，他们更想了解短期内的天气变化，以便安排农事。经过长期的观察和总结，隋唐宋元时期，人们找到了天气变化的一些前兆和规律，并依据这些前兆和规律，对短期内的天气变化进行预测，即古人所谓“相雨”。

古人相雨的方法很多：一是根据观云。云的观测在预报天气中用途很大。这是因为预报天气的时候，重要的在于判断未来的晴雨，而雨是从云中降下的。民间也有许多观云测雨的谚语。唐代李肇《国史补》中，就有“暴风之候，有炮车云”的话。炮车云就是雷云雨，因为云顶呈占状，很像炮车。唐代黄子发《相雨书》说：“云若鱼鳞，次日风最大”。这是指一种由细鱼鳞状云块组成的云，就是卷积云。《相雨书》又说：“日入方雨时，观云有五色，黑赤并见者，雨即止；黄白者风多雨少；青黑杂者雨随之，必滂沛流潦”。这是根据日入时云各种颜色预示着某种未来天气的变化。还有根据云的走向来相雨的。宋代孔平仲的《谈苑》中有这样的天气谚语：“云向南，雨潭潭；云向北，老鹳寻河哭；云向西，雨没犁；云向东，尘埃没老翁”。《田家五行》卷中也说：“云行占晴雨。谚云：‘云行东，雨无踪，车马通；云行西，马溅泥，水没犁；云行南，水潺潺，水涨潭；云行北，雨便足，好晒谷”。把云向和晴雨联系起来，是很有意义的，至今民间仍有类似的谚语流传。

辨认云的需要，导致了云图的出现。目前发现的最早的云图是长沙马王堆汉墓出土的《天文气象杂占》和敦煌所出唐天宝初年的《占云气书》。另据郑樵《通志·艺文略》、《宋史·艺文志》、《宋史新篇·艺文志》等的记载，史籍中有《日月晕珥云气图占》一卷、《天文占云气图》一卷、《云气图》一卷、《占风云气图》一卷等云图。惜都已失传。

二是根据温度和湿度。唐黄子发《相雨书》中说：“壁上自然出水者，天将大雨”和“石上津润出液，将雨数日”。元娄元礼《田家五行》卷中也说：“地面湿润甚者，水珠如流汗，主暴雨作，石础水流亦然”。这里的“地面流汗”、“壁上出水”等说明大气中含水量达到饱和程度，形成了“出汗”现象，是一种降雨或大雨的前兆。《田家五行》卷中说：“四野郁蒸，主雨，”即温度高、湿度大，预示着要下雨了。

三是根据虹霞。《田家五行》卷中说，“谚云：东鲎晴，西鲎雨。谚云：‘对日鲎，不到昼’，主雨，言西鲎也；若鲎下便雨，还主晴”。对观测者来说，虹出现在西方要下雨，出在东方将是晴天。虹和雨的关系，该书又说：“虹食雨主晴，雨食虹主雨”。霞这种大气光学现象对于降雨与否也有关系，宋孔平仲《谈苑》卷二说：“朝霞不出门，暮霞行千里”。《田家五行》卷中对此作出了这样的解释：“谚云：‘朝霞暮霞，无水煎茶’，主旱。此言久晴之霞也。谚云：‘朝霞不出市，暮霞走千里’。此皆言雨后乍晴之霞。暮霞若有火焰形而干红者，非但主晴，必主久旱之兆。朝霞，雨后乍有，定雨无疑。或是晴天，隔夜虽无，今朝忽有，则要看颜色断之：干红，主晴；间有褐色，主雨。满天谓之：‘霞得过’，主晴；‘霞不过’，主雨。若西天有浮云稍厚，雨当立至”。

随着经验的积累，天气预报的准确性也在日益提高。《梦溪笔谈》中就记载了这样一个例子："熙宁中，京师久旱，祈祷备至，连日重阴，人谓必雨。一日骤晴，炎日赫然。余时因事入对，上问雨期，余对曰：'雨候已见，期在明日。'众以谓频日晦溽尚且不雨，如此肠燥，岂复有望。次日果大雨"。沈括的预报是准确的。沈括对自己做出这种准确预报的理由做了解释："是时湿土用事，连日阴者，从气已效，但为厥阴所胜，未能成雨。后日骤晴者，燥金入候，厥阴当折，则太阴得伸，明日运气皆顺。以是知其必雨"①。意思是说，那时正是水汽充沛的季节，连日天阴，说明水汽的确已经多了，但是因为风比较大，云比较多，所以未能成雨；后来突然云散天晴，阳光可以烤热地面，使水汽有了充分发挥成雨作用的条件，因此，在第二天，水汽和地面热力作用两个条件都具备了，共同发挥了作用，必然会出现雨。

在相雨的基础上，宋人对梅雨的形成已有理论的说明。《步里客谈》："江淮春夏之交多雨，其俗谓之梅雨也。盖夏至前后各半月，或疑西北，不然，余谓东南泽国，春夏天地气变，水气上腾，遂多雨，于理有之"。

3. 测雨验雪

以往人们在提到天时时，注意寒暑的时候较多，而于湿则相对较少，宋代数学家秦九韶将雨雪做为天时的一个重要指标进行测度，也是当时的农学家所没有注意到的。而实际上，雨雪与农业的关系最为密切。首先，作物生长需要适量雨水的灌溉。雨量的多少制约着农业生产。雨多导致水灾，而少雨又酿成干旱，而水旱又是农业的两大主要灾害，以致于陆世仪说："水旱，天时也"，古人往往根据雨水的大小来预测年成的好坏，即所谓"占雨"，如"凡甲申风雨，五谷大贵，小雨小贵，大雨大贵；若沟渎皆满者，急聚五谷"。雨量的大小还是确定播种期的重要依据，《氾胜之书》："三月榆荚时雨，高地强土可种禾"。《齐民要术·种谷》："凡种谷，雨后为佳。遇小雨，宜接湿种；遇大雨，待秽生"。

何以确定雨水之大小？古代地方政府往往在其治所设有"天池盆"，而民间也常常以圆罂接雨，目的都是以测雨水，这便引出了对降雨量的计算，《数书九章》中"天池测雨"和"圆罂测雨"二问即因此而出。雪作为雨水的一部分，在古人看来还有另一种意义，即"验雪占年"，今日所谓的"瑞雪兆丰年"就是从这里引出来的，但下多厚的雪才够得上是瑞雪，这也就引出了一个计算问题，于是便有了"峻积验雪"和"竹器验雪"二问。测雨和验雪都是要求出地面的积水和积雪厚度。兹以"天池测雨"为例：

> 问今州郡都有天池盆，以测雨水。但知以盆中之水为得雨之数，不知器形不同，则受雨多少亦异，未可以所测，便为平地得寸之数，假令盆口径二尺八寸，底径一尺二寸，深一尺八寸，接雨水深九寸。欲求平地雨降几何？答曰：平地雨降三寸。

已故著名数学史专家钱宝琮对于本题中提到的"天池盆"作了高度的评价，指出："天池盆是世界文化史上最早出现的雨量器"。除"天池测雨"和"圆罂测雨"外，《数书九章》中还有"峻积验雪"、"竹器验雪"两题与降水有关。引入计量方法是关于时宜问题的一个重大发展。

---

① 《梦溪笔谈》卷七《象数一》。

雨水的大小最终必然反映到河水水位上来。水位的高下与田收的丰歉关系，从宋代开始就有树石衡量的方法。

树石测水，宋旧制也，石长七尺有奇，横为七道，道为一则，最下一道为平水之衡。水在一则高低田俱熟，过二则极低田淹过，过三则稍低田淹过，过四则下中田淹过，过五则上中田淹过，过六则稍高田淹过，过七则极高田淹过。如水至于其则某乡之田被淹，不待各乡报到亦不待官府勘视，已预知于日报水则之中矣[①]。

二　气候知识在农业生产中的运用

（一）利用小气候和温室栽培使柑桔的栽培区域向北扩展

太湖洞庭东西山是中国东部沿海位置最北的一个柑桔产区，这个产区在唐代已逐步形成，所产柑桔在当时已作为贡品。这一产区的形成是利用湖泊对小气候条件的有利影响而创造出来的。北宋庞元英《文昌杂录》记国子朱司业言，说："南方柑桔虽多，然亦畏霜，每霜时亦不甚收；惟洞庭霜虽多却不能损，询彼人云，洞庭四面皆水也，水气上腾，尤能辟霜，所以洞庭柑桔最佳，岁收不耗，正为此尔"[②]。唐代在长安宫廷内栽培柑桔，曾获得结实与"江南及蜀道所进不异"的成效[③]。柑桔类果树向北推广在元代仍在继续，《农桑辑要》在卷五的"果实"中就新添了橙、柑、橘等内容，以差不多同样的文字，提到"西川（四川西部地区）、唐、邓（今河南南阳、唐河、邓县一带），多有栽种成就，怀州（今河南省黄河北的沁阳等地，一说四川怀州，即今金堂，在成都稍北）亦有旧日橙树（橘）。北地不见此种，若于附近地面访学栽植，甚得济用。柑与橙同"。从这段记载来看，当时北方地区虽然还没有柑桔栽培，但邻近南方的地区已接近栽培的边缘，于是才有书中号召北方地区就近访学栽植。

（二）　温泉利用

汉代就已有冬天利用温室进行蔬菜栽培的记载。到了唐代，人们更进一步利用都城长安附近的地热资源（即温泉，时称为汤）进行蔬菜的促成栽培。当时还专门设置了"温汤监"管理这项业务。《新唐书·百官志》记载："庆善石门温汤等监，每监监一人……凡近汤所润瓜蔬，先时而熟者，以荐陵庙"。所谓"先时而熟"，即指利用温泉所灌溉的瓜蔬，比常规下要提早成熟。唐人王建刻划宫廷琐事的《宫词》也提到了利用温泉进行促成栽培的事实。"酒幔高楼一百家，宫前杨柳寺前花。内园分得温汤水，二月中旬已进瓜"。唐代长安宫廷中引种柑桔的成功，可能在很大程度上有赖于对温室或温泉的利用，因为在自然的条件下，桔树是难以在长安地区越冬的。又据《山堂肆考》所说："唐置温

---

① 《嘉善志》，转引自：唐启宇《中国农史稿》，农业出版社，1985年，第569页。

② 《文昌杂录·洞庭柑橘》，引自《说郛》卷三十一。

③ 《全唐文》，卷九六二〈贺宫内柑子结实表〉："近宫内种柑子树数株，今秋以来，结实一百五颗，乃与江南及蜀道所进无别"。段成式《酉阳杂俎》："天宝十年，上谓宰臣曰：'近日于宫内种甘子数株，今秋结实一百五十颗，与江南蜀道所进不异"。

汤监，监臣种瓜蔬，随时供奉”。可见当时对于温度的控制技术的掌握是非常娴熟的，以致于能够随时生产出所需要的瓜蔬。

（三） 堂花术

周密《齐东野语》记载了当时杭州东西马塍的艺花方法，这种方法的一个基本点就在于通过控制温度和湿度来控制开花的时间。

其法以纸饰密室，凿地作坎，緶竹置花其上，以牛溲硫黄尽培溉之法，然后置沸汤于坎中，少候汤气薰蒸则扇之以微风，盎然胜春融淑之气，经宿则花放矣。若牡丹、梅、桃之类，无不然，独桂花反是，盖桂花必凉而后放，法当置之石洞岩窦间，暑气不到处，鼓以凉风，养以清气，竟日乃开。余向留东西马塍甚久，亲闻老圃之言如此。

堂花术，在当时被看做是一种“足以侔造化，通仙灵”的奇迹。

（四） 养蚕中的加减凉暖

温度和湿度的控制对于养蚕来说极为重要。陈旉说：蚕“最怕南风”，“最怕湿热及冷风”。《士农必用》也指出：“蚕之性，子在连，则宜极寒，成蚁则宜极暖，停眠起宜温，大眠后凉，临老宜渐暖，入簇则宜极暖”。但天有不必，“蚕成蚁时，宜极暖，是时天气尚寒；大眠后宜凉，是时天气已暄。又风、雨、阴、晴之不测，朝、暮、昼、夜之不同，一或失应，蚕病即生”。即便是在同一天内温度也会有很大的变化。“春蚕时分，一昼夜之间，比类言之，大概亦分四时：朝暮天气，颇类春秋，正昼如夏，深夜如冬。既是寒暄不一，虽有熟火，各合斟量多寡，不宜一体”①。因此必须对温度和湿度进行控制。

对于温度的控制宋元时期的农书中称之为“加减暖凉”。加减暖凉的方法在于用火。即通过燃火来控制温度和湿度。陈旉说：“蚕火类也，宜用火以养之，”而用“火之法，须别作一小炉，令可抬舁出入”。《王祯农书·农器图谱》中可以看到抬炉的插图。出入指出入“蚕屋”，火须通过蚕屋才能起到作用，“惟蚕屋得法，则可以应之”。因此，加减暖凉对于蚕屋也很有讲究，“屋之制，周置卷窗，中伏熟火”。熟火可以提高屋内的温度，而通过蚕屋窗户的启闭，也可以起到通风透光，降低屋内温度的作用。宋元时期的蚕农是如何通过“火”和“屋”来加减暖凉的呢？对此《务本新书》和《士农必用》有详细的叙述，《务本新书》说：

自蚁初生，相次两眠，蚕屋内正要温暖，蚕母须着单衣，以身体较，若自身觉寒，其蚕必寒，便添熟火，若自身觉热，其蚕亦热，约量去火。一眠之后，但天气晴明，巳、午、未之间，时暂卷起门上荐簾，以通风日……至大眠后，蚕长十分，叶增十倍，蓐广沙多，自然发热，加之天气炎热，蚕屋内全要风凉。三顿投食罢，宜卷起簾荐，剪开窗纸；门口置瓮，旋添新水，以生凉气。倘遇猛风暴雨，或夜气太凉，却将簾荐时暂放下②。

《士农必用》记载：

① 《农桑辑要》，卷四，凉暖、饲养、分抬等法。

② 《农桑辑要》卷四，凉暖、饲养、分抬等法。

屋之制，周置卷窗，中伏熟火。谓如蚕欲暖而天气寒，闭苫窗，拨火，则外寒不入，和气内生，若遇大寒，屡拔熟火，不能胜其寒，则外烧粪墼绝烟，置屋中四隅，和气自然熏蒸，寒退则去余火。蚕欲凉而天气暄，闭火而卷苫窗，则火气内息，而凉气外入，若遇大热，尽卷苫窗，不能解其热，则去其窗纸，上卷照窗，下开风眼，窗外槌下，洒泼新水，凉气自然透达；热退则糊补其窗，闭塞风眼。使其蚕自初及终，不知有寒热之苦，病少茧成，一室之功也。然寒不可骤加暖热，当渐渐益火；寒而骤热，则黄软多疾。热不可骤加风凉，当渐渐开窗，热而骤风凉则变殭。此又不可不知也。又正热猛著寒，便禁口不食，即用镦子盛无烟熟牛粪火，用杈托火镦，於槌箔下往来，辟去寒气，蚕自食叶也[①]。

加减暖凉的方法也用于控制蚕的出生和成熟。每年三月间，随着气温升高，蚕卵就要孵化，而此时桑叶而不可采摘，于是便要控制蚕的出生，方法是“以绵絮裹置深密处，则不生”。等到桑叶长到可以采摘的时候，“欲令生，则出置风日中”。等到蚕要老熟时，“南人养蚕室中，以炽火逼之，欲其早老而省食”。但用这种催熟的方法所出的蚕丝细毕弱，质量比不上北方的蚕丝[②]。

三　天灾及其预防

“天反时为灾”。天灾不单是指水旱等自然灾害，也包括由于各种气候因素所致的动、植物病虫害。唐代以前，由于生产力相对低下，对于自然之控制能力仍极薄弱，而在农业生产领域中，其所受自然力之支配，尤觉强大，于是盛行所谓“天命主义之禳弭论”，当时之人类依其自身世界内阶级元首支配之情形，从亦设想在整个自然界中，亦必有一支配自然万有之最高主宰存焉，而此最高之主宰，即称为“天帝”。于是原始社会万物有灵的观念遂转变为崇拜最高主宰之天帝，即初期一神之观念矣！在此种观念支配之下，对于一切人事休咎莫不视之为天帝所决定，自然之灾害，生产之丰歉，更惟此为解释。即认为人间之一切灾害饥荒，皆天帝有意降罚于人类[③]。

然而入唐以后，天命论开始动摇。姚崇治蝗就是一个典型的例子。开元四年（716），山东大蝗，民祭且拜，坐视食苗不敢捕。姚崇上奏出御史为捕蝗使，分道杀蝗。却遭到汴州刺史倪若水等人的反对，他们认为“除天灾者，当以德”，甚至说“除天灾安可以人力制也”，拒绝接受姚崇的命令，而一些当权者也在议论纷纷，使得一度对灭蝗有信心的皇帝也产生了怀疑，经过姚崇的再三说服教育和据理力争，捕蝗的命令才得以贯彻执行，取得了这场斗争的主动。天命论的动摇在唐代文学作品中也得到了反映，唐代裴铏笔下有一个传奇人物陈鸾凤。大旱的时候，老百姓到雷公庙去祈雨，毫无灵验，陈鸾凤大怒，一把火烧了雷公庙，并且把当地风俗禁忌的黄鱼和猪肉合在一起吃，以激怒雷公，接着舞刀与雷公搏斗，打败了雷公，赢得了一场大雨。后来二十多年，每遇天旱，他就坚持

① 《农桑辑要》卷四，凉暖、饲养、分抬等法。

② 《鸡肋编》，卷上。

③ 邓云特，中国救荒史，商务印书馆，1937年，第199页。

这样的斗争，都取得了胜利。陈鸾凤被后人称为“反天命主义的猛士”[①]。实际上在今人看来，这种反天命主义还是不彻底的，因为在陈鸾凤看来，至少裴铏笔下如此，雷公还是存在的。但姚崇和陈鸾凤的出现，毕竟表明当时人们对于各种自然灾害以及动植物病虫害的认识和防治又有了进一步的提高。

对于水旱灾害的防治无外乎是兴修水利，加固堤防。这里主要讨论的是农业生产中对于灾害的防治。

（一）气候灾害的防治

（1）防旱：“备春旱者，秋深。预于桑下约量拥粪，经冬地气藏湿，桑亦荣旺。春月拔作土盆。雨则可聚，旱则可浇。锄治桑隔自然耐旱，又辟虫伤。濒河、近井，若能一浇，亦不失节”[②]。

（2）防晒：许多植物在幼苗期都怕烈日暴晒，为此须给幼苗提供一个遮荫蔽日的环境。宋元时期，主要采取了以下两种措施：

一是利用混作或间作的方式，种植他种植物来给这种植物抵挡日晒。如种桑椹时，“或和黍子同种，椹藉黍力，易为生发，又遮日色。或预于畦南、畦西种穄，后藉穄阴遮映夏日”[③]。此为混作。还有就是“春月先于熟地内，东西成行，匀稀种穄。次将桑椹与蚕沙相和，或炒黍、谷亦可，趁逐雨后，于穄北单耩，或点种。比之搭矮，与黍同种”。是为间作。《东坡杂记》：“松性至坚悍，然始生至脆弱，多畏日与牛羊，故须荒茅地以茅阴障日。若白地，当杂大麦数十粒种之，赖麦阴乃活”。

另一种办法就是搭棚。“若不杂黍种，须旋搭矮棚于上，以箔覆盖，昼舒夜卷。处暑之后，不须遮蔽”。这里提到的是北方的情况，其实南方也是如此，《陈旉农书》在讲到种桑之法时，针对南方的气候特点，提出桑“畦上作棚，高三尺，棚上略薄著草盖却，如种姜棚样，以防黄梅时连雨后，忽暴日晒损也”。

搭棚作为一种对幼苗的保护措施，在《农桑辑要》中也多有使用。书中新添的“栽种苎麻法”中提到：“畦搭二三尺高棚，上用细箔遮盖。五、六月内炎热时，箔上加苫重盖，惟要阴密，不致晒死。……遇天阴及早、夜，撤去覆箔。……苗高三指，不须用棚”。新添的“种松柏”提到：“畦上搭矮棚蔽日……至秋后去棚”。桧树扦插后也需“上搭矮棚蔽日”[④]。新添的“栀子”一条，也采用了作棚的方法。其曰：“如种茄法，细土薄糁。上搭箔棚遮日，高可一尺。旱时，一二日用水于棚上频频浇洒，不令土脉坚垎……至冬月，厚用蒿草藏护”[⑤]。

（3）防风：宋元时期在防风方面已使用风障。风障有用筑成的土壁，《务本新书》载：“桑生一二年，脂脉根株，亦必微嫩。春分之后，掘区移栽。区土直上下栽成土壁，……土壁比区地约高三二寸。大抵一切草木根科，新栽之后，皆恶摇摆，故用土壁，遮御北风，迎合日色”。也有用秸秆编成的屏障。《王祯农书·蔬属·韭》载：“又有就旧畦内，

---

① 邓拓，燕山夜话，中国社会科学出版社，1997年，第8页。

② 《农桑辑要·栽桑》。

③ 《农桑辑要》，卷三栽桑，引《务本新书》。

④ 《农桑辑要》，卷六竹木。

⑤ 《农桑辑要》，卷六药草。

冬月以马粪覆之，于迎阳处随畦以蓠黍篱障之，用遮北风。至春，其芽早出”。这种方法也用于林木的栽培。如松柏等在“长高四五寸，十月中夹蓠秸篱以御北风。畦内乱撒麦糠覆树，令梢上厚二三寸止。南方宜微盖。至谷雨前后，手爬去麦糠，浇之”。

（4）防雨水：雨水不仅直接导致收成的损失，而且还影响果实的贮藏，因而防雨就显得非常重要。《韩氏直说》：

五六月麦熟，带青收一半，合熟收一半，若过熟则抛费。每日至晚，即便载麦上场堆积，用苫缴覆，以防雨作。如般载不及，即于地内苫积，天晴，乘夜载上场。即摊一二车，薄即易干。碾过一遍，翻过，又一遍，起秸下场，扬子收起。虽未净，直待所收麦都碾尽，然后将未净秸秆再碾。如此，可一日一场，比至麦收尽，已碾讫三之二。农家忙并，无似蚕麦。古语云：‘收麦如救火。’若少迟慢，一值阴雨，即为灾伤；迁延过时，秋苗亦误锄治。

为了提高收割效率，元代北方麦区已普遍采用了麦钐、麦绰和麦笼配套的麦收工具，大大提高了麦收效率，“一人日可收麦数亩”。稻亦如此，是有笐和乔扦的发明。王祯说：“江南地下多雨，上霖下潦，劙刈之际，则必须假之乔扦，多则置之笐架，待晴干曝之，可无耗损之失”。

（5）防冻：防霜冻（沙雾）的记载和措施也最早见于《氾胜之书》，不过用之于大小麦的记载，则始自元代，《农桑衣食撮要》上说：“（四月）防雾伤麦。但有沙雾，用苘麻散拴长绳上，侵晨，令两人对持其绳于麦上牵拽，抹去沙雾，则不伤麦”。植物的一生都可能受到低温的影响，但关键的时期却只有几个。

种子阶段：种子最易冻损，隋唐宋元时期主要采取了两个方面的预防措施，一是深埋。如“收栗种：栗初去壳，即于屋下埋著湿土中，必须深，勿令冻彻”[①]。甘蔗栽子也采用了这种方法：“将所留栽子稭秆，斩去虚梢；深撅窖坑，窖底用草衬藉；将稭秆竖立收藏，于上用板盖，土覆之，毋令透风及冻损”。二是包裹。包裹所用的材料主要有皮囊、穰草之类。“路远者可韦囊内盛，可停二日；见风则不生。春二月，悉芽生而种之。既生，以棘围，不用掌近。三年之内，冬常须草裹；二月即解去”[②]。“收茶子：熟时收取子。和湿沙拌，筐笼盛之，穰草盖。不尔即乃冻不生，至二月出种之”。这种方法也用于留作种苗的葡萄藤的越冬。《农桑衣食撮要》载：“预先于去年冬间截取藤枝旺者，约长三尺，埋窖于熟粪内，候春间树木萌发时取出，看其芽生，以藤签萝蔔内栽之。……冬月用草包护，防霜冻损。二三月间皆可插栽”[③]。大多情况下，是将包裹和深埋结合。如《务本新书》中提到“将椒子包裹，掘地深埋”[④]。但对于同一种种子是否采用包裹深埋也要因地制宜。以生姜为例，《齐民要术》提到“中国（指北方）多寒，宜作窖，以谷稈合埋之”，而在南方却另有一种防冻越冬的办法。《王祯农书·百谷谱集之三》载：“今南方地暖，不用窖。至小雪前，以不经霜为上，拔，去土，就日晒过，用篛篰盛贮架起，下用火熏三日夜，令其湿气出尽。却掩篰口，仍高架起，下用火熏，令常暖，勿令冻损”。

---

① 《四时纂要·九月》。

② 《四时纂要·九月》。

③ 《四时纂要·二月·插蒲萄》。

④ 引自《农桑辑要》卷六，药草。

幼苗阶段：幼苗阶段也极易受到冻害的侵扰，汉代即已出现用酢浆并蚕矢（屎）对麦种进行处理的方法，以提高麦苗的抗寒能力，这主要是利用了蚕屎在发酵过程中产生热量来起防寒的作用。这种方法在宋代仍在使用。《陈旉农书·六种之宜篇》提到“七夕已后，种萝卜、菘菜，即科大而肥美也。筛细粪和种子，打垄撮放，唯疏为妙。烧土粪以粪之，霜雪不能雕”。除此之外，隋唐宋元时期还出现了一些新的预防方法，主要有：作屏挡风、搭建暖棚和用草藏护等。《农桑辑要》新添的“种松柏”提到在幼苗长高四五寸时，“十月中，夹蓠稽篱以御北风”。桧树扦插后也需“上搭矮棚蔽日，至冬，换作暖荫”。栀子在出苗之后，头年冬月，须“厚用蒿草藏护”，次年冬月“用土深拥根株，其枝梢用草包护”，而且“每岁冬，须北面厚夹篱障，以蔽风寒”[①]。椒也要求“冬月以草厚覆”，即便是在第二年移栽之后，也要“冬月以粪覆根，地寒处以草裹缚”[②]。

南方水稻在育秧阶段极易受到冻害，形成烂秧。《陈旉农书·善其根苗篇》说：“多见人才暖便下种，不测其节候尚寒，忽为暴寒所折，芽蘖冻烂瓮臭”。这是指播种太早，因冻害引起的烂秧，诱发的绵腐病。不过当时对于绵腐病并没有好的治疗办法，唯有预防而已。方法是适当推迟播种期，等气温稳定升高之后，才开始播种。陈旉在讲到防止水稻育种时出现烂秧时说：“又先看其年气候早晚寒暖之宜，乃下种，即万不失一。若气候尚有寒，当且从容熟治苗田，以待其暖，则力役宽裕，无窘迫灭裂之患。得其时宜，即一月可胜两月，长茂且无疏失”。

开花阶段：“若五果花盛时遭霜，即少子。可预于园中贮备恶草，遇天雨初晴，夜北风寒紧，必烧草烟，以免霜冻”[③]。这是一种用烟熏的办法防止花期霜冻的办法，这种方法经改进之后，如将粪草的堆放位置由园中改在园北，也被用来防止其他树木的霜冻：“备霜灾者，三月间，倘值天气陡寒，北风大作，先于园北，觑当日风势，多积粪草，待夜深，发火燠煴，假借烟气，顺风以解霜冻。花果仿此”[④]。

结果阶段：“防雾伤枣：枣熟著雾则多损。用檾麻散于树枝上，则可避雾气。或用秸秆于树上四散缚亦得”[⑤]。

（二）病虫害及防治

古人将病虫害也视作天灾，盖认为病虫害与天时有着密切关系。《诗经》中依据害虫的为害部位，分别将害虫称之螟、螣、蟊、贼，在此基础上，明马一龙（嘉靖丁未，1547，进士）称为“五贼”，并进一步讨论了五贼的发生与天气变化的关系。马一龙说：

> 五贼，食禾之虫也。热气积于土块之间，暴得雨水，醖酿蒸湿，未得信宿，则其气不去，禾根受之，遂生蟊。烈日之下，忽生细雨，灌入叶底，留注节干；或当昼汲太阳之气，得水激射，热与湿相蒸，遂生贼。朝露浥日，濛雨日中，点缀叶间，单则化气，合则化形，遂生螣。热踵根下，湿行于稿，夹日与雨，外薄其肤，遂生螟。岁交热化，不雨不旸，昼晦夜暍，而风气不行，遂生蚩”。

① 《农桑辑要》，卷六，药草。

② 《务本新书》，引自《农桑辑要》，卷六，药草。

③ 《四时纂要·三月·栽杏》。

④ 《农桑辑要》，卷三栽桑·修莳。

⑤ 《农桑衣食撮要·八月·防雾伤枣》。

实际上，把病虫害视为天灾的观念早已存在，史书中也将病虫害记载在“五行志”中。这里我们也依古人之旧，把病虫害的防治放入在天时章中。

1. 蝗灾及治蝗

蝗是三大害虫之一。隋唐宋元时期，蝗灾为害的频率加剧，据《中国救荒史》的统计，隋 29 年有蝗灾 1 次；唐 289 年 34 次；两宋 487 年 90 次；元 163 年 61 次。如，

贞元元年（785）夏，蝗。东自海，西尽河陇，群飞蔽天，旬日不息，所至草木叶及畜毛靡有孑遗，饿馑枕道，民蒸蝗曝飏去翅足而食之。长庆三年（823），秋，洪州螟蝗害稼八万顷。后唐天成三年（988），夏，六月，吴越大旱，有蝗蔽日而飞，昼为之黑，庭户衣帐悉充塞。宋绍兴三十二年（1162），五月，蝗。六月，江东南北郡县蝗，飞入湖州境，声如风雨自癸巳至于七月丙申，遍于畿县，余杭、仁和、钱塘皆蝗，入京城。宋隆兴元年（1163），七月，大蝗；八月壬申癸酉，飞蝗过郡，蔽天日，徽、宣、湖三州及浙东郡县害稼。东京大蝗，襄隋尤甚，民为乏食。宋嘉泰二年（1202），浙西诸县大蝗，自丹阳入武进，若烟雾蔽天，其堕亘十余里，常之三县捕八千余石。时浙东近郡亦蝗。至元二十五年（1288），资国、富昌等一十六屯，雨水，蝗害稼；至元二十七年（1290），河北十七郡，蝗；婺州螟害稼；元贞二年（1296），夏，二十六州，蝗；至顺元年（1330），奉元等十五路，及武卫、宗仁、卫左、卫率府诸屯田蝗；二年，衡州路属县比岁蝗旱；河南、晋宁二路诸属县蝗；等。

唐宋时期，随着天命论的动摇，人们加大了治蝗的力度。由于有唐朝姚崇治蝗的好的开端，宋朝政府在治蝗方面做得就更引人注目。宋仁宗景祐元年（1034）正月诏募民掘蝗种给菽米①。同年六月，开封府淄州蝗，诸路募民掘蝗种万余石②。掘蝗卵的出现是治蝗技术上的一个重要进步。熙宁八年（1075）八月诏：“有蝗蝻处，委县令佐躬亲打扑，如地里广阔，分差通判、职官、监司、提举，仍募人，得蝻五升，或蝗一斗，给细色谷一斗，蝗种一升，给粗色谷二升，给价钱者作中等实直，仍委官烧瘗，监司差官员覆按以闻。即因穿掘打扑损苗种者，除其税，仍计价，官给地主钱，数毋过一顷”③。熙宁敕，被称为中国第一道治蝗法规。在熙宁敕颁布百年之后，又出台了“淳熙敕”，是为中国第二道治蝗法规，规定：

> 诸虫蝗初生若飞落，地主邻人隐蔽不言，耆保不即时申举扑除者，各杖一百，许人告，当职官承报不受理，及受理而不亲临扑除，或扑除未尽而妄申尽净者，各加二等。诸官私荒田（牧地同），经飞蝗住落处，令佐应差募人取掘虫子，而取不尽，因致次年生发者，杖一百。诸蝗虫生发飞落及遗子，而扑掘不尽，致再生发者，地主耆保各杖一百。诸给散捕取虫蝗谷而减剋者，论如吏人乡书手揽纳税受乞财物法。诸系公人因扑掘虫蝗，乞取人户财物者，论如重禄公人因职受乞法。诸令佐遇有虫蝗生发，虽已差出而不离本界者，若缘虫蝗论罪，并依在任法④。

① 《宋史·仁宗本纪》。

② 《宋史·五行志》。

③ 董煟，《救荒活民书》，卷二，墨海金壶本，第 17 页。

④ 董煟《救荒活民书》，拾遗卷，第 4～5 页。

然而，观念的改变并非一朝一夕。宋代虽有森严的治蝗法规，但一般百姓对于灭蝗还是心存疑虑。董煟说："蝗虫初生最易捕打，往往村落之民，惑于祭拜，不敢打扑，以故遗患未已，是未知姚崇、倪若水、卢怀慎之辩论也。臣今录于后，或遇蝗蝻生发去处，宜急刊此作手榜散示，烦士夫父老转相告谕，亦开晓愚俗之一端也"①。

在治蝗与修德的争斗之中，主张治蝗的一方还在积极地研究蝗虫的生活规律，总结治蝗的经验和方法，是有《捕蝗法》的出现，抄录如下：

蝗在麦苗禾稼深草中者，每日侵晨尽聚草梢食露，体重不能飞跃，宜用筲箕栲栳之类，左右抄掠，倾入布袋，或蒸焙，或浇以沸汤，或掘坑焚火倾入其中，若只瘗埋，隔宿多能穴地而出，不可不知。

蝗最难死初生如蚁之时，用竹作搭，非惟击之不尽，且易损坏，莫若只用旧皮鞋底或草鞋旧鞋之类，蹲地掴搭，应手而毙，且挟小不损伤苗稼，一张牛皮或裁数十枚散与甲头复收之，北人闻亦用此法。

蝗有在光地者，宜掘坑于前，长阔为佳，两傍用板及门扇连接，八字铺摆，却集众用木板发喊，趕逐入坑，又于对坑用扫帚十数把，俟有跳跃而上者，复扫下覆以干草，发火焚之，然其下终是不死，须以土压之一宿，乃可。一法先燃火于坑，然后赶入。

捕蝗不必差官下乡，非惟文具，且一行人从未免蚕食里正，其里正又只取之民户，未见除蝗之利，百姓先被捕蝗之扰，不可不戒。

附郭乡村即印捕蝗法作手榜告示，每米一升换蝗一斗，不问妇人小儿，携到即时交与，如此则回环数十里内者，可尽矣。

五家为里，姑且警众，使知不可不捕。其要法只在不惜常平义仓钱米博换蝗虫，虽不驱之使捕而四远自临凑矣。然须是稽考钱米必支，偿或减克邀勒，则捕者沮矣。国家贮积，本为斯民。今蝗害稼，民有饿莩之忧，譬之赈济，因以捕蝗，岂不胜于化为埃尘，耗于鼠雀乎？

烧蝗法：掘一坑，深阔约五尺，长倍之，下用干柴茅草，发火正炎，将袋中蝗虫倾下坑中，一经火气，无能跳跃。此诗所谓'秉畀炎火'是也。古人亦知瘗埋可复出故以火治之，事不师古，鲜克有济，诚哉是言②。

2. 桑树害虫及防治

《农桑要旨》云：

害桑虫蠹不一：蠦蛛，步屈，麻虫，桑狗为害者，当发生时，必须于桑根周围，封土作堆；或用苏子油于桑根周围涂扫，振打既下，令不得复上，即磋扑之，或张布幅，下承以筛之。野蚕为害者，其虫与家蚕同眠起，小时不为害，欲大眠时，将应有五六日内饲蚕桑叶，并力收斫，连枝积贮，不令日气晒炙。其野蚕，当斫时自然振落，纵有留者，亦因积贮蒸死。一二日，桑叶萎软，当旋旋蠦下，切细，以温盐水拌饲之，不唯其叶生新，抑盐性凉，于蚕有益。不然迟于收斫，三日内野蚕大眠起，桑叶必尽为所食，家蚕又何望乎？又有蜣螂虫，

① 董煟，《救荒活民书》，拾遗卷。

② 董煟，《救荒活民书》，拾遗卷。

性如蠦蛛，昼潜于上，夜出食叶，必须上用大棒振落，下用布幅承聚，于上风烧之，桑间虫闻其气，即自去，以上虫盖食叶者也。

又有蠹根食皮而飞者，名曰：天水牛，于盛夏时，率皆沿树身匝地生子。其子形类蛆，吮树膏脂，到秋冬渐大，蠹食树心，大如蛴螬。至三四月间化成树蛹，却变天水牛，故其树方秋先发黄叶，经冬及春，必渐枯死，除之之法，当盛夏食树皮时，沿树身必有流出脂液，湿处离地都无三五寸，即以斧削去，打死其子，其害自绝，若已在树心者，宜以凿剔除之。

凡诸害桑虫蠹，皆因桑隔荒芜而生，以致累及熟桑。使尽修桑下为熟地，必无此害桑虫蠹也。

《王祯农书》："去蠹之法：凡桑果不无虫蠹，宜务去之。其法用铁线作钩取之。一法用硫黄及雄黄作烟，熏之即死，或用桐油纸烧塞之亦验"。

3. 其他害虫及防治

农作物害虫，除蝗以外，还有螟、稻苞虫、青虫、蜚、螣等。这些害虫有些是隋唐宋元时期为害严重，如，"绍兴三十年（1160），江、浙郡国螟；乾道六年（1170），秋，浙西、江东螟为害；庆元三年（1197），秋，浙东肖山、山阴县、婺；浙西富阳、淳安、永兴、嘉兴府皆螟；至元二十七年（1290），婺州螟害稼"；有些则是在此时为人所发现。如，

稻苞虫：宋程大昌《演繁露》（1140）中提到"吾乡徽州，稻初成稞，常虫害，其形如茧，其色标青，既食苗叶，又吐丝牵漫稻顶，如蚕簇然。稻之花穗，皆不得伸，最为农害，俗呼横虫"。

青虫：青虫即粘虫，古书上称子方，粘虫虽是杂食性的，但古籍所记的子方为害都是麦子，且很猖獗，明确记载青虫为害水稻的很少。《宋史·五行志》载：乾道三年（1167），"淮浙诸路多言青虫食谷穗"。

蜚：蝽类害虫的大名，包括许多不同的稻蝽。蜚最早见于《春秋》，"庄公二十九年（前665），秋，有蜚"。宋罗愿《尔雅翼》："蜚者，似蟅而轻小，能飞，生草中，好以清旦集稻花上，食稻花。……既食稻花，又其气臭恶，……使不稽，《春秋》书之，当由此耳"。

螣：《宋史·五行志》："乾道三年（1167）八月，江东郡县螟螣"。

地火："（庆元四年），余干、安仁乃于八月罹地火。地火者，盖苗根及心蘖虫生之，茎杆焦枯如火烈烈，正古之所谓蟊贼也"①。

桔蠹：陆龟蒙《桔蠹》说：

桔之蠹，大如小指，首负特角，身蹙蹙然，类蝤蛴而青。翳叶仰啮，饥蚕之速，不相上下。人或枨触之，辄奋角而怒，气色桀骜，一旦视之，凝然弗食弗动。明日复往，则蜕为蝴蝶矣。力力拘拘，其翎未舒，襜黑韝苍，分朱间黄，腹填而椭，綏纤且长，如醉方寤，羸枝不扬。又名日往，则倚薄风露，攀缘草树，耸空翅轻，瞥然而去，或隐蕙隙，或留篁端，翩旋轩虚，飏曳纷拂，甚可爱也"。

① 洪迈，《容斋五笔》，卷七。

据此描述推断，桔蠹当属现代为害柑桔最普遍的中华凤蝶的幼虫[1]。韩彦直《桔录》说：

木之病有二，虫与蠹是也。……木间时有蛀屑流出则有虫蛀之……不然，则木心受病，日以枝叶自凋，异时作实瓣间亦有虫食。柑橘每先时而黄者皆受病于中，治之以早乃可。

醋心："老人云：'某善知木病，此树有病，某请治'乃诊树一处，曰：'树病醋心'"。

蚜虫："桃树生小虫满枝，黑如蚁，俗名蚜虫。虽用桐油洒之，亦不尽去"。

盆榴害虫："盆榴花树多虫，其形色如花条枝相似，但子细观而去之，则不被食损其花叶。或木身被虫所本，其蛀眼如针而大"。

隋唐宋元时期，对于害虫的防治以药物为主，所谓药物主要是一些天然植物性药物和一些无机物，如石灰等。最常用的办法便是将药物塞于虫孔之中。器械方面主要是虫钩。其他方法还包括诱杀、曝晒、生物防治等。

表 16-1 害虫防治方法一览

害虫种类	防治方法	文献摘要	出处
米虫	药物·松毛	松毛可杀米虫	
麦蠹	药物·蚕沙	小麦收时，以蚕沙和	
麦虫	药物·苍耳；曝晒	扫庭除，候地毒热，众手出麦，薄摊，取苍耳碎剉和拌晒之。至未时，及热收，可以二年不蛀。若有陈麦，亦须依此法更晒。须在立秋前。秋后则已有虫生，恐无益矣	四时纂要·六月
禾虫	药物·油	淳熙十八年八月，平江府有虫聚于禾穗，油洒之即坠。一夕大雨，尽涤之	宋史·五行志
米虫	药物·芝麻杆	芝麻杆收入米仓内则米不蛀	农桑衣食撮要·九月
稻田害虫	药物·石灰	将欲播种，撒石灰渥漉泥中，以去虫螟之害	陈旉农书·耕耨之宜篇
菜地害虫	药物·石灰	七夕已后，种萝卜，菘菜……杂以石灰，虫不能蚀	陈旉农书·六种之宜篇
蔬菜害虫	药物·灰	种山药，四畔用灰，则无虫伤	农桑衣食撮要·三月
蔬菜害虫	农业·烧治；药物·苦参根并石灰	大抵蔬宜畦种，蓏宜区种。……先种数日，劚起宿土，杂以蒿草，火燎之，以绝虫类，并得为粪。……凡菜有虫，捣苦参根并石灰水，泼之即死	王祯农书·农桑通诀·播种篇第六
花卉害虫	药物·白敛、硫黄	牡丹根甜，多引虫食，白敛能杀虫，此种花之法也……花开渐小于旧者，盖有蠹虫损之。必寻其穴，以硫黄簪之。其旁又有小穴如针孔，花工谓之气窗。以大针点硫黄末针之，虫乃死，花复盛，此医花之法	洛阳牡丹记·风俗记第三
果木害虫	木钉塞穴	果木有虫蠹者，用杉木作钉，塞其穴，虫立死	博闻录
树木害虫	药物·芫花、百部叶	树木有虫蠹，以芫花纳孔中，或纳百部叶	博闻录
果木害虫	药物·芫花、百部叶、杉木	果木树有蠹石者，以芫花内孔中，即除。或云：纳百部叶；又云：以杉木作钉塞孔，尤妙	种艺必用
盆榴害虫	药物·茶	可急嚼甜茶，置之孔中，其虫立死。	种艺必用
果树醋心	器械·钩；药物	老人持小钩，披蠹、再三钩之，得一白虫如蝠。乃傅药于疮中	酉阳杂俎·续集支植下

① 游修龄，陆龟蒙和凤蝶生活史，农史研究文集，中国农业出版社，1999年，第350～352页。

续表

害虫种类	防治方法	文献摘要	出处
柑橘害虫	器械·网胶	犯蟞网而胶之，引丝环缠牢若拳梏。人虽甚怜，不可解而纵矣	蠹化
柑橘害虫	器械·钩	木间时有蛀屑流出则有虫蛀之。相视其穴，以物钓之，则虫无所容。仍以真杉木作钉窒其处	橘录·去病
柑橘害虫	生物·蚁	岭南蚁类极多。有席袋贮蚁子窠鬻于市者，蚁窠如薄絮囊，皆连枝带。案：蚁在其中，和窠而卖也。有黄色，大于常蚁，而脚长者。云：'南中柑子树，无蚁者，实都蛀'，故人竞买之，以养柑子也	岭表录异
桃树蚜虫	诱杀·灯檠	用多年竹灯檠挂壁间者，挂之树间，则纷纷然坠下。此物理有不可晓者，戴祖禹得之老圃云。	癸辛杂识别集上·灯檠去虫
荔枝害虫	器械·响竹	其熟未更采摘，虫鸟皆不敢近，或已取之，蝙蝠、蜂、蚁争来蠹食。……破竹五七尺，摇之答答然，以逼蝙蝠之属	荔枝谱第五

隋唐宋元时期，在积极进行害虫防治的同时，还加强了对害虫天敌的保护和收集，对害虫进行生物防治。隐帝乾祐元年（948），“秋七月……鸜鹆食蝗。丙辰，禁捕”①。《墨客挥犀》卷六记载：“浙人喜食蛙，沈文通（1025～1062）在钱塘日，切禁之”。宋人赵葵《行营杂录》中也提到：“马裕斋知处州（今浙江丽水），禁民捕蛙”。庄季裕《鸡肋编》卷下载：“广南可耕之地少，民多种柑橘以图利。常患小虫损食其食，惟树多蚁，则不能生，故园户之家，买蚁于人；遂有收蚁而贩者，用猪羊脬，盛脂其中，张口置蚁穴旁。俟蚁入中，则持之而去，谓之‘养柑蚁’”。可见当时对于害虫天敌的利用已从简单的保护利用，发展到人工收集和饲养。

4. **病害的防治**

古人虽然将虫害也称之为病，但和虫害相比，古人对于由真菌、细菌、病毒等病源引起的病害，认识并不深入，有关的记载也很少，但从宋以后，人们对于植物病害也开始有所认识。

麦奴：公元8世纪，小麦黑穗病见于记载，时称麦奴。并用于疾病治疗。陈藏器云：“麦苗上黑霉名麦奴。主热烦，解丹石天行热毒”②。

烂秧：《陈旉农书·善其根苗篇》说：“多见人才暖便下种，不测其节候尚寒，忽为暴寒所折，芽蘖冻烂瓮臭”。这是指播种太早，因冻害引起的烂秧，诱发的绵腐病。

苔藓：《橘录》载：“木之病有二，虫与蠹是也。树稍久则枝干之上苔藓生焉。不去则蔓衍日滋。木之膏液荫藓而不及木，故枝干老而枯。善圃者用铁器刮去之，删其繁枝之不能华实者，以通风日，以长新枝”。苔藓是一种由真菌引起的病害。这里还介绍了刮去病源菌，以防扩散；同时采用修剪整枝来增强通风透光，防止复发的办法。

① 《新五代史·汉本纪第十·隐帝》。

② 引自《重修政和经史证类备用本草》，卷二十五，米谷部中品·麦。

金桑：《琐碎录》载："桑叶生黄衣而皱者，号曰'金桑'，非特蚕不食，而木亦将就槁矣"。黄衣是赤锈病的锈孢子，赤锈病菌的锈孢子腔，成熟后散发出锈孢子，布满在桑叶上，这种桑叶不能用来喂蚕。感染上这种病的桑树也会枯萎而死。

5. 对动物传染病的认识与防治

《陈旉农书》卷中"牛说""医治之宜篇第二"中提到了对于牛畜等传染病及其防治的看法。其曰："方其病也，薰蒸相染，尽而后已。俗谓之天行，唯以巫祝祷祈为先；至其无验，则置之于无可奈何。又已死之肉，经过村里，其气尚能相染也。欲病之不相染，勿令与不病者相近。能适时养治，如前所说，则无病矣。今人有病风、病劳、病脚，皆能相传染，岂独疫疠之气薰蒸也"。这里，陈旉指出了传染病是由"气相染"而造成的，而并不是所谓"天行"，并提出"隔离"以防传染的措施。这在医学上也是一个了不起的进步。

（三）救荒的重大发展

救荒是中国传统农学的重要内容之一。中国传统农学向来以"农本"为其基本思想。所谓"农本"，就是把农业当作立国之本。古代农学家在关注如何生产粮食，如何提高产量的同时，也非常关注由于粮食歉收所致灾荒问题，所以备荒很早就成为古农书的内容之一。中国是个多灾之国，其中又以水、旱、蝗为灾害之大宗。但历代灾害发生频率是不均匀的（表16-2）。

表16-2　中国历代水旱次数表

朝代	殷商	两周	秦汉	魏晋	南北朝	隋	唐	五代	两宋（金附）	元	明	清
水灾	5	16	76	56	77	5	115	11	193	92	196	192
旱灾	8	30	81	60	77	9	125	26	183	86	174	201
蝗灾		13	50	14	17	1	34	6	90	61	94	93
雹灾		5	35	35	18		37	3	101	69	112	131
风灾			29	54	33	2	63	2	93	42	97	97
疫灾		1	13	17	17	1	16		32	20	64	74
地震		9	68	53	40	3	52	3	77	56	165	169
霜雪		7	9	2	20		27		18	28	16	74
歉饥		8	14	13	16	1	24		87	59	93	90
总计	13	89	375	304	315	22	493	51	874	513	1011	1121

注：引自邓云特，中国救荒史，北京，商务印书馆，1993年，第55～56页。

从上表可以看出，中国的自然灾害在宋元以后有明显的增强趋势。这就使得关注救荒的人越来越多。宋代就曾两次以朝廷的名义发布了除蝗文告，一些有识之士，都曾就救荒发表了自己的见解，各地方官更是把救荒作为施政的重要内容。在此基础上，南宋出现了一部专论救荒的农学著作——董煟撰的《救荒活民书》，元代王祯则在农书中首次将"备荒"当作专门的一节。

从《救荒活民书》和《王祯农书》"备荒论"来看，宋元时期的农学在救荒方面较之汉魏时期又有了很大的进步。

1. 荒政的提出

救荒是中国传统农学的内容之一。《氾胜之书》中就提到："大豆，保岁易为，宜古之所以备凶年也。谨计家口数，种大豆，率人五亩，此田之本也”。[①] 又说“稗……宜种之以备荒年”[②]。贾思勰对于饥荒和救荒特别注意，他在《齐民要术》中谈到救荒的植物，如芋、芜菁、杏、桑椹、橡子（柞）等，就再三着重说明，如“芋可以救饥馑，度凶年。今中国多不以此为意，后至有耳目所不闻见者。及水、旱、风、虫、霜、雹之灾，便能饿死满道，白骨交横。知而不种，坐致泯灭，悲乎！人君者，安可不督课之哉？”《齐民要术》卷十还有167种可吃的野生植植物。但先前这些农书所载救荒内容还基本上没有超出农学的范围，尽管出现了将“荒”与“政”结合的趋势，提到“人君者，安可不督课之哉？”但只是到了《救荒活民书》中才真正地将救荒与行政结合起来。

中国人常常将天灾与人祸联系在一起，要救荒先要从人事出发，而人事又首先需要统治者来掌握。董煟说：“救荒之政，有人主所当行者，有宰执所当行者，有监司、太守、县令所当行者，监司、守令所当行，人主、宰执之所不必行，人主、宰执之所行，又非监司、太守、县令之所宜行”[③]。各级官吏必须要有一个明确的责任。书中对各级官吏的责任范围作了详细的规定，从人主到县令当行之政从六项到二十项不等。董煟告诫各级行政人员，“大抵天变，如父母之震怒，为人子者，知其虽非在己，亦当恐惧敬事，以得父母之欢心”。根据历史的经验和当时的现实，董煟提出了“救荒五法”，“救荒之法不一，而大致有五”，这五种方法是：常平、义仓、劝分、不抑价、禁遏籴。“常平以赈粜，义仓以赈济，不足则劝分于有力之家，又遏籴有禁，抑价有禁”。除此之外，还有一些辅助的办法，如检旱、减租、贷种、遣使、弛禁、鬻爵、度僧、优农、治盗、捕蝗、和籴、存恤流民、劝种二麦、通融有无、借贷内库之类，对此董煟都一一做了详细的论述。这些救荒之法，实际上也就构成了荒政的内容。

从汉魏农书中的救荒作物发展到《救荒活民书》中的“荒政”，是中国传统农学的一大发展。尽管荒政不仅仅是个农学问题，但这一发展却对明清时期的农学产生了巨大的影响，明末徐光启《农政全书》的特点之一就是注重荒政，全书共六十卷，讲荒政的就有十八卷之多，占1/3。

2. 救荒措施完备

先前的农书只是提到了一些救荒作物，这些作物能在大灾大害之年免于颗粒无收，在一定程度上可以起到减灾的作用，但却不是一种积极的救灾办法。唐宋以后却不同，人们开始主动起来与灾害做斗争。《救荒活民书》和《王祯农书》“备荒论”也有这方面的内容。董煟在《救荒活民书》中提到“吴遵路知蝗不食豆苗，且虑其遗种为患，故广收豌豆，教民种食，非惟蝗虫不食，次年三四月间民大获其利”。王祯也注意到，蝗虫不食芋、桑，与水中菱、芡等作物，因此，主张广种这些作物。这种思路一直启发着明清时期的人们广种番薯，以避蝗灾，并提出了“兴薯利，除蝗害”的口号。不过宋元时期的人们更强调捕蝗，说：“太宗吞蝗，姚崇捕蝗，或者讥其以人胜天，臣曰不然。天灾非一，有可以用力者，有不可以用力者，……凡可用力者，岂可坐视而不救耶，为守宰者当激劝斯民使自为方略，以御之可也”。王祯也提到“备虫荒之法，惟捕之乃不为灾”。不过

---

① 《氾胜之书》，卷上“大豆篇”。

② 《氾胜之书》，卷上“种稗篇”。

③ 《救荒活民书》，卷三。

董煟又说："凡水与旱非人力所为，姑得任之"。相比之下，王祯的主张更为积极一些，他在"备荒论"一节中，不仅提到了"蓄积之法"、"备虫荒之法"、"辟谷之法"，还提到了"备旱荒之法"和"救水荒之法"。王祯提到"其蓄积之法，北方高亢多粟，宜用窦窖，可以久藏；南方垫湿多稻，宜用仓廪，亦可历远年。其备旱荒之法，则莫如区田。区田者，起田者，起于汤旱时伊尹所制。斫地为区，布种而灌溉之；救水荒之法，莫如柜田。柜田者，于下泽沮洳之地，四围筑土，形高如柜，种艺其中；水多浸淫，则用水车出之。可种黄绿稻；地形高处，亦可陆种诸物。此皆救水旱永远之计也"。由此可见，到了宋元时期人们已不再是单纯地种植一些救荒作物来避灾，更为重要的是采取各种积极的措施，如通过土地利用方式以及耕作栽培等来救荒，表明当时的救荒措施已更趋完备。

3. *蔬菜淡季问题的解决*

谷不熟曰饥，菜不熟曰馑。蔬菜是中国人仅次于粮食的重要的食物来源。在人们采取各种措施备荒救饥的同时，宋元时期对于历史上长期存在的"园枯"，即蔬菜淡季问题也提出了解决的办法。《农桑辑要》中最早提出了对园枯问题的解决。书中指出可供园枯时食用的蔬菜种类有：菠菜、蓝菜（芥蓝）、莴苣、人苋（苋菜①）、莙荙（叶用甜菜）等。书中提到蓝菜，这种菜二月畦种，苗高即可食，复又由于耐热性强，在其他耐寒不耐热的绿叶类菜，如菠菜、茼蒿等短缺时，芥蓝入夏独茂，所谓"五月园枯，此菜独茂"，一定程度上解决了夏缺的矛盾，不仅如此，这种菜还具有"剥叶食之，剥而复生"的特点，可以食至冬月。至次年"四月终结子，可收，作末。比芥末。根又生叶，又食一年"，所以又称为"主园菜"。

① 夏纬英考证，人苋即老枪谷（*Amaranthus caudatus* L.），一名千穗谷。种子可食。人即仁，种子脱去皮壳为仁。详见夏纬英：《植物名释札记》，农业出版社，1990 年，第 73 页。

第十七章　土地利用、土壤耕作和土壤肥料学说

农业生产是在土地面积和具有肥力的土壤上进行的。土地是农业的基本生产资料，在一定的社会经济条件下，农业的发展的规模和速度，不仅取决于利用土地面积数量，而且还取决于标志土地质量的土壤肥力状况。隋唐宋元时期，随着人口的急剧增加，出现了人多地少的矛盾，于是扩大耕地面积，提高单位面积产量也就成为摆在当时农业和农学面前的首要问题。隋唐宋元时期的做法是：一是采取各种方式方法来利用土地，开发荒山、荒坡、滩涂、湖荡，甚至于水面，与之相关的还有水利的兴修；二是通过施肥等手段，确保对现有土地的可持续利用。这就引发出一系列的关于土地利用、土壤耕作和土壤肥料学说的问题，如什么样的土地可以利用？如何利用？怎样通过改进耕作技术和耕作制度来提高土地的利用率？怎样保证土地的可持续利用？等。

隋唐宋元以后，随着经济重心的南移，特别是人口的增加，各种土地利用的形式也就相应出现，土地利用问题成为农学家们所讨论的重点问题。在《陈旉农书》中出现了“地势之宜篇”，第一次用专门篇幅来系统地讨论土地利用。《农桑辑要》中的“论九谷风土时月及苎麻木绵”，虽然讨论的是作物的引种问题，但归根到底是一个土地利用问题，即在既定的土地上能不能用来种植一种新的作物。《王祯农书》中则不仅专有“地利篇”，而且在“农器图谱”中还首列有“田制门”，讲述土地的利用方式。

第一节　土地利用和地宜问题

一　地势之宜和粪壤之宜

和北方相比，南方地区地形地势较为复杂。“远看成岭侧成峰，远近高低各不同”，在南方地区从事农业生产首先容易感觉到地势的影响。陈旉《农书》在“财力”篇之后接着有“地势之宜”一篇，可以看出南方这种特殊的地理环境对于农学的影响。陈旉指出土地的地势、面貌和性质是多种多样的，利用方法也就应该因地制宜，接着提出了高山、下地、坡地、葑田、湖田五种土地的利用规划。

陈旉指出，地势的高下既然不同，寒暖肥瘠也就跟着各不相同。大概高地多是寒冷的，泉水冷、土壤也冷，而且容易干旱。下地多数是肥沃的，但是容易被水淹。所以治理起来，各有其适宜的方法。

也许是与其“躬耕西山”的经历有关，或者当时可供利用最多的是山地，书中对于高田的利用规划最为详细。高田因地势高，最大的不利因素是缺水。如何来解决这个问题呢？陈旉提出在山顶挖凿陂塘的办法。其曰：“若高田视其地势，高水所会归之处，量

其所用而凿为陂塘，约十亩田即损二三亩以潴畜水；春夏之交，雨水时至，高大其堤，深阔其中，俾宽广足以有容”。开挖陂塘虽然解决了一部分的水源问题，但同时也要占用一部分的耕地，如何来弥补这种损失呢，陈旉又提出了综合利用的方法，即在堤上种植桑柘，可以系牛。这样做可以一举数得：“牛得荫凉而遂性，堤得牛践而坚实，桑得肥水而沃美，旱得以决水以灌溉，潦即不致于弥漫而害稼”。这种方法和近代所谓有立体农业和生态农业有相似之处。不仅如此，从规划中可以看出，这里是利用水面较高的陂塘放水自流灌溉的，不必提水上升；大雨时有陂塘拦蓄雨水，可以避免水土流失，冲坏良田。陈旉在规划中不仅要求塘堤高大，而且要求田埂宽大。以便牛可以在上面放牧，田埂可以藉牛的践踏，变得坚实而不漏水。田丘高下差不多的，就把它们合并为一丘，使田丘阔大，便于牛犁的转侧（这可能说明，当时的江东曲辕犁，还比较笨大）。在并丘的过程中，当然需要平整地面，以使整个稻田有同样深度的水。这样分丘平整地面，如果在斜坡的丘陵地或山麓，就成为梯田。

和高田相反，下地地势较低之地，最大的不利因素和梯田相反，主要是水淹。如何来解决这个问题呢？陈旉提出：“其下地易以淹浸，必视其水势冲突趋向之处，高大圩岸，环绕之”。这也就是所谓的“圩田”或“围田”。

在高田和下地之间，还有所谓“陂地”。坡地是从高田到低地的中间过度地带，它虽然接近水源，但灌溉起来还是有一定的困难，于是陈旉就提出：“可种蔬茹麻麦粟豆，而傍亦可种桑牧牛”，以发展旱地作物为主。

对于湖泊和沼泽等水面的规划和利用。陈旉则提出了葑田，“以木缚为田丘，浮系水面，以葑泥附木架而种艺之。其木架田丘，随水高下浮泛，自不淹溺”。

陈旉的“地势之宜”思想不仅贯彻在土地的规划利用方面，即便是整地中耕方面，也强调“地势之宜”。于是在“耕耨之宜篇”中有“山川原隰多寒，经冬深耕”；“平陂易野，平耕而深浸”。而“薅耘之宜篇”中则有“耘田之法，必先审度形势，自下及上，旋干旋耘”。

但是土地除了有地势高低之分外，还有美恶的不同。陈旉说：“土壤气脉，其类不一，肥沃硗埆，美恶不同，治之各有宜也。……虽土壤异宜，顾治之得宜，皆可成就”。而治的关键在于用粪，当时人们把依据土壤的不同性质而用粪来加以治理称为“粪药”，意思就是用粪如同用药。元代王祯继承了这一学说，认为“田有良薄，土有肥硗，耕农之事，粪壤为急。粪壤者，所以变薄田为良田，化硗土为肥土也”①。

陈旉所说的几种土地利用规划，虽然只限于南方水稻区域的部分地区，没有涉及较大规模的农田水利，但是创始这种统筹的观察与讨论，在中国农学史上是一种可贵有进步。

二　对于地宜问题的一般看法

在古代中国，长距离的异地引种常常是一种政府行为，因此，地势的高低和方位的远近，只是地宜问题的大头，它们往往是农业决策者所关心的问题，王祯作“地利图”的

① 《王祯农书·农桑通诀·粪壤篇》。

目的即便在此。他说："是图之成，非独使民视为训则，抑亦望当世之在民上者，按图考传，随地所在，悉知风土所别，种艺所宜，虽万里而遥，四海之广，举在目前，如指掌上，庶乎得天下农种之总要，国家教民之先务。此图之所以作也，幸试览之"。但作为普通的农业经营者来说，他们所考虑的地宜问题，可能更多的是哪块地更适宜种哪种作物，或者说哪种作物需要哪种土壤（表 17-1）。

表 17-1　各种作物适宜的土壤

作物	适宜土地	出处
蔬菜	灼然良沃之地	杂说
蜀黍	宜下地	务本新书
苎麻	沙薄地为上，两和地为次	农桑辑要
木绵	两和不下湿肥地	农桑辑要
地桑	须于近井园内栽之	韩氏直说
芋	宜沙白地	务本新书
蒲萄	宜栽枣树旁	博闻录
蒲	于水地内栽之，次年即堪用，其水深者白长，水浅者白短	农桑辑要
栀子	选沙白地	农桑辑要
茶	树下或北阴之地……此物畏日，桑下，竹阴地种之皆可……大概宜山中带坡峻。	四时纂要
薯蓣	沙白地	务本新书
甘蔗	用肥壮粪地	农桑辑要

宋代地方官员的发布的劝农文中就非常注意号召农民因地制宜种植各种粮食作物。如"建宁府劝农文"中就提到："高者种粟，低者种豆，有水源者艺稻，无水源者播麦，但使五谷四时有收，则可足食而无凶年之患"。"又劝农文"说："若高原陆地之不可种麦者，则亦豆粟所宜"①。真德秀在"再守泉州劝农文"说："高田种早，低田种晚，燥处宜麦，湿处宜禾，田硬宜豆，山畬宜粟，随地所宜，无不栽种，此便是因地之利"②。

元代王祯在引述了《齐民要术》等书中，山田宜种强苗，以避风霜；泽田种弱苗，以求华实；黄白土宜禾，黑坟宜麦与黍，赤土宜菽、污泉宜稻等之后，指出此即所谓"因地之宜"也。

以秧田苗圃的选择为例。陈旉在"善其根苗篇"中虽然提到了"择地得宜"的原则，但是选择如何的田段才算是得宜了呢？文中并没有提出具体的条件，淳熙六年（1179）朱熹在《劝农文》中始说选择肥好的田段来做秧田，他说："耕田之后，春间须是拣肥好田段，多用粪壤，拌和种子，种出秧苗"。陈翥主张："下（桐树）子之地，宜高厚之处，低湿则不能萌矣"。"凡种其子，当先粪其地，然后均散之。一春可高三四尺，瘠地只一二尺耳。土膏腴，则茎叶青嫩而乌黑，土瘐薄，则成苍黄之色"。《农桑辑要·木绵》中首先提出了"择两和不下湿肥地"的主张。所谓"两和地"，即土壤中所含砂壤、粘壤分量适中，具有一定保水保肥能力的土地；"不下湿"，即地下水位较低的土地。这种标准是符合棉花生长需要的，棉花是旱生植物，喜沙质壤土，喜高燥地，同时棉花生育期长，需肥量较多，因此，也要求一些相对肥沃的土地。

---

① 《南涧甲乙稿》，卷十八。

② 《西山文集》，卷四〇。

三　地　宜　论

陈旉的"地势之宜"篇主要是针对同一地区，不同海拔高度的土地，如高田、坡地、平地、低湿地等的规划利用问题，仅仅涉及地势的高低，而不涉及方位的远近。对于一个农业经营都来说，由于其所经营的范围有限，他所要考虑的问题主要是地势的高低，因为"一山有四季"，地势的高低影响到土壤的温寒燥湿，相应的就有不同的作物和耕作方法。但对于国家来说，它所要考虑的范围大得多，而在一个广大的国土上，即便都是平地，由于其所处的地理位置（经纬度）不同，其气候条件也会而之而异，所谓"十里不同天"，气候不同，其利用方法和所适宜栽培的作物也是不同的。所以地宜，不仅是指地势之宜，更主要指的是"风土之宜"。

先秦时代，《尚书·禹贡》和《周礼·职方氏》就对九州土壤及所宜作物做过叙述。元代地宜问题随着蒙古族的长驱直入，人口流动的增大而日益突出出来。而对地宜问题的论述也就成为元代农学思想中最为重要的一章。《农桑辑要》中的"论九谷风土及种莳时月"和"论苎麻、木棉"及《王祯农书》中的"地利篇"就是有关土地问题的重要论述。

元代继承了前人的地宜思想。《农桑辑要》说："谷之为品不一，风土各有所宜。种艺之时，早晚又各不同"。《王祯农书》也说："封畛之别，地势辽绝，其间物产所宜者，亦往往而异焉。何则？风行地上，各有方位。土性所宜，因随气化，所以远近彼此之间风土各有别也"。

在《禹贡》、《周礼·职方氏》等对全国的土壤、物产的划分基础之上，王祯对全国的地形、气候、土壤和物产等作了大体的叙述。他说："大体考之，天下地土，南北高下相半。且以江淮南北论之，江淮以北，高田平旷，所种宜黍稷等稼；江淮以南，下土涂泥，所种宜稻秫。又南北渐远，寒暖殊别，故所种早晚不同；惟东西寒暖稍平，所种杂错，然亦有南北高下之殊。其约论如此"①。他的这个划分考虑到了地理、土壤、物产、气候等多方面的因素，所以是比较正确的，并为历来所接受。20 世纪 30 年代金陵大学农经系的卜凯（J. Buck）教授在其所著的《中国土地利用》（Land Utilization in China）一书中，对中国小麦分布区和水稻分布区的划分与王祯所论不谋而合。

然而元人并没有拘泥于前人对于九州及其所宜作物的严格划分。孟祺在《论九谷风土及种莳时月》一文中指出："一州之内，风土又各有所不同，但条目繁多，书不尽言耳。触类而求之，苟涂泥所在，厥田中下，稻即可种，不必拘以荆、扬。土壤黄白，厥田上中，黍、稷、粱、菽即可种，不必限于雍、冀。坟、垆、黏、埴，田杂三品，麦即可种，又不必以并、青、兖、豫为定也"。

孟祺还在"论苎麻木绵"一文中用事实说明，风土的限制是可以克服的。其曰：

大哉造物！发生之理，无乎不在。苎麻本南方之物，木绵亦西域所产；近岁以来，苎麻艺于河南，木绵种于陕右，滋茂繁盛，与本土无异。二方之民，深荷其利。遂即已试之效，令所在种之。悠悠之论，率以风土不宜为解。盖不知

① 《王祯农书·农桑通诀·地利篇第二》。

中国之物，出于异方者非一，以古言之，胡桃、西瓜，是不产于流沙葱岭之外乎？以今言之，甘蔗、茗芽，是不产于牂柯（今贵州西北）、邛（今四川西昌）、筰（今四川汉源）之表乎？然皆为中国珍用，奚独至于麻棉而疑之！

王祯也说："大抵风土之说，总而言之，则方域之大，多有不同，详而言之，虽一州之域，亦有五土之分，似无多异"。为了使更多的人一目了然看清各地的风土情况，王祯还作了一幅地利图附于农书之中，王祯说："若今之善农者，审方域田壤之异以分其类，参土化、土会之法以辨其种，如此可不失种土之宜，而能尽长稼穑之利。是图之成，非独使民视为训则，抑亦望当世之在民上者，按图考传，随地所在，悉知风土所别，种艺所宜，虽万里而遥，四海之广，举在目前，如指掌上，庶乎得天下农种之总要，国家教民之先务。此图所以作也，幸试览之"。不过现在见于《农书》中的插图非常粗糙，尤其是图上不著一字，更使人无从索解，似乎难以达到王祯所说的目的，无论如何，在农书中引入地图，本书又是一个首创。

元人的风土观念对当时的作物引种产生了影响。元朝的统一为作物的交流提供了有利的条件，而且元朝政府也积极致力于发展农业生产，注重有关国计民生的一些作物，特别是纤维作物的推广，但由于技术等方面的原因，有些作物的推广并没有起到预期的效果，于是有些人便提出是"风土不宜"或曰"地法不宜"。这种思想严重地阻碍了当时正在进行的苎麻和木棉的推广。在这种情况下，以发展农业生产，推广农业技术为己任的劝农官们，就必须站出来，提出自己的看法，以代表政府的立场，于是在官修的《农桑辑要》中有了"论九谷风土时月"及"苎麻木绵"两篇短论，这两篇短论的基本思想是：有风土论，不唯风土论，各地的作物是可以移植的，关键在于移植者的要有严谨的态度和合理的方法。文章中分析了移植失败的原因，一是"种艺之不谨者有之"；二是"种艺虽谨，不得其法者亦有之"。《王祯农书》引用此语，并说："信哉言也"①。因此，书中特别强调技术的重要性。书中还有桑树移栽一节中，具体地提到了一个由于移栽不得法，而导致失败，却称"地法不宜"的例子，并给出了正确的移栽方法。元代人的一个基本思想就是以人的勤劳和智慧来解决风土不宜的问题。

四　王祯对于土地利用技术的论述

王祯在《农书》"农器图谱"中首创了"田制"一门，所谓"田制"主要指的是田的形制。这一门中虽然加入了藉田、太社、民社和授时图等等与田制不甚相关的内容，但其主体还是着重于土地的规划和利用。与《陈旉农书·地势之宜篇》相比，"田制"不仅给出了围田、圩田、柜田、架田、梯田等概念，还对土地利用的技术进行了总结，而且增加了涂田、淤田和沙田等新内容。

（一）围田、圩田和柜田等在技术上的区别

对于湖区和水滨地区的土地利用方式最初可能是湖田、沙田或涂田一类，而后才是围田、圩田或柜田等等。前者是利用湖水、江水或潮田退落之后，或干旱之年，在显露

① 《王祯农书·百谷谱·杂类·木绵》。

的湖荡、沙洲或滩涂上进行垦种的一种农田，相对来说比较原始。以湖田为例，长江中下游的许多湖泊，如太湖、鄱阳湖等都是吞吐型的连河湖，水位有明显的季节性变化。湖田便是在湖水退落之后，稍加改造，便利用显露出来的湖滩进行种植的一种农田。尽管后来有些地方将圩田或围田等也统称为“湖田”①，但严格说来，湖田和圩田或围田是有区别的，其区别在于有没有圩岸围堤。有圩堤的为圩田或围田，而湖滩成田，无圩岸者曰“湖田”②，洞庭湖地区又称为“垸田”③。由于湖田和垸田地处湖心，地势最底，四周又没有圩堤捍护，洪水可以自由进出。在一般情况下不适宜种稻，而只种菱、茭、藕等水生植物，只有在干旱年份，或大水过后才可种植水稻④。湖田由于没有任何防洪圩岸，所以稍溢即没。和湖田相类似的是为滩田。滩田较湖田地势略高，被水淹的时期相对较后，但也无圩岸，洪水也可以自由进入。为了使湖田和滩田变成永久性的稻田，就必须修筑围堤圩岸，使湖田、滩田变成圩田或围田。

围田大多是在原有湖滩草荡上围垦而来的。南宋居住于今浙江湖州的数学家秦九韶在其《数书九章》“田域类”中有“斜荡求积”一题，提到一种“草荡”面积的计算问题：“问有荡一所，正北阔一十七里，自南尖穿径中长二十四里，东南斜二十里，东北斜一十五里，西斜二十六里，欲知亩积几何？”草荡，本是江河湖海之滨长有水草的地方，一般说来地势比较低下，易受水患，据清嘉庆《北湖小志》记载：“湖滨之田宜稻，居民多力农，其田自上下以至上上，相去二三丈，为等六七。最下者，为湖荡草场，种菱、种茭草，或长茏古三棱，至旱岁亦栽稻”。又曰：“昔时管家尖种藕，夏月花开，为湖中大观。乾隆四十年大旱，饥民掘食之尽，因改为稻田。然在湖心，稍溢则没”⑤。为了提高草荡的利用率，筑圩围水也就势在必行。

但是围田仅仅是“高大圩岸”还是不够的，这种围田只能挡住外水，不能排涝，也不能灌溉，因此还需要有河渠、门闸等水利设施。这些水利设施是如何安置的呢？《数书九章》“田域类”中“围田先计”一题给我们提供了详细的文字和图像资料：

问有草荡一所，广三里，纵一百十八里，夏日水深二尺五寸，与溪面等平。溪阔一十三丈，流长一百三十五里入湖。冬日水深一尺，欲趁此时，围裹成田，于荡中顺纵开大港一条，磬折通溪。顺广开小港二十四条，其深同，其小港阔，比大港六分之一，大港深，比大港面三分之一，大小港底，各不及面一尺，取土为埂，高一丈，上广六尺，下广一丈二尺，荡纵当溪，其岸高广倍其埂数，上下流各立斗门一所，面令田内目容水八寸，遏余水复溪入湖。里法三百六十步，步法五尺，欲知田积、埂土积、大小港底面深阔、冬夏积水、田港容水、遏水、溪面泛高，各几何？（图 17-1）

古今人们对于围田和圩田常有混而不分的现象，和这二者纠缠在一起的还有所谓

① 乾隆二十二年（1757）《湖南通志》：“其筑堤湖中，障水以艺稻者，名曰湖田”。稻下编，第 386 页。

② 同治十三年（1874），《湖州府志》，卷三十二，物产。稻下编，第 140 页。

③ 梅莉，洞庭湖区垸田的兴盛与湖南粮食的输出，中国农史，1991，(2)：90。

④ 嘉庆十三年（1808）《北湖小志》：“湖滨之田宜稻，居民多力农，其田自上下至上上，相去二三丈，为等六七。最下者，为湖荡草场，种菱、种茭草，或长茏古三棱，至旱岁亦栽稻”。又曰：“昔时管家尖种藕，夏月花开，为湖中大观。乾隆四十年大旱，饥民掘食之尽，因改为稻田。然在湖心，稍溢则没”。稻下编，第 44 页。

⑤ 嘉庆十三年（1808）《北湖小志》，引自：中国农学遗产选集·稻，下编，农业出版社，1993 年，第 44 页。

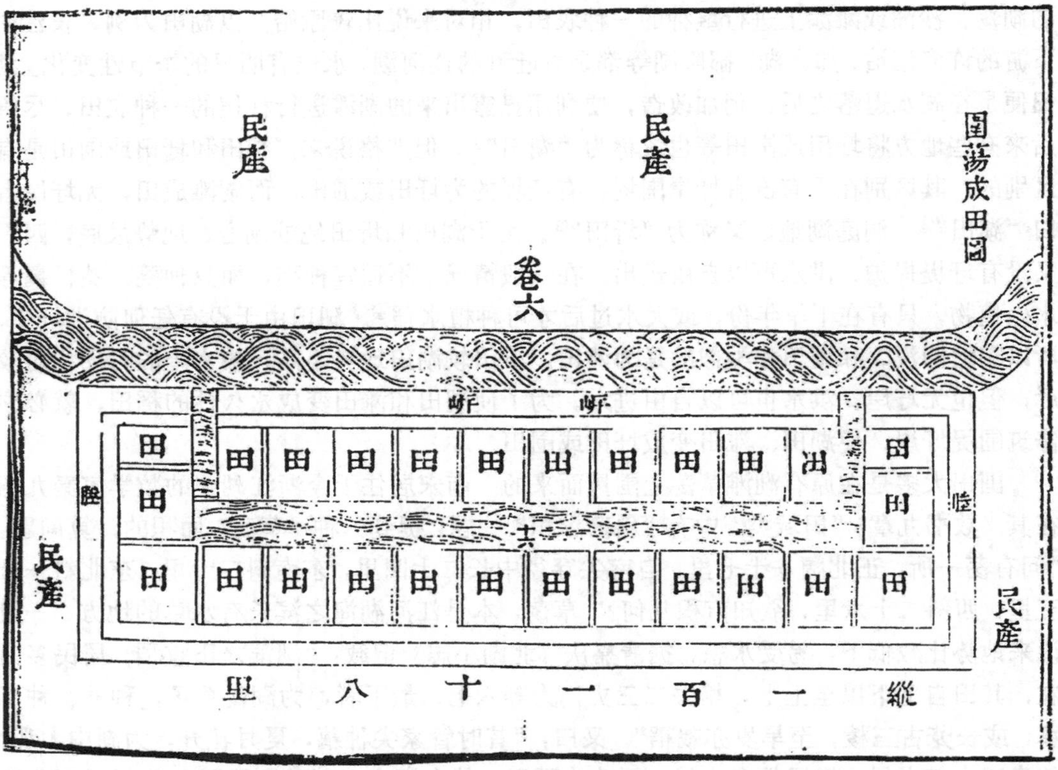

图 17-1　围荡成田图

（原载：宋秦九韶《数书九章》）

“湖田”、“坝田”和“柜田”等。从广义上来说，圩田和围田也确实没有太大的区别，都是围水造田。宋人杨万里《诚斋集·圩丁词十解》引农家云：“圩者，围也。内以围田，外以围水”。陈旉《农书》也没有给出“圩田”或是“围田”的概念，而只是提到了“其下地易以淹浸，必视其水势冲突趋向之处，高大圩岸，环绕之”。

今有学者认为，围田及圩田是两个含义相似又有区别的称谓，单纯就筑堤围田来说，围田和圩田并没有两样。但从历史发展阶段来看，筑堤围田是比较低级的和自发性的，圩田是有系统规划布局的灌溉系统，在大片平原上开发建成的田制结构，围田则是侵占湖河水面为田，对水利系统有障碍破坏作用①。

宋元时期的一些文献也试图对圩田和围田作一区分。《王祯农书》中两处提到了围田和圩田。《农器图谱集之一·田制》载：“围田，筑土作围，以绕田也”。又说：“复有‘圩田’，谓叠为圩岸，捍护外水，与此相类”。可见，围田和圩田的差别仅一个“叠”字，也就是说圩田是由内外二层圩岸围成的，而围田则只有一层圩堤。王祯《农桑通诀集之三·灌溉篇第九》说得更加明确一些，“复有‘围田’及‘圩田’之制，……度视地形，筑土作堤，环而不断，内地率有千顷，旱则通水，涝则泄去，故名曰‘围田’。又有据水筑为堤岸，复叠外护，或高至数丈，或曲直不等，长至弥望，每遇霖潦，以捍水势，故

① 缪启愉，太湖地区的塘埔圩田的形成和发展，中国农史，1982，（1）。

名曰‘圩田’，内有沟渎，以通灌溉，其田亦或不下千顷”。按这个标准来评判，陈旉所指乃是围田。围田和圩田虽然区别仅在于有一道圩堤，还是二道圩堤，但两者的着眼点却不一样，围田着眼于防涝，防止江水上涨时淹浸农田。而圩田则在防涝的同时，还兼有抗旱的功能，即王祯所谓“虽有水旱，皆可救御”。回到宋人有关圩田的记载也可得到证实。宋仁宗庆历三年十一月七日的诏书中有“江南旧有圩田，能御水旱”之语。何谓圩田？仁宗时范仲淹在他的《答手诏条陈十事》一疏中说：“江南应有圩田，每一圩，方数十里，如大城。中有河渠，外有门闸。旱则开闸，引江水之利；潦则闭闸，拒江水之害。旱涝不及，为农美利”。可见圩田并不是简单地围水造田，而是将防洪灌溉有机结合起来的一种农田水利系统。

上面所说的是围田和圩田在利用技术上的判别，但在用语上宋元时期圩田、围田还是混为一谈的。从《数书九章》“围田先计”一题来看，南宋时期太湖地区的围田不仅有大港、小港，还有土埂和斗门，应属于圩田，但书上仍称为围田。又从柜田来来看，《王祯农书》指出：“柜田，筑土护田，似围而小，四面俱置瀽穴，如柜形制；顺置田段，便于耕莳”。柜田实际上就是一种小型的圩田，它不仅有圩堤，而且还有瀽穴。本应是“似圩而小”，但农书中却说是“似围而小”。从上述文献中可以看出，围田和圩田在宋元代似乎并没有区别。事实上也可能如此，围与圩同音，当人们称之为“围田”时，强调的是“围水”，当人们称为“圩田”时，强调的是“筑圩”。围水必须筑圩，筑圩用以围田。围田和圩田实际上就是一回事，故南宋杨万里说：“圩者，围也；内以围田，外以围水。盖河高而田反下。沿堤通斗门，每门疏港以溉田，故有丰年而无水患”[①]。因此宋元时期，圩田有时还是笼统地称为围田。

（二）梯田修造技术

梯田系由畲发展而来的。畲田，实际上就是刀耕火种，即山民在初春时期，先将山间树木砍倒，然后在春雨来临前的一天晚上，放火烧光，用作肥料，第二天乘土热下种，以后不做任何田间管理就等收获了。宋人范成大在《劳畲耕·并序》中提到：“畲田，峡中刀耕火种之地也。春初斫山。众木尽蹶。至当种时，伺有雨候，则前一夕火之，藉其灰以粪，日雨作。乘热土下种，即苗盛倍收。无雨反是。山多硗确。地力薄则一再斫烧。始可艺。春种麦、豆作饼饵以度夏。秋则粟熟矣”。薛梦符在《杜诗分类集注》卷七中对于畲田有如此的解释，其曰：“荆楚多畲田，先纵火熂炉，候经雨下种，历三岁，土脉竭，不可复树艺，但生草木，复熂旁山。畲田，烧榛种田也。尔雅一岁曰菑，二岁曰新，三岁曰畲。易曰不菑畲。皆音余。余田凡三岁，不可复种，盖取余之意也。熂音饩，爨火烧草也。炉音户，火烧山界也”。可见，畲田是一种很原始的山地利用方式，由于它顺坡而耕，又不设堤埂，所以每当大雨倾注，山水就顺坡而下，冲走大量田土，水土流失严重。一般是二三年之后，土肥就已枯竭，就不能再种植了，而不得不另行开辟。由于畲田的保土蓄水能力很差，一般只能种植豆、麦、粟等旱地作物，产量也不高。梯田就是为了解决畲田的水土流失问题而出现的。它的出现为水稻上山提供了条件。

元代王祯不仅给出了梯田的概念，而且还最早总结了梯田的修造方法。其曰：“梯田，

① 宋·杨万里，《诚斋集》，卷三十二，圩丁词十解。

谓梯山为田也。夫山多地少之处，除磊石与峭壁例同不毛，其余所在土山，下自横麓，上至危巅，一体之间，裁为重磴，即可种艺。如土石相半，则必叠石相次，包土成田。又有山势峻极，不可展足，播殖之际，人则伛偻，蚁沿而上，耨土而种，蹑坎而耘，此山田不等，自下登陟，俱若梯登，故总曰梯田。上有水源，则可种粳秫，如止陆种，亦宜粟麦”[①]。根据这段记载，可以看出，梯田的开辟分为三种情况，一是土山，这种情况只需要自下而上，裁为重磴，即可种艺；二是土石相半，有土有石的山，就必须垒石包土成田；三是如果山势非常陡峭，似乎就不能按照常规去开辟梯田，则只好耨土而种，蹑坎而耘。不管是那种梯田，只要有水就可以种植水稻，没有水则只能种旱地作物，如粟、麦等。

不过江南地区的梯田主要还是种植水稻的，这些新增的水田，由于地势较高，水源不便，往往缺水。虽然陈旉提出了在山顶修筑陂塘的办法，但这种办法并没有普及，比如，南宋绍兴十六年（1146），袁州知州张成己就说到过：“江西良田，多占山岗上，资水利以为灌溉，而罕作池塘以备旱暵”[②]。黄榦也曾说：“江西之田，瘠而多涸，非籍陂塘井堰之利，则往往皆为旷土，比年以来，饥旱荐臻，大抵皆陂塘不修之故”[③]。在陂塘失修的情况下，高田（梯田）灌溉主要依靠天然降水，一有降雨愆期，加之土地硗确，“稍旱即水田不登”，因此，选择一种能种于“高仰之田”，“不择地而生”的水稻品种也就势在必行，占城稻就是在这种情况下引进并加以推广的。但是，占城稻耐旱，并不是滴水不要，解决水源的问题依然存在。《王祯农书》在这方面有所发展。书中提到了高转筒车，这种筒车可以将水由低处引向高处。“如田高岸深，或田在山上，皆可及之”。这样就解决了水源的问题，比之于陈旉又进了一步。

（三）涂田、淤田和沙田的区别及利用技术

对海涂开发利用的主要障碍在于咸潮，由于海潮的盐分很重，不能种植作物，必须加以淡化，才能辟为良田。如何防止咸潮为害就成为利用涂田的关键。前人多采用修筑海塘以挡咸潮的办法。在此基础上，王祯进一步提出了以下的方法：“初种水稗，斥卤既尽，可为稼田，所谓‘潟斥卤兮生稻粱’。沿边海岸筑壁，或树立桩橛，以抵潮泛。田边开沟，以注雨潦，旱涸灌溉，谓之‘甜水沟’。其稼收比常田，利可十倍，民多以为永业”。

从王祯的论述中可以看出，当时人们利用涂田主要采取了三个方面的措施：一是种水稗斥卤。选择一些能够在盐碱土上生长的植物作为先锋作物进行种植，以起到生物耕作的作用。这种方法在后世仍然采用。如，道光二十年（1840）山东《巨野县志》说：“碱地苦寒，惟苜蓿能暖地，不畏碱，先种苜蓿，岁夷其苗，食之。三年或四年后犁去其根，种五谷蔬果，无不发矣”。这里采用的方法与王祯 所说的方法一致，不过是将水稗换成了苜蓿而已。二是筑海塘抵潮。把围田的原理用于开发海涂。围田的圩起到外以围水，内以护田的作用。修筑海塘，也可能起到同样的作用，它通过抵挡潮泛，保护农田，不受咸潮浸害。三是开沟蓄水。在海堤内，涂田四周开沟，以蓄积雨水，用于灌溉。

---

① 王祯农书·农器图谱·田制。

② 《宋会要辑稿·食货》，七之四六。

③ 黄榦：“代抚州陈守”五“陂塘”，《勉斋集》卷二十五。

沙田是在原来沙洲的基础上开发出来的，其特点之一就是极易受水的冲击，而不稳定。王祯说，沙田“旧所谓‘坍江之田’，废复不常，故亩无常数，税无定额，正谓此也”。他还引述了发生在宋代的一段故事来说明沙田的特点。宋乾道年间（1165～1173），梁俊彦请税沙田，以助军饷。既施行矣，时相叶颙奏曰：‘沙田者，乃江滨出没之地，水激于东，则沙涨于西，水激于西，则沙复涨于东，百姓随沙涨之东西而田焉，是未可以为常也。且比年兵兴，两淮之田租并复，至今未征，况沙田乎？’”宋元时期，围绕着是否应对沙田征税一直是许多朝廷命官议论的焦点，而问题的关键就在于如何计算沙田的面积？在《数书九章》“田域类”中，秦氏提到了三角形沙田面积的计算方法，这就是所谓“三斜求积”：“问沙田一段，有三斜，其小斜一十三里，中斜一十四里，大斜一十五里，里法三百步，欲知为田几何？”但是，“三斜求积”只是解决了三角形沙田的面积计算问题，而沙田的不稳定性，有时又会出现这样一种情况，“三斜田，被水冲去一隅，而成四不等直田之状”，如何计算这种土地的面积呢？“田域类”中有“漂田推积”一题：“问三斜田，被水冲去一隅，而成四不等直田之状. 元中斜一十六步，如多长. 水直五步，如少阔. 残小斜一十三步，如弦。残大斜二十步，如元中斜之弦。横量径一十二步，如残田之广. 又如元中斜之句，亦是水直之股。欲求元积、水积、元大斜元小斜、二水斜各几何？”

其实政府在沙田税收上遇到的困难，也是沙田开发中所要遇到的困难。如何来克服沙田易受水冲刷而极不稳定的问题？王祯在《农书》中提出了这样的方案：“四周芦苇骈密，以护堤岸；其地常润泽，可保丰熟。普为塍埂，可种稻秫，间为聚落，可艺桑麻。或中贯潮沟，旱则频溉；或傍绕大港，涝则泄水；所以无水旱之忧，故胜他田也”。从王祯的叙述中可以归纳出几点利用沙田的方法：一是筑堤，堤外种植芦苇，抵挡潮水对堤内农田的冲刷；二是作埂，用以蓄水，种植水稻；三是在局部地势较高的地区建村落，用以居住，可以安置流民，还可以种植桑麻；四是在堤内沙田中间和四周开沟，用以灌溉和排涝。这种沙田利用方法与圩田有相似之处，不过所处在的地理位置不同而已。

（四）对于开荒的论述

人多地少是隋唐宋元时期，农业经济的一个总的背景。但在这个大背景之下，由于社会的动荡，特别是战争等方面的原因，一些地方出现了荒地。随着战争的结束，社会的安定和人口的重新增长，开荒也就成为农业生产的当务之急，《王祯农书》中就有“耕垦”一篇，其中“垦”也就指的是开荒。

荒地，是从来没有开垦的原荒之地，或曾经开垦，后又弃置不用的抛荒之地。由于多年失耕，处于自然休闲状态，地力往往比较肥沃，当时汉、沔、淮、颍等流域就有大量的荒地，这些荒地经过开垦之后，种植芝麻等作物，取得了很好的收成，有人因此而富裕起来。因此，在当时就流传有这样的谚语：“坐贾行商，不如开荒”。

开荒的关键在于对荒地上草木的治理。王祯说：“凡垦辟荒地，春曰‘燎荒’，如平原草莱深者，至春烧荒，趁地气通润，草芽欲发，根荄柔脆，易为开垦，夏曰‘稀青’，夏月草茂时开，谓之稀青，可当草粪。但根须壮密须藉强牛乃可，盖莫若春为上。秋曰‘芟荑’，其次。秋暮草木丛密时，先用鏺刀遍地芟倒，暴干放火，至春而开，根朽省功”。

王祯认为，对荒地草木的治理也要因地制宜。

如泊下芦苇地内，必用劚，刀引之，犁镵随耕，起拨特易，牛乃省力。沿山或老荒地内树木多者，必须用钁劚去，余有不尽根科，俗谓之‘埋头根’也。当使熟铁锻成镵尖，套于退旧生铁镵上。纵遇根株，不至擘缺，妨误工力。或地段广阔，不可遍斸，则就所斫枝茎覆于本根上，候干，焚之，其根即死而易朽。又有经暑雨后，用牛曳磟碡或辊子，于所斫根查上和泥碾之，干则挣死。一二岁后，皆可耕种。其林木大者，则劉杀之，叶死不扇，便任种莳。三岁后，根枯茎朽，以火烧之，则通为熟田矣。

在去除杂草和树木之后，便可进行整地和播种。王祯说："大凡开荒必趁雨后，又要调停犁道浅深粗细，浅则务尽草根，深则不至塞墢；粗则贪生费力，细则贪熟少功；惟得中则可"。荒地开垦之初，多采用撒播的方式，种植的作物主要有水稻、芝麻等。栽培方法也比较粗放，"如旧稻塍内，开耕毕，便撒稻种，直至成熟，不须薅拔"。尽管如此，由于荒地地力有余，也能获得较好的收成。

五 水的问题

围田等系与水争田，水害是其主要矛盾，梯田等则需水来灌溉，干旱是其面临的首要问题。隋唐宋元时期在耕地面积扩大的同时，水旱灾害也日趋频繁。解决水旱灾害问题是土地利用之首务。

兴修水利是解决水旱灾害的根本办法，但涉及许多农业以外的问题。从农业和农学来说，宋元时期解决水旱灾害问题主要做了以下几个方面的工作。

（一）作柜田

汉有区田之法。区田不耕旁，庶尽地力。唐宋时期的农学家一再强调，宁可少好，不可多恶，经营规模必须与财力相称，这样才能游刃有余，对于各种灾害也能应付裕如，作柜田即是这种思想的体现。王祯说："备旱荒之法，则莫如区田，起于汤旱时，伊尹所制。斸地为区，布种而灌溉之。救水荒之法，则莫如柜田。柜田者，于下泽泽沮洳之地，四围筑土，形高如柜，种艺其中，水多浸淫，则用水车出之"①。又说："柜田，筑土护田，似围而小，四面俱置瀽穴，如柜形制；顺置田段，便于耕莳。若遇水荒，田制既小，坚筑高峻，外水难入，内水则车之易涸……此救水荒之上法"②。由于其面积小，可以全力以赴，对付水灾，确保丰收。后来明代所采用之亲田法在原理上与之有相似之处。

（二）选品种

排灌的目的在于使农田中的水分适合于作物的生长，但这只是问题的一个方面，另一个方面，就是通过选择的作物和作物品种来适应土地的自然条件，所谓山不转水转。《陈旉农书》中的"地势这宜篇"即注意到了这一点，比如，高田，它对于农业生产的一个最大的不利因素就是干旱，虽然挖池塘可以解决高田的灌溉问题，但如果当年干旱，池

① 《王祯农书·百谷谱》，集之十一，备荒论。
② 《王祯农书·农器图谱》，集一，田制。

塘里也严重不足的时候怎么办？选用需水少而耐旱的品种便是一招。因此，陈旉在进行土壤规划的同时，也考虑了品种的问题，他说："高田早稻，自种至收，不过五六月，其间旱干不过灌溉四五次，此可力致其常稔也"。高田如此，低田也不例外，低田最大的问题就是易涝，在进行围田和架田的同时，选用耐水和生育期短的品种也是一种办法。黄绿谷即其一[①]，"黄绿谷自下种至收刈，不过六七十日，亦以避水溢之患也"。陈旉和王祯在农书中都提到了这个品种。实际上，宋元时期最有名的还莫过于占城稻。宋真宗大中祥符四年（1011），"帝以江、淮、两浙稍旱即水田不登，遣使就福建取占城稻三万斛，分给三路为种，择民田高仰者莳之，盖旱稻也"[②]。可见占城稻的引进完全是为了对付梯田干旱起见的。

（三）制器械

排灌是解决水旱灾害最直接的办法，是有相应的工具的出现。隋唐宋元时期翻车为代表的各种水利工具得到了广泛的使用。元代《王祯农书》对于翻车的形制做了记载，还特别介绍了一种"起水之法"，以示翻车在高田抗旱中的作用。"其起水之法，若岸高三丈有余，可用三车，中间小池，倒水上之，足救三丈以上高旱之田。凡临水地段，皆可置用，但田高则多费人力。如数家相助，计日趋工，俱可救旱。水具中机械巧捷，惟此为最"。翻车除了使用人力手拔、脚踏之外，还出现了水转翻车、牛转翻车和风车。

除了翻车之外，唐代又发明和使用了筒车。筒车是利用水流推动转轮来提水灌溉的装置。唐人陈廷章的《水轮赋》[③]中对筒车有生动具体的描述。根据他的描述，水轮是把木制的轮子架设在流水之上，利用水流冲击的力量使木轮转动，这样就可以引水上升，进行灌溉。它实际上可能和王祯《农书》中所记载的水转筒车相同。说明唐代筒车已用于农田灌溉。杜甫诗中也有"连筒灌小园"之句，据李寔的解释，"川中水车如纱车，以细竹为之，车骨之末，缚以竹筒，旋转时低则留水，高则泻水"[④]。这也就是筒车。

宋元时期，适应不同的农田灌溉的需要，筒车又有所发展，出现了卫（驴）转筒车、高转筒车、水转高车等不同形制。驴转筒车，其轮车主体同水转筒车，唯于"转轴外端别造竖轮，竖轮之侧岸上复置卧轮"，用驴或牛牵拽卧轮旋转，则筒车随之转动。这种筒车应用于无流水处。但还不如翻车省便[⑤]。高转筒车是筒车与翻车相结合的一种装置，其制有上下两轮，下轮半在水中，两轮由竹索联系，"如环无端"。索上每距5寸安1竹筒，筒长1尺。筒索下托以木板。用"人踏或牛拽转上轮"，则盛满河水的竹筒便循次而上。"如此循环不已，日所得水，不减平地车戽。若积为池沼，再起一车，计及二百余尺。如田高岸深，或田在山上，皆可及之"。水转高车是安装在有水流处的高转筒车，只是"于下轮轴端别作竖轮，傍用卧轮拨之，与水转翻车无异。既转，则筒索兜水循槽而上"。如"水力相称"，"日夜不息，绝胜人牛所转"。

---

① 黄绿稻，应为黄穋稻。详见：曾雄生，中国历史上的黄穋稻，农业考古，1998，(1)：292～311。

② 《宋史·食货志》。

③ 《全唐文》；卷九四八。

④ 《杜少陵集详注》，卷十《春水》诗注。

⑤ 徐光启认为，筒车之妙，妙在用水（力）；若用人畜之力，是水行迂道，比于翻车，枉费十分之三。见《农政全书》，卷十七。

唐代还出现了一种半机械的灌水装置"机汲"。据刘禹锡《机汲记》[①]的记载，机汲由畚（竹子做成的水桶）、臬（木桩）、絙（绳子做的索道）、绠（长绳）以及铁铸的滑轮等组成。有人认为，机汲就是高转筒车[②]；但也有认为机汲一种利用架空索道的辘轳汲水机械[③]。起承载作用的架空索道，是由置辘轳处一直延伸到水中的树木桩臬顶端。索道上挂一滑轮。作为起牵引作用的系水桶的长绳，缠绕于辘轳的圆轴之上。下放水桶时，由于架空索道向下倾斜度很大，具有一定重量的水桶，便能牵引滑轮向下滚动，滑轮停止滚动，水桶就能垂直入水，水桶汲满后可摇动辘轳、通过长绳把水桶提至所需要的地点。这种辘轳汲水机械是辘轳汲水方法的重大发展。它表明，至迟唐代曲柄辘轳已经出现了。同时，它又利用架空索道和滑轮的帮助，把上下垂直运动改为大跨度的斜向运动。有利于江河岸农田灌溉的发展。

（四）巧利用

王祯按水与田所在的位置分水上、水下、水远三种情况提出了不同的对策。水在田上通过闸门、瀽窦来控制水的进出；水在田下，则设机械，如翻车、筒轮、戽斗、桔槔之类，来提水灌溉；水在远处，就可以利用槽架、连筒、阴沟、浚渠、陂栅之类，引而达之。王祯将这三种用水对策，称为"用水之巧"。明末徐光启的"用水五术"、"用水七法"，实际上就是在王祯的"用水之巧"基础提出来的。

第二节 耕 作 制 度

兴修水利是为扩大耕地面积服务的，而扩大耕地面积只是提高农业总产量的途径之一。另一种方式就是充分利用现有土地，增加复种指数，提高现有土地的利用率，在不增加耕地面积的前提下，也可以起到同样的效果。早在战国时期，李悝就提出了"尽地力之教"，要求尽量提高现有土地的生产潜力，《荀子·富国》也谈到："今是土之生五谷，人善治之，则亩益数盆，一岁而再获之"。表明当时有可能出现了一年二熟制。但是当时人地之间的矛盾还相对比较缓和，所以提高复种指数，走内涵的提高土地生产力的道路还没有成为主流。宋元时期，随着人口的增加，人均占有土地的相对减少，人们在积极扩大耕地面积的同时，也着眼于对现有土地的利用，这就是实行多熟制，来提高单位面积产量，以满足日益增长的人口的需要。

一 南方耕作制度的发展

（一）稻麦二熟制的形成

麦类在南方的发展，促进了南方稻麦二熟制的形成。关于稻麦二熟制的最明确的记载首见于唐代。唐樊绰《蛮书·云南管内物产》说："从曲靖州已南，滇池已西，土俗唯

---

① 刘禹锡，《刘宾客文集》卷九；又见《全唐文》卷六〇六。

② 汪家伦、张芳，中国农田水利史，农业出版社，1991年，第277页。

③ 梁家勉，中国农业科学技术史稿，农业出版社，1989年，第325页。

业水田，种麻豆黍稷不过町畽。水田每年一熟，从八月获稻，至十一月十二月之交，便于种稻田种大麦，三月四月即熟。收大麦后，还种粳稻。小麦即于岗陵种之，十二月下旬已抽节，如三月小麦与大麦同时收刈”。众所周知，唐代的云南地区并非农业最发达的地区，相反据《新唐书·南诏传》的记载，南诏耕具及耕作方法还非常落后，据此有人认为，像云南这样落后的地区尚且可以实行稻麦二熟制，那么生产率水平更高的江南地区，则更有可能实行了①。实际上，云南地区稻麦二熟制的实施，有其特殊的自然条件。不能根据云南地区在唐代出现了稻麦二熟制就进而推断，江南地区已普遍实施了稻麦二熟制。

实际上唐代的江南地区即便是实施了稻麦二熟制，其普遍性也是很有限的，这种情况到宋代仍是如此，尽管北宋中后期，苏州（平江府）等地已有“刈麦种禾，一岁再熟”②，“稻麦两熟”③ 的明确记载，但是这一地区地势低下，农田大多数宜稻不宜麦。如湖州“郡地最低，性尤沮洳，特宜水稻”。尽管宋政府曾多次向江南地区推广小麦种植，“劝民种麦，务要增广”，但按照绍熙四年（1193）进士董煟所说：“今江浙水田，种麦不广”。所以直至嘉定八年（1215），宋廷还应知余杭县赵师恕之请，令江浙等地劝民杂种麦粟，以解决饥荒的威胁。这种情况在赣江和汉江流域也有类似。江西抚州地区历史上也没有种麦的习惯，所以黄震到任之后，有“劝种麦文”④。汉江流域的洋州（今陕西洋县）历史上虽稻麦皆有种植，但实行的是稻麦分作，南宋绍兴十九年（1149）宋莘在洋州《劝农文》中提到：“余尝巡行东西两郊，见稻如云雨，稻田尚有荒而不治者，怪而问之，则曰：‘留以种麦’”⑤。由此可见，有宋一代，稻麦二熟制，并没有得到大的推广。

（二）双季稻的发展

双季稻的栽培最早开始于秦汉时期的岭南地区，据杨孚《异物志》记载“交趾稻夏冬二熟，农者一岁再种”⑥，隋唐时期，岭南地区仍然有“稻岁再熟”和“土热多霖雨，稻粟皆再熟”的记载⑦。然而，早期的双季稻是属于那种类型的双季稻呢？古文献中并不明确。晋代郭义恭在《广志》中曾记有一双季稻品种“有盖下白稻”，这种品种“正月种，五月获；获讫，其茎根复生，九月熟”。从这个品种中推测，早期的双季稻可能有一部分属于再生双季稻。

唐宋时期，长江流域的双季稻发展，仍然是以再生双季稻为主。据《文献通考·物异考》等古文献的记载，北宋安徽无为军（今无为县），洪州（今江西南昌）六县、淮西路（今江北淮南地区）都曾经收获过再生稻。再生稻栽培广泛，各地名称也不尽相同。宋曾安止《禾谱》上说“今江南之再生禾，亦谓之女禾，宜为可用”，女禾除了表示其再生

---

① 李伯重，唐代江南农业的发展，农业出版社，1990年，第110页。

② 宋·朱长文，《吴郡图经续记》。

③ 《吴郡志》，卷一九“水利下”。

④ 黄震，黄氏日抄，卷七十八，四库全书本，第48，52页。

⑤ 宋莘，洋州劝农文。见陈显远，陕西洋县南宋《劝农文》碑再考释，农业考古，1990，(2)：169。

⑥ 《太平御览》，卷八三九。

⑦ 《旧唐书·南蛮传》，《宋史·蛮夷四》。

的特性之外，还可能说明再生之后的植株较原来的植株要矮。安徽无为等地的再生稻则称为“稻孙”。著名书法家米元章在无为任太守时就见过这种稻孙，并大加赞赏①。从曾安止的“宜为可用”，到米元章的赞赏，可见当时再生稻虽然已较为普遍，但还正处在推广阶段。

除了再生双季稻以外，宋代还出现了间作双季稻和连作双季稻。南宋周去非在《岭外代答》中提到广西钦州的双季稻种植情况，“二月种者曰早禾，至四、五月收；三、四月种者曰晚早禾，至六、七月收；五月、六月种者曰晚禾，至八月、九月收。而钦阳七峒中，七八月始种早禾，九月、十月始种晚禾，十一月、十二月又种，名曰月禾”。这种双季稻就是间作双季稻。曾安止《禾谱》中提到一个水稻品种“黄穋禾”，“江南有黄穋禾者，大暑节刈早稻种毕而种，霜降节末刈晚稻而熟”。黄穋禾就是黄穋稻，亦称黄绿谷，这个水稻品种在陈旉《农书》和王祯《农书》中也曾提到，陈旉《农书》说：“《周礼》所谓‘泽草所生，种之芒种’是也。芒种有二义，郑谓有芒之种，若今之黄绿谷是也；一谓待芒种节过乃种。今人占候，夏至小满至芒种节，则大水已过，然后以黄绿谷种之于湖田。则是有芒之种与芒种节候二义可并用也。黄绿谷自下种至收刈，不过六七十日，亦以避水溢之患也”。由此可见黄绿谷是一个有芒而生育期很短的水稻品种，其特点是耐涝，适应于湖田地区种植。又由于它的生育期很短，在发展连作双季稻方面取着重要的作用，如，宋人有不少关于福州双季稻的诗句，而这些双季稻又大多出现在湖田上，如“湖田种稻重收谷”、“负郭湖地插两收”、“两熟潮田天下无”等等，这些在湖田上种植的双季稻可能就是黄绿谷。黄绿谷是中国最早的连作双季稻水稻品种，它的出现对于深水湖田的利用和提高土地利用率，都取到重要的作用。

（三）其他形式的耕作制

稻麦轮作和水稻连作只是南方这一时期发展起来并对后来产生较大影响的两种多熟制形式。除此之外南方还多种形式的耕作制。

养鱼种稻便是其中之一。南方农业生活的主要内容是“饭稻羹鱼”，人们日常生活离不开稻和鱼，而稻和鱼又都离不开水，稻和鱼的这种共生现象，使得稻田养鱼成为顺理成章的事。最早有关稻田养鱼的记载见于三国，《魏武四时食制》：“郫县子鱼黄鳞赤尾，出稻田，可以为酱”。唐代稻田养鱼得到了进一步的发展，同时又创造了利用养鱼开荒种稻的方法。据《岭表录异》的记载：“新泷等州（今广东新兴、罗定一带）山田，拣荒平处，以锄锹开为町畦。伺春雨，丘中聚水，即先买鲩鱼子散于田内。一、二年后，鱼儿长大，食草根并尽。既为熟田，又收鱼利。及种稻且无稗草，乃齐民之上术也”。严格说来这并不是什么稻田养鱼，而是鱼养稻田。因为后世意义上所谓的稻田养鱼，一般是在种有水稻的田中，放养鲤鱼，稻在先，而鱼在后。而此处，则是鱼在先，而稻在后，种稻之前，先将鲩鱼子散在田中，长出鲩鱼，食去田中杂草，一二年后，才种上水稻，而种上水稻后，田中可能有鱼，也可能无鱼。

又据《陈旉农书》的记载，南方地区的多熟制除稻麦之外，还有稻菜、稻豆之类。“耕耨之宜篇”载：“早田获刈才毕，随即耕治晒暴，加粪壅培，而种豆、麦、蔬茹，因

① 叶寘，《坦斋笔衡·稻孙》，引自《说郛》卷十八。

以熟土壤而肥沃之，以省来岁功役，且其收又足以助岁计也”。这里至少包括了稻麦、稻豆和稻菜三种形式的多熟制。这里所谓的“菜”可能是指萝卜或白菜之类。“六种之宜篇”载：“七夕已后，种萝卜、菘菜，即科大而肥美也。筛细粪，和种子，打垄，撮放，唯疏为妙。烧土粪以粪之，霜雪不能凋，杂以石灰，虫不能蚀。更能以鳗鲡鱼头骨煮汁渍种，尤善”。还可能包括芥菜之类。王祯《农书·百谷谱·蔬属·芥》载：“今江南农家所种，如种葵法，俟成苗，必移栽之。早者七月半种，迟者八月半种。厚加培壅。草即除之，旱即灌之”。稻豆轮作是宋元以后江南地区较为普遍的一种轮作方式，明代出现了一种专门用于轮作的大豆品种“黄脚黄”，据《天工开物·乃粒·菽》的记载：“江南又有高脚黄，六月刈早稻方再种，九、十月收获。江西吉郡种法甚妙，其刈稻田，竟不耕垦，每禾稿头中拈豆三四粒，以指扱之，其稿凝露水以滋豆，豆性克发，复侵烂稿根以滋”。

轮作或连作大多情况下是为了扩大复种指数，提高单位面积产量，但有时候却是为了恢复地力。因为在同一块土地上连年种植同一种作物容易导致土壤中某些肥料元素的加速消耗，使土壤呈现地力下降现象，表现为该种作物的产量连年下降，于是有“改种”的作法。宋代在一些甘蔗产区就实行了蔗与其它作物轮作的办法，这是因为“蔗最困地力，今年为蔗田者，明年改种五谷以息之”①。

二 北方耕作制度的发展

在黄河流域，耕作制度也有所发展，北魏均田令曾规定不少田地要定期休耕，隋唐时代休闲仍是恢复地力的一种方式，《杂说》：“每年一易，必莫频种”。但这类现象在不断减少，从《四时纂要》农事活动安排看，当时已广泛实行绿肥作物与禾谷类作物的复种，五月麦收后，又可以安排小豆、枲麻、胡麻等作物的种植。《杂说》中也有：“禾秋收了，先耕荞麦地，次耕余地”。显然是荞麦与早秋作物复种。“其所粪种黍地，亦刈黍了，即耕两遍，熟盖，下糠（穬）麦，至春，锄三遍止”。这是黍麦复种的另一种方式。唐初，关中地区“禾下始拟种麦”②，说明冬麦与粟复种在唐代确实有所发展。若与豆类、荞麦等晚秋作物相结合、在某些地区便可能实行以冬麦为中心的两年三熟制。唐初内外官职田有陆田、水田和麦田，麦田与陆田（种禾黍）和水田（种水稻）是分开的。到德宗时出现了所谓：“二稔职田”的名目③，所谓“二稔”应指麦禾二熟或麦稻二熟，所以它应是包括两年三熟制的耕地在内的。不过，对唐代北方实行两年三熟制的范围和程度不宜估计过高④。

宋元时期，油菜种植的发展，也促成了稻油一年二熟制的形成。油菜又名寒菜，是一种耐寒作物，具有经冬不死，雪压亦易长的特点，是唯一的一种冬季油料作物，适合于与稻田进行水旱轮作，随着油菜种植的发展，稻油一年二熟制也就形成了。《务本新

① 《容斋五笔》，六卷。
② 《旧唐书·刘仁轨传》。
③ 《唐会要》，卷九十二“内外官职田”。
④ 梁家勉主编，中国农业科学技术史稿，农业出版社，1989年，第341页。

书》说："十一月种油菜。稻收毕，锄田如麦法，即下菜种，和水粪之，芟去其草，再粪之。雪压亦易长。明年初夏间，收子取油甚香美。"①

《四时纂要》中记述了茶与其他旱地作物的套种，曰："茶未成，开四面不妨种雄麻、黍、穄等。"② 还记载了苜蓿与麦的混播，曰："苜蓿，若不作畦种，即和麦种之不妨。一时熟。"③ 宋元时期，北方耕作制度最引人注目的当属区田套种法的发明。汉代创造区田法，通过整地作区，在小区内集中人力物力进行精耕细作，以保证在单位面积上取得较好的收成。元代开始把套种运用于区田之上，创造出了区田套种法。据《务本新书》的记载，区田套种的方法是："区当于闲时旋旋掘下，正月种春大麦，二、三月种山药、芋子，三、四月种谷、大小豆、豇绿豆，八月种二麦、豌豆，节次为之，亦不可贪多，谷、豆、二麦各种百余区，山药、芋子各一十区，通约收四、五十石，数口之家，可以无饥矣"。《农桑辑要》中辑录了这条方法，后来王祯对这种方法也很推崇，认为这种方法，"若粪治得法，沃灌以时，人力即到则地力自饶，虽遇天灾不能损耗，用省而一倍，田少而收多，全家发计，指期可必，实救贫之捷法，备荒之要务也"。

三　桑间种植的发展

桑间种植创始于魏晋南北朝时期。当时桑下种植的主要为绿肥作物。《齐民要术》在种桑柘篇中说"其下当斫掘绿豆、小豆"，以便达到"二豆良美，润泽益桑"的目的。又说"岁常绕树散芜菁子，收获之后，放猪啖之，其地柔润，有胜耕者"。到隋唐宋元时期，桑间种植的作物种类有了增加。桑间种植的作物有麦、荞麦、苎麻、谷子、高粱、绿豆、黑豆、芝麻、瓜芋等。种麦的如韩愈（768～824）《过南阳》诗："南阳郊门外，桑下麦青青"；梅尧臣《桑原》诗："原上种良桑，桑下种茂麦"。种荞麦的如范成大《香山》诗："落日青山都好在，桑间荞麦满芳洲"。种菜的如范成大《四时田园杂兴》："桑下春蔬绿满畦，菘心青嫩芥苔肥。"④ 种苎麻见于陈旉《农书》，其曰："若桑圃近家，即可作墙篱，仍更疏植桑，令畦垄差阔，其下遍栽苎。"⑤

宋代除桑下种植之外，还出现了桑下养殖。桑下养殖也见于《陈旉农书》之中，"高田视其地势，高水所会归之处，量其所用而凿为陂塘，约十亩即损二三亩以潴畜水；春夏之交，雨水时至，高大其堤，深阔其中，俾宽广足以有容；堤之上，疏植桑柘，可以系牛"。这里没有提到养鱼，而根据后来桑基鱼塘的经验，池塘养鱼是可能的。这个土地利用规划中将种桑、种稻和养牛，乃至养鱼等有机地结合起来，成为一种种植和养殖相结合的立体农业结构。

元代桑间种植又有了发展。出现了桑椹与黍、穄、绿豆、黑豆、芝麻、瓜芋等等的间作混种，如种桑椹时，"或和黍子同种，椹藉黍力，易为生发，又遮日色。或预于畦南、

① 《授时通考》，卷六引。
② 《四时纂要·二月》。
③ 《四时纂要·八月》。
④ 《范石湖集》，卷二十七。
⑤ 《陈旉农书》，卷下"种桑之法篇第一"。

畦西种穄，后耩穄阴遮映夏日。”[①]“一法：熟地先耩黍一垅。另搓草索，截约一托，以水浸软，趏饭汤更妙。索两端各歇三四寸，中间匀抹湿椹子十余粒，将索卧于黍垅内，索两头以土厚压，中间糁土薄覆。隔一步或两步，依上卧一索。四面取齐成行”。“又法：春月先于熟地内，东西成行，匀稀种穄。次将桑椹与蚕沙相和，或炒黍、谷亦可，趁逐雨后，于穄北单耩，或点种。比之搭矮，与黍同种”。此为套种。“或虚索繁碎，以黍、椹相和，于葫芦内点种，过处，用帚扫匀”。此为混作。

四 多熟制的理论

所谓多熟制，即在一年中于同一块土地上连续种植（或收获）二季或二季以上的作物。这其中至少涉及到三个问题，季节、土地和作物。而且这三个问题又是相互关联的。

陈旉在《农书·六种之宜篇》中对于多熟种植的理论进行了论述，指出：“种莳之事，各有攸叙。能知时宜，不违先后之序，则相继以生成，相资以利用，种无虚日，收无虚月。一岁所资，绵绵相继”。所谓“相继以生成”，即通过作物轮作等方式来提高复种指数，使同一块土地能在一年之内获得二季或二季以上的收成；所谓“相资以利用”，即通过前后作的相互搭配，改善土壤结构，增强土壤肥力，如水稻收毕，随即耕治晒暴，加粪壅培，而种豆、麦、蔬茹，陈旉说通过这种方式可以起到“熟土壤而肥沃之”的作用。所谓“种无虚日，收无虚月”，即尽量延长耕地里绿色植物的覆盖时间，使地力和太阳能得到充分的利用，以提高单位面积产量。但“六种之宜”篇中所提到的多熟种植问题还主要是作物问题，如何使“一岁所资”之作物“绵绵相继”？还必须通过土壤耕作才能实现。

第三节 土 壤 耕 作

隋唐宋元时期，耕作技术发展的一个特点就是，北方抗旱耕作技术继续得到发展，而南方的水田耕作栽培技术体系形成。北方的自然环境特点是干旱，因此，耕作的出发点就在于抗旱保墒。所谓“农桑之术，以备旱暵为先”。魏晋南北朝时期，北方旱地已经形成了以耕—耙—耱—耢—锋—耩抗旱保墒技术体系。隋唐宋元时期，北方的耕作技术基本上沿袭了《齐民要术》所总结的体系，但是在有些方面还有新的发展和创新。这从一些农书中就可以得到反映。

如果说北方耕作技术所要考虑的主要因素是干旱的自然条件的话，南方耕作技术所要考虑的则主要是作物——水稻，水稻要求稻田中的水位必须均匀一直，或深或浅都不行，平整田面最忌土块生硬，而田中之生硬土块则是保证水位深浅之大敌，这就要求消灭大块，熟化土壤，做到壤泥如面，为水稻生长提供有利的环境，隋唐宋元时期的南方水田耕作技术主要是围绕着这个问题来展开的。

① 《农桑辑要》，卷三，栽桑，引《务本新书》。

一　南方水田耕作技术体系的形成及其理论

（一）耕

南方水田和北方旱地比较起来，面积都比较小，耕作时经常要拐弯，这必然要影响到耕作的质量，甚至有耕不到之处。解决这个问题的办法有两个：一是扩大田面。陈旉就提到："若塍垄地势高下适等，即合并之，使田丘阔而缓，牛犁易以转侧也"。二是改进耕具。唐代南方水田耕作普遍都采用了牛耕，江东犁是适应南方稻田整地作业而出现的。根据陆龟蒙《耒耜经》的描述，江东犁和先前的犁相比，具有以下三方面的特点：第一，曲辕和犁盘的出现，淘汰了犁衡（肩轭），缩短了犁辕，减轻了犁架的重量，克服了直辕犁"回转相妨"的缺点，操作起来更为灵活自如，尤其便于转弯，这对于"其田高下阔狭不等"的"南方水田"来说，是最为适用的。第二，犁评和犁梢的出现，使得入土的深浅，起土的宽窄更加随心所欲。先前的犁并没有犁评这一结构，而犁梢与犁底是连成一体的。第三，江东犁不仅出现了专门用以控制耕地深浅的犁评，而且有了犁梢和犁底的分工。犁底修长，便于耕作时保持平稳，做到深浅一致。犁梢则通过人手的上下左右操作，来控制耕地的深浅和耕垡的宽窄。这三个方面的特点较好地适应了南方水田耕作的需要。尽管它在某些方面还有待于进一步完善，但中国传统步犁至此已基本定型。

《王祯农书》引《耒耜经》来说明犁的构造，可见元犁和唐犁的构造基本上出入不大。但《耒耜经》所说的，只是唐代江南的犁。各地的犁在大同之下，还存在着小异。王祯《农器图谱》中所绘的两个犁形，不但彼此不同，也没有一个和《耒耜经》所说完全相同。以犁壁而言，王祯在文字中也说："夫镵形不一，耕水田曰瓦缴，曰高脚，耕陆田曰镜面，曰碗口，随地所宜制也。"① 以使用的牛只而言，王祯又说："耕盘旧制稍短，驾一牛或二牛，故与犁相连。今各处用犁不同，或三牛四牛，其盘以直木长可五尺，中置钩环，耕时旋擐犁首，与轭相为本末，不与犁为一体。"② "垦耕篇"里说："中原地皆平旷，旱田陆地，一犁必用两牛，三牛或四牛，以一人执之，量牛强弱，耕地多少，其耕皆有定法。南方水田泥耕，其田高下阔狭不等，一犁用一牛挽之，作止回旋，惟人所便。此南方地势之异宜也。"③ 可见各地的犁不一样。江东犁只是适合于江南水田耕作的一种犁。

但犁也不是江南地区唯一的一种耕具。尽管宋元时期人们对于耕地的深浅有不同的要求。但深耕却是大家所追求的共同目标。这种深耕有时达到了犁所不可企及的地步，于是有了不同耕具的使用。 䦆即其中之一。陆九渊在总结自家水稻丰产经验时，说："吾家治田，每用长大镢头，两次锄至二尺许深，一尺半许外方容秧一头，久旱时田肉深，独得不旱，以他处禾穗数之，每穗多不过八九十粒，少者三五十粒而已，以此处中禾数之，每穗少者尚百二十粒，多者二百余粒，每亩所收比他处一亩不啻数倍，盖深耕易耨之法如此。"④ 铁搭的使用也是如此。自唐宋以后，至明清时期，乃至近代，在江南地区曾广

① 《王祯农书·农器图谱》。

② 《王祯农书·农器图谱集之二》。

③ 《王祯农书·农桑通诀集之二》。

④ 宋·陆九渊，《象山先生全集》，卷三十四，语录上。

泛使用铁搭，其原因除了经济上缺乏牛畜之外，还有技术上的因素。江南地区的水田土壤粘重，排水不良一般牛耕既浅而又不匀，如用铁搭，虽然功效较低，但翻得更深。自宋以后稻麦二熟盛行，稻田种麦要求起塲，深沟，以保证排水良好，这也是非用铁搭垦麦塲不可的原因①。同时土润也便于铁搭施功用力，这就为铁搭的使用提供了可能性，铁搭也因此成为可以取代牛耕的适合于土壤粘重的水田农作物的高效率农具。

耕具的进步是耕作技术进步的标志，也是耕作技术进步的前提。隋唐宋元时期以江东犁为代表的曲辕犁得到广泛使用，为提高耕地的质量准备了有力的武器。自从有了曲辕犁之后，“不问地之坚强轻弱，莫不任使，欲浅欲深，求之犁箭，箭，一而已；欲廉欲猛，取之犁梢，梢，一而已”②。同时，各种不同的耕具的出现，也满足了人们对于耕作的不同要求。

耕田的第一步是起土，起土有深有浅，有宽有窄，江东犁有专门的控制深浅和宽窄的装置，即“犁评”和“犁梢”，犁评“进之则箭下，入土也深，退之则箭上，入土也浅”。第二步是覆垡，《耒耜经》指出：“草之生，必布于垡，不覆之，则无以绝其本根”。江东犁有专门的覆垡装置，即犁壁。在完成起垡和覆垡之后，接着才是碎土和平整田面。

陆龟蒙对于南方水田耕作的论述，除了《耒耜经》之外，在他的一篇小品文《象耕鸟耘辨》中也有论述。象耕鸟耘，原本是中国农业史上的一个传说。陆龟蒙在《象耕鸟耘辨》一文中，根据自己对传说中象耕鸟耘的理解，结合当时南方水田生产的实际，提出“耕如象行”，即要求耕田必须像大象一样“既端且深”的要求，深比较容易理解，早在春秋战国时代，就一而再，再而三地提出了“深耕”的主张，“其深殖之度，阴土必得，大草不生，又无螟蜮，今兹美禾，来兹美麦”，认为深耕有利于除草灭害。后来人们又进一步认为，深耕有利于保墒，这当然是针对北方旱地农业生产提出来的，唐代南方水田耕作技术体系还处于形成之中，沿用了北方长期以来所采用的深耕的作法，但还没有来得及结合南方农业生产的实际做出理论上的解释。端，则是要求平直，这可能是针对水田生产的实际所提出来的，因为水田耕作多在水面以下，耕作的过程中，如果失于平直，往往会出现漏耕的现象，而这漏耕的部分他日势必影响到部分植株的正常生长。明代马一龙在《农说》一文中对这个问题，讲得很透彻，他说：“兹基寸隙，垦之不遍也。虽所余径寸，他日禾根适之，则诘屈不入。叶虽丛生，亦必以渐消尽，而至于濯濯然。今俗云缩科是已。故犁锄者，必使翻抄数过，田无不耕之土，则土无不毛之病”。不过马一龙这里与陆龟蒙所说的还是有一点不同，马一龙是主张通过多次翻耕来解决漏耕问题，而陆龟蒙则主张耕的时候要求平直，以防止漏耕。

南方水田耕作技术体系形成的同时，人们的认识也在提高。陈旉是第一个系统论述南方水田耕作的作者，他在《农书》中有“耕耨之宜”一篇，专门就南方的水田整地展开了讨论，他根据作物和地势将南方稻田分为早田、晚田、山川原隰和平陂野易四种类型。不同的类型有不同的耕法，所谓“耕耨之先后迟速，各有宜也”。早田在早稻收获之后，还要接茬种豆麦蔬茹等旱地作物，因此要求“获刈才毕，随即耕治晒暴，加粪壅培”。晚田要求待春乃耕，因为春耕时，田中的秸稿都已腐烂，耕翻起来比较省力。山原

① 游修龄，中国稻作史，农业出版社，1995年，第148页。

② 《王祯农书·农桑通诀集之二·垦耕篇第四》。

田因地势较高，比较寒冷，可以在冬天里将田中的水放干，任霜雪冻冱，等到春天才进行整地。平易田则要求平耕深浸。即冬天时，让田中泡水，等开春以后整地耕作。陈旉还在《农书·善其根苗篇》中对于水稻育秧田的整治作了详细的叙述，其曰："今夫种谷，必先修治秧田。于秋冬即再三深耕之，俾霜雪冻冱，土壤苏碎。又积腐稿败叶，刬薙枯朽根荄，遍铺烧治，即土暖且爽。于始春又再耕耙转，以粪壅之，若用麻枯尤善"。值得注意的是，陈旉除了秧田整地中提到了秋耕以外，对秋耕提到的较少，这与宋元时期有关的论述稍有出入，也可能与陈旉所在的江浙地区的耕作制度有关。

王祯是最早将南方水田耕作技术与北方旱地耕作技术进行比较研究的作者。元代官修农书《农桑辑要》也有"耕地"一节，但因作于统一全国以前，所以对南方水田耕作很少涉及。到了王祯《农书》中才加入了这方面的内容，王祯将南方水田划分为三种类型：一是高田早熟；二是下田晚熟；三是"泥淖极深"的水浆田。其中"高田早熟"相当于陈旉所说的"早田"，耕法也大致相同。"下田晚熟"相当于陈旉所说的"晚田"，耕法却有改进，陈旉许是因为牛力缺乏，只有春耕，秋冬耕只行于秧田之上。王祯则提出，晚田收获既毕，即乘天晴无水而耕之，仲春再耕毕。而王祯所提出的水浆田的耕法却是陈旉所没有的，这种水浆田，因为泥淖极深，能陷牛畜，所以需要"以木杠横亘田中，人立其上而锄之"。这种耕法可能就是后来江浙一带以铁搭代替牛耕的耕法。

南方水田因耕作季节不同，有秋耕、冬耕和春耕三种。秋耕和冬耕是在秋季水稻收割之后所进行的翻耕。朱熹在《劝农文》中指出："大凡秋间收成之后，须趁冬月以前，便将户下所有田段一例犁翻，冻令酥脆，至正月以后，更多著遍数，节次犁耙，然后布种，自然田泥深熟，土肉肥厚，种禾易长，盛水难干。"[①] 黄震在"劝农文"中指出："田须秋耕，土脉虚松，免得闲草抽了地力，今抚州多是荒土，临种方耕，地力减耗矣，尔农如何不秋耕。"[②] 北方秋耕，据《农桑辑要》是为了"乘天气未寒，将阳和之气掩在地中"，而南方对于秋耕的认识更有其实在的意义，秋耕行于早稻收割之后，其一是为了清除残茬余蘖；其二是为了消灭杂草；其三是利用冬冻来改善土壤结构；其四是在多熟种植区，秋耕的作用还在于为冬作做准备。其中改善土壤结构，是进行秋耕或冬耕的最重要的原因。

为此目的，根据陈旉农书的论述，当时主要采用了两种秋耕和冬耕的方法：一种是放水晒垡。陈旉《农书》说："山川原隰之田，经冬深耕，放水干涸。雪霜冻冱。土壤苏碎。当始春，又遍布朽薙腐草败叶，以烧治之，则土暖而苗易发作，寒泉虽冽，不能害也"。这种方法主要用于土性阴冷的地区或山区，借以利用放水晒垡和熏土来提高土温；一种是蓄水冻垡。陈旉《农书》说："平陂易野，平耕而深浸，即草不生，而水亦积肥矣"。《种艺必用》亦提到："浙中田，遇冬月水在田，至春至大熟。谚云谓之'过冬水'，广人谓之'寒水'，楚人谓之'泉田'"。冬灌可以使田中结冰，消灭害虫和杂草，同时改良土壤结构，为作物生长创造一个良好的生态环境。元代，又出现了一种介乎冻垡和晒垡之间的冬闲田耕作办法。王祯《农书》说："下田晚熟，十月收刈既毕，即乘天晴无水而耕之，节其水之浅深，常令块坺半出水面，日暴雪冻，土乃酥碎。仲春土膏脉起，即

① 《晦庵集》，卷九十九。
② 《黄氏日抄》，卷七十八。

再耕治”。这种方法更有利于土壤的熟化。

春耕是播种前的最后准备阶段，如果说，秋耕和冬耕对于一些耕作还比较粗放的地区来说，还是可有可无的话，春耕则是必不可少的。对冬作田的整治，一般是在越冬作物收获之后，采用“平沟畎，蓄水深耕”的办法。冬闲田也必须在开春之后，再三耕耙转。

（二）耙和耖

《耒耜经》上说：“耕而后爬，渠疏之义也，散墢去芟者焉，爬而后有砺碎焉，有碌碡焉。自爬至砺碎皆有齿，碌碡觚棱而已，咸以木为之，坚而重者良，江东之田器尽于是”。爬，即耙，作用在于“散墢去芟”，即破碎土垡，清除杂草或作物残茬。耙在魏晋南北朝时即已出现，当时有一字形耙和人字形耙，主要用于旱地作业。江东水田所用的耙可能是“方耙”，据《王祯农书》的记载，方耙“耙桯长可五尺，阔约四寸，两桯相杂五寸许。其桯上相间。各凿方窾，以纳木齿。齿长六寸许。其桯两端木栝长可三尺，前梢微昂，穿两木榻，以系牛挽钩索。”[①] 方耙面积较大，使用时不易陷溺于泥水之中，还可以人立其上，加强“散墢去芟”的效率。宋时对耙功非常重视，为了加大耙地的功效，已普遍采用了人立耙上的耙法。黄震在《抚州劝农文》说：“田须熟耙，牛牵耙索，人立耙上，一耙便平。”[②] 这种情形从宋代以后所流行的一些“耕织图”中可以看到。经过这样一番整治，耖过之后，便可插秧了。

但是耙往往只能消灭浅层中的土块，深层中的土块还需要通过碾打才能破碎，唐代时江东地区使用的碾打工具是砺碎和碌碡。碌碡原本是北方旱地农具，“其制长可三尺，大小不等，或木或石；刊木栝之，中受簨轴，以利旋转。又有不觚棱，混而圆者，谓混轴。俱用畜力挽行，以人牵之，碾打田畴上块垡，易为破烂”。隋唐以后这种农具移植到了南方，并针对南方水田土壤较粘重和阻力大的特点，对碌碡进行了改造，改造后的碌碡采用木制，又在木制碌碡上加上列齿，成为礰碎，成为水田专用农具，可以起到“破块滓，溷泥涂”的作用，最终达到平整田面和提高效率的要求。

需要指出的是南方稻田整地使用的碾打和北方旱地耕作使用的“辗”、“挞”有所不同。辗挞主要用于播种之后的镇压，其作用在于提墒，以保证种子萌发。而碾打则是用于播种之前，用于破碎土块，同时将田面上的杂草压入泥中，为播种或插秧作准备。

但是耙、砺碎和碌碡只是解决了耕后的“散墢去芟”的问题，散墢去芟之后，田面的高低不平仍然存在，这就势必对田中停水的深浅产生影响。于是在宋代又出现了一种平整田面的农具“耖”。耖的作用主要就是为了平整田面，以便于下种或插秧。与前面几种农具相比，耖完全是在水田生产中发展起来的。王祯《农书》说：“耖，疏通田泥器也。高可三尺许，广可四尺，上有横柄，下有列齿。其齿比耙齿倍长且密。人以两手按之，前用畜力挽行，一耖用一人一牛。有作‘连耖’，二人二牛，特用于大田，见功又速。耕耙而后用此，泥壤始熟矣”。唐代做为南方水田整地技术体系的雏形，已经出现了耕、耙和碾，耕是取垡，耙和碾则是碎土，但是对于南方稻田来说，还缺少一个碎土之后，平整

---

① 《王祯农书·农器图谱》。

② 《黄氏日抄》，卷七十八。

田面的工作，而耖的作用主要就是为了平整田面，以便于下种或插秧。

耖出现较早。1980年在广西倒水出土的耙田，其所用的耙是一种一字型耙，排行较长的六齿，齿疏而锐，可能是装在横木上，横木上再安装扶手把，实际上就是耖。果真如此，则耖在魏晋南北朝时期就已出现。但是耖在很长的时期里，似乎并没有得到推广和使用，唐代时期，水田整地使用的农具主要是犁（如江东曲辕犁）、耙（爬）、砺礋和碌碡等农具，所谓“耕而后有爬焉”，“爬而后有砺礋焉，有碌碡焉”。到了宋代始出现有耖，并成为水田整地中重要的一环。《耕织图诗·耖》：“脱胯下田中，盎浆著塍尾，巡行遍畦畛，扶耖均泥滓，迟迟春日斜，稍稍樵歌起，蒲暮佩牛归，共浴前溪水”。耖的出现标志着南方水田整地农具的配套形成。宋元时期，随着耖的出现，以耕—耙—耖为主要技术环节的南方水田整地技术体系业已形成。耖是南方水田耕作所特有的一种农具，从此，“南方水田，转毕则耙、耙毕则耖”[1]成为一种标准的作业，“耕耙而后用此，泥壤始熟矣。”[2]在这个体系中，唐时使用的砺礋和碌碡似乎不见了，其实它们并没有淘汰，而只是作为耙的一种形式而存在，因为从后世的情况来看，砺礋和碌碡后来都被称为“辊耙”或“碾耙”，甚至耖也有时候作为耙的一种，称为“耖耙”。这样无疑就使耙的次数增多，古农法中有“犁一耙六”之说，说者以为专指北方的旱地耕作，实际上南方也是如此。多次耙的目的无非是要使“壤细如面”，为水稻生长提供良好的土壤环境。

宋元时期，还有两种平整田面的工具，即平板和田荡。平板“用滑面木板，长广相称，上置两耳，系索连轭驾牛，或人拖之”。平板主要用于平整秧田的田面，所以称为“平摩种秧泥田器”。秧田较之于本田对田面的平整要求更高，“摩田须平，方可受种；即得放水，浸渍匀停，秧出必齐”。但是由于秧田面积较小，有些农户并没有专门的平板用作平摩种秧泥田器，便“仰坐凳代之”，即把凳子翻过来，用凳子面作平板。田荡与平板功用相当，也主要用于秧田。陈旉《农书·善其根苗篇》云：秧“田精熟了，乃下糠粪，踏入泥中，荡平田面，乃可撒谷种”。是有田荡的出现，王祯《农书·农器图谱》载：田荡“用叉木作柄，长六尺，前贯横木五尺许。田方耕耙，尚未匀熟，须用此器平著其上荡之，使水土相和，凹凸各平，则易为秧莳。”[3]

需要指出的是，耙和耖虽然是用于耕之后，但并不是每次耕后都要相应地进行耙和耖。秋耕和冬耕之后，如果是作为冬闲田，一般都不复耙和耖，耙和耖是主要用于春耕。

宋元时期，人们对于秧田的整治尤为在意，因此耕、耙、耖在秧田上得到了充分的运用。据前引《陈旉农书·善其根苗篇》所说，秧田整治须要经过秋耕、冬耕和春耕三个阶段。秋冬深耕冻垡、促使土壤疏松、释放养分，消灭杂草。同时还通过铺草熏土的措施，借以提高土温。在春季，要进行耕耙、施肥，然后平整田面，即可播种。元代在此基础上，又提出“平后必晒干”的措施。晒干不仅可以改善土壤结构，还能使苗出整齐。

（三）耘

水稻在大田生长过程中，经常要遭受杂草的侵袭，因此有除草的出现。隋唐以前，普

① 《王祯农书·农桑通诀·耙耢》。
② 《王祯农书·农器图谱·耖》。
③ 《王祯农书·农器图谱·田荡》。

遍采用的是水耨的除草方式，这种方式根据应劭和《齐民要术》的解释，是在稻苗长到七、八寸的时候，用镰刀割去稻田中的杂草，然后灌水，或是在稻田有水的情况下，直接割去杂草，由于这种除方式仍然将根株留在土里，因此过了一段时间，杂草又会重新长出来，因此，还要进行第二次，或第三次的除草。这是一种直播条件下所用的除草方式，这种方式在宋元时期的一些地区仍有采用，只不过是用辊轴代替了镰刀。《王祯农书》载："江淮之间，凡漫种稻田，其草禾齐生并出，则用此辊碾，使草禾俱入泥内，再宿之后，禾乃复出，草则不起"。这种方式和水耨一样都是利用了水稻与杂草对淹水的不同反映[1]。稻苗不怕水淹，而杂草则被淹死。水耨的方式虽然不致将稻淹死，但也会对稻的生长发育产生不良的影响。因此有必要发明一种既能除草，又无损于水稻生长的除草方式，隋唐宋元时期，水稻移栽的普及为耘田方式的改进提供了方便，于是手耘和足耘等便取代了水耨。

文献记载中可能是以脚耘为最早，陶渊明的"植杖而耘耔"指的可能就是足耘，这种足耘，根据《王祯农书》的记载，"为木杖如拐子，两手（根据笔者的经验一般是一手）倚以用力，以趾塌拔泥上草秽，壅之根苗之下"[2]。明代宋应星称这种耘田方法为"耔"，说："凡稻分秧之后数日，旧叶萎黄而更生新叶。青叶既长，则耔可施焉（俗名挞禾）。植杖于手，以足扶泥壅根，并屈宿田水草，使不生也。凡宿田茵草之类，遇耔而屈折，而稊稗与荼蓼非足力所可除者，则耘以继之"[3]。这种方法虽然省力，但做工并不如下面将要提到的手耘那么精细，所以只是在耕作相对粗放的地区使用。

手耘最初并不需要任何工具。耘田时农人匍匐田间，用双手将杂草拨起，再踏入泥中。最早提到手耘的则是陆龟蒙。陆龟蒙在《象耕鸟耘辨》中指出，"耘者，去莠，举手务疾而畏晚"，这除了强调要求耘田动手要早以外，还表明当时可能采用了一种手耘的方法。朱熹《劝农文》中指出："禾苗既长秆，草亦生，须是放干田水，仔细辨认，逐一拔出，踏在泥里以培禾根"[4]。手耘可能是受鸟耘的启发而发明，在此基础之上，宋代又发明了一种耘田工具——耘爪。据《王祯农书》的介绍，"耘爪，耘水田器也，即古所谓鸟耘者。其器用竹管，随手指大小截之，长可逾寸，削去一边，状如爪甲，或好坚利者，以铁为之，穿于指上，乃用耘田，以代指甲，犹鸟之用爪也"[5]。耘爪是一种手耘的工具，手耘时套于手指之上，可以提高耘田效率，同时它还能起到劳动保护的作用。由于手经常浸泡在稻田泥水之中，容易引起感染，损伤手指，耘爪就如同现今劳动时使用的手套一样，与之相类的还有薅马（竹马）、覆壳、臂篝、通簪等，这些都是为适应南方水田特殊的作业环境所创造出来的劳动保护工具。

但手耘除了手指容易损伤之外，整个劳动强度都很大，它要求耘者眼到、身到和手到，即明代宋应星所说的："苦在腰手，辨在两眸"[6]，为了减轻劳动强度，宋元时期发明了一种新的耘水田工具——耘荡。这种工具借用了旱地上使用锄头的方法，只是对锄头

① 见游修龄，中国稻作史，农业出版社，1995年，第142页。

② 《王祯农书·农桑通诀·锄活篇》。

③ 宋应星，《天工开物·乃粒·稻工》。

④ 朱熹，晦庵集，卷九十九。

⑤ 《王祯农书·农器图谱·耘爪》。

⑥ 《天工开物·乃粒》。

本身进行了改进。改进之后，“形如木屐，而实长尺余，阔约三寸，底列短钉二十余枚，簨其上，以实竹柄，柄长五尺余。耘田之际，农人执之，推荡禾垄间草泥，使之溷溺，则田可精熟，既胜耙锄，又代手足。所耘之田，日复兼倍”①。提高了工作效率，还大大减轻了劳动强度。

耘荡可以减轻农人在耘田时生理上的痛苦，宋代还使用了一种乐器“耘鼓”来减轻心理上的痛苦，以增加劳动的兴趣并保持劳动的效率和纪律性。耘鼓在梅尧臣和王安石的农具唱和诗中都提到了②。耘鼓，又称薅鼓。宋代曾氏有《薅鼓序》载：“薅田有鼓，自入蜀见之。始则集其来，既来则节其作，既作则妨其笑语而妨务也。其声促烈壮，有缓急抑扬而无律吕，朝暮不绝响”③。这种薅秧鼓的风俗以四川最盛，但并不限于四川，在明清方志中可以查到湖北、湖南、江西、云南等都有此风，方式也大同小异④。

无论是手耘，还是足耘，或是用耘荡耘，都需要在有水的情况下进行。但如果遇到干旱，或者是烤田之后，稻田中还有杂草，原有的耘田方法也就无能为力，于是又出现了所谓的“镫锄”。“镫锄，划草具也，形如马镫，其踏铁两旁作刃甚利，上有圆銎，以受直柄。用之划草，故名镫锄。柄长四尺，比常锄无两刃角，不致动伤苗稼根茎。或遇少旱，或熇亩之后，垅土稍干，荒秽复生，非耘耙、耘爪所能去者，故用此划除，特为捷利”⑤。

如果说手耘是要求耘得细致的话，那么，“疾”则是要求早。《齐民要术》：“稻苗长七八寸，陈草复起，以镰侵水芟之，草悉脓死”。稻苗长到七八寸长时，才耘，恐怕不能算早，这时才耘，效果也不好，因此，《齐民要术》接着说：“稻苗渐长，复须薅，”要解决这一问题，当务之急就是早耘，因此，陆龟蒙在《齐民要术》之后，最先提出了“疾耘”的概念。早耘的意义，明代马一龙在《农说》一文中说得很清楚，其曰：“害生于稂莠，法谨于芟耘。与其滋漫而难图，孰若先务于决去。故上农者治未萌，其次治已萌矣。已萌不治，农其何农?”根据马一龙的标准陆龟蒙可以够得上上农的标准，而贾思勰则为其次，这也标志着南方水稻栽培技术的进步。

“疾”除了要求早之外，更要求快。水稻耘田是一项时间紧任务重的农活，为了提高效率，宋代还引进了计时器来监察劳动进度。是有田漏的运用。苏东坡在《眉州远景楼记》一文中记述了田漏的使用情况，“四月初吉，谷稚而草壮。耘者毕出，数十百人为曹，立表下漏，鸣鼓以致众。择其徒为众所畏信者二人，一人掌鼓，一人掌漏，进退作止，惟二人之听”⑥。高斯得《宁国府劝农文》中也得到，“布种既毕，四月草生，同阡共陌之人，通力合作，耘而去之，置漏以定其期，击鼓以为之节”⑦。梅尧臣和王安石的农具唱和诗

---

① 《王祯农书·农器图谱·耘荡》。

② 梅尧臣“耘鼓诗”：“挂鼓大树枝，将以一耘耔。逢逢远远近，汩汩来田里。功既由此兴，饷亦从此始。固殊调猿猴，欲取儿童喜”。王安石“耘鼓诗”：“逢逢戏场声，壤壤战时伍。日落未云休，田家亦良苦。问儿今垄上，听此何莽卤。昨日应官徭，州前看歌舞”。

③ 《王祯农书·农器图谱·薅鼓》。

④ 游修龄，中国稻作史，农业出版社，1995年，第163页。

⑤ 《王祯农书·农器图谱·镫锄》。

⑥ 苏轼，《苏东坡全集》，卷三十二。

⑦ 《耻堂存稿》，卷五。

中就各有田漏一诗[①]。可见当时是把田漏当作农具来看待的。

宋元时期，在耘田方法改进的同时，耘田技术也有所提高。陈旉在《农书·薅耘之宜篇》中指出，“耘田之法，必先审度形势，自下及上，旋干旋耘。先于最上处收畜水，勿令走失。然后自下旋放令干而旋耘”。这里所说的“形势”，指的是地形地势，陈旉在《农书·地势之宜篇》讲到的“高田视其地势，高水所会归之处，量其所用而凿为陂塘，约十亩田即损二三亩，以潴畜水”。水在高处，便于管理，下田要水时便于自流灌溉，不要时也可以控制不出。先将最下面的田水放出，一面放一面耘。如果将田水一下全都放跑，而耘田的工夫又根不上，等田泥干燥变得坚硬之后再来耘，不仅耘起来困难，而且耘田的质量也要打折扣。根据笔者的亲身体会，自下而上的耘田方法的提出，可能还有另一种考虑。因为耘过的稻田，田水比较浑浊，如果这些浑浊的田水流入别的尚未耘过的稻田中，耘过或尚未耘就难以分清，因此可能出现漏耘的现象，自然也就无法取到除草、松根和培土的作用。如果等到水澄清之后再耘，又不合“疾”的要求。笔者在乡间就曾听到过这样的一个笑话，某人耘田偷懒，即打开田头入水口，用脚在缺口处搅和，将浊水流入田中，以造成耘田过后的假象，借以蒙混过关。自下而上耘，则可以防止浊水流入别的田中，保证耘得彻底干净。

关于耘田的时间和次数。《齐民要术》提出稻苗长七八寸，陈草复起时始耘，似嫌太晚。唐陆龟蒙提出的“疾耘”，却没有提具体的时间。陈旉也没有提到具体的时间，但也强调早耘，文中引《春秋》传曰：“农夫之务去草也，芟荑蕴崇之，绝其本根，勿使能殖，则美者信矣”。相比之下，《耕织图诗》说得似要具体一些，“时雨既已降，良苗日怀新，去草如去恶，务令尽陈根”。朱熹在《劝农文》中则将耘田开始的时间定在“禾苗既长秆”之时，因为这时“草亦生”了。综上所述，宋代初次耘田的时间可能是在水稻移栽之后，返青到拔节之时，这和现代耘田在时间选择上是一致的。耘田一般为二到三次，中间穿插着烤田。《陈旉农书》分为“耘—烤—耘”三个步骤。宋代《耕织图》中则对耘田的时间和次数都有明确交待。《耕织图诗》则有一耘、二耘、三耘之说。今日南方稻作一般仍是二，三耘。第一次在插秧后7天左右，其后一、二次也要求在插后25天内完成。

除了水田中的杂草必须结合耘田清除之外，朱熹《劝农文》中还提到：“其塍畔斜生茅草之属，亦须节次芟削取，令净尽，免得抽分耗土力，侵害田苗，将来谷实必须繁盛坚好”。

宋元时期，人们对于水稻耘田的认识也有所提高。认识到，耘田除了可以消灭草害之外，还可以提高土壤肥力，改善土壤结构。陈旉说：“盖耘除之草，和泥渥漉，深埋禾苗根下，沤罨既久，则草腐烂而泥土肥美，嘉谷蕃茂矣”。但如果仅仅着眼于除草增肥，在没有杂草的情况下，是否可以免耘？否。陈旉接着说：“不问草之有无，必遍以手排摝，务令稻根之傍，液液然而后已”[②]。

---

① 梅诗云：“瓦罂贮溪流，滴作耘田漏。不为阴晴惑，用识早暮候。辛勤无侵星，简易在白昼。同功以为准，一决不可又”。王诗云：“占星昏晓中，寒暑已不疑；田家更置漏，寸晷亦欲知。汗与水俱滴，身随阴屡移，谁当哀此劳，往往奇其时”。王祯《农书》中将此诗误作是梅诗，游修龄《中国稻作史》中也沿袭了这一错误。

② 《陈旉农书·薅耘之宜篇》。

二　宋元时期对于水旱轮作的论述

（一）稻麦二熟制在唐宋时期未能得到推广的原因

唐宋时期，稻麦二熟制没有在江南地区得到推广除了自然条件（地势低洼）的原因以外，还有经济和技术上的原因。从经济上来说，由于“种麦之利，独归客户”，“田主以种麦乃佃户之利，恐迟了种禾，非主家之利，所以不容尔（指佃户）种”。[①] 其实，田主们担心的还可能不仅仅是季节上迟了种稻的问题，更担心的是怕种麦抽了地力，影响水稻的收成。从技术上来说，首先，水稻在收割之后，为了能及时地种上小麦，必须及时地排干田中的水分，而从《陈旉农书》来看，宋代似乎并没有很好地解决这个问题，陈旉在谈到冬作田的整地方法时说道：“早田获刈才毕，随即耕治晒暴，加粪壅培，而种豆、麦、蔬茹”。但这种办法似乎并不能成功地解决田中积水问题，只是到了元代以后，出现了“开沟作疄”的办法，这个问题才得到了解决。其次，稻麦两熟制还存在一个季节上的矛盾问题，从水稻品种来看，中国水稻品种在唐宋以前，主要是以一季晚稻为主，从《诗经》的“十月获稻”，到《齐民要术》中的“霜降获之”，千余年来并无太大的变化，唐宋以后，虽然引进了一些早熟品种，但占主导地位的依旧是九、十月才获的一季晚稻[②]。即使是占城稻引进之后，一些没有栽种占城稻的地区，水稻一般还是在九十月间成熟，如江西的“乐安、宜黄两县，管下多不种早禾，率待九、十月间，方始得熟”。研究表明，明清两代太湖地区的水稻品种还都是以一季晚稻为主[③]。在一季晚稻的基础上再种小麦，存在着季节上的矛盾。种种原因使得稻麦二熟未能在唐宋时期得以大的发展。但也必须看到，自宋以后，人们在不断地努力改进耕作技术，以促进稻麦二熟的发展。

（二）水旱轮作技术的形成与发展

稻麦二熟制是一种水旱轮作制。水旱轮作比单纯旱地上的轮作，或是水田上的连作，技术上要困难得多。水稻收割之后，必须排干田中积水方能种上别的一些旱地作物，而水田一般又比旱地要低，排水并不是一件容易的事，因此，解决好稻田中的排水问题是关系到水旱轮作能否推广的关键。

根据前面的叙述，宋元时期的水旱轮作主要有稻麦、稻菜、稻豆和稻油等几种形式，其中又以稻麦二熟制为主。而稻麦二熟制又主要发生在早稻田（陈旉称为早田，王祯称为高田早熟）上，如何在早稻收割之后及时地种上麦类用其他一些旱地作物呢？这是当时农学家们所面临的问题。

《陈旉农书》最早提出了解决这一问题的办法，其文曰：“早田获刈才毕，随即耕治晒曝，加粪壅培，而可种豆、麦、蔬茹，因以熟土壤而肥沃之，以省来岁功役，且其收又足以助岁计也”。这个办法包括三个方面的措施：第一是耕治，即整地，通过整地消灭

---

① 黄震，《黄氏日抄》卷七十八，“咸淳八年中秋劝种麦文”。

② 有诗为证，杜甫：“香稻三秋末”，“烟霜凄野日，粳稻熟天风”；陆龟蒙：“遥为晚花吟白菊，近炊香粳识红莲”唐·元稹：“年年十月暮，珠稻垂欲新”；苏轼，“今年粳稻熟苦迟，庶见霜风来几时”。

③ 曾雄生，试论占城稻对中国古代稻作之影响，自然科学史研究，10（1）：61～69。

田中的残茬余蘖，疏松土壤；第二是晒曝，主要是为了排干田中的水分，同时还具有消灭杂草和害虫的作用；第三是上粪，多熟制之所以能够实行，一个基本的原则就必须是用地和养地结合，而养地就必然要加大对土地的投入，施肥上粪即其主要的方式。而所有这三者都必须从速进行，所谓“早田获刈才毕，随即耕治晒曝，加粪壅培”。这是从前后作之间的季节矛盾所提出的，陈旉提到的水旱轮作仅限于“早田”，因为“高田早稻，自种至收，不过五、六月”。宋代早稻下种一般在清明（公历4月初）前后下种，加上五六个月，则要到公历九十月份，而小麦播种，据陈旉本人所说是在“八月社前”，虽然在季节上是存在矛盾的。据宝庆《四明志》记载“早禾以立秋成”，早稻收割到小麦播种时间也很短。即按《禾谱》所谓“小暑、大暑节刈为早稻”，时间相对富裕一些。因此，进行水旱轮作必须抢收抢种。

但是陈旉似乎没有具体地提出解决田中积水的问题，其所提到的“耕治晒曝”也运用于别的整地之中，而并没有体现水旱轮作的特点。只是到了元代才似乎提出了专门用于解决田中积水问题的耕作方法。《务本新书》在关于稻油轮作时，提到：“十一月种油菜，稻收毕，锄田如麦法”。这里所说的“锄田如麦法”，指的可能就是后来《王祯农书》所说的“开沟作疄”的方法，即“南方水田泥耕，其田同下阔狭不等，一犁用一牛挽之，作止回旋，惟人所便。高田早熟，八月燥耕而熯之，以种二麦。其法，起坺为疄，两疄之间自成一甽；一甽耕毕，以锄横截其疄，泄利其水，谓之‘腰沟’。二麦既收然后平沟甽，蓄水深耕，俗谓之再熟田也”。总体说来，王祯的方法和陈旉的方法一样也是“耕治曝晒”，但是王祯的所谓“耕治”已不是一般意义上的翻耕，而是在翻耕的同时，通过开沟起垅，更好地解决了田中积水问题，为稻麦轮作铺平了道路。起垅抬高了地面，降低了地下水位，开沟排除了田中的积水和土壤中的浅层水，这样一来，田低土烂的水田，变成了田高土爽的旱地，从而免除了麦子遭受的渍害。从农学史的角度来看，王祯提出的开沟起垅的办法不过是对古代甽亩法的继承和运用。因为甽亩法也是由甽（沟）和亩（垄）二者组成的，甽亩法的一个基本原理即“上田弃亩”（即作物种于甽中），“下田弃甽”（即作物种于垅上）。北方地势较高，气候干燥，汉代提出的代田法实际上就是对“上田弃亩”的运用，南方地势低而又多雨，开沟起垅种麦，实际就是利用了“下田弃甽”的原理。

王祯这里所讲的是用牛耕起垅的方式。这种方式所起的垅和所开的沟在高度和深度方面都有一定的限制。而从太湖地区的实际情况来看，自宋以后普遍使用的是铁搭垦麦塍的方式。垦田技术要求以明末《沈氏农书》说得最清楚：“古称深耕易耨，以知田地全要垦深，切不可贪阴雨闲工，须要晴明天气，二三层起深，每工只垦半亩，倒六七分。春间倒二次，尤要老晴时节。头番倒不必太细，只要棱层通晒，彻底翻身，若有草，则覆在底下。合塍倒好。若壅灰和牛粪，则撒于初倒之后，下次倒入土中更好”。

王祯不仅提出了水田变旱地的方法，而且也提出了麦地变稻田的方法，也即：“二麦既收，然后平沟甽，蓄水深耕”，这也是前人所没有提及的问题。

三 旱地保墒耕作认识的深化

(一) 耕

《齐民要术》中提到的耕田，有春耕、秋耕、冬耕之分。三者之中秋耕并不是特别重要的，若“牛力弱，未及即秋耕者，谷、黍、穄、粱、秫茇之下，即移羸速锋之”也行，可见秋耕是可有可无的。而隋唐宋元时期，秋耕受到特别的重视。

《杂说》中则无春耕，仅提到了秋耕和冬耕，尤其是重视秋耕。“禾秋收了，先耕荞麦 地，次耕余地，务遣深细，不得趁多”。“如一具牛，两个月秋耕，计得小亩三顷”。

元代提出了“秋耕为主，春耕为辅；秋耕宜早，春耕宜迟”的原则。据《农桑辑要》所引《韩氏直说》云：“凡地，除种麦外，并宜秋耕”。之所以要以秋耕为主，是因为秋耕之后，“其地爽润”，“荒草自少，极省锄工”。也就是说，秋耕有利于蓄水保墒，又便于消灭杂草。除此之外，还可以改善土壤环境，预防虫害。由于好处多多，政府也极重视秋耕，一再重申秋耕之令。元武宗至大三年(1310)，“申命大司农总挈天下农政，修明劝课之令，除牧养之地，其余听民秋耕”①。也就是说，除用于秋后放牧的农田外，其余都需要秋耕。元仁宗皇庆二年(1313)，“复申秋耕之令。惟大都等五路许耕其半。盖秋耕之利，掩阳气于地中。蝗蝻遗种，皆为日所曝死。次年所种必甚于常禾也”②。

由于普遍使用的是牛耕，所以《韩氏直说》将秋耕整地称之为“牛欺地”。但是“如果牛力不及，不能尽秋耕者，除种粟地外，其余黍、豆等地，春耕亦可”。无论秋耕还是春耕，都必须选择天气和暖的时候，因此，秋耕一般要求早，而春耕则要求迟。“大抵秋耕宜早，春耕宜迟。秋耕宜早者，乘天气未寒，将阳和之气掩在地中，其苗易荣，过秋天气寒冷，有霜时，必待日高，方可耕地，恐掩寒气在内，令地薄不收子粒。春耕宜迟者，亦待春气和暖，日高时依前耕耙”。不过这里说的和《王祯农书》所说的还是有些差别，主要表现一天当中，何时为最佳的耕作时期，《韩氏直说》主张冬耕和春耕都必须选择日高时耕，也就是说，中午前后是冬耕和春耕的最佳时期。而《王祯农书》说：“北方农俗所传：春宜早晚耕，夏宜兼夜耕，秋宜日高耕”。

北方平原旱地田面一般较大，平整起来有一定的困难，针对这一情况，元代发明了一种“分缴内外套耕法”。《王祯农书》在介绍这一耕地方法时说：“所耕地内，先并耕两犁，墢皆内向，合为一垄，谓之‘浮疄’，自浮疄为始，向外缴耕，终此一段，谓之‘一缴’。一缴之外，又间作一缴，耕毕，于三缴之间，缴下一缴，却自外缴耕至中心，罶作一墒，盖三缴中成一墒也。其余欲耕平原，率皆仿此”。

这里指明是平原地区的耕法，而在幽燕等处，地势较低下的地区则有另一种耕法，即镑地。镑地所用的农具曰刬。“其刃如锄而阔，上有深袴，插于犁底所置镵处。其犁轻小，用一牛或人挽行”。这种农具十分适合于除草，“凡草莽汙泽之地，皆可用之”。北方地区大体上较为干旱，因此抗旱保墒是北方耕作的特点，但在一些地势低洼的地区，旱情并

① 《元史·食货志·农桑》。

② 《元史·食货志》。

不严重，耕作的目标主要不在于抗旱，而在于除草，为播种作准备。“经冬水涸，至春首浮冻稍甦，乃用此器划土而耕。草根既断，土脉也通，宜春种牟麦”①。

（二）耙和耱

《齐民要术》沿引当时农谚指出，“耕而不劳，不如作暴”，劳，即耱，又称为盖。到了隋唐以后，强调耙耱更是到了无以复加的地步。从《杂说》一文中就可以看，当时耕地一般要经过五六遍，“每耕一遍，盖两遍，最后盖三遍。还纵横盖之”。也就是说，耕五六遍的话，盖则要十五六遍。盖磨的次数是耕地次数的翻番。《杂说》中就提到：“凡种麻地，须耕五、六遍，倍盖之”。盖磨比耕地更重要。强调盖磨，目的着眼于抗旱，《杂说》如是说：“一切但依此法，除虫灾外，小小旱，不至全损。何者？缘盖磨数多故也”。在盖磨的时机掌握方面，《杂说》与《要术》也有一定的差别。《齐民要术》中提出，“秋耕待白背劳”，即必须等到干燥以后才加以盖磨，因为“湿劳令地硬”。《杂说》则提出，秋耕之后，“看干湿，随时盖磨著切”，“无问耕得多少，皆须旋盖磨如法”。从“待白背劳”到“随时盖磨”二者还是有所区别的。《杂说》中还提出：“一入正月初，未开阳气上，即更盖所耕得地一遍”。这实际上就是现在说的“顶凌耙地”，《杂说》将此列入整地的程序之中，是这一时期整地保墒技术的一项重大发展。至此耙耱并没有完成。《杂说》：“自地亢后，但所耕地，随饷盖之；待一段总转了，即横盖一遍。计正月、二月两个月，又转一遍”。

金元时期提出了“犁一耙六”之说。《种莳直说》：“古农法，犁一耙六。今人只犁深为功，不知耙细为全功。耙功不到，土粗不实。下种后，虽见苗，立根在粗土，根土不相着，不耐旱，有悬死、虫咬，干死等诸病。耙功到，土细又实，立根在细实土中。又碾过，根土相着，自耐旱，不生诸病”。此说一出，《农桑辑要》和《王祯农书》等纷纷加以引用。

耙一般用于耕后，但宋元时期北方也有先耙后犁的。当时的秋耕即便如此：“先以铁齿耙纵横耙之，然后插犁细耕，随耕随耢。至地大白背时，更耙两遍。至来春，地气透时，待日高，复耙四五遍。其地爽润，上有油土四指许，春虽无雨，时至便可下种”。② 油土指湿润土。耙细磨平使土壤有良好结构，不但便于吸水、蓄水，而且地面细碎平坦的土壤容易变成一层干燥的虚土，切断微管作用，阻止土中水分上升到地面而蒸发，具有有力的保墒作用，所以会有油土四指许，这在北方常患春旱的地区非常重要。

需要指出的是，北方的旱地耕作技术在宋元时期也已移植到了南方。南方虽以水稻种植为主，但由于地势和土壤的不同，也有相当的旱地存在，南方旱地耕作技术如何，宋元以前也很少提及，到宋元以后开始引起人们的注意，《陈旉农书》中有“六种之宜篇”专门讲述南方的旱地作物栽培，而在《王祯农书》中则提到了南方旱地的耕作，其曰：“南方水田，转毕即耙，耙毕即耖，故不用劳。其耕种陆地者，犁而耙之，欲其土细，再犁再耙后用劳，乃无遗功也”③。由此可见，早在魏晋南北朝以前即已形成的耕—耙—劳

① 《王祯农书·农器图谱·劐》。
② 《农桑辑要》卷二。耕垦。
③ 《王祯农书·耙耢篇》。

技术也已移植到了南方。

（三）砘

砘车是宋元时期新创制的一种农具。“砘，石碣也，以木轴架碣为轮，故名砘车。两碣用一牛，四碣两牛力也。凿石为圆，径可尺许，窍其中以受机栝，畜力挽之。随耧种所过沟垅碾之，使种土相著，易为生发”。与先前的挞具有相同的功能。挞和砘虽然用之于播种之时，主要起覆土和镇压的作用，但也是整地的继续。如同耙耢的使用需要根据土壤墒情一样，砘车的使用也是如此，“须看土脉干湿如何，用有迟速也”[①]。据《齐民要术》所载用挞的情况来看，挞主要用于春播，这是因为“春气冷，生迟，不曳挞则根虚，虽生辄死。夏气热而生速，曳挞遇雨必坚垎。其春泽多者，亦或不须挞；必欲挞者，须待白背，湿挞令地坚硬故也”[②]。由此可见，挞和砘的使用主要是为了保墒，同时挞砘还有压实土壤的作用，所以王祯提出“或耕过田亩，土性虚浮，亦宜挞之”[③]。砘取代挞是宋元时期农器的一大进步，因为它提高了工效。故王祯说：“今砘车转碾沟垅特速，此后人所创，尤简当也”[④]。

（四）耘

隋唐宋元时期，中耕除草日趋精细化。《杂说》提到：“候黍、粟苗未与垄齐，即锄一遍；黍经五日，更报锄第二遍；候末蚕老毕，报锄第三遍；如无力，即止。如有余力，秀后更锄第四遍”。四遍的作用各不相同，除松土、除草、抗旱等作用以外，还兼有间苗的作用。《杂说》：“凡种麻，地须耕五六遍，倍盖之，以夏至前十日下子，亦锄两遍。仍须用心细意抽拔全稠闹，细弱不堪留者，即去却”。“谷，第一遍便科定”，即间苗，以后第二、三、四遍也有各自不同的作用。《种莳直说》分别称之为“撮苗”、“布”、“壅”、“复”。作用不同，中耕的深浅也各不相同。《杂说》提出：“第一遍锄，未可全深；第二遍，唯深是求；第三遍较浅于第二遍；第四遍较浅”。何时锄头遍？何时锄二遍、三遍、四遍呢？从《杂说》可以看出，确定四次耘锄的时间主要是依据作物自身的长势（与垄齐）、时间（经五日）和物候（末蚕老），也有专门依据作物长势的来确定耘锄时间的。《四时纂要》说：“锄禾，禾生半寸，则一遍锄；二寸则两遍；三寸、四寸寸，令毕功”。

金元时期的《种莳直说》对中耕间苗技术做了总结，其曰：“耘苗之法，其凡有四：第一次曰撮苗，第二次曰布，第三次曰拥，第四次曰复（俗曰添米）”。撮苗，又称镞，即间苗；布，即深锄平垄；拥，壅根培土；复，复锄加工[⑤]。四次耘苗，虽然各有分工，但核心是除草，故书中又说：“一功不至，则稂莠之害，秕糠之杂入之矣”。

中耕农具除了传统的锄和铲以外，宋元时期出现了一种新的农具“耧锄”。耧锄是由耧车改进过来的。《种莳直说》云：“出自海壖，号曰‘耧锄’，耧车制颇同，独无耧斗，

①，④ 《王祯农书·农器图谱·砘车》。

② 《齐民要术·种谷》

③ 《王祯农书·农器图谱》。

⑤ 《王祯农书·农桑通诀·锄治》。

但用耰锄铁柄中穿耧之横桄，下仰锄刃，形如杏叶。撮苗后，用一驴带笼觜挽之，初用一人牵，惯熟不用人，止一人轻扶。入土二三寸，其深痛过锄力三倍，所办之田日不啻二十亩”。元朝时，燕赵间又出现了一种与耧锄形制相似的“劐子”。和劐子比起来，耧锄在谷物根系尚未发育完成的情况下使用时，具有松土不成沟，不损苗根的作用，等苗根发育完成再次使用时，加上擗土木雁翅这样的一个装置，就可以成沟，沟土可分壅谷根[①]。耧锄实际上是一种畜力中耕农具，类似的农具（horse-hoe）在欧洲是在1731年，由英国人杰思罗·塔尔（Jethro Tull）发明的，这一发明却标志着西方近代农业的开始。

锄、铲和耧锄只是中耕农具的一种，而不是全部。实际使用过程中，往往是若干种农具配套使用。特别是耧锄，由于采用畜力中耕，虽然速度和效率都加快了，但有时并不如手锄那样细致，因此《韩氏直说》说：“如耧锄过，苗间有小豁不到处，用锄理拔一遍”。由此也可见宋元时期，对于中耕除草工作做得是非常细致的。

（五）南北耕作的不同特点

“耕地之法，未耕曰生，已耕曰熟，初耕曰塌，再耕曰转。生者欲深而猛，熟者欲浅而廉”[②]。这是南北所遵循的耕地的普遍原则，但是随着南方耕作技术体系的形成，南北耕作技术上的一些差异在隋唐宋元时期明显地露出来。从耕作的目标来看，北方仍然是以抗旱为中心，南方以和泥和平整田面为中心，从耕作方法上来看北方采用耕、耙、耱、挞，南方则采用耕、耙、耖。从耕作时间的选择上来看，北方耕主要分春、夏、秋，而南方则分秋、冬、春。从耕作时考虑的因素来看，北方主要考虑日照，南方主要考虑水分（表17-2）。

表17-2　南北方耕作技术对照

项目	南方	北方
目标	和泥	抗旱
方法	耕耙耖	耕耙耢
时期	秋冬春	春夏秋
考虑因素	日照	土壤水分

第四节　土壤肥料学的发展

一　重视肥源和肥料积存

中国古代农业使用肥料的历史悠久。早在战国时期就提出了“多粪肥田”的口号。但是隋唐宋元以前，肥料的使用并不普遍。以《齐民要术》为例，书中除了很少的几处提

① 《王祯农书·农器图谱·钱镈门》。
② 《王祯农书·农桑通诀·垦耕篇》。

到用肥以外，有关肥料和施肥的记载是非常少的，土地主要是靠休闲和豆科轮作来增进和恢复地力。隋唐宋元以后，情况发生了很大的变化，由于人口的增加，而耕地面积又相对有限，依靠休闲和轮作来恢复地力显然是不可能的，而必须将现有的耕地尽可能地种上粮食作物和其他一些人类赖以生存的作物，而土地的过份使用，必然导致地力下降，必须在利用土地的同时加大土地的投入，因此，肥料的使用受到广泛的重视。用王祯的话来说就是“为农者必储粪朽以粪之，则地力常新壮，而收获不减”。当时民间流行着这样的谚语：“粪田胜如买田”，买田在于扩大耕地面积，而粪田则在于提高单位面积产量，由此可见，当时已经把提高单位面积产量作为提高生产总量的主攻方向。附于《齐民要术》的“杂说”一文指出：“凡田地中有良有薄者，即须加粪粪之”。宋代对于肥料的认识更加深入，《陈旉农书》中有“粪田之宜篇”，专门讨论肥料问题，提出“用粪犹用药”，“地力常新壮”的重要观点，反映了宋代人们对肥料的重视。对于肥料的重视，使得人们千方百计地扩大肥源，采用各种造肥方法，以满足农业生产对于肥料的需要。

（一）肥源

隋唐宋元时期，肥料的来源主要有以下几个方面：

（1）绿肥。人工种植绿豆、小豆、胡麻等作物，在它们还没有收获之前，便“犁掩杀之”，使之成为后作的基肥，仍然是江淮以北地区最为常用的一种肥料来源。

（2）杂草。草之为害在于与作物争夺地力，如能将草变成粪，则不仅不为害，反而为利。《陈旉农书·薅耘之宜》：“诗云：‘以薅荼蓼，荼蓼朽止，黍稷茂止’。记礼者曰：季夏之月，利以杀草，可以粪田畴，可以美土疆。今农夫不知有此，乃以其耘除之草，抛弃他处，而不知泥渥浊，深埋之稻苗根下，沤罨既久，即草腐烂而泥土肥美，嘉谷蕃茂矣”。《王祯农书·粪壤》将“于草木茂盛时芟倒，就地内掩罨腐烂也”，称为“草粪”。又说：“凡垦辟荒地，……夏曰‘稴青’，夏月草茂时开，谓之‘稴青’，可当草粪”①。对草粪的利用主要是通过整地和中耕来进行的。《陈旉农书·善其根苗篇》：“今夫种谷，必先修治秧田。于秋冬即再三深耕之，俾霜雪冻冱，土壤苏碎。又积腐稿败叶，刬薙朽根荄，遍铺烧治，即土暖且爽”。另一法就是在耘田的过程中，将杂草拔起之后，再踏入禾根之下，也可成为肥料。《陈旉农书》在种桑之法中即提到了除草的好处，其曰：“若桑圃在旷野处，即每岁于六、七月间，必锄去其下草，免引虫援上蚀损。至十月，又并其下腐草败叶锄转，蕴积根下，谓之‘罨萚’，最浮泛肥美也”。

（3）秸秆。农作物秸秆通过还田、燃烧、垫圈、饲喂等多种方式，分别以草木灰、厩肥、粪肥等形式进入农田，成为重要的肥源。

（4）河泥。南宋毛羽诗云：“竹罾两两夹河泥，近郊沟渠此最肥，载得满船归插秧，胜似贾贩岭南归”。《王祯农书》中记载了河泥的利用方法，“于沟港内，乘船以竹夹取青泥，杴泼岸上，凝定，裁成块子，担去同大粪和用，比常粪得力甚多”。明清时期，河泥的利用主要用于种桑，种桑对于河泥的依赖，似到了非有不可的地步。

（5）垃圾。除河泥以外，还有就是利用城市垃圾，由于人口的增殖，城市的兴起，农民进城搬运垃圾下乡也发展起来。吴自牧在《梦梁录》中提到，南宋时杭州“更有载垃

---

① 《王祯农书·农桑通诀·垦耕》。

圾粪土之船，成群搬运而去”。而程泌则在“富阳劝农”一文中也提到“每见衢婺之人，收蓄粪壤，家家山积，市井之间，扫拾无遗，故土膏肥美，稻根耐旱，米粒精壮”。元代王祯则将垃圾作为肥料正式写进了农书，在“农桑通诀·粪壤篇”中，王祯提到：“夫扫除之猥，腐朽之物，人视之而轻忽，田得之为膏润，唯务本者知之，所谓惜粪如惜金也，故能变恶为美，种少收多”。

（6）大粪。传统农业中，人粪尿是最常用的一种肥料，最早记载使用人粪尿的是《氾胜之书》，但是宋元以前，人粪尿的使用似乎并不广泛，宋代也仅仅是南方地区用得较广，而且使用的时候非常慎重，一般都要求和火粪一道掺合着使用。如《陈旉农书·善其根苗篇》中提到：“切勿用大粪，以其瓮腐芽蘖，又损人脚手，成疮痍难疗。……若不得已用大粪，必先以火粪久窖罨，乃可用。多见人用小便生浇灌，立见损坏”。朱熹《劝农文》中也提到了大粪的使用方法，其曰：“其造粪壤，亦须秋冬无事之时，预先剗取土面草根晒曝烧灰，施用大粪拌和，入种子在内，然后撒种”。不过陈旉和朱熹所谓的慎重是针对水稻育秧而言，其它时候也许是另当别论。

从《陈旉农书》和《王祯农书》所记载的肥料积制方法和分类来看，大粪没有成为一种独立的一种肥料。而当时的北方地区，人粪尿甚至还没有成为肥料，这从与《陈旉农书》同时的《陕西洋县劝农文》中就可以得到反映，文中提到：“今洋人置厕而不问，不惟无以肥其田，又秽臭不可言，暑月灾疫，多丐于此”。提出：“凡建屋先问井厕”。“村市并建井厕，男女皆如厕，积粪秽，粪秽以肥其田”。到了元代，王祯则大力向北方推广使用人粪尿，认为：“大粪力壮，南方治田之家，常于田头置砖槛窖，熟而后用之，其田甚美。北方农家亦宜效此，利可十倍”。不过，王祯对于大粪的使用也很慎重，一是主张大粪与它粪，如泥粪“和用”；二是要求腐熟，他说“用小便亦可浇灌，但生者立见损坏，不可不知”。

（7）其他。除了上述各种肥料以外，宋元时期使用的肥料还有禽兽毛羽亲肌之物、石灰、硫黄、钟乳粉、旧墙土、草木灰、马蹄羊角灰、洗鱼水、沟泥水、米泔、稻麦糠、豆萁等等。如《陈旉农书·善其根苗篇》提到：“唯火粪与焊猪毛及窖烂粗谷壳最佳”。《王祯农书·粪壤篇》则扩大到：“凡退下一切禽兽毛羽亲饥之物，最为肥泽，积之为粪，胜于草木”。又如石灰，《陈旉农书》提到：“将欲播种撒石灰渥漉泥中，以去虫螟之害”。石灰被用作农药，到了元代则成为肥料，《王祯农书·粪壤篇》：“下田水冷，亦有用石灰为粪，则土暖而易发”。

（二）积制方法

在广泛地开辟肥源的同时，肥料的积制方法也日趋多样化。主要方法如下。

（1）踏粪法。“杂说”：“凡人家秋收治田后，场上所有穰、壳秸等，并须收贮一处。每日布牛脚下，三寸厚；每平旦收聚堆积之；还依前布之，经宿即堆聚。计经冬一具牛，踏成三十车粪。至十二月、正月之间，即载粪粪地”。这是利用牛踏粪，制造厩肥的一种方法，这种方法一直沿用至今，从后来南方地区的实际来看，使用最普遍的还是养猪踏粪。可是，在宋元农书中，只有《农桑辑要》提到过一次猪粪，相比之下，在动物粪便中，提到鸡粪的次数比较多，《王祯农书》引《事类全书》说：“韭畦用鸡粪尤佳”。《农桑辑要》引《博闻录》说：“韭畦若用鸡粪尤好”。又引《四时类要》说：“二月种百谷，此物尤宜鸡粪”。《农桑辑要》七月种韭菜：“韭根多年交结则不茂，别作畦分栽，摘去老根，微留嫩根栽之。用鸡粪壅，或干猪粪亦可”。可见，鸡粪，主要用于栽培韭菜，这种作法直今仍在农村盛行。但总的说来，隋唐宋元时期，畜粪和厩肥的使用并不太多，这一时期的农书中，如陈旉《农书》、王祯《农书》等，也没有给畜粪以重要的地位。究其原因主要是与中国的农业结构有关，自古以来，中国实行的是农桑结合的农业结构，和西方农牧结构相比，畜牧一直是处于萎缩的地步，畜粪也就因少而不受重视。

（2）火粪法。《陈旉农书·粪田之宜篇》提出：“凡扫除之土，烧燃之灰，簸扬之糠秕，断稿落叶，积而焚之，沃以粪汁，积之既久，不觉其多”。这是一种熏土造肥的方法，利用这种方法制造出来的粪，称为火粪，或土粪，依其含土量的多少。据《陈旉农书》的有关记载，火粪主要用于种植蔬菜和桑，水田中的冷浸田和秧田也使用熏土，不过它的用意不仅在于提高土壤肥力，更主要的还在于提高土壤温度，《陈旉农书·耕耨之宜篇》：“山川原隰多寒，经冬深耕，放水干涸，雪霜冻冱，土壤苏碎；当始春，又遍布朽薙腐草败叶以烧治之，则土暖，而苗易发作，寒泉虽冷，不能害也”。在“善其根苗篇”中，陈旉还提到：“又积腐稿败叶，刬薙枯朽根荄，遍铺烧治，即土暖且爽”。朱熹《劝农文》中也提到了这种造粪方法，其曰：“其造粪壤，亦须秋冬无事之时，预先剗取土面草根晒曝烧灰”。后来王祯所提到的火粪，实际上与此有关，其曰：“积土同草木堆叠烧之，土热冷定，用碌碡碾细用之。江南水多地冷，故用火粪，种麦种蔬尤佳”。

（3）沤粪法。在“种桑之法篇”中陈旉称之为“聚糠稿法”，“于厨栈之下，深凿一池，结 使不渗漏，每春米即聚砻簸谷壳，及腐稿败叶。沤渍其中，以收涤器肥水，与渗漉泔淀，沤久自然腐烂浮泛”。经这种方法沤制出来的肥料称为“糠粪”，糠粪主要用于育秧、栽苎和种桑。

（4）发酵法。主要用于饼肥的制造。宋元时期，饼肥已广泛使用，其中包括麻饼、豆饼和油菜饼等，这在不少书中都有记载，如《物类相感志》：“麻饼水浇石榴，花多”。《图经本草》提到以油菜饼“上田壅苗”。《陈旉农书》也载：秧田施肥“用麻枯尤善”。《农桑辑要》则说：“壅田、或河泥、或麻豆饼、或灰粪，各随其地土所宜”。《农桑衣食撮要·六月·耘稻》：“用灰粪、麻糁相和，撒入田内”。饼肥是一种含有大量氮素的有机肥料，但如不经处理，直接施用，作物不但不能直接吸收，而且还会因为饼肥在土壤中发酵发热，容易烧杀作物，必须加以处理。这个道理在宋代已经认识到了，并创造了饼肥发酵技术。《陈旉农书·善其根苗篇》：“用麻枯尤善，但麻枯难使，须细杵碎，和火粪窖罨，如作曲样；候其发热，生鼠毛，即摊开中间，热者置四傍，冷者置中间，又堆窖罨，如此三四次，直待不发热，乃可用，不然即烧杀物矣”。这是一种利用生物发酵制造有机肥料的方法。

（5）井厕和粪屋。为了积制更多的肥料，还从建筑设计上来加以考虑，陕西洋县的劝农文提出“凡建屋先问井厕”，“村市并建井厕”，以便“男女皆如厕，积粪秽，粪秽以肥其田”。最为突出的是当时农舍中还设有专门的粪屋，《陈旉农书·粪壤之宜篇》：“凡农居之侧，必置粪屋，低为檐楹，以避风雨飘浸。且粪露星月亦不肥矣。粪屋之中，凿为深池，甃以砖甓，勿使渗漏”。袁采《世范》中还专门就粪屋的防火问题提出了自己的见解，“农家储积粪壤多为茅屋，或投死灰于其间，须防内有余烬，未灭能致火烛，茅屋须防火，大风须常防火积油物积石灰须常防火此类甚多，切须询究”①。足见当时粪屋的普遍性。

（6）粪车。王祯在书中还提出了一种拾粪积肥的方法：“凡农圃之家欲要计置粪壤，须用一人一牛或驴，驾双轮小车一辆，诸处搬运积粪，月日既久，积少成多，施之种艺，稼穑倍收，桑果愈茂，岁有增羡，此肥稼之计也”。

二　土壤肥料学说的发展

隋唐宋元时期，土地利用向深度和广度的进军，促进了土壤肥料学说的发展。唐宋时期，随着人口的增加，为了应付口粮的需要，一方面是通过各种形式不断地扩大耕地面积，另一方面就是提高现有耕地的复种指数。这样就相应地产生了两个问题，一是什么样的土壤适宜种植作物？二是由于土地利用率的提高，有些用地不当的地方，出现了地力衰退的现象，这种现象在当时可能还比较普遍，《种艺必用》引老农言：“地久耕则耗。三十年前禾一穗若干粒，今减十分之三”。甚至有人进而得出“凡田种三、五年，其力已乏”的结论。

针对这样的一些问题，宋元时期的农学家展开了积极的讨论，极大地丰富和发展了土壤肥料学说。

（一）陈旉对于土壤肥料的论述

进行土地的规划利用必须克服思想障碍。因为土地的自然状况是存在差异的，有的适合于作物生长，而有些则不太适合于作物的生长。因为不克服这一障碍人们很可能只是把眼睛盯着自然条件较好的平原地区，而对于山区丘陵以及江河湖泊则不予理会。因此，梯田、圩田的发展也伴随着人们对于土地及肥料认识的提高。

1．粪药说

人们有时将种地称为“治地”，这个治如同我们今天所说的治病的治。治病人方法有很多，有理疗的，有食疗的，更多的就是药疗，即人们经常说的“对症下药”。如果拿治病来做比喻的话，治地中所用的耕、耙、耖、耱、锄、锋、耩等等则属于是理疗的范围，客土，将不同性质的土壤参和在一起，如同食疗，而施肥就是药物疗法。

中国农民很早就知道施肥。据专家的考证，甲骨文中就已有施肥的萌芽，《诗经》中就有锄草沤肥，使黍稷生长茂盛的记载。而到了战国时期，人们就明确的提出“掩地表亩，刺草殖谷，多粪肥田，是农夫众庶之事”。可见施肥已是农事的重要组成部分，甚至有人提出“积力于田畴，必且粪灌”。《周礼》中有土化之法，根据不同性质的土壤，选用不同的肥料来加以改良，称之为“粪种”。《杂说》提出“凡田地中有良有薄者，即须加粪粪之”。在此基础上，宋代发展出了“粪药说”。

粪药说最早见于宋代的《陈旉农书》，书中“粪壤之宜篇”提出：“土壤气脉，其类不一，肥沃硗埆，美恶不同，治之各有宜也。……虽土壤异宜，顾治之如何耳？治之得宜，皆可成就”。而治的关键在于用粪，当时人们把依据土壤的不同性质而用粪来加以治

① 袁采，《世范》，卷下。

理称为“粪药”，意思就是用粪如同用药。元代王祯继承了这一学说，认为：“田有良薄，土有肥硗，耕农之事，粪壤为急。粪壤者，所以变薄田为良田，化硗土为肥土也”①。

用粪如同用药，其中包含着许多道理。首先，下药讲究对症，用于施肥实践中，人们最初考虑的症状是土壤的性质，不同性质的土壤需要施用不同性质肥料。《周礼》中开出的处方是：“骍刚用牛，赤缇用羊，坟壤用麋，渴泽用鹿，咸潟用貆，勃壤用狐，埴垆用豕，彊檃用蕡，轻爂用犬”。陈旉说：“黑壤之地信美矣，然肥沃之过，或苗茂而实不坚，当取生新之土以解利之之，即疏爽得宜也”。可见陈旉所说的“粪药”的粪并不是一般意义上的肥料，而是用来改良土壤的“药物”。

其次，药有生熟之分，生药含有毒草性，一般要经过炮制加工，以去除毒素，粪亦如此，有些肥料在未经腐熟之前使用，不仅无益，反而有害。如麻枯（芝麻榨油之后所留下的渣饼）和大粪（人粪尿）即便如此，宋代的陈旉发现，麻枯是一种很好的水稻育秧肥料，但使用起来难以掌握，弄不好还会损坏庄稼，因此，需要细细捣碎，然后与火粪等一起掩埋在窑窖之中，就如同制造酒曲一样，等到它发热长出象鼠毛一样的东西以后，就要将中间热的摊开放在四周，四周冷的放在中间，这样三四次之后，直到不发热的时候为止，才可以使用。大粪也是如此，如果未经腐熟，不仅损庄稼，还“损人脚手，成疮痍难疗”。因此，“必先以火粪久窖掩乃可用”。到现在也还流传有冷性肥、热性肥的说法。

再次，用药时，药量的多少，剂量的大小也很有讲究。“庄稼一枝花，全靠肥当家”，战国时期人们就已知道这个道理，因此提出了“多粪肥田”的口号，但事有不必，施肥有时并非多多益善，在实际生产中人们就经常能看到“粪多之家，每患过肥谷秕”，肥多生产出来的却是秕谷，有些作物品种对肥料多少非常敏感，元代王祯在《农书》“粪壤篇”中，提出：“粪田之法，得其中则可，若骤用生粪，及布粪过多，粪力峻热，即烧杀物，反为害矣”。这表明合理施肥的思想在宋元时期已经形成了。

2. 地力常新壮

各种土地利用形式的出现对于扩大耕地面积的确起到关键的作用。但是扩大耕地面积是解决人口和粮食问题的一种途径，而增强土壤肥力，提高土地的生产率也是一种重要的途径。

中国古代农业使用肥料的历史悠久。早在战国时期就提出了“多粪肥田”的口号。但是宋代以前，人们仅仅认识到了肥料在改良土壤中的作用，而并没有认识到肥料在维持地力方面所取到的作用。因此，肥料的使用仅仅用于改良土壤，《论衡·率性篇》：“夫肥沃硗确，土地之本性也。肥而沃者美，树稼丰茂。硗而确者性恶，深深细锄，厚加粪壤，勉致人工，以助地力，其树稼与彼沃者相似类也”。总的说来肥料的使用并不普遍，在这种情况下，维持土力主要是依靠休闲的方式来进行。以《齐民要术》为例，书中除了很少的几处提到用肥以外，有关肥料和施肥的记载是非常少的，土地主要是靠休闲和豆科轮作来增进和恢复地力。这种情形隋唐时期仍然没有很大的改变。成文于唐代的《杂说》尽管提到“凡田地中有良有薄者，即须加粪粪之。但同时也提到耕地必须“每年一易，必莫频种”，可见直到唐代休闲仍然是北方农业生产用以恢复地力的主要手段。

① 《王祯农书·农桑通诀·粪壤篇》。

宋代以后，情况发生了很大的变化，由于人口的增加，而耕地面积又相对有限，依靠休闲和轮作来恢复地力显然是不可能的，而必须将现有的耕地尽可能地种上粮食作物和其他一些人类赖以生存的作物，而土地的过份使用，必然导致地力下降，早在汉代人们就已发现“土敝则草木不长，气衰则生物不遂”① 的规律，宋代以后，随着土地利用率的提高，这个客观规律又重新为人所提出。在不休闲的情况下，如何来维持土地的生产能力呢？《陈旉农书》中有“粪田之宜篇”，专门讨论了改良土壤与维持地力的问题。

但陈旉在土壤肥料学上的最大成就还在于他提出了“地力常新壮”的观点。他指出：“或谓土敝则草木不长，气衰则生物不遂，凡田土种三五年，其力已乏。斯语殆不然也，是未深思也。若能时加新沃之土壤，以粪治之，则益精熟肥美，其力常新壮矣，抑何敝何衰之有！”这表明陈旉对于肥料的作用又有了新的认识，即肥料不仅可以改良土壤，而且还可以用来维持并增进地力。这实在是肥料学上的一个了不起的贡献。元代王祯也继承了这种思想，认为土地连年种植必然地力下降，“为农者，必储粪朽以粪之，则地力常新壮，而收获不减”②。

陈旉还从居住距田地的远近的角度来考虑田壤肥力的问题。书中有“居处之宜”一篇，讨论居住远近与农业生产的关系，并引用当时的俚谚说：“近家无瘦田，遥田不富人”。这在古农书中也可算做是绝无仅有的。

地力衰竭曾经是农业史困扰世界的难题，陈旉不仅提出了地力常新的思想，而且还提出了解决这一问题的办法，在世界农业史上都是难能可贵的。

（二）王祯对于肥料的分类

《王祯农书·农桑通诀》中专有“粪壤”一篇，专门讨论土壤和肥料的问题，而其重点又放在对肥料进行了分类。王祯将肥料分为五种，除踏肥（即厩肥）以外，还有苗粪、草粪、火粪和泥粪。所谓“苗粪”，也即绿肥，这是北方最为常用的一种肥料；草粪，即沤粪，系用各种杂草沤制而成的一种有机肥料，适用于南方，尤其适合在秧田中使用；火粪，即陈旉所说的熏土，南方用得较多。泥粪，即河泥。

① 《论衡·效率》。

② 《王祯农书·农桑通诀·粪壤篇》。

第十八章　对农业生物学的认识与实践

第一节　农业生物品种的多样化

一　品种多样化的表现

品种多样化是农业技术进步的一个标志。隋唐宋元时期，每种农业生物都有若干个品种，其中水稻最为突出。早在《广志》之中就记载了13个品种，《齐民要术》记载了24个品种，隋唐时期，缺乏比较系统的水稻品种记载，游修龄曾从唐诗和《旧唐书》的零星记载中收集到12个水稻品种，即白稻、香稻（香粳）、红莲、红稻、黄稻、獐牙稻、长枪、珠稻、霜稻、罢亚、黄陆、乌节，这12个品种除了白稻、香稻和黄陆等3个以外，其余9个均未见前代文献的记载，这表明隋唐时期又有不少新的水稻品种出现。宋代的水稻品种的增加最为迅速。根据游修龄对淳熙（1174）到咸淳（1274）12种宋代地方志的统计，12种方志中共收录了水稻品种301个，除去重复的89个，实际有212个，其中籼粳品种155个，占总数的64．24％；糯稻品种57个，占总数的26．76％。实际上方志所载并非水稻品种的全部，如，宝祐《琴川志》在记载了35个品种后说："以上名色甚多，姑举其概耳。"又嘉泰《吴兴志》只记了9个品种，但该志说："询之农人，粳名不止此数种，往往其名鄙俚，不足载。"

据残存的《禾谱》记载，仅西昌（今江西泰和）一县就有46个之多，其中籼粳稻21个（早稻13个，晚稻8个）、糯稻25个（早糯11个，晚糯14个）。而且这46个品种也不是西昌水稻品种的全部，因为现存《禾谱》是在《匡原曾氏重修族谱》中发现的，而《禾谱》收入"族谱"中是经过删削的。"今之见于谱者，尚记西昌大略而已"。宋代的水稻品种虽多，影响最大的莫过于占城稻和黄穋稻。

占城稻原产于占城（今属越南），宋真宗大中祥符四年（1011），"帝以江、淮、两浙稍旱即水田不登，遣使就福建取占城稻三万斛，分给三路为种，择民田高仰者莳之，盖旱稻也"①。由于他是由皇帝出面所做的一次水稻引种，所以它在历史上产生了很大的影响，正史和野史中都有关于它的记载。同时也由于占城稻早熟、耐旱的特点，的确适应了宋代以后，南方水稻生产发展（如，梯田的发展、旱地改作水田的实施等）和自然条件（干旱）的需要，对水稻生产起到了促进作用。特别是一季早籼的普及，为以后双季稻的发展奠定了基础②。

黄穋稻是中国历史上的一个水稻品种，按其读音它在唐朝以前，甚至于北魏时期即

① 《宋史》卷一七三，食货志，中华书局，1977年，第4162页。

② 曾雄生，试论占城稻对中国古代稻作之影响，自然科学史研究，(1)。

已存在，但真正在水稻生产中产生重大影响，并为人所重视则是在唐宋以后。唐宋以后，随着中国经济重心的南移，适应人口增长对粮食增长的需要，各种与水争田的土地利用形式纷纷出现，湖田、圩田等成为粮食增长的主要途径。但这些新添稻田由于自然和人为方面的因素，存在着许多问题，经常性的水患即其中之一。人们在兴修水利的同时，必须选择适宜的品种方能最大限度地发挥其增产效果。黄穋稻具有耐涝的特性，它能够在稻田水位超出实际需要的情况下正常生长结实。同时它还具有早熟的特点，生育期非常短，能在洪水到来之前或水退之后抢种抢收一季水稻。这些特点适合了唐宋以后经济发展和自然条件的需要，特别是与水争田的需要，使它得到了广泛的推广与普及。文中还从评估唐宋以后中国粮食增长的主要途径入手，认为唐宋以后中国粮食的增长途径主要是依靠与水争田，而非与山争地的途径来实现，尽管与山争地也是粮食的增长途径之一。由于与水争田对于黄穋稻类型水稻品种的需要远大于与山争地对于占城稻品种的需要，故黄穋稻在实际上要比占城稻对于中国水稻生产、粮食供应乃至人口增长的影响大得多①。

这一时期蔬菜、果树和花卉品种也相当丰富。蔬菜，以宋元时期的主要蔬菜菘（白菜）来说，见于各地方志的就有：台心、矮黄、大白头、小白头、黄芽、青菘、白菘、蚵皮菘、牛肚等多种。其中又以扬州产的最为有名。《图经本草》说："扬州一种菘，叶圆而大，或若箑，啖之无渣，绝胜他土者，此所谓白菘也。又有牛肚菘，叶最大厚，味甘。"再以不常食的蔬菜种类竹笋和菌蕈来说，其情形同样如此。《笋谱》中就记载了竹笋的品名90余个；《菌谱》中仅浙江台州一地所产的品种就有11种。一些新引进的蔬菜，品种也在增加，莴苣就发展出了若干个品种，"有苦苣（野苣），有白苣，有紫苣，皆可食"，并进一步分化出了"生菜"和"莴笋"。《王祯农书》载："其茎嫩，如指大，高可逾尺，去皮蔬食；又可糟藏，谓之'莴笋'；生食之又谓之'生菜'，四时不可阙者。"

再说果树品种。《橘录》上、中两卷，记载了当时温州一带的柑橘品种（包括一部分种），共有27个。其中柑有8种：真柑（又名乳柑）、生枝柑、海红柑、洞庭柑、朱柑、金柑、木柑、甜柑；橘分14种：黄橘、塌橘、包橘、绵橘、沙橘、荔枝橘、软条穿橘、油橘、绿橘、乳橘、金橘（可能属金柑属）、自然橘（可能是指橘的实生苗）、早黄橘、冻橘；还有橙（一作枨）属5种：橙、朱栾（可能是酸橙的变种）、香栾（可能是酸橙）、香橼、枸橘。荔枝品种较之柑橘更多。据今考证，唐有荔枝品种4种，一种是见于蔡襄《荔枝谱》中的宋公荔枝，另外3种是见于唐段公路《北户录》卷三和刘恂《岭表录异》卷中的火山、无核荔枝、蜡荔枝；五代有3种，分别是见于蔡襄《荔枝谱》中的将军荔枝、十八娘和明代徐𤊹《荔枝谱》中的天柱②。宋代荔枝品种最多，郑熊《广中荔枝谱》中记广东的荔枝品种22个，为玉英子、焦核、沉香、丁香、红罗、透骨、胖䏾、僧耆头、水母子、蒺藜、大将军、小将军、大蜡、小蜡、松子、蛇皮、青荔枝、银荔枝、不意子、火山、野生、五色荔枝。据今人考证，宋代广东的荔枝品种还有绿罗包、海山楼等。

蔡襄《荔枝谱》"别种类"记载的荔枝品种共32种，为：陈紫、江（家）绿、方家红、游家紫、小陈紫、宋公荔枝、蓝家红、周家红、何家红、法石白、绿核、圆丁香、虎

① 曾雄生，中国历史上的黄穋稻，农业考古，1989，(1)：292～311。

② 杨宝霖，元以前我国荔枝品种考，农史研究，第七辑，农业出版社，1988，148～154。

皮、牛心、玳瑁红、硫黄、朱柿、蒲桃、蚶壳、龙牙、水荔枝、蜜荔枝、丁香荔、大丁香、双髻小、真珠、十八娘、将军、钗头、粉红、中元红、火山。这32个品种除去4个已见于唐代和五代时候之外，其它28种都为宋代福建的品种。但这并不是宋代福建荔枝品种的全部。在蔡襄作谱之后百余年的罗大经说："蔡君谟作谱，为品已多，而自后奇名异品，又有出于君谟所谱之外者。"①也就是说，蔡襄之后，福建的荔枝品种又有增加。据今人的搜罗，宋代福建不见于蔡襄《荔枝谱》的品种有25种（表18-1）。

表18-1　不见于蔡襄荔枝谱的宋代福建荔枝品种

品种名	史料	出处
玉堂红	天教尤物产闽中，名字深奇日不同，顾我素称田舍子，如何敢咯玉堂红。 吾家皱玉玉堂红，粹美宁非间气钟。绝喜诗来相品藻，安知物有不遭逢。 在南厢下林，乃宋名臣陈大卞手植居第之果也。	王十朋《梅溪文集·后集》卷十八"荔枝七绝·玉堂红" 刘克庄《后村先生大全集》卷二十二"温陵太守右司惠诗荔子，适大风雨扫尽，辄和二绝" 徐𤊹《荔枝谱》卷一"兴化品"
一品红	言于荔枝为极品也，出近岁，在福州州宅堂前	曾巩《元丰类稿》卷三十五"福州拟贡荔枝状，附荔枝录"
状元红	言于荔枝为第一，出近岁，在福州报国寺。 于荔枝为第一，出东报国院。	曾巩《元丰类稿》卷三十五"福州拟贡荔枝状，附荔枝录" 《淳熙三山志》
延州红	出延寿里，实比状元红差大，肉厚核小，宋徐铎所植之树犹存。	徐𤊹《荔枝谱》卷一"兴化品"
七夕红	宅堂荔子无名字，自我呼为七夕红。	王十朋《梅溪文集·后集》卷十八"荔枝七绝·七夕红"
皱玉	闽中荔子说莆中，阙下奇色又不同。只恐此非真皱玉，果然是玉也虚名。	王十朋《梅溪文集·后集》卷十八"荔枝七绝·皱玉"
白蜜	纷纷蜂采百花归，蜜在枝头竟不知。造物要令甜在后，时人莫讶熟何迟。	王十朋《梅溪文集·后集》卷十八"郡圃有荔枝名白蜜者，熟最晚，戏成一绝"
马家绿	玉座奇色未与颁，伏波家果忽堆盘。宜书蔡谱均称绿，不比韩诗止咏丹。荐李徒夸碧实脆，嚼瓜未觉水晶寒。羡君衫鬓巧相似，我坐郡斋渐素餐。	王十朋《梅溪文集·后集》卷二十"次韵傅教授景仁马绿荔枝"
马家红	舶台丹荔新秋熟，风味如人自不同，名字未安真缺典，从今呼作马家红。	王十朋《梅溪文集·后集》卷十八"提舶送荔枝借用前韵"
星毬红、鹤顶红	予儿时不知有荔子，自呼为红蕊……盖里中推星毬红、鹤顶红皆佳品，泊船便风，数日可到。 星毬红只一本，出灵岫里。 枝条生叶，叶比他种差厚，色红而不绛，扁者如橘，圆者如鸡子，核皆如丁香，亦有无核者，食之甘脆有韵，盖神品也。夺其枝而植者，竟莫能逮焉。出灵岫里，今永康里亦有之。	张元干《芦川词》"诉衷情" 《淳熙三山志》 徐𤊹《荔枝谱》卷一"福州品"

① 罗大经，《鹤林玉露》丙编卷四"物产不常"。

续表

品种名	史　　料	出　　处
驼蹄、金棕、栗玉、洞中红	（福州）常时霜雪寡薄，温厚之气，盛于东南，故闽中所产，比巴蜀、南海尤为殊绝。……驼蹄，以其长大而甘柔也；金棕，上锐下方，色深黄；栗玉，似金棕而圆实，其肉味大胜；洞中红，出于宿猿洞，因以名之。	《淳熙三山志》
绿珠子	此果形状变态百出，不可以理求。或似龙牙，或类凤爪。钗头红之可簪，绿珠子之旁缀。	洪迈《容斋四笔》卷八“莆田荔枝”
亮功红	余深罢相，居福州，第中有荔枝，初实绝大而美，名曰亮功红。亮功者，深家御书阁也。	陆游《老学庵笔记》卷四
草堂红	玉堂红，余家名荔，时父名其家荔子为‘草堂红’。	刘克庄《后村先生大全集》卷三十六，“寄方时父二首”自注
鸡舌	自从陈紫无真本，皱玉晚出尤称雄。迩来鸡舌擅瑰玮，赞香誉味万喙同。	刘克庄《后村先生大全集》卷九，“和南塘食荔叹”
小青梅	乃一种早荔名，火山亦有佳品，熟以五月间，人不以为贵也。	刘克庄《后村先生大全集》卷一〇二“题跋·蔡端明帖”
鸡引子	一朵数十枚，大小错出。其大者核小，小者无核，七月熟，宋侍郎郑文肃公湜墓前一株，今四百余年，其树犹存，墓在城门山。	徐𤊹《荔枝谱》卷一“福州品”
星垂	皮红，实如鸡卵，荔枝之最大者，俗呼秤锤，出莆田吴塘村。树大七八围，腹空可容五六人，盘根如山，盖数千年之物。	徐𤊹《荔枝谱》卷1“兴化品”
金钗子	林家新出金钗子，合人君谟谱后刊。	萧𪩘诗，《全芳备祖·后集》卷一“荔枝”引

注：据杨宝霖，“元以前我国荔枝品种考”一文整理

元代没有荔枝谱一类的著作，王祯《农书》中虽然有荔枝的叙述，但不及品种。仅成书于大德八年（1304）的陈大震的《南海志》有所涉及。该书卷七《物产·果》载荔枝16种，除大将军、小将军、皱玉、状元红、绿罗包、大丁香、小丁香、金钗子、海山楼等9种，尚有脆玉、麝香匣、紫罗包、天笳子、黄泥子、水晶团、犀角子等[①]。

隋唐宋元时期，品种最多的当属花卉。宋人刘斧在《青琐高议·海山记》中说：隋炀帝营造西苑时，易州曾贡牡丹品种20个。唐代花卉的品种也很多，以莲花为例，当时既有“千叶白莲数枝盛开”的千瓣类型[②]，也有花上复生一花的重台类型，所谓“重台芙蓉”[③]。其他各种花卉的品种也相当丰富，这从有关的谱录类农书中即可得到反映（表18-2）。

① 杨宝霖，元以前我国荔枝品种考，农史研究，第七辑，农业出版社，1988年，第153页。

② 《天宝开元遗事》，卷下。

③ 李德裕，“重台芙蓉赋并序”。

表 18-2　谱录类农书数

作　者	书　名	所载品种数
僧仲林	越中牡丹花品	32
范尚书	牡丹谱	52
欧阳修	洛阳牡丹记	24
不详	冀王宫花品	50
周师厚	洛阳牡丹记	46
刘攽	芍药谱	31
王观	扬州芍药谱	31 加 8
孔武仲	芍药谱	33
刘蒙	菊谱	35
史正志	菊谱	28
范成大	范村菊谱	35（36?）
沈竞	菊名篇	90
史铸	百菊集谱	160
范成大	范村梅谱	12

桑树品种也很丰富。嘉泰《吴兴志》说："今乡土所种有青桑、白桑、黄滕桑、鸡桑。富家有种数十亩者。"《梦粱录》记载杭州地区的桑时说："桑数种，名青桑、白桑、拳桑、大小梅红、鸡爪等类。"

相比之下，隋唐宋元时期对蚕种的注意不多。秦观《蚕书》不但未涉及蚕的品种，并没有说到留种。陈旉《农书》虽然注意到自留自养，但亦没有涉及蚕的品种；《农桑辑要》说及四眠蚕与稙蚕；《王祯农书》也只指出了北蚕四眠，南蚕三眠之不同；总的说来当时农书中对于蚕品种的注意不多，反不及《齐民要术》。

唐宋时期，随着糖霜技术的引进，甘蔗栽培得到发展，有些地方的甘蔗种植面积竟达到了农田面积的 4/10。甘蔗品种也因此增加。宋时有甘蔗品种 4 个，所谓"蔗有四色，曰杜蔗、曰西蔗、曰艻蔗（本草所谓荻蔗也）、曰红蔗（本草昆仑蔗也）。红蔗止堪生啖，艻蔗可作沙糖，西蔗可作霜，色浅，土人不甚贵，杜蔗紫嫩，味极厚，专用作霜"①。

饲养动物的品种也有所增加，并出现了一些名优特产。如大尾寒羊、同州羊、湖羊、西南马、斗鸡、泰和鸡等。

中国古代文献中，很早就有关于大尾羊的记载。如《太平御览》卷九〇二引《广志》提到"大尾羊细毛薄皮，尾上旁广，重且十斤，出康居"。又引《异物志》："月氏有羊，大尾，稍割以供赏（尝），亦稍自补复。"又引《凉州异物志》："有羊大尾，车推乃行，用累其身。"从这些记载看，魏晋南北朝时代，大尾羊不但产于中亚（康居、大食均地处中亚），而且传入中国的西北地区了。《西州程记》提到高昌（今新疆吐鲁番东南）地区，"有羊，尾大而不能走，尾重者 3 斤，小者 1 斤，肉如熊白而甚美"；《宋史·高昌传》亦有同样的记载。洪皓《松漠纪闻》说："生𩊱䩖者（羊）大如驴，尾巨而厚，类扇，自脊至尾，或重五斤，皆膋脂，以为假熊白，食饼饵诸国人以它物易之。"大尾羊在西北地区的安家，对羊品种的形成，亦有相当的影响。

① 洪迈，《容斋五笔》，六卷。

同州羊是唐代育成的一个优良羊种。这种羊皮毛细柔、羔皮洁白，花穗美观，肉质肥嫩，有硕大的尾脂。同州羊又名苦泉羊、沙苑羊，据《元和郡县图志》卷二《同州朝邑条》载："苦泉，在县西北三十里许原下，其水咸苦，羊饮之，肥而美。今于泉侧置羊牧，故俗谚云：苦泉羊，洛水浆。"同州朝邑即今陕西大荔沙苑地区，秦汉以来均是畜牧业发达的地区。唐代在这里设沙苑监，牧养陇右诸牧牛羊，以供宴会、祭祀及尚食所用。同州羊就是在这里培育成功的。它以味美而著称。苏东坡曾说："蒸烂同州羊，灌以杏酪，食之以匕，不以箸，亦大快事。"①

在大尾羊由中亚进入中国西北地区的时候，蒙古羊也已进入江南，并在江南的自然条件下，经过不断的舍饲，形成的一个变种或支系"湖羊"。唐代北方羊已进入南方，孟诜《食疗本草》载："河西羊最佳，河东羊亦好，若驱至南方，则筋骨劳损，安能补益人。今南方羊，食多野草、毒草，故江浙羊少味而发疾、南人食之，即不忧也。惟淮南州郡或有佳者，不亚北羊，北羊至南方一二年、亦不中食，何况于南羊，盖水土使然也。"

宋代已有湖羊之名，时称为胡羊。嘉泰《吴兴志》载："旧编云：安吉、长兴（今浙江省湖州市所属二个县）接近江东，多畜白羊。按《本草》以青色为胜，今乡间有无角斑黑而高大者，曰胡羊。"胡羊这一名称的出现，正表明它是从北方少数民族那里传入的。

胡羊进入江南地区以后，适应当地的自然条件，舍饲取代了放牧。春、夏之季割青草饲喂，秋冬草枯时，便用养蚕余下的桑叶喂养。这样一来，既解决了江南卑湿，不宜蒙古羊放牧的问题，同时又可利用养羊积肥。最终蒙古羊在江南地区形成了一种特宜于舍饲的新羊种"湖羊"。湖羊的特征是色白、毛卷、尾大、无角。

宋代正是太湖地区蚕桑业发展最快的一个时期，湖州的安吉和长兴一带更是蚕桑的重要产地，《陈旉农书》中就提到了安吉人种桑技术。桑叶解决了秋冬两季饲料不足的问题，而成为湖羊形成的一个关键。

西南马的祖先是青海马，公元前4世纪羌人南迁，将青海马带到了西南山区，适应山地区的生态条件，形成了西南马特有的短小、精悍、温驯、耐劳的特点。西汉时代的"筰马"、西晋时的"巴滇骏马"、唐代的"越赕马"、宋代的"大理马"、"广马"都是西南马在不同时期的称呼。

自东汉在今四川西昌、成都地区和云南昭通一带设立过马苑之后，西南马即已成为中原马种的来源之一。但宋代以前，中原地区的马种主要来自蒙古马和西域马。宋代的养马业走向衰落，又由于宋辽和辽金的对峙，北方马种进入中原地区受到限制，西南马遂成为宋朝马匹的主要来源。南宋时曾在邕州（今广西柳州）设买马司，专门负责收购西南马，以备军国之用。

斗鸡养殖始于周宣王（公元前827～782）②，以后代代相传，至唐代，此风更炽。《东城老父传》说："（唐）玄宗在藩邸时，乐民间清明节斗鸡戏，及即位，立鸡坊于两宫间，索长安雄鸡，金毫、铁距、高冠、昂尾千数，养于鸡坊，选六军小儿五百人，使驯扰教饲之。上好之，民风尤甚。诸王、世家、外戚家、贵主家、侯家倾帑破产，市鸡以尝其值，都中男女以弄鸡为事，贫者弄假鸡。"

---

① 《澄怀录》，转引自：中国农业科学技术史稿，农业出版社，1989年，第364页。

② 《庄子·达生》："纪渻子为王养斗鸡"。

宋人《岭外代答》对斗鸡的体形外貌有详细记载："凡鸡，毛欲疏而短，头欲竖而小，足欲直而大，身欲疏而长，目欲深而皮厚、徐步耽视，毅然不动，望之如木鸡。如此者每斗必胜。"书中还记载了一种特殊的斗鸡饲养方法。"结草为垫，使立其上，则足尝定而不倾，置米高于其头，使纵膺高啄，而头常竖而嘴利，割裁冠缕，使敌鸡无所施其嘴；前刷尾羽，使临斗易于盘旋；常以翎毛搅入鸡喉，以去其涎，而掬米饲之，或以水僎两腋，调饲一一有法"。

泰和鸡，也名丝毛乌骨鸡，因原产于江西泰和而得名。丝毛、乌骨是泰和鸡两个主要特征，此外，还有紫冠、缨头、绿耳、胡子、五爪、毛脚、乌皮、乌肉等特征。具有很高的食用和药用价值，是古来有名的滋补佳品。唐元稹《长庆集》载："元和十五年(820)，奉宣庙令，采同州双鸡五联，各重四斤，频年采取一联不获，……今同州鸡无闻，止称泰和鸡、莱阳鸡。"

二　品种多样化的原因

隋唐宋元时期水稻品种的增加，实际上是人工和自然选择的结果。宋人郭正祥在《田家四时》诗中说："选种随土宜，播掷糯与粳。"由此可见，当时主要是依据自然地理环境条件来决定品种的选择的。事实也是如此，当时人们已经选育出了"宜卑湿"的"奈肥"，"最耐旱"的"占城"，抗寒性强的"冷水乌"、"乌口稻"，耐涝的"冷水红"、生育期极短，而可以躲避水灾的"黄穋稻"，抗倒伏的"铁秆糯"。除了依据自然条件以外，人们还按照社会经济等方面的因素来选择品种，比如，当时已经选育出了一种"以一勺入他米炊之，饭皆香"的香子、香粳、箭子，不过香稻的产量较一般水稻品种的产量要低，所古人对于选用香稻非常慎重，如《种艺必用》提到，"粱谷米，大香滑，而种者少。问庄稼云：'收少而损地力'"香稻历来不受重视，明代宋应星曾说："香稻一种，取其芳气，以供贵人。收实甚少，滋益全无，不足尚也。"还有一种"最宜酿酒，得汗倍多"的"金钗糯"等等。品质是选择品种的重要依据。金元时期的一个优良黍品种"糯不换"即便如此。《务本新书》说："种'糯不换'，糯米价直比黄米价高。今有与糯米相类者，白黄米是也，旧呼'糯不换'，宜多种之，造酒为佳。"

自然变异也是品种增加的一个原因，同时它也为人工选择提供了基础。公元11世纪后期，就有关于糯稻变异的记载。《东坡杂记》："黎子云言：海南秫稻，率三五岁一变，顷岁儋人，最重铁脚糯，今岁乃变为马眼糯，草木性理，有不可知者。"古人对于这种变异不理解便归之于天。洪迈"莆田荔枝"说："莆田荔枝名品皆出天成，虽以其核种之，终与本不相类。宋香之后无宋香，所存者孙枝尔。陈紫之后无陈紫，过墙则为小陈紫矣"①。然而古人正是利用了这种变异（退化）创造出一些新的品种。以陈紫为例，它本是宋代莆田荔枝中首屈一指的名品，但如果采用种子繁殖，则难以结出相同品质的荔枝，蔡襄称为"赋生之异也"。利用这种变异，古人又培育出了游家紫、小陈紫、宋公荔枝等名品。

① 洪迈，《容斋四笔》，八卷。

三　品种的分类

（一）水稻的分类

水稻品种增多，分类也就必要。宋代水稻品种的分类主要是遵循以下三个原则：一是根据播种和收获期的不同来划分，有早、中、晚之分。《禾谱》："大率西昌，俗以立春、芒种（?）节种，小暑、大暑节刈为早稻；清明节各，寒露、霜降节刈为晚稻。"又："今江南早禾种率以正月、二月种之，惟有闰月，则春气差晚，然后晚种，至三月始种，则三月者未为早种也；四五月种为稚，则今江南盖无此种。"宝庆《四明志》："明之谷，有早禾、有中禾、有晚禾。早禾以立秋成，中禾以处暑成。是最富、早次之，晚禾以八月成，视早益罕矣。"二是根据稻米的质地和用途来划分。古代一般是将水稻品种根据用途划分为粳稻和糯稻（或秫稻）。宋代仍是如此，以《禾谱》为例，无论是早稻还晚稻都有粳、糯之分，所以有"早禾粳品"、"早禾糯品"；"晚禾粳品"、"晚禾糯品"。糯稻最主要的用途是作酿酒的原料，而粳主要用作饭食。用作饭食的还有一种籼稻，籼从用途和口感上接近于粳，但二者在生育期、粒形和品质上还有较大的差别。王祯说："南方水稻，其名不一，大概为类有三：早熟而紧细者曰籼，晚熟而香润者曰粳，早晚适中，米白而粘者曰糯，""稻有粳、秫之别，粳性疏而可炊饭，秫性粘而可酿酒。"[①] 三是根据性状、生育期及土壤适应性等综合起来加以划分。罗愿《新安志》："稻之不粘者为粳，粘者为糯，比粳小而尤不粘，其种宜早，今人号籼，为早稻，粳为晚稻。"元代王祯在《农书》中基本上沿用了这种分类方法。南宋中期，舒文靖将非糯性水稻品种划分为大禾谷和小禾谷。"大禾谷者，今谓之粳稻，粒大而有芒，非膏腴之田，不可种。小禾谷，今谓之占稻，亦曰籼稻，粒小而谷无芒，不问肥瘠，皆可种，所谓粳谷者，得米少，其价高，输官之外，非上户，不得而食，所谓小谷，得米多，价廉，自中产以下皆食之"。

为了准确记载泰和水稻品种，曾安止就品名问题作了一些有意义的探讨。在《禾谱》一书的第一部分，他根据地方资料，就历史文献中的物物不清，品品不明的现象，进行了"三辩"，力图澄清水稻品种记载上的混乱，把握水稻古今品之间的内在联系，纠正其错讹。

一为"总名"之辩。稻，又称为谷、又称为禾。曾安止将水稻与其他粮食作物加以区别，指出古籍中的"谷"既包括粟、稷等作物，亦包括稻。所谓"今江南呼稻之有稃者，曰稻谷；黍之有稃者，曰黍谷……"，稻是稻谷的总名，在总名之下，稻又分为早稻和晚稻；秔稻和糯稻。早稻和晚稻是根据播种收获期来确定的。根据播种期的早晚又称为"稙禾"和"稚禾"。

二是"复名"之辩。稻又称为稌。曾安止列举古籍中关于水稻的异称，指出这些不同的名称"盖一物而方言异"，即不同的地区方言不同造成的结果。"复名"之辩实际上是"总名"之辩的一个补充。

三是"散名之辩"。曾安止列举古籍中关于品种名称的记载，又以自己所见之水稻品

① 《王祯农书·农桑通诀·播种篇》，又《王祯农书·百谷谱·水稻》。

种为例，比较古今品种之间生物学特性的相似性，指出古今品种之间存在的历史延续性。同时，他又认为尽管古籍中有些水稻品名与当时的一些水稻品名相似或相同，但经过品种之间的生物学性状差异的分析，这些品种实际上是“名同而实非”。

（二）麦类的分类

隋唐宋元时期，对于麦类的分类多见于一些本草学著作，北宋苏颂《图经本草》说：“麦有大麦、小麦、穬麦、荞麦”，其中“穬麦有二种，一种类小麦，一种类大麦。皆比大小麦差大。”穬麦即今裸大麦。《别说》[①] 则对几种主要的麦进行了解释，尤其是着重于大麦和穬麦的区分。其分类标准除了粒形大小以外，还包括外观色泽、种植季节以及食用品质等。其曰：

> 小麦，即今人所磨为面日常食者。八、九月种，夏至前熟。一种春种，作面不及经年者良。大麦，今以粒皮似稻者为之，作饼滑，饲马良。穬麦，今以似小麦而大，粒色青黄。作面脆硬，食多胀人。京东西河北近京又呼为黄颗。关中又有一种青颗，比近道者粒微小，色微青，专以饲马，未见入药用。然大麦、穬麦二种，其名差互，今之穬麦，与小麦相似而差大，宜谓之大麦。今之大麦，不与小麦相似，而其皮矿脆，宜谓之穬麦。

（三）桑品种的分类

《士农必用》

> “桑种甚多，不可偏举，世所名者，荆与鲁也。荆桑多椹，鲁桑少椹。叶薄而尖，其边有瓣者，荆桑也。凡枝干条叶坚劲者，皆荆桑之类也。叶圆厚而多津者，鲁桑也。凡枝干条叶丰腴者，皆鲁桑之类也。荆之类，根固而心实，能久远，宜为树；鲁之类，根不固而心不实，不能久远，宜为地桑，然荆桑之条叶不如鲁桑之盛茂，当以鲁条接之，则能久远而又盛茂也。鲁为地桑而有压条换根之法，传转无穷，是亦可以长久也。荆桑之类，宜饲大蚕，其丝坚纫，中纱、罗。……鲁桑之类，宜饲小蚕。

鲁桑原产于山东地区，唐宋时期，传入到了太湖地区，并发展出了众多的品种，成为鲁桑的新类型——湖桑，不过当时并没有湖桑之名，这一名称直到清代才见于记载。

应该指出的是，荆桑、鲁桑之优劣，并不会导致鲁桑取代荆桑，这不仅仅是因为荆桑具有“根固而心实，能久远”的特点，而且荆桑和鲁桑在功能上也有差异。比如，“鲁桑可移为地桑，荆桑可移入园养之”。就两桑叶所养蚕来看，“鲁桑所养蚕，其丝少坚韧，可斟酌栽荆桑树，于大眠后取叶间饲之”。

（四）茶树分类

宋子安的《东溪试茶录》中，根据茶树的外形、叶形、叶色、芽头大小和发芽早晚等不同情况，将北苑一带的茶树地方品种归纳为七类：一“白叶茶”，其特征是“芽叶如纸，民间以为茶端”；二“柑叶茶”，叶厚芽肥、状类柑叶，是乔木型的良种茶树；三

---

① 陈承撰，作者时代及成书年代不详，原书佚，下引资料据《重修政和经史证类备用本草》，卷二十五引。

"早茶"，发芽较早，一般都用其作"试焙"；四"细叶茶"，生沙溪一带山中，"叶比柑叶细薄"；五"稽茶"，芽叶细小厚密，呈青黄色，发芽也迟；六"晚茶"，特点近似稽茶，但较诸茶更晚；七"丛茶"，也称蘖茶，是灌木型茶树，一岁"发者数回"。这是古代对地方茶树品种最早的分类记载。

四 品种的命名

《齐民要术》在提到粟品种的命名时说，"按今世粟名，多以人姓字为名目，亦有观形立名，亦有会义为称。"这三者仍是隋唐宋元时期品种命名的原则，王祯说："粟之为名不一，或因姓氏，或因形似，随义赋名；是故早则有'高居黄'、'百日粮'之类，晚则有'鸱脚谷'、'雁头青'之类。"① 但又有新的发展，其中最突出的一点便是以产地命名。《洛阳牡丹记》说："牡丹之名或以名，或以氏，或以州或以地，或以色或旌其所异者而志之。"而更多的时候是将姓氏、形似、会义、产地、颜色、特点等综合起来命名。

以人姓字为名目，指的是根据培育者的姓名来命名。这在花卉和果树品种中最为普遍。如隋唐西苑牡丹袁家红，唐代洛阳牡丹名品姚黄、魏花、牛黄等就是根据栽培者的姓氏来命名的。荔枝中的陈紫、江（家）绿、方家红、游家紫、小陈紫、宋公荔枝、蓝家红、周家红、何家红等属于此类。有时也以传说中的人物来命名，如荔枝中的十八娘因民间传说"闽王王氏有女第十八，好啖此品，因而得名"。将军，因"五代间，有为此官者种之，后人以其官号其树"。水稻品种中也有大张九和小张九的名目，但很少。蔡襄说："言姓氏，尤其著者也。"以栽培者的姓氏来命名的品种往往是最好的品种。

观形立名，即根据外观形态来命名。《荔枝谱》在提到"牛心"这一品种时说，"以状言之"，可见"牛心"这一品种是因外形象牛心而得名。以外形命名的荔枝还需要圆丁香、蚶壳、真珠、钗头。在花卉中，梅花中的直脚梅、重叶梅等；瓜果类中，"以状得名者，则有龙肝、虎掌、兔头、狸首、蜜筒之称"②。

会义为称，即根据品种形态、生理的特点，以类比的方式进行命名。这种命名方式在水稻品种中较为多见。如师姑粳，表明这一品种无芒；麦争场，说明这个品种熟期，与麦收几乎同时；以随犁归，说明这个品种早熟；九里香、十里香表明它们分别是一种香稻；铁秆糯表明其有较强的抗倒伏能力；金元时期，北方有个很好的黍品种，名叫"糯不换"，其名如此，是因为其有比糯更好的酿酒品质。梅花中的"一蒂而结双梅"的鸳鸯梅。

以产地命名的，如隋代西苑牡丹中的起州红、延安红，唐代洛阳牡丹中的青州红、延州红、丹州红；水稻中的占城稻、睦州红、宣州蚤、泰州红、黄岩硬秆白、婺州青、金州糯、杭州糯等。

以色命名的品种，多见于花卉和果树。如牡丹中的甘草黄，因"色如甘草"而得名；还有赭红、浅红、云红、天外黄等；梅花的绿萼梅"凡梅花跗蒂皆绛色，惟此绝绿，枝梗亦青"、荔枝中的"绿核，颇类江绿，色丹而小，荔支皆紫核，此以见异"；"玳瑁红，

① 《王祯农书·百谷谱·谷属·粟》。
② 《王祯农书·百谷谱·蓏属·甜瓜》。

荔枝上有黑点，疏密如玳瑁”；“硫黄，颜色正黄而刺微红，亦小荔枝，以色名之也”。其他如朱柿、粉红、中元红、火山，皆此类也。又据王祯所说，仅甜瓜中，“以色得名者，则有乌瓜、黄䲡、白䲡、小青、大斑之别”①。

“旌其所异”即直接以某个品种的某个方面的特点来命名。如水稻品种中的六十日、八十日、百日稻分别代表这三个稻种的生育期；半夏稻、八月白、八月乌、半冬分另表示成熟期；矮青、黄矮、矮糯表明它们是矮杆品种；隋代西苑牡丹先春红，表示开花期。水荔枝表示该品种“浆多而淡”，蜜荔枝则为“纯甘如蜜”。荔枝中的蒲桃、双髻小。“凡荔枝，每颗一梗，长三五寸，附于枝。此等附枝而生，乐天所谓朵如蒲桃者，正谓是也”。这便是蒲桃荔枝。双髻小，“每朵数十，皆并蒂又头，因以目之”。

第二节　农业生物学的认识与实践

一　农业生物的生理认识与实践

（一）水

水是生命体的重要组成部分，农作物从播种到收获，每个阶段都涉及到对水的利用和管理。

播种之前的浸种即是利用水来进行选种，并促进种子发芽。水分是发芽的必要条件，但一些种子外壳组织坚硬，水分不易渗透。如果将干燥的种子播种于田中，不能即刻发芽，故常易遭受虫鸟之害，若播种于土壤松软的秧田中，种子下沉，以致有的不能发芽。浸种技术在《齐民要术》中已得到使用。隋唐宋元时期，浸种技术继续得到运用，并有所进步（表 18-3）。

表 18-3　隋唐宋元时期作物浸种举例

作　物	浸　种	出　处
棉花	以绵种杂以溺灰，两足十分揉之。 堆于湿地上，瓦盆复一夜。 先将种子用水浸，灰拌匀，候生芽。	四时纂要·三月 农桑辑要·木绵 农桑衣食撮要·三月
蔬菜	凡种子先用淘净，顿瓠瓢中，覆以湿巾，三日后芽生，长可指许，然后下种。	王祯农书·农桑通诀·播种
瓜	是月（二月）当上旬为上时，先淘瓜子以盐和之，箸盐则不笼死。	四时纂要·二月

最能代表浸种技术进步的莫过于水稻浸种。水稻浸种催芽的方法最早见于《齐民要术》，方法是“净淘种子，渍经三宿，滤出；内草篙中裛之。复经三宿，芽生，长二分。一亩三升掷”。《四时纂要》中基本上沿用了这种方法。旱稻则要浸到种皮开裂时方才播种。《陈旉农书》中虽然没有提到浸种之事，但宋代浸种已普遍采用。真宗在向南方推广占城稻时，由朝廷颁布了种植法，详细地介绍了浸种技术，其曰：“南方地暖，二月中下

① 《王祯农书·百谷谱·蓏属·甜瓜》。

旬至三月上旬，用好竹笼，周以稻秆，置此稻于中，外及五斗以上，又以稻秆覆之，入池浸三日，出置宇下。伺其微热如甲拆状，则布于净地，其萌与谷等，即用宽竹器贮之。于耕了平细田，停水深二寸许，布之。经三日，决其水。至五日，视苗长二寸许，即复引水浸之一日，乃可种莳。”① 从诗中还可以看出，当时南方已采用了河水浸种，楼璹《耕织图诗》中即有浸种一事：“溪头夜雨足，门外春水生，�篮浸成碧，嘉谷抽新萌”，证明河水浸种是南方普遍采用的一种浸种方法。河水浸种较桶水浸种进步。因为河水常流，种子可以充分吸收养气，且不用考虑发酵引起的水温变化。

元在浸种方面积累了不少的经验，其要点如下：(1) 浸种的季节和时间的长短：《农桑辑要》说：“早稻清明前浸，晚稻谷雨后浸。”籼粳稻一般要“浸三、四日”，而“糯稻出芽迟，可浸八、九日”。(2) 浸种方法：除“投于池塘水内浸”外，还使用“或于缸瓮内用水浸数日”的办法。(3) 催芽方法：《王祯农书》中提出了温水催芽的办法，其法将稻种于“清明节取出，以盆盎别贮，浸之；三日滤出，纳草篅中。晴则暴煖，浥以水，日三数。遇阴寒则浥以温汤，候芽白齐透，然后下种”。(4) 练芽方法：《农桑辑要》提出：“浸三、四日，微见白芽如针尖大，然后取出，担归家，于阴处阴干。”这是一种晾种练芽的方法。

种子在经浸种之后，撒入田中仍需要加强水的管理。一般说来，种子下地之初，对水的需求量不大，不宜急浇，为此，需要控制水量。《农桑辑要》新添的栽种苎麻法中就提出了一种巧妙的办法，这种办法就是在苗畦上搭棚，防止幼苗晒死，另一方面就是为了“用炊帚细洒水于棚上，常令其下湿润”。书中对此是这样解释的“缘子未生芽，或苗出力弱，而不禁注水陡浇故也”。水稻育秧对水的要求又是另一种情况，陈旉提出，要求是活水，秧田中水的深浅要适中，不可太深，也不宜太浅。为此，必须根据秧田播种面积的大小，重新作塍，“作塍贵阔，则约水深浅得宜”。同时陈旉还指出，秧田水深浅并非一成不变，还必须依据气候变化而变化。“若才撒种子，忽暴风，却急放干水，免风浪淘荡，聚却谷也；忽大雨，必稍增水，为暴雨漂飐，浮起谷根也；若晴，即浅水，从其晒暖也”。陈旉还提出：“浅不可太浅，太浅即泥皮干坚。深不可太深，太深即浸没沁心而萎黄矣。唯浅深得宜乃善。”这是正常天气情况下，秧田用水的一个原则，这个原则虽然辩证，但过于笼统，而不具体，怎样才能做到“深浅得宜”呢？宋代总结出了一个具体的方法，这就是所谓“针水之法”，据苏注云：“稻初生时，农夫相语稻针水矣。针水之法：投种之后，决去其水，晒之三日，使泥作龟坼纹，引水灌之，稻芽经夕便青。”这种方法适合于平原秧田，“山田之稻投稻即不可晒，晒干则牢不可拔，陆放翁诗：‘泥融无块水初浑，雨细有痕秧正绿。’殆谓此也”②。

水稻一生离不开水。但在各个生长阶段对于水的需要量是不同的，也就是说对于干旱的敏感性是不同的。今人将植物对缺水敏感的时期称为水分临界期。通常认为禾谷类作物分蘖末期到抽穗期为第一临界期；灌浆到乳熟末期为第二临界期。临界期受旱，作物减产最多。所以植物的水分临界期可以作为合理灌溉的依据。宋元时期，人们对于水

① 《宋会要辑稿·食货》。

② 施注苏诗，参引《放翁集》，引自清道光五年《新淦（今新干）县志》卷十一“风俗”；《中国农学遗产选集》稻下编，第317页。

稻水分临界期有了较为深刻的认识，《种艺必用》引老农言云："稻苗，立秋前一株每夜溉水三合，立秋后至一斗五升，所以尤畏秋旱。"《种艺必用补遗》则进一步指出："凡晚禾最怕秋旱。秋旱则槁枯其根。虽羡得雨，亦且收割薄而尠矣。故谚曰：'田怕秋时旱，人怕老时贫。'诚哉是言也。"提出把立秋作为水稻水分临界期。立秋前后是水稻开始孕穗（古人称为秀，或做胎）的时期，这以后水稻对水的需要量很大。明代《沈氏农书》说："干在立秋后，便多干几日不妨；干在立秋后，才裂缝便要车水。盖处署正做胎，此时不可缺水，古云：'处暑根头白，农夫吃一吓'……自立秋以后，断断不可缺水；水少即车，直至斫稻方止。俗云：'稻如莺色红、全得水来供'。"《田家五行》就对水分与孕穗之关系做过这样的阐述："稻秀雨浇"，"将秀之时，得雨则堂肚大，谷穗长；秀实之后，得雨则米粒圆，见收数。""将秀之时"指的是抽穗期来临，此时茎、叶正在迅长，光合作用旺盛，生殖器官正在形成和迅速发育。缺水破坏了植株的水分平衡，叶片光合能力下降，妨害了花粉和子房的健全发育，抑制了上部节间的伸长，致使个体矮小、有效分蘖减少，穗小粒少、显著减产。"秀实之后"正指的是灌浆期。水分充足有利于营养物质向籽粒运输。由此可见关于植物在水分临界期受旱减产最多的这个道理是由来已久了。

由于各阶段对水的需求量是不同的，于是就有了不同的措施。烤田就是一种控制水分的措施。烤田技术也最早见于《齐民要术》，但宋代对于水稻烤田的意义的认识比《齐民要术》又进了一步。《齐民要术》只提到"曝根令坚"四字。陈旉《农书·薅耘之宜篇》则说："夫以干燥之泥，骤得雨，即苏碎，不三五日，稻苗蔚然，殊胜于用粪也。"至于烤田方法，《齐民要术》中只提到了三个字，"决去水"，此法相沿于《王祯农书》和《农桑衣食辑要》等书之中，方法比较简便，即在耘过之后，把田中的水放了，让太阳暴晒，使田面坼裂，后又回水。《陈旉农书》则提到，"所耘之田，随于中间及四旁为深大之沟，俾水竭涸，泥坼裂而极干，然后作起沟缺，次第灌溉"。这是一种在田中开挖水沟（今江西农村称为"起戽漏"）进行烤田的方法，一个是把水排在田外，一个是把水控制在田中的局部地区，如四周及中间，两者还是有些差别，首先，前者在排水的过程中，也可能将田中的肥份跑掉一些，而后者却没有这种损失。其次，排水只能适合于地势比较高的地方进行，而宋元时期，随着各种圩田、湖田、围田、涂田等等的开发利用，一些地势低洼的地方也已种植了水稻，这些地方很显然是不适合用排水的方法来烤田的。

《齐民要术》和《陈旉农书》虽然都提到了烤田技术，但却没有提到烤田的名称。最早的到烤田名称的是南宋高斯得的"宁国府劝农文"一文中："浙人治田，比蜀中尤精。土膏既发，地力有余，深耕熟犁，壤细如面，故其种入土，坚致不疏。苗既茂矣，大暑之时，决去其水，使日暴之，固其根，名曰'靠田'，根既固矣，复车水入田，名曰'还水'。其劳如此。还水之后，苗日以盛，虽遇旱暵，可保无忧。其熟也，上田收五六石。故谚曰'苏湖熟，天下足'，虽其田之膏腴，亦由人力之尽也。"① 这里的靠田，也就是烤田。其后《王祯农书》称之为"熇"，《农桑衣食撮要》称之为"戽田"。

相对于水稻来说，豆麦等对于水的需求量很少。古人对豆麦的认识以为是旱地作物可以耐旱，特别是大豆"保岁易为"，它较其他夏秋作物能耐旱且产量稳定，而且在中国北方取水艰难，很费工力。因此，除公元前1世纪《氾胜之书》提到秋旱以桑落时浇麦

① 《耻堂存稿》，卷五。

外，其他时间以及往后1100～1200百年内者未曾提到“灌麦”措施[1]。但在一定限度下，大小麦产量常常随着土壤湿度的增加而提高。12～13世纪间，北方凿井技术有了很大进步，当时山西平阳掘井灌田成就显著，被当作大面积推广的典型。金泰和八年（1208）在邳沂近河一带布种豆麦，井灌面积达600余顷之多，比之陆田所收数倍[2]。

柑橘栽培中也注意到了水分的管理。《橘录》指出：“旱时坚苦而不长，雨则暴长而皮多拆，或瓣不实而味淡。”因而要注意沟以泄水，俾无浸其根，旱时则要“抱瓮以润之，粪壤以培之”，使其“无枯瘁之患”。

（二）土肥

生之者地也，地即包括土和肥两方面的因素。土壤耕作的目的在于给作物生长提供一个良好的环境，当种子下地之后，土与作物之间便开始发生直接的作用，而农事也必须有相应的安排。

用粪。陈旉提出“用粪得理”是育好秧的条件之一。陈旉所说的用粪主要是指基肥。基肥的使用是与深耕同时进行的，具体的操作方法是，“于秋冬即再三深耕之，俾霜雪冻沍，土壤苏碎。又积腐稿败叶，刬薙枯朽根荄，遍布烧治，即土暖且爽。于春又再三耕耙转，以粪壅之，若用麻枯尤善”。秧田经过这样的一番处理之后，为日后秧苗的生长准备良好的条件。陈旉强调用熟粪，而切忌用大粪、生粪，以防止在施用之后由于发酵生热烧坏庄稼。陈旉认为“火粪与焊猪毛，及窖烂粗谷壳最佳”。“麻枯尤善”，但必须经过发酵，而“切勿用大粪”，“若不得已而用大粪，必先以火粪久窖掩乃可用”。

大小麦对肥力的要求较高，“大麦非良地则不须种，小麦非下田则不宜”。如何解决土壤肥力问题？北方麦区出现种绿肥的作法。即在六月初旬，选择在天明以前，“四、五更时，乘露水未干，阳气在下”，进行一次翻耕，以避免日晒跑墒，同时“牛得其凉”。耕过之后，“地内稀播种绿豆，候七月间，犁翻豆秧入地。胜如用粪，则麦苗易茂”[3]。这种方法吸取了6世纪时为春谷田栽培绿肥的经验，不过麦地播种绿肥始见于此。如果说北方主要依靠绿肥的话，南方则主要依靠整地时的基肥和中耕时追肥来提高麦田的肥力，因此《陈旉农书》“耕耨之宜篇”中，除了提到“耕治晒暴”以外，还提到“加粪壅培”，播种之后，“因以熟土壤而肥沃之”。“六种之宜篇”则提到：“七月治地，屡加粪锄转。八月社前即可种麦。宜屡耘屡粪。”

覆土。播种之后，先要进行覆土。覆土主要涉及到两个问题：一是厚薄。覆土的厚度与所种作物有关。《农桑辑要》指出，棉花播种之后，“将元起出覆土，覆厚一指”。厚度一指约半市寸，合13～15毫米。这种覆土厚度和北方一些旱地作物的覆土厚度相比，似要薄些。例如，《氾胜之书》中讲到区种麦时“覆土厚二寸”。棉花属于双子叶植物，发芽时顶土能力差，因此要求覆土相对薄些。种桑也是如此，《四时纂要》说：“种桑，如种葵法。土不得厚，厚即不生”。还有一些作物甚至不用覆土，如苎麻就“不用覆土，覆

① 唐启宇，中国作物栽培史稿，农业出版社，1986年，第75页。

② 《金史·食货志》。

③ 《农桑衣食撮要·六月》。

则不出”。而只需要“于畦内用极细梢杖三四根，拔剌令平可”[①]。一是松紧。覆土之后，一般还要镇压，镇压一般是用脚来进行的。宋元时期，镇压方面一个显著的进步即便是砘车的采用。砘车是与耧车配套使用的。耧犁下种，始于汉代，是一种畜力条播方式，然而，宋元以前，与这种播种方式相配套的镇压工具尚没有出现，只得采用足踏方式加以镇压，效率不高。到宋元时期，一种镇压工具出现了，这便是砘车，砘车是一种畜力镇压工具，这种工具与耧犁配套，“随耧种之后，循垄碾过，使根土相着，功力甚速而当”[②]。大大地提高了镇压的效率，是实元时期在播种工具上的一项重大发明。

带土移栽。宋元时期，带土移栽已广泛用于树木的栽培。“多留宿土”成为移栽树木的一个基本的准则。不仅如此，当时还提出留土的多少要依据树的大小和移栽距离的远近来定，并给出了具体的数字：“如一丈树，留土方三尺，地远移者二尺五寸[③]；一丈五尺树，留土三尺或三尺五寸。”[④] 多留宿土，无疑给运输带来困难。后赵石虎（石季龙，羯族）筑华林苑时，“于园中种众果，民间有名果，虎作虾蟆车箱，阔一丈，深一丈四，抟掘根：根面去一丈，深一丈，合土载之，植之无不生”[⑤]。这种用车运载树木的作法在宋元时期继续得到使用。《务本新书》载：“大车上般载，以人牵曳，缓缓而行。车前数百步，平治路上车辙，务要平坦，不令车轮摇摆。于处所依法栽培，树树决活。古人有云：‘移树无时，莫令树知’。”这表明宋元时期的移栽技术又有所提高。

带土移栽不光运用于木本植物，也运用于草本植物。《农桑辑要》新添的栽种苎麻法、苇和蒲就使用了带土（泥）的移栽方式。苎麻移栽“将苎麻苗用刃器带土掘出，转移在内，相离四寸一栽”。“分根：连土于侧近地内分栽，亦可”，“若地远移栽者，须根科少带元土，蒲包封裹，外复用席包掩合，勿透风日，虽数百里外，栽之亦活”。“苇，四月苗高尺许，选好家苇，连根栽成土墩，如椀口大；于下湿地内，掘区栽之”。“蒲，四月，拣绵蒲肥旺者，广带根泥移出，于水地内栽之。次年即堪用”。

不带土移栽。带土移栽固然有助于移栽的成活率，但也带来了一些技术上的困难和劳动量的增加，为了提高劳动生产率，当时在采用带土移栽的同时，也使用不带土移栽。如何提高不带土移栽的成活率？唐宋元时期针对不带土移栽可能出现的问题提出了许多解决办法。柳宗元《种树郭橐驼传》说：“凡植木之性，其本欲舒，其培欲平，其土欲故，其筑欲密。既然已，勿种勿虑，去不复顾。其莳也若子，其置也若弃，则其天者全，而其性得矣。”所谓“其本欲舒”即要求根要舒展；“其培欲平”即覆土要适中；“其土欲故”即要使用原来的熟土；“其筑欲密”即要捣土要紧密；另外也可能表示在移栽之后，要筑围栏围起来，以防止人兽进入，摇动伤害树苗。只有这样移栽的树木才能成活。而当时一般的人却很难做到这几点，移栽时“根拳而土易，其培之也，若不过焉则不及”，意思是说栽下去根部弯曲，不能保证舒展，培土不是太过就是不及。移栽过后，又热心过分，“爱之太殷，忧之太勤，旦视而暮抚，已去而复顾。甚者爪其肤以验其生枯，摇其

① 《农桑辑要》卷二，苎麻。

② 《王祯农书·农桑通诀·播种》。

③ 地远，指苗圃到大田的距离远，这种情况下，所留宿土要少些，《农桑辑要》在提到苎麻移栽时也提到：“若地远移栽者，须根科少带元土。”这样做主要是便于采取其他一些保护措施。

④ 《农桑辑要》，卷六竹木。

⑤ 《邺中记》。

本以观其疏密，而木之性日以离矣”。《东坡杂记》说，松树的移栽，“只要根实，不令摇动，自然活”。“今移树者以小牌记取南枝，不若先凿窟，沃水浇泥方栽，筑令实，不可蹈，仍以木扶之，恐风摇动其颠，则根摇，虽尺许之木，亦不活；根不摇，虽大可活，更茎上无使枝叶繁，则不招风”。把防止摇动作为移栽松树的技术关键，这种方法同样也适合于其他树木的移栽。元代则提出了确保无土移栽时根系舒展的方法，其曰：“无宿土者，深栽泥中，轻提起树根与土平，则根舒畅易得活，三四日后，方可用水浇之。上半月移栽，则多实。宜爱护，勿令摇动。”①

培土。除了树木移栽时要进行培土之外，禾本科作物的培土主要是通过中耕来进行的。宋元时期北方旱地上出现了所谓“耘苗四法”，其中“壅”即是培土。南方稻田中则出现了耔。耘耔经常联系在一起，被笼统地称为中耕除草，实际上，耘和耔还是有些区别的。耘是指除草，而耔则是指培土。王祯《农书》所说：“耘除之草，和泥渥漉，深埋禾苗根下，沤罨既久，则草腐烂而泥土肥美，嘉谷蕃茂矣。”这其中就包括除草和培土两方面的作用。水稻的除草培土方式主要有三种，一是手耘，“不问草之有无，必遍以手排漉，务令稻根之傍，液液然而后已”。“又有足耘，为木杖如拐子，两手倚以用力，以趾塌拔泥上草秽，壅之苗根之下，则泥沃而苗兴”。再有就是用耘荡耥田。这三种方法中都包含有培土的用意，但足耘中表现尤为明显。鲁明善在《农桑衣食撮要》中也提到了这种耘田方法，“六月耘稻，稻苗旺时，放去水干，将乱草用脚踏入泥中，则四畔洁净”。这种足耘的方法在明代宋应星的《天工开物》中称之为“耔”，而耔的本义即是培土。

追肥。隋唐宋元时期，对于禾谷类作物栽培仍以基肥为主。不过在南方种麦已开始使用追肥。《陈旉农书·六种之宜篇》中提到“八月社前即可种麦。宜屡耘而屡粪”。追肥用得较多的主要在于油菜、蔬菜和桑树等作物的栽培。尤以栽桑使用追肥最多，《农桑辑要》卷三“栽桑”中就多次提到使用追肥。

值得注意的是，宋元时期，人们即已把包含有铁、硫、钙质成分的物质用作特种肥料，治疗植物营养元素缺乏生理病症，以促进植物繁茂生长和开花结实。《务本新书》：“若是斫去元干，再长树身，桑闻铁腥，愈旺，地桑是其验也。”《博闻录》：“树不结，凿一大孔，入生铁三五斤，以泥封之，便开花结子。既实，以篾束其本数匝，木楔之，一夕自落。”② 这是用铁元素来治疗树木如皂荚的缺铁不结实。《种艺必用》及“补遗”：“种茄子时，初见根处劈开，掐硫磺一匕大，以泥培之，结子大如盏，味甘而宜人。”又种芥子“治园可令土极细，以硫磺调水泼之，撒芥子于其上，经宿已生一两小叶矣。”又“种竹法：择大竹，就根上去三、四寸许截断之，去其上不用，只以竹根截处打通节，实以硫黄末，颠倒种之地。一年生小竹，随即去之。次年亦去之。至第三年生竹，其大如所种者。”这三段文字中，硫黄分别被当作追肥、基肥和生长调节剂来促进植物生根、发芽、健壮和结实。该书中还提到：“凿果树，纳少钟乳粉，则子多且美。又树老，以钟乳末和泥，于根上揭去皮抹之，树复茂。”钟乳粉的主要成分是钙，可见当时已知利用钙来促进开花结实，改进果实品质以及使老树复壮。

---

① 《农桑衣食撮要·正月》。

② 《农桑辑要》，卷六，皂荚。

（三）光

秦汉魏晋南北朝时期，光对植物的影响已有了比较深刻的认识，并在农业生产中得到了实际的运用。主要表现在移栽时要注意阴阳，嫁接时选择阳面的枝条做接穗等，这些原则在隋唐宋元时期都得到了贯彻执行，使用的对象包括竹、桑、柑橘等。

唐宋时期，对于茶树的喜阴特性有很好的认识。《四时纂要》认为，茶有二个特点，一是“畏日”，是一种喜阴作物，因此，适合种于“树下或北阴之地”，所谓“树下”，即“桑下、竹阴地种之皆可”；“北阴之地”，即背阴之地。但不定是指山坡的北面，因为在《茶经》中已指出：“阴山坡谷者，不堪采摘，性凝滞。”二是“怕水”，“水浸根，必死”，因此适合于种植在“山中带坡峻”之地，因为山坡上排水良好；若在平地建茶园，则须“于两畔深开沟垄泄水”。《茶经》中也有同样的看法：“其生者，上者生烂石，中者生砾壤，下者生黄土。”把这两个方面的特点结合起来，就是茶树适合于种植在背阴的山坡上，即《茶经》所说的“阳崖阴林”，向阳且有树木荫蔽的山坡是种植茶树最好的生态环境。对此，宋代有更为明确的认识，《东溪试茶录》载：“茶宜高山之阳，而喜日阳之早。”《大观茶论》亦说：“植茶之地，崖必阳，圃必阴。”为了创造一个良好的茶树生长环境，当时采取了“植木以资茶之阴”的做法。于是有茶桐间作的出现。《北苑别录》：“桐木之性，与茶相宜。而茶至冬则畏寒，桐木望秋而先落，茶至夏而畏日，桐木至春而渐茂，理亦然也。”宋代时，松树在育苗繁殖期间也采取了同样的保护措施。《东坡杂记》载：“松性至坚悍，然始生至脆弱，多畏日与牛羊，故须荒茅地以茅阴障日。若白地，当杂大麦数十粒种之，赖麦阴乃活。”

宋代在光对植物影响方面所取得的最大成就是对黄化现象的利用。生长在黑暗处的植物呈现黄色，茎菜细长柔嫩，节间距离拉长，叶片小而不展开，这种现象称为黄化。利用黄化现象，宋人培育出了豆芽、韭黄和黄芽菜等，使蔬菜品种得以增加。《东京梦华录》载：“以绿豆、小豆、小麦于磁器内，以水浸之，生芽数寸，以红蓝彩缕束之，谓之种生。皆于街心彩幕帐设出络货卖。”种生，又称为“生花盆儿”，据陈元靓《岁时广记》二十六引《岁时杂记》载：“京师每前七夕十日，以水浸绿豆或豌豆，日一二回易水。芽渐长至五六寸许，其苗能自立。则置小盆中。至乞巧可长尺许，谓之生花盆儿。亦可以为菹。”从生花盆儿这个名字来看，豆芽等最初可能是作为观赏出现的，后来才用作蔬菜。用作蔬菜的豆芽在南宋时称为“鹅黄豆生”。南宋林洪在《山家清供》中记载了温陵人生豆芽的方法：“温陵人，前中元数日，以水浸黑豆，暴之，及芽，以糠皮置盆内，铺沙植豆，用板压，及长，则覆以桶。晓则晒之，欲其齐而不为风日侵也，中元则陈于祖宗之前，越三日出之，洗焯，渍以油、盐、苦酒、香料，可为茹，卷以麻饼尤佳，色浅黄，名鹅黄豆生。”

韭黄也是宋代出现的一种黄化蔬菜。宋代诗人梅尧臣在一首题为《闻卖韭黄蓼甲》的诗中描写了当时汴京卖韭黄的情景，诗云：“百物种未活，初逢卖菜人。乃知粪土暖，能发萌芽春。柔美已先荐，阳和非不均。芹根守天性，憔悴涧之滨。”① 梅尧臣之后，苏东坡、黄庭坚、张来和曾几等人都曾写有咏韭黄的诗篇，但可考韭黄的培育地域都不出京

① 《宛陵文集》，卷十一。

畿一带。只是到了南宋以后，韭黄的生产地域才得以扩大[①]。可见韭黄的出现与解决城市冬季蔬菜短缺有关。《东京梦华录》中就有“十二月，街市尽卖撒佛花、韭黄、生菜、兰芽、勃何、胡桃、泽州饧”的记载。可见当时韭黄已成为京师冬月的当家菜。梅诗中提到“乃知粪土暖，能发萌芽春”系利用粪肥发酵所产生的热量生产韭黄，这种方法是宋元时期普遍采用的一种方法，《王祯农书》卷八“百谷谱”五“蔬属”载：“至冬，移根藏于地屋荫中，培以马粪，暖而即长，高可尺许，不见风日，其叶黄嫩，谓之韭黄。”

古人还将培育韭黄的方法运用于其他的蔬菜。《本草纲目》载：“南方之菘，畦内过冬，北方者多入窖内，燕京圃人又以马粪入窖壅培，不见风日，长出苗叶，皆嫩黄色，脆美无滓，谓之黄芽菜，豪贵以为嘉品，盖亦仿韭黄之法也。”这里说的是北方的情况，实际上，类似的方法在南宋都城临安即已采用。《梦粱录·物产·菜之品》中有黄芽一品，“冬至取巨菜，覆以草，即久而去腐叶，以黄白纤莹者，故名之”。

宋代注意到通风透光不好是引发柑橘病害的原因，《橘录》指出：“木之病有二，藓与蠹也。”治癣之法是“用铁器时括去之，删其繁枝之不能华实者，以通风日，以长新枝”。元代时还注意到通风透光不好，会影响作物的产量，于是提出了“概则移栽，稀则不需，每步留两苗，稠则不结实”。

对于光对植物的影响的认识，在树木的移栽方面得到充分的证明。这就是移树时要“记取南枝”的概括。无论是带土移栽，还是不带土移栽，都要求“记取南枝”。《淮南子》曰：“夫移树者，失其阴阳之性，则莫不枯槁。”《齐民要术》提出：“凡栽一切树木，欲记其阴阳，不令转移。”宋元时期，将“记其阴阳”发展为“记取南枝”，显然更便于操作，为了方便记取，当时还采取了在将要移栽的树上朝南枝条挂上小牌的做法。这样便很好地防止了阴阳转易的问题。

（四）声音对植物的影响

唐代开始发现了声音对植物的影响。唐明皇有击羯鼓催花的故事。据《羯鼓录》载：“上（指玄宗）洞晓音律……尤爱羯鼓、玉笛。……尝遇二月初诘旦，巾栉方毕，时当宿雨初晴，景物明丽，小殿内庭，柳杏将吐，睹而叹曰：‘对此景物，岂得不与判断乎？’左右相目，将命备酒，独高力士遣取羯鼓，上旋命之临轩，纵击一曲，曲名：春光好。神思自得，及顾柳杏，皆已发拆，上指而笑谓嫔御曰：‘此一事不唤我作天公可乎？’嫔御侍官皆呼万岁……”[②] 声音对植物影响的发现，在大田生产中得到应用。《四时纂要》载“又法：七月十五日，于木绵地四隅掴金解，终日吹角，则青桃不殒。”虽然与禳镇有关，但却是古农书中有关音乐作用于作物的一条罕见的记载[③]。

（五）对植物性别的认识

隋唐宋元以前，人们对某些植物的性别即有很深刻的认识。隋唐宋元时期，人们认

① 杨宝霖，韭黄生产宋代已盛，古今农业，1992年，第4期，第29页。

② 本段引文为游修龄抄示，在此致谢。

③ 胡道静，音乐作用于作物的古农书记载，古今农业，1987，(1)：14。

识到有性别差异的植物种类增加，如竹和银杏等植物。《志林》云："竹有雌雄，雌者多笋。故种竹乃择雌者。物不逃于阴阳，可不信哉。"在此基础上，《种艺必用补遗》进步指出："凡欲识雌雄，当自根上第一枝观之：有双枝者为雌，即出笋；若独枝者，是雄竹耳。"实际上，竹类都是雌雄同株的植物，这里只是以出笋不出笋分雌雄，是古人一种直观的误解，笋是地下萌芽，无性繁殖，同雌雄全无关系。《农桑辑要》引《博闻录》："银杏。有雌雄。雄者有三稜，雌者有二稜，须合种之。临池而种，照影亦能结实。"《种艺必用》中也有类似的记载。

性别往往是和生殖联系在一起的。于是当某些树木不结果，或少结果时，人们便从自身的生殖经验中得到启发，于是有了"嫁树"的出现。嫁树不是嫁接。《四时纂要·正月》："嫁树[①] 法：元日日未出时，以斧斑驳椎斫果木等树，则子繁而不落，谓之嫁树。晦日同。嫁李树则以石安树丫间。"（这可能是从性交中得到的经验）《齐民要术》中就有"嫁枣"、"嫁李"之说。隋唐宋元时期，由于人们认识到植物性别的广泛性，于是嫁树的运用也日益普遍。同时，人们也可能认识到，性交中有物质的交换，才是结果的基础，于是嫁树的方法也多了。《博闻录》："凡木皆有雌雄，而雄者多不结实。可凿木作方寸穴，取雌木填之，乃实。以银杏雄树试之，便验。社日，以杵舂百果树下，则结实牢。不实者，亦宜用此法。"[②] 应该指出的是凡木皆有雌雄的说法是不对的，雌雄异株的树在树木中只属少数。银杏的雄树，性别是无法改变的。

人们种植行为的发生大多是为了收获，当发现一些不结果（或结果少的）植株时，便试图通过某种方法来提高产量。嫁树便是从妇女出嫁生子中得到的启发。《种艺必用》说："泖间植桑，斩其桑而栽之，谓之嫁桑，却以螺壳覆其顶，恐梅雨损其皮故也，二年即盛。"又说："茄子开花时，取叶布过路，以灰围之，结子加倍。谓之嫁茄。"《农桑辑要·竹木》："不结角者，南北二面，去地一尺钻孔，用木钉钉之，泥封窍，即结。"《农桑衣食撮要·正月》："嫁树：元日五更，点火把照桑、枣、果木等树，则无虫。以刀斧斑驳敲打树身则结实。此谓之嫁树。"这种嫁树方法，即现代还在用的"环状剥皮"法，其作用是阻止有机养分向下输送，使环状剥皮（或古代砍狎的斑驳部分）以上的枝条内，积累较多的养分，有利于形成花芽，提高座果率。但如果不增施肥水，只依赖剥皮，则会削弱树势，损害果树寿命。

植物不结果或少结果，往往被古人视为"雄株"，为了使"雄株"结果，人们在嫁树的同时，还试图通过改变植物性别的办法来达到结果的目的。最常用的办法便是在植株的某个部位插入某种东西（实际上是性和性交的一种反映），这种方法在今日农村中仍有采用。笔者小时候就曾按当地的一贯作法给不结果的南瓜秧在接近地面的茎部插入破碎的瓷碗片，称为"镦"，又称为"骟"，于是有"骟树"的出现。《农桑衣食撮要·正月》载："骟诸色果木树：树芽未生之时，于根傍掘土，须要宽深，寻纂心钉地根截去，留四边乱根勿动，却用土覆盖，筑令实，则结果肥大，胜插接者，谓之骟树。"骟，本是指给公马做阉割。阉割术在中国曾大量运用于各种雄性动物身上，以改变其自然性别。元时将之运用于果树栽培，其用意在于雄性的树木不会结果，"骟"过之后，雄性变雌性，便

① 对嫁树的现代认识，见缪启愉《四时纂要校释》，农业出版社，1981年，第28页。

② 《农桑辑要》，卷五，果实。

能结果肥大。而实际上，这只是一种根系的处理方法，并不能改变植物的性别。

二　对变异的认识和繁殖技术

（一）对变异的认识

“种瓜得瓜，种豆得豆”这是古人对植物遗传的一个最基本的认识，但是遗传性并不是一成不变的，中国古代早就认识到生物具有变异性。宋代随着花卉栽培业的发展，人们对于花卉品种新奇特的追求，促进了人们对于遗传变异的进一步认识。

宋代刘蒙论述了菊花品种的演变规律：“花大者为甘菊，花小而苦者为野菊，各种园圃肥沃之处，复同一体，是小可变为甘也，如是则单叶（单瓣）变为千叶（重瓣）亦有之矣”。他还引陈藏器的话说：“白菊生平泽，花紫者白之变，红者紫之变也。此紫所以为白之次，而红所以为紫之次云。”当时人们还认识到变异是形成新生物类型的材料。刘蒙说：“余尝怪古人之于菊，虽赋咏嗟叹尝见于文词，而未尝说其花怪异如吾谱中所记者，疑古之品未若今日之富也。今遂有三十五种。又尝闻于莳花者云，花之形色变易如牡丹之类，岁取其变以为新。今此菊亦疑所变也。今之所谱，虽自谓甚富，然搜访有所未至，与花之变异层出，则有待于好事者焉。”值得注意的是，这里真实地反映了栽花人的宝贵经验，如牡丹之类花的形色经常在变异，只要年年选取有变异的，保存它的变异，就可形成新的生物类型。刘蒙据此推测，丰富多彩的菊花品种也是通过对变异的选择而形成的。宋人还对变异的原因做了说明，认为人工干预是产生变异的重要原因。王观《扬州芍药谱》中说：“今洛阳之牡丹，维扬之芍药，受天地之气以生。而大小深浅，一随人力之工拙而移其天地所生之性，故奇容异色间出于人间。”又说：“花之颜色之深浅与叶蕊之繁盛，皆出于培壅剥削之力。”欧阳修的《洛阳牡丹记》中就记载了一个利用芽变，通过人工嫁接，获得牡丹新品种的例子。牡丹品种潜溪红“本紫花，忽于丛中特出绯者一二朵，明年移在他枝，洛阳谓之转枝红”。这是芽变选择在育种上的具体应用。

（二）选种

早在《齐民要术》中就对选种的好处有很好的论述，其曰：“种杂者，禾则早晚不均，舂复减而难熟，粜卖以杂糅见疵，炊爨失生熟之节，所以特宜存意，不可徒然。”这是贾思勰是针对粮食作物的选种提出来的。宋元时期，种茧的选择也注意到了同样的问题。《陈旉农书》说：“凡育蚕之法，须自摘种，若买种，鲜有得者。若自摘种，必择茧之早晚齐者，则蛾出亦齐矣。蛾出既齐，则摘子亦齐矣。摘子既齐，则出苗亦齐矣。出苗既齐，勤勤疏拔，则食叶匀矣。食叶既匀，则再眠等矣。”《士农必用》则从相反的角度提出了选种的重要性，强调：“蚕事之本，惟在谨于谋始”。《务本新书》则从母子关系来强调选种的重要性，指出：“养蚕之法，茧种为先”，“母病则子病”，书中还从正反两个方面论述了选择种茧的重要性，并将选择种茧的好处称为“胎教之最先”。

《齐民要术》中有“收瓜子法：常岁岁先取本母子瓜，截去两头，止取中央子”。“收取种茧，必取居簇中者”的做法。这种去两头留中间的方法在宋元时期得到广泛的运用。比如桑种，《陈旉农书》：“若欲种椹子，则择美桑种椹。每一枚剪去两头，两头者不用，为其子差细，以种即成鸡桑、花桑，故去之。唯取中间一截，以其子坚栗特大，以种即其干强实，其叶肥厚，故存之。”又如棉种，《王祯农书》指出：“所种之子，初收者未实；近露者又不可用，惟中间时日收者为上。”再如种茧，除了取居簇中的茧以外，《农桑辑要》还要求“取簇中腰东南、明净厚实茧”。即便蚕蛾，“第一日出者，名苗蛾，不可用。次日以后出者可用。末后出者，名末蛾，亦不可用也”。

选种必须要有一个选择的标准。《种艺必用》指出：果树“凡经数次接者，核小。但其核不可种耳”。金元时期，对于良种好茧给出了明确的标准，《务本新书》说：“养蚕之法，茧种为先，……开簇时，须择近上向阳或在茧草上者，此乃强良好茧。……若有拳翅、秃眉、焦脚、焦尾、熏黄、赤肚、无毛、黑纹、黑身、黑头、先出末后生者，拣出不用，止留完全肥好者，匀稀布于连上。”[①]《王祯农书》对稻种提出了这样的要求，说：“每岁收种，取其熟好、坚栗、无秕、不杂谷，晒干、蔀藏。置高爽处。”

在选种标准化方面，最突出的要数相马术的发展和马籍制度的完善。《司牧安骥集》对相马术有系统的论述。其曰：“马有驽骥，善相者乃能别其类。”又说：“三十二相眼为先，次观头面要方圆。”相马的目的在于区别马种的优劣和马龄的大小。当时境内的游牧民族也是通过相马眼来确定马龄的。“马之壮者，眼光炤人见全身；中年者，炤人见半身；老者，炤人仅见面耳。此鞑靼相马之法”[②]。唐代以登记马种优劣为主要内容的马籍制度更加完备。“马之驽良皆著籍，良马称左，驽马称右。每岁孟秋，群牧使以诸监之籍合为一，以仲秋上于寺”[③]。与之相配合的还有马印制度。“凡马驹以小官字印印右膊，以年辰印印右髀，以监名依左右厢印印尾侧”。“至二岁起脊，量强弱，渐以飞字印印左膊，细马、次马俱以龙形印印项左”。“其余杂马齿上乘者，以风字印左膊，以飞字印左髀”[④]。通过马籍马印制度把马的优劣区别开来，为马匹的良种繁育提供了有利的条件。

为了采集品质优良的种子，必须正确掌握采种的时期。成熟是对种子的一个基本要求，未经成熟的种子缺乏再生能力，因此采种的时期必须是种子的成熟期。以松子为例，《东坡杂记》：“十月以后冬至以前，松实结熟而未落，折取并萼，收之竹器中，悬之风道。未熟则不生，过熟则随风飞去。至春初敲取其实。”《王祯农书》也说：“八、九月中择成熟松子，去台，收顿。”《种艺必用》中讲木瓜“须经霜方可收子”。但事有不必，一些种子一旦完全成熟，便会引起胚休眠，而不利于发芽，牡丹种子即便如此。《洛阳花木记》载：“每岁七月以后，取千叶牡丹花子，候花瓶欲拆，其子微变黄时采之，破其瓶子取子于已治畦地内一如种菜法种之，不得隔日，隔日多即花瓶干而子黑，子黑则种之万无一生矣。”《酉阳杂俎》谈到种马的选留，指出“十三岁以下可以留种”，种马的标准是“戎马八尺，田马七尺，驽马六尺。”[⑤]

采种需要花费巨大的劳动，其于某些林木果树更是如此，树木的修剪整枝在某种程度上是为了便于采种。直到今天，提高采种的劳动效率仍然是果林生产和科学研究的重要课题之一。宋元时期的农书中对银杏、皂荚和橄榄这三种树种介绍了几种非常特殊的方法，促使果实自然脱落。《格物粗谈》中提到：“银杏熟时，以竹篾箍树，击篾则自落。”

① 引自《农桑辑要》，卷四，收种。
② 周密，《癸辛杂识》，续集上。
③ 《新唐书·百官志》。
④ 《唐会要》，卷七十二，诸监马印。
⑤ 《酉阳杂俎》，卷十六，广动植物之一，毛篇。

"皂荚树刺多难采，篾箍其树，一夜自落。"又"橄榄树高难采，以盐涂树，则实自落。""橄榄野生者，树高而峻，不可梯缘。将熟，以木钉钉之，一夕自落。"相同的内容也见于《北户录》、《岭表录异》、《物类相感志》、《能改斋漫录》、《王祯农书》等中。

选种方法：传统的选种方法主要有风选、筛选和水选三种，三种在隋唐宋元时期都得到使用。风选的工具有飏扇（风车）和飏蓝。"飏扇……凡蹂打麦禾等稼，穲秠相杂，亦须用此风扇"。风选往往是和筛选配合使用的。宋元时期，筛选的工具有筛谷箉，据《王祯农书》载："农人扑禾之后，同稃穗子粒，旋旋贮之于内，辄筛下之。上余穲稿，逐节弃去。其下所留谷物，须付之飏蓝以去糠秕，尝见于江浙农家。"风选和筛选是许多谷物收治所必须，而水选则专为选种而设。水选不仅可以清除混杂在种子中的夹杂物，还具有选种、防虫等的作用。水选法最早见于《齐民要术》，宋元时期得到广泛运用。《陈旉农书》在介绍了去两头留中间的选种方法后，"所存者，先以柴灰淹揉一宿，次日以水淘去轻秕不实者，择取坚实者略晒干水脉，勿令甚燥，种乃易生"。《种艺必用》："茄子九月熟时，摘取劈破，水淘子，取沈者晒干，裹至二月，乃撒种。"为了加强水洗的效果，有时还须在水中加入一些添加物，如盐之类。《格物粗谈》在提到栗树的选种时说："霜后取沈水栗一斗，用盐一斤调水，浸栗令没。经宿漉起晾干。用竹篮或粗麻布袋，挂背日少通风处，日摇动一二次，至来春不损、不蛀、不坏。"

水选之后一般都需要曝晒令干，以便于贮藏。《四时纂要·正月》："种桑收鲁桑葚，水淘取子，曝干。""栗欲干收，莫如曝之。"[①] 为了防止在贮藏的过程中不生霉烂和虫蛀，宋元时期人们还想出了一些其他办法。《物类相感志》中提到了另一种收栗不蛀的方法，"以栗蒲（即板栗刺苞）烧灰淋汁，浇二宿，出之候干，置盆中，用沙覆之"。

经过水洗曝晒处理的种子，播种时必然是采用净子下种的方法。另外还有一些种子不需要水洗曝晒，而是合肉下种（连同果实播种），《种艺必用》载："凡果，须用肉烂和核种之。否则，不类其种。"《农桑衣食撮要》关于桃、杏、李、梅也有如下记载："宜和肉于肥地内，来年成小树，带土移栽。"合肉下种，果肉可以提供种子在萌发时的营养，使出苗容易。

用水洗的方法来处理蚕种，称为浴蚕。在宋代，已有"待腊日或腊月大雪，即铺蚕种于雪中，令雪压一日，乃复摊之架上"的办法来锻炼蚕卵[②]，这实际上已有利用低温来选择优良蚕卵，淘汰劣种的作用在内。到元代已成为一种定型的选优汰劣的措施，《农桑辑要》说："腊日，取蚕种，笼挂桑中，任霜露雨雪飘冻，至立春收，谓之天浴。盖蚕蛾生子有实有妄者，经寒冻后不复狂生。唯实者生，蚕则强健有成也。"蚕种在经过了冬天严寒的考验之后，到了春天孵化之前还要进行消毒处理。"至春，候其欲生未生之间，细研朱砂，调温水浴之，水不可冷，亦不可热，但如人体斯可矣，以辟其不祥也"[③]。

在花卉育种方面，宋元时期，已经注意到将长期进行无性繁殖的花卉，改用有性繁殖，使获得自然杂交种子、种后变异，再从中选择，获得新品种。如《天彭牡丹谱》提到："大批花户多种花子，以观其变"。牡丹品种"绍兴春"就是从"祥云"的实生苗中

---

① 《本草衍义》。

② 《陈旉农书·收蚕种之法》。

③ 《陈旉农书·收蚕种之法》。

选得。周密《癸辛杂识》别集阐述了菊花种子的收藏和播种方法：“凡菊之佳品，砍取带花枝置檐下，至明年收灯后，以肥膏地，至二月，即以枯死花撒之，盖花中有细子，俟其苗，至社日，乃一一分种。”

（三）引种

隋唐宋元时期，随着国家的统一，异地引种已成常事。隋朝大业年间，吴郡送太湖白鱼种子，勑苑内湖中；唐朝从高昌引种马乳葡萄；宋代占城稻和黄粒稻的引种；元代的苎麻引种等。

为了保证引种的成功，人们用了很多工夫在种子的保鲜上，以提高种子的成活率。隋朝则出现了一种新的保鲜方法，用蜡将其蒂封起来，即现在说的涂涂蜡保鲜，经过涂蜡处理的黄柑鲜果从四川运到长安，仍然保持新鲜，深受皇上的喜欢。后来这种保鲜方法，也用于樱桃、葡萄和荔枝等果品和花卉的保鲜。宋元时期在保证种苗在长途运输过程中存活方面积累了丰富的经验，以芍药为例，王观在《扬州芍药谱》中提到：“杂花根窠多不能致远，惟芍药及时取根，尽取本土，贮以竹席之器，虽数千里之远，一人可负数百本而不劳。至他州则壅以沙粪，虽不及维扬之盛，而颜色亦非他州所有者比也。”又以小桑移栽为例，《农桑辑要》中便提出：“若路远移多，约十余树，通为一束，于根须上蘸沃，稀泥，泥上糁土，上以草包，或席、蒲包。包内另用淳泥固塞。仍擗夹车厢两头，不透风日，中间顺卧树身，上以席草覆盖。”这样就能保证桑苗的存活。还有当时北方桑树嫁接使用的接穗有时需要到远处去采集，为了保证穗条成活，当时人想了一个办法，即把采得的接穗，放在未盛过油的“柿篓”中，中间用蒲绒垫壅，篓口密封。这样“虽行千里，不致冻伤”①。元代积极极力于苎麻的由北向南的移植，引种是推广的关键，为了保证引种的成功，《农桑辑要》中提出了带土加包裹的办法：“若地远移栽者，须根科少带元土，蒲包封裹，外复用席包掩合，勿透风日，虽数百里外，栽之亦活。”

唐代因养鲤鱼遭禁，被近试养其他鱼种，于是从在流水环境中生活的多种鱼苗，试养于池塘静水中。试养结果，选择出了青、草、鲢、鳙鱼等，这些鱼能在池塘静水中长大，但不能在池塘静水中繁殖。为了在不能繁育的情况下继续进行青、草、鲢、鳙的饲养，必须采集野生鱼卵作种。

采集鱼卵的方法，最初是在深薮大泽岸边取泥，利用散落在泥中的鱼卵，在池塘中自然孵化。《齐民要术》中所记载的就是这种方法，但是这种方法有不少缺点，采集困难，采集的数量有限，而且运输也有困难。于是在隋代大业年间，吴郡百姓根据亲鱼常在水草中产卵的习性，创造了收集水草来采集鱼卵方法。据《吴郡图经续记》的记载，这种方法是：“夏至前三、五日，白鱼之大者，日晚集湖边浅水中有菰蒋处产子，缀著草上，……乃刈取菰蒋草有鱼子者，曝干为把，运送东都。”到了唐代这种方法又有所改进。《北户录·鱼种》载：“南海诸郡，郡人至八、九月，于池塘间采鱼子著草上者，悬于灶烟上，至二月春雷发时，却收草浸于池塘间，旬日内如虾麻子状，悉成细鱼，其大如发。土人乃编织藤竹笼子，涂以余粮，或遍泥蛎灰，收水以贮鱼儿，鬻于市者，号为鱼种。”但是唐代在采用这种改进了的鱼卵采集方法的同时，原有的取泥采卵的方法还在采用，陆

① 《农桑辑要·栽桑》。

龟蒙、皮日休“种鱼”唱和诗，以及《四时纂要·四月》所记载的“养鱼池”就仍然是取泥采卵的方法。

宋代鱼苗的来源进一步扩大，从捞取鱼卵孵化鱼苗，发展到在江河中直接捞取鱼苗来养殖。当时，长江流域的鱼苗产地是江州（今江西九江），销售地点，近到建昌（今江西南城），远至福建和浙江的衢州、婺州（今浙江金华）。据嘉泰《会稽志·鱼部》的记载，当时浙江会稽、诸暨以南的一些养鱼专业户，多是依靠从江州贩运来的鱼苗进行渔业生产的。

为了提高鱼苗在长途运输中的成活率，宋代已不少的办法。尽管当时人们还没有认识到鱼儿的死亡大多系由缺氧所致，但人们从经验中认识到，要提高鱼苗的成活率，必须尽可能地营造一个接近于自然的生活环境。对此，周密在《癸辛杂识》有如是记载：

> 作竹器似桶，以竹丝为之。内糊以漆纸，储鱼种于中，细若针芒，戢戢莫知其数。著水不多，但陆路而行，每遇陂塘，必汲新水，日换数度。别有小篮，制度如前，加其上以盛养鱼之具。又有口圆底尖如罩篱之状，覆之以布，纳器中，去其水之盈者，以小碗。又择其稍大而黑鳞者，则去之。不去，则伤其众，故去之。终日奔驰，夜亦不得息，或欲少憩，则专以一人时加动摇。盖水不定，则鱼洋洋然，无异江湖。反是则水定鱼死，亦可谓勤矣。至家，用大布兜于广水中，以竹挂其四角，布之四边出水面尺余，尽纵苗鱼于布兜中。其鱼苗时见风波微动，则为阵顺水旋转而游戏焉，养之一月半月，不觉渐大而货之。或曰：初养之际，以油炒糠饲之，后并不育子。

从这段记载中可以看到，宋人为了提高鱼苗在运输过程中的成活率，至少采取了以下几个方面的措施：浅水运送；时换新水；清除害鱼；经常晃动；广水兜养。这些措施都有意无意中保证了鱼苗有足够的氧气供应，提高了鱼苗在长途运输中的成活率。

运送鱼苗的原理在宋代还被用于鲜鱼的长途运输。在《癸辛杂识》一书中，还有这样的记载：“贾师宪当柄日，尤喜苕溪之鳊鱼，赵与可因造大盘，养鱼至千头，复作机使灌输不停，鱼游泳拔剌自得，如在江湖中，数舟上下，递运不绝焉。”① 从“作机使灌输不停”的记载中可以看出，当时系采用不停换水使水保持运动状态，客观上取到了增加氧气供应的作用，来保证鳊鱼鲜活。这种办法与运送鱼苗在原理上是相同的。由此，也可以说明当时对于鱼类生活的特点已有很深入的认识。

（四）播种

宋元时期，播种方法已很完备。王祯在《农书·播种篇》中对于播种的方法与要求，适宜的地区种作物都有说明表（18-4）。

需要指出的是，王祯将区种也作为一种播种方法，这是不对的，因为区种从根本上来说还是属于整地的范畴。

---

① 《癸辛杂识后集·桐蕈鳆鱼》。

表 18-4 宋元时期播种方法与要求

播种方法	技术要领	要　求	使用地区	适用作物
漫种（撒播）	用斗盛谷，挟左腋间，右手料取而撒之；随撒随行，约行三步许，即再料取。	务要布种均匀	秦晋之间；南方	粟、豆、麻、小麦、水稻
耧种（条播）	欲牛迟缓行	欲土实，并用砘车	北方	旱地作物
瓠种（点播）	窍瓠贮种，随行随种	务使均匀	燕赵间多用之	旱地作物

（五）嫁接理论与实践

嫁接在秦汉时期即已发明，最先在果树生产中得到运用。唐宋时期，嫁接技术运用领域在扩大。果树方面，除北方的一些果树继续使用嫁接技术之外，南方一些常绿果树，如柑橘等也已使用嫁接技术。唐宋时期，嫁接技术运用最多的大概要属花卉。宋代牡丹之都的洛阳更有相当多的接花工从事牡丹嫁接，他们中技术最精湛的称为“门园子”，门园子最受欢迎，以致“豪家无不邀之”。一些名花品种的接穗（头）一枝值五千[①]。

嫁接技术被广泛地用来改造花木和果品的形状、颜色和品质。如“樱桃接砧梗，则成垂丝；梨树接砧梗则为西府；柿接桃则为金桃，梅接桃则脆，木犀接石榴花必红，桑以楮接则叶大，李接桃则为李桃，桑上接杨梅则不酸，桃接杏则大，海棠色红，以木瓜头接之则色白，冬青树上接梅，则开洒黑梅花”[②]。《四时纂要》中已有利用两茎靠接，培育大葫芦的作法[③]。宋代数以百计的牡丹品种，许多就是通过嫁接得到的。宋代梅花栽培也使用了嫁接技术。梅花作为一种观赏植物，“以曲为美，直则无姿”，《范村梅谱》中提到，江梅的实生苗称直脚梅，当时吴下圃人已知用直脚梅作砧木，依据嫁接技术，繁殖名贵梅花品种。沈立的《海棠记》提到东京城里的接花工能够将海棠嫩枝嫁接到梨树上，使生长迟缓的海棠快速增长；还提到海棠接于木瓜上，则花色由红变白[④]。《种艺必用》中提到将黄色菊花与白色菊花靠接，可使植株开花半黄半白。《梦粱录》中提杭城茶花，“东西马塍色品颇盛，栽接一本，有十色者，有早开，有晚发。大率变物之性，盗天之气，虽时亦可违，他花往往皆然。顷有接花诗云：‘花单可使十色黄，果夺天之造化忙’”。

随着嫁接技术的广泛运用，有关嫁接的理论与技术也得到了发展。《四时纂要》、《士农必用》、《陈旉农书》、《橘录》等都有相关的记载。其中《四时纂要》可为代表。《四时纂要·正月》有“接树”较《齐民要术》又有所发展。《齐民要术》只记载了梨及柿二种的嫁接法，《四时纂要》则指出：“其实内子相类者，林檎、梨向木瓜砧上，栗向栎砧上，皆活，盖是类也。”这里所说的其实内子相类者皆活，指的是种子的形态结构相近似，亲缘关系较近的植物相互嫁接亲和力较强，容易成活，这是嫁接理论上的一个重要发展。

《四时纂要》“接树”一条最先使用了沿用至今的“砧”这个术语，谓：“取树本如斧

① 宋·欧阳修：《洛阳牡丹记·风俗纪第三》。

② 《格物粗谈·树木》。

③ 《四时纂要·二月·种大葫芦》。

④ 宋·沈立，“海棠记”：“棠性多类梨，核生者长迟，逮十数年方有花。都下接花工，多以嫩枝附梨而赘之，则易茂矣。”转见宋·陈思，《海棠谱》，卷上。

柯大及臂大者，皆可接，谓之树砧。”“砧”这一术语的使用说明当时对嫁接复合体中两个部分的关系有了进一步的认识，以“砧”字形象地形容其基部。本条还对留砧的高低与砧木粗细结合起来加以考虑，指出：“砧若稍大，即去地一尺截之；若去地近截之，则地力大壮矣，夹煞所接之木。稍小即去地七八寸截之，若砧小而高截，则地气难应。”因此，必须留意留砧的高低粗细。

《四时纂要》中对于接穗也提出了要求，必须是“向阳细嫩”带两节、发出二年的枝条方可接。嫁接时，砧木与接穗之间接触的紧密程度，必须“令宽急得所，宽即阳气不应，急即力大夹煞，全在细意酌度”。完成了这套工序之后，还要以本色树皮缠扎创口，以减免外界不良环境的影响；砧头封泥后，并以纸封裹，用麻条缚牢，以防落泥；最后还要用刺棘围护砧木外围，以防有物拔动其根枝。

《四时纂要》所载的接树之法，对后世产生了很大的影响。元初张福的《种艺必用补遗》，《农桑辑要》和《农政全书》都曾引用。南宋韩彦直的《橘录》不仅记载了柑橘的嫁接方法，还指出“接树之法，载之《四时纂要》中”。

宋元时期，嫁接理论又有所提高，这主要表现在对于嫁接机理的探讨。《士农必用》对嫁接作用原理做了初步的解释，并详细地记载了桑树的嫁接技术。《士农必用》说：

> 果之一生者，质小而味恶；既一接之，则质硕大而味美。桑亦如是。故接换之功，不容不知也。且木之生气，冬则藏於骨肉之际，春则行於肌肉之间；生气既行，津液随之。亦如人之生脉，夜沈昼浮，而气血从之。皮肤之内，坚骨之外，青而润者，木之肌肉也。今乘发生之时，即其气液之动，移精美之条笋，以合其鄙恶之干质，使之功相附丽，二气交通，通则变，变则化，向之所谓鄙恶者，而潜消於冥冥之中。盖精美之至，其用乃神①。

从中可以看出，当时已认识到嫁接后砧木和接穗之间有“生气”和“津液”（今天所说的养分和水分）的交换，互相影响，从而促使嫁接体形质的改变。

要使嫁接的作用充分发挥，必须首先要求嫁接成活。《士农必用》说：“接换之妙，惟在时之和融，手之审密，封系之固，拥包之厚，使不至疏浅而寒凝也。”也说是说，嫁接的成功，必须要选择一个合适的时机，加上严格的操作才能达到。《齐民要术》在讲到梨树嫁接的时机时提到：“梨叶微动为上时，将欲开莩为下时。”也就是说，以梨树叶芽刚刚冒出的时候为最好。《士农必用》提到：“春分前十日为上时，前后五日而为中时。”但同一节气的气温会随时间和地点的不相同而发生变化，于是又提出：“取其条眼衬亲为时尤好，此不以地方远近，皆可准也。”所谓“条眼衬亲”，就是桑树的冬芽脱苞，这是树液开始流动的表现，这时嫁接最为适宜。但除了这个气候条件之外，还要看当时的天气情况。一定的要在晴暖天气嫁接。嫁接时，必须使砧木和接穗双方的伤口的愈合组织接合起来，所以嫁接时应该注意砧木和接穗的形成层彼此能紧密接触，若“接不密，则气液难通”；还要包裹严，否则“风寒入而害生也。”

宋元时期，嫁接技术在栽桑上得到了最成功的运用，有关桑树嫁接技术的总结也最为完整。陈旉《农书》说：“若欲接缚，即别取好桑直上生条，不用横垂生者，三、四寸长截，截如接果子样接之。其叶倍好，然也易衰，不可不知也。湖中安吉（今浙江湖州

---

① 《农桑辑要·栽桑·接换》。

市安吉县）人皆能之。”这段记载说明，桑树嫁接技术，至少南宋初年即已在浙江安吉一带广泛流传。

南宋初年，南方的栽桑技术虽然得到了长足的发展，但其技术水平总体上还落后于北方，就桑树嫁接而言，北方也要领先于南方。宋元时期北方的农书《士农必用》对桑树嫁接有很详细的记载。桑树嫁接的目的在于提高桑叶的产量，延长桑树的树龄。书中提出用嫁接的方法来提高荆桑产量和延长鲁桑树龄。“荆之类，根固而实，能久远，宜为树；鲁之类，根不固而心不实，不能久远，宜为地桑。然荆桑之条叶不如鲁桑之茂盛，当以鲁条接之，则能久远而茂盛也”。书中也提到用这种方法来改造废树老树，使其保持旺盛的生产力。

《士农必要》详述了桑树嫁接的四种方法：插接、劈接、靥接（又名帖接，又名神仙接）、批接（又名搭接）。王祯则将桑树嫁接的方法分为六种：身接、根接、皮接、枝接、靥接和搭接。这十种桑树嫁接法，扣除两种重复，实得八种。八种接法中，身接和根接其实是一种方法，“皮接”和“枝接”也是同一种方法，仅部位有所差异而已，而身接和皮接的技术内容，与插接和劈接，也是大同小异。因此，《王祯农书》中的六法和《士农必用》中的四法基本内容是相同的。插接、劈接、靥接、批接现在分别称为冠接、三角形嵌接、合接和片状芽接①。

《橘录》对橙桔嫁接法首次做了记载。其方法是种植朱栾核为砧木，一年后移栽，待长至如小儿拳大时，到春季才进行嫁接。接穗要选择柑之佳、桔之美者，经年向阳的枝条，将砧木留一尺多高，其余截去。然后用皮接法嫁接，接后还要包扎保护，以防雨淋。《橘录》提到了《四时纂要》中的嫁接技术，《四时纂要》中首创了“砧”这一概念，而《橘录》则创造了“贴”作为接穗的名称，形象也贴切。宋元时期还创造出了一种巧妙的葡萄嫁接法。《博闻录》载：“葡萄宜栽枣树边。春间，钻枣树作一窍，引葡萄枝从窍中过。葡萄枝长，塞满窍子；斫去葡萄根，托枣根以生。其肉实如枣。北地皆如此种。”②

在花卉的嫁接方面：《洛阳牡丹记》中记载了牡丹的嫁接方法：“接时须用社后重阳前，过此不佳也。本花之本去地五七寸许，截之乃接，以泥封裹，用软土拥之，以箬叶作庵，以罩之，不令见风日，惟南向留一小户，以达气。至春乃去其覆。此接花之法也。”《洛阳花木记》有“接花法”的记载，提出：“接花必于秋社后九月前，余皆非其时也”。又载：“削接头欲平而阔，常令根木包含，接头勿令作陡刃，刃陡则接头多退出而皮不相对，津脉不通，遂致枯死矣。”文中指明适于嫁接的时间，强调砧木与接穗皮须相对，方能成活。

（六）杂交

《新唐书·兵志》谈到当时由新疆和其他地区引进良马在改良马种方面的作用，指出：“既杂胡种，马乃益壮”，表明当时对于由于不同品种之间马匹进行杂交而产生的杂种优势，已有所认识。

唐代从大宛、康居、波斯等国引进的大宛马、康国马和波斯马，对我国马种的改良

---

① 章楷，中国古代栽桑技术史料研究，农业出版社，1982年，第52～57页。

② 《农桑辑要》，卷五果实。

和养马业的发展很有影响。著名的大宛马，在西汉已有输入。隋文帝（581－604）时，大宛国又献称为“狮子骢”的千里马，直到唐初还有五驹，据说都是“千里足”[①]。唐初武德年间（618～626），康居国（今新疆北部至前苏联中亚细亚一带）献康国马4000匹，此马“大宛马种，形容极大”，当时官马，即是其种[②]。

波斯马也是隋、唐时代著名的马种，早在隋、唐以前北魏政府就曾经向波斯求名马十余匹，到了隋代，游牧于青海一带的吐谷浑部落也引进过波斯草马，对当地的马种的改良起过一定作用。《隋书·吐谷浑传》说：“青海周回千余里，中有小山，其俗至冬辄放牧马于其上，言得龙种。吐谷浑尝得波斯草马，放入海，因生骢驹，能日行千里，故时称青海骢焉。”波斯马可能就是古代的阿拉伯马。从上述记载，可以看出中国马和阿拉伯马的血统关系。

唐玄宗时通过互市，以金帛市突厥马（蒙古马），并放牧于河东、朔方、陇右等地，通过杂交培育出适合中国西北黄土高原，生产性能极好的优良马种[③]。

（七）扦插、压条

扦插和压条是古代树木繁殖的重要方法之一。隋唐宋元时期，在桑树和葡萄等繁殖方面得到了广泛的运用。葡萄自西汉引入中国后，直到南北朝时期仍用种子繁殖，而应用扦插法繁殖则始见于唐代。《酉阳杂俎》载：“天空中，沙门昙霄因游诸岳，至此谷（指葡萄谷），得葡萄食之，又见枯蔓堪为杖，大如指，五尺余，持还本寺植之，遂活。”说明当时已知应用葡萄藤蔓扦插繁殖。不过用扦插法来繁殖葡萄还多少有些偶然性，唐代葡萄栽培的方法仍是种子繁殖为主，方法是“十月中，去根一步许，掘作坑，收卷葡萄埋之”[④]。宋代出现了一种奇特的葡萄扦插法：“于正月末取葡萄嫩枝长四五尺者，捲为小圈，令紧，先治地土松而沃之以肥，种之止留二节在外。异时春气发动，众萌竞吐，而土中之节不能条达，则尽萃华于出土之二节。不二年，成大棚，其实大如枣，而且多液，此亦奇法也”[⑤]。到元代葡萄扦插才有了详细的总结。《农桑衣食撮要》载：“预先于去年冬间截取藤枝旺者，约长三尺，埋窖于熟粪内，候春间树木萌发时取出，看其芽生，以藤签萝葡内栽之。埋二尺在土中则生根，留三五寸在土外。候苗长，牵藤上架。根边常以煮肉肥汁于冷浇灌。三日后，以清水解之。天色干旱，轻锄根边土，浇之。冬月用草包护，防霜冻损。二三月间皆可插栽。”不过扦插在宋代已用于花木的繁殖，并且在扦插的过程中也使用了萝卜，为了提高扦插的成活率，还采取了一些保护措施。周密《癸辛杂识》载：“春花已半开者，用刀剪下，即插之萝葡上，却以花盆用土种之，时时浇溉，异时花过则根已生矣。既不伤生意，又可得种，亦奇法。梅雨中，旋摘菊从嫩枝插地下，作一处，以芦席作一棚，高尺四五，覆之。遇雨则除去以受露，无不活者。”[⑥]“扦瑞香法：凡扦之者带花，则虽易活而落花，叶生复死。但于芒种日折其枝，枝下破开，用大麦一

① 张鷟：《朝野佥载》，卷五。
② 《唐会要》卷七十二，诸蕃马印。
③ 《新唐书·兵志》，卷五十
④ 《农桑辑要》，卷五果实。
⑤ 《癸辛杂识》，续集上，种葡萄法。
⑥ 《癸辛杂识》，续集上，扦花种菊。

粒置于其中，并用乱发缠之，插于土中，但勿令见日，日加以水溉灌之，无不活矣。试之果验。"① 又载："桎树（原注：桎字未详），树叶类茱萸叶，生水旁，可扦而活，三年成大树。"② 元代扦插法已用于圆柏（桧）苗木的繁殖。方法是"二三月桧芽蘖动时，先熟斸黄土地成畦，下水饮畦一遍，渗定，再下水，候成泥；将斫下细如小指桧枝，长一尺五寸许，下削成马耳状，先以杖刺泥成孔，插桧枝于孔中，深五七寸以上。栽宜稠密。常浇令润泽。上搭矮棚蔽日。至冬，换作暖荫。次年二三月去之。候树高移栽，如松柏法"③。由于圆柏发根困难，且属阴性，其插条较之一般树种更难成活，因此，必须加意管理，才能成功。至于把插穗其部削成马耳的切口，是为了扩大切口和土壤的接触面，这是非常合理的，至今仍为林学界所重视④。

利用压条繁殖林木，早在汉代已经出现，宋元时期这一技术广泛运用于林木、果树、桑树繁殖，并取得了很大的成功。陈翥在提到压条繁殖的好处时说："夫种子所长犹迟，不如倒条压之，覆以肥地，自然节节生条，而上又多散根。俟根茎大，断而植之，胜于种者。"《种艺必用》则明确提出："撒子种桑，不若压条而分根茎。"肯定了压条繁殖较之于种子繁殖的优势。宋元时期，桑树的压条繁殖最引人注目。

《陈旉农书》："又有一种海桑，本自低亚。若欲压条，即于春初相视其低近根本处条，以竹木钩钩钉地中，上以肥润土培之，不三两月生根矣。次年凿断徙植，尤易于种椹也。"《务本新书》："（压条）寒食之后，将二年之上桑，全树以兜橛祛定，掘地成渠，条上已成小枝者，出露土上，其余条树，以土全覆，树根周围，拔作土盆，旱宜溯浇，如无元树，止就桑下脚窠，依上掘渠埋压。六月不宜全压。"

《士农必用》：

> 春气初透时，将地桑边傍一条，梢头截了三五寸，屈倒于地空处（多用栽子，多屈几条，随人所欲），地上，先兜一渠，可深五指余，卧条于内，用钩橛子攀钉住（条短则二个，长则三个），悬空不令著土。其后芽条向上生，如细耙齿状。横条上约五寸留一芽，其余剥去（可饲小蚕），至四、五月内，晴天，已午时间，横条两边，取热溏土，拥横条上，成垅，横条即为卧根。至晚，浇其根科（当夜卧根生须）。至秋，其芽条茁为条身，至十月（或次年春分前后），际卧根根头，截断取出，随间空处斫断（一如拐子样），每一根为一栽（此法，出胤栽子无穷）。

这些关于桑树压条的记载都十分具体细致，反映宋元时期在桑树压条繁殖上已积累有不少的经验。

宋元时期，压条技术在果树和花卉上得到运用。《种艺必用》："凡接矮果及花，用好黄泥晒干，筛过，以小便浸之。又晒干、筛过，再浸之，又晒、浸，凡十余次。以泥封树枝。用竹筒破两片封裹之，则根立生。次年，断其皮，截根栽之。"宋元时期还创造了果树的高空压条（高枝压条）技术。《分门琐碎录·接果木法》记载，其法是："生木之

---

① 《癸辛杂识》，续集上，插瑞香法。

② 《癸辛杂识》，续集下，白蜡。

③ 《农桑辑要》，卷六竹木。

④ 干铎，中国林业技术史料初步研究，农业出版社，1964年，第4页。

果，八月间以牛滓和，包其鹤膝处如木杯，以纸裹囊之，麻绕令密致，重则以杖柱之，任其发花结实。明年夏、秋间，试发一包视之，其根生则断其本，埋土中，其花实皆安然不动，如巨木所结子”。这种高枝压条技术在石榴上得到应用。《农桑衣食撮要》专门记述了石榴的高枝压条技术：“叶未生时，用肥土于嫩枝条上以席草包裹束缚，用水频沃，自然生根叶。全截下栽之，用骨石之类覆压则易活”①。

压条繁殖的原理也运用于草本植物。《农桑辑要》新添的苇就使用了这种方法，称为“压栽法”：“其苇长时，掘地成渠，将茎祛倒，以土压之，露其梢。凡叶向上者，亦植令出土，下便生根，上便成笋，与压桑无异。五年之后，根交，当隔一尺许劚一钁，即滋旺矣”。

三 对农业生物生态的认识与实践

（一）个体与群体的关系与间苗

《吕氏春秋·上农》等四篇中有所谓“苗窃”之说，指的便是作物个体与群体之间的关系，如何来消除苗窃，书中提出了耨的办法，即通过中耕来间苗。做到“长其兄而去其弟，树肥无使扶疏，树硗不欲专生而独居”。这个原则和方法在隋唐宋元时期仍然得到贯彻。《杂说》：“凡种麻，地须耕五六遍，倍盖之，以夏至前十日下子，亦锄两遍。仍须用心细意抽拔全稠闹，细弱不堪留者，即去却。”“全稠闹”指的就是“苗窃”，而“细弱不堪留者，即去却”就是“长其兄而去其弟”的意思。产生“全稠闹”和“苗窃”的根源在人，人可以通过间苗、蹲苗、锄地等项作业来解决“苗窃”，所以《韩氏直说》称之为“人欺苗”。并把它与“牛欺地”合称为“为农大纲”。宋元时期也主要是通过中耕来间苗的。元代提出的“耘苗四法”，其中之一便是间苗，当时称为“撮苗”，又称之为“镞”。合理的个体空间，有利于生长。《东坡杂记》在提到栽松树时说：“七年之后，乃可去其细密者，使大。”

完全通过间苗来确立个体的空间只是一种补救的办法。这多少会导致一些种子的浪费。因此解决个体与群体之间的关系，还有必要从播种开始。当时人们对此已非常留意，以棉花的播种密度来说，《农桑辑要》与《农桑衣食撮要》二者在播种方式上略有区别，前者采用的是畦种撒播的方式，而后者采用的则是穴种点播的方式。播种方式不同，播种密度也有区别，前者长八步、宽一步做成一畦，按《王祯农书·农器图谱》说每步为五尺，则每畦的长为四十尺，宽为五尺。后者每尺作一穴。经过间苗之后，前者每步（五尺）留二苗，后者每穴（一尺）留二苗。可见后者的密度要高于前者。总的说来，元代时是主张棉花稀植的，这种主张甚至明代仍然没有改变。徐光启所总结棉花丰产“十六字诀”中，“稀科”即为其一，提出每三尺只留一苗。他的依据就是《农桑辑要》，徐光启在解释稀植的原理时指出：“孟祺《农桑辑要》言，一步留两二苗，又言旁枝长尺半，亦大去心，此为每科相去皆三尺，古法也。”从元到明，人们对于棉花植株之间合理的群体结构还没有一个正确的认识，只是认为缩小株距，增加株数会影响到植株发育，而没

---

① 《农桑衣食撮要·三月·移石榴》。

有认识到合理密植，增加每亩的株数能增加靠近主茎的果枝节，多结铃，早成熟，能获得增产早熟的结果，相反认为“稠则不结实”，而盲目地提倡“稀科”。只是到了17世纪以后，棉花密植措施才得到推行。株距由三尺发展到一尺、八九寸，直至半尺①。

移栽是解决个体与群体关系的最好办法。这种方法在《齐民要术·旱稻》中已有使用。隋唐宋元时期，很多作物（包括林木）都要移栽，移栽时都有尺寸的规定。如水稻是“每四五根为一丛，约离五六寸插一丛”②。为了使水稻“左右无乱行”③，元代还使用了秧弹，即用以规范插秧行、株距的长篾条④。胡麻“每科相去一尺为法”⑤。苎麻“相离四寸一栽”⑥。棉花“稠则移栽，稀则不须。每步只留两苗；稠则不结实”。元时栽桑有“布行桑”之说，就是通过移栽来定植成行。行距和株距分别为八步和四步，这种密度比较大，主要是因为考虑到桑行内还要耕种。阔八步正好是“牛耕一缴地也”，四步一树，也是因“破地四步”。可以看出，当时人们已经掌握了作物个体与群体之间和关系。

（二）生物与群落之间的关系

作物长于田间，除了个体与群体之间的关系外，还要与其他的一些非作物物种之间发生联系，如杂草、树木等。长期以来，农作物与这些物种之间的关系被主要地看作是敌对的关系，如“大树底下无美苗”，“田中不得有树，用妨五谷”等，农业甚至被定义为“刺草殖谷”。这些观念过多地强调了作物与其他物种之间“相克”的一面。但是到了这一时期，人们开始注意到了物种之间相济的一面，并在实际的生产中得到应用。

桑间种植和养殖就是一个典型的例子。陈旉在《农书》中提到在池塘堤岸上种桑系牛的好处时说：“牛得凉荫而遂性，堤得牛践而坚实，桑得肥水而沃美，旱得决水以灌溉，潦即不致于弥漫而害稼。高田早稻，自种至收不过五六月，其间旱干不过灌溉四五次，此可力致其常稔也。”又在总结桑苎间作这样一个人工群落的生态效益时说：“若桑圃近家，即可作墙篱，仍更疏植桑，令畦垄差阔，其下遍栽苎，即桑亦获肥益矣，是两得之也。桑根植深，苎根植浅，并不相妨，而利倍差，……诚用力少而见功多也。”这种桑苎间作方法不仅利用了深根植物对浅根植物的种间互利因素，而且利用了“因粪苎，即桑亦获肥益”一举两得的规律，从而取得了“用力少而见功多”的效果。

又如种桑椹时，“或和黍子同种，椹藉黍力，易为生发，又遮日色。或预于畦南、畦西种穄，后藉穄阴遮映夏日”⑦。此桑椹与黍、穄等的间作混种，目的在于遮荫，以取代搭棚的作用。不过当时人们还是认为，“荫畦，搭棚为上，穄麻次之，黍苗又次之”⑧。不过种穄麻、黍等更为省便，所以甚为流行。穄麻是一种很好的遮荫作物，《务本新书》在提到种茴香时也指出：“区南约量种穄，以遮夏日。”

---

① 《群芳谱》、《张五典种法》、《农圃便览》等。

② 《农桑衣食撮要》。

③ 楼璹，《耕织图诗·插秧》。

④ 《王祯农书·农器图谱集之六》。

⑤ 《四时纂要·二月》。

⑥ 《农桑辑要·播种》。

⑦ 《农桑辑要》，卷三栽桑，引《务本新书》。

⑧ 《农桑辑要》，卷三栽桑

采用桑椹与黍等同种的方式，使黍等不仅能够给桑树的幼苗提供遮蔽，还能给桑树提供肥力。故元时农家有云："桑发黍，黍发桑。"此外，在桑下种植诸如绿豆、黑豆、芝麻、瓜芋等，也具有相同的作用，"其桑郁茂，明年叶增二、三分"。还有一种方法："岁常绕树一步散芜菁子，收获之后，放猪啖之，其地柔软，有胜耕者。"① 同样的道理，"桐木之性，与茶相宜。而茶至冬则畏寒，桐木望秋而先落，茶至夏而畏日，桐木至春而渐茂，理亦然也"②。所以古人极力主张茶桐同种，这样就可以取得良好的生态效益。

不过并非所有的作物都可以与桑同种，《农桑辑要》说："桑间可种田禾，与桑有宜与不宜。如种谷，必揭得地脉亢干，至秋稍叶先黄，到明年桑叶涩薄十减二三，又致天水牛，生蠹根吮皮等虫；若种蜀黍，其枝叶与桑等，如此丛杂，桑亦不茂。"

第三节　对植物器官的认识与实践

一　根

根系生长与枝叶的生长既相似又相关。根，古人又称之为荄、本、柢，这四个字在秦汉以前互为通训，指的都是植物的地下部分。由于根的生长方向，及生长时间的不同，古人将由胚根发育成主根称为直根，而主根分枝产生侧根则称为蔓根③。直根者，言其垂直向下生长也。古人依据其在生物体中的作用和在土壤中的分布状况，又称之为主根、命根④、顶根和中根⑤。蔓根者，意为移转斜向蔓延四周。根据其形态和在土壤中的分布状况，古人称为须根、傍根⑥、浮根⑦、横根。根据生长的时间，古人又将根分为宿根⑧、新根⑨、旧根⑩。但古人并没有区别单子叶植物（禾谷）和双子叶植物（树木）的根系，而常以单子叶植物的根系统括单子叶。所谓主根、直根、傍根都是双子叶植物的根系。单子叶，如稻麦，发芽之初是有一条主根，三五条侧根，但幼苗长大，开始分蘖，即从分蘖节上滋生大量须根，此时主根不但不长，且趋于消亡，最后都是须根，没有主根须根之分。但在农业实践中，古人往往按照主根和须根来处理禾谷类作物的根系。如明代马一龙在《农说》中就提到了所谓水稻"顶根"，实际上顶根是不存在的。

根，本是植物营养器官的一部分，其主要功能为固着植物体和支持地上部，并从土壤中吸收水和溶于水中的无机养料。此外，根亦有运输、贮藏和合成某些有机物质的功

① 《农桑辑要》，卷三栽桑·修莳。

② 《北苑别录》。

③ 《韩非子·解老》："树木有曼根，有直根。根者，书之所谓柢也，柢也者，木之所以建生也；曼根者，木之所持生也"。

④ 《陈旉农书·种桑之法篇》，"对杆一条直下者命根"；潘曾沂《丰豫庄本书》："大凡一粒谷总有一茎先出的，叫做命根。"

⑤ 见马一龙《农说》和杨双山《知本提纲·修业章·农则耕稼一章》，下引《知本提纲》同。

⑥ 《陈旉农书·种桑之法篇》。

⑦ 《齐民要术·种桑》、《农桑辑要》引《韩氏直说》、《知本提纲》。

⑧ 《农政全书》，卷三十六"麻"。

⑨ 《农桑辑要》和《沈氏农书》。

⑩ 《农桑辑要·栽桑》。

能；并能向外分泌代谢物质。但在中国古代，根的功能被夸大了，它不仅认为根有所谓“建生”和“持生”的功能，即支撑植物体，吸收养份，供植物体持续生长的功能。而且还认为，根是一切植物生命活动的基础。

古人是从根与植物植株其他部分的关系来理解根的作用的。很早人们就发现了植物地下部分的生长与地上部分的生长的相关规律。这个规律简单表述就是“根深叶茂”。古人还具体地探讨了主根与侧根生长对于地上各部分生长的不同的影响。认为禾谷类作物的主根的生长有益于开花结实（生殖器官），而侧根的生长则有益于抽茎长叶（营养器官），而对果树来说，主根的生长反而会抑制枝叶的生长，认为“命根不断，则根迸于上，中枝叶乃不茂盛”①。古人还认为，新根有利于作物生长，而旧根则不利于作物生长。根系生长的重要性，使古人在从事农业生产时对根倍加注意。用陈旉的话来说，“凡种植，先治其根苗，以善其本，本不善而末善者，鲜矣！”② 中国传统农业的许多技术措施都是从根上来做文章的。

如为了延长多年生植物的寿命，促使其生长茂盛，宋元时期就采取了斫去浮根，并进行移栽的办法。《韩氏直说》：“桑树脚科并浮根，依时皆可斫去，可作‘栽子’者，依法栽之，不妨耕种，其桑自然根深耐旱，叶早生荣茂。”《农桑辑要·蚕桑》载：“野桑成身者，即可移栽留横枝如前法，一名一生桑，其根平浅，故不久就死。转盘换根，则长旺久远也。农家谓移栽为‘转盘’，桑同果树，一移一旺，旧根斫断，新根即生。新根不平生，向下生也，以此故，长旺久远”。这是对野桑移栽而言，对桑苗移栽则另有一番讲究，《陈旉农书·栽桑之法篇》在提到桑苗移栽时说：“取所种之苗，就根头尽削去杆，只留根，又削去对杆一条直下者命根，只留四旁根。”只留根好理解，可是为何要削去命根，而留旁根呢？这是因为旁根能够在更大范围内吸收更多的营养，有益长叶，而种桑的目的即在于叶。《东坡杂记》说，栽松时，“去松中大根，唯留四旁须根，则无不偃盖”。另外将命根去断之后，旁根便能得到快速生长，起到对植株的支撑作用，于是陈翥有桐树移栽的主张，“易之，则独根者不深，而又易蔓；苟从小而不易，至大则多为疾风之所倒折，以其一根不能自持故也”。去根移栽的方法也用于苎麻的栽培。苎麻在移栽后的第三年“根科交胤稠密，不移必渐不旺。即将本科周围稠密新科，再依前法分栽”。“其移栽年深宿根者，移时用刀斧将根截断，长可三四指”③。

同样果树的目的在于果实，为了将营养集中到果实中来，也采用了削去命根的办法。如柑橘，“树高及二三尺许，剪其最下命根，以瓦片抵之，安于土，杂以肥泥实筑之，始发生”。这是因为“命根不断，则根迸于上，中枝叶乃不茂盛。”④ 荔枝栽培也采用了同样的做法，“闽中荔枝，核有小如丁香者，多肉而甘。土人亦能为之，取荔枝木，去其宗根，仍火燔令焦，复种之，以大石抵其根，但令傍根得生，其核乃小，种之不复芽”⑤。这是一种采用抑制主根、促进傍根生长，来培育无核荔枝的作法。所谓无核，并非真的无核，而只是核已退化，不具有种子的繁殖能力，对此沈括做了这样的解释，他将抑制主根生

① 《橘录·培植》。
② 陈旉：《农书·善其根苗篇》。
③ 《农桑辑要·播种·苎麻》。
④ 《橘录·培植》。
⑤ 《梦溪笔谈》，卷二十四《杂志一》。

长的做法与动物阉割术联系起来，说“正如六畜去势，则多肉而不复有子耳”①。《农桑衣食撮要》对截去果树主根这一做法进一步阐述，并且也将其与动物阉割术联系起来，说：“树芽未生之时，于根旁掘土，须要宽深，寻纂心钉地根截去，留四边乱根勿动，切用土覆盖，筑令实，则结果肥大，胜插接者，谓之骟树。”

水稻烤田似乎与促进根系生长有极大的关系。《齐民要术》说：“薅讫，决去水，曝根令坚。”高斯得《宁国府劝农文》指出：“大暑之时，决去其水，使日暴之，固其根，名曰靠田。”可见烤田的作用在于固根。烤田何以能够起到固根的作用，其道理在于，稻田表土在烤的过程中干裂，拉断表土中的根系，新长的根系，由于表面缺水，便向下生长，吸收深层中的水分和养分，故能起到深根的作用。明代农学家对烤田固根的原理进行了阐述。《农说》指出：“固本者，要令其根深入土中，法在禾苗初旺之时，断去浮面丝根，略燥根下土皮，俾顶根直生向下，则根深而气壮，可以任土力之发生，实颖实栗矣。”《沈氏农书》：“立秋边或荡干或耘干，必要田干缝裂方好，古人云六月不干田，无米莫怨天。唯此一干则根派深远，苗干苍老，结秀成实水旱不能为患。”烤田沿用至今，据调查其意义与古人所言毫无二致。

与烤田具有相同作用的是大小麦出苗后的镇压，又曰踩青。《种艺必用》：“麦苗盛时，须使纵牧其间，蹂践令稍实其收倍多。”这种方法在北方成了一种习俗，《齐民四术》：“中州春分前纵马牛食麦，至春分日乃禁。”踩青的作用就是通过踩踏抑制地上部分的生长，促进根系发育，取得深根的功效。现代栽培学认为，小麦分蘖以后，根据情况先进行砘压或踩踏，主要是防止麦苗旺长，使麦苗（大分蘖）受伤后长得粗壮些，增加抗寒，抗旱能力。砘压还可用来补救由于整地粗放扎根不好带来的麦苗生长缓慢，甚至停止生长的后果。

为了控制命根的生长，便于日后移栽，古人还创造出了别具匠心的方法。《种艺必用》载：

凡花木有直根一条，谓之‘命根’，趁小栽时便盘了，或以砖瓦承之，勿令生下，则它日易移。”竹根具有很强的穿透能力，为了防止竹子对于建筑物等的破坏，控制竹形，不使高大及防止竹鞭到处蔓延，《种艺必用》载：“近轩槛种竹，恐鞭侵阶砌，先埋麻骨以限之。或以竹栽于瓦瓶中，底通小窍，则竹小而不侵砌矣。”又“种竹，以油麻梗缚成小把，向南埋地中，则根不穿过。

又“笙竹根多穿害阶砌。惟聚皂荚刺埋土中障之，根即不过。栽油麻萁亦妙。”

二 茎

整枝能控制营养生长，改变养分分配运输方向，减少养分无谓消耗，有利果枝和生殖器官的发育，还能改善通风透光条件，提高光合生产率，提高产量的作用。

整枝是从植物顶端优势的发现开始的。当植物顶芽生长时，侧芽往往呈潜伏状态。相反，摘除顶芽，侧芽即开始生长。为了控制植物的定向生长，改变植物营养的流向，以便得到人所需要的产品，就有整枝技术的出现。

① 《梦溪笔谈》，卷二十四《杂志一》。

唐宋时期，整枝技术在栽桑中得到应用，称为科斫。桑树是一种乔木，如果听其自然生长，主干可以长得很高大，采桑喂蚕就不方便。为了阻止树干直向上长，是有科斫的出现。《四时纂要》中提出移栽后的桑树，必须"每年及时科斫，以绳系石坠四向枝令婆娑，中心亦屈却，勿令直上难采"。同时枝条过多，不利通风透光，还要分散养分，影响桑叶的产量和质量。宋元时期对于桑树的整枝是非常重视的，这从朱熹的《劝农文》中便可以看出来，《劝农文》中一共列举了7项农事，其中一项为桑麻，而桑麻中又主要说的是桑树的整枝。其曰："桑木每遇秋冬，即将旁生拳曲小枝尽行斩削，务令大枝气脉全盛，自然生叶厚大，喂蚕有力。"

《陈旉农书》在叙述种桑之法中，桑树的修剪占据重要位置。修剪要多次进行。播种后的当年八月上旬，"取所种之苗，就根头尽削去干，只留根"；根经靠接，长出主干之后，"又须时时摘去干之四傍枝叶，谓之妒芽，恐分其力以害干"。次年正月上旬移植时，又要"削去大半条干"。移植之后，"仍剔摘去细枝叶，谓之妒条"。"至来年正月间，斫剔去枯摧细枝，虽大条之长者，亦斫去其半，即气浃而叶浓厚矣"。

《士农必用》对桑树科斫的意义做了很好的总结，其曰：

> 科斫之利：惟在不留中心之枝，容立一人，于其内转身运斧，条叶偃落于外。比之担负高几，绕树上下，科有心之树者，一人可敌数人之功，条不可冗，冗则费芟科之功，叶薄而无味。是故科斫为蚕事之先务，时人不知预治于农隙之时，而徒费功力于蚕忙之日，人则倍劳，蚕亦失所。如得其法，使树头易得其条，条上易得其叶，蚕不待食，叶以时至，又其叶润厚。农语云：'锄头自有三寸泽，斧头自有一倍桑'①。

《士农必用》中还记载了三种科斫的方法。第一种是：六七尺高的桑树，移栽时便截去树梢，使枝杆向四面发展。树中央留出可站得下一个人的空间，以便将来修树或采叶的人可站在中间"转身运斧"。在桑树生长的过程中，如果中心有树干直上和树枝横出也要砍掉，这样便可以防止树干直上，而使树梢都向四周水平方向伸展，不仅便于采收，而且有利于通风透光，提高桑叶产量。《士农必用》在另一处也提到移栽后的桑树"待桑身长至一大人高，割去梢子，则横条自长"。第二种方法，养成的树型称作"双身树"，即桑树长到相当粗壮时，留两根枝条，其余的截去。这两根枝条，待其长到一个人那样高时，即截去枝梢，使成为支干。横出的枝条任其生长。腊月中对这些横出的枝条亦加修截，每个支干上都只留三四根。每根都截成一尺左右，使树冠养成球形。第二年，支干又抽出许多枝条。这时可按照枝条的疏密适当地采收桑叶，养成"双身材"的树型。还有一种方法称作"剥桑法"。腊月中，把桑树上过密的枝条截除，只留少数枝条。所留的枝条都截去枝梢，每根上只留四个芽，培养成为支干。明年支干上的芽可抽成几尺长的枝条。枝条上所发出的桑叶也特别肥美。春蚕期，每一支干上选一向外生长的枝条留着，其余枝条，采收饲蚕。保留向外伸长的枝条，到秋天可以长到一丈左右的高度。这样修截桑树，既可使树干向四周扩展，又可使树上常有绿叶。以后每年都用上述的方法修截。经过若干年后，树冠逐年提高，支干渐分渐多，渐不便采收管理，所以必须进行截干，以降低树冠。

---

① 《农桑辑要·栽桑·科斫》。

科斫主要是对树杆的修整，以培育良好的树型。在科斫的基础上宋元时期还提出了树枝的修剪，称为“科条”。科条的关键在于选择那些可以削去的枝条，朱熹《劝农文》中只提到“旁生拳曲小枝”可以削去。《农桑辑要》中有所谓“科条法”，具体地提出：“凡可科去者，有四等：一、沥水条，向下垂者者；一、刺身条，向里生者；一、骈指条；相并生者，选去其一；一、冗脞条。虽顺生，却稠冗。”这四种枝条都是要剪去的。

对桑进行科斫或条斫的时间，《陈旉农书》中提到八月和正月；书中还对确定修剪的时间提出了看法：“大率斫桑要得浆液未行，不犯霜雪寒雨斫之，乃佳。若浆液已行而斫之，即渗溜损，最不宜也。”《士农必用》中提到“十二月内或次年正月”，还提到：“新条当年不宜科，科了数年不旺。”《农桑辑要》提出“腊月为上，正月次之”，春科不好。原因是“腊月津液未上，又农隙。人家春科，只图容易剥皮，却损了津液也。欲用桑皮，将腊月、正月科下条，向阳土内培子，至二月中取之，自可剥”。

元代，尽管棉花栽培还刚刚普及，但却已创造性地将整枝技术运用于棉花生产。《农桑辑要》提出：“苗长高二尺之上，打去冲天心，旁条长尺半，亦打去心。”打去冲天心，也即今天的“打顶心”，旁条，即打旁心。这种措施至今仍然运用于棉花生产，而此处则是有关棉花整枝的最早记载，除此之外，《农桑衣食撮要》中也指出：“常时掐去苗尖，勿要苗长高，若苗旺者则不结。”《王祯农书》除全部引述了《农桑辑要》的说法以外，还对棉花整枝作了说明，认为“其树（指棉花植株）不贵乎高长，其枝杆贵乎繁衍”。现代生物科学告诉我们，棉花是无限花序，每个真叶叶腋处有正副两个芽，正芽发育成营养枝，副芽发育成果枝。由于棉花的无限花序及营养枝的存在，整枝就成为棉田管理的重要而特出的环节。据《农桑衣食撮要》的记载，这种整枝的方法，还用于瓜类的栽培。

宋元时期，整枝技术也用于园艺作物。果树整枝有两个目的，一是为了结果；二是为了结硕果。宋元时期，苏州花农已能够识别徒长枝和果枝，并加以利用①；《橘录》也有“删其繁枝之不能华实者，以通风日，以长新枝”的记载，明确指出了橘树整枝的目的和要求。《农桑衣食撮要》则从另一个角度提出了果树修剪的作用，认为“削去低小乱枝条，勿令分力，结果自然肥大”。《农桑辑要》新添的西瓜栽培法中，也运用了掐蔓来结出大瓜。

另据《洛阳牡丹记》、《洛阳花木记》、《百菊集谱》等书的记载，种植牡丹、芍药、菊花时，也已采用整枝摘心、掐眼剔蕊、剪除幼果等法，使花朵变大，或花朵增多。如《洛阳牡丹记》载：“一本发数朵者，择其小者去之，止留一二朵，谓之打，恐分其脉也。花才落，便剪其枝，勿令结子，惧其易老也。”

林木栽种也使用了整枝技术。《东坡杂记》：“五年之内，乃可洗其下枝，使高。”《桐谱》载：“凡植后，至于抽条时，必生歧枝，日频视之，如歧枝萌五六寸则去之。高者手不能及，则以竹折之。”② 又说：“凡长桐木三二春者，其歧枝可以竹夹去之。竹夹不能及，则缘身而上，用快刀去之。”③

---

① 《范村梅谱》。

② 《桐谱·种植》。

③ 《桐谱·采斫》。

三　叶

叶是植物的营养器官之一，也是农业生产的主要收获物之一。作为农业生产的收获物之一，叶不仅可供观赏、还是食物和动物饲料的主要来源。就食物而言，叶菜构成蔬菜的主要部分，茶叶则是最重要的饮料；就饲料而言，除桑叶是养蚕的食料之外，许多植物的叶子都被用来作动物的饲料。

作为营养器官，叶也可作为区别植物种类的主要标志。一是根据叶在枝上的排列情况，如黄精，《四时纂要》就提到“择取叶相对生者是真黄精”。二是根据叶的颜色和味道，如莴苣，有苦苣（野苣）、白苣和紫苣之分，这种分类主要是根据莴苣的叶色和味道来划分的，对此，《王祯农书》有详细记载。三是叶的大小，如《王祯农书》对龙眼做如此描述：“龙眼，花与荔枝同开，树亦如荔枝，但枝叶稍小。壳青黄色，形如弹丸。核如木梡而不坚。肉白而带浆，其甘如蜜。熟于八月，白露后，方可采摘。一朵五六十颗，作一穗。荔枝过即龙眼熟，故谓之‘荔枝奴’。”可见叶是龙眼和荔枝的重要区别之一。又如银杏是中国特有的古老的孑遗植物，俗名白果，“以其实之白”；“一名鸭脚，取其叶之似”①。稻田中的稗草和稻相似，为了拔除稗草，宋人认识到“稗叶纯似稻，节间无毛，实如蒉（即大麻籽）”②。现代植物形态学称水稻节间的毛为叶耳，稗草没有叶耳，故指出其节间无毛，这是非常正确的。

古人称花瓣也为叶，作为观赏植物，花瓣（叶）的数量是许多观赏植物品种命名的主要依据。唐代后期宰相李德裕在其所著的《平泉山居草木记》一书中，就记载了他的别墅中的奇花异草约70种，其中便有百叶木芙蓉、百叶蔷薇等。唐代莲花品种中有千叶白莲③；宋代《范村梅谱》中则有重叶梅、绿萼梅、百叶相梅（千叶相梅）。《洛阳花木记》中则记有千叶牡丹。《梦粱录》所载花之品中，举凡芍药、梅花、红梅、桃花、荷花、榴花、山茶等都有千叶一品，其中荷花还有红白色千叶者。

追求多叶（重瓣，或半重瓣）是培育观赏植物的目标之一。欧阳修《洛阳牡丹记》“花释名第二”指出：“初，姚黄未出时，牛黄为第一；牛黄未出时，魏花为第一；魏花未出时，左花为第一；左花之前，唯有苏家红、贺家红、林家红之类，皆单叶花，当时为第一。自多叶、千叶花出后，此花黜矣，今人不复种也。”从周师厚的《洛阳牡丹记》中也可以看出，当时人们对于千叶牡丹情有独钟。“甘草黄，千叶黄花也……其花初出时多单叶，今名园培壅之，盛变千叶”、“丹州黄……其花初出时本多叶，今名园栽接得地，间或成千叶”。宋代刘蒙论述了菊花品种的演变规律，而演变的目标便是多叶：“花大者为甘菊，花小而苦者为野菊，各种园圃肥沃之处，复同一体，是小可变为甘也，如是则单叶变为千叶亦有之矣”。

对作为养蚕饲料桑叶而言，提高叶的产量是种植者关注的核心。宋元时期，人们把桑叶大而厚作为目标。因此一些叶片厚大的桑品种受到欢迎，如白桑；同时人们也通过

① 《王祯农书·百谷谱·果属》。

② 宋·戴侗，《六书故》。

③ 《天宝开元遗事》，卷下。

嫁接等方式，使原来叶薄而尖的荆桑类型，长出条叶丰腴的鲁桑类型的桑叶。更为重要的是人们还通过控制树枝的条数和树叶的片数来培育出大而厚的桑叶，是有地桑的出现。《务本新书》："夫地桑，本出鲁桑，若以鲁桑萌条，如法栽培，拣肥旺者，约留四五条，锄治添粪；条有定数，叶不繁多，众叶旨膏，聚于一叶，其叶自大，即是地桑。"①

对于作饮料的茶叶来说，人们更考虑的是品质问题，而品质又主要是由采摘的时间来决定的。《茶经》对茶树的栽培述之甚少，独于采茶一项很详。其曰："凡采茶，在二月、三月、四月之间。茶之笋者，生烂石沃土，长四五寸，若薇蕨始抽、凌露采焉。茶之牙者，发于藂薄之上，有三枝、四枝、五枝者，选其中枝颖拔者采焉。其日有雨不采，晴有云不采，晴采之。"②

叶作为营养器官，过度生长，影响植物的营养分配和通风透光，古人对叶子和果实之间的关系就有一定的认识，以桑为例，他们发现"先椹而后叶者，叶必少"③，荆桑多椹，其叶薄而尖；鲁桑少椹，枝干条叶丰腴。因此着重于果实者，于整枝之外，复有疏叶一说。茄子虽为蔬菜，但其收获的是果实，不过叶子，在栽培过程中即有疏叶一项。《务本新书》："茄初开花，斟酌窠数，削去枝叶，再长晚茄。"④

桑叶的采收，古来主要有摘叶和伐条两种。宋元时期，对这两种采收方法都有论述。《王祯农书》上说："桑之稚者，用几采摘，"就是说，初栽的小桑树不能伐条时，就只能借助凳子摘叶。《农桑要旨》上也说：初栽的桑树，中心枝条因为要培养成为主干，所以不能伐条。至于树干基部的小枝条，因为要用来保护主干，防牛羊等咬伤主干和中耕犁地时碰伤主干。所以在主干长粗之前，也要留着不砍伐，这些小枝条上的桑叶，如果不一张张采摘，就用捋的方法采收下来。等到中心枝长成粗壮的主干，便要将基部的小枝条伐去。

桑树长成之后，摘叶和伐条因地而异。《王祯农书》提到："北俗伐桑而少采，南人采桑而少伐。"这两种各有利弊，"岁岁伐之，则树木易衰；久久采之，则条多结。"王祯主张"南北随宜，采斫互用"⑤。

四　花

植物营养生长到一定的程度，就会转向花芽的分化进而开花。花是被子植物的生殖器官，对人来说，也是最具观赏价值的部分，观赏植物主要是由观花植物组成的。作为农业生产来说，一是要求植物多开花，多结果，但花果之间有时也存在矛盾，多花多果，往往果小，而果多又会影响明年开花，因此作为观赏植物来说，是有去子促花之举；二是希望延长花期，控制花开放的时间。相应地也就出现了两种技术，一是促进开花法；一是抑制开花法。

---

① 《农桑辑要·栽桑·地桑》。

② 《茶经·三之造》。

③ 《琐碎录》。

④ 《农桑辑要》，卷五瓜菜·茄子。

⑤ 《王祯农书·农器图谱集之十七·蚕桑门》

（一）去子促花法

开花结果，乃自然规律，但结果过多，必然消耗养分，影响明年开花，于是对于观赏花卉而言便有去子促花之法。王观《扬州芍药谱》载："花既萎落，亟剪去其子，屈盘枝条，使不离散，故脉理不上行，而皆归于根，明年新花繁而色润。"

（二）促进开花法

堂花术，是一种人工使花木提前开花的促成栽培法。早在唐代即已出现，称为"浴堂花"，宋代则称为"堂花法"、"唐花法"，或"催花法"。沈立《海棠记》中记载了利用嫁接促使海棠提前开花。《种艺必用》中有催花法，"用马粪浸水，前一日浇之，三、四日方开者，次日尽开"。《范村梅谱》中也提到，卖花者于冬初折未开梅枝安置浴室中，经热气熏蒸一个时期，可蛰前开花，提前上市。这种花木促成栽培慢慢演变成一种专门的技术，即"堂花"。最早提到堂花的是周密的《齐东野语》，书中详细记载了当时杭州东西马塍的艺花方法，说：

> 马塍艺花如艺粟，橐驼之技名天下，非时之品真足以侔造化、通仙灵。凡花之早放者，名曰堂花。其法以纸饰密室，凿地作坎，緶竹置花其上，以牛溲硫黄尽培溉之法，然后置沸汤于坎中，少候汤气薰蒸则扇之以微风，盎然胜春融淑之气，经宿则花放矣。若牡丹、梅、桃之类，无不然，独桂花反是，盖桂花必凉而后放，法当置之石洞岩窦间，署气不到处，鼓以凉风，养以清气，竟日乃开。余向留东西马塍甚久，亲闻老圃之言如此。

《种艺必用》中还说，含苞欲放的花卉，可"用马粪浸水浇之，当三、四日开者，次日尽开"。

（三）抑制开花法

抑制开花就是推迟开放时间。以菊花为例，正常情况下，秋季正是菊花盛开的季节，但为了使它春季开放，别具匠心地使它转入"休眠"。《种艺必用》记载了菊花次年三月开放的技术。"收菊花至三月；八、九月间菊含蕊时和根取，掘一坑，将菊倒垂在内，用竹架起，密铺竹叶片，以角屑放根中，四傍却用土埋之。筑紧，于来年取，以水洒暖取根，渐开花如初埋。每一二日，以水酒少许养之。"将已含蕊的整株菊花连根挖出，倒垂在冷凉的地坑内，然后用竹架起，密铺竹叶，根系周围放入角屑（优质肥料），四傍用土埋，筑紧，以防干燥和冻结。在不见光、土壤，不继续供水和自然降温的条件下，诱导它转入休眠，生理代谢降至很低的水平。次年春季取出，洒水使它渐渐恢复生机，花朵开放，于是能在三月观赏到菊花。这是一种诱导植物休眠，以推迟其生长和开花的方法。《梦粱录》所载花之品中有所谓"冬月开花"和"秋开牡丹"，这两个牡丹品种可能是长期人工选育的结果。

《种艺必用》中还记载了其他控制开花的方法。"菊花大蕊未开，逐蕊以龙眼壳罩之；至欲开时，隔夜以硫磺水灌之，次早去其罩，则大开"。"牡丹欲开时，用鸭子壳三分去一笼之。赏则去壳"。"春月花欲开时，欲其缓开，以鸡子清除花蘂，可迟三两日，谢亦如之"。

开花本是高等植物的正常现象，但由于大多数竹类是多年生一次开花植物，其中不少种类数十年、上百年开一次花，而且往往开花结籽后竹林成片死去。所以古来视竹开花为不祥之兆。为了防止竹林局部的开花蔓延枯死，宋代已有一些相应的办法。《种艺必用》说："竹有花辄槁死，花结实如稗，谓之'竹米'。一竿如此，则久久举林皆死。其治之法，于初米时择一竿稍大者，截去近根三尺许，通其节，以粪灌而实之，则止。"类似的提法，也见于《物类相感志》、《格物粗谈》以及明清的一些农学著作中。这种措施，可能具有促使竹株腐烂，借以补充肥力，使之迅速发生新鞭、新笋，从而达到复壮。

五　果　实

果实是农业生产的终点也是农业生产的起点。因此果实收藏事关重大。创业艰难，守成不易。如何使辛苦得来的果实不受损失，是人所共趋的目标。

雨水不仅直接导致收成的损失，而且还影响果实的贮藏，因而防雨防潮就显得非常重要。《韩氏直说》：

> 五六月麦熟，带青收一半，合熟收一半，若过熟则抛费。每日至晚，即便载麦上场堆积，用苫缴覆，以防雨作。如般载不及，即于地内苫积，天晴，乘夜载上场。即摊一二车，薄即易干。碾过一遍，翻过，又一遍，起秸下场，扬子收起。虽未净，直待所收麦都碾尽，然后将未净秸秆再碾。如此，可一日一场，比至麦收尽，已碾讫三之二。农家忙并，无似蚕麦。古语云：'收麦如救火。'若少迟慢，一值阴雨，即为灾伤；迁延过时，秋苗亦误锄治①。

为了提高收割效率，元代北方麦区已普遍采用了麦钐、麦绰和麦笼配套的麦收工具，大大提高了麦收效率，"一人日可收麦数亩"。稻亦如此，是有笐和乔扦的发明。笐"以竹木构如屋状，若麦若稻等稼，获而蘽之，悉倒其穗，控于其上；久雨之际，比于积垛，不致郁浥"。"乔扦，挂禾具也。凡稻皆下地沮湿，或遇雨潦，不无淹浸；其收获之际，虽有禾（禾䅎），不能卧置。乃取细竹，长短相等，量水浅深，每以三茎为数，近上用篾缚之，叉于田中，上控禾把。又有用长竹横作连脊，挂禾尤多"。

和防雨水相关的就是防潮。防潮最好的办法就是晾晒。《四时纂要·六月》中即有"晒大小麦"一条，其曰："今年收者，于此月取至清净日，扫庭除，候地毒热，众手出麦，薄摊，取苍耳碎和拌晒之。至未时，及热收，可以二年不蛀。若有陈麦，亦须依此法更晒。须在立秋前。秋后则已有虫生，恐无益矣。"元代的农书中仍然沿用了这种方法。晒除了可以减少水分，防止霉烂，同时结合一些药物，如苍耳、蚕沙和苍耳辣蓼等，可以起到防虫蛀的作用。

唐宋时期，对谷米的贮藏时间进行了比较。南宋戴埴说："古窖藏多粟，次以谷，未尝蓄米……唐太宗置常平，令粟藏九年，米藏五年。下湿之地，粟五年，米三年。吴会并海参，卑湿尤甚，且盖藏无法，不一二载，即为黑腐，三年之令，不复举行。"② 南宋

---

① 《农桑辑要》卷二播种·大小麦。

② 《鼠璞·蓄米》。

舒璘也提到："藏米者四五年而率坏，藏谷者八九年而无损。"[①] 宋人还注意到了燥湿对于谷物贮藏的影响。庄季裕在《鸡肋编》说：

陕西地既高寒，又地纹皆竖，官仓积谷，皆不以物藉。虽小麦最为难久，至二十年无一粒蛀者。民家只就田中作窖，开地如井口，深三四尺，下量蓄谷多寡，四围展之。土若金色，更无沙石，以火烧过，绞草緶钉于四壁，盛谷多至数千石，愈久亦佳。以土实其口，上仍种植。禾黍滋茂于旧。唯叩地有声，雪易消释。以此可知，夷人犯边，多为所发，而官兵至虏寨，亦用是求之也。"江浙仓庾，去地数尺，以板为底，稻连秆作把收，虽富家亦日治米为食。积久者不过两岁而转，地卑湿，而梅雨郁蒸，虽穹梁屋间，犹若露珠点缀也"[②]。

为了解决南方稻米贮藏困难的问题，宋代开始从加工入手来延长稻米的贮藏时间。于是有蒸谷米和冬舂米等的出现。南宋临安（今杭州）米铺上出售的食米品种中就有来自湖州的舂米和蒸米。南宋范成大有专门一首《冬舂行》的乐府诗，记述农家忙于制作冬舂米的情形，诗前的序言中提到："余归石湖，往来田家，得岁暮十事，采其语，各赋一诗，以识土风，号村田乐赋。其一冬舂行。腊月舂米，为一岁计，多聚杵臼，尽腊中毕事。藏之土瓦仓中，经年不坏，谓之冬舂米。" 蒸米在四川称为火米。据宋人陈师道记载："蜀稻先蒸而后炒，谓之火米，可以久积，以地润故也。蒸用大木，空中为甑，盛数石。炒用石板为釜，凡数十石。"

米谷虽然难藏，但还有比米谷更难藏的，那便是果品和蔬菜。隋唐宋元时期，尽管一直在努力试图将南方的水果移植到北方种植，也取得了一些成功的例子，但总的情况并不理想，当时北方人要想吃到南方的果品，如柑橘、荔枝等，还主要是靠长途运输，但由于交通条件限制，能品尝鲜果实属不易，"一骑红尘妃子笑，无人知是荔枝来"，因此保鲜也就成为问题。

柑桔保鲜是当时果品保鲜的代表。隋文帝时，有了涂蜡保鲜技术。当时产于蜀中的桔子在摘下树之后，便以蜡封蒂，献到朝廷，以投文帝所好，经过涂蜡处理，能保持"日久犹鲜"。唐代出现了桔子的纸裹保鲜技术，当时益州等地的桔子便是用纸包着送到京师去的，据说有官某认为纸包不吉利也不严肃，便改用布包，保鲜效果反不及纸包。宋代出现了利用绿豆贮藏金桔的办法[③]，还出现了桔子的窖藏[④]、连枝掩埋贮藏[⑤] 等，其他果品的保鲜方面，有密封贮藏橄榄、石榴；活竹贮藏樱桃、冻藏梨[⑥]。其中《橘录》中介绍的橘子保鲜法最有代表性，兹录如下："采藏之日，先净扫一室，密糊之，勿使风入，布稻藁其间，堆柑橘于地上，屏远酒气。旬日一翻，拣之遇微损，谓之点柑。即拣出，否则浸损附近者，屡汰去之。存而待贾者，十之五六。"

窖藏、密封是本期贮藏技术的两个基本点。甘蔗越冬贮藏也体现了这样一个特点："将所留栽子秸秆，斩去虚梢；深撅窖坑，窖底用草衬藉；将秸秆竖立收藏，于上有板盖，

---

① 《舒文靖集·与陈仓论常平义仓》。
② 《鸡肋编》，卷上。
③ 欧阳修，《归田录》。
④ 《格物粗谈·果品》。
⑤ 《橘录》。
⑥ 《文昌杂录》

土覆之，毋令透风及冻损”[①]。

但本时期对于荔枝似乎还没有找到什么很好的保鲜办法，因为荔枝“一日香变、二日味变、三日色变”，贮藏起来条件要求十分苛刻，这在当时的条件下是很难做到的。当时北方人所品尝到的荔枝鲜果都是通过驿站用特快专递的方式从岭南或川西运过来的。蔡襄在《荔枝谱》中只是介绍了一种短时间保鲜的方法，即将整穗荔枝连枝剪下，用蜡封其口，放在竹筒或瓦坛内，然后放在井里。这种方法仅是少量的短暂保存，在生产上没有什么意义。于是便有了《荔枝谱》中所记载的“红盐”、“白晒”和“蜜煎”等加工的方法。

红盐之法：民间以盐梅卤浸佛桑花为红浆，投荔枝渍之，曝干，色红而甘酸，可三四年不虫，修贡与商人皆便之，然绝无正味。白晒者正尔，烈日干之，以核坚为止，畜之瓮中，密封百日，谓之出汗。去汗耐久，不然逾岁坏矣。福州旧贡红盐、蜜煎二种。庆历初，太官问岁进之状，知州事沈邈以道远不可致，减红盐之数，而增白晒者，兼令漳、泉二郡亦均贡焉。蜜煎：剥生荔枝，榨去其浆，然后蜜煮之，予前知福州，用晒及半干者为煎，色黄白而味美可爱，其费荔枝，减常岁十之六七。然修贡者皆取于民，后之主吏利其多取以责赂。晒煎之法不行矣”[②]。

三种方法各有利弊。虽然如此，宋代用于商业贸易和进贡的荔枝都是经过加工处理过的荔枝。

第四节 作物栽培和动物饲养利用的新成就

一 作物栽培学的新成就

（一）水稻育秧移栽技术

《四时纂要》中关于水稻栽培技术部分，基本上因袭了《齐民要术》中的文字，但在提到播种量时二者却有不同，《齐民要术》提到的是“一亩三升掷”，而《四时纂要》提到的是“每亩下三斗”。李伯重认为，前者反映的是大田直播的下种情况，而后者则是秧田的下种情况[③]。根据《天工开物·乃粒》中所说的秧田和大田的比例关系，“凡秧田一亩所生秧，供移栽二十五亩”。则移栽后的每亩大田实际的用种量是一点二升，比直播要减少用种量一点八升。宋代水稻移栽得到了进一步的普及。宋代杨万里的诗中则形象地描述了水稻移栽的场面：“田夫抛秧田妇接，小儿拔秧大儿插，笠是兜鍪蓑是甲，雨从头上湿到胛。唤渠朝餐歇半霎，低头折腰只不答。秧根未牢莳未匝，照看鹅儿与雏鸭”。楼璹《耕织图诗》中也有“抛掷不停手，左右无乱行”这样的诗句，这和现代在南方稻区

① 《农桑辑要》，卷六药草。

② 《荔枝谱》，第六。

③ 李伯重，唐代江南农业的发展，第99页。但笔者认为，《四时纂要》所反映的内容还主要是北方农业的情况，而当时北方稻作似仍以直播为主，故“一亩三升掷”、“每亩下三斗”可能只是版本上的差别，因为在《齐民要术》的各种版本中也存在两说。

所见到的情形是一致的。由于水稻移栽的普及，因此才有秧马和秧船的出现。元代传统的插秧方法已经定型，《农桑衣食撮要》中道："拔秧时，轻手拔出，就水洗根去泥，约八九十根作一小束，却于犁熟水田内插栽。每四五根为一丛，约离五六寸插一丛。脚不宜频那，舒手只插六丛，却那一遍，再插六丛，再那一遍。逐旋插去，务要窠行整直。"这种方法到今天依旧。

移栽的普及促进了水稻育秧技术的形成。唐代水稻移栽虽然已经普及，却还没有来得及对与水稻移栽有关的水稻育秧技术进行系统的总结。到了宋代人们已经认识到秧苗的好坏，是保证大田生产取得好收成的关键，正如陈旉所言："凡种植，先治其根苗以善其本，本不善而末善者鲜矣……根苗既善，徙植得宜，终必结实丰阜。"有见于此，陈旉《农书》用了一个专篇"善其根苗篇"来讨论水稻的育秧问题。陈旉提出了育好秧的条件，指出："欲根苗壮好，在乎种之以时，择地得宜，用粪得理，三者皆得，又从而勤勤省修治，俾无旱干、水潦、虫兽之害，则尽善矣。"也就是说，培育壮秧必须具备天时、地利、人力和物力等四个方面的因素。而在这四个方面的因素之中，人力又是最积极的因素，于是陈旉接着从秧田整治、播种日期和秧田肥水管理等方面对育秧进行了论述。标志着水稻育秧技术的形成。

应该指出的是，虽然本时期北方稻作在区域上得到了一定程度的推广，但稻作技术却不见得有多大的长进，仍然是以直播为主，"不解插秧，惟务撒种"。反映在农书中，元代《农桑辑要》有关水稻、旱作的内容完全是抄自《齐民要术》，而没有任何的增加。

（二）麦类收获技术

虽然秦汉魏晋南北朝时期，麦作技术已基本成熟。但在隋唐宋元时期还是有一定的发展，这一发展主要表现在麦收技术方面。《韩氏直说》："农家忙并，无似蚕麦。古语云：'收麦如救火。'若少迟慢，一值阴雨，即为灾伤；迁延过时，秋苗亦误锄治。"为此书中提出："五六月麦熟，带青收一半，合熟收一半，若过熟则抛费。"为了提高收割效率，元代北方麦区已普遍采用了麦钐、麦绰和麦笼配套的麦收工具。钐是由钹发展而来的一种专用割麦工具，它最早出现于魏晋南北朝时期，至唐代已为北方农民常用①，其形制"如镰长而颇直，比钹薄而稍轻"，其功效则比普通镰刀要高出数倍。麦笼则是一种竹制的盛麦器，下装四轮，可以推动；麦绰是竹篾编的收麦器，上安钐，下装把，收麦时，推而前进，麦入绰中，装满时，即覆于麦笼。三位一体，成为一套完整的收麦工具。这套农具的使用，大大提高了麦收效率，"比之镰获手，其功殆若神速"，"一人日可收麦数亩"。这是宋元时期出现的一种比较典型的配套农器。

（三）薏苡、薯蓣、荞麦、高粱等杂粮栽培技术

薏苡是一种一年生或多年生禾本科植物，适于沼泽地多水处种植。同时薏苡也古老的作物，早在河姆渡时代就已开始种植。东汉时马援南征交趾，就曾以当地出产的薏苡作为食物，有见于南方的薏苡实大，还在班师回朝时运了一车到北方，以作为种子。但是在《氾胜之书》和《齐民要术》等书中，并没有关于薏苡栽培的记载，因为这两部农

① 梁家勉，中国农业科学技术史稿，农业出版社，1989 年，第 321～322 页。

书是以不种薏苡的旱地农业为对象。而在《四时纂要》中却首次出现了“种薏苡”一条。其文说：“熟地相去二尺种一科。一种数年。不问高下，但肥即堪种。尤宜下粪。收子后，苗可充薪。”这是以前农书中所没有的。

薯蓣，即山药，在唐以前虽然也已种植和利用，唐代薯蓣的食用已比较普遍，这在当时一些诗人的笔下就得到了反映。杜甫《发秦州》诗云：“充肠多薯蓣，崖蜜亦易求。”《膳夫经》也有薯药“多生冈阜宜沙地”之说。但是关于薯蓣的栽培方法，却无明文记载，而只是在《四时纂要》所引《山居要术》、《地利经》和《方山图录》中才首次提到了薯蓣的种植方法和食用方法。除此之外，书中还加上一条“造薯药粉法”。

从上述文献中可以看出，当时薯蓣的繁殖方法有两种：一是收取薯蓣叶腋长出的小球块“子”作播植用；二是用根薯分割繁殖。这两种繁殖方法，又可以结合起来使用。书中引《地利经》说：“大者折二寸为根种。当年便得子。收子后，一冬埋之。二月初，取出便种。忌人粪。如旱，放水浇；又不宜苦湿。须是牛粪和土种，即易成。”书中所引《山居要术》中还记载了一个薯蓣高产栽培的方法：“择取白色根如白米粒成者，预收子。作三、五所坑。长一丈，阔三尺，深五尺，下密布砖，坑四面一尺许，亦倒布砖，防别入土中，根即细也。作坑子讫，填少粪土三行，下子种。一半土和之，填坑满。待苗著架。经年已后，根甚粗。一坑可支一年食。”这里的技术要点在于坑底和四面铺砖，以防止薯根向外延伸而变得细长。

《杂说》首次记载叙述了荞麦的耕作栽培技术，并特别强调适期收获。“凡荞麦，五月耕；经二十五日，草烂得转；并种，耕三遍。立秋前后，皆十日内种之。假如耕地三遍，即三重著子。下两重子黑，上头一重子白，皆是白汁，满似如浓，即须收刈之。但对梢相答铺之，其白者日渐尽变为黑，如此乃为得所。若待上头总黑，半已下黑子，尽总落矣。”荞麦是自下而上，边开花，边结实，故上下果实不可能一致成熟，所以下部$\frac{2}{3}$已黑为准，上部尚未完全成熟，也只好收获。这表明当时人们对于荞麦的开花成实习性已有所认识。

《四时纂要》中也有“种荞麦”一条：“立秋在六月，即秋前十日种，立秋在七月，即秋后十日种。定秋之迟疾，宜细详之。”和《齐民要术·杂说》中虽然关于荞麦的记载相比，似乎有简略一些。而且两者之间还有相互抵迕之处，《杂说》种荞麦是“立秋前后，皆十日内种之”。而这里依立秋迟早定在秋前或秋后种，和一般节气早种稍迟，节乞晚种稍早的农谚相反，据此，有人认为，《纂要》所说恐不合理，疑“秋前”、“秋后”倒错。即六月立秋在“秋后”十日种，七月立秋在“秋前”十日种[①]。实际上荞麦是一种种植季节较长的短期作物，适应性很强，《纂要》的记载正好反映这荞麦的这一特点，秋前十日和秋后十日，前后相去五旬播种，同样有收。所以到了元代，荞麦在立秋前后几天播种就没有限制了，而只是笼统地说“立秋前后”[②]。

宋代有关荞麦栽培技术的记载不多，但宋人对于荞麦的生理生态方面，却有不少的认识，北宋陈师道在《后山丛谈》(1101)中提到了荞麦与气候和物候的关系，“中秋阴暗，天下如一。荞麦得月而秀。中秋无月，则荞麦不实”。“颖谚曰：‘黄鹌口噤荞麦斗’。

---

① 缪启愉，四时纂要校释，农业出版社，1981年，第156页。

② 《农桑衣食撮要·七月》。

夏中候黄鸐不鸣，则荞麦可广种也”。朱弁在《曲洧旧闻》中对于形态和生态有详细描述，其曰：“荞麦，叶黄、花白、茎赤、子黑、根黄，亦具五方之色。然方结实时最畏霜。此时得雨，则于结实尤宜，且不成霜。农家呼为‘解霜雨’。”

元代对于荞麦栽培技术又有了新的认识。一是在播种量和播种方法方面提出“宜稠密撒种，则结实多，稀则结实少”①。二是针对荞麦的易落粒的特性，在收获方法做了改进，采用了推镰收割，据《王祯农书》介绍，推镰“形如偃月，用木柄，长可七尺，首作两股短叉，架以横木，约二尺许，两端各穿小轮圆转，中嵌镰，刃前向，仍左右加以斜杖，谓之‘蛾眉杖’，以聚所劙之物。凡用则执柄就地推去，禾茎既断，上以蛾眉杖约之，乃回手左拥成稗，以离旧地，另作一行。子既不损，又速于刀刈数倍”。推镰提高了收割的效率，同时减轻了劳动强度，实在是一种早期的收割机械。据今人的调查和研究，推镰并非连续推进式收割，而是依靠间歇推击之力收割②。

农书中记载高粱栽培始见于《务本新书》，后《农桑辑要》、《王祯农书》和《农桑衣食撮要》都有记载。从中可知元代对于高粱栽培注意到的只有：择地和趣时两点。一则是“蜀黍宜下地”；二则是“春月早种”。

（四）棉花栽培技术

对棉花栽培技术的总结和论述，是本期农学发展史上最值得书写的一笔。

现有文献中，最早记载棉花栽培的当属《四时纂要》。《四时纂要·三月》有一条“种木绵法”，其文说：

> 节进则谷雨前一二日种之，退则后十日内树之。大概必不违立夏之日。又种之时，前期一日，以绵种杂以溺灰，两足十分揉之。又田不下三四度翻耕，令土深厚而无块，则萌叶善长而不病。何者？木绵无横根，只有一直根，故未盛时少遇风露，善死而难立苗。又种之后，覆以牛粪，木易长而多实。若先以牛粪粪之，而后耕之，则厥田二三岁内土虚矣。立苗后，锄不厌多，须行四五度。又法：七月十五日，于木绵地四隅掴金铮，终日吹角，则青桃不殒。

这段文字中讲到了播种期、种子处理、棉田整地、施肥覆盖、中耕以及防止棉桃脱落等等方面。从中可以看出当时的棉花栽培技术已经相当成熟。其中的“掴金铮，终日吹角”等内容，虽然与禳镇有关，但却是古农书中有关音乐作用于作物的一条罕见的记载③。

在《四时纂要》之后，提到棉花栽培的则是宋末元初的胡三省，其在《资治通鉴》中所作的注说：“木棉，江南多有之，以春二、三月之晦下子，种之即生。既生，须一月三薅其旁。失时不薅，则为草所荒秽，辄萎死。”这里仅仅涉及到播种期和中耕除草的问题。就播种期而言，比《四时纂要》中所说的谷雨前后（农历三月中上旬，公历四月二十日前后）似要早些，这种播种期的差异，可能是由南北气候差异所致。据现代科学观察，长江流域及其以南地区的棉花播种日期（4 月 11 日）比黄河流域（4 月 21 日到 5 月 1 日）

---

① 《农桑衣食撮要·七月》。

② 张波，推镰考工记，农业考古，1992，(2)：199～202。

③ 胡道静，音乐作用于作物的古农书记载，古今农业，1987，(1)：14。

一般要早10～20[①]。就中耕除草而言，强调多薅与《四时纂要》是一致的。

除上述提到的两处有关棉花栽培技术的记载以外，现有有关棉花栽培技术的记载最早、最全面、最具体的当属元代的三大农书。三大农书中，以《农桑辑要》的论述最为详细，王祯《农书》基本上沿袭了《农桑辑要》的论述，《农桑衣食撮要》的记载则相对简略。兹按棉花种植的主要环节试述如下：

择地：棉花栽培是从择地开始的，《农桑辑要·木绵》中首先提出了“择两和不下湿肥地”的主张。所谓“两和地”，即土壤中所含砂壤、粘壤分量适中，具有一定保水保肥能力的土地；“不下湿”，即地下水位较低的土地。这种标准是符合棉花生长需要的，棉花是旱生植物，喜沙质壤土，喜高燥地，同时棉花生育期长，需肥量较多，因此，也要求一些相对肥沃的土地。

整地：择地之后，接下来就是整地。《四时纂要》中虽然对于棉花整地的意义有很深的认识，并提出了很高的要求，却没有提出具体的整地办法，对此，《农桑辑要》做了弥补，提出：“于正月地气透时，深耕三遍，耙盖调熟，然后作成畦畛。每畦长八步，阔一步（内半步作畦面，半步作畦背）。深斸二遍，用耙耧平，起出覆土，于畦背上堆积。”然后在播种前一天，“连浇三水”，以保证棉子萌发时所需足够的水分。

播种：元代农书中所述的播种主要包括下列步骤：（1）种子处理。元时的棉种处理主要有二个步骤：水浸和灰拌。《四时纂要》中二个步骤是合在一道的，“以绵种杂以溺灰，两足十分揉之”。元代才分开来加以处理，《农桑衣食撮要》说“先将种子用水浸，灰拌匀，候生芽。”而《农桑辑要》则在水浸和灰拌之间，还加上了“堆于湿地上，瓦盆覆一夜”。（2）播种方式和播种密度。《农桑辑要》与《农桑衣食撮要》二者在播种方式上略有区别，前者采用的是畦种撒播的方式，而后者采用的则是穴种点播的方式。播种方式不同，播种密度也有区别，前者长八步、宽一步做成一畦，按《王祯农书·农器图谱》说每步为五尺，则每畦的长为四十尺，宽为五尺。后者每尺作一穴。经过间苗之后，前者每步（五尺）留二苗，后者每穴（一尺）留二苗。可见后者的密度要高于前者。当时还采取了移栽的办法，来调整种植密度，即所谓“稠则移栽，稀则不须”。可以看出，元代时是主张棉花稀植的，这种主张甚至明代仍然没有改变。徐光启所总结棉花丰产“十六字诀”中，“稀科”即为其一，提出每三尺只留一苗。他的依据就是《农桑辑要》，徐光启在解释稀植的原理时指出：“孟祺农桑辑要言，一步留两二苗，又言旁枝长尺半，亦大去心，此为每科相去皆三尺，古法也。”从元到明，人们对于棉花植株之间合理的群体结构还没有一个正确的认识，只是认为缩小株距，增加株数会影响到植株发育，而没有认识到合理密植，增加每亩的株数能增加靠近主茎的果枝节，多结铃，早成熟，能获得增产早熟的结果，相反认为“稠则不结实”，而盲目地提倡“稀科”。只是到了17世纪以后，棉花密植措施才得到推行。株距由三尺发展到一尺、八九寸，直至半尺[②]。（3）覆土。《农桑辑要》指出，播种之后，“将元起出覆土，覆厚一指”。厚度一指约半市寸，合13～15毫米。这种覆土厚度和北方一些旱地作物的覆土厚度相比，似要薄些。例如，《氾胜之书》中讲到区种麦时“覆土厚二寸”。棉花属于双子叶植物，发芽时顶土能力差，因

① 张福春等，中国农业物候图集，科学出版社，1987年，第41页。

② 《群芳谱》、《张五典种法》、《农圃便览》等。

此要求覆土相对薄些。

田间管理：元时的棉花田间管理主要包括锄治、灌溉和打心等几个方面：(1) 元代，甚至于整个中国古代都是非常重视棉花中耕除草工作的，《农桑衣食撮要》提出要“勤锄”，《四时纂要》中提到：“立苗后，锄不厌多，须行四五度。”《农桑辑要》提出了每次锄地所要达到的目的，“锄治常要洁净”。明清时期，棉花中耕除草的次数增多，如《农政全书》引张五典《种法》指出：“锄作六、七遍尽去草茸不可。”而徐光启在《农政全书》中则主张：“锄棉须七次以上。又须及夏至前多锄为佳。谚曰：锄花要趁黄梅信，锄头落地长三寸。”(2) 灌溉主要是针对北方干旱的特点提出来的，《农桑辑要》提出：“棉将已成畦畛，连浇三水。”播种之时“勿再浇”，而“苗出齐时，旱则浇溉”。南方由于雨水较多，灌溉不是主要的问题，所以灌溉似乎没有成为南方棉花生产的一项措施。这一点在清人方观承所作的《棉花图诗》中也已提到，“土厚由来产物良，却艰致水异南方。”①

（五）苎麻栽培技术

元代随着苎麻再度向北方扩展，当时的农书也开始积极致力于苎麻栽培技术的总结。元官修农书《农桑辑要》中就专门新添有“栽种苎麻法”，代表了当时苎麻栽培技术的最高水平。后来王祯《农书》“农器图谱”还专为苎麻设立一门，备载治苎纺织工具。

苎麻栽培有有性繁殖和无性繁殖两种方式，各有其利。《农政全书》说：“无种子者，亦如压条栽桑，取易成速效而已。然无根处取远致为难，即宜用种子之法。”元时农书，如《农桑辑要》，讲种苎由于旨在扩大推广苎麻种植，故对种子繁殖讲得较多。种苎从苗床整地开始，要求土壤松细湿润，俾幼芽易于萌发；要用蚕沙作为种肥；选种要用水选，取其沉者，播种采用和细土拌匀撒播。这些跟《齐民要术》中的大麻种植方法大体相同。最大的不同在于苗床管理方面，为了防止幼苗遭干旱、大雨冲散或冲乱，《农桑辑要》提出了搭棚覆盖的方法，即“可畦搭二三尺高棚，上用细箔遮盖。五六月内炎热时，箔上加苫重盖，惟要阴密，不致晒死。但地皮稍干，用炊帚细洒水于棚上，常令其下湿润。遇天阴及早、夜，撤去覆箔。至十日后，苗出，有草即拔。苗高三指，不须用棚。如地稍干，用微水轻浇②。

种子繁殖的苎麻在正式移栽前，要经过一次假植。《农桑辑要》指出：“约长三寸，却择比前稍壮地，别作畦移栽。临移时，隔宿先将有苗畦浇过，明旦也将做下空畦浇过，将苎麻苗用刃器带土掘出，转移在内，相离四寸一栽。”假植以后，“务要频锄，三五日一浇。如此将护二十日后，十日半月一浇。到十月后，用牛驴马生粪盖厚一尺”，以后再在“来年春首移栽”。移栽时宜，以“地气动为上时，芽动为中时，苗长为下时”。

《农桑辑要》中也提到了分根、分枝和压条等多种繁殖方法。“分根，连土于侧近地内分栽”；分枝“第三年根科交胤稠密，不移必渐不旺，即将本科周围稠密新科，再依前法分栽”。“压条滋胤，如桑法移栽亦可”。在实际使用中，中国古代常把多种繁殖方法综合运用于老苎园的更新和苎地的繁殖。《群芳谱》载：“苎已盛时，宜于周围掘取新科，如

① 清·方观承，《棉花图诗·灌溉》。

② 《农桑辑要》卷二，种植·苧麻。

法移栽，则本科长茂，新栽又多。或如代园种竹法，于四五年后，将根科最盛者间一畦，移栽一畦，截根分栽，或压条滋生。此畦既盛，又掘彼畦，如此更代，滋植无穷。”

在苎田管理方面，古人主要抓了中耕、施肥、灌溉和保护麻兜越冬几个方面。防冻是苎麻安全越冬的关键环节。多年生苎麻喜暖畏寒，冬季必须保护。《农桑辑要》指出：“至十月，即将割过根茬，用牛、马粪厚盖一尺，不致冻死。”《农政全书》还对这段话作注说：“如此厚盖，则栽得过冬，所以中土得种。若北方未知可否？吾乡三十度上下地方，盖厚一二寸即得矣。”认为河南能种苎麻是由于厚盖粪肥而能安全越冬，更北的地区如厚盖一尺是否可行则不能肯定，而长江流域可以盖得薄一些，也能越冬。冬季盖粪壅培，既是防冻，也是施肥。《群芳谱》指出“十月后用牛马粪盖，厚一尺，庶不冻死。二月后，耙去粪，令苗出，以后岁岁如此。若北土，春月亦不必去粪，即以作壅可也”。

（六）食用菌和蔬菜栽培技术

《四时纂要》最早记载了有关食用菌栽培技术。书中“三月”有“种菌子”一条，比较详细地记载了食用菌的两种栽培方法，其曰：“取烂构木及叶，于地埋之。常以泔浇令湿，两三日即生。又法：畦中下烂粪。取构木可长六七尺，截断碓碎。如种菜法，于畦中匀布，土盖。水浇长令润。如初有小菌子，仰杷推之。明旦又出，亦推之。三度后出者甚大，即收食之。本自构木，食之不损人。构又名楮。”元代的《农桑辑要》予以引录，文句全同，只“六七尺”，《辑要》引作“六七寸”。从《四时纂要》的记载中可以看到，当时已经知道食用菌的生长需要有一定的温度和湿度条件，还需要选择适当的树种，而且还知道“有小菌子，仰杷推之”，以帮助菌种扩散，促生大菌。

宋元时期，食用菌的培养有了进一步的发展，创造了人工接种的方法。这种方法见王祯《农书》的记载：“经年树朽，以蕈碎剉，匀布坎内，以蒿叶及土覆之，时用泔浇灌，越数时，则以槌棒击树，谓之惊蕈，雨露之余，天气蒸暖，则蕈生矣。”[①] 文中所说的“以蕈碎剉，匀布坎内”，就是人工接种，接种后，还要“时用泔浇灌”，给菌种提供湿度条件和营养条件，同时还要“以槌棒击树”，帮助菌种扩散，这样到“天气蒸暖”时，就能长出菌来。这种方法对加速食用菌的培育和扩大食用菌的生产，都有重要的意义，在食用菌栽培史上，是技术上的又一次重大突破。

《齐民要术·杂说》中记载了瓜、茄子、萝卜、葵、莴苣、蔓菁、芥子、葱等多种蔬菜的栽培方法。其中也有是这个时候从国外刚刚引进过来的。如莴苣。突出了以下几点：一是选地，《杂说》中没有提到菜地施肥，但对选地却极为重视，两处提到选良沃地；二是搭配，通过合理搭配来提高土地利用率，等同于扩大了蔬菜种植面积。《杂说》中提到五、六月部分先熟的蔬菜收获之后，“应空闲地种蔓菁、莴苣、萝卜”，到七月份以后，二月份所种蔬菜全部收获后，“即取地种秋菜”。三是锄理，《杂说》中种蔬菜讲究锄理，锄的次数从两遍、三遍、四遍到十遍不一。其作用除了一般意义上的松土除草外，还有间苗和培土的作用。

《农桑辑要》新添了西瓜、萝卜、菠棱、莴苣、同蒿、人苋、莙荙等蔬菜的种植方法。其中以“种萝卜”最为详细，“种萝卜，先深斸成畦，杷平。每畦可长一丈二尺，阔四尺。

① 王祯，《农书·百谷谱四·菌子》。

用细熟粪一担，匀布畦内，再劚一遍，即起覆土，再耧平，浇水满畦。候水渗尽，撒种于上，用木杴匀撒覆土。苗出两叶，旱则浇之。每子一升，可种二十畦”。书中还交待了水萝卜和大萝卜的种植时间，以及收种的方法。其他蔬菜的种法也都参照萝卜的种法。如菠菜，“作畦下种，如萝卜法”；“莴苣，作畦下种，如前法”；“人苋，作畦下种，亦如前法”；“莙荙，作畦下种，亦如萝卜法”等。《农桑辑要》中还介绍了一种结大西瓜的方法。“西瓜，种同瓜法。科宜差稀。多种者，熟地垡头上漫掷，捞平。苗出之后，根下拥作土盆。欲瓜大者，一步留一科，科止留一瓜，余蔓花皆掐去，瓜大如三斗栲栳”。

王祯在《农书·播种篇》中对蔬菜的种植技术进行了总结。其曰：

> 凡种蔬蓏，必先燥曝其子。地不厌良，薄即粪之；锄不厌频，旱即灌之。用力既多，收利必倍。大抵蔬宜畦种，蓏宜区种。畦地长丈余，广三尺。先种数日，劚起宿土，杂以蒿草，火燎之，以绝虫类，并得为粪。临种，益以他粪，治畦种之。区种如区田法，区深广可一尺许。临种，以熟粪和土拌匀，纳子粪中。候苗出，料视稀稠去留之。又有芽种，凡种子先用水淘净，顿瓠瓢中，覆以湿巾。三日后芽生，长可寸许，然后下种。先于熟畦内以水饮地，匀掺芽种，复筛细粪土覆之，以防日曝。此法菜既出齐，草又不生。凡菜有虫，捣苦参根并石灰水，泼之即死。”

《农书》中还添加了蔬菜栽培技术的细节。如菠菜，提到“以干马粪培之，以避霜雪”，“十月内，以水沃之，以备冬食”，“春月出薹，嫩而又佳，至春暮叶老时，用沸汤掠过晒干，以备园枯时食用”。

（七）茶树栽培技术

随着茶叶生产的发展，在茶树栽培技术方面也积累了许多丰富的经验。遗憾的是，陆羽《茶经》中关于茶树种植方法只是笼统地提到“凡艺而不实，植而罕茂，法如种瓜，三岁可采”，据《齐民要术》所述“种瓜之法”，种瓜之前先是要经过一番整地，整地之后作畦，作畦要求“行阵整直，两行微相近，两行外相远，中间通步道，道外还两行相近。如是作次第，经四小道，通一车道。凡一顷地中，须开十字大巷，通两乘车，来去运辇。其瓜都聚在十字巷中”。出苗之后，还要经过一番锄治和管理，最后才是在“步道上引手而取”采摘瓜果。《茶经》之提出“法如种瓜”，大概也是从方便采摘的角度提出来的。这就是两行茶树和相邻的两行茶树之间要保持一定的距离，以作为人行通道，便于采茶。陆羽虽然对种茶方法叙述不够，但却很重视采摘，《茶经》中对于采茶的标准有明确的规定，指出茶“生烂石沃土，长四、五寸，若薇蕨始抽，凌露采焉”；“茶之芽者，发乎丛薄之上，有三枝、四枝、五枝，选其中枝颖拔者采焉”。这两条经验是根据茶树的生长环境提出来的。对于采茶的时间和当时的天气也很有讲究，春茶要“在二月、三月、四月间”采摘，“其日有雨不采，晴有云不采”。

也许是由于《茶经》出现在南方，茶树栽培技术对于南方人来说是习以为常，更何况当时还有许多野生的茶树，而陆羽本人也认为“野者上，园者次”，因此，《茶经》中重视采摘，而不重视栽培。但是，随着饮茶风气的盛行，仅仅依靠野生茶树是远远不够的，因此，茶树的栽培也就日趋迫切，对于茶树栽培技术的总结也就顺理成章地提到了日程。于是，《茶经》之后韩鄂的《四时纂要》一书中对当时的植茶技术作了翔实而又较为全面的记述。

一般认为，《四时纂要》是一本以北方农业生产为主要内容的农学著作，但其中所记载的有关植茶技术却是当时中南地方茶农所采用的方法。因此，书中有关茶树栽培技术的记载，可以看作是继饮茶进入北方地区以后，向北方推广植茶的一项举措。所以，书中对于茶树栽培的记载较之于其他的一些作物栽培要详细得多。其文如下：

种茶，二月中于树下或北阴之地开坎，圆三尺，深一尺，熟斸，著粪和土。每坑种六七十颗子，盖土厚一寸强。任生草，不得耘。相去二尺种一方。旱即以米泔浇。此物畏日，桑下，竹阴地种之皆可。二年外，方可耘治。以小便、稀粪、蚕沙浇拥之；又不可太多，恐根嫩故也。大概宜山中带坡峻。若于平地，即须于两畔深开沟垄泄水，水浸根，必死。三年后，每科收茶八两。每亩计二百四十科，计收茶一百二十斤。茶未成，开四面，不妨种雄麻、黍、稷等。

收茶子，熟时收取子，和湿沙土拌，筐笼盛之，穰草盖之。不尔，即乃冻不生。至二月，出种之①。

概括起来，大致包括以下几个方面的内容：

1. 茶园的选择

茶园的选择是从茶树的生长习性以及在不同环境下生长出来的茶叶品质来考虑的，《四时纂要》认为，茶有二个特点，一是“畏日”，是一种喜阴作物，因此，适合种于“树下或北阴之地”，所谓“树下”，即“桑下、竹阴地种之皆可”；“北阴之地”，即背阴之地。但不定是指山坡的北面，因为在《茶经》中已指出：“阴山坡谷者，不堪采摘，性凝滞。”二是“怕水”，“水浸根，必死”，因此适合于种植在“山中带坡峻”之地，因为山坡上排水良好；若在平地建茶园，则须“于两畔深开沟垄泄水”。《茶经》中也有同样的看法，“其生者，上者生烂石，中者生砾壤，下者生黄土”。把这两个方面的特点结合起来，就是茶树适合于种植在背阴的山坡上，即《茶经》所说的“阳崖阴林”，向阳且有树木荫蔽的山坡是种植茶树最好的生态环境。

2. 茶树的种植

《四时纂要》介绍的是一种“区种法”，先是开坑，每坑圆三尺，深一尺，坑间距二尺，每亩二百四十坑，在整地施肥之后，每坑播子六七十颗，覆土厚度是一寸。这种种植方法可能与《茶经》所指有所不同，最少是和《齐民要术》中所说的“种瓜法”有所不同。倒是与《氾胜之书》所记载的“区种瓜法”有相似之处。

3. 茶园的管理

第一年不要中耕除草，而要注意防旱，要求“旱即用米泔浇”；第二年，则在中耕除草的同时，还要注意施肥，但肥不能施得太多。平地茶园还要注意开沟排水。第三年，则可能采摘了。这和《茶经》所说是致一的。

4. 茶子的收藏

茶子受冻，不得生发，因此，收藏时必须注意防冻。方法是“熟时收取子，和湿沙土拌，筐笼盛之，穰草盖之。”

《四时纂要》“种茶”和“收茶子”两条记载，是已知有关茶树栽培和管理方法最早

① 《四时纂要·二月》。

最详细的记载，后世一些农书或茶书有关茶树栽培的记载都未超出本书的内容。宋元时代的茶树栽培，依旧是采用的是一种直播法，和拌沙藏种法。但在茶园管理上，却有新的发展。《北苑别录》说："草木至夏益盛，……每岁六月兴工，虚其本，培其土，滋蔓之草，遏郁之木、悉皆除去，正所以导生长之气，而渗雨露之泽也。此之谓'开畲'。"反映宋代在茶园管理上，已使用了中耕除草技术。此外，在茶树间作上，亦积累了新的经验。《北苑别录》说："桐木之性，与茶相宜，而茶至冬则畏寒，桐木望秋而先落，茶至夏而畏日，桐木至春而渐茂，理亦然也。"提倡茶桐间作。

唐宋时期，发展变化最大的不是茶树栽培技术而是茶叶加工技术。唐代的茶叶加工技术，根据《茶经》的记载，采用的是饼茶（也叫团茶）法，其法是将采来的茶叶放在甑釜中蒸制，然后再用杵臼捣碎，拍制成团，穿起来焙干、封存。饼茶加工工序复杂，饮用时还要烹煮，制造和饮用都不方便，于是又出现了一种新的茶叶的加工方法——散茶的加工方法。这种方法在唐代就已出现，如刘禹锡《西山兰若试茶歌》中说："自傍芳丛摘鹰嘴，斯须炒成满室香。"就是一种炒青散茶，但尚不普遍。宋元以后，散茶法才成为茶叶加工的主要方法。其法在王祯《农书》中有具体的记载："采讫，以甑微蒸，生熟得所。生则味涩，熟则味减。蒸已，用筐箔薄摊，乘湿略揉之，入焙匀布，火烘令干，勿使焦，编竹为焙，裹箬覆之，以收火气。"①

在普及散茶法的同时，还出现了另一种茶叶加工方法，即以花香窨素茶的花茶。南宋施岳在《步月·茉莉》词注中提到"古人用此花焙茶"。这是最早的茉莉花茶。

（八）竹类栽培技术

在竹林种类增加的同时，竹木栽培技术也得以提高。其中竹的栽培技术尤其引人注目。隋唐宋元时期，种竹技术有了长足的进步。移栽树木的"十六字诀"套用在栽竹上，成为"种竹无时，雨下便移，多留宿土，记取南枝"②。除此之外，栽竹还有一些独特之处。

竹类一般较为修长，留基栽种，恐随风摇动，须搭架绑缚。对生长较为密集的小型散生竹类，应当数株同时连鞭掘起，合成一个根盘（垛、丛）来栽植，以便栽植之后，能够互相支持，抵抗风力。根盘越大，栽植以后越易成活。为了防止所栽母竹被风摇动，《梦溪忘怀录》、《王祯农书》提出了削去梢部的措施。这种措施既能维持植株的生长，又能减少叶面的蒸腾，防止风力的摇动。宋有"月菴种竹法"，对于栽竹所用的植穴、施肥的种类所提出的经验，较《齐民要术》又有了新的提高，如，"深阔掘沟，以干马粪和细泥填高一尺。无马粪，砻糠亦得。夏月稀，冬月稠，然后种竹"。因为竹鞭对土壤要求有趋上及趋肥、趋松的特性。所以栽竹除应挖成具有相当深度的带状植沟之外，要求越宽越好，以便新鞭的充分发育。《梦溪忘怀录》还指出，"留茎种者，被风摇动，多不滋茂。但去根一尺余截断，准上法埋栽，令露竹头。当年生笋，践杀之；明年转益大，又践杀之。至第二年长出篦大，一抽数丈"。

速生成林是宋元时期种竹追求的目标。宋代以皇家花园的种竹技术水平最高，并取

① 《王祯农书·百谷谱·杂类·茶》。

② 沈括，《梦溪忘怀录·种竹法》。

得了园中竹类能在移栽后一二年间无不茂盛的纪录。有人问起其中秘诀，园林工人说："初无他术，只有八字：疏种、密种、浅种、深种。"[①] 所谓"疏种"，就是当栽竹之际要保持一定的距离，使土壤疏松，便于行鞭。所谓"密种"，是每垛要有四五株，使鞭根密集，便於成活和出笋。所谓"浅种"，是栽竹时要保持一定深度，不可大深。所谓"深种"，是栽植时虽然不深，但应当以河泥培壅，以促使新栽的母竹，很快地成活、行鞭、出笋，能够提早成林。宋代还出现了一种竹子移植能当年行鞭，来年即可抽笋的方法："每岁当于笋后，竹已成竿后即移，先一岁者为最佳，盖当年八月便可行鞭，来年便可抽笋，纵有夏日，不过早晚以水浇之，无不活者。若至立秋后移，虽无日晒之患，但当行鞭之后，则仅可活，直至来秋方可行鞭，后年春方始抽笋。比之，初夏所移正争一年气候"[②]。这是一种利用提前移植，将秋后移栽提前到初夏移栽的，来取得速生成林的办法。

元代出现了利用多种，一日成林的速生办法，并将疏种、密种、浅种、深种四法，发展为深种、浅种、多种、少种。《至正直记》说："种竹之法，古语云：'深种、浅种、多种、少种'，最是良法。予治西园，尝一日成林。彼时人事从容，工力毕具，其易为也。且取竹于邻里佃客之家，皆吾田土上所出者，故不劳而办也。深种者，深壅客土也。浅种者，浅开畦穴也。多种者，连鞭三五竿或二三竿，宁少种几垛也。若独竿则根少，根少则难活，纵活亦不能茂耳！"

二　动物饲养及对经济昆虫的利用技术

（一）养牛

隋唐宋元时期养牛已成为农业动力和肥料的主要来源，由是养牛得到高度重视。《农桑衣食撮要·教牛》说："牛者农之本、为家长着，须要留心提调，每日水草不可失时。水牛夏间下水坑不可触热；冬间要温暖，切忌雪霜冻饿。家有一牛，可代七人力，虽然畜类，性与人同，切宜爱惜保养。"提出了一个养牛的总原则。时人对养牛技术也多有记载，如《陈旉农书》和元代的三大农书中都有关于养牛技术的文字，其他一些文献中，如周去非《岭外代答》[③]，也偶尔有养牛技术的记载。根据记载，当时的畜牧一般采用舍饲和放牧结合的方式，耕牛饲养技术已经相当精细，其要点如下：

1. 牛舍要注意保暖

陆龟蒙的"牛宫"词就提到了，牛室须"免风免雨"的要求，周去非《岭外代答》说："今浙人养牛，冬月密闭其栏，重稿以借之。"《农桑辑要》也提到："农隙时入暖室，用场上诸糠穰铺牛脚下，谓之牛铺。"这正是从保暖提出来的。对此，王祯做了这样的解释，"夫岁事逼冬，风霜凄凛，兽既氄毛，率多穴处，独牛依人而生，故宜人养密室"。为了加大保暖性能，人们还从牛舍的选址进行考虑，认为"门朝阳者宜之"[④]。

2. 重视牛舍的清洁和卫生

《陈旉农书·牛说》提到，春初要"尽去牛栏中积滞蓐粪"，将粪尿、蓐草清除干净。

---

① 元·张福，《种艺必用补遗》。

② 周密，《癸辛杂识·后集》。

③ 《岭外代答·踏犁》，卷四。

④ 《王祯农书·农器图谱集之十二·牛室》。

平时，要“旬日一除”，以免“秽气蒸郁，以成疫疠”，同时，也可防止“浸渍蹄甲”而“生病”。《岭外代答》又提到：“暖日可爱，则牵出就日，去秽而加新。”《农桑辑要》则提到：“牛粪其（指牛铺）上，次日又覆糠穰，每日一覆，十日除一次。”

《农桑辑要》中还对水牛的卫生和保暖提出了特别的要求，指出：“水牛饮饲与黄牛同，复须得水池，冬须得暖厂、牛衣。”

3. 讲究喂料和放牧方法

《陈旉农书》提到，料草要“洁净”、“细剉”，并要“和以麦麸、谷糠或豆，使之微湿”，盛放在槽内，让牛吃饱。但豆要破碎，草要晒干，天寒时节，要将牛牵到避风、向阳、温暖的地方饲喂，并要喂之以粥。春夏放牧时，要“必先饮水，然后与草；则不腹胀”。有条件的地方，冬季也要“日取新草于山”①，为耕牛提供新鲜饲料。

4. 饲料定额标准

《唐六典》指出，牛日给稿秆一围（每围以三尺为限，指每围的大体容量），乳犊五头共一围，青刍倍之；挤乳（或哺乳）和运输用牛各给菽豆一斗，一般母牛五升，另给盐二合；在喂青草期间，豆减半，盐照常喂给；在喂禾草及青豆时，豆完全停给，无青饲料可给时，豆照旧发给。这是唐时对国营牧场养牛所规定的饲料定额。元代对牛饲料的供给也有一个标准，《农桑辑要》规定：“牛一具（犋）三只，每日前后饷（上下午）约饲草三束，豆料八升，或用蚕沙，干桑叶，水三桶浸之。”

5. 喂法上讲究先粗后精

《农桑辑要》指出：“一顿可分三和，皆水拌，第一和草多料少，第二和比前草减半，少加料，第三和草比第二和又减半。”

6. 注重使役宜忌

《陈旉农书》说，使役要掌握在“五更初，乘日未出，天气凉时用之”，这样“力倍于常，半日可胜一日之功”，至“日高热喘”时，“便令休息，勿竭其力，以致困乏”。使役还要根据季节的寒暑不同，分别对待。“盛寒之时，宜待日出宴温乃可用，至晚天阴气寒，即早息之”，在“大热之时”，则要“夙馁令饱健，至临用不可极饱，饱即役力伤损也”。《农桑辑要》提出：“食尽，即往使耕，噍了牛无力。”意思是说，喂后不久可以使役，不要等到噍（反刍）完了才用。到了反刍透了，就要给牛以休息和刷拭，喂过水之后，还要上槽。即《农桑辑要》所谓“牛下饷，噍透，刷刨，饮毕。辰巳时间上槽”。元代百姓将牛的喂养和使役，概括为“三和一缴，须管要饱，不要噍了，使去最好”。

（二）养猪

隋唐宋元时期，在养猪肥育方面积累了新的经验。《四时纂要·八月》载：“阉猪了，待疮口干平复后，取巴豆两粒，去壳，烂捣，和麻籸、糟糠之类饲之，半日后当大泻。其后，日见肥大。”《农桑辑要》中也转引了这条经验，同时还加了一条“肥豕法：麻子二升，捣十余杵，盐一升，同煮后，和糠三斗饲之。立肥”②。

在养猪饲料来源方面也开辟了新的途径。喂牛的饲料，除依靠天然草地之外，最主

① 《岭外代答·踏犁》，卷四。
② 《农桑辑要》卷七，孳畜。

要的来源便是农副产品，如麸糠、豆类和稿秆，以及饲料作物，如苜蓿等。《唐六典》规定的饲料有稿秆、菽豆、盐、青草、禾草等。元代又开辟了新的饲料来源。王祯《农书》说“江南水地多湖泊，取萍藻及近水诸物，可以饲之”，在山区，“凡占山皆用橡食(实)，或食药苗，谓之山猪，其肉为上”。这种因地制宜，就地取材，广僻饲料来源的做法，是解决猪饲料的一条重要经验。当时还创造了发酵饲料技术，用以提高猪饲料的适口性。王祯《农书》说：“江北陆地，可种马齿苋，约量多寡，计其亩数种之，易活耐旱，割之，比终一亩、其初已茂。用之铡切，以泔澧等水浸于大栏中，令酸黄，或拌麸糠杂饲之，特为省力，易得肥循。”① 这在饲料发展史上，是一项具有重大意义的创造。

（三）养金鱼

宋代则已开始了金鱼的饲养。金鱼原产于中国，它是由金鲫演化而来。金鲫，又称朱鲋或赤鲋，因其外观或红、或黄，不同于一般鲫鱼，被人视为珍异之物，放养在寺庙的“放生池”中，经过不断的演变，育成了金鱼。南宋时吴自牧在《梦粱录》中提到，“金鱼有银白、玳瑁色者，……今钱塘门外多畜之，入城货卖，名鱼儿活，豪贵府第宅舍，沼池畜之”。说明当时金鱼已有不同的颜色，富贵人家已饲养作为观赏鱼，而且还有专门的卖金鱼的人。当时还发现了一种专门用作金鱼饲料的小红虫（即水蚤）②，也开始注意到了对金鱼的养护，如《物类相感志·禽鱼》中说：“金鱼生虱者，用新砖入粪桶中浸一日，取出令干，投入水中。”

为了防止大鱼吃小鱼，元代总结出了一套金鱼繁殖的方法。据《居家必用事类全集·养鱼法》载：

> 养金鱼法：砖砌水池三座，甲乙丙为号，甲池养大金鱼十个，以旋蒸无盐料蒸饼薄切竹签插，晾干，逐日少取喂饲，候鱼跌子，预将湿草晒干撒入池中。鱼跌子湿草上，候鱼子跌尽，漉起湿草晒极干，却撒入丙池内，鱼出如针细，久而渐大，间有玳瑁斑者如草鱼状者，日久仍为金鱼矣。缘春鱼子色杂，秋鱼子不变故也。候长如指大，却尽数漉入乙池养，此则无大鱼啖吞小鱼之患矣。

由于金鱼繁殖方法的进步，使金鱼的饲养日益普及。不过宋元时期，金鱼饲养还处于池养阶段。

（四）养蚕技术的进步

蚕仍然是隋唐宋元最主要的经济昆虫。养蚕技术也得以显著的进步，其最突出的表现就在于对蚕体生理的认识和养蚕十字经验的形成。

1．蚕体生理

宋元时代对蚕体的生理有了深刻的认识，且积累了相当成熟的预防蚕病的经验。《陈旉农书》中指出：蚕“最怕湿热及冷风。伤湿即黄肥，伤风即节高，沙蒸即脚肿，伤冷即亮头而白蜇，伤火即焦尾。又伤风亦黄肥，伤冷风即黑白红僵，能避此数患乃善”③。指

① 《王祯农书·农桑通诀·畜养篇》。

② 《桯史·金鲫鱼》，卷十二。

③ 《陈旉农书》卷下，用火采桑之法篇。

出高温、高湿和风寒是造成蚕病发生的重要原因。《士农必用》也指出："蚕之性，子在连则宜极寒，成蚁则宜极暖，停眠起宜温，大眠后凉，临老宜渐暖，入簇则宜极暖。"但天有不必，"蚕成蚁时，宜极暖，是时天气尚寒；大眠后宜凉，是时天气已暄。又风、雨、阴、晴之不测，朝、暮、昼、夜之不同，一或失应，蚕病即生"。所以要"使其蚕自始至终，不知有寒热"。如果"寒而骤热，则黄软多疾"，如果"热而骤风凉，则变殭"。湿热是蚕的大敌。《务本新书》说："蚕燠干松者，其蚕无病；蚕燠成片润湿白积者，蚕为有病，速宜抬解。"又说："叶忌湿忌热，蚕食湿叶，多生泻病，食热叶则腹结、头大、尾尖。"《农桑辑要》更具体指出："蚕不可食之叶有三：承带雨露，既湿又寒。食则变褐色，生水泻，临老浸破丝囊，不可抽缲。……二为风日所蔫干者，生腹结；三浥臭者，即生诸病"①。所以王祯《农书》说："凡叶不可以带雨露及风日所干或浥臭者，食之，令生诸病"②。即容易造成各种疾病的发生。从以上择要列举的史料，可见宋元时代养蚕家们对蚕病发生的环境诱因，已经掌握了一般规律。在此基础了总结出了养蚕十字经验。

2. 养蚕十字经验

所谓十字经验，是指十体、三光、八宜、三稀、五广这十个字。这些经验零星地记载在《务本新书》、《韩氏直说》及《蚕经》等农书中，后由《农桑辑要》汇编而成，它是中国古代养蚕技术的高度概括。

十体——《务本新书》："寒、热、饥、饱、稀、密、眠、起、紧、慢（谓饲时紧慢也）。体，指的是以人身体验之意。古人在认识事物时，主张由己及人，由人及物，所谓"己所不欲，勿施于人"，陈旉在讲到养牛时就如是说："视牛之饥渴，犹己之饥渴。视牛之困苦羸瘠，犹己之困苦羸瘠。视牛之疫疠，若己之有疾也。视牛之字育，若己之有子也。"又说："其血气与人均也，勿使寒暑。性情与人均也，勿使太劳。"从自身的经验出发，用之于养蚕，遂有十体的出现。

"寒、热"：指温度。陈旉《农书》指出："蚕火类也，宜用火以养之。"古代没有温度计，何以测温呢？《务本新书》说："蚕母须着单衣，以身体较，若自身寒，其蚕必寒，便添熟火，若自身觉热，其蚕亦热，约量去火。"

"饥、饱"：《务本新书》指出"蚕必昼夜饲"，因此，"饲蚕者慎勿贪眠，以懒为累，每饲蚕后再宜绕箔巡视，若有薄处，必再掺令匀"。喂叶厚薄不匀，必然使一些蚕食叶不足乃至受饥，影响生长。

"稀、密"：这是要求蚕箔内蚕头稀密要匀净。古人掌握蚕头的稀密适度是用"分抬"来解决。抬用来清理箔内卫生，分就是保证箔内的个体空间，以不致随蚕体的加大而拥挤。《务本新书》说："抬蚕须要众手疾抬，若箕内堆聚多时，蚕身有污后必病。"《士农必用》指出："分抬之便惟在频款稀匀，使不致蒸湿损伤也。"书中还解释说："蚕滋多必须分之，沙燠厚必须抬之，大分则不胜稠叠，失抬则不胜蒸湿，故宜频。"

"眠、起"：根据蚕儿的就眠和起蚕，来添食或减食。《务本新书》说："一眠候十分眠才可住食，至十分起方可投食，若八、九分起便投食，直到蚕老决都不齐。"《士农必用》指出："凡眠起变色，例如此时，当减食饲之，过则伤，伤则禁口不食生病，而眠迟

① 《农桑辑要》卷四。

② 《王祯农书·农桑通诀·蚕缫篇》。

时当正食饲之，不及则馁，馁则气弱而生病，亦眠迟而又茧薄也。”

“紧、慢”：是指饲养时喂叶的快慢，眼前眠后应慢饲，大眠后，因通风凉爽，“宜加叶紧饲”，以免桑叶萎凋。

三光——《蚕经》：“白光向食，青光厚饲，皮皱为饥，黄光以渐住食。”“三光”是古人看蚕体皮色变化来确定饲养措施的一个概括。蚕在眠起的过程中，皮色会发生变化，“眠起自黄而白，自白而青，自青复白，自白而黄，又一眠也”。根据这个变化来决定喂饲的厚薄，白光向食，相当于少食期，青光厚饲，即相当于蚕的盛食期，黄光以渐住食，则要慢慢地停止喂食。

八宜——《韩氏直说》：“方眠时宜暗，眠起以后宜明，蚕小并向眠宜暖、宜暗，蚕大并起时宜明、宜凉，向食宜有风（避迎风窗，开下风窗），宜加叶紧饲，新起时怕风，宜薄叶慢饲，蚕之所宜，不可不知。反此者，为其大逆，必不成矣。”

三稀——《蚕经》：“下蛾、上箔、入簇。”这是指制种时，将蚕蛾放在蚕连上要稀放，进入大蚕期，从原先盛放在蚕筐翻入蚕箔时要稀放，蚕老熟放入山簇做茧时要稀放。

五广——《蚕经》：“一人、二桑、三屋、四箔、五簇。”“五广”是养好蚕必须具备的五个基本条件。第一养蚕人手要宽裕；第二桑叶饲料要备足；第三作为养蚕的房舍要宽；第四蚕箔等养蚕工具要准备充裕；第五簇室和簇具要事先准备好。

十字之外，还有“杂忌”一项，用十分简短的语言，讲养蚕过程所应注意的事项。

（五）其他经济昆虫的利用

1. 白蜡虫

最早的利用白蜡虫记载见于汉、魏间的《名医别录》[①]，不过这个说法存在争议，李时珍即认为“唐、宋以前，浇烛、入药所用白蜡皆蜜蜡也。此虫白蜡则自元以来人始知之”。这个说法否认了《名医别录》中有关白蜡的说法，却把白蜡的利用时间推迟到了元代。无论如何，唐代《元和郡县志》中已有白蜡虫作贡品的明确记载[②]。到宋代，白蜡虫的饲养扩展到了江浙之地，而且其饲养技术已相当成熟。

周密《癸辛杂识》：

> 江浙之地，旧无白蜡。十余年间，有道人至淮间，带白蜡虫子来求售。状如小芡实，价以升计。其法以盆桎树（原注：桎字未详），树叶类茱萸叶，生水傍，可扦而活，三年成大树。每以芒种前，以黄草布作小囊，贮虫子十余枚，遍挂之树间。至五月，则每一子中出虫数百，细若蠛蠓，遗白粪于枝梗间，此即白蜡，则不复见矣。至八月中，始剥而取之，用沸汤煎之，即成蜡矣（原注：其法如煎黄蜡同）。又遗子于树枝间，初甚细，至来春则渐大。二三月仍收其子如前法，散育之。或闻细叶冬青树亦可用。其利甚溥，与育蚕之利相上下，白蜡之价比黄蜡常高数倍也。”[③]

从中可以看出，宋时对白蜡虫的生活史、寄主树的选择、放养的方法，提取白蜡的

① 邹树文，虫白蜡利用的起源，农史研究集刊，第一册，1958年，第83～92页。

② 《元和郡县志》，卷三十八，岭南五。

③ 《癸辛杂识》，续集下，白蜡。

措施等都已有了比较明确的记载。

2. 紫胶虫

紫胶虫与白蜡虫为两种不同种不同属的昆虫。紫胶为紫胶虫的产物。用途广泛，唐始取之入药。苏敬《新修本草》载："紫色如胶。作赤麖皮及宝钿用作假色，亦以胶宝物。云蚁于海畔树藤皮中为之。紫铆（铆，音矿）树名渴廪。骐驎竭，树名渴留。喻如蜂造蜜。研取用之。《吴录》谓之赤胶者。"李珣《海药本草》亦说："紫铆。谨按《广州记》云：生南海山谷。其树紫赤色，是木中津液成也。治湿痒疮疥，宜入膏用。又可造胡燕脂，余滓则玉作家使也。又骐驎竭。谨按《南越志》云：是紫铆树之脂也。"[①] 唐段成式《酉阳杂俎》中也有关于紫（铆）树的记载。从有关的材料来看，紫胶产地主要在广州、南越、九真、真腊、昆仑、波斯等地，属热带和亚热带地区。

3. 五倍子

五倍子，又称为"五槠"。宋以前已有生产，但大量发展是在宋代，重点产区是在四川。《图经本草》说："五倍子以蜀中者为胜，生肤木叶上。七月结实，无花，其木青黄色，其实青，至熟而黄，大者如拳，内多虫，九月采子曝干，生津液最佳。"[②]《太平广记》上载："峡山至蜀有蟆子，……其生处盐肤树背上，春间生子，卷叶成窠，大如桃李，名为五倍子，治一切疮毒。收者晒而杀之，即不化去，不然必窍穴而出飞。"这表明当时已基本上掌握了五倍子的放养技术。除四川外，江浙闽等地也有利用。陈藏器云："蜀人谓之酸桷，又名醋桷。吴人呼乌盐。"宋庄绰认为五倍子乃吴槠子之声误，《鸡肋编》载："五子生盐麸木叶下，故一名为盐麸桃。衢州开化又名仙人胆。"书中还提到：剑川僧志坚游闽中，到建州坤口，"见土人竞采盐麸木叶，蒸捣置模中，为大方片"，用以消毒[③]。

4. 蜂

据史料记载，春秋时期就已开始利用蜂蜜，汉代出现了人工养蜂，而据晋代张华《博物志》的记载，早期的养还主要是依靠收养野生蜂，《四时纂要》首创农收记载养蜂。宋代养蜂业得到了发展，人们对于蜜蜂和蜂蜜的认识也日益提高，宋人王禹偁的《记蜂》一文，对于蜜蜂的习性、组织、蜂王、分窠、蜜蜡等都已有详细记载，其文如下：

> 商于兔和寺多蜂，寺僧为余言之，事甚具。予因问："蜂之有王，其状何若？"曰："其色青苍，差大于常蜂耳。"问："何以服其众？"曰："王无毒，不识其他。"问："王之所处？"曰："窠之始营，必造一台，其大如栗，俗谓之王台，王居其上，且生子于其中，或三或五，不常其数，王子之尽复为王矣，岁分其族而去。畎患蜂之分也，以棘刺关于王台，则王之子尽死而蜂不折矣。"又曰："蜂之分也，或团如罂，或铺如扇，拥其王而去，王之所在，蜂不敢螫，失其王，则溃乱不可响迩。凡取其蜜不可多，多则蜂饥而不蕃；又不可少，少则蜂堕而不作。

《图经本草》中则有关于蜂蜜的分类。"近世宣州有黄连蜜，色黄味小苦，雍洛间有梨花蜜，如凝脂，亳州太清宫有桧花蜜，色小赤，南京柘城县有何首乌蜜，色更赤，

① 据《重修政和经史证类备用本草》卷十三，木部中品·紫铆转引。

② 《重修政和经史证类备用本草》，卷十三，木部中品·五倍子。

③ 《鸡肋编》，卷上。

并以蜂采其花作之，各随其花色，而性之温凉亦相近也”①。

古农书中记载养蜂始于《四时纂要》，书中“六月”有“开蜜”一条，提到“开蜜，以此月为上。若韭花开后，蜂则蜜恶而不耐久”。书中单记开蜜，而不记载其他养蜂事项，表明当时仍然是以收取野生蜂蜜为主，这种情况到了元代仍复如此。《农桑辑要》卷七中新添蜜蜂一条，书中记载了收取野蜂的方法，但已有人工繁殖技术，方法是“春月蜂成，有数个蜂王，当审多少，壮与不壮，若可分为两窝，止留蜂王两个，其余摘去；如不壮，除旧蜂王外，其余蜂王，尽行摘去”。从中可以看出，蜜蜂人工繁殖的关键在于控制蜂王的个数，后来《王祯农书》中也提到：“春月蜂盛，一窠留一王，其余摘之。其有蜂王分窠，群蜂飞去，撒碎土以收之，别置一窠，其蜂即止。”②

元代在养蜂技术方面还有两个进步，一是割蜜防蜂螫技术。被蜂螫是养蜂人经常要面对的问题，元代采取了两种防螫方法，一种方法是以薄荷细嚼涂手面，另一种方法用纱帛蒙头及身上，或用皮五指套手更妙，后一种方法一直沿用至今。一是冬季添食技术。冬季百花凋零，如何帮助蜂渡过严冬，最主要的是要解决蜂的食物来源。以前的方法主要是喂蜜，即在取蜜时，留出一定的蜜来喂蜂，这样势必影响蜂蜜的产量，而且难以掌握，因为“取其蜜不可多，多则蜂饥而不蕃；又不可少，少则蜂堕（惰）而不作”。元代发明了一种方法，“以草鸡，或一只，或二只，退毛，不用肚肠，悬挂窝内，其蜂自然食之，又力倍常。至来春二月间，开其封视之，止存鸡骨而已”③。这种方法可以提高蜂的产量，而且也易于掌握。

5．蟋蟀

蟋蟀是中国文献中自《诗经》时代以至明、清都占很显著地位的一种昆虫。但蟋蟀在诗经时代和明清时期的待遇是不同的，前者它不过是一个物候指标，后者它却是贵族富人的宠物。而这角色的转变则是发生在唐宋时期。唐天宝年间（742～756），唐都长安“每至秋时，宫中妃妾辈皆以小金笼提贮蟋蟀，闭于笼中，置之枕函畔，夜听其声。庶民之家皆效之也”④。畜蟋蟀除了听其鸣声之外，更多的是观其斗，以胜负作赌博。这种赌博行为也始于天宝年间，“父老传：斗蛩亦始于天宝间。长安富人镂象牙为笼而畜之。以万金之资，付之一啄，其来远矣”⑤。此风一开不可收拾，至宋已是有过之而无不及，当时“蟋蟀，中都呼为促织，善斗。好事者或以二三十万钱致一枚，镂象齿为楼观以贮之”⑥。南宋太师平章军国重事贾似道以好斗蟋蟀著名。宋度宗咸淳六（1270），元兵围攻襄阳很急的时候，贾似道还在西湖葛岭半闲堂“与群妾踞地斗蟋蟀”，明清两代出现了好几种蟋蟀专著，都推源于贾似道，并加以引伸补充。

---

① 《重修政和经史政类备用本草》卷二十，虫鱼部上品·石蜜。
② 《王祯农书·农桑通诀·畜养篇》。
③ 《农桑衣食撮要·十月》
④ 王仁裕，《开元天宝遗事》。
⑤ 顾文荐，《负暄杂录·禽虫善斗》。
⑥ 姜夔，《咏蟋蟀调寄永天乐·序》。

第十九章　农学思想与农学理论

第一节　对农业主体人的认识

人为三才之一，先秦时代即有“人力”和“人和”之说。人力主要表现为人与自然（天地）的关系，而人和则讲的是人与人之间的关系。隋唐宋元时期关于农业主体人的认识正是顺着人与人，人与自然关系的认识而深化的。

一　人天关系：从顺到胜

农业是人的事业，人是最可宝贵的因素。“夫稼，为之者人也，生之者地也，养之者天也”。“天时不如地利，地利不如人和”。隋唐宋元时期，人们对于农业生产中人的认识又有了进一步的提高。具体体现在人与天、人与地、人与人的关系上。

天，即自然法则。指的是与农业生产有关的各种自然条件，如光、热、气、水等等，这些因素主宰着农业生物的生长发育，其中又以雨水与农业的关系最为密切，雨多酿成水灾，雨少又导致干旱。同时古人认为病虫害的发生也与天气有关。旱、涝、虫、蝗，古人皆称之为天灾。由于雨水等天气现象的发生，以及由此而产生的旱、涝、虫、蝗又具有明显的时间规律，因此，天总是和时联系在一起，称为“天时”。然而，这里需要指出的是，天时只是天的最主要的一面，天还包括其他一些不以人的意志为转移的客观规律，如动物、植物的天性。

在大天面前，中国传统农学表现出了二个特点，一是天人合一；二是人定胜天。天人合一是中国古代哲学的重要命题，尽管人们对于它有不同的理解，但有一点是肯定的，这就是要求人的行为必须符合天的“意志”。用现代的话来说就是尊重客观规律。天时用之于农业，即所谓“农时”，中国传统农业非常重视农时，春秋战国时期就提出“不违农时”的口号。虽有智慧，不如乘势；虽有镃基，不如待时。春耕、夏耘、秋收、冬藏都有严格的时间规定，以二十四节气等为特征的中国古代历法，在很大程度上就是适应农业的需要而形成的，而中国古代的月令体农书即是农业与历法结合的产物，所谓月令体农书，是指按月列出每月所应从事的农事活动及其方法的农书。

顺应天时仍然是隋唐宋元时期农学思想的主流。《四时纂要》和《农桑衣食撮要》等重要月令体农书的出现就是一个明证，除月令体农书以外，《陈旉农书》、《农桑辑要》和《王祯农书》等也都包含着一些重要的月令体农书的内容，并强调适应天时。陈旉又指出：“种莳之事，各有攸叙。能知时宜，不违先后之序，则相继以生成，相资以利用。种无虚日，收无虚月，……何匮乏之足患，冻馁之足忧哉？”《金漳兰谱》上说：“顺天地以养万物”，“使万物得遂其本性而后已。”而元代《农桑辑要》则有一篇“论九谷风土及种莳时月”，讨论天时与地利的问题；又其后60余年，王祯在《农书·农桑通诀》中便将“授时篇”列为第一。认为“四时各有其务，十二月各有其宜；先时而种，则失之太早而不生，后时而艺，则失之太晚而不成。”汉代的卜式因懂得“以时起居”，而成为养羊能手；唐代的郭橐驼知“顺木之天以致其性”，而广受欢迎。这些都是顺天而成功的例子。

顺应天时并不是被动地接受上天的安排，而是在不断地认识天时的基础上，战胜各种天灾，做到人定胜天。唐太宗吞蝗，宰相姚崇捕蝗，在当时就被人目为“人胜天”，从而一改天灾不可以人力制之的观念，为治蝗、治虫扫清了障碍。不仅如此，当时的人们还认为生物的某些特性也是可以通过人力加以改变。《扬州芍药谱》的作者王观的观点最能代表当时人们对于人力的认识。其曰：

余尝论天下之物，悉受天地之气以生，其小大、短长、辛酸、甘苦，与夫颜色之异，计非人力之可容致巧于其间也。今洛阳之牡丹，维扬之芍药，受天地之气以生。而大小深浅，一随人力之工拙，而移其天地所生之性，故奇容异色间出于人间。以人而盗天地之功而成之，良可怪也，然而天地之间，事之纷纭出于其前，不得其晓者，此其一也。

花之颜色之深浅与叶蕊之繁盛，皆出于培壅剥削之力[①]。

在人定胜天的思想指导之下，当时的人们的确创造出了一些巧夺天工的奇迹。有名的堂花术在当时就被看做是一种“足以侔造化，通仙灵”的奇迹。

隋唐宋元以前，人们对于农业生产中人作用有充分的认识，但对于人的问题在农学中并没有专门的论述。隋唐宋元时期，情况则有所不同，随着农业技术的日趋成熟，人的因素越来越重要，因此，在农书中有了关于人的问题的专门论述。陈旉《农书》的第一篇“财力之宜篇”谈的就是有关人力的问题。除此之外，陈旉《农书》中的“居住之宜篇”、“节用之宜篇”、“稽功之宜篇”、“器用之宜篇”、“念虑之宜篇”、乃至于“祈报篇”等也都与人有着密切的关系。《陈旉农书》计20余篇，谈论人的问题即占近⅓。用如此之多的篇幅来讨论农业生产中的人的问题在先前的古农书中是没有的。又如，《王祯农书》中的“孝弟力田篇”、“劝助篇”、“蓄积篇”、“祈报篇”等。这些篇所讨论的主要不是农业生产的对象，如土地和作物等，而是农业生产中的人的问题。工具是人力的延伸，隋唐宋元时期农学的一大特点便是对于农具的重视。出现了《耒耜经》、《农器谱》、《农器图谱》这样一些空前甚至是绝后农器著作。

二　人地关系：财力之宜

唐宋时期人口增长达到了一个高峰，人地之间的矛盾在当时的生产力水平之下达到了一个极限，采用多种土地利用方式来扩大耕地面积是当时发展农业生产的首选，与此同时当时的农学家似乎在寻找一条在扩大耕地面积之外的，协调人口与土地关系的路子。

土地问题首先要涉及到的是土地面积，中国的土地问题在很大程度上都是由于土地面积的大小引出的，各种土地制度的出台也无非是对土地面积的重新划分，这也就难怪以实用为特点的中国传统数学著作大都少不了关于土地面积的计算问题。作为一个农夫或农家倒底多大的土地面积才算是合适的呢？这是当时人们最关心的问题，也是农学家

---

① 王观，《扬州芍药谱》。

所首先要考虑的问题。

今本《齐民要术·杂说》正文伊始便强调指出："凡人家营田，须量己力，宁可少好，不可多恶。假如一具牛，总营得小亩三顷——据齐地大亩，一顷三十五亩。每年一易，必莫频种。其杂田地，即是来年谷资。"从这个叙述中可以看出人们，当时人们在确定耕种规模的时候，要同时考虑人力、畜力和地力三个方面的因素。在兼顾了这三个因素之后，耕种面积还是要做到"宁可少好，不可多恶"。提出了一个适度从紧的处理人地关系的原则。

陈旉在《农书》第一篇"财力之宜篇"中提出，土地面积的大小必须要与财力相适应。陈旉说："凡从事于务者，皆当量力而为之，不可苟且，贪多务得，以致终无成遂也。"财力包括物力和人力两个方面，他认为，只有"财足以赡，力足以给，优游不迫，可以取必效，然后为之"。还借用当时的谚语说"多虚不如少实，广种不如狭收"，"虽多其田亩，是多其患害，未见其利益也"。提出"农之治田，不在连阡陌之多，唯其财力相称，则丰穰可期也审矣"。同样在养蚕方面，陈旉也主张"约计自有叶看养，宁叶多而蚕少，即优裕而无窘迫之患，乃善"。他指出："今人多不先计料，到阙叶则典质贸鬻之无所不至，苦于蚕受饥馁，虽费资产，不敢恪也；纵或得之，已不偿所费，且狼籍损坏，枉损命多矣。一或不得，遂失所望，可不戒哉。"陈旉的这种思想是中国传统的集约经营思想的体现。

陈旉在书中所提出来的农业投入的一个基本思想是：在相对较少的生产规模上，力争以大量的物力和人力的投入，以取得高额的产出。这种思想与汉代氾胜之所总结出来的"区田法"和后来明代耿荫楼所提出的"亲田法"有渊源关系和相似之处。区田法主张，"区田不耕旁地，庶尽地力"，意即不耕区外的土地，以充分发挥区内土地的增产潜力，达到小面积，多投入，高产出的目的。亲田法也是同样的道理，它是将大块土地，分出一部分来，如五分之一，进行人力和物力的倾斜投资，做到小面积上夺高产。但是，区田法和亲田法着眼于防水旱虫害灾害，具有很强的操作性，多少有点不得以而为之的意思。而陈旉《农书》中则系统地从理论上阐述土地投入的问题，并成为书中所贯穿的一个基本思想。比如在接下去的"地势之宜篇"中，陈旉就大胆地提出，把高田上十分之二三的土地面积"凿为陂塘"，用于畜水，并且要求"高大其堤，深阔其中，俾宽足以有容，堤之上，疏植桑柘，可以系牛。"而不是仅仅着眼于扩大粮食种植面积。

在集约经营思想的指导下，人们对于农业投入的重点也由原来的扩大耕地面积转向提高土壤肥力。宋元时期民间中流传着"粪田胜如买田"的谚语，而当时更有"惜粪如惜金"的说法，表明人们对于肥料的重视，这是因为粪能使田"变恶为美，种少收多"①。

人口的增加不仅意味着需要更多的土地来生产人们的衣食所需，而且还需要更多的土地来建造住宅供人居住。而在土地面积有限的情况下，建设面积的增加，就意味着耕地面积的减少。如何来处理建设用地和生产用地的矛盾，也是宋元时期农学家们所考虑的问题之一。陈旉还在"居处之宜篇"中，讨论了居住的远近与土壤肥力的关系。陈旉从《诗经》"田中有庐"、"疆场有瓜"的诗句得到启发，认为"民居去田近，则色色利便，

---

① 王祯，《农书·农桑通诀·粪壤篇》。

易以集事"。书中用了一句俚语来说明田与人的关系,"近家无瘦田,遥田不富人"。田庐便是居住用地和生产用地的高度统一。从陆龟蒙的《田庐赋》和《王祯农书》所附插图来看,田庐虽然简陋,但它不仅可供农人居住,还在房前屋后养有马、牛、鸡等家禽家畜。所谓"左有牛栖,右有鸡居",把房屋建设的实际土地占用降至最低点。

住房建设导致耕地流失这是必然的,但是如果把住房与农田结合起来,在耕地面积减少的同时,现有耕地的肥力却因此而提高,同样也能起到弥补因耕地面积下降所致的生产总量的减少,这是陈旉在论述人地关系方面一个尚未引起人们注意的方面。

但是,"近家无瘐田"并不是一种自然现象,它还需要人的努力才能达到。在"粪田之宜篇"中,他还提出"凡农居之侧,必置粪屋",又在卷下的"种桑之法篇"中提到"于厨栈下深凿一池",用以积聚糠稿,沤制肥料。这些无不体现了陈旉对于人的居住环境与农业生产的认识。陈旉在"地势之宜篇"涉及到了生物与环境之间的关系,在"居处之宜"等篇中,陈旉讨论了人、居住环境与作物之间的关系,极大地拓宽了农学的视野,开创了中国农学的一个新领域。

三 生产与生活:节用之宜

人不仅是生产者,更是消费者。《齐民要术》等农书中有较多的篇幅讨论农产品加工问题,显然是考虑了生活的问题,但并没有讨论生产与消费之间的关系。宋元时期,农学家们开始关注起这个问题。

《陈旉农书》和《王祯农书》中分别有"节用之宜篇"和"蓄积篇",讨论生产与消费的关系。两篇的基本思想一致,就是主张"厉行节约,反对浪费"。陈旉提到:"古者一年耕,必有三年之食。三年耕,必有九年之食。"王祯说:"古者三年耕,必有一年之食,九年耕,必有三年之食。"虽然数字排列不同,但意思都一样,即一年的生产必须满足一年以上的消费,这就需要有"节用"和"蓄积"。节用和蓄积主要是针对自然灾害提出来的。中国是个多灾之国。古时,由于战胜自然灾害的能力低下,一有天灾,便可能导致颗粒无收,而余粮的存在便可免于饿莩,同时余粮在某些极端的条件下(如种子播下后因遭灾,需要重播)也可能是再生产时所需种子的来源。因此,节用和蓄积既是生活的需要,也是生产的需要。陈旉批评了当时"为农者,见小近而不虑久远,一年丰稔,沛然自足,弃本逐末,侈费妄用,以快一日之适"的做法。王祯赞扬了山西汾晋一带"居常积谷"的风俗。目的无非是要人们做到居安思危,"无事为有事之备,丰岁而为歉岁之忧"。生产为了消费,消费时也要考虑到生产。

如何来进行节用和蓄积呢?王祯提出:"当粒米狼戾之年(也即丰收之年),计一岁一家之用,余多者仓箱之富,余少者儋石之储,莫不各节其用,以济凶乏。"意思是说,丰收之年,先计算一下全家一年的开销,在留出这一年的开销之后,不论多少,都要将其另外储藏起来。王祯在《农书·百谷谱·饮食类·备荒论》中还提到"其蓄积之法,北方高亢多粟,宜用窦窖,可以久藏;南方垫湿多稻,宜用仓廪,亦可历远年"。

不过陈旉在主张节用的同时,还提出了一个度的问题。提出"然以礼制事,而用之适中,俾奢不至过泰,俭不至过陋,不为苦节之凶,而得甘节之吉,是谓称事之情而中理者也"。用现在的话来说,就是奢侈和节约都不要过分。不要因为节约而苦着自己,最后影响生产。适度消费也是生产所必须。

四　人际关系：人和

对于天时、地力和物宜的把握是人力（智力和体力）的体现。但人在从事农业生产的过程中，除了与自然的关系之外，更有人与人之间的关系。因此，人力之外，复有人和之说，人和指的就是人际关系。人际关系非常广泛，上到国家与农民，中到主户与佃户，小到父子兄弟，亲戚邻里，这些都是当时农学思想家们所考虑的问题。

隋唐宋元时期，国家出台了各种措施来发展农业生产，但要使这些措施奏效，还必须借助于农民的力量，因此，如果来调动农民的生产积极性，是当时政府所面临的问题，也是当时农学家们所关心的问题之一。于是在宋元时期的农书中有“稽功”和“劝助”说的出现。

陈旉说：“好逸恶劳，常人之情，偷惰苟简者，小人之病。”如何调动农民的生产积极性，是中国农业管理中一个关键性问题，历来人们都把这个责任推到领导一方，所谓“生产好不好，关键在领导”。宋元时期人们认识到“人之本在勤，勤之本在於尽地利，人事之勤，地利之尽，一本於官吏之劝课”①。劝，即是鼓励；课，就是考查。《陈旉农书》中有“稽功”一篇，则是专就“课”提出来的。其基本思想是，各级官吏必须通过考查农民的农业生产成绩，借以奖勤罚懒，提高农民的生产积极性。“上之人倘不知稽功会事，以明赏罚，则何以劝沮之哉”。

《王祯农书》有“劝助”一篇。“劝助”，也就是鼓励和帮助农民进行农业生产的意思。劝，即陈旉据说的“稽功”，要求把农民的生产积极性与农民自身的切身利益挂起勾来，做到奖勤罚懒。但仅仅是“劝”还是不够的，因为农民生产积极性不高，除了主观上的原因以外，还有客观上的条件，如农民想及时播种，却缺乏种子，生产照样不能进行。因此，王祯认为，劝之外，还须有助。“古者，春而省耕，非但行阡陌而已；资力不足者，诚有以补之也。秋而省敛，非但观刈获而已；食用不给者，诚有以助之也”。进而提出了“爱民”的口号。

爱民是站在国家的立场上提出来的，而直接与农业生产者（佃户）打交道的主户（土地拥有者，或经营者）更能体会“爱民”的意义。今本《齐民要术·杂说》提出“悦以使人，人忘其劳”，方法是“抚恤其人，常遣欢悦”。宋人袁采说得更为明确：

> 人家耕种出于佃人之力，可不以佃人为重？遇其有生育婚嫁营造死亡，当厚赒之，耕耘之际有所假贷，少收其息，水旱之年，察其所亏，早为除减，不可收非理之需，不可收非时之役，不可令子弟及干人私有所扰，不可因其仇者者告语，增其岁入之租，不可强其称贷使厚供息，不可见其自有田园，辄起贪图之意。视之、爱之，不啻如骨肉，则我衣食之源，悉藉其力，俯仰可以无愧怍矣②。

为了保证灾荒之后，生产能够继续进行，朱熹在“劝谕救荒”文中，告诫：“今劝上

① 王恽，《秋涧先生大全集》，卷六十二“劝农文”。

② 袁采，《世范》卷下

户有力之家，切须存恤接济本家地客，务令足食，免致流移，将来田土抛荒，公私受弊。”①

以上所述专就国家与农民，主户与佃户而言，但这只是人和的一面。传统农业中，家庭是基本的生产单位。“父耕而子馌，兄作而弟随”。何以调动每个家庭成员的积极性和创造性，古人认识到，依靠经济和法律的手段是难以奏效的，是有教化的出现。王祯在《农书》“农桑通诀集之一”中叙述了“授时”和“地利”之后，紧接着便是“孝弟力田”，按照三才思想，很显然，王祯是把“孝弟力田”当作“人力”或“人和”的核心。孝弟力田本是汉代所采取的一项重农抑商措施，用以奖励在孝弟力田方面的有功人员。

何以要强调孝弟？宋人认为一个农民仅有体力和智力是不够的。吴泳在《隆兴府劝农文》中指出：“如谷之品，禾之谱，踏犁之式，戽水之车，避蝗虫法，医牛疫法，江南秧稻书，星子知县种桑等法，尔生长田间耳闻目熟，固不等劝也，惟孝悌与力田同科，廉逊与农桑同条，太守惧汝未必能家孝廉而人逊悌也，故躬率僚吏申劝于郊。”② 王祯在“孝弟力田篇”中从道德层面上，强调劳动者努力从事农业生产是孝弟的需要，孝弟就是孝敬父母、尊重老人。王祯认为，古人为何要将孝弟和力田二者相提并论呢？这是因为“孝弟为立身之本，力田为养身之本，二者可以相资而不可以相离了”。也就是说，一个人连自己都养活不了，更谈不上孝敬父母、尊重老人了。而在传统的社会中，农业是大多数人赖以为生的事业。《孝经》中有言：“用天之道，分地之利，谨身节用，以养父母，此庶人之孝也。”③ 而孝弟又要从教化开始，而教化也以“孝弟为先”，当人不能做到孝弟力田的时候，便要诉诸法律，使不勤力从事农业生产的人得到应有的处罚。

“孝弟力田篇”虽然是从一个基本的层面来强调努力进行农业生产的重要性，但却涉及到一个农业的本质问题。农业从根本上来说，是人的生存的需要，但这种需要不仅仅是个人的需要，而是小到家庭，大到国家的需要，因此，作为一个农业生产者来说，无论是为人还是为己，都需要努力耕作。这是一个方面。

另一个方面，从农业技术传承来看，古代的农业技术主要是靠父子相传，兄弟相授来获得，这就要求父子兄弟之间有孝弟之心，尊老爱幼，只有这样，生产才能正常进行，技术和经验才能得以延续。当人们把这种孝弟之心推而广之，做到“老吾老以及人之老，幼吾幼以及人之幼”的时候，个人与个人，家庭与家庭的协作才有可能。

个体农户的力量是有限的，当遇有天灾人祸，或是要进行农田水利基本建设，甚至是农忙季节，一般小农也难以应付裕如，以时赴功，这就需要协作。以兴修水利为例，朱熹《劝农文》：“陂塘之利，农事之本，尤当协力兴修。”如何把有限的个体农户的力量组织起来，投入到农业生产中去，也是当时人们在从事农业生产时所考虑的问题。

宋人袁采在《世范》一书中对于农业生产中，家庭与邻里之间的关系多有论述。其曰：“池塘陂湖河埭，有众享其溉田之利者，田多之家，当相与率倡，令田主出食，佃人出力。遇冬时修筑，令多蓄水。及用水之际，远近高下分水必均，非止利己，又且利人。其利岂不溥哉。”袁采批评了损人不利己的作法，提到：“其间有果木逼于邻家，实利有

① 朱熹，《晦庵集》，卷九十九。

② 《鹤林集》，卷三十九。

③ 《孝经》，第六《庶人章》。

及于童稚，则怒而伐去之者，尤无所见也。”同时，袁采也提到要看管好自家的人畜看好自家的门。“人有小儿，须常戒约，莫令与邻里，损折果木之属；人养牛羊，须常看守，莫令与邻里，践踏山地六种之属；人养鸡鸭，须常照管，莫令与邻里，损啄莱茹六种之属；有产业之家，又须各自勤谨，坟墓山林，欲丛绿长茂荫映，须高其墙围，令人不得逾越；园圃种植莱茹六种及有时果去处，严其篱围，不通人往来，则亦不致临时责怪他人也”。袁采还提到，邻里之间的田园山地必须要有明确的界至，以防止争讼。

隋唐宋元时期，民间在利用集体力量对付自然灾害，进行农业生产自救等方面多有创举。

义仓。为了保证在灾荒之年，农民能够继续生产而不致流亡，隋朝设立了义仓，开皇五年（585），根据长孙平的奏议：“令诸州百姓及军人，劝课当社，共立义仓。收获之日，随其所得，劝课出粟及麦，于当社造仓窖贮之，即委社司，执帐检校，每年收积，勿使损败。若时或不熟，当社有饥馑者，即以此谷赈给。”① 义仓是根据其赈给而无酬报之性质而得名，又因其所贮藏的地点则为所在社。所以又称为“社仓”。

义桑。金元时期，在北方出现了所谓“义桑”。“义桑”指二家以上合作，共筑桑园围墙，既省工省费，又便于协作举事。《农桑辑要》卷三引《务本新书》举了这样一个例子，“假有一村，两家相合，低筑围墙，四面各一百步，若户多地宽，更甚省力。一家该筑二百步。墙内空地计一万步，每步一桑，计一万株，一家计分五千株。若一家孤另一转筑墙二百步。墙内空地止二千五百步，依上一步一桑，上得二千五百株。其功利不侔如此。恐起争端，当于园心以篱界断。比之独力筑墙，不止桑多一倍，亦递藉力，容易句当”。

锄社和镬户。为了提高中耕除草的效率，元代北方农民组织起来了互助组，称为“锄社”。“其北方村落之间，多结为锄社，以十家为率，先锄一家之田，本家供其饮食，其余次之，旬日之间，各家田皆锄治。自相率领，乐事趋功，无有偷惰。间有病患之家，共力助之。故田无荒秽，岁皆丰熟。秋成之后，豚蹄盂酒，递相犒劳。名为锄社，甚可效也”②。在江南地区也有类似情况，由于牛力的缺乏，江南地区普遍使用铁搭来整地，铁搭可以提高整地的质量，但效率却因此下降，于是在南方地区就自发地出现了类似于互助组的劳动协作方式。“南方农家或乏牛犁，举此斸地，以代耕垦，取其疏利；仍就镉铸块壤，兼有耙镬之效。尝见数家为朋，工力相助，日可斸地数亩。江南地少土润，多有此等人力，犹北方山田镬户也”③。

五 人与神：祈报

今人有言，“闲时不烧香，临时抱佛脚”。古人认为，从事农业生产，除了必须依靠自身的力量之外，还必须借助于神的力量，如何处理人与神之间的关系呢？于是就有所谓“祈报”。祈，就是向神灵祈求；报，就是回报神灵。祈报之事是原始农业时期即已有

① 《隋书·食货志》。
② 王祯，《农书·农桑通诀·锄治篇》。
③ 王祯，《农书·农器图谱集之三·铁搭》。

的传统。《诗经》中一些诗歌便是“祈报”之词，但把祈报做为农学的一部分内容写入农书，则始见于宋元时期，《陈旉农书》和《王祯农书》即各有“祈报”一篇，内容大致相同。

传统农学中，祈报是不可少的一项内容。陈旉“祈报篇”开宗明义地说：“记曰，有其事必有其治，故农事有祈焉，有报焉，所以治其事也。”从祈报的对象来看，除社稷（土地神和五谷神）之外，陈旉提到：“山川之神，则水旱疠疫之灾，于是乎禜之。日月星辰之神，则雪霜风雨之不时，于是乎禜之，”进而扩展到“凡法施于民者，以劳定国者，能御大灾者，能捍大患者，皆在所祈报也”[1]。又据王祯所说，在所有的祈报对象中，又以社稷之神、先蚕、马祖等与农业的关系最为密切。陈旉、王祯还对祭礼缺乏对牛的祭礼表示理解和遗憾。祈报的形式，主要有吹拉弹唱、燃火烧香之类，无非是要借助于声和光，来引起在天之神的注意。

祈报的存在，从另一个角度折射出古人对于农业与自然灾害的认识。古人认为，农业的自然灾害主要是由水旱等构成的，而水旱又是由于雪霜风雨之不时引发的，而雪霜风雨之不时又主要是受山川之神和日月星辰之神控制的，因此，要想风调雨顺，必须向神灵祈祷，以民间所贯用的“贿赂”的方式，来讨好神灵，即陈旉所说的“媚于神”，使神按照人的意愿行事，要风得风，要雨得雨。祈报的存在，还从另一个方面反映了当时农业的结构，由于中国农业以谷物种植和种桑养蚕为主，所以社稷之神（土地之神和五谷之神）和先蚕最受人的膜拜。

祈报的形式多属祭祀仪式，但有些却有着科学的内容。陈旉和王祯都提到，《诗经》：“大田之诗言：‘去其螟塍，及其蟊贼，无害我田穉。田祖有神，秉畀炎火。有渰萋萋，兴雨祁祁，雨我公田，遂及我私’。”认为“此祈之之辞也”。此种祈之之辞，在唐代宰相姚崇等看来却有着科学的道理，并成为战胜对手的法宝。据《开天传信记》载：

> 开元初，山东大蝗，姚元崇请分遣使捕蝗埋之，上曰：‘蝗，天灾也，诚由不德而致焉。卿请捕蝗，得无违而伤义乎？’元崇进曰：‘臣闻大田诗曰：秉畀炎火，捕蝗之术也。古人行之于前，陛下用之于后。古人行之，所以安农；陛下行之，所以除害。臣闻安农，非伤义也。农安则物丰，除害则人丰乐。兴农去害，有国之大事也。幸陛下思之。’上喜曰：‘事既师古，用可救时，是朕心也。’遂行之。时中外咸以为不可。上谓左右曰：‘吾与贤相讨论，已定捕蝗之事，敢议者死。’是岁所司奏捕蝗虫凡百余万石。时无饥馑，天下赖焉。

由此看来，迷信和科学之间并非绝对排斥，迷信中也可能包含有科学的成分，在古人看来，不论是科学，还是迷信，只要他们认为对自己的事业有利，就可以拿来使用。

六　劳动保护和消防

宋元时期，在强调提高劳动者生产积极性的同时，也注意加强对劳动者的保护。各种劳动保护农具的出现就是一个明证。在所有的农业生产中，以水稻生产的劳动强度最大，也最苦，为了加强对稻农自身的保护，宋元时期出现了许多适应稻农需要的劳保用

① 陈旉，《农书》卷上“祈报篇”。

具，如耘爪、薅马、覆壳、通簪、臂篝等。据《王祯农书·农器图谱》的介绍，“耘爪，耘水田器也，即古所谓鸟耘者。其器用竹管，随手指大小截之，长可逾寸，削去一边，状如爪甲，或好坚利者，以铁为之，穿于指上，乃用耘田，以代指甲，犹鸟之用爪也”[①]。对手臂，特别是手指起到劳动保护作用。“薅马，薅禾所乘竹马也；似篮而长，如鞍而狭，两端攀以竹系。农人薅禾之际，乃置于跨间，余裳敛之于内，而上控于腰畔乘之，两股既宽，又行垄上，不碍苗行，又且不为禾叶所绪，故得专意摘剔稂莠，速胜锄薅”。“覆壳，蔑竹编如龟壳，囊以箨箬，覆以人背。绳系肩下，耘薅之际，以御畏日，兼作雨具，下有卷口，可通风气。又分雨溜，适当盛暑。田夫得此，以免曝烈之苦，亦一壶千金之比也”。“通簪，贯发虚簪也。一名气筒，以鹿角梢尖作之，如无鹿角，以竹木代之，或大翎筒亦可。长可三寸余，筒之周围横穿小窍数处，使俱相通，故曰通簪。田夫田妇，暑日之下，折腰俯首，气腾汗出。其发髻蒸郁，得贯此簪一二，以通风气，自然爽快，夫物虽微末，而有利人之效，甚可爱也。”“臂篝，状如鱼笱，蔑竹编之，又名臂笼。江淮之间，农夫耘苗，或刈禾穿臂于内，以卷衣袖，犹北俗芟刈草木，以皮为袖套，皆农家所必用者”。

在生产的过程中也注意到了对劳动者的保护。如陈旉就提到：“切勿用大粪，以其瓮腐芽蘖，又损人脚手，成疮痍难疗。”

丰衣足食是农民所追求的目标，没病没灾，安居乐业也是农民的祈盼。劳动保护有助于减少病痛，与此同时，宋元时期的思想家和农学家还十分注意火灾的预防。袁氏《世范》中即专门提到了农家火灾的预防，其曰：“烘焙物色过夜，多致遗火，人家房户多有覆盖宿火，而衣笼罩其上皆能致火，须常戒约；蚕家屋宇低隘于炙簇之际，不可不防火。”“农家储积粪壤多为茅屋，或投死灰于其间，须防内有余烬，未灭能致火烛，茅屋须防火，大风须常防火，积油物积石灰须常防火此类甚多，切须询究。”[②]

王祯在《农书》中专门附录了“法制长生屋”一篇，讨论建筑防火问题。王祯依据“土者，火之子，而足以御火”的道理，又见“往年腹里诸郡所居，瓦屋则用砖里杣檐，草屋则用泥圬上下，既防延烧，且易救护”这样的特点，以及“别置府藏，外护砖泥”的“土库”的建造，提出“凡农家居屋、厨屋、仓屋、牛屋、皆宜以法制泥土为用。先宜选用壮大材木，缔构既成，椽上铺板，板上傅泥，泥上用法制油灰泥涂饰，待日曝乾，坚如瓷石，可以代瓦。凡屋中内外材木露者，与夫门窗壁堵，通用法制灰泥圬墁之；务要匀厚固密，勿有罅隙，可免焚焮之患，名曰‘法制长生屋’。是乃御於未然之前，诚为长策”。

王祯还特别提到牛室的防火问题。牛室多是用茅草之类搭成的棚子，而且棚子里面还要铺上秸秆等易燃物，一旦着火，烧死牛畜，必然影响生产，所以成为防火重点，故王祯在《农书》引老农的话说：“牛室内外必事涂塈，以备不测火灾，最为切要。”[③]

---

① 王祯，《农书·农器图谱集之四·耘瓜》。

② 袁采：《世范》，卷下。

③《王祯农书·农器图谱集之十二·牛室》。

第二节　农学理论的发展

唐宋时代，特别是到了宋元时代，我国的农业不但在农业技术、农业生产方面有了很大的进步，同时在农学理论方面，也有了飞速的发展。这些理论，既涉及耕作栽培，也涉及经营管理。我国传统的农学理论，在宋元时期获得全面的发展，因此，宋元时代可以说是我国传统农学发展中出现的一个高峰。

宋元时代出现的农学理论，就其内容来看，都是和当时的农业生产及其存在的问题密切有关的，或是总结当时农业生产的经验，或是为了解决当时农业生产中存在的某个问题。理论密切联系实际，为当时的农业生产服务，这是宋元农学一个十分突出的特点。

一　有关耕作栽培的理论

（一）地力常新壮论

地力常新壮论是我国古代关于土壤肥力的一个重要学说，它的萌芽可以追溯到战国时代，而形成一种学说则是在宋代。

宋代是我国农业生产有明显发展的一个历史时期，土地利用率有了很大的提高。如何保持和提高土壤肥力以适应农业生产的需要已成为当时一个突出的问题。同时，当时有的土地由于使用不当，出现了地力衰退的现象，有的人认为这是土地长期使用的缘故，说“地久耕则耗”（吴泽《种艺必用》），有的则说：“凡田种三五年，其力已乏”（陈旉《农书》粪田之宜篇），把地力衰退视为是土地利用上一个不可克服的现象。

宋代的农学家陈旉针对这种认识，就有关地力衰退以及如何保持地力问题阐述了自己的看法，他说：“凡田种三五年，其力已乏，斯语殆不然也，是未深思也。若能时加新沃之土壤，以粪治之，则益精熟肥美，其力常新壮矣，抑何敝何衰之有?”指出只要重视施肥，或掺用客土，土壤是可以改良的，地力是可以提高的，而且能保持地力常年新壮，那种认为土地种了庄稼，就会土敝气衰的说法是没有根据的。这就是我国古代著名的地力常新壮论。

元代，农学家王祯继承了这一看法，他在《农书》“粪壤篇”中说：“所有之田，岁岁种之，土敝气衰，生物不遂，为农者必储粪朽以粪之，则地力常新壮而收获不减。”王祯认为，土地连年种植，如不重视施肥改良，地力是会降低的，庄稼是会长不好的，反之，如果重视积肥、施肥，并采取相应措施，仍能做到“地力常新壮而收获不减”。这是宋元时代对土壤肥力学说的一个重大贡献。地力常新壮论在我国的出现，不是偶然的，而是有深厚的历史渊源的。早在公元前3世纪，《吕氏春秋》已提出“棘者欲肥，肥者欲棘”的土壤耕作要求，已具有土壤是可以改良的，瘠瘦的土壤是可以培肥的思想。公元1世纪王充在《论衡》中又提出了“深耕细锄，厚加粪壤，勉致人工，以助地力”的提高土壤肥力的意见，指出通过耕作、施肥等人工措施，可以把土壤肥力提高。宋元时代提出地力常新壮论，可以说是对这些历史经验的一个全面继承和发展。

宋元时代提出地力常新壮论，又因为在理论上有了基础，主要表现在对土壤和肥料已有新的认识。

关于土壤，陈旉在《农书》中说："且黑壤之地信美矣，然肥沃之过，或苗茂而实不坚，当取生新之土以解利之，即疏爽得宜也。硗埆之土信瘠恶矣，然粪壤滋培，即其苗茂盛而实坚栗也。虽土壤异宜，顾治之如何耳，治之得宜，皆可成就。"说明土壤是可以改良的，不同的土壤只要采取不同的措施，都可以将土壤改良好的，在当时已有明确的认识。

关于肥料，王祯在《农书》中说："田有良薄，土有肥硗，耕农之事，粪壤为急。粪壤者所以变薄田为良田，化硗土为肥土也。"说明当时对肥料具有改良土壤，培肥田土的作用，也有了明确的认识。

此外，土壤在常年耕作的情况下，在宋元时代已积累了相当丰富的培肥地力的成功经验。秦观在《淮海集》中说："今天下之田称沃衍者，莫如吴、越、闽、蜀，地狭人众，粪培灌溉之功也。"陈傅良在《桂阳军劝农文》中说："闽浙之土最是瘠薄，必有锄耙数番，加以粪溉，方为良田。"说明地力常新壮论也是当时生产实践成功经验的产物。

（二）风土论

风土论是我国古代关于生物生长和环境条件关系的一种理论。

这种理论，最初萌芽于战国，典型的代表就是《周礼·考工记》："桔逾淮而北为枳，鸜鹆不逾济，貉逾汶则死，此地气然也。"认为一切生物只能在它的故土生长，逾越这个范围，就会发生变异，甚至引起死亡。这种认识有它的合理性，即生物生存受一定环境条件限制，但由于它强调过度，因而产生了片面性，这种风土观实际上是一种地域限制论，没有认识到生物在一定条件下可以逐步改变习性，适应新的环境，也没有认识到通过人为的努力，可以为生物创造合适的生存条件。

由于这种风土观是记载在儒家经典《周礼》上的，因而长期以来被人奉为教条，禁锢着人们的思想。宋元时期种植于边疆的棉花开始分南北二路传入中原。由于故有的风土观作怪，"风土不宜"成了抵制棉花传播的挡箭牌，特别是有的地区因为没有掌握好种棉技术，造成引种的失败，也被归罪于"风土不宜"，因此，全面、正确的来阐明风土思想，便成了推广棉花首先要解决的一个理论问题。首先对这一问题作全面研究的，是元代孟祺等一批农学家，他们在《农桑辑要》中反映出"谷之为品不一，风土各有所宜"，不同的作物需要有不同的风土条件。但过去《禹贡》、《周礼》所说的风土，是指全国九州，是以大范围而言的，说的比较粗略和笼统。因为"一州之内，风土又各有所不同"，还有小气候条件的差异，"虽南乎洛，其间山原高旷，景气凄清，与北方同寒者有焉，虽北乎洛，山限掩抱，风日和煦，与南土同暑者有焉"。所以，不能只拘泥于九州的差异，还得看一州内的风土条件。只要风土条件合适，不管在那个州都可以种植。孟祺等认为，以土壤条件而论，"苟泥涂所在，厥田中下，稻即可种，不必拘于荆扬；土壤黄白，厥田中上，黍、稷、粱、菽即可种，不必限于雍、冀；坟垆粘埴，田杂三品，麦即可种，又不必以并、青、兖、豫为定也"。

在农时早晚方面，孟祺等人认为，不必拘泥于《齐民要术》所说的上、中、下三时，因为《齐民要术》是以"洛阳土中为准"，"举一隅之义"，而"洛南千里，其地多暑，洛北千里，其地多寒。暑既多矣，种艺之时，不得不加早，寒既多矣，种艺之时，不得不加迟"，是不能死扣九州风土条件的。

同时，孟祺等人又列举大量事实，来说明“风土不宜”的悠悠之论是站不住脚的，“盖不知中国之物，出于异方者非一，以古言之，胡桃、西瓜，是不产于流沙葱岭之外乎？以今言之，甘蔗、茗芽，是不产于牂柯、邛筰之表乎！然皆为中国珍用，奚独至于麻绵而疑之”，又说“苎麻本南方之物，木绵亦西域所产，近岁以来，苎麻艺于河南，木绵种于陕右，滋茂繁盛与本土无异，二方之民，深荷其利”。那些对棉花引种抱风土不宜说不放，思想僵化，不顾事实，真“殆类夫胶柱而鼓瑟焉”。

孟祺等人又指出：有些地区棉花引种失败，“虽然托之风土，种艺之不谨者有之，抑种艺虽谨，不得其法者亦有之”，即不是风土问题，而是技术上的原因，后来，农学家王祯，在论述棉花种植时，对这一看法，表示完全同意，他在《农书》中说：“信哉言也”。

经过孟祺等人的分析研究，将棉花引种中的风土问题和技术问题，明确的区别了开来，同时，又将地区和风土条件区别了开来，指出尽管地区不同，但不同地区之间有相同的风土条件，作物仍可以引种，能否引种不能完全从地区来决定。这一论述，不仅批驳了“风土不宜”说的错误，为当时棉花的引种和推广扫除了思想障碍，同时也确立了我国古代的风土论，为后来明清时期的玉米、烟草、番薯的引进铺平了道路。

（三）粪药说

粪药说是宋代提出的一种合理施肥理论。

我国在战国时期已施用肥料，西汉时期又创造了基肥、追肥和种肥等的施肥方法，但肥料施用怎样才算合理，长期以来是一个没有解决的问题。

最早接触这个问题的，是宋代农学家陈旉，他在《农书》粪田之宜篇中说：“相视其土之性类，以所宜粪而粪之，斯得其理也。俚谚谓之粪药，以言用粪犹用药也。”所谓粪药，也就是看土施肥。在我国历史上指出不同的土壤要施用不同的肥料源起于《周礼》，书中说：“草人掌土化之法以物地，相其宜而为之种，”并规定九种不同的土壤要施用九种不同动物的粪便作肥料，这个说法，过于死板僵化，由于脱离实际，在生产中没有实用的价值。陈旉取其精神，演化成了看土施肥学说。

元代农学家王祯又进一步发展了这一学说，指出施肥，量要适当，肥要腐熟。他在粪壤篇中说：“粪田之法，得其中则可，若骤用生粪及布粪过多，粪力峻热即烧杀物，反为害矣。”王祯强调肥要腐熟，不能用生粪，是因为古代所施用的肥料都是有机肥，它在发酵分解时，要产生热量，如不注意腐熟后的施用，容易造成酵分解时，要产生热量，如不注意熟后施用，容易造成烧伤庄稼的危害。

粪药说的形成，是宋元时代对肥料的作用，有机肥料的特性有了相当深的认识，也反映了当时在肥料施用上已积累了相当丰富的经验，这是我国古代在肥料科学上取得的一项重大成就。

二 有关经营管理的理论

把经营管理作为农学的一个组成部分，并作为一个专门问题来论述，这是宋元农学又一个重要的特点。在这方面，当时提出的问题，大致有以下几个方面。

（一）要量力而行，忌贪多务得

农业生产是一种需要大量财力、物力、人力投入的经营，而且还有风险，因此，经营规模的大小，必须要有相应的财力作基础，特别是个体农民，经济实力有限，更忌贪大求多，必须遵循量力而行的原则办事。

陈旉在《农书》财力之宜篇，在理论上反复论证了这一问题，他说："凡从事于务者，皆当量力而为之，不可苟且，贪多务得，以致终无成遂也。传曰：少则得，多则惑。况稼穑在艰难之尤者，讵可不先度其财足以赡，力足以给，优游不迫，可以取必效，然后为之，倘或财不赡，力不给，而贪多务得，未免苟简裂之患，十不得一二，幸其成功，已不可必矣，虽多其田亩，是多其患害，未见其利益也。"

陈旉在这一段话中，反复论证了农业经营量力而行的必要，以及量力而行同贪多务得之间的得失利弊，在此基础上，陈旉进一步指出"农之治田，不在连阡跨陌之多，唯其财力相称，则丰穰可期也审矣"。

陈旉提出"财力相称"、"量力而行"，是我国第一次从经济角度阐述从事农业生产的基本条件和必须遵循的原则，从而为集约经营，奠定了理论基础。这一原则，不仅对当时的农业经营有着重要的指导意义，就是今天，这一思想原则对于一般工作也同样有重要的参考价值。

（二）节用防奢

宋元时代的农学家，特别关注当时农业生产中"见小近而不虑久远"的错误倾向，"一年丰稔，沛然自足，弃本逐末，侈费妄用，以快一日之适"。甚至造成"收刈甫毕，无以糊口"的现象。有鉴于此，宋代农学家陈旉在《农书》中作了"节用之宜篇"，元代农学家王祯在《农书》中作了"蓄积篇"进行了专门的讨论，提出了农业生产要节约防奢的经营原则。

陈旉根据《春秋》传"俭，德之共也；侈，恶之大也"，《国语》"俭以足用"，《论语》"以约失之者鲜矣"等古训及流传在民间的古话"收敛蓄藏，节用御欲，则天不能使之贫，养备动时，则天不能使之病"，指出节用防奢是我国的传统美德，同时批出，节俭看上去似乎好像吝啬，"然不犹愈奢而不孙为恶之大者耶？"不比奢侈大恶要好得多吗？因为"唯俭为能常足用，而不至于匮乏"。

那末如何做到节用防奢，不至匮乏呢？陈旉指出要有计划，将常用与非常之用分开，"今岁计常用，与夫备仓卒非常之用，每每计置，万一非常之事出于意外，亦素有其备，不致侵过常用，以至阙乏，亦以此也"。王祯还进一步提出要"无事而为有事之备，丰岁而为歉岁之忧"，这样才能达到有备无患的目的了。

节用防奢，北魏时期的农学家贾思勰，早已注意到这个问题，他在《齐民要术·序》中就指出过："既饱而后轻食，既暖而后轻衣，或由年谷丰穰，而忽于蓄积，或由布帛优赡，而轻于施与，穷窘之由，所由有渐。"明确指出，不注意节用防奢，潜伏着严重的穷窘危险。但在理论上来论证节用防奢的必要，批出节用防著不至匮乏的方法，并作为一种农学理论来研究，则始于宋元时代。因此，这可以说是宋元时代在农学理论上的一大贡献。

小农经济财力有限，抗御意外事态的能力很弱，农业经营要贯彻节用防奢的原则，对保证农业生产的正常进行，有着重要的意义，这不仅在宋元时代，就是在整个古代社会，都是如此。

（三）要重视多重效益，一举二得

陈旉在《农书·耕耨之宜篇》中说："早田获刈才毕，随时耕治晒曝，加粪壅培，而种豆类蔬茹，因以熟土壤而肥沃之，以省来岁功役，且其收又足以助岁计也。"一个冬作措施，既收获了豆类蔬茹，"以助岁计"，又熟化和培肥了土壤，"以省来岁功役"，取得了一举二得的效果，这是陈旉对农业经营一个重要的指导思想。他在《种桑之法篇》中说得更加透彻明白，在讲到桑下种苎时，他说："因粪苎，即桑亦获肥益矣，是两得之也。桑根植深，苎根植浅，并不相妨，而利倍差。"他接着说："作一事而两得，诚作力少而见功多也。仆每如此为之，比邻莫不叹异而胥效也。"看来农业经营中要重视一举二得，多重的效益，还是陈旉在实践中摸索出来的道理，这一思想，是陈旉经营农业时多方方贯彻的，例如他在《地势之宜篇》中在读到土地利用时，也贯彻了这一思想，他说：高田筑堤蓄水，堤要筑得宽，这样，"既能植桑柘，又能系牛，牛得凉荫而遂性，堤得牛践而坚实，桑得肥水而沃美，旱得决水以灌溉，潦即不致于弥漫而害稼"。这是一个措施取得多重效益的典型例子。

重视一个措施取得多效益，陈旉虽然没有在理论上作系统的论述，但这一思想却贯彻在他所著的《农书》中，这也是我国在农业生产中重视多重效益的开端。

第四篇
明清时期的农学

第二十章　明清时期传统农学进展的历史背景

中国传统农学在明清时期的发展达到了较高的新水平。它突出的表现是作为农学载体的农书的撰刊，不仅在数量上超过此前历代总和，多达300余种；而且内容上也较前更为充实完善，从它对农业生产技术在深层理论上的阐释，和农业生产技术成果的分类体系建树，就可以说明有些农书已不限于单纯总结记叙农业生产经验，而是在此基础上经过提炼而有所提高，即将传统的农业技术知识构建成具有一定理论基础的较为严谨的学科。但作为主要探讨为人类提供衣食之源的农事这一学科，如与其他学科相比，则由于农学如不联系农事活动，并关注其所深受的社会经济状况及传统文化背景等具体制约条件，就难以追综其发展历程并解释其内在机理，是以农学史的研究与论述需要较为开阔的视野①。明清时期的传统农学，不仅在明末已和本草医药、手工工艺等传统学科一起形成全面总结的趋向，到了晚清则在新的实验科学引进过程中，促使传统农学面临变革的挑战与机遇。在新旧杂陈，纷繁交错的接触撞击中，使中国传统农学的成就与局限也更清晰地展现出来。作为农学史其有别于农业发展史或农业科技史，固然因其要以探讨与农事相关的系统知识与规律的形成发展过程为主，如不涉及相应的社会——文化背景，则只能是单纯农业生产技术及其成果的积累和罗列，而有背于作为科学史分支之一的农学史所应具有的规范要求。本章拟从明清时期与农学进展相关的社会经济、生产技术及文化传统三个方面，借助于各该领域已有的研究成果再稍加分析叙说，以期能较全面完备地评述明清时期作为中国传统农业的最后一个阶段，为我们留下既富有生命力而又缺乏理论和效率的这份遗产的历史意义和现实作用②。

第一节　明清时期的社会经济特点

一　封建土地关系的延续形态

明清时期（1368～1911）的中国已处于封建社会的后期，资本主义生产方式的萌芽

---

① 库恩（Thomas Kuhn，1922～ ）在1968年为"International Encyclopedia of the social science"所写的"科学史"一文中，曾着重分析了科学外史和科学内史的关系，并指出内部方法（把科学看作自主和自足的发展）和外部方法（把科学放在文化背景中加以考察）是相互补充的，只有两者结合才能加深对科学发展的重要方面及其影响的理解。此文的中译分别收入库恩的文集《必要的张力》福建人民出版社；和吴国盛编：《科学思想史指南》四川教育出版社。

农学史因其研究对象具有较为突出的实用技术性，是以在研究中则实须循依参据上述原则。

② 此据游修龄《清代农学的成就和问题》（农业考古，1990年第1期）一文的结语而略加引申。

因素虽已出现，但却因受诸多影响萌而未发，未能适时转变为资本主义经济形态，反而在19世纪鸦片战争之后沦为半封建半殖民地社会，但就整个社会经济来看，在农业和手工业生产水平有所提高，社会分工进一步扩大的基础上，商品货币经济则有较为明显的发展，究其原因，应该是由于生产关系经过必要的调整，使得生产力的持续发展成为可能。

农业是封建社会中决定性的生产部门，土地则是农业生产上最主要的生产资料。明清时期的土地占有关系和封建租佃关系都发生了一些变化。明初洪武（1368～1398）时为恢复和发展农业生产，曾招诱逃亡和移徙农民来开垦荒地，并给予垦民一定的扶植和免税待遇。在政府的扶持和农民辛勤劳动下，大量土地被开垦出来，不仅农业生产迅速得到恢复，自耕农也曾一度占有相当优势。和地主与自耕农所有土地被称之为民田相对称的则为官田，即国有土地，它的典型形式是国家和政府作为土地所有者直接经营，将地租与赋税合并征收。明朝官田的种类很多，所占面积也较大，至弘治（1488～1505）时，官田面积约相当于全国私田的1/7，其中江南地区[①] 在宋元所遗留的官田基础上又有新增，所占比重最大，成为明王朝一项巨额财政源泉。官田之多，租赋之重，都已成为当时全国之最。由于民不堪负，相继发生弃耕抛荒，迫使政府降低官田租税率，统一税则，以期有所减缓，但经有势官僚地主的侵吞与兼并，至明末地权已逐步完成向民田转化实现私有，官田的名号虽不复存，税收却基本如旧，百姓负担也依然如故[②]。明代中期南方的江苏、浙江、福建、江西等地拥有优免徭役的缙绅地主（包括现任、离任及预备官吏等），经滥免田粮徭役，投献诡寄土地，从而得以兼并土地膨胀坐大。由于其巧取豪夺，于是使大量农民失去土地致使农民被迫辗转流亡，社会动乱不已，并引发各地多次农民起义的严峻局面。成化（1465～1487）初年，政府允许农民附籍，晓喻“各自占旷土……垦为永业”，遂使相当数量的流民重又得以成为自耕农，但土地兼并未见稍缓。嘉靖（1522～1566）初，为恢复农业生产，改善政府财政状况，虽曾实行官民田亩税则一致，以及抑制土地兼并等措施，但实际收效极少，由政府控制的田亩数仍在继续减少。万历（1573～1620）前后，任用张居正（1525～1582）为首辅，下令清丈全国土地实行一条鞭法，把赋税、徭役及其他派办合并为一，使土地兼并稍有抑制。明末由于农产品的商品化，在商品经济较为发达的地区依稀出现使用雇佣自由劳动，从事商品性生产的经营地主，但其中多数仍出租部分土地，并以家庭为经营生产单位具有不同程度的自给性，因而还带有较为浓重的封建性质。明清之际，农业生产再次受到严重破坏，清初顺治（1644～1661）时也曾采取轻徭薄赋，予民休息的政策，和鼓励垦荒，发展生产的措施。但处于封建化过程的满族统治者却大搞圈地活动，形成庄田（归王朝和皇族宗室权贵所有）和旗地（由八旗兵丁和下层旗人占用），所圈土地虽然名义限为原明代官田或无主土地，实际上却不论有主无主，如在其划定范围则都一律圈占，致使土地被圈之农民，不得不弃家逃亡，或沦为新主人的奴仆。所圈土地虽以邻近京师四五百里之内地区为主，但也波

---

① 在明代江南又称东南，是一个特定的经济地理概念，包括长江三角洲及杭州湾一带经济发达地区。所辖有苏州、松江、常州、嘉兴、湖州、杭州等数府。

② 顾炎武，《日知录》卷十，“苏松二府田赋之重”条项中有“田家失累代之公田，而小民乃代官佃纳无涯之租赋”。

及全国各地。经先后三次断续历时约四十年的圈地活动，至康熙（1662～1722）中期，清廷方始正式宣布停止。在清朝社会经济逐步恢复发展的形势下，耕地增加远落后于人丁的增长，为缓和阶级与民族矛盾，而减轻丁男的赋税负担，康熙末年颁布了“滋生人丁永不加赋”的命令。雍正（1723～1735）时实行“摊丁入地”，即将丁银并入田亩征收，它简化了税种和稽征手续，农民的负担也相对的得以减轻，从而有利于农业生产的发展。乾隆（1736～1795）中期农业仍维持稳定增长，生产水平有较明显的提高。但农业经济的恢复与发展过程中也促进了土地兼并与集中，从乾隆晚年至嘉庆（1796～1820）时，官、商、地主及高利贷者相互勾结，采用经济手段或凭仗封建特权侵占耕地，致使大批自耕农转化为佃农或沦为无地雇工，由于地主的兼并和农民的分化，丧失土地的农民越来越多，农业生产发展再次受挫而趋于萎缩并迅速衰落，鸦片战争后的晚清时期，由于外国资本主义势力的侵入，和向农村逐步渗透，促使农村自然经济解体过程随之加快。土地占有集中的趋势虽依然未减，而租佃关系与经营方式，此时却发生了明显的变化。在腐朽的封建政权和外国侵略者的双重压榨下，处于封建社会后期的农村经济已开始转变为半封建半殖民地的农村经济。

中国封建地主制下，早期的地主一般多采取分散出租土地的方式收取地租，直接经营的不多。承租土地的佃农，历史上虽曾一度成为地主私属，但却始终未曾完全合法化，不过大多保存或强或弱的人身依附关系。这种情况到了明清时期开始发生变化，佃农对地主的人身依附已趋向全面松弛。地主阶级为了征收地租，除了要更多的依靠政府法律来强制推行，同时也采用一些经济手段设法羁縻，押租制即由此而形成。所谓押租制是农民须预先向地主缴纳押金才能获得佃耕土地的一种制度，它萌发于明末万历年间，到清初则已遍及各地，得到广泛的发展。它是在主佃关系日趋松弛，地主需要用经济手段来保证收租的形势下出现的，它反映出抗租斗争频繁发生，农民对地主的依附关系已变得松弛的现实。押租金额则随正租轻重，土地肥瘠，人口密度等条件不同而有较大差异，其数额是正租的数倍乃至十数倍不等。佃农由于须预交押金，从而被迫缩减生产和生活费用，地主则趁机获得一笔额外收入，它虽加重农民负担影响生产，但也起到限制地主夺佃作用，押租制在近代进一步发展，已成为一种普遍的租佃制度①。明清时期租佃关系另一项重大变化，是起源于宋代的永佃制，在明末清初也有较大发展，在这一制度之下，土地的所有权和使用权分离，地主只能凭借所有权来收租完粮，但已无权增租夺佃或干预耕作，而佃农则拥有佃耕及转移（买卖、典当、出租）的权利。永佃权在东南沿海地区比较普通，也最为典型。这一地区通常把地主的所有权和佃农的使用权，分别称之为田底（田骨）及田面（田皮）或大租与小租的。永佃权的发展，即削弱了地主的地权，也增强了佃农投资土地的积极性，从而有利于发展农业生产②。

在中国存在封建地主土地所有制的同时，也还有属于自耕农的小块土地所有制。自耕农由于拥有属于自己的生产资料，可免交苛重的地租，其经济地位通常要比佃农优越些。但作为小规模的个体经济，它的经济地位却较佃农更不稳定，容易发生贫富分化，然

---

① 江太新，清代前期押租制的发展，历史研究，1980，(3)。
魏金玉，清代押租制新探，中国经济史研究，1993，(3)。

② 韩恒煜，试论清代前期佃农永佃权的由来及其性质，清史论丛，第一辑，中华书局，1979年。

而其中能够转化为地主的终归是极少数，其绝大多数必然归趋则是走向破产，沦为佃农或雇农。明清时期由于农业生产力的提高和商业性农业的发展，农民的分化一方面导致出现使用雇工从事商品生产的富裕农民，另一方面又形成大量破产失地依靠出卖劳动力为生的雇工。加以在土地兼并规律经常发生作用的前提下，使本期的自耕农作为潜在雇工的意义与作用就更为突出。因随同封建雇佣向自由雇佣转化条件的出现，受雇于经营地主的雇工人数也在加多。自耕农在明清两朝的前期都曾是一个广泛存在的社会阶层，但后来的经历与遭遇则因所处的历史条件不同而有所区别，明朝中期天顺成化间（1457～1487）出现了多达一二百万户的流民，在辗转千里，历尽艰辛之后，除极少数人能够进入城市或山区谋生，余下的仍在封建重压下，又被迫沦为地主的佃户和雇工。清朝后期则因城乡商品经济的发展，自然经济分解的过程已经开始，当失掉土地的农民变为劳动力的出卖者时，如投身到劳动力市场上来，除有的受雇于经营地主或富裕农民仍从事农业生产，另外也有相当一部分形成庞大的产业后备军，成为资本主义企业生产所需廉价劳动力的主要来源。

封建社会后期的农业生产领域发生资本主义萌芽，是当时农业生产力提高和商业性农业发展，所引起农业中传统的封建经济关系某种程度解体的必然结果。但新的经济成分不仅还带有相当浓厚的封建性，而且在整个农业经济中所占比重仍很微弱，其发展进程因受多方面的阻碍也较迟缓。究其原因当和中国封建社会富有韧性和张力的自我调节机制有关，即作为财富和生产资料的土地可以自由买卖，使土地所有权的频繁转换成为可能，从而促进地主阶层成员的不断更动，封建统治的社会基础也相应的得到调整与强化。在另一方面，由于土地可以自由买卖，和农民人身相对的比较自由，农民和土地的结合虽不够稳定，但也不易完全丧失生产资料，沦为无法独立进行生产的雇佣劳动者，从而形成男耕女织以副补农，积极调动家庭内部所有劳力来顽强地维护其独立生产地位，从而又显示出小农经济的强大韧力，即使在边际产量递减的条件下，也仍想方设法精打细算地从事精耕细作来维持其全家生计，在极为艰辛的条件下勉强维持温饱，甚至在饥饿线之下也想方设法来度日谋生。

二　农业经营方式的演化历程

中国封建地主制下的地主土地占有虽然有通过兼并而愈形集中的趋势，但以小农经营为主的生产经营则呈现更为分散的局面。在中国封建社会的前期的较晚阶段，就已出现自耕农的佃农化过程，使多数地主采取出租土地方式来收租，而极少从事直接经营。到了封建社会后期的宋朝，仅有个别地主役使“佣夫”或“佃仆”，在自营土地上实行落后的劳役剥削。在各地较为盛行的则已是由地主和佃农之间订立契约的主佃制，佃农经济进而成为地主制经济的基础，并和自耕农一起成为社会生产的主要承担者，构成地主制下的基层经济组织，. 这一以家庭为单位的经营实体，受多子均分继承制和土地可分散自由买卖的影响，导致地权的频繁转移，形成地块的畸零分散和互相错杂，阻碍实现更为有效的集中经营。在苛重的租赋剥削下，佃农和自耕农大多无力支付为增加耕地（租地和购地）所需的更多地租和高昂地价，是以迫使农民想方设法在有限耕地上精耕细作，实行以多投入劳动力为主的劳动集约经营来提高单位面积上的产量。集约经营与亩产的提高虽可使一定量的土地容纳（或养活）更多人口，但又随即导致经营中最低必要的租地或耕地数量下降，促使经营规模有可能与必要日益缩减。在清朝中后期人口激增的情况下，农民经尽力挣扎虽能勉强维持温饱，但多已无力通过生产要素的合理配置和生产工具的改进来提高劳动生产率，在单产和总产都仍有可能提高的同时，却使以劳动集约为主的经营局限愈益突出[①]。

清朝的租佃关系，通过永佃制的兴起和押租制的盛行，反映出封建人身依附关系的进一步松弛，和佃农独立自主经营性又有所增进，从而使佃农对生产资料和生产品的支配权得以扩大，并使其产品投入交换的可能也随之增多，这不仅有利于发展农业及手工业生产，也使其在一定程度上商品化成为可能。江南地区许多佃农正是由于可以买粮交租，因而换种了适宜的商品性农作物。佃农的积累，集中表现为其自有经济的发展，即多具有较为完备的生产与消费基金，而这是在明代中后期方始在这一地区有所发展，到清代才大量出现，并在全国陆续增多的。究其原因当和佃农所能占有的剩余产品份额在趋向扩大有关，这应是通过定额租取代分成租的调整后才得到有力保证，因实行定额租会使佃农分享生产力提高成果的可能性得以增强，从而能有效的调动其向生产投入的积极性。分成租是和佃逐自有经济还不够完备相联系的；而定额租则是与佃农自有经济的比较完备密切相关。清代前期，分成租向定额租的转变，就是佃农经济在生产关系和物质条件上，都已得到较为充分发展的有力反映。佃农经济的发展，客观上当然也会有利于发挥地主经济所蕴有的潜力，可见，即使到了封建社会后期的清代，仅从佃租关系的调整着眼，也不难发现当时的生产关系仍为生产力的发展留有一定余地，从而对形成新的经济形态依然保有很大阻力。

自耕农是中国所特有的一个大量存在的土地所有者阶层，又是农业人口中一个重要组成部分。它是以小块土地私有制为基础，以单个农庭为经济单位，大多又兼从事耕织结合的个体农业劳动者的农户。它早在先秦就已形成出现，以后历代封建王朝的统治者，为保证国家赋税与徭役兵源，在开国初期，多通过移民垦荒，宣布所垦土地归于农民所有；在以后土地兼并较为剧烈之时，也往往采取抑制兼并的政策来加以保护。是以自耕农的数量在历史上会出现增减，但却从未曾消失。明初的移民垦田，清初的更名田[②]都是自耕农大量存在的有力证明[③]。以家庭为生产和消费单位的自耕农，通常会因人口过剩和充分利用劳动力，进而形成“男耕女织”这种农业与农庭手工业相互结合的经营方式，粮食和布匹便是其主要产品，但其分工离不开性别与年龄的生理标准，协作也跳不出一个小家庭的范围，生产具有很强的自给性。即仅在自给有余的情况下，出卖部分产品，来换回自己所缺少的必需品。但由于自己拥有土地不仅可免交地租，也易于从长远打算出发，来设法培育地力尽量提高土地的丰度。在通常情况下，即使自耕农的实际耕地量少于佃农的租地量，也能维持必要的生计所需，从而体现出其集约化程度较高的优越性。清

---

① 方行，论清代前期地主制经济的发展，载《中国封建社会经济结构研究》，中国社会科学出版社，1985 年。

② 清初康熙八年（1669），将明代各藩王田产分归现佃户所有，并将它编入所在州县缴纳赋税的土地。参见：郭松义，清初的更名田，清史论丛，第八辑，中华书局，1991 年。

③ 姜守鹏，明清社会经济结构，第 53 页中曾指出明初和清初自耕农的数量约占人口的百分之七八十，有的地方甚至更多些。东北师大出版社，1992 年。

代有人说“小户自耕己地，种少而常得丰收；佃户受地承种，种多而收成较薄”[①]。这说明自耕农在生产中具有顽强的生命力，只要生产的价值稍高于成本的投入，它就要在有限的耕地上尽力挣扎的生产下去，但投入的要素已不单纯限于劳动力[②]。

在封建后期这一特定历史条件下，由于商业性农业的发展，清朝的自耕农中就有些不再以成为出租土地者作为自己奋斗的目标，而是改用雇工方式来扩大规模，设法开展多种经营，通过经营商业性的农业来增加收入而致富，从而逐渐成为富裕自耕农。这些人最初雇工只是作为家庭劳动力的补充，当规模扩大人数增加，对雇工的剥削收入成为主要财源时，就进而转化为从事资本主义性质经营的富裕自耕农，这从“力农致富”等有关记载中可以得到佐证。

农业中另一种孕育着资本主义萌芽的经营方式是在明朝末年开始出现的经营地主，经营地主是指雇用自由劳动者经营商业性农业，获取利润，一般情况下自己不参加劳动的土地占有者和经营者。清代乾隆以后从事商品性生产的经营地主逐年增加，鸦片战争以后在华北和东北地区曾一度较为流行。采用雇工自种这类经营方式的地主也有的是从使用雇工富裕农民中发展起来的。经营地主和富裕农民的主要区别则表现于参加生产劳动情形和生活状况，尤其是和雇工的相互关系上。经营地主通常不参加劳动，和雇工之间存在较为严格的主仆关系，富裕农民则不同，他虽然使用雇工，自己同时也劳动，和雇工的关系大多是较为平等自由的，一般能与雇工共坐同食[③]。与富裕农民经济一样，清初资本主义性质的经营地主经济也主要是在种植经济作物和园艺业等商品化程度较高，获利较多的江南地区较早得到发展的。后来在粮食商品也日益发展的条件下，雇工经营达到一定规模，超出地主家庭的直接消费需要，便也有可能转化为商品经营，这一情况在清代后期北方地区较为明显。北方的土地产量虽远低于南方的水平，但地租额相对也较低，特别是新垦地区会更低些，是以雇工经营同样可利用土地，资金及劳力合理配置的优势，获得较出租经营所得更多的收益[④]。作为一种新的经济关系，它在全国传统的封建农业经济关系中，虽然是较为缓慢，却已逐步的在切实成长着，但在整个农业经济关系中所占的比重仍然较小，有人甚至认为它在和以家庭为生产及消费单位的竞争中也似无明显优势[⑤]。

中国地主制下的佃农和自耕农，因其经营规模细小，也可统称之为小农。由于地主制下政治统治权与土地所有权分离，以及土地可以自由买卖，地权经常转移，从未形成世袭的人身依附关系，而主佃间的依附关系，在明清时期也愈形松弛。由于我国传统社会经济结构的特点，使个体小农得以具有较大的生产主动性与积极性，从而有可能导致

---

① 尹元孚，敬陈末议疏，转引自胡汝雷，中国封建社会形态研究，三联书店，1979年，第126页。

② 吴承明，中国近代农业生产力的考察，中国经济史研究，1989，(2)。

指出：小农经济是精打细算的经济，它不会浪费资本，也不会浪费劳动力。即便在虽已开始递减，总产量如仍上升时，它仍会坚持继续投入，但也必然设法使要素配置更加合理。

③ 李文治，明清时代中国农业资本主义萌芽，“四、农业雇工经营的三种类型及其社会性质”。明清时代的农业资本主义萌芽问题，中国社会科学出版社，1983年。

④ 罗仑，景甦，清代山东经营地主经济研究，齐鲁书社，1984年。

刘光祥，中国近代的地主雇工经营和经营地主，中国经济史研究，1994年增刊。

⑤ 黄宗智，华北的小农经济与社会变迁，中华书局，1986年，第150，162，302页。

精耕细作传统的形成。这是和农业生产要求生产者能灵活及时的根据自然条件下的变化，采取相应的措施才能得到切实的保证有关。在自然条件相当严峻，灾害频仍不断的我国，尤其如是。另外在苛重的租赋下，也使黎耕地规模细小的发展趋势有增无减，精耕细作的集约经营从而成为仅有的可能选择。在严酷的社会环境下，小农能以其人身比较自由，经营相对自主的相对有利条件，为维持一家生计，在仅有的耕地上为获取更多的产品，当难以实现通过增加耕地来扩大外延再生产时，却仍有可能实行精耕细作来深化内涵的再生产。多劳集约式的精耕细作虽然能养活更多的人口，但它为保证劳动投入的增加，又必然会促使人口近乎无序的增长。清代从乾隆后期起，在农业生产一度达到前所未有的水平基础上，却出现了民食日艰粮价飞涨的困窘局面。小农于是为摆脱危机谋求温饱，在仍务农以粮食生产为主的同时，会被迫另行开展多种经营，设法调整生产结构来拓宽生路。

三　人口、耕田及商品经济的发展

在明清时期农业生产与技术发展进步过程中，作为生产要素的劳动、（人丁）和土地（耕地）在其增减及比例关系上的变化，起着重要的作用，并留有深远的影响，现将其概况列表 20-1。

表 20-1　明清时期人口、丁口及田亩数统计表

朝　代	年　度	人　口	丁　口	田亩（百亩）	资料来源
（明）洪武	洪武十四年（1381）	59 873 305		3 667 715	《明太祖实录》
成化	天顺八年至成化二十二年（1464～1486）	62 361 424		4 783 560	《明宪宗实录》
弘治	成化二十三年至弘治十七年（1487－1504） 弘治十八年（1505）	51 152 428 59 919 822		8 2 79 3 82 4 697 233	《明孝宗实录》 《明武宗实录》
嘉靖	十一年（1522） 二十一年（1532） 三十一年（1542） 四十一年（1552） 五十一年（1562） （平均）	62 594 475		4 311 429	《明世宗实录》
万历	万历三十年（1602）	56 305 050		11 618 948	《明神宗实录》
天启	天启六年（1626）	51 655 459		7 439 319	《明熹宗实录》
（清）顺治	顺治八年至十八年（1651～1661）		16 092 425	4 448 825	《清实录》及王先谦：《东华录》
康熙	康熙元年至六十一年（1662～1722）		20 645 245	6 000 426	同上
雍正	雍正元年至十二年（1723～1734）		26 397 880	8 828 117	同上
乾隆	乾隆五十一至五十六年（1786～1791）	296 991 000		7 352 145	人口据《清高宗实录》 田亩据《清朝文献通考》 乾隆十八年（1753）数字

续表

朝　代	年　度	人　口	丁　口	田亩（百亩）	资料来源
道光	道光二十年至三十年（1840～1850）	421 266 092			《清宣宗实录》及王先谦：《东华续录》
光绪	光绪十三年（1887）			9 119 766	《光绪会典》

注：(1) 此表据梁方仲，《中国历代户口·田地·田赋统计》一书中，从甲表51、甲表64、甲表65、甲表72、甲表82、乙表61、乙表64有关部分摘录而成。

(2)《明实录》有关记载较为详尽自成系统，《清实录》自乾隆朝起即不再记每年田亩数，表中年代连续的是平均数，空缺的当年无记载。

(3) 清初的户口统计彻底改变人口全部人版籍的传统，因赋役均以丁口起征，编审时“但志丁而不志户”。以户作丁，一丁一户的计算方法户的数字较近实际，清代前期，康、雍、乾三朝，见于《清实录》、《清文献通考》有关人口的记载统计均以丁口为单位，是以历史学家多以丁抵户的办法来推算人口数，但推算比例结果颇有出人。近年郭松义推算每户丁数与人数之比为1∶3.45的近似值较为可信。见：郭松义，清初人口统计中的一些问题，清史研究集，人民大学出版社，1982年。

有关清代人口与垦田情况可参看：孙毓棠、张寄谦，清代的垦田与丁口的记录，清史论丛，第一辑，中华书局，1979年。

(4) 有关明初田亩数除洪武十四年的36 677 150顷，《明实录》还有洪武二十四年的3 874 746顷的数字，但这和洪武二十六年敕命编制的《诸司职掌》这一政书所记8 496 523顷有较大出人，近年国内外诸多专家就此加以研究。所作解释也颇有出人，现据吕景琳在其主编的《中国封建社会经济史》第四卷，第八编“明代”部分的记叙，经其辨析，所得结论是“从明初到明末其耕地面积在四百万顷到七百万顷上下之间。详见上书11～20页。

(5)《明孝宗实录》卷一九四记载：弘治十五年全国田地面积为8357485顷，据田培栋考证，此一数字可能是“田土”数字，是以与其前后各朝按“耕地”统计所得数有较大出人。详见田著《明初耕地数额考察》《历史研究》1998，(5)。

仅从表20-1就不难看出，如剔除统计上因逃避赋役（明后期）或邀功虚报（如弘治朝）的讹误外，则明代人口与耕地的状况，在当时的农业技术水平下，应该说基本还是能适应的，问题在于明代中后期因土地兼并引起的占有上已形成严重的“不患寡而患不均”的局面。清朝的人口与耕地历史统计资料不如明代完整，除与统计方法有关，也受清初三藩之乱（1673～1681）及晚清太平天国革命（1851～1865）的社会动乱影响，人口有过较大起伏波动。但在乾隆中期及后期（1762与1790）就已先后突破2亿和3亿的大关，道光（1821～1850）竟多达4亿。而耕地在康雍之际约为900万顷左右，至光绪（1875～1908）时仍大体维持此数，人地矛盾则已相当突出。为解决人多地少的矛盾，除向边远地区开荒外，还继续围水为田，垦山为地，在人口密度较大的江南地区，则尽量设法采用多种经营以及扩大复种指数等方式来提高产量，使农业技术在新的历史条件下仍得以继续发展和提高。

精耕细作集约经营的中国传统农业，对于中国社会经济发展，既曾起过积极作用，但也产生了消极影响。在它以较高的效率为经济增长提供必要的物质前提的同时，却因其自身发展的内在要求刺激了人口过早过快的增加。反过来又影响到农业的生产效率，即在明清时期土地生产率持续保持增长势头的同时，到了清朝中期劳动生产率却呈现出下降的趋势。清初处于战乱后的恢复过程，当人口减少，耕地却有所增加时，农业劳动生产率甚至可能略高于明代。乾隆初期，人口增长速度虽逐渐超过耕地增长，人地比率也已随同逐年下降，但由于扩大复种提高了土地利用率，和高产粮食作物如玉米、甘薯等种植推广，使粮食亩产仍能有所增加，因此在当时的劳动生产率仍可维持在原有的一定水平上。从乾隆中后期开始，人口迅速增长，导致劳动生产率由升而降，这一转折又恰值清王朝由盛转衰时期，这和当时人口激增导致生产效率下降，从而诱发社会危机，是应有内在关联的[①]。人口增长过快，不仅影响到当时，而且由于这一庞大基数随着自然增殖而继续扩大，不仅在清代，即使对以后更长时期里的中国社会经济发展也都产生了深远影响。

处于耕地不足，租赋苛重，在农村剩余人口又持续增长的严峻形势下，农民除了外出当雇工，便形成“以副养农”、“以织助耕”的农业与家庭手工业相互结合的生产经营结构来尽量拓宽生路。尽管男耕女织这一小农家庭内部自然分工历史悠久，但在封建社会后期的明清时代却因纺织原料更替和市场需求的增加而有所强化[②]。植桑养蚕由来已久，明清时期为供宫廷及官绅需用，尽管加工后的丝制品价值较高，在江、浙、广东等地仍有所发展，物别是在杭嘉湖一带还较早的就成为集中的商业性生产，但国内需求有限，清代大力推广蚕桑和改革相关技术，还是在晚清光绪年间当生丝已成为重要出口商品，出现供不应求之后才发生的。明初政府对植棉业的奖励，和稍后棉纺工具的改进，得以使明代棉纺织业成为普遍的家庭副业。神宗万历（1573～1619）时实行一条鞭法之后，原来自给性的家庭棉纺织业生产已有一部分转变为商品生产。由于棉纺织生产品较之以丝、麻为原料的具有更广泛的市场，而其纺织操作也更适合农家小规模手工生产，是以农家经济中商品经济成分的增加，使耕织结合的生产结构产生更强的生命力。江南地区从而出现“十室之内，必有一机”[③] 的繁盛情况。由于松江、嘉定、常熟等地棉纺织业所用棉花，本地所产已不敷需，遂远从山东、河南等地贩运而来，织成的布疋有些则返销到北地[④]，从而扩大商品交换的范围，形成具有地域分工特征的远近流通，转贸四方的区域性市场。

为了供应手工业生产所需原料，和满足人们的多种消费需求，从事经济作物生产的农户也随之加多，很多经济发达地区由于经济作物种植面积的扩大和手工业的发达，遂加剧了粮食供不应求的状况。于是使粮食长途贩运成为有利可图的行业，南宋时“苏湖熟、天下足”的局面，至明代已被“湖广熟、天下足”所代替[⑤]，就是由于江南这一地区，在交付北运的漕粮后，这时非但没有可外销的余粮，还要从外购进相当部分方能维众口日常所需，而这时的湖广，经过历年的垦辟开发，已是“耕稼甚饶”可“一岁再获”的余粮产地，通过水运自会便于调剂两地余缺。从接济民食解决衣被着眼，清廷对转运粮

① 史志宏，清代前期的农业劳动生产率，中国经济史研究，1993，(1)。有关测算方法及各个阶段的估算数值详见该文。

② 吴承明，论男耕女织，中国社会经济史论丛，第一辑，山西人民出版社，1981 年。

③ 《天工开物·乃服》，“织机十室必有，不必具图”。

④ 《农政全书》卷三十五，“蚕桑广类.木棉”，徐光启谓“今北土之吉贝贱而布贵，南方反是；吉贝则舟鬻而鬻诸北”。

⑤ 龚胜生，清代两湖农业地理，第七章，华中师大出版社，1996 年第 253 页。弘治以后，湖广垸田得到大规模开发，到明末万历年间，已有湖广‘鱼粟之利遍天下’（张翰《松窗梦语》卷四）之说，这时‘湖广熟，天下足’之谚也真正成了湖广粮食剩余的代名词了”。

米棉布的商贩作用也相当重视，遂使一向被称为末业的商业社会功能，逐步得到肯定。小农经济商品率和国内市场商品量的测算，如以粮食为例，则其商品量可用非农业人口用粮，经济作物区人口用粮与商业用粮（酿酒、制酱及纺织品上浆等）之和来求出，商品量再除以总产量即商品率。倘按此法估算，鸦片战争前粮食、棉花、棉布和丝的商品率分别应为10.5%，26.3%，52.8%及92.2%。在国内市场中商品值处于前三位的则依次是粮食、棉布和盐，可见当时国内市场是一种以粮食为基础，以布和盐为对象的小生产之间交换的市场模式。经调整（排除产品单向流动的租赋等因素）后的粮食商品率甚至不到10%，商品粮中用于运距离运销的虽只占20%左右但已是明代的三倍。棉布商品量虽较大，但主要是农家自用之余的部分，农村中粮布交易属农家间的品种调剂，应视为耕织结合的另一形式，在纺和织仍未分离，而又绝少雇工时，显然它仍未脱离自然经济范畴。总之，当时的农村基本上仍处于自然经济状态①。

中国资本主义生产关系的萌芽始于明代后期，到了清朝中叶虽有一定发展，但进展迟缓，在农业中还是微不足道的，手工业中所占比重也不大。究其原因当和传统农业经济结构有关。从明到清，农业生产力虽有较大增长，但生产工具却极少改进革新，而主要是依靠劳动集约化的生产经营取得的。一些农艺学上的成就也需增加人力投入，集约化耕作需要小农付出辛勤劳动，它的发展又巩固了一家一户的生产体制。集约化程度最高的地区，耕地大都不足，要以副补农，靠兼事手工业来养家活口维持生计。明清以来的农业集约化，除了因人口增长所促成，也有农艺学的因素在起作用。但以精耕细作为特点的传统农业技术体系，则是以"粪多力勤"的劳动集约为标志的，农业生产需投入更多的劳动，才能保证土地生产率持续增长的势头，其结果又诱发了人口增长，使绝大多数农业人口被迫为果腹而劳动。倘在有限耕地上使种植结构趋向粮食单一化，则势必影响到发展效益较高的经济作物，处于困窘中的小农家庭经权衡比较，发现副业和手工业却可充分的利用农闲时间，动员全家男女老少，实行有效的分工协作，再以出售的产品购进急需的口粮。这些因素结合起来，不仅使传统农村的封建生产结构仍能在一定程度上维持稳定，资本主义却因而难以发展起来。与此同时也在传统农学的发展历程上，留下了清晰的印痕②，不仅重农的崇本抑末的思想和政策，被历代王朝统治者奉为国本，就连耕织结合，以织促耕这一小农不得已而为之谋生方式，也备受过分的赞誉而被奉为典范。使传统农学赖以发展的物质与思想前提，长期囿于传统的"男耕女织"和农本观念，难以有所突破。当然，可概括为"精耕细作，天人相参"的中国传统农学体系，因其切合中国农业赖以发展的自然和社会的特点，注意发挥人在农业生产中的能动作用，使人和自然的关系较为协调，除能充分的利用农业生态系统中的生物资源，也可在特定的社会制度构架下，有效的调动小农的生产积极性，也自有其积极合理的应予肯定的因素。

---

① 许涤新、吴承明主编，中国资本主义发展史，第一卷，第四章，第一节，第181页表4－1及318～329"附录，估计说明"（此节由方行等执笔）。引文处理中曾参考：叶茂等，封建地主制下的小农经济—传统农业与小农经济研究述评，（下）五，中国经济史研究，1993，（3）。

② 许涤新、吴承明，中国资本主义发展史，第一卷，第六章中国资本主义萌芽发展的迟缓及其历史作用（方行执笔），人民出版社，1985年。

第二节 明清时期农业生产技术成就与问题

明清时期的农业生产，到18世纪清朝乾隆中期时，在生产水平与生产技术上，虽仍能持续保持着增长和进步的趋势。但这之后除了经济作物，如仅就粮食生产而论，则已在各地先后出现亩产量下降的事实。就此经较长时间众多学者的研究，已基本取得共识，但对下降的幅度和原因却仍有分岐尚无定论，这里仅就其与传统农学相关处，借用较新的研究成果，从农业生产力变化这一特定角度，对影响农业生产波动的原因作些必要的说明，进而据以探讨传统农业生产技术的成就与局限之所在。

一 农业生产力增长的动因

明清时期的农业生产和技术成就，可通过对农业生产力变化的考察，得到较为集中而又有力的说明。由于农业生产力的发展又是和整个社会生产的发展联系在一起的，如对农业中资本主义萌芽的分析就必须以农业生产力的发展为前提，倘缺少这个前提条件，资本主义农业就难以产生，因只有在农业生产发展，劳动生产率有所提高时，才能生产出更多的粮食投向市场，方能调整种植结构，把原来种植粮食的部分土地改种经济作物。作为资本主义生产关系标志的自由雇工劳动，虽然首先是应用在种植商业性作物上，但其基础却是粮食生产①。明清时期的经济作物，在种植的类别和面积上，都持续有所加多和增大，粮食生产就其总产来说，虽也能一直保持着增长的势头，但从乾隆中期以后，粮食的单位面积产量，即亩产却已开始呈现下降的趋势。这从遍及全国的粮价持续上涨趋势，反映出粮食市场上，供求关系已失去了平衡，同时也可证实在集约经营条件下，由于投入的增多，如江南人口密集地区，当劳动力的追加达到一定限度之后，水稻生产转而要求投入更多资本，尤其是肥料时②，也会使成本加大的事实。由此可见，我国传统农业固然是靠多投入人力，但并非纯粹劳动密集生产③。它证实经营上合理的支配各种生产要素，生产上有效的运用相关技术，也已是急切有待解决的关键问题，是以其结果必然会拓宽和深化传统农学的研究范围和内容。

明清时期促成农业生产增长，粮食亩产加多的技术因素，可主要归结为集约化程度提高，复种指数增加及新作物引进和推广这三项，至于生产工具和农田水利虽也有改进，但主要是通过工具的运用操作，以及堤垸圩田的维修与河道塘浦的疏浚等相关技艺与工程的合理，并有效的应用而较少创新之处。

（一）多劳多肥的集约型农业之强化

集约化程度的提高，除靠改进生产技术，主要是有赖于投入的增多，而这当同明清时期生产技术虽有改进，而较少突破有关。作为技术这一因素，如能及时而有效的得到

① 李文治，明清时代封建土地关系的松解，中国社会科学出版社，1993年，第552—555页。

② 李伯重，明清江南水稻生产集约程度的提高，中国农史，1984，(1)。

③ 吴承明，中国近代农业生产力的考察，中国经济史研究，1989，(2)。

普及与推广，则在一定条件下能够弥补其创新之不足。当劳动投入在江南水稻产区已近饱和大体保持相同的数量时，以肥料为主的资本投入，其意义与作用就随之相应的受到进一步的重视。这从设法新辟肥源与提高施用技术上，可以充分得到反映。当时撰刊的农书与地方志书有关记载中就不乏充分例证①。在江南稻田新增施的肥料中最值得注意的是各种饼肥的广泛使用。麻饼用于秧田，虽已见于宋代文献（《陈旉农书·善其根苗篇》），而其他类别的饼肥，如豆饼、棉饼、菜饼及其他油饼的使用，则都始于明代。到清代则持续沿用并在加多，单位稻田面积上的投入数量至清末已近饱和之前，施用肥料引起的边际产量递减趋势就已出现。其他如棉田等所需用量则仍有增无减。饼肥由于有含氮丰富，体小量轻，便于运输施用等优点②，清代早在乾隆时就已将东北盛京、吉林等地所盛产的大豆及加工后的豆饼，从陆海两线分别运至关内与江南致使作为新辟肥源之一的豆饼其外运远销各地的数量与年俱增③。豆饼等饼肥的肥效虽高，但如从外购入，作为一笔支出也会增加生产成本，势必加重农户负担。在与广大牧区相分离的以种植业为主的农区内，经过实践而认识到把养猪积肥作为副业，则能一举两得，因为养猪之所以有利可得，不仅是由于它可提供肉食，而更主要的还是肥料来源。从明代中期开始北方旱作地区也效彷江南，开始将猪改成圈养的方式以利肥料的积制，饲喂所需，除用少量麦、糠，大多为下脚料等废弃物，这样还可使经营规模有限的农户生产结构得以优化④。对于肥料的施用方法，也愈来愈细致，至清代中期，可以说已相当完备，如在对基肥与追肥作用已明确区分的基础上，强调要依苗情的生长营养状况，适时适量的施用追肥，务期能使肥效趋于最佳水平。

至于集约化程度低于江南的北方地区在人稀地广的条件下，施用粪肥的数量要少得多，但拥有较好生产条件的富裕农民和经营地主，则大多饲养役畜，以便不失时机的耕播收运，能在较大耕种面积上从事生产，保证在积温雨量不均及无霜期短等不利气候条件影响下仍能正常运作。处境贫困的小农，则只能几户共养合用一头耕畜，在受节令时序及迁地转养的影响过程中，效率自会下降，但在这样的生态环境下仍是必不可缺的。添购和饲养耕畜都需较大开支，作为生产成本扣除有限的粪肥所得效益，实际支出在当时的经营水平下还是相当可观的。晚清随同经营地主在这一地区的增多，在同其用于雇工人力支出相比，和种植面积保持一定适宜比例下，在经营规模的扩大中，增添耕畜还是较为合适，从而在提高以耕作为主的生产效益基础上，也使集约化水平得到相应的提

---

① 李伯重《明清时期江南水稻生产集约程度提高》一文中，列举了《农政全书》、《沈氏农书》以及《松江府志》等十项文献资料，据以论证说明。本书本编第四章相关部分详加申论。

② 珀金斯著，宋海文等译：《中国农业的发展．1368～1968》90页，甚至说“豆饼中潜藏的肥料的发现，确实是技术普遍停滞现象中的一个例外”，上海译文出版社，1984年。

③ 加藤繁著，吴杰译，东北大豆豆饼生产的由来，中国经济史考证，第三卷，商务印书馆，1973年。

④ 布林克曼著，刘潇然译，《农业经营经济学》130页，“关于家畜饲养在农业经营中所履行的双重任务”，在于“它除掉把绝对的或者也可以说相对的无商品价值的土地产物变为可以出售的产品而外，还负起维持并提高土地肥沃度的双种重要使命”。农业出版社，1984年。

高[①]。这同江南水田稻作地区生产以人力为主，形成鲜明对比。究其根源当在“以锄代耜，不借牛力”的多数贫困农户，经“会计牛资与水草之资，窃盗死病之变，不若人力亦便”[②] 的原故，可见是被迫而致是，不能据以论证水田耕作中人力一定优于畜力。

（二）多熟制的普及与复种指数的提高

多熟制在中国形成的历史可上溯到唐宋时期，但迟至明清时期才成为一种基本耕作制度。明清时期全国推行多熟制的作用与意义，在于它能提高复种指数，增加种植（播种）面积，在解决人多地少矛盾的过程中，随同复种程度的增大，也相应地提高了集约化程度。但复种制的推广即使到了清代仍然受到相当限制，即不但受自然条件（气候、土质、水利等）的影响，而且还有社会经济因素（人力、财力等）的约束。近期经人估测江南水田稻作地区其复种指数在明代当不超过124.5%，清代则增至131.1%，而这些复种指数较高的地区在全国耕地总面积中所占的比重则不会超过10%。北方旱作地区耕作较为粗放，复种指数低于南方，由于有关文献记载稀缺罕见，是以复种程度较难评估。复种程度的提高对亩产的增长的影响，在清代就只得主要着眼于南方，经人测算其影响程度约为2.28%左右[③]。孕育着相当增产潜力的农业多熟种植之全面有力推行的耕作改制，确是在1949年共和国成立之后，方始见到显著的成效[④]。可见，生产中即使在技术上是可能的，而要它在经济上成为可行的，至少须具备相关的基本条件才行。

明清时期于北方河北、山东、陕西关中一带，已流行两年三熟或三年四熟等多熟制，但土质贫瘠地方一年则仍只能一熟。两年三熟制可能始于唐代，其基本方式，是每年春季播种一季早秋作物（玉米、高粱、春谷等）隔年回种一茬冬作物（冬小麦），麦收后再种晚秋作物（夏玉米、豆类、晚谷等），晚秋收后则休种冬闲。长江流域在宋代已形成的稻、麦（莱、豆）一年二熟制，本期仍在沿袭，并已成为当地的一种基本耕作制度，但多限于地势较高的地方。唐宋时主要种在粤、闽等五岭以南一带的双季稻，开始北上江浙的确切时间，文献记载虽不详，似不应迟于明代[⑤]。至清代则已开始在江、浙、湘、赣等省推行，但即使在条件较好的江南苏松等地所需搭配的相关条件（适当的品种、足够的劳力和较多的肥料）较难合理组配，加以又受当地租佃关系（佃户所种春麦、菜籽等被称为春花的作物可免交租）的影响[⑥]。康熙时曾一度兴起试种，但为期不长，不久随即衰落，当时虽经大力宣传提倡，却始终未能如所期望得到较大发展[⑦]。

---

① 清末山东经营地主，在生产经营中使役耕畜情况及其作用可参看：罗仑等，清代山东经营地主经济研究，第71，92，184～188页。黄宗智，《华北的小农经济与社会变迁》一书中，曾引用罗著改版前的1959年发行《清代山东经营地主的社会性质》中有关资料数据。黄虽同意耕畜之于华北平原农业是必要的，但认为它仍是一个以人力为主的集约化农业，见黄著上书，150～160页。

② 《天工开物·乃粒·稻工》。

③ 赵冈等，清代粮食亩产量研究，中国农业出版社，1995年，第53～60页。

④ 方原，农业现代化离不开多熟制，倒悬的金字塔，农业出版社，1991年，第71～80页。

⑤ 《天工开物·乃粒·稻》“南方平原，田多一岁两栽两获者”。

⑥ 林则徐为李彦章著《江南催耕课稻篇》(1834) 所写序中“吴俗以麦予佃农，而稻归于业田之家，故佃农乐种麦，不乐早稻”。

⑦ 李长年，清代江南地区的农业改制问题，中国农业科学，1962，(7)。

（三）原产美洲的新作物之引进与推广

明代中后期，原产美洲新大陆的玉米、甘薯、马铃著、花生和烟草等五种作物，先后从海外引进到我国，其后经普及推广相继成为广泛栽培的作物，它不仅对各地作物种植结构的变化起到了重大影响，而且也在社会经济生活中发生了起初所未曾估计到的作用。

作为粮食作物的玉米和甘薯经辗转转入之后，甘薯的推广较为顺利，明末经徐光启等竭力提倡，并在技术上解决了藤蔓的收藏等问题之后，清初康熙时已在闽、粤、浙等沿海省份广泛种植，到乾隆时更进一步普及到适于种植的新辟耕地，因其不与五谷争地，是以在救灾渡荒，缓解民食需求上起到一定作用。玉米的引进在文献记载上不如甘薯详晰。《本草纲目》（1578）说“玉蜀黍种出西土，种者亦罕”。热衷于推广甘薯的徐光启在其撰著的《农政全书》中仅在蜀秫项下顺便说及，可见明代不仅对玉米栽培还不普遍，甚至对其生物性状也缺乏正确了解①。入清以后，以其具有高产耐旱涝，能在荒山丘陵等土质瘠薄处生长，对土壤条件要求不高的种植优势，栽种和采收均较省工方便，并便于贮藏，且“乘青半熟，先采而食”，能济青黄不接等诸多优点，经多年的实践方使玉米的价值被人所认识。先是进山棚民大多以之为主粮，再有清政府某些地方官员加以提倡，其推广速度大为加快，随同人口激增，于是便由山区转向平原发展。全国大规模种植是在乾隆中期至嘉庆、道光年间，但各地发展仍不平衡，大致北方不如南方，南方则仍主要在山区，广大北方地区，要到清末民初，才有较大发展。在玉米大量推广，集中栽培后，便在大田中作为与小麦、春谷等轮作倒茬的一种重要作物。但大批农民垦山种玉米，虽使许多山地得到开发，但也引起烧山伐林，破坏原生植被，造成水土流失等灾难性后果。总之，在清代中叶以后，玉米和甘薯的种植推广，对增加耕地面积，提高粮食单位面积产量，从而缓解“人浮于地”的矛盾，确曾起到一定积极作用。但对其作用却不能估计过高，至本世纪初，它在整个作物种植面积中，其所占比重经推算玉米在10%上下，而甘薯只有2%左右②。马铃薯传入我国的确切时间和路径，虽因历史文献记载欠详尚无定论，但据方志所记至迟在清初康熙时河北及福建等地已开始种植。乾隆中期，不仅在华北平原得到普及，也随同棚民流徙垦辟，遂又推广到荒僻的山区，如川、陕、鄂三省交接处和西南滇黔高寒山地，之后在东北、内蒙古也都相继引进种植，遂逐渐遍及全国各地。马铃薯最初是以早熟高产，作为备荒作物而开始受人关注，随后又因其经调制加工便于佐餐助食而成为重要栽培作物。但因品种退化及晚疫病等不利因素，迟至本世纪初，在其相继获得克服与防治办法后，种植面积遂又进一步得到扩大③。

---

① 《本草纲目·谷部》第二十三卷，五蜀黍项下记载了它的形态和性状，并附有配图但万历庚寅（1590）初刻本把玉米的果穗和雄穗的部位画颠倒了，清顺治乙未（1655）年再版时又把它改绘成雌雄同花植物。

《农政全书》卷之二十五“树艺”，蜀秫项下仅有“别有一种玉米，或称玉麦，或称玉蜀秫，盖亦从他方得种，其曰米、麦、蜀秫，皆借名之也”。

② 赵冈等，清代粮食亩产量研究，中国农业出版社，1995年，第61～65页。

③ 见《畿辅通志》（1622）及福建《松溪县志》（1700）及《正定府志》（1762）等“物产志”中有关记载。有关马铃薯引种文献，可参看：翟乾祥，我国引种马铃薯简史，农业考古，1987，（2）。

佟屏亚，中国马铃薯栽培史，中国科技史料，1990，（1）。

作为经济作物的花生和烟草，也先是在明代引种到广东、福建等南方省份，再逐渐北传，遍及全国的。其间大粒花生在晚清也曾再次由日本及美国引种到浙江山东沿海等地，经在当地试种后又复推广，烟草则经栽植选育，形成适应不同风土条件，具有品味各异的土特名产。花生含油量高，是重要的油料作物，“且其田不粪而自丰饶”，在海滨及河滩沙地也能生长，是以随同各地榨油业的发展，作为商业性的作物所需渐多，其以种植此物而致富者甚众，一经普遍种植，就不再视同珍品，而仅限于充作糕点辅料或炒制零食之用。烟草传入之初，以其作为嗜好作物，因栽种必须粪厚工勤，而于人无益。明末崇祯时，曾一度悬为厉禁，民间不许种植，商家不得贩卖，违者甚至以死论处，然终不能革废①。入清禁弛，吸者日众，田家种之，颇获厚利，数倍于谷，是以与种棉、植桑一样，颇为农民所重视，从而形成烟粮争地的新矛盾。

二　农业生产技术的发展与制约

清代中叶以后，国力转向衰落鼎盛时期已成过去，内部不安定因素则日渐深化。这除了政治腐败，财政困窘，也同农业生产条件在不断恶化有关，除了土地兼并等社会因素的直接作用，也受一时不易察觉的生态环境之不断恶化的影响。此外则因农业生产直接相关的一些技术措施之缺乏有力的保证，以致生产不仅无法改进，甚至难以维持原有的水平。

（一）盲目围垦所引发的生态环境之趋向恶化

全国生态环境之恶化，大体是从乾隆中期开始，而突然加速加剧的。这一现象之所以发生，是在人口激增的压力下，与过分的垦山为地，围水为田有关。垦辟山地，要清除自然植被和砍伐原有林木，而一旦超过合理限度势必导致水土流失；围湖造田，须筑堤隔水，它固可“化弃地，为膏腴”，但当大规模滥用滥占，则会使水面缩减，蓄泄调节能力下降，从而引发不断的水患。通过土地开垦的继续深入，以减轻人口增多的压力，原是乾嘉两朝垦政的基本宗旨，当清初因战乱而废弃的有主之地的“抛荒”及新垦的“原荒”，经复垦与新开之后，所余后备耕地已为数不多。而东北等宜耕平原，则因系龙兴祖籍的根本重地，乾隆时封禁反而较清初加紧，之后迫于形势，为抵御外来威胁，在实边政策下，对东北三省施行大放垦，则为时已迟至清末。在此之前，当关内平原地区开垦已近极限时，失去赖以谋生土地的部分农民则只能被迫指向无主的贫瘠山区弃地，或尚有待开发的湖荡淤地。这中间虽也形成侵垦与限垦的矛盾，但在地方官员默认与纵容之下，大多约束无力，先后弛禁而听任其垦辟。从而虽收到一时成效，却留下灾荒逐年加多和生态环境不断恶化的严重后果，被称为“荒政”的与赈济灾民有关的政策与措施，也随之成为政府一项重要职能。

棚民在清代以前已经出现，但由于明朝政府对山区封禁较严，棚民入山多作为临时安身之计，到人迹罕至的深山老林从事垦辟，间亦有赖从事采矿伐木为生的。入清以后，进山谋生的饥民逐年增多加快，据各地方志记载，在乾隆时达到高潮，且已遍及全国多

---

① 谢国祯，明代社会经济史料选编，（上）“烟草”，福建人民出版社，1980年，第66～70页。

数省份，其中尤以陕南、川西、湖北荆襄，湖南湘西与闽浙赣三省交界处，以及安徽、浙江等山区为甚①。无数贫苦的棚民对山区开发的历史功绩，应予充分肯定。但其伴随进而遗留下来的恶果，也必须加以正视。迨及清朝道光时，这一矛盾已较突出，并已有人意识到其根源与危害，但却无法找出既让棚民有地可种，而又不引发水土流失的两全之策②。棚民开山造田所引起水土流失的自然过程当时已有初步了解，它多是先清除森林，而最终会使之成为荒山秃岭，在没有植被保护的地面上，失掉含蓄水分的功能，而一经雨水冲刷，便使泥沙俱下，下流河道于是淤塞不畅，历久则诱使水灾频率加多，而大量泥沙被雨水冲刷到平原良田，遂又导致耕地的缓慢沙化，地力也随之下降，从而严重影响到产量。但对促发这一现象的深层制度上原因，在当时识者即使了解到，也多有意避开不谈，而多以治安为由提出驱棚要求，下谕禁止开山，因为这涉及到与土地制度有关的地权问题。棚民入山经营或付象征性租金自耕或受雇于人被役使，因生存条件恶劣大多不可能长期定居，所以才搭建仅可容身的简易棚寮，而所垦辟耕种之地，又无法取得文契享有所有权，是以采用只取不予的掠夺方式耕种，而一旦地力衰竭则又经常迁徙流动，另觅出路去处，而毫无牵挂。这样造成的危害，短期是无法恢复的。人口众多，无序垦辟，其所导致的生态危机与环境恶化的后果，最终却要由社会全体来共同承受其恶性的严酷报应。

明清时期的长江流域，为兴建圩田、垸田以与水争地，其在湖区之中围湖造田，大多是在前代已开发的基础上又以更大规模来变本加厉地进行，其中尤以江汉湖区、洞庭湖区、鄱阳湖区以及太湖地区为甚。围垦的结果，虽然多出许多膏腴之地，但作为天然水库的湖泊，原来能够向河流吞吐，调节水量的功能，则随同水面的缩减也从而削弱，遂使流沙日就停阻，水道因之变迁，一遇巨涨，水无容蓄，遂多旁溢，洪涝成灾。而附近地区原来靠湖水灌溉的稻田，由于失去水源，一遇久旱，禾苗枯槁也因之成灾。明清时期长江流域的农业水利管理，就以救灾为中心任务，即集中力量使水患转化为水利。太湖地区经历代开发整治，有较完整的水利系统，水利与围垦本应是相互促进的，但明初受豪强盲目侵夺围垦的影响，致使塘浦圩田系统受到破坏，作为漕粮供应基地这一地区的丰欠，受到朝廷的格外关注，所以整个明朝一代，对太湖水利的治理也颇重视，但在三江治理何者当先，筑圩浚河如何互配等治理方案上，也终以缺乏全面规划，即使是熟谙水利素孚众望的官员负责施工与指挥，也只能收一时一方之功效，无法维持久远，是以直到清末，太湖洪水出路始终未得根本解决③。明代两湖地区的堤垸围筑，引起了江湖蓄泄的演变，江湖关系的演变又反过来影响到堤垸的进展，形成堤垸在空间上的扩张，使堤垸的数量急剧增长，而水面也相应的随之迅速递减。入清之后，经过短暂的恢复，至

① 彭雨新，清代土地开垦史，农业出版社，1990年，第138～145页。

② 清朝道光时曾任户部郎中的梅曾亮（1788－1856）在其《柏枧山房文集》中有一篇《书棚民事》，所论即逃荒棚民，开山造田和因而引起水土流失又毁山下农田的矛盾事。梅曾为安徽巡抚董教曾作传，从阅读相关材料中得知，董曾在上疏奏稿中提出过准许棚民开山种谷（主要是玉米），以达到人地两不闲的主张，感到“余览其说而是之”。但随后又听当地人说，开山会使水土流失，破坏稻田，也认为“余闻其说而是之”。是以其结语则谓：“嗟夫，利害之不能两全也久矣，由前之说，可以息事，由后之说，可以保利，若无失其利，而不至于董公之所忧，而吾盖未得其术也，故记之以夫习民事者”。

③ 彭雨新、张建民著，明清长江流域农业水利研究，武汉大学出版社，1992年，第20～24，52～53页。

乾隆时堤垸又急剧扩张，以致一发不可收拾而几近失控的迅速猛增。当与水争地的矛盾较清晰显露，先是有识者提出禁止围垦建议，接着朝廷颁发了围垸禁令，但“占湖之律禁虽严，而民间之占垦未已”。道咸以后，在洞庭湖区，竟至形成“田一变而为水”，“水又再变成田”的沧桑互变循环不已的恶性混乱局面。终清之世，在洞庭乃至江汉湖区的盲目筑堤围垦活动都未终止过，堤垸愈多，分布愈乱。经人估算，江汉湖区的水域面积，由全盛时的2.6万平方公里，缩小至清末的一万平方公里；而洞庭湖水域面积，仅在1835—1896的70年间就缩小了近600平方公里。可见，两湖堤垸的发展，虽有其生产上的重要意义，它增产了大量的粮食，供应了省内外市场需求，特别是趁水运之便，远运至江浙地区，有助于增进江南的经济繁荣，但随之形成水患加剧，则成为乾嘉之后一个极为严峻而又难以解决的问题[①]。

（二）水利工程之建设与成就

明清时期的长江流域，在围湖造田过程中，虽有一些弊端，但整个农田水利开发的历史上，水利建设的成绩却是不容完全抹杀否认的。这一时期水利建设的重点还是修复原有陂、塘、堰、渠，新建设的大型水利工程较少，而小型的由民间主办的却很多。据清末各省通志有关记叙，经人统计见表20-2：

表 20-2 水利工程数目统计

世纪 地区	10以前	10～12	13	14	15	16	17	18	19	
西北	6	12	1	2	9	28	6	78	92	234
华北	43	40	30	53	65	200	84	186	32	733
华东	168	315	93	448	157	314	291	128	9	1923
华中	50	62	21	52	91	361	85	116	131	969
东南	27	353	43	106	101	88	53	115	34	920
西南	19	10	6	5	31	83	61	195	96	506
合计	313	792	194	666	454	1074	580	818	394	5285

注：（1）此表转录自珀金斯，中国农业的发展（中译本），上海译文出版社，1984年第77页，有关说明见78～80页。

（2）资料来源依据清代各省通志，各省细目详情见上书452－454页。

（3）统计数目中不包括修理及废弃工程。

（4）上述地区所含省别：

西北：陕西；华北：河北、山东、山西；华东：江苏、浙江、安徽；华中：江西、湖北、湖南；东南：福建、广东；西南：四川、云南。

从上表得知水利工程的修建，在时间上以16世纪的明代为最多，而且华中已超过华东跃居首位，清代最盛时的18世纪也仍不如明代16世纪，但就地区看也依然是以华东与华中位处前列，以下依次才是华南与西南，而西南的水利开发以18世纪进度最快，所建成的工程在全国中也是为数最多，至于华北和西北（主要是陕西）的水利建设速度，也是从16世纪加快的。华北的津沽滨海地区及京畿水利营田工程，曾先后备受朝野关注，

① 张国维，明代江汉平原水旱灾害的变化与垸田经济的关系，中国农史，1987，（4）。
张建民，对围湖造田的历史考察，中国农史，1987，（1）。
张建民，明清垦殖论略，中国农史，1990，（4）。

但因受水原及地势影响，加以领导组织不力，成效则未达到其所期望而旋兴旋废，但在华北凿井及引泉却在清代中叶以后得到较快发展。华东是以苏松嘉杭为主的太湖水系所在地区，这里开发较早，在中唐以后，经五代吴越，塘浦圩田系统即已基本形成，自元至清，由于豪强肆意侵围，河网又疏于浚治，施工虽较频繁，但多枝节治理，是以功效不固不久，其效益大体限于原有水平。总之，在中国南方稻作地区，如缺少严密控制与及时供水，就无法保证正常生产，而兴建较早的工程效益基本仍能维持，而北方的井灌和引泉浇地等小型工程，对提高复种指数和扩大棉田等经济作物种植面积上确能起到积极的促进作用，是以本期水利工程的兴建维修，虽有若干不足与局限，但对保证和提高农业生产上所起到的作用，仍应予以积极肯定的评价。

（三）作物选种技术成就于耕作方法之改进

明清时期对作物品种在生产上的重要性，虽较前有了更为充分的认识，但以杂交方式创造新品种的方法，即使在西方也是迟至本世纪初才发现并逐步推广应用的。是以在早期粒选的基础上，至明代出现了进行系统选育的技术，把以前的混合选种法向前推进了一大步，至清代又发展出一株传的单株穗选。单株优选的办法是从田中选择优越的变异个体，再加以培育推广，是以不仅进展缓慢，而且容易发生退化。作物品种之退化则是和生态环境相互关连，不良的栽培生长环境会使良种逐渐丧失其优良特质，最终遭到淘汰，致使农家品种所具有的优异种质也受到不应有的损失。但多数作物还是经人工选育培育出更多的新品种。现仅以文献记载较为详备的水稻品种选育为例，见于《齐民要求》的品种为数仅有 24 个，宋代据部分方志记载经人统计，实际已超过 200[①]。明清时期随同方志的增加，有关水稻品种的记叙也相应的加多。《授时通考》（1742）卷二十二“谷种”篇中抄录了各地方志中所见名称，合称为《直省志书》，经清点累计多达 3429 个（包括重复）。如重复数按 25％计，则扣除后仍余 2571 个[②]。但方志所记多仅为品种名称，而绝少既记名称，又略作文字描述的，被公认为我国完整保留至今最早的水稻品种志，是由明代黄省曾撰著的《理生玉镜稻品》（16 世纪前期），这一专记稻的品种及其特性的专著，所记品种虽只有 35 个，但经人比较其中有 27 个是继承自宋代，用来作为研究水稻品种的继承性和变异性的依据，在文献学上具有较高价值[③]。

至于其他有关作物品种的文献资料记叙情况，有的如棉花虽不及水稻之详尽，但对因风土条件及种植方法的不同，而形成品种性状差异，在各地适于种植，并有多余远销他处者，也见于著录。而花卉果树等园艺作物之在人工栽培条件下，诱发变异形成新种，

---

① 游修龄，我国水稻资源的历史考证（宋代十二种方志所载已有 301 个，去掉重复合计其收 213 个，并列出其名称），农业考古，1981，（2）；1982，（1）。

② 同①，又日本盛永俊太郎：《中国之稻》统计清代稻米有 739 种，糯米 384 种，其中有 50 个以上的州县共有 7 个。《农业及园艺》1970，（12）。

③ 加藤繁，《中国经济史考证》中译本中所收《中国稻作的发展—特别是品种的发展》，原载《东洋学报》，1949 年 37 期 1 分册，曾据以与宋代相关文献比较。游修龄又依之同清朝中后期有关方志对比，编制成表，说明太湖地区直至清末栽种的水稻品种中，仍与《稻品》记载相同的占相当大的比重，同①。又，宋代曾安止撰有《禾谱》（共五卷）一书，惜于明末已散佚，只有部分内容保留在江西泰和曾氏家谱及当地方志中。详见曹树基：禾谱校译，中国农史，1985，（3）。

除供时人赏观品玩，其争奇斗艳的千姿百态和多种多样，也可用来说明在家养条件下，植物通过人工选择所产生的变异而形成的新品种，是极为丰富而繁多的。

明清时期农业生产工具，在继承前代成就的基础上，就其形制和种类来说，确实改进增加不多，但锄镰等常用小农具采用“生铁淋口”的制造技术，使成本降低适合小农应用；而以生铁铸造或夹钢锻打的犁铁与犁刀等耕犁的关键部件的铸锻技术也有改进，从而提高了耕犁性能，便于垦荒或深耕。倘就其应用与操作技艺而论，则已基本上达到了封建社会的经济和技术条件所能容纳的最大限度①。传统农具中的主要类别及型制至元代已经定型，但由于中国幅员辽阔，各类地区的经济发展水平不等，是以随同这些农具的普及推广，就有可能推动各该地区农业技术的改进提高，尽管因与之有关的文献记叙欠缺，难以推知确切详情，但在迁往新垦辟地区定居的移民，即使未曾随身携带整套农具，但至少会带去制作这些工具的知识，是当在情理之中的②。在农业生产提高过程中，对已有农具合理运用技能的提高改进，历史经验已证实，在中国其实际作用与意义却不逊于新农具的创制。在此仅以耕犁为例，中国的传统耕犁被农史学家称为框型犁或弯辕犁，犁体通常是由床、柱、柄、辕等部分构成有如框形。与世界其他类型的犁相比，富有摆动性，操作时犁身可回旋自如，便于调节耕深耕幅，适于在面积较小地块上耕作。另外从汉代就已采用铁制曲面犁壁，不仅有利碎土，还可作垡起垄进行条播，有利于田间操作和管理③。可见，它具有轻便快速的优点，却不适于深耕，为解决这一矛盾，明清时期从改进耕地技术着手，创造了多种套耕方法，如在南方就有“每犁辄复之，然后及于次犁”的重犁套耕法和“先用人耕，再用牛耕”的锄犁结合套耕法；北方则有“耕时必前用双牛大犁，后即加一牛独犁以重之”的大小犁套耕法等多种方式。这样通过熟练的操作技艺，与合理的配套措施，不仅在一定程度上弥补了其局限，而且便于在地块零碎的土地上，进行精耕细作，并适合小农经营的实际生产与经济情况。可见，这绝非是因陋就简、苟且因循，而缺少创新意识使然。

三　农业生产的结构调整与布局变化

明清时期的农业生产结构和农区划分，与此前相比都发生了较大变化，这是在扩大商品生产，推广新引进作物的同时，又加速垦殖，除原来农区所余下的荒僻山区和沿水滩涂相继开发，在清朝随同边疆的先后放垦，使原来的一些半农半牧区基本上变成了农区，而有些传统牧区也成为以农为主的农牧区，这样合内地与草原为一家，结束了游牧民族与农耕民族长期军事对峙局面，也使农耕文化以前所未有的规模与速度，向传统游牧民族活动范围和统治地区渗透扩展。其中尤以东北关外地区，大部分适于耕种的荒地先后得到垦辟，遂发展而成为中国近代重要农区。而西北和西南地区，除少数平原绿洲及山间坝子，余下的大片荒漠和高寒山地，则仍有待开发治理。

---

① 梁家勉主编，中国农业科技史稿，农业出版社，1989年，第464页。

② 珀金斯著，宋海文等译，中国农业的发展（1368～1968年），上海译文出版社，1984年，第68～71页。据 Werth，E：“Grabstock，Hacke，und pflug” S. 18，Stuttgart，1954。转引自熊代幸雄，《比较农法论》，御茶之水书房，1969年，第23～26页。

③ 董恺忱，中国传统农业的历史成就，新华文摘，1983，(6)。

在明清时期有些传统牧场被改垦为耕地后，就全国来看，畜牧业进一步缩小，农牧比例轻重失衡现象更为突出。农区内部种植业的结构，则随同市场需求的变化，经济作物种植比重的加大，在各地也相继经过调整，发生了程度不同，性质不一的变化。

（一）粮食作物种植结构的变化

明代粮食生产基本延续宋元的格局，明末虽已引进高产的玉米、甘薯等新作物，但直至清代中期仍种植不多比重不大，只是由于洞庭湖区和珠江三角州的开发，稻作生产面积扩大使它在整个粮食生产中的重要性更加突出，余粮在地区间贩运也随之加多。清代两湖稻田进一步垦辟的结果，是使其取代了江浙而成为全国最大稻作中心，并进而通过水运远销至长江下游各地，成为主要粮食输出区，江西、四川、两广的稻米生产也相继有较大发展。清末迁居到东北的朝鲜族，在图们江流域等处也陆续开辟了水田，水稻的种植已遍及全国大部分省区。水稻产量不仅多年来一直稳居粮食中的首位，又因其分布极广，处于复杂多变的栽培条件下，形成了众多适应各种环境的生态类型和品种，有关栽培技术的积累和总结，见于著录的也最为丰富详备。

小麦种植原以北方为主，适应东晋之后因避中原战乱，相继南迁居民的需求，刺激了小麦生产的发展，是以历经唐宋至明代也已遍及全国。在全国粮食生产中的地位仅次于水稻而处在第二位，在各地推广轮作复种过程中，积累了丰富的栽培经验，经多方设法，不仅改进其生理习性，也培育出诸多新的品种。本期在北方形成小麦和粟、豆以及玉米的轮作制，而南方则沿袭前已创行的高畦开沟排水以种麦经验，但小麦主产地仍在北方。《天工开物．麦》就曾指出，小麦种植面积，北方“蒸民粒食，小麦居半”，南方则仅有“二十分而一①”。明初的税粮，在偏重于缴纳实物时，北方又多以小麦为主，形成夏麦秋粮的两税基本征纳物。从康熙年间开始，又责令各地督抚布按等官员，定期缮折奏报粮价，在南方通常以稻米为主，北方则呈报麦及粟、豆等杂粮。这从中也反映出稻、麦及各类粮食作物在生产及消费中所处的地位。

粟又称谷或谷子，原产我国，栽培历史攸久，它在粮食作物中的主导地位，一直延续到初唐，之后南方水稻发展迅速，而粟却仍是黄河流域的主粮之一。但与其相类的黍、稷，在文献训释上常分岐相混，至清代虽有人屡经辨析，但至今仍由其音义岐异而未取得共识，是以有时作为杂粮通称之为粟类。粟以其具有早熟、抗旱、耐瘠薄、耐贮藏，其楷秆又可用为役畜饲料等优点适于旱作而著称，但因产量较低，是以栽培面积有逐年递减的趋势。大豆在先秦又称为菽，被列入九谷或五谷之一，曾充古人早期的口粮，从汉代开始，作为副食制品的豆制品，先后创制出多种②，至北宋时则多用以为榨油原料，随用途的增多而加大需求。明代以之壅田作肥料已见于记叙③，从清初开始以加工后所得豆饼充作优质肥料，已相继推广遍及经济较为发达地区。大豆虽仍为农户直接食用的食物之一，但其经济价值和种植的意图，到明清时期已显趋向作为油料作物。栽培上作为豆

① 《天工开物・乃粒・麦》“四海之内，燕、秦、晋、豫、齐、鲁诸道，蒸民粒食，小麦居半，而黍、稷、稻、梁仅居半。西极川、云，东至闽、浙，吴、楚腹焉，方长六千里中，种小麦者，二十分而一”。

② 贾峨、陈文华等，豆腐问题的争论，农业考古，1998，(3)。

③ 《天工开物・乃粒・稻宜》。

菽科的大豆等豆类作物，多与禾本科的谷类搭配，通过茬口的调整，形成推行于各地的合理轮作体系。

（二）经济作物生产布局的调整

明清时期，随着商品经济的发展，和租赋所缴已逐步从实物改为货币，使粮食通过市场出售，在农户经营中的作用日益突出。当以适应市场需求和人们的多种消费为目的的商业性生产日趋活跃时，各种经济作物种植的比重也必然会随之加多加快。在为保证所需的口粮，已可通过地区间贩运调济获得缓解时，各经济较为发达地区，利用各地的自然优势，种植适宜的经济作物，受可从中获取较高效益的驱动，于是在提高全国粮食作物生产的基础上，有些地区利用资源禀赋的优势，遂相继因地制宜的扩大经济作物的生产与供应，从而使全国作物种植结构的总体布局进一步发生了较大变化①。

棉花在中原地区种植，虽始自宋元，但它作为主要纤维作物地位的确立则是在明代。明朝开国之初，太祖就已下令给各地，除规定农户植棉任务，并允许以棉折粮缴税，从而推动棉花在全国的种植，到了明代中期之后，已是“地无南北皆宜之，人无贫富皆赖之”。当时已形成三个主要棉产区，即盛产“浙花”的长江下游及浙东沿海；主产“江花”的江汉平原，和所产被称为“北花”的华北平原，清代则进一步推广到东北的辽河流域。其中北花不仅供应当地所需，而且还远销至江南充棉纺加工原料，棉花和棉布的生产贩运，对农户的经营行为和商贩的运销活动，提供了必要的物质基础，使商业性农业在整个社会经济生活中，具有不同于前的崭新意义。即一方面促进了商品经济发展，同时却也加强了小农的经济地位，导致耕织结合的小农经营方式更趋稳固与强化。

直接受棉花生产发展影响的是麻布生产地位的下降，它只在某些生产条件特别适宜而有利的地方，得以继续保存并略有发展，至如葛布生产则已基本被取代而渐趋消失。传统的蚕桑业重心则前此已发生了历史性的南移，在北方黄河流域已逐渐萎缩而终被植棉业所代替。南方不仅杭嘉湖地方继续发展，而且还进一步扩大到苏南，清代中后期为适应外贸出口扩大的需求，珠江三角州也成为新兴蚕桑产区，在这些相对集中产地，先后出现了排挤粮食生产的现象。明代兴起于山东的柞蚕业，则逐步推广到辽东和贵州等地，成为农家新兴的一项副业。

油料作物中除大豆的生产与加工比重，在北方特别是东北继续加大，已形成生产和输出的基地。油菜籽在南方仍是首推第一的冬作物；芝麻作为优质食油的原料，在湖北等地种植也更为普遍；花生引进后推广较快，最早是于山东胶东一带形成专业性产地，清末除西藏新疆等少数边远省份都已种植。茶与烟草同为嗜好作物，但在本期其发展历程却略有别，茶不仅已成为越益大众化的饮料，而且为供应国内的茶马贸易所需，和保证外贸易出口的供应，都促使其有较大发展，并形成一些各具特殊品味新的产区。但晚清受南亚与东南亚等地新兴产茶国的崛起竞争，在国际茶市为我国一度独占的局面被打破之后，而又导致茶叶生产的萎缩不振。烟叶自引进后，因吸食者日众，成为大众嗜好品，很快就传遍大江南北，长城内外，形成一些特产名烟与集中产区，由于种烟利大，是以烟粮争地的矛盾，也日益突出。

---

① 李根蟠，中国农业史，第五章，第二节，文津出版社，1997 年，第 291～309 页。

（三）商业性农业的发展

明清时期商业性农业发展的深度和广度，都超过历代为此前所不及。在精耕细作深化的过程中粮食产量，仍能大体维持稳定增长趋势，清代中期单产虽已呈现下降，但通过增辟耕地仍能在总产上保持增长势头，各种经济作物种植类别的增多与面积的扩大，促进了生产的商品化与专业化，使种植的技术更形精细，有力的保证了城乡居民的多种需求。但与种植业相比养畜业则仍有所不及，由于传统牧场的开垦和内地牧养条件的变化，总的来说，在内地农区大牲畜的饲养更加趋向萎缩，而猪羊及家禽的饲养却继续有所发展，但清初由于塞外草原广阔，适宜于放牧的草场面积较大，是以马、牛、羊等以草食放牧为主的牲畜饲养繁育盛况，较前不减，至晚清则随同国势转弱，也从而一并衰落不振①。一向用较小规模，以园圃分工的形式，种植生产的蔬菜、果树、花卉等园艺作物，随同市镇的兴起和社会需求的增加，则有较大发展。虽然经集约栽培具有较高经济价值，却终因市场需求的限制，却始终在整个农业生产中未占较大比重。但经多年累积的栽培技艺，已相当精湛娴巧，是以作为可充实与丰富物质及精神生活的农产品，在其培养驯化出的繁多品种中凝聚了可观的农业生物学知识和栽培技艺。

明清时期作物种植结构变化的直接后果，是促进了商业性农业的发展，并形成专业化、集中化的产地使农业生产布局逐步趋向合理。而间接的影响，则是在地区分工的基础上，扩大农畜产品交换贩运的商业活动，为保证城乡居民需求的增加，提高改进农业生产的诱因与动力，则较前在自然经济占居统治地位时，更为有力的促进精耕细作技术的不断稳步提高，尽管本期技术上未出现较大突破，但已趋向定型的传统技艺也绝非停滞不前毫无改进的。作为技术成果的系统总结与深入探析，也相应的充实并扩大了传统农学的内容，首先是超出小农自身生计所需的农事活动，就使合理经营加强管理的任务提上日程，从而与之相关的经营组织行为，也就构成传统农学的合理组成部分。其次是农业技术上改进较多的，通常也必然是增产中急待改进的关键环节，因而记录其成果，既利于推广普及，从而也为传统农学增添了新的成分。在农业结构调整中，推陈出新的任务，也要求相应的技术措施来保证，适时适地的创新措施，虽体现出了与时共进的时代精神，但传统农业技术合理核心精耕细作的精髓，却经历了实践的考验，从而有力的证实了经过提炼而加以总结概括的中国传统农学正是在发展中有所继承，并在继承下又不间断的在发展。

第三节 明清时期传统农学发展的文化背景

一 与农学有关的学术思想之演化

中国传统农学作为中国文化学术历史遗产的一个组成部分，它的形成和发展都深受

① 王毓瑚，中国畜牧史资料，上编，历代养畜业概况及牧政，九，明代；十，清代，科学出版社，1958 年，第88～103 页。

传统文化的影响。究其原因则是处于传统农业阶段的传统农学，与近代实验农学有所不同，它是带有民族印记，而非普遍的世界科学。这从其所依据的学术思想，如中国固有的有机自然观；思维方式上，如侧重于从整体出发的，长于综合、短于分析的综合观；表述方法上，偏爱类比与推导，缺乏逻辑意义上的严谨的确定性和规定性等方面都能充分体现反映出来。作为传统农学，它又是侧重经验，强调实用的，这虽与中国儒家的价值观有诸多契合之处，但作为一门学科，则不易厘定其研究对象和研究范型，从而极易使传统农学与传统农业技术混而难分。农学作为一门科学，即使像传统农学是经验性的准科学，它本来的目的也仍应是探索理论知识，并使其相关的知识经过疏理得以体系化；而技术则是设法掌握可操作的知识，并力求能付诸实践①。作为中国传统农学载体的中国农书，却是直到明清时期才有体系更为严谨，门类相当齐全的大型综合性农书，在内容也出现不完全同于生产过程所累积的单纯记叙，而是企图探讨其深层内在机理的，具有一定理论水平的专著。本期内，生产上以精耕细作为特点的农业技术，虽未能有重大突破，但却有所深入而更趋精细，使传统农学有可能在这深化的基础上，最终趋于定型。但随同整个世界的科学发展，它又面临向近代实验农学转化的机遇和挑战，在中西文化相互接触交流的过程中，它克服了来自各方的偏见与阻力，使处于不同水平上的中西农学得以交汇，从而对中国近代农业生产技术体系的形成有所助益。回顾历史，从总体上来精确区分农业科学与农业技术，因其只具有相对意义而伴有诸多困难，但如通过农书与农业历史文献来全面评价其成就与局限，还是有必要并能大体区分开来。试从传统农学这一特定视角来进行探索，特别是中国在拥有数量较多，体例较全的作为农学载体农书的特定历史条件下，不难从中获得有关维护人与自然和谐的回归，实现农业稳定持续扩大再生产的有益启示。

（一）“三才思想”在农业生产实践中的继续深化

在中国先秦时就已奠基，以整体、辩证、发展为特点的中国传统农学思想，有着丰富而深刻的内涵。其特点是把农业生产中天、地、人三者彼此联结成有机整体，形成“三才思想”，在操作上注重分析生产因素间的辩证关系，总结出要根据具体时、地、物来采取相应措施的“三宜原则”。三才思想体现出人与自然环境的关系，最初是突出“天时”这一为当时人所不能控制的因素，尔后则逐步提高人的主观能动作用②，但却始终很少偏离“天人相通”、“天人相类”的“天人合一”思想，即使到了明清时期，对天采取的顺应态度，始终无大变化，甚至把自然规律称之为天道，并认为天道是可以支配人类命运的天神意志，一切举措都应循依“慎乎天意”这一原则，在农事活动中强调“所以授民时而节农事，即谓用天之道也”③。明末徐光启在其撰著的《农政全书》“农事”项中，不仅讲“授时”而且还谈“占候”。清代由乾隆敕令官纂的《授时通考》一书，就是用传统的统治者“敬授民时”的意思，钦定为其书名，并将“天时”列为一门，排在书的开端，在其总共占有的六卷中，除引经说及百家之言，也录历代有关占验之法。其说层层

① 董光壁，中国科学现代的难点与前瞻，科技导报，1998，(9)。

② 范楚玉，我国古代农业生产中的天时、地宜、人力观，自然科学史研究，1984，(3)。

③ 《王祯农书·农桑通讯集》，“授时篇第一”。

相因，除依以叙说天气与丰欠之理，也据以阐释人事和治乱之因，其可信并能经受验证者虽甚少，但进而形成的“使民以时”和“不违农时”等政治主张，还是有利于民众的。和对待天时不同的是，在涉及土地的态度上却积极得多。即在此期间不仅积累了更多的垦辟地土、维持地力，乃至用土，改土的方法等可操作的技术，还进而在这丰富经验的基础上来探讨其内在机理，就此撰著的有关专著，构成了传统农学中较为杰出优秀的组成部分①。有关时土物的三宜原则，是从三才思想引申派生而来的，其中尤以“物宜”所论有关之“物”，通过农业的生产实践活动，明确了特定的时土前提下，倘是饲养栽培的对象及连续投入的物资时，则依据其不同情况，通过人工干予的手段，既能为农业生物的生长发育创造出更为适宜的外部环境，也可对农业生物的性状通过培育，改变其内在习性，筛选出更适合人类需求的品种。三宜原则是在明代马一龙的《农说》中明确提出的②，联系它在水稻栽培及以后经人总结于土壤施肥以及耕作中的具体运作，可清楚的体会到其所具有的可操作性。因而以之与三才思想相比较，它超越了朴素整体自然观，只把人视同自然界的有机组成部分；而且增进了和这整体相关细节的认识与改进能力，就其作为指导农业生产的思想认识的意义与作用来说，是在了解作为农事活动一般规律的共性基础上，进而明确在农事操作上，人与物这一主客矛盾对立统一体中，要切实的掌握作为生产对象及手段而统称之为“物”的个性差异之所在。如是方能确保人的作用无所差失，并可收事半功倍之效益。

阴阳五行思想，早在先秦时期就已被人们作为指导思想，广泛应用于说明各种自然现象和社会问题。就其与农事的关系，则从西周末年，阴阳开始被想象为“气”，而一切自然现象正常与否，则常从阴阳中去探求解释，将水旱灾异与人事祸福脱钩，呈现出可贵的唯物主义倾向。五行最初是在春秋时以水火木金土五者的简单自然属性为依据，来构建质朴的元素观念。之后又补充以相生相胜的关系，通过其生灭转化来说明万事万物流转变化的机理。这种解释虽多附会牵强处，但却接近有着反馈功能的自然界这个封闭系统的本相，是以含有合理的辩证因素。阴阳与五行的最终融合，是在西汉，其在自然科学上得到较为完整体现的是在同时完成的中医理论体系③。但于农事上的应用，在明清以前则多限于用来分析时令节气和土壤④。它对生物特别是农作物的作用，迟至明代的《农说》方始据以全面解释农业生产特别是关于水稻栽培的原理。清代杨屾则将经过修正的天、地、水、火、气，作为生物构成的基本单位来代替原有的五行，又将其动态作为环境条件变化的因素。并运用这些原理贯彻到旱作生产的全过程及技术操作的各环节，力求据以阐释其相关机理。明清时期侧重从自然观上观察的传统农学思想，的确是达到了前所未有的水平，形成了较为系统完整的中国传统农学理论，其成就和局限也相应的较为充分展现出来。

（二）理学之衰落与实学的兴起

明清时期在思想领域上统治地位的官方哲学，是继宋元之后仍有较大影响的理学。理

① 范楚玉，我国古代农业生产中人们对地的认识，自然科学史研究，1983，(2)。

② 马一龙《农说》，“合天时·地派·物性之宜，而无所差失，则事半而功倍”。

③ Forke A. 著，小和田武纪译：《中国自然科学思想史》生活社，1939。

④ 李申，中国古代哲学和自然科学十，农业、农学和哲学，中国社会科学出版社，1993年，第228～156页。

学并非儒家中的一个学派，也不是一家完整的哲学学说，而是10～19世纪中叶思想史断代的统称，其内部派系众多，也贯穿着唯物主义与唯心主义的斗争①。在宋代是以程颐与朱熹为主要代表，强调"理"是离开事物独立存在的客观实体，是和人们生活欲望对立的伦理纲常。明清时期将其确定为主导的意识形态和科举考试必须奉守的范本，是因其有利于维护封建统治秩序。和以"理"为最高哲学范畴相对立的，还有南宋陆九渊和明代王守仁为代表的心学。这个学派提出"吾心即宇宙"，"心即理也"等命题，王守仁则更以"致良知"及"知行合一"为主旨，以存天理，灭人欲为指归，但却具有反传统的卓异风格，在明末的王门后学竟出现偏离礼教正规的异端。但直至清代前中期成为主流的却仍是程朱一派的理学。但围绕着理、气、心、性以及道、器等范畴，从不同的世界观提出了不同的解答。也有些另作解释自成体系的，具有唯物主义倾向的思想流派，在试图对自然与人事的解释上，力求突破某些传统桎梏的束缚，但却未能从根本动摇理学的统治地位。理学的消极方面是以其精密唯心论体系，包含禁欲主义等成分，为封建伦理纲常的理论进行辩护，但它也包含若干合理的因素，具有大量的自然与社会知识，有待重新评价及深入开发的价值②。

明清之际有些学者已厌倦于宋明学人的主观冥想臆测，而倾向于客观实际的考察，并强调明道救世的经世致用精神，在此同时也注意立足于典籍，反对空谈的学风，在这一崇尚质朴学风的影响下，又处在受禁锢思想屡兴文字狱的压抑环境中，并籍助于清代中叶安定的社会时机，经过众多学者长时间的潜心努力，形成以训诂方法校勘古籍，从事文献考据的文化整理工作，由于它盛于乾隆、嘉庆年间，是以又有乾嘉学派之称。经过乾嘉学派众多经师宿儒的努力，中国古文化的整理工作，从校订经书扩大到考究史地历算及典章制度等领域，均卓有成效，其中尤以对史料和古籍的考释最见功力。由校勘而纠正古书传抄刊刻的伪谬，罗辑旧书以免旧著佚失等，都为中国古文化的总结性研究奠定了基础。但其学风以征实过多发挥太少，所以未能就中国传统文化作出总体性的，探索规律的深入研究，而仅限于资料性的准备工作，但它仍深受厚古而薄今，重义理而轻技艺这一儒家传统观念的影响。直到鸦片战争前后，迫于形势而又受到传进的西学挑战，为摆脱踏常袭故的积习，才又兴起托古改制微言大义的，富有怀疑精神的经今文学派，在使孔子与先秦诸子平列的同时，使中国传统学术，在理学、考证学之外，另行开辟出一个新的境地③。在其创新中由于无法摆脱旧的传统，加以其方法不够严谨，推理又多主观武断，是以仅在晚清流行了几十年。因其在学术上较少积累，其影响也是有如时过境迁而渐衰落日趋式微。

（三）工商皆本思想的出现及小经营地主治生之学的形成

在以农业生产为主的中国封建社会里，统治者重视农业并推行以农为本的重农政策，这在一定程度上，既有利于发展社会生产，也便于维护封建统治，但贱视商业以之为末，

① 任继愈主编：中国哲学史，第三册，人民出版社，1964年，158页。

② Needham J.，Science and Civilisation in China，vol. Ⅱ，P493～495，曾提出"理学的世界观与自然科学的观点有些极其一致，因此把理学解释为对有机主义哲学的一种尝试，而是决不是不成功的一次尝试"。他进而断定"宋代理学本质上是科学性的"。

③ 戴逸，清代思潮载论中国传统文化，三联书店，1988年。

进而采取的崇本抑末政策，就是重本轻末思想的表现。随着社会经济的发展，它阻碍商品经济发展的消极作用，愈来愈严重也愈来愈明显，宋代以后反对重本轻末的思想家逐渐增多，但真正扭转这一局面的，是在商品经济有了较大发展的明代中后期，先是有人提出对于工商业要尽量采取私人经营的方式，反对由国家经营或控制，认为商品的平等原则在封建官府也应适用[①]。随后在明清之际的启蒙思想家中，作为市民阶层的利益和要求得到较为集中的体现，即已旗帜鲜明的提出了“工商皆本”的口号，来和传统的崇本抑末思想相对抗，而把视工商为末业的观点，痛斥之为俗儒的妄议[②]。但当时不仅农业仍是封建性质的，即使工商业也还是处在封建社会和商会控制之下，所以它还不是要求全面发展资本主义，而只是反映了在已出现资本主义萌芽时期，从封建社会内部生长起来的工商业市民，为保障自己的利益和提高自己社会地位的心声。到了清代，特别是鸦片战争之后的晚清时期，地主阶级的少数顽固派虽仍坚持崇本抑末的传统教条，但认识到农业固然重要，而工商业同为国民经济中不可缺少的部门，要把本末皆富作为千古治法之宗[③]，甚至强调国家应“恃商为国本，商富即国富”[④] 的已不乏人。

处于封建时代的中国，对于经济管理问题的探讨议论，除去从国家或社会的角度，也有从私人家庭着眼的，当然像前者这种以研究如何使全社会财富增长，并有利于整个国家的所谓“富国之学”，是处于主流地位的显学；而后者以探讨取得和增值私家所拥有财富的，被称之为“治生之术”的则远不能与之相比，而只是一个支派，这是因为受儒家重义轻利及义利之辩的影响，多以仁义相标榜而讳言财利，强调把礼义道德作为评价社会效益和人们经济活动的基本价值准则。但在地主经济和个体小农经济的基础上，不仅地主，就是自耕农也有着完全独立的个体经济，即使是与地主有着租佃关系的佃农，在生产经营上也具有较大相对独立性和自主性。从东汉崔寔的《四民月令》有关古代家庭农业经营的资料，经北魏贾思勰在《齐民要术》中提出的农业经营的集约思想和管理上的勤俭原则，使地主治生之学已具雏型。而以个人或家庭为本位的经营思想，到了明清时期随同经营地主的出现与发展，则从“以末致财，以本守之”，发展到生产和管理问题都要亲自参与过问，甚至能够做到“凡田家纤悉之务，无不习其事而能言其理”[⑤]。即不仅关心致财聚敛的创业活动，而更致力于合理经营抚御雇工的守业行为，以期“厥业可永，子孙有赖”。

（四）西学东渐之反应

明清之际，相继来华的耶稣会士，从传教布道活动中逐渐体会到，在中国这样有着久远深厚而与西方迥异的文化传统国度里，最善之法莫过于先以学术收揽人心，来逐步赢得华人的信任与尊敬。在传教过程中，就设法附会中国儒家学说，以辟佛补儒的方式来开展活动。通过这些方法，取得了一定成效，特别是在上层社会也发展了一些信徒，并争取到个别最高统治者的青睐。在天主教会逐渐取得在中国立足地位的同时，也促进了

① 丘濬，大学衍义补·市籴之令。
② 黄宗羲，《明夷待访录·财计三》。
③ 包世臣，《安吴四种·庚辰杂著二》。
④ 王韬，《弢园尺牍·代上太守冯子立都传》。
⑤ 张履祥，《补农书》，书前陈志鉴所撰《补农书引》。

中西文化的交流，就中国来说，是继汉唐时的印度佛教传进后，面对以西学东渐的声势，传来宗教与科学这本来对立事务于一身的外来文化，因而所引进的是未能彻底摆脱中世纪神学影响的学术，而并非是当时西方最先进的科学①。而经由耶稣会士介绍到西方的中国文化典章制度，则为欧洲揭示了一个远在东方，虽然属于完全不同类型，但绝非低劣的文明，从而在18世纪法、德等国曾一度掀起了崇拜中国，甚至把当时中国奉为楷模的“中国热”。由于尊孔祭祖等方式被罗马教廷视为异端，不能容忍，遂谕令来华传教士不得效行，从而引起礼仪争端，导致中西双方的来往联系中断几近百年之久。在19世纪，随同西方资本主义发展，当其以军舰大炮轰开中国大门时，闭关锁国多年的中国朝野上下的部分有识之士，在这一外来压力下，开始意识到存在于双方间的差距，在急欲扩大眼界了解这一已经变革了的世界的同时，也已意识到为图强自保也须引进西方的先进技术与文化，但这只是务期实用的被动引进。为配合西方列强侵略的文化渗透，却由再次来华的耶稣教士积极配合，逐步加快在中国全境推行。如仅从其客观效果来看，不拘其主观动机如何，传教士兼所从事的文教活动，毕竟还是有益于促进中外文化交流，并增进了相互间的了解。

明清之际的西学东渐，是处于相互间几近隔绝状态下两种文化间的接触撞击，在中国随即有徐光启等近代科学的先驱者在不同程度上从中受益，除了解西方的一些科技成就，也进而意识到与传统思维不同的严谨逻辑推理方法，当会有助于克服多年来习焉不察的整体直观、体悟、类比的思维方式，并提出对待西学应持“力求会通，以求超胜”的正确主张②。但在明末的统治者却是采用“节取其技能而禁传其学术”的政策，以极端的功利主义态度来对待引进的枪炮和历法等，即以纯粹工具价值来处理能为其带来实际利益的某些技能。清朝开国之初，顺治和康熙有着明末君主所不具备的颇为开放的心态。特别是康熙不仅拓展了引进的范围，还允许从学理上进行研究和探讨，而不只是依靠行政命令来采纳西学。康熙中期的礼仪之争，实际上是天主教在华传教过程中“儒学化”与“不失真”这一矛盾的突出而表面化。康熙为维护儒学独尊地位，终于不再容忍而实行禁教，但对学术还是较为宽容。之后继位的雍正和乾隆等，则只对能用来点缀盛世的工艺品等洋玩意儿还有些兴趣，在向西方学习近代科学的真诚愿望，已几近于无。在对天主教更加严禁的过程中，中断了从明末以来的西学东渐的文化交流③。鸦片战争之后，洋务派所竭力倡导的学习西学，是在“中学为体，西学为用”的体用思想支配下，仍沿袭着节取其技术来为我用的急功近利态度。当时虽也不乏对西方的历史及现状有着较为清醒认识的如严复，在甲午战败之后，就已曾明确指出导致西人富强的究极原因，则即非技术，也不仅限于科学，乃是黜伪崇真的科学方法和屈私为公的政治原则④，为此严复曾致力于翻译出一系列相关的西方学术名著。戊戌变法前后已掀起转经日本的全方位向西方学习热潮，终于从中切实体会到在向西方学习其先进事物，原本是和中国近代化的艰辛历程，有着互为因果彼此交错的深层内在关联。

---

① 何兆武，论徐光启的哲学思想，历史理性批判散论，湖南教育出版社，1994年，第323～325页。

② 徐光启，《历书总目录》载王重民辑校：《徐光启集》卷八，上海古籍出版社，1984年。

③ 陈卫平，第一页与胚胎—明清之际的中西文化比较，第六章，上海人民出版社，1992年，第253～280页。

④ 严复，《论世变之亟》，“苟扼要而谈，不外于学术黜伪而崇真，于刑政则屈私以为公而已”。载王轼主编，严复集，第一册，（上），中华书局，1986年，第2页。

二 文化学术成就的历史总结

随着封建社会经济发展到较高水平，明清时期的文化学术总结工作也取得较大成绩。不仅官方调动较大人力物力，对历代流传的典籍从事搜集汇编，再加以辨伪、钩沉，许多人为之付出毕生精力，进而由官私汇编辑录为类书、丛书，其规模之宏富超过前代。通过对中国古典文化的整理研究，为后人留下丰富的文化遗产，其研究方法与成果，即使从研究农学史的特定角度着眼，也当是启示良多获益非浅。

（一）古籍整理工作开展对农书撰刊的作用

明清时期的古籍整理以清朝乾嘉之世成就最大，由于运用归纳、分析和比较的合乎逻辑方法，涉及校勘，辨伪及辑佚等各方面。古籍的整理原以考据经书为主，由于要通经，进而又须精通文字音韵、名物训诂，甚至天算地理、金石乐律等，再以之解经治史，又旁及兵农医术等子书，于是使各种传统学术都相继走向了考据的道路①。

1. 校勘，清儒校勘古书成绩巨大，其所用方法经梁启超归纳有以下四种：一是以两本相对照，根据前人所征引，记其异同，择善而从；其次是根据本书或他书的旁证反证来校正文句的原始讹误；再次是发现找出著书人的原定体例，根据它来刊正全部通有的讹误；最后是根据别的资料，校正原著之错误或遗漏。前三种方法是狭义上的校勘，可用来校正后来传刻本的错误，力求还出原书本来面目，其范围限于文句异同及章节位置，经清儒多年努力已形成许多公认的规律，后一种是文义上的校勘，可用来为一部名著要籍拾遗补缺，其应用限于史部，可用以遍校多部史书，也有以之专校一种的。运用以上各法，其校勘成果，以先秦子部最多，而史传之类次之，经书则因累代承习者众，错讹较少。至如《齐民要术》之历经明清两代诸家校释，而仍无善本之可据，当和农书中俚语方言之费解，以及士人之贱视稼穑田夫，大多昧于农事有关②。

2. 辨伪，中国文化传统中，从较早就形成托古以自重的学风，是以历代伪书极多，从而学术研究带来诸多困惑。辨伪工作也由来已久，早在汉唐就已有学人感到伪书之不可不辨，但如何辨析却未见详说，宋儒则进而首开疑古之风，至晚明方始有以辨伪为业，入清则益盛，清儒就此所获成就，其最可贵者，不仅在其辨出的成绩，而更在其发明辨伪方法而善于运用。其辨伪程序常用客观的细密检查方法，从多方面着手，即就著录传授上，所载事迹，制度或所引书上，文体之句上，思想渊源上，作伪者所凭借的原料上，以及原书佚文佚说的反证上，经过这样严密检查之后再下断语，如是虽把一些古书真伪及

① 有关清儒对古籍方法的论述主要参据：梁启超，中国近三百年学术史14及16节。载《梁启超论清学史二种》，上海复旦大学出版社，1985年，第352～408，481～523页。

② 石声汉：《齐民要求今释》书前“初稿小引”“有《齐民要术》是一部难读的书。并引明代杨慎谓其书难读之因，在于“或不得其音，或不得其义，文士犹嘎之，况民间其可用乎？”。《四库全书总目》则以“文词古奥”来总评该书。缪启愉：《齐民要术校释》附录一“宋以来《齐民要术》校刊始末述评”则将其各种版本在长期流传中脱伪之由来加以辨析再从校者的态度方法及功力来评述其得失，可供参考。

年代辨析清楚，但仍留有未完的诸多任务，可见古籍研究中求真之不易①。

3. 辑佚，宋代印刷术广泛应用之前所撰古书，至明清已多亡佚，明中叶后，文士有喜摭拾僻书奇字以炫博，甚至编撰伪书以欺世者。至清代通行考据中，也曾大力开展辑佚活动，其辑佚所凭据的资料，大体有以下五类：即以唐宋间类书为总资料；以汉人子史书及汉人经注为辑周秦古书之资料；以唐人义疏等书为辑汉人经说之资料；以六朝唐人史注为辑逸文之资料；以各史传注及各古选本各金石刻为辑遗文之资料。当清乾隆时《四库全书》编纂之际，先后从《永乐大典》辑出之书，著录及存目合计凡375种。嘉道之后，以辑佚为业而成家者，如马国翰汇编之《玉函山房辑佚书》即多达600余种。作为传统农学载体的农书，汉唐以前见于著录而已亡佚者，有些经其辑佚收于其中，但大多有欠精确。另如元代《王祯农书》的原刻至清已难觅得，通行的武英殿活字聚珍本，即是从《永乐大典》辑录而成。

（二）古籍汇编刊刻与农书的流传

明清时期，尤其是清代在对古代典籍整理的基础上，再汇集刊刻以利存藏和流传，可谓功在当代，泽及后人。明初成祖永乐时编辑的《永乐大典》，是按“洪武正韵”次序编排的类书，共22 877卷，辑入图书7800种。清代康雍两朝，由政府编辑的《古今图书集成》共一万卷，分历象、方舆、明伦、博物、理学、经济等六编，三十二典，共收书6109部，搜罗宏富，是汇集经史子集大成之作。类书是辑录各门类或某一门类的资料，按一定方法编排，以便检索征引的一种工具书，从三国曹魏开始，历代虽都曾编辑，于今不仅多已亡佚，而且规模之宏富也都远不及明清所辑刊的，是以于今有人说，它可视同古代中国的百科全书②。

明清时期除汇编辑录各门类书籍，按一定方法编成类书之外，还编印各种单独著作而冠以总名，谓之“丛刻”或“丛刊”也即“丛书”。明代丛书多为私人辑编，清代则以乾隆时官修的《四库全书》为代表，它是有戴震等160多位名流学者参加，先后历时15年方始完成的，全书将古代典籍完整抄录，分编于经史子集四部，四十四类之下，共收图书3457种，79 070卷，另有存目6766种，93 551卷。但在编辑时也以“悖逆”、“违碍”为由，下令查禁销毁了近3000余种，约六七万卷的图书，统治者根据其政治需要，又责令对不少书的内容作了删改③。作为中国古代文化遗产汇总的最大丛书，在其卷一〇二子部一二农家类，仅收农书十部，存目九部，还有更多的农书是收在子部其他类，而以茶、竹、花、果为对象，过去习惯上被排斥于农书之外的，则大体上多归纳于所谓《谱录类》之中，其余的在史部与集部也收集有一些农书。究其原因则一是与四部的图书

---

① 《齐民要术》卷前“杂说”之非贾思勰原作，经各家辨析已为研究者所公认，《齐民要术》所引征的书较少经人删改，而所引古书又较多，以清朝著名儒师多据以为考证他书资料之由来，从事改订他书中的字句，并取得一定成绩，但却忽略其为农书的价值之所在，经其辨伪辑佚所获，除《氾胜之书》等少数，大多与农事无关。《要术》卷十“五谷果瓜菜茹非中国物产者”因所引古书多并已经散佚核对较难，石声汉的《齐民要术今释》对这一部分校注虽多而释文则较省略，西山与熊代的日文译本，对卷十则以难解异解较多为由，未加翻译。

② 梁从诫，不重合的圈—从百科全书看中西文化，载张岱年编：《国学今论》，辽宁教育出版社，1992年，第241～243页。

③ 冯天瑜，明清文化史散论，“明清类书丛书编纂述评”，华中工学院出版社，1986年，第344～368页。

分类体系的特点有关，另外也受所谓农家类的农书范围不够清晰的影响，总之从中可反映出，“当时有很多应当算是农书的著作在过去是不被视为农书的，而另外一些绝不相干的书却又都列入农书之内”①。至于明人刻书不仅造伪成风，而且有些见于丛书的竟是有目无书，或经随意删节以致有头无尾，难窥全貌的，从而失去了作为丛书的有利于汇辑藏存的积极意义。小型的特别是有关花、木等收入这类丛书的农书，大多作为怡情遣兴之作，是以被删节的大多是涉及栽培种植等具体技术，而保留的则是些着重于品评，欣赏等可供消闲娱乐的部分。

三 传统农学的局限与生命力

在古代农业是决定性的生产部门，而农业生产又是涉及到许多领域的经济活动。有关中国古代传统农学的成就，除了集中的著录于被称为农书之类的论著外，也杂见于其他历史文献和学术著作中，这一事实反映出农事与其他社会经济生活的关联，也说明农学是与其他相关学科交融渗透相互为用的。以记叙农业生产经验为主的传统农学，不仅限于中国，即使在西方也是通过试错法等较为原始的方式，在细微点滴经验积累的基础上，逐步提高缓慢进展的。在西方是迟至19世纪，在其他相关的基础科学，如生物学、化学等学科相继有重大突破并完成其体系建立后，才有力的推动农学转变为以近代科学理论作指导，并凭借较为先进的科学仪器作手段，方始完成其向近代实验农学的过渡与转变。在此之前，尽管中国传统农学的水平成就并不逊于西方，但终因科学总体水平落后，一时竟无法弥补日益拉大的差距。在中国引进西方近代农学，并以之为参考借鉴，再通过自已的实验与生产，来建立适合于中国国情的中国农业科学技术体系，则是进入20世纪之后，通过各方的共同努力，才取得较快的进展，并收到显著成效的。尽管当前的基础科学各个部门与分支学科，大多都已是国际化了的，但受自然与社会因素制约较多的农业生产和农业技术，依然在一定程度上保留有民族和地区的印记。作为近代农学虽与传统农学有别，但只要农业类型上的差异不能彻底消除泯灭，在作为历史学术遗产之一的传统农学中，其所蕴含合理因素就该批判的继承，是以对传统农学的研究，即使在当前也仍具有深远的现实意义，而绝非单纯仅对先人辛勤业绩的缅怀与赞誉。

① 王毓瑚，中国农学书录，农业出版社，1964年，第342页。

第二十一章　明清时期的农书撰刊与流传

作为传统农学载体的中国农书，见于王毓瑚编著《中国农学书录》的共541种，其中在明清时撰刊的是329种，即占全部总数的六成，仅此就足以反映农书的撰著刊刻超过前代而极一时之盛。但从研究农学史的这一特定角度来考察，还须进一步深入分析。因为本期农书之多，是和距今时间较近以及印刷技术较前发达等便于文献流传的外在条件有关。而作为农书其大量撰刊的必要与可能，乃至这些农书的水平与特点，又是和这一时期的社会经济状况与农业生产总体水平密切相关的。如拟从农书来探讨传统农学的成就与局限，则须结合社会经济状况说明其成书时间与撰著的背景，联系农业生产的发展变化来分析其类别与结构，并酌情与前代同类农书加以比较，才能较为具体深入的得以体现，从而有助于对传统农学的研究。

为了深入研究这一时期的传统农学，仅凭通称为农家之言的农书这类典籍还是不够的，因为还有许多文献、资料等内容虽与农事有关，但其编撰的宗旨、体裁及结构等方面存在差异而有别于农书。早在先秦的典籍中，除个别侧重论述农事的篇章，经后人整理校释已被列入公认的农书，还有许多涉及农事的个别章节段落，虽经常为研究者所征引转录，但确无法完全视同农书，到了后来这一情况也依然未变。农学是一个综合的应用技术学科，与之相关的一些边缘学科的论著中，必然会有记叙农事的部分较为集中的专门章节。农业在古代又曾是压倒一切的主导生产部门，是以有关政治的奏章疏策，述地记人的地方史志，以及文人的笔记书札等，都不乏涉及农事的内容。作为原始资料，它在农业专史及地方农史研究中，甚至可以成为极具权威性的主要依据。这样来区分以论述农业生产为主题的农书，涉及农事活动某一侧面的农史文献，以及零散片段但又具体翔实的农史资料，应能大体概括用文字记载下来的历时悠久的农业遗产。作为史料，它对研究传统农学都是必不可少乃至无可代替的。限于实际情况，本章拟就本期农书按其类别分类加以概述；文献则酌选其与传统农学关系密切者适当评介；而有关资料则因其数量过多而又极为分散，难以备叙列举而只能从略。

当对农书进行分类概述时，作为其前提与依据的农书分类体系也须略加探讨。按经史子集这一传统的典籍文献分类方法，显然在这里已不完全适用，而较新的图书类表因其是以近代科学论著为对象，不易揭示并标识以传统农学为主体的中国农书特点。一个较为可行的方案是参据前贤的研究成果，在对中国农书的外延与内含基本确定的前提下合理划出农书的范围，再根据其独具的内容与体裁，并参考较新的著录体例，理出一个既较切合实际，又便于开展研究的分类体系。本章即拟循依这一原则，以解题摄要为主，作一概括的综述。

第一节　明清时期的农书撰著、辑校与刊刻流传

据王毓瑚编著的《中国农学书录》，历代农书共计为541种，其中属于明清时期约有329种，约占总数的60%。明清两代500多年里撰刊的农书，竟多于以前历代两千余载之总和。在这329种农书中能流传至今的仍有229种，即近七成仍存于世。宋代以前约78种农书中，早已亡佚而未能流传下来的则多达2/3以上，成书于宋元两代的109种农书中，先后失传于今不见的也已超过半数。可见在现存的农书中，明清农书实际所占比重显然还要偏大些。另据王达的整理统计，见于全国各地公私藏书单位书目以及实地调查所得，明清时期的农书约计830余种，即未被《中国农学书录》收入的还有500多种。其中存佚待考的约百余种，但这多出的农书除属蚕桑类的204种，曾由其著文列出书名及作者，余下的其他类别农书详情迄今未见专文报道介绍①。又据《中国农业百科全书·农业历史卷》所附《中国古农书存目》共收书698种，而较多的原因是对农书的认定标准较为宽松。其中属于明清时期的为601种，即占现存农书总数的86%。如按细目划分，则见于这一存目的农书中又以蚕桑、花果两类为独多，即分别都在150部左右，而作为基本文献主干农书的综合类则略多于80种（表21-1）。

表21-1　明清农书分类概况②

序　号	类　别	历代小计	本期所有	现存数	本期占历代的%
1	农业通论	122	73	46	59.83
2	农业气象、占候	19	12	7	63.31
3	耕作，农田水利	31	25	19	80.54
4	农　具	3	1	1	33.33
5	大田作物	12	10	8	83.33
6	虫害防治	10	10	7	100.00
7	竹木、茶	28	9	6	32.14
8	园艺通论	29	19	12	65.51
9	蔬菜及野菜	17	13	10	76.47
10	果　树	19	12	12	63.15
11	花　卉	107	80	52	74.76
12	蚕　桑	41	35	26	85.36
13	畜牧、兽医	81	20	14	24.69
14	水　产	12	10	9	83.33
	合　计	541	329	229	60.81

明清两代撰刊的329种农书中，如按明清两朝分别统计则各自为128种与201种，即清多出于明的近57%，倘按农书的数量与质量两相结合来考察其主流发展变动趋向，大体上可发现三个较为突出的时期。即明清之际③（明万历至清顺治，16世纪后期至17世

① 王达，试论明清农书及其特点与成就，《农史研究》第八辑，农业出版社，1989年。
明清蚕桑书目汇介，中国农史，1986，(4)。
明清蚕桑书目汇介订补，中国农史，1989，(2)。

② 据王毓瑚，中国农学书录，农业出版社，1964年。

③ 学术界使用“明清之际”一词所指时间跨度不尽一致，本书是以明末万历至清初顺治这段时间。

纪前期）是以全面系统总结为主旨的综合性农书编撰时期；清朝乾嘉之世（18世纪中期至19世纪前期）以普及深入作为首要任务的地方性农书相继刊刻时期；同光衰世以记叙专题事物为主的专业性农书大量涌现时期。首先，从农书体现的传统农学总体水平来看，其鼎盛期似在明清之际，特别是明末时期，究其原因可能与明中叶之后，商品经济的发展与农业和手工业的技艺提高有关，就此有人称明代科学在历史上处于承前启后的总结性阶段①。因为在明末时期有代表性的科学杰作，如《本草纲目》(1578)、《天工开物》(1637)、《农政全书》(1639) 等巨著相继撰刊行世绝非出于偶然。李时珍编撰的《本草纲目》是公认的集本草学之大成的名著，全书虽以记叙医用药物为主，但也包括有关农学的材料；宋应星撰著的《天工开物》是一部系统全面讲述各种生产技术的全书，其中除《乃粒》、《乃服》等篇专讲耕作、蚕桑，余下的也还有许多与农业生产及加工技艺有关的部分；至于徐光启《农政全书》这部素有农业百科全书之称的长篇巨著，不仅详尽的征引了历代有关农事的文献，也对这一时期的农业生产经验做了全面总结，体现出传统农学在它发展后期所取得的应有水平；由俞仁、俞杰兄弟二人合撰的《元亨疗马集》(1608)，在明人撰著的几种兽医书中虽较晚出，因其取精用宏能后来居上，成为总结性的中兽医经典之作，在它撰刊之后，其他的同类兽医专著就不大广为流传，而本书却一再翻刻到处传播；崇祯末年由涟川沈氏撰著的《沈氏农书》(约略成书于1640年或稍前)，清初由张履祥加以校定，并撰文补其不足称《补农书》(1658)，之后就一并刊行，这是一部以太湖地区农事为对象，并记叙经营地主操持家务要点，极有参考价值的地方性小型农书，它的刊刻是这类农书之后撰刊的滥觞。这些具有较高水平整体性综合农书的相继出现，是中国传统农业生产技艺系统总结的标志，它体现了传统农学已达到的新高峰。其次，清朝经过一段恢复休整，到了乾隆与嘉庆时期，随同社会经济的发展及人口的急剧增加，人民大众的衣食问题日益突出，及时的总结农业生产先进经验并加以推广，已是提到日程上急切需要解决的客观任务，从而使农书的撰刊又复呈现繁盛之势。乾隆初年以皇帝的敕命由官方汇纂的《授时通考》(1744) 是封建社会最后一部大型整体性农书，内容虽无所创新，但其汇集的文献资料却极详备，因而也自有其传世的价值。本期相继撰刊的小型地方性农书中更不乏内容翔实有用的佳作。如以总结陕西关中地区农业生产为背景，进而探讨“耕道”与“农道”，由杨屾撰写的《知本提纲》(1747) 中有关农业生产的部分；以体现山东临海地区风土特点和宜行农事，由丁宜曾撰著的《农圃便览》(1755)；侧重记叙四川农民特有的操作方法，而又涉及农事活动各个领域，由张宗法撰编的《三农记》(1760) 等。这些记叙具有地域特点的农事操作与技艺的农书，其相继撰刊行世则有力证实精耕细作这一传统农业技术体系，已在实践中得到深化与普及，当有识者加以概括著录时，就使传统农学的内容得以趋向更为完备充实。最后，到了清朝后期的同治光绪年间，已是社会经济日渐衰落的末世，传统农学的总体水平也难再有所提高。面对国弱民穷与人口剧增的巨大压力，朝野上下有识之士中为挽救颓势，关心立国之本的农事者也不乏人。早在鸦片战争前后，为振兴国势就已有人提出切中时弊的改革主张。如魏源为江苏布政使贺长龄所编辑的《清经世文编》(1826) 及盛康所辑《清经世文续编》(1897) 等，虽是以奏疏为主的官方文书汇录，却辑有大量记述社会经济问

① 见《中国史稿》第六册，第十章《明代科学技术的发展》，人民出版社，1987年。

题的论文，其中如农政、水利、屯垦乃至荒政、仓储等与农事有关者占很大比重。19世纪后半，社会更加动荡，生产更趋萎缩，为缓和各级政府日益困窘的财政，并挽救每况愈下的小农经济，官民之中都有人大力提倡植桑养蚕与讲求救荒治蝗之术，是以意在推广普及与之有关的农书遂又大量涌现。如蚕桑类农书在明清时期撰刊的多达204种，其中属于明代的仅一种，余下的统为清代所撰刻，而归入本期即在晚清的又近其中九成左右。这类农书编撰刊行的目的是向各地农民传授植桑养蚕的方法，内容则多是参据浙西地区的先进经验，再依各地实况酌加增删而成。为防治蝗灾而总结出的有效办法，至迟在明末已被系统总结并加以著录，晚清各地蝗灾肆虐，以辑录前人成说及方法为主的治蝗类农书，经人整理后，间或夹杂编者添加的按语，再由地方官员印发给农民，从而推动了捕灭蝗灾的群众活动。至于以菊、兰、牡丹、芍药等花卉栽种与品赏为对象的专著，一向被排除在传统农书之外，它在宋、明两代已在所多见，晚清时期适应部分文人雅士的闲逸心态，并以炫奇赏异为宗旨的这类农书又曾一度泛滥开来。可见在长达500多年的明清时期里，经人撰刻的农书其水平、类别并非简单一致的与时共进，其成就与进展是不平衡的。

中国农书的类别、体裁经过长期的演进，到了明清时期已近完备。从内容来看，在整体性农书中，不仅有大型综合性的如《农政全书》、《授时通考》等，而具有较强的地区特点与浓郁的乡土色彩的小型地方性农书也陆续面世。在大量刻印的专业性农书中，也不限于此前常见的以讲叙茶、果、花卉、兽医等，并进而推及其他与农事活动有关的领域。如对兴利除害的昆虫中，对蚕、蝗特别留意，并留传下古代唯一仅有的养蜂专著；对能救灾渡荒通称为野菜的野生可食植物，经人广泛搜求再加以著录，并详尽说明其习性与食法。在作物栽培与家畜饲养方面，也相应的有更多文献问世，如用单株选法育成御稻，诊治猪病的成法及单方等，已先后见于记载或撰有专著。就体裁而论，整体性农书中，除了又可称之为全书型或农业知识大全型的综合性农书；还有不少可充当农村居民日用百科全书或手册的通书性质的农书；而早在先秦就已行世的以时系事的月令体裁，在明清时期也在继承的基础上有所发展。中国传统农书的分类体系有欠严谨，当与中国过去的农业生产实际情况有关，明清时期的农业生产与其之前的年代相比，总的说来虽变得更为精细与完备，而农业结构的失衡与小生产的局限也越益突出，而这些特点在经人著录成书后也必然会有所反映，是以中国传统农书在其类别、体裁上就难以均衡划一。

古代农书存在着严重的散佚亡失现象，而见于《中国农学书录》的某些农书，虽曾由历代的正史中艺文志或经籍志乃至私人书目加以著录，但过了一个时期有些就失传不再见于记述。后人对其中成就较高影响较大的著作，就想方设法通过被他书所转引的资料，重新加以搜集整理，以期恢复原书的全部或部分原貌。从宋代开始的这一辑佚工作，进入明清时期有了较大开展。如成书于汉代的《氾胜之书》可能在北宋与南宋之间就已亡失，书的精华虽借《齐民要求》的引征得以保存其中的大部分，但分散在各卷不能自成体系。到了清代就先后出现了三个辑佚本，即分别经由洪颐煊（1811）、宋葆淳（1819）及马国翰（原刊本未标注年份，据推算约在19世纪前半期之末）先后整理刻印的。这些辑佚本的主要资料来源是出自当时流传通行的《齐民要术》，由于所用底本多有错字脱文，遂使这些辑佚本无法完全摆脱以讹传讹的偏差。再有汉代另一部著名的农书即崔寔的《四民月令》，大约在北宋时也已散佚，自清朝乾隆后期起，先后有任兆麟、王漠、严可均及唐鸿学的四种辑佚本，辑本质量因其急于求成未能过细校勘而稍欠佳。清代乾隆年间编纂《四库全书》时，曾从明朝《永乐大典》中录出不少古书，《王祯农书》就是其中的一部，它与明嘉靖山东刻本（1530）在次序和内容上都有出入，从而在版本传承上引出一些新的岐异，为了恢复原书全貌，只能留待后人的深究勘定。在宋代印刷雕版出现之前，书靠手抄流传，即使在这之后手抄本也依然行世未能全废，在以实用为目的的农书，民间转借传抄更为通行。书经抄录，笔误在所难免，加上古代典籍文字极为精炼，其读音、含义乃至形体又有些不同于后世。农书有时还会杂入些当时流行于各地的方言土语，从而更不易为后人领会理解。清朝乾嘉时期考据校释之学曾盛极一时，庇荫所致也惠及农书。如《齐民要术》由明人刊刻的本子错讹较多，而经清代整理纠谬后付刻的版本，虽仍有差错而不尽如人意，但已较前通顺近真。遗憾的是有些经过整理的稿本，则又未能及时雕版付印，从而难以流传广为人知①。

明清两代撰著辑校的农书，一经雕版刊刻大多能流传至今，这除了时间较近，也和印刷技术的改进普及有关。从宋至清经刻印而成的大体不外三类。一是由皇家和官府监印的官刊本，上起中央帝室，下至地方官吏都曾有人参与。如从《永乐大典》中转录而成的《王祯农书》，收入《四库全书》后被称为库本，再据此以活字刊印，纳进《武英殿聚珍本丛书》而传播于各地。晚清时期各处地方政府受命于中央，要其广行植桑养蚕，为此督劝民众而撰刊的蚕桑类农书，大体也可归入本类。二是由一般地方士绅私人出资雕刻的家塾本，这类刻本中的农书大多是地方性小型农书，依据其中较为突出的佳作，再由书商加以翻刻的也不在少数。三是由市井书商印布的坊刻本，属于这类的书籍其刻印者的本意在于谋利，因而有些书不仅选题杂滥，校对粗疏，进而竟有有意改窜作伪。明朝末期这种不良风气曾盛极一时，而一向被士人轻视不屑一顾的冷僻农书也有些被涉及而未能除外，如当时列入谱录类中的花谱，果谱等，不论是前人所著，还是本期撰写的，大凡有些价值传阅较广的多被收入丛书中，经历这一汇编虽有助于流传，但在几经辗转刊刻过程中，大多疏于校对致使错漏加多而面目全非，其甚者竟有以有目无书等手法来骗人欺世的。时清时期由督管马政官员及地方著名兽医参与编写的兽医书类，因其切合实用而有人需求，就被书商看中一再改编刻印，这些坊刻本因其无视文字渊源，屡遭分合改题，刻印质量也大多欠佳，文字因欠通顺而难卒读，但书中不乏可据以诊断，处置、投药等有用资料，传刻过程中也有加以增补充实以利销售的，所以很少受到有力的抵制而仍能广为流传，如从版本学的角度来看则确有些混乱待清。

第二节　明清时期农书述要

如从探讨传统农学的历史成就这一特定角度来评述明清时期的农书，似应将农书的范围适当放宽，而不应“以讲述农业生产技术以及与农业生产直接有关的知识的著作”②为限。因为涉及到营田、屯垦、仓储、荒政等项的显然与当时的农事状况有关，就是侧

---

① 缪启愉校释，齐民要求校释，附录一（六、清代勘误工作的努力及其成就），农业出版社，1982年，第765～793页。

② 王毓瑚，中国农学书录，见凡例一，农业出版社，1964年。

重训诂名物的也有助于澄清农事中相应的名实关系。有些基本上并非农书而只有部分是讲述农业生产的，虽已加注相应的篇名之后而视同农书，但在探讨作者的学术思想渊源时，如不涉及全书则又难以观察其全貌。

与农书范围相关的就是农书的体裁与系统，农书体系是用来区分农书的前提和说明归属原因的依据。各家书目与书录所收的农书互有出入，除了个别的是由于疏漏，而根源似在对农书范围及体系的理解与掌握上不尽相同。类别与体系的多少宽松必然会影响到范围的大小。可见“究竟哪些书算作农书，这要看所谓农业或农学是怎样的划法”①，而划分的标准难以确定并求得共识，就在于中国传统农业与农学在其长期发展流传中始终具有其独特之处。为此就应从中国的历史实际出发，确定一个较为合理的农书系统与分类体系。王毓瑚提出可把历代农书归纳为九个系统，依次为综合性农书，关于天时耕作的专著、各种专谱、蚕桑专书、兽医书籍、野菜专著、治蝗书、农家月令书及通书性质的农书等②。这一分法确是从中国过去的实际出发，有的侧重其内容，有的则着意于体例，可以突出中国农书的特点。但终究因为有些书编写的宗旨与结构不同，即以收入《中国农学书录》的，有些可勉强视同农书的论著，严格说来也还难以纳入上列系统。石声汉认为最基本的分类法，是把它分为整体性与专业性的两大类。而整体性的在其发展过程中又演变为三个类型，即以时系事的农家月令型，系统记叙各项技术知识的全书型，以及可作为农村居民日用手册的通书型。整体性的农书在历史早期占绝对多数；专业性农书则是随着社会生产的发展而逐渐增多的。即社会分工愈细，专业性农书在数量及类别上也相应的就愈多。三国以前大致在相马、医马、相六畜及养鱼等畜牧方面，晋唐间开始出现了花、竹、茶和农具等类农书，宋代是花果类专谱较为集中撰刊的时期，到了明清则体例渐趋完备几乎囊括了与农业有关的一切领域和部门，其中尤为突出的是蚕桑、野菜、治蝗及花卉等几类③。近期出版的《中国农业百科全书·农业历史卷》所附中国古农书存目，是参考新的图书分类体系而又尽量体现传统农学特点的，将现存农书分为十一类。现依次加以列举，即综合类、植物、气象占候类、农具类、耕作农田水利类、荒政治虫类、农作物类、园艺作物类（总论、蔬菜、野菜、果树、花卉）、竹木茶类、畜牧兽医类、蚕桑类及水产类④。

现仅参据近期各家研究成果，并稍加调整归纳，暂先列出其要目，再循序加以概述。

一　明清时期农书

（一）整体性农书

1. 综合性农书

综合性农书是构成中国农书的基本核心部分，大多是内容全面、体系严谨的大型著

---

① 王毓瑚，关于中国农书，见《中国农学书录》书后附录。

② 王毓瑚，关于中国农书，见《中国农学书录》书后附录。

③ 石声汉，中国古代农业评介，农业出版社，1980年，并参看彭世奖，略论中国古代农书，中国农史，1993，(2)。

④《中国农业百科全书、农业历史卷》所附《中国古农书存目》，（黄淑美供稿），农业出版社，1995年。

作。它把各项农业知识归纳为一定体系，再分门别类系统地加以叙述，又可称之为全书型或知识大全型，因而它须在农业生产及社会经济发展到一定水平时才能出现。早期的农书限于成书时的社会分工及农业内部各个部门间尚未充分分化，因而虽具整体性的特点但仍欠缺综合性的内容，后来以记叙各地区农业生产特点为主题的地方性农书，各以其资源禀赋与发展水平的具体条件为依据，大多能突出特点而难求完备，将其归入整体性农书是不容置疑的，但距系统详尽的综合类标准确仍有差距。把它通称之为综合类农书与这里指谓的综合性农书加以区别，既切合实际也是客观需要，因为综合类农书其内容与整体性农书相类，而综合性农书则仅是整体性农书中一个已具较为系统详备内容，又可称之为全书的类型。综合性农书的代表性著作是水平较高影响较大的五大农书，即北魏贾思勰撰著的《齐民要术》（约在6世纪30年代写就，全书约11万字，其中正文7万，夹注5万）、元朝司农司编纂的《农桑辑要》（1273年刻印，全书6.5万字）、元朝王祯撰著的《王祯农书》（约在1313年成书，全书13.6万字）、明朝徐光启撰著的《农政全书》（1639年刻印，全书约50万字）、清乾隆敕令官纂的《授时通考》（1742年刻印，全书约98万字）。以下就属于本期的两部加以评述，必要时也和在这之前成书的三部适当加以比较。

《农政全书》的撰著者徐光启（1562～1633）字子先，号玄扈，松江（今上海）人，本书是他平生研究农学的总结。书的编写是在天启五年（1625）至崇祯元年（1628）之间，但早在这之前就已为之准备，而作者生前迄未写定，遗稿系陈子龙加以整理，于崇祯十二年（1639）即作者逝世后第六年刻印刊行。全书共分十二门：农本（传统的重农理论）、田制（土地利用方式）、农事（耕作、气象）、水利、农器、树艺（谷类作物与园艺作物各论）、蚕桑、蚕桑广类（纤维作物各论）、种植（林木及其他经济作物各论）、牧养（家畜饲育）、制造（农产品加工）、荒政（可食野生植物）等。各门之下又分若干子目，书中有关垦辟、水利及荒政的篇幅约占全书之半，也是全书的重点所在。书中征引的文献经人统计共225种，其中引自当代明人的共59种，标有玄扈先生曰的，作者自己撰写的有61 400字①。本书以“农政”名书，用“农本”开篇，足以体现其重农的用心和经世致用的抱负。经陈子龙整理后，对原书稿“大约删者十之三，增者十之二”②。现在很难断言这一处置是否符合徐光启的本意，仅就书中征引文献未注出处或标错出处的多达300处以上来看，定稿时确有疏漏之处。而这可能与本书刊印时社会动荡形势紧迫因而较为仓促，在这之后仅历短暂的五载，明朝就为满清所取代。

《授时通考》是依据乾隆旨令由内廷词臣集体汇编的一部大型农书，从编纂到刊印前后五年。编书的本意据书前序文所记，是要体现皇帝重农，朝廷则依例“敬授人时”，使民不误农事，这也是书名《授时通考》的由来。全书共78卷，依次分为天时、土宜、谷种、功作、劝课、蓄聚、农余、蚕桑等八门，再细析为六十六目。全书的主题在于突出天时，土宜与劝课这三部分，意在昭示天时、地利的因素和所谓劝课的政治领导方式相结合，是年丰岁稔的有力保证。特别是把有关的诏令、敕谕及御制诗词等尽量收入劝课门，并将各地呈献的象征祥瑞的“嘉禾瑞谷”等编入谷种门的开头处。对有关生产的知识则

---

① 康成懿，《农政全书》征引文献探原，农业出版社，1960年。

② 《农政全书》凡例。

尽力压缩到从属的地位，如把从耕垦到收获整个田间生产操作归纳为功作一门；将有关蔬、果、林、牧等部门合并为农余一门。参与编纂的词臣对圣意所要显示其权威与关心民谟是确有领会，但用来劝课农桑则因缺少来自生产实践的第一手资料，对指导农业生产实际上难见功效。由于它征引的文献多达3575条，来自553种典籍，加以每条引文都详细注明其出处，而又配以521幅插图①，作为汇集农学文献的最后一部大型农书，就其在文献学上的地位，也自有其得以传世并供人参阅的因由。

为了叙说明清时期这两部大型综合性农书的水平与成就，将它和以前成书的三部加以比较，当不难察知其各自的优劣得失所在。总观这五部农书，两部是由官方编纂刻印的，余下的三部虽是由个人撰著的，但他们也都具有职位官阶高下不等的官员身份。因而其撰著的宗旨虽都可归于督民教稼，使之勤于农桑，但由其结构不同是以在实践中所起的作用也自会有差别。作为综合性大型农书，在其体例上都务期完备，征引时力求详繁，从而趋近综合系统的目标，但因撰著者的经历背景不同，撰著时所侧重关注的问题有别，遂使其成就与水平也互有出入。以下就从体例构建和文献征引两点进行对比分析：

(1) 在体例的构建上。综合性大型农书在其叙述先后的安排及资料取舍的处理上，都与目录章节这一框架结构的设置构建有关。有的则更以序、跋或凡例对书中取材的标准和来源以及内容的布局和安排加以交待和解释。因而书的宗旨与风格和作者的意图与功力亦间可从中窥见。这里先从个人撰著的三部说起。《齐民要术》书前的自序是一重要文件，它的前几段列举经史来说明农业的重要和务农的效益，而最后一段则十分重要，首先说明材料的来源及写作方式，“今采捃经传，爰及歌谣，询之老成，验之行事”。其次对全书的内容加以概括，是“起自耕农，终于醯醢，资生之业，靡不毕书。号曰《齐民要术》。凡九十二篇，分为十卷”。再次是解释有些事项没有记叙舍弃的原因，有种莳之法不详的非中原所产的五谷果瓜。有舍本逐末的商贾之事，以及徒可悦目而无秋实的花草之流。最后是交待写作的用意，是晓示家中少年，是以丁宁周至，不尚浮辞。如将序与正文对照不难证实自序所讲是切实可信的，它不仅以其内容丰富记叙精详，系统而全面的总结了公元6世纪以前黄河流域的旱农生产经验，在体例及取材上也有多处为后来的整体性农书所承袭。但就其体例来看似也有其不足之处，全书十卷各卷的专名则未标出，卷前也无提要概述的文字，各卷的长短不一而内容有的也较杂乱。《王祯农书》是由《农桑通诀》、《百谷谱》及《农器图谱》三个独立部分组成的，共37卷370目，配图306幅。书的重点是《农器图谱》这一有关农事的工具器物部分，篇幅约近全书的2/3，在一向忽略农具的传统农书中，它的成就可称是空前绝后。它与《农桑通诀》可能是先行写完付刻，而《百谷谱》则是后来的续作。这三部分是各自有其体裁，可能是分别写成之后才决定合为一书付印的。总之，因原先并无整体规划，所以体例略嫌杂乱②,③。如授时图既见于《农桑通诀·授时篇》之前，又附于《农器图谱·田制门》之末。《农政全书》凡60卷12大类，书前有凡例23则，除最后两则余下的可能是在徐光启生前已经写定，

① 马宗申校注，授时通考校注前言，农业出版社，1991年。

② 王毓瑚校，王祯农书“校者说明”农业出版社，1981年。

③ 缪启愉译注，东鲁王氏农书译注“前言”，上海古籍出版社，1994年。

它依次就书的内容以提要勾玄的方式，就其重点、意义和取材布局加以说明①。从它整体结构来看，开始的五大类可视同全书的总论，即先阐释农本观念和农政的作用，再依次申论土地、天时、水利和农具等农业生产赖以进行的基本条件。之后的七大类则相当于各论，即中间四大类记叙粮、菜、蚕桑、棉麻及林木的栽种技术，最后三大类是讲畜禽饲养、农产品加工及野生可食植物的。这一体系的内在结构十分严谨，先后次序井然不乱，它既基本符合传统惯例，也同近代科学概念相近。所以它是传统农业的概括，既能体现出传统农学的特点与精髓，也同现代农业生产仍有一脉相通之处，承上启下有如“一个典型的里程碑”②。

两部官撰的大型农书中，《农桑辑要》在体例上明显优于《授时通考》，它的原刻本分为七卷，其内容依次是：典训（记述农桑起源及经史中关于重农的言论和事迹）、耕垦播种、栽桑、养蚕、瓜菜果实、竹木药草、孳畜禽鱼，而加工制造则分见于各卷有关部分。由于类分系属体例清楚而极便检索，作为颁发给各级官员的劝农手册，确可起到元朝立国之初对黄河流域农业生产的恢复与促进作用。后出的《授时通考》本应后来居上，就其体例来看确也自有章法，但其所设的门类与编排的次序，则远离生产实践，体现出不同于《农桑辑要》，也有别于《农政全书》的另一种农学体系观念。参与编写的内廷词臣虽娴于辞章而昧于农事，加以当时文禁森严，因而只能一心唯上唯书，而难以与时共进。在对乾隆的旨意经过精心揣摩之后，下过一番功夫从而达到圣上的期望，编成之后又有诏令命各省复刻，所以它流传虽广却难以体现出中国传统农学应有的水平与成就。

（2）在文献的引证取舍上。综合性大型农书在引征文献时多力求详备，而直接从生产中总结出的第一手资料则相对要少些，而有的甚至是历代有关农事的文献汇编。在文献引征取舍标准的掌握及引文核校的处理上这几部农书之间也有差异。现依其成书先后依次加以简述：《齐民要术》引征的文献近160种，而引文的出处大多能注明来历，晋代以前的许多极有价值的农业文献，就是赖它的转引方始得以保存下来。但《齐民要术》几经辗转抄刻伪误不少，加上书中还引用了些地方性的口语方言，就此《四库全书总目》加以评论，认为“文词古奥，校刊者不尽能通”。元朝初年司农书编写的《农桑辑要》，书中资料虽有一些加添新标二字说明系出自编纂人之手的，但大部分还是从前人的论著摘引而来，但所引确是原书的精华，而且一一注明其所自出，一些涉及迷信和荒诞的说法则大多舍弃不录。是以《四库全书总目》说它“详而不芜，简而有要，于农家之中最为善本。”书中所引资料约占全书篇幅的93%，而其中57%是现今已经亡佚失传的，如元初几部以黄河流域农业生产为对象的农书，《韩氏直说》、《务本新书》、《务本直言》等精采有用部分，就是靠它的引征而为后人所知悉。《王祯农书》的行文并不深奥，但引文差误较多，缪启愉在《东鲁王氏农书译注》序言中列出十二项，有张冠李戴、割裂破碎、蹈袭前误、不标出处、断章取义、以偏概全、以古套今，乃至地区、时代、数字及误认和误解等③，其所以致此，或是但凭记忆，或是不免疏忽，而严格说来，似于严肃，严密尚欠缺一点。虽说瑕不掩瑜，不影响本书总的历史价值，但毕竟是一件憾事。《农政全书》

① 石声汉校注，农政全书校注“凡例”的注解，上海古籍出版社，1979年。

② 游修龄，从大型农书的体系比较试论《农政全书》的特点与成就，中国农史，1983，(2)。

③ 缪启愉译注，东鲁王氏农书译注“序四”上海古籍出版社，1994年。

征引文献共225种，其中全部依原书次序录入的，有徐贞明《潞水客谈》、马一龙《农说》、朱橚《救荒本草》、王磐《野菜谱》及熊三拔的《泰西水法》等五种，其他如《齐民要术》及《农桑辑要》等则是分散引用其有关部分。书中引文较为混乱的集中在树艺、种植及蚕桑部分。究其原因，除了征引的资料繁博涉及范围较广容易混乱，或因其侧重于实用有得即书，或因整理者的增删校订有所疏忽①。《四库全书总目》说它“所资在于实用，亦不必考核典故为优劣”，正说明在考核典故上留有问题而有待后人的整理。徐光启在对前人文献的征引取舍上是注意区分糟粕与精华，有批判的加以继承。对前人论著中的错误与不足则随处标以玄扈先生曰来进行评注。而有的地方则是借前人的文献来表达自己的心得和想法，可见他虽重视前人文献并勤于搜集，但决不是简单的抄录或追从了事。《授时通考》是靠征引文献来汇纂成书的，而文献的处理取舍要服从于书的宗旨主题，所以全书虽征引繁多，引文也每条都注明其来历，但以诏令，奏章乃至御制诗文等无实质内容浮词虚文来体现皇帝的德威，终嫌其与本来意义上的农书间有差距②。

2. 农家月令书

月令型的农书渊远流长，在整个农书中又占有相当比重。“月令”一词来自《礼记·月令》及《夏小正》，是指把一年里该行的事，按正规常例逐月加以安排。最初它只包括天象、物候，后来又添加了按月别时分为政者应行的祭祀、礼仪，及众黎庶须遵守的戒条、法令等。为了强化其作用，又象征性地以阴阳五行的生胜来解释有关自然现象的变化。作为农书的体裁之一则始自汉代崔寔的《四民月令》一书，后来进而演化成时令及岁时记等体例，可用季节或年为准已不限于月份，如南北朝时梁，宗懔所撰《荆楚岁时记》、唐朝韩鄂撰写的《四时纂要》、元代鲁明善编撰的《农桑衣食撮要》等，书中有关农事的农业技术内容占了较大比重，而时俗风物，祈报占候等也间或见于记载。《四库全书总目》史部设有时令类，谓“其本天道之宜，以立人事之节者，则有时令诸书。……后世承流，递有撰述，大抵农家日用，闾阎风俗为多”。

明清时期的农家月令类农书见于《中国农学书录》的有十种，能流传至今的仅三部，即明代高濂撰（撰人或称程羽文，或称俞宗本辑）《田家历》及戴羲编《养余月令》等两部，和清朝丁宜曾撰著的《农圃便览》。见于《四库全书总目》史部时令类的，正式收录的仅两部，存目中有11部，其中除宋代陈元靓撰著的《岁时广记》，余下的都是明清时期的著作，但仅《养余月令》一书见于《中国农学书录》。在本期众多的农书中农家月令体裁偏少的原因，可能是因专讲天时、占候等偏重于气象的，已别成专著归入他类；而农事要须不违农时，是以其他类型的农书，大都把月令以时宜的形式，作为一个组成部分而加以编载收录。大型综合性农书如《农政全书》、《授时通考》就参照上述体例，以农事授时和天时的形式作为一个门类而列于书中。小型地方性农书如《沈氏农书》、《三农记》等都有仿月令编写的部分，可列入通书型的由明代邝璠撰著的《便民图纂》一书中，所记载的许多农事与习俗活动也是按月份来安排的，而月令部分在本书中又是其重点所在。至于记叙某一技艺的专业性农书也有以月令体裁来撰写的，如清初徐石麒撰著的《花佣月令》，就是以十二个月为经，用相关的事项为纬，来记述园艺操作方法的。可

① 康成懿，“农政全书”征引文献探原，农业出版社，1960年。

② 石声汉，中国古代农书评介，农业出版社，1980年，第75～78页，。

见用以时系事的体例，可把纷繁的农事活动安排得井然有序，而极便于据以参照执行，所以它能渗入多种类型农书中，而又历久不衰。

现仅就本期农书中可作为农家月令类的代表性专著稍加评述。明代戴羲编撰的《养余月令》(1633)，全书基本上是汇辑前人的著作而成，最初只有月令部分，按测候、经作、艺种、烹制、调摄、栽博、药饵、收采、畜牧及避忌等十项分记于各月之下。后来又补入可视同附录的蚕、鱼、竹、牡丹、芍药、兰、菊等七谱。引文大多未注出处，文句也改动不少，差误触目可见，说明它是一部深染明末文人陋习的漫不经心之作。《四库全书总目》说它“钞撮旧籍、无所发明”是中肯的，严格说来其缺点远不止此。清朝丁宜曾撰著的《农圃便览》(1755)，是作者30岁之后，因科举失意返归故里经营田地多年的心得。全书不分卷，体例仿月令，开头标题为“岁”的部分是一般性的泛论，随后就分为四个季节，再逐月讲述农耕、气象、加工及养生等事宜。书中虽也有些迷信的说法以及浮文虚词等，但有关生产技术部分却较翔实具体且不乏独到之处。本书虽是根据作者的家乡山东日照县西石梁地区为对象来撰写的地方性农书，但对了解山东和徐淮沿海一带的农业生产则是颇有参考价值的。

在作为其他类型农书组成部分的月令这一体例，仅从大型综合性农书和小型地方性农书各举一例，就不难从个别推见一般。《授时通考》在处理时宜上，对以时系事体例的运用最为突出，书名标以《授时通考》强调其汇纂的主题所在，循名责实如就其内容来看，把天时列在全书八门之首，籍以体现“盖民之大事在农，农之所重惟时”[①] 的宗旨。书中天时这一门共六卷，开头两卷为总论，引用经史及百家言，阐论“授时”之起源及其重要意义，并着重讲述四时推移变化之理，二十四节气、七十二物候，及占验之法。卷三至卷六，春、夏、秋、冬，各为一卷。按月叙述气候之变化及占验之法。《沈氏农书》在体例处理上也有其独到的成就，“而首以月令，以辨趋事赴功之宜”[②]，书的开头“逐月事宜”部分实质上是一篇以月令体裁记叙的浙西地区农家历。每月一条，共十二条，逐月按天晴、阴雨、杂作、置备四项，记载了全年一应有关的农事活动，对生产、加工、经营等事，条分例析详加安排。它虽简略的只列举了年内应做之事，但起着纲领的作用。之后的运田地法、蚕务等部分，则就有关问题详加论述，较具体而又细致的加以分析，这样处理，使两者相辅相成而互为表里，能兼顾广度与深度，又极便于参据实行，可见作者为此是颇费了一番心力的。

总上，可见月令体裁之应用于农书，是与农时活动须不违农时的时宜观念有关，它在历史上是经历了一系列演化过程。这一体裁可以容纳较为庞杂的多种内容，就农家月令来说，可从耕种、经营等物质生产活动，到礼俗、祈报等文化生活的诸多方面。通常虽也瑕瑜互见，但农家月令书作为农家历的积极作用是应予肯定的。由于月令这一体例侧重体现的仅是农书的写作形式，是以作为农书的最终成就和它达到的水平，还是要依据其内容来判定[③]。

3. 通书性质的农书

通书性质的农书是过去农村以农业生产为主的居民的日用手册，书中除了记录有关

---

① 《授时通考》原序。

② 《沈氏农书》书后按语，《补农书校释》本作“张履祥跋”，原题考夫氏跋按考夫是张的别号。

③ 董恺忱，试论月令体裁的中国农书，农史研究，第三辑，1983年。

农事活动，还涉及到日常生活需要的技术知识，内容贯通一切无所不包，如食品加工、医疗护理、乃至占卜、丛辰（择吉）、祈禳（求福）等。书的文字大多通俗浅近，作者通常是假托的名字，编写的原则基本上是述而不作。把它作为农书的一个类型，是因为它所记录下的很多农事活动，有些是直接来自民间的生产经验而又不见于其他农书的。而有关农村礼俗的记叙，对了解各个历史时期的农村文化生活及农民的心态行为也都有一定参考价值。

通书性质的农书，趋于定型是经历了一定的历史过程，它最初是综合了农家月令书和农业知识大全（综合性）两个类型的特点。像唐代韩鄂编撰的《四时纂要》，就是以月令体裁摘编了各该月份应行之事，属于农家月令书中通书类型，即从体裁看是月令书，而就内容来看则几乎是无所不包的。宋代温革编撰的《分门琐碎录》，其内容虽近似笔记，但却按农桑、花木、果蔬、禽兽、虫鱼、牧养、饮食等门类加以编排，就内容来说已近似通书。成书于元代的《居家必用事类全集》（撰者有李梓和熊宗立两种说法），是按甲乙丙丁等十干分集，记叙居家日用事宜。其中丁集有一部分讲牧养；戊集主要讲农桑；而已集则是有关茶、酒之类的文字，内容多录自前人有关各书，但体例和结构较为严谨简洁，《永乐大典》从中引录不少，确已是一部有价值的通书。

明清时期的通书型农书，见于《中国农学书录》的共有六部，而且都是由明朝人编撰的。而这六部中经《四库全书总目》著录的有四部，其中三部列入子部杂家类，另一部被收入农家类存目。现先依其成书先后加以列举，再重点加以评介，说明其可作为农书的原因及价值所在。撰人题作邝璠的《便民图纂》，杨溥撰写的《水云录》，撰者托为刘基的《多能鄙事》，这三部被列入《四库全书总目，杂家类存目七》，桂萼编撰的《经世民事录》也收入《四库全书总目》但列于农家类存目；作者已无从考，成书约在明朝中期的《墨娥小录》；编纂者及成书时间待考，现存清初刊本的《陶朱公致富奇书》，题陶朱公纂辑，陈眉公补订，之后有内容基本相同，分卷却多少不等的各种刻本行世。这类农书总的来看，内容较为琐屑庞杂，涉及饮食、器用、方药、农圃、牧养、阴阳、占卜等与生产及生活有关的诸多方面，因而大多被列入杂家。书中有关占卜吉凶、祈禳求福及丛辰择吉等迷信唯心成分占有较大比重，从中反映出农民在求生图存的艰难岁月中，只有凭依这类活动来求得心理上的安慰与平衡的无奈处境，而有关农事部分则极切实用，其所记叙的大多是直接关系农家生产的知识。这类书的题名，除去个别的较为冷僻大都一目了然，不仅切合实际，也更贴近底层居民的心态，如以“便民”、“经世”、“致富”等竞相题识。而《多能鄙事》则出自《论语·子罕第九》“子曰，吾少也贱，故多能鄙事”，以之为题则意谓被人视为鄙贱技艺的俗务，在圣人少时因出身寒微也曾被迫从事方得切实掌握，而常人在每日平庸的生活中更须依据为生而理当无憾。作者大多托为名人，虽与刻印书商意在促销有关，但这类不是成于一人一时，加以多次增补刊刻的书，假托广为人知的名人所著，似也不背于情理，因为对这种有多人参与而难以确定其究竟是出自谁人之手的通俗读物，总比标以无名氏所著更容易为群众所接受。就收入《四库全书总目》存目中的这几部通书型的农书总体来看，其所以仅能列入存目的原因，可能是被认为它属于“未越群流”的寻常之作，或属于“小道”的琐屑工作①。但它对于一般从事农

① 季羡林等，《四库全书存目丛书》编纂缘起，文史哲，1997，(4)。

业生产的人来说确是颇为实惠而又有用的手册。

在通书型农书中以下两部可作为代表，即《便民图纂》和《陶朱公致富奇书》。《便民图纂》的撰著人，《明史、艺文志》农家类作邝璠，《四库全书总目》虽将之列入杂家类存目，但不载撰人的姓名，据王毓瑚的分析可能是因为本书第一次是由邝璠付刻，所以后来习惯了说是他编写的①。邝璠字廷瑞，籍贯河北任邱，弘治癸丑（1493）进士，历官吴县知县，河南右参政等职。本书可能是他在吴县任内所刻，时间是弘治壬戌（1502）年，之后在嘉靖及万历时又两次翻刻，是明代通书中在民间流传较广的一部。全书十六卷，卷一为农务图15幅，卷二为女红图16幅，从第三卷起分为十一类以文字叙述，依次为耕获、蚕桑、树艺、杂占、月占、祈禳、涓吉、起居、调摄、牧养及制造等。书中辑录了过去农书的部分资料，也搜集汇编了太湖地区的一些群众经验，大多不失为有用的知识。其内容除占1/3以上的有关农业生产技术知识，还涉及气象预测、食品制作、医药卫生、家庭日用品的制备保全及有关迷信的占卜等。所以《四库全书总目》说它"其书本农家者流，然旁及祈福择日及诸格言，不名一家，故附之杂家类焉"。据石声汉的研究，本书前两卷的图画虽是仿宋代楼琫的《耕织图》，但所配说明文字却以民间形式的吴歌取代了工整典雅的七言诗，以求通俗易晓。在生产技术上卷三关于水稻栽培技术的全面总结，这一简要的叙述则是元代三部大型农书所没有的。可见它为"便民"而作了积极探索，对原始资料的搜集也下过相当的功夫，因而除了作为农民的日用手册，在学术上还是有一定成就可言，作为文献资料来看其地位也是不应低估。《陶朱公致富奇书》清朝有多种刻本，内容略有增删出入，书名也分别添加重订，增补，或改称为全书，分卷则有四卷、六卷和八卷等不同版本。此书原为何时何人所作，于今已不得知，由于戴羲于《养余月令》中曾经征引，是以它在戴书之前就已成书当无疑问。全书包括谷、蔬、木、果、花、药、畜牧、占候等部，以及《四季备考》、《群花备考》及《服食方》等编。书的主体部分大都摘自前人著述，体裁似与《便民图纂》相近，但涉及迷信部份却极少，而实用价值较高，所以从本书出版之后，其他通书型农书就不再广为流传。

4. 地方性农书

地方性农书是适应农业生产的地区性特点，突出记叙其与当地生产实践有关的事项，并着重探讨作为生产经营主体农户的一应有关农事活动，它大多为小型的区域性的，但却具有小而全的涉及相关各领域的，与大型综合性面向全国性的同具作为整体性农书的共同特征。早期的农书大多是以黄河流域的旱农为对象，汉代《氾胜之书》原书已经亡佚无从察知其全貌，据后人的辑本来看似也应归入地方性农书中，因为它所论述的是北方旱农耕作技术及相关因素的，有着较强的地区性，所举出的十多种作物也是北方常见的。所以石声汉"将它作为两千年前，黄河中游农业生产情况的忠实反映"②。而北宋由陈旉撰著的《农书》（今通称为《陈旉农书》）是以宋代江南水田耕作栽培技术和农桑生产为主的，是现存第一部公认的地方性农书，并被推为这类农书中的代表之作。元代虽曾有过以专讲黄河流域农事的通俗农书，如《韩氏直说》、《农桑直说》等，但多已失传。据《农桑辑要》所引其内容除了讲到大田生产，也还另涉蚕桑、畜牧等事项，据此推断

① 王毓瑚，中国农学书录，133－134页，农业出版社，1964年。

② 石声汉，《氾胜之书》底分析，载《氾胜之书今释》书后，科学出版社，1956年。

它在内容和体例上可能与地方性农书极为相近。

进入明清时期地方性农书的撰刻与农业生产发展形势相适应逐步转盛。如再具体分析则不难发现成书于本期的十多部地方性农书中，在明代后期有由袁黄编撰的《宝坻劝农书》，成书于明清之际的《沈氏农书》及《补农书》和清初的《梭山农谱》及《农桑经》，余下的则概属清朝中期撰刻的。其所以如是当非出于偶然，从涉及的地区看是既有沿海也有内陆，类型上则水田与旱作兼有，操作上则除了讲述生产，有的也已叙说经营。如进一步就其结构与风格来考察，就可得知其中既有经营地主垂示宗族及后人的家训；也有为官一方甚至已到达显要者的督劝农桑之作；还有失意士人留心农事而愿为乡里效尽微力的论著，再如从传统农学本身来考察，当会了解它不仅是农业生产技术成就的总结和概括，也是精耕细作这一农业技术体系进一步深化与发展的具体体现。作为传统农学载体的这些地方性小型农书和综合性大型农书一起，共同构成了中国传统农学的基干文献，并反映出传统农学的历史成就与局限所在，适当加以归纳就可从中发现其共同特征有如下三点：

（1）实用性。这类农书撰写的目的，不论作为家训意在务使亲族能遂其生裕其养而有所循依；还是以之充当日用手册而期望有助于邻里乡亲，都必须切合当地农业生产实际，方可有用而能从中受益。在表述上其行文多浅显通顺，不以引经据典来炫示其渊博，而结构上也不力求完备详尽，而是着意于突出其地方农业特征。而有的作者甚至对公认的权威性大型农书加以评议，如《泽农要录》序文有“即今传世有《齐民要术》、《农桑辑要》诸书，亦不过供学者之流览，于服田力穑者毫无裨补也”。《马首农言》的作者在其书前也强调他的这本著作，“岂可与《齐民要术》等书同类而观哉”，切合实用的殷切用心已溢于言表。可见传统农学作为技术科学的一个分支，即使处于传统农业阶段，为了能够服务并有助于生产，人们也已了解必须从实际出发因而处处留意其实用性。

（2）经验性。从这类农书撰述的准备与写作过程来看，大多是作者常年参与农事活动，或平日留心勤于观察，再经总结思考的成果，强调要“以事皆亲历者为准”。《补农书》的作者张履祥曾说，他是“以身所经历之处，与老农所尝论列者，笔其概”[①]，而后方始成书的。仅凭经验所得来传承发扬确是传统农学的局限所在，但在实验科学兴起之先，能把各地农事活动基于实地经验加以整理记录，使之总结成文著录成书，这对弘扬传统农学来说，在特定的历史条件下确是功不可没的。

（3）可行性。清代的小型地方性农书中，特别是与作者直接有切身利害关系的，如《补农书》及《农言著实》等可视同经营家训这一类别，书中不仅记叙了生产技术知识，也涉及经营管理方面的事务；对农事活动应当遵循的原则明确的加以提示，而具体运作中应当注意留心之处也殷切叮嘱。如《沈氏农书》于《运田地法》中，对传统农业的要点加以精辟的概括为，“凡种田总不出粪多力勤四字”，指出以劳动集约为特点的我国传统农业突出之处，但在随后有关用工及施肥的操持运作上，则详尽无遗的结合当地实际来条分缕析，看来似已意识到要使技术上可能的成为经济上可行的，对其可行性应加以论证或至少也须加以探讨才是。

从探究传统农学成就这一特定角度，这里仅就其较典型者例举几种于下：

① 《补农书》书前序。

成书于明朝后期，以记叙河北宝坻地区农业生产技术为主的地方性农书《劝农书》又称《宝坻劝农书》，作者袁黄，字坤仪，又字了凡，江苏吴江人①，万历丙辰（1585）进士，曾任宝坻知县，本书就是他为训课农桑在其任上编撰的，时在万历十九年（1591），书成后对里老以下人给一册。全书约一万多字，包括天时、地利、田制、播种、耕治、灌溉、粪壤、占验等八篇，各篇内容虽也是录自前人旧著，但能处处结合宝坻的实际情况。宝坻临海，地势低洼，适于种稻，袁黄为了能切合土宜，便倡导兴修水利，教民种稻。《劝农书》在田制篇讲到开垦滨海荒地，修挖沟渠；灌溉篇介绍他家乡灌溉经验，并注意结合当地情况来加以运用，这两篇还附有田法与水工建筑及机具的插图多幅，是全书的重点所在。清朝吴邦庆在其撰辑的《畿辅河道水利丛书》中曾加以摘录，并谓“明袁黄字了凡，尝宰宝坻，教民引水种稻，并著有农书”②，“详言插莳，灌溉之方，民尊信其说，踊跃相劝”③。但至清雍正兴办京东水利之议再起时，由于当时农民以挽灌为苦，所开稻田存者十之三四，余下的则多已改为蔬圃。

《沈氏农书》（约 1640 成书）及《补农书》（1658 成书）原本是两部农书，经合刊后就一并流传，而多以《补农书》相称，将原来的两书分别作为上下卷。沈氏是明末崇祯时湖州人，作为经营地主家训的《沈氏农书》包括五个部分，依次为逐月事宜（仿月令体例再分为天晴、阴雨、杂作及置备四目）、运田地法（水田耕作）、蚕务（包括六畜饲养）及家常日用。书中讲的是当地生产技术及家务操持方法。《补农书》作者张履祥（1611～1674）号杨园先生，桐乡人，入清后隐居务农兼授课业，平时留心农事，得见《沈氏农书》而极赞许，遂把自己的经验及与同乡老农谈论所及者记录下来以为补充，题名为《补农书》。从内容上看，两者虽都是太湖地区农业生产情况的具体反映，但其间也有些差异，沈氏是以水稻为主而兼及种桑，是反映了一个经济阶段为末尾；而张氏则是重桑而兼及水稻生产，体现出另一个阶段的开端。这两部书可贵之处在于可从中了解到这一时期太湖地区（特别是太湖南岸）的农业生产结构和水平；对以劳动集约为特点的中国传统农业技术，书中也有极为精辟的概括；适应商品经济的发展，书中对贩运雇工等经济活动也有所记叙，在农业生产及农业经济的历史研究上，都具有较高文献价值。

《农桑经》是反映清代山东淄博地区农桑生产技术的地方性农书，作者蒲松龄（1640～1715）字留仙，山东淄川人。年轻时曾考取秀才，文名籍甚，但却始终未能中举，遂隐居乡间以教书为主，平时留意农事关心邻里。本书是作者一部未刊印的稿本，约于康熙乙酉（1705）时成书，但节目凌乱也未分卷，看来似非定稿。书分农经和蚕经两部分，农经据序中说明是在韩氏《农训》的基础上增删而成，采用月令体裁编写，共 71 则。蚕经则是由其本人撰写的，连同所附补蚕经，蚕祟书及种桑法共 55 则，是博采古今蚕桑资料而成，其中御灾各节据称为经验之谈似较有价值。现有经李长年整理的《农桑经校注》于 1982 年付印。

《梭山农谱》（1674）著者刘应棠（1643～1722）江西奉新人，读书应仕不第，遂隐

---

① 袁黄籍贯《中国人名大辞典》（商务印书馆）为江苏吴江；《中国历史大辞典·明史》（上海辞书出版社）则为浙江嘉善人，此从前说。

② 《畿辅水利辑览》序载《畿辅水利河道丛书》。

③ 《畿辅水利辑览，袁黄劝农书摘语》出处同②。

居讲学兼务农事，全书分三卷即耕、耘、获三谱，每谱各有小序，分事、器两目，之下又分若干小目，共两万多字。本书记叙了从种到收的水稻生产全部过程，其特点在于把耘、获与耕提到同等地位。强调农业生产的每个环节都不容忽视而有所疏怠。农事之外，对水田生产所用农具有相当精确的描述，尤可宝贵。书中没有征引前代农书，所记内容多是作者家乡农民实践经验，细究所记，似可推及长江中游一带地区。

《三农记》(1760成书)撰者张宗法(1714～1803)，字师古，四川什邡县人。终生不仕，是个寓隐于农的读书人。全书24卷，字数近30万，体例虽较系统全面，但又记录了不少四川农民特有的生产技术，是地方性农书中篇幅最大的一部。内容涉及大田谷物生产、经济林木、蔬果、牧养及家庭副业等诸多方面，缺少加工与经营部分，而本书开头的五卷又论述了与气候、土壤及环境等与农业生产相关的条件，全书所记叙的栽培植物有185种，畜养动物18种，是相当全面的，在地方性农书也是仅见的。作者在书前的“三农记叙”中说明其撰写的目的，是有意借托耕父、农老、牧童三者相互敦促规劝之言，来体现大田耕作，园圃栽种及家畜饲育三者应相互配合的大农业思想。本书除常征引老农的议论并间出己见，所引文献近220种，既较渊博又复具体，书后四卷涉及宅舍、器物、谋生及养生等内容，显然与农事关系不多，但从居家度日来看也是不容忽视的。是以它在清代能深受四川地区读者欢迎，先后经多次传刻，于今可见的有六种版本，其中以青藜阁本错讹较少，现有经邹介正等据以为底本并参照其他版本整理的《三农记校释》于1989年付印。总之，本书不仅作为农史文献有其传世的价值，就其极切实用的其他资料也可供参考并有待进一步整理发掘。

《修齐直指》(1776)著者杨屾(1687～1785)字双山，陕西兴平人。著有《知本提纲》演述儒家“修齐治平”的道理，为便于蒙童习诵，他将修身、齐家部分加以精简压缩，并命其弟子齐倬为之作注而成是书，清末经刘光贲附以评语而后付刻。本书仅一卷，内容大多由《知本提纲》简化而来，书中所述农业技术大多能结合关中地区的实际，虽仅数则，除保持了原书的精华并有重要补充，如一岁数收之法，介绍把粮食作物与经济作物和蔬菜结合起来的间复套种方式，可达一年三收或二年十三收之多。刘光贲的评语中曾提到“陕省渭北地势高燥，宜讲水利。光绪十九年(1893)，陕西亢旱，泾阳民为猴井”等均属首次记载，从农学的观点来看有参考价值。

《浦泖农咨》(1834)撰者姜皋，上海松江人，全书仅一卷，约7000多字，共40则。内容包括了水利、天时、播种、秧田、耘耥、刈获、肥田、耕牛、农具以及农民的赋税负担和经济生活，书名所标的“浦”是指黄浦江，泖则是泖湖，是作者家乡一带的地方。本书较为详尽地总结了当地水稻栽培管理的技术和经验，有些至今仍在应用。书中记述该地区在鸦片战争前夕连年受灾，农民生活日趋贫困的情况等，对了解富甲全国鱼米之乡的经济变动情况也极有用。

《马首农言》(1836)，撰者祁寯藻(1793～1866)山西寿阳人，嘉庆进士，历任朝廷要职。本书是作者回家居丧时有感而作。马首是寿阳的古名，书中记叙的是当地农业情况，是以题为《马首农言》。内容包括地势气候、种植、农器、农谚、占验、方言、五谷病、粮价物价、水利、畜牧、备荒、祠祀、织事、杂说等14篇。种植篇结合当地风土条件对作物种性，耕作技术等加以具体记述，说明其地势高寒、农事艰难，倍于他邑的情况。书中有关物价、粮价和农谚、方言乃至祠祀等有关经济、风俗、语言等方面的记叙，在传统农书中并不多见，作为地方性农书确能较为充分体现其特色。

《农言著实》(1856成书)，作者杨秀元，陕西三原人，是个经营地主。本书是他对家人所作经营田业的训示，由于书中所讲的都是作者曾亲自参与的生产与管理事务，极切实用；而书中所叙常夹土语方言则又较为费解。全书一卷，结构简明，分示训及杂记两部分。示训仿月令体裁记叙各该月份应行农事；杂记共十条强调应特别关注之事。对关中旱塬地区农业生产技术上的独特要求，能较具体详尽的加以反映；对雇工的役使则又充分体现出地主的悭吝心态。这些细致入微的经验记录确是本书一大特色。

（二）专业性农书

1. 关于天时、耕作的专著

归入这一类别的传统农书，是以侧重大田生产的个别因素或单项技术措施为主要对象的专著。由于农业生产技术在其运用中原本就是综合而成体系的，而这类农书所探讨的仅是与种植业有关的个别基础措施，它涉及占候、耕作、水利、土壤及肥料等诸多方面。而这里把它归为一个类别是因为就中国传统农学来说，其相关的一些基础学科，一直未能充分发展分化开来，尽管个别作物栽培各论的农书已纷纷出现，反映出传统农学中，农业技术虽已有长足的进展，但基础理论的建设却相对薄弱。基础学科和基础理论的滞后，使新的综合得不到全面的坚实基础，而只能继续利用原有的思维工具，不能超越抽象哲理加感性经验的老套。它不同于实验农学之能先后分别形成严谨系统的各个分支学科。这从有关农书的具体分析中也不难证实，因为在直观经验基础上获得的农事知识，在将其加以总结概括时，似也难以按严格的范畴及类别来清晰表述。作为传统农学中专业性农书的一个组成部分，它又和其他以农业生产的部门或农事活动的领域为依据区分开来的类别略有不同，即它基本上是围绕大田生产而又服务于大田生产的。王毓瑚把它归纳为中国农书的一个系统时解释说："关于大田生产，除了在综合性农书中占有重要地位而外，还有不少的专著，这些专著以农家的占候和耕作技术为中心，也包括农田灌溉、土壤、肥料等等在内。"① 为便于叙述，以下再细分为天时、耕作、水利及区种四项，简要加以评析。

(1) 有关天时的农书。在这类农书中对与气象有关的知识多用占候一词来表述，占候一词原出自《后汉书》，本意是视天象变化，以测吉凶。之后就逐步演化成以运用天象、物象和关键日时，来预测天气展望气候的方法，它大多以农谚形式来表达，而广泛流传于民间。其中虽有迷信因素，而主要是古代农民在生产实践中丰富的"看天"经验的总结，大都具有一定的科学性与准确性。

最早的占候书可能是《齐民要术》多次加以征引的《师旷杂占》，这是汉代托名师旷编写的一部占书，书早已失传，清朝洪颐煊有个辑本共17条，其中10条是和农事有关的。如依月色占雨水多少，据风力与风向来推测粟的贵贱等。元末明初的浙江吴兴人娄元礼编撰的《田家五行》是其中较好的一部，原刻书未题年月，今存最早的是明刻。全书分上、中、下三卷，每卷又分若干类。上卷为正月至十二月卷，中卷为天文、地理、草木、鸟兽、鳞虫等类，下卷为三旬、六甲、气候等类。书中有关知识大多以农谚表述，共

---

① 王毓瑚，关于中国农书，载《中国农学书录》，农业出版社，1964年。

500多条，其中用天象、物象来预测天气的农谚有140余条，关于中长期预报的100多条，农业气象方面的近40条。用现代气象学来检验也大都是正确的，从不同角度揭示了吴中地区的天气与气候变化的一些规律。

明清时期的占候书据《中国农学书录》所载共12种，其中于今可见的尚有7种。从农学的角度看具有一定特色的是以下三部。《卜岁恒言》(1698)，清朝吴鹄编撰，作者字斗文，江苏扬州人。书的内容基本上是摘录自前人书中有关言论，书前凡例有“晴雨各以本境所致为占候”，“凡占卜草木者，先审其地”等，说明其确精通此术，因而本书是有选择的汇编而非单纯相关资料的辑录。《田家占候集览》(1877成书)编撰者邹存淦，浙江海宁人。此书是否曾刻行待考，书的体裁是以全年的日历为纲，把辑录的材料按季节月日次序分别排比，内容较为庞杂，除了引证自几部农书的与农事有关资料之外，大多是谈五行和禁忌的，也收载了很多医方，书虽杂芜但也不乏有用资料。《天机秘录》(1895)是四川民间传刻的小册子，其中保存了农民关于气象、物候观测的经历，完全属于农占的性质，每月一段，用七言韵语写成，便于记诵和流传，是务农实用的小书，来自农民的经验之谈。

(2) 有关耕作的农书。“耕”字一词在汉语中的本意是犁地，“耕作”则是指用各种方法处理土壤表层，使之适于农作物的生长发育，它包括耕、耙、耘、锄等措施。早在西汉《氾胜之书》就说过：“凡耕之本，在于趣时，和土，务粪泽，早锄，早获。”意思是说耕作的要点是要赶上合适时令，使土地和解，务期能保持肥力和水分，及早锄地，及早收割。这和当前仍把耕作学视为一门发展中的边缘科学，强调它是和气象、土壤、栽培、生态乃至农业经济有着密切关系的综合技术体系①，就其总体构成和变动趋向来看大体上仍是一致的。所以耕作在广义上是指以维持和增进地力为主的综合措施，目的在于保护和培育土壤，使之有利于农作物的生长发育；狭义的则仅限于土壤的耕翻等田间操作。在中国传统农书中虽两义兼用，狭义的多见于农书的个别篇章，而广义的有时会成为某些农书编撰的主旨，将其贯彻于全书的始终。

明清时期的农书中以耕作为主题，或其内容侧重于耕作者为数不少，如再细加区分就会发现其中有讲述具体耕法，并探讨耕作原理即耕道的；也有结合地区特点侧重记叙精耕细作经验的；还有叙说变荒地为耕地有关屯垦营田的。至于有关作物种植及土壤管理的耕作制度，在传统农书中的记叙较为分散而未形成以之为主的专著。以下就循此作进一步的评析。

在讲述地方性农事成就与特点的小型农书中，有些是突出总结精耕细作经验的。如明代耿荫楼（？～1638）撰著的《国脉民天》（撰著年份不详），作者是河北灵寿人，天启乙丑（1625）进士，曾任山东临淄知县，本书可能就是在任上写的。全书一卷仅三千余字，内容分为区田、桑田、养种、晒种、蓄粪、治旱、备荒等七目。亲田法是把土地均分为五等分，每年亲轮其1/5，即多用工多施肥，五年过后就能全部提高地力皆成良田。这一限地精耕的办法是他“法参古人，酌以家训……试有成效，非未信而劳民”，即经其试验而首创的。又如《多稼集》(1832～1847写定)又名《耕心农话》，著者奚诚，字子明，别号田道人，江苏吴县人。书分上下两卷，上卷“种田新法”介绍简易新法13则，

① 北京农业大学主编，耕作学，绪言，农业出版社，1981年。

是作者参据区田和代田的基本方法，并结合农民实践而设计的。“窃谓欲利于农，必精其艺，因用区田遗意，通以代田之法，更采今农所便宜者，详加考证”。强调要高低相间，隔垅间种，年年易地，用土壅根，以便蓄积地力，田无弃土。下卷是“农政发明”共6项，着重讲区田种法。

在记述与屯田有关的耕垦活动的论著中，有些书的内容也涉及耕作。中国古时历代政府大多曾组织军民耕垦无主荒地，以便使无地或少地农民重又获得耕地，或为保证军需给养就地取粮。通常开国之初为恢复因战乱而荒弃的耕地屯垦较盛，后期则多趋衰落，垦田转令百姓佃种或变为私有。本期的明代屯垦较盛，实行卫所屯田，又于沿边实行商屯，岁得屯粮曾多达数千万石。清初承明制屯田规模也相当可观，后随裁撤卫所而渐废，仅在漕运各地及边陲地区保持一定数量的屯田。晚清陕西巡抚刘蓉为招徕流亡垦种荒亩，施书黄辅辰（1798～1866）请教方略，黄遂于同治三年（1864）撰成《营田辑要》送呈。本书撰者贵州贵阳人，道光乙未（1835）进士，曾任吏部主事，后应刘蓉之约主持陕西屯政，查出荒地数十万亩，募民屯垦，收得“接济军食，陕民全活者甚众”的成效，黄在任仅年余即病逝。全书四篇共4万余字，书前有总论，说明营田是募民垦种而不同于屯田率多兵耕，但它仍有利于守疆裕国，一二两篇为成法，讲述历代营田及水利经验，三篇为积弊，记叙历代营田中所积弊端，四篇为附考农事，主要讲与耕垦有关的农业技术，细分为尺度、辟荒、制田、堤堰、沟洫、凿池、穿井、粪田、播种、种法、种蔬及杂植等12目。作为与耕辟有关的垦殖专著，政策与技术并重，且又敢于尖锐揭露应引为戒的诸多弊端，书虽基本上是辑录前人旧说，但仍能体现出其主见与新意。

（3）有关农田水利的农书。明清时期的农田水利曾有较大发展，与之相适应，本期有关的论著也相应的较多。内容涉及农田水利工程（包括修治陂塘渠堰、筑圩、凿井等）和灌溉技术及管理制度等，以地区来论则集中于探讨太湖、畿辅、关中等处。现分别择其主要者简述于下。

中国南方水稻生产的发展和圩田系统的修建维护关系极为密切，而圩田始于春秋吴越，盛行于唐宋以后，至明清时期则维修加固任务突出。有关筑圩的技术，北宋范仲淹（1989～1052）任参知政事时，针对当时江南圩田，浙西河塘大部隳废的情况，上《答手诏条陈十事》一疏[①]，提出水网圩区的治理，应取筑堤，浚河及置闸三项基本措施并重的原则，此后历代沿用不变。清代孙峻撰有《筑圩图说》（1813）一书，作者生卒年籍贯不详，全书一卷4000余字，叙述修筑圩田塘岸，戗岸的方法和道理，说明无畔、无塘、无戗的弊害，指出办理筑圩时所会遇到“六弊”，如难筑易废等，书前附筑圩图八幅，后附筑岸图四幅，都有注解，极切实用。在雨量不足的北方干旱地区常凿井提取地下水来浇灌农田，井灌在明清时期发展很快，清末在冀、鲁及陕西等地曾兴起较大规模的凿井灌田活动。光绪初年陕西大旱，时任大荔知县的周氏（名号不祥）曾组织民众凿井自救取得成效，光绪中期（1892～1893）又遇大旱，他再次推广井灌抗旱之法，并将有关资料撰辑成书。书名《井利图说》，其中还把井灌与代田、区田等法结合起来，在对提水工具改进的叙说上反映出其确有创新之处，颇具参考价值。

明清时期记叙地区农田水利事务的文献，有些经人汇辑成书，编者大都为参与其事

① 范仲淹，《答手诏条陈十事》，《范文正公集·政府奏议上》。

的官员，因其有亲身体验，并熟悉当时水利形势的变化，多能取舍有方详略得体，从而成为较系统完善的水利史料。如明代姚文灏编辑的《浙西水利书》(1497)，编者字秀夫，江西贵溪人，成化甲辰（1484）进士，曾以工部主事提督浙西水利，为了借鉴历史经验编成此书。全书三卷，收录历代议论太湖水利文献47篇，其中宋文20，元文15，明文12。《四库全书总目》说它“其于诸家之言，间有笔削弃取，……盖斟酌形势，颇为详审，不徒采纸上之谈云”①，其“大意以开江、置闸、围岸为首务，而河道及田围则兼修之”②。《常熟县水利全书》是结合地方实际，系统总结圩田水利治理的专著。撰者耿桔河北河间人，生卒年不祥，万历辛丑（1601）进士，曾在常熟任知县三年，后官至监察御史。本书是根据他治水实施方案及施工总结而撰就。全书共分十卷，另有附录二卷，按其内容可分为四个部分：即卷一主要载有《大兴水利申》，是向苏州府申报浚河筑圩缘由和应采取技术措施及上司批文，并附《开荒申》一篇，徐光启在《农政全书》中曾过录征引；卷二为全县急缓河岸坝闸总目；卷三至卷十是全县河圩水利图说，分别对全县85个区有待疏浚修筑的河浦圩岸详为列举，并附有详加说明的各区水利图；附录二卷是其下属抄录的有关兴修水利印文。本书虽仅以规划治理一个县的水利为对象，但详细记载了有关规划、报审、施工与验收的整个过程，并记载了劳力用工组织，经费筹措开支及荒田开垦营治等诸多情况，不仅对了解本期太湖地区农田水利历史极具参考价值，即在以后的治理施工中也多有借鉴之处。徐光启对他的评价“水利荒政，俱为卓绝”当非出于偶然。《吴中水利书》(1636)是明末张国维（1595～1646）撰辑的，撰者字九一，浙江东阳人，天启壬戌（1622）进士，曾任江南巡抚，工部右待郎等职，娴于水利多有擘画，本书是他根据自己经验结合文献写成的。全书28卷，先列东南七府水利总图52幅，次叙水源、水脉、水名等项，又辑诏敕章奏，下逮论议序记歌谣，分类加以汇编。《四库全书总目》对它的评语是“所记虽止明代事，然指陈详切，颇为有用之言”③。有关临近京师的河北地区水利问题，经清朝吴邦庆（1766～1848）将历代文献及他本人论著汇辑成《畿辅河道水利丛书》(1824编成)，吴是河北霸州人，嘉庆丙辰（1796）进士，曾任御史巡视东漕及河东道总督，熟悉水利事务。收录水利专书八种，即《直隶河渠志》(清陈仪撰，记叙河北境内20多条河流的河道与水性)，《陈学士文钞》（陈仪有关河北营田水利的文集)，《潞水客谈》（明徐贞明以问答形式论述北方水利的专著)，《怡贤亲王疏钞》(是允祥总理京畿水利期间的奏疏，共九篇，是规划修治水道和营田种稻的建议书)，《水利营田图说》(陈仪撰，记叙河北40个州县水利营田的专著)，《畿辅水利辑览》(由吴邦庆选编的从宋至明有关本地区的奏疏十篇)、《泽农要录》(吴邦庆撰著，全书六卷，约6万字，以引述前人论著为主，叙说从开垦、至耕、栽、锄、获等水稻生产各项技术过程，针对北方人缺少种稻经验，侧重传授垦田灌溉和种稻的方法)，《畿辅河道管见·畿辅水利私议》(吴邦庆撰，记叙海河水系直隶境内五大河的源支，水性及设施，并论述其整治的对策与方案)，所录各书大多由吴邦庆添加序跋，阐释收编的原因及意义，语多中肯切要。讲述古代沟洫制度并介绍西北五省水道的专著《五省沟洫图说》(1879)是由沈梦兰撰著

① 并见《四库全书总目，史部，地理类二》。
② 并见《四库全书总目，史部，地理类二》。
③ 并见《四库全书总目，史部，地理类二》。

的，作者是浙江吴兴人，乾隆癸卯（1783）进士，官湖北宜都知县。全书约5万字，收有其先后撰著的文牍13篇。其内容大体可分四类，(1) 有关沟洫之方法，设制及优越性；(2) 刊载冀、豫、陕、鲁、晋五省的水道图，并分述各省河道起讫和流经之地；(3) 是引用徐贞明《潞水客谈》及刘天和《问水集》等书中有关水利论述及有关代田、区田的方法；(4) 附于书后的六篇是有关治理荆江及谕勉沔阳业民兴办水利的论稿。由王家坊撰写的后序指出“乃若沟洫图说，酌古宜今，其道易明，其教易行，亦既措施于沔阳，荆江等处，至今犹利赖之”①。意在说明其书有裨实用，而非尽经生复古之言。

(4) 探讨区种的农书。中国传统农学有关土壤及施肥的理论极具特色，在长期的生产实践基础上也确有所发展，形成了不少重要的概念和学说，历代整体性农书中多有论述记叙，但以之为主题的专著却较少见。有关土壤的概念及分类体系，早在先秦的一些典籍，如《周礼·地官》、《尚书．禹贡》及《管子．地员》等书中就已论及。而与施肥相关的经验总结，从宋代《陈旉农书·粪田之宜篇》提出地力常新壮的原则及较为科学的分析肥源和施用方法之后，元朝《王祯农书》在《农桑通诀·粪壤篇》就把这两者结合起来一并加以讨论，书中说“耕农之事，粪壤为急，粪壤者，所以变薄田为良田，化硗土为肥土也”。明清时期对肥源的开发和施用的技巧都有提高改进，如《沈氏农书》及《知本提纲、农则》就此加以总结概括，有许多精辟杰出的论述，但有关专著却仍极罕见。但集中用肥、经济用水、配合深耕的抗旱丰收综合技术措施的区种法，在受人关注并推行的过程中，其有关专著相继撰刊，经人汇集竟达十多种。

区种法又称区田法，是汉成帝（前32～前7）时氾胜之在关中地区最早总结推广的，有关记叙具见《氾胜之书》。之后历代在发生灾害饥荒时，间或也曾推行并有所记载，虽取得一定效果，但难以持续发展。从明末到晚清这类农书的陆续撰著行世，当与其社会经济条件及农业生产的发展有关。道光二十二年（1842）赵梦龄曾辑成《区种五种》，由其弟子范梁为之刊行，现经王毓瑚删补编辑为《区种十种》（1955）并附凌霄《区田图说》，现将其所收书列下：

《国脉民天》明耿荫楼（？～1638）撰，原刻本未见，道光14年（1834）潘曾沂曾摘编入《丰裕庄本书》中，题作《种田说》，但缺少区田一节。同治元年（1862）秦聚奎重刊，并绘附《区田一亩图》，光绪四年（1878）范梁收辑为《区种五种》的附录，《区种十种》据范刻重印。

《论区田》明末清初陆世仪（1611～1672）撰，明亡后，陆家居讲学，平生主要著作为《思辨录辑要》，其中《修齐篇》的一部分讲述区田种法，未加标题。《皇朝经世文编》把它收入，题名为《论区田》，《区种十种》从之。本书是从水田角度论述区田的，记叙切实不乏创见。

《教稼书》清孙宅揆撰于康熙六十年（1721），是依据朱龙跃在山西平定试种有效所编《区田说》（1714）引申而成。所增有畎亩说及制粪、造粪、粪种等诸法，其所记叙积肥方法很有价值。

《区田法》清王心敬（1656～1738）撰，王陕西户县人，理学家李二曲门人，家居著述讲学，本文原载于《丰川续集》中水利之部，似作于雍正十年（1732）。他曾试种过，

① 此据王家坊为太原原刊本所写的后序。江苏重刊本缺。

并主张以通畎代替小方区。

《区田编》清帅念祖撰，许汝济注，乾隆七年（1742）刊印于河南，后经转辗多次重刊。全文12段，简明易晓，书中有经试种之后见有成效的事例。

《修齐直指》（本书解题详见前地方性农书部分）

《增订教稼书》清盛百二撰，是就《教稼书》续补十项而成，原书为上卷，所补作下卷，书成于乾隆四十三年（1778）。针对区田之说人未深信，又谓宜北不宜南之论，“取其近而有征及南北可通行者”，爰为续订数条。

《加庶编》清许嘉猷撰，作者自题为拙政老人，书无序跋，不知作于何时，原刻难得，通常所见的是《区种五种》本。书中专谈区田的画区方法，主要是引数学家梅文鼎（1633～1721）的《区田图刊误》，再加评语而成。

《区种法》清潘曾沂（1792～1852）撰，潘江苏吴县人，久居家乡，热心提倡区种法。著有《丰豫庄本书》，《区种法》就是其中的一部分。作者于道光八年（1828）在其庄地上试行区种法，写成《课农区种法直讲三十二条》，详细讲解区制、播种、耕耘、用粪之法，主张深耕早播，稀种多收，一年一熟，不种春花（小麦）。

《多稼集》（详见前有关耕作农书部分）。

除收录在《区种十种》，还有几种讲区田法的专著较有影响。

《区田法》清邓琛编刊，当撰者任山西蒲县令逢遇大旱之年，遂于光绪三年（1877）手订是书，内容基本上是摘编清人有关论述，但将元代《农桑辑要》中区田一节也一并加以收录。

《区田图说》清杨葆彝编撰，光绪十年（1884）刊于杭州，书很简短，只是揉合前人有关著述而成，所附后记说各书详略互见，“今约举数则，其法已具，足以备荒。……余刊是编，简而易行，冀有心人广为劝导”。

《区田试种实验图说》清冯绣（1860～1909）撰，绣字修文，河南淇县人，在乡教书留心农事，晚年试行区田颇见成效，受卫辉府知府华辉的鼓励，将实践心得整理成书于光绪三十四年（1908）刊印。书分十二章，分别讲述整地、施肥、播种、浇灌、中耕等田间措施，以及历年实行情况。作者本着“法古在师其意而不泥其法”，在实践中有所创新并加以记叙，如变通区田法等，书后还附有几幅图式，是历来试行区种方法中最为详尽者。作为有待深入探讨研究的农业遗产，本书备受关注[①,②]。

综观上述各有关区种专著，适当加以对比分析，不难发现本期撰刊的这类农书人都具有以下特点，即：

首先，有关区田专著，大多是撰著者经实验取得成效而后写就的，篇幅不长，较切实用。一般都证实区种确有丰产作用，但未能达到古书所讲的标准。就此，有的认为自己操作仍不得法，如《国脉民天》、《教稼书》等；有的则对古人数字有所怀疑而不尽信，如王心敬《区田法》有“要之工力颇勤，亦只可亩收五六石而止，彼亩收六十石，三十

① 张履鹏曾去河南实地调查并访问健在的当年参加区种的雇工，写成专文发表于：农业学报 1995，8（1），题目是《古代相传的作物区田栽培法》。

② 万国鼎在《区田法的研究》（载《农业遗产研究集刊》第一册，中华书局，1958）一文中对冯绣的实验设计及结果曾加以评析，在其为《中国农学史》下册（科学出版社，1984）所写《区种法实验的讨论》一节中，将其与《潘丰豫庄本书》分别作为北方和南方论述区种的代表作加以对比分析。

石之说，或古人诱人力务区种之旨乎？"

其次，从原本只适于旱作的抗旱丰产措施，演化为水田稻作地区也已试行推广的办法。如潘曾沂《区种法》书后所附官府批示文告有"署苏州府知府俞批：据禀，区田之法，已有成效，自宜劝广乡农，仿照耕种，共冀丰收。"

再次，本期这类农书大多未能全面领会《氾胜之书》原来设计的带状和小方穴两种方法，从而受《王祯农书》中过分简化了的统为棋盘式小方块布局的影响，拘泥于既定的格局而未能因地制宜的灵活运用，仅王心敬主张以通甽代替小区，冯绣则力主应领会其意义与精神，而无需拘守其成法，并应有所改进创新。

最后，对区种法未能持续全面推行原因的探讨，历代史籍及农书未能就此作出明确论断，清代有关论著虽也未全面分析详加论述，但在其片言只语中已有所透露，如陆世仪在《论区田》中说，"今人不种区田者，一则不知其法，一则工力费"，潘曾沂在《区种法》所附丰豫庄呈文中讲各乡农疑信参半不肯彷行，是由于"一则谓春花弃之可惜，一则嫌工本费而用力烦，因此视为难事，不甚踊跃。"

2. 各种专谱

在中国农书中，这是内容最为庞杂，数量也极为可观的一个系统。系沿袭传统的图书分类体系"谱录类"而来。它的部分内容有些确与农学无关，但细加分析这些以花、果、蔬、茶为对象的农书，讲的却不只是对它的欣赏和品评，也有涉及栽培和管理等具体技术内容的，并非都是陶情冶性等虚浮无实的文字。此外以谱录类形式撰著的农书，在过去也还包括大田作物、经济林木等方面的单项专著，这是当初援例类推未加细究而来的。究其原因，一是作为传统农书如《齐民要术》等早已把花卉等排斥在外，后来的整体性农书也加以沿袭变为成规；再则记叙花卉等论著是适应人们生活的多方面需要而陆续面世增多，于是连同其他无可归属的杂书一并归入谱录类。这一类别是宋代尤氏《遂初堂书目》中最早设置的，用意是便于"别类殊名，咸归统摄"。清朝乾隆时编修《四库全书》也仍沿其例，而这时以谱、录或志、记等相标识的这类专著已大量撰刊，其归类则更为混乱而极不一致。鉴于过去许多书目中农家类所收的书，大抵辗转旁牵十分芜杂，《四库全书总目·子部·农家类》就严格限定以农桑为主。这里仍以谱录类来统称，并非囿于成见，而是这一体裁经历代相袭已别具风格，作为农书表述和归类的形式，却又适宜体现其特有的内容。现按其内容及已刊农书的具体情况，再适当的加以细分为以下四类：即园艺通论、观赏植物、果树及经济林木、蔬菜及其他四项。

（1）园艺通论。园艺作物一般是指以较小规模进行集约栽培的具有较高经济价值的作物，通常包括蔬菜、果树和花卉三大类别。它经驯化后早期多和大田作物一起种植并无分工，我国是从周代方始在园圃范围内单独栽种，使原本野生可食的瓜、果、蔬菜等，经过精心选育栽培使其品质有了显著提高。到了汉代果树的人工种植逐渐增多，从唐宋开始以兰、菊、牡丹及芍药为主的几种观赏植物已培育出更多的名贵品种。因其对美化生活、改善环境能起到一定作用，社会需求随之加大，是以形成花农这一专门行业，其栽培繁殖技艺也有所改进。明清时期随着商品经济的发展，进一步促进了园艺业的繁荣，其栽植技艺愈趋精巧娴熟，如无性繁殖，育苗移栽等技术又有所提高和普及，精耕细作这一我国农业生产的优良传统，这一时期在园艺部门则更为集中而又充分的得以展现。

作为园艺技艺传承与总结相适应的有关农书遂陆续撰刊，在早期一是见于类书及词赋，如汉代《尔雅》、《上林赋》等有关品种资源的记叙，再则自《齐民要术》有意不收花卉，从此后世大型农书率皆效行而不收卉[①]，但对果树、蔬菜的记叙却相当详备。从宋代开始讲述花卉、果树的专著陆续撰刻行世，这些书中有关栽植繁殖技术和欣赏品种的记叙常错杂互见，过去对之是否可列入农书虽有争执，今天则对其确属传统农学的一个组成部分已成共识。明清时期除了以谱录形式大量撰刊的专著，还有体例沿袭宋代《全芳备祖》的如《群芳谱》和《广群芳谱》等，以摘引历史典故，诗词艺文等而编成的大型综合性植物学文献，其中对园艺作物的品种资源及栽植技艺也作了较好的归纳和总结。这里以园艺通论统称的农书，其内容是既涉及花、果、蔬、木等几类品种、习性、特征等通常说的各论，也包括栽培和管理等一般称为通论的两个部分，间或也有以月令形式按季节、时令来说明其应行之事的。

见于《中国农学书录》的园艺通论类农书共29种，其中属于明清时期的是19种，即占65%，实际上已归入综合性农书的有些侧重点在园艺，似也可移归本类，现仅就其中成就突出的例举几部，余下的可据以类推不再赘述。《种树书》(1379)，撰著人可能是俞宗本[②]（？～1401)，作者在书前的《种树书引》就题目及内容，曾简要解释说“种，植也，树，亦种也”，“且畦圃之间，豆、麦、桑、麻，皆宜所种。至若蔬果之可充笾豆，以供祭祀宾客而不可缺；花卉之可留光景，以娱情寓目，而有自家意思”。可见它是一本以种植业为主的农书，重点则在园艺，其有关畦圃和园池等农事所占比重较大，全书约一万字左右，分为八项，依次是十二个月的种植事宜、豆麦、桑、竹、木、花、果及蔬菜。反映了元末明初时农业生产实践的水平和成就，以后的农书如《便民图纂》、《农政全书》及《授时通考》等，都引用了其中不少资料。日本著名农史学家天野元之助说它是“对研究中国园艺是一部不可或忘的书”[③]。《学圃杂疏》(1587)，撰者王世懋，南京太仓人，嘉靖己未(1559)进士，全书分三卷，卷一花疏是全书重点所在，所记花卉达30余种；卷二是果、蔬、瓜、豆、竹等五疏；卷三为拾遗，并附转录自他书的栽培牡丹法等若干条。《四库全书总目》将它收入谱录类存目，评语是“兹编皆记其圃中所有及闻见所及者……大致以花为主，而草木从略”。《汝南圃史》(1620)也是叙述种植花木蔬果经验的农书，作者明末周文华是苏州人，书分月令栽种、花果、木果、水果、木本花、条刺花、草本花、竹、木、草、蔬菜及瓜豆等共十二门，月令介绍每月宜行的园艺活动，并涉及天气予测；栽种则记叙从下种、分栽至摘实，收种的十二项操作，以下则分别讲述了果32种、花91种、竹木22种及菜蔬40种的栽培技术，大多基于作者本人的经验。《四库全书总目》谱录类存目的评语是“较他书剽 陈言，侈陈珍怪者，较为切实”。书名的由来据序中交待，是因见周允斋所著《花史》，嫌其未备，而加补茸。汝南是周的故里，称圃则因改动后的记述范围已不限于花，故取是名，标以汝南似与内容名实不符，题为圃史确可突出其真实内容。

---

① 见《齐民要术序》，“花草之流，可以悦目，徒有春花，而无秋实，匹诸浮伪，盖不足存”。

② 《种树书》在明清丛书中有不少版本，有的题唐郭橐驼撰，有的题元俞宗本撰，经康成懿考证，撰著人是俞宗本，见康著《关于种树书的作者成书年代及其版本》载《种树书》农业出版社，1962。

又王毓瑚于《中国农学书录》中说著者似有两种可能俞贞木“一是本书为俞贞木所作，后人传刻他的著作，不敢载上他的姓名，一是书的作者确为俞宗本，只因姓字相近而被误会与俞贞木为一人”。

③ 天野元之助著，彭世奖译，中国古农书考，农业出版社，1992年，第148页。

（2）观赏植物。中国农书中有关观赏植物的专著，主要是以兰、菊、牡丹、芍药等有限几种花卉为主题的，据《中国农学书录》所记宋代农书有百多种，其中近三成是讲花卉的。明清时期更急剧增多，除了综述各类花木的，其中单以花卉为对象的专著经统计，则菊花为36部，兰草为15部，牡丹是10部，这三者占绝对多数，余下的是芍药、茶花及海棠等，而写月季、荷花等有关的农书则是首见于清代。

以往花卉专著大多只记叙一种或几种，而且栽培技术也欠周祥。清初由陈淏子撰著的《花镜》（1688），以其内容的渊博、详备、系统、精深见称，有人说它的问世，标志着中国观赏园艺植物学的诞生①。作者平生始末不见著录，据作者自序及他人序文推知，是明亡后隐居田园，率家人培植花木并以授徒为生的高士，自谓“余生无所好，唯嗜书与花”。其对种植之法，颇多独得之秘。全书六卷共11万多字，卷一为花历新裁，实即种花月令，包括分栽、移植、扦插、接换、压条、下种、收种、浇灌、培壅及整顿等十目；卷二是课花十八法，相当于栽培总论，畅论艺花技艺，颇多创见，是全书精华所在；卷三至卷五分别为花木类考、藤蔓类考及花草类考，各附栽培技术，共352种，实际上是栽培各论；卷六附记调养禽兽、鳞介、昆虫的方法，略述45种观赏动物饲养管理之法。书中有关观赏植物分类法、嫁接机理及植物变异性的论述，都有基于观赏实践所得的创见，确是可贵，而概括园林布局规划的方案，以其构思的高雅，搭配的精巧，显示出其超众的才思。本书撰刊后受到栽花务果者的欢迎，曾多次翻刻重印。

在众多的传统花卉中，兰花是最古老的花卉之一，先秦的典籍已多有记叙，但缺乏性状描述，从屈原《离骚》“余既滋兰之九畹兮，又树蕙之百亩”，可推知当时已经有人工栽种而不同于山野间的野生种。有关兰花的确切种植记载始见于唐代，宋赵时庚撰著的《金漳兰谱》（1233）是最早的兰谱。明清时期是兰花栽培的昌盛时期，有关兰花的专著撰刊的也较多②，但其中成就与水平较高的却为数无几。《兰谱奥法》撰著人有二说，一作宋赵时庚，另本不载撰人，而标以周履靖校正。周是明代后期著名文人，另撰有《菊谱》、《菇草编》等，包括分种、栽花、安顿、浇灌、灌花、种花肥泥，去除蛾虱、杂发法等七项，讲述种兰方法，文字简短，但不失为佳作。《兰谱》，其撰著人高濂也是明末万历时著名文士，写作态度有欠严谨，内容大都抄自《金漳兰谱》，后附《种兰奥诀》也和《兰谱奥法》基本相同。原来收在其讲述养生享用杂书《遵生八笺》的第十六卷，之后有抽出的单刻本，书中提出的“春不出，夏不日，秋不干，冬不湿”成为兰艺要诀，并流传至今。清代朱克柔撰著的《第一香笔记》（1796），原名《祖香小谱》是兰谱中较好的一部，除辑录前人有关文献，并据其亲见身历加以记叙。书分花品、本性、外相、培养、防护、杂记、引证等篇，对兰花的生物学特性论述的相当精详，其首创的一些术语也沿用至今，其有关兰花交易市场及兰花生产基地的叙说，也是有参考价值的罕见史料。清末袁世俊撰辑的《兰言略述》（1876）所记兰蕙品种已多达97个，对其形状、习性及区第分别加以评叙，颇有参考价值。

菊花自古就是极受人们珍爱的花卉，人工栽培的最早记载可能是晋代陶渊明（365～427）归隐后的《饮酒》诗中名句“采菊东篱下，攸然见南山”。但从晋至唐栽培尚不普

① 周肇基，中国古典园艺植物名著《花镜》新探，古今农业，1990，（2）。
② 鄞裕洹，花镜研究，农业出版社，1959年。

遍，宋代重阳赏菊蔚然成风，花市始见交易，迨至明清时期菊花栽培更为繁盛，遍及全国各地。据《中国农学书录》所记 40 余部菊谱，除七部是宋人所作，余下的均在本期成书，书中所反映的栽培技术也更丰富精巧。明代的菊谱大多是纪录太湖地区栽培菊花的优异成就，和宋代以侧重描述花品者不同，而以栽培技术的论述为主。清朝记叙全国各地艺菊情况的专著显著增多，书中有关变异植株选育方法和其姿态的记叙也更为详尽。现仅就其较具特点的几部加以简介。《艺菊书》明黄省曾（1490～1540）撰，书有六目，阐述菊花栽培的技艺，即贮土、留种、分秧、登盆、理缉及护养。是同类书中学术价值较高的一部。《菊谱》明周履靖撰，分述了培根、分苗、择本、摘头、掐眼、剔蕊、扦头、惜花、护叶、灌溉、去蠹、抑扬、拾遗、品第及名号等共十五目，内容相当详备，其有关掐眼、剔蕊及扦头各法，在栽种技术上很有特色。清朝自署秋明主人撰著的《菊谱》（1746），据考作者实为宁郡王弘晈，他身为王族，雅兴浓郁，喜好艺菊，书中记叙他从南方购得的成百品种，经多方研究克服气候和水土等条件不合，而终于繁茂成长的经验。

牡丹以其端雍艳丽，素有花王之誉，原产我国西北，人工栽种约始于唐朝武则天执政时期。从长安开始，历代相继形成以洛阳（宋）、陈州（宋）、亳州（明）及曹州（清）等栽培中心，牡丹除供人观赏，还具有良好的药用价值。秦汉时期《神农本草经》中已有以牡丹根皮入药的记载。宋朝欧阳修（1007～1072）在其所著《洛阳牡丹记》（1031）中，列举了 24 个品种，解说花名的由来，并记叙种花、养花及赏花的方法，此书曾多次翻刻，流传极广，影响较大。宋代陆续撰刊的牡丹专著有 11 部，在洛阳一处所见品种已经过百。明清时期新的品种又不断涌现，其选育技艺也相继提高，随同对牡丹习性了解的深化，也采用了相应的养护方法。在本期成书的牡丹专著中，以下几部成就较高。《亳州牡丹史》（1617），明薛凤翔编撰，薛亳州人，性喜牡丹，自家园中种有多株。他总结栽培管理技术，记叙有关轶闻掌故，汇集唐宋吟咏的名篇，编撰成是书，书彷史书体裁，分为纪、表、书、传、外传、别传、花考、神异、方术、艺文等目，内容虽较芜杂散漫，但不乏精采独到之处，为研究牡丹的栽培史提供了较为完备的资料，书中提到当时亳州已有牡丹品种多达 160 个，反映出明代亳州牡丹种植之盛。《曹州牡丹谱》（1792），清余鹏年撰，余精通诗画，酷爱牡丹，本书主要叙曹州（今山东荷泽）各色牡丹 56 种，及通行于当地的栽培技术七条，由于记录翔实，颇有参考价值。《牡丹谱》（1809），清计楠撰著，书中共收 103 个品种，其中亳州种 24，曹州种 19，松江种 47，洞庭山种 8 及平望程式种 5 个。花名下都有简短解说，对栽种方法叙述颇详，可供艺花者参考。

有关花卉的专著流传下来的，还有撰刊于宋代的芍药及海棠，成书于本期的还有茶花及仅见的荷花月季各一种专谱。所记内容虽较简略，反映出对莲的出秧及莳藕。养护与藏秧，以及月季的扦插，灌溉和修剪都已积累了相当丰富的经验。

（3）果树及经济林木。我国果树种植历史悠久，种质资源丰富，古代文献如《诗经》、《尔雅》等书中已有野生及栽培果树的记载。农书中大型的综合性农书大都有记叙果树的篇章，如《齐民要术》卷二和卷四就是分别讲述果树和经济林木的。从宋代开始相继有各种专著撰刊传世，但多限于经济价值较高的几个品类。在历代的本草及植物学专著中也都列有果部或果谱，其内容则多偏于品种，名录的记叙，对于栽培方法和原理多未涉及。我国古代经济林木的利用是从天然野生的开始，之后加以保护、限制，再逐渐进入到人工种植，其有关记载成书情况与果树大体相似。植桑与养蚕归于一类统称蚕桑而另列，余下的如漆、樟、乃至原产亚热带的经济林木等，其相应的专著虽远不如几种名贵果树之多，但在其他典籍著作中也都有记叙，只是较为零散而绝非残缺①。

早期的果树及经济林木以谱录形式撰刊的都始见于宋代。果树类专著有蔡襄的《荔枝谱》（1059）和韩彦直的《永嘉桔录》（1178）等，经济林木以陈翥撰著的《桐谱》为最早，此外还有见于《宋史，艺文志》的分别由吴辅和僧惠崇撰写的《竹谱》等，因书已亡佚失传，而难以窥知其内容详情。

明清时期的果树类专著，据《中国农学书录》所载就有12部，其中9部则是专讲荔枝的，而书的作者籍贯和所记叙的主产地，从宋代蔡襄到明末成书的几部又大多以福建一地为主，如明末屠本畯编撰的《闽中荔枝谱》（1597）就是他在福建做官任上撰写，连同宋蔡襄和明徐𤊹所著均以闽省所产为对象的二谱合刻的。迨及清乾隆时才有由吴应逵撰辑的《岭南荔枝谱》。这些书大都是汇辑前人的记述，撰者自己的识见则多以随处夹杂的按语形式来表述。明代这类书的坊间刻本则又散聚无常，有的是合刊，如邓庆采编撰的《荔枝通谱》（1628），除本人著述还收有蔡襄等另外三人撰写的，有的则折散或随意节录而非全文，却又不加标识以欺世。清朝由褚华所撰写的《水蜜桃谱》（1813）和王逢辰撰著的《檇李谱》（1857），其所记叙的桃、李产地分别为上海及嘉兴，两书都较详尽的记叙了有关栽种、换接、除虫及摘收的方法。由于两书的作者都是当地人，是以当其记叙当地名产时，内容就较详实可信。本期有关经济林木的专著，仅见由陈鼎撰著的《竹谱》这一种。陈是清初江苏江阴人，另撰有《荔枝谱》，本书所记竹种共60条，由于作者一生游历颇广到过多处，是以见闻渊博，本书所记有西南云贵地方的奇异竹种。

茶在中国传统农业及传统文化中均占有独特的历史地位，以其历时悠久影响深远而备受多方关注。明清时期茶叶的生产和加工技艺，以明代后期的成就最为突出，进入清朝在名茶的选育、茶区的推广上，虽仍取得一定进展，但总的说来已由盛转衰。与之相适应，有关茶书也以明末为多，据朱自振的统计在明清两代撰著的66种茶书中，竟有43种是在这一时期成书的②。在这众多的茶书中其水平突出较为详实的有以下几种。罗廪的《茶解》（1609成书）是较具体而又系统的一部，在有关茶的采种、栽培、加工及茶园的选址和管理，都逐一详加叙论，不乏超出前代水平之处，如其总结的炒青制作技术要点，至今仍是加工制造高档绿茶所应循依的工艺原则。明万历时屠隆和闻龙各自撰著同名的《茶笺》并分别刊刻，前书记载各地产出的名品，有采茶、日晒茶、焙茶及藏茶等目，后者以讲述焙制为主，强调“诸名茶法多用炒”，反映出明代社会上饮用和生产加工的情况，在清朝的11种茶书中，属于清前期的有7种，清末的1种，余下的3种年代无从考证。清陆廷灿撰有《续茶经》，在福建崇安知县任上写定，除辑录前人著作，并添加本人见闻，作为唐代陆羽《茶经》的补充，编次循例分为十目，另有附录一卷，记叙历代茶法。

（4）蔬菜及其他。我国蔬菜栽培的历史悠久，据鄞裕洹的统计分析，公元前已食用的蔬菜约40余种，其中在当时已有人工栽培或人工保护的约有15～16种③。《齐民要

① 干铎，中国林业史料初步研究，农业出版社，1964年。
② 朱自振，茶史初探，中国农业出版社，1976年。
③ 鄞裕洹，公元前我国食用蔬菜种类的初步探讨，农业出版社，1960年。

术》中记叙了黄河流域栽培的引种蔬菜的生产加工过程，后来的大型综合性农书也都以一定篇幅加以记述；作为谱录类中的讲述一般园艺作物栽培的通论类农书也很少短缺这一部分的，但以之为主题的农书却为数无几。

明清时期的蔬菜生产加工及贮藏技术，据文献的记载又有明显的改进，据明代宋诩撰著的《树畜部》(1504) 一书所记，当时栽培的蔬菜已多达79种。到了清朝为了更加集约合理用地，已将蔬菜和大田及经济作物间作套种，据《知本提纲》的记载，在增多施肥的基础上陕西兴平可获一岁数收和两年13次,其与粟、麦等间套种的蔬菜有白萝卜、菠菜和蒜等。《农政全书》的树艺类下有 部及蔬部，叙述了瓜、葵等近50种菜蔬的性状及栽培方法，徐光启著有《芜菁疏》一卷，原书已佚，《农政全书》中关于蔓菁讲的较为详尽，有人推断其主要内容可能就是借此得以保存下来①。《授时通考》将蔬菜列入农余门，用四卷的篇幅，辑录了80多种蔬菜的性状及栽培方法，其中包括野生可食的薇、蕨及苦菜等野菜。

有关农作物单项记载的农书，在传统的分类体系中也将之归入谱录类。明清时期撰刻的有关大田及经济作物专著为数不多，加以有些又已亡佚，但从传世现存的和见于著录或经征引的情况看，主要是论述甘薯和棉花的引种推广过程中急切有待解决的技术问题，另外也有些记载水稻品种的专著，以其具体详尽而著称，现扼要简述于下：

徐光启为了总结农业生产经验和推广先进技术，平时留心农事，在其一生先后撰著的农书多达十余种，其中部分已经佚失，经辑佚考证有的还可窥知其概况。如《甘薯疏》(1608) 是他因父丧归里，适逢江南大水，为救灾渡荒他先后三次从福建引种到上海，经亲自试栽精心培育而获显著成效，于是著该书以利推广。原书已佚，明末王象晋辑撰的《二如亭群芳谱》(1621) 曾加以摘录，并收载其序文，从序可知徐光启撰著此文的旨趣和经过。本书传入朝鲜后，经徐有榘加上按语全文征引，并附以从朝鲜金、姜二氏的《甘薯谱》中所辑摘录，于1834年编成《种薯谱》一书。经吴德铎等多方努力搜求，近年从日本寻得，重又影印刊行，通过对比分析可以发现疏文比《农政全书》相应部分稍微简略。《金薯传习录》(1768) 清陈士元撰辑，陈福建晋江人，其先祖陈振龙曾从菲律宾吕宋引进薯藤，在福建试种成功，并通过时任巡抚的金学曾以行政力量来推广，因而又有金薯之称，本书实系宣传推广甘薯文献（包括各类书中的记载和各地有关档案）的汇编。书分上下两卷，上卷介绍栽种、食用、保藏、加工的方法，并附作者之子陈云所著《金薯论》；下卷是有关甘薯的歌咏诗词，现已由农业出版社据福建省图书馆所藏孤本，连同徐有榘的《种薯谱》作为《中国农学珍本丛书》之一合刊影印。清陆耀撰辑有《甘薯录》(1776)，书前有小引未题年月，是作者在山东做官时为教导农民种植甘薯而作，其内容全是辑录前人有关论述，但误引晋嵇含 (263～306)《南方草木状》所记叙的名同实异之物，书分辨类、劝功、取种、藏实、制用、卫生六目，内容较为切实，在推广甘薯过程中理应有所助益。

棉花古代又称木绵或吉贝，从宋末元初以来种植推广很快。元代《农桑辑要》、《王祯农书》等农书对棉花的性状、种法乃至推广阻力和发展动因都有所论述。徐光启撰著有《吉贝疏》(其异名可能是《种棉花法》)，今也失传不见，他在《农政全书》卷三十五

① 王毓瑚，中国农学书录，农业出版社，1964年，第171页。

蚕桑广类门曾说："余为《吉贝疏》，说棉颇详。"《农政全书》有关部分其渊源应本此。清褚华撰著有《木棉谱》，其家乡上海的植棉与纺织业在当时可称全国最为发达之区，本书除引前人的记述、考证，主要是总结记述当地棉花的种植和加工方法和所用工具等。清任树森在贵州做官时，为解决民众衣着困难，曾从其家乡河南购进棉种，令农民试种，为宣传解说种棉方法遂又重刊褚华《木棉谱》，有感褚著深奥旁衍，于是写成通俗易懂的《种棉法》，简洁扼要的将其本乡植棉方法结合贵州风土加以介绍，内容较为切实中肯。清乾嘉庆皇帝在位中期曾命大学士董浩等编定《授衣广训》（1808）二卷，内容主要取自方观承所编制的《棉花图》（1765），此外还收有康熙帝的《木棉赋》和乾隆、嘉庆的题诗，实际上只是《棉花图》的别版而非新作。

明黄省曾著有《理生玉镜稻品》（又称《稻品》）一卷，书中收有当时太湖地区种植的35个品种，由于其记叙具体切要而有助于判定其生育期和籼粳之别，可补通常方志所记之缺。其另一专著《芋经》，内容多录自前人所著，仅艺法一书讲到当时种芋方法，称得上是仅有的原始资料。清李彦章撰著《江南催耕课稻编》（1834），主要是辑录农书，志书中有关资料，后附详细按语，意在宣传农业改制，即以两熟稻取代稻麦两熟制，文义浅显易读以便农民领会。

3. 蚕桑专书

我国自古以来，因衣食所赖，生计所出，一向是农桑并重。近年各地考古发掘的成果，已有力的证实养蚕植桑的历史，可上溯到新石器时期。据文献所载，蚕在室内饲养，桑也开始由人工种植的时间不会迟于西周。汉代蚕桑生产不仅在黄河流域曾盛极一时，并开通了经中亚西行，被后人称之为"丝绸之路"的贸易通道。唐代中期以后，随同全国经济中心南移，江南地区的蚕桑业也有了较快发展。到了宋元时期，在产量品质及生产技术上都已超过北方。明朝初年，太祖下令强要各地推广植棉，蚕桑生产逐渐受到日趋兴盛的植棉业的排挤，从明代中期起而开始衰落。只有浙西嘉湖地区能以其优质的丝茧及丝织品，供应宫廷及上层社会的需求，而继续保持其优势与独盛的局面。清代中期以后，丝织品供不应求，在海禁松弛之后，乾隆仍严格限制绸绫丝缎的出口，外商只能在当时唯一开放的口岸广州附近就地采购，这样就促使珠江三角州，逐渐成为全国另一重点蚕桑产区。鸦片战争之后，丝绸出口骤增，邻近太湖的长江三角州，以其历史及地理上的优势，成为供应外销的主产区。19世纪的后半，特别是从80年代开始，清政府为缓和财政上困窘并减少外贸中的逆差，力促蚕丝扩大出口，下令给各地官员，要其尽快就地发展蚕桑事业，从而在全国一度形成引种桑树试行养蚕的热潮。一些官员还设法撰刻散发蚕书，来普及有关蚕桑的知识，但限于主客观各种条件，总的来说其成效并不理想。

蚕桑业兴起之后，其有关活动就逐渐见于文字记载，而农书中的记叙却相对较迟。汉代的《氾胜之书》辑佚本只谈到栽桑，没有养蚕部分；《四民月令》书中仅三四月份列有养蚕活动。北魏《齐民要术》中有种桑柘一篇，是专门记叙植桑养蚕方法的。之后的整体性农书中大都有这方面的材料。而以蚕桑为主题的专著，于今能见到的最早一部是宋代由秦观（1049～1100）撰著的《蚕书》，全书不到1000字，就养蚕、缫丝等方法分为十项，简要加以记叙。书前序中就其撰写的动机和资料来源交待说："予闲居，妇善蚕，从妇论蚕，作蚕书。……今予所书，有与吴中蚕家不同者，皆得之兖人也。"明代的蚕书有《蚕经》、《蚕训》、《蚕谱》及《吴中蚕法》等几部，而现存的则只有黄省曾的《蚕经》一种，黄是江苏吴县人，而书中又一再提到杭州、临平等地，书中所反映的是苏州和浙西等太湖地区的蚕桑生产概况。书仅一卷，两千余字，下分艺桑、宫宇、器具、种连、育饲、登簇、择茧、缫板及戒宜等九项，叙述简明切要。

清代的蚕书，先后撰刊的累计起来多达200余部，但成书时间在清中期以前的不过十多部，其余的统在晚清，现依时序简述于下①：

（1）清朝前期的蚕书，清初在战乱之后，社会经济恢复的过程中，蚕桑业也随同农业有所发展，但此时撰刊的蚕书却只有五种，其中两种是讲柞蚕的也只有一部流传下来。《豳风广义》（1740）作者杨屾，撰写本书的意图是当时陕西民间以风土不宜为由而不植桑养蚕，他先后从外地引进蚕茧桑苗，亲身试验，历时十三载获得成效，遂撰是书以求推广，期能解民困，增富源，题名《豳风广义》是因《诗经·豳风七月》一诗，可证实当地在先秦就曾循节宜务农桑，于今周原遗风恢复有望。通过古今，南北，寒暖，干湿的对比，说明“误为风土不宜，遂失其传”的浅识短见之可改。书分三卷，依次讲述并分析了种桑、养蚕、缫丝各个环节的操作要点，附图50余幅，便于一见了然无误。书成之后曾呈献给陕西当局，并恳切建议振兴之术，又虑本书文字不易为常人解读，遂又就原书加以改写，尽量使用乡言俗语，使之更为浅显易懂，成《蚕政摘要》（1756）一书。依照操作规程次序，先讲种桑，次谈器具，最后是蚕缫。《蚕桑说》有完全同名的两部，一为载入四川《罗江县志》由当时任该县县令沈潜所撰，另一是收录在《皇朝经世文编》由在福建做官的李拔所作。都是鉴于当地民众对蚕事所知有限，为推广宣传而撰刊的。《养蚕成法》（1766）是安徽来安知县韩梦周为在当地推广柞蚕，在乾隆初年山东巡抚衔门奉命编印的《养山蚕成法》（1743）基础上稍加改动而成的，记述山东柞蚕放养方法，流传颇广。又《养山蚕说》（1771）已佚，是时任陕西汉阴县令郝敬修为提倡在当地放养柞蚕而刊印，内容及原作者已无从考证得知。

（2）清代中叶的蚕书数量仍不多，但其水平已显然有所提高。《吴兴蚕书》，浙江归安人高铨撰著，最初只有抄本流传，光绪十六年（1890）沈锡周为之雕版付印于再版序言中说此书“本末颏备，精确绝伦……盖以其地之人言其地之事，故宜其精确乃耳。”书中详细记叙浙西地区植桑养蚕方法，也摘录了《沈氏农书》等著作中有关资料，确是一本较好的古蚕书。在古蚕书中流传最广的《蚕桑说》（1840），是由江苏溧阳沈练编写的，他在安徽绩溪县任训导时，为提倡植桑养蚕，教导当地民众而撰刻本书，书中讲的是其家乡溧阳的蚕桑方法，沈练晚年定居休宁又参据当时新出的《蚕桑辑要》，将原书加以增补改名为《广蚕桑说》（1855），光绪初年浙江严州知府宗源瀚设立蚕局，推广植桑养蚕，请淳安县的学博仲学略再加疏通增补，题名《广蚕桑说辑补》（1875）重新付刻。书分上下两卷，其中培养桑树法19条，饲蚕法66条，后附杂说及新增蚕桑总论等16条，说理透彻，条理分明，加以文字浅近，各地转相翻刻，为时人所重。

（3）清代后期的蚕书，晚清蚕书的撰刊集中于19世纪80年代以后，总数多达百余种，其中仅有几部流传较广而内容又较充实的，现仅就此略加评介。《蚕桑辑要》（1871）作者沈秉成浙江归安人，咸丰丙辰（1856）进士。在任江苏常镇通海道道台时，

① 章楷，我国的古蚕书，中国农史，1982，（2），参看毕德公，中国蚕桑书录，农业出版社，1990年。王达，明清蚕桑书目汇介，中国农史，1986，（4）；王达，明清蚕桑书目汇介，订补，中国农史，1989，（2）。

为倡导推进蚕桑，采录各家著述撰成本书。书分告示规条、杂说、图说及乐府四项，其中杂说是采录了道光时何石安的《蚕桑浅说》，系统而又简要的分条叙述养蚕栽桑，图说描绘了蚕桑工具 36 幅，各有说明便于彷制。常为后出各蚕书所采用，流传较广并经多次翻刻。《湖蚕述》(1874)，汪曰祯撰辑，汪是浙江乌程人，曾参与重修《湖州府志》，专任蚕桑一门，后来又以此为基础，略加增删单独刊行，所引著作是时代较近的湖州一带文献所记蚕桑资料，目的只在切于实用。全书四卷，依次讲述蚕具及栽桑，养蚕技术，上山与缫丝，卖丝和织绸等。由于当时湖州的蚕桑业盛极一时，技术成就也处于全国的前列，是以本书内容基本上虽是辑集的资料，汪日桢只写了为数不多的按语，但作为清代湖州地区蚕桑技术综述性的蚕书，仍有其独特的参考价值。《蚕事要略》，撰著者张行孚浙江安吉人，作于何时不得确知，书前凡例说明其撰著动机是鉴于当时以湖州为代表蚕桑技术和古书所讲的多有不合，是以主张应通过比较辨明其优劣，以期择善而从。由于书中所引的古法及辩证，大都是以《农桑辑要》为本，所以除了原刻，后来的渐西村舍和四部备要本的《农桑辑要》，都将本书收录附后以便参比。《裨农最要》(1897)，撰者陈开沚四川三台人，读书应考的同时，由于家贫也从事农桑，积十余载之功颇见成效，为荫及邻里劝诱乡人撰成此书。书名取义在强调农桑并举，因栽桑养蚕只有裨于农而不妨农。内容虽基本上引自前人成说，但也添加了许多其经验之谈，在当时众多的蚕书中，是一本突出地方特点而又较为系统翔实的专著。附带在此说明一下，晚清各地官员和士绅，为发展蚕桑业而采取的措施之一，是辑集前人著述，再参酌各地实况，略加增删而编撰通俗浅显的蚕书，这类书即使水平不高，流传不广，但不失为有用读物。另外却有个别欺世盗名而又堂而皇之的庞杂无用之作，《蚕桑萃编》(1892) 是其代表。当李鸿章 (1823～1901) 任直隶总督兼北洋通商大臣时，为兴办实业而创设蚕局，召四川人卫杰授以道台官衔令主其事，卫杰秉意编成此书用以恭呈圣上，全书十五卷，起自历代诏制，终及泰西与东洋蚕事，有关桑、蚕、缫、纺、染、织等事统加收录，所引文献大都未注出处，装帧却极典雅富丽，篇幅庞大但极冗杂。全书分纶音、桑政、蚕政、缫政、织政、图谱及外记等七部分，是古蚕书中篇幅最大的一部。当代学人对其评价大多持否定态度①。

4. 兽医书类

在中国传统农学中，属于畜牧学的专著如相牛经、相马经之类而外，几乎没有专讲饲养、繁育的农书，这可能和历史上农区的役畜较为缺乏有关。而为数不多的役畜也并非全都用于农耕，如马、驴等在国防及交通上作为骑乘及驮运的工具，一向受到历代政府的重视，遂有“马政”这一事关监养采办马匹和管理马市的专词。对为数不多的役畜除去平日要精心饲养，一旦遇有疾病更需及时治疗护理，是以专讲兽医的书就必然多些，因而这里径直以兽医书类为题，是和中国传统农业及农学的历史实际相一致的。

据先秦典籍记载，我国早在西周时期就已出现专职兽医，家畜去势术也有所发展，而治疗所需的药物则处于人畜通用阶段。秦汉时期相畜术已相当发达，近年考古发掘的成

---

① 王毓瑚编著的《中国农学书录》以其庞杂空泛而未收载，石声汉有关的评语是“满纸空言，自己前后矛盾”，“以装腔作势的行径来代表当时腐朽的官场”。(见《中国古代农书评介》78～79 页，农业出版社，1980 年)。

章楷说它“内容广泛，篇幅庞大，但极冗杂”(见《中国古代栽桑技术史料研究》219 页，农业出版社，1982 年)。

果证实，在长沙二号汉墓就出土有《相马经》的残篇，稍早的《居延汉简》及《武威汉简》中，还发现有医治牛马疾病的处方。北魏《齐民要术》第六卷是专讲畜牧兽医的，附有供牧养人用的应急药方 48 种，可用于治疗 26 种疾病。《隋书经籍志》医方类收有《疗马方》等九部兽医书，反映出当时畜牧和兽医这两个行业都很发达。这些书后来虽陆续失传，唐代李石(783～845)在编纂《司牧安骥集》时，曾汇集唐朝和前代的兽医学论著，唐以前传统兽医学的精华在文献上应该能传承相续。《司牧安骥集》是现存最古的中兽医学专著，对中国传统兽医学理论和治疗技术作了全面系统的论述，是明代以前学习兽医的基本教材必读之书。全书三卷，后附《安骥集药方》一卷，金元时期曾补成八卷本，增收《蕃牧纂验方》等，清乾隆时李玉重编《牛马驼经全集》曾将其主要内容收入。元代统治者以骑射起家，对牧畜的护养和医疗都相当重视，由管勾（官职）卞宝辑撰的《马经通玄方论》是《司牧安骥集》之外，另一部现存的较早成书兽医专著。原书六卷现存三卷，对马病中常见的结症和肢跛诊断治疗都有提高，本书虽不见重于藏书家，但在民间一直流传①。

唐代《司牧安骥集》的撰辑是我国兽医学体系形成的初步标志，它也是我国兽医学第一次系统的总结。进入封建社会后期的明代，随同整个社会经济的发展，在许多学科领域都有总结性的著作出现，传统兽医学也不例外。加以明初马匹缺乏，为增强国防消除边患，国家所需之马除取之于官督民牧，而内地不足之数，则以茶马贸易形式设法从边地解决。政府和民间都在关注养马业，并同时有人从事总结性著述。如明宪宗成化年间（1465～1485）令太监钱能总掌御马监时就曾命人编写一种官刻的马医书《类方马经》(1475)，原刻六卷，重刻时多所厘补增为十卷，现无传本。《四库全书总目》子部医家类存目曾收录，对其评语是“究脉络针穴之源委，校经方药石之君臣，极歌诀之周，尽方术之备”。可见明代官方编订的这一部篇幅较大兽医专书，还是颇有内容的。另一部是由任太仆寺卿即主管有关牧养战马等政令的杨时乔（？～1609）主持编纂的《马书》(1594)，这是一部涉及养马、相马和疗马的专著，但以诊断医治为主，全书共十四卷，近 4/5 的篇幅都在集中讲述诊治和病征，本书体系完整，内容切实，并有作者自己的创见。近年经人据北京图书馆所藏残本整理后重印②。又杨时乔曾长期主持牧政，精通业务，对兽医工作也颇有见解，另外撰有现已失传的《牛书》，内容当亦可观，惜无从见。

现存的中兽医书中，流传最广，影响最大，实际上已被视为经典之作的，是由明俞仁俞杰兄弟二人合撰的《元享疗马集》(约 1608)。俞氏兄弟是安徽六安人，别字为本元，本享，同为著名的兽医，本书的编写前后历时近 50 载，内容虽多录自前代的兽医书，但确凝聚了撰者毕生钻研的实践成果，传统兽医书至是趋于定型，中兽医学的体系内容也已较严谨完备。本书问世后屡经传刻增删，迄今已刊印的版本可达 70 种之多，但其中主要的只有三个系统。即由丁宾作序的丁序本（1608）和由许锵作序的许序本（1736），以及由郭怀西所撰的注释本（1785）。丁序本为俞氏兄弟之原著，包括疗马集，疗牛集和驼

① 参见谢成侠：《中西兽医学史略》；邹介正：《中国兽医简史》，以上两文均收录在张仲葛主编：《中国畜牧史料集》“第三部分兽医”，科学出版社，1986 年。

② 该书在清代末得翻刻，北图所藏是海内孤本，残十三卷，缺十二及十四卷，1984 年经吴学聪点校，以《新刻马书》为名，由农业出版社排印出版。

经三部分，疗马集是全书的精华，分为春、夏、秋、冬四卷，春卷是“直讲十二论”，夏卷为“七十二大病”，秋卷包括“评讲八证论”和“东溪素问碎金四十七论”两部分，冬卷为“五知十四部方”及“驴骡通用经验良方”。全书有图113幅，赋3首，歌150首及方300多个。本书不仅实践性强，而且符合科学原理，如多种病大都有“论”来说明病因，有“因”表示症状，有“方”表示治法，是以传统兽医学的“理，法，方，药”俱全。对各种病症论述其病因，治法和养护之方，将内容以“歌”或“颂”的形式表述，易诵易记。在夏卷还引证了《师皇秘集》、《伯乐遗书》、《发蒙论》等不见于历代书目的达30种之多的古兽医书。许序本是清乾隆时经李玉对原书加以增删改编，题名《牛马驼经大全集》，内容和丁序本出入较大，因而有人说它是一部新书，而不是原书的另一版本①。郭注本也是清乾隆时期经六安著名兽医郭怀西加以注释并作了较大改动的，它的成就体现在以下几点，即发前贤之蕴秘，解词语之奥义，录临证之经验，参中医之理法，补篇章之遗缺②。近年经人校注、考证和搜求，这三个系统都已有新的排印或影印本出版，现在国内高等和中专农业学校的中兽医教材基本内容，就是在其基础上而又有所发展编写的。作为中兽医临床诊断的纲领及治疗原则，其有关“正邪”、“寒热”、“虚实”及“表里”的“八证论”，就是首见于本书的。而有关按切脉象和观察口色的“脉色论”，在中兽医中虽已应用很久，但未留下相应的专著，现在见到的有关脉色学的代表文献也是见之于本书曾引据的几篇。这些根据阴阳脏腑经络理论而撰就的专论，它能经受长期临床的检验，并成为后世兽医创立新论的基础，则应归功于本书的撰刊和流传。

清初，内地农区限制汉人养马，而农耕用畜役黄牛和水牛的养护对小农又至关重要，牛病学从而受到重视得以有较大发展。清朝的兽医书也与之相适应，一是增补修订原已流传的书，添加有关牛医的内容；再则由各地兽医在总结多年实践的基础上，撰写出内容较为浅显但极切实用的新著，其中有的仅以抄本形式流传从未刻印，于今搜求所得的经整理已排印出版，但其中也有遍访历查对作者或作者生平仍无所知的。现将其主要的简介于下③：

《牛经大全》，各家版本内容互有出入，较早的是将两种牛经书合编而成的《水黄牛经合并大全》，作者不祥，书分两卷，后来被收入重刻的《元亨疗马集》中。适应形势需要，有关牛经部分在以手抄形式流传中，经各地老兽医增补有如新著。如曾流传于江苏和湖南的经发掘整理，近年分别以《牛医金鉴》(1981)和《大武经》(1984)为名，重又排印出版。

《养耕集》(1800)，由终身从事兽医工作的傅述风晚年口述多年苦心钻研的心得，经其子傅善苌整理成书。书分上下两集，上集讲针法，在此之前仅有一幅《牛体穴法名图》行世，缺乏文字叙述，而本书分述了40多个穴位的正确位置及入针深浅和手法，并列叙了20余种对应的特殊针灸方法，从而使牛体针灸形成完整体系。下集为各种方药，其中的附方以治消化系统疾病为主，突出的反映针药兼施相得益彰这一治疗原则。

《抱犊集》，原藏江西新建老中兽医万庆熙家的一个抄本，作者生平及写作年代已无

① 邹介正，中国兽医简史，中国畜牧史料集，科学出版社，1986年，第366页。
② 张克家，评郭怀西对《元亨疗马集》的改编和注释，农业考古，1988，(1)。
③ 牛家藩，现存清代兽医古籍书录，中国农史，1987，(1)。

从查考，据专家推测成书应在清朝后期。其内容主要包括：看病入门、针法、牛病症候及药性配方等。其入门篇较为系统的论述了基础理论，并强调切忌不究其情，不识其症，而妄施针药。作为一部诊治牛病的专著有一定水平。本书连同上述《养耕集》都是由江西中兽医实验所搜求整理而后印行的。

《相牛心经要览》(1822)，清代役用牛外形鉴别专著。是近年在湖北荆州地区发现的，作者可能是黄绣谷，但其身世生平不详。全书共分31节，就牛的全身各部位分别讲述鉴定标准，主要从役使和情性两方面来考虑。极为详尽。其对象是以水牛为主，至于相黄牛法有不同于水牛的，则归结在“黄牛总论”一个专节里。书中文字有欠通顺，似出文化不高而具实践经验的兽医之手，本书对水牛使役力的培养提高有相当参考价值。

《猪经大全》(1891)，是清末流行于四川、贵州等西南地区的猪病专书，前有短序，作者不详。内容分述50种常见病症，多症均绘有病像图，并均列有治法。处方采用单方、简易效方和经典效方，有实际参考作用。

《串雅兽医方》是从《串雅外篇》中辑出的兽医验方专著。《串雅外篇》是《本草纲目拾遗》(1875)的作者赵学敏（约1719～1805）和走方医宗伯云合作编成的。赵虽身为名医但不鄙视兽医，加以他同情劳苦大众，所以当他广泛搜集民间医疗经验时，也收集并总结了医治家畜家禽和观赏动物的验方。在经他搜求并载入《串雅外篇》中的有些方药是过去兽医古籍所从未记述过的，因而它对提高中兽医水平和研究中兽医史都是有用的资料，近年已有经于船等校注的排印本。

5. 野菜专著与治蝗书

以野菜和治蝗作为对象的专著，是中国农书的独特组成部分。它本应分属于两个系统，但究其撰写动机却都和灾情有关，虽然人类在早期“尝百草”的采集经济阶段，就已积累了野生植物之可食与否的经验。进入农业社会以后，则逐渐疏远而陌生，但却未曾完全失传，特别当人民大众在灾情的重压下，经历长期而又艰苦的挣扎中，又被有识者结合群众经验，再经整理而后成书的①。历代文献就此早已有所记载，但野菜与治蝗作为专著撰刊行世则始自明清时期，这类书总数累计虽不算多，却又能在广为散发一度流传之后大都保存下来，这也许因藏书家有所偏爱而致是，如《四库全书总目》农家类共收书十种，其中就有两部是记叙野菜的，在其存目九种中也有一部，当非出于偶然。

农学家和农书谈论备凶救荒的由来已久。早在汉代《汜胜之书》就有“稗……宜种之，以备荒年。稗中有米。熟时，捣取米炊食之，不减粱米，又可酿作酒”。就此《齐民要术》曾加以征引，附于“种谷第三”之后。《农政全书》又复转录，并加评语谓“稗多收，能水旱，可救俭岁”②。对于同备荒及救荒有关的荒政，历代都很重视，但流传的文献内容大多限于举办义仓，适时赈济等有关政策举措等，作为农书，即使如《王祯农书》百谷谱十一；备荒论中，讲到了除去储粮，也可利用蕨、橡等野生植物渡荒救饥，但对其习性和食用方法也仍语焉不详。到了明代各地自然灾害频仍，据统计“明代共历276

---

① 徐光启即将野菜与治蝗同归入（荒政门），其所著《除蝗疏》则载于卷之四十四荒政项下。

② 《农政全书》卷之二十五“树艺谷部上”，又在卷之五十二“荒政、草部、实可食”在转录《救荒本草》有关记叙后，徐光启曾添加按语说：“稗自谷属，十得五米，下田种之，甚有益。野生者可捃拾积贮，用备饥窘”。可见，徐光启对稗的救荒功用十分重视，并将栽培与野生的区别开来。

年，灾害之多，竟达1011次，这是前所未有的记录”①。据史书所记，明初如永乐十三年（1415）山东水、旱、蝗灾相继，邹、滕等县农民就曾以稗子，草根、树皮等充饥。明代中期宗英宗天顺初年至宪宗成化末年（1457～1486），各地流民一度多达近200万户，殆及明末崇祯时（1628～1644），如陕北安塞等地，因周岁无雨，草木枯焦，竟连蓬草树皮也无从寻觅。面对社会的这一严酷现实，少数开明的当政者及关心人民疾苦的读书人，就见闻所及，把能够用来充饥的野生植物加以著录，其用意显然是要以野生植物来补充栽培植物之不足。见于《中国农学书录》的共七种，其成书时除清初的一部，余下的统在明代。对野生可食植物通称为野菜，但也有以救荒本草相称的，现简介于下：

《救荒本草》（1406），撰编人是朱橚（？～1425），他是明太祖第五子，明成祖同母弟，曾被封为周王，就藩于开封。朱橚好学能词赋，曾于其园圃将所搜集的400多种草木种苗加以栽培，亲自观察记录，鉴别性味，凡可食充饥者，召令画工按实况绘出图谱。全书共收载植物414种，其中已见于历代本草中的138种，新增入的276种，恰好是全书的2/3，分为草类245种，木类80种，米谷类20种，果类23种，菜类46种。较为准确的记载了植物名称、别名、产地、性状等。本书在描述的精确，术语的丰富，以及绘图的精细等方面，都明显的超过了历代的本草书。特别是书中附图，据美国植物学家李德（A. S. Lead）在其《植物学小史》中评语，认为其描绘刻印水平超过同期的欧洲。为了达到抗灾渡荒的目的，书中除对其辨识采摘加以细说，并就食用时加工调制的方法详加叙述，体现出仁者的用心。在它的影响下不仅有同类的专著相继撰刊，明代的总结性科学名著也详加征引，李时珍在《本草纲目》序例、历代诸家本草中加以评介，说它“亦颇详明可据”，徐光启在《农政全书》的荒政部分竟全文征引②。本书原刻开封印本已经亡佚，嘉靖（1506～1566）四年（1525）山西重刻本，近年曾由中华书局据以影印（1959）。

从明朝后期至清初撰刊的几种野菜专著，其总体水平虽未能超出《救荒本草》，所收的植物也远不及前书之多，但多数撰者的态度还是严肃的，即便有的作为文学小品来写，也仍有参考价值，因为野菜除在荒岁可用于充饥，常年也可调制佐餐，现分述于下：

《野菜谱》明王磐撰，王号西楼，是以本书又称《王西楼野菜谱》。作者是江苏高邮人，生在正德、嘉靖年间，据自序说，因见江淮间连年水旱，饥民采摘野菜充饥，为防误食伤生，经查访撰成本书。书仅一卷，收有野菜60余种，每种配图附诗。徐光启曾将之收入《农政全书》，后由明滑浩删去绘图，依次题诗，排列次序有所改动，仍用原书名《野菜谱》印行。《野菜博录》（1622）明鲍山撰，作者系江西婺源人，曾隐居黄山7年，其间遍尝所获野菜，遂按品类、性味及调制方法，加以归纳成书，所记野菜共435种，分为草、木两部，再各依其可食部分细分成组，每种都配图，简记其性状和食法。原书三卷，《四库全书总目》农家类著录作四卷，但所记野菜只有262种，推测说“盖又有所试验弃取欤？”据王毓瑚考证库本实缺中卷，参与纂辑的词臣将原书上下卷各分为二，似另

① 邓云特，中国救荒史，商务印书馆，1937年，第30页。

② 石声汉：《农政全书校注》书后附有经王作宾鉴定的植物学名表和救荒植物分“部”及利用方式分“类”总表可参看，载《农政全书校注》1841～1866页附录二及附录三，上海古籍出版社，1979年。

有四卷本，实属欺世之举①。《救荒野谱》(1642) 明姚可成辑，因见崇祯末年灾害频仍饥民遍野，于是从李东垣的《食物本草》(1620) 中辑录可食草类60种，又补遗草类45种，木类15种，除配图还附歌诀，并详注食法，使人易识易记。《四库全书总目》对《野菜博录》的评语“尧水汤旱，数亦莫逋。有备无患，不厌周详。苟其有益于民命，则王道不废焉。书虽浅近，要以荒政之一端也”。似可说明野菜类这一天然产物，其得以在中国传统农学中占有特殊地位的原因。

同是以野生可食植物为对象的专著，但在撰写的动机、主旨和行文上又有差异的，在明代也另有几种，虽然它也归入本类，而恬谈闲适的旨趣和风格，使之显然有别，有人将其称之为清供类②。这一说法是沿袭宋末林洪在其撰著的《山家清供》(约1247) 一书中，对产自山野的芹、蕨等野蔬的称谓。明末周履靖撰著的《茹草编》等书也体现了这一趋向，即可称之为清供化③。周是明代著名文士，浙江嘉兴人，书分四卷，前两卷记录野菜105种，并附有图；后两卷则是辑录有关的掌故和古谚，调理之法已极精细。《野蔌品》(1591) 是明末另一知名文人向有风流才子之称的高濂所撰，本书是将《遵生八笺》中第十二卷饮撰服食笺中的一部分，经摘出单行而成的，所记载的野蔬近百种，在其开端有注说“余所选者，与王西楼远甚。皆人所知可食者，方敢存录。非王所择，有所为而然也”。从其记叙来看，有些野蔬食前调制加工时竟要酌添糖、醋、油、盐等佐料，可知其意在尝异品鲜，和以之充饥活命的则全然不同。《野菜笺》明末屠本畯撰，屠浙江鄞县人，所收野蔬是产自四明山区的仅22种，但其行文和明人小品极似。又清初有《野菜赞》(1652) 一部，撰著人颜景星是湖广蕲州人，明末贡生。书前有作者小识，说壬辰(1652) 归乡恰值凶年，夫妇二人采摘野草的根、实、苗、叶充饥，得以不死，因而记录下来经其已食者共44种，并注明性状和食法，每种之后都加赞，以颂其活命之功。

我国蝗虫为害的记载，始见于《春秋》鲁桓公五年(前707)，之后史不绝书，不仅就其成灾和危害情况详加记叙，进而对其防治方法也加以总结著录。汉代王充(27～97) 在《论衡·鼓应第四十六》中记述了掘沟捕蝗之法。唐代开元初年姚崇(650～721) 为相时，山东发生严重蝗灾，他力排众议坚持捕杀，派遣捕蝗使，推行夜间举火，火边掘坑，且焚且埋之法，颇见功效。到宋朝仁宗景佑元年(1034) 时，“开封府淄州蝗，诸路募民掘蝗种万余石”，即从过去单纯捕杀成虫，发展为兼掘蝗卵。明清时期蝗灾为害有增无减，经人统计见于记载的明、清两代分别为94及93次④。人工捕打和生物防治等法也已应用推广。

南宋孝宗淳熙九年(1182) 公布治蝗法规，严令执行，依情奖惩。董煟在其所著《救荒活民书》书后所附“拾遗”中，就淳熙敕令有关怠疏于治蝗者施以惩罚的六点加以阐释，进而提出“捕蝗法”七则，除综述已知成法，还就组织动员切戒扰民和酌情褒奖之策加以陈述。明代徐光启所著《除蝗疏》已收入《农政全书》“卷之四十四荒政”中，该疏原是崇祯三年(1630) 所上《屯田疏稿》纲领五端中之“除蝗第三”。条目凡九，依

① 王毓瑚，中国农学书录，农业出版社，1964年，第181页。
② (日) 篠田统，中国食物史，柴田书店，1960年，第263～265页。
③ 同②。
④ 邓云特，中国救荒史，商务印书馆，1937年。

次叙述蝗生之时、地、缘、法等项，明确应先事消弥，后事剪除的原则。其有关蝗虫生活史的详切记述是前此未见的首创，从蝗虫生活史来探讨灭蝗的方策是合乎科学原理的。对蝗灾“必合众力共除之然后易”的传统经验加以肯定，随又提出颇富启发的农业及生物防治方法。其后清代蒲松龄在《农桑经》提到的捕杀方法，虽有可用药物防除新方[①]，但为数不多。

如上所述，蝗虫作为专门问题提出来讨论的最早见于徐光启《农政全书》所收的《治蝗疏》。而有关捕蝗的专著则几乎都是在清代撰刻出版的，这类书的编辑者大多是地方行政官员，由于较切实用，所以各地官府就常常翻印，流传很广。保存至今的还有 20 多种，仅就其内容成就较为充实而又突出的简介于下：

《捕蝗考》(约 1684)，清陈芳生撰，这是现在能见到的最早一部捕蝗专著，书的前一部分是备蝗事宜，共十条；后一部分是前代捕蝗法。《四库全书总目》史部政书类曾著录，对它的评语是“大旨在先事则予为消弭；临时则竭力剪除，而责成于地方官之实心经理。条分缕析，颇为详备，虽卷帙寥寥，然颇有裨于实用也”。《捕蝗汇编》(约 1837～1845)，清陈仅在任陕西知县时撰成此书。全书四卷，书前载有康熙皇帝的“捕蝗说”，以下四卷依次是捕蝗八论、捕蝗十宜、捕蝗十法、史事四证和成法四证，全书内容基本上辑自前人著作，间杂撰者按语，其所征引的四种成法是马源《捕蝗记》、陆世仪《除蝗记》、李钟份《捕蝗法》和任宏业《布墙捕蝻法》。本书对历代有关捕蝗文献的搜集整理的确下过功夫，在结构、体例上也有其独到之处，可为了解历史上捕蝗法提供有用的资料。《治蝗全法》(1857) 清顾彦撰，顾江苏无锡人，咸丰六年 (1856) 无锡一带发生蝗灾，作者编辑《简明捕蝗法》印发给农民，翌年增扩为四卷，加添官司治蝗法，前人成说和救荒各事，定名为《治蝗全法》。书中对蝗虫的滋生和蔓延地区，蝗虫的生活史和习性，以及动员民众捕杀方法等都有较详尽的说明，题为“全书”近是。

在清朝撰刊的治蝗书中也有总结当时当地民间经验，或汇集各种有关文告，直接而又具体反映治蝗情况的专著，书的内容大多简要，通常仅为一卷。《留云阁捕蝗记》(1836)，撰者彭寿山在江西乐平知县任上，辑录关于应付蝗灾的各种公文，和民众捕蝗的技术经验。书中对蝗的卵和幼虫蝻的习性记叙的较精祥，作为天敌的蛙类可用来捉食蝗虫减轻危害也加以讲说。《捕蝗要说》(1856) 又称《捕蝗要诀》，撰者不详，书前有直隶布政使钱炘和的序，谓时值天旱，飞蝗成灾，遂将所见本书及图说，辑印散发，书的内容简明实用，可能是以前地方官员根据民间经验编写的。对蝗畏湿喜火的习性，和蝗虫一般的世代数通常一年一次，个别年份可发生二代，“如久旱竟至三次”等都有明确的记载。《除蝻八要》(1850)，是由时任陕西长安知县的李惺甫（本名可能是李炜）撰写的，对蝻的群居性和趋光性，和开沟陷杀时宜相地势并酌情掘成各种形状等记叙较详晰。本书连同李惺甫撰写另外有关的两种除蝗书，《治飞蝗捷法》和《搜挖蝗子章程》，由西安知府沈寿嵩合编付刻，题名为《现行捕除蝗蝻要法》。《治蝗书》(1874)，陈崇砥撰，陈福建候官人，在河北各地为官 20 余载，病殁任上，鉴于蝗虫为灾极大，从而撰成此书，书中讲述的除治方法极为详尽，且附有图，便于参据实行。书中对蝗虫一生简要的概括，“未出为子，既出为蝻，长翅为蝗”。并就治蝗中动员组织民众的方法和形式加以记述，

① 彭世奖，蒲松龄《捕蝗虫要法》真伪考，中国农史，1985，(2)：55～56。

“蝻生之处，度地设厂，定立章程，厂所离蝗所不可过远，多则分厂，净则撤厂”。可见在蝗灾发生时，作为应急指挥机构的“厂”可起到一定作用。

二 明清时期农业历史文献

这里称作农业历史文献的古籍，其不同于通常称之为农书的著作，是因为作者撰写的目的和宗旨，书的结构与重点，都有较为明显的差别。在古代农业是决定性的生产部门，不仅与农事有关的活动牵涉到许多领域，而每年农业的丰欠，也因事关全局而备受朝野上下各方的关注。这样出于不同动机所撰刊的论著，就涉及到经、史、子、集各个方面，其为数则杂多难计。明清时期自不能外，在体例和数量上也是有增无减，这里只能就其与传统农学密切有关的，择要介绍几类，并从这一视角作简要的评析。

（一）本草与植物学等相关的文献

1. 本草学著作

本草书原是中医药典，因其所记各药以草类为多，循“以草为本”的认识，历代相沿称中药学为本草学，有关的专著遂归入医学类，作为医书自应止于药用之品。在我国由于既知之植物，几乎皆可取供药用，是以本草书又几可视同中国植物学完备之记载，但在其体例、内容及重点上则又不同于一般植物学专著。

历代本草经人统计现有278种（其中包括民国时期的18种，由日本人撰著的45种，实存215种），其中在明清时期成书的有177种，占总数的82%①。按其内容可大体分为综合本草、单味药本草及食物本草三类。单味药本是以人参、鹿茸及羚羊角等贵重中药为对象，可从略不叙。从元代开始改变了人畜通用药物一并记述的惯例，开始有了兽医中药分类体系的专著，因而将其另列一类加以评析。

（1）综合本草

这是构成本草书的主要组成部分，早期的内容多较系统全面，明清以后则有地方性本草书，如明朝兰茂撰《滇南本草》三卷，或《本草纲目》的增补、摘抄及注释本等。本草这一名称最初见于《汉书·郊祀志》，但《汉书·艺文志》却没有著录本草书，直到《隋书·经籍志》才著录有《神农本草》八卷，但此书单行本早已亡佚，现在所能见到的都是明清人辑本。现存的本草书以梁朝陶弘景撰著的《本草集注》为最早，但只有序录和正文四条。唐朝显庆四年（659）由政府撰集颁布的《新修本草》，现共残存有11卷本，这是我国也是世界最早的药典。宋朝开国后很重视医药的整理，并鉴于本草品种的零乱，政府下令召人先后撰修了《开宝重定本草》、《嘉祐本草》和《图经本草》等，宋神宗时唐慎微撰有《经史证类备急本草》（1082），之后又经重订校定改称《重修政和经史证类备用本草》（1116），简称《重修政和证类本草》。本书在国内外一向享有很高评价，如李约瑟曾认为中国12和13世纪的《证类本草》的某些版本，要比15和16世纪早期的欧洲植物学著作远为高明②。

① 龙伯坚，现存本草书录，人民卫生出版社，1957年。

② Needham, J. Science and CIvilisation in China Vol. I, P137。

明清时期的本草著作，几乎全是个人著述，但规格和数量却都超过前代而毫无逊色。较重要的当是被医学家一向推为经典，至今仍被奉为圭臬的《本草纲目》(1590)，撰著者李时珍（1518～1593）是湖北蕲春人，出身医业世家，以精通医术闻名于世。他先后赴各地采集访问，查阅有关书录800余种，历时30余载，并三易其稿，方始成书，晚年雕版而未及付印就已逝世。全书共五十二卷，分十六部，六十二类，共收药物1892种。其中和农学关系密切谷类又分为麻麦稻类、稷粟类、菽豆类及造酿类四种，实收食用植物28种，对其生物学特性加以描述，弥补了过去农书所忽略的基础知识[①]。书中除大量记载人畜共用的方药外，并特别指明对家畜疾病有防治作用的药物77种，同时还指出有21种对家畜有毒性作用的毒物[②]。可见它从农学的角度来看，也是极有参考价值的著作。

《本草纲目》刊印后影响很大，清代撰著的本草书大都曾参阅引征。其中最为突出的是《本草纲目拾遗》(1765成书，1864刻印)，撰著者赵学敏浙江钱塘人，熟读医籍，精于医术，一生著述很多，仅本书和《串雅》流传至今，余皆亡佚。本书以拾《本草纲目》之遗，正《纲目》之误为目的。全书共十卷，依《纲目》体例分十八部，删去了八部，增加花和藤两部，共收药921种，其中有716种是《纲目》未收的，除一些外来药物，余下的均来自民间。作者在书前凡例中说，“拙集虽主博收，而选录尤慎……必审其确验，方载入”，可见其论述药物时所持态度是很严谨的。日本专攻中国医史的冈西为人（1898～1973）曾说它“是清代唯一真正的本草”[③]。

（2）食用本草

由于食、医同源，因而后来出现仅记述具有药效的食物或补品的本草书，从原来包括谷物、蔬果、畜禽等在内的综合性本草书中分化出来。最早的可能是唐代孟诜所撰《补养方》(约701)，后经张鼎增订改为《食疗本草》[④]。据《本草纲目》序例所载“历代诸家本草”简介中，有南唐陈士良撰《食性本草》、元代吴瑞撰《日用本草》及明朝汪颖撰《食物本草》等，这些书是取本草切于饮食者编成，按通常习见的米谷、菜果、禽、鱼、兽等厘分。现存的明万历刊本（1620）、崇祯刊本（1638）《食物本草》是经人改动后，妄题为元代李杲撰著的。

（3）兽用医方及本草

早期的本草书基于许多药物可人畜共用，仅将其适于兽医用的另加说明，如唐代苏敬等撰编的《唐新修本草》就记载有铜矿石“驴马脊疮，臭腋，磨汁涂之”，后来的综合性本草书也大都循例有这一部分内容。明清时期的兽医专著，在认识人畜临床用药应有区别基础上，开始总结兽医专用医药的经验，如《元亨疗马集》冬卷所记内容已可视为兽医本草之萌芽。清代李南辉所撰《活兽慈舟》(1873) 收有药方700余个，以方药结合的方式体现兽医用本草应有特征。

2. 植物学著作

在中国古代典籍中，有关植物种类的记述当以《尔雅》为最早，《尔雅》是秦汉间经

① 游修龄，《本草纲目·谷部》的生物学与农学特色，(未刊稿)。

② 于船，从《本草纲目》看我国古代家畜防疫方面的知识，中国畜牧史资料集，科学出版社，1986年。

③ (日) 冈西为人，中国本草的历史展望，日本学者研究中国史论著选译，第十卷，中华书局，1993年，科学技术：第129页。

④ 参看郑金生等译注：《食疗本草译注》前言，上海古籍出版社，1992年。

师缀辑旧文，递相增益而成的解释词语之作，书共19章，所举植物近300种。纯粹植物学专著则首推晋嵇含（263～306）所著《南方草木状》(304）一书，书分4章，即草、木、果、树，共收岭南地区所产植物79种，书中有关无土栽培和生物防治的记载，作为原始资料在世界上当属最早。宋末陈景沂编撰的《全芳备祖》(1253）是一部有关花、果、草木等植物的类书，所收有关植物的文献资料达300余种之多，在宋代以前除本草书外堪称最多。但所征文献多详于文艺而略于植物，是以其对钩沉辑佚虽有用，但在科学上学术意义却不大。

明清时期的植物学著作中，较为系统而完备的当推《群芳谱》和《广群芳谱》，而清末撰刊的《植物名实图考》则是传统植物学典籍中水平最高的最后一部。这几部巨著虽是植物学专著，但内容和体例上从实用着眼，其所收植物和分类方法则多与农事有关，现简介于下。

《群芳谱》(1621)，原名《二如亭群芳谱》，纂辑者王象晋，山东新城人，万历甲辰(1604）进士，曾在原籍经营农业，了解农事。全书28卷，约40余万字，书的体例虽仍沿袭《全芳备祖》，但收载植物之多，内容之详备等都已超过。就其与农学的关系来看，它不仅汇集并整理了17世纪以前中国农艺和植物学重要成就，还订正了其他农书混淆的作物名称，对果木的栽种管理技术的记叙也相当精详，书中所引诗文典故偏多，从而削弱了学术价值。《广群芳谱》(1708）是清朝康熙皇帝命汪灏等就王象晋《群芳谱》加以增删改编而成，全书100卷，分为天时、谷、桑麻、蔬、茶、花、果、木、竹、卉、药等11个谱。整理后删去一些与农事无关的内容，补正原文错漏之处，内容较前充实，体例也趋于更为完整，提高了实用价值和学术水平。

《植物名实图考》(1848)，作者吴其浚（1789～1847）河南固始人，嘉庆丁丑(1817）进士，历任清朝中央及地方的显赫官职。他对植物学有浓厚兴趣，不仅遍阅古籍，还在所到各处留意观察、采集，并随时调查讯问，先是从近800种有关文献搜集摘录，完成《植物名实图考长编》22卷，随后又详加考订撰写成本书。全书38卷，分为谷、蔬、山草、阳草、石草、水草、蔓草、芳草、毒草、群芳、果木12大类，所收植物达1714种，图1800余幅，字数约70万，被誉为中国植物学著作中的巨擘。它摆脱了一向把植物和动物、矿物并收的有如博物学的历代本草惯例，从体例到内容都是一部真正而严谨的植物学专著。但它在农学和中药学的发展上仍有建树，如谷类编入食用植物53种，蔬菜176种，果树156种，并较历代本草新增100多种药用植物。所载植物对形态特征、产地环境和各种用途都有精详的记载，特别是在同名异物和同物异名的考证上尤见功力，在分类上体现了“尽物之性，即以足财之源”的实用性特点。图考及长编都是在作者逝世后的次年，由陆应谷校订在山西太原付印的①。

（二）综合技术专著中相关的农史文献

由于明代生产技术较为发达，从而为卓越科技著作的出现提供了必要条件。像《天工开物》这样对传统农业和手工业进行全面系统总结，起到承前启后作用科学巨著的撰著，又是和作者宋应星反虚务实，鄙弃功名的科学态度分不开的。《天工开物》(1637）是

① 河南省科技协会编，吴其浚研究，“农学研究”部分，中州古籍出版社，1991年。

一部内容广泛，涉及传统农业和手工业等许多方面的科学技术专著，作者宋应星（1587～约1664）江西奉新人。万历四十三年（1615）考取举人后，多次赴京会试均落第，转而专心钻研与国计民生有关的实学。崇祯时在任分宜县教谕任上撰成本书，集农书与手工业于一书，融各项传统生产技术为一体，确是别具匠心，非同一般的百科全书式巨著，全书共3卷18章，其直接和农业有关的内容集中在上卷的6章，它分别以见于典籍的古雅二字来命名，即“乃粒”、“乃服”、“彰施”、“精粹”、“作咸”及“甘嗜”，依次讲述了谷物、衣料、染料等生产，和米面加工及盐、糖的制作等项。作者在书前序中说卷分前后，从乃粒始而以珠五终是有深意在，即在一个较为严谨完整的体系中，突出“贵五谷而贱金玉之义”，体现出与国计民生有关的农业及与农业相关的部门已受到应有的重视。此外卷中的“膏液”和卷下的“曲蘖”，则分别讲述了和榨油及酿酒有关的技术，每章书中都附有图，形象的表达操作要点。书的取材大多来自群众的实践和作者的观察，强调凡事“皆须试见而后详之”；书中很少引经据典和炫博务虚，全部引书不过20余种，70余次。清初编纂的大型类书《古今图书集成》，在“食货”、“职工”等典中曾大量引用摘录过，但乾隆纂修《四库全书》时就未再收录，之后在国内就绝少流传，几乎见不到单刻的原书。直到清末文禁松驰之后，才陆续有人转引书的部分内容，而藏书家仍遍求不得，迨到1929年才又根据日本的一个翻刻本重又印行。《天工开物》在国外的流传和影响，却又不同于国内，在18世纪传到东邻日本、朝鲜等国时，遂即受到一些学者的欢迎与重视，而远在西方的各国，先是由法国的于莲（S. Julien，1797～1873）将书中有关五金、矿冶部分译出并加注释印行，而后又被转译成英、德、俄、意等文，而为世界所详知。进入本世纪后，全部内容已完整的被译成多种文字，如英文就先后有两种译本，1959年国内据重又发现的涂绍煃初刊本，由中华书局影印行世。

（三）与理学、经学等有关的农史文献

明初，程朱理学得到政府的支持曾盛极一时，在成祖（1403～1423在位）的主持下，编有《理性大全》等书，明朝中叶，王守仁（1472～1825）继承了宋代陆九渊（1139～1193）的“心即理也”这一主张，兴起了理学的另一分支陆王学派。清初，再次把程朱理学作为统治工具，到了乾嘉时期考证之风大盛，竟一度成为显学。为了通经就须谙熟文字、音韵、名物训诂等，受清政府文字狱的迫害，致使部分学者主要以经书为对象，埋头于典籍的校释整理。在这样学风的先后影响下，以理学为依据对“农道”的探讨，和用训诂的方法来辨析与农事有关的名实，也就相继提到日程上来，从而撰写出一些兼及经学和农学的专著。

明代马一龙的《农说》（成书确切年代不详，约在16世纪中期），就是以理学为本，根据阴阳五行学说，通过对水稻的耕作栽培来阐释“农道”的。它一方面想用理学思想说明农学的内在机理，另一方面又拟以农学的事实来反证和体现理学的主旨，全书一卷，约6000余字，正文分段约600字，每段之下另有小注约5000多字，正文古奥全靠注文展开说明。《农说》文字虽不多，却对农学原理以传统哲学的范畴作了精辟的阐释，具有相当理论深度的一部农书。在农业生产技术上，对天时、土性、人力、种谷等分别加以论述后，还集中讲述了水稻栽培，特别是水稻移栽和田间管理等措施，侧重从理论上来总结分析水稻的耕作栽培技术，在传统农学的思想乃至技术史上都占有重要地位。清代

由杨屾（1687～1785）与其弟子郑世铎共同撰写的《知本提纲》（1747）原本是授徒教学用的理学著作。全书原分10卷14章，其中与农事有关的共3章，即谈农政的《帅著章》，论述农业生产技术的《修业章》，和叙说农家生计与管理的《帅家章》。《修业章·农则》这一部分原是依据阴阳五行学说，通过耕作栽培并推及蚕桑、畜牧等技术来探索“耕道”和“农道”的。但它确能反映本期陕西关中地区旱农生产的特点与水平；而有关农学思想的阐释，可以作为西方农学传入之前的传统农学理论的最后也是最高的代表，“确可视为出色的农学著作”。近年王毓瑚辑录的《秦晋农言》（1957）中收入本章，仍题为《知本提纲》（摘录）。

和农学有关的名实之辨，既体现了训诂考据之学的成就，也反映出它的局限。粟、粱、黍、稷等农作物的名称，自西汉犍为舍人为《尔雅》作注，说稷为粟时开始出现歧异，后来的一些经师因不务实只唯书，从而引起无尽无休的争论，遂又加深了紊乱，至今仍难完全澄清。本来农作物因时、地的不同，和品种演化、品质变异等原因，会出现同名异物和同物异名的现象。农学家如能据实加以辨析，纵使不能使人完全认同，但也不会愈来愈乱，而封建社会的读书人不论是否应举，乃至对功名所持的态度有何不同，大多囿于先师大儒的成说，而难以彻底背离摆脱其影响。清朝乾嘉时期程瑶田（1725～1814）著《通艺录》，其中《九谷考》（1803）对粱、黍、稷、稻、麦、大豆、小豆、麻、苽等9种粮食作物加以考证，后附与辨析谷物名实的论文四篇，与友人讨论农作物的书信二通。全书约3万字，在撰著过程中除检索大量文献，还搜集耳闻目验中所得的证据，广征博引，旁通曲证，的确下了一番功夫。在考证分析中不乏独特见解，如认粱即粟的米名，黍有粘与不粘之分，乃至稷与粱二者有别等。但认为稷是高粱却是不该有的错误。书中对作物种植方法及种植制间亦涉及，不掏其疏误，就文献考证和生产实践相结合来说，应该说还是开创性的业绩。程氏的考据受到段玉裁（1735～1815）和王念孙等（1774～1832）经学大师的尊信，而备受赞誉推崇。刘宝楠（1791～1855）的《释谷》（1840），就是在《九谷考》的基础上又作了进一步研究。全书4卷，对麦、豆、麻的辨析尤为精详。作为学识渊博的通儒所撰写的这类考辨谷物名实的专著，虽已能用耳闻自验旁通曲证所得来补充验证文献记载，但仍未能克服逞臆武断之处，可见经学与农学毕竟有所不同，况且在当时的条件下，也难以突破成见囿说而另辟蹊径。

（四）与时政和古训有关的农史文献

明清时期，有些关心国计民生的有识之士，针对时弊提出为学务须经世致用。“经世”的本意是“经理世事”，而与之有关的论述，则大多以奏议、书牍等形式来评议时政的得失，其用意在为当政者提供参考借鉴。把这类文章加以辑录整理，始自明清之际的陈子龙（1608～1647）等人辑录的《明经世文编》，清代则是在道光时期才有魏源（1794～1857）为贺长龄编辑的《皇朝经世文编》，清末更有续作多种，一时竟风气蔚然竞相效仿。

这类经世文编是大部头的丛书，子目繁多，与其农事有关的，可举出农政、救荒、仓储、水利、屯田及马政等项。如《皇朝经世文编》农政部分就收有陆世仪（1611～1672）、张履祥（1611～1674）、顾炎武（1613～1682）及尹会一（1691～1748）等人的文章近50篇。对农本、农田、蚕桑、种棉、纺织、种树、水利等问题作了论述，其中不仅有强调富国裕民在于重农务本的政论，也有参据历代农书和实践经验，阐述农田的耕耘、种植、管理、施肥等具体措施；详细介绍区田、代田、葑田等之法；并对纺织之利，栽桑养蚕，种植棉花的重要意义及具体方法加以论述，强调水利和沟洫之利，主张官府应劝民开发农田水利和兴修水利工程等等。这类文章的作者虽用心良苦，志在经世致用，其内容也兼及政策和技术两个侧面，大多有据可依切实可行，但限于诸多条件其成效未如所期者率是，但作为历史文献，不仅能反映出当时社会经济状况的一个侧影，而就技术发展来说，在倡导宜兴宜革的过程中，也能体现出其变动前进的大体趋向，是以不无参考价值及作用。

有关时政议论评析的著作，也有作者自行结集刻印的，如清代包世臣（1775～1855）虽曾中举，但仕途坎坷，长期为幕僚。他精于经世致用之术，精通赋税、荒政、河运等与农事有关之学，生平所著，晚年自辑为《安吴四种》（1844 刊刻），其中收有《齐民四术》一种，所谓“四术”指的是农、礼、刑、兵四者，其中“农”项的“农政篇”撰写宗旨是本着“治平之枢在郡县，郡县之政首农桑”，这一部分又别题为《郡县农政》（1801 写成），内分辨谷、任土、养种、作力、蚕桑、树植及畜牧等七篇，书末附有农家历按二十四节气，安排主要农事活动，简要可行，作为农书绝无逊色之处。

清代中期郝懿行（1755～1823）曾编撰《宝训》（1790 成书），作者进士出身，长于训诂名物之学，平生著述极多，其后人将之汇编为《郝氏遗书》（1879），其中第三十八册即为本书。它是以农语为经，诸书为传，收集民谣谚语，并节录古籍而编就。全书八卷，依次为杂说、禾稼、蚕桑、蔬菜、果实、木材、药草、孳畜等。书名题作《宝训》是强调“街说里语，言皆着实”，指出流传于民间的谣谚，实际是经实践提炼出的箴言，所以极为宝贵。又《郝氏遗书》中其三十九卷还辑有从古籍摘录的《记海错》（1867）一卷，是见于《中国农学书录》水产专著中，成书于明清时期九种中一部较好的，所记海产 49 种，作者撰写虽从训诂角度出发，但因家住山东海滨，是以所讲多切实可据。《郝氏遗书》中还收有《蜂衙小记》一卷，记述了蜜蜂的形态、生态、习性和采蜜法，是古代唯一的一部养蜂专著。

第二十二章　明清时期传统农学的进展与成就

明清时期的中国传统农业已处于继续深入发展阶段，与之相适应的传统农学，在原有基础上也有所提高，这在本时期撰刊的诸多农书及农学文献中得到充分的展现。即作为农学基础理论的生物学知识，在相继积累过程中已被归纳著录；集约的土地利用方式，要求对地力培育与增进的操作方法进行全面总结；丰富的生产实用技术系统加以概括，可在更大范围得到应用；随同农业生产结构的调整，从而拓宽了农学探讨和研究的领域与范围。在以有限耕地来养活不断增多人口的历史进程中，农学知识也随同农业生产经验的普及得到推广，对农业生产在一定程度上起到推动和促进作用。但传统农学缺乏必要的实验手段，因而难以从事精确的化验分析；而习惯了的思维方式又使之囿于直观的感性认识，当用传统的哲理范畴对生产技术和经验加以阐释时，又难以克服抽象与空疏的偏差。总之，明清时期的传统农学，是在农业技术继续发展的基础上，改进得更为精细与完善，并在全国推广到更大范围的前提下，经归纳总结而后形成具有鲜明时空特征这一独特的学术体系。它是建立在经验积累的基础上，缺乏现代实验科学的严谨精确；但它又具有一定程度的活力，其合理的核心部分，至今依然仍可作为潜在的力量，对农业生产起到参考借鉴作用。

第一节　农业生物学知识的积累与著录

农学虽是一门技术科学，但它是通过总结人工控制生物有机体的生命活动，从而取得所需产品的系统知识这样一门学科。传统农学是以经验性的农业生产技术为对象，从而有别于以科学原理作指导的现代农业科学。即便如是，而同为农学，在各种农业生产技术应用上，却均以生物有机体为对象，所以阐明生命运动规律的生物学，就都应该是构成其相关基础学科的一个重要分支，传统农学限于其所处的历史条件，从总体上还不能实现这一要求，达到应有的水平，但随着生产经验的积累和操作技术的汇集，在对其疏理总结时，就会要求从更深的层次来阐释说明，从而促使相关基础学科的一些资料和素材，经过归纳加以著录成为必要和可能。

一　经济植物分类的发展

对植物的鉴别、分类、命名，是人类识别植物和利用植物中必不可少的一个环节。到了明清时期随同社会生产的发展和人类需求的增加，对已积累的植物学知识，加以疏理分类的要求也更为迫切，在前此已开展的工作基础上，本期取得较为突出的进展。一是逐步改变了将动物、植物和矿物三者混在一起的，有如博物学的合而未分一起讨论的体例，再则从农作物到药用本草及观赏植物的实用分类方法，都有改进而更趋详尽；最后是在鉴别、分类时，对其相关的分布、环境、生长季节及经济价值等项目，也都已涉及并加著录①。

（一）医药上的分类

中医的药物学通称本草，而本草的含义又有广狭之分。广义的是以人类生活所必需的天然产物，特别是为获得药物与食物及其应用为目的的知识；狭义的则仅指可入药的，但动、植、矿三界产物中具有医疗效用的都可列入。它和当今的生药学（Pharmacognosy）大体相当。本草学在中国的发展历程上是经过四个阶段，它分别以《神农本草经》（成书年代历来有多种说法，但不迟于汉代。原书在北宋已散佚，明朝以后经人辑佚，使本书内容大致得以恢复）、《新修本草》（659）、《证类本草》（1108）和《本草纲目》（1590）的撰刊为标志，先后形成四个高峰。在这几部经典著作中，其分类方法和体系虽由简趋繁逐渐完备，但基本上还是包括药物和食物，以下先将这四部书的分类法列表简示（表 22-1），再就《本草纲目》中与食物有关的部分略加解说。

表 22-1　历代主要本草书所用分类法的比较

神农本草经	新修本草	证类本草	本草纲目
1. 上品	1. 玉石	1. 玉石	1. 水
2. 中品	2. 草	2. 草	2. 火
3. 下品	3. 木	3. 木	3. 土
	4. 兽、禽	4. 人	4. 金石
	5. 虫、鱼	5. 兽	5. 草
	6. 菜	6. 禽	6. 谷
	7. 果	7. 虫、鱼	7. 菜
	8. 米	8. 果	8. 果
		9. 谷	9. 木
		10. 菜	10. 服器
			11. 虫
			12. 鳞
			13. 介
			14. 禽
			15. 兽
			16. 人

《本草纲目》的分类体系是以纲、目、部、类作为分类立界的依据，在书前王世贞（1520～1590）的序中就此说及。“予开卷细玩，每药标正名为纲，附释名为目，正始也。次以集解、辨疑、正误，详其土产形状也。次以气味、主治、附方，著其体用也。”全书共 52 卷，分 16 部，共收药 1892 种，其中属植物这一大类的有 1094 种，即占 59%，远较动物、矿物及服器为多②。有关这一大类的分类方法先是将其区分为草、谷、菜、果、木五部，部下再分为类。如草部大致是按照所生地区来区别，分为山草、芳草、隰草、毒

① 陈家瑞，对我国古代植物分类学及其思想的探讨，植物分类学报，1978，(3)。

② 李涛，明代本草的成就，新建设，1955，(2)。

草、蔓草、水草、石草、苔类、杂草及有名未用10类，共收草药610种。木部则按性质区分为香木、乔木、灌木、寓木、苞木、杂木6类。谷部是集草实之可粒食者，凡73种，分为四类，即麻麦稻、稷粟、菽豆和造酿。谷类所收虽均为食物，但其着眼点是仍是侧重于药性，多有重复，如造酿类的29种是经加工后的产品，而同一作物又有被分成几种来叙述的，如水稻就分为糯、粳、籼三种；大豆被分成大豆、黄豆、大豆黄卷三种等。再除去东廧、苠草、茀草及蓬草子等四种野生植物，和虽经栽培却非谷物的阿芙蓉（实即鸦片），实得28种，按现行的分类方法再加以归类，则禾本科13种；豆科11种，余下的分别属于胡麻科、亚麻科、大麻科及蓼科，各科均为一种[①]。菜部分荤辛类32种、柔滑类41种、蓏菜类11种、水菜类6种、芝栭类15种，共五类105种，其中既有栽培的，也有野生可食的。对明朝方始从国外引进的甘薯、南瓜等也已记叙。果部分五果类11种、山果类34种、夷果类31种、味类13种、瓜类9种、水果类6种、共分六类实收93种，另有不能详其性、味、状者，作为“附录诸果”录自《南方草木状》(304)及《桂海虞衡志》(1175)等书的22种。其中五果类指李、杏、桃、栗、枣五者，兼收巴旦杏及形似名近的天师栗、仲实枣、苦枣等。山果类所收除较常见的梨、山楂、樱桃等，也包括橘、橙、柑、柚等温带常绿果树。夷果类则多属产自热带及亚热带的荔枝、龙眼及橄榄、槟榔等。味类则是可用作调料的秦椒、胡椒等香辛料植物。蓏类是指浆果类，如西瓜、甜瓜等，但葡萄及甘蔗也归此项下。水果系产自川泽池沼的莲藕、菱、芡之属的水生蔬菜，当时则视同果物。

《本草纲目》所采用的分类方法和对具体药物的归属类别虽有可商榷之处，但与过去的本草书相比，却具有明显的趋向于博物学的特征[②]。由于《本草纲目》是百科全书式的著作，对不同的科学家具有不同的科学价值。如药物学家、生物学家能从中汲取药物与生物知识一样，农学家们也能够从中汲取农学知识，这是十分自然的[③]。

（二）农学上的分类

《农政全书》在其卷之二十五至卷之三十九，即树艺、蚕桑、蚕桑广类及种植等四类中，共记叙了各类栽培植物159种[④]。其中树艺类又分谷（20种）、蓏（19种）、蔬（27种）及果（39种）等四部；蚕桑类是讲述栽桑养蚕技术，以卷三十二的一卷篇幅详叙栽桑之法；蚕桑广类分木棉及麻两项，记叙了棉花和苎麻、大麻、檾麻及葛等5种纤维作物；种植类分木部（28种）及杂种（共21种），分上、下两项，上记竹、茶、菊3种，下叙红花、蓝、紫草和地黄、枸杞以及苇、蒲、席草等，可充作染料、药材及编织原料的植物。从这一较切实用分类方法不难看出，其详于食用作物，按传统的谷、蔬、瓜、果来分大体也符合惯例；而经济作物因用途较杂难以详分，则以蚕桑广类及杂种来统称纤维作物及其他染料和药用植物，就体例说似有欠通顺之处。

---

① 游修龄，《本草纲目》谷部的农学与生物学特色，（未刊稿）。

② （日）宫下三郎，《本草纲目》之药物分类，明清时代的科学技术史，京都大学人文科学研究所，1970年，第243～257页。

③ 唐明邦，李明珍评传，南京大学出版社，1991年，第100～104页。

④ 辛树帜、王作宾，《农政全书》一百五十九种栽培植物的初步探讨，见《农政全书校注》下卷附录二，第1813～1840页，上海古籍出版社，1979年，对书中所记159种植物初步厘订学名。

在荒政门全文收录的《救荒本草》中共著录野生可食植物414种，下分草部（245种）、木部（80种）、米谷部（20种）、果部（23种）及菜部（46种）等五类。又按其可食部位加以区分，即按叶、实、花、茎和根，以及其中兼及两项的如叶及实、根及花等，又加以区分为15类，便于选食。

（三）观赏及其他的分类

南宋陈景沂所撰辑的《全芳备祖》，是一部以辑录栽培植物资料为主的类书。据书前自序“独于花、果、草、木，尤全且备，……非全芳乎？凡事实、赋咏、乐府，必稽其始，非备祖乎？”可察知其内容轮廓及命名大意。它的分类体系既不同于前此已有按所谓“三品”的品第高低来区分，也和前此成书的《南方草木状》有别，是在草、木、果、竹四分的基础上又有所发展。即依植物形态（草、木）及其利用情况（花、卉、果、农桑、蔬、药）来分类的。全书著录的植物有296种，分花、果、卉、草、木、农桑、蔬、药等八部，书中各部对植物叙述的序列也都寓有深意，如花部是首梅，次牡丹，而以下果、卉、草、木各部，则分别始自荔枝、兰草、芭蕉及松等，则又体现了当时对植物欣赏品评的风尚及观点①。它虽略于事实而详于辞藻，但能汇集近300种植物于一书，除本草书外实为创举，又被人称为中国最早的古典式“植物志”②。

明代王象晋撰辑的《群芳谱》，是于17世纪初成书的以植物学为主要对象的著作。它的分类体系基本沿袭《全芳备祖》，可能为求详备，致使体例欠严内容较杂，全书共30卷，分为天、岁、谷、蔬、果、茶、竹、桑麻葛、棉、药、木、花、卉、鹤鱼等14谱。书中除首尾两端的三谱，余下的都属植物范围，所载植物近400种，各谱的界定标识体现出其分类所循的原则。《四库全书总目》对它的考语是“割裂饾饤，颇无足取”，历来评价也褒贬不一。清朝康熙时加以修订改编成《广群芳谱》，全书100卷，分为天时、谷、桑麻、蔬、茶、花、果、木、竹、卉、药等11谱，内容虽较前书更为完善，体例也复趋于合理。之后两书并行于世都广为流传，从而使分类体系任人弃取。

清末由吴其濬撰著的《植物名实图考》，是集中叙述植物的大型专著。是吴在完成《植物名实图考长编》的基础上，又经多年调查研究写定的，作为准备的“长编”，是以辑录前人记叙及评语为主，只偶加按语的文献汇编，全书22卷，近90万字，著录植物838种，分为谷、蔬、山草、隰草、蔓草、芳草、水草、石草、毒草、果、木等11大类，类下分若干种，每种植物列为一条。《植物名实图考》是经修补后更加完备的图文并茂，详于名、实考证的巨著。全书增为38卷，所收植物则多达1714种，分类则经调整改为12大类，即谷类（52种）、蔬类（176种）、山草（201种）、隰草（284种）、石草（98种）、水草（37种）、蔓草（235种）、芳草（710种）、毒草（44种）、群芳（142种）、果类（102种）、木类（272种）。如按当代的学科体系则可将其再加归纳为五项，即：

农业作物学（食用）：谷类；

园艺学（食用、观赏）：蔬类、果类、群芳；

药理学（药用）：毒草、芳草、群芳；

① 梁家勉，日藏宋刻《全芳备祖》影印本序，农业出版社，1982年。

② 蒋英，从历史文献看植物分类学的发展，农史研究，第一辑，农业出版社，1980年。

形态学：木类、果类、蔓草；

生态学：山草、隰草、石草、水草。

可见，这一分类方法仍是以实用性、功能性为主要标准的。它的优点是基本上摆脱了传统本草包罗万象的庞杂体系，较为集中的讨论植物，且不限于人工栽种的。另外在叙述时，将豆、菽类与粟、稷类，麻、麦稻类不再分开，较为接近植物志的叙述方法。不足之处是，它与《本草纲目》已用的部、类、种三个等级分类法相比，则显得有些过于简化，只有类、种两个级别，而且有些"种"的概念含混，实际是相当于现今的"品种"。总之，它虽在形式上摆脱了本草学的体系，而实质上却依然遵循实用分类法的原则，因而未能完成向近代分类法的过渡和转变。它使植物学得以相对的独立，具有现代植物志的萌芽，但却未能同药物学、作物学等实用倾向绝裂。作为传统的古典式植物志的本书，确是集大成之作，如就分类方法来论，它既是传统分类法的高峰，又是传统分类法的终结①。

二 栽培植物形态和习性知识的积累和著录

中国传统农书一向重视生产实际操作的记载，而很少涉及栽培植物的形态特征和生育习性的叙说。迨至明清时期也仍大体如是而很少改变，即使个别农书间或提及，也只是只言片语而难窥其全貌。如马一龙《农说》曾提到"稻花必在日中始放，雨久则闭其窍而不花，风裂则损其花而不实。"对水稻花器这样简单的描述，在当时也不多见。平时疏于生物基础知识的观察积累，遂使传统农学的总体水平难以全面提高并有所突破，因为生物学知识是农业生产操作赖以提高发展的基础，倘如长期忽略则势难从中概括提升为一般规律。传统农学的这一缺陷却能在相关学科，如从本草学中可以得到适当的弥补，这虽有似偶然，但确非无因。因为在当时农业是决定性的生产部门，和国民经济的任何一个部分都有关联，中国农学也相应的涉及到许多学科领域，其中关系最为密切的当属医学，在中国传统农学和医学关系所以超出一般，是来自农、医同源。在中医看来药、食之间，原本就无截然界限，认为用之充饥即称为食，以其疗病则谓之药。随着农、医两个古老传统学科的发展，遂通过以食为主的"食经"和以药为主的"本草"，逐渐从学理上融合贯通，形成食疗本草这一新的分支。李时珍不仅继承了这一传统，而且又有所发展。在《本草纲目》"序例、历代诸家本草"所评述的41部本草书中，就有7种是集中讲述有药效的食物。例如早在唐代孙思邈（581～682）的《千金食治》及其弟子孟诜所著《食疗本草》等，它所记载的虽是日常可食之物，而目的却在用来止痛治病。《本草纲目》的记叙则从食性、食忌、食方等医疗效应，进而增补与之相关的一般生物性状，以期充实药性、增强辨析，并广增药源，从而有助于采集、炮制等。传统的植物学也深受本草学的影响，不仅在其撰辑的专著中大量征引古代本草文献，即使在其分类、鉴定和命名过程中，也多循依本草学的惯例成规，以下仅就主要著作中所记，择出数例加以比

① 郑亨钰，吴其浚《植物名实图考》科学方法探微，吴其浚研究，中州古籍出版社，1991年。

较，期望能有助于进而推及一般①。

（一）早期栽种的几种作物生态与习性的记叙

1. 谷类、荞麦

（1）农书：

《齐民要术》杂说："凡荞麦，五月耕。经二十五日，草烂，得转并种，耕三遍。立秋前后，皆十日内，种之。"

《王祯农书》百谷谱二："荞麦赤茎乌粒，种之则易为工力，收之则不妨农时，晚熟故也。"

《农政全书》树艺；谷部下："玄扈先生曰，荞麦，一作莜麦，又作乌麦。烈日曝令开口。去皮，取米作饭，蒸食之。"

（2）本草书：

《本草纲目》谷部；第二十二卷，谷之一。

释名："莜麦、乌麦、花荞。时珍曰。荞麦之茎弱而翘然，易长易收，磨面如麦，故曰荞曰莜，而与麦同名也。俗亦呼为甜荞，以别苦荞。"

集解："时珍曰，荞麦南北皆有。立秋前后下种，八九月收刈，性最畏霜。苗高一、二尺，赤茎绿叶，如乌桕树叶。开小白花，繁密粲粲然。结实累累如羊蹄，实有三棱，老则乌黑色。"

（3）植物志：

《群芳谱》谷谱：荞麦"一名莜麦，一名乌麦，一名花荞，茎弱而翘然，易长易收，磨面如麦，故曰荞，而与麦同名。又名甜荞，以别苦荞也。南北皆有之。立秋前后下种，密种则实多，稀则少。八九月熟，性畏霜。数年来又易早种，迟则少收，苗高一、二尺，茎空而赤，叶绿如乌桕树叶。开小白花，甚繁密，花落结实三棱，嫩青，老则乌黑。"

说明：通过以上的比较，可见农书有关荞麦形态特征和生物学特性的记叙都过于简略。而《本草纲目》和《群芳谱》等书，对其性状能大体如实加以描述。如习性是早熟、畏霜；植株外形的色泽是茎赤、叶绿、花白、籽黑，都切合实际情况。此外对茎高、花型、果实外状的叙说也大体准确。对播种期和播种量及成熟期的记叙虽有些简单化的偏向，但与荞麦生育期短，性喜凉湿，宜于密植等习性基本吻合。限于历史条件，还无法说明它是天然异花授粉的短日照植物，也不能苛求一定要用叶互生，花是总状花序的异型花，果实为三棱卵圆形的瘦果等术语来描述。《本草纲目》中还收录了一般农书略而不记的苦荞（鞑靼荞麦），对荞麦（又称甜荞）和苦荞在性状上的同异，和加工食用时应注意事项的提示，也都基本准确有参考价值。

2. 蔬类·菘（白菜）

（1）农书：

《农政全书》树艺·蔬部："玄扈先生曰：南方种芜菁，收子多在芒种后。梅雨中，子既不实，亦有荚中生芽者。漫将作种，便无大根，加以密种少粪，其变为菘，亦无怪也。"

---

① 中国古代综合性大型专著，其内容率多详征博引，用来显示渊博精深并籍以体现其承袭关系。这里摘录时对其已征引的文献也循例抄录；其与生物学知识无关部分则酌加删节。

“又曰《本草》言：南人种芜菁变为菘，此亦有故，按菘与芜菁本相似，但根有大小耳。北人种菜，大都用乾粪壅之，故根大，南人用水粪，十不当一。又新传得芜菁种，不肯加意粪壅；二三年后，又不知择种，其根安得不小，如此便以芜菁变为菘也。吾乡诸菜，种大既不若京师，病皆坐此。徒恨土之瘠薄，或言种类不宜，皆谬矣。”

（2）本草书：

《本草纲目》“菜部第二十六卷·菜之一”。

释名：“白菜，时珍曰：按陆佃《埤雅》云，菘性凌冬晚凋，四时常见，有松之操，故曰菘。今俗谓之白菜，其色青白也。”

集解：“时珍曰：菘（即今人呼为白菜者）有二种，一种茎圆厚微青，一种茎扁薄而白，其叶皆淡青白色。燕、赵、辽阳、扬州所种者，最肥大而厚，一本有重十余斤者。南方之菘畦内过冬，北方者多入窖内。燕京圃人又以马粪入窖壅培，不见风日，长出苗叶皆嫩黄色，脆美无滓，谓之黄芽菜，豪贵以为嘉品，盖亦仿韭黄之法也。菘子如芸苔子而色灰黑，八月以后种之，二月开黄花，如芥花，四瓣。三月结角，亦如芥。其菜作菹食尤良，不宜蒸晒。”

正误：“时珍曰：白菘即白菜也，牛肚菘即最肥大者。紫菘即芦菔也，开紫花，故曰紫菘。苏恭谓白菘似蔓菁者，误矣。根叶俱不同，而白菘根坚小，不可食。又言南北变种者，盖指蔓菁、紫菘而言。紫菘根似蔓菁而叶不同，种类亦别。又言北土无菘者，自唐以前或然，近则白菘，紫菘南北通有。惟南土不种蔓菁，种之亦易生也。”

（3）植物志：

《群芳谱》蔬谱二：“白菜”，“一名菘，诸菜中最堪常食。有二种，一种茎圆厚微青，一种茎扁薄而白。叶皆淡青白色，子如芸苔子而灰黑。八月种，二月开黄花，四瓣，如荠花。三月结角，亦如芥。燕、赵、淮、扬所种者，最肥大而厚，一本有重十余斤者。南方者，畦内过冬，北方多入窖内。”

说明：白菜、油菜、蔓菁和芥菜同属十字花科、芸苔属（*Brassica* L.），原产我国，栽培利用历史悠久。由于地理气候和人工选择的不同，所选育出来的栽培型，其特点差异较为明显。蔓菁（又称芜菁）和芥，早在先秦已作为菜蔬并加以栽种。油菜古称芸苔，东汉时就已种植，唐代除作菜蔬佐食，并用其种籽榨油，宋时始用油菜这一名称，至明清其栽培已遍及全国。它是芸苔植物向白菜进化过程中，被保留下来的一个较为原始类型。白菜古名是菘，最早见于晋郭璞的《方言注》一书，南北朝时，南方已多种植，北方亦有但不普遍，白菜一名当以南宋范成大诗中最早见于记叙。唐代苏恭参修的《新修本草》中，指出“菘有三种，牛肚菘叶最大厚，味甘；紫菘叶薄细，味少苦；白菘似蔓菁也”。经人考证牛肚菘可能是结球白菜的原始类型。明代中期出现结球白菜，当时称之为黄芽菜。清初其种植面积已较扩大，遍及河北、山东等地。芸苔属的这些蔬菜，由于起源、演化的历史及文献记叙的差异，在早期多欠详尽①,②。

《农政全书》是把菘附于蔓菁项下，未就其形态加以叙说，只着重指出《新修本草》中所说，菘北移都变蔓菁，蔓菁南移都变菘的不当，但他又认为如蔓菁栽种不得其法，

① 李家文，白菜起源和进化问题的探讨，园艺学报，1962，(3～4)。

② 李璠，中国栽培植物发展史，科学出版社，1984年，第89～104页。

“其变为菘，亦无怪也”。《本草纲目》和《群芳谱》对白菜的习性、形态叙说的则较为详尽。李时珍区别了茎圆厚叶微青的结球型，和茎扁薄而白的散叶型。并指出已由陶宏景辨识出紫菘即芦菔（萝卜的别称），而仍将之与白菜归为同类则似欠妥。对白菜形态的描述，如叶色、茎状、花型及籽粒色泽，都较贴切。但说白菜籽的外形似芸苔，花黄色四瓣如芥，其比喻虽无差错但较费解。越冬时南方与北方处置上的差异对比，和京师菜农就此选育出一时视为珍品黄芽菜的记叙，有史料价值。

白菜的起源、分类是个较为繁难的问题，国内近年已有很多学者进行研究，虽已取得很大进展，但有些仍无定论[①]。《本草纲目》有关的叙述，虽有粗疏不足之处，但作为历史文献对深入研究开展讨论可提供有用的线索，其在农学和植物学上的影响与作用是应充分肯定的。

3. 果类·柰、林檎

（1）农书：

《齐民要术》卷第四、柰、林檎第三十九：“柰、林檎不种，但栽之（种之虽生，而味不佳）。取栽如压桑法。（此果根不浮秽，栽故难求，是以须压也。）又法，于树旁数尺许掘坑，泄其根头，则生栽矣。凡树栽者，皆然矣”[②]。

《农政全书》卷之二十九树艺、柰与林檎一类而二种：“林檎一名来禽，一名文林郎果，一名蜜果。此果味甘，能来众禽于林；故有林禽、来禽之名。栽压法与柰同。”

（2）本草书：

《本草纲目》果部第三十卷

释名“柰一名频婆”

“林檎一名来禽，文林郎果。”

集解：时珍曰：“柰与林檎，一类而二种也。树、实皆似林檎而大，西土最多，可压可栽。有白、赤、青三色。白者为素柰，赤者为丹柰，亦曰朱柰，青者为绿柰，皆夏熟。”

时珍曰：“林檎即柰之小而圆者。其味酢者，即楸子也。其类有金林檎、红林檎、水林檎、蜜林檎、黑林檎，皆以色味立名。黑者色似紫柰，有冬月再实者。”

（3）植物志：

《群芳谱》果谱一

“林檎一名来禽，一名文林郎果，一名蜜果，一名冷金丹，生渤海间。……以柰树博接，二月开粉红花，子如柰，小而差圆。六七月熟，色淡红可爱，有酸甜二种，有金、红、水蜜、黑等色，甜者早熟而脆美，酸者熟较晚，须烂方可食。黑色如紫柰，有冬月再实者。”

“柰一名苹婆，与林檎一类而二种。江南虽有，西土最丰。树与叶皆似林檎，而实稍大，味酸微带涩。可栽，可压，可以接林檎。白者为素柰，赤者为丹柰，又名朱柰，青者为绿柰，皆夏熟。”

“苹果，出北地燕赵者尤佳。接用林檎体。树身耸直，叶青似林檎而大，果如梨而圆滑。生青，熟则半红半白或全红，光洁可爱，玩香闻数步，味甘松。未熟者食如棉絮，过

① 陆子豪，大白菜的起源进化与传播，本文系《中国大白菜》一书第二章，中国农业出版社，1998年。

② 括号内，原为夹行小注。

熟又沙烂不堪食，惟八九分熟者最佳。”

《广群芳谱》：“苹果（原注）按本草不载苹果而释柰云，一名频婆。据《采兰杂记》、《学圃杂疏》，频婆又当属此果，盖与柰一类二种也。”

《植物名实图考长编》：“柰，即频果。……林檎即沙果。”

说明，综合以上文献，可知柰是我国苹果的古名。是绵苹果一类的总称。频婆、频果、苹果是逐渐演变的。很可能在明代，把柰中大果类型和一般柰加以区别，称之为苹果，它与1870年前后，由美国传教士内维厄斯（J. L. Nevinus）从美国引进在山东烟台栽种的不同，因而也称为中国苹果（*Malus pumila* Mill）。林檎就是现在的沙果，又称花果、蜜果等，对柰和林檎的形态与习性的描述，上述文献都较为简略，相比之下以《群芳谱》的记叙较为清楚些，详于果实的颜色、形状，而略于树姿的描述，像生殖器官的花也仅用“二月开粉红花”一语带过。对其成熟期，抗寒力叙说的近是，而有关果实的肉质、风味等品质特征讲的则较确切[①,②]。

（二）明清时期由海外引进的主要作物的习性与形态的描述

明朝中后期，随着中外交流的增进，经由不同的途径，从国外先后引进原产于美洲新大陆的玉米、甘薯、花生、马铃薯及烟草等作物。这些作物的引进不仅丰富了我国作物的品种，随其推广也逐步改变了作物种植结构和农业生产布局，从而对土地利用和粮食生产产生深远影响。有关引进传播经过的记载，多见于各地的方志及文人笔记，现经人整理研究已撰有专文[③]，而有关其生物性状的资料，如从农书及本草书等加以摘录对比，则不难从中察知在其推广过程中的栽培技术改进和社会影响扩大的一些具体情况，这对农学史和经济史的研究将会有所助益，以下就依次摘录并酌加评析。

1．玉米

（1）农书：

《农政全书》卷二十五，树艺，谷部上，蜀秫：“别有一种玉米，或称玉麦，或称玉蜀秫，盖亦从地方得种。其曰米、麦、蜀秫，皆借名之也。”

《三农记》卷七、御麦：“御麦，《图经》云：叶、秆类蜀黍，高六七尺，六七月开花吐穗，节侧生叶，叶腋生苞，苞微长，须如红缨绒状。苞内包实，如捣捶形，五六寸许。实外排列粒子，累累然如芡实大，有黑、白、红、青之色。有粳、有粘。花放于顶，实生于节，子结于外，秸藏于内，亦谷中之奇者。曾经进御，故曰御麦。产于西域，曰番麦。麦者，言磨面如麦也。粒可果，可酿酒。南人呼为苞果，楚人呼为苞麦，河洛人呼为玉粱，戎菽是也。”

《郡县农政》农一上、农政、辨谷：“玉黍，一名包谷，一名陆谷，一名玉高粱，一名御米。形似芦稷而秆较肥矮，六月开花成穗如芦，叶心别出苞，外垂白须，内结谷，攒

① 孙云蔚主编，中国果树史与果树资源，上海科技出版社，1983年，第17～19页。

② 伊钦恒诠释，群芳谱诠释，农业出版社，1985年，第84～85页。

③ 有关原产新大陆的玉米、甘薯等作物的引进与推广的主要研究论著已发表的可参看中国农业博物馆资料室编：《中国农史论文索引》“二十七农作物”有关部分，林业出版社，1992年。本节则主要参据何炳棣：《美洲作物的引进、传播及其对中国粮食生产的影响》载《〈大公报〉在港复刊三十周年纪念文集》下卷第673～731页。1978年。中国社科院历史所清史研究室编：《清史资料》第七辑，有关玉米、甘薯在我国传播的资料，中华书局，1989年。

簇成墙。生地、瓦砾、山场皆可植，其嵌石罅尤耐旱，宜勤锄，不须厚粪，旱甚亦宜溉。米舂为饭，亚于麦，惟不耐饥，可炒食，磨粉为饼，味黏涩。收成至盛。工本轻，为旱种之最。煎汤饮，可治淋沥。”

（2）本草书：

《本草纲目》卷之二十三、谷之二：“玉蜀黍”

释名“玉高粱”

集解：时珍曰：“玉蜀黍种出西土，种者亦罕。其苗叶俱似蜀黍而肥矮，亦似薏苡。苗高三四尺，六七月间开花。成穗，如秕麦状，苗心别出一苞，如棕鱼形，苞上出白须垂垂，久则苞拆子出，粿粿攒簇，子亦大如棕子，黄白色。可炸炒食之，炒拆白花，如炒拆糯谷之状。”

（3）植物志：

《广群芳谱》卷九、谷谱：“玉蜀黍，一名玉高粱，一名戎菽，一名御麦。以其曾经进御，故名。御麦，出西番，旧名番麦。（按：《农政全书》又作玉米。玄扈先生曰：玉米或称玉麦，或称玉蜀秫，从他方得种，其曰米、麦、秫，皆借名之。）秆、叶类蜀黍而肥矮，亦似薏苡。苗高三四尺，六七月开花成穗，如秕麦状，苗心别出一苞，如棕鱼形，苞上出须，如红绒垂垂，久则苞拆子出，颗颗攒簇，子粒如芡实，大而莹白。花开于顶，实结于节。”

《植物名实图考》卷一，谷类、蜀黍，附黍蜀即稷辨：“又如玉蜀黍一种，于古无征，今遍种矣。《留青日札》谓为御麦，《平凉县志》谓为番麦，一曰西天麦，《云南志》曰玉麦，陕、蜀、黔、湖皆曰包谷，山氓恃以为命，大河南北，皆曰玉露、秫秫。其种绝非蜀黍类。名以麦而非麦，名以谷而非谷。”“玉蜀黍，《本草纲目》始入谷部。川、陕、两湖，凡山田皆种之，俗呼包谷。山农之粮，视其丰歉。酿酒磨粉，用均米麦，瓤煮以饲，秆干以供炊，无弃物。”

说明：

玉米在我国引进栽培的历史，最初见于文献记载的是在明朝中叶，由兰茂（1397～1476）所撰著的《滇南本草》（其成书年代至迟应不晚于1476年），书中有“玉麦须味甜，性微温”。之后在嘉靖丙辰（1556）的范洪手抄本卷五中，又加添了“玉蜀黍，气味甘平，无毒，主治调胃中和，祛湿……”的新内容。其后记叙稍详的有甘肃《平凉府志》（1560）和田艺蘅的《留青日札》（1572）等书。嘉靖《平凉府志》卷十一《华亭县物产》以下有“番麦一曰西天麦，苗叶如蜀秫而肥短，末有穗如稻而非实，实如塔，如桐子大，生节间。花垂红绒在塔末，长五六寸。三月种，八月收。”田艺蘅是明朝博学多闻的奇士，生于杭州。《留青日札》卷二十六有“御麦”条，“御麦出于西番，旧名番麦。以其曾经进御，故曰御麦。干叶类稷，花类稻穗，其苞如拳而长，其须如红绒，其粒如芡实，大而莹白。花开于顶，实结于节，真异谷也。吾乡使得此种，多有种之者。”可见，至迟在1492哥伦布发现美洲大陆之前就已传入我国。其传入路线历来有西北、西南陆路及东南海路三条路线之说。但从现在材料来看虽当以西南路线可能性最大，但仍值得继续深入探讨[①]。早期文献对玉米性状的描述，多以类似植物来比拟，则既欠精确又颇费解。

① 游修龄，玉米传入中国和亚洲的时间途径及其起源问题，古今农业，1989，（2）。

李时珍在《本草纲目》(1578) 中始用至今仍习称的玉蜀黍及其别名玉米来著录，其有关形态特征的描述已较前稍详，对玉米开花结实过程的记叙虽较近真，但金陵初刻本的插图，则误将长于茎顶的雄穗和位于叶腋的果穗，两者部位颠倒错画。这一描绘上的差错，在以江西再刻本（1603）为底本的现排印本仍保留未改[①]。《群芳谱》所记与《留青日札》大体近似，未见新意。而令人不解的是徐光启在《农政全书》中，正文里根本没有讲到，仅在蜀秫项下夹注中一提而过。徐光启对农事极为注意，对同为当时引进的甘薯推广也极为热心，何以竟有薄彼厚此如是，理当事出有因，待究。

清朝初期有关玉米的文献依旧不多，经人统计截至康熙末年的札记和方志中涉及的，除屈大均《广东新语》(序于1700) 外，方志仅9种[②]。从乾隆时期开始情况急剧的发生变化，一是从各地的方志先后记叙情况看，其种植几已遍及全国，而各地有关玉米的俗名也不断增加，累计多达64个[③]。再则因其耐贫瘠，省工力，而收成至盛，对贫苦的山区民众，已恃以为命。三是因其整株无弃物，已开展初步的综合利用，致使有的地方竟以其收成厚薄定当岁的丰歉。有关玉米性状的描述，迨至清末长达300多年的时间，在文献记叙上却改进无几。《三农记》中对玉米的株高、粒色，乃至花型的记叙都有增补。记叙上的差异，可能已反映出不同的地理气候和栽培条件，已引起玉米的遗传变异，从而产生了各种新类型。《植物名实图考》的附图则有改进，虽仍较粗，但已无错。说它"于古无征，今遍种矣"。可知玉米已普及到全国大部分地区，成为民间的重要主食。和玉米的推广相比，这一时期有关生物学性状的研究，显然是相当滞后，而难与要求相符合。

2. 甘薯

(1) 农书：

《农政全书》卷二十七，树艺，蓏部："玄扈先生曰：薯有二种，其一，名山薯，闽，广故有之；其一名番薯，则土人传云，近年有人在海外得此种。……两种茎叶多相类，但山薯植援附树乃生；番薯蔓地生。山薯，形魁垒；番薯，形圆而长。其味则番薯甚甘，山薯为劣耳。盖中土诸书所言薯者，皆山薯也。今番薯扑地传生，枝叶极盛。若于高仰沙土，深耕厚壅，大旱则汲水灌之，无患不熟。闽、广人赖以救饥，其利甚大。又曰：薯蓣与山薯，显是二种，与番薯为三种，皆绝不相类。"

《三农记》卷八、蓏属："薯：海人云，甘薯，南方名番薯，《本草》名朱薯。叶青茎赤，引蔓藤本。叶大，末圆而尖。其根形圆而长，末本锐。皮赤，内黄白，质理细润。巨者如杯，亦有大如瓶者，小者如指。生啖之，气如桂花，熟闻之，臭如蔷薇。苗扑地伏生，一蔓至数十百茎，节节生根。一亩种收数十石，胜种谷二十倍，海人以当谷。"

《郡县农政》卷一、农政、作力："山芋，亦名土瓜，择肥好者，掘干土坑藏之，覆以草。谷雨后取出，四面皆生芽一二分许，摘芽种畦内。蔓生，以竹或柴缘之；及夏至，剪取蔓枝，每一叶下截过节为苗，栽之沟塍，略如芋法。以薄草护日，活科后即以为粪。

---

① 《本草纲目》(校点本) 第三册，人民卫生出版社，1979年，第22页。

② 何炳棣，美洲作物的引进传播及其对中国粮食的影响，大公报在港复刊三十周年纪念文集，下卷，1978年，第706～707页。

③ 同②，又咸金山，从方志记载看玉米在我国的传播，古今农业，1988，(1)。曾见于方志的玉米异名加以统计，多达99个。

蔓缘塍，隔三五日，即翻覆辨之，勿令着土生丝根，致瘦芋本。九月掘之，亩常收二十余石。可切碎和米煮饭，多食亦动气。”

（2）本草书：

《本草纲目》卷二十七，菜之二：“甘薯”

集解：时珍曰：“按陈祈畅《异物志》云：甘薯出交广，南方民家以二月种，十月收之。其根似芋，亦有巨魁，大者如鹅卵，小者如鸡鸭卵。剥去紫皮，肌肉正白如脂肪。南人用当米谷、果食。蒸炙皆香美。初时甚甜，经久得风稍淡也。”

《本草纲目拾遗》卷八、诸蔬部：“甘储，一作甘薯，又名朱薯，以其皮有红者也。一名金薯，今俗通呼为番薯，或作番茹。有红皮白皮二色，红皮者心黄而味甜，白皮者心白而味淡。南方各省俱植之，沿海及岛中居民以此代谷。其入药之功用亦广。”

（3）植物志：

《群芳谱》蔬谱二：“甘薯一名朱薯，一名番薯。大者名玉枕薯，形圆而长，本末皆锐，肉紫皮白，质理腻润，气味甘平无毒。……与芋及薯蓣自是各种。巨者如杯如拳，亦有大如瓯者。气香，生时似桂花，熟者似蔷薇露。扑地传生，一茎蔓延至数十百茎，节节生根。一亩种数十石，胜种谷二十倍。闽广人以当米谷。有谓性冷者，非。二三月及七八月俱可种，但卵有大小耳，卵八九月始生，冬至乃止，始生便可食。若未须者勿顿掘，令居土中，日渐大，到冬至，须尽掘出，不则败烂。”

《植物名实图考》卷六《蔬类》：“甘薯，详《南方草木状》，即番薯。《本草纲目》始收入菜部。近时种植极繁，山人以为粮，偶有以为蔬者。南安十月中有开花者，形如旋花。又《遵义府志》：有一种野生者，俗名茅狗薯，有制以乱山药者，饥年人掘取作饽。按：甘薯，《南方草木状》谓出武平、交趾、兴古、九真，其为中华产也久矣。《闽书》乃谓出西洋吕宋，中国人截取其蔓入闽，何耶？《澄海县志》载，余应桂为令，嗜番薯，或啖不去皮，因有番薯之称。今红白二种，味俱甘美。湖南洞庭湖堧尤盛，流民掘其遗种，令无饥馑。徐光启《甘薯疏》谆谆仁人之言，惜未见是物之逾汶逾淮也。”

说明：

在叙述对原产新大陆的作物引进传播资料中，有关甘薯的文献不仅数量较多，其内容也较具体。《农政全书》和《群芳谱》等农学和植物学著作中，不仅记叙了其生物性状，还结合栽植、贮藏、加工等内容，涉及其经济特征。如对“叶青、茎赤、引蔓”等叶、茎色、形的描述，及茎蔓延伸，可节节下地生根，根入土中膨大成块，这一过程的叙述是较真切的。对其产量高，用途广，四季可种，抗逆力强等经济特征的叙说也较为具体。对根有生芽特性及可剪蔓栽插繁殖也有所了解，在甘薯栽培中对土壤、水分及温度等生态因子的要求，也粗略的加以分析。但未提到果实、种籽的形态、机能，对块根形成的机制也未涉及，而甘薯繁殖的深层机理更无从说起。《群芳谱》在介绍甘薯生物性状后，又分别以树艺、藏种、收蔓、用地及典故等项，分别就其相关事宜加以解说，其内容则稍多出《农政全书》，且事以类从其条理顺序也更清晰。《广群芳谱》和《授时通考》其有关甘薯的内容，基本上是分别从上述两书引征而成。《本草纲目》等本草书的叙述则极简略。在分类上，农书是按形态将其归入蓏部或蓏属；本草及植物志则按其用途列入菜或蔬类，在甘薯引进后与原产的山薯，薯蓣及芋的辨析上，各家所持的观点也不尽同，徐光启指出薯有两种，其一为闽广地区固有的山薯，但未详说山薯可能是产自我国南方沿海的甘薯近缘野生植物①。对甘薯、薯蓣、山芋三者的关系，《本草纲目》及《广群芳谱》则引稽含的《南方草木状》，说“甘薯，盖薯蓣之类，或曰芋之类”。《农政全书》引《异物志》及《南方草木状》说它似芋及“甘薯味甘甜，经久得风，乃淡泊”。都未再详加辨析叙述。惟《植物名实图考》中，吴其濬以肯定的语气说：“甘诸，详《南方草木状》，即番薯。”又讲“其为中华产也久矣”。经今人考证研究，从外引进的甘薯是旋花科植物（Ipomoea batatas Lam），而原产的是薯蓣科的薯蓣属（*Dioscorea*）的几种植物②。这一区别何以到了19世纪中期，精通植物分类有如吴氏者仍不能辨别，这似能证实科学的严谨的分类体系的欠缺，当是其贻误的根源。

3. 花生

《三农记》卷十二、油属：“番豆，乃落花生也。始生海外，过洋者移入百越，故因此名。初时为果，今湖田沙土遍植。不喜湿壤。其叶色绿，圆而中后狭，根蔓铺地，开黄花。绣角插土中成荚，故名。炒食可果，可榨油，油色黄浊，饼可肥田。植艺：宜沙土、松浮土，耕耜熟，春中种，或漫或点，苗生锄草。花开时不宜锄，秋末成熟，去蔓，掘土收实，水淘晾干。”

花生的原产地近年曾一度成为有争议的问题，一般认为原产南美巴西，但也有人依据50年代浙江吴兴与江西修水先后出土的植物籽粒，主张中国古已有之，是原产地之一的说法。即认为在古代被称为长生果或千岁子的就是花生，不过就此也有异议③。经过反复多次讨论辨析，花生是从美洲传入的事实，于今理当不再受人怀疑。花生的种植推广确在明清时期则属事实。明代方志如嘉靖《常熟县志》（1538）已有明确记载；王世懋的《学圃杂疏》（1587）也已述及，“香芋、落花生产嘉定。落花生尤甘，皆易生物，可种也。”就其有关生物学性状及经济特征叙述较为详尽的，当属18世纪中期成书的《三农记》。书中就其叶、花、根的形态都有所记叙，并以“绣角插土中成荚”来概括说明，花开胚珠受精，子房柄随即向下伸长，发育为荚果的过程。按“荚”是指延伸的子房柄；“角”指子房和发育的荚果④。从而对落花生这一名称的由来也已提示。在指出花生的多种用途及经济价值时，强调其可充油料，而花生已成油料作物则始见于本书，从它说当时湖田沙土已普遍种植，又可推知花生已是主要的油料作物。

4. 马铃薯

《植物名实图考》卷六：“阳芋，黔滇有之，绿茎青叶，叶大小，疏密，长圆形状不一。根多白须，下结圆实。压其茎，则根实繁如番薯。茎长则柔弱如蔓，盖即黄独也。疗饥救荒，贫民之储。秋时根肥连缀，味似芋而甘，似薯而淡。羹霍煨灼，无不宜之。叶味如豌豆苗，按酒侑食，清滑隽永。开花紫筩五角，间亦青纹，中擎红的绿蕊一缕，亦复楚楚。山西种之为田，俗呼山药蛋，尤硕大，花色白。闻经南山氓，种植尤繁富者，岁收数百石云。”

马铃薯传入中国的确切时间和路径待考，一般认为是多次多途径的。最早见于记载

① 盛家廉等，甘薯，科学出版社，1957年，第2，29页。
② 石声汉校释，齐民要术今释，第四分册，科学出版社，1958年，第747～749页。
③ 游修龄，说不清的花生问题，中国农史，1997，(4)曾详加辨析，说明其确非原产中国的原因及误解之由来。
④ 邹介正等校释，三农记校释，农业出版社，1989年，第413～414页。

的是康熙时福建《松溪县志》(1700)。有关资料见于方志的仅60多种，远少于本时期其他引进作物。经统计分析，其种植分布之处多为贫瘠冷凉山区①。在有关文献中以吴其濬的《植物名实图考》为最详，对其生物学性状的记叙也较具体。如从“压其茎，则根实繁如番薯”，已知茎入地下则可结实，但误认为地下茎膨大为实者是根，从而说“根多白须，下结圆实”，白须可能是已萌动的芽眼，据此可知虽已了解可用地下茎结实，但似未知其无性繁殖的机理。把紫色、先端五裂的聚伞花序的幅状花冠，以“开花紫筩五角”来表述（按筩即竹筒）近是。之后的文献如《致富纪实》(1896)中，对马铃薯的形态描述为“根实形似芋，味似薯，苗似丛菊，花似茄，结子圆滑如珠”。这一比拟的方式，虽说较为形象，但令人更难把握其实态。

三　栽培植物的名实辨析

有关谷类作物的名实辨析，在我国从汉代开始迄今仍继续未了。历时千余载之久的驳辩论难，何以尚未求得共识，究其原因可能与下述三点有关。首先，在先秦、两汉的文献里，农作物的名称较为繁杂，而又多无生物学特征的描述，或彼此相互区分的记载，以致后人训诂时，各据一说，众口纷纭，成为历代难以疏理清楚的悬而未决难题。其次，经选育栽培的谷类作物，会发生品种的演变及品质的差异，本着择优汰劣的原则，其数量及分布也会相应的发生变化，从而增加了辨识的难度。第三，谷类作物的名称，由于时代的不同，地区的差别，以及方言字音的歧异，出现同物异名和同名异物的现象，也加深了称谓上的混乱。

我国历史上早期的谷物名称，有以麻、麦、稷、黍、豆，或稻、黍、稷、麦、菽为五谷的说法。《诗经》所载的谷物有黍、稷、麦、禾、麻、菽、稻、秬、粱、芑、秠、荏菽、来、牟、稌等共15种。连同见于他书的粟、穄、秫等，似乎种类繁多，实际上有些是谷物的统称，另一些则是其中某物的别名。先秦、两汉时期，人们的主食仍是黍、稷等耐旱作物。但秦、汉的文献中，稷这一名词已极罕见，又多称粱，而少称粟，粟多用来作为谷类或谷粒的统称。而以稷为粟始于何时，虽不能确知。但从现有资料来看，则似以西汉时郭舍人为《尔雅》所作的注为最早，即“粢一名稷。稷，粟也。今江东呼粟为稷也”。之后，东汉的服虔在为《汉书，宣帝纪》作注时，仍说稷是粟，“玄稷，黑粟也”。东汉，赵岐将《孟子．滕文公》章句上中“诸侯助耕，以供粢盛”的粢也解释为稷，“诸侯助耕者，躬耕勤率其民，收其藉助。以供粢盛，粢稷盛稻也”。仅就以上几例，已可窥知在晋以前以稷为粟似无争议，而东汉的许慎所著《说文解字》则将粢穧互训，“稷、穧也。五谷之长，从禾畟声”。“畟、稷也。从禾垒山声”。后世的歧说，遂由是起，并有愈演愈烈之势。

这一分岐涉及的谷物主要是粟、黍、稷，即稷是粟抑或是黍构成争执的焦点。此外对粱、秫的解释也不尽同，但经辨析，后来似渐趋一致。而稷究为何物则一直争执不休，到了明清时期稷穄（黍）说似占优势，但持异议的却仍不乏人，其中有的还提出了新的

① 何炳棣，美洲作物的引进、传播及其对粮食生产的影响，大公报在港复刊三十周年纪念文集，下卷，1978年，第714～723页。

论点和论据。民国以来，对历史上这一有待澄清的历史问题，陆续有人撰文加以讨论。特别是1949年全国解放以后，参与争论的双方所持基本论点虽仍沿袭如前，而运用的方法及提出的论据则有所拓展深化，作为学术研究成果的确相当可观，但却难以期望能在近期获得共识，以致当前一些主要工具辞书只能以兼收并蓄两说共存的办法来处理。如《新华字典》和《现代汉语词典》等，在全国影响最大发行量最多的辞书，就将稷解释为“古代一种粮食作物，有的书说是黍一类的作物，有的书说是谷子（粟）”①。

本书限于体例和篇幅，仅就有关历史文献提出的主要论点、论据加以介绍。而不涉及其是非曲直，重点是明清时期几部观点鲜明影响深远的专著。为便于说明分为魏晋至宋元及明清两个阶段，再分别按农学、本草学及植物学、经学的体系来征引叙说。中国历代的典籍在校释注疏过程中，辗转承袭相继援引之风，首开其端的是当时已被奉为独尊的两汉经学。其后经师遂沿袭成习，而农书与本草书的撰著也深受其影响，这一“采捃经传”的作法，虽有利于辑存前人的文献资料，而新增的内容则率多退居其次。是以在为辨析谷物名实而摘录各家观点时，就以首见的原始资料为主。

（一）魏晋至宋元时期文献中的稷黍粟之辨析

1. *农书*

《齐民要术》种谷第三、种谷：“谷，稷也，名粟。谷者，五谷之总名，非指谓粟也。然今人专以稷为谷，望俗名之耳。《尔雅》曰：粢、稷也。《说文》曰：粟、嘉谷实也。郭义恭《广志》曰：有赤粟白茎，有黑格雀粟……有青稷，有雪白粟……。郭璞注《尔雅》曰：今江东呼稷为粢。孙炎曰：稷、粟也。按今世粟名多以人姓字为名目，亦有观形立名，亦有会义为称，聊复载之云耳。”（下略）②

农书中明确肯定稷即粟始自《齐民要术》，上述引文是“种谷第三”一篇开头夹注，随后是“黍穄第四”和“粱秫第五”，依次叙述了粟、黍、穄、粱、秫等五种作物。“种谷第三”的夹注省略部分，是按其早熟、耐旱、耐水、耐风及易舂、免虫灾等生理习性，所列举的86个品种③。贾思勰在这里提出的新论点有：首先，肯定谷就是稷，理由是稷为谷类中最有名的代表，是以习俗中就把粟称之为谷；其次不再以禾称粟，两汉时仍多以禾为粟的专名，如《氾胜之书》及《四民月令》中，只提禾而不提粟与谷，即以禾指粟，到后魏时粟则被普遍通称为谷或谷子；最后，不再沿袭《诗经》以次，黍稷连称的旧习，而以黍穄连称的形式相称，并把黍穄单列为一篇与粟（稷）分开叙述。《齐民要术》作为我国最早的大型农书其影响很大，稷即粟的观点为后来多数农书所承袭。

2. *本草书*

《名医别录》（南北朝梁、陶宏景撰。原书已佚，此据宋《重修政和证类本草》卷二十六引）：“陶隐居云：稷米亦不识；书多云，黍与稷相似。”

《唐本草注》（唐、苏恭等撰，原书已佚，此据宋，《重修政和证类本草》卷二十六

---

① 中国社科院语言所词典编辑室编，现代汉语词典，商务印书馆，1980年，第526页。

② 以下列举了粟的品种97种，并作了品质性能分析，参看石声汉，从《齐民要术》看中国古代的农业科学知识，科学出版社，1957年，第39页。

③ 《齐民要术》中所列粟的品种，有11种是引自《广志》，贾思勰自己搜集整理的是86个。

引）：“氾胜之种植书又不言稷。陶云八谷者，黍、稷、稻、粱、禾、麻、菽、麦。俗人尚不能辨，况芝英乎。即有稷禾，明非粟也。本草有稷不载穄，稷即穄也。今楚人谓之稷，关中谓之糜，呼其米为黄米，与黍为秈秫，故其苗与禾同类。陶引诗云，稷恐与黍相似，斯并得之矣，儒家但说其义，而不知其实也。”

《图经本草》（北宋、苏颂等撰，原书已佚，此据宋，《重修政和证类本草》卷二十六引）：“稷米，今所谓穄米也。旧不著所出州土，今出粟米处，皆能种之。书传皆称，稷为五谷之长。五谷不可遍祭，故祀其长以配社。……。今人不甚珍此，惟祠事则用之，农家种之，以备他谷之不熟，则为粮耳”①。

《重修政和证类本草》卷二十六，米谷下品总一十八种中有稷米一条。谓：“稷米味甘无毒，主益气，补不足。”下引陶宏景、苏恭、苏颂等人有关稷的论述。梁、陶宏景（自号华阳隐居）是最怀疑稷非粟的，但未提出论证，唐、苏恭是首先肯定稷即穄，并引陶说为已证。陶虽未明确认定稷即穄，但经苏恭一引，似陶已曾认稷为穄。此后从宋、苏颂起，历代本草学家几乎全都同意稷即穄之说。

3. 文献训诂书

《国语》晋语第十，三国吴·韦昭注：“稷、粱也。”

《尔雅》释草、粢稷：晋、郭璞注：“今江东人呼粟为粢”。北宋，邢昺疏《左传》曰：“粢食不凿。粢者稷也。曲礼云稷曰明粢是也。郭云，今江东人呼粟为粢。然则粢也。稷也，粟也，正是一物。而本草稷米在下品，别有粟米在中品，又似二物。故先人甚疑焉。”

《说文系传》（五代南唐，徐锴撰）：“稷即穄，一名粢。字亦作穄。楚人谓之稷，关中谓之糜。呼其米为黄米。”

《毛诗名物解》（北宋，蔡卞撰）：“稷、祭也。所以祭，故谓之穄，杜预言黍稷曰粢。降食以为酒，贵食次之，故穄者粱也。所以祭明尊矣，故五谷之官，而稷官名之。”

《尔雅翼》（南宋，罗愿撰）：“稷，又名齐，或为粢。故祭祀之号，稷曰明粢，而言粢盛者本之，故诸谷因皆有粢名。……稷，又名为穄。……。然则稷也，粢也，穄也。特语音有转重耳。”

《诗集传》（南宋，朱熹撰）诗卷第四、王风：“黍，谷名，苗似芦，高丈余，穗黑色，实圆重。稷，亦谷也，一名穄，似黍而小。或曰，粟也。”

训诂名物之学始于汉代，是和经古文学家出于整理古代史料需要有关。仅从以上摘引的几例也可以看出，训诂体例主要有两类，即一是随文释义的传注，另一是通释语文的专注，而后者又复经历注疏成书，甚至撰成专著行世。西汉初年成书的《尔雅》，被称为“训诂书之祖”②。后人在其注疏中，曾就稷究为何物加以辨析。晋、郭璞去汉未远，所注仍沿前人旧说，五代南唐，徐锴（920～974）与其兄徐铉（916～991）都曾从事《说文》的校订，世称《说文》二徐。徐锴在考订方法上有创新之处，一是最早探求文字的

---

① 以上所引三书均佚，现转录自《重修政和证类本草》(1082)（《四部丛刊初编据金、泰和影印本》）。本书原称《经史证类备用本草》北宋神宗时唐慎徽撰，徽宗政和六年政府命曹孝忠等校正名《政和经史证类备用本草》简称《重修政和证类本草》，先此曾在徽宗大观时略加修订，是以又有《大观本草》别称。作为本草书其内容丰富超过前代各家，一向享有很高评价，李约瑟曾认为“12 和 13 世纪的《大观经史证类本草》的某些版本，要比 15 和 16 世纪早期，欧洲的植物学著作高明的多”。（见 Needham，J.“Science and Civilization in China” Vol. I. P135）

② 胡奇光，中国小学史，上海人民出版社，1987 年，第 56～67 页。

引申和假借义，二是经常从字音上考求字义①。在经学家中以稷为穄当属最早，复又释稷为粢，并称字亦作齍。南宋罗愿本此，进而说稷、穄、粢本为一物，其岐异的由来是因语音轻重不同而致。人称罗愿所著《尔雅翼》的精华在辨析类似之物②，令人不解的是，他何以将稷释为穄，而又称穄同粢。先此，北宋邢昺为《尔雅》作疏时，已指出粢者稷也，并说“然则粢也，稷也，粟也并是一物”，原出粢稷为粟的郭璞之注；而许锴和罗愿视粢同穄未详所本究何。在《诗经》随文释义的注释中，北宋蔡卞肯定稷即是穄，理由是稷可供献祭之需，故又称穄以谐其音，朱熹则谓“稷一名穄，似黍而小。或曰，粟也”。其虽倾向于将稷释为穄，但又未完全否定有人将其称之为粟。按宋代儒学注重性理，乃“尽反先儒，一切武断，改古人之事实，以就我之义理”③。是以在考释文献语言时，率多义由已出，因而岐异互见。如仅就稷的释义论，说其为粟者有之，称之为穄者亦有之，而占主导的似是以稷为穄，又复为粟的两可说法。可见，当今辞书之含糊其词不加穷究，是有先例可循而非首创。

（二）明清时期文献中的稷黍粟之辨

1. *农书*

《农政全书》卷之二十五，树艺·谷部上：“玄扈先生曰：古所谓黍，今亦称黍，或称黄米，穄则黍之别种也。今人以音近，误称为稷，古所谓稷，通称为谷，或称粟。粱与秫，则稷之别种也，今人亦概称为谷。物之广生而利用者，皆以其公名名之，如古今皆称稷为谷也；晋人称蔓菁为菜；吴人称枣为果，称陵苕为草；洛阳称牡丹为花。又曰：穄之苗叶茎穗与黍不异。经典初不及穄，后世农书，辄以黍穄并称。故穄者，黍之别种也。郭璞注《尔雅》，虋，赤粱粟；芑，白粱粟，皆好谷也。言粱，又言粟、言谷，故粱者，稷之别种也。《广志》曰：秫，黏粟，《说文》曰：秫，稷之黏者。故秫亦稷之别种也。”

《天工开物》乃粒，第一卷，黍、稷、粱、粟：“凡粮食，米而不粉者种类甚多。相去数百里，则色、味、形、质，随方而变，大同小异，千百其名。北人唯以大米呼粳稻，而其余概以小米名之。凡黍与稷同类，粱与粟同类。黍有粘有不粘，（粘者为酒），稷有粳无粘。凡粘黍、粘粟统名曰秫，非二种外更有秫也。黍色赤、白、黄、黑皆有，而或专以黑色为稷，未是。至以稷米为先他谷熟，堪供祭祀，则当以早熟者为稷，则近之矣。……粱，粟种类名号之多，视黍、稷犹甚，其命名或因姓氏、山水，或以形似、时令，总之不可枚举。山东人唯以谷子呼之，并不知粱、粟之名也。”

《三农记》卷七、谷属、稷：“稷，一名穄，实可供祭也。今人以稷呼粟，呼谷；以糜以穄呼稷。……古者以粟为稷、粱、黍、秫之总名。今之言粟者，古为粱矣。后人专以粱之细者为粟，粗者为秫；以不粘者为粟，以别秫也。《齐民要术》云：粱为稷黍之总名。今河洛称之曰谷，江淮称之曰粟粒，曰小米，曰金米，曰黄米，颠倒互混，莫知其实（下略）。”

---

① 胡奇光，中国小学史，上海人民出版社，1987 年，第 202～203 页。

② 同（1），第 215 页。

③ 皮锡瑞，同予同注释《经学历史》，中华书局，1959 年，第 257 页。

徐光启在《农政全书》中，先是详引前人文献中有关稷的注释，随即提出自己的看法，来为北方的谷子正名。认为稷即粟，其论证是在古代稷通称为谷，或是粟，后来谷成为谷物的公名，而稷又与穄音近，从而不再称稷为谷，遂误以稷为穄。他还就便指出穄是黍的别种，粱与秫是稷的别种，最后在引《齐民要术》有关论述时，将原书“种谷第三”中的种谷法迳改为种稷法，可能基于已论述稷就是谷的道理，未再说明改动的原因。对徐光启的这一主张，当今评论出入较大[①]，尚未取得共识。

宋应星在《天工开物》中，指出黍、稷、粱、粟在北方统被称为小米，唯稻称大米。黍与稷同类；粱与粟同类，其种类、名称多于黍、稷，山东人则统以谷子相称，而不知其另名为粱、粟。是以他认为稷既非粟和粱，亦非黍，他把稷与黍、粱、粟并列，判定另是一物，且又将黍稷和粱粟分别视为同类的说法，与前此以稷为粟，或稷即穄的主张又自不同[②]。

《三农记》是成书于清乾隆中期的以记叙四川农业生产为主的地方性农书，但又以内容庞杂，篇幅较大，并侧重实践而具有综合性农书的特点。作者张宗法是个寓隐于农的读书人，由于他长期务农，因而精通农事，他在“卷七，谷属”一篇中，列述了29种谷物，并对其生物性状及植艺之法作了较详的叙述。书中有稷、秫、黍、粱四种，而秫是稷之粘者，粱则有二义，一是指高粱，二是旱地禾类作物的统称。而余下的稷、黍，按其所叙性态如加以区别，应是粟与黍。为便于比较，今将相关部分摘录于下：

“稷乃另种，穗如犬尾，其稷字象田中垂绕之形，苗高三四尺，似蜀黍秆空而有节，细而矮，叶若小芦而有毛，穗似蒲而有毫，颗粒成簇，北人日食不可缺之粮也。成熟有早晚，苗秆有高下，性质有强弱，滋味有美恶，其种甚多，呼名不一，有粘与不粘之别。”

“黍苗似芦，高三四尺，结子成枝而疏散。外有薄壳，如稷子而光滑。有粘，不粘，色有红、黄、黑、白。米似黄米而稍大，唯黑者今祭祀以为稷。”

总上，可见稷和黍在形态上有较显著的差别，在米质上也不相似，黍米性粘，稷米不粘。对稷、黍这两种同科不同属的作物，作者已有所认识，但也没有明智的避开已不常用的“稷”这一称谓，是以非但未能摆脱传统的束缚，却更加重了原有的混乱[③]。

2. 本草书

《本草纲目》谷部，第二十三卷，稷，别录下品：释名：“穄、音祭。粢，音咨。时珍曰：稷从禾从畟，畟音即，谐声也。又进力治稼也。”

集解：“时珍曰：稷与黍，一类二种也。粘者为黍，不粘者为稷。稷可作饭，黍可酿酒。犹稻之有粳与糯也。陈藏器独指黑黍为稷，亦偏矣。稷黍之苗似粟而低小有毛，结子成枝而殊散，其粒如粟而光滑。三月下种，五六月可收，亦有七八月收者。其色有赤、白、黄、黑数种。黑者禾稍高，今俗通呼为黍子，不复呼稷矣。北边地寒，种之有补。河西出者，颗粒尤硬。稷熟最早，作饭疏爽香美，为五谷之长而属土，故祠谷神者以稷配社。五谷不可遍祭，祭其长以该之也。上古以历山氏之子为稷主，至成汤始易以后稷，皆

① 胡锡文，粟黍稷古名物的探讨，农业出版，1981年。
王毓瑚，我国自古以来的重要农作物，农业考古，1981，(1)(2)；1982，(1)。
游修龄，论黍和稷，农业考古，1984，(2)。

② 潘吉星译注，天工开物译注，上海古籍出版社，1992年，第16页。

③ 邹介正等校释，三农记校释，有关按语，农业出版社，1989年，第208～218页。

有功于农事者云。”

正误，“吴瑞曰：稷苗似芦，粒亦大，南人呼为芦穄。孙炎正义云：稷即粟也。时珍曰：稷黍之苗虽颇似粟，而结子不同。粟穗丛聚攒簇，稷黍之粒疏散成枝。孙氏谓稷为粟误矣。芦穄即蜀黍也，其茎苗高大如芦。而今之祭祀者，不知稷即黍之不粘者，往往以芦穄为稷，故吴氏亦袭其误也，今并正之。”

李时珍的《本草纲目》是本草学方面的权威著作，作为医药学文献对具有医疗效用的植物，一贯重视对其植物性状的识别。书中对稷的论述，不仅较为详尽，且又有所增益。他对历史上以稷为穄的诸家观点，作了必要的引证与分析，提出黍与粟的区别在于粘或不粘，又进而从植物形态上对黍与粟的差异作了较为具体的描述，作为论证的依据，意在增强稷即穄的说服力。其有关黍与粟的区别虽详而可信，但未明确指出稷何以为稷而非粟，仍以稷穄同音所以同物为由，沿袭前人之说。李时珍以其渊博的植物学知识为后人所尊崇，其后的本草学家对稷穄之说更是信而不疑，从而成为辨析引证的新依据。李时珍对元吴瑞《日用本草》中以芦穄为稷之说的驳辨，依据其形态特征，说明芦穄是蜀黍而非稷，简短有力，可使人信而不疑。

3. 植物志

《群芳谱》谷谱：“稷，一名穄（可供祭），一名粢（礼称明粢），关西谓之糜，冀北谓之槩。苗似芦，茎高三四尺，有毛。结子成枝而疏散，外有薄壳，粒如粟而光滑，色红黄。米似粟米而稍大，色黄鲜。麦后先诸米熟，炊饭疏爽，香美，故以供祭。”

“黍，一名秬（黑黍），一名秠（一稃二米）。种植苗穗与稷同，宜肥地，多收。《说文》云：黍、暑也。当暑而生，暑尽而获。《六书精蕴》云：禾下以氽，象细粒散垂之形，有黄、白、黎三色。米皆黄，比粟微大。北人呼为黄米。……黍米性粘，可酿酒，可作饧，可蒸者为糕糜。”

“谷，粟米之连壳者，本五谷中之一，粱属也。北方直名之曰谷，今因之。脱壳则为粟米，亦曰小米。粟、古文作㮚，象穗在禾上之形，盖粱之细者，秆高三四尺，似蜀秫，秆中空有节，细而矮。叶似芦小而有毛。穗似蒲有毛，颗粒成簇。”

《群芳谱》在“谷谱”中，是按稷、黍、谷的次序来叙述，且用稷而不以穄为标识，当非出于偶然。按其指穄为稷，称粟为谷，显然意在突出穄的地位。在指出黍在“种植苗穗与稷同”，意谓黍穄应属同类，但亦有别，即米性不粘，色鲜黄者为穄，而性粘色黄不鲜者为黍。而谷则指粟米之连壳者，其经加工脱壳成米即为粟米，又有小米之称。黍米则又称黄米，再连同株型、穗状差异的区分，说明穄、黍、粟三者的实态，而摆脱谷物训诂上的纠纷，有其创见独到之处。但稷何以为穄，则循成例未作解释，其混淆错乱处则仍待澄清。晚清吴其濬撰辑的《植物名实图考》在中国古代植物学典籍中，当属后来居上的上乘之作。书中有关稷究为何物的考释中，意似趋向调和，而又以图来试证。如其就分岐，由来之说，谓，“但闳儒博辨之学，与习俗相沿之语，不妨并存。穄音近稷，农家久不知稷，但知有稷。高粱则不闻呼稷也。黍性因粘而粗于粱，穄小于黍而粗于黍”。经其考证在正文中以稷为粟，而附图却又以稷为黍。粟黍有别，人皆知之，其致错之因着实令人费解。

4. 文献训诂书

(1) 以稷为粟的文献。《稷穄辨》（清，崔述撰）载《崔东壁遗书》，《无闻集》：“稷，五谷之长，今俗谓之谷。穄，黍之别种，不粘者是也。或谓之饭黍。关以西谓之糜，河以北谓之穄。韦昭《国语》注云。莠草似稷而无实，今莠正似谷，绝不似穄，此可知稷之为今谷而非穄也。……关以西，亦谓黍为粘糜，此可知穄之为黍属而非稷也。稷，入声子力切；穄、去声子例切。稷从畟；穄从祭。其义，其音，其文，无一通者，则二者之非一物明矣。……稷也而粟之，犹今之人之谷之也；犹于其米而直谓之米也。而不学者遂误以粟为本名，而不知其为稷矣。河北自漳以西舌强，能读入声；以东舌弱，不能读入声。《中原音韵》所谓入声作平声作上，去声者是也。故读稷与穄之音相似，而乡中人识字不多，秋禾登于场，笔而记其数，有不识穄字者，则书稷以代之。稷字，《四书》、《诗》所有；穄字，《四书》、《诗》所无也。……而不学者不知稷为何物，遂误以穄为稷，反疑其民呼为子例切者乃方音之转，而笑书穄者为误字矣。”（下略）

崔述（1740～1816）字东壁，直隶大名人。清朝著名的辨伪学者，考证方法严密犀利，向有盛誉①。《稷穄辨》是一篇仅700字的短文，而列举以下三点理由，有力的重申稷之所以为粟。首先，引《国语、鲁语》三国吴·韦昭注，据“莠草似稷而无实”，加以验证则“今莠草正似谷，绝不似黍”；其次，遍检《四书》、《诗经》等典籍，得知只有稷而无穄；对以稷穄音近为由，遂误以稷为穄加以辨析。论证两者之义、音、文，无一同者。按崔述在本文之末曾引陆陇其所著《黍稷辨》中，谓稷为粟的辨析。在崔述之后，有邵晋涵，桂馥等清儒多人，曾就《尔雅》、《说文》等通释语文的专著，加以考订校补，赞同稷本为粟的旧说。

（2）以稷为穄的文献。《正字通》（清，张自烈撰，廖文英增编）：“稷，子力切，音即。五谷之长，属土。叶茎似粱而庳，穗散如稻，粒如粱而扁大，稃外莹滑，米正黄。”“穄，积计切，音霁。稷别名。《吕氏春秋》：饭之美者，有阳山之穄。齐晋人读即、积、如祭。因呼稷为穄。语音虽殊，实一物也。互见前稷注。”“粟，苏谷切，音夙。黍属。今禾实皆谓之粟。李时珍曰：粟、即粱也。穗大毛长粒粗为粱；穗小毛短粒细为粟。苗皆似茅，种类凡数十。”（下略）“粱，吕阳切，音良，粟类。………旧注失考证，互见前粟注。”

《正字通》是清初《康熙字典》编纂之前，曾一度广为流传的字书。然其征引繁杂，释义常有穿凿附会处，又喜排斥《说文》，而为后人所讥。书中对稷穄与粟粱的解释在当时有一定代表性，除用仅切法注音，对稷穄同音所以同物说有所助益，余则沿袭本草通例。之后，清儒大多弃而不取，赞同者无几。

（3）以稷为高粱的文献。《九谷考》（清，程瑶田撰，1774年成书，全文5000余字，不俱引，仅摘抄其主要论点于下）②：“《月令》：‘孟春行冬令，首种不入’。郑氏注：‘旧说首种谓稷’。今以北方诸谷播种先后考之，高粱最先，粟次之，黍糜又次之，然则首种者高粱也。……余足迹所至，旁行南北，气候亦至不齐矣。所见五方之土，下及农夫，辄相咨询，曾未闻有正月艺粱粟者。而高粱早种于正月者，则南北并有之，故曰稷为首种，首种者高粱也。”

---

① 顾颉刚，崔东壁遗书，第一卷，顾序，上海亚东图书馆，1935年，第1～6页。
梁启超，中国近三百年学术史，梁启超论清学史二种，复旦大学出版社，1985年，第417页。

② 齐思和，毛诗谷名考，原载燕京学报，36期，1949年，后收入中国史探研，中华书局，1981年。

“《月令》注：‘稷五谷之长’”，“诸谷惟高粱最高大，而又先种，谓之五谷之长，不亦宜乎。”

“《周官、食医职》：‘宜稌、宜黍、宜稷、宜粱、宜麦、宜苽’，见稷则不见秫；《内则》：‘菽、麦、蕡、稻、黍、粱、秫惟所欲’，见秫不见稷。故郑司农说九谷，谷、稷并见，后郑不从，入粱去秫，以其缺粱而秫重稷也。故自汉唐以来，言稷之谷者屡异，而秫为粘稷则不能异……，而天下之人，呼高粮为秫秫，呼其秸为秫秸，卒未有异也。”

“《良耜之诗》笺云：‘丰年之时，虽贱者犹食黍’。疏云：‘贱者食稷耳’。今北方富室，食以粟为主，贱者食以高粱为主。是贱者食稷，而不可冒粟为稷也。”

《释谷》（清，刘宝楠撰，1840 成书）：“稷五谷之长，谓之首种。稷，今之高粱也。”

《说文解字注》（清，段玉裁撰）：“程氏《九谷考》至为精析，学者必读此而后能正名。其言汉人皆冒粱为稷，而稷为秫秫，鄙人能通其语者，士大夫不能举其字，真可谓拨云雾而见青天矣。”

稷即高粱之说，最早见于元朝吴瑞《日用本草》，李时珍于《本草纲目》中已辨其谬。而经程瑶田博征繁引，并据亲睹目验加以引申；复由清朝段玉裁、王念孙、郝懿行及孙诒让等经学大师的赞誉肯定，稷为高粱一时翕然风从几成定论。段玉裁（1735～1815）在其积数十年精力，所著成的《说文解字注》中，极力推衍《九谷考》的观点。段氏是乾嘉考据学派的中坚，加以段注流传极广，是以之后稷为高粱之说的推衍中，段注影响不容忽视①。对程氏的考证方法及结论持异议的虽不乏人，可能因其学术地位不如前记诸家，而未能引起应有的关注。晚清吴其浚曾撰《蜀黍即稷辨》，附于《植物名实图考》卷一，指出缘以俗语改古训之不当，是以蜀黍与秫秫虽音近，但不能据以得出今之高粱即古时稷的结论。他并亲植黍与稷而细加审别，得出“纵不可以穄冒稷，而断不能信以蜀黍为稷”，以穄为稷诚非有本之言，而以蜀黍之俗呼秫秫者定为粘稷，则尤其欠妥。今人齐思和指出程氏《九谷考》关于稷的考证有十大误，强调其谬误是既有背于古训，且与实际情况亦不相符②。按高粱是否为中国原产，古代何时始栽培此物，于今虽尚待细究详考，而稷非高粱似已达共识，但沿袭程氏此说者仍有人在③。

第二节　地力增进技术的总结与其内在机理的探讨

作物生长与发育所必需的条件中，光、热和水、肥（养分）缺一不可，且须配合适宜才能充分发挥作用。光和热是作物光合作用的动力，来自太阳辐射，通常人是无法完全加以控制。但人可以设法调剂并提高作物对其适应和利用的能力。水和肥是作物光合作用的原料，最初是靠土壤自身来供应，但经作物吸收和自然耗散也须人来设法补充。而作为水、肥载体的土壤，其素质会影响水、肥贮存和释放，但人可通过耕作措施来改进

---

① 张波，浅谈段玉裁《说文解字注》的农事名物考证，中国农史，1984，(2)。

② 齐思和，毛诗谷名考，原载燕京学报，36 期，1949 年；后收入中国史探研一书，中华书局，1981 年。

③ 程俊英译注，诗经译注，“王风、黍离”注：稷，高粱，马瑞辰《通释》：按诸家说稷者不一，程瑶田《九谷考》谓黍今之黄米，稷今之高粱，其说是也”，第 122 页。另见“豳风七月”“稷”，上海古籍出版社，1985 年，第 272 页。

和提高其性能，使之适合并满足作物生长发育的需求①。在长年的生产实践中，人们对此已逐步有所认识，而缺少必要的分析手段时，则又难以精确地计量和科学地表述。在我国则在很早就已运用天、地、人及物等范畴来概括说明环境与作物的关系；以阴阳五行来解释作物与相关生态因子间的供求矛盾。在作物栽种过程中，从天到地，从人到物的运作规律，通过培育地力等农事操作已逐步有所理解与领会，从而形成"耕道论"和"粪壤论"等具有中国特点的农学理论②。本节拟就明清时期有关地力增进技术的总结与其内在机理的探讨，论述其主要成就与局限所在。

一 土壤耕作

（一）土壤耕作原理的阐释

中国传统农学的土壤耕作理论可以耕道论为代表。"耕道"一词原自《吕氏春秋，审时篇》："夫稼，为之者人也；生之者地也；养之者天也。是以人稼之容足；耨之容耨；据之容手，此之谓耕道。"意思是说，作物要由人来种，要从地里长出来，而养育成长还得靠天，至于田间耕作的要求，则须有容足、容耨和容手之处。可见，早在先秦时期，人们就已了解种植作物要靠天、地、人三者的配合，人在认识天时、地利的基础上，采取相应的耕作措施，就有望取得预期的好收成。而耕作的原则与要点，是须保留有一定空间，形成畎、亩，苗则要有一定的行列③。《吕氏春秋》的任地、辨土、审时三篇，连同主要论述重农思想与农业政策的上农篇，虽是"士容论"中的后四篇，但仍能构成较为完整的农业技术知识体系。其中辨土篇则主要论述耕作与栽培的要点和方法，在总结土壤耕作经验的基础上，已初步意识到耕作措施的作用，在于改变土壤结构的状态；协调土壤中水、肥等条件，使之有利于作物的生长发育。后来的主要综合性农书，大多对耕作技术成就适时加以总结，并就耕作原理加以阐释发挥。明清时期的传统农业已处于进一步精细化的历史阶段，在耕作技术改进，耕作制度创新的同时，对耕作原理的论述阐释也有所提高深化。可见，在以精耕细作为标志的我国传统农业技术体系的形成过程中，耕作技术一直起着主导作用；与此相适应的是传统农学的发展历程上，耕作这一分支学科始终处于核心地位。

明代马一龙在《农说》中，明确提出"物性之宜"，即物宜可与时宜、土宜并列。强调合理的耕作，应以认识并掌握天时、地利及物性为前提，再按照因时，因地，因物制宜的原则，来确定土壤耕作的适耕期、适耕性，以及相应的耕作措施。即"合天时、地脉、物性之宜，而无所差失，则事半功倍矣"。这里"天时"是指节令、气候；"地脉"则指地形、地势，也包括肥瘠等地力条件，"物性"可理解为作物生长发育的习性。可见，只要合天时，地脉与物性三者之所宜，避免不应有的误差，就可事半而功倍。

① 孙渠，耕作学原理，农业出版社，1981年。

② 郭文韬，中国古代的农作制和耕作法，农业出版社，1982年。
郭文韬，试论乾隆时期的传统农学，农业考古，1992，(3)。

③ 夏纬瑛，吕氏春秋上农等四篇校释，农业出版社，1956年，第89页。
王毓瑚，先秦农家言别释，农业出版社，1981年，第32，36，67～68页。

清朝的杨屾在《知本提纲》“农则、耕稼”中开头就说“夫耕为农事之首，食为生民之天”。接着讲“欲求足食之道，先明力耕之法”。其徒郑世铎就此注释称“民以食为天，食以耕为功；苟明耕法，食自倍足矣”。即从耕作、丰产和足食的内在关联，来说明土壤耕作理论与技术的重要性。就耕道之纲的“因地”、“乘天”二者，又加以论述发挥，“若能提纲挈要，通变达情，相土而因乎地利，观候而乘乎天时，虽云耕道之大，实有过半之思”。郑注就此加以解释，“变，谓耕道之变；情，谓物生之情也。相，视也。耕道虽大，不越因地、乘天二端；若能提纲挈要，通耕之变，达物之情，相土自然之种而因其利，观天一定之候而乘其时，其于耕道之大，已思过半矣。然则因地、乘天二端，固耕道之纲，谋生之要”。其大意是说土壤耕作的原理虽然复杂，但可依据三宜的原则，采取相应的措施，利用天时、地利的因素，并适应作物生育的规律，从而对土壤耕作的原理大半有所领会。对土壤耕作的深层机理，是在深入分析水、土、风、日等基本特性后，指明合理的耕作措施，有调节耕层土壤水、肥、气、热等因素，使之达到协调一致的功能；并起到“阴阳交济、五行合和”可使之和谐有序的作用。

从天、地、人三才思想，演化为时、土、物三宜原则，是经长期农业生产实践，认识也随之有所提高的结果；也是从对客观事的系统认识，进而可为主观能动的加以利用改造提供依据。在马一龙明确提出，杨屾师徒又继之以全面的论述中，不仅阐明了耕作的机理，也充实了农学思想，因其可推而应用到如施肥等诸多农事活动领域。而仅就耕作来论，正是在认识了自然条件的复杂性，领悟了作物生育适应的多样性，从而才有可能对土壤耕作措施，贯彻运用多变机动的灵活性。

1. 时宜

土壤耕作具有适宜时期，即须因时耕作，先秦两汉的农学文献中就已提及。如《吕氏春秋》，“审时篇”中有“凡农之道，候之为宝”，强调种庄稼要适于时令，时令就是农家之宝；《氾胜之书》则进而提出耕作应“趣时”，即已明确赶上合宜的时令，是耕种的基本要点之一。后来的农书在总结农业生产经验的基础上，就此大多有所记叙发挥。如《齐民要术》对北方旱农的防旱保墒耕作技术加以总结，并就秋耕与春耕的技术要求与耕后整地作业摩耢的合适时间明确加以叙述，即“春耕寻手劳，秋耕待白背劳”，意谓春天耕过的地要随时摩平；而秋耕则应在地面发白时再摩。夹注就此解释说“春既多风，若不寻劳，地必虚燥。秋田隰实，湿劳令地硬。谚曰：耕而不劳，不如作暴。盖言泽难遇，喜天时故也”。元代的《农桑辑要》所引《韩氏直说》则进而总结出秋耕宜早，春耕宜迟这条经验。“大抵秋耕宜早，春耕宜迟。秋耕宜早者，乘天气未寒，将阳和之气，掩在土中，其苗易荣；过秋天气寒冷，有霜时，必待日高，方可耕地，恐掩寒气在内，令地薄，不生籽粒，春耕宜迟者，亦待春气和暖，日高时依前耕耙”。其说法的要点是：秋耕要早，早了可以把阳气掩入土中，对生产有利；迟了则掩阴气在内，对生产有害。春耕宜迟，是说要等待春气和暖之后再耕，方能保证耕作质量。是以宜迟，应理解为虽可适当晚些，但并非越晚越好，这一解释的依据，仍是古老的阴阳生胜之说。

到了明清时期，马一龙的《农说》和杨屾的《知本提纲》，对上述说法则进一步大加发挥，创为阴阳、水火、生与成、变与化的系统性农学理论。唯心中有它唯物的一面。①马一龙是根据苏南水田的特定条件，将秋耕改为冬耕，从而提出“冬耕宜早，春耕宜迟。云早，其在冬至之前；云迟，其在春分之后。冬至前者，地中阳气未生也；春分后者，阳气半于土之上下也”。冬耕多在南方水稻收获后的冬闲田，以平耕、引灌的方式促进冻融作用，翌春解冻后再耕并耢，原因是冬至前土内阳气未现；春分后阳气已增至五成且分布于土面上下。冬耕和春耕分别宜在冬至前及春分后，是因这样作可使土中阳气旺盛；再由土面阴气卫护，从而使潜伏于土下的阳气不致外泄以利生机。从蓄阳的要求出发，对耕作的早和迟加上了时限，也便于据以操作时有所循依。

杨屾和郑士铎师徒则依据陕西关中旱原的具体条件进一步加以申说“避霜敛阳，知秋耕之宜早，长夏日阳积射地上。初秋早耕早劳，将积阳掩入地中，一经霜雪，阳气闭固而不出；次年春种，发生自必畅茂。若秋月耕迟，使寒霜掩入地中，阴气内凝，次年诸种不昌。即或地不早闲，秋冬之间方能耕犁，亦必俟日高霜消，始为耕犁，可免掩霜之患”。“掩草生和，明春耕之宜迟：春日冬寒未尽，一经早耕，翻出内阳，掩入外寒，则诸种亦不蕃育。必待春草生时，方用耕犁，掩覆其草，自生和气，地力愈壮矣”。把秋耕的时间区分为初秋、耕迟和秋冬之间三种情况，并分析其得失和延迟不利条件下的操作要点，显然较前具体详明。秋耕宜早意在将积阳掩入土中，再经霜雪利于阳气蓄积；迟则使寒霜掩入，有阳气内凝之患，春耕则参据春草萌动的物候来开犁，当会防除过早的翻出内阳而掩入外寒。可见，耕作务须乘时力作以求得时之功。

徐光启在《农政全书》卷六农事，营治上，在引《韩氏直说》有关秋耕宜早，春耕宜迟，就其所释机理加以评述说“《月令》地气沮泄之说为近，若寒暖之气，岂能掩在地中乎？”按《礼记、月令》孔颖达疏，“沮泄谓泄漏地之阳气”，阳气外泄之说虽可解释不宜冬耕的原因，但无法说明秋耕宜早的理由。何况以阴阳二气的内掩和外泄为由，来分析秋耕与春耕早迟的机理，又同样是玄虚而难以捉摸的。

2. 土宜

土宜是指土壤耕作的适宜性。经常进行耕作是农业土壤有别于自然土壤的特殊条件之一。土壤耕作的作用是发挥土壤的肥力而不是创造肥力，耕作技术和耕作效果虽能影响产量的增减程度，而耕作效果却取决于土壤本身。是以合理的耕作措施，须以土壤的性态为前提，即须依土壤的不同性状决定其适宜耕作的时间、深度及次数等。土壤的性状在中国传统农学中常以地脉和土脉等概念来表述，实际上是包括地形、地势及土质、肥力等多种因素，犹言土之生性。由于其生性所发，各异其宜，是以耕者当先察其异，即须先行“辨土”或“相土”，再因土而制异。

明清时期的农书中，在继承前人论述和总结实践的基础上，对土宜又有进一步的认识和论述。在操作上虽更精细而具体便于领会和运作，但对其机理的阐释上则仍囿于陈规而未能有所突破。马一龙《农说》中说：“农家栽禾启土，九寸为深，三寸为浅，……启原宜深，启隰宜浅。深以接其生气，浅以就其天阳。”《知本提纲》则谓“审乎山泽原隰水田之制，察乎气机阴阳浅深之法。山原土燥而阴少，加重犁以接其地阴；隰泽水盛

① 缪启愉校释，元刻农桑辑要校释，农业出版社，1988年，第48页。
参看本书第二十三章第一节，以阴阳五行理论阐释农事内在机理的成就与局限。

而阳亏，轻锄耨以就其天阳”。按地高之旱者为原，低湿者为隰，高旱的原不深耕则难以接上墒情，下湿的隰不浅耕就易受地寒的危害。

郑世铎根据地势地形把田分为五等，指出“山坡曰山，水湿不流曰泽，高平曰原，低平曰隰，水种曰水田。五者之气机，各有阴阳不同，而耕耨之浅深，亦宜分别”。明朝袁黄在《宝坻劝农书》“地利篇”中，就土质之差异与耕作之要求曾提出“地利不同：有强土，有弱土；有轻土，有重土；有紧土，有缓土；有肥土，有瘠土；有燥土，有湿土；有生土，有熟土；有寒土，有暖土。皆须相其宜而耕治布种之，苟失其宜，则徒劳气力，反失其利”。即依据土壤的物理、化学等性状，列出七种对立的类别，并提出其可行的改进之法。即通过耕、耙、耢等耕作措施，来改良土壤结构，提高土壤肥力，使土中水、气、热等温、湿条件达到较为理想的动态均衡，以利作物的生长发育。即已明确通过合理的耕作，可使瘠土肥化，生土熟化，及强弱、轻重、紧缓、燥湿、寒暖之不宜者，经调节而使之适中，“以大发育之功”。

3. 物宜

物宜即物性之宜。明清时期的农书不仅提出“物性不齐，当随其情”的农事活动中要因物而异的这一物宜原则，并在生产实践的基础上加以总结，指出耕作与施肥等技术措施中都应循依贯彻。在耕作中不仅要关注时宜、土宜，对物宜的原则也不应忽略的原因，是耕作的功能在于可为作物生育所必需的肥力发挥创造必要条件，而作物则又因其习性的差异，对土壤条件有着不同的要求，从而使各种作物的耕作方法也须随之而异。随同作物习性的差异而耕作之有别者，当以旱谷和水稻最为突出。此前成书的《齐民要术》和《陈旉农书》等，已分别就此作了系统全面的总结。明清时期的农业文献中，既有提出并论述耕作中物宜原则的一般理论的专著；也有详细叙说其操作要领的地方性农书。从中可见，在我国北方旱作与南方水田的耕作技术体系分别形成后，耕作技术从其进一步精细化中体现出仍有发展和提高，现将其有关成就择要概述于下。

本时期有关旱地耕作物宜原则的总结记叙，可以《马首农言》一书为例。《马首农言》是清代中期以叙述山西东部太行山区的寿阳等地农事活动的地方性农书，书中先叙说当地的地势气候，在随后的“种植”一篇中，就其种植的主要作物对土壤的要求及耕作要点分别列述，现仅摘录其相关部分于下：

“谷：多在去年豆田种之。亦有种于黍田者，亦有复种者。……未种之先，耕一次，耙二次，以多为贵。……种毕以砘碾之；地湿，则俟干然后碾之，至六七日复碾之。……获后去其根，犁之，令地歇息。”

“黑豆：多在去年谷田或黍田种之，万勿复种……原、子三升半，犁深三寸；隰，子亦如之，深则二寸。深虽耐旱，少不发苗；浅虽发苗，后不耐旱……获后施耕，以备来年种谷与高粱。”

“麦：种不一，春麦于去年黑豆、小豆田春分时种之。种法有二。以犁耕而种者，……耕毕耙二次，耙不厌多。以镢勾开地界种而种者，……勾毕，以足覆土踏之。耕微深，熟较迟；勾微浅，熟较早。……宿麦于秋分前后种之，与春麦同法，但耕微深耳。”

“高粱：多在去年豆田种之，其田，秋耕者为上，春耕者次之。犁深二寸，耙一次，谷雨后种之。”

“小豆：种法与黑豆同、所异者，黑豆先种原，后种隰；小豆先种隰，后种原。犁较黑豆宜深。”

“黍：先耕一次，宜深；种时再耕，宜浅，虽一寸亦可。……耙二次，先以木板拖之，恐其没纹，后复砘之。”

“荞麦：多在本年麦田种之。有先耕后以耧种者，耕宜深二寸，耧深止一寸。耕毕耙之。有和粪点者，耕止寸余深。点法有二，点于犁沟者耕微浅；点在棱背者，耕微深，有将子乱洒地面后，以犁耕之，以耙覆其种者。”

《马首农言》所总结的因物制宜耕作原则，是根据山西东部山区地势气候等特点，除了强调因干旱少雨要环绕耕作以求保墒和禾谷轮作以利维持地力，并充分注意到山田（原）与河地（隰）等地势高低悬殊，其土壤水分与热量分布不均的具体环境条件，指出耕作要求上应有的差别①。可见因物耕作又是和因土耕作相互联系，相互制约的。如黑豆在原、隰不同情况下耕深即有别；荞麦则不限于耕后耧种，还有和粪点播及撒播等方式；春麦除犁耕也有以镢勾开地界而种者，其耕深、耕序也随之而有不同。

南方水稻田的耕作要点及耕后土壤的变化，包世臣在其撰著的《郡县农政》“任土”一节中，结合江淮地区的生产实际，不仅较为系统的加以叙述，还进而就其深层机理作了阐释：凡地肥而有水源宜于种稻之处。

“其源水浸濩不绝者，放干刈稻即起板，勿劳。水弗令没块背，作田缺五寸，上令水流。入春冻解，又耕之，及时，又耕之，乃劳。冬不耕者，老土耗下泽，流水刮上膏，土板不经冻，块硬稻柔，不能起土，收常减。春不再耕者，土性冻涩不和，亦减收。”

在以上征引的相关处，作者以夹注的方式，对水稻冬闲田的耕作要点及水稻土的特征作了必要的解释：

“凡刈谷后耕过为起板。劳谓耕过块大，以耙碎其块，使养根保泽。水田冬不种，劳即渗膏，故勿劳。”说明起板即冬耕，劳是耙碎耕后的土块，能养根保泽。而冬耕后不种，无需耢；如耢则可能使肥分淋失（渗膏）。

“水浸块则冬不提冻，块不舒。缺低则水刮田底，流去土油；缺高则绝下田水。五寸则水入田滢渟而后出，不害泽也。断水则日逼浮膏下老土，令浮土瘦。又水荡能活土气，保温泽，稻根须横出，全资浮土力。”说明冬闲田灌水的适宜深度及原因，灌水当以不淹没土块为准，以利冻晒，水深没块则土块不能经冬冻融；为了合理调节水量，作田时应缺五寸，为了避免耕作层（浮土）的肥分（浮膏）下沉到犁底层之下（老土），则不宜断水。

“耕宜率常，勿太深。若起老土（谓年年耕所不及之犁底层），即硬软不相入，能害禾，又漏田，不保泽。”这是在叙说冬闲田入春解冻之后，要一耕再耕，耕后及时耙耢。强调春耕深度要适度，过深令翻出生土。土性不合，既漏水，又影响水稻生育。

“古云：冬冻不密，夏发不盛，匪直阴阳循环之理，实资冻舒，以养土气。”引用古代的谚语来说明，如能利用自然力使土壤经冬彻底冻融（冻舒），则可促使土质疏松熟化，至夏能使作物繁茂生育。

总上，可见包世臣已初步意识到长期种植水稻的农业土壤（即今称之为水稻土），所

---

① 丁福让，试论《马首农言》有关山西的传统作物栽培技术，提交农史会议论文，1983 年，经缩改后以《祁俊藻与〈马首农言〉》为题刊载于《农业考古》1984，（2）。

特具的某些性状及成因。他虽还未了解其氧化（非植稻期间）和还原（植稻期间）交替过程及内在机制，但对浮土与老土的区别、冬耕和春耕的差异、灌水及不灌水的不同影响，以及通过合理耕作措施能改进水稻土耕作层的某些结构与功能，当已大体有所认知。

（二）土壤耕作方法的总结

明清时期，对南方水田和北方旱地的耕作技术，在生产实践的基础上又进一步有所提高。通过系统全面的总结则不难发现，这一成就的取得是在农具极少改进的条件下，主要凭借耕具操作技能的提高。《齐民要术》日文译者之一西山武一曾说过，“工具之简便而多用，有赖于人之劳动与技巧，是即东亚农具运作哲理之所在，亦可视此为东亚农业之哲学”①。

1. 南方水田耕作技术的总结

明末的《沈氏农书》，是记叙浙江太湖地区农业生产的地方性农书，其“运田地法”一篇集中讲述了当地有效利用土地的经验。在第一段开头处就稻田深耕的方法加以叙说：

“古称‘深耕易耨’，以知田地全要垦深，切不可贪阴雨闲工；须要老晴天气。二三层起深，每工止垦半亩，倒六七分。春间倒二次，尤要老晴时节。头番倒不必太细，只要棱层通晒，彻底翻身；若有草则覆在底下，合坅倒好。若壅灰与牛粪，则撒于初倒之后，下次倒入土中更好。”

书中不仅强调深耕在当地稻田耕作上的极端重要作用，而且明确指出操作的要点。即必须在大好晴天去翻耕田地，同时要翻二到三层，每工每天只垦半亩，或倒六七分地。其次是春天要倒两次，头次倒的土不必过于细碎，使棱、层能完全晒到即可，但须将整个坅全部倒好不留边角。最后，倘遇有杂草就翻压在下，如施用混有灰土的猪粪或牛粪作基肥，应撒在第一次倒地之后，第二次倒地时再翻到土中，其效果会更佳。

应当指出的是，如此精细的垦倒操作，在当地竟是以人力用铁搭来进行的。成书只比《沈氏农书》早三年的《天工开物》(1637)“乃粒”中曾说“吴郡力田者，以锄代耜，不借牛力”，究其原因则归结于“愚见贫农之家，会计牛值与水草之资，窃盗死病之变，不若人力亦便”。实际上除受制于小农条件下的经济原因，在技术上也还另有原故，当地用牛耕一般深度是三寸，故有“老三寸”之说，最多也不过四寸。而用铁搭垦翻通常可达六、七寸或八寸以上，即在第一次翻过深度为五寸左右的原处，再补翻一二次，深度即可达到要求。在此之前马一龙在《农说》中，就已指出“农家栽禾启土，九寸为深，三寸为浅”。可知深耕以近尺为宜。用铁搭不仅能深耕，耕后则无需再耖耙，是以其效率与牛耕大体相当。而深耕之后所要求的晒垡，用铁搭耕翻可使棱层完全受到晾晒，如以牛耕则通常多采用灌水湿耕，就难以达到通晒的要求。可见用铁搭作为稻田翻土的基本农具当是较为落后的，但在人多地少，而技术要求又相当精细的条件下，宁愿人垦而不用牛耕这一劳动集约的耕作方式也自有其合理的一面②。

2. 北方旱地耕作技术的总结

明清时期北方旱地耕作技术的成就，《知本提纲》结合陕西关中地区生产实践系统地

---

① （日）西山武一，亚细亚的农法与农业社会，东京大学出版社，1969年，第80页。

② 陈恒力校释，王达参校增订，补农书校释，（增订本），农业出版社，1983年，第25～27页。

加以归纳。在阐释耕作一般原则的前提下，对操作方法和质量要求作了较为详尽的叙说。书中提到浅—深—浅的耕作程式及转耕套耕等耕作方法，既有利于蓄水保墒，也适应畜力农具等具体运作条件，灵活而又有序的加以运用。从而弥补了以我国传统的弯辕犁，在耕作时虽有快速轻便等长处，但不适于深耕的缺陷，把耕作技术又提高到一个新的水平。

有关旱地耕作的一般原则及质量要求，早在《齐民要术》就已于“耕田第一”中指出：“凡耕高下田，不问春秋，必须燥湿得所为佳，若水旱不调，宁燥不湿。……凡秋耕欲深，春夏欲浅。犁欲廉，劳欲再。”《知本提纲》则进而提出：“耕如象行，细如叠瓦，宁廉勿贪，宁燥勿湿。”

郑世铎就此解释说：“象行至正，耕之正，当如象行；瓦叠鳞次至细，耕之细，当如瓦叠。廉，谓犁行之窄少也。犁廉，则耕细而牛更不疲。犁若贪多，则隔生不熟而牛亦伤力。……耕燥虽有土块，若得日暄阳亢，一经雨泽，则散漫如粉解，子粒之入，自易发生，若耕湿践踏，积成坚块，生机结滞，数年不畅。”

其大意谓：耕作时犁沟要正直有如象行，翻垡须细致如同叠瓦。进而通过耕幅宽窄的对比，说明廉与贪的不同利弊；还就耕时土壤燥湿的不同，分析耕后效果的差异。从而明确，犁幅宜小以利耕细；土壤当以燥湿得所为佳，倘如不能则宁燥勿湿，原因是其后果会全然不同，燥土耕后的消极影响远较湿土易于消除。加以燥土疏松，湿土粘重，所需牛力亦自有别。可见，不仅耕作质量务求精细，而畜役的使役亦须得体才是。

清代关中地区推行二年三熟的地方，当冬小麦等夏熟作物收获之后，为蓄水保墒而实行夏耕。《知本提纲》指出其具体操作要求，是“初耕宜浅，破皮掩草；次耕渐深，见泥除根”。注文就此解释说：“耕之浅深，必循定序，然后暄照均匀。土性易变，故初耕宜浅，惟犁破地之肤皮，掩埋青草而已。二耕渐深，见泥而除其草根。谚曰：‘头耕打破皮，二耕犁见泥’，盖言其渐深而有序也。”《农言著实》对这项技术也曾加以记叙：“麦后之地，总宜先挖（即浅耕灭茬）过，后用大犁揭两次。农家云：‘头遍打破皮，二遍揭出泥’，此之谓也。”又说：“七月当种麦前后，耩地最要紧。”据此可知其耕作程序是，先浅耕灭茬，而后深耕，种麦前再及时浅耕耙平。其作用是使土壤表面及时形成松土层，既能避免土壤水分蒸发，也有利于接纳雨水；并可及时消灭杂草犁净根茎，提高土壤生产潜力①。

根据上述作业的要求，当时的耕具及耕法也都有所改进。《知本提纲》曾提到“用犁大小，因土之刚柔，刚土宜大，柔土宜小”。即根据土质，应使用不同的犁，但即使这样，有时也难以达到下接地阴的要求，所以在犁耕的调整和改进过程中，形成了转耕及套耕等适于逐次加深的耕法。书中说“转耕，返耕也。或地耕三次：初耕浅，次耕深，三耕返而同于初耕。或地耕五次，初耕浅，次耕渐深，三耕更深，四耕返而同于二耕，五耕返而同于初耕，故曰转耕。若不知此法，愈耕愈深，将生土翻于地面，凡诸种植皆不鬯茂矣”。可见这一耕法的要点，是逐次加深而不翻乱土层，从而可避免把生土翻到地表，影响作物的生长发育。套耕是用双犁衔接先后结合的耕作方法，“山、原之田，土燥阴少，而生气钟于其下，耕时必用双牛大犁，后加一牛独犁以重之。然后有以下接地阴，而生气始发矣。”它的作用在于，在既有的耕具和畜力条件下，通过性能不同的两组犁具相配

---

① 李凤岐，十八、十九世纪关中平原旱农土壤耕作浅论，农史研究，第五辑，1985年。

合，就可加深加快耕作的质量和进度[①]。

二 地力培育与合理施肥

（一）地力增进措施原理的阐释

重视培育地力，使耕地肥力历久不衰，是中国传统农业突出成就之一。早在西汉时王充就已提出“地力人助”的观点[②]。宋代陈旉则进而提出地力常新壮的思想，强调通过客土和施肥等措施，可使土壤变得更加精熟肥美，地力从而也会经常保持新壮[③]。明清时期在总结农业生产实践的基础上，有关地力培育的理论和技术又都有所发展，《知本提纲》就此作了较为集中的阐释。

1. 化土渐渍与余气相培

化土渐渍之法实即粪壤之术，元朝《王祯农书》在其“农桑通诀，粪壤篇第八”中就已说及[④]，清代的《知本提纲》则进而加以申论，说明其机理。“然欲耕道克修，先明化土渐渍之法；必使余气相培，实赖人工燮理之妙”。指出化土之法是以粪壤之术化土之性；而粪壤之理则因余气相培可补地力。

郑世铎在注文中就“化土渐渍加以解释说：“化土，化土之性也。渍，浸也。土有良薄、肥硗、刚柔之殊，所产亦有多寡、坚虚、美恶之别。使不能化硗为肥，何以浸渍其苗，令之发荣滋长乎？故欲耕道克修，不可不先明化土渐渍之法，以蓄其粪壤也。”按“化土”是指化硗为肥；“渐渍”是说逐渐侵润[⑤]。可见这里是在说明，如能采取有效的施肥方法，来逐渐改良土壤；就可使种植的作物得到足够的养分，从而生长苗壮发育良好。

“余气相培”的意义与作用据郑世铎的解释是：“粪壤之类甚多，要皆余气相培，即如人食谷、肉、菜、果，采其五行生气，依类添补于身；所有不尽余气，化粪而出，沃之田间，渐渍禾苗，同类相求，仍培禾身，自能强大壮盛。”按“余气”是指食物中未被吸收的残余营养物质；“相培”是说它经化粪而出之后回到田间，能再用来滋培作物供其生育所需。可见这里不仅以物质循环的原理，来解释施用肥料的内在机制[⑥]。而更可贵的是这一思想实际上已接近于近代科学的营养元素概念，它虽已几乎可呼之欲出，但终因缺乏化学元素知识和必要的分析手段，无从确切加以表达而已[⑦]。

2. 地力常新与一载数收

在宋代陈旉提出地力常新壮这一思想的基础上，元朝的王祯不仅肯定这一主张，还

---

① 董恺忱、杨直民，试论我国传统农法的形成和发展，农史研究，第四辑，1984年。

② 王充《论衡》“率性篇”：“深耕细锄，厚加粪壤，勉致人功，以助地力”。

③ 《陈旉农书》“粪田之宜篇”。

④ “凡区宇之间，善于稼者，相其各处，地理所宜而用之，庶得乎土化渐渍之法，沃壤滋生之效，俾业擅上农矣”。《王祯农书、粪壤篇》。

⑤ “土化”一词出自《周礼、地官、草人》：“草人，掌土化之法，以物地；相其宜而为之种”。意为“使土壤熟化，指施肥改良土壤”。（见《辞源》修订本，315页）。

⑥ 郭文韬，试论乾隆时期的传统农学，农业考古，1992，(3)。

⑦ 游修龄，清代农学的成就和问题，农业考古，1990，(1)。

进而明确只要厚施粪壤，即使连年耕作，地力仍可常新而收获不减。其有关论述见于《农书·粪壤篇》："所有之田，岁岁种之，土敝气衰，生物不遂，为农者，必储粪朽以粪之，则地力常新壮而收获不减。"清朝杨屾师徒在本期精耕细作技术进一步深化的前提下，指出只要增施粪肥，种植得法，一年之内可种收多次。《知本提纲》有"产频气衰，生物之性不遂；粪沃肥滋，大地之力常新。瘠薄常无济，自然间岁易亩；补助肯垒施，何妨一载数收"。郑世铎以亲身的体验记述了陕西关中地区一年三熟的例证，即：

当年：大蓝（二月种）、小蓝（四月套入）→粟谷→小麦

第二年：小麦→小蓝→粟谷

第三年：同第一年。

在这一种植制度中每年均可收三次，第一年是大蓝、小蓝及粟，第二年是小麦、小蓝和粟，第三年则与第一年相同。而多次收后种前（大小蓝套种时作一次），均须亩施油渣一百五六十斤方可。郑称这一农家因常亲验的岁皆三收之法，其"地力并不衰竭，而获利甚多"。可见，王祯与杨屾师徒所阐释的地力培育同连作及多熟之间的内在关联，其要点在于揭示出须厚施粪肥并种植得法。

3. 粪田胜垦田，积粪如积金

在王祯提出"所谓惜粪如惜金也，故能变恶为美，种少收多，谚云，粪田胜如买田"[①]。在这一论断的基础上，杨屾则进而加以引申，称"垦田莫若粪田；积粪胜如积金"，郑世铎就此加以解释说："此言粪壤之效也。凡人垦田广种，意在多获其利；然务广而荒，所得究亦不厚。莫如常粪其田所产自多。……何如广积粪壤，人既轻忽而不争，田得膏润而生息，变臭为奇，化恶为美，丝谷倍收，蔬果倍茂，衣食并足，俯仰两尽。"

这一论述的新义在于，一是通过对比集约和粗放两种不同种植方式，指出务广而荒所得不厚，而常粪其田则产多利丰。明确地力有待人助，而"人有加倍之功，地有加倍之力，成熟之日亦必有加倍之收矣"。其次是通过粪化土及土化粪的物质循环过程，证实地力不仅可以补充，并能有所增进而趋于新壮。其积极作用与意义还在于它能变无用为有用，即可化废为宝。"化"字在这里所应概括的复杂技术内容与深湛的科学道理，限于当时的诸多条件，确实无法讲得一清二楚，因而难以超越感性认识阶段，达到应有的理论水平。

（二）肥料施用原则的论述

为了达到培育地力和增加产量的目的必须合理施肥，这在历代有关文献中已多有记叙论述。明清时期在生产实践的基础上，就此系统全面加以总结，不仅对广辟肥源的方法途径详加叙说，而且对充分发挥肥效的合理施肥原则也深入探讨。其精细深详的成就在传统农学范围内几近极限，并使"粪多力勤"这一传统农业集约经营的原则得到充分展现。

1. 精察施粪之法

明代的农书中，对施用肥料时有关底肥与追肥的方法及作用上的差异，在经过细致观察后，不仅了解到其施用时间和数量应有区别，进而认识到其作用也不尽然相同。指

---

① 《王祯农书，粪壤篇》。

出当时通称为垫底的基肥，兼具增进地力改良土壤的功效，用在种前，量虽略多亦无大妨；而一般呼之为接力的追肥，仅有滋养禾苗的作用，应视苗情适量追补为是。

袁黄在《宝坻劝农书》的"粪壤第七"中指出："用粪时候，亦有不同。用于未种之先，谓之垫底；用于既种之后，谓之接力。垫底之粪在土下，根得之而愈深；接力之粪在土上，根见之而反上。故善稼者皆于耕时下粪，种后不复下也。大都用粪者要使化土，不徒滋苗，化土则用粪于先，而使瘠者以肥；滋苗则用粪于后，徒使苗枝畅茂而实不繁。故粪田最宜斟酌，得宜为善。若骤用生粪及布粪过多，粪力峻熟，即烧杀物，反为害矣。故农家有粪药之喻，谓用粪如用药，寒温通塞，不可误也。"

《沈氏农书》在"运田地法"中则称："凡种田总不出'粪多力勤'四字，而垫底尤为紧要。垫底多，则虽遇水大，而苗肯参长浮面，不致淹没；遇旱年虽种迟，易于发作。""盖田上生活，百凡容易，只有接力一壅，须相其时候，察其颜色，为农家最紧要机关。无力之家，既苦少壅薄收；粪多之家，每患过肥谷秕。究其根源，总为壅嫩苗之故。"

试将袁黄与沈氏所叙述的以上两段引文加以比较，则不难发现其间的差异。袁黄强调施用基肥，甚至认为"善稼者皆于耕时下粪，种后不复下也"。并认为布粪不宜过多，沈氏则力主追肥是"农夫最紧要机关"，且"接力愈多愈善"。究其原因当与所处的具体条件有关，两书撰刻的时间相差虽仅约半个世纪，但从其地域及经营方式来看则迥然有别。袁黄的《劝农书》是以地处宝坻土质较为贫瘠的北方旱农粗放经营为对象，而《沈氏农书》所叙述的则是浙江湖州土壤相当肥沃的南方稻田集约经营情况。因而其施肥所侧重的目的，前者为改土，后者是增收，随同生产水平的逐步提高，速效的追肥有备受关注的趋势，而合理施用基肥的作用当然也不容忽视。《沈氏农书》正是在充分肯定"垫底尤为紧要"及"多下垫底"的前提下，进而提出"接力愈多愈好"的主张，联系到当时所用追肥，仍多为效应较缓的农家肥料，对基肥与追肥的关系及运用必须考虑到相关的多种因素才是①。

2. 看苗施肥之术

水稻追肥是一项很重要而又较难掌握的关键性技术，见于《沈氏农书》的单季晚稻须看苗施肥的指导原则，确是影响深远的优异成就，在理论及实践上都具有重要意义。就文献记载来看，通常认为当以此为最早的这一论述，实际上是由沈氏参据《乌青志》中有关部分转录补充而成，是以不仅可从时间上再往上推约半个世纪，倘如进而从实践来考察，则不难察知，它当非个人的独创，而是农民传统经验长期积累的成果②。

见于《沈氏农书》的有关记载："只有接力一壅，须相其时候，察其颜色。"说明确定追肥施用时机应循的一般原则，须切实掌握作物生长发育阶段，并仔细观察其营养状况。为具体贯彻这一原则，则应注意"苗作胎时，在苗色正黄之时，如苗色不黄，断不可下接力。到底不黄，到底不可下也"。这是一段虽然简短却极精辟的论断。它指出的"作胎"是正在孕穗的幼穗分化期，"苗色"是说可从叶色变化判断其营养状况，而"黄"字则是其关键所在。因抽穗前叶片落黄，是表示稻株内主要贮存在叶片及叶鞘的养料已向茎穗顺利转移，急需再加追补，如叶色仍乌黑未黄，则说明叶片中的养料仍大多

① 中国农业遗产研究室编著，中国农学史（初稿），下册，科学出版社，1984年，第119～120，128～130页。

② 游修龄，《沈氏农书》和《乌青志》，稻作史论集，中国农业科技出版社，1993年，第277～285页。

被耗在叶绿素的合成，如在此时追肥就会扰乱代谢机制而只能徒长。因向穗部输送的物质不足，是以“致有好苗而无好稻”。总之，水稻追肥施用的适宜时机，应在苗作胎时，即孕穗前后，叶色转黄之际。在这幼穗分化时期，所需养料最切最多。根据稻株叶片的颜色转变成黄色，可不失时机的及时加以补充，从而为增产奠定基础①。看苗施肥这一精耕细作优良传统的组成部分，则是建国初期全国劳模陈永康归纳的晚稻施肥“三黄三黑”经验的前身，可见传统的施肥经验源远流长，并在实践中得到发展与提高，其科学内涵值得珍视②。

3. 生熟三宜之用

我国传统农业生产中，一向重视因时、因地、因物制宜的原则，它不仅贯彻到整个生产过程中，也体现各个生产环节上。就施肥而论也自不能外，但在《知本提纲》之前，历代农书中有关的论述大多零散不成系统。清朝的杨屾师徒则依据历史传统，并在陕西关中地区农业生产实践的基础上，全面加以总结，提出“生熟有三宜之用”这一较为完整的施肥理论。

“三宜之用”实即用粪三宜，其要点在于合理施肥提高肥效。《知本提纲》的正文，仅简要提出“生熟有三宜之用”这一句，其阐释解说则全凭注文、郑注在其开头处指出“此言用粪之要也。生者乃未罨之粪，栽植木果之外，俱不可用，菜瓜尤所最忌。惟熟粪无不可施，而实有时宜、土宜、物宜之分”。它说明通常宜用熟粪而忌生粪，因农家所用有机肥一般需经处理，使之发酵腐熟之后方可施用。未经熟化的生粪仅可用于木果，粪虽可到处施用，但只有切合三宜原则，肥效才能充分发挥。

（1）时宜：“时宜者，寒热不同，各应其候。春宜人粪、牲畜粪；夏宜草粪、泥粪、苗粪；秋宜火粪；冬宜骨蛤、皮毛粪之类是也”。

（2）土宜：“土宜者，气脉不一，美恶不同，随土用粪，如因病下药。即如阴湿之地，宜用火粪，黄壤宜用渣粪，沙土宜用草粪、泥粪，水田宜用皮毛蹄角及骨蛤粪，高燥之地宜用猪粪之类是也。相地历验，自无不宜，又有碱卤之地，不宜用粪；用则多成白晕，诸禾不生”。

（3）物宜：“物宜者，物性不齐，当随其情。即如稻田宜用骨蛤蹄角粪、皮毛粪，麦粟宜用黑豆粪、苗粪，菜宜用人粪、油渣之类是也。皆贵在因物验试，各适其性，而收自倍矣。”

用粪三宜这一施肥理论，郑世铎在阐释其原则时是科学正确的，但在举例解说中却多牵强费解之处。时宜是用来说明，在不同季度应施用不同肥料，但举例的人粪、牲畜粪只适于春季一说，则于事实不符，在全年其他季节通常也大多可用。土宜是指在不同土壤要施用不同肥料，其目的则侧重于改良土壤，如阴湿之地酸性较强，以含草木灰较多的火粪去中和是对的。沙土疏松，用草粪、泥粪等有机质较多的肥料来改良其结构也是合理的，但说高燥之地宜猪粪，碱卤之地不宜用粪，则非概皆如是。物宜应是指，当对各类作物施肥之前，要弄清其所需所忌，对不同的作物，甚至同一作物的不同生长发育阶段，要施以适当的肥料，其所强调的“因物验试，各适其性”是正确的，但在缺少

---

① 游修龄，中国稻作史，中国农业出版社，1995年，第74～76，172～179页。

② 王达《补农书校释》（修订本）农业出版社，1983年，第37～39页。

营养原素知识的条件下，仅凭经验行事，就难以克服其局限。如与《沈氏农书》相比，其例证的粗疏就显然可见。《沈氏农书》“运田地法”中有“壅须间杂而下，如草泥、猪壅垫底，则以牛壅接之；如牛壅垫底，则以豆泥、豆饼接之”。这一叙述可以说明，由于各种肥料不仅所含有效养料成分不同，其分解转化的速度也各异，如能混合交替使用，注意其搭配互补关系，则施用的肥料其效益必佳。可见，适用于稻田的肥料，当远不止骨蛤、蹄角粪等有限的几种。

（三）肥料积制技术的总结

随同肥料施用理论的深化，明清时期对肥料的积制也特别重视，不仅把积肥视为农业生产中的头等大事，在认为一切残渣废料都具有肥效的前提下来增辟肥源，并且将肥料积制的方法及种类加以归纳著录。从而体现出以“粪多力勤”为特点的中国传统农业，确已达到其应有的水平而几近极限。

1．制肥六术

继《齐民要术》和《陈旉农书》等文献记叙有关肥料积制技术之后，明清时期的农书不仅就此大多加以著录，而且还有较为系统全面加以总结记述的。明代袁黄在《宝坻劝农书》中曾就堆肥的积制方法加以归纳，指出“制粪亦有多术：有踏粪法、有窖粪法、有蒸粪法、有酿粪法、有煨粪法、有煮粪法”等，计共六种之多。对其具体操作及技术要点并加叙说。

（1）踏粪法：“南方农家，凡养牛、羊、豕属，每日出灰于栏中，使之践踏，有烂草，腐柴皆拾而投之。足下粪多而栏满，则出而叠成堆矣。北方猪羊皆散放，弃粪不收，殊为可惜。然所有穰䅎等，并须收贮一处，每日布牛羊足下三寸厚，经宿，牛以蹂践便溺成粪，平日收聚，除置院内堆积之。每日如前法，得粪亦多。”

袁黄指出的北方猪羊散养习惯，到了清朝已逐渐有所改进。康熙时山东孙宅揆在其撰著的《教稼书》中曾说：“余少贫，周游齐、鲁、秦、晋、宋、卫诸国，耳闻目见制粪之法甚果多”。指出猪“居不厌狭，处不厌秽，择便为圈。”圈旁砌坑，“坑内常入水及各色青草，此草可当猪食，践则成粪。若雨太多则垫土，久之，草木具成粪矣”。而羊粪其“圈制法与牛无异，但脚下必令干燥，其粪必晒干再垫，蹂踏三次，始成此粪”。可见从重视积肥着眼，北方农户所饲猪羊，已多施行圈养，并投草垫土使与粪混，并经践踏而成。

（2）窖粪法：“窖粪者，南方皆积粪于窖，爱惜如金。北方惟不收粪，……须当照江南之例，各家皆置粪厕，滥则出而窖之。家中不能立窖者，田首亦可，置窖拾乱砖砌之，藏粪于中，窖熟而后用，甚美。”

（3）蒸粪法：“蒸粪者，农居空间之地，宜诛茅为粪屋。檐务低，使蔽风雨。凡扫除之土，或燃烧之灰，簸扬之糠秕，断藁落叶，皆积其中，随即栓盖，使气蒸熏糜烂，冬月地下气暖，则为深潭，夏月不必也。”

（4）酿粪法：“酿粪者，于厨栈下深凿一池，细砌使不渗漏。每春米则聚砻簸谷壳及腐草败叶，沤渍其中，以收涤器肥水，沤久自然腐烂。”

（5）煨粪法：“煨粪者，干粪积成堆，以草火煨之。”

按“煨”指在灰火中熟物，实际上煨粪即经灰火徐熏之粪。孙宅揆《教稼书》中有

"冬则锄枯草根，夏则刈青草，晒半干，或扫碎柴草入地洞，燃火徐熏之，久之，与坑土无异"。奚子明在其撰著的《多稼集》中也有相类似的记叙："宜秋冬深掘大坑，投入树叶、乱草、糠秕等物，用火煨过，乘热倒下粪秽，垃圾河泥封面，谓之窖粪。"以这同袁黄的记叙相比，可见清代所用的方法在山东、江苏等地的具体细节上微有出入，但其要点同为经加热处理干粪，加快养分的释放，从而增多速效性养分，并有改善土壤物理性状的作用。

（6）煮粪法："煮粪者，郑司农云，用牛粪即用牛骨浸而煮之。其说具在区田中，粪既经煮，皆成清汁。树虽将枯，灌之立活，此至佳之粪也。"

袁黄对比其列举的制粪之术，认为当以"煮粪为上"。在《宝坻劝农书》"田制第三"有关区田法中，就此加以详细解说，其大意谓："熟粪之法不传，予偶得其法于方外道流"。操作要点是"粪须用火煮熟"，"多粪各入骨同煮，牛粪用牛骨，马粪用马骨之类。人粪无骨，则入发少许代之"。再经繁琐的处理，尔后施用于田间，并说其肥效极佳，在袁黄记叙的基础上，徐光启曾酌加损益，另拟蒸馏，锅煮两法[①]。又据孙宅揆在《教稼书》所记，蒸粪法，亦实均小异而大同，但孙氏指出加热时如"使热气大泄，不惟不熟，而粪中精气亦随涣散，薄劣无力矣。紧要在此，慎之慎之"。在方法和原料上，其所述虽与袁黄有别，但对其作用的理解基本上则是一致的[②]。

2. 酿造十法

杨屾在《知本提纲》中，提出"酿造有十法之详"，郑世铎就此解释说："此言造粪之法也"，古人所谓"酿造"、"造粪"以及"酿粪"等，相当于今日通称的肥料积制，按"粪"字在古汉语中可泛指一切能施用于田间滋苗培土之物，"肥"则指抽象的土壤肥沃，田土腴美，引申为肥田之料亦称肥，至于将能维持增进土地生产力，并促进植物生长发育，而施于耕地的营养物质称之为肥料，则是在为时不久的近代。"酿"字有事经酝蓄而渐成之意，"十法"是指十个方面的肥源。现择要列举于下：

（1）人粪：包括人粪、人尿。

（2）牲畜粪：包括厩肥、一切鸟粪之类及蚕沙等物。

（3）草粪：包括一切腐藁、败叶、菜根、无籽杂草等。

（4）火粪：包括熏土、炕土、墙土、硝土及草木灰等。

（5）泥粪：凡阴沟，渠沟并河底青泥。

（6）骨蛤灰粪：凡一切禽兽骨及蹄角并蚌蛤诸物之灰。

（7）苗类：包括黑豆、绿豆、小豆、芝麻、葫芦芭等绿肥。

（8）渣类：即一切菜子、脂麻、棉子榨油后残留渣饼（又称饼肥）。

（9）黑豆粪：即经磨碎的黑豆。置窖内加尿发酵，再合土拌干。

---

① 上海市文物保管委员会编徐光启手迹，农政全书手札，中华书局影印，1962年。

② 中国农业遗产研究室编著《中国农学史》下册，科学出版社，1984，其第121页，在转录了《宝坻劝农书》有关论述后，加以评析说"煮粪法只会使粪中养分遭受毁灭性的损失，不足为法"。

梁家勉主编《中国农业科学技术史稿》认为这一浓缩混合肥料方法有其合理部分，并分析其勿令其泄的气是氮素加热后转化而成的氨气，是以强调勿令气泄反映当时对保存肥效的认识已有所深化，详见该书第508页，有关部分。

像煮粪法这类在中国传统农学中，过去曾受到较多关注和赞誉，当今却有不同评价的事物，对农学史的研究来说，应是不该迴避，而须深入研究的课题。

(10) 皮毛粪：一切鸟兽皮，汤　之水及猪毛皮渣。

如以《知本提纲》上述记述和《王祯农书》“粪壤篇”中有关记载相比，不难发现明清时期又新增添了骨肥，饼肥及皮毛粪等其他肥源。骨肥包括骨粉骨灰等是含磷较多的肥料，须经蒸煮调制之后，骨肥中所含的磷才能转化成可溶于水的形式，方可被作物吸收从而具有肥效。这一改进对可充水稻等高产作物后期追肥之用的骨肥，当时对其机制虽欠明晰容或不解，但效益已十分了然，是以先后得在各地相继应用推广。本期应用的饼肥随同各地榨油业的发展，其品种已不限于《知本提纲》所列举的几个，如大豆等油料作物经过榨后所余渣饼，也已是作物所需氮肥的主要肥源。绿肥的应用历史已有多年，早在3世纪西晋时成书的《广志》中就已著录，之后历代农书所记则递有增益继有发展。明清时期不仅种类增多，其栽培技术也有提高，其首次见于记载的就有天兰（黄花苜蓿)、梅豆、穞豆、黎豆、豌豆、蚕豆、拔山豆及油菜子等，大多为豆科植物①。

（四）增辟肥源的效益分析

明末清初太湖地区的农业生产与经营，随同商品经济的发展其集约化程度已达到较高的水平。在积极开展多种经营的过程中，对种植业与养畜业的有机结合，可用养畜积肥作为连接沟通的主要环节，这在当时已有较为深刻的认识，并得到广泛运用。

1. 养猪积肥

据《沈氏农书》所载，在当时浙江嘉、湖地区，所种植的以稻、桑为主，所饲养的以猪、羊较多。养猪可为种稻提供肥源，栽桑养蚕则可为养羊提供桑叶蚕沙等饲料，羊粪又能用来壅地。在这一良性循环综合利用中，却因厩肥不敷所需，致使肥料奇缺，而一向由农家自已积制的粪肥，也须从外部设法购进补充。当时粪肥市价昂贵，载运人工支出亦多，经核算比较，如饲养猪羊得法则不至亏折身本，又可缓解急需的肥源，是以应积极创造条件全力推行。书中所叙核算方法虽欠精详，但所依据的原理却与近代农业经营学所论述的基本相近。即从经营合理化着眼，对其各部门结构的合理配合，与养畜业所应履行的双重任务，如能给予应有的关注，当会取得较佳的综合效益②。

《沈氏农书》在其“逐月事宜”的各月份“置备”项下分别记有，正月“买粪苏杭”、四月“买牛壅磨路平望”、九月“买牛壅平望”、十月“买牛壅平望”及“租窖各镇”、十月“租窖”等③。在“运田地法”中则进而解释说：“要觅壅，则平望一路是其出产。磨路、猪灰，最宜田壅。在四月、十月农忙之时，粪多价贱，当并工多买。其人粪，必往杭州，切不可在坝上买满载，……蚕事忙迫之日，只在近镇买坐坑粪，上午去买，下午即浇更好”④。但从外购进粪肥，有诸多不宜之处，对比权衡之下仍以饲养猪羊为是。

“租窖乃根本之事，但近来粪价贵，人工贵，载取费力，偷窃弊多，不能全靠租窖，

① 梁家勉主编，中国农业科学技术史稿，农业出版社，1989年，506—507页。

② 布林克曼著，刘萧然译，农业经营经济学，农业出版社，1984年，第130～136页。

③ 参见陈恒力校释，王达参校增订：《补农书校释》(增订本) 农业出版社，1983有关注释。“磨路”是“指作坊的碾子用牛拉转，在牛来回拉转的路上垫上碎草和土，经牛来回践踏，与牛所屙的粪尿混在一起，肥力很大”(第12页)。“平望”地名，在今江苏省吴江县境内中部。(第17页)“租窖”指在附近城镇租窖买粪，以增加肥料来源(第22页)。

④ “坐坑粪”即城镇厕的人粪尿。注释出处同③，第57页。

则养牛羊尤为简便。古人云：'种田不养猪，秀才不读书'，必无成功。则养猪羊乃作家第一著。计羊一岁所食，取足于羊毛、小羊，而所费不过垫草，宴然多得肥壅。养猪，旧规亏折猪本，若兼养母猪，即以所赚者抵之，原自无亏。若羊，必须雇人砍草，则冬春工闲，诚靡廪糈。若猪，必须买饼，容有贵贱不时。令羊专吃枯叶、枯草，猪专吃糟麦，则烧酒又获赢息。有盈无亏，白落肥壅，又省载取人工，何不为也”。

《沈氏农书》对养猪积肥的经济效果，还进一步算了一笔明细帐。沈书“蚕务”第六段有如下记载：

养猪六口：每口吃豆饼三百斤，六口计一千八百斤，常价十二、三两；裸麦三百六十斤，计二十四石，常价十二两；大麦四百二十斤，计二千五百二十斤。计常价十一两，该三十余石；糟七百斤，计四千余斤，常价十二两。

小猪身本六个，约价三两六钱。

垫窝稻草一千八百斤，约价一两，共约本十六两零。

每养六个月，约肉九十斤，共计五百余斤。每斤二分五厘算，照平价，计银十三两数，亏折身本，此其常规。

每窝得壅九十担，一年四窝，共得三百六十担。以上算法，但十年前事。近来物价增，不可一例算也。然饼价增，肉价亦增，随身长落；种田养猪，第一要紧，不可以饼价盈，遂不问也。

养母猪一口，一、二月吃饼九十片，三、四月吃饼一百二十片，五、六月吃饼一百八十片；总计一岁八百片，重一千二百斤，常价十二两。

小猪放食，每个饼银一钱，约本每窝四两。

若得小猪十四个，将八个卖抵前本，赢落六个自养。每年得壅八十担。

《沈氏农书》中以养猪六口，饲养六个月为标准，计算所得的成本与利润，(表22-2，3，4)①。

表22-2　计算养猪的单位（六口猪的六个月）饲养费用

费用别	饲　料					小猪身本	垫窝稻草	总计
	豆饼	大麦	酒糟	合计	平均			
数量	1800斤	2520斤	4200斤			6个	1800斤	
价银（两）	12.50	11.00	12.00	35.50	11.83	3.00	1.00	16.43

注：六口猪吃三种饲料中的任一种，不是这几种的总和。

表22-3　猪肉之值及饲养盈亏情况

养猪数	每头猪六个月产肉量	共产肉量	单　价	共值银（收入）	饲养费用（支出）	六头猪六个月净亏本银
6头	90斤	540斤	2.5分	13.50两	16.43两	2.93两

注：养猪以积肥为目的，故其净亏本银可当作厩肥成本。

养母猪一口，饲养费用与所产小猪相抵。不亏不盈，净得肥壅八十担。

① 各表据陈恒力编著，王达参校，补农书研究（增订本），农业出版社，1961年，第88～89页。

表 22-4　猪厩肥成本计算

肉猪六口六个月亏本银	六口全年亏本银	六口六个月产肥量	六口全年合计产肥量	母猪一口全年产肥量	两类猪全年产肥合计	平均每担成本（银）
2.93 两	5.86 两	90 担	180 担	80 担	260 担	2.254 分

《沈氏农书》有关养猪积肥计算中，支出项未计所用人工费，收入项未计所得厩肥，雇工支出已另行计算，加以养猪目的在于积肥，是以核算时可省略，计算后所亏本银，即相当于粪肥的成本。书中虽记叙了当时有从外购入粪肥的活动，遗憾的是未交待其价格为几许，致使自产与购入差价无从比较。但据其强调，由于粪价提高，工资增长，运载困难等原因，而不如由自家饲养猪羊较简便而必要的情况来看，当有盈无亏。《沈氏农书》中的养猪计算单位，是以小猪六个母猪一头为标准，所需精料则从外购进，是以得知在崇祯末年嘉湖地区的这类养猪农户，所饲养的猪只已具有一定规模，加以所用精料乃至部分所需粪肥可待时机有利时从外买入。仅从养猪积肥这一项来考察，虽然已具备商品生产的性质，并可能带有某些资本主义因素，但还不是资本主义生产，因其生产还有较大比重的自给部分①。

养猪在我国有着悠久的历史，至迟在战国时已较普遍的成为农家副业。但为节省饲料，最初则多以放牧方式饲养。宋元以前的农书也未见有关养猪积肥和施用猪栏粪的记载。明清时期在北方仍以放牧为主（见前引袁黄《宝坻劝农书》中的记叙）。而农业生产集约化程度较高的江南太湖地区，至迟在明末已多改为舍饲，养猪积肥这一举措在《沈氏农书》之前未见他书著录；而有关养猪积肥的成本与利润核算更是当属最早。生产经营中精确进行核算的作用与意义，不仅在于使增产的同时也能增收，而更主要的它是以完全盈利为目的的资本主义生产的必要前提。韦伯（Max Weber 1864～1920）曾就此指出："一种个人主义的资本主义经济的根本特征之一就是：这种经济是以严格核算为基础而理性化的，以富有远见和小心谨慎来追求它所欲达的经济成功，这与农民追求勉强糊口的生存是截然相反的"②。

2. 养羊积肥和栽桑养蚕的配合

太湖地区既是湖羊的主产区，又是全国蚕桑业的重心所在。据《沈氏农书》和张履祥《补农书》的记叙，其所以能有这般的发展，达到如此的水平，是因为这两者之间，存在有明显的相辅相成的关系。饲养湖羊，既可获得质优价昂的羔皮，又能同时增辟优质的肥源。植桑虽以提供育蚕所需的桑叶为主，而多余的桑叶和蚕沙则可用来喂养湖羊。这样通过养羊积肥和栽桑育蚕相配合，使当地的农业生产结构得以优化，从而不仅促进了多种经营的积极开展，也有利于生态循环趋向平衡。

《沈氏农书》有关的记述是：

养胡羊十一只，一雄十雌，孕育以时。少则不孕，多则乱群。

胡羊不可一日缺食。冬饥一日，夏必死；夏饥一日，冬必死。

---

① 陈恒力编著，王达参校，补农书研究"经营方法与性质"，农业出版社，1961 年，新一版，第 66～73 页。叶依能，从《补农书》看经营地主的经济性质，农史研究，第十辑，1990 年。

② M·韦伯著，于晓等译，新新伦理与资本主义精神，三联书店，1987 年，第 55～56 页。

右羊十一只，每月吃叶草四十斤，每年共计一万五千余斤。除自叶不算外，（自叶坻小羊食）买枯叶七千斤。六月内长安人来予撮叶，价每千斤三钱之外，冬天去载，计七千斤，约价三两。买羊草七千斤，七月内崇、桐路上买，算除泥块约价四钱，七千斤亦该三两。垫柴四千斤，约价二两。约共叶草八两数。每年羊毛三十斤之外，约价二两；小羊十余只，可抵叶草之本。每年净得壅肥三百担，若垫头多，更不止于此数。

养山羊四只，三雌一雄，每年吃枯草枯叶四千斤，垫草一千斤，约本二两数。

计一年有小羊十余只，可抵前本而有余；每年净得肥壅八十担余。①

养羊积肥的成本，如按前述养猪收支方法计算，即叶草成本支出约需银八两，羊肉、毛、小羊收入合计约收银六两，净亏二两。（饲养山羊则不亏），共得羊粪三百八十担，足见养羊是一项重要肥源，且本低利厚，是以在役畜饲养呈现停滞和萎缩的情况下，养羊业却仍有所发展②。

合理施肥对生产质优量多的桑叶至关重要，《沈氏农书》指出桑地施肥应作到“一年四壅，罱泥两番”。即桑地在一年之内应施加四次肥料，两次河泥。而施用的肥料除速效性的人粪尿等可充追肥，作为基肥当以羊粪为最好。书中说“羊壅宜于地，猪壅宜于田”。这里的“地”是指栽桑的旱地，“田”是指种水稻的水田。作为厩肥的羊粪适合于桑地，猪肥最好用在稻田的这一原则，应该是在肥料不足的条件下，农民多年实践经验的总结，它符合施肥应宜土宜物的原理。作为基肥的羊粪其施用方法及数量，书中也详细加以交待，即“春天壅地，垃圾必得三、四十担。在立春左右，拣天色老晴，土色干燥，方可倒入。地面要平，使不受水；沟不要深，则不走肥，随罱泥盖土，虽遇春雨，久已无害。惟未春先下壅，令肥气浸灌土中，一行根便讨力，桑眼饱绽，个个有头，叶必倍多”。其大意是每亩桑地应在立春之前施加三四十担羊舍厩肥，选择晴朗的天气，先把厩肥施下，随即翻入土中。翻后耕平地面，再盖上一层河泥。经过这样一次施肥和一冬的冰冻，能提高土壤肥力并改善其结构，使肥力渗透到整个耕作层。当开春桑树回复生机时，根能立即吸收到充足养分，桑芽饱满绽开，桑叶则可多产一倍③。

3. 培育地力与合理经营

从《沈氏农书》和《补农书》所反映的明末清初太湖地区的农业生产组织与多种经营的历史来看，当地人多地少和商品经济已较发达的条件下，为了充分而又合理的利用资源，不仅想法尽可能的从土地获得最大限度收获；同时也设法对土地产品最大限度的加以利用，在提高生产增加收入的过程中，确是以培育地力为中心来促进农业生产的全面增长。

（1）以增进效益为中心的多种经营。就《沈氏农书》所记得知，当地一些经济地位较为殷实的农户，其生产经营具有一定规模，并拥有较多的资金，在经营活动中处处都

① 按“胡羊”即湖羊，“叶”指桑叶，“长安”地名在今浙江宁海境内，“桐崇路”即从桐乡至崇德一带，此据《补农书校释》第88页。

② 中国农业遗产研究室编著，太湖地区农业史稿，农业出版社，1990年，第376～385页。

③ 章楷编，中国古代栽桑史料研究，农业出版社，1982年，第107～115页。“对春天壅地，垃圾必得三四十担”中的“垃圾”，释为羊舍厩肥较切实际。

须精打细算，锱铢必较，毫厘不爽，这一有时会受到非难的行为，实际上事出有因不得不然。对于农户来说从事严密的计算，“是由于在土地产品之生产与利用之间，或在土地利用部门与精制部门之间所存在的特殊的交互错综的关系”①。《沈氏农书》不仅对培育地力应合理施肥有所论述，并就肥料的来源加以分析，说明其经济效益上的不同，可行性上的差异。书中记叙了为缓解肥源的紧缺，除直接从外买入粪肥，也可购进相应的物材，再加调制处理来解决，通过计算对比就可确定效益较佳的可行方案。

作为增加产量培育地力所必不可缺的肥料，在当地农户自产已不敷需求的情况下，首先是直接买进，在“逐月事宜”中就有“正月买粪苏杭”、“四月买粪谢桑，平望买牛壅”等。在各月“置备”项下加以记载，连同应安排运输的“载壅”，全年竟有八个月份要为买肥料奔忙出工。其次是购入饲料养畜积肥，书中就此有较精确的记叙分析，不仅养猪所需的精料，如豆饼、大麦、裸麦及酒糟等须购进，就连喂养的羊草、桑叶等，其不足部分也要外买。但较直接购粪不仅简便易行，所费亦省。最后是买糟买麦做酒，再以榨酒后余下的糟渣养猪则最为有利。书中就此记述说：

“苏州买糟四千斤，约价一十二两。糟以干为贵，干则烧酒多；到家再上榨一番，尚有浑酒二百斤，虽非美品，供工人亦可替省。每糟百斤烧酒二十斤，若上号的有十五斤，零卖每斤二分，顿卖也有一分六厘，断然不少。再加烧柴一两，计酒六百斤，值价十两，除本外尚少银三两。得糟四千斤，可养猪六口。

长兴籴大麦四十担，约价一十二两。……一如烧酒之法，每石得酒二十斤，若好的也有十五斤，比米烧差，觉粗猛耳。每斤半分，可抵麦本。酒药、烧柴斗只一分。得糟二千斤，养猪甚利。

试照前法，多养猪羊，一年得壅八、九百担，比之租窖，可抵租牛二十余头，又省往载人工四、五百工。古人云：‘养了三年无利猪，富了人家不得知’，况糟麦烧酒，更属有利者乎。耕稼之家，惟此最为要务。”

就此可知，如有条件开展多种经营，则种植、饲养及加工各部门的合理配合，会使产品增值，有利于促进农户经营结构的优化，在资源利用上，变初级产品为加工后的制成品，不仅能增收，且可提高其利用率，当属有益之举。而促成这一结合转化的基础，则有赖于完善的土地利用制度，它能保证一种可变投入与多种产出的良好关系，使农业得以稳定持续的不断发展。

（2）以培育地力为重点的生产组织。张履祥撰著的《补农书》旨在补充《沈氏农书》之不足，但两书内容的重点却有差别，它反映出嘉湖地区农业生产的发展与变化。即《沈氏农书》是以水稻生产为主而兼及种桑，是反映了一个经济阶段的末尾；而《补农书》则重桑而兼及水稻生产，又反映了另一个经济阶段的开端②。张履祥的家乡桐乡和沈氏所在的涟川（在今湖州）不同，是以“田地相匹，蚕桑利厚”的地区，所谓“田地相匹”，除了指旱地相对较多，也反映两者的总收入大体相当③。但由于“田壅多，工亦多，地工省，壅亦省”。是以“多种田不如多治地”。生产组织上的这一变化，会使栽桑种麦

① 布林克曼著，刘萧然译，农业经营经济学，农业出版社，1984年，第122页。

② 陈恒力编著，王达参校，补农书研究，自序三，6页，农业出版社，1961年，第6页。

③ 陈恒力校释，王达参校增订，补农书校释，校者按语，农业出版社，1983年，第103～105页。

的旱地比种稻的水田，在地力培育及土地利用等方面也逐渐受到较多的关注。从《补农书》中强调水旱轮作及有关绿肥、泥肥及豆饼等肥料的记叙中，还可以窥察出一些虽具体而微但不乏新意的变化。即稻麦两熟水旱轮作的农业改制问题也已提上日程。

《补农书》指出，“湖州无春熟”，“北方无水田”，而桐乡推行水稻春花[①]两熟制，既能增收又有利于改良土壤结构。书中说：“况种麦又有几善。垦沟揪沟，便于旱：旱则脱水而沦燥，力暇而沟深，沟益深则土益厚；旱则经霜雪而土疏，麦根深而胜壅，根益深则苗益肥，收成必倍。沦燥、土疏、沟深，又为将来种稻之利。”这里的要点“沦燥”是说高畦的棱背要干燥；“土疏”即土壤疏松；“沟深”则耕作层就能加厚，且便于排水，这一切措施可为下次栽种水稻创造丰产的必要条件。

稻麦两者都是耗肥的作物，当地虽有种梅豆以充绿肥的，但由于它可食用是以人多不忍以之作肥，加上耕翻可能延误种田，是以大多不如是做。“以梅豆壅田，力最长而不损苗，每亩三斗，出米必倍，但民食宜深爱惜，不忍用耳。俗亦有下豆于麦棱，种田时连豆之结叶拆倒作壅，实觉省便，但恐田迟，故多不为耳”。至于可就地取用的泥肥，则不同于《沈氏农书》的从河底罱泥，而是以“乡居稻场及猪栏前空地，岁加新泥而刮面上浮土，以壅菜，盖麦，最肥有力”。此外虽还有鱼塘的塘泥可用，而塘泥“不须资本”且“肥壅上地亦等”。但当地却“畜鱼不力”，是以取用不多。这样在施用的肥料上就出现了一个新的变动趋势，即“近年，人工既贵，偷惰复多，浇粪不得法，则不若用饼之工粪两省。……及种麦秧，则不得已而用粪耳”。说明经过比较权衡，还是施用豆饼合算，而粪肥只有在育苗移栽的麦地，迫不得已时才施用。或是在“油菜防盗取，以牛粪入潭作烂浇之，则菜臭而人不偷矣”。

总上，可以看出《沈氏农书》及《补农书》虽是地方性的小型农书，但确能真实的反映出明末清初嘉湖地区农业生产经营概况。仅从与地力培育增进相关的肥料积制和施用来看，一是《沈氏农书》所强调的养畜积肥以牧促农，如能和《补农书》所叙述的水旱轮作田地互养相结合，确可形成一个环绕增进土壤肥力为中心的有机结合体系。但由于从土地取走的多而返还的少，是以还必须从外部大力加以补充，方可使之趋近于平衡。当这一循环系统已从封闭式的逐渐转化为开放式时，人的积极干予断不可缺，再则广辟肥源虽有许多渠道和途径，但技术上可能的却未必是经济上可行的。就以豆饼来说，以它作肥料还是充当饲料，虽要取决于相关的诸多因素，但最终还必然是由相关的整体经济效益来判定。《沈氏农书》和《补农书》中有关地力培育及施肥等的记叙虽多偏于事实及经验的总结，未能完全提高到相应的理论水平上来，但作为实证研究的可贵例证，它和近代农业经营经济学中有关原理的论述，确有许多符合相通之处[②]。

第三节 兴办农田水利主导思想及相关技术的总结

明清时期的农田水利事业在前代的基础上仍持续有所发展，为适应这一形势所需而

---

① 作为“春花”的冬季作物，在当地有麦类、油菜、蚕豆、绿肥等，而以麦类占主要部分。

② 艾瑞葆著，刘萧然译，农业经营学概论，中第三篇，D 各种农业和耕作物在土地利用和肥料利用上的合作，E 最合理的经营形式就是协调经营手段利用和土地利用双方的要求，农业出版社，1990 年，第 213～234 页。

撰著的相关文献，则多于前此历代各期。其中虽是以总结记叙各地区水利工程施工及用水管水等具体经验为主，但也有阐释治水营田一般原则的论著。受自然及社会等多种因素的影响，在农田水利的开发、整治及管理等运作上，大体上可区分北方旱地的开发用水，及改进南方水田的灌溉引水两大类别，是以与之相关论著的侧重点亦自当有别。以下拟从传统农学这一特定角度，来探讨其具有中国特点的一般原则，并就其已经人加以归纳的突出技术成就摘要加以叙述，意在说明水利是促进农业发展的内在因素，而农田水利又是传统农学一个重要组成部分的原因，在同农业生产的其他因素之间有着密切的关系。

一　农田水利开发整治的主导思想逐步深化

（一）北方开展水利营田的主要方略

明清两朝的都城皆位于北方，而所需漕粮则征自江南，再经京杭运河北上。为维持运道的畅通，特别是为防治在其北段“借黄运行”时出险受阻，一向对治理黄河及管理漕粮运道十分重视从未稍懈，但黄河经常决口成灾，多道分流，隐患始终未能根除。先后有人提出治水与治田相结合的设想，提出一个想把黄河秋涝洪水分散于沟渠，改造荒地与消除洪灾相结合的对策；而呼声更高的则是发展京畿水利营田的主张，即试图发展京畿水利营田垦殖，增加当地粮食生产，并逐步推及整个北方各地，从而扭转南粮北运的方略。这些建议，有的限于客观条件，几近空想而难以实现；有的则为浮议所阻，时兴时废，未获全功。但其中不乏合理因素，值得分析参考。

1. 周用的“使天下人人治田，则人人河治”的主张

周用（1476～1547）弘治壬戌（1502）进士。嘉靖时任工部尚书，总督河道。曾上书《理河事宜疏》①，论述治理黄河与修建沟洫的关系，提出治水与治田相结合的主张：

“黄河所以有徙决之变者无他，特以未入于海之时，霖潦无所容之也。沟洫之为用，说者一言以蔽之，则曰备旱潦而已。其用以备旱潦，一言以举之，则曰容水而已，故自沟洫至于海，其为容水一也。夫天下之水莫大于河，天下有沟洫，天下皆容水之地，黄河何所不容。天下皆修沟洫，天下皆治水之人，黄河何所不治。水无不治，则荒田何所不垦。一举而兴天下之大利，平天下之大患，以是为政，又何所不可。”

“臣之所谓修沟洫者，非谓自畎遂沟洫，一一如古之所谓，止是因水势地势之相因，随其纵横曲直，但令自高而下，自小而大，自近而远，盈科而进，不为震惊，委之于海而已。”

周用的这一见解，就当时的治河方略来看，与众不同确有新意，如能实行则既能除害又可兴利，当属上策。但早在明朝之时，徐光启就已著文论其不可行。“善乎周恭肃用之言也，曰‘使人人治田，则人人治河也’，惜乎其法止于疏通沟洫耳，未尽也。夫沟洫者，所以行水，非所以用水也。水从高处下，皆自田间，若专理沟洫，四通八达，此为

① 《明经世文编》，卷一四六，《周恭肃集》。

增河使多，非减河使少矣”[①]。他在引徐贞明《潞水客谈》，讲到古代沟洫制度时，也曾加注说：“遂沟洫浍，皆以去水，非以奠水也”[②]。明确指出沟洫的作用在于排水，而非排灌兼用[③]。由于沟洫的严重淤塞，以及分水后黄河干流河槽淤积等问题，就是在今天也仍无法完全加以解决，是以在四五百年前这就只能是一种空想[④]。但周用的思想已从着重治理河道本身，扩大到全流域面上的治理，由偏重堤防御洪转向减灾灭洪，由单纯治水转向发展水利，这在当时应该说是一个很大的进步[⑤]。

2. 徐贞明的“弃之为害用之为利”的水利营田方略

徐贞明（？～1590）明隆庆进士。万历初年任工科给事中时，就主张在京畿兴水利种水稻。万历中期累官至尚宝少卿又曾就此迭上条议，另著《潞水客谈》以畅其说，曾受命在永平府（今河北卢龙）兴办水利营田，事初兴即遭权贵阻挠而被迫停止。他在其相关的论著中，不仅阐释在京东兴办水利的战略作用，以及有利条件和战术措施，还指出兴修水利和防除水害是讲求治水两个难分的组成部分，而变水害为水利的关键是要对水加以有效的控制，是以就此论述说：

“北人未习水利，惟苦水害，而水害之未除者，正以水利之未修也。盖水聚之则为害，散之则为利。（弃之则为害，用之则为利）。……今诚于上流疏渠浚沟，引之成田，以杀水势，下流多开支河，以泄横流，其淀之最下者，留以潴水，淀之稍高者，皆如南人圩岸之制，则水利兴，而水患亦除矣。此畿内之水利所宜修也”[⑥]。

“夫雨暘在天，而时其蓄泄，以待旱潦者，人也。乃西北之地，旱则赤地千里，潦则洪流万顷，惟寄于天，以幸其雨旸时若，庶几乐岁无饥耳。此可以常恃哉？惟水利兴而后旱潦有备”[⑦]。

徐贞明结合北方的具体情况，指出旱涝之频仍为灾，原因在对水的管理失控。在变水害为水利的这一提法中，实际上隐寓着是以排除水害为前提的，即应贯彻除害第一，兴利第二这一原则，原因是在农业生产中水缺了固然不行，而多了同样也是祸害。正是基于这一认识，到了清朝雍正时，辅佐怡贤亲王在京东从事水利营田的实际主持人陈仪（1670～1744），在他撰写的《水利营田册说》一书中，依然以之作为兴办水利的指导思想，书的开头即说：

雍正三年秋，直隶水，既赈既贷，蒸民既乂，天子乃临轩，而咨命怡贤亲王曰：“畇畇畿甸，非三代井亩之区乎？平衍千里，率多淤下，而无一沟一浍流行而翕注之；不达于川，乃潴在田，非地利之异于古，乃人事之未修也。夫水聚之则为害，而散之则为利；用之则为利，而弃之则为害。仿遂人之制以兴稻人之稼，无欲速，无惜费，无阻于浮议。”

---

① 《漕河议》载王重民辑校《徐光启集》卷一论说策议，上海古籍出版社，1984年。

② 《农政全书》卷之十二水利。

③ 王毓瑚，中国农业发展中的水和历史上的农田水利问题，中国农史，试刊，1981，（1）；汪家伦，浅谈农田水利史的几个问题，“一关于古代沟洫”，中国农史，1986，（1）。

④ 水利水电科学研究院编，中国水利史稿，下册，水利电力出版社，1989年，第71页。

⑤ 辛树帜主编，中国水土保持概论，第三节“我国历史上关于水土保持理论的探讨”农业出版社，1982年，第38～48页。

⑥ 徐贞明，请亟修水利以予储蓄疏，此据农政全书，卷之十二水利，括号中系徐光启所加注语。

⑦ 徐贞明，潞水客谈。

稍后嘉庆时，由沈梦兰撰著的《五省沟洫图说》中，以“三代之时，尽力沟洫，冀、雍、兖、豫诸州，罔为沃土”为由，重又提出可以在北方修建沟洫，引黄河水溉田。这样既可减杀水势，又能淤泥肥田，从而变害为利。“沟洫之设，旱涝有备，利一。淤泥肥田，垵确悉成膏腴，利二”。他把周用的治水又治田主张和徐贞明的弃害用利及聚害散利的说法结合起来，再次强调说：

“昔人谓水聚之则害，散之则利；弃之则害，用之则利。所以东南多水而得水利，西北少水而反被水害也。沟洫一开，则水少而受之有所容；水多而分之有所渫。雨旸因天，蓄泄随地，水害除而利在其中矣。”

“古人于是作为沟洫以治之，纵横相承，浅深相受。伏秋水涨，则以输泄为灌输，河无汎流，野无熯土；此善用其决也。春冬水消，则以挑浚为粪治，土薄者可使厚，水浅者可使深；此善用其淤也。自沟洫废而决淤皆害，水土交病矣。”

沈梦兰的这些说法，当然并不完全切合实际，在当时的社会经济及技术水平条件下也是难以举办的。但在从事水利营田及开发沟洫时，务须把除害与兴利结合起来加以考虑则应加以肯定；而沈氏就沟洫之为用的这一论述，我国著名水利专家张含英曾在征引这段文字之后，给以积极评价说是“发古人之用心，指当时之所急，善哉言也”。①

3. 徐光启提出沟洫灌溉以救旱荒的治水治田建议

徐光启一贯重视农田水利，不仅认真研读有关文献，并提出自己的精辟见解，还在自己实践基础上总结出可行的方案。他在《量算河工和测量地势法》中详细叙说了测量河道的步骤与方法；在和熊三拔合译的《泰西水法》中介绍了17世纪初欧洲耶苏会士们所已了解的水力学原理，以及蓄水、寻水、辨别水质和修建水库等相关知识。在《垦田疏》和《旱地用水疏》中，又集中的论述了兴办水利营田方策和旱地用水方法。特别是他主张水旱并重，除在有条件地方可开成水田种稻，更应设法灌溉旱地藉以缓解旱情的着眼于水旱两利严谨方案，是以不难从中体察到其务实精神与科学态度。

在《农政全书》卷之十二全文征引了徐贞明的《潞水客谈》之后，加以评议说：“北方之可为水田者少，可为旱田者多。公只言水田耳，而不言旱田。不知北人之未解种旱田也。”他不同意在北方因不怕旱而可只排不灌的片面观点，提出“凡水行地皆可灌，凡地得水皆可田。故地须水灌，必委曲用其水，水须地行，必委曲用其地”。这一见解通过《垦田疏》中的实施规划而得以具体化。疏中说：

“凡垦田，必须水田种稻，方准作数。若以旱田作数者，必须贴近泉溪河沽淀泊，朝夕常流不竭之水，或从流水开入腹里，沟渠通达，因而畦种区种旱稻二麦棉花黍稷之属，仍备有水车器具，可以车水救旱，筑有四围堤岸，可以捍水救潦。成熟之后，勘果水旱无虞者，依后开法例，准折水田一体作数。若不近流水，无法可以通浚，而能凿井起水，区种畦种成熟者，用力为艰，定以一亩准水田一亩。其以若干亩准一亩者，止纳一亩余米。旱田余米，除旱稻小麦准作数外，有以黍稷豆等上纳者，照依时价加添作数。”

“凡实地种水田，须多开沟浍，作径畛，费田二十分之一以上，方为成田。近大川者减三之一，宁可过之无不及焉。若平原漫衍，无径涂沟洫，望幸天雨，水旱无备者，谓

① 见张含英编译，土壤之冲刷与控制，四版序，商务印书馆，1950年。

之不成田，不准作数。"①

这里指出，垦田应因地制宜，除了建成水田，还可开渠引水或凿井提水建成水浇地。为保证垦田质量，规定以栽种水稻的水田为基准，再酌情将种植旱稻二麦棉花黍稷等旱作物的水浇地加以折算，强调必须具备提水工具及径涂沟洫者方算成田。在《泰西水法》下卷，在详细记述有关水库施工的技术措施之后，并附有寻求地下水源的方法，即高地审源之法四项及凿井施工方法五条，可谓周详备至。在当时北方所辟水田和已建渠堰相继弛废的情况下，凿井则以其工简费省，即使个体农户也易于举办而得到较快发展②。徐光启在《旱地用水疏》中就曾指出，"近河南及真定诸府，大作井以灌田，旱年甚获其利，宜广推行之也"。北方先后建成的水浇地，不仅能保证高产稳产，对种麦植棉等需水较多作物的推广普及，也起到了积极的促进作用③。

（二）南方塘浦圩田的整治原则

太湖地区成为明清两朝北运漕粮的产地，是因圩田水利发展所促成的。早在唐代后期就已形成较为完整的塘浦圩田系统，五代吴越时又有所发展，从而成为全国水稻高产的经济发达地区。北宋时因疏于治理及盲目围垦，致使塘浦淤塞圩堤失修，形成长期的严重水患，引发前所未有的各家治水议论。明代姚文灏编辑的《浙西水利书》，是明代第一部系统摘编太湖治水议论的水利文集，它共收录了明弘治（1488～1505）以前有关文献47篇（其中宋文20篇，元文15篇以及明文12篇）。徐光启在《农政全书》中所载南方治水文献共四卷，汇录征引文献近30篇。大多是以议述太湖水利为主，而略及宁绍平原及山乡水利等处。明清时期太湖地区因苏松重赋长期得不到减轻，和江南水患迄未根除而形成两大重负④。对太湖水系的治理十分频繁，因而有关论议专著也相应的增多，仅流传至今的仍有50多种⑤。从这些论著中疏理出的有关塘浦圩田的整治原则，可大体归纳为以下几项。

1. *明代以前太湖水系治理方略的简要回顾。*

有关太湖水系塘浦圩田的开发治理方略，在宋元两代的诸多论著中，以范仲淹、郏亶、单锷及元朝任仁发等人提出的建议较为中肯，并为后世所重。

（1）范仲淹的浚河、修圩、置闸三者结合的治理方略。范仲淹（989～1052）宋朝名臣，累官至参知政事。在仁宗亲政后的景佑二年（1035）出知苏州时，曾疏浚太湖入海水道，解除江南涝灾。在《上吕相公书》及《条陈江南浙西水利》中，提出治理太湖的方略，是两篇最早议论治理太湖水利的文献。总结提出浚河、修圩、置闸三者如鼎足，缺一不可的综合治理水网圩区方略。并注意到蓄泄兼顾，把兴利与除害结合起来，以利农

---

① 王重民辑校，徐光启集，卷五，上海古籍出版社，1984年。

② 张芳，中国古代的井灌，三"北方井灌区的形成"中国农史，1989，(3)。

③ 清乾隆时直隶总督方观承编撰的《御题棉花图》"二，棉田灌溉图"系文有"种棉必先凿井，一井可溉田十亩，……北地植棉多在高原，鲜浚池自然之利，故人力之兹培尤亟耳"。又光绪《正定县志》有"男务耕耘，凿井以水车灌田，故其收常倍"等记载。有关北方小麦灌溉及凿井的发展历史过程，可参看胡锡文，中国小麦栽培技术简史，"六，麦田管理"，载南京中国农业遗产研究室编著，农业遗产研究集刊，第一册，中华书局，1958年。

④ 彭雨新、张建民著，明清长江流域农业水利研究，第一章第二节，武汉大学出版社，1993年。

⑤ 此据水电科学院编，中国水利史稿，下册，附录二"常用水利文献一览表"。

业生产，在《上吕相公书》中有：

“今疏导者不惟使东南入于松江，又使东北入于扬子之于海也，其利在此。夫水之为物，畜而渟之，何为而不害？决而流之，何为而不利？”

在以答客问形式提出的六项建议中，直接同农田水利相关者有三，即：

“或曰：沙因潮至，数年复塞，岂人力之可支？某谓不然。新导之河，必设诸闸，常时扃之，御其来潮，沙不能塞也。每春理其闸外，工减数倍矣。旱岁亦扃之，驻水溉田，可救熯涸之灾；涝岁则启之，疏积水之患。

或谓开畎之役，重劳民力。某谓不然。东南之田，所植惟稻，大水一至，秋无他望。灾沴之后，必有疾疫，乘其羸惫，十不救一。谓之天灾，实由饥耳。如能使民以时，导达沟渎，保其稼穑，俾百姓不饥而死，曷为其劳哉？民勤而生，不犹愈于惰而死乎？

或谓陂泽之田，动成渺弥，导川而无益也。某谓不然。吴中之田，非水不殖。减之使浅，则可播种，非必决而涸之，然后为功也”①。

（2）郏亶的“治低田，浚三江”，“治高田，蓄雨泽”的田水兼治原则及高圩深浦，束水入港归海方案。郏亶（1038～1103）进士出身，在王安石变法期间，曾上书《奏苏州治水六失六得》及《治田利害七论》两文。提出治水为了治田和整体治理的原则，规划高圩深浦束水入港归海的塘浦圩田体制，创议恢复并发展被淹圩田，坚持治水应为农业生产服务的方针。

基于治水是为治田这一原则，则应依据本末分别先后，明确治田为先，决水为后。就此他阐释说：“自来议者只知决水不而不知治田，治田者本也，本当在先；决水者末也，末当在后。今乃不治其本，而但决其末，此治水之失也。”

为有效治田，在辨地形高下之殊及求古人蓄泄之迹的基础上，如能对高低田分别采用不同方策，当有望高低皆治，水旱无忧。

“凡所谓高田者，一切设堰潴水以灌溉之；又浚其所谓经界沟洫，使水周流其间以浸润之，立岗门以防其壅，则高田常无枯旱之患，而水田亦减数百里流注之势。然后取今之凡谓水田者……，循古人遗迹，或五里、七里为一纵浦，又七里或十里为一横塘，因塘浦之土以为堤岸，使塘浦阔深则水通流，而不能为田之害也；堤岸高厚则田自固，而水可拥而必趋于江也”②。

（3）单锷提出的塞上游，畅下游以治水为主的治理意见。单锷（1031～1110）宋嘉佑庚子（1060）进士，但中第后末仕，独留心于太湖水利，为考察水利曾多次乘小舟来往于苏、常及湖州之间。元佑四年（1089）著《吴中水利书》，经苏轼代奏于朝，其意见虽未被采纳付诸实施，但也为后人所重，所著书流传很广。单锷反对郏亶的治田为先观点，提出以治水为主的治理意见，从而把除害和兴利对立起来。他认为：“今欲泄三州之水，先开江尾，去其泥沙茭芦，迁沙上之民；次疏吴江岸为千桥；次置常州运河一十四处之斗门石楔、堤防，管水入江，次开临江、湖、诸县一切港渎，及开通茜泾。水既泄矣，方诱民以筑田围。昔郏亶尝欲使民就深水之中迭成围岸。夫水行于地中，未能泄积

---

① 以上引文均据汪家伦校注本，见《浙西水利书校注》所收《范文正公〈上吕相关呈中亟咨目〉》，农业出版社，1984年。

② 以上引文见归有光：《三吴水利录，郏亶书》卷三。

水而先成围田，以狭水道，当春交湍流浩急之时，则常涌行于田围之上，非止坏田围，且淹庐舍矣，此不智之甚也”①。

这一主张自然会遭人反对，明归有光的《三吴水利录》就曾加以评说，谓：“宜兴单锷著书，为苏子瞻所称。然欲修伍堰，开夹苎干渎，绝西来之水，不入太湖，殊不知扬州薮泽，天所以潴东南之水也，今以人力竭之。夫水为民之害，亦为民之利，就使太湖干枯，于民岂有利哉！”

（4）任仁发的太湖治水三法。元代大体因袭北宋治理太湖方针，其重点是疏浚吴淞江及其南北诸大浦，并注意督修圩堤。终元一代，吴淞江虽旋浚旋淤，但水旱灾害却较前略减。元初曾参与并主持其事的任仁发（1254～1327），著有《浙西水利议答录》一书②。其中所述治理方法及原则，虽多参据前人而有所本，但不乏改进之处。如就治水三法所叙即可见：“范文正公，宋之名臣，尽心于水利。尝谓修围、浚河、置闸，三者如鼎足，缺一不可。三者备矣，水旱岂足忧哉？”③

“浙西水利，明白易晓，特行之不得其要，何谓无成？大抵治水之法，其事有三：浚河港必深泻，筑围岸必高厚，置闸窦必多广。设遇水旱，有河港深泻堤防而乘除之，自然不能为害。（河港泄泻，围岸堤防，闸窦乘除）”④。

2. 明清时期太湖塘浦圩田的整治方策

明清时期的太湖水利工程大都是以疏浚水道为主，兼及河口坝闸和圩堤的修筑。其所用整治方法虽基本上仍沿袭宋人成规，但在太湖水系排泄规划方略上却有所改动。因圩田的营造管理深受干支水道的疏治影响，是以有必要对这一时期经人治理后的格局变化也应略加回顾。

明朝开国后在永乐初年，因“浙西大水，有司治不效”，遂命时任户部尚书的夏吉元（1366～1430）去疏浚治理。他在《治苏松水利疏》中全面分析了太湖水系形势，认为整治的关键是疏浚下游河道，使水畅通入海无阻。提出“导淞入浏”并开范家浜的施工方案，从而开始改变太湖下游泄水通道的格局，其后虽经多次治理而未见显著成效。到穆宗隆庆时经海瑞（1514～1587）主持疏治后，吴淞江下游基本形成与今相近的流向。清初虽仍以疏浚吴淞江为主，但多枝节治理，功效不固不久，随同吴淞江的逐渐淤狭及浏河的日趋萎缩，而进入黄浦的水量则逐年增多，至清朝后期终于形成黄浦江成为泄洪干流，吴淞江却淤塞为普通港浦的格局。太湖下游通海河道是否通畅，和区内圩田能否安泰的关系极深，横塘纵浦交织于通海干流之间，如干流深广通畅，则灌排无虞，圩田安泰，反之，则旱涝交替，灾难多端⑤。

从宋代开始，太湖水系下游干支河道的疏浚工程，主要是由官府主持操办，而圩区的治理则多由民间自己来筹划举办。在这过程中，一些地方豪强虽也有私自围垦占田，以致破坏原有圩田系统的不法行为，但基于共同利害也不乏主张应组织起来协力整治的乡

---

①《吴中水利书》。

②《浙西水利议答录》一名《水利文集》或《水利集》十卷，《浙西水利书》《农政全书》及《三吴水考》各书征引时，多有更改及删节处，不尽相同。

③ 此据《浙西水利书》。

④ 此据《农政全书》卷之十三，水利，括号内系徐光启所加注文。

⑤ 缪启愉，太湖塘浦圩田史研究，第三章，农业出版社，1985 年。

绅。由于水利灌溉绝非一劳永逸的事业，需要聚集人财物力修筑较大规模的水利工程时，在明朝中期以前甚至要经由中枢朝廷的核准，清初鉴于这一作法有时是包而不办，它既不利于调动地方治水的积极性，也可能因相互推诿而贻误时机。康熙晚年则允准有些府县（如苏松常及杭嘉湖等）可不必上报而各自兴办，仅海塘、开江等大工程仍须由府以上大员统一筹划。从而使随同形势变化已提上日程的“分区治理”和“联圩并圩”等举措，得以见诸实施并逐步推广①。

(1) 耿桔制定的联圩并圩治理方策。被徐光启誉为“水利荒政，俱为卓绝”的耿桔②，在万历三十四年（1606）任常熟知县时，著有《常熟水利全书》十卷，收录于其中的《大兴水利申》，被《农政全书》全文征引，作为卷之十五《东南水利、下》，独占一整卷的篇幅。见于书中由他总结的“开河法”及“筑岸法”等有关施工技术及劳动组织部分，也曾被之后的农书及方志广泛征引。联圩并圩方策是适应形势的应变之举，在他之前明代周忱、姚文灏及王同祖等人，已提出分小圩以便分区治理的主张。这是由于宋代出现的大圩制，终因和日益发展的个体小农经济不相适应，而出现许多民修零星小圩。而小圩不仅使水系紊乱，也因施工标准不高，防御能力较差，导致自然灾害加重，并使圩内用水占地的矛盾日益突出。耿桔有鉴于此，主张将分散零乱的小圩加以改进，使数十小圩联并成一大圩，圩堤可较高厚，圩内纵横开渠，便于灌排和行船；圩内河口建闸，沟通内外水道；圩心低处可开成蓄水区，当更利于灌排，从而形成引蓄灌排等功能齐全的灵便水利系统，堪称旱涝有救，高下俱熟的美田。就此他说：

“围田无论大小，中间必有稍高稍低之别。若不分别彼此，各立戗岸③，将一隙受水，遍围汪洋，将彼此推诿，势必难救。……法：于围内细加区分，某高某低，某稍高某稍低，某太高某太低。随其形势截断，另筑小岸以防之。盖大围如城垣，小戗如院落，二者不可缺一。万一水溃外围，才及一戗，可以力庠。即多及数戗，亦可以众力庠。乃家自为守，人自为战之法。筑时要于堤田外边，开沟取土。内边筑岸。内岸既成，外沟亦就。外沟以受高田之水，使不内浸；内岸以卫低田之稼，俾免外入。”

“今查各圩疆界，多系犬牙交错，势难逐圩分筑，况又不必于分筑者。惟看地形，四边有河，即随河作岸，连搭成围。大者合数十圩，数千百亩，共筑一围。小者即一圩数十亩，自筑一圩亦可。但外筑围岸，内筑戗岸，务合规式，不得卤莽。其大小围内，除原有河渠水势通利，及虽无河渠，而田形平稔者照旧外，不然者，必须相度地势，割田若干亩而开河渠。……于河口要处，建闸一座或数座。旱涝有救，高下俱熟，乃称美田。”

大圩内依据地势高低修筑小圩，分区分级控制的联圩并圩体系，是适应当时经济发展要求，在圩区规划治理上可称一大进步。因它不仅便于排灌，也对圩内土地资源利用

---

① 汪家伦、张芳，中国农田水利史，农业出版社，1991年，第390～399页。
陈恒力，补农书研究，（增订本）附录六《浙西水利史提要》农业出版社，1961年。

② 徐光启，《农政全书》卷之八，农事，摘引耿桔《开荒申》后注文“按耿桔，号兰阳，万历三十四年任常熟知县，水利荒政，俱为卓绝”。

③ 戗岸是分级控制的堤岸，《崇祯松江府志、水利》载周孔教《浚筑河圩公移》有“一圩自分旱涝，必用戗岸以分之。戗者。隔别彼此之名”。其有关修筑、功用可参看：郑肇经，太湖水利技术史，第六章第二节“圩内分区分级控制及其措施”，农业出版社，1987年。

及圩田水利的维修管理有利①。耿桔在常熟推行的这一方策，之后在苏松各地多有效尤者，使这一河网化地区的农田水利事业跃上一个新的水平②。

（2）张履祥提出圩区水利应分区治理建议。清初于桐乡故里隐居的张履祥，针对当地水利失修灾害频仍的现实，提出应分区治理的建议。《补农书》总论中有“崇祯庚辰五月十三日，水没田畴，十二以前种者，水退无患；十三以后则全荒矣！”他把“田功水利”作为“农事大纲三道”之一，强调其“惟在豫”，即务要平时做好准备才是，就此他说：“沟渠宜浚也，田功水利，一方有一方之蓄泄，一区有一区之蓄泄，一亩亦有一亩之蓄泄。漏而不知塞，壅而不知疏，日积月累，愈久而力愈难；燥湿不得其宜，工费多而收获较薄矣。其事系一家者，固宜相度开浚；即事非一家，利病均受者，亦当集众修治，不可观望退却，萌私已之心。……

塍岸宜修筑也，吾乡视海宁为下，既不忧旱，视归安为高，亦不忧水。圩岸虽不甚重，然不时为修筑，则地虞坍塌，田患漏泄，积久滋弊，恒至疆界失其归所。……”

张履祥上述议论是有所为而发，明末清初的地方官府既没有一个统一治理规划；民间私筑小圩却有增无减，只有同分级控制相适应的分区治理才是有效的这一方策，却未被采纳实行。继崇祯庚辰（1640）之后，又连续两年发生在浙西历史上罕见的灾荒；之后当顺治辛丑（1661）三吴地区大旱成灾时，他在给《与曹射侯》的论水利书中又再次提起，“计自庚辰至此，二十余年，水旱屡作，昔之日既不及为之所，今兹民生之困，倍于前时，年岁之祲，复乃数见”。他分析其原因是由于“特缘农政废驰，水利不讲，浚治失时，浸占阻塞，以至浅涸故尔”。他明确主张要“在经浚经，在支浚支”，并应“分界刻期”才行。即强调地处经（主流大河）的农户应负责浚经，位在支（细水支流）的则负责浚支，共同动手，分区负责，限期完工。这一分区治水意见，康熙时经人上奏，被朝廷采纳，执行时又补充加上张履祥所未言及的“度地建闸”措施。允准吴中各府县可自行建闸、疏浚及灌溉，不必再报请上司，仅修筑海塘及开江等规模较大的水利工程，仍需由府以上大员来筹划经办。由于地方有了机动权宜，可以酌情及时来兴修水利预防水患，是以灾情较前有所减少，但因各地可随意对处，缺少统一规划，从而使太湖水系的河网更加紊乱。

二　农田水利开发技术的系统总结

明清时期的水利事业，如从总体上看北方逐渐呈现衰落趋势，而南方则仍持续有较快发展。北方形成适应旱地灌溉的小型引水和提水工程，南方随同人口猛增，在太湖水系塘浦圩田加以整治之后，从清朝中期起在两湖地区兴起修建规模声势都较大的垸田工程。在农田水利技术多方应用的过程中，随同其总结推广而使与之相关的用水治水等水利学原理较为系统化，并经著录成书得到普及应用。

① 汪家伦，浅谈农田水利史的几个问题，“三，关于分圩制”，中国农史，1986，（1）。

② 清《皇朝续文献通考》，“卷十三，田赋，水利田”项，有“每县圩名累百，其实圩堤不多，皆以一大圩，包数十圩。”《乾隆苏州府志》卷七，《嘉庆松江府志》卷十一，等方志中亦见记载。费孝通在《江村经济》第十章农业，1. 农田安排一节中就民国时期吴江县的圩田有较形象的描述。

（一）徐光启所总结的用水五术

在明清时期为数杂多的水利专著中，能较全面反映当时技术成就的，当首推徐光启的《旱田用水疏》。这原是崇祯三年（1630），徐在69岁高龄时所上《钦奉明旨条划屯田疏》中的“用水第二”，之后被收入《农政全书》卷之十六。清朝吴邦庆在其撰编的《泽农要录》（1824）“用水第九”中，因其“条疏用水诸法甚悉，谈水学者，所宜宝贵，故详录之”。除全录用水五法，并将原疏叙述用水条例之前的绪言部分，略加删节归纳，称之为用水五利，现仅先征引于下：

“明徐光启有言谓：用水之利有五：灌溉有法，纤润无方，此救旱也；均水田间，水土相得，兴云歊雾，致雨甚易，此弭旱也；疏理节宣，可蓄可泄，此救潦也；地气发越，既有时雨，必有时暘，此弭潦也；且大雨行时，正农田用水之候，若沟、浍纵横，播水于中，必减大川之水，是可损决溢之患也”①。

其有关用水五术是从水位、流速、流量以及蓄水，取水和引水的方式方法等方面，来分析论述各种水资源的利用，基本符合水力学原理，其具体内容大致如下：

1. 用水之源

“源者水之本也，泉也”。即利用地下水其法有七②：即（1）水源高于田者，可从上源开沟，实行自流灌溉；（2）溪涧在田侧面位低于田，如流速急水量大，则可直接利用龙骨翻车、龙尾车、筒车等，以器转水运水入田；如果水流缓不能转器，则以人力、畜力、风力等运转其器，再转水入田；（3）行于漫地而又易涸的有源之水，则为陂，为坝以留之；（4）水源特高于田，则修梯田，节级受水，自上而下，逐级入田；（5）溪涧远田且低于田，如水流缓，则可开河引水，再用水车引水入田。倘水流急，当用水车将水提送到与田相平的岸上，再开沟入田；（6）水源与田有溪涧相隔，则跨涧为槽而引之；（7）地下喷泉，视其流量大小，盛者可开渠引水入田，微者则修池塘于其侧，积而后用，而所修池塘，须筑土椎泥以实之，严防渗漏。

2. 用水之流

“流者水之枝也，川也。川之别：大者为江为河，小者为塘浦泾浜港汊沽沥之属也”。即利用江河塘浦等流水，其法有七：（1）江河傍田，则用水车运水入田；远则开辟纵塘横浦，引水至近田，再用水车运水入田。（2）江河之流，自非盈涸无常者，在上下游分别筑闸建坝，调节水位，并分疏成渠，输引入田。（3）塘浦泾浜等近田者，用水车引水入田，远则先行疏引，然后用水车运水入田。（4）江河塘浦之水，溢入于田，则筑圩堤以防护；圩堤之田而积水其中者，则用水车提升外运。（5）江河塘浦，源高而流微易涸者，则于下流多筑闸来节制。旱则尽闭以留，涝则尽开以泄，小旱涝则斟酌开闭。并建水则，标识水位，知田间深浅之数，为闸门启闭之据。（6）江河之中，可垦的洲渚，既要筑堤防水，又应疏渠引水，并筑闸坝调节水量。（7）江河入海处，应建闸坝，则既可

① 万国鼎就此曾加以评议说“所说弭旱、弭潦的道理是对的，所说弭旱、弭潦的方法是不符合客观实际的”。见《徐光启纪念论文集》31页。

② 《农政全书》及《明经世文编》并作“用泉之法有六”，缺原疏其三“有源之水”一条。此据王重民辑校《徐光启集》《屯田疏稿、用水第二》。

留上流淡水以灌田，又可防海潮咸水之浸注。

3. 用水之潴

积水为潴，即对湖荡沼泽淀泊等积水的开发利用，其法有六：(1)湖荡之傍田者，田高则车水入田，田低就筑堤防护；如湖荡远于田，则先疏导再车升。(2)湖荡之易盈易涸，既可为害又可为利者，或用疏导之法排去多余的水，或筑闸坝来调节水量。(3)湖塘之上游，水源不通者，应加以疏导浚治，以免下游淤塞成灾。(4)湖荡之洲渚，可田者，则应筑堤护田。(5)湖荡积水面积太广而害于下流者，应于上游分流。(6)湖荡之易盈易涸者，秋季干涸的可在近水处种麦，如至冬方干涸则宜种春麦，倘遇春旱，则又可引水浇灌。

4. 用水之委

“委者，水之末也，海也”。是为滨海地区江河出口处，及海中岛屿沙洲上的水源或水流，其用法有四：即（1）江河淡水如被海潮托顶回来，则可设法车之入田，易涸则修池塘以畜之，筑闸坝堤堰以留之。(2）海潮携带泥沙，游塞于江河处，则应设置闸、坝及窦等，籍以调节水量。(3）海中岛屿之可垦田者，如有泉水即加疏引，其无泉者，则筑池塘井库之属以灌之。(4）海中洲渚其可垦为田者，如多近于江河而迎得淡水，则应为渠以引之，为塘以畜之。

5. 作原作潴以用水

“作原者，井也。作潴者，池塘水库也”。即在高亢平原缺水地区，依靠人力凿井或修池塘、水库，蓄积泉水或雨水、雪水再加以利用。“高山平原，水利之所穷也，惟井可以救之。池塘水库，皆井之属”。其法有五：(1）地高无水，就修筑池塘蓄积雨雪，再设法车升入田，此乃山原通用之法。(2）池塘无水脉而易干者，筑底椎泥以实之。(3）掘土深丈以上而得水者，为井以汲之。此法北土甚多，特以灌畦种菜。(4）井深数丈难汲易竭者，则修筑水库，以蓄雨雪之水。(5）地区空旷，人力不足，无力多开掘水井修筑水库者，宜令多种植用水不多，灌溉为易的耐旱树木。

徐光启所总结的用水五术，实际上是一篇简明扼要的系统性用水理论。如从工程角度来看，它分别以适合的提水机械和水利工程型式与之相配合，因地制宜的采用不同工程类型，以期充分有效的利用水资源①，这样细致周详的用水方案，在当时的技术水平条件下委实不易。但其所提的方法，在具体运作上也不无可商榷者。如在高亢平原凿井或修池塘蓄水，技术上都有一定难处。西北地区小型蓄水设备，像水窖潦池等由来已久，但规模容量却都不大，一般只能供人、畜饮用，甚至用来洗涤也大多不敷需用，是以无力用来灌溉农田。加以受渗漏，蒸发等不利条件影响，仅就缺少水源，蒸发较大地区，为防止渗漏所用的“筑土椎泥”这一方法，所需工料都难以落实解决，因而其设想就难免有些“脱离实际”②。

（二）耿桔对浚河筑圩技术的系统总结

1. 太湖水系塘浦圩田治理技术经验的积累

明清时期太湖水系塘浦圩田的整治方法，基于历代先后不断的施工治理和长期实践

① 水利水电科学院，中国水利史稿，下册，水利电力出版社，1989年，第360页。

② 石声汉，徐光启和《农政全书》，徐光启纪念论文集，中华书局，1963年，第65～66页。

经验的积累，在当时的技术水平下，有关工程技术确已达到较为成熟的程度。虽然受社会制度与各方利益等诸多因素的影响，通常使这些技术难以得到切实应用，但在负责治理的官员及地方士绅中之有识者，就治理技术的要点基本上也多取得共识。在北宋时范仲淹就已提出筑堤、浚河、置闸为整治的三项基本措施，元朝任仁发又进一步加以总结，明确提出“大抵治水之法，其事有三：浚河港必深泻，筑围岸必高厚，置闸窦必多广”①。明代有关圩田水利技术的论述，比以往任何一个朝代都多，参与治理的主持官员也大都对之有较深研究。《农政全书》东南水利的上中下三卷中，就征引收录有明代人撰写的相关论著文献近十种。在调整水道的开河方案上，适应形势的变化所见虽不尽然相同，但在治理方法的具体施工技术上却大体一致。如弘治十四年（1501）吴岩在《兴水利以充国赋疏》中，曾说：“东南水利之切要者二事，曰疏浚下流，曰修筑围岸。”嘉靖十年（1531）胡体乾的《修举水利六款疏》有：“今列水利事宜：一曰禁淤湖荡，广水利之翕聚也。二曰疏经河，通其干也。三曰开沟渠，浚其支也。四曰筑堤岸，防川泽之泛滥，固田间之围栏也。并山乡积水，沿海护塘，共为六条”②。吕光洵在嘉靖二十年（1541）所上《修水利以保财赋重地疏》中曾说：“水利之兴废，乃吴民利病之源也。臣尝巡历各该地方，相视高下，询问父老，颇得其说，辄敢条为五事，仰俟圣明裁择；一曰广疏浚以备潴泄，二曰修圩岸以固横流，三曰复板闸以防淤淀，四曰量缓急以处工费，五曰专委任以责成功”③。其中对圩岸的规格，养护的管理措施等也都作了较为严格的规定。如“定夫役以杜骚扰，设圩甲以齐作止，严省视以责成功，禁侵截以通便利”等。

2. 耿桔撰著的《常熟县水利全书》与圩田水利治理技术的系统总结

耿桔于万历三十二年（1604）调任常熟知县，三年后升迁，在任为期不长的时间里，竟能写出“在明代水利书中最为突出的”著作④，除了他自己的才智，也和其胆识有关。在为施工上报请审批的基础上，得到苏州府的支持，并认为其送审资料“至详至悉”，在批文中要他加以整理刻印，以便作为样本，督令各县参照执行，于是撰成《常熟水利全书》。在卷一《大兴水利申》中，载有经其系统总结的浚河筑圩治理措施，而写成《开河法》及《筑圩法》两文。

(1)《开河法》共有九条，集中分析论述以下三个问题：

首先是劳力来源及付酬办法，耿桔认为同常用的以钱粮招募民工的办法相比，较好的方策是“照田起夫，量工给食”，即不论官修或民修工程，都按田亩多少来出民夫、富室园田多，所出劳力自亦应多；此举当有助于纠正贫户差重役繁，俾能“劳役均而上下悦服”，这一方策他称之为“水利不论优免”。如官方出资的工程，则按所完成工程量付酬给予民工。

其次，开河过程中的组织工作，对民工实行分级管理，对勤惰考察和工程验收等都立有章程，事先晓喻，务期赏勤罚惰，以示鼓舞。

最后，施工中的技术要求和操作要点。耿桔经精心考察认真总结，归纳出一些符合

① 任仁发：《水利集》转引自《农政全书》卷之十三。

② 转引自《农政全书》卷之十四。

③ 转引自《农政全书》卷之十四。

④ 张芳，耿桔和《常熟水利全书》，中国农史，1985，(3)。

水工原理，至今仍值得借鉴的办法：如分土方工段，计算土方数量时，不按地面而以水面为准计算开挖深度，使挖过的河底平缓，便于水流通畅。又如堆土方法，低乡筑岸苦于无处取土；高乡浚河则难在无处堆土。倘在河旁随意乱堆，则“一遇天雨淋漓，此土随水流入河心，倏挑倏塞，徒费钱粮，徒劳夫工，亦竟何益”。就此他酌情据理提出可分别处理的原则，通常即令远挑二十步外河岸平坦处，照鱼鳞法层层散堆。倘圩岸有待加厚整修，则将浚河所取之土，就近加厚古岸高出田上者，或培筑半圮堤岸，但须随挑随筑，切不可将泥土姑置岸旁，贻害河道。如田中有废溇废荡，亦可用河土填平。能如是则水畅堤固，一举两得。再有深浚河浦，干支并举的干河支流一齐疏浚的原则，原因是“若浚干河而不浚枝河，则枝河反高，水势难以逆上，而干河两旁所及有限，枝河所经之田多，反成荒弃，即干河之水，又焉用之？”其法是干河甫毕，刻期疏浚支河。“责令各枝河得利业户，俱照田论工，一齐并举”。疏浚整治的次序是循依“盖浚干河时，凡干河水悉放之枝河，而后大功可就。浚枝河时，凡枝河之水，悉归之干河，而后众小工易成。况枝河高，干河低，不过一决之力”。干支河齐浚，虽是针对当时浚河中的流弊通病，但要使整个河网地区水系通畅，舍此无它，至今亦然。

(2)《筑岸法》共五条，依次叙说了与筑圩相关的五项切要事：

第一，筑围岸，耿桔先引老农之言：“种田先做岸”，原因是“低田患水，以围岸为存亡也。”而“有田无岸，与无田同。岸不高厚，与无岸同，岸高厚而无子岸，与不高厚同”。修圩难易略有三等：一等难修，是从水中修筑。因无基础，又两水相夹，易于浸倒，须用木桩、竹笆，甚至石块砌筑方可成功。二等次难，系平地筑基，较前稍易，不用椿笆。三等易修，为原有古岸，而后稍颓塌者，止费修补之力，其法是“水涨则专其里，水涸则兼补其外”。

第二，筑戗岸，做法是在圩内细致辨别地势高低，随其地势截筑小岸。再在低田之外开沟取土，堆于内里筑岸，内岸既成，外沟亦就，其功用在于。外沟受高田之水，使不内浸；内岸卫护低田所种作物，避免外水浸入。倘无戗岸，则围岸一旦溃决，则遍围汪洋成灾，如有戗岸，即使围毁，水只及一至数戗，人力尚可及时庳救，倘多及数戗，亦可众力庳救。是以“大围如城垣，小戗如院落，二者不可缺一”。

第三，圩区的治理，针对当时当地圩田面积过小，耿桔主张联圩并圩。即“围外依形连搭筑岸，围内随势一体开河”。具体要求是所筑围岸，戗岸必须符合规式；为解决圩内旱涝，应开河渠；圩河口建闸，旱时启闸引灌，涝时闭闸拒水内浸。这样就可以做到将高低地分开，内外水分开，也便于控制地下水，使圩区形成一个引、蓄、灌、排自如的水利系统。

第四，筑岸与取土法。“凡筑岸，先实其底。下脚不实，则上身不坚。务要十倍工夫，坚筑下脚，渐次累高”。在施工时用杵捣其面，以棍鞭其旁，直到椎之不入，才算筑实。低乡水区，筑岸缺土，又提出适应不同地势、土质的各种取土法，如围中开渠，或疏浚淤浅浜溇，筑坝庳干积水，再挖土筑岸；又如塘泾多处，无土可取，可从新老荒田，或茭芦草荡处挖取。在高乡可用田面上四散挑土的鱼鳞取土法，“其法：方一尺，取一锹，四散掘之，如鱼鳞相似”。

第五，民修河圩的资金、劳力安排。可按“业户出本，佃户出力，自佃穷民，官为出本”的原则来解决。

耿桔总结叙述的开河与筑岸方法，因其具体详尽，不仅明清时期一些水利专著，曾经征引，太湖地区方志中也多有记载。道光初年甚至流传到洞庭湖区[①]，因长江中游江湖岸边浅水处的垸田，是与长江下游及太湖地区圩田相似的农田水利形式[②]，其筑岸法可参考应用。《筑岸法》后另附有《建闸法》，是结合常熟县实际，说明如在江海之口处建大闸，因水道迁徙难存，且费用浩大，不如在围田上游，泾浜要口，建“小闸小堰，外抵横流，内泄涨溢，关系旱涝不小，且工费亦不多”。耿桔有关农田水利的见解主张，其卓越超常之处还在于他能把施工技术与组织管理紧密加以结合，提出完整的可行方案；同时还能本着系统周详的体系，将护圩防水的修围，便于行水的浚河及调控分水的置闸，这三者统一规划考虑，对干支的疏浚也刻期齐进，统筹加以安排，是以受到多方赞誉[③]。

三　水土保持问题的初步认识

（一）山区开发与水土流失的加剧

明清时期随着人口的激增，耕地不足的矛盾日益突出。从唐宋时期开始，利用濒临河湖的滩地修筑圩田，开垦山区丘陵陂地修建的梯田，本时期仍续有增加，这在为缓解耕地紧张不足上，都发挥了一定作用。各地圩田由于盲目围垦和官僚豪绅的侵占，曾形成水系紊乱和水路淤塞的现象，经先后疏浚整治，矛盾虽未彻底根除，却也收到一定成效。而山区本来既能垦山为田又可防止水土流失的梯田，当遭破坏和失修时，仍会出现水土流失。从明朝中期开始，更因流动迁徙的棚民加以滥垦，原有的植被遭到破坏，致使山区土壤冲刷加剧，全国各地随同棚民之聚居扩散，水土流失的面积也在加大增多。

棚民是明清时期失去土地，但却在相当程度上摆脱政府户籍管理和税役负担，离开原籍而到山区搭棚栖身，以租地或应雇为生的人群。明朝嘉靖时在南方的闽、浙、皖、赣各省人数已相当可观，清代则先后出现在十多个省份。仅嘉庆、道光年间，在川、陕、鄂三省交界的山区，所聚居的人数就已超过百万之众。适应山地较为严酷的自然条件，栖居的棚民大多以粗放的方式，种植玉米、甘薯乃至马铃薯等新引进的高产作物，从事广种薄收的掠夺式经营。新开的山地，开始几年因土质肥沃，大多能获较好收成，但随着植被的受到破坏，原始森林的遭到砍伐，遂相继引起水土流失问题。不仅沃土无存，甚至还使溪流淤塞，在地力衰竭的情况下，只好弃耕休闲[④]。道光《徽州府志》曾就此记叙说：

“查徽属山多田少，棚民租垦山场，由来已久。大约始于前明，沿于国初，盛于乾隆年间。其初租山者贪利，荒山百亩所值无多，而棚民可出千金，数百金租种。棚户亦因垦地成熟后布种苞芦，获利倍蓰，是以趋之若鹜。或十年，或十五年，或二十余至三十

---

① 如道光元年《泮州直隶州志》就记载了耿桔的筑岸法，此据张芳，耿桔和《常熟水利全书》，中国农史，1985，(3)。

② 垸田是以堤防隔开外水，而在堤内形成独立水利系统，通过堤上的闸涵，引水灌溉和排涝。详见：彭雨新等，明清长江流域农业水利研究，第四章，两湖平原的堤垸水利与农业发展，武汉大学出版社，1993年。

③ （日）森田明，清代水利史研究，第十章，江南圩田的水利组织，亚纪书房，1974年。

④ 彭雨新，清代土地开垦史，第三章第二节：“棚民深入山区与山区开发结果”农业出版社，1990年。

年，迨山青已竭，又复别租他山，以致沙土冲泻，淤塞河边农田。”

嘉庆时，官方虽已下令禁止垦山，但成效不大。道光初年，时任安徽巡抚的陶澍(1779～1839)决定加以严禁，限棚民租满退山之后，“不得仍种苞芦，改种茶杉，培蓄柴薪，以免坍泻”①。江西、陕西及四川等省的有关府县的方志中，也有类似的记载，可见其危害已不限于局部的个别地方。

（二）水土保持工作的加深认识与实际治理乏力的矛盾

1. 水土保持工作的历史发展概况

水土保持是针对水土流失而言的，是当水土流失现象威胁到农业生产乃至生态环境时才提上日程的。水土保持在古代通称之为“平治水土”，是和传说中的大禹治水事绩有关②。依据现存文献，其历史可追溯至西周初期，水土保持工作的重点是北方黄河中游地区，针对引起土壤冲刷和水土流失的现象，已意识到其根本原因在于滥垦、滥伐和滥牧等不正确的土地利用方式所引起的。而治理的措施及方法，除改进用地方式力求作到合理用地，还有对山林、薮泽设官立禁，进行保护，并拟通过开建沟洫来改水造田，引洪漫地，减少水土流失的危害③。但受自然及社会等多种因素的影响，致使水土保持工作所收实效极微，而水土流失现象则日益加剧。黄河因淤塞而决口频频发生，迨至本时期其泛滥的周期已缩短至几乎年年成灾，连同淮河及海河的疏于治理，竟使历史上我国人民生息繁衍的主要地区之一的黄淮海地区成为自然灾害最为频繁的一个地区④。南方山区从唐宋时期开始修建的梯田，之后不仅面积增多，技术也日趋完善，加以修建陂塘、坝堰等小型水利工程，如能统筹合理地加以规划安排，则用水、治水及水土保持问题当会得到合理解决。但如太湖水系的治理，从明朝起一反五代钱氏兼顾上游天目山区的水利工程，仅着眼于下游水道的疏浚，本着所谓“治水先从下游”施工的原则，不再过问西南部半山区的上游水利建设，并疏于水土保持工作，致使盲目垦山恶性发展。随着植被日渐遭到破坏，水土流失加剧，溪流挟持的泥沙越来越多，使对天目山溪流来水起着滞蓄与调节作用的余杭境内南湖，在旋浚旋淤中迅速趋于萎缩，到清朝咸丰时，下南湖已淤积成陆，完全失去调节作用⑤。总上可见，作为使农业可持续发展物质基础的水土资源，难以得到有效的控制与合理利用，其中的社会因素和自然条件的作用与意义同样是不容低估的。

2. 山区森林抑流与分层利用设想的萌发

明清时期的水土保持工作，尽管从总体上来看成效不大，但在小流域的治理的方案上，却出现了新的思路，限于文献的记载，虽难得知其具体执行的详情，但就其有关内

---

① 《陶文毅公全集》卷之二十六。

② “平治水土”一词见《淮南子、修务训》，而有关平治水土的记载当属《尚书尧典》“咨禹：汝平水土，惟时懋哉！”辛树帜认为“如果从统一水与土的矛盾，则用‘平治水土’比‘水土保持’的名称还合情理”。见《禹贡新解》所附《我国保持水土的历史研究》，农业出版社，1964年。

③ 辛树帜等主编，中国水土保持概论，第二章，农业出版社，1982。这是由马宗申执笔撰写的，但于1983发表于《农史研究》第三辑时，删去其中的第二节，即本文所参据的“我国历史上的水土保持措施”。

④ 邹逸麟主编，黄淮海平原历史地理，第三章“黄淮海平原历史灾害”，安徽教育出版社，1993年。

⑤ 郑肇经主编，太湖水利技术史，第一章概述，农业出版社，1987年。

容论确不失为有参考价值的设想。清朝开国之初，鉴于棚民集聚已形成严重社会问题，所以曾采取较为严格的管理措施，对之加以监视或驱逐，使其声势稍敛。乾隆时期，在经济恢复发展过程中，平原旷土垦辟殆尽，棚民又复进入山区垦地耕种以度日。仅以前述安徽一地为例，再就其整治方策与水土保持关系作进一步分析。清代著名古文家梅曾亮（1786～1856）在其《记棚民事》一文中，对山林和水土保持关系，曾深入加以分析，就董邦达（1699～1769）在任安徽巡抚时，曾因开放山林让农民耕种引起争论，而加以辨析，认为由于棚民开山伐木破坏植被，从而影响土壤蓄水功能，造成水土流失，因而应封山育林，发挥森林对防止土壤侵蚀及涵蓄水源等作用，提高水土保持效益，就此他说：

“未开之山，土坚石固，草木茂密，腐叶积数年可二三寸，每天雨，从树至叶，从叶至土石，历石罅滴沥成泉，其下水也缓，又水下而土不随其下，水缓故低受之不为灾，而半日不雨，高田犹受其浸溉。今以斤斧童其山，而以锄犁疏其土，一雨未毕，沙石随下，奔流注涧壑中，皆填淤不可储水，毕至洼田中乃止，及洼田竭，而山田之水无继者，是为开不毛之土，而病有谷之田。”①

由于情况不断恶化，使原来的生态平衡遭到破坏，使下游水道受阻，水旱灾害增多。受害者便向地方官府上告，纠纷迭起，以致朝廷不得不下令查禁，道光十六年（1836）一道上谕中说：

“御史陶士霖奏：棚民开山种植，病农藏奸，请饬查禁一摺：江南北方素称沃壤，若棚民开山种植，日渐增加，土松石碎，大雨冲刷，尽纳于下游河港之中，年复一年，必致淤塞河道。……着陶澍（江抚）等严饬所属各州县，于棚民垦种处所，设法严密管束，或宽期限，令其渐回本乡；其未经开垦之山，著即严行查禁”②。

山区开发固然造成了植被破坏和水土流失，但把责任完全推给无地流民，似欠公允。况且，下游之所以成灾，也另有其他原因，未可一概而论。明末从海外引进的玉米、番薯等耐旱杂粮的推广和对贫困山区的开发，都有棚民的积极参与，其历史作用也不容完全抹杀。

为了克服既能利用山地，又要减少水土流失的危害，以精于时务，负经世才著称的包世臣（1775～1855）曾设计了山地分层利用方法，这是一个精巧的构思，也有其合理可行的依据，但是否已应用于生产，由于缺少文献记载而无法详知确悉。不过推究起来，倘未获应用普及，其究极根源也和水土流失之难以控制一样，绝不仅是技术上的原故，为便于参考，现仅将其要点摘录于下：

“开山法：择稍平地为棚，自山尖以下分为七层，五层以下乃可开种。就下层开起，……两年则易一层，以渐而上，土膏不竭，且土膏自上而下，至旱不枯；上半不开，泽自皮流，限以下层，润足周到。又度涧壑与所开之层高下相当，委曲开沟于涧，以石沙截水，渟满乃听溢出，既便汲用，旱急亦可拦入沟中；展转沾溉也。至第五层，上四层膏日下流下层，又可周而复始，收利无穷。”③

它要求从下而上，逐级递升，每两年更换一层。可先种最能松土保收的萝卜，之后再种玉米、稗子、粟等杂粮，土质肥沃的也可种棉花，但切不可种麦。如所开山地离家

---

① 梅曾亮：《柏岘山房诗文集》卷九。

② 《清宣宗实录》卷二八八。

③ 《郡县农政、农政、任土》，《安吴四种》卷二十五。

较远，则依据土质，可分别种松、杉以及茶、竹、桐、漆等经济林木。

第四节　主要农作物增产关键技术的创新

明清时期适应人口的增长，曾采用多种措施来增加农业生产，并积极设法来缓解耕地紧张的矛盾。其中主要的途径是力争提高主要农作物的单位面积产量，从而使有关选种留种的技术和田间栽培管理措施又有所提高。在推广从明代中叶从新大陆引进的作物及普及从宋元之间方始进入中土的棉花，在引种驯化上都有些技术难点有待突破；而种植历史较久的稻、麦等，在配合各地先后形成的种植制度，以及和棉、桑等多种经济作物，在有限耕地上形成顾此失彼难以均衡种植的过程中，也促使其增产的关键技术要有所创新。这些相关技术的开发与应用，不仅使日益短缺的粮食供应得到一定程度上的缓和，也使全国各地作物的种植结构和布局发生了新的变化，传统的精耕细作技术体系至是也仍能有所改进提高，虽然同近代实验农学相比其局限已较突出，但确未陷于停滞而形成所谓“高水平均衡陷阱”① 的状态。

本节所讨论的主要农作物限以稻、麦、棉、甘薯四者。其理由是衣食等主要来源要赖之以供应；且其种植面积较大，在普及推广中也积累了较多的创新经验；作为传统农学的积极成果，大多见于农书或其他农业文献，有较完整的文字著录②，可据以分析阐述。

一　稻麦持续增产技术的创新

（一）水稻

明清时期水稻生产技术有较大提高，是由多种因素促成的，除人口日增，口粮需求加大，还和整个作物种植结构的调整变动有关。太湖地区因种植桑、棉等经济作物面积的扩大，使稻田种植田积受到限制而呈缩减趋势③；两湖地区堤垸制度兴起后，新稻区的

---

① 这是美国经济学家舒尔茨在其《改造传统农业》一书中提出的有关传统农业及其特征的概念，他说“完全以农民世代所使用的各种生产要素为基础的农业，可以称之为传统农业”，它是“一种特殊类型的经济均衡状态”，其特点之一就是“技术状况保持不变”，见梁小民译该书第 24 页，商务印书馆，1987 年。

② 如 16 世纪初由海路传入中国的玉米，其时间比甘薯约早半个世纪，方志中虽多有记载，但在物产项中仅记叙玉米的异名性状等，缺栽培方法等重要技术内容，徐光启对甘薯十分重视，但玉米仅在《农政全书》卷之二十五，高粱条下附注说“盖亦从他方得种”明清吴其浚在《植物名实图考》中说“又如玉蜀黍一种，于古无征，今遍种矣……”也语焉不详。参看：万国鼎，中国种玉米小史，作物学报，1962，(2)。

③ 明清时期太湖地区的商品经济有一定发展，如棉花在松江地区经元朝的发展到明朝已成为种植占全国过半的生产中心，至清期中期更发展到“务本种稻者不过十分之二三，图利种花者已有十之七八”(《奏请海疆禾棉兼种疏》、《皇清奏议》卷六一）这样一个局面，水稻单产虽高于全国平均水平，但已从余粮区变成缺粮区，见：中国农科学农业遗产研究室编，太湖地区农业史稿，第一及第三章，农业出版社，1990 年。

潜在生产能力有待开发[①]；以及在宋代引进占城稻之后，从闽、粤逐渐北推的双季稻，在本时期已有较大发展，清道光之前其北限已越过长江[②]。适应这些变动趋势，要求水稻在选种留种及栽培灌水等技术上，都要有较大改进提高。

1. *水稻品种的选育和留存*

我国水稻品种资源的丰富，堪称世界之最。就文献记载情况来看，一是综合性农书，如较早的《齐民要术》中，连同从《广志》等书征引，所记载的品种已有36个（其中粳稻25，糯米11)。其次是记载地方性品种的专著，如北宋曾安止（1047～1098）以江西泰和地区为对象撰著的《禾谱》中，载有籼粳稻21个，糯稻25个，证实当时赣江流域已是重要水稻产区之一。明代黄省曾在其所著《理生玉镜稻品》(又简称为《稻品》）一书中，所记产自太湖地区的品种共35个（另有一种为再生稻），其中有27个是继承自宋代的品种。本世纪50年代初，有人曾实地调查，发现仍有11个在嘉兴。平湖一带地方继续种植[③]，三是方志中的材料，明清时期各地撰修的方志数量急增，清乾隆初年官修的《授时通考》中，汇抄了各地方志中水稻品种名称，合称为《直省志书》，共录有3429个品种，分属于16个省，删除其重复的（按1/4推算），仍余2571个，如将书中遗漏未计的再加以搜集增补，其总数当会仍可添加许多[③]。

仅从上述文献的记载来看，水稻品种的继承与变异关系是较为明显的。如据《稻品》，上溯至宋代，再下推至本世纪中，可见其中还有近1/3的品种仍在种植，这一事实说明品种的继承性，是水稻通过遗传得以保存留存下来的基础；通过人工选育及自然变异，又会出现许多新的水稻品种。品种资源的这一变异特性，说明水稻对自然及人工的栽培环境，具有广泛的适应性。通过生育期、株穗外形及各种抗逆性的变化，可以培育出具有质优、早熟、可耐多种不利条件的高产品种。这些突出特性从其命名特征中大多可具体反映出来，但历史上水稻品种在命名及登录时，虽因读音、笔误及抄录等原因，而产生混乱及费解现象[④]，似仍可说明，通过人工选育，在水稻繁殖中所产生的，为人们所需求的某些变异的这些水稻农业生物学上的性状，是通过不懈的努力，精心选育的结果。但它并非一劳永逸的，如一旦放松便又有可能被自然选择加以淘汰而退化。

太湖地区在明清时期水稻品种选育上较为突出的成就是，为改进品质，选育出近50个优质品种，分别以具有芳香、柔软、洁白以及滋补等特性见长。[⑤]并选育出适应不同栽培条件的早、晚稻，其农业生物习性都有所改进提高。早稻多在山区，因春暖迟，秋寒早，生长期短，但产量不高，所以为数不多；而晚稻的产量和品质都优于早稻。所以总的来看，还是晚稻多于早稻。康熙晚年以其在丰泽园用单株选法自选的御稻种，下赐时任苏州织造的李煦命其试种，据《李煦奏折》所记，前后经六年种植，获得成功，但作为双季稻其产量不及稻麦二熟制，加以麦予佃农作为春花可免租，是以双季稻经试种虽

---

① 龚胜生，《清代两湖农业地理》第四章，第一节，华中师大出版社，1996年。

② 王达，双季稻的历史发展，中国农史，1982，(1)。

③，④ 游修龄，我国水稻品种资源的历史考证，农业考古，1981，(2)。

⑤ 闵宗殿，太湖地区历史上的优质水稻品种资源，太源地区农业史论文集，第2辑，中国农科院农业遗产研究室，1985。

可行，但却难以推广。[①,②]

2. 水稻栽培技术的总结与其相关机理的探索

明清时期有关水稻栽培的专著及文献较多，其中成就较大影响较为突出的除《沈氏农书》、《梭山农谱》等地方性农书之外，综合性农书或其他农史文献也不乏有精采独到之处的篇章，如马一龙《农说》、《天工开物·乃粒》、《便民图纂》中的卷之三耕获类中有关章节等，现仅拟以《天工开物·乃粒》为重点来探讨其有关栽培技术的突出成就。

《天工开物·乃粒》中讲述的水稻生产技术是以江西南昌府奉新县一带地方为对象。书中有关水稻的仅有稻、稻宜、稻工及稻灾四节。在所叙及的几种谷物中是以稻为首，其理由可能是“今天下育民人者，稻居十七，而来、牟、黍、稷居十三”。对明代的农业生产中，肯定稻已占绝对优势这一事实。根据“种性随水土而分”的观点，其中提到的品种有浏阳早、吉安早、救公饥、喉下急、金银包等，其中既有籼粳糯等不同类型，也是早、中、晚不同成熟期的品种。从而为根据不同自然条件及种植制度下的栽种，提供了必要前提[③]。

《天工开物·乃粒》中有关水稻栽培关键技术，首次见于著录记叙的有[④]：

(1) 秧田本田比：书中说“凡秧田一亩所生秧，供移栽二十五亩”。

(2) 秧令与旱穗：“秧生三十日即拔起分栽，若田亩逢旱干、水溢，不可插秧。秧过期老而长节，即栽于亩中，生谷数粒结果而已”。

(3) 再生秧技术：“六月刈初禾，耕治老藁田，插再生秧，其秧清明时已偕早秧撒布。早秧一日无水即死，此秧历四，五两月，任从烈日暵干无忧”。

(4) 早晚稻需水量：“凡苗自函活以至颖栗，早者食水三斗，晚者食水五斗，失水即枯”。

(5) 供水和结实关系：“将刈之时，少水一升，谷数虽存，米粒缩小，入碾臼中，亦多断碎”。

(6) 稻田复种制：“江南又有高脚黄，六月刈早稻方再种，九、十月收获”。

1986 年在宋应星诞生四百周年前夕（宋生于明万历十五年，即 1587 年），农史学界曾组织人去奉新县，采用今昔对比的方法，对《天工开物·乃粒》中的水稻生产逐一进行调查，期望能从中找出一些古今农业演变的规律。现依其调查研究结果所发表的论文，与上述技术创新加以对比，可说明以水稻生产栽培技术为代表的传统农业确有其潜在生命力[⑤]。

---

① 闵宗殿，康熙和御稻，农史研究，第四辑，1984 年。

② 李长年，中国农业发展史纲要，第十三章，第四节，中有“至于双季间作稻，由于它的技术要求比较高，则出现较晚，明代永嘉（今浙江温州）就是芒种插早稻秧，旬日后，栽晚稻于行间”（长谷真一：《耕心农话》）。天则出版社，1991 年。

③ 曾雄生，明清时期江西水稻品种的特色，古今农业，1989，(1)；根据《授时通考》所抄录江西所属 26 个府州县的水稻品种有 465 个，又据 199 部江西县志所载有 488 个。较北宋曾安止在其《禾谱》中所记 46 个，已多出 10 倍。究其原因，可能与当时为解决因推行多熟制而引起的劳动力不足和生产季节的矛盾，各种生育期不同的品种遂应运而生。

④ 游修龄，《天工开物》的农学体系和技术特色，《天工开物》研究，中国科学技术出版社，1988 年。

⑤ 曾雄生，《天工开物》中水稻生产技术的调查研究，提交纪念宋应星诞辰四百周年学术讨论会论文，1987 年 11 月，后收入《天工开物》研究，中国科技出版社，1988 年。

(1) 大田与秧田的比例关系，直到解放初，基本上还是这样，即以秧田一亩所生，供移栽至大田二十五亩所需。

(2) 秧令现在一般也是30天，但如红花、油菜、小麦等三留田，可长达40日左右。《乃粒》强调秧令适中切忌过长，是为防止苗床中拔节孕穗，影响移栽定植后分蘖，使每亩穗数及多穗粒数减少，从而影响产量。

(3) 再生秧技术中强调水对水稻生育的作用，为防止因春寒引起的烂秧，当前管好用水对早稻保温防寒仍有一定作用。

(4) 需水量的估计，现在奉新县早稻全生育期需水总量一般灌溉为450.8毫米，二晚为508毫米，与宋应星计算略有出入。

(5) 供水与结实关系，水稻一生需水量很大，黄熟期也不例外，其所需水量约占全生育期的16%。如收割时过早断水，势必引起早衰，影响后期光合作用和干物质积累。是以当地早稻一般采取带水收割办法，即使二晚杂交水稻断水也不能过早。

(6) 当地稻田大多采用一年二熟制，即在收稻后，种菽、麦、麻、蔬等旱地作物。

通过上述对比，可见《天工开物·乃粒》作为农业科技文献，对水稻生产的关键技术措施的记叙，不仅具有技术史的价值，为其他重要农书所不及，而且经过实践的验证，可发现在当前的水稻生产中仍大多沿袭应用，从而证实传统农业技术的潜在生命力，和传统农学中有待发掘整理的积极因素。

3. *稻田灌溉中水稻水分生理知识的积累*

作为水稻生产关键措施的稻田灌水技术，在宋代的《陈旉农书》中已有记述。[①] 明清时期随同水稻栽培技术的提高，根据水稻不同生育阶段特点而采取的灌溉技术，已能体现对水稻水分生理知识的积累，虽未经体系化提升到相应的理论水平，但确已有相当深刻的认识，从而形成较为完整的水田排灌相结合的用水管水技术体系。[②] 这一技术体系的要点是利用不同水层来控制和促进水稻生产，是以在水稻生长的不同时期，其操作的要点也随之而异。现分述于下：

(1) 秧田期：秧田期的主要生产任务是要培育壮秧，其关键是务须使稻谷扎好根，为此须保持适宜的温度与充足的氧气。因此要放浅水，水浅温度容易提高，便于扎根，但也不能过浅，不然土壤板结，对扎根和拔秧都不利。就此《浦柳农咨》提出日灌夜排的方法，即“芒已出土，亟宜灌水，不可过大。夜则放之，以受露也，日则灌之，以敌日也，随放随灌，早晚不停”。在此之前，《沈氏农书》还提出烤秧田的办法，使嫩秧通过烤苗，减少株叶水分，植株矮化壮实，移栽于本田，能经受日晒，易于返青，秧苗的成活率也必然相应的会有所提高。其机理是“若秧色太嫩，不妨搁干，使其苍老，所谓秧好半年田，谓其本壮易发生耳”。

(2) 移栽期：这一时期的生产要求是早返青和早发科。在操作上是采取浅层灌溉办法促其返青。《郡县农政·作力》有“栽法，分定浮水压下，使根须四散浮土，忌深，忌

---

① 《陈旉农书，善其根苗篇》，参看：梁家勉主编，中国农业科技史稿，第七章，第五节，有关南方水田精耕细作技术体系形成相关部分，农业出版社，1989年。

② 以下内容主要参据：闵宗殿，中国古代稻田灌溉中的水稻水分生理知识，第一部分，自然科学史研究，1991，(3)。

根偏及紧”。所谓浮水即浅层水，它既能保证秧苗所需水分，又能保证土温，促进早发。《三农记》还提出混水插秧的办法，使浮泥尽快沉落秧穴，以利株秧固定尽早发育。指出操作上应“拔秧须轻手拔出……乘耙后浑水插之”。

（3）分蘖期：这是以灌水与烤田相结合的办法，来改善田间通透性促进多分蘖。清初《致富全书广集》有“四月中栽已发生者，宜车干水，晒十余日，以田拆秧枯为度，放水浸之则盛”。

（4）圆干拔节期：这是水稻由营养生长进入生殖生长的过渡时期，也是水稻一生中抗旱性最强的时期。要求抑止无效分蘖生长，促使茎秆坚硬根系下扎，以防后期倒伏。主要措施是排水烤田。《齐民要术》中已有“稻苗渐长，须复薅，薅讫，决去水，曝根令坚”，其“决去水，爆根令坚”即烤田。《沈氏农书》则讲的更为清楚，“立秋边，或荡干，或耘干，必要田干缝裂方好。古人云：‘六月不干田，无米莫怨天’。惟此一干，则根派深远，苗秆苍老，结秀成实，水旱不能为患矣”。

（5）孕穗灌浆期：这是水稻最需水分的时期，一旦缺水，就会形成严重减产，是以须尽量设法保证水分充分供应。《沈氏农书》有“盖处暑正做胎（孕穗），此时不可缺水，古云：‘处暑根头白，农夫吃一吓’”，又说“自立秋以后，断断不可缺水，水少即车，直至砍稻方止”。可见不仅为满足水稻幼穗分化发育的需要，要充分供水，即在孕穗后，经抽穗，扬花到灌浆、成熟，总的来讲都不可缺水，否则就会减产。而保证供水，还有调节田间温度、湿度，有利于水稻后期发育。

（6）收获期：水稻已衰老，根系吸水能力下降，所以通常都落干待割。《梭山农谱》有“禾穗既黄，力水足矣。过于浸淫，恐坎气逗留，黄反不坚粟，故复放之，令土干速实，并以便刈事”。收割后稻株还有生气，积存在茎秆中的营养物质还会转向稻穗，是以不宜当即脱打。《郡县农政·农一上·作力》曾就此强调说：“刈稻除择为种外，宜堆田中，穗相向为员堆，三日而后打，则青谷皆熟。”

为使水稻生育的温度环境适宜，还有引长流程，蓄积泉水等办法，使之经受日晒水温提高后，再灌入田间。马一龙《农说》中还特别指出在栽秧之前灌水，先须遍及全田，以水收去田里热气后，随即排掉，再换新水，就可避免湿热交蒸多发虫害。“灌田者，先须以水遍过，收其热气，旋即去之，然后易以新水，栽禾无害”。

（二）小麦

根据《天工开物·乃粒》所记，明代北方口粮中小麦已占一半，而南方各省却不用它作正餐，种植面积也只占其总数1/20。由于棉花、烟草等经济作物种植面积的增加，以及玉米、甘薯等高产作物的传播，在北方和南方分别形成以小麦与水稻各自为主的多熟种植制度，与此相适应的栽培技术上也各自有所创新之处。

1. 麦种的选留及收藏

明代的《国脉民天》中，对养种、晒种工作都十分重视，并提出于所耕地中选上好地若干亩，作种子田，比别地粪力、耕锄俱加数倍，再从中选籽粒肥实光润者作种，则所长之苗，所结之子，比所下之种必更加饱满。其后清人帅念祖在《区田编》，包世臣在《郡县农政》中，也都列有“养种法”或“养种”的专门章节，但其讲述的都是包括五谷、豆果及菜蔬等多种作物的一般操作方法。而具体以小麦为对象，在选种理论认识上也更加明确的，是《知本提纲、农则》中有关“择种”的一段。

“择种尤谨谋始：母强则子良，母弱则子病。”

注文就此解释说：

“母，犹种也。入地者为母，新收者为子。强，坚实也。布种固必识时，然子皆本母，择种不慎，贻误岁计亦非浅鲜。故凡欲收择佳种者，必宜别种一地，不可瘠，亦不可过肥，务上底粪，多为耘耔，按期浇灌。成熟之时，麦则择纯色良穗，子粒坚实者，连秸作束，立暴极干，揉取精粹之颗粒，扬去轻秕，收藏竹囤中，上用麦糠密盖……盖种取佳穗，穗取佳粒，收藏又自得法，是母气既强，入地秀而且实，其子必无不良也。”

2. 麦田的整地及管理措施

（1）北方凿井和畦种与小麦灌溉技术的发展。防旱保墒是早期北方小麦生产的关键措施，自从汉代以后都以之为中心，从而逐渐形成以防旱保墒为主的旱地农作技术体系。而小麦不仅在孕穗时需要一定水分，即使秋播小麦为使麦苗能够耐寒安全越冬，也应适时灌溉为宜。北方较大规模凿井灌溉始于金代，畦种之法创始于明朝①。从而使灌溉得以应用于麦田，这较之过去靠积雪保墒当是一大进步。《农政全书》卷之二十八，有徐光启所加小注两则，一曰：“北土多苦春旱，区种者，尤便灌水。今作畦种法，其便宜倍胜区也。”又称“谚云：‘冬无雪，麦不结’。玄扈先生曰：雪可必乎？秋冬宜灌水，令保泽可也。”《郡县农政·任土》中有“北方土厚，冬冻多雪，麦性好寒，藉土温润，根须舒实，苗叶不长，无入春伤折之患，故以常倍。然春雨愆期即大浸。诚蓄水，入春得再溉，则无不成矣。”又说：“其必不能开通水利，兴稻田者，亦须多开池塘蓄水，以溉干谷。”指出举凡开池修塘能蓄水灌溉，对小麦高产、稳产都是有力的保证。

（2）南方两熟稻茬地的整地排水及小麦移栽技术。明代太湖地区已盛行稻麦二熟制，明代中期的《便民图纂》有“早稻收割毕，将田锄成行垄，令四畔沟洫通水，下种（按指麦种），灰粪盖之”。明末《沈氏农书》有“十月，……天晴，斫稻，垦麦棱、浇菜麦”。农历十月所收的水稻当是单季晚稻，至清代稻麦两熟的复种制度，便已普及到整个太湖地区。稻麦复种在整地及季节安排上都存在有待解决的问题。一是稻麦换茬等于水旱轮作，再则晚稻收割之后，如何能保证冬麦适时种下。据当时有关文献所记，这些难题也在生产过程中经过实践探索，而终获解决。

早在元代《王祯农书》“耕垦第四”中提出稻茬地要做�（按坄即高畦）开沟，使沟沟相通，当八月收稻以后，可泄水种麦。《农政全书》卷之二十六，有“南方种大小麦，最忌水湿，每人一日，只令锄六分，要极细，作垄如龟背”。“冬月宜清理麦沟，令深直泻水，即春雨易泄，不侵麦根”。《补农书》则说：“垦沟揪沟，便于旱，……旱则经霜雪而土疏，麦根深而胜壅，根益深则苗益肥，收成必倍。坄燥、土疏、沟深，又为将来种稻之利。”在稻收后水田脱水问题上，创造了龟背垄、早开沟、开深沟及早清沟的整地技术。保证排水通畅和脱水干净，及早排净使土壤干燥，以利植麦②。

① 胡锡文，中国小麦栽培技术简史，农业遗产研究集刊，第一册，1958年。

② 胡锡文，中国小麦栽培技术简史，农业遗产研究集刊，第一册，曾就此总结评述说“稻麦两熟区的高坄深沟，沟沟相通，排水快畅的麦地整理技术，是14世纪以来，小麦生产上的重大成就，在这个基础上，加宽坄头，增加土地利用面积，相应的增加用种量，并根据17世纪已有的经验，实行点播，便于中耕追肥，是今天江南小麦增产的主要环节之一，也是简而易行的办法”。

为解决晚稻迟熟，麦要早种这一推行稻麦二熟制中时间上的矛盾，明代在太湖地区·创始了小麦育苗移栽技术，从而解决了江南地区稻麦争时，对巩固和推行在江南地区的农业改制起到了积极作用。小麦是作为“春花”（麦、油、菜、蚕豆及绿肥等）的首要作物，它之易于推行，原因在于“盖吴俗以麦予佃农，而稻归于业田之家，故佃农乐种麦，不乐种稻”[①]。从而大多反对种春花，抵制改为两熟双季稻的主张，是以改种双季稻在清朝未能完全实现，而小麦移栽费工虽较多仍能推行的主要原因似也在此[②]。有关小麦移栽的记载，见于明末的《沈氏农书》，其法是“八月初先下麦种，俟冬垦田移种”，清初的《补农书》则讲述的略详，“中秋前，下麦子于高地，获稻毕，移秧于田，使备秋气；虽遇霖雨妨场功，过小雪以种，无妨也”。在技术上从小麦播下到移栽虽历时近三个月，但可以安全越冬，其产量也较直播为高。只因费工而难以推广（其操作上远比水稻栽身困难）[③]。

二　棉花、甘薯栽培推广技术的探索

（一）棉花

明朝开国之初，太祖朱元璋（1368～1398 在位）即曾下诏，奖励桑、麻、棉的种植，并用规定交纳任务和惩罚细则促其实现。从明初桑、麻、棉三者并重（即三者并课），到明末棉花广泛种植于中土，普及推广到长江及黄河流域，形成“江花”、“北花”及“浙花”等，分别以今江汉平原、冀鲁大地及浙东沿海等地的重点产区[④]。在国民经济上棉花的地位已可与稻、麦并列。其原因除政府以政令督促，作为衣被原料棉花优于丝麻，也和植棉技术的积极改进提高有关[⑤]。

1. 增产关键技术的总结

徐光启著有《吉贝疏》及《种棉花法》，惜今均已佚失。《农政全书》卷之三十五“蚕桑广类”，有“余为《吉贝疏》，说棉颇详”[⑥]，《农政全书》中所保存的内容相当翔实有关论述，当与《吉贝疏》有关。徐光启的家乡松江府，正是当时植棉和棉纺织业最为兴盛的地方，他在收集实际栽植经验，并参据文献记述，除全面叙说植棉的栽培管理全过程，并对其中的关键措施，编为简洁易记的口诀，以利流传应用。如对植棉技术要点，概括之为“精拣核，早下种，深根短干，科稀肥壅”的十四字诀。现据以分析于下：

（1）精拣核，即择种与去杂，书中就此说：“余见农人言吉贝者，即劝令择种，须用青核等三四品，棉重，倍入矣。或云：凡种棉必用本地种，他方者，土不宜种，亦随地

---

① 李彦章，江南催耕课稻编。

② 李长年，清代江南地区的农业改制问题，中国农业科学，1962，(7)。

③ 陈恒力校释：《补农书校释》(1983 增订本)42 页按语，曾谓移栽小麦“苗期共有两三个月，这样大的苗能否安全越冬，春化处理如何处理，都是使人怀疑的”。经游修龄来信指出：浙江的杭嘉湖地区，50 年代时曾一度推行移栽小麦，终因太费人力而作罢。是以陈氏对其是否符合春化原理的怀疑，及秧龄是否太长的担心，都是不必要的。

④ 《农政全书》卷之三十五“蚕桑广类、木棉”。

⑤ （日）西岛定生著，冯佐哲等译：中国经济史研究，第三部，第二章“关于明代棉花的普及”，农业出版社，1984 年。从翰香，试述明代植棉和棉织业的发展，中国史研究，1981，(1)。

⑥ 有关《吉贝疏》及《种棉花法》的撰刻及两书关系可参看：胡道静，徐光启农学著述考，农书农史论集，农业出版社，1985 年，第 77～78 页。

变易。余深非之。乃择种者竟获棉重之利，三五年来，农家解此者十九矣。”

徐光启劝人选择青核，这一核青色，棉质柔细，衣分率高的作种。再结合种子予措等技术处理，可以起到防杂和催芽等作用。为提高棉种的质量，对棉种在播前水选，从元朝《农桑辑要》开始，大多数农书都已提及，但以《农政全书》的记载最为详尽：“今意创一法，不论冬碾、春碾、收藏、旋买，但临种时，用水浥湿过半刻，淘汰之。其秕者，远年者，火焙者，油者，郁者，皆浮；其坚实不损者，必沉。沉者，可种也。又曰：木棉核，果当年者，亦须淘汰择取。浮者，秕种也，其羸种亦沉。取其沉者微捻之，羸者，壳软而仁不满，其坚实者乃佳。”

(2) 早下种，即掌握提前适时播种，早播可早熟早获，由于相对延长了营养生长期，可使棉花积累较多养料，长得苗壮并增强抗御自然灾害的能力。但早种也并非越早越好，早播的适宜时期应因地而异，长江下游地区一般以清明至谷雨为合适。而当地倾向于晚种，则是因通常要在越冬作物收获之后方始种棉，为此提出可在麦地套种棉花，为提高棉花的产量与质量，必要时在冬季应不种春花，就此书中说：“凡种植以早为良，吾吴滨海，多患风潮，若比常时先种十许日，到八月潮信，有旁根成实数颗，即小收矣。”

“如此早种（指清明前五日至谷雨止），即早实早收，纵遇风潮之年，亦有近根之实，不致全荒也。吾乡相称早种者，在立夏前，迟或至小满后，询其缘由，皆不获已：其一为惜麦。北方地宽，绝无麦底，花得早种。吾乡间种麦杂花者，不得不迟。今请无惜麦，必用荒田底。即种麦亦宜穴种，可得早种花，后收麦，旋以厚壅起之也。”

(3) 深根，即采取相关措施，使棉花根系深入土中。棉花根系入土较深，则不易遭受旱寒，冻害，生长迅速。针对通常根浅的情况，为使根系能深入土中，应采取以下措施。

“根浅之缘，复有数事，一者种病；二者漫种浮露；三者太密；四者太瘦。种病如胎病，又少壅，两者皆无力可生根。漫种者子粒浮露，根不入土。密则无处行根，根不远，不远亦不深。故雨濯其根，风寒中其根，多立死。”

“欲求不病，择种一矣；稀二矣；厚壅三矣。穴种者，下种后覆土一指，足践实之；漫种者，下种后亦覆土一指，木碌礡实之；若能穴种，复作畦垄者，苗生耨垄草，遗土覆苗根也，四矣。此四法者，皆令根深能风雨，亦且能旱。”

(4) 短干，即对棉株进行整枝摘心，通过打顶心来调节棉株内部营养，防止主茎生长点继续不断向上生长新的枝叶，从而不必要的消耗营养物质，影响现蕾结铃。这一措施虽从元代就已开始运用，但至明代才有了较为深刻的认识。《群芳谱》已定出摘旁心以“勿令交枝相揉”，对顶心及旁心在“三伏天各打一次”，且“不宜雨暗”，“最宜晴明”。而《农政全书》则从各个方面，进一步申述摘心整枝的意义。如，“苗高二尺，打去冲天心者，令旁生枝则子繁也。旁枝尺半，亦打去心者，勿令交枝相揉，伤花实也。摘时视苗迟早，早者大暑前后摘，迟者立秋摘，秋后势定勿摘矣，摘亦不复生枝。”

但整枝摘心不仅应如上述，须视苗发育迟早来灵活掌握，最迟不得过立秋。而对生长不旺，无郁闭可能的，也可酌情免此一举，即如：

“然非早种、稀留、肥壅，亦自无由高大，去心何益。”

(5) 稀科，这是有关株距的问题。其实质是应合理密植。针对过分密植，指出其危害。“棉花密种者有四害，苗长不作蓓蕾，花开不作子，一也；花开结子，雨后郁蒸，一时堕落，二也；行根浅近，不能风与旱，三也；结子暗蛀，四也。”

"吴人云：'千桠万桠，不如密花'，此言最害事。稀不如密者，就极瘠下田言之，所谓瘠田欲稠也。田之肥瘠，在粪多寡，在人勤惰耳。已则瘠之而稠之，自令薄收，非最下惰农，当作此语耶！

若田肥，自不得密，密即青酣不实，实亦生虫，故稀种则能肥，肥则实繁而多收。"

只有稀科才能耐肥，而稀科只有与多肥相结合，才有望获得丰收。在当时栽培条件下，适宜的株距是：

"木棉一步留两苗，三尺一株，此相传古法。依此则能雨耐旱，肥而多收。"

(6) 肥壅，这里所讨论的，自非一般施肥的意义与作用，而是结合棉田来讨论其适宜施肥量，并联系到早种与稀科等措施，通过南北的对比，说明当时松江地区已成为全国植棉及棉织业的中心，从而要求高产，以适应加大增多的需要量，于是便不乏以密植和多肥为手段，期望能获得丰收者。但实践已证实，其结果则适得其反。

"凡棉田，于清明前下壅，或粪、或灰、或豆饼、或生泥，多寡量田肥瘠。……吾乡密种者，不得过十饼以上，粪不过十石以上。惧太肥，虚长不实，实亦生虫，若依古法，苗间三尺，不妨一再倍也。"①

在棉花可施用肥料的类别中，徐光启认为作为绿肥的草粪及河泥（生泥），其肥效可超过其他。

"有种晚棉，用黄花苕饶草（即今黄花苜蓿）底壅者；田拟种棉，秋则种草；来年刈草壅稻，留草根田中，耕转之。若草不甚盛，加别壅。欲厚壅，即并草掩覆之。或种大麦蚕豆等，并掩覆之，皆草壅法也，草壅之收，有倍他壅者。

惟生泥，棉所最急，不论何物，壅必须之，故姚江之畦间有沟，最良法。凡水土气过寒，粪力盛峻热。生泥能解水土之寒，能解粪力之热；使实繁而不蠹。谚曰：'生泥好，棉花甘国老'。但下粪须在壅泥前，泥上加粪，并泥无力。"

徐光启针对当时植棉中存在的弊端，指出有四，即：

"又曰：总种棉不熟之故，有四病：一秕、二密、三瘠、四芜。秕者，种不实；密者，苗不孤；瘠者，粪不多；芜者，锄不数。"

明清时期的农书中，如《群芳谱》、《三农记》等，其记叙所涉及农事活动诸多领域中，也兼及叙述植棉事宜的。迨至清朝又有两部有关植棉影响较大的专著。一是清朝中期乾嘉间（1736～1820）上海褚华撰著的《木棉谱》，这是本7500字的小册子，所记技术内容与《农政全书》大体相似，另及棉织加工业，可基本上反映当时上海一带棉业的水平与特点。另一为清末湖北东湖（在今宜昌县）人饶敦秩撰著的《植棉纂要》(1908)。当时已引进产量品质都优于原种中棉（*G. arboreum*）的原产美洲的陆地棉（*G. hirsutum*）。张之洞（1837～1907）在湖广总督任上，曾在武昌创办机器织布厂及纺织厂（1892），全国相继兴起植棉及棉纺工业的新高潮。饶氏此书，虽仍以《农政全书》为基础，但已受西方学术的影响。全书分二十节，共约四千字，对植棉技术又作了进一步总结，提出增产的综合措施是：

① 明代豆饼一片实重多少不详，近代各地所产亦不尽同。如每片以15斤计（此据顾复，肥料学，商务印书馆，1929），则每亩所施用的当在百多斤，似亦不免失之过多。此据：陈良佐，我国内地棉花的推广和栽培法，大陆杂志 1978，(6)。

"熟治畦，数锄草，精拣核，下种早，干短、根深、科疏、肥饱。"

它比徐光启多出了"熟治畦"（整地）及"数锄草"（中耕）两项。对减产因素指出有八项，较徐光启则多出了迟、生、杂、浮四者，《农政全书》实际上也已涉及这些要点，但未如此突出，现仅转录于下：（括号中是原文双行夹注）

"曰迟（晚种、晚实、晚收，倘遇秋霖，花铃堕烂无收），曰秕（不实之种），曰生（治地不熟，则土实不松，根苗难于发生，枝叶即不畅茂，花实必晚，易受霜催），曰瘠（培壅不厚，收成必薄），曰芜（锄不勤，则蔓草丛集，掩没生气，为害甚大），曰杂（贪种他物，夺其地力，不惟结实迟，而两者皆不能熟），曰浮（入土浅，则得气薄，引根不能深远，不耐旱，并不耐风雨），曰密（苗而难秀，且防罨蒸，桃易堕落）。"

通过徐光启与饶敦秩所总结的植棉中关键措施的认识，可以看出清末（19世纪末）较明末（17世纪初）在植棉技术上确有进步提高[①]。

（二）甘薯

1. 甘薯的生物学及经济习性及其得以快速推广的原因

甘薯原产美洲，"万历癸巳入闽"[②]，即于万历二十一年（1593）传入福建。之后，徐光启撰《甘薯疏》（1608）[③]，在其《甘薯疏序》中说"岁戊申（1608），江以南大水，无麦禾，欲以树艺佐其急，且备异日也，有言闽越之利甘薯者，客莆田徐生为予三致其种，种之，生且蕃，略无异彼土。"[④] 为普及推广甘薯，徐光启不仅亲自试种，且著文广为宣传，申述其利，有"甘薯十三胜"之说。（见于《甘薯疏》，《农政全书》卷二十七再录）

"昔人云：'蔓菁有六利'；又云：'柿有七绝'。余续之以'甘薯十三胜'：一亩收数十石，一也。色白味甘，于诸土种中，特为琼绝，二也。益人与薯蓣同功，三也。遍地传生，剪茎作种，今岁一茎，次年便可种数百亩，四也。枝叶附地，随节作根，风雨不能侵损，五也。可当米谷，凶岁不能灾，六也。可充笾实，七也。可以酿酒，八也。干久收藏，屑之旋作饼饵，胜用饧蜜，九也。生熟皆可食，十也。用地少而利多，易于灌溉，十一也。春夏下种，初冬收入，枝叶极盛，草薉不容，其间但须壅土，勿用耘锄，无妨农功，十二也。根在深土，食苗至尽，尚能复生，虫蝗无所奈何，十三也。"

徐光启把甘薯的优点全面加以概括，指出其味甘，生熟皆可食，能充米谷，丰年可用来酿酒，饥岁又能以之渡荒。以及高产、耐旱、田间管理简便，虽遇风雨虫害不易成

---

① 王缨，我国古代主要植棉业文献评介，华中农业科学，1956，(4)；以上引文即转录自上记王著。

② 金学曾，海外新传七则，金薯传习录，此前于万历壬午（1582）曾从越南传入粤境，见：梁家勉，徐光启年谱，第45～46页，"是年，番薯自越南传入，中国引番薯始此"。此据《东莞县志》、《夙冈陈氏族谱》，中华书局，1981年，但李德彬认为此说不可信，见李德彬：《番薯的引进和早期推广》载邓立群等著《经济理论与经济史论文集》北京大学出版社，1982年。

③ 王重民辑校，徐光启集，上册，甘薯疏序，校记，上海古籍出版社，1984年，第69页。

④ 梁家勉，徐光启光谱，《甘薯疏》是我国第一部述番薯专著，惜早已佚，今仅其序于《群芳谱》中，近年王重民辑校的《徐光启集》中收入《群芳谱》引用的两条和这一书的序言，朝鲜徐有榘（1764）所撰《种薯谱》（1834）据日本篠田统考证曾全文征引，经与《农政全书》甘薯条文逐一对比，发现两者文字大致相同，但多数情况下，疏文比全书稍微简略。是以可断定徐光启是先完成《甘薯疏》后来在《农政全书》收载时又适当补充了若干文句，（见篠田统著，吴万春译：《〈种薯谱〉和朝鲜的甘薯》，此文原载《朝鲜学报》四十四辑，中译文收入《金薯传习录》《种薯谱》合刊本，农业出版社，作为《中华农学珍本丛书》1982影印本的附录）。

灾等适应性强，随处可种的特性。“甘薯所在，居人便足半年之粮”，“故农人之家，不可一岁不种。此实杂植中第一品，亦救荒第一义也”。但其在普及推广中也有有待克服的技术障碍，须及时加以解决，方可使这“不与五谷争地”的高产作物，传遍大江南北。

2. 甘薯无性繁殖中的技术难点及解决方法之创新

由于甘薯有一惧湿，一惧冻的生物学习性，是以藏种较难。在留种及藏种方法上，针对南方的温湿和北方的冷燥，参据群众实践经验，提出藏种三法：一为传卵（藏薯块），二是传藤（藏蔓），三则既藏块又藏蔓。要点是如何防湿防冻，南方虽以防湿为主，避免坏烂，但也要注意防冻；北方则务须设法不令冻坏。徐光启倡议在北方可用窖藏或以类似在温室中开花结实，留藏种子的办法来解决。《农政全书》就此说：“藏种之难，一惧湿，一惧冻。入土不冻而湿，不入土不湿而冻。向二法① 令不受湿与冻，故得全也。若北土风气高寒，即厚草苫盖，恐不免冰冻，而地窖中湿气反少，以是下方仍着窖藏之法，冀因愚说，消息用之。”

“今北方种薯，未若闽广者，徒以三冬冰冻，留种为难耳。欲避冰冻，莫如窖藏。吾乡（按指上海）窖藏，又忌水湿。若北方地高，掘土丈余，未受水湿，但入地窖，即免冰冻，仍得发生。故今京师，窖藏菜果，三冬之月，不异春夏。亦有用法煨热，令冬月开花结蓏者，其收藏薯种，当更易于江南耳。则此种流传，决可令天下无饿人也。”

为使甘薯能迅速发展，还须掌握其对环境要求与生育规律的无性繁殖法。由于甘薯的育苗方法是从最初传入，到逐步总结实践经验，而渐完善的，是以将其首见于有关文献者，现据时间先后，依次加以叙述②。

（1）见于《金薯传习录，海外新传七则》（1593）中的第四则，露地自然育苗和越冬老蔓育苗法（此当系陈经纶提供的吕宋育苗法）：

“养苗地宜松，耕过须起町，高四五寸，春分后，取薯种斜置町内，发土薄盖，纵横相去尺许，半月即发芽。日渐延蔓，蔓长一丈或五六尺，割七八寸为一茎，勿割尽，留半寸许，当割处复发，生生不息。

若养蔓作苗，须用稍长尺许（老蔓），密密竖栽，如养葱韭法，畏霜畏寒，冬月以土盖之。亦有取近根老蔓，阴干收温暖处，次年亦萌发。”

（2）见于《群芳谱、蔬谱》（1621）甘薯，树艺项下的茎蔓繁殖法：

“（种甘薯地）重耕起要极深。将薯根每段截三四寸长，覆土深半寸许，每株相去纵七八尺，横二三尺；俟蔓生既盛，苗长一丈，留二尺作老根，余剪三叶为一段，插入土中。每栽苗相去一尺，大约八分入土，一分在外，又即生薯。……若各节生根，即从其连缀处断之，令各成根苗，每节可得卵三五枚。”

---

① 徐光启介绍的两种藏种方法，一种是用稻草筑成二尺见方的坑，坑底和坑的四周，都要堆上很厚稻草，坑中堆种薯，缚竹为架，罩在种薯上，上面再盖很厚的稻草。另一种方法，是堆尺余厚的稻草垫底，上铺尺余厚的草木灰。种薯埋在草木灰里，薯上再用草木灰覆盖，并铺上很厚的稻草。此据章楷，番薯的引进和传播，农史研究，第二辑，1982年，原文见《农政全书》卷之二十七，及石声汉校注本同卷校注九二有关释语。

② 明清时期有关甘薯的历史文献，如不计各地方志，据胡锡文主编，中国农学遗产选集，甲类第三种，粮食作物，（上编）所收，有关文献共40种，其中明代以前的3种，明代7种，清代31种，民国2种，其中专著仅清陈士元撰《金薯传习录》（胡编《粮食作物》未收）及陆耀编撰：《甘薯录》（1750前后成书）两部，清乾隆以后甘薯推广较决，但技术改进有关文献欠详晰。

(3) 见于《农政全书》卷之二十七树艺，甘薯项下的切块直播育苗法：

“至春分后下种，先用灰及剉草（或牛马粪）和土中，使土脉散缓，可以行根。重耕地二尺深，次将薯种截断，每长二三寸种之，以土覆。深半寸许，大略如种薯蓣法。每株相去数尺。俟蔓生盛长，剪其茎，另插他处。即生，与原种不异。”

“今拟种法，每株居亩中，横相去二三尺，纵相去七八尺，以便延蔓壅节，即遍地得卵矣。”

又曰：“薯苗延蔓，用土壅节后，约各节生根，即从其连缀处剪断之，令各成根，苗不致分力，此法最要。”

(4) 见于《郡县农政·农一上》“作力”处，记有摘芽育苗法：

“山芋亦名土瓜。择肥好者，掘干土坑藏之，覆以草，谷雨后取出，四面皆生芽一二分许，摘芽种畦内。蔓生，以竹或柴缘之。至夏至，剪取蔓枝，每一叶下截过节为苗，栽之沟塍，略如芋法。”①

3. 关于甘薯插苗技术的累进

甘薯的扦插技术，明清时期的有关农书只写下方法，而没有定名，如合以今名，可发现已发展有以下四种：

(1) 斜插法：按株距在畦上开斜穴，将甘薯茎蔓斜插入土二三节，再盖土压实，此法首见于《金薯传习录，海外新传七则》第五则：

“栽茎使牛耕，町宽二尺许，高五六寸，将茎斜插町心，约以七分在町内，三分在町外。町内者结实，町外者滋蔓，每茎相去一尺余。……每茎可得薯三四斤。”

(2) 直插法：按株距在畦上开直穴，将具有五六节的茎蔓直插二三节在泥土中，再盖泥压紧。《群芳谱》就此记有：

“俟蔓生既盛，苗长一丈，留二尺作老根，余剪三叶为一段插土中，每栽苗相去一尺，大约八分入土，一分在外，又即生薯。”

(3) 水平插法又称波状插法：见于《农政全书》：顺畦面开浅沟，然后将所取茎蔓剪去茎梢，留一二尺许，横放沟内，头尾入土，芽及叶外露，其余盖土压实，数日后每节即能抽出新藤。

“剪茎分种法，待苗盛枝繁，枝长三尺以上者，剪下去其嫩头数寸，两端埋入土各三四寸，中以土拨压之，数日延蔓矣。”

(4) 船底插法：扦插时将蔓的中央部分向下弯曲，使头尾露出土面，形似船底，所有叶片均须外露土面，此法见于清末陈启谦撰《农话》(1902)。

“取所采之苗，插其半于土，斜插之如船底之状，或竖插亦可，每苗相离约七寸，日日灌水，天雨则否。”

---

① 新中国成立后，甘薯生产曾一度得到迅速发展，特别是在粮食紧张时期，群众多乐于种植，70年代随种植结构的调整，其种植面积相应有所减少，作为充饥渡荒的时代已成过去，但其综合利用加工产品已被广泛开发，其生产利用仍有广阔前途。由于甘薯薯块水分多，组织柔弱，在收运贮藏过程中都易受损失，70年代，因而受损的约占总贮量的15%，是以科研部门通过调查试验，总结出“四轻，八不要”的经验。“四轻”即“轻刨、轻装、轻运、轻卸”。“八不要”是“薯块受霜冻的不要；严重破伤的不要；受涝渍的不要；露头青的不要；虫孔多的不要；严重开裂的不要；有病斑的不要；混杂的不要。”此据朱荣主编，当代中国的农业作物，第六章第四节（二）贮藏技术的改进，中国社会科学出版社，1988年。

第二十三章　明清时期传统农学思想的演化

第一节　以阴阳五行理论阐释农事内在机理的成就与局限

中国传统农学思想在明清时期有较大发展。基于天、地、人三因素的三才思想，在这一时期衍化而成时宜、土宜和物宜的三宜思想，不仅结合传统哲学范畴有较深刻的阐释，也被自觉地应用到农业生产实践中去。与此相适应的是有些农书的内容，正不限于生产技术的记述和生产过程的叙说，并试图揭示和探讨其内在机制，用哲学术语和范畴来说明农作物的生育规律，以及田间操作等诸多技术措施的深层机理。

阴阳、五行及元气等范畴，早在先秦时期就已形成，后来的思想家在继承的基础上又都有所发展，并就其含义分别作出唯物与唯心的不同解释①。对天、地及万物的构成，是由水、火、木、金、土这五者的说法，始见于《尚书·洪范》。但这一观点，一经产生就又相继发生各种形式的演变，如相生、相胜的生胜说等。即除了用它来说明物质的构成，又力图从这五种简单自然物之间的相互关联，来描述和解释世界上许多事物变化和发展的过程和原因。其中“生”和“胜”分别意味着依赖和对立的关系，而“生胜说”则已含有对立统一的观点。李约瑟曾就此说过：“五行的概念倒不是一系列五种基本物质的概念，而是五种基本过程的概念。中国人的思想在这里独特地避开本体而抓住了关系。”②

阴阳的记载，最早是见于《国语·周语上》，有关西周末年镐京地震原因的解释，“阳伏而不能出，阴迫而不能蒸，于是有地震”。这是周大夫伯阳父用阴阳来说明招致地震的原因，在于阴阳两者失序。在他看来，阴阳是天体之气，是自然界中既有区别又有联系的物质，两者的失调形成灾变。在这之后，阴阳观念逐渐受到更多的关注与运用，从以其相互作用是自然变化的原因，进而推及用来说明系万事万物转变的根源所在，后来竟至成为贯通宇宙间一切事物的普遍原则。但所侧重的不是阴阳的实体，而是它的作用与功能，从而愈来愈脱离具体物质，而趋于抽象化的转变过程。这一观念不仅对阴阳范畴的演化，进而在人们的思维方式上也产生了深远影响。战国末期出现邹衍（约前305～前240）等阴阳家，提出带有神秘色彩的五德始终说。司马迁说邹是“深观阴阳消息，而作怪迂之变”，因“其语闳大不经，必先验小物，推而大之，至于无垠”③。在西汉董仲舒（前179～前104）构建的神学目的论中，这一学说又得到进一步发挥。竟至认为，作为万物最高神的“天”之所以能起到主宰自然与社会的功能，也主要是通过阴阳两气的变

---

① 胡维佳，阴阳、五行、气观念的形成及其意义，自然科学史研究，1993，(1)。

② Needham，J. Science and Civilisation in China. Vol. I，P243.

③《史记，卷七十四，孟子荀卿列传》。

化来实现的。这一唯心主义倾向，之后虽不断有人支持，并加以扩大宣扬，但也相继受到唯物主义者的抵制与批判。

“气”也是中国传统哲学一个极常使用的范畴。早在先秦时期阴阳就已被推想为“气”。最初是和风、雨、晦、明一起，用来说明自然现象是否正常的原因。有关“气”的理论在汉代更备受关注，从而形成较为完整的不同体系。董仲舒把“气”作为天人感应说的基础，在《春秋繁露》中曾多处援用。东汉时王充（27～约96）曾对天人感应目的论和谶纬之学给予有力的批判。在天道观上提出元气自然论，认为天地万物皆由“气”构成，“天地合气，万物自生”①。区别天道自然无为和人道行求有为，用以证明元气产生万物，完全是一种自然过程。这比最初只能借助外部可感的形象，如按阴阳、清浊或五行来区分，确是前进了一步。后来因缺少必要的分析手段，难以揭示其真实的物质本性，就大多依事分类，出现了几乎一事一气，一物一气的局面。但也有人对之深入探索并有创见。如宋代张载（1020～1077），明代罗钦顺（1465～1547）、王廷相（1474～1544）和清代的王夫之（1619～1692）等唯物主义哲学家，都肯定“气”是运动中的物质，坚持把关于“气”的理论作为观察和分析问题的出发点。而作为理学大师的宋代朱熹（1130～1200），虽也承认“气”的存在和作用，但却主张在“气”形成之前便已有“理”存在，“未有天地之先，毕竟也只是理”②。“强调理本气末”，并明确提出“有是理便有是气，但理是本”③。围绕着“气”的命题，一直是长期争执迄无定论。李约瑟在研究中国科学思想史时似也注意到了这一点，他曾指出：“中国思想界使用‘气’字是屡见不鲜的”，但却感到难以找出合适的对应词汇来翻译，“因为它对中国思想家们的含义，绝不是任何一个英文单词所能表达的”。因而针对西方有些汉学家把它译为物质一词时说：“必须注意到的是，‘气’这一物质可以以各种微妙不可捉摸的形式存在”④。

明清两代的农学家中，就有人在其探讨农事内在机理时，虽然仍旧借助并运用传统哲学中的有关范畴，却在继承中有所发展。甚至不只是企图以哲学的范畴来解释农学的机理，同时还想用农学所探讨的实际，来反证相应的哲学命题。而这又依其所处的时代及研究的对象，各有侧重而不尽相同。如明代马一龙是着重以“气”来论述其要说明的农事机理；而清朝的杨屾则用经其修正了的五行说，来阐释并探讨有关农事活动的一般规律。但因其囿于传统哲学的构架，大都未能达到预期的指望，而在质上仍未有所突破。宋应星在撰著《天工开物》的同时，也还写出《气论》、《谈天》等侧重自然观的哲学篇章，却仍停留在与同时人相近的水平上，而未摆脱虚构玄思的推导方式。而真正能循依科学程序，并对传统观念有所修正的，在明清时期则应首推徐光启。他在从事科学研究时，能坚持以经验事实作为验证理论唯一方法，而当总结论述时，又力求把归纳的实验方法和演绎的数学方法相互结合，并能较为娴熟地加以运用，从而取得较为突出的成就。但由他所开创的这一学术路线与治学之道，却终因当时的中国还缺少发展近代科学的丰厚土壤，而又被迫中断近两个世纪之久。

---

① 《论衡，卷第十八，自然篇》。

② 《朱子语类，卷一》。

③ 《朱子语类，卷一》。

④ Needham，J.：Science and Civilisation in China Vol. Ⅱ，P432.

一　马一龙的农学思想

马一龙字负图，号孟河。江苏溧阳人，生卒年不详。嘉靖二十六年（1547）曾考中进士，官至国子监司业，是个正途出身的儒者，因家贫亲老辞官归里，经亲友资助购进荒田和耕牛，以雇工从事经营，也间或亲自参与操作，对农事较为熟悉。在耕读之余，痛切感到“农不知‘道’，知‘道’者又不屑明农”①，于是决心著书立说，“因命工刻版，布诸多人之有志于农者”，遂成《农说》。这部以中国传统哲学思想为指导，极富哲理的著作，行文简洁深奥，书的正文部分只有600多字，他惟恐常人不易看懂，遂又逐条更为详说，增加了5000余字的注文。于今来通观全书，依然有难读费解之处，究其原因，在当时可能恰如他所指出的，了解并熟悉农事的农民，因缺少文化而难以知书识理；而读书识理的士人，大多又不屑于去了解农事，因而难以找到兼备这两个条件的人。在如今之世，情况虽已有所改变，却依然还是一部难读费解的农书，这是因为受限于其文字和内容。这一类同农业哲学的论著，在诸多的中国古农书中，确独具一格而有别于他书。

《农说》全书共22段，除首尾及中间记叙栽苗、除草部分，余下的14段都涉及到“气”，即当其通过和水稻相关的耕作、栽培等技术措施，来阐释农学一般原理时，在描述与解释的过程中，始终在援用并凭借着“气”，这一在概念上虽为人所熟知，但在运用上因具有较大随意性而有待深究的范畴。马一龙对“气”的性质、状态，依据其不同情况分别加以叙说，如对“气”的性质，即经区别分为阴气与阳气、生气与死气、清气与浊气，以及祖气、胎气、时气、风气，乃至一元之气和先天之气等多种多样不一而足。而就“气”的状态，则分别用升降、进退、充泄、结散等词来表述，对“气”的动因是以消长运动及交互感应等术语来说明。他对“气”坚持是运动中的物质这一认识，在概念上虽仍沿袭前人说法，但在运用上却有独出已见之处，现仅加以归纳并酌加说明于下：

（一）对构成万物根源的一元之气的理解，并进而据以解释天时、土性的观点

马一龙认为一元之气最初并非截然二物，而是由于运动状态才决定其阴阳属性的。他说：“夫一元之气，升则为阳，降则为阴；进则为阳，退则为阴，初非截然二物。”基于阴阳的消长更代，形成循环交替的四季，当阴阳二气布列于四季时，就使天时的早晚，反映为节气和候应。阴阳的更迭交替，能进而引发万物的相应变化，而据此制定的节气和候应，则可用来作为昭示人们掌握农时的准则。当阴气凝集在土中，则创始万物的阳气，必然会因其欠缺而形成难以发挥全功的粘重生土；而外在的阳气不足时，则使土中阴气郁结难以宣泄，从而形成干硬的土垡。可见，要使土地适于耕作，关键在于应设法克服阴阳二气的失调，所以他说：“阳上而不抑，遂以精溢；阴下而不济，亦难以形坚，”“损有余，补不足，则精不溢而形可坚矣。”总之，对于一元之气，务须依其升降，进退时，出现的阴阳差别，本着“生者阳也，成者阴也”这一原则，来设法加以调节，使其有可

① 马一龙《农说》，以下凡引自本书者不再注出处。

能通过交互感应，进而达到和谐，如是方可有利于生机。

（二）依据阳生阴助的观点，对农作物内在生命力机制的解释

马一龙认为包括农作物在内的生物，在其生育过程中，也是循依阳主发生，阴主敛息的规律，所以他说："是故含生者阳以阴化；达生者阴以阳变。察阴阳之故，参变化之机，其知生物之功乎？"这里的"含生"与"达生"，分别是指具有生命尚未诞生者和虽已出生而仍有待发育的事物①。他指出凡物之具有生命而尚未诞生的，虽属于阳而须借阴的化育方能出生；生物之初生者，虽出于阴而须赖阳之助才会成长。所以应详审阴阳的推移，并不失时机的参酌其变化的契机才是。基于这一认识，似可有助于说明农作物的生长、发育及生殖、繁育过程中的内在机制，并应采取相应的田间管理措施等深层原因。

马一龙进而对农作物种籽的潜在机能加以考察，并将它和出苗后的生长发育全过程联系起来，仍以一元之气来解释其深层机理。他指出由充溢于天地之间的一元之气转化而成的祖气、胎气以及土气，如能充沛并贯通全程，则有望毕收全功于事后，就此他说：

"故祖气不足，母胎有亏。其踵不踵，胎气不完。其胎不胎，虽成必败。盖亲下之本，既久去地，而伤母之体，岂能全天哉？

祖气，主谷子之在秸者言也。母胎，主谷子之脱秸者言也。祖气不足，谓未及冬至而先刈者，其一成之气，既未充足，以之为种，母胎有亏矣。草木之生，其命在土，生成化变，不离土气，踵踵相接，生生无已焉。"

上述这段引文的大意是说：种籽如祖气不足，则母胎必然有亏，本应接代的却难以传种，种下之后，即使能够出苗，也难以完好结实。究其原因，则是由于提前收割，其生命之气还未充足，而长得欠佳的籽粒，是难以指望它能正常发育结实。草木的生长发育，原本有赖土地，因其生长、发育、成熟、结籽，这一系列变化都离不开土气。为了使农作物能够世世相接，代代相承，就应明乎此理，而不疏忽才是。

（三）对以人力从事治禾，务期阴阳相济使气能贯通的论述

马一龙称与农事有关的劳动为"人力"；以栽培为主的操作为"治禾"。禾生于土，但土有肥瘠，地有高低，加以地久耕其力渐衰，田不治则滋蔓荒芜。是以须根据土地的不同情况，用人力辅佐相助，进行耕作培肥。"农家栽禾，启土九寸为深，三寸为浅"。至如地势之高下不同，会使联属贯通的气有别，是以"启原宜深，启隰宜浅。深以接其生气，浅以就其天阳"。这里说的"原"是指高平地面，"隰"为低下的湿地。深耕是为了能衔接底下的生气，浅耕则因其有利于接收阳光的暴晒。连年种植的土地，地力会逐渐减退；疏于耘锄，杂草必蔓延滋生。所以施肥、休闲、除草、中耕等措施，均宜相机行事，务期能滋源固本，收获时则有望穗大粒满。对田间土壤，因阳气盛极而外泄，或阴气盛极而敛结的，则须设法，用水夺其过泄的阳气，以火来攻其凝结的阴气。经谨慎处

---

① 宋湛庆，《农说》的整理和研究，东南大学出版社，1990年，第23～25页。以下参考宋著的注释，不再逐一加注。

理“其用舍去留之分”，则不难达到阴阳互济，使田土滋沃肥壮。

就治禾的具体操作，他仍以“气”来说明其要点与机理。如“移苗置之别土，二土之气交并于一苗，生气积盛矣”。可见移植之后的幼苗，虽稚而壮，是因“气以交并积盛”的原故。即经移栽的秧苗之能健壮而具活力，是由于它交集了两块土地的肥力。“恶草之害苗者，不可胜数”，因其易生难治，除治的要点，是力求“数与草齐”，即应在草每长出一次，就及时除一回。而为除草进行的中耕，还可起到固苗的作用，能“使其顶根入土，深受积厚多生之气”，当根深扎土中，就会充分吸收养分，茁壮成长。

（四）依据阴阳二气互动互济的相互作用，明确提出三宜思想

马一龙把早在先秦就已出现的，农业生产应根据气候、土壤和作物的各不相同情况，分别采取相应措施的指导思想加以体系化。对由来已久的这些原则，加以全面总结系统论述的，是迟至明代而首见于《农说》一书。就此他曾简洁扼要的指出：“合天时、地脉、物性之宜，而无所差失，则事半而功倍矣。”他进而又说：“故知时为上，知土次之，知其所宜，用其不可弃。知其所宜，避其不可为，力足以胜天矣。知不逾力者，虽劳无功。”他强调农业生产只有循依天所生，地所宜及种之良者，再经人力所施，方能足谷足食。在《农说》的撰写上，这一指导思想是贯彻始终的，他能依据朴素唯物的气一元论观点，通过分析与水稻耕作栽培相关的外在因素，及人应从事操作的技艺，进而探讨较深层次上的一般原理，撰写出我国古代第一部以独特理论来说明农事的农书，纵使未能摆脱时代的局限，但其意义与影响当予充分肯定。

马一龙在《农说》中，依据传统哲学范畴对农事内在机理的解释，是既有继承又有发展，如对“气”这一范畴，在其内含的深化与外延的拓展上，就都结合农事实践有所创新。其论述一元之气的诸多转化形式，反映其对一般与特殊的关系已深有所知。又如在传统的三才思想基础上，推导衍化为三宜思想时，曾说：“天之生人，必赋以资生之物，稼穑是也。物产于地，人得为食，力不致者，资生不足矣。”可见其在农业生产中，已将天、地、人、物四者结合起认识，已趋近有机的自然观。而他又强调，如能掌握天、地之所宜，利用其不能舍弃的条件，并注意避不该作的事，则“力足以胜天矣”。这与他“力农以为功”两相结合，则又可证实他对人的主观能动作用是给予充分的肯定。马一龙的生卒年代虽不能确知，但其主要活动当在16世纪中期，而这恰值王守仁（1472～1528）的学说风靡一时，王学遍天下的年代。王守仁认为一切事理全在吾心，不假外求即可致知；进而把“物”归结为意识的作用，甚至断言“有是意即有是物，无是意便无是事矣”①。强调心外无理，心外无物，稍加对比就不难发现马一龙所具有的求实精神，和不迎时媚俗的胆识。是以他虽不能超越其所处时代，而仍囿于传统哲学的构架，但毕竟不该和空谈性理和道、器的经师与儒生相混同。

二　杨屾师徒的农学思想

杨屾（1687～1785）字双山，陕西兴平人。早年曾师事清初名儒李颙（1627～

① 王守仁，《传习录、中》。

1705）别号二曲，陕西周至人。杨屾学成之后，不应科举，随即返归故里，毕生致力农桑。设馆讲学，并从事著述。他治学以经世致用为宗旨，因而从师所学虽是理学，但能崇实黜虚，以博学多识闻世，门下弟子多达数百，是以人称其“学为实学，业为实业”。先后撰写的论著中，流传至今的有《知本提纲》（1738 成书，1747 刻印）、《豳风广义》（1740）及《修齐直指》（1776）等。《知本提纲》是他平生得意之作，全书共10 卷，14 章。正文是讲课用的提纲，注解是在他督导下，由其弟子郑世铎撰写，先后历时十多年方始完成。由于写作中师徒二人曾共同切磋，所以从研究农学的角度已无需对正文和注解再严格加以区分，书也不妨认为是共同撰写的。书中涉及农学的共有三章，即谈农政的《帅著章》。论述农业生产理论和技术的《修业章》和叙说农家生计和管理的《帅家章》。《修业章》中专讲农业的“农则”这一部分，对传统农学从理论上加以概括和阐释，具有极富哲理的思想内容。说它是西方农学传入之前，中国传统农学的最后也是最高成就，似亦不为过分。

（一）杨屾师徒的自然观

杨屾在《知本提纲》的凡例中，曾较为集中地阐释了他的自然观，他说：“此书有五行之说，与古人五行之说，名同而实异。古人言五行，原以金、木、水、火、土为民生日用之需；此书言五行，则天、地、水、火、气为生人造物之材。”

他进而把天、地、水、火称为“四有”或“四精”，把“气”和四精区别开来。他就此补充说：四精中天、火属阳；地、水属阴，阴阳各半。“盖独阴不生，独阳不长，阳施阴承，阴化阳变，阴阳交而五行合，五行合而万物生”。郑世铎在《帅元章》中对“气”加以解释说：“气为四精之会，统合成体，半阴（地、水），半阳（天、火），不轻不重，居于四者（天、地、水、火）之中，相连一气，和谐流通，自能著体成形，物化生人。”

这一论述，对传统的阴阳五行理论，是既有继承又有发展。书中说的是，阳施阴承，阴化阳变，而阴阳交济，五行合和的过程，则是借助于“气”的作用，即通过“气”的和谐流动，到达交济互动，促使万物萌生。这一构思如与传统的五行观相比，则不难发现，在其所说的五行中不仅以“气”代金，并且强调“气”的功用是在联结沟通其余四者。可见，这一观点既肯定“气”能沟通万事万物的这一物质本性，也在致力于探索天、火与地、水这四者，对构成万物本质的究极作用。这一体系因以“气”代金，从而使五行生胜的传统说法，出现破绽而难再循环相继，但力求通过“气”的作用，既想说明事物的内在联系，也企图借助于“四精”之为用，来揭示构成事物的究极本质，而不限于从事物的相互关系中，来了解其动因，是有其进步意义[①]。

（二）杨屾师徒有关“农道”的农学思想

杨屾师徒以其经过修正了的五行说为基础的自然观，既是用来说明世间一切事物生

① 古希腊的哲学家阿那克西美尼（Anaximencs，生卒年不详，其活动全盛期在BC546 年前后）认为自然界的基质是无限而又不定的“气”，作为基质的“气”通过浓缩和稀释形成各种实体，火是稀薄化了的“气”，当凝聚时“气”就变成水，如再凝聚就成为土，最后就成为石头。罗素曾就此指出“这种理论所具有的优点是可以使不同的实质之间的一切区别，都转化为量的区别，完全取决于凝聚的程度如何”。见罗素著，何兆武等译，西方哲学史，上卷，第二章，商务印书馆，1963 年，杨屾所提出的五行观及“气”的实质和作用与之颇多相似处。

长化育的理论依据，也是据以阐释农事操作机理的前提。作为指导思想它虽贯彻于全书，但叙说则以《修业章》较为集中，现仅酌加摘录归纳，以便从中察知涉及“农道”这一一般农学原理的农学思想。

1. 有关天、地、人的三才思想

书中说“天主行施，地主含化，惟凭水火之调燮；损其有余，益其不足，更需人道以裁成。”①“居表运行以施种者，天之职也；居中承载以施化者，地之职也。然其联合贯通，惟凭水升火降，方能调燮不偏，而后材料全备，万物始得发育耳。天地施化，水火调燮，虽为造物之材，然此乃帝功也；人为帝子，自有继述之善。故参天地，和水火，有余者损，不足者益，更需人道以著裁成之妙，而后物类繁昌矣。”

对天、地、人三者在农业生产中的作用，明确指出天和地等自然因素，虽为农业生产提供了水和火等造物之材，但这些素材经常有不足或过多之患，是以须人类加以干予。即循依客观规律（参天地），采取协调诸多相关因素的内在矛盾（和水火）的办法，方能使农业生物与外界环境协调一致，从而有望繁茂丰收。可见“天界时，地产利，人当趋时尽利，以奏其功”。这说明只有充分发挥人的主观能动作用，才能受益无穷。

2. 有关时、土、物三宜思想

由马一龙全面总结并首次提出的三宜思想，在杨屾师徒的论著中又有所发展。三宜思想是在三才说的基础上衍化而来，但它不仅直接联系农业生产实际，而且可为之提供具体操作方策。这一要求应根据气候、土壤和作物三者各不相同情况和特性，而采取相应生产措施时应遵循的基本原则，在《知本提纲》讲到在施粪以化土的粪壤部分，得到了具体运用。在提纲仅有一句的“生熟有三宜之用”之后，郑世铎随即加以解释说：“此言用粪之要也”，在结合具体操作而提示其要点时，有：

“时宜者，寒热不同，各应其候。

土宜者，气脉不一，美恶不同，随土用粪，如因病下药。

物宜者，物性不齐，当随其情。”

在稍后的道光（1821～1850）时期，以记叙江苏松江农事为对象的《浦泖农咨》（1834）一书中，竟把能否按照三宜原则进行操作，作为判断是否可为“良农”的标准。《知本提纲》就此承上启下，纵使其间的继承关系如何尚须细考，但从中确可悟出在生产技术改进的基础上，思想认识得以逐步深化。

3. 有关阴阳五行与一元之气的相互为用思想

阴阳五行和一元之气，有如前述都是由来已久的中国传统哲学的基本范畴，难得的是杨屾师徒不仅把它加以结合而又娴熟地加以运用，从现在的实验科学来看，确有许多牵强附会之处，但作为一个指导思想而能言之成理，则确不失为一家之言。《知本提纲》中用阴阳五行与一元之气来阐释农事机理的例证见于多处，在此仅列举数则主要者，意在以之为纲，以期能有助于进而窥察其概况。

“气之清而动者，是为天火之阳；气之浊而静者，是为土水之阴。

盖人以五行著体，日用消耗，元元之气宜继；物以五行备用，谷禀中和，生生之助为首。元元之气，谓胎禀著体之元气也。帝以五行著人之体，原本一气凝结，不能久羁，

① 杨屾，《知本提纲、修业章、农则》。以下见引本书本章者不再加注。

兼日用之间，言动营为，呼吸运转，时有消耗之费，若不培养，立见毁坏。故又以五行造化万物，同类补添，以继其元元之气。”

“既知耕种栽锄之理，更明稼穑消息之机。种曰稼，敛曰穑。消，耗散也；息，生长也，上既备言耕种栽锄之理，人固知所用力之要，然阴阳流行，机无停止，和则成体，盈则渐毁。稼则阳变而生，穑则阴化而成，故有稼必有穑，而皆宜不失其时，若失其时，则有消无息而稼穑难成矣。”

“稼得其时，则无五贼寒热之害；稼失其时，更有外侵零秕之忧。穑得其时，则气充而多脂；穑失其时，必气泄而多滓。”

具有阳性的天、火和阴性的地、水，分别是由动而清及静而浊的“气”转化而成。构成世上万物的物质本源是为元气，而这一元之气通常又是以具备一定形质的天火和地水等形式来展现。作为五行著体的人，在日常活动中所耗去的与生俱来的元气，要靠五行造化具有中和禀性的谷物来补充，如不随时滋养就立即导致损坏；只有及时同类相补方可继承其元元之气，保持旺盛生机，至于人类赖以为生的农作物，是有种才有收，这被称为稼和穑的播种与收获，是作物生育管理中首尾两个环节。按照杨屾师徒的说法，“稼则阳变而生，穑则阴变而成”。即播下的种籽所以勃勃具有生机，是因它能借助于阳性的光热等宇宙因子而促进其生育转化；而作物的发育成熟则又离不开水肥等土壤因素。为了确保高产丰收，种和收都须及时，而收获得时则方可提高品质并增进营养价值。原因是由于“气”的转化而使然。

“禾方成时，生气已足，速即收获，则元气充满而多有膏脂，食之香美，能聪明耳目，坚强骨髓，耐饥而外邪不入。若及熟而不速收，则元精仍复消毁，真气渐泄而多有渣滓，食之无味，自不益人也。”

这在缺乏现代生理与营养知识的条件下，对人和作物作为自然界中的生物，对其同化与异化的代谢功能，通过阴阳交济、元气消长来解释其机理，再以之作为保持人体健康功能，和改进作物栽培技术的理论依据，应该说基本上是循依唯物的辩证思维方式，有其合理的一面，限于当时科学的总体水平，难以确切完整的表述，也自在情理之中。李约瑟通过对比中西科学发展历史，曾经说过：“我们对于五行和（阴阳）两种力量的理论所作的思考已经表明，它们对中国文明中科学思想的发展，起了一种促进而不是阻碍的作用。只有到了17世纪当欧洲最后摒弃了亚里斯多德的四元素以后①，这两种学说与西方人的世界图像比较起来，才使中国人的思想呈现某种程度的落后”②。李约瑟这里说的科学思想显然是包括一切学科的，已处在变革前沿的古老中国传统农学自不例外。

（三）杨屾师徒有关耕道与耕序的论述

杨屾师徒在《知本提纲》中阐述的农学思想，在书中又结合陕西关中地区的农业生产实践使之得以具体化。在涉及农业生产各个部门而展开的记叙中，最见功力的是有关

---

① 古希腊哲学家在探究万物本源的过程中，最初是逐渐形成由火、水、土、气构成的四元素说，亚里斯多德（BC384～BC322）则是以干、湿、冷、热四者来说明物性差别与形体转变的原因。但他仍承认“一切东西都是由土、水、气、火四元素构成的”，参见：罗素著、何兆武等译，西方哲学史，上册第四及第二十三章，商务印书馆，1963年。

② Needham，J.：Science and Civilisation in China，Vol. Ⅱ，P304。

大田生产的耕道与耕序的论述。它不仅简洁切要的总结了群众的生产经验，又能在叙说时相当精辟的从一定理论高度上加以概括，并尽力来探讨其内在机理。从而可证实其农学思想已与生产实践相结合，并经受了实践的验证。以下仅从这一特定角度，稍加考察分析。

1. 耕法与耕道

杨屾师徒有关北方旱地耕作技术具体方法的论述，具见前述第三章第二节相关部分。对于耕地的时宜，深浅乃至具体操作要求，则都依据“阴阳交济、五行合和”的观点，不仅详尽说明其当然，还力图探讨其何以必须如是的所以然。在总结耕地技术的耕法基础上，进而探讨涉及一般耕作原理的耕道。对于耕道则加以概括总结说：“若能提纲挚要，通变达情，相土而因乎地利，观候而乘乎天时，虽云耕道之大，实有过半之思。”对作为耕道之纲，谋生之要的因地，乘天二端，进而加以解释，是：“土水寒，犁破耖拨，籍日阳之暄而后变；日烈风燥，雨泽井灌，得水阴之润而后化。山原土燥而阴少，加重犁以接其地阴，隰泽水盛而阳亏，轻锄耨以就其天阳。”“耕稻田以春，假其外助；耕麦田以夏，藏其内荣。避霜敛阳，知秋耕之宜早；掩草生和，明春耕之宜迟。”

在具体操作时，不仅要贯彻上述纲要，还须随地斟酌，相宜而耕，在耕地的深浅，用犁的大小上，不可执一而论，要在通变达情，相机而行。

2. 耕序

耕序即耕作程序，按《知本提纲》讲的是田间耕作配套措施的完整系列，即以耕作为中心，包括耕、耙、耘、锄乃至栽种、粪壤、灌溉、收获等田间管理全过程。其所以突出一个“耕”字，盖因耕为农事之首，辟土植谷曰农的原故。书中说：“耕序苟能详明，必且身家之常足。”“生人立命之原，财利之薮，惟在于耕，而推行自有其序。如上所云耕垦、栽种、耘锄、收获、园圃、粪壤、灌溉之次第，苟能一一详明，自然善于耕稼，而出息倍受，身家常足矣。”

上述七项中，除园圃属于种植菜蔬、果木的场所，并是小农经济条件下的辅助部门，余下的则是以大田生产为对象的各个环节，以下依次择要摘录于下。

（1）耕垦：列为耕序首项，除了辟土是农耕之要务，还在于广拓土田是生财之大源。并且惟有经过整治的田土才适于栽种。其要点是：“垦荒亦力耕之要，利器乃垦荒之本。冬春则燔燎，夏秋则芟夷。弱则犁而即掩，劲则劘而后耕。耒加利及以断根，耙随摆抓以除秽。山坡可梯而种，水泽可架而收。初开半熟，先布荫翳之物；根朽土柔，再播嘉谷之种。身家谋久富，务广拓乎土田；产业计宽饶，勿惮劳于开垦。”

（2）栽种：这一技术措施包括择种和布种两项作业。“择种尤谨谋始，母强则子良，母弱则子病。……盖种取佳穗，穗取佳粒，收藏又自得法，是母气既强，入地秀而且实，其子必无不良也。”“布种必先识时，得时则禾益，失时则禾损。禾，嘉谷之总名也。种有定时，不可不识。及时而布，过时而止，是谓得时。若未至而先之，既往而追之，当其时而缓之，皆谓失时。而禾之损益，即于是别焉。”

（3）耘锄：耘为去草，锄是去草以助苗，合起来相当于现今通称的中耕间苗。其作业的要求与要点是：“耘有水陆之分，器有土物之宜。布种务欲其稠，立苗又欲其疏。布种稠，则无隙地而不枉耘耔之功；立苗疏，则地力均而尽获坚壮之利。”“锄分四序，先知浅深之法；地有余豁，更加补缀之功。铲挑稠密，用于菜畦；耧破荒芜，施于广田。锄频则浮根去；气旺则中根深。下达吸乎地阴，上接济于天阳。……”

（4）收获：春稼秋穑，种曰稼，敛曰穑，故有稼必有穑。作为收获的所谓穑，要在不失其时。方可丰产丰收，足衣足食。周年辛劳，方有所获。就此书中说：“盖耕道者，民食之重寄；稼穑者，耕道之本末。稼为耕之本；穑为耕之末。本重而末不得轻；本急而末不得缓。更为尽穑之宜，乃为不虚稼之功矣。”“故稼欲其熟，穑欲其速。稼必欲熟，而穑更欲速，方不虚乎稼穑之利。”

（5）粪壤：即用粪肥田，在具体操作上，应根据十种肥源的“酿造十法”，再参据时、土、物的具体条件，务期做到切合“施肥三宜”的原则，以粪壤之法来培育地力的作用是：“产频气衰，生物之性不遂；粪沃肥滋，大地之力常新。”究其原因则缘于施粪可以化土，而化土渐渍之法，必然会使余气相培，所谓余气相培是：“即如人食谷、肉、菜、果，采其五行生气，依类添补于身；所有不尽余气，化粪而出，沃之田间，渐渍禾苗，同类相求，仍培禾身，自能强大壮盛。”

（6）灌溉：“灌溉需人力，应时则地利无遗”。原因是：“禾苗生成，固赖粪壤肥沃，以厚其土力，而其长养之际，尤必借润水泽，方能发育而滋荣，则灌溉之要又不可不急讲矣。”

旱灌涝泄，为的是阴阳相合，子粒繁实、亢旱，则苗辄枯槁；久湿，则枝叶青黄，子多秕糠。唯园圃蔬菜，性喜湿润，得水频浇，则根叶肥脆生香，自异寻常。可见，灌溉应及时，用水须适量，盖过多过少都可成灾，即使旱原陆田水利也不能不讲。只要灌溉及时适量，则丰享即可力致。其机理在于：“盖丰享视乎物产，物产本于五行，然必常相培补，始能发荣滋长。故风动以培其天，日暄以培其其火，粪壤以培其土，雨雪以培其水。但雨雪恒多愆期。惟应时灌溉，不懈其力，则不假天工而五行均培，长养有资，丰享尚何难哉？”

上引一段文字，其原意在于说明灌溉的功用，但又依其五行观对作物生育的机理作了简要的总结。在杨屾师徒看来人是因五行著体，对其耗损的元气，须以同类补添的方式，继其元元之气，来维持生命，而农作物也是本于五行，必常相补，方可发荣滋长。属于阳性的天、火可借助于风、日的自然力，而属于阴性的地、水，则要通过施肥及灌溉等措施，由人力来补给。可见以元元之气宜继，生生之助为首，通过五行备用的物，再行滋补培养。靠的就是由人来“参天地、和水火，有余者损，不足者益”。从而使万物繁昌，生生不息。

第二节　循依科学程序修正传统观念的农学思想之探索

明末的科技界在继承前代成果的基础上，出现了系统总结的综合趋向。与之相适应的是科学思想也发生了变化，即更为重视实践，并对传统观念持批判的态度。在这一循依科学程序修正传统观念思潮的影响下，农学与农学思想也都取得相当大的进展。在明朝即将覆亡的前夕，雕版刻印的《天工开物》和《农政全书》，一为集农业与手工业的大成，另一则是合农业政策与农业技术为一整体的，同为总汇千载的两部巨著。由于这两部书的作者宋应星与徐光启的学术活动涉及许多学科领域，加上时代与社会的影响，又使他们对自然和社会形成具有自己看法的独特观点。这里虽然只是企图从农学的角度来探讨分析其学术思想，也势必适当拓宽，分为总体上的一般认识，和具体的农学思想两个层次，才有可能较为完整的展现其概况与特点。

一　宋应星的农学思想

宋应星字长庚，江西奉新人，生于明万历十五年（1587），卒于清初顺治年间，享年80岁左右。万历四十三年（1615）考中举人之后，先后五次参加会试都是落第未中。在失败的痛苦过程中，经过反思而终于断念不再去应试。为解决日益困窘的生计，出任江西分宜县教谕，四年后升任福建汀州府推官，最后提升的官职是五品的亳州知州。入清后，他拒不出仕，归乡隐居。宋应星在分宜教谕任上，由于职务清闲时间较多，便勤奋从事著作。先后撰写出《画音归正》、《野议》、《天工开物》和《卮言十种》等书。其中《画音归正》和《天工开物》是在其好友涂伯聚出资帮助下才得以刊刻问世，而当今能够见到的仅有《天工开物》、《野议》及可能是《卮言十种》残篇的《谈天》、《论气》，余皆亡佚失传。《野议》是政论性的论著，主要是揭露明末社会陋习与官场弊端的；《谈天》是集中阐释天象的，《论气》则以论述形气水火之道为主旨，较为系统的体现出其自然观。以上三种连同《思怜诗》，近年曾合刊重印①。被誉为百科全书式著作的《天工开物》刊刻于明崇祯十年（1637），从清朝中期起在国内一度遭到厄运而几近失传。但在国外却受到相当重视，并被译成多种文字先后出版②。《天工开物》共18卷，每卷之前都有标以“宋子曰”的简短提要及相关评议。书中与农事有关的除《乃粒》、《乃服》等，还有涉及加工的《粹精》（谷物）、《甘嗜》（制糖）及《膏液》（榨油）等。约占总篇幅的1/3。作为论述农学思想的原始资料除依据这一部分外，也参考了《论气》等有关论著。

（一）宋应星的自然观

宋应星是用形、气、水、火之间的生化之理，来解释自然现象，用他的话来说就是“形、气、水、火之道”③。而它的实质则是气的一元论。在他看来，自然界是由形、气和水、火四者构成的，“天地间非形即气，非气即形，杂于形气之间者，水火是也”④。所谓形是指有形之物，而气则是没有形体的易动之物，它不同于金、木、土等，而与水、火颇为相近。水与火则是介于形、气之间的两种东西。“以为气矣而有形，以为形矣而实气”⑤。不仅水、火，即使是土与金、木，其实质也都是气。总之，自然界是由物质性的气构成的，而气又是运动变化着的物质，“由气而化形，形复返于气”⑥。不仅形、气之间可以相互转化，即使水、火与气也能相互转化，只是转化的特点有别，“形气相化，迟而微；而水火与气化，捷而著”⑦。在宋应星看来，物质形态的变化有快慢之别，著微之差，多种多样，无穷无尽；而物质本身并没有消灭，只是性质发生了变化而已。传统的五行

---

① 上海人民出版社，据江西图书馆发现的残本于1976年重排付印。

② 潘吉星，明代科学家宋应星，第十章“国际影响”，科学出版社，1981年。

③，⑤，⑦《论气、形气二》。

④，⑥《论气、形气化》。

生胜说认为水与火是对立相克的，而宋应星则认为水与火还有统一的一面。“水与火非胜也，德友而已矣”①。不难看出，宋应星通过生化之理所深化了“形、气、水、火之道”的自然观，不仅继承了唯物主义的气一元论，肯定自然界是由物质性的气构成的，而且对传统的五行生胜说作了修正，如从对立的水与火，还悟出其间有相辅相成可以转化的统一一面，使思维具有辩证的特点。

在《天工开物》一书中，在论述分析具体事物时，上述“形、气、水、火之道”的自然观得到了运用与体现。首先，在物质形态的转化上，在有形的固态与流动的气态之间，介入了半流动的水、火这一中间层次，这说明他已意识到固、液、气这物质三态的联系与差别。从而使物质形态转化过程的认识得以深化。如《作咸·第五》“天有五气，是生五味，润下作咸……岂非‘天一生水’，而此味为生人生气之源哉”②。说明固态的盐在形成与出产过程中，是从五行中流动而又湿润的水加工而来的。《膏液，第十二》“草木之实，其中韫藏膏液，而不能自流。假媒水火，凭借木石，而后倾注而出焉”。说明油脂虽含在草木果实中，但不会自行流出，须借助于水火、木石来加工，然后才能倾注而出。《曲蘖，第十七》“若作酒醴之资曲蘖也，……惟是五谷菁华变幻，得水而凝，感风而化”。说明酿酒所用的酒曲，是由五谷精华经水提炼，遇风变化而造出的。其他如《冶铸·第八》、《五金·第十四》等有关金属提炼加工部分还可举出许多例证。其次，宋应星已意识到，物质经历了千变万化并没有消灭，而性质确实发生了变化。从他基本摆脱五行生胜的模式到“生化”过程的认识，虽仍有臆测的成分，但绝少神秘感。《天工开物》中《乃粒·第一》及《乃服·第二》就五谷及家蚕等生物，因栽培饲育条件的不同可发生变异。而自然条件的差异，也会使谷物的种类和特性又随着水土而有所区别，以事实为根据作了确切的说明。用人畜秽遗，榨油枯饼，乃至草皮等废弃之物，作为肥料施加于作物就可促其生长发育。通过物质转化过程的分析，不仅论述了物性的可变，还叙说了转化之功，在于使物成为可见之体与有用之材。《天工开物》能够取得突出成就的原因之一，就在于它能够初步摆脱直观类推的思维方式，循依“生化之理”这一自然规律，来观察构思并对研究对象进行系统总结的原故。

（二）宋应星的技术观

首先应指出的是宋应星尊崇技术的务实精神，在封建社会技术多被视为“奇技淫巧”，读书士人通常是不屑一顾的。技术一词，当今是用来泛指人类在认识和改造自然的反覆实践过程中，所逐步积累起来的有关生产劳动的技能和知识，而在汉语中这一始见于《史记·货殖列传》的词汇，原意是技艺方术，用来指说医、卜、星、象各家所操持之术，后来又逐渐演化用来指称操作上的技巧。加以宋应星生活所在的社会，仍是“纨绔之子以赭衣视笠蓑，经生之家以农夫为诟言”，在富贵人家的子弟把农民视同罪人，儒者之家把农夫当作骂人话的年代，他估计到这书刊刻出版后的遭遇，“丐大业文人弃掷案头，此书与功名进取毫不相关也”。说明他不仅已从功名的束缚中解脱出来，而且对当时社会的陈规陋习也已不屑一顾，坚信自己所从事研究的有关生产与生活的学问，才是真

① 《论气、水非胜火说》。

② 宋应星：《天工开物》，以下凡引本书不再加注出处。

正的有关国计民生的经世致用之学。

从《天工开物》一书取名所寓有的深意，可以体会到他强调世上有用之物是靠人工技巧从自然界开发出来的。以之作为书名则可体现它是贯彻于全书中的主导思想。宋应星在书名上未作更多的解释，但他肯定是在饱读经书的基础上了解其出处。《天工开物》作为书名有如由四个字组成的一个词组，而它的本原则是由“天工”与“开物”合组而来。“天工”出自《尚书·臯陶谋》“无旷庶官，天工人其代之”，是指自然（天）的职能；“开物”则始见于《易经·系辞上》“夫《易》开物成务”，是说《周易》可揭示事物本质而成就事业。而一经宋星应结合连用确已别具新意。但当前对其含意在解释上却有分歧，潘吉星认为它应是“天然界靠人工技巧开发出有用之物”①，强调的是人工技巧的作用。《天工开物》的日文译者薮内清则理解为“天工是根本，而顺应天时所制造出来的有利用价值器物，则存在着人的技术”②，他还就此加以解释说，这是和中国当时技术还停留在古代的发展阶段上这一情况相适应，把技术上的创见归因于超人的天或神，是合乎情理并屡见不鲜的。丁文江在1928年给陶本重印本写的跋语中说“物自天生，功由人开，故言天工时，兼天人而言也”③，把天和工，物和开理解为各自对立的天人关系，从而带有机械论的倾向。上述各家的说法都能言之成理，倘结合书的内容来考察，则又不难发现宋应星已意识到，人在生产和生活中所凭依的技术，只有顺应自然才能起到改造自然的作用。如《乃粒·第一》中，“生人不能久生，而五谷生之；五谷不能自生，而生人生之”，指出人自身不能长期生存，要靠五谷来养活；而五谷又不能自己生长，要靠人来种植，仅此可见其技术观是源自有机的自然观。

本着贵五谷而贱金玉的思想，对人的劳务技巧及经其开发出来的自然界中有用之物，排出了一个相当合理的序列。《天工开物》一书就是依此原则，把书的上、中、下三卷，更分为以下18个部门，它们依次是：(1）乃粒（谷物）；(2）乃服（衣料）；(3）彰施（染色）；(4）粹精（谷物加工）；(5）作咸（制盐）；(6）甘嗜（制糖）；(7）陶埏（制作陶瓷）；(8）冶铸（铸造）；(9）舟车（车船）；(10）锤锻（锻造）；(11）燔石（烧石）；(12）膏液（榨油）；(13）杀青（造纸）；(14）五金（冶金）；(15）佳兵（兵器）；(16）丹青（朱墨）；(17）曲糵（酿造）；(18）珠玉（珠玉）。据序文所讲，在书的刊刻时删除了《观象》、《乐律》与生产技术无关的两卷。而这18卷中其所涉及的部门，几乎包括了当时中国所有的重要产业。在这18个项目中，相当于1/3的部分又用在食品生产的叙述上。它以五谷始，珠玉终的安排，也体现了作为生民之源的“食”，比所谓“货”的财物在立国治民上应处于优先的地位。强调五谷及丝、麻、棉、毛这些衣食之源，对人的生存是一日也不能缺少的。并反映出当时是以农立国的农业生产占压倒优势的现实④。

---

① 潘吉星，宋应星评传，南京大学出版社，1990年。第396～402页。

② （日）薮内清等著，章熊等译《天工开物》研究论文集，商务印书馆，1959年，第14页。

③ 丁文江，天工开物，书后跋，世界书局，1936年。

④ 潘吉星译注，天工开物译注，上海古籍出版社，1992年。将《天工开物》各卷章的序列组合作了调整，即分卷上（七章)。(1）乃粒；(2）粹精；(3）作咸；(4）甘嗜；(5）膏液；(6）乃服；(7）彰施。卷中（五章）；(8）五金；(9）冶铸；(10）锤锻；(11）陶埏；(12）燔石。卷下（六章）；(13）杀青；(14）丹青；(15）舟车；(16）佳兵；(17）曲糵；(18）珠玉。其理由见书前导言。

（三）宋应星的方法论

在崇祯十年（1637年）《天工开物》付刻的同时，宋应星写出了《论气》、《谈天》等偏重于自然哲学的科学理论著作。这两部书不仅具有朴素的唯物主义倾向，并试图以辩证的思维方式来阐释自然现象，对天人感应等陈腐的传统观念加以批判揭露，取得了一些超越前人的成果。并能在未彻底摆脱传统的思维方式，在范畴与概念的运用构建上仍囿于前人的旧说，却能在观察分析具体问题时，尽管逻辑上仍有欠严谨，但确已循依科学程序，克服理论抽象与经验认识相互脱节的偏差。在对传统农业及手工业技术系统而又全面总结的基础上，写出《天工开物》这样杰出的著作，这确是一个矛盾，而矛盾的形成当然自会有其深层的时代与社会等根源，而这有待从更开阔的视野作深入研究。但见于《天工开物》一书中宋应星的思想方法，至少有以下三点须予肯定，并应积极加以发扬。

1.“尽由实验”的思想方法

宋应星虽然是在五次会试未中之后，方始对科举绝望，但从他在分宜教谕任上，历时不久就能写出《天工开物》来看，他平时治学肯定有反虚务实的精神。联系当时的学术思潮，空谈心性的陆王之学，在一度出现王学遍天下之后，虽已开始渐趋衰落，但认为“心外无物”、“心外无理”的空疏学风仍有相当影响。宋应星只有从长年的切身感受中，了解其偏差与谬误，才能逐步培养并形成一切从实际出发。“耳食者，不足取信”，凡事力求经过实践或实验，来辨别其是非真伪，并对疑惑之处采取存而不论的严谨科学态度。如《膏液第十二》中，虽已记叙了许多榨油方法，但对“其他未穷究试验”的，或此时此地虽经试验，而彼时彼地是否适宜尚且待考的，则“粗载数页，附于卷内”而不妄加评论，只具一说，以备查考。

2. 力求精详的数量表达方法

在农业与手工业生产操作中，凡涉及到度量标准，如重量、长度、时间及投入产出比例等，都尽可能的以数值来表示其量化程度。如《乃粒·第一》“秧生三十日即拔起分栽，凡秧田一亩所生秧，供移栽二十五亩”。又如《粹精·第四》说到水稻的秕谷率“凡稻最佳者，九穰一秕”，指出最好的稻谷，是九成实谷一成为不饱满的秕谷。而《膏液·第十二》则对15种油料作物，分别列举出据实所得的榨油率，类似的例证还可举出若干。这一事实说明，用数值来表示事物的量化程度虽非创举，但如此详尽精确在其前后的农书等论著中确不多见。而用数值来表示事物所处的状态及变化的程度，进而明确操作时宜掌握的分寸，则是近代实验科学的基本要求。宋应星记叙的这些数值，限于度量衡标准的差异，乃至受其他一些原因的影响，即使有些出入甚至不当之处，但其执意探求量化的意向，确是难能可贵而应予充分肯定的。

3. 图文并茂的形象化表述方式

《天工开物》一书中的表述文字，一向被认为简洁清晰，所配插图则近真可信，这一质朴的文风当与其务实的学风有关，是以《天工开物》中简洁而又形象化的表述方式，必会有其思想上的根源。《天工开物》一书中的插图，据初刻本共123幅，其中与农事有关的计45幅，即占1/3强。以图配文的表述方式，在农书中可上溯到宋代楼璹（1090～1162）的耕织图，他在浙江于潜令任上，曾绘制耕图21幅，织图24幅，并各附以五言诗。在清代编纂《四库全书》时，被收辑在内的浙江巡抚采进本，已是只有诗而无图。作为农书体例之一，它是以图为主而用动态形象的方式来反映其操作要点，应该说是别具一格的①。元代《王祯农书·农器图谱》是有关农器的专谱，共270幅，这对重视操作上的技艺，而忽略改进器具功能的传统，是个有益的反思与必要的总结。但所附图大多是粗具轮廊的静态形似之物。宋应星继承了上述两种传统并加以综合，所配的图大多是动态的描绘耕织之事各操作环节的；也有少数静态的状物之形的单幅简图（如佳兵·卷十五）。难能可贵的是，图虽略嫌粗放，但大都符合透视原则，特别是提水工具及丝纺加工的配图，在轴承安装及轴承传动上，竟能基本符合机械原理。这里须加附带指出的是，后来流传版本中，有的对原图加以改画，有的从他书依类摹人，其中间有不合画理者，因而仍以原刻初版的图为佳。

二　徐光启的农学思想

明末杰出的科学家徐光启（1562～1633）字子先，号玄扈，上海人。幼时家贫，参加过生产劳动。43岁考中进士之前曾在家乡及广东、广西等地，以秀才及举人的身份设馆授课。为了应试虽也练习制艺八股，但却不忘随时留心时事并关心生产，他自已曾说过“余生财富之地，感慨人穷，且少小游学，经行万里，随事咨询，颇有本末”②。在这一时期曾与来华传教的耶稣会士交往，接触到了西方的学说，从中感到新意与启示。万历三十一年（1603）42岁时，在南京受洗成为天主教徒。会试中选后在翰林院任职时，因父丧归里守制三年，是时曾在上海家宅开辟小型试验园地，先后从福建及北方引种甘薯、芜菁，因悉心栽培均获成功，于是撰写《甘薯疏》、《芜菁疏》等，以期宣传推广，并力辟“风土局限说”之非。大丧礼毕，遵制起补前职，因修历及传教士问题，与部分朝官所议不合，遂托病请假去天津，参与屯田种稻。55岁之后，职位经历了变动升迁而仍难有所作为。这时不仅朝政日非，加以各地农民起义与辽东边事告急，遂多次上陈用兵方略，也曾受命短期练兵，但因受制于同朝臣辅，而难见成效。其间又曾两次离京赴津（1617年及1621年），再次致力开辟水田等事。他在政治上时落时起，而落职闲住时便有较多的时间，得以从事试验及撰写与译述等科研工作。崇祯帝即位（1628）后，徐以67岁高令出任礼部侍郎，随即升任礼部尚书并兼东阁大学士之职，得参预中枢机要，并受命修订历法。他虽体弱多病，却仍鞠躬尽瘁全力以赴，但为时短暂，崇祯六年（1633）病逝于北京，终年72岁③。

综观徐光启的一生，在政治上壮年时志不得展，晚年虽曾被重用，而时间不长并受同僚的肘制，终难有所建树。但在学术上的成就，不仅以其博大精深见称，还因其能探索开辟新的研究途径而垂范后世。徐光启毕生研究领域较宽，涉及较多学科领域，其中以农、兵、历三事的成就最为突出，其子徐骥为乃父撰写的《文定公行实》中曾说“于

① 从宋以后，元、明、清各代执政者及民间，都曾广泛利用耕织图这种直观形象，较为通俗易懂的形式不断以临摹、改绘等方式，广为刻印，先后出现了许多内容大致相同，或内容不尽相同且风格各异的诸多版本，近年经王潮生加以汇集编撰为《中国古代耕织图》一书，可参看。

② 《农政全书，卷三十八》。

③ 胡道静，徐光启研究农学历程的探索，历史研究，1980，(6)。

物无所好，惟好学，惟好经济。考古证今，广咨博讯，遇一人辄问，至一地辄问，问则随闻随笔，一事一物，必讲究精研，不穷其极不已。故学问皆有根本，议论皆有实见，卓识沉机，通达大体。如历法、算法、火攻、水法之类。皆探两仪之奥，资兵农之用，为永世利”[①]。但如从实际运作及事后成效来看，则在言兵的军事上，练兵则因乏饷而难以为继，只是在引进与监制大炮等火器上起过作用。他尤所用心的农事及水利兴革等，也因腐朽政权的多方干预，而受阻于与之利益攸关的官绅。徐光启就此曾在生前对陈子龙“因言所缉农书，若已不能行其言，当俟之知者”[②]。在修改历法上，则因徐光启精于此术，以所言皆验而获信任，受命组成历局督领推行，但终因事功较繁，在他有生之年未能全部完成。之后定稿刊刻的《崇祯历法》，在明朝覆亡前也未能及时颁行。迨到清朝，著名的儒师中不乏兼治历算之学并有所成就的，徐光启可以无愧的说，是这批学者的前导先驱[③]，但在清政府对西学采取节用其技能而禁传其学术的政策指引之下，由徐光启开辟的孕育有近代科学精神的学术路线是难以传承和发扬的。因此被推迟了近两个世纪之后，当重又出现新的转机时，才得到应有的尊崇和公正的评价。

（一）徐光启的学术路线

徐光启在学术上能够取得突出的优异成就，是和他毕生循依的学术路线有关，从散见于他的专著和奏章书札中，可归纳为以下三项。

1. *经世致用的求实精神*

徐光启所在的晚明时期，空谈心性的陆王空疏学风，虽已受到多方抵制而还有一定影响，仍把为生产服务的科学技术视为末业。徐光启针对当时国弱民困的危局，明确地提出“富国必以本业，强国必以正兵”的主张。这里说的本业就是要发展生民率育之源的农业生产；正兵指的是应组织起训练有素装备精良的军队。他强调只有解决了与国计民生密切相关的物质条件，实现了足食足兵才能使国富民强成为现实，是以他不仅和只知埋头读书的陋儒不同，也与目光短浅的庸臣有别，但他的这一理想与抱负也终归未能实现。

2. *责实求精的科学精神*

徐光启的学术成就得以超越前人与同代的，还同他能自觉的运用近代科学方法有关。16世纪时，中国与西方在科学技术上处于约略相近的水平上，而后来发展的快慢与成就之多少所以有不同，是和各自遵循成习的思维方式有着内在的联系。如已多次指出的，包括科学技术在内的中国传统学术思想是深受传统哲学的影响，以阴阳、五行及气、理等范畴构建的思维模式，虽具有朴素的辩证唯物因素，但始终未能摆脱整体直观的特征。思维上偏重于整体综合的辨析，而忽略对构成其基础的单个因素的考察。对于认知对象，观察上大多注意到其不可言谕的普遍联系，而表述时则难以完全克服逻辑合理与意蕴模糊的弱点。徐光启在其从事的学术活动中却显示出与之有别的一些新特征[④]，即他对我国传

① 徐骥，文定公行实，据王重民辑校《徐光启集》附录一，上海古籍出版社，1984年。

② 《农政全书、凡例》。

③ 梁启超，中国近三百年学术史，“一、反动与先驱”，复旦大学出版社，1985年。

④ 何兆武，论徐光启的哲学思想，清华大学学报，（哲学社会科学版）1987，2（1）。

统科学的系统总结，既能深切的结合着当时农业与手工业发展的实际需要和具体成就，也力求把数学的原则应用到实验科学上，从而去探索并揭示深藏于事物之内的客观法则，而这就是他常说常用的由数达理的“象数之学”，或“度数之学”。他说“格物穷理之中，又复旁出一种象数之学，象数之学，大者为历法，为律吕；至其他有形有质之物，有度有数之事，无不赖以为用，用之无不尽巧极妙者”①。修正历法则不过是象数之学的一个大支，在徐光启看来“盖凡物有形有质，莫不资于度数故耳，此须接续讲求”②。在修历上疏中进而提出涉及测量、营建、制造、机械、医学及会计等十个方面的“旁通十事”。主张能看到量的存在之处，就要用数学来作定量分析；而百千有用之学又都可以象数之学旁通出来，推导出来。徐光启不仅意识到数量分析的必要，还就有关智能训练的几何学，强调应加快引进普及，而就此论述说“几何之学，深有益于致知”，在他与利玛窦（Matteo Ricci，1552～1610）合译的《几何原本》前六卷定稿后说“能精此书者，无一事不可精；好学此书者，无一事不可学”③。是以“能通几何之学，缜密甚矣，故率天下之人而归于实用者，是或其所由之道也”④。徐光启甚至以“度人金针”与几何学相比拟，原因是中国的传统思维中欠缺严谨的演绎方式。他充分肯定实践与经验的意义与作用，但又不愿囿于经验，而一旦超出经验范围，则仅凭类推比附显然所得知识就不会是完全可靠的。通过掌握几何学的推导方法，是会有助于提高思维能力和改进工作方法。提倡对一事一物，都要尽力设法来精研穷通，这确是他一贯坚持的治学精神。

3. 会通中西的求新精神

徐光启从事学术活动的年代，恰值欧洲的耶稣会士来华传教开始之时，利玛窦等为了能尽快实现其使命，确立了通过介绍西方学术和引进西方奇器的“学术传教方针”。本着这一宗旨的宗教宣传活动中，对中西文化交流确有所促进，并对晚明的社会激发起一定程度的思想激荡。当时虽有持封闭保守甚至敌对态度的部分士大夫，但也不乏希望能从中学到富国强兵之术的有识有志者，徐光启就是积极参与并有力推动这一活动的杰出人物。他于万历二十八年（1600）在南京与利玛窦相识，并聆听了其言论之后，曾说：“间邂逅留都，略偕之语，窃以为此海内博物通达君子矣”⑤，万历三十二年（1604）赴京应考中试后，与已先期定居京师的利玛窦、熊三拔（Sabatino de Ursis 1575～1620）等加强交往，先后译出《几何原本》（与利氏合译，1607年译成前六卷）及《泰西水法》（熊口述，徐笔录，1612年完成）等西方学术著作。通过对比，发现“较我中国往籍，多所未闻”。意识到中国传统科学技术之不足所在。值得称道的是作为先驱者的徐光启竟明确提出“会通以求超胜”的思想。这一观点是他在督领修历时，通过对中西历法的对比体会到，在处理中西学术关系时，对待西学应取的态度是“欲求超胜，必须会通，会通之前，先须翻译”⑥。可见徐光启虽热心于追求西方学术，但并不盲从，也不停留在单纯的学习和翻译上，而是企望能将两者融汇贯通并有机的加以结合，而会通只是起步，超胜

① 《泰西水法、序》，载王重民辑校：《徐光启集》，“卷二序跋”。
② 《条议历法修正岁差疏》，载王重民辑校：《徐光启集》，“卷七·治历疏稿”。
③ 《几何原本杂议》，载王重民辑校：《徐光启集》“卷二·序跋”。
④ 《几何原本杂议》，载王重民辑校：《徐光启集》“卷二·序跋”。
⑤ 《跋二十五言》载王重民辑校《徐光启集》，“卷二序跋”。
⑥ 《历书总目表》载王重民辑校《徐光启集》，“卷八，治历疏稿二”。

才是鹄的所在，翻译则是为超胜积极准备条件。他在领导历局工作时，对参与其事的官生，便以编译出的部分稿本为教材进行传授，“令后之人循习晓畅，因而求进，当复更胜于今也”①。徐光启的眼光与襟怀可以启迪后学的当不止此，而仅此就足可为今日提供有益的借鉴。

（二）徐光启的农学思想

对徐光启在农学上的成就与贡献，国内外已有许多论著加以阐述，这里仅就其农学思想在前述学术路线的基础上再作些具体分析。徐光启“其生平所学，博究天人，而皆主于实用。至于农事，尤所用心，盖以为生民率育之源，国家富强之本”②。在他一生有关农学的诸多论著中，《农政全书》是最有代表性的，而他的治学精神与方法，也在书中得到了充分的体现。早在中年时期就已开始搜辑整理有关的素材，个别的成果也已著录成文，但直到崇祯六年（1633）去世时都没有完成全书，只留下此书的未完稿。临终前曾“语孙尔爵，速缮成《农政全书》进呈，以毕吾志”③。可见他对凝聚着自己毕生心力经长年劳作未竟全功的这部著作，是何等的关切，方寄予如此殷切的期望。

1. 徐光启的农政思想

从《农政全书》的取名和书的结构，不难看出他对农政的关注④。书名中的政字，代表着作者的中心思想，“即以政治力量，保证农业生产和农业劳动者的生活，从这里获得国防上所需物力与人力”⑤。徐光启的农政思想是传统的农本思想的发展与运用。农业生产既是人民生活也是国家政治根基的“农为政本”这一观念，早在先秦就已出现。在他是既肯定农业是国家赖以富强的基础，但也不否认工商业对促进和发展生产的积极作用，是崇本而不抑末，而这一观念在明清之际已有一些有见识的思想家先后提出过。徐光启则不仅肯定这一观点，还进而在运作上提出有针对性的可以操作的具体方案与对策。《农政全书》虽以农事为中心，但书中与之相关的政治措施，在篇幅上显然大于生产技术。为缓解民困国危的艰难局面，书中突出了屯垦、水利和荒政这三项，作到政论与生产两相结合，使它既不流行空疏，也能避免陷于过分的繁琐。

（1）屯垦。《农政全书·农事》一门中有两卷题为《开垦》的，是针对当时弃而芜之的荒地，论说开垦播植之事的。《卷之八·农事·开垦上》收录有同为明朝的主持屯务官员所陈奏疏等四篇：即诸葛升的《垦田十议》，这是专讲安徽凤阳应如何重新开垦废弃的耕地；汪应蛟的《海滨屯田疏》，是论述为支援国防筹集兵饷，在天津滨海之地屯田中的得失及改进对策；沈一贯的《山东营田疏》，叙说该省荒芜土地，宜招民耕垦聚众生财以利战守；耿桔的《开荒申》，针对钱粮过重的太湖之滨的常熟，农民为逃脱征输而弃耕抛荒，应善加抚恤，使之乐于垦田开荒，以裕民生国计。徐光启在其按语中就此指出：“必

① 《历书总目表》载王重民辑校《徐光启集》，“卷八，治历疏稿二”。

② 《农政全书·凡例》。

③ 《徐氏家谱·文定公传》，转引自：梁家勉，徐光启年谱，上海古籍出版社，1981年。

④ 王重民在《徐光启集》序言中指出《农政全书》这个书名，不是徐光启自己所定，应该是由陈子龙等规定下来的。梁家勉也认为“原稿未经陈子龙整理前，是未确定此名的”见《〈农政全书〉撰述过程及若干有关问题探讨》，载《徐光启纪念论文集》，中华书局，1963年。

⑤ 石声汉，徐光启和《农政全书》，徐光启纪念论文集，中华书局，1963年。

庙堂主计者，知开垦胜于开荒，大有更张，则屯政乃可问矣。”《卷之八·农事·开垦下》收录的是徐光启《钦奉明旨条画屯田疏》五项中垦田第一的原文，是崇祯三年（1630）奏陈有关垦务的二十八条建议，总结了从元代虞集起，到徐贞明，乃至当时的汪、耿、诸葛等人的实际经验与有用办法，这在当时耕地荒芜，国已重困的危局下，确不失为切近之论。但在别无经济来源的条件下，又重覆历代卖官鬻爵的陈规旧章，主张可用武职空衔和科举名额，作为招致各地富民应垦投资的条件。这一依托地方豪强的办法，徐光启并非不知晓其实施所能招致的后果，但在万般无奈中，这可能是仅有可供选择的对策。

（2）水利。“水利者，农之本也，无水则无田矣”①。对作为农业命脉的水利，徐光启是有充分认识的，并强调作为治田先决条件的治水更是当务之急。“方今历象之学，或岁月可缓，纷纶众务，或非世道所急；至如西北治河，东南治水利，皆目前救时至计”②。《农政全书》中讲水利的共9卷，其中依据各地情况而具体论述的，有西北一卷、东南三卷及浙江一卷，介绍水工和机械的，有灌溉及利用图谱各一卷，《泰西水法》二卷。显然，占有较大比重的东南水利是徐光启关注的重点，究其原因是和明代所谓东南的太湖地区田赋独重有关。加以税粮又大半定为漕粮，须解运至京师，加耗和额外需索又多，民力不堪负担，于是相率逃亡，从而太湖流域的田圩湖荡失于整治疏浚，以故田多荒芜。《农政全书·卷十五·东南水利下》以全卷的篇幅引录了常熟知县耿桔的《大兴水利申》，其开端就说“窃照东南之难，全在赋税，而赋税之所出，与民生之所养，全在水利。……以故为吾民者，一遇小小水旱，辄流散四方”。“赋不可减，岁不可必。元元其何以为命，则惟有水利大兴，俾岁时无害，为今日救时之急务”③。为减轻这一地区人民的负担，徐光启认为还应改变民费数石而仅得一石的漕运，在北方特别是临近北京的周边地方，兴办水利营田，就近供给京师和军粮的需求，从而逐步减免漕运东南的粮食到北方。针对徐贞明在《潞水客谈》中主张京东宜兴水田之议，认为“惟西北有一石之入，则东南省数石之输。所入渐富，则所省渐多”。徐光启在这段引文之后随即加注说“此条西北人所讳也，慎弗言！慎弗言”④。可见他已意识到各地兴办水利和田赋负担的内在关联，则不外乎是利益之攸关。他在天津参与屯田营垦兴办水利，亲自从事试验，历时三载，虽已初见成效，并“大获其利，会有尼之者而止”。原因虽未交待，却已指出是有人在阻拦而被迫中断的⑤。联系他在《泰西水法序》中说的“有所闻水法一事，象数之流也，可以言传器写，倘得布在将作，即富国足民，或且岁月见效”⑥。可说明他曾指望引进的水法能够为世所用，并预期可立获成效，结果却如同画饼未能有成。严酷的现实逼使他思想逐步发生转变，意识到即使像兴办水利这样的于国于民都有利的好事，也并非所有人都能赞同和支持的，是以必要时也只得违愿妥协才行。

（3）荒政。这一门共18卷，占全书的篇幅几近1/3，这样的编排是否符合徐光启的本意虽仍可探讨，但荒政一门作为书的重点之一却是无可怀疑的。我国自古以来就是自

---

① 《农政全书·凡例》。

② 《勾股义序》载王重民辑校《徐光启集》，“卷二序跋”。

③ 《农政全书·卷十五，东南水利下》。

④ 《农政全书·卷之十二，徐贞明西北水利议》。

⑤ 石声汉，徐光启和《农政全书》，徐光启纪念论文集，中华书局，1963年，第51～52页。

⑥ 《泰西水法序》载王重民辑校：《徐光启集》，“卷二序跋”。

然灾害较多的国家，是以事先预储粮食作好减轻灾害的准备，和灾害来临时如何以野生动植物来充饥，都有人留心关注并加以总结，以利急难中便于应处。《农政全书》除了收录一些从宋至明朝把备荒救荒作为政治措施的有关文献，还把明初定王朱橚纂集的《救荒本草》及王磐撰著的《野菜谱》全部编入，这两部书所记叙的植物分别为361种及60种。其中仅少数是经人种植的，余下的则是自生自长通称之为救荒植物。徐光启对其中一些加添了在其亲尝之后断定是否可食及食法的注文，充分体现出仁者之用心。《荒政门》还收有徐光启自己撰写的《除蝗疏》，这是他根据历史记载及本人视闻亲历的事实，系统加以归纳总结的，它在学术上有很高成就，是被认为用统计方法去探索科学规律的成功范例，在具体细致的分析蝗灾发生的时间与滋生地点之后，再追踪记叙蝗虫的生活史，提出至今可用的防治并重的措施。对它的意义与影响还可从更为开阔的视野来考察①，首先，破除了多年来迷信蝗灾是祸的陈腐观念，在经详尽有力的分析论述后，能坚定人可胜天的信心；其次提出积极动员群众，广泛发动人民，才是防除蝗灾的有效办法，他在对水、旱、蝗三灾致害成灾的原因及防治对策加以比较的基础上，明确水旱二灾，有轻有重，欲求恒稔，殆不可得，此由天之所设。“惟蝗不然，先事修备，既事修救。人力苟尽，固可殄灭之无遗育，此其与水旱异者也”②。为防止水旱成灾，或减轻灾情之为害，用凿井筑堤的办法人凭已力聊足自救。“惟蝗又不然，必籍国家之功令，必须百郡邑之协心，必赖千万人之同力。一身一家，无努力自免之理，此又与水旱异者也”③。他进而归结说“总而论之，蝗灾甚重，而除之则易。必合力共除之，然后易，此其大指矣”③。可见，在他对荒政所持的态度上，是循依“预饵为上，有备为中，赈济为下”④，这一原则，是以“国家不务畜积，不备凶饥，人事之失也”③。

2. 勇于求实的科学精神

徐光启在其毕生的学术活动中都坚持了实事求是的科学态度。在从事农学研究中，不仅根据农业生产的特点，坚守必验而后信的原则；即使对似为定论成规的旧说，也持批判的态度，而不惟书是从。

（1）破除“唯风土论”，《王祯农书》是深受徐光启重视与推崇的，对它的主要部分也经摘录辑入《农政全书》的相应之处。但对王祯在《地利篇·第二》中的一些提法却持异议，按王祯的观点及说法，首先关于风土的成因，“风行地上，各有方位，土性所宜，因随气化，所以远近彼此之间，风土各有别也”⑤。其次强调风土所宜者不能更易，“其土产名物，各有证验。此天地覆载一定，古今不可易者，盖其土地之广，不外乎是”⑤。最后为了进一步说明，还依据十二分星与十二分野的对应关系画了一幅地利图，并就图的作用加以解释说“是图之成，非独使民视为训则，抑以望当世之在民上者，按图考传，随地所在，悉知风土所别，种艺所宜，虽万里而遥，四海之广，举在目前，如指掌上，庶乎得天下农种之总要与国家教民之先务”⑤。徐光启在《农政全书·卷之二农本》将《王祯农书·地利篇》全文录引之后，加以评述指出其谬误与不足。认为作物栽种中的地区

① 董英哲，中国科学思想史，第五章第三节，陕西人民出版社，1990年。

② 《农政全书·卷之四十四·荒政》。

③ 《治蝗疏》，载王重民辑校：《徐光启集》，“卷五·屯田疏稿”，并见《农政全书·卷之四十四·荒政》。

④ 《农政全书·凡例》。

⑤ 《王祯农书·地利篇第二》。

差异性，“则是寒暖相连，天气所绝，无关于地”[①]；是以“果若尽力树艺，殆无不可宜者，就令不宜，或是天时未合，人力未至耳”。“若谓土地所宜，一定不易，此则必无之理”[①]；并就王祯所绘制的地利图加以评议说，“故此书载二十八宿周天经度，甚无谓，吾意欲载南北纬度，如云某地北极出地若干度，令知寒暖之宜，以辨土物，以兴树艺，庶为得之”[①]。

由古代的天时和地宜等原则演变而来的风土观念，有其合理的因素，但如以静止孤立的观点不适当的加以引申推导，使“风土论”成为“唯风土论”，就使本来正确的说法变得近于荒谬。王祯本来是赞同《农桑辑要》一书针对以风土不宜为借口，抵制发展苎麻和木棉的说法，在《百谷谱集之十》木棉项中征引之后，以肯定语气论断说“信哉言也”[②]，王祯在他从理论上加以概括时，确有有欠严谨失当之处，徐光启就此指出并加以评议也是必要的，但在另处正面提出：“王祯所谓‘攸攸之论，率以风土不宜为说’。呜乎！此言大伤民事，有力本良农，轻信传闻。捐弃美利者多矣。计根本者，不可不力排其妄也”[③]。认为王祯持有风土不变的唯风土论的说法则未必恰当，而他说的“果若尽力树艺，殆无不可宜者”[④]。也不免有些绝对化。徐光启继王祯之后，两人都承认农业是有地区性的，农业生产应因地制宜，但它在一定条件确有可能突破地区性的限制；在结合具体作物栽植引种中得出的局部经验，当作具有普遍意义的一般规律时，在表述上则也都未能完全克服过尤不及的趋于极端的偏误。在对风土成因及其作用的认识上，徐光启认为笼统地用地理区划来分别是不适当的，用南北纬度之差来取代二十八宿周天经度的提法确也更为切宜。总之，徐光启对狭隘经验论的批判还是相当深刻的，而他敢于同保守思想作斗争的精神也是十分可贵的。

（2）破除迷信与唯心成分，徐光启对前人书中的迷信与唯心成分，不仅不轻信，还能尖锐的加以批判，籍以澄清事实，避免或减少，因是非混淆而造成的误传误信，防止惰吏游民以之作为因循苟且的借口。《齐民要术》的主要内容，《农政全书》大多加以引证，但对其夹杂渗入的《杂五行书》、《杂阴阳书》中迷信文字，则统被排除不录；《陈旉农书》和《王祯农书》都有祈报篇，宣扬“其所以水旱虫蝗为灾害，饥馑荐臻，民卒流亡，未必不由失祈报之礼，而匱乏祀以致其然”[⑤]。把水旱频仍，虫害为灾，连年饥荒，人民流亡，归因于祈报典礼的废坏和黩神不祀，从当前看这当然是十分荒唐的，但在当时却大多笃信不移。清代的《授时通考·卷四十六·劝课门》仍列有祈报一项，将与农业生产全然无关，历代王朝因神设教的成法详加征录，而仍沿袭陈陈相因的过时观念。《农政全书》彻底拼弃了祈报这类文献，即使在视天象以测阴晴风雨等天气变化的占候这一项。在编撰时辑录了元代娄元礼的《田家五行》及明朝邝璠的《便民图纂》等书中大量资料，对其中的迷信成分则基本上都加以删削，而有些附会偶合，因果倒置，却是根据大众体验而来的，也是有所取舍酌情收录的。联系徐光启通过刻苦学习从而掌握的极为

① 《农政全书·卷之二·农本》

② “攸攸之论，率以风土不宜为说。按：《农桑辑要》云，虽托之风土，种艺不谨者有之，种艺虽谨，不得其法者有之，信哉言也”。见《王祯农书·百谷谱·卷之十》。

③ 《农政全书·卷之二十八树艺》。

④ 《农政全书·卷之二·农本》。

⑤ 《陈旉农书·祈报篇》。

精深渊博的天文、历、算等方面的知识，可以体会到他这一精神与学风，是有扎实而深厚的基础与功底。这里附带还可说上一句的是，徐光启是受过洗礼的天主教徒，基于神道设教的宗教信仰对他的科学活动，有何关系与影响仍有待深入研究。但“我们至今，尚未发现有关徐光启本人蓄意愚弄人民，为封建迷信张目的确凿材料”[①]，似可证实，他的言行与来华传教的神学家是有区别的。在他毕生从事的学术活动中，也始终能循依科学的务实精神，而力排玄虚无稽之谈，书中有些迷信成分，则极可能是经后来整理人所妄加的[②]。

第三节　农本思想的扩展与运用

农业是利用土地生产有用动植物的持续经济活动。随同社会经济的发展，到了17世纪明清之际，在一些地区作为生产经营主体的农户也开始改变自给自足的方式，即除了满足自己的消费维持自我生计，还把消费剩余供应市场，而地主中也已出现除了出租土地还兼用雇工经营的。到了19世纪的清代后期，西方资本主义列强对中国的侵略加剧，鸦片战争前后随同整个社会性质的转变，农村经济也面临一系列新的问题。与之相适应，新的经济思想也遂即萌生，尽管它还属于传统的范围，但确已不同往昔而有所发展。如张履祥的力农致富，治生唯农；包世臣的本末皆富、庶为富基等思想，都在证实以重本抑末思想为特色的富国之学与治国之术，日益丧失其支配地位，而探讨私家财富如何取得并加以管理的治生之学已提上日程，而治生之本虽仍以农业为主，但工商不再受到歧视有如末业，作为致富的正当手段则基本得到社会认可，从而使传统的农本思想有所扩展，并在实际经济活动中卓有成效的加以运用。当19世纪前期的嘉庆，道光年间，一些对社会危机已有感受和觉察的人士，为了缓和日益激化的社会矛盾，争取实现某些社会经济改革，开始摆脱与世事无关的训诂之学，出现关心国计民生而以经世致用为主旨的实学。有些还以地主阶级改革派的姿态，针对时弊提出了自己的改革主张，这些主张基本上仍是为了维护已趋没落解体的封建制度，但确已涉及限制和削弱当时最腐朽的社会集团的既得利益，对封建社会内部商品经济和资本主义萌芽因素，也多少具有扶植和促进的作用。在表述上对封建社会中的自然经济和发展着商品货币经济，虽仍沿袭传统的本与末的说法，但对其作用与意义的认识已偏离了传统的观点。面对民贫国弱、灾难深重的局面，迫使人们对经济给予极大的关注，富国与富民成为最急迫的课题，贵义贱利的封建经济思想教条也随之从根本上发生了动摇，在这一转变过程中，作为经济主导部门的农业和财富主要形式的地产，在思想领域中当然也会有所反映而不可能被忽略。

---

① 吴德铎，试论徐光启的宗教信仰与西学引人者的共同理想，原载《社会科学战线》1983，(4)，现已收入吴德铎，科技史文集，上海三联书店，1991。

② 据万国鼎，徐光启的学术路线和对农业的贡献，徐光启纪念论文集，第24页，将《徐光启集·卷五》“屯田疏稿，除蝗第三”与收入《农政全书·卷之四十四·荒政》中的《除蝗疏》加以对比，发现有经陈子龙改动并添加蝗是虾子所化的错误论证，就此指出“这种错误的论证，不可能是徐氏自己的写作，因和徐氏在同一疏中所写的蝗虫生活史不符”。又“又如卷四十二的解魇魅和逐鬼魅法之类，也不像徐氏作为一个天主教徒而且一向反对这一类迷信的人所辑录的。这些都是陈子龙修改增加的”。

一 张履祥的农学思想

在明清之际，有些身兼地主的士人，当对为官的仕途无所期望，遂以平生所学转而致力于为自家谋生致富，在具体运作的过程中也随时留意总结，有的还撰著成文以家训的方式垂示族人。张履祥就可推为其中的代表。张履祥（1611～1674）字秀夫，浙江桐乡人，以世居杨园村，故人称杨园先生，明亡之后拒绝仕清而归隐田里，以讲学治田为生。在明清之际的理学家中他属于程朱学派，很受清初儒师们的推崇，但他的思想没有完全囿于程朱学派的体系，而是主张“毋专习制艺，当务经济之学”①。他平时留心农事，对农学有相当研究。其著作经人汇编为《杨园先生全集》，其中与农事及经济有关的有《补农书》、《赁耕末议》及《备忘》等。《补农书》之得名，是因为张履祥得见同为吴中人的涟川沈氏所著农书，十分赞赏之余又补其所不及者。《张杨园先生全集》的最初刻本仅收《补农书》，乾隆年间重刻时方把《沈氏农书》也一并收入。《四库全书》汇编时则把《沈氏农书》与《杨园先生全集》又各自归类，分别列入农家类与杂家类的存目中。在这之后两书多一起刊行，分别作为上下卷，而书名则多单独标以《沈氏农书》或《补农书》。由于这两部农书不仅所讲的技术内容相似，即其经营思想也十分相近，是以可合在一起一并加以讨论。

（一）务本节用的治生之学

张履祥平时对家庭经济管理和农业生产技术都很注意留心，当时有人就此说他“凡田家纤悉之务，无不习其事而能言其理”②，而这个理就是以家庭或个人为本位，为获得和积累财富而致力于治家生业的治生之学。“治生”一词的本意是“治生计，经营家业”。治生一词始见于《史记·货殖列传》“今治生不待危身取给，则贤人勉焉”。司马迁推崇多财善贾的白圭，因“白圭乐观时变，故人弃我取，人取我与”，是以“盖天下言治生祖白圭”，但对如何运作则未作具体探讨，而白圭的治生之学，实际上讲的是商人经营致富之术的。贾思勰则在《齐民要术》中提出“夫治生之道，不仕则农”③。开始把治生问题归结为封建地产的经营问题。在这部现存最早的系统讲述农业技术的书里，也有一些涉及封建地主家计及管理上的具体事物，因而有人说它是中国古代地主治生之学的滥觞④，不过书中所讲的仅限于治生之术，还未能提高到治生之学的水平。宋朝的叶梦得（1077～1148）和元代的许衡（1209～1281）则把治生之学从重义贱利的正统经济思想禁锢中解放出来，把士、农、工、商看作只是谋生之道有别，都是治生的正当手段。处于明清之际的张履祥在《补农书》中则是通过记叙之术来论述治生之学的。这不仅突破了传统的义利观念，也改变了明末侈谈心性的空疏学风。但息影田园的耕读生活，却使他的思想过分强调农事之为用，他甚至说“治生以稼穑为先，舍稼穑无可为生者”⑤。他把治生

① 梁启超，中国近三百年学术史，“九、程朱学派及其依附者”，复旦大学出版社，1985年。

② 陈克鉴，《补农书引》见《张扬园先生全集》卷四十九。

③《齐民要术·杂说》。

④ 赵靖主编，中国经济管理思想史教程，第十二章，第一节，北京大学出版社，1993年。

⑤《张杨园先生全集·初学备忘录·上》。

与货殖区分开来，认为只有耕读才是治生正术，而商贾技术之智，则是“儒者羞为”的。他认为力农可以致富，从而可使耕读相兼，他虽也重视手工业等部门与之配合的多种经营的效益，并肯定日常所产所需可通过加工及买卖而从中获利，但仍不忘能永保财富维持久远的唯农而已的信念。强调“万般到底不如农”。他在训子语中针对“市井富室易兴易败”，反复叮嘱“耕则无游惰之患，无饥寒之忧，无外慕失足之虞，无骄侈黠诉之习……保世承家之本也”[①]。认为农业是治生的唯一途径，只能从农业范围内探讨家庭经济管理问题。所以他强调说“治生无它道，只务本而节用一语尽之”[②]。现将与之有关论述加以归纳，简要加以说明。

1. 力农致富思想

力农致富是张履祥治生之学的基本论点，也是他用来解决治生之术的总纲，还是他作为地主阶级思想家的局限所在。司马迁早在西汉初年，就能认识到，富有本、末、奸三等之分，又复依其为用相应的区别成上、次、下三级。“是故本富为上，末富次之，奸富最下”[③]，主张“以末致财，用本守之”[④]。和张履祥处在同时的启蒙思想家黄宗羲（1610～1695）则已明确提出工商皆本，“世儒不察，以工商为末，妄议抑之。夫工固圣王之所欲来，商以使其原出于途者，盖皆本也”。相比之下，不难看出张履祥思想上的保守趋向。针对农桑无近功的说法，他指出“唯无近功，所以可长久”[⑤]。而工商虽有近功，获利既快且多，但风险很大，盛衰无常，“市井富室易兴易败”[⑥]。在具体经营管理上，他虽能根据农业生产的特点，强调集约经营，重视经济效益，在日常操持运作上，也不排斥加工和买卖活动，如去杭州购粪，到苏州买糟，蚕丝织纴所得绸绢，则应审时度势及时出售等。在《补农书》论述技术操作要点时又大多涉及，目的还在量入为出能获得盈利。在农家内部的分工上，他承认“男耕女织，农家本务”[⑧]，肯定家庭纺织业与农业生产可平等相列，都可看成是本务，但这也只是东汉时王符（约85～162）所主张的“夫富民者以农桑为本，以游业为末”[⑦]。农桑皆为富民之本的微弱历史回音。

2. 家国趋同思想

张履祥的治生之学虽是从封建地主的立场出发，但在经营活动中也无法完全排除随同商品经济发展而俱来的买卖行为与交易活动。对自认儒者羞为的商贾技术之智，可以拒斥不加视闻，但已采用雇工经营的在农业中带有资本主义萌芽性质的运作，却只好以家国无二的趋同说法来辨解。他认为治国与管家存在一些共同规律与原理，国民经济管理中的一些政策与方法，对家庭经营同样可以参用。他说“立国有立国之规模，立家有立家之规模，兴衰隆替，其理一之”[⑧]。“家、国无二理，治家与治国亦无二道”[⑨]。他还进

① 《张杨园先生全集·训子语·上》。
② 《张杨园先生全集·备忘二》。
③ 《史记·货殖列传》。
④ 《明夷待访录·财计三》。
⑤ 《张杨园先生全集·训门人语一》。
⑥ 《补农书上》。
⑦ 王符《潜夫论·务本》。
⑧ 《张杨园先生全集·初学备忘录·下》。
⑨ 《张杨园先生全集·备忘一》。

而以家与国相比，“尝读《孟子》，曰：诸侯之宝三：土地、人民、政事。士庶之家，亦如此，家法，政事也；田产，土地也；雇工人及佃户，人民也”[①]，他把地主对雇工、佃户的关系，和封建社会中统治者以人民大众为统治对象的关系看成类同相似，将地主家庭的家法家规比附为国家的政事，从而推及治国理家都宜以农为本，特别是像他这样的耕读之家，认为“若专勤农桑，以供赋役，给衣食而绝妄为，以其余闲读书修身，尽优游也”[①]。以安逸而又悠闲的心态来读书的地主，以及被驱使在畎亩而难有余暇的雇工相比，是无法证实他提出的“人言耕读不能相兼，非也”[②]，这一托词。可见，张履祥认为“治生一事，……只有务本节用而已，天下国家之计以是，一身一家之计亦是”[③]，实际是把传统的重本抑末这一宏观的国事本基，加以改造成治生唯农的微观上可用作理家的方针。

（二）务实致用的治生之术

在地主家庭的具体家务操持运作上，本着务本节用的精神，张履祥认为应该制定一些必要的经营原则和管理方法。

1. 须确定适宜规模并开展多种经营

沈氏主张经营家业者要勤奋耕作，多施肥料，少种多收。“作家第一要勤耕多壅，少种多收”[④]。并引老农的话说“老农云：‘三担也是田，两担也是田，石五也是田，多种不如少种好，又省力气又省田”。张履祥同意沈氏这一主张，也强调要集中力量从事精耕。为适应当地资源状况和充分利用劳力，应开展多种经营，由于他的乡里人多田少，除了种稻和植桑养蚕，还可饲养湖羊及猪等家畜，开展蚕丝缫织等手工工艺，以及酿造腌制等加工日用所需。他甚至还赞同，利用地势低洼易涝的特点来养鱼获利，“自水利不讲，湖州低乡，稔不胜淹。数十年来，于田不甚尽力，虽至害稼，情不迫切者，利在畜鱼也”。上述举措不仅能有效的调剂劳力防止忙闲不均，而更主要的是通过其有机配合能达到增进土壤肥力，保持生态平衡的目的。即循依粮、桑、鱼的综合经营方式，开展水旱轮作，以田养田；农牧结合，以牧促农；以鱼养桑，以桑养蚕；田地互养，以“水”肥地，就不难取得“两利俱全，十倍禾稼”的积极成效，在人地矛盾十分突出的条件下，充分体现出集约经营，因地制宜的农业优良传统。

2. 应制定经营计划与管理定额

沈氏提出的《逐月事宜》实际上可视同全年农业计划经营纲要。它把农活按季节变化分配到每个月份，而每个月的安排又按田间生产与杂作置备等不同应办事项；适应阴晴交错可能出现的天气变化等预作安排事前筹划，既要防止因田间农事过于忙碌而无暇顾及其他应办的杂作；也要避免遇雨辄窝工而天晴又忙乱无序。为了适应计划的推行，他提出“艺谷、栽桑、育蚕、畜牧诸事，俱有法度”。如插秧前倘能及时下田除草，到后来中耕时，则一个工日可拔三亩田的杂草，而插秧前未能清除则一亩须用三个工日，即俗

---

① 《补农书下总论》，以下凡引自本书者，均不再注出处。
② 《补农书下总论》。
③ 《张杨园先生全集·答张佩葱书》。
④ 《补农书上》。

所谓“工三亩”与“亩三工”，是以“只此两语，岂不较然”[①]，说明除草的迟早和所需工日是有量化的额度可考，其效率也是可据以相比的。

3. 要重视效率开展核算

以劳动集约为特点的传统农业，其特点虽有如沈氏所说“凡种田总不出，粪多力勤四字”。但具体运作时粪如何施，工如何用，确是大有讲究的。对田间农事：施肥须依土质，季节及苗的长情，分垫底及接力来适时适量的施用；而做工之法：则应按垦土、壅地及锄荡耘获等工序依次进行。蚕务则对所需工本更要精确核算，对本家人的支出，虽可酌情计或不计，因“织与不织，总要吃饭”。但如假手下人，则须严妨多靡工力，植桑养蚕之家操作尤须及时，切勿令桑老蚕病，否则所得不足工本难偿支出。在其核算中只从雇用长工所需费用着眼，而未能就生产作业整个过程的投入产出来分析，反映出其计算技术尚欠完善，有待改进。总之，在张履祥看来操持家务上，非劳务不成人家，但总须精打细算，即使“日进分文，亦作家至计”。在支出上，他认为主要是米柴两项，米因计口而食，相差不会太多，而薪柴则因种类不同价格相差悬殊，一年下来出入很大。他把木炭、山柴、树柴、桑条、豆萁、麦柴及稻柴等依次列举对比，认为稻草燃烧后余下的灰还可充作肥源，加以无需用钱去购买，是以，“必待买薪而举火，难乎为家矣！”[②]

4. 强调雇工人家须强化劳动管理

《补农书》记叙的雇佣关系，是经营地主使用雇工从事生产带有资本主义萌芽性质的剥削关系。封建的人身依附关系已经松弛，而超经济的强制办法也难以为继。沈氏就此有针对性的指出“作工之法，旧规：每工种田一亩，锄、耥、耘每工二亩。当时人习攻苦，戴星出入，俗柔顺而主令尊；今人骄惰成风，非酒食不能劝，比百年前，大不同矣”[③]。这里说的旧规当是明朝中期的情况，当时与明末已有所区别，为此要讲求抚御之术，既不能过于苛虐、残暴，也不能随其所愿。张履祥则进而提出具体办法：首先要以怀柔、笼络，通过施小施行假义的方式来驱使，“教其不知而恤其不及，须令情谊相关如一家人”。其次“至于工银、酒食，似乎细故，而人心得失，恒必因之”，为此对雇工要做到三好与三早。“做工之人要三好：银色好，吃口好，相与好；作家之人要三早，起身早，煮饭早，洗脚早。三好以结其心，三早以出其力”。最后对雇工要考察其勤惰分别加以对待，“惟惰者与勤者一体，则勤者怠矣；若显然异惰于勤，则惰者亦能不平。惟有察其勤而阴厚之，则勤者既奋，而惰者亦服”[④]。总之，要能做刚柔相济，软硬兼施，“如是则在者无不满之心，去者怀复来之志”。

（三）至诚无伪的治生之道

张履祥在《补农书·总论》全书行将结束之处，在对治生之学与治生之本加以论叙后，进而提出治生之道。意在说明他不仅熟悉田家纤细之务，还能在亲自参与的基础上，讲清何以要如是来做的究极道理。“农桑之务，用天之道，资人之力，兴地之利，最是至诚无伪。百谷草木，用一分心力，辄有一分成效；失一时栽培，即见一时荒落。我不能欺彼，彼亦不欺我；却不似末世，人情作伪，难处也”。他认为种田栽桑的事是最实际的，

①，③，④《补农书上》。

②《补农书下》。

来不得半点虚假，不像末世的人际关系那样虚伪难处。而“凡事各有成法，行法在人”，各项事务都有内在的法则和规律，而它的贯彻执行却有赖于人。所以他期望能习其事而言其理，并与举家之人共明斯义。

1. 用天之道：张履祥不仅充分肯定沈氏在《逐月事宜》中的安排，是深得“授时赴功之义”，还指出基于当地气候，大约晴七雨三的特点，“为使晴雨各有生活”还列出分别适于晴雨的农事与杂作，是确已做到“纤细委尽，心计周矣”。

2. 资人之力：适应雇人代作的经营方式，张履祥指出在雇工选用上要注意三项事，首先要确定严格的标准，他依据勤惰巧拙把雇工分为四等，即“力勤而愿者为上，多艺而敏者次之，无能而朴者又次之，巧诈而好欺，多言而嗜懒者斯为下矣”①。其次对雇工的选择须平时留心，一旦需雇佣就可“择其勤而良者，人众而心一者，任之”①。如仓促用人，临时选用则心中无底，就可能因平时不知择取，“临事无人，何所归咎？因其无人而漫用之，必致后悔。”最后用人应用其所长，因“人无全好，亦无全不好，只坐自家不能用耳”，应无求备于一人，“顾用之何如耳”①。

3. 兴地之利：张履祥在学稼数年，咨访得失，颇识其端后，基于“土壤不同，事力各异”的道理，在把其家乡的耕地区分为（水）田与（旱）地的基础上，指出“农事随乡，地之利为博，多种田不如多治地”①。在把两者充分对比后，指出如在旱地种桑得法，则用桑叶喂蚕所得的收益会高出种田。对施肥这一措施，不仅能增进地力提高产量，还能化废为宝，就此他指出“种田地力最薄，然能化无用为有用；不种田地利最省，然必至化有用为无用。何以言之？人畜之粪与灶灰脚泥，无用也；一入田地，便将化为布帛菽粟”①。

二　包世臣的农学思想

包世臣（1775～1855）字慎伯，号倦翁，安徽泾县人。嘉庆十三年（1808）举人，他长期在东南地区任达官大吏的刑钱两席幕僚。道光十八年（1838）曾任江西新余知县，为时仅一年即被劾去官，因而平时常以江东布衣自称。他平时讲求经世致用之学，对农政、漕运、水利、盐法和赋税等实际经济问题有较深入的了解。就此《清史稿》中说他“有经济大略”。他的经济观点主要是针对时弊，涉及当时财政经济改革的一些重大问题，急剧变革中的社会诸多矛盾，在他的论著中大多有所反映。他虽以儒者自许，却一再公开声言自己“好言利”。并对传统的义利之辨加以深究；作为封建士大夫的一员，他对农民起义抱有敌视情绪，但又同情农民的处境和遭遇，明确地讲过“农民终岁勤勤，幸不离于天灾，而父母妻子已迫于饥寒，又竭其财以给贪婪，出其身以快惨酷，岁率为常，何以堪此”②。为了缓和矛盾，安集流亡，他主张应讲求稼圃之法、救荒之政，因而把“修富以劝农”，看成是“国富而主尊”③的根本前提，他重视农业，强调“天下之富在农”③，但他又能适应商品经济的发展，肯定工商业的积极作用，认为可与农业并存和互补，赞

① 《补农书上》。
② 《齐民四术·农一上·农政》、《安吴四种》卷二十五上。
③ 《说储上篇前序》、《安吴四种》卷七，下。

同本末皆富的观点。作为一个爱国者，在反对资本主义列强侵略问题上，立场十分坚定。但在与之应处的对策上，却又抱有一些不切实际的想法。总之，包世臣在当时的统治阶级中虽然职位低微，但在上层社会已有相当的知名度，而他的论述虽有阶级与时代的局限，但作为近代地主阶级改革派的主要代表人物之一，他的论著确又留下了鲜明的时代印痕，在经济和农业的历史研究上有一定的参考价值。

包世臣在道光二十四年（1844）年近七旬时，将其平生主要著作汇编为《安吴四种》，他就此解释说，“吾泾本秦县，季汉分安吴，敝居附近其治，故以为名”①。四种则是指他历年先后撰著的四部文集，即《中衢一勺》（七卷）、《艺舟双楫》（六卷）、《管情三义》（八卷）及《齐民四术》（十二卷）。他有关农事的论著主要收录在《齐民四术·农政》部分中，四术是指农、礼、刑、兵四者。《农政篇》又别题为《郡县农政》，是据篇中所叙“治平之枢在郡县，而郡县之治首农桑”而得名。它是以总结记述清代江淮地区农业生产技术为主，并附有与农业经济行政有关的信札及论著，可视同讲述传统农学的农书，近年经王毓瑚点校重刊。现据此并参据《庚辰杂著》及《论储》等有关论著，仅就其农业及农业经济思想加以探讨。

（一）有关义利之辨

这是中国经济思想史上一个古老的命题，它要探讨的是如何对待社会伦理规范与人们物质利益。早在先秦就已有“义，利之本也”②，“义以生利”③ 的说法。将义利对立起来的是孔夫子，他明确地指出“君子喻于义，小人喻于利”④。西汉时董仲舒鼓吹“正其谊（义）不谋其利，明其道不计其功”⑤，从而使标榜仁义讳言财利的儒家义利观成为支配的正统观点。从唐朝中期开始，讳言财利的儒家教条，曾不时被进步思想家所怀疑和批判，但直到清朝中期，才由颜元（1635～1704）等加以批驳，明确提出“正其谊（义）以谋其利，明其道而计其功”⑥。在这一专务经世，崇奉实学的精神影响下，到了近代又使言利随同商品经济的发展，包含有发展资本主义的新内容。

包世臣虽以儒家自命，但毕生关注经济问题，他适应时势，挣脱了反对言利的陈腐教条，一再声称自己就是“好言利”，宣扬其平生“所学大半在此”，而对“好言利”的原因则加以解释说，是由于“好言利，似是鄙人一病，然所学大半在此，如节工费，裁陋规，兴屯田，尽地力，在在皆言利也。即增公费以杜朘削之源，急荒政以集流亡之众，似非言利，而其究则仍归于言利。鄙人见民生之朘削已甚，而国计亦日虚，其病皆由奸人之中饱，故平生所学，主于收奸人之利，三归于国，七归于民，以期多助而止奸”⑦。从他的这一段言论中不难看出，一是凡事如有兴革建树要皆利之所在，有些看似与利无关的举措，如稍加思考其得失成败则大多与利益的分配有关，而侵吞公益中饱私囊的奸佞

①《安吴四种·总目序》。
②《左传·昭公十年》。
③《国语·晋语一》。
④《论语·里仁》。
⑤《汉书·卷五十六董仲舒传》。
⑥《四书正误》。
⑦《答族子孟开书》、《安吴四种》卷二十六。

之徒却置国计民生于不顾的无耻妄为，须设法加以制止杜绝。再将生聚的财富，按三七开的比例归属于国家和民众，从而扭转日渐虚空的财政收入。

包世臣在指出时弊与对策的基础上，进而通过探究理财与治世的关系来阐述义与利的正当位置。他强调“理财为古人致治之大端，尤此时当务之最急”，因为“未有既贫且弱而可言王道者”①。他批评那些认为“富强非王道一事”的人为“陋儒”。他把与物质利益有关的生财理财之道和国家治理的大政方针联系起来，说明既贫且弱是无法实现国泰民安的，他肯定讲求利益从而致富的合理性，但又反对惟利是趋不顾廉耻的行径，因为正是在这样置伦理道德于不顾的思想支配下，才厚颜无耻的去追求一已的私利。可见为了理顺生财之道，既应肯定利，但也不该否认义。在他思想深处依然是认为应先义后利，试看他与此有关的言论主张。“人而无耻，惟利而趋，无所不至。是以吏无耻则营私而不能奉令，士无耻则苟且而不畏辱身，民无耻则游惰而敢于犯法”，在这几种无耻中，吏的无耻又是关键，因为“民化于士，士化于吏，吏治污则士习坏，士俗坏则民俗漓”。为了扭转这种社会风气，他主张“善为国者”应使行义的人“既有令名，而又得行义之利”；骛利的人“其名既不义，而复得不利之实”②。可见他实际上，并没有将利与义截然加以对立而只是反对不义且利。包世臣这样的义利观纵使既能适应时势，也未完全背离传统，但在当时依然是无法行得通。他在经历多次挫折与贬抑之后，深有感触的感叹说：“上利国，下利民，则中必不利于蚕蠹渔牟者，故百言而百不用；上病国而下病民，中必大利于蚕蠹渔牟者，故一说而万口传播，经得达于大有力者。”③ 这说明他已意识到，兴利除弊的改革纵使是于国于民都有好处，但会受阻于从事作梗的设法谋利之徒，而招致民穷国危的诸多弊端，则又因其欲从中渔利，推波助澜的加以助长，最终则只会有增无減。

（二）有关本末皆富的观点

包世臣虽然把封建关系下的农业仍然看成是本，而把工商业和货币依旧称为末，但却不再把本末这两者视为对立的事务，而是看成既可共存又能互补的。这是适应社会经济发展，反映新兴阶级的利益要求，就此他从以下几个方面作了较为充分的论述：

1. 从社会分工来肯定本末各自的积极作用

包世臣虽然强调“天下之富在农而已”，但从社会分工的角度对工、商与士的作用也予肯定。他指出“夫无农则无食，无工则无用，无商则不给。三者缺一，则人莫能生也”。而位居四民之首的士其作用则在于“生财者农，而劝之者士；备器用者工，给有无者商，而通之者士也”④。即在社会经济发展过程中，士应起到促进推动的作用。士为了能够有效的去劝农，就应了解与农事有关的知识与技术。他认为当时农民的处境穷困无着是和士的行为不端有关。士平时“鄙夷田事”，而一旦为官就“兼并农民”，以致“内外正供，取农十九；而官吏征收，公私加费，往往及倍”⑤。他从事撰著，意在“庶使已

① 《再与杨季子书》、《安吴四种》卷八。

② 《庚辰杂著一》、《安吴四种》卷二十八。

③ 《中衢一勺附录序》、《安吴四种》卷首。

④ 《说储上篇前序》、《安吴四种》卷七下。

⑤ 《齐民四术·农政》、《安吴四种》卷二十五。

仕者有所取法而改其素行；未仕者知学古人官之不当专计筐箧以兼并农民”。

2. 防止本末并耗的时弊

包世臣在他活动的早期就已注意到导致民穷国危本末并耗的时弊，并积极提出防治的对策。他说：“本末皆富，则家给人足，猝遇水旱，不能为灾，此千古治法之宗，而子孙万世之计也。”① 而当时一遇凶荒，难民就流离载道，即使是丰年，农事甫毕，穷民则多并日而食。就此他说：“请言近日本末并耗，所以致民穷而不能御灾之故：一曰，烟耗谷于暗，二曰，酒耗谷于明，三曰，鸦片耗银于外夷。”就此，他先分析详述其弊，随后论及救弊之法，解救虽不乏术，但因碍于积习并受阻于胥吏，实际是难以收效的。早在鸦片战争之前近20年，他已发现银价日高、市银日少的原因，把它归究到鸦片耗银于外夷。他以苏州一地为例，“吃鸦片者不下十数万人，鸦片之价，较银四倍，牵算每人每日至少需银一钱，则苏城每日即费银万余两，每岁即费银三四百万两；统各省名城大镇，每年所费，不下万万”。他据以推算的数据姑不论其与实际有无出入，其对当时流毒之深和愈禁愈盛的记叙当近真无误。他认为耗于本富的烟酒和耗于末富鸦片的弊病，其所以屡禁不止，是因经手胥吏讹索之后继以包庇，司禁之人率多早已中毒又复得受肥规。即再加严法，终成具文。但是包世臣对资本主义列强为争夺市场，对外进行经济侵略扩张的本质，当时还是缺少认识，竟提出一个“裁撤海关”，“绝夷舶”来华贸易，而允许中国商人携带茶叶、大黄等夷民所必需者赴彼回市，则“义与利常对待而交胜”，既可杜绝白银大量外流，也能防止外夷借口寻衅。鸦片战争爆发后，他力主抵抗，反对投降。战后他对资本主义经济侵略的本质有了较为深刻的认识，曾经指出由于洋布的进口，打击了中国手工纺织业。

3. 顺应时势应对末富变抑为用

包世臣从实际生活中逐渐体会到商品货币关系的发展，不仅对社会经济发展有着积极作用，而且成了不可逆转的必然趋势，是以无须为之忧虑而要设法顺应加以利用。他认为既然“人心趋末富”，而且末富已经“权加本富之上”②，加以“银币虽末富，而其权乃与五谷相轻重”。从而作为国家政策的治法也应适时调整。在肯定本末皆富的前提下，使货币与商品能发挥其应起的积极作用。在解决封建国家某些财政问题时，甚至可借助一般商人，因为在当时通过私人的商业活动，已经能够有效的改进国家财政经济状况。因而他不无原因所强调的“本末皆富”是“千古治法之宗”，“子孙万世之计”③，是对传统经济思想的重要发展。

（三）贯彻本末皆富观点的主要举措

本末皆富的观点，是包世臣经济改革主张的依据，并又贯彻在各项改革方案中。他把农业生产放在首位，认为不改变生产关系也能发展农业，这一局限反映出他的思想未能超脱传统的经济思想范畴。但在对处一些具体的财政经济问题时，他不仅主张应发挥商业和货币因素的积极作用，甚至认为应设法为商人的经济活动创造某些必要的有利条件，从而反映出一部分兼营商业或手工业的地主的利益。

① 《庚辰杂著二》、《安吴四种》卷二十六。

② ，③《齐民四术目录叙》、《安吴四种》卷二十五。

1. 农田水利问题

包世臣认为“凡地、肥而有水源者宜稻”，“其必不能开通水利，兴稻田者，亦须多开池塘蓄水，以溉旱谷”[①]。结合漕粮与漕运中难以除旧布新的诸多弊政，他认为缓解民困的办法仍是兴修西北与东南两地的水利营田。邻近京师的直属地区从宋代何承矩（946～1006）以来，主张应兴修水利的虽代不乏人，“然皆未能上筹国计之盈绌，下察民情之疾苦”，如尽用官力，则势有不能；劝用民力，则因安于故习而不易举；加以胥吏因缘为奸，必又惊扰乡里，招致物议。是以可招东南无田农民，在京西屯田种稻，“厚资之，使开沟渠，治畔岸”[②]，收成官佃各半，经年累月则漕粮可减，东南之困可苏。采取这一方案，“则举世而不惊众，益上而不剥下，百世之勋可集”。[②]针对东南地区田赋过重，民力既殚，圩毁渠塞，水利失修的状况，他指出：“江右产谷，全仗圩田，从前民夺湖以为田，近则湖夺民以为鱼。”[③]而地方官员“于大圩修废，从不闻问”，“有司注意，唯在钱糟，从未有周历巡视，问钱糟之所从出者”[③]。这样民虽流亡过半，田已变腴为瘠，田赋仍不能少缺。解救之道唯有轻徭薄赋，改变田去粮在的秕政，可见包世臣始终是把农业生产和农民负担看成是当时政治和经济的急切有待解决的问题。他坚持“必言大政，其唯农乎！”[④]

2. 肯定末富之为功

包世臣有关重农的言论，大多发表于早期，即在考中举人之前，当他以幕僚身份参与的咨议活动中，了解到不仅官绅相互勾结掠夺欺压乡民，在经办的漕盐事务中，除了经办官员从中贪污勒索，而官僚机构的腐败又无法克服耗损大效率低的弊端，最终这一切都加重到农民头上，成为使农民不胜其苦的负担。而改革的方案，如海运南糟、改行盐票等都不是他的创见。即从东南省份征收的粮米改由海运北上，以节省运输耗费；在食盐的运销上允许商人领票买盐，在缴纳盐税后可自由运销各地，在他之前就已有人提出过。但包世臣提出的改革主张，是认为商人可参与经营，因为商人经营的效益与效率，都超出封建官僚机构和封建商业垄断组织。这从利益分配上看，是想尽量照顾包括商人在内的各个方面的利益；如从理论上讲，则是本末皆富观点的具体体现，因为在这过程中能使地主与工商业者乃至国家的利益可趋向一致，而本富与末富则能相互补充而获全功。他对江南地区的手工业者，赞誉备加。尤其是对手工纺织业，他说“东南杼轴之利甲天下，松、太钱糟不误，全仗棉布”[⑤]。而“松、太利在棉花梭布，较稻田倍，虽横暴尚可支持”[⑥]。可见，他对工商业的作用虽有所肯定，但还是针对时弊用来补漏添缺，还未能理解它在社会转变中的全部功能与作用。

---

① 《齐民四术·农政》，《安吴四种》卷二十五。

② 《庚辰杂著四》、《安吴四种》卷五。

③ 《留致江西新抚部陈玉生书》、《安吴四种》卷二十六。

④ 《安贞四种书后》、《安吴四种》卷三十五。

⑤ 《致前大司马许太常书》、《安吴四种》卷二十六。

⑥ 《答族子孟开书》、《安吴四种》，卷二十六。

第二十四章　明清时期中外农学的交流与融汇

第一节　明清时期中外文化交流与农学融汇动向

中国在明清时期与邻近的亚洲各国之间，经济文化交往较前更加频繁，其中尤以同日本、朝鲜等东邻国家，始终保持较为密切的联系。在元代曾盛极一时的欧亚大陆陆上交通虽渐趋衰落，而海上交通则在15世纪末、16世纪初世界航路开辟之后，已进入资本主义原始积累阶段的西方葡、西、荷、英等国相继东来，积极从事海外掠夺敛聚财富，与此同时一些天主教的传教士也随同开展传教活动。中国从明朝中期与上述西欧各国接触之后，在经济、政治关系逐渐增进的同时，也开展了文化上的相互交流，加强了彼此间的了解，进而结束了当时东西文化区域的隔绝状态。

一　西学东渐的社会背景

当17世纪中期清朝开国之后，中国虽已不再孤立于世界之外，但与西方各国的交往却又先后经历了一些波折。清初虽曾一度取消海禁，正式宣布开海贸易，但西方列强在从事正当贸易的同时，却又不断在沿海各地"滋扰生事"，清廷开始对之加以各种限制，但在其非法活动有增无减的情况下，终于在18世纪中期的乾隆二十二年（1757）传谕外商，自今以后通商口岸只限广州一地，采取了较为严格的闭关自守政策，这一措施对于抵御外来侵略势力虽曾起到一定自卫作用，但也限制了中国对外交往，在失掉外贸主动性的同时，也影响了国内社会经济发展。在与中国通商之事受挫后，英国曾先后两次，在乾隆（1793）嘉庆（1816）时，正式派遣使团来华与清廷交涉，希望能获准扩大商务，并允许居住及传教的自由，但由于发生接待礼仪上的争执，交涉归于失败而无成效。之后的英国就派商船在中国沿海走私，不仅偷运棉纱等大批商品，进而还输入鸦片，以致中国的白银大量外流，使清廷财源日益枯竭，国势也显著下降。当清廷被迫起而采取禁烟措施后，英国就以之为借口挑起鸦片战争，用武力轰开中国已关闭近百年的大门，于1842年签订《南京条约》，使中国沦为半封建半殖民地社会。在进入剧烈动荡苦难深重的新的历史时期，随即激发起中国人民图强自保的决心与行动，但由于清廷的腐败与无能而多次贻误时机，进一步拉开了彼此间各方面的差距，从而出现主张向西方学习并进行变革的时代思潮。

在西方列强的对外扩张活动中，基督教的传教士在罗马教皇的主使与支持下，曾与之积极配合开展传道活动。明清之际早期来华的传教士，基本上是属于旧教天主教的，而在晚清来到中国活动积极影响较大的则多为新教耶稣教成员。其中虽有明目张胆的干涉中国内政的侵略分子，但也不乏关心并支持中国进步事业的虔诚人士，但更多的还是无意识地执行殖民主义侵华政策的随从者，不过他们对文教、出版及医药等各个领域的文化与慈善事业却都很重视，意图在通过这些手段来传播其教义并争取信徒。不容置疑的是，在明清时期东西方文化交流过程中，在早期它确曾起过促进沟通的桥梁作用，西方的科学技术以及社会政治思想，是由其通过不同方式输入到中国；而中国的文化典籍，也是经由他们才介绍到西方的。作为构成文化科技一个组成部分的农学自不例外，但侧重实用而技术性又较强的农学，又具有不同于其他学科的自身的特点，是以通过记叙其外传内引的过程，阐释其交流融汇的内在机理，对说明中国传统农学的成就与局限，以及探索建立中国实验农学体系上，都具有极富启示的积极意义。

在明清之际的中西文化接触过程中，来华的传教士里以属于旧教的耶稣会士所起的作用最为突出。耶稣会（Society of Jesus）是16世纪中由西班牙人创建的一种具有军队组织形式的天主教修会[①]，其任务是与当时欧洲经宗教改革运动而形成的，不承认罗马主教教皇地位的新教相抗衡，以举办文化教育事业，进行灵修指导为其主要活动形式，除交结权贵深入宫廷，也致力于在世界各地传教来扩展其势力与影响。受派遣承担布道任务的耶稣会士，除经历严格的神学培训，也大多接受了一些有关自然及人文科学的训练，是以一般具有较为渊博的学识。最早来华的耶稣会士是嘉靖三十一年（1552）抵达广东海域上川岛的西班牙人圣方济各·沙勿略（Se. Frangois Xanvier，1506～1552），由于当时海禁较严，致使其无法登上大陆，不久即病逝于岛上。之后虽又经多方试探仍无成效，为实现在中国传教的艰巨事业，在葡萄牙殖民势力的庇护下，1581年利玛窦（Matteo Ricci 1552～1610）奉命由印度果阿来中国，先在澳门学习汉语，后至肇庆、南昌、南京等地建堂传教。由于他采取尊孔敬祖与服儒衣冠等较为灵活变通的方式，并通过讲传西学等手段结交上层人士。1601年获准长住北京传教，得以结识更多的当朝官员与学者，他除了向中国介绍当时西方的天文、历算及地理等方面的知识，并将《四书》等中国典籍译成拉丁文，寄回欧洲，使儒学得以在西方流传。利玛窦一生译著经人统计多达29种，其中泰半皆为汉文，是以有“第一个汉学家”[②]或“西学东渐第一师”[③]之称，公认其沟通中西文化的开创性业绩。

继利玛窦之后，陆续来华的传教士也大多采取学术传教的方式，从明万历至清乾隆的200多年里，来华耶稣会士中其事迹可考者近500人[④]其中不乏精通学术而为世所深知者。如汤若望（Jean Adam von Bell，1592～1666，德国人）、南怀仁（Ferdinand Verbiest，1623～1688，比利时人）之于天文历算，邓玉函（Jean Jerrenz，1576～1630，瑞士人）之于医学，熊三拔（Sabbathihus de Ursis，1575～1620，意大利人）之于器械水利，以及艾儒略（Julius Aleni，1582～1649，意大利人）对西方学术的概略全面的介绍等多人。这

---

① 耶稣会是在1540年由罗马教皇保罗三世（Paulus Ⅲ，1534～1549在位）批准成立，创始人是出身贵族的西班牙人依纳爵·罗耀拉（Ignacio de Loyola，约1491～1556），该会组织严密、纪律森严，采用军队编制，以服从作为首要守则。其西班牙文原名是“耶稣军”（Compania de Jesus），详见：G. F. 穆尔，基督教简史中译本，商务印书馆，1989年，第272～275页。

② 费赖之著，冯承钧译，在华耶稣会士列传及书目，（上），中华书局，1995年，第31～47页。

③ 樊洪业，耶稣会士与中国科学，人民大学出版社，1992年，第1～27页。有关利马窦生平事踪及译著书目，详见上列两书。

④ 据费赖之《在华耶稣会士列传及书目》一书，经其列传者凡467人，其为华籍者70人。

一时期来华耶稣会士所撰译的有关西学书籍经人统计达437种之多，其中涉及地理地图、语言文学、哲学、教育等人文科学的共55种，占总数的13%；包括数学、天文、医学、生物等自然科学的是131种，占总数的30%；余下的超过半数占57%的251种是纯宗教的书籍①。《四库全书总目》收录的这类译书仅有40多种，可见所引进的学科是以天文、历算、地理等为主，医学、生物等涉及生命科学的则为数不多，此外的确没有有关农学的。利玛窦及耶稣会教士所传播的科学是以数理科学为主，其原因除了这是大多教士所学习过的，也和中国当政的官方重视有关，数学与天文是在中国最早就发展到高层次的学科，中国的天文学则侧重历法，从汉代以来历法制度及改历就被赋予政治意义，历代帝王也把使用正确的历法作为一项重要任务。经汤若望等参与修订的《时宪历》，在清初颁布后，中间虽经修改，却一直施行到清末②。一些传教士虽因此而受到清廷礼遇，但其来华主要目的仍在于传教，是以与宗教有背的科学知识，就多有意避而不谈。如哥白尼的以太阳为中心的地动说，因罗马教廷禁止便无法把这一革命性的天文理论传入中国。由于当时中外的农学都处于传统农学阶段，而在这基于经验而几乎尚未涉及运用实验方法的条件下，截至18世纪中期的中国农业生产技术连同其从理论上加以概括的农学知识仍处于前列。著名的法国启蒙思想家伏尔泰（Voltaire，1694～1778）在其1764年付印的《哲学辞典》有关中国条目中，就曾率直的指出："中国人在道德和政治经济学、农业、生活必需的技艺等等方面已臻完美境地，其余方面的知识，倒是我们传授给了他们的；但是在道德、政治经济、农业、技艺这方面，我们却应该做他们的学生了。"③

这一评价应该说是客观公正的，作为《百科全书》主要撰稿人之一的伏尔泰，对封建统治所持揭露与批判的严厉态度也是世所公认的，尽管通过耶稣会教士的介绍，他所了解的中国实际是有限的，但在中西文化的对比中，他确领会理解到其间的差距。就传统农业阶段的生产技术来说中国当时虽超过西欧，但进而深究则作为可传授给中国人的其他的知识中，不仅有些与形成侧重实用的农学有关，而且还有后来实验农学赖以发展构成其基础的诸多学科。对此经切实的感受而有所认识，在中国则已是延迟了一个多世纪之后的19世纪后期。

利玛窦容忍尊孔祭祖等习俗的对华传教策略，在西方和来华的传教士中颇多争议，罗马教廷于康熙晚年（1705，1720）曾两次派人来华，下达禁止中国教徒敬天、尊孔与祭祖的谕令，从而引发礼仪之争，于是康熙不得不下令禁教，但他却能把宗教与学术分开，并未宣称禁止西学而仍采取较为开放的容忍态度。早在1689年中俄签订尼布楚条约时，康熙就曾对被礼聘而供职于清廷的张诚（Jean Francois Gerbillon，1654～1709，法国人）和徐日昇（Thomas Pereira，1645～1708，葡萄牙人）委以译员身份而参加中俄边界谈判，张诚还曾与白晋（Joachim Bouret，1656～1730，法国人）用满语向康熙讲授几何、三角等数学知识，其进讲所用教材曾受命编译成《算法原本》刊刻行世，康熙意在"以

---

① 钱存训，近世译书对中国现代化的影响，文献，1986，(2)；又梁启超在《西学书目表》所收录的不含宗教类的学术著作是86种，其中天文48种，数学19种，地理6种，其他13种。

② 薮内清，西欧科学与明末，译文载《日本学者研究中国史论著选译》第十卷，科学技术，中华书局，1993年，第70～71页。

③ 伏尔泰著，王燕生译，哲学辞典，上，商务印书馆，1991年，第323页。

此开始实现他所制定的把欧洲的科学介绍到中国来的计划，并在他帝国内加以推广”①。可见向西方学习先进知识的愿望，康熙曾以亲自参与来证实是真诚的，但遗憾的是后来的雍正、乾隆等皇帝越来越走向闭锁和文化专制，竟从禁教发展到禁绝西学达百余年之久。

在18世纪这一发生历史巨变的年代，耶稣会在中国遭到禁止（1727），在欧洲也被解散（1773），中西之间的文化交流遂陷于中断而暂停顿。之后，在中国对西教与西学的禁绝虽依然如故，但西方向东方的殖民扩张则有增无已。当19世纪中期，英国发动鸦片战争以军舰和大炮轰开中国紧闭的大门时，闭关多年对外几近无闻无知的中国，所面对的是个陌生的有如全新的世界，而西方列强则开始以鄙视的目光来对待中国。由于中国和西方几乎在各个方面都拉大了差距，而陷于落后与被动挨打的地位，朝野上下的有识之士已有人意识到，为了图强自保须引进包括西学在内的先进事物，但这只是因时所需，因己所需，务期实用的被动引进。由于这一引进又是同中国近代化的过程相适应而伴生的，所以无法在短期内一举而成，难以实现所期望的目的。

通过引进西学来促进的中外文化交流，在中国虽是被动进行的，但在以英国为首的西方列强却是以积极的渗透方式来开展的。早在鸦片战争之前中国海禁未开时，属于基督新教的传教士们已取代天主教的耶稣会士，处心积虑的在窥伺时机，为迫使独立的封建主义的中国对资本主义世界开放，仍以从事文教事业来发展在华的教会势力，在推广基督教文明的借口下，来实现其对中国的全面控制。第一个来华的新教传教士是英国的马礼逊（Robert Morrison，1782～1834），他曾长期隐瞒其真实的传教士身份，冒充译员来进行外交活动，并首次提出有损中国主权的领事裁判权，但马礼逊却又以所编的《华英字典》，在沟通中西文化方面起了奠基石的作用。英国传教士理雅各（James Legge，1815～1897）在王韬（1828～1897）协助下，几乎把儒家的主要典籍都译成了英文，并加以注释，使中国的传统文化在西方得以有力的传播。仍是身为英国传教士的傅兰雅（John Fryer，1839～1928），则以毕生精力与徐寿（1818～1884）等合作，译出许多科技书籍，并做了大量科普工作，在19世纪后期中国兴起的向西方学习浪潮中起过积极的推动作用。美国的传教士丁韪良（W. A. Persons Martin，1827～1916）在华活动60年，曾长期担任同文馆总教习，后又任京师大学堂总教习等职，也曾从事国际法及自然科学方面的译著②。不论这些人的主观动机如何，如仅从其客观效果来看，其所从事的文教活动毕竟还是有益于促进中外文化交流，增进了中外双方的相互了解。

西方传教士在华从事文教事业而传播西学，其本愿是为了发展在华教会势力，中国人则是基于“师夷长技以制夷”的认识来向西方学习，其意图是想借此以与西方列强相抗衡，因而实际上又形成中国对西方列强以近代军事与工业提出挑战的一个有力回应。随同中国人民的日益觉醒，在西学的引进中也逐渐变被动为主动，是以西学在晚清的传播与引进也可大体分为三个时期：1860年以前是以传播西学为己任的西方在华教会，在主持新型教育与出版机构上，曾一度形成的垄断独占时期，因当时还未出现由中国举办的这类机构；1860年至19世纪末，随同洋务运动的兴起，逐渐形成政府官办与教会主持相

① 白晋著，马绪祥译，康熙帝传，清史资料，第一辑，中华书局，1980年，第227页。

② 顾长声，从马礼逊到司徒雷登—来华新教传教士评传，序，上海人民出版社，1985年。

对峙的局面；20世纪初因中国人民救亡意识的增强，又有民办的参与，从而使中国自己主办的这类机构在数量及影响上都已超过教会。从当时起到的作用与历史回顾评价来看，在引进西学的文教活动中，当以开设译馆翻译书籍的影响最为突出，因为它较请人来华讲学或外派留学生，不仅在时间上发起早延续长，而且涉及社会层面也较宽，举凡关心新学与时事的都有可能与之相接触。晚清的西书出版机构先后有100多家，按其属性与出现时序可分为三种类型：一是教会主持，如1843年至1860年，传教士在广州共出版中文书刊42种，其中有13种是属于天文、地理、医学及历史等科学读物，由合信（Benjamin Hobson，1816～1873）编译的《博物新编》[①]，即是其中的一种。又如1843年在上海由麦都思（Walter Henry Medhurst，1796～1857）开设的墨海书馆（London Missionary Society Press）从1844年至1860年共译书171种，其中有科学知识读物33种，由韦廉臣（Alexander Williamson，1829～1890）与李善兰（1811～1882）合译的《植物学》即在其中。其次是由政府官办的，如既培养译才又兼译书于1862年在北京成立的京师同文馆，是由清廷首创的关于西方学术语言的教育机构和翻译机构。所聘教师除授课也都兼职译书，所译的书刊虽以政法方面为主，但也有《格物入门》、《化学阐原》等属于科技类的，但多为入门的科普读物，在晚清影响不大。又如为学习西方的坚船利炮等兵工与科技，由洋务派于1865年在上海创办的江南制造局，于1868年增设翻译馆，译员由中外学者共同组成，主要翻译科技书籍，先后共译出160种，其中有确可认为属于农学的共9种，如《农学初阶》、《农务化学问答》等由秀耀春（F. Huberty James，1856～1900）译，范熙庸述，体现了由西人口述华士笔录这一当时特有的译书方法。江南制造局翻译馆所译出的书籍在版本的选择，译名的确定及译笔的流畅均佳，极见功力，为西学输入立下不朽之功。最后是官商合办和民间商办的，即有中国士绅与知名人士与议其事，并由官员绅商等捐助经费。如被誉为科学之家的"格致书院"，这一由英国驻沪领事麦华陀（Sir Walter Henry Medhurst）倡仪，北洋大臣李鸿章亲题匾额，日常事务多由华人学者徐寿、王韬等先后主持，于1876年正式成立的机构，是集博物馆与科技学校于一体的组织，在晚清的科技启蒙工作中起过重要作用。时任书院董事的傅兰雅，曾独立承担编印发行《格致汇编》这一在晚清对普及科技起过先导作用的期刊[②]，它选材的特点是强调从基础入手不尚深奥，同时竭力避免与已有译书相重复，对一些有待介绍的学科则重点介绍，对科学实验仪器及实用技术更为留意。从1876年创刊至1892年停办，除中间两度暂停间断，在实际编发的7年里共出60卷，发表译著56种，短文209篇，其中如《农事略论》、《虫学略论》等对西方农学的介绍，内容较简略而新颖，在当时确能使人有耳目一新之感。此外，如1887年成立于上海，1894年易名的广学会，至1911年先后共出书461种，非宗教的学术类约238种，其中就有对晚清政局有过重大影响、知名度相当高的李提摩太（Timothy Richard 1845～1919）所著译的《农学新法》一书。

甲午战败马关条约签订后，中国在猛醒深思之余，意识到应切实地加快引进西方科

---

① 《博物新编》1855年出版，共132页，分三集，其内容分别侧重于物理、天文及动物学是内容较为丰富科学读物，所述很多具体知识，在近代西学东渐史上都是首次。是书刊行后，随即受到有识者的重视，如徐寿、华衡芳等知名科学家都认真读过并从中得到启发受益，1876年由小室诚一译成日文，并加添有助于理解原作的注文颇受好评。详见熊月之著，西学东渐与晚清社会，上海人民出版社，1994年，第152～158页。

② 王扬宗，《格致汇编》与西方近代科技知识在清末的传播，中国科技史科，1996，(1)。

技，而“农务为富国之本”，西方近代农学当在其中。1896年由罗振玉等人发起在上海成立的务农会，这一首创的以推广农业技术与改进农业为主旨的民间组织，在1897年创办《农学报》，之后又将其中的译著加以选择汇编并酌增新译辑为《农学丛书》，从1897年至1905年先后共出七集，收有农书152种，其中属于传统农学的有41种，占27%；属西方近代农学的有111种，占73%，内容涉及农学各个分支学科领域，大多译自日人著译。1903年成立于上海的会文学社，实际主持人与主要译员的范迪吉，在当年就组织翻译出版了100种日文书籍，其内容几乎无所不包，涵盖了各个学科，所据原书大多是中学教科书和大专程度参考书，具有广泛的应用性。其中与农学有关的共16种，包括栽培、森林、畜产及土壤、肥料、农业机械、农业经济等诸多方面，如由日本著名农学家横井时敬（1860～1927）编著的《栽培泛论》与《农业经济论》等，曾大受中国学术界的欢迎。

应当顺便指出的是晚清通过日本大量引进西方学术论著的现象，并不限于农学这一领域，究其原因可能是和甲午战败后使日本在中国的形象陡然提高，而庚子事变（1900）后，要学西方，先学日本，又几乎成为国人共识。梁启超曾明确提出，译书当“以东文为主，而辅以西方”，张之洞、刘坤一等清廷督抚大员，曾会奏奖励译书事，就特别提倡翻译日文书籍，是以经国内机构及留学人员从1896年至1911年间，译出的日文书籍至少有1014种，超出前此半个世纪所译西书总和①，就类别来看，社会科学及史地书籍份量加大，自然科学与实用科学比例下降，但数量仍较前为多。所译书刊的积极作用无需在此多言，但仅就农学而论，如从文献形态来看，大多是介绍性的一般论著，而研究性的高水平的表达自己独立学术观点专著却为数不多。这当与农学这一技术性较强又具有综合性的特点有关，加以当时日本近代农学的发展相对滞后，基本上仍处于发轫启动阶段。但与前此由西文直接翻译的一些在当时看来内容较为深奥的相比，作为一般读书人及部分士大夫急需的科学入门读物，确能有助于克服其接触西学之初，“能通晓之者少，而不明之者多”的局限，有助于开阔眼界，转变思路。总的来说截至1911年辛亥革命的晚清时期，中外文化交流虽已形成新的高峰，而农学因其侧重实用技术，须经实验推广方能证实其可信可行，是以通过交流进而融汇，形成具有适应中国风土特点的新的农学体系，而仍待时日要俟诸后人。

二　西方近代实验农学形成的条件与时机

明清时期的中国传统农学在其与西方近代农学接触，并进而促成实现自身变革的过程中，有个不容忽视的理论问题，即为说明19世纪以前中国与西方的农学，同在传统农学阶段却因自然资源禀赋之有别而形成的差异②，和在19世纪以后西方已逐步实现向近代农业过渡时，由于社会及学术环境条件的不同而促成的差距，就应对农学的本质与特征稍加辨析与探讨。农学就其实质来说，原本是一门综合的应用技术科学，但由于其研

① 谭汝谦，中国译日本书综合目录，转引自熊月之，西学东渐与晚清社会，上海人民出版社，1994年，第640页。

② 有关中英两国不同耕作模式所反映的不同产业结构及影响，参看王晋新，15～17世纪中英两国农村比较研究，东北师大出版社，1996年，第90～106页。

究对象是动植物等具有生命的有机体，要依赖一定的环境条件来生长繁殖，因而人类要想从中获取可充衣食之源的农畜产品，就必须运用各种手段对其生长繁殖过程及其所处的环境加以干预①，由于自然及社会环境条件的差别，农业生产又很难摆脱其所受到时、空条件的限制，须因地制宜，并进而会形成若干类型②，作为体现农业技术成就构成系统知识的农业科学，也就相应的具有个别性与多样性③。当对农业技术成果加以总结说明时，由于历史上长年形成的文化传统上的差异，致使其凭依的思维方式与运用的说明手段也必然会有所不同，特别是处于传统农业阶段的传统农学，是对凭依经验积累的生产技术，试图以既定的理论框架与习惯的话语，作出符合直觉与经验的解释，因而在近代实验科学兴起之前，传统农学就成为较诸纯粹科学（pure science）具有更鲜明特点的民族科学（ethno Science），它不具备可与其他社会民族相互比较其优劣的共同基础，因为它是组成可用来维护各该社会和文化机能必不可缺的，也是各个民族赖以生存与发展必不可少的，因而理所当然必定是等价④。法国当代著名的汉学家谢和耐（Jacques Gernat，1921～　　）在他已被译成多种文字的《中国社会史》一书中，曾就18世纪中国与法国的农业加以对比，作出较为客观的评价。

中国的农业于18世纪达到了其发展的最高水平。由于该国的农业技术、农作物品种的多样化和单位面积的产量，其农业看来是近代农业科学出现之前历史上最科学和最发达者。……与此形成鲜明对照的是，同时代许多欧洲地区的农业可能显得特别落后。雍正时代和乾隆时代前期的中国农民普遍地比路易十五执政期间的法国同行们，生活得更为舒适和更为安居乐业，他们的文化教育程度也普遍更高一些。……仅仅是乾隆执政的最后20年间，由于强加给农民阶级的负担飞快增加以及富裕的地主在类似情况下施加压力，形势才开始恶化。

（发达国家的）农业之最为明显的发展仅仅是在一个很晚的时代才完成的。欧洲是一个遍布草原、休闲地和森林的地区，它从来不缺少可耕地。

18世纪是最能揭示发展差距的历史时代。这样一来，与一个人口密度小而且人口只会缓慢增长的欧洲那产量低的农业相对应的，便是导致了人口高度增长的中国那科学的和多样化的农业。

正是在此时，由于自9～11世纪以来持续积累起来的技术发展，中国和东亚人口繁衍与欧洲相比大致获得了一种明显的发展。远东社会不曾落后过西方社会，只不过它们走了另一条道路⑤。

对谢和耐这段话的最终结语可能会有争议，但它据以对比分析的事实则无可争辩，16～18世纪的西方农业与农学的总体水平，如从近代实验科学兴起历程的角度来回顾，似也能证实其相对滞后。试看英国著名科学史学家亚·沃尔夫（A. Wolf）与此有关的论述：

---

① 柏佑贤，农学原论，养贤堂，1980年，第147～152页。

② Grigg D. B：“The Agricultural System of the World” p. 1～4，Londonn，1974.

③ 古岛敏雄，古岛敏雄著作集，第九卷，东京大学出版会，1983年，第38页。

④ 山田庆儿，模式、认识、制造——中国科学的思想风土，中译文收载《日本学者研究中国史论著选译》第十卷科学技术，中华书局，1993年，第279页；山田庆儿，耶稣会士之科学研究，明清时期科学技术史，京都大学人文科学研究所研究报告，1970年，第135～140页。

⑤ 谢和耐著，耿昇译，中国社会史，江苏人民出版社，1997年，第416～418页。

科学的进展不是在整个战线上同时取得的，而是一部分一部分在不同时期里取得的。带头的是天文学。继而是十六世纪的物理学。化学在十八世纪得到发展。尽管维萨留斯（1543年）和哈维已带了头，但生物科学仍落在后面，直到十九世纪才取得进展①。

对于16～18世纪的农学，沃尔夫在他的两本相接续的科技史中都没有提及，而是把农业归入技术项下，以有限的篇幅作了简短的评介，所讲的还只是改进的犁具和轮作制。

农业大概是人类最古老的生产事业了，也许正因为这样，千百年来它一直是陋习和迷信的牺牲品，根本没有得益于科学研究。注重实践的古罗马人用经验方法实际上在农业方面取得了可观的进步，但他们的成就在中世纪被遗忘或漠视了，因此近代的人们发现农业处于相当原始的状况。十六和十七世纪欧洲在农业上有相当大的进步。这些进步主要是经验上的，是用试错法得来的。但是，农业作业得到改良，发明了新的农具。并且对农业实验和结果的周密观察和记录，还为农业现象的科学研究奠定了基础②。

十八世纪里，欧洲农业取得相当大的进步。这种进步主要是经验的，借助试错法取得。但是，农业工序改进了，还发明了一些新农具。此外，通过对农业实验和结果的周密观察和记录，也为农业现象的科学研究奠定了基础。而十七世纪的农业仍以墨守习惯的分工和土地处理方式为特征③。

沃尔夫在分别论述16～17，18世纪的农业技术时，开头的表述几乎相同，都是指出凭依经验借助于试错法取得相当进步，也因开展了对实验和结果的观察与记录，从而为农业现象的科学研究奠定了基础。英国科学家贝尔纳（J. D. Bernal）在《历史上的科学》一书就此作了进一步说明，他有说服力的指出近代的科学性的农业是如何逐步形成并发展起来的，限于篇幅这里只能征引其结论性的总结意见，将有关的分析论证从略。

十七世纪后期的生物学研究，在实际上，对农业没有什么直接用途，所作出的变革……是由于在异常有利的经济条件下，小心并缓渐改进传统实践而来。

科学性的农业要到十八世纪后期才来临，而工业生物学更要迟到十九世纪中叶④。

从十八世纪的开端起，凡是资本主义经济透入之处，农业问题就居于最前列。当问题在于从土地获取最大酬益时，人类所尊敬的传统就不再有用了。……

鉴于时代的性情，科学是应该参与揭发农业基本原则的任务，是很自然的。然而这任务证明是十分困难的，非到十九世纪中叶，而且经过了多次错误开端之后，才有可能超出农业实践本身以外。……科学毋宁是在化学方面，不是在生物学或机械学方面。对农业发生最有效的接触⑤。

到了十九世纪末，生物学已取得与物理学和化学两门较老的科学并列为有理性的科学学科地位了，但仍保留下以往的幻术和神秘的信仰和许多痕迹。……

① 沃尔夫著，周昌忠等译，十六、十七世纪科学、技术和哲学史，商务印书馆，1985年，第10页。
② 沃尔夫著，周顺忠等译，十六、十七世纪科学、技术和哲学史，商务印书馆，1985年，第522页。
③ 沃尔夫著，周顺忠等译，十八世纪科学、技术和哲学史，商务印书馆，1991年，第586页。
④ 贝尔纳著，伍况甫等译，历史上的科学，科学出版社，1983年，第381页。
⑤ 贝尔纳著，伍况甫等译，历史上的科学，科学出版社，1983年，第370页。

诚然，假使没有应用生物学的助力，十九世纪后期的巨大经济进展就会完全不可能。……假若没有对植物营养的新化学知识的应用，也就无法养活这样大批的人口①。

如将上述贝尔纳的论断与沃尔夫的叙述结合起来，就可大体上理出一个西方近代实验科学形成发展历程及与农学相关基础学科以及农学本身变革的粗略线索。据此不难发现，倘仅就农学而论，19 世纪以前的中国与西方的传统农学，虽都同样仍囿于对生产中累集经验的描述上，但其他自然科学中与之相关的各学科的研究进展，却已拉开差距。正是这科学总体水平的落后，才使中国的传统农学一时无法跟上时代步伐，这看似错过的偶然机遇中，却蕴藏着深层的必然因素。因为只有把科学作为整体考虑，才能恰如其分地评价一个国家一定时期科学的总体水平及各分支学科的实际成就。

三　中西传统农学历程的对比

随同近代实验科学在西方的兴起，对实验精神和实验方法最早从理论上加以概括阐释的是英国唯物哲学家弗兰西斯·培根（Francis Bacon，1561～1626），他曾被马克思称为“英国唯物主义和整个现代实验科学的真正始祖”。于 1620 年（明万历四十八年）发表的《新工具》一书中，提出科学研究应循依逻辑组织化的程序进行，并把科学实验方法的基础建立在归纳法上。他提出科学的目的是改善人类在地球上的命运，而达到这一目的则须靠通过有组织的观察来收集事实并从中推导出理论。尽管他提出的方法明显的存在有若干局限，但确有力地推动了近代科学的发展。诞生于英国以理性主义相标榜的启蒙运动，18 世纪传到法国，并随即又传播到德国及其他一些国家，在法国由伏尔泰、狄德罗（Denis Diderot，1713～1784）及卢梭（Jean Jacques Rousseau，1712～1778）等主要撰稿人所编辑的《百科全书》（1751～1780），是当时最能体现时代精神并曾产生广泛影响的著作。它不仅为法国大革命作了思想准备，而且由于其所提倡的理性主义与批判精神，并热心于发展科技，从而使科技知识得以在知识分子狭小圈子以外广为传播。这部《百科全书》经过扩充和改编，又以《方法百科全书》（1788～1832）为名重版发行，可见其对方法论的突出关注。进入 19 世纪在科学技术取得巨大进展的同时，在经历了挫折与反覆后，科学的实验方法终趋完善。当代英国著名的科学家怀特海（A. N. Whitehed）在其撰写的《科学与近代世界》（1932）一书中，曾就此指出：

十九世纪最大的发明就是找到了发明的方法。一种新方法进入人类生活中来了。如果要理解我们这个时代，有许多变化的细节，都可以不必谈，我们的注意力必须集中在方法的本身。这才是震撼古老文明基础的真正新鲜事物。弗朗西斯·培根的预言已经成了事实②。

近现代科学的全部胜利，都是由于自觉或不自觉的应用了这种科学方法。科学方法当然不能像培根仅仅理解为归纳和分类的逻辑方法，就自然科学来说核心的方法是数学方法和实验方法，特别是使用科学仪器来改善原来仅能用感官进行的观察，这样去形成

① 贝尔纳著，伍况甫等译，历史上的科学，科学出版社，1983 年，第 383 页。
② 怀特海著，何钦译，科学与近代世界，商务印书馆，1989 年，第 94 页。

普遍的概念以至于规律的概念。因为近代科学坚持尽可能精确定量的描述和规律的理想。但对自然科学方法能否适用于人文及社会科学，在20世纪初却还是个有争议而仍未取得共识的问题①。随着科学的权威化与信仰化，使具有科学主义倾向的方法论，在当前受到了新的质疑与挑战②。

明清时期的社会学术思潮，占主导支配地位的仍是儒家学说。明初程朱理学虽曾盛极一时，至晚明成为社会主导思想的却是王学。王守仁（1472～1528）继承了宋儒陆九渊（1139～1192）的“心即理也”这一观点，并加以发挥认为心外无理亦无物，强调“格物致知”与“知行合一”，所谓“格物致知”并不是去探求事物的客观规律，而是使之与我心的良知相符合，即认为实现“致良知”是用来完成先天的道德修养，可见它不是解决一般的认识问题，而是企图把认识论变成道德修养的手段来巩固封建秩序。至于“知行合一”则是以知代行，主张行源于知，从而取消认识论中的实践标准，但注重实践具有唯物主义倾向的进步思潮也随即起来对它进行批评，影响所及不仅出现了一些不拘道学门户的进步思想家，也涌现了一批对传统错误观念持批判态度能承前启后的科学家。明清之际社会动乱，思想较为解放，一些具有民族意识与民主倾向的学者，开创了反对封建专制束缚，并提倡实用，重视证据的求实学风。但随着清朝统治的稳固，和对思想控制的强化，文化专制主义重又抬头，当文禁森严的18世纪，进步思潮被迫隐退，以整理经典古籍为主的考据之学成为正宗，它虽以精确严谨的态度，朴实无华的学风，从事古代文献典籍大规模整理，泽及后学功不可没，但面向过去脱离现实而又缺乏创造性思考与思辨能力的弱点，也随即暴露出来。清乾隆时奉旨官修的《四库全书》（1773～1787），实为中国古代思想文化遗产之总汇，作为其分类体系依据的经、史、子、集四部分类法，同培根提出的神学、史学、哲学及诗学的知识分类主张颇有暗合之处，可见古代及中世纪东西方知识体系虽有差异，却也有共同规律可以循依。但封建统治者以之作为剪除各种反封建的异端，及剿灭蕴含民族思想文化，推行文化专制的重要工具，这和法国《百科全书》之“充满生动的描写与时代的理论，是急进思想的兵工厂，真实知识的总仓库”（加尔文：《百科全书》序）相比，不难发现两者之间存在明显的时代差异性，其在当时所起的作用与对后世的影响，自亦迥然有别③。19世纪，特别是其后半叶至20世纪初，在中国这一政治上充满革命与战争的年代，文化上则更是激烈动荡与迅速变化的时期，通过西学东渐而引进了西方文化，进而在酝酿新的文化思想时，正经历着迂回曲折的摸索过程，学习西方走向世界是需一段漫长而艰难的岁月。在吸收与排斥，创新与继承上有过激烈的争辩，阻碍新的思想与学术传播的传统旧观念中，如夷夏之防，源

---

① 实证主义，马赫主义及实用主义等倾向于科学主义的思潮，都认为科学方法是万能的。实用主义的创始人詹姆斯甚至认为实用主义就是可用来指导人们的生活行动实践的科学方法，新康德主义的弗莱堡学派则认为自然科学的方法在于形成一般规律与普遍方法，人文科学所用的方法则不是形成普遍的概念与规律，而是个别的历史事实。由于这两类科学的研究对象和认识目的不同，所以相应的有两种思维方式与研究方法。实际上自然科学和人文及社会科学确有差别。因为人文与社会现象不易量化，不具备可重复性，但两者也不是对立的，因为它们都是从研究个别现象入手来揭示自然与社会的一般发展规律，而任何真理本质上又都是主客观相符合有根本的一致性。农学正是因为和这两类科学体系都有交插渗透处，是以在方法的运用上相应的增加了一定难度。

② 查尔斯著，查汝强等译，科学究竟是什么，商务印书馆，1982年。

③ 培根对知识分类体系及加尔文有关《百科全书》的评语，均转引自冯天瑜，明清文化史散论，华中工学院出版社，1984年，第356，358～365页。

流之辩及体用之分等文化屏障也因积重难返而无法一时消除。在中国近代史上严复(1854～1921)被誉为第一个了解西方的思想家(冯友兰语)和近代中国学习和传播西方资本主义文化的总代表(李泽厚语),通过由他译出的西方资产阶级哲学、社会学、经济学及自然科学等经典著作,第一次打开了中国知识分子眼界,使向西方寻求真理人士的行程,从此踏上了一个崭新而更深入的阶段。早在1895年甲午战败后洋务的“新政”宣告破产时,他已在天津《直报》上发表了《论世变之亟》、《原强》、《救亡决论》及《辟韩》等几篇曾经震动一时的时论,并同时着手翻译《天演论》(1898),他通过中西的对比,明确指出西人富强的原因,既非技术,也不是科学,而是黜伪崇真的科学方法和屈私为公的政治原则。

今之称西人者,曰彼善会计而已,又曰彼擅技巧而已。不知吾今兹之所见所闻,如汽机兵械之伦,皆其形下之粗迹。即所谓天算格致之最精,亦其能事之见端,而非命脉之所在。其命脉云何?苟扼要而谈,不外于学术黜伪而崇真,于刑政则屈私以为公而已①。

上述这几句话,是严复经过多年探索得出的理论总结,同时也是他所设计的解救中华民族危机方案中的总纲要②。他在对比中西学术时指出:

夫西洋之于学,自明以前,与中土亦相埒耳。至于晚近,言学则先物理而后文词,重达用而薄藻饰。……而回顾中国则如何?夫朱子以即物穷理释格物致知,是也;至以读书穷理言之,风斯在下矣。且中土之学,必求古训。古人之非,既不能明,即古人之是,亦不知其所以是。记诵词章既已误,训诂注疏又甚拘,江河日下,以致于今日之经义八股,则适足以破坏人材,复何民智之开之与有耶③?

然而西学格致,则其道与是适相反。一理之明,一法之立,必验之物物事事而皆然,而后定之为不易。其所验也贵多,故博大;其收效也必恒,故攸久;其究极也,必道通为一,左右逢原,故高明。方其治之也,成见必不可居,饰词必不可用,不敢丝毫主张,不得稍行武断,必勤必耐,必公必虚,而后有以造其至精之域,践其至实之途④。

严复针对当时守旧派旧学的实际情况,指出考据,义理和辞章三者全都应予否定,最后又归结到对制艺与科举的批判。对于西方的自然科学则认为其得以确立,是反复的经过了客观事实考验,因而才有普遍效应。所谓“验之物物事事而皆然”的方法,实际上就是经验归纳法,只有依据这一方法才能得出最普遍的原则,而它本是西方资产阶级革命时期古典自然科学的传统⑤。所以他就此反复强调:

求才为学二者,皆必以有用为宗。而有用之效,征之富强;富强之基,本诸格致,不本格致,将无所往而不荒虚⑥。

---

① 《论世变之亟》王拭主编《严复集》第一册(上),中华书局,1986年,第2页。
② 参看张岂之,杨超,论严复,论严复与严译名著,商务印书馆,1982年,第105页。
③ 《论世变之亟》王拭主编《严复集》第一册(上),中华书局,1986年,第29页。
④ 《救亡决论》,《严复集》第一册(上);第45页。
⑤ 参见张岂之,杨超,论严复,论严复与严译名著,商务印书馆,1982年,第111～115页。
⑥ 严复,救亡决论,严复集,第一册(上),第43页。

至于今之西洋……其为事也，一一皆本诸学术；其为学术也，一一皆本于即实测物，层累阶级，以造于至精至大之涂，故蔑一事焉可坐论而不足起行者也[①]。

严复之所以大力提倡逻辑归纳法，是针对中国旧学不从客观事实的观察、归纳出发，也不用客观事物去验证的主观臆测或古旧陈说。因而指出其弊可用“一言以蔽之，曰无用”，“曰无实”（《救亡决论》），进而论及其为害，“其必祸也，始于学术，终于国家”（同上）。严复在其介绍的西学中，客观上对后人所起效果最大的，当属有关进化（天演）的世界观及逻辑（名学）这一方法论[②]。因它确曾极大的影响了中国近现代的学术风貌和历史进程[③]。

当然，中国传统文化在其长期演进延续中不乏诸多优秀成分；而西学东渐大潮中所引进的西学也自有其局限。这里的问题是，从一度闭关自守的自满自足状态，到面对西方列强入侵，思想文化发生剧烈变动之际，中西文化在其接触撞击后，进而又逐步趋向交融的过程中，如欲对中国传统农学的成就与局限，变革的必要与可能，作出较有说服力的论证，只有在对传统文化进行必要的评估，并对西方学术适当加以剖析的前提下，才有望不违其所期许。

基于以上认识，再就18世纪及稍后19世纪初的中国与西方有代表性农书稍加对比，就可看出其间的巨大差异。据中国传统农学发展到颠峰阶段的代表作，分别成书于乾隆七年（1742）官撰农书《授时通考》及乾隆十二年（1748）撰刊的《知本提纲·修业章农业之部》与约略于同时在英国农业革命[④]时期出版的由沃利奇（John Worlledge）编著的《农业体系》(System Agriculture; of the Mystery of Husbandry Discovered. 1669）及塔尔（Jethro Tull，1674～1740）的《马耕农法》(The Horse-hoing Husbandry，1743）进行比较，不难从中得到有益启示。

《授时通考》是中国大型综合性农书中撰刊最迟的一部，征引文献多达553种之多，分为八个大门，共78卷，约90多万字。编纂的宗旨，书前凡例虽已标出“是编以致用为主，凡采摘经史，具取其切于实用，及名实根据所自，诗文藻丽之词，概置弗录。”似有意于吸取前朝成法，搞好农业生产。实际上如谷种和劝课等门，所缕列的“嘉禾”及“瑞谷”等，及选录的有关重农政令，多是迎合上意，粉饰太平之作，有些甚至与农事了

① 此据《侯官严氏丛刻》所刊修改稿，它与天津《直报》所载《原强》颇多出入增添了将近一半的文字，此处所引“——皆本于即物实测”，原文作“又一一求之实事实理”。见王拭编，严复集，第一册（上），中华书局，1986年，第23，11页。“实测”一词李泽厚指出“是指一切科学认识，必须从观察事物的实际经验出发”并说严复已意识到“不是书本，而是实际经验，才是认识的出发点和检验的标准”。见李著，论严复，中国近代思想史论，人民出版社，1979年，第270页。

② 见李泽厚著上文279页。

③ 严复的译文内容新颖，论点翔实，但文体刻意模彷先秦，深奥费解，虽体现其所标榜的译文风格要力求作到信、雅、达却不易为多数读者所接受，其所译九部巨著，之后大多又有新的白话译本，对其原因与得失的分析可参看贺麟：《严复的翻译》一文，此文原载《东方杂志》22卷21号（1925年11月）后收入《论严复与严译名著》商务印书馆，1982年。

④ 农业革命是英国18～19世纪的圈地运动中，在技术上以推广经验式的家畜繁殖饲养法，耕作中开始使用条播犁及马铣耙并实行始自诺弗克郡的四圃轮栽制以适应市场对农副产品扩大需求的生产变革，详见格拉斯著，万国鼎译：《欧美农业史》第九章，商务印书馆，1925年。

不相干。所设门类，虽拟体现以农为主的综合经营思想，但将林、牧、蔬、果等列为农余，不仅有失偏颇，且也远逊于《农政全书》之分为十二大类，如将种植（竹、木、茶及药用植物）及牧养（六畜、家禽、鱼、蜂）单作一门之切合实际。中国古人著书，率多辑录前人成说，而间出已意，但如《授时通考》之编撰人不著黔墨，所引文献虽概注出处，但几乎“没有什么特殊新颖材料”①。作为农书这似也并不多见，作为“纯粹是前人著述的汇辑”②，当然亦自有其文献学上的价值。由杨屾及其门人郑士铎撰著的《知本提纲》，原本是杨讲学授徒时所用提纲，再由郑加注说明而成书，全书10卷，分14章，其中《修业章》有一部分专讲农业生产技术的，内容“非常精彩，确可视为出色的农学著作。”③《知本提纲》是从“修齐治平”出发的一部理学著作，其有关农业部分对农事机理的解释，其理学气息当然也很浓厚。以“阴阳交济，五行合和”来总结阐释其对旱农耕作栽培的原理机制，虽亦有其合理因素在，但却难以摆脱历史与时代的局限，其所形成的具有中国特点的农学思想，在有关土壤耕作中得到最为充分的体现，用“余气相培”来解释粪壤机理，也是一种积极的探索，确有新意。但囿于传统的思路，也用习惯了的构架，选用“气”、“阴阳”、“五行”等范畴来解释，因其符合人们的直觉与经验，而又具有高度的涵盖与超越性，人们几乎已习惯以之解释一切事物与现象。但这一偏重于对现象进行整体综合的思维方式，大多是以直观经验为基础来从事类比推导，严格说来似还有些先验的目的论倾向，因而最终就只能似是而非的来解释一切，难以得出确切的科学的说明。

12～16世纪的英国，农业生产技术进展缓慢，几乎没有发生重大变化，在《享利的田庄管理》（13世纪）之后也未出版新的农书。只是在17世纪中期从欧洲大陆引进栽培牧草（artificial grass）经试种成功后，才于18世纪发生被称为“农业革命”的较大变化。在酝酿这一变革之初期，沃利奇在其实践的基础上，对此前已出版的农书酌加选录所编著的《农业体系》一书，共14章，近300页，涉及耕种、畜产、园艺及林业等各方面，并是最早使这些知识体系化的名著，在沃利奇生前曾先后重版发行五次，进入18世纪之后仍被公认是农书中有影响的权威之作。书的前十一章依次分别记叙论述有关农事操作及生产要点，十二章是农业历，十三章是以预防病灾为中心的补论，十四章是汇辑有关农业用语（方言）的词汇。适应扩种牧草的需求，书中列有《草地与牧地》一章，在其下含的五节中，有两节是专门讨论栽培牧草的④。此外对园艺技术也有些精湛独到的叙说，而有关家畜繁殖及饲养的论述则较一般化，作为曾居住在汉普郡（Hampshire）乡间的乡绅确因具有难能可贵的勇于探索并与时共进的时代精神，才能取得这样的成就⑤。对英国近代农业的形成给予划时代影响的是塔尔的业绩，他曾受教育于牛津大学，继承土

---

① 石声汉：《中国古代农书评价》第77页中曾指出“所注出处，错误很多”及“就它作为农书的意义来说，《授时通考》中没有什么特殊新颖材料，在指导生产方面没有多大用处。”

② 王毓瑚编著，中国农学书录，223页，农业出版社，1979年，第223页。

③ 王毓瑚编著，中国农学书录，223页，农业出版社，1979年，第226～227页。

④ 沃利奇认为栽种苜蓿等牧草，以之饲喂含饲的奶牛，其效益相当于六倍的自生野草，并使奶的质与量得到改进提高，农民可从中获得较大收益，详见《农业体系》1887年版，第28页，转引自饭沼二郎《农业革命之研究》，第148～149页，农文协1985年。

⑤ Fussell. G. E：“The Old English farming books, from Fitzherbert to Tall” p. 68～72, London, 1947.

地遗产于英国南部，他赞同兴起于17世纪后半有关作物营养的土壤学说(earth theory)，认为土壤能力来自土壤微粒，是以提倡深耕、条播与中耕，并创制以马力牵引的条播机(drill plough)和畜力中耕犁(hoe-plough)，并就此系统加以总结，写成《马耕农法》一书，限于当时的生产经营条件(耕作粗放与劳动成本低等)迟至他故去后多年，其作用与意义在农业革命全面兴起之后，才在英国得到普遍承认与推广，进而获得众口皆碑的极高赞誉[①]。究其原因可能在于塔尔在致力改良农机具来增加生产并提高劳动生产率的同时，也注意到应探索作物的营养机理，并据以改进耕作技术。他倡导的马力中耕农法，就是力图实现将两者加以结合的积极探索，而在西方近代农业与农学所循以渐进的基本原则，确是由塔尔首开其端绪的。

作为英国农业革命的成果之一，在诺弗克郡(Norfolk)率先推广的新式轮栽农业技术体系，被阿瑟·扬(Arthur Young，1741～1820)称为《诺弗克农作制》(Norfolk Husbandry)，经其竭力提倡，18世纪后期已在英国各地普遍推广，并取得显著成效。处于绝对王权统治下的欧洲大陆上的普鲁士王国中有志于改革的有识者，就此引起强烈的关心和较大的反应，之后被称为近代农学之父的泰厄(Albrecht v. Daniel，Thear，1752～1828)先是在其撰写的《英国农业论》(1798～1804)中，赞同并积极主张应引进并推行英国的诺弗克农作制，由于当时在他看来这是唯一合理的农作制。在他因此获得较高社会声誉，并于1810年出任柏林大学教授之前，就已着手《合理的农业原理》(Grundsatze der rationellen Landwirtschaft 4 Bände 1809～1812)的写作。在这部书中他使农学建立起科学体系，成为独立的科学，强调合理的农业在于取得最高纯收益的资本主义经营观念。他在本书的开端处就明确提出：

> 农业这一产业(Gewerbe)的目的，就在于通过植物性和动物性物品生产(有时还通过进一步的加工)来获取最高的收益(Gewinn)。
>
> 因此，农业作为合理的学问(Die rationelle Lehre von der Landwirthschaft)，就应该指示在任何情况下，都能够从它的经营(Betribe)中，取得尽可能高的纯收益。

他就此继续说，合理的农学应该提供能够从农业经营中获取最高纯收益的方法，即：

> 关于农业的知识，可分为三种，它分别是工艺的(handwerkmässig)、技能的(kunstmässig)及科学的(wissenschaftlich)。
>
> 技能是用来贯彻已被认可的规则，而科学则须给出相应的规律，……真正的科学，一方面基于学理，另外则有赖实践，有必要凭依悟性(Verstandnis)的作用，使两者得到统一[②]。

作为合理农业的技术侧面，泰厄强调为维持地力应在农业各部门间建立循环均衡机制。根据他提出植物营养的腐植质说(Humus theorie)，进而推导可形成腐植质—家畜舍

---

① Ernle Lord. 称他是“科学农业发达历程中功绩最显著的先驱者之一”，见“English Farming－Past and present” p. 109. London，1927。

Grass N. S. B. 把他列为“农业革命的英雄”，见万国鼎译《欧美农业史》，商务印书馆，1935年，第206页。

Fussell认为“塔尔的著作……在农业史上成为新时期的开端象征”，见“The Old English Farming Books”London 1947。

② 以上有关泰厄论述的引文转译自岩片矶雄著，西欧古典农学之研究，养贤堂，1983年，第154～157页。

饲—轮作，这样能实现循环均衡的合理农业，从而明确应通过施肥来补偿地力，并须积极推行新的轮栽制度。

泰厄以合理的农业作为其企求实现的目的，但对合理的这一概念并未加以界定说明，但据书中"学识之基础"一章中的有关解释，在他称之为合理的就直接具有科学的含意。为了建立科学的农学，他认为应循依一般的科学方法，即将观察的结果通过反思形成因果性的概念，倘能这样运用于农业，当不难发现有关动植物生活现象的规则，从而有助于决定在农业生产上应当采取的措施。而只有借助于化学及物理学上的概念、规律及与其相关的知识，才能明确的研究方向。他据此提出的农学体系，限于当时和农学相关的基础学科的总体水平，虽还有待充实改进，但农学从此已成为独立的近代科学一个分支则不容置疑。他在《合理的农业原理》一书中提出的农学体系，虽较粗略，但参据其所确定的农学范围及有关学科的区分，确已体现出其内在的有机相互关联，为便于参考今转录于下：

（一）基础论（Begrundung）——有关科学方法论及农业政策等

（二）经济学

（三）土地学（Agronomie）——有关土壤成分，物理性质及土地评价的学问

（四）农耕学（Agrikulture）

1. 施肥学

2. 土地耕作及物理改良学

（五）作物学

（六）畜产学（包括畜产品加工学）

在上述学科体系中缺少园艺、病虫害防治及兽医等学科，如果说与动植物防治有关的知识，还有待细菌、防疫等学科的发展，园艺作为一门古老的传统技艺是由来已久，而且18世纪的英、德也已有园艺方面的著作出版①，它的原因则可能和泰厄对农学的认识理解有关。受时代的局限其学说中的主要缺点错误，在随后也大多经人指出得到修正。如农作制度的确定会受市场需求及交通位置等因素的影响，并无唯一合理的制度。杜能(Johann Heinrich von Thünen，1783～1850）在其所著《孤立国》（Der isolierte Staat，1826）中，借助于边际分析方法提出的"杜能圈"，就此作了精辟的分析，指出农作制度应本着生产布局要尽可能节约社会劳动，以最少的耗费，生产最多的产品来安排，是以各种农作制度都仅具有其相对合理性。有关作物营养学说则由李比希(Justus von Liebig，1803～1873）在《化学在农业及生理上应用》（Die Chemie in ihrer Anwendung auf Agrikultur und Physiologie，1840）一书中，对矿物质学说作了系统详尽的论证与说明，从而彻底地修正了泰厄提出的腐植质说。由于农学包含生产与经营两大类别，分别涉及自然与人文及社会科学，加以对象又是有生命的动植物，是以在泰厄之后，就农学的本质与研究方法，虽不乏人进一步从事探索研究，但迄今未形成严谨规范而又便于遵循操作

---

① 布德利(Richard Bradley)：《植物与园艺的新改良—理论与实际》(New Improvement of Planting and Gordening，both Philosophical and Practical) London 1719 年。

赖卡特（Christian Reichart)：《农业园艺宝典》（Land and Gartenschatz）Stuttgart，第1753～1755 页。

的统一方法，这可能是影响农学而较其他实用科学进展上相对滞后的一个原因①。

四　近代实验农学引进的契机与开端

中日甲午之战以后，在清廷维新派的倡导下，知识界中兴起了学习日本的热潮，它在一定程度上改变了洋务派在兴办洋务初期，为适应近代工业生产需要，不得不翻译一些西书，以便学习必要的生产技术知识的局面，因双方通过战争实际上是各自经历了现代化改革后一次国力比试，历史证实了中国已落后于日本，于是被迫转而向日本全面学习。在维新变法的同时，力求尽快的学到赶超外国的方法和知识，适应这一急于求成的心态，不仅有大批中国人涌向日本去留学，亦以“同文”之便，大量翻译日文书籍。在1896年发生的“百日维新”中，积极主张并参与改革的康有为、梁启超等人，就把日本作为范例加以宣传，致使其设计的许多改革方案都在不同程度上受到日本明治原型的启发。在短暂的103天里，以光绪皇帝名义颁发的100多道上谕中，下令要从行政事务、社会经济、军事及文化诸多方面进行改革的过程中，也注意到了立国之本和富强之基的教育和农业，如七月四日：“命地方官振兴农业，兼采中西新法，切实兴办，着刘坤一查明上海农学会章程，谘送总署，并命令各省学堂，广为编译外洋农学诸书”②。七月十日：“命改各地书院为兼学中学西学之学校；省会、郡城及州县之书院改为高、中、小等各级学堂后，亦令中西兼习”②。在变法失败后，颁发的这些诏令却未完全形同废纸，而是进一步证实向西方学习，救亡图强的主张，只有普及深入到群众中，中国才有真正的出路，是以引进西方先进农业技术与农业科学的前进步伐非但没有停顿下来，不仅速度加快，内容也增多。这一时期去日本的留学生中，也有不少人认识到应设法振兴中国农业，由其编辑出版的刊物中，就不乏这类主张和言论。如1903及1904年在日本东京出版的《浙江潮》及《湖北学生界》等刊物上，就登载出“我中国今日之宜兴农学存中国也”。“吾国民而无大希望也则已，若有大希望，愿我国民一致意于农业森林也”等③强烈的呼声，因而促进了有意于介绍正确的农业科学知识，以期振兴农业的活动。

晚清时期的中国，已把日本当成看世界的一个窗口，在向西方学习时也成了中转站，在戊戌变法后中日之间也出现了一个短暂的较为友好的时期。仅就中国从日本翻译过来的书刊来看，作为知识载体和传播工具的译书，对中国当时产生的冲击及后来留下的影响，都是至为深远的。在充分并积极评价其成果之余，倘认真加以反思，还是应该如实的指出其不足，包括从日本引进的农学在内，从方法到内容都有一定局限，这是不争属实的。试看积极主张向日本学习的晚清重臣张之洞所列举的理由：“至游学之国，西洋不如东洋，一路近费省，可多遣。一去华近，易考察，一东文近于中文，易通晓。一西书甚繁，凡西学不切要者，东人已删节而酌改之。中东情势风俗相近易彷行。事半功倍，无过于此。”④

① 柏祐贤，农学原论，养贤堂，1980年，第390～406页。

② 《德宗皇帝实录》卷四二〇。

③ 李杰泉，留日学生与中日科技交流，日本的中国移民，三联书店，1989年，第269～270页。

④ 张之洞，《劝学篇·游学第二》。

在这一主张主导下，所译出之收多则多矣，但如就其水平论则梁启超曾坦率陈言谓："日本每一新书出，译者动数家，新思想之输入，如火如荼矣。然皆所谓"梁启超式"的输入，无组织、无选择，本末不具，派别不明，惟以多为贵，而社会亦欢迎之。"①

这样赶译抢译出来的译著，处于无序而有如饥不择食的条件下，其作用可能恰如梁启超指出的"其能消化与否不问，能无召病与否更不问也，而亦实无卫生良品，足以为代"。但就此一位美国历史学家任达（Douglas R. Reynolds）在其近作中指出："疯狂的速度，导致了把日本词汇引介到中国时粗心大意，不分皂白。形同抢掠的译者，往往不是真的翻译，只是把日本的外来词语用中文串连起来，匆忙的把中文的句子结构、词汇和表达方式加以"日本化"，与翻译大师严复的译著相比，自是天渊之别。"②

作为旁观者的美国人这一评语，虽显得有些苛求，甚至让人感到近似刻薄，但却不能视同信口开河，因为他所指出的终归是无法否认的事实。至于向西方学习而又要经过日本，严格说来确是有得有失的，当时身任户部员外郎的思裕就持有异议而不赞同，曾明确而尖锐的指出："夫我之宜学日本人者，学其实力讲求而已。至于各种西学，则必以步趋泰西为要。盖取法乎上，仅得乎中。我学西人，虽未能超过西人，然果能如西人，便可以胜东人。若学东人，非止不能胜西人，且将不能及东人矣。"③

从日本翻译过来的书刊，虽有日本翻译的西人著作，但更多的则是由日本人撰著的，其中既有学术专著也有通俗读物，而清末的自然科学教科书，则几乎大都译自日文，为了便于分析论述，这里就径直以当时日本农学为对象，参据日本著名学者较具权威的论述来说明当时的水平，因这样处理可能更公正客观些。

日本在1868年明治维新以后，在其实现近代化的过程中，几乎一切方面都是以欧美社会为模型，农业上最初也是模仿式的输入，但由于日本农业生产力结构具有不同于西欧的一些特点，其基本特征是以水田生产为主多劳多肥的无畜农业，加以经营规模细小，因而至1881年成立农商务省时就对急切直接引进西欧农业技术的作法产生反思，在明确其不尽然适合日本国情的前提下，对原有的传统农业技术重又再行评价。1881年政府还召开了全国农业座谈会，并以参加这个座谈会的老农为中心成立了"大日本农会"，还组织了其下属的各府县农会，它对以农民自立为主体的农业技术改良事业曾发挥积极作用。作为培养高级农业技术人才的农业教育，在明治初年创办的扎幌农学校（1876）及驹场农学校（1877）基础上，经充实提高先后进级。1890年驹场农学校改为帝国大学农科大学，在此之前所招聘德籍教师费思加（M. Fesca）、凯尔纳（O. Kerner）及洛（O. Loew）等人，由于其承担繁重教学任务的同时，还积极从事实地调查，对尚处于黎明期的日本农学界传授了正确的研究方法，是以不仅培养出一批学术骨干，也开辟了农业化学等新的学术领域，在日本近代农学的发展中，留下至今犹受人赞誉的业绩④。

在1890年之后的明治后半期，终于形成了仍以水田生产为主的多劳多肥为特征的劳动集约和土地集约相结合的小型农业技术体系（在日本通常称之为"明治农法"），它是

① 梁启超，清代学术概论，梁启超论清学史二种，复旦大学出版，1985年，第79～80页。

② 任达著，李仲贤译，新政改革与日本，1898～1912年，江苏人民出版社，1998年，第137页。

③ 杨家骆主编，戊戌变法文献汇编，第五册，台北，1973年，转引自李杰泉：留日学生与中日文化科技交流。

④ 古岛敏雄，日本近代的农业与农学，古岛敏雄著作集，第九卷，东京大学出版会，1983年，第105～138页。

截至二次大战之后农业高速发展时期为止日本农法的原型。在农业生产提高过程中技术也相应的逐步得到改进，作为农具牵引的动力，由牛马等役畜渐次代替了人力；犁的型制也由长床犁经由铲犁改为短床犁；与之相适应的通过田间区划与整顿排水，也实现了“湿田干地化”；为维持并增进地力，购入肥料的数量比例也都加大了，作为水稻增产的关键技术，在良种选育上也有所突破，由老农选育的“龟之尾”、“爱国”等水稻品种，也逐渐被科学改良培育的具有抗病、耐寒等性状新品种所取代。在实现农事改进制度化的进程中，各地先后建立的试验机构起到了示范与推广作用①。

总之，明治时期（1868～1911）的日本农业生产是经过探索与引进，在明确了其基本特点（作为农业类型仍未彻底摆脱传统的影响）之后，积极的以近代科学为指导，加速改进与提高，与此相适应的技术成就，就其主攻方向突出体现在农学上的，则不外乎与肥料、品种及农具等运作相关的农业化学，作物选种与栽培学以及农业机械学等学科的成就上②。但从世界农学总体发展过程来看，在日本既有因农业自身特点（农业结构）所带来的局限，也受农学发展相对滞后的影响，如化肥的研制与人工合成，良种的人工杂交与理化因素的诱变，以及省力、高效、多功能小型农机具的开发，在理论与技术上的突破，都是此后的事，是以日本从农业近代化与农业技术发展这一点着眼加以总结时，称明治乃至之后的大正（1911～1925）时期为“泰西农学的引进与近代农业技术的黎明期”③。

第二节 明清时期传统农学的东传与西被

随同贸易往来和文化交流的开展，在明清时期的中外学术交往中，中国传统农学也曾随之东传西被。东邻日本是在商贸频繁往来的过程中，积极加以引进。由于日本从唐代就开始吸取中国学术成果，以中国为师，长期沿袭成习，即使被视为实学的农学、本草等，也较易吸收接受并进而融会贯通，其所侧重在具体技术之外，也兼及学理与思想。直到19世纪中叶日本明治维新后，形势始发生逆转。朝鲜同中国毗邻，生产生活与中国多有相似之处，在两国使节与人民相互交往中，作为农业生产知识载体的农书，当会主动随之传入。日朝两国通用汉字，是以其所引进的汉籍，也易为士人阅读学习并便于流传。西欧与中国的海上交通从16世纪开辟后，文化交流虽也逐年加多，但因地域隔绝且传统有别，处于彼此了解有限而急待增进的局面。为促进交往与沟通，西方列强远较中国为主动，明末清初的来华耶稣会士等从中起过推进作用，作为文化学术一个组成部分的农学，受历史条件的限制，在西学东渐的初期竟几近空白而绝少传入中国，而中国的文化与农业在18世纪时却一度受到西方的向慕。法国重农学派的思想渊源就与中国有关，当“中国热”退潮，中国开始受到鄙视时，不仅有关中国精湛的工艺与丰富的资源的文献与报道仍受到有识者的关注，就连19世纪时的达尔文在构思与论证其进化理论与人工选择学说时，也注意到中国农学的优异成就，在他所征引的中国《百科全书》中曾多次涉及。

---

① 小野武夫，农村史，第二编第六章，东洋经济新报社，1941年，第469～520页。

② 须永重光，日本农业技术论，序，御茶之水书房，1971年。

③ 农林水产省农林水产技术事务局编，昭和农业发达史，第一卷，第一节，农山渔村文化协会，1995年，第45～48页。

一 日本对中国传统农学的引进与摄取

明清时期的中日关系，随同社会经济的发展虽愈趋紧密，但受当时人为阻力的影响，商贸往来却时紧时松。明代的中日关系的基本特征，是日本着眼于经济利益，为了从不等价的官方贸易中获利，曾以纳贡的形式恢复政治上的邦交，但一部分武士及不法商人又与中国走私商人配合，在东南沿海进行掠夺和骚扰。清代的前期和中期，日本处在德川幕府（1603～1867）统治下①，实行锁国政策，中日之间没有建立国家关系，但出于实际需要，贸易规模文化交往却不逊于以往任何时期，尽管日本当局对来往船只限地停泊并对数额严加控制，但却从未中断而一直持续到19世纪中叶。由中国撰刊的农书及相关的本草等典籍也随之传到日本，日本对中国农书的引进传播及研究，是相当认真而又有成绩的。以下就从输入、翻刻引进的基础上，进而结合日本实际开展研究的情况加以简要的叙说。

（一）农书的输入与翻刻

早在9世纪之前的中国唐代，日本通过所派“遣唐使”已携回大量汉文典籍，据9世纪末记载日本所存汉籍的《日本国见在书目录》② 所录，农家项仅两部十三卷，除一部已确知为《齐民要术》，另一则可能是中、日两国均已佚失的《兆民本业》③。入宋以后，日本僧人大多单身搭乘商船来华求法巡礼，所带回的书籍以佛经为主，但也有《大观证类本草》等科学书，只是为数不多。日本禅宗始祖荣西（1141～1215）法师，曾两度来华，他除把茶籽携入日本，还曾撰著《吃茶养生记》（1211）两卷，说明茶的饮用方法和茶的保健功能，其序中谓“茶也养生之仙药也；延命之妙术也”。此后日本饮茶的风尚遂由僧侣贵族而逐渐普及到广大群众之中。

明清时期在明代中期以前中日之间文化交往不多，但从17世纪初年（明朝万历中期，日本德川幕府成立）起，大批中国商船开到日本的贸易港长崎，在携至日本的大量商品中也包括书籍，德川幕府在长崎设专官检查进口图书，并以精识版本的人充任。据日本白井光太郎在《增订日本博物学年表》（1908）中所记，在其引进的科学书籍中虽仍以本草为主，但与农学相关的也逐年增多，而且有的还是多次重复进口。现据有关记载所整理的不完全统计，将其主要的分列于下④：

（1）《救荒本草》（约1603～1709，确切时间待考）⑤

---

① 由德川家康（1542～1616）开创的武家政权，其统治机构“幕府”设于江户（今东京）是以又称江户幕府，名义上虽仍拥戴位居京都的天皇，实际上通过其控制下属的各藩，形成掌握日本实权的幕藩体制。

② 《日本国见在书目录》是藤原佐世奉勅于日本宽永（889～897）年间编撰的，当时日本所存汉文典籍目录，其中与农学有关的还有“医家方”中所收《新修本草》、《食疗本草》等本草书，见古岛敏雄，日本农学史，古岛敏雄著作集，第五卷，东京大学出版会，1975年，第82～83页。

③ 《日本国见在书目录》是藤原佐世奉勅于日本宽永（889～897）年间编撰的，当时日本所存汉文典籍目录，其中与农学有关的还有“医家方”中所收《新修本草》、《食疗本草》等本草书，见古岛敏雄，日本农学史，古岛敏雄著作集，第五卷，东京大学出版会，1975年，第85页。

④ 沈汉镛，日文书籍中有关中国古代科技东传日本史实，中国科技史料，1989，（1）。

⑤ 此据冈西为人在《本草概说》中推断，上野益三则认为最晚不迟于1712年《农政全书》输入之时。参看：罗桂环，《救荒本草》在日本的传播，中国史研究动态，1984，（8）。

(2)《本草纲目》(1607，1706，1710，1719，1725，1735，1803，1804，1805)

(3)《天工开物》(约1687，1713，1771)[①]

(4)《农政全书》(1712，1754，1880)

(5)《花镜》(1719，1735，1758)

(6)《疗马集》(1725)

(7)《农桑辑要》(1727)

(8)《农圃六书》(1727)

(9)《二如亭群芳谱》(1734，1756，1849，1850)

(10)《广群芳谱》(1804，1849，1850)

在上列引进的书籍中，以《本草纲目》的9次为最多，而且像1719年一次竟进口五部，即使这样，由于需求较多，在单靠进口而仍无法满足的条件下，日本书坊便就原书请人加添“训点”，从而不必译出日文，亦可读懂。这类翻刻本又称“和刻本汉籍”，曾在日本广为流传[②]。现将本时期主要翻刻农书列下：

(1)《本草纲目》(1637，1653，1659，1669，1672，1712～1714)

(2)《食物本草》与《日用本草》合刊本(1651)

(3)《菊谱百咏图》(1685)[③]

(4)《救荒本草》与《救荒野谱》合刊本(1716，1799曾再印)

(5)《南方草木状》与《桂海虞衡志》(1726)

(6)《齐民要术》(山田罗谷本)(1744，1826年仁科幹曾加上序文再据以覆刻)[④]

(7)《天工开物》(菅生堂本)(1771)

(8)《花镜》(1773)

(9)《大观经史证类本草》(1775)

(10)《陈旉农书》与《秦观蚕书》合刊本(1830)

(11)《梅菊谱》(由范成大著《范村梅谱》与《范村菊谱》校刻合刊)(1831)

(12)《瓶史》(全文与《花镜》中养花插瓶法作为大村纯道著《瓶史草木备考》一书附录)(1881)

(13)《植物名实图考》(翻刻后改名为《重修植物名实图考》)(1883)[⑤]

上列翻刻书籍的后两种是在明治维新后刊印的，而这时的中国则已是衰落的晚清时期。此外在日本还有人从事中国农书的校录与翻译工作。如猪饲彦博(1761～1845)曾

① 此据：三枝博因，天工开物之研究，转引自潘吉星，宋应星评传，南京大学出版社，1996年，第563页。

② 训点是在原文汉字之旁加添与文法有关的符号指示词序、断句等，使能基本符合日文习惯，必要时亦酌加标音，以便不经翻译而可径直阅读。

③《菊谱百咏图》，《中国农学书录》未收，上野益三：《日本博物学史》280页曾就此书指出，明代德善斋编，崇祯十二年(1639)彫版付刻，正编二卷载“菊花百品图”，附篇一卷是有关菊花栽培法等，《日本博物学史》平凡社，1973年。

④ 这一由山田主持复刻的《齐民要术》由京都向荣堂出版，书的底页予告将陆续刊刻的还有《农桑辑要》、《王祯农书》、《农桑衣食撮要》、《农圃六书》及《农政全书》等多种，后虽均未能实现，但从中可看出当时日本对中国农书需求动态和书商的意向，此据：西山武一，亚细亚的农法与农业社会，东京大学出版会，1969年，第210页。

⑤ 上野益三，本草与博物学，黎明期日本生物史，养贤堂，1973年，第235～236页。
沈汉镛，日文书籍中有关中国古代科技东传日本史实，中国科技史料，1989，(1)。

校录过《齐民要术》[①]，中村亮平曾将清代沈秉成所著《蚕桑辑要》译成日文，分三册刊行，书名改为《蚕桑辑要和解》(1877)[②]。

（二）农书的注释与撰著

日本在输入中国农书并加以翻刻的基础上，进而加以注释解说以求其普及能为多数读者所理解，而有些关心农事的儒学之士及供职于幕藩的官员，又参据中国农书撰写适合于日本国情的有关论著，形成与直接总结农民经验所谓“百姓农书”相对应的“学者农书”。在引进西方近代科学之前，这两者曾相互影响对当时的农业发展起过一定作用，但因分别侧重实际技术与深层学理，其作用与影响亦自有别[③]。

在从中国引进的诸多科学著作中，就其影响来看可能以《本草纲目》最为突出，究其原因则不仅因为在此之前已有多种本草书相继传入日本，作为医药知识的本草学已为日本人所熟知并应用。而《本草纲目》之备受关注，还可能因其博大精深，可据以展望整个生物界，能对博物学的发展提供深邃的思考有关。在距江西底本（1596）刊出相距不过11年（1607）即已传至长崎，之后百多年间，始终有人热心研读与钻研，这种盛况在日本学术史上也是罕见的[④]。当博学的儒医林罗山由长崎携归至江户，献给幕府首脑德川家康，获其赏识后，并认真研读，1612年就根据《本草纲目》并参考《王祯农书》有关田制与农具的记叙编撰了《多识编》(1631年刻印)，供检索原载中国典籍名物之需，对本草知识的传播大有助益[⑤]。之后他又撰写了《本草纲目序注》，对原书的序例详加注释，认为相当于总论的序例务要精读为是[⑥]。小野兰山（1729～1810）撰有《本草纲目启蒙》(1806初版至1847年先后重印四次)，这原是一讲学的底本，分类体系依据《本草纲目》，而内容已多侧重日本所自出者。此外如《本草纲目纪闻》及《本草纲目释义》等侧重于注释讲解原书的，也先后撰著刊刻多种。江户中期的著名儒学大师贝原益轩（1630～1714）[⑦]也曾致力于本草学及农学的研究，受《本草纲目》的影响，著有日本最早形成体系的博物志《大和本草》(1709)[⑧]，全书16卷，附录2卷，诸品图2卷，共收载品目1366个，其中产自日本约近360种。在农学方面的业绩是撰著有《菜谱》（1704)、《花谱》（1694）及《日本岁时记》（1687）等书，在这些大多受中国典籍影响的著作中，以《菜

① 据《齐民要术》日译者西山的考证猪饲据校的抄本可能是北宋本，以硃笔作校注现由日本静嘉堂收藏，见西山武一：亚细亚农法与农业社会，第241页。

② 上野益三，日本博物学史，平凡社，1973年，第611页。

③ 古岛敏雄，学者农书与百姓农书，古岛敏雄著作集，第五卷，东京大学出版会，1975年，第473～492页。

④ 木原均，黎明时期日本生物史，养贤堂，1973年，第220～221页。

⑤ 古岛敏雄，日本农学史，古岛敏雄著作集，第五卷，第202～203页。

⑥ 木原均，黎明时期日本生物史，养贤堂，1973年，第219页。

⑦ 贝原学术以朱子为基础，也探讨陆王而自成一家，主张理气不可分的“理气一元论”，另外还是经验的自然研究者，是日本江户初期的著名儒者和日本博物学的奠基人，详见永田广志著，版本图书馆编译室译，日本哲学思想史，商务印书馆，1978年，第105～110页。

⑧ 贝原之前日本对本草学的研究，仅限于本草书的解读，而贝原则是首次实地调查了日本动植矿等产品并参照《本草纲目》等中国书籍撰成《大和本草》，是以被后人誉为日本本草创始人。详见《黎明期日本生物史》，第223～224页。

谱》一书较能体现有关生产耕种技术，书中所记知识除注明引自中国农书者[①]，也有基于日本经验的独自载培方法，但就其总体结构而论，尚未完全摆脱以中国农书翻译为主体的局限，全书收录菜蔬136种，(其中山野采集物如野菜、菌、藻等45种，水菜、藕、慈姑等10种，木类8种，普通耕种的作物73种，则按需叶、需实及需根而又分为圃菜、瓜菜、根菜及谷类)。在书前总论部分则依选种、播种、忌地、施肥、灌水等措施，较多的参据日本实际操作，摆脱了单纯抄译的偏向[②]。在以《本草纲目》为蓝本改写编撰的农书中，还有由野必大编撰的《本朝食鉴》(1695) 一书，这是以耕种为对象的由谷部 (22种)、菜部 (79种) 及果部 (42种) 所组成。凡例中自序称“此一部品类，大抵据于李氏纲目，而分之释名、集解、气味、主治、发明、附方亦同”。“本邦谷、菜、禽、兽、鳞、虫，与中华之有差，故品类之后，各附异同而辨析之”。其特点在于对各作物在日本的具体产地及品质有所记叙，有关耕种方法与播种期及收获期也简附于相关项下，唯对稻、麦等主要作物所述较为详尽，其有关植物性状及食法则录自《本草纲目》，绝少新意。著者的本意除了为食用者提供了解食物的性质与用法等知识，也期望能有助于生产者掌握生产技能，但全用汉文编撰的本书，对多数农民则难以通读而无从领会[③]。

17世纪中期的日本，由于幕藩体制的确立，日本封建社会的发展达到了最高和最后的阶段。尽管当时处于锁国与海外市场严密隔绝的条件下，商品经济仍有一定程度的发展，而农业生产水平则超过以往任何时代。与此相适应在为提高农业生产过程中，各处的地方官员对其经管的农事及治水等活动有关的世袭具体知识，加以整理和记述而相继出现了一批地方性农书，如《清良记》卷七 (1564～1628)，《会津农书》(1684) 及《百姓传记》(约1681) 等侧重反映地方农事特点，以手抄本形式流传的农书遂先后问世。这类农书的功用在当时主要是用于劝农，即督课贡租承担者的农民，是以在记叙农业技术改进中还蕴藏有更深层的社会意义，体现出领主对农业的关心，实质上是设法保证能增收贡米[④]。地方性农书虽有这些局限，但对农业生产技术知识的认识和积累上却起到了有益的作用。由宫崎安贞撰写的《农业全书》(1697) 就是在这样的社会环境下，参据徐光启的《农政全书》写成的。

宫崎安贞 (1623～1697) 出生于广岛藩士之家，壮年时曾在筑前 (今九州、福冈) 任藩士，随后辞官定居该处，从事农业经营并致力于著书，《农业全书》是根据他在农村近40年的生活体验和游历日本各地的见闻，参据中国农书与本草书加以系统化而写成的。它是以日本全国为对象的综合性大型农书，经贝原益轩校订后，元禄十年 (1697) 在京都出版，全书11卷，即农事总论、五谷之类 (19种)、菜之类 (56种)、山野菜之类 (19种)、三草之类 (11种)、四木之类 (4种)、果木之类 (15种)、诸木之类 (13种)、生类 (家畜、家禽、鱼类) 养法、药种类 (20种)、附录 (由贝原乐轩执笔，叙说农事之由来及救荒方法等)。总论部分分耕作、种子、土地处理法、时节、芸锄、粪、水利、收获、

① 所引中国农书以《农政全书》、《月令广义》、《居家必用》为多，间亦涉及《齐民要术》、《农桑辑要》、《王祯农书》、《便民图纂》等，所引《本草纲目》则多以“时珍曰”为标志，详见古岛敏雄，日本农学史，古岛敏雄著作集，第五卷，第255～256页。

② 古岛敏雄，日本农学史，古岛敏雄著作集，第五卷，第257～260页。

③ 古岛敏雄，日本农学史，古岛敏雄著作集，第五卷，第217～238页。

④ 古岛敏雄编，农书之时代，农文协，1986年，第22～28页。

积蓄及节俭、山林之总论等10节。宫崎撰著本书时虽是以《农政全书》为蓝本，但因《农政全书》所征引的中国文献多达225种，此前已刊主要农书几乎都已包括在内，是以两书的对比分析，从某种意义上说则又是具有以之与全中国农书相比较的意义，但所征引多未列举出相应的书名①。《农业全书》所受中国农业文献的影响，主要从以下三个方面看出②：

(1) 总论，相当于栽培汎论这一部分所受中国农书影响最为突出。从引用《齐民要术》的"凡人营田，须量已力，宁可少好，不可多恶"开篇。在总论的10节中，耕作与施肥所占篇幅近半，耕作的大部分是征引自《农政全书》，其有关肥料的种类与施肥方法则极富日本特色，而有关施肥的作用与功效则多据中国农书移译而成，但在说明向土地施肥有如对人投药时，在区别土地的性质有虚、实、冷、热之差后，随即指出肥料的性质也有补、泻、温、凉之分，显然这一论述是宫崎基于自己的认识而又有所深化。其他有关田间耕耘过程也大多从中国农书转录移译而来，就此可知，当时日本农业技术进步的方向，不在耕耘而是培肥，而多肥集约农业措施又是其技术体系中的主导因素。

(2) 各论，卷二以下的作物各论部分，共收作物109种（较《农政全书》相对应的88种，多出21种），两书对比后可发现其间的关系，则能据以区分为下述五类：

①未从《农政全书》引征，完全依据日本情况撰写而成的有胡萝卜、南瓜、葱、恶实③、蒿苣、罂粟、番椒、茜根、烟草、洋葱、席草、菅等12种。

②性状、用途引自《农政全书》，而未引用栽培方法的有稻、旱稻、小麦、粟、蜀黍、稗、蚕豆、豇豆、刀豆、胡麻、薏苡、油菜、茄、紫苏、白苏、薯蓣、红花、漆等18种。

③从《农政全书》中引用栽培方法，也概括的结合地区特点，记叙播种期及收获期的有麦、萝卜、黍、碗豆、芜菁、姜、慈姑、大麻、冬瓜等9种。

④相当详细的引用了《农政全书》中栽培方法，但也记载了日本独特栽培法的有大豆、荞麦、甜瓜、蒜、芋、茶等6种。

⑤全部引自《农政全书》，几乎没有记载日本栽培方法的有小豆、绿豆、扁豆、芥、西瓜、瓠、韭薤、菠薐、莙荙、蘘荷、苋、荷蒿、莲、乌芋、番薯、桑等16种。

显然二卷以后的各论部分，所受《农政全书》的影响要少于总论部分，究其原因当和具体的个别作物栽种时会深受自然环境的支配，播种以及其他田间作业的适宜时期自会不同，此外当也体现出日中两国在作物种植结构上，即所种植作物在消费需求上差异及重要程度上的区别。如侧重或全部引自《农政全书》的作物，在当时日本多属较少栽种或不甚重要的作物，而在日本较为普遍种植的谷物、菜蔬及工艺作物等，大多依据其具体种植栽培方法加以记叙。但每个作物从《农政全书》引文的处理上，其比重大小多少，却似同其重要程度无关，如日本主产作物的水稻，从《农政全书》卷二五、树艺、谷部上，所引证的几段均未注明出处，而且也均非技术要点。今再转录以见一般（按《农

① 宫崎的《农业全书》所引中国农书，除《农政全书》外，均未加注说明。

② 以下对比分析主要参据古岛敏雄，日本农学史，第六章"《农业全书》的农学"，第三节《农政全书》之影响"载《古岛敏雄著集》，第五卷，第403～445页。

③ 恶实据《农业全书》(《日本农书全集第十二卷》刊本) 注释为牛蒡，按《本草纲目》草部第十五卷收有恶实，"释名"谓别称有牛蒡、牛菜、大力子等，以其实状恶而多刺钩故有恶实之名，根叶虽可充蔬佐餐，但明代人已罕食，作为药材主治一切风疾能消渴利尿。日本从中国引种后，至今仍作为蔬菜栽种，多食用根部。

业全书》所引次序)：

《王祯农书》曰，稻之为言，籍也。稻含水盛，其德也。稻、太阴精，含水渐洳，乃能化也。

《孝经·援神契》曰：汙泉宜稻。《淮南子》曰：江水肥而宜种稻。

郭义恭《广志》云：……有盖下白稻，正月种五月获，获讫，其茎根复生，九月复熟。

《字林》曰：秜稻，今年死，来年自生，曰秜。

《杂阴阳书》曰：稻生于柳，或杨。八十日秀，秀后七十日成。

就宫崎对以上引文的处理来看，似与其在《农业全书》书前凡例所说"凡中华之农法，可用于我国且有助益者，加以选录"的精神有背。而宋代《陈旉农书》这一以记叙讲述江南水稻为主的中国第一流农业文献，徐光启在编撰《农政全书》时未加选录，致使宫崎在当时也无从借鉴，如仅就此虽难以苛求前人，但说来多少有些留下遗憾之感。

(3) 贯彻全书的农学思想，《农业全书》与《农政全书》在书名上虽只差一字，但确体现了其贯彻于全书主导思想之不同。这仅从两书的章节结构稍加比较即可看出，宫崎着意的是农业生产技术，而徐光启则较留心于重农政策及相关举措，是以《农政全书》中《农本》、《田制》等门有关内容，在《农业全书》中缺少未见，就连《水利》、《荒政》等门中徐光启极有见地的奏疏也被宫崎忽略了，这一差异除基于国情，当亦同撰著人的见识水平有关。作为对农业生产技术成就从理论上加以概括时，《农业全书》的作者宫崎也借用了阴阳和合等学说与范畴，如他在书中所说："阴阳之道，虽极深奥，如就其适用于耕作而留意，则亦易悟其理，是以农民应力求通晓，倘昧于此理而从事耕作，则多劳少益。"①

但宫崎对阴阳之说，是避开其深奥费解处，而酌情加以援用，是以书中基于阴阳合和二气相交的要领，在涉及粪壤培肥，耕耘整地乃至中耕除草等处，在他感到需要时就从中国农书引征或随意加以运用，这仅从前叙稻作所征引的文献就可证实。而宫崎基于自己的理解加以阐释时，也就有如出自中国典籍，如："土湿为阴，干则属阳，凝滞成块为阴，散漫如粉属阳……据此类推，当晓土地之性，倘阴阳失调，则须善加调和……转土使阳多，执滞则阴胜，耕作时如循依此理，则可得天地自然之助"。②

日本在江户时期的农书，在使农事操作理论化时，一般依据的大都是阴阳学说这一源自中国古代的自然哲学，而不限于《农业全书》。这一符合直觉与经验的思路，在近代实验科学兴起前，就较容易为人们所信奉，也不难被农民所接受，在其援用过程中，虽有多少之别，精粗之差，而几乎成为日本近世农书所共具的一般倾向③。

《农业全书》在1697年初版之后，曾多次再版，据有明确记载年份的先后就达四次，即1721，1787，1815及1856年，在它之后撰刻较为系统的日本农书，大多都曾参据征引。宫崎执笔编撰本书的初愿，自称是为使一般农民摆脱慢性的潜在饥馑，而教以合理的劳动方法，从而使之了解农事操作的要点与机理，实际上一般农民能有条件读懂本书

---

① 《农业全书》(《日本农书全集》第十二卷)，农文协，1978年，第48页。

② 《农业全书》(《日本农书全集》第十二卷)，农文协，1978年，第49页。

③ 饭沼二郎，农业革命之研究，第二部第一章三节"近世农书与阴阳说"553～578页，农文协，1985年。

的则为数不多，而较多阅读的却是农村中指导者阶层。是以稍后就由陶山钝翁加以删节，从《农业全书》所收录的109种作物中，选出稻、旱稻、麦、荞麦、粟、大豆、小豆、芋、芜菁、木绵、麻、桑等12种，另编《农业全书约言》(1721)，作为简要的入门书，对原书总论部分也彻底加以改写，使行文流畅易读，力求摆脱引征过多的繁文缛节文风。《农业全书》在日本江户时期撰刊的众多农书中，获得的赞誉超出他书，参与本书校订的被誉为日本一代儒师泰斗的贝原益轩在为其撰写的序中曾说："窃谓此书之于本邦也，古来绝无而初有者也"。宫崎在其自序称"此书乃本邦农书之权舆"，也为后人所公认。究其原因，除了在他之前撰著的几部农书是私家笔录本，不易流传；而更主要的是由于《农业全书》体系较为完备，作为面对日本全国的综合性农书克服了地方性农书的局限，而相当于农业原论的总论部分，虽从中国农书多有移植鉴借，但对推动日本农学的形成及发展上所起的历史作用，却是独一无二的①。

明初由朱橚撰著的《救荒本草》(1406)是以野生可食植物为对象的，共收植物414种，这本书在明末清初传到日本后，对日本的本草学、农学乃至博物学的发展都产生过积极而又有益的影响。它传入日本的确切时间虽尚待考证，但从它收录于《农政全书》的荒政类中来推算，无论如何不会迟于1712年，当时著名的本草学家松冈恕庵(1668～1746)见到《农政全书》所收载的本书，感到切实可用，遂添加训点和日名考订，连同《救荒野谱》一并翻刻，1716年在京都发行。1799年小野兰山(1729～1810)鉴于前记彫版已毁于火灾，遂据其所得嘉靖四年(1525)版为蓝本，对松冈本加以订补再刻重印，书名题为《校正救荒本草，救荒野谱并同补遗》共9卷14册。《救荒本草》经先后两次翻刻后，在日本引起人们强烈关注，仅当时有关的研究文献就达15种之多②。其侧重点分属下述三个方面：

(1) 沿本草学的传统所进行的注释解说，如小野兰山口述，由其子彦安笔录，再经其孙蕙亩整理添加假名后刊刻的《救荒本草启蒙》(1842)就是加以通俗解释便于理解领会的入门读物，另外还有由小野门人依笔记整理的《救荒本草会识》(1821)及岩崎常正撰著的《救荒本草通解》(1820)等。大体仍循依本草学的框架，及路数，在日本本草学的深化与扩展上作出过贡献。

(2) 从救世济人着眼以救荒为目的这一农学特有角度，结合日本实际撰著的可称为农书的著作，如杉田勤等校订的《备荒本草图》(1833)、馆饥的《荒年食粮志》(1833)及混沌舍的《备荒图谱》(1837)等，大都是和19世纪初日本江户末期的各地发生歉收灾荒有关，为缓解饥馑所形成的社会动荡，这类书该是适时而又切合实用的。

(3) 从推动与提高博物学的角度，借鉴其撰著方法与刻印技巧的。《救荒本草》是作者吸取历史和现实经验，广泛搜集民间素材为备荒而撰著的。由于其记载详明，配图精确，是以图文并茂而获得近代国际学术界的重视与好评。日本岩崎正见有感于《救荒本草》翻刻后，各本草学家对其日名鉴定存有诸多分歧异义，遂亲自赴山野考察采集，并盆栽园培植物2000余种，将观察思考结果记叙成书，先是撰成《救荒本草通解》(1816)，在此基础上持续努力，终于写成《植物图谱》(1821写定，1828在江户付刻)一

---

① 山田龙雄，《农业全书》解题，(《日本农书全集》第十三卷，附) 农文协，1978年。

② 天野元之助著，彭世奖译，中国古农书考，农业出版社，1992年，第159页。

书，全书96卷，是一部收录有2000余种植物（除野生的，还有园艺栽培及从国外引进的）并配有彩图的巨著，由于它已基本摆脱药用及食用等功利观点，而近乎纯然的博物志。此外由宇田川榕庵（1789～1846）撰著的《植物启原》（1835）这一受到兰学影响，从应用植物学进而为纯正植物学的译著成书过程中，也曾受益于《救荒本草》，是以其东传与研习加速了日本本草学的博物学化[①]。究其根源当与朱橚在撰著《救荒本草》所持较为严谨科学态度的启示有关，即从通过缜密细致的观察和精确丰富的实验，进而求其相结合的切近近代科学方法中获益良多[②]。

二 朝鲜之引入中国传统农学及其成就

明清时期的中国即以鸭绿江及图们江与朝鲜为界，国境毗连，唇齿相依，在1368年明朝开国后不久，1392年李成桂即取代高丽王朝自立，改国号为朝鲜，史称李朝（即李氏朝鲜的简称），至1910年被日本吞并，凡32传，历时475年。明清两代与李氏朝鲜，都建立有外交关系，使节经常往来，在反对日本对朝鲜侵略战争中，中国明清两代对李朝都曾给予有力支援，李朝初期对外贸易曾一度控制较严，17世纪后在中朝两国边界每年都有互市贸易，经济来往逐年增多。李朝文化上也尊崇儒学，1443年公布被称为“谚文”的新创制的28个字母之前，一直沿用汉文。“士子皆以经学穷理为业”，“精研四书五经，其专治一经者，不得齿儒者之列”。其随使团来华的人员中，便有经常到书市采购书籍，并与中国学者交结的文人。

朝鲜农业生产与中国多有相似处，早在北宋时徐兢（1091～1153）在其撰著的《宣和奉使高丽图经》卷二十三的《种艺篇》中就曾说及：“其地宜黄粱、黑黍、寒粟、胡麻、二麦。其米有粳而无糯，粒特大而味甘。牛工农具，大同小异。

清乾隆时朝鲜学者朴趾源（1737～1850）在随朝鲜使节来中国承德觐见了乾隆皇帝（1780）后撰写的《热河日记》（1783，共26卷）一书中，曾主张采用辽东农民用细垄种植作物，和燕蓟居民拾取牛马粪为肥料等方法，以改进朝鲜的农业。可见随同两国人员的交往，农业生产技术的交流也随之开展，在明清时期作为这一成就的标志，至少可举出，以《农家集成》为总名的三部农学著作的汇刻，和徐有榘《种薯谱》的撰刊，在这些用汉文撰著的朝鲜农书中，充分展现了中国农学的影响和朝鲜农学的成就。

（一）《农家集成》纂著过程中所受中国传统农学之影响

《农家集成》(1534)是在李朝中宗(1506～1544在位)时，由公州牧申溷汇刻的，1536年全南道观察使赵启远奉旨再刻，英祖十二年（1734）曾以教耕所需为由授命重印，卷首有目录内容如下：

上篇

劝农教文　　见国朝宝鉴

---

① 上野益三，日本博物学史，平凡社，1973年，第312页。

② 罗桂环，救荒本草在日本的传播，中国史研究动态，1894，(8)。
罗桂环，朱橚和他的《救荒本草》，自然科学史研究，1985，(2)。

农事直说　世宗大王朝刊行
劝农文　见朱子书
衿阳杂录　姜文良公所著
下篇
四时纂要抄①
附：救荒撮要。

《农事直说》(1444) 由郑招撰著，以汉文书写，内容以作物培养种植为主。分备谷种、耕地、旱田、薄田、荒田、荒地、湿田、种麻、种稻、旱稻、晚稻、春旱、苗种法、下秧吉日、早稻秧基，沙沓秧基等节。其次为种黍、粟、稷、大豆、绿豆、扁豆、大小麦、胡麻、荞麦诸法。又附以种木花法及种木棉法。就此事的编撰，主持汇刻并为《农事直说》添加补注的申溉在《农家集成·跋》中曾指出："昔我世宗庄宪大王以五方风土不同，树艺各有其宜，不可尽同古书，乃命诸道观察使，逮访老农已验之术以闻，命总制郑招就加诠次。书成，名曰《农事直说》，又下劝农，教颁于中外，使之至今。"此书曾传至国内，晚清改良主义先驱者之一的王韬曾一度收藏，书后留有其题跋（今存上海图书馆是1534刻本）。胡道静曾参据另一刊本（北京农业大学藏本是1536年版）加以比较研究，进而评述说②："朝鲜最古的农学著作《农事直说》，其本身即为一部接受中国农业技术总结诸名著所传优良经验，检讨本国农业情况实际，或因或革，综贯成法者，宜其为朝鲜古典农学之杰撰。"

《衿阳杂录》(1491) 作者姜希孟，其撰著宗旨及内容具见书前曹伟所作序文："今观姜文良公《衿阳杂录》一编，其诸谷品形样之别，莳种早晚之宜，先后用功之序，皆深得其理，而靡所缺遗，真农家之指南也。《诸风辨》、《农谈》、《农讴》等篇，辨证甚详，而具述田家作苦之状，虽举衿阳一县之事，而为农之要，概可知也。"

衿阳在朝鲜南部盛产水稻，此书也亦水稻栽培技术为主，书中将水稻品种分为早稻（2种），次早稻（4种），晚稻（19种），共列举25种之多。而晚稻之中，又列粘种，以别于粳。书中记叙的生产技术虽仅限于一县之地，但对了解李朝中期的生产水平有一定参考价值。

《四时纂要抄》不著撰人姓氏，与韩鄂所著书虽同名，但实为朝鲜人士从中国农书广泛抄集之作，体例虽按季分月叙述，内容却多抄自中国典籍，但多不注出处，如所引有宋人沈括《梦溪忘怀录》温革辑录，陈晔增广的《分门琐碎录》及范成大的《范村梅谱》等书，有关蚕事则率多录自《农桑辑要》，如出蚕、下蚁法、分台法、斋蚕法及收蚕种等篇。其内容虽较杂乱，但中朝两国生产生活多有近似处，是以在朝鲜则仍不失为有用之书。但1536年版卷首目录径称为《四时纂要抄》，极易混淆，应加辨析。

《农家集成》中收有朱熹（1130～1200）的《劝农文》三通，其中前两通为淳熙六年（1179）知南康军（今江西星子县）时，后一篇是绍熙三年（1192）知漳州任上，为劝励农耕，榜示属民而条陈劝课诸法，针对当地农业中存在的问题，提出一系列技术改进措

① 据胡道静考证"此《四时纂要抄》，绝非完全抄自中国唐季韩鄂所著《四时纂要》之谓，自是朝鲜人士别一广泛抄集之著述"。胡道静，农书．农史论集，农业出版社，1985年，第107页。
② 胡道静，农书．农史论集，农业出版社，1985年，第102页。

施。这些劝农文内容较为具体，对发展农业生产和安定社会秩序起过一定作用，并非都是空洞无物的一纸具文①，《农家集成》加以征引转录应说颇具见识。目录上标出所附《救荒撮要》则有目无文，或因年久佚失于今传本不存。

（二）《种薯谱》所征引的中国农书

李朝后期，朝政弛废，各地水旱频仍，纯祖（1801～1834在位）执政时，于己巳（1809）及甲戊（1814）两年朝鲜京广、湖南等地，相继发生灾荒，政府虽曾赈济，但农民流亡他乡，耕地久弃荒芜未耕。之后出任湖南巡察使的徐有椝（1766～1847）在当地又遇饥馑荒岁，有鉴于此，遂设法从已种植甘薯的朝鲜南部各地引进薯苗试种，以便救灾渡荒，并从徐光启的《甘薯疏》和朝鲜姜、李二氏各自撰著的《甘薯谱》中，分别加以摘录，对于《甘薯疏》中与朝鲜风土不宜处则酌加按语予以补正，编撰成《种薯谱》（1834）一书，加以分发，以利推广。

《种薯谱》一书以叙源开始，接着是传种、种候、土宜、耕治、种栽、壅节、剪藤、收米、制造、切用、救荒，而以丽藻结束。全书所引文献共17种，其中以汉籍为多共9种，朝鲜人所著书6种，日本文献两种，所征引的频率在10次以上者，依次分别为徐光启《甘薯疏》(31次)、金某《甘薯谱》(22次)、王象晋《群芳谱》(11次)，姜某《甘薯谱》(10次)。

据日本篠田统的考证分析，徐有椝在《种薯谱》所引徐光启的《甘薯疏》，应是从原疏径直引用的，由于本疏今已亡佚，王重民辑校本《徐光启集》仅收载有原序及《群芳谱》所引两条，而《农政全书》的有关条文则略多于《种薯谱》所引录，是以可推知徐光启是在完成《甘薯疏》之后，在《农政全书》收载时又适当加以补充。金氏与姜氏的《甘薯谱》，以原书难觅未见，而有待考定。引自《群芳谱》的在其繁琐处曾加删削，较为适宜得体②。其于叙源第一征引自日文的《和汉三才图会》（1712）中有关叙述日本引种甘薯的经过，同今人考证基本相符③。《日本种薯方》原书待查。据徐有椝以“案”的标志，在书中引文后所加按语共25条，其文字长短不等，在有关藏种第二、耕治第五及壅节第七等引征徐光启的疏文后，结合朝鲜具体风土条件添加的按语，均较切实际而可行。徐有椝作为有才能的循吏，虽无显著政绩，但其关心民瘼和谙熟农事，敦本重农，洵足为法④。除平日留心国计民生，也勤于著述，他积长年读书心得，另外还编撰有《林园经济十六志》一书，全书篇幅浩瀚，卷帙繁多，共123卷52册，长期仅以抄本传世未能刊刻，迟至1967年方据写本于汉城影印，全书包括《本利志》（耕穑）、《灌畦志》（蔬

① 上述三通劝农文原载《晦庵先生朱文公文集》卷九十及卷一百《公移门》，日本，天野元之助在其所著《中国农业史研究》，有关宋代水稻栽培技术部分曾征引，第228～229页，第233～234页，御茶之水书房，1979年，又《中国农业科技史稿》第七章十二节也曾论述说明它作为农史文献的意义与作用，农业出版社，1989年。

② 见篠田统：《〈种薯谱〉和〈朝鲜甘薯〉》一文载《金薯传习录》与《种薯谱》合刊本附录，农业出版社，1982年。

③《和汉三才图会》是日本寺岛良安参据明朝王圻《三才图会》编撰的，有关各类事物的日汉名称及释意解说书，共105卷1462项，其中有关甘薯在日本引进历程的记叙（即由中国东南沿海经琉球传至日本九州各地）经今人参据他书考证符合事实。详见《黎明期日本生物史》由筑波常治撰写的“各种作物之传来”一节，养贤堂，1973年。第103～105页。

④ 据全相运，韩国科技史，第四章，正音社，1976年。

菜)、《晚学志》(花木)、《展功志》(蚕棉)、《细鱼志》(鱼、牧畜)、《瞻用志》(营造·器具)、《葆养志》(医药) 以及《仁济志》、《艺畹志》、《鼎俎志》、《乡礼志》、《游艺志》、《怡云志》、《相宅志》等 16 志。全书所征引中朝古书及文献共 845 种，其中包括《本草纲目》、《农政全书》及《天工开物》等，称得上是有关朝鲜经济及博物学的一部巨著①。

三　耶稣会士之向西方介绍中国农学的历程及影响

从 16 世纪开始的西学东渐过程中，利玛窦等耶稣会士在中国传播西学的业绩，于今已为人所熟知，但从其开始向西方介绍中国的史实，似至今仍未得到应有的认识与评价，传教士们不仅以学术传教为手段，向中国传入了西方的科学，同时也向西方介绍了“神秘的中国”，把中国具有的悠久历史和文明向西方进行报道。由此开始的中西文化交流，中国固然从中受益，而当时的西欧，特别是法、德两国，曾从利玛窦之后的历届耶稣会士有关中国的记叙中，获得有益的启示，对其哲学和政治乃至经济等学科的发展产生过积极影响②。似仍未得到应有的公正评价，李约瑟曾就此说：“由理学所总结的中国思想对欧洲思想的贡献，比迄今为人认识的要大得多，最后可能证明并不亚于中国人因那些人给他们传来了十七、十八世纪欧洲科学和技术所受的惠。”③

李约瑟接着指出：“欧洲一些最优秀的头脑，借助耶稣会士发回的通讯，投身于中国的研究，但其意义及影响迄今可能仍未被人充分领会。国内也有些研究中外交通史的学者指出过：16～18 世纪，入华耶稣会士造成的结果，是使西方了解了中国，基于其研究，可证实中国文化对欧洲的影响，要远远超过西方文化对中国的影响。”④

在来华的耶稣会士中，继利玛窦之后来华的以路易十四(1643～1715 在位) 时代，由法国派出的张诚 (J. Fr. Gerbillon，1654～1705)、白晋 (Joachim Bouvet，1656～1730)、刘应 (Claude. Devisdelou，1656～1735)、李明 (L. D. Le. Comte，1655～1728) 等最受康熙帝 (1662～1722 在位) 的赏识。他们在 1688 年进入北京谒见了康熙之后，开创了天主教在中国传教的第二个时期，来华的传教士们在其传教并效力于清廷的同时，也不忘将在中国的见闻及时设法寄回法国，因为他们来华都身兼传教和搜集中国各方面情报的双重职责，于是经人整理提炼形成被称为欧洲 18 世纪关于中国的三大名著⑤。在近百年的时间里，这些文献曾被人反复阅读，有褒有贬，也曾被剽抄或遭人反对，但它却从未失去处于欧洲有关中国的所有辨论之中心的地位⑥。这三部中国学奠基性著作分别以侧重于原始资料、观察与介绍以及作为学术论著，从而形成一个历史与逻辑相统一的较为完整的体系，现分别简介于下：

《耶稣会士通信集》(Letters. Edifiantes et Curieuses，1702～1776)，简称《通信

---

① 据全相运，韩国科技史，第四章，正音社，1976 年。

② 利玛窦，金尼阁著，何高济等译：《利玛窦中国札记》“中译者序言”，中华书局，1983 年。

③ Needham J：“Seience and civilisation in China” vol. Ⅱ，cambridge univ. pr.，1980，p. 476.

④ 谢和耐等著，耿昇译，明清间入华耶稣会士和中西文化交流，“译者序”，巴蜀书社，1993 年。

⑤ 后藤末雄，中国思想之西渐于法国，1946 年，转引自忻剑飞，世界的中国观，学林出版社，1992 年，第 128 页。

⑥ 伊·席微叶，入华耶稣会士和中西文化交流，明清间入华耶稣会士和中西文化交流，巴蜀书社，1993 年，第 25 页。

集》或《耶稣会士书简集》，1703年在巴黎出版了《通信集》的第一卷，翌年出版第二卷方改为《耶稣会士通信集》，之后改为一种资料性的期刊，先后共出版了34卷，主编者先后三易其人，1780年在增补改编后全部重版。优点是大多由在北京耶稣会士亲自接触过的较为具体翔始的原始资料，缺点是过于庞杂，但由于涉及面极广，所以至今仍不失为有关18世纪中国的可信资料之一。

《中华帝国全志》(Description de la Empire de la Chine，1735）又译称《中国全志》，是由《耶稣会士通信集》编者之一的杜赫尔德（Jean Baptiste Du Halde，1674～1743）神父，在上述从刊的基础上加以选择编排，使之成为一部系统性的综合著作，1735年在巴黎出版后，翌年即于海牙印行第二版，英译本亦于同年问世，1747及1774年分别出版了德、俄文的译本。全书共四大卷：第一卷记中国历史地理；第二卷论政治经济，并记述中国教育与经书；第三卷叙说宗教、道德、博物、医药，并转录由马若瑟（Joseph de Premare）神父所译，曾在欧洲风行一时的元曲《赵氏孤儿》①；第四卷记述满洲、蒙古、西藏等中国边疆地区并涉及朝鲜的概况，全部内容得自20多位传教士的研究成果。

《中国纪要》(Memoire sur les Chineis，1776～1814）又译称《中国杂纂》或《中国丛刊》，先后共出版了16卷，编者是名著一时的东方学家，德经（Joseph Guignes，1721～1810）及萨西（A. I. Sylvestre de sacy，1758～1838）等人，从主编人选及编纂时间可以推察出它已是从传教士为主的动态信息报道，转向职业的东方学这一过渡形态下的论著，其内容显然以侧重学术性为主②。

上述三部丛书的内容涉及到与中国相关的诸多学科及许多方面，在这基础上形成与发展起来的所谓“中国学”(Sinology)，到了19世纪出现职业化与专业化的趋势，把研究中国作为一门专门的独立学科，在文化交流和相互认识上力求尽可能详尽并客观的掌握原来形象。是以在这一较为开阔的视野下来探讨有关中国农学的西传，可能更为适当些。

(一)《本草纲目》之西传及影响

在从17世纪后半叶开始，介绍到欧洲与农学有关的文献典籍中，就其意义及影响来看也还是以《本草纲目》最为突出，但不同于东方把《本草纲目》主要视为药物学宝典，在西方则是将其看作博物学的百科全书，而被视为权威的综合博物志。因据《本草纲目》的记载，能便于了解中国特有的资源，从而有助于将其引进到西方。最早从事这一工作的是出生于波兰的耶稣会士卜弥格（P. Michael，Boym，1612～1659)，他曾从《本草纲目》中择取22种植物，以拉丁文撰写成《中国植物志》，1656年发表于维也纳。多才的耶稣会士作家刘应于1700年左右，曾以拉丁文节译《本草纲目》，由杜赫德于1735年以《中国的药草志》(L'herbier Chineis）为名加以发表，李明神父说该书对“植物的功效和特征都作了解释，并从中增补了他个人的看法”，杜赫尔德在由其编纂的《中华帝国全志》第二卷末刊布了有关中医诊断术的脉学专著《脉经》的译文，而当论述到药草志时，虽收有称为《〈本草纲目〉节录》的一章，实际上仅罗到了该书52卷的各自标题，

① 方豪，中西交通史，岳麓书社，1987年，第797页。
② 方豪，中西交通史，岳麓书社，1987年，第798页。

后附简短的侧重于综述式的解释文字，而很少有植物的名称和具体的描述。限于当时的条件，在林奈（Carl von Linne，1707～1778）的植物"双名制"的命名法尚未发表，分类也未同命名完全相联系的时候，是很难用西方的术语来描述转译中国的本草知识①，况且作为植物鉴定依据的标本也不易采集，单是植物的名称本身并不能完全说明问题，所以翻译中的困难是相当艰巨，在《中国纪要》的二至五卷及十三卷中，包括了有关中国蚕、竹、蜂、杏、灌木等生物学资料，十一卷中则收有家畜，以及枣、竹、桃、牡丹等内容，它们主要是由韩国英（Pierre Marthial Gibot，1727～1780）及金济时（Jean Paul Collas，1735～1781）神父搜集提供的。韩国英曾撰写《可能移植于法国的〈中国植物花木之观测〉》一文："乃采自中国书籍之一种农业撰述，首称誉中国农业，次言灌溉肥料，其要旨大致不离中国成语，"农事及时"一语。末列举法国可能移植之若干重要植物：产蜡树，产脂树，产漆树，桐树，椒树，樟脑，竹，柏香树。"②

进入19世纪以后，在西方对中国传统农学的研究是借助于新的实验科学成就（理论及方法）达到一个新的水平。法国的儒莲（Stanislas Julien，1797～1873）是以研究《本草纲目》获得博士学位并成为法兰西学院教授勒牡萨（Abel，Remusat，1788～1832）的学生与助手，儒莲之后与其师齐名，都以精通汉文并在译介中国科技方面的成就而著称。儒莲除先后将《天工开物》中《丹青》、《五金》及《锤锻》、《彰施》、《杀青》等章译成法文，1837年还将《授时通考》卷七十二至七十六的《蚕事门》摘译成法文并将《天工开物·乃服》论蚕桑部分收录在内，题名为《论植桑养蚕的主要中国著作提要》共224页，另有导言24页，并在扉页冠以汉文书名《蚕桑辑要》，该译本随即又被译成意大利文（1837）、德文（1838）、英文（1838）及俄文（1840）等多种欧洲文字，迅速传播开来。俄籍的贝勒（Emil Bretschneider，1883～1901）本为德国人，清光绪时曾任俄驻北京使馆医官，留居中国历时较久，有关中国植物学著作颇丰，主要的有在中国福州刊印的《中国植物学文献评论》（1870）对中国植物学文献研究意义，他认为："植物学上若干问题之解决，大有待于中国植物典籍之研究；栽培植物起源地问题，所赖尤多，此某所以取材《本草纲目》及其他中国著述；杂陈是篇之原旨也。"③

对《本草纲目》迻译之难，所论颇为中的，"《纲目》文体，简洁明晰，初不难解，记述植物时所用术语又几全体一律，尤为便利。最困难之处，乃在所举地名及所引先贤时代之考证。如上所陈，吾人在《纲目》中觅得某一植物后，主要问题，乃在究知其原产地及最初著录于文献之时期，然对此两问题欲求正确之解决，往往必先对于全部中国

---

① 林奈在《自然系统》（1735）中发表了他的分类体系，而《植物的种》（1753）则提出以种属相结合的"双名法"这一公认的"国际命名原则"。之后他又发表了《植物的纲》（1738）和《植物哲学》（1751），进而阐释了分类的原则不仅是在某些器官的相似，而是基于种间的亲缘关系。见沃尔夫著《18世纪科学技术和哲学史》（上册）中译本，商务印书馆，1991年，第490～497页。

② 费赖之将此文误作金济时神父所著，见《在华耶稣会士列传及书目》（下册）中译本，第1016页。此据罗莎：《入华耶稣会士与中草药的西传》中的考证加以改正，此文载，明清间入华耶稣会士和中西文化交流，巴蜀书社，1993年，第288页。

③ 贝勒著，石声汉译，中国植物学文献评论，商务印书馆，1957年，第58页。此书前有石声汉撰写的弁言，对贝氏的生平及该书的内容加以简要的评介，谓原书可分为三部分，一是介绍中国关于本草学的典籍；二是有关中国栽培植物源流的考证，（约占全书篇幅之半）；三为中华典籍记载植物方法举例。末附文献及《植物名实图考》中蜀黍、粱及薯蓣等图八幅，初版于1935年。

格致之学，有深切周至之了解。《纲目》引据古今书籍，达八百余种。……欧洲学者译《纲目》中的某章某节时，于《纲目》所征引之作家，辄仅能以“A. Chinese author says”一语了之者，非偶然也。”①

书中虽侧重于《本草纲目》的评析，间亦涉及《尔雅》、《群芳谱》、《授时通考》及《植物名实图考》等书的简介。对原产中国及引进的主要栽培植物的历史和种植的现状也均加以简要的介绍或作必要辨析。为说明有关中国植物学文献及原产中国植物知识已在西方传布的情况，书中对《农艺植物考源》(1883)作者的德康多尔(Alphonse Louis Pierre Pyrame de Candolle，1806～1893)的早期著作《植物地理学》(1855)一书中涉及产自中国植物的论述则复加以评述。对早期来华耶稣会士在介绍中国植物学及植物知识，以及通过前述18世纪欧洲关于中国三大名著的记述的历史功绩，也作了恰当的公允评价：

> 欧洲人所得关于中国植物学及中国植物之知识，皆得自此辈耶稣会士。在自然科学方面关于中国之记述，皆收在杜赫尔德之《中华帝国全志》中，其中有不少关于中国植物、动物、矿物之记载，多数译自旧时华籍，间附以粗陋之图画②。
>
> 格鲁贤（Abbe Grosier）氏之《中国通志》（Description Generale de la Chine），1818年出版，书分七卷，与杜赫尔德所辑《中国帝国全志》性质正复相近，七卷之中，记博物者几达三卷，专述植物者有六百六十余页。十八世纪耶稣会士研究中国之所得，如《逐国纪要》胥由是书集其大成。此类关于中国植物之记载，出自当日耶稣会士之手者，虽无学名，然颇不乏有趣之记载，或则取材中国旧籍，或则出自一已之观察③。

贝勒此处还编撰有《中国植物志——中国土产及外来记录》(Botanicum Sinicum：Notes on Chinese Botany from Native and Western Sources，1882～1895)共三卷，第一卷标题为《中国文献录》，二、三两卷分别为《尔雅》草木诸篇及《本草纲目》中植物种名之考订，另一《欧洲人研究中国植物学的历史》(1892)是两卷多达1167页在彼得堡排印的巨著，是贝勒“平生经意之作，颇以博洽著称，征文献者，类必及之”④。

（二）达尔文主要论著中所征引的中国农学文献

西方在18世纪一度兴起“中国热”渐趋消失之后，对中国的研究虽未中断，但却开始以贬抑的鄙视目光来看待中国。到了19世纪在西方人对中国文化研究的起伏中，总的来看即使肯定中国在人文科学上有些成就，技术上也许仍有所发明改进，但大多已认为几无科学之可言。达尔文(Charles Robert Darwin，1809～1882)却能冲破这些偏见，在1859年出版了震动当时学术界的《物种起源》一书，提出有关生物进化的完整理论，以后又连续发表了《动物和植物在家养下的变异》(1868)和《人类的由来及性选择》(1871)两书。达尔文的进化论极其有力的打击了形而上学的自然观，证明了今天的整个

---

① Emil Bretschneider，石声汉译，中国植物文献评述，商务印书馆，1957年，第58～59页。
② Emil Bretschneider，石声汉译，中国植物文献评述，商务印书馆，1957年，第65～66页。
③ Emil Bretschneider，石声汉译，中国植物文献评述，商务印书馆，1957年，第66页。
④ Emil Bretschneider，石声汉译，中国植物文献评述，商务印书馆，1957年，译者弁言。

有机界（包括植物、动物和人类自己在内），都是长期发展进化过程的产物，进化的机制源自选择（包括自然选择、人工选择及性选择），而自然选择学说则是这一理论最主要的内容，但它却是由人工选择的研究中进一步发展而来的。即达尔文在建立物种在自然界里是如何进化的观点以前，首先弄清楚了品种在家养条件下的起源理论，而后方着手整理其所搜集的资料与素材，使有关进化设想的假说，形成严谨系统的理论①。

达尔文有关人工选择的学说，是总结传统农学的成就而又进一步对实验农学的发展，给予巨大推动的伟大理论成就。它从理论上指导了人工培育动植物优良品种的工作，并开创了研究外界环境对生物影响的道路。它说明家养生物（家畜和作物）起源于野生的生物，人类从原来少数的有用动物和植物，通过长期的选择，才培育出现有的诸多有用品种。按照达尔文的研究，生物受环境影响而发生的微小变异，大部分是可以遗传的。人类就此加以选择累积，在长期挑选其有利的变异个体中，逐渐形成了新的有用的优良品种。可见了解变异，遗传和人对变异的选择，不仅对生物学，进而对农学也具有非同一般的重要意义。由于中国是世界上最古老的农业国家之一，在家畜与作物的驯化和培育上，有过杰出的成就，而系统论叙这些成就的本草学和农学等中国古代典籍，不仅能从中提供达尔文为建立其理论所需要的实证资料，而更主要的是其所依据的选择原理及实际效应，已被达尔文意识到是更可作为其理论的组成部分从而倍受关注。是以他不仅辛勤的阅读了大量的由耶稣会士等撰写的有关文献，还曾烦请当年在华的斯文赫（R. S. Swinhce，1836～1877，曾任英国驻厦门领事）及雒魏林（William Lockhart，1811～1896，曾在上海传教并行医）等人，为其研究工作提供“有价值的帮助”。在查阅《本草纲目》中有关家鸡资料时，还曾虚心的向当时任职于英国博物馆的倍契（Samuel Birch，1813～1885）请教，并烦请他翻译了相关部分，值得指出的是，达尔文在前述三部主要著作中所引用的中国资料，经人统计不下百余处之多②。其中有些已是屡被研究者征引而广为人知的，因与本题论述有关是以请允许再录于下：

我看到一部中国古代的百科全书，清楚记载着选择原理③。

在前一世纪“耶稣会会员们”（Jesuies）出版了一部有关中国的巨大著作；这一著作主要是根据古代中国百科全书编成的，关于绵羊，据说“改良它们的品种在于特别细心的选择那些预定作为繁殖之用的羊羔，给予它们丰富的营养，保持羊群的隔离”。中国人对于各种植物和果树已应用了同样的原理④。

根据类推，以及根据农业著作，甚至古代的中国百科全书的不断忠告，说把动物从此地运往彼地时必须十分小心，我必须相信习性或习惯是有一些影响的⑤。

上述引文的第一段见于《物种起源》的第一章《家养条件下的变异》，是因“选择原理成为有计划的实践差不多只有75年的光景”，“但是，要说这一原理是近代的发现，就未免与真实相距甚远了。我可以引用古代著作中若干例证，来说明那时已经认识了这一

① 达尔文回忆录，毕黎译注中文本，商务印书馆，1982年，第77～78页。
② 杜石然等，中国科技史稿，科学出版社，1982年，第272页。
③ 达尔文著，周建人等译，物种起源，商务印书馆，1995年，第44页。
④ 达尔文回忆录，毕黎译注中文本，科学出版社，1957年，第461页。
⑤ 达尔文著，周建人等译，物种起源，商务印书馆，1995年，第159页。

原理的充分重要性”[①]。达尔文为此列举了英国历史上蒙昧未开化时代，常有精选的动物输入，并且制定过防止输出的法律；古代罗马的著作家们也曾经拟定过明确的选择规则；《圣经·创世纪》中对家养动物的颜色也注意到；而近代的利文斯通（David Livingstone，1813～1873，英国牧师，著名的非洲内陆探险者）曾根据亲身经历说：未曾与欧洲人接触过的非洲内地的黑人极重视优良的家畜。在对比之后，达尔文在此基础上进而指出“某些这种事实，虽然并不表示真正的选择已在实行，但它们表示了在古代已经密切注意到家养动物的繁育，而且现今的最不开化的人也同样注意这一点”[②]。可见达尔文在论述古代有关选择的作用时，大都是以个别的家养动物为例，只有他见到的古代中国百科全书中是清楚的记载着有关选择的原理，这就足以证明人类应用选择原理来饲养动物和栽培植物是由来已久的。

《物种起源》在1859年的出版，是和1858年夏华莱士（Alfred Russell Wallace，1823～1913）从马来群岛寄出的《论变种无限的离开其原始模式的倾向》论文有关，因两者的理论不谋而合，是以达尔文在其朋友竭力劝说下，用了13个月又10天的时间，把已开始写的篇幅庞大原稿加以压缩，并依同样节缩比例赶写完全书[③]。所以《物种起源》是一个出名的“摘要”，后出的两部便是为了提供“摘要”所无法容纳的细节而编写的，是以前者偏于立论，而后两书则着重于提供具体论据[④]。所以在《动物和植物在家养下的变异》一书中，“根据我们当时所能达到的知识水平情况，对变异和遗传等的因果和法则方面，进行了讨论”。并“把数量多得惊人的孤立的事实串连在一起，而且使人易于理解”[⑤]。是以达尔文在根据古代中国百科全书这一巨著中，不但获知有关绵羊的细心选择过程，而且了解到“中国人对于各种植物和果树也应用了同样的（选择）原理”[⑥]。在前引的第三段见于《物种起源》的第五章《变异的法则》气候驯化一节中，针对将动物从一地移至另一地时，务须小心行事以防会引起不良后果的忠告。在《动物和植物在家养下的变异》的第二十四章，标题也是《变异的法则—用进废退及其他》一节中，就同一问题而涉及到植物时则说：“农学者们的普通经验具有某种价值，他们常常提醒人们当把某一地方的产物，试在另一地方栽培时要慎重小心。中国古代的农书作者们建议应当栽培和保存各个地方特有的变种。”[⑦]

可见，达尔文已注意到，中国人在古代已了解当环境条件改变时，生物即便是驯化动物和栽培植物也会改变自己的性状和特性，为保存已经获得的有利变异这一遗传性状，必须慎重行事。“因为人类并不见得能够成功的选择那么多的品种和亚品种，都具有特别适于他们地区的体质，我想，造成这种结果的，一定是由于习性”。[⑧] 即不仅说明物种是

① 达尔文著，周建人等译，物种起源，商务印书馆，1995年，第44页。

② 达尔文著，周建人等译，物种起源，商务印书馆，1995年，第44～45页。

③《达尔文回忆录》（中译本），商务印书馆，1982年，第79～80页。参看《1858年达尔文与华莱士联名发表的论文》吴德铎译，原载《科学》（季刊）第35卷4期，后收入吴德铎，科技史文集，上海三联书店，1991年，第113～135页。

④ 吴德铎，科技史文集，上海三联书店，1991年，第93～94页。

⑤《达尔文回忆录》（中译本），商务印书馆，1982年，第85～86年。

⑥ 达尔文著，方宗熙等译，动物和植物在家养条件下的变异，科学出版社，1973年，第461页。

⑦ 达尔文著，方宗熙等译，动物和植物在家养条件下的变异，科学出版社，1973年，第539页。

⑧ 达尔文著，周建人等译，物种起源，商务印书馆，1995年，第159页。

可变的，也解释了生物的适应性问题。

达尔文就上述有关选择与适应一般原理的叙说，都是根据古代中国百科全书或古代的农书作者。作为中国传统农学优异成就之一的，将人工选择方法已卓有成效的应用于家畜与作物的品种选育上该是不争的事实。这是基于在长期的选择和适应过程中，由于家畜的繁育和饲养条件以及作物的耕作和栽培条件的不断改进，改良了家养条件下的动植物遗传性，并在不同的地区，根据不同的需要形成了多种多样的品种。当就这些成就加以总结时，虽未明确提出作为品种培育基础相关的三个因素，即变异、遗传和选择的严谨而又清晰的概念，但却已无意识而又较模糊的体会到了。当然和把这三者作为整个生物界进化的三个基本因素，进而阐明生物进化一般规律的达尔文辉煌业绩也是无法相比的，不过中国古代就此虽不能有如今天认识之深刻，却已能认识到环境的改变对生物变异的巨大影响，并了解变异是形成新生物类型的材料，仍是难能可贵的。

作为人工选择成功的例证，源自中国特别是依据中国典籍的记载，达尔文在《动物和植物在家养下的变异》一书中，曾例举出绵羊、猪、鸡、蚕、金鱼等饲养动物，及水稻、桃、杏、牡丹、菊、蔷薇等栽培植物等多种，对中国古代用嫁接法和插枝法自觉的获取变异效果的重大发明也注意到了。对于这些源自不同渠道的文献资料，达尔文经过慎重鉴别之后，方始有选择的摘录书中相关部分，为了便于理解达尔文就此是如何加以评价，并进而增进领会中国农学成就的世界意义，今仅择其要者节录征引几项。

1. 绵羊

关于绵羊，据说“改良它们的品种在于特别细心的选择那此预定作为繁殖之用的羊羔，给予它们丰富的营养，保持羊群的隔离①。

关于绵羊，中国人喜欢无角的公羊，鞑靼人喜欢螺旋形角的公羊，因为无角被设想是失去了勇气的②。

达尔文在注中说明资料来自《中国纪要》十一卷，经核查这是择自金济时神甫于《中国之毛畜》(Des bete a laine en chine) 一文中相关部分，据费赖之 (Louis Aloys Pfister，1833～1891) 于《在华耶稣会士列传及书目》的介绍，该文内容是“说明毛畜种类，牧养方法，其病害，牝羊之乳及肉”③。

2. 猪

一位卓越的中国学者相信这个国家饲养猪的时期从现在起至少应当追溯到4900年以前。同一位学者还举出了在中国生存的许多地方品种；现在中国人在猪的饲养和管理上费了很多苦心，甚至不允许它们从这一个地点走到另一个地点。因此正如那修西亚斯 (Nathusius) 所指出的，这等猪显著的呈现了高度培养族所具有的那些性状；所以，无可怀疑的它们在改进我们欧洲品种中是有高度价值的④。

---

① 达尔文，动物和植物在家养条件下的变异，中译本，第461页。

② 达尔文，动物和植物在家养条件下的变异，中译本，第464页。

③ 潘吉星，达尔文与《齐民要术》，农业考古，1990，(2) 曾指出，金济时在《中国之毛畜》(潘改译为《中国的绵羊》) 一文中取材多据《齐民要术》及《便民图纂》等书，是以进而推断认为，达尔文所说的古代中国百科全书当为《齐民要术》。

④ 达尔文，动物和植物在家养条件下的变异，中译本，第51页。

3. 鸡

英国博物馆的倍契先生为我翻译1609年出版的《中国百科全书》(Chinese Encyclopaedia)的一些片断(不过这部书是从更古老的文献汇编而成的),在这里面说道,鸡是西方的动物,是在公历纪元前一千四百年的一个王朝的时代引进到东方(即中国)的。不管对于这样古老的时代有怎样的想法,但我们知道中国人以往是把印度支那和印度看或是鸡的原产地的①。

在1596年出版的《中国百科全书》中曾经提到过七个品种,包括现在我们称为跳鸡即爬鸡的,以及具有黑羽,黑骨和黑肉的鸡,其实这些材料还是从各种更古的典籍中搜集来的②。

中国古代百科全书中曾经提到过双重距(double spurs)的事情。它们的发生或者可以看作是相似变异的一个例子,因为某些野生鸡类,如孔雀雉(polyplectron),就有双重距③。

达尔文从中国百科全书征引了三段有关鸡的资料,分别说明鸡是原产西方的动物,在公元前1400年引入中国的,在中国鸡有7个品种,还有发生有双重距的可视同相似变异的例证④。

4. 金鱼

金鱼被引进到欧洲不过是两三个世纪以前的事情,但在中国自古以来它们就拘禁下被饲养了。勃里斯(Blyth)先生根据其他种鱼的相似变异,推测金色的鱼不是在自然状态下发生的。……并且认为"中国人正好会隔离任何种类的偶然变种,并且从其中找出对象,让它们交配"。所以可以预料,在新品种的形成方面曾大量进行过选择;而且事实也确系如此。在一种古代的中国著作中曾经说道,朱红色鳞鱼最初是在宋朝(始于公元960年)于拘禁情况中育成的,"现在到处的家庭都养金鱼作为观赏之用"。在另一种更加古老的著作中也曾说到,"没有一家不养金鱼的,他们从事颜色上的争奇斗胜,并且把它作为赢利之源"。等等⑤。

就有关金鱼这同一内容,达尔文在《人类的由来及性选择》中再次加以征引说:

由于我在《动物和植物在家养下的变异》一书中关于这一问题的一些论述,因而迈耶斯(W. F. Mayers)先生(见《关于中国的笔记和质疑》1868年8月,第123页)查阅了中国古代的百科全书,他发现金鱼最早是在宋朝于圈养中培

---

① 达尔文,动物和植物在家养条件下的变异,中译本,第174页。

② 达尔文,动物和植物在家养条件下的变异,中译本,第181页。

③ 达尔文,动物和植物在家养条件下的变异,中译本,第187页。

④ 吴德铎就此与《本草纲目》卷四十八《禽之二.鸡》的相关部分加以核比断定确是引自该书,并进而认为达尔文所说的中国百科全书就是《本草纲目》详见再论达尔文与中国古代的百科全书,科技史文集,上海三联书店,1991年,第91～106页。谢成侠针对"达尔文认为红色野鸡才是所有鸡品种的祖先"。提出异议,强调"中国的鸡种不应再认为以印度或东南西亚地区的野鸡为其祖先,而是由中国西南地区境内原有的野鸡种先在南方驯化而来"。并主张所谓古代的中国百科全书当为明代王圻编著的《三才图会》,详见:中国养禽史,中国农业出版社,1995年,第9～11页。

⑤ 达尔文,动物与植物在家养下的变异,中译本,第217页。

育出来的，该朝始于960年。到公元1129年这等金鱼已遍及各地。该书另一处宣称，公元1548年以来，在杭州产生了一个变种，以其浓烈的红色而称之为火鱼。它受到了普遍的赞赏，乃至没有一家不养它，而且以其颜色互相竞赛，并把它作为一种赢利的来源①。

倘将这两段引文加以对比，从中可知其基本论点虽然相同，在《动物和植物在家养下的变异》中，是在引文的正文中明确提到勃里斯的论点，而把迈耶斯的意见以附注方式处理的，在《人类的由来及性选择》中，不仅在正文中指出引文出自迈耶斯，而且说明他也是在查阅中国百科全书之后才发现的，而代替前引"在一种中国古代著作中曾经说到"的含糊提法，并补充了1548年（明嘉靖二十七年）以来，杭州又产生了一个被称为火鱼的新变种②。另外在《动物和植物在家养下的变异》的第二十一章还曾补充说：

金鱼，由于养在小鱼缸中，并且由于受到了中国人的细心照顾，已经产生了许多族③。

5. 家蚕

人们相信，中国饲养家蚕是在公元前2700年。它曾在不自然和多样的条件下被饲养着，并且被运送到许多地方。有理由可以相信给予幼虫的食物的性质在某种程度上，对于品种的性质是有影响的……在中国种卵的产生是限定在某些适宜的地区内进行的；根据法律，种卵的生产者不得从事丝的生产，这样他们的全部注意力便必然要集中在这唯一的目的上了④。

在中国的上海附近，有两块小地区的居民拥有培育蚕卵供给周围地区的特权，这样他们便能专门从事这种职业，并且法律禁止他们从事丝的生产⑤。

达尔文在注中说，"关于中国古代养蚕的情形，见于斯塔尼斯拉斯，朱理恩（Stanislas Julien）的权威著作"⑥（据查朱理恩这一著作实即法国汉学家儒莲的《论植桑养蚕的主要中国著作提要》一书），而有关上海地区培育蚕卵的不准从事丝的生产一事，则据西门（Simon）发表在《驯化学会会报》（1862年第九卷）上的文章⑦。

6. 水稻

皇帝的上谕劝告人们选择显著大型的种子；甚至皇帝还自己亲手进行选择，因为据说"御米"即皇家的米，是往昔康熙皇帝在一块田地里注意到的，于是被保存下来了，并且在御花园中进行栽培，此后由于这是能够在长城以北生长

---

① 达尔文著，叶笃庄等译，人类的由来及性选择，科学出版社，1982年，第416页。

② 《本草纲目》第四十四卷《鳞部鳞之三．金鱼》项下有"自宋始有畜者，今则处处人家养玩矣"。在其《附录．丹鱼》处有据《抱朴子》关于丹鱼夜伺之赫然若火"的记载，关于1548年杭州培育出火鱼新的变种详见明朝郎瑛于其笔记《七修类稿》（1566）中的记载，其大意谓"杭州自嘉庆戊申（1548）以来，有一种金鲫，叫作火鱼，因金色故名，人人喜爱，无家不畜，相互比赛，多者达十几缸，至壬子（1552）时盛极"。

③ 达尔文，动物与植物在家养下的变异，中译本，第484页。

④ 同③，第220～221页。

⑤ 同③，第455页。

⑥ 同③，第220～221页。

⑦ 同③，第455页。

的唯一种类，所以变成为有价值的了[①]。

达尔文有关“御稻”的叙述，其原始最初的出处是《康熙几暇格物编》(1732)，编入“下之下”的“御稻米”一条。曾由韩国英神甫译成法文，收入《中国纪要》第四卷。达尔文在脚注中指出的依据是圣德内斯（H. D'Herrvery Sait-Denys）所撰写的《关于中国农业的研究》(1850)[②]。

7. 桃

得康多尔根据桃在较早时期不是从波斯散布出来的事实，并且根据它没有道地的梵文名字或希伯来文名字，相信它不是原产于亚洲西部，而是来自中国的“未知之地”。然而，有人假设桃是由扁桃（almond）变化而来的，扁桃在比较晚近期间才获得了它现在那样的性状[③]。

桃在中国还产生了一小类具有观赏价值的树；其中有五个变种已被引进到英国，花的颜色从纯白，通过淡红，一直到深红[④]。

中国重瓣花的桃，阐明了这种桃树的变种已经形成了，它们在花的方面比在果实方面所表现的差异更大[⑤]。

再者利威尔（Rivers）先生告诉我说，重瓣花中国桃的生长方式和花都同扁桃相类似，它的果实很长而且扁平，果树有甜的，但不是不能吃的。据说它在中国表现有较好的品质[⑥]。

达尔文在上述第一段引自德康多尔的引文，据注释是发表在《博物馆年报》第二十卷上，未注年代。但据晚出的德康多尔《农艺植物考源》(1883)一书，除肯定桃确起源于中国，就桃是由扁桃变化而来的说法加以批驳，并说达尔文曾针对力持此说的奈特（A. Knight）所依据事实，搜集相关材料，经实验分析得出与其不同的结论[⑦]。按扁桃的名称，始见于《群芳谱》，别名有：巴旦杏（见《本草纲目》)，八担杏（见《授时通考》)。原产西亚波斯等地，与桃同一属。扁桃是以果实形状命名，巴旦（波斯语为Bodan）则系音译。德康多尔就此进一步解释说：

或有谓巴旦杏与桃树原系同为一种者，其说极不可信。盖巴旦杏原产于西亚，中古时始传入中国。如谓巴杏系自桃树蜕变而出者，但巴旦杏之存在于叙利亚一带，为时较桃树之输入犹古，如谓后者系前者所蜕变，则中国栽培桃树之时，固尚未见有巴旦杏也[⑧]。

8. 牡丹

甚至关于花卉植物，按照中国的传统来说，牡丹（P. moutan）的栽培已经有1400年了；并且育成了200到300个变种，它受到的珍爱就像荷兰人以前对

① 达尔文，动物和植物在家养下的变异，中译本，第461页。
② 达尔文，动物和植物在家养下的变异，中译本，第461页。
③ 达尔文，动物和植物在家养下的变异，中译本，第248页。
④ 达尔文，动物和植物在家养下的变异，中译本，第253页。
⑤ 达尔文，动物和植物在家养下的变异，中译本，第471页。
⑥ 达尔文，动物和植物在家养下的变异，中译本，第250页。
⑦ De Candolle著，加茂仪一译，栽培植物之起源，改造社，1941年，第408页。
⑧ De Candolle著，俞德浚等编译，农艺植物考源，商务印书馆，1940年，第118～121页。

于郁金香一样①。

9. 菊花

菊花这种植物由侧枝而且偶尔由吸根常常发生芽变。……从中国最初引进的那些变种如此富有变异性，“以致很难说出哪种是变种的本来的颜色，哪种是芽变枝的颜色”。同一植株在某一年只开浅黄色的花，而在下一年只开玫瑰色的花；然后又改变过来，或者同时开两种颜色的花②。

10. 蔷薇

在圣多明哥（Santo Domingo），由插条繁育出来的中国蔷薇的变种，在一两年之后，又返归了古老的中国蔷薇③。

上述三种花卉是从达尔文书中列举众多的花卉中，择出与中国关系较为密切者。就花卉变异的多样性，他曾明确的指出过：“从我们现在观点来看，花卉植物是没有多大趣味的，因为它们的被注意和被选择，几乎完全是为了花的美丽的颜色。大小、完美轮廓以及生长方式。在这些特性上，简直没有一种长久栽培的花卉植物没有发生过巨大变异的。”④

《本草纲目》中有“近世人多贵重，欲其花之诡异，皆秋冬移接，培以壤土，至春盛开，其状有变”。菊和牡丹均原产中国，在中国农书的花卉类中占较大比重，而蔷薇在中国虽有栽种，但不如同科月季之多，月季是在千余年前，经古人引种驯化，培育选择，从古蔷薇中得到长期开花，常不结实的变异类型，是以月季的学名为 *Rosa chinensis* Jacq 或许与之有关。达尔文在讲到菊与蔷薇的繁育时，强调可用芽变与插条等方法来促成其变异，但随又指出这一变异的不稳定性，而《花镜》（1688）“卷二·课花十八法”中，指出通过移花接木的各种方法，不仅可以引起定向变异，还可应用这些方法培育新的品种，在“接换神奇法”中即有“花木之必须接换，实有至理存焉，花小者可大，瓣单者可重，色红者可紫，实小者可巨，酸苦者可甜，臭恶者可馥，得人力可以回天，惟在接换得其传耳。”⑤

达尔文在他的著作中对见于中国农书本草书等古代典籍的有关人工选择及变异理论的叙述的征引，足以说明他对古代中国人民在这一领域成就的充分重视和公正评价。限于主客观条件他对这些文献的出处，除直接引自当时学术刊物及专著，也查阅了《中国纪要》等由来华传教士提供的资料，这些见于书中脚注的不难究本溯源发现其原始出处，惟有他所谓“中国古代的百科全书”（“An ancient chinese Encyclopaedia”）中引证的文献，因这百科全书究何所指有欠详晰，是以较难与原书核对。对于它究为何书，半个多世纪来经过一些专家的探析，虽有所进展，但仍难取得共识。

《物种起源》一书，最早是由马君武从日文转译，1905 年将先期译出的前五章，集成《物种由来》一书，由开明书店出版，1920 年 9 月由上海中华书局编入“新文化丛书”初版（至 1932 年已重印十次），把“古代中国百科全书”译为“古代中国汇书”；1947 年周

① 达尔文，动物和植物在家养下的变异，中译本，第 461 页。

② 达尔文，动物和植物在家养下的变异，中译本，第 282 页。

③ 达尔文，动物和植物在家养下的变异，中译本，第 283～284 页。

④ 达尔文，动物和植物在家养下的变异，中译本，第 271 页。

⑤ 陈淏子辑，伊钦恒校注，《花镜》，农业出版社，1979 年，第 45 页。

建人重译，书名作《种的起源》由上海生活书店出版，将其译成“中国古代的《图书集成》”；1954 至 1956 年先后分三册由三联书店出版，由周建人、叶笃庄、方宗熙合译的《物种起源》中改译成“中国古代的百科全书”，但在注中说明“究竟指的哪一种书，尚待考证”；1972 年由谢蕴贞译，伍献文等校的《物种起源》科学出版社本，译成“古代的中国百科全书”。1959 年之后吴德铎、潘吉星等就此进行了深入研究并撰有专文，对古代的中国百科全书究竟是哪部书各抒已见，吴认为是《本草纲目》，潘则推断说是《齐民要术》①，《物种起源》的周译修订版（1995），加注转引了潘著的论点，但也有人将吴、潘二说加以对比权衡后，赞同吴说的。

可见，中国古籍卷轶浩繁，早在一个世纪前俄籍生物学家贝勒就曾为此发出过感叹，时至今日却仍成为困惑国人自己的问题，可见东西文化背景的差异为文化交流与沟通带来阻力。限于本书的宗旨，对这一本应认真研究的问题，这里不再深入探讨，仅就古代中国百科全书一词在涉及达尔文论著时，依据当前的现状则以各说并存不急于去统一为宜。除去上述各家之说皆有所本并可言之成理，也可以“百科全书”这一词条原本较为宽松的含义的另一角度来理解，就中国古代的丛书、类书，乃至综合性的大型专著来看，都具有百科全书的性质，或说都可归入百科全书这一类型中，这与从 18 世纪开始的西方现代意义的新型百科全书自当有别（狄德罗主编的法国《百科全书》是从 1751 年开始出版的）。现代的百科全书（不论是综合的或是专业的）都是以便于检索查阅的条目形式，集体编纂的完备工具书②，处于 19 世纪，身在英伦三岛的达尔文可能按其时代与经历，以百科全书来代称综合性或多卷本的中国论著，而本无定指。

（三）中国传统农学对法国重农学派的影响

出现于 18 世纪 50～70 年代的法国重农学派，是对资本主义生产的第一个系统的理解，在它形成历史上却又有其特异之处，即它是在重商主义发展之后，再次提出了重农观点；并且又以中国古代重农思想相标榜③。它的主要代表人物是魁奈（Francois，Quesnay，1694～1774）和杜尔哥（Anne-Robert Jacques Turgot，1727～1781），它的出现时机又与法国当时的政局有关，因为处于财政经济危机下路易十五（1715～1774 在位）的法国专制王朝，非但没有从其前任路易十四（1647～1715 在位）所实行的柯尔贝尔（Jean-Baptiste Collbert，1619～1683）重商主义政策失败中吸取必要的教训，反而进一步采用了约翰·罗（John Law，1671～1729）的错误建议，指望通过发行不兑现的银行券来增加国内财富，滥发纸币的结果导致通货膨胀，终于不到四年就在 1720 年彻底失败，引起法国大规模的经济震荡。而这时的法国农村也因受牺牲农业来发展工商业的重商主义政策影响，陷于极度衰落的境地，农民处境十分困苦，是以急待变革。而这时通过来华耶

---

① 参看吴德铎，达尔文与中国，再论达尔文与中国古代百科全书，两文，均刊载于吴著《科技史文集》，上海三联书店，1991 年，第 82～89，91～106 页。

潘吉星，中国文化西进及其对达尔文的影响，科学，35 卷，4 期，1959 年。

潘吉星，达尔文与《齐民要术》，农业考古，1990，(2)。

② 金常政，百科编纂概论，“百科简史”，山西人民出版社，1985 年，第 9～38 页。

③ 巫宝三，中国古代经济思想对法国重农学派学说影响问题的考释，中国经济史研究，1989，(1)。

稣会士所传播的文化知识，已为欧洲揭示了一种完全不同类型的，但并不是低劣的文明[①]。耶稣会士对中华帝国的实际政治情形不厌求详地说明，一方面他们帮助推动了从哲学上鼓吹开明专制，另一方面又为重农运动提供了决心[②]。使魁奈等从中国先哲的典籍和当时的中国政治体制中得到了启发，认为为消除柯尔贝尔主义(Colbertism)的恶劣后果，只有效仿“以农为本”的中国，才能挽救法国，是以当时的首要任务是设法普及良好的农业。

作为法国启蒙运动的参加者和致志研究法国农村凋敝原因的魁奈，原本以行医为业，作为可出入于宫廷的御医，得以与狄德罗等人相结识，受法国当时社会动荡经济紊乱的刺激，他先是在《百科全书》上发表了《论谷物》(1756)、《论农民》(1757，又译称《租地农场主》)两文，由此开始了作为经济学家的活动，随即撰写了他的成名之作《经济表》(1758年末初版，以后又几经增补，1768年以《经济表的分析》为名发表了这一基础理论最简明的文本)，旨在论证财富是由农业生产的，国家应鼓励农业的自由经营和农产品的自由流通，并主张实行单一的土地税。从1767年春季起，以连载的形式分四期在《公民日志》上发表了标志着“中国典范”的影响达到顶点的《中华帝国的专制制度》一书[③]。他认为中国虽非十全十美，但与当时其他任何政府相比，却更接近于理想模式。在魁奈周围集聚了一群他的追随者，其中最主要的是曾在法国政府出任财政大臣等要职，使“重农体系发展到最高峰”的杜尔哥[④]。他的《关于财富的形成和分配的考察》(1766)，原是为研究中国问题而让两个即将在法学成归国的中国学生，对作为开明政治策源地的中国有关社会经济制度及现状进行调查的提纲，共包括52个在他看来还有待进一步证实的问题，期望从中得到进一步的验证。后来为使上述学生能对提出的问题有所理解，更好的领悟这些问题的旨趣之所在，而另又作了一个简要分析。1769年单独发表是即《关于财富的形成和分配的考察》一书，原来的提纲被称为《中国问题集》，另作处理[⑤]。在杜尔阁的著作中，重农学派作为资本主义思想体系的特征，有了更加鲜明的表现，但却依然没有摆脱认为农业是唯一创造财富部门的偏见。可见它仍是在倾慕中国的时代思潮下，留下了中国影响痕迹的应急之作。

重农学派(physiocratic school)一词中的法语physiocratie原义为“自然界的统治”，斯密(Adam Smith，1723～1790)在其《国民财富的性质和原因的研究》(1776)一书中，依据他们“把土地生产物看作各国收入及财富的唯一来源或主要来源”的学说，把他们称为“农业体系”(Agricultural System)。汉语则意译为“重农学派”[⑥]。其学说的重点为：

重农学派是十八世纪50年代到70年代间，以自然秩序为最高信条，以农

---

① 戴密微著，耿昇译，中国和欧洲在哲学方面的交流，中国史研究动态，1983，(3)。

② 利奇温著，朱杰勤译，十八世纪中国与欧洲文化接触，商务印书馆，1991年，第79页。

③ 见Maverick L. A. “China a Model for Europe” /Texas. 1946. 转引自谈敏，法国重农学派学说的中国渊源，上海人民出版社，1992年，第77页。本节文字曾多处参据该书。

④ 见马克思，剩余价值理论，第一册，人民出版社，1975年，第28页。

⑤ 见杜尔阁：《关于财富的形成和分配的考察》英译本译序，人民出版社，1961年。有关这52个问题提纲的《中国问题集》已有中译本，见黎国彬等选译《十七、十八世纪的欧洲大陆诸国》，商务印书馆，1986年，第92～103页。

⑥ 亚当．斯密著，郭大力等译，国民财富的性质和原因的研究，下卷，商务印书馆，1983年，第229页。

业为财富的唯一来源，和社会一切收入的基础，以保障财产权利和个人经济自由为社会繁荣的必要因素的法国资产阶级古典政治经济学学派①。

显然，上述的这些基本论点和中国古代经济思想是有不少相同之处，就此中外文献已多有记述。但就中国学术思想在当时法国的传播，虽可归因于来华传教士的许多报告和译著。在以魁奈为代表的重农学派创始人中，肯定是从中阅读过并接受了一定影响。但魁奈在他的著作中，很少公开表明自己的思想来源，以示莫测高深，从而有利于维系其在重农学派中的理论领导人地位。直到晚年在他的《中华帝国的专制制度》中才承认自己得益的地方，在此之前在他的著作中则从不说明材料出处的事实②，这不仅增加了对比分析的难度，也使这一影响的深入程度不易判断。为此，将《中华帝国的专制制度》译成英文的马弗利克（L. A. Maverick）在谈到重农学派向法国人称述中国是真正认识到农业和农民重性的国家时，曾指出："尽管重农学派不知道徐光启其人，但徐光启在给予他们中国知识的传送链条中，仍是一个重要环节；因为传教士特别是从他那里获得了中国人对待农业态度的资料。"在他1946年出版的《中国：欧洲的模范》一书中，在其第二部分即《中华帝国的专制制度》全文转译成英文的同时，为便于读者将中国古代思想与魁奈的重农学说直接进行对比，特地将《孟子》和《农政全书》的部分内容也一并译成英文（共计46页，几占这一部分108页的近半篇幅）合在一起同时发表③。

作为重农学派"崇尚中国运动的顶峰之作"的《中华帝国的专制制度》一书，虽不代表魁奈在经济学上的主要贡献，但从研究中国学术思想对其影响来看，却不失为最佳的范本。以下仅从农学思想史这一特定的视角，为说明中国传统农学西传中曾有过一度影响的史实，而略作简要的对比分析，至涉及其有关影响及意义等全面评价，则请参阅有关专著。

《中华帝国的专制制度》一书共8章，经人考证其前7章有关中国法制、社会及经济方面的资料，几乎都引自苏尔热（Rousselot de Surgy，法国18世纪的地理学家、民族学者）的著作，而苏尔热著作中有关中国的资料，主要仍源自来华传教士的报告，同时辅之以来华商人、官员或旅行者的描述。魁奈本人也曾说过，对于中华帝国的认识，"除了传教士的报告以外，我们几乎没有什么可依据的东西"。但第八章则是其自己研究的成果，包括关于统治的一般结论，特别是关于法国所急需解决的各种问题的结论④。而第二章第八节"农业"这一部分，则较为集中的对中国农业作了简要综述，他对中国农业的成就给予充分肯定的同时，还指出"在欧洲有某个王国至今尚未意识到农业或财富的重要性"。从中不仅能看出他对中国仰慕之情，也可在一定程度上反映出他对农业的重视与关心，就此他曾说：

> 在中国，下层社会几乎完全靠谷物、香草和蔬菜生活，菜园的耕种之普遍与良好，世界上任何地方都无法与之相比。城郊地区没有抛荒之地。

---

① 陈岱孙，大百科全书经济条目：重农学派，陈岱孙文集，（下），北京大学出版社，1989年，第945页。

② 详见利奇温著，朱杰勤译，十八世纪中国与欧洲的接触，商务印书馆，1991年，第92，144页，注③。

③ 据魁奈著，谈敏译，中国华帝国的专制制度，中译本序言，商务印书馆，1992年，第5～6页。
参看谈敏著，法国重农学派学说的中国渊源，上海人民出版社，1992年，第285～292页。

④ 魁奈著，谈敏译，中国华帝国的专制制度，中译本序言，又吴斐丹等译，魁奈经济著作选集，仅收该书的第八章，商务印书馆，1981年，395～421页。

这个国家通常一年收获三茬庄稼，第一茬是水稻，在这茬水稻收割之前便播种第二茬庄稼，而第三茬是豆类作物或某种谷类作物。中国人不遗余力地收集各种适于肥田的垃圾，而这也大大有助于保持城市的清洁。

在中国，租地农民的地位高于商人和手工业工人……在中国，农业总是受到尊重，而以农为业者，总是获得皇帝的特别关注。

康熙皇帝的继位者（雍正）制定了各种法规，全都有助于树立起尊重农民的观念。除了他自己通过亲自犁田和播种五谷，来提供一个耕作的榜样而外，他还饬令所有城市的总督每年在他们所管辖的地区，挑选出在努力耕种土地，享有诚实正直的声誉，以及具有聪明而丰富的管理才能方面最杰出的农民①。

作为魁奈思想的热心信奉者之一，米拉波（Victor Riqueti，Marquis de Mirabeau，1715～1789），曾为普及魁奈的理论作出过很大贡献，他的《农业哲学》（1764）一书就是在魁奈指导下写成的。书的卷首插图是中国皇帝春季籍田大礼时的亲耕图。模仿这一做法，在1768年春，尊贵的法国皇太子确曾效行，企图以此举来证实他对法国农民的同情，以及对农民为国家所作出巨大贡献的重视，从而将倡导中国式的重农思想推向高潮②。

魁奈在《中华帝国专制制度》一书的第八章共24节，这一章的标题是《中国的法律同作为繁荣政府的基础的自然原则相比较》，从中可以看出，有些是外观相同而实质相异的两种思想，但也不能否认其中确有一些是和包括农学思想在内的中国古代学术思想确有某些相同之处的。魁奈对中国古代重农观点加以推崇，至少是在他感到与其某些观点颇为契合而有助于他的理论构建之处，以下拟沿这一思路，再适当加以申论。

1．自然秩序

自然秩序（L'Ordre naturel）是重农学派整个经济思想体系的基础，重农主义（physiocratie）这个名词本身来自希腊文，原意为“自然的统治”，重农学派认为在人类社会中存在着一种不以人们意志为转移的客观规律，这就是自然秩序。魁奈就此曾多次论述过，最为集中的是《自然权利》（1765）一文③。在《中华帝国专制制度》中则通过与中国的对比，并从农业生产的特点阐释了其运作，他在此书第八章的开头处就说：

社会的基本法则是对人类最有利的自然秩序法则。这些法则可能是物质的，也可能是道德上的。

这些基本法则绝不是人类创造的，但又是任何人类政权都必须服从的④。

广大的中华帝国的政治制度和道德制度是建立在对于自然法则的认识基础

① 以上引文具见《中华帝国的专制制度》中译本，第65～67页。

② 韩国英神甫曾将《请亲耕疏》译成法文载于《中国纪要》第三卷，钱德明（Jean-Joseph Marie Amiot，1718～1793）曾撰写《中国乾隆皇帝和鞑靼权贵的农业观》。

③ 吴斐丹等译，魁奈经济著作选集，第289～308页。

在《自然权利》中魁奈对此解释说“这里所说的物质的规律，可以理解为明显的适应对人类最有利的自然秩序所产生的一切实际事件的运行规则；这里所说的道德的规律，则可以理解为明显的适应对人类最有利的实际秩序的道德秩序所产生的一切人类行为的规律”，见《魁奈经济著作选集》中译本，商务印书馆，1981年，第304页。

④《中华帝国的专制制度》中译本，第111～112页。

上，而这种制度也就是认识自然法则的结果[①]。

在经过对比分析之后，于第八章的结尾处又讲：

中华帝国不正是由于遵守自然法则而得以年代绵长，疆土辽阔，繁荣不息吗？……由此可见，它的统治所以能够长久维持，绝不应当归因于特殊的环境条件，而应当归因于其内在的稳固秩序[②]。

魁奈对于中国历史和专制制度的论述，尽管有其局限与不足之处，但他企图探讨的导致中华帝国长久繁荣不息规律的意图，却是认真而应予肯定的。被他奉为开明专制榜样的大清帝国早已被推翻，但由中华民族所共同缔造的国家并未解体，在其内在凝聚力不断增强的基础上，正欣欣向荣而奋进不息。当时魁奈也试从更深的层次上来揭示其根源，他在第八章的十二节“农业社会”中曾就此作过分析：

除了与其他民族为敌的掠夺性民族以外，所有类型的民族都是以农业作为共同的特征。如果没有农业，各种社会团体只能组成不完善的民族。只有从事农业的民族，才能够在一个综合的和稳定的政府统治之下，建立起稳固和持久的国家，直接服从于自然法则的不变秩序，因此，正是农业本身构成了这些国家的基础，并且规定和确立了它们的统治形式。因为农业是用来满足人民需要的财富的来源，又是因为农业的发展或衰落必然取决于统治的形式[③]。

在农事活动中，直接参与生产的耕作者和从事统治的行政当局，也都应服从自然秩序遵守物质法则，就此他在另处第六节“社会的基本法则并不是人制定的”结尾处强调说：

耕作者服从于自然秩序，因此只应遵守物质法则，以及物质法则为他们所规定的那些条件，而不应被迫遵守任何别的法则。而且，行政当局在整个社会统治中也应当受这此物质法则和这些条件的指导[④]。

魁奈有关自然秩序的概念在中国古代典籍中与之相对应的应是“天道”，在《中华帝国的专制制度》“第二章中国的基本法”的“第一节自然法”中，他曾引《书经》的论述并就此加以阐释：

据中国注疏家的解释，“天”是统辖苍穹的灵魂，他们又把苍穹看作是大自然的造物主最为完美无瑕的杰作。……“天”这个词还被用来表示物质的“天”，它的含义随着它所应用对象的不同而有所改变。

所有的经书，特别是一部被称为《书经》的经书，把“天”描绘成现存万物的造物主，人类之父。……

在中国的传统思想中，崇信普通法则的历史由来已久通常以“道”与“理”的典型形式来表述，而“天”则不仅是宇宙万物的主宰，凡自然所成非人力所为的也都可称之为“天”，是以儒家称自然的规律为天道，并认为天道是支配人类命运的天神意志[⑤]。重农学派在自然秩序体系中侧重于研究自然法则在人类社会领域方面的作用，则似与儒家

① 《中华帝国的专制制度》中译本，第111页。

② 《中华帝国的专制制度》中译本，第137～138页。

③ 《中华帝国的专制制度》中译本，第122～123页。

④ 《中华帝国的专制制度》中译本，第120页。

⑤ 《荀子·天论》。

所强调的人伦与天道的一致性，即把人伦看作是天道的表现这种天人合一思想有关。这一思想包含两层含义，即天人相通与天人相类。其基本思想则不外是说天道与人道贯通着同一发展规律，是以一切措施都应根据“慎乎天意”这一原则①。在农事活动中“所以授民时而节农事，即谓用天道也”②。《礼记·月令篇》则根据春生、夏长、秋收、冬藏的规律，详尽的叙说了一年四季十二个月中的气候变化和农作物的生长规律，并在此基础上明确规定，天子及其国家在管理社会经济生活与组织农业生产中的基本职能和不同季节中的具体任务③。总之，儒家强调“凡举大事，毋逆大数，必顺其时，慎顺其类”。即必须适应而不能违背自然规律，和由此而决定的有关农业发展的法则④。

2. 重农观点

魁奈从他的自然秩序出发，认为农业是最能体现自然主宰的经济领域，因为在农业生产中有各种自然力参加工作，进行着创造，在其他经济部门自然并不参加工作。在农业生产中，除了补偿生产过程中所耗费的生产资料，还有剩余的产品，是以能引起财富的增加，魁奈称这种剩余产品为纯产品，有关纯产品的学说是其理论体系和经济纲领的核心与基础，他说：

> 土地产品扣除用于耕作的劳动费用和用于为准备耕作所必须的预付总额之后的剩余部分，是一个剩余部分，是一个“纯产品”(Le Produit net)，它构成国家的收入和土地所有者的收入⑤。

由于只有农业能生产出纯产品，才能使物质财富增加，因而认为农业是唯一的生产部门，就农业与国家关系来论，魁奈进而明确指出：

> 君主和人民绝不能忘记土地是财富的唯一源泉，只有农业能够增加财富，因为财富的增加能保证人口的增加，有了人和财富，就能使农业繁荣，商业扩大，工业活跃，财富永久持续的增加，国家行政所有部门的成功，都依靠这个丰富的源泉⑥。

> 对于满足国家需要的经费来说所必需的赋税，在一个农业国家里，除了向能生产满足人们需要所必需的财富的领域征收以外，不可能有任何别的来源或任何别的起源，而这个来源就是通过劳动和预付使之肥沃的土地本身。因此，国家每年所需要的赋税不可能由别的什么东西构成，它只不过是土地年产品中的一个部分⑦。

> 只有农业才是满足人民需要的财富的来源，只有农业才能支持保护人民安全所必需的武装力量⑧。

中国古代没有纯产品的理论，但对农业的重要性则有充分认识，历代关于重农和农

---

① 见《春秋繁露》卷三十四奉本，卷四十六天辨在人，卷五十三基义等篇。

② 《王祯农书·农桑通诀》，授时篇第一；《农政全书》卷十“农事授时”曾加以征引。

③ 详见《农政全书》卷十“农事授时”所引《礼记．月令》有关部分。

④ 张鸿翼著，儒家经济伦理，湖南教育出版社，1989 年，第 85～90 页。

⑤ 中华帝国专制制度，中译本，第 130 页。

⑥ 中华帝国专制制度，中译本，第 333 页。

⑦ 中华帝国专制制度，中译本，第 127 页。

⑧ 中华帝国专制制度，中译本，第 125 页。

本的主张及政策的论述也是多到不可胜数，但如加以归纳似可集中于两点，即农业是财富生产的唯一来源和财富主要是以食与货等使用价值形式来体现。如《书经·洪范·八政》："一曰食、二曰货"。《四书》之一的《大学》就有"有土此有财，有财此有用。"《管子》也有"民事农则田垦，田垦则粟多，粟多则国富"①。徐光启不仅在《农政全书》的卷之一农本，"经史典故"中就此详加征引，而且在实践中始经循依富国强兵必须从"务农贵粟"这一"根本之计"，强调农业是财富之所自出这一根本原理。中国的农本思想虽不否认工商业所具有的社会经济职能，但长期以来却伴随有崇本抑末甚至贱末的思想倾向。到了明清时期由于商品经济的发展，已不乏倡导工商皆本的思想家，来华传教士适逢其时，在其通信报道中对中国工商业的现实与思想意识上的反映也有所涉及。魁奈依据这些资料在《中华帝国的专制制度》第二章第九节"依存于农业的商业"中，在发现了商业依存于农业的前题下，具有其不可或缺的重要功能，肯定了商业的繁荣同时也意味着农业的发展，但对从事工商业者的社会地位，却在该书第一章第四节"公民的等级"中，赞同在中国一切未获科举功名的二等公民其社会地位依次应是：

> 农民列在第一位，其次是商人，以及通常所说的所有工匠、乡下人、劳动者和处于较低社会阶层的各种人②。

魁奈在这里基本上是循依中国传统的士、农、工、商这一严格序列，并确信在中国肯定农民的地位高于商人和手工业工人是合理的。而针对当时法国的社会阶级结构，他则划分为生产阶级（农场主、农业工人）、土地所有者阶级（地主及其从属人员、国王和官吏等）和不生产阶级（工商业中的资本家及工人）这样三个。原因是在他看来工业只能改变物质财富的形式，而商业只是进行流通，因而都是非生产的。据此，如就重农观点以魁奈与中国传统思想相比，则不难发现在对创造财富的源泉与富国强兵之本的理解上，两者十分相似，但作为剩余生产品的纯产品这一概念的论证分析在中国则不具备。

3. 经济分析与经济政策

以魁奈为代表的重农学派虽然对中国古代的天道论与农本论等学术思想十分推崇，对当时的中华帝国诸多为政举措也赞誉有加，从中确可窥探出包括农学思想在内的中国思想影响，也不能否认古代中国学术思想和政治经济制度同魁奈的基本思想有某些相同之处，但仅据此是否就可以认为法国的重农学派是在中国学术思想影响下形成的，还有待深入探究。在下述有关重农学派的几个重要理论观点的分析对比中，虽已有人作了努力探索，但一时还难取得共识成为定论，为便于了解这一动态，现仅作必要的简述以供参考。

(1) 魁奈的《经济表》。有关社会资本再生产和流通分析的《经济表》，是魁奈在政治经济学史上的杰出贡献，也是他的经济学说体系的全面总结，但有关一国总财富的生产和流通的观念，却长期为西方经济学家所不解，是以曾被认为是魁奈留下的一个谜③。许

---

① 《管子》十五，治国四十八。

② 中国帝国专制制度，中译本，第46页。

③ 见马克思为《反杜林论》撰写的"批判史论述"一章，引自：马克思·恩格斯选集，第三卷，人民出版社，1972年，第283～284页。

多著名的经济学家加以研究并肯定了它的价值①。近年来有人把它作为18世纪中西文化接触后的思想积淀物这一新的视角从事研究。提出一些论点，一是认为《经济表》是中国古代自然秩序原则的具体化和系统化；其次是主张它仿效《易经》的六十四卦图像推导而成；最后是强调它与中国的象形文字或表意文字有关②。就自然经济条件下，农业生产基本上都是简单再生产来看，它与儒家所重视的《易经》中包含的循环发展法则似亦应有关。

（2）自由放任。在重农学派看来，自然秩序的实质是公众利益和个人利益的统一，而这个统一只有在自由无拘的条件下才能实现，因而应当让一切事情顺其自然进行，无须政府干涉，从而提出自由放任（Laissez faire）一词。这与中国古代儒家如孔子所主张的"因民之所利而利之"，或孟子所崇尚的舜及禹之无为而治的政治理想似有相通之处。自此之后随着封建等级秩序的发展，干涉主义思想曾在中国盛极一时，但即使在西汉经济思想从无为转向有为时，也仍有坚持放任主义如司马迁的著名人物，这一体现分散的小私有的自给经济要求，可能在西方较为罕见③。

（3）土地单一税。重农学派在其纯产品学说的基础上，提出废除其他赋税只征收土地单一税的主张，因为纯产品是赋税可能的来源，要求一切赋税都应当由土地所有者负担。而以其他形式征收，则只不过是对土地所收采取间接的，因而在经济上有害妨碍生产的办法，在中国古代典籍中与此相近的是孟子对税制的设想④。而现实中除土地税外，在中国也征收人头税等"非正规"的赋税，魁奈对此也是了解的，但他认为这只是执行过程中的一个错误，而无妨仍将中国的税制视作应予效法的制度，其实魁奈也并非断然主张取消土地税之外的其他赋税，但它只应作为权宜之策而非常久之计。

重农学派的理论虽然带有封建主义的外貌，但其所描绘的事实却是资本主义社会。所以马克思指出这个学说体系，"实质上是宣告在封建废墟上建立资产阶级生产制度的体系。"⑤ 被魁奈所赞誉的儒家经济思想，原是农业社会自然经济和宗法制度下的产物，是以它同以魁奈为代表重农学派的理论体系有本质的区别，儒家经济思想虽受魁奈的推崇，而恰好与之相类者也仅只是其理论体系的外观。在法国凭依这一外观所推动的改革，随同魁奈的去世（1774）和杜尔阁的免职（1776）也随即消失，其理论上的影响则因斯密《国民财富的性质和原因》（1776）的出版，受到批评而淡化⑥。虽经历史扬弃但未被人们所完全遗忘的这一理论体系外貌的研究重又提上日程，还是可以使人从中得到一些启示，如从中外文化交流，及东西方农学思想接触交融这一特定角度来探索也应有其积极意义。

---

① 参见熊彼得著，朱泱等译，经济分析史，第一卷，商务印书馆，1991年，第361～367页。

② 参见谈敏著，法国重农学派学说的中国渊源，第五章，第二节"早期西方学者关于《经济表》来源于中国的几个论点，上海人民出版社，1992年，第173～213页。

③ 谈敏，法国重农学派学说的中国渊源，第六章第二节"自由放任思想的中国先驱－无为而治论"，第242～255页。

④ 《孟子、公孙丑上》，参见胡寄窗，中国经济思想史简编，中国社会科学出版社，1981年，第63～65页。

⑤ 马克思，剩余价值理论，第一册，人民出版社，1975年，第28页。

⑥ 巫宝三，中国古代经济思想对法国重农学派经济学说的影响问题的考释，（五）影响问题，中国经济史研究，1989，（1）。

第三节 明清时期实验农学之引进与推广

在18世纪后半叶至19世纪初期中国与西方世界相对互隔绝近百年的时间里，中国虽曾有过被称为盛世的乾嘉时期，以法国为主的西欧也曾一度兴起“中国热”，甚至把专制的中华帝国誉为楷模。而实际上闭关自守傲然自大的中国，不仅对外了然无知，内部也因阶级矛盾和民族矛盾日益尖锐，农民起义不断爆发，清王朝后期积弱的局面由此形成。而西方列强却在这一时期里取得了飞跃的进步，学术上也日新月异、人才辈出，中国同西方在许多方面差距，随同中国的落后而被拉大了。这时的中国在西方人眼目中虽已不再是神秘而受仰慕的文明古国。在鸦片战争之前，当西方的军舰大炮还未把中国的大门轰开时，英、美等国基督教传教士就已多方设法踏上中国的领土，在以文教为辅助手段从事传播宗教的活动中，来配合并帮助西方殖民主义者扩充在华的势力。在晚清的中西文化接触中，已不同于明清之际的主要是异邦不同文化间交流，而这时传教士再度来华所带来的也已是具有较新内容相当发展了的科学文化。在晚清的西学引进与输入过程中，1840年以前中国一些较明达的知识分子虽已开始留心海外事物，却远不及西方传教士的活跃与积极，但在当时两者的影响均较为微弱。1862年清政府在北京设立同文馆，这是第一个关于西方语言学术的教育和翻译机构①，在洋务派主持下从此形成了较有计划且具规模的引进西方学术活动过程。而传教士的文教活动在列强的庇护下也有较大开展，这一趋势大体上保持了30多年的时间，内容限于实用知识及少数自然科学②。甲午战争惨败后，在中华民族危机日益加深时，出现了新的转折，它不仅推动了西学的输入跃上一个新的阶段，而且学习的对象也转而直接面向东邻日本，即输入的主渠道改而通过日本。在向西方学习时，日本已不再经由中国，而中国却是多方设法来通过日本开展多方位的引进。如仅就译书而论，则总的来说，包括农学在内所译介的书刊，数量虽急剧增多，而水平质量上却多为一般普及性读物和教科书等应急的书刊，研究性和独立表达自己学术观点的论著则为数有限。

就晚清时期农学引进的总体情况来看，1860年以前引进的没有农学而基本上限于宗教，至于自然科学也是为数不多有限的几种，但如马礼逊编的《华英字典》(1822)及麦都思编的《中英词典》等工具书的出版，确为中西文化的交流与沟通提供了必要的基础条件。1860年以后的洋务运动兴起过程中，在北京设立的京师同文馆虽然译书不多，但从中央开设译馆翻译书籍以后，沿海各地相继效行，其中以1867年上海创立的江南制造局附设翻译馆成绩最为突出。在70～90年代先后译出约160种书籍中，属于农学的共9种，依次列在兵、工、医、矿等学科之后，处于第六位。采用的方法是富有时代特点的“西译中述”，即因西人多不精通中文，而华士又不熟悉外文，只能以两相结合的办法，即“将所欲译者，西人先熟览胸中而书理已明，则与华士同译，乃以西书之义，逐句读成华语，华士以笔述之，若有难言处，则与华士斟酌何法可明；若华士有不明处，则讲明之。

① 王大明，京师同文馆及其历史地位，中国科技史料，1987，(4)。

② 鲁军，外来文化输入史研究三“晚清的西学输入”，论中国传统文化，三联书店，1988年，第430～432页。

译后，华士将稿改正润色，令合于中国文法。”① 翻译馆克服了不少翻译中所碰到的由于文化差异及语言隔阂所产生的困难，探索出一套翻译原则和命名方法，有的至今仍在沿用。之后中国虽已造就出一批自己的翻译人才，但在甲午战争后，中国急欲向西方多方位学习时，已痛感此类人才远不敷所需，于是匆忙地改从日本转口输入，从此日译人才曾一度独领译界市场。在农书翻译上成绩最为突出的是，从1897至1905年先后共出版七集的《农学丛书》，所载文章235篇，其中直接译自日本农书的是134篇，占总数的57%，而译自西洋农书的为18篇，仅占总数的7.6%，其中大部分则是从欧美著作日译本又重新转译过来的，余下所收的83篇是我国古农书及调查报告。译自日本的农书虽多受西方近代农学的影响，但也不乏日本人独创的内容，由于中国同日本土宜风俗相近，可仿行者最多，倘仅就从日本转引近代农学与技术便于效行与应用而论，则确有其方便可行的一面，但如从近代农业科学的发展来着眼，其局限也显而易见，这不仅由于翻译过来的书刊多为知识性的普及读物，进一步如从日本当时农学的实际水平来看，则处于近代农业技术黎明期的日本如与欧美西方国家相比的确存在相当差距。但在当时，重要的不是它在学术上的地位水平，而是通过这些译著向中国人所传递的信息有无现实意义。就它在中国引进吸收西方近代农学过程中确曾起过的桥梁作用而论，其历史意义与作用确是不容抹杀而否认的，但其实际影响与现实意义似也仍有可深入探讨之处，因为这时从东方涌来的日本农学毕竟和地道的西方近代实验农学之间存在着一定的差别②。

一　晚清洋务运动中之初步引进西方近代实验农学

（一）与农学相关之基础学科之引进于译介

鸦片战争之后，广州于1843年7月开埠成为通商口岸，传教士从而加速了在广州的活动。自1843年至1860年，传教士在广州先后出版的书刊共42种，其中属于宗教类的是29种，余下的13种是科学读物，和农学关系较多的仅有合信所编写的《博物新编》(1855）一种，全书共分三集，其内容分别侧重于物理、天文及动物等学科，第三集题为《鸟兽论略》，介绍了当时西方动物学界研究情况，如举凡世上动物包括兽鸟虫鱼等约有30万种之多，又介绍了动物分类方法等有关基础知识。所述内容虽较浅近，但很多事物都属首闻初见，因而受到许多有志于探索西方学术者的关注，徐寿等科学家都曾认真读过此书，并从中受到启示③。

---

① 傅兰雅，江南制造局翻译西书事略，转引自熊月之，西学东渐与晚清社会，上海人民出版社，1994年，第496页。

② 力主到日本学习胜于去西方的张之洞，在其撰著的《劝学篇、游学第二》中，虽曾就西学的引进加以比较说“东文近于中文易通晓；西书甚繁，凡西学不切要者，东人已删节而酌改之”。之后却有一句常被人忽略的“若自欲求精求备，再赴西洋有何不可”。可见经日人删节酌改过的西学，在张看来也难以求精求备，如进而从农业及农学着眼，则不难发现当时在日本虽已有人意识到这一差异，但其根源也是经多年探索总结而后方始明确的，就此可参看日本饭沼二郎在作为“农学原论丛书”之一的《日本农业技术论》，特别是该书的《第五章结论—近代“农业革命”两类型》部分，未来社，1971年。

③ 熊月之，西学东渐与晚清社会，上海人民出版社，1995年，第152～158页。

上海在开埠以后，1860 年以前在传播西学出版书刊上成就最为突出的是 1843 年由麦都思创建的墨海书馆。从 1844 至 1860 年，它先后出版书刊 171 种，其中与宗教有关的共 138 种，约占八成，余下属于科学知识的是 33 种。由于这为数不多的非宗教类书刊涉及数、理、史、地及生物等多种学科，而选译的原本较为精当，应聘译者得人，加以采用中西合作的方式，所译著作使用中文活字并以机械印刷，是以在当时影响较大，其中不少是属于各该学科第一次译介到中国的专著。其中与农学关系最为密切的是由英国传教士韦廉臣（Alexander Williamson 1829～1890）与我国学者李善兰合译的《植物学》（1858）一书[①]。

这部《植物学》是我国首次介绍西方近代植物学知识的译著，是英国植物学家林德利（John Lindley，1799～1865）所著《植物学基础》一书的节译本，但书的初刊本署称"韦廉臣辑译"，从而可推知，译时间或参考他书，并非仅据一书而成。书凡 8 卷，101 页，约 3.5 万字，并配插图 88 幅。书中所介绍的是植物学基础知识，而有别于我国传统的侧重于实用的有关植物知识著作。它克服了只是辨认植物种类，而缺少对植物各器官的形态解剖和生理机能描述记叙等缺陷，该书的出版面世对中国植物学的发展起了巨大的推动作用。卷一为"总论"，讲述植物研究的意义、植物与动物的异同、植物的地理分布等；卷二"论内体"叙说植物体的结构；卷三至卷六"论外体"是全书的主要部分，分别叙述植物体根、茎、叶、花、果实等器官构造及其生理功能；卷七卷八讲述植物分类方法，叙说了植物共分 303 科，并介绍了较常见的 36 个科的特征。书中所讲述的内容同中国传统有关植物学著作迥然有别的至少有以下三项，即只有借助于显微镜才能看到的植物体的组织结构；在近代实验和观察方法的基础上所获得的有关植物体各器官生理功能理论；依据植物体形态构造特点的近代植物分类方法等。近代欧洲植物学的发展成就书中都有所反映，而译述过程中对植物学名称和名词术语的选择确定极为审慎精当，有许多至今仍在沿袭使用[②]。而该书的出版对于农学发展所应起到的作用，译者在为这部译著所写的按语中也已明确指出："草木之性各不同，能详知之，则各知其所宜用，亦各知植物之宜何地及培壅粪溉之法。故知草木之性，为植物第一要事。"从而可见，译者当时也已注意植物学对发展近代农业的作用。

继李善兰等译出《植物学》一书之后，19 世纪后半叶由傅兰雅又编译出《论植物》（1876）、《植物须知》（1894）及《植物图说》（1895）等三部有关植物学的中文译著。其中《植物图说》一书共分 4 卷，有 154 个插图，约 2.6 万字，其内容的深度与广度虽不及李善兰等译出的《植物学》，但它用图解植物各部分形态与构造，是以能较为简洁而又直观的方式表述出各种植物学的概念，从而便于初学者领会，它是在前者开拓性工作基础上，对近代有关植物学概念则又进而加以普及[③]。梁启超在谈到有关西学书籍时，对《植物学》及《植物图说》两书联系到其在农学上的作用时，曾不无原因的评说谓："动、植物书，推其本原，可以考种类蕃变之迹，究其致用，可以为农学畜牧之资，乃格致中

---

① 熊月之，西学东渐与晚清社会，上海人民出版社，1995 年，第 181～188 页。

② 汪子春，我国传播近代植物学知识的第一部译著《植物学》，自然科学史研究，1984，(1)。

③ 罗桂环，我国早期的两本植物学译著—《植物学》和《植物图说》及其术语，自然科学史研究，1987，(4)。

最切近有用者也。《植物学》、《植物图说》皆其精。”①

（二）近代西方实验农学译介之开端

江南制造局翻译馆先后译出有关农学的书籍共有九种，现将其书名列举于下：

《农学初阶》一卷，英国旦尔恒理撰，秀耀春译，范庸熙述。

《农学津梁》一卷，英国恒里·汤纳尔撰，卫理译，汪振声述。

《农务全书》二编三十二卷，美国施妥缕撰，舒高第译，赵诒琛述。

《农学理说》二卷，美国以德怀特福利斯撰，王汝骈译，赵诒琛述。

《农务化学问答》二卷，英国仲斯顿撰，秀耀春译，范庸熙述。

《农务化学简法》三卷，美国固来纳撰，傅兰雅译，王树善述。

《农务土质论》三卷，美国金福兰格令希兰撰，卫理译，范庸熙述。

《意大利蚕书》一卷，意大利丹吐鲁撰，傅兰雅、傅绍兰同译，汪振声述。

《种葡萄法》十二卷，美国赫斯满著，舒高第译，陈洙述。

书名与作者及译者外文译名均依原书所署，其英文原名大多待考。这些农学书籍连同其他译著，是在被动开放的中国急需引进西学，而译述者中能如舒高第（浙江、慈溪人）精通中外两种语言文字者极少，加以工具书与其他译本大多不具备的条件下译就的，是以译文处理上虽有些可议之处，但开创之功仍不可没②。其中如旦尔恒理撰《农学初阶》及《农务化学问答》两书，曾由上海务农会所编的《农学报》及《农学丛书》先后再次收录刊印。

《农务化学问答》一书经人考定，现得知此书所用原文底本是《农业化学及地质学问答》(Catechisin of Agricultural Chemistry and Geology，1842)，作者今应译为约翰斯顿(James Finlay Weir Johnston，1798～1855)，译者为詹姆斯（F. Huberty James，1856～1900）是1883年来华取名秀耀春的传教士，校者王汝骈时任江南制造局翻译，是在当时少数既懂化学又通英文的学者。1899年初刊本分上下两卷，总共23章439问，另有插图31幅，它以问答的形式深入浅出的讲述了农业化学的基本原理及其实际应用，书中既有科学理论知识，又有丰富的实际资料，是用通俗形式写成的一本较有水平的学术著作，译文也相当流畅可读。书的主要内容，有如第一至五问“纲领”部分所述，农事即耕地之艺，而耕地的目的则“欲收获丰而费小，而又不伤地力”，为此就应了解“植物、泥土和肥料之性质，各植物所宜之肥料，各肥料应如何制造而使植物易得其益”。农夫于树艺外，更应“牧畜使之肥腯，及制造乳油、乳饼等”。而欲各事完美，又须知“畜类之性质及其所需之料，牛乳之性质，制乳油、乳饼之法，及其法所本之理”。以下各章大体依上述次序逐章以问答形式加以阐释，对所要阐明的问题能联系成一体系，在回答每题之后又常辅以化学实验演示，以便验证其所述观点。是以《农务化学问答》的出版，首次将西方农业化学新成果及理论原理传入中国，有助于自觉的以化学方法来实行科学耕种及

① 梁启超，中西学门径书、读西书法，第4页。

② 上引书目据熊月之，西学东渐与晚清社会，上海人民出版社，1994年，第544页，表32，有关部分，这一译书目录编制的资料来源见该书，第538页脚注。

饲养，因而确有其积极作用与深远意义①。

1872年在上海成立的格致书院，其实际主持人傅兰雅，于1876年创办《格致汇编》这一中国最早的科技期刊上，也曾刊登与农学有关的如《农事略论》、《虫学略论》等文。发表在《格致汇编》上的文章，大部分没有署名，这些一般都是由傅兰雅编译或撰写的文稿②，上述两文未标著者可能即出自傅兰雅的手笔。《农事略论》发表于1877年，文中简要的介绍了英国农业情况与有关的农业知识。除对"农政公会"（Board of Agriculture）的十项职能详加介绍，说明这一致力于推广农业技术，以促进农业发展的民间组织，在英国农业改进发展中的积极作用③。并对与土壤肥料有关的农业化学动态加以评介，文中说：

> 论农事之化学新得有益之法，大半靠化学家里比格所考出者，其理之大略，在乎查所种地之原则并所配粪等壅培之质。
>
> 凡泥土之原质，各不相同，而农家须知何种土质能生何种植物，如其泥土之质与欲种之物不合，或缺所需之料，则必添补或加砂灰粉炭等质，使所种之物茂盛，或壅粪等料使所种之土肥沃，故农家能将泥土划分以知其可种何物，则不致有误。

文中提到的里比格今通译为李比希（Justus von Liebig，1863～1873）曾于1840年发表奠定近代农业化学理论基础的《化学在农业和生理学上的应用》一书，这是在中国第一次有关的简要评介④，《农事略论》中对土壤、肥料与作物生长关系的说明，也是属于较早传进的近代农业化学知识，但其叙说似嫌简略，难以从中窥察西方在这一研究领域的具体进展与成就。书中有关新式农具的介绍，除马拉的畜力农具，还有"汽机运动之机具"，即记述了已在英国应用推广的以蒸汽为动力的农机具，这是有关西方新式农具，特别是蒸汽农具情况首次介绍到中国，但基于中国国情对其普及推广前景却有所保留的说："中国人数多，工价廉，养牛马之费亦省，用此法（指用新式农机具）难与现所用之旧法相争其利。又非悉汽机与修理汽机之家，则易误事，不但不得利，反必有亏损之处。"

总上可见，为发展近代农业科学研究所必须掌握的，有关植物学及化学等自然科学知识这一时期里已陆续引进，从而为稍后近代农学的全面输入打下了初步基础，同时也已意识到有关农机具的引进应审慎行事。

---

① 有关《农务化学问答》的考定主要参据：潘吉星，清代出版的农业化学专著《农务化学问答》，中国农史，1984，(2)；而《农务化学问答》各章较为详尽内容可参看潘著上文第二部分。

② 此据王扬宗，《格致汇编》与西方近代科技知识在清末的传播，中国科技史料，1996，(1)。

③ "农政公会"是由辛克莱（John Sinclair）发起创立，由英国政府资助的民间组织（1793～1822）。阿瑟，扬(Arthur Young，1741～1820)曾任该会书记，主持实际工作，对英国农业革命曾起过积极的推动促进作用。详见Orwin C. R："A. History of English Farming" Edinburgh，1949年。

④ 李比希的《化学在农业和生理学上的应用》在1840年问世后，经过多次的修改1862年发行到第七版，但它的中文译本却迟至1983年才由刘更另从俄文译本转译过来由农业出版社印行，时间相差近一个半世纪之久。而在这期间它已被译成十几种文字在世界上广为流传，1940年美国科学促进协会为纪念其出版一百周年出版了文集，其中说"从来没有任何一本化学文献，在农业科学的革命方面，比这本划时代的著作起更大的作用"。参见金善宝为本书中译本所写的序言。

二 清末务农会等之通过日本全面译介近代农书

（一）务农会之筹建与《农学报》之发刊

自戊戌变法（1898）至辛亥革命（1911）这段时间里，虽经历了百日维新（1898年6至11月）的失败，但必须进行全面革新才有希望，却被朝野上下更多的人士所明确意识到，包括农业在内的全面改革已势不可遏。为学习外国近代科学技术来改进中国农业，除在各地兴办各级农业学校；选派学农留学生出国；延聘外国农业教员；并继续引进新式农机具和优良农作物及畜禽优良品种；而影响较大的则是大批翻译出版外国农业论著①。在这一引进与输入近代西方农业科技过程中，由于未能完全摆脱照搬外国而转向结合中国实际，仍处于中国近代农业科学技术发展的萌芽阶段②。

为引进西方先进学术而翻译外国书刊，至此虽已经历了一段时间，并取得了一定成就，但所译书籍中却很少是农学类的。随同洋务运动的破产，革命与维新两派中的有识者，都已意识到农业是发展工商业的基础，是使中国实现富强的前提。经过一段酝酿与准备，1896年在上海成立了“务农会”，在务农会的《试办章程》里，说明了它创办的宗旨：“本会应办之事：曰立农报，译农书，曰延农师开学堂，曰储售嘉种，曰试种，曰制肥料及防虫药，制农具，曰赛会，曰垦荒。”③

务农会成立之初所拟办的事很多，而实际上做出成绩的就是译书出报这件事，其余大多是设想而未能见诸实践。从1900年起，务农会更是以译书印报为唯一业务，务农会的会务由蒋伯斧负责，而译书印报事则由罗振玉（1866～1940）主持，《农学报》创办于1897年5月至1907年1月停刊，前后出报315期。它虽称报，实为期刊，初为半月刊，1898年起改为旬刊，半月刊时，每期8000字左右，改成旬刊后则减至四五千字。《农学报》的内容可分为四大栏：一是各省农政，即各级地方官员有关农业的奏折、公牍及各级官署拟订的章程等官方文件；二是各地农事动态及务农会经办事项；三是从国外农业报刊书籍上翻译过来的文章；四为辑佚的古农书和由当时人依据农事实践所总结撰著的部分传统农书。从1900年内容改为“文篇”与“译篇”，即保留了官方文件与国人论著和翻译文章，而取消了各地农事及务农会消息的报道。每期稿件的重点是占其篇幅80%左右的译文，其内容大体包括以下六项：

（1）专著：主要是教科书一类的教材，通常是全文翻译，分期连载，凡连载的书稿，各篇页码自成系统，连载完毕，即可抽出再合订成单行本。内容包括农学的各个分支学科，从泛论到各论，从初级到高级，大都具备，后来辑编的《农学丛书》部分即源出于此。

---

① 曹幸穗，我国近代农业科技的引进，中国科技史料，1987，(3)。

② 中国农业博物馆编，《中国近代农业科技史稿》结束语，中国农业科技出版社，1996年，第433页。

③ 见《务农会试办章程拟稿》第六条，载《农学报》第十五期。

又，“务农会”这一名称是依据该会最早拟定的章程，1898年以后正式定名为“江南农学总农会”，后来又简称“江南总农会”，现在则通称之农学会，或上海农学会，详见章楷：《务农会、〈农学报〉、〈农学丛书〉及罗振玉其人》《中国农史》1985年，(1)。

（2）先进经验和新技术：大都选自国外专业性科技杂志，而尤以日本为多，如《日本农学会报》、《日本水产会报》、《农事新报》、《蚕业新报》、《农业杂志》、《畜牧杂志》以及《英国博学报》、《美国农务报》、《纽约农学报》、《美国益智报》等。由于实用性强，其中如诱蛾灯治螟法等，有少数在当时就已得到了应用推广。

（3）信息情报：介绍世界各国生产农业生产概况及贸易动态，以及国外农业机构团体组织的活动情况，信息来源基本同上项。

（4）试验研究报告和调查研究报告：试验研究报告由于适宜稿源较缺，是以这类稿件刊登的为数不多。调查报告除少数是由来华传教士所撰写，余下多数也译自国外报刊，其内容则多与我国特产的蚕、桑、茶、麻以及樟脑、柑桔等有关。

（5）人物传记：以《穡者传》为专栏标题，先后发表10余篇。

（6）科学小品：以趣味性为主，多属珍闻猎奇性质。

至于《农学报》编选刊载的由中国人撰著的农学文献，大体可分两类：

（1）辑佚与前此已刊的古农书：先后选载的有10多种，除著名的《尹都尉书》、《氾胜之书》等外，还有宋代韩彦直的《桔录》、元代李衎的《竹谱节要》以及明朝薛凤翔的《牡丹八书》等。

（2）清朝嘉庆以后，特别是在晚清时期撰刊的属于传统农学范畴的部分农书，如见于王毓瑚编著《中国农学书录》的《瓯荷谱》、《木棉谱》、《水蜜桃谱》、《樗茧谱》、《携李谱》、《艺菊法》以及《月季花谱》等；也有《中国农学书录》未收的侧重记叙总结当时生产实际经验，体例已不尽同于传统农书的，如《种烟叶法》、《蒲葵栽培法》以及《养蚕成法》、《新编集成牛医方》等。

罗振玉本人在《农学报》也曾发表不少有关农事的文章，如《垦荒私议》、《论农业移殖及改良》、《日本农政维新记》、《僻地肥田说》、《振兴林业策》等①，之后大多辑录收于《农事私议》一书。对刊登的文章，有时酌加编者按语，予以说明，这些也大多出自罗的笔下。以译文为主的《农学报》，最初章程上原定聘日文及英文翻译各一人。而后来实际上从事日文翻译者以藤田丰八（1869～1929）为主并有古城贞吉等参加，英文翻译似未聘得专人。为培养日文翻译人才，1898年夏曾于上海创办东文学社，经费由农学会负担，请藤田丰八为兼职教员讲授日文，学生学习历时一年即从事笔译。《农学报》上文章多数原为日本书报上的底稿，即经由受业于东文学社的沈纮、王国维、樊炳清及萨端等人先后译出。《农学报》最初的销数不多，后来得到张之洞、刘坤一等清廷督抚大员的支持，向下属官员推荐派销，命令订阅，由此增加了《农学报》的发行量。《农学报》所刊的文章都是文言文，除连载的较长书稿，一般技术性稿件多为摘要选译，短小精悍，言之有物，是以适于关心农事的地方官员与知识分子阅读，因可从中获得一定新的农学知识和有关信息。

（二）《农学丛书》之汇编及影响

《农学丛书》主要是从《农学报》所刊登的文章中，经过选择重又编就的丛书。但在

① 朱先立，我国第一种专业性科技期刊—《农学报》，《农学报》主要篇目索引，两文并载，中国科技史料，1986，(2)。

汇编成集时亦间收新的译作与专著。从1899年至1906年共出7集，累计82册（第一集20册，第四集12册，其余各集均为10册），共收入译著、传统农书和部分时人论著，以及与农事有关的文牍章程等累计235种。其内容如按《农学丛书》每集书前目录分类体系，大致是种植类72种、农理35种、畜牧水产21种、蚕桑18种、农具12种、昆虫9种、肥料7种、农产品制造6种、山林5种，此外还收有文牍章程条陈等24种、物产16种、教材7种、小品等7种。种植类包括以作物类、园艺类等为主的农作物以及经济林木等的栽培种植方法、农理是指讲述农学、耕作、气象等基础知识的①。倘如依据文献来源及性质区分，见下表。

《农学丛书》各集内容分析统计

集　　别	一	二	三	四	五	六	七	合计	%
字数（约计、万字）	150	100	75	84	73	85	78	645	
所载文章篇数	92	48	10	25	12	25	33	235	
译自日本农书的篇数	45	32	8	22	7	10	10	134	57
译自西方农书的篇数	10	4	0	2	1	0	1	18	7.5
中国传统农书及调查报告	34	12	2	1	2	15	11	77	12.7
来源不明	3	0	0	0	2	0	1	6	2.5

注：据章楷：《务农会、〈农学报〉、〈农学丛书〉及罗振玉其人》，《中国农史》，1985，(1)。

由于《农学丛书》的主要内容来自《农学报》，而《农学报》在国内收藏的完整者无几②，现依据《农学丛书》略加分析，期能有助于进一步察知近代实验农学引进的过程与影响，限于篇幅，仅列其具代表性的第一集20册篇目于下：

（书名前阿拉伯数字为本集内册次；书后括弧内数字是《农学报》首次登载时的刊期）

1. 农书，二卷（宋）陈旉撰。
   农学初阶，（英）华来思著，吴治俭译，(3)。
2. 农学初级，（英）旦尔恒理著，（英）秀耀春译，范熙庸述，(73)。
   农学入门，三卷（日）稻垣乙丙著，（日）古城贞吉译，(1)。
3. 土壤学，（日）池田政吉著，（日）山本宪译，(82)。
   耕作篇，（日）中村鼎著，（日）川濑仪太郎译，(62)。
   气候论，（日）井上甚太郎著，罗振玉译，(61)。
   农业保险论，（日）吉田东一著，（日）山本宪译。
4. 植物起源，三卷（日）宇田川榕庵著，(63)。
   植稻改良法（日），峰几太郎撰，（日）川濑仪太郎译，(65)。
   陆稻栽培法，（日）高桥久四郎述，沈纮译，(64)。

① 此据吕顺长，上海农学会对日本近代农业科技的摄取，一文略加修正，此文收载《中日文化交流史大系8、科技卷》第十三章，浙江人民出版社，1996年，第339～340页。

② 据朱先立、吕顺长的调查，国内完整的藏存仅有上海及浙江图书馆，南京农业遗产研究室三处，北京、南京及北京大学图书馆等各有零存散书。

种印度粟法，（撰者不详），周玉山译，罗振玉润色，（25）。
甜菜栽培法，（日本译本），朱纬军重译。
甘薯试验成绩，日本农事试验场编，沈纮译，（84）。
5. 茶事试验成绩，日本农商务省农务局著，樊炳清译。
日本制茶书，（撰译者未署名），（66）。
6. 家菌长养法，（美）威廉姆和尔康尼著，陈寿彭译。
农产物分析表，（日）恒藤规隆撰，（日）藤田丰八译。
葡萄酒谱，三卷，曾仰东译辑。
制芦粟糖法，（日）稻垣重为撰，（日）藤田丰八译。
验糖简易方，（日）农务局著，（日）藤田丰八译。
美国种芦粟栽制试验表，（日）驹场农学校编，（日）藤田丰八译。
7. 美国制棉书，（美）徐瑟甫来漫著，（日）藁品枪太郎译，（日）川濑仪太郎重译，（81）。
植美棉简法，（撰者不详），周玉山译，罗振玉润色。
种棉实验说，黄宗坚撰。
麻栽制法，（日）高桥重郎著，（日）藤田丰八译，（41）。
蒲葵栽制法，刘敦焕述，（44）。
种蓝略法，（清）工商杂志，（89）。
吴苑栽桑记，孙福保撰。
薄荷栽制法，（日）山本钧吉著，沈纮译，（50）。
人参考，唐秉钧纂，（71）。
樟树论，（日）白河太郎著，（日）藤田丰八译。
炼樟图说，陈骧述。
植漆法，（日）初濑川健增撰，（日）朝日新闻社记者译，（23）。
植三桠树法，（日）梅原宽重撰，（日）朝日新闻社记者译，（24）。
植雁皮法，（日）初濑川健增撰，（25）。
植楮法，（日）初濑川健增撰，（25）。
8. 果树栽培总论，（日）福羽逸人著，沈纮译。
林业篇，（日）铃木审三著，沈纮译。
森林保护学，（日）铃木审三著，沈纮译，（79）。
种树书，（元），俞宗本撰。
9. 种植学，二卷（英）傅兰雅口译，徐华封笔述，（46）。
草木移植心得，（日）吉田健作撰，萨端译。
植物近利志，孙福保撰。
屠民艺菊法，屠本畯撰，（27）。
月季花谱，评花馆主撰，郁莲卿删订，（78）。
10. 肥料篇，（日）原熙著。
11. 厩肥篇，（美）啤耳撰，胡浚康译，（19）。
肥料保护篇，（美）和尔连氏原著，（日）户井重平译述，沈纮重译，（60）。

农学肥料初编·续编，四卷（法）德赫翰著，曾仰东译，(36)。

12. 农具图说，二卷（法）蓝涉尔芒著，吴尔昌译，(6)。

13. 风车图说，（美）风车公司编，胡浚康译，(19)。

泰西农具及兽医治疗器械图说，（日）驹场农学校编，（日）藤田丰八译，(36)。

代耕架图说，（明）王徵著，李树人校。

福田自动织机图说，（日）大陇制造所编，（日）川濑仪太郎译，(70)。

制纸略法，（日）今关常次郎著，（日）佐野谦之助译，(74)。

实验罐藏物制造法，（日）猎股德吉郎撰。

14. 畜疫治法，（美）夫敦氏林达配司托著，（日）宗我彦磨译，萨端重译，(55)。

山羊全书，（日）内藤菊造著，(64)。

牧羊指引，（日）后藤达三编，(56)。

人工孵卵法，杨灿撰。

15. 马粪孵卵法，（美）胡儿别土著，（日）大寄保之助译，（日）山本正义重译，(56)。

家禽饲养法，（马粪孵卵法附录），(56)。

家禽疾病篇，（美）屈克氏著，（日）赤松如一译，（日）山本正义重译，(73)。

水产学，（日）竹中邦香著，（日）山本正义译，(48)。

金鱼饲养法，姚元之撰，(77)。

16. 奥国饲蚕法，（奥）哈昂五著，（日）佐佐木忠二郎译，（日）井原鹤太郎重译。

蚕体解剖讲义，（日）佐佐木忠二郎述，（日）山本正义译，(88)。

脓蚕，（日）佐佐木忠二郎著，（日）井原鹤太郎译，(54)。

蚕桑实验说，（日）松永伍作著，（日）藤田丰八译，(35)。

17. 饲养野蚕识略，（法）魏雷著，陈贻范译，(75)。

蚕书，（宋）秦观撰。

湖蚕述，四卷，汪日桢撰，(46)。

养蚕成法，韩理堂辑。

粤东饲八蚕法，蒋斧编，(20)。

制絮说，（日）杉山源治郎著，（日）井原鹤太郎译。

18. 害虫要说，（日）小野孙三郎著，（日）鸟居赫雄译，(10)。

驱除害虫全书，（日）松木松年著，(67)。

19. 京师土产表略，寿富编，(25)。

江震物产表，陈庆林编，(36)。

南通州物产表，陈启编，(55)。

宁波物产表，陈寿彭编，(48)。

武陵物产表，李致祯编，(79)。

善化土产表，龚宗遂编，(45)。

瑞安土产表，洪炳文编，(20)。

20. 札幌农学校施设一班，（日）札幌农学校学艺会著，沈纮译。

杭州蚕学馆章程，杭州蚕学馆编。

蚕业学校案指引，（日）丸山舍编，（日）安藤虎雄译。

瑞安务农会试办章程，瑞安务农支会编。

整饬皖茶文牍，程雨亭撰。

广种柏树兴利除害条陈，徐绍基。

总上可见，《农学丛书》并非《农学报》的合订本，其稿源虽多从《农学报》选出重刊，但依据每册的重点与中心内容，亦酌情另定选题加以译出一并收入①。所收译著亦间有其他机构所译出者②。

从《农学丛书》所收书稿的内容来看，和《农学报》大体相类，也是以译著所占篇幅为最大，但译稿选自日本者远较欧美为多，即分别占总数的57%与7.5%，大体为7.6与之1之比，而所译西书又多是从日译本重译者。可见，在晚清日本不仅以自身的农业科技对中国农业产生影响，而且在中国吸收西方农业技术过程中还曾起过桥梁作用③。在近代实验农学的引进中仅从上列译著篇目略加区分也不难看出，译自国外报刊的多为与农业有关的动态信息；而所选专著底本主要是教科书一类的教材，从泛论到各论，从初级到高级，虽说无不具备，但仍以较为浅近者居多④。之后作为商务印书馆编印的《大学丛书》中收有如近藤万太郎所著《农林种子学》的中译本等巨型专著之类，已是在本世纪30年代，时间则又推迟了几十年⑤。

此外将一些中国传统农学著作也收录在《农学丛书》中，并占一定比重，这说明这套丛书的编者已意识到，如欲改进中国农业，引进外国新技术固然重要，但中国传统技艺也绝不可偏废。收录了内容翔实、急切实用、篇幅适当的一部分中国传统农书，累计达30多种，其中第七集收有由马国翰辑佚的古农书9种，即《神农书》、《野老书》、《内经》、《范子计然》、《陶朱公养鱼经》、《尹都尉书》、《氾胜之书》、《蔡癸书》、《卜式养羊法》、《家政法》等⑥ 清代以前撰著的选收有（宋）《陈旉农书》，（宋）韩彦直：《桔录》，（元）鲁明善：《农桑衣食撮要》（元）俞宗本：《种树书》，（明）陈继儒：《种菊法》，（明）薛凤翔：《牡丹八书》，（明）屠本畯：《闽中海错疏》等，清人撰著的则有陈鼎：《荔枝谱》、《竹谱》，吴林：《吴蕈谱》，褚华：《木棉谱》，计楠：《牡丹谱》，杨钟宝：《瓨荷谱》，褚华：《水蜜桃谱》，王逢辰：《携李谱》，王晋之：《山居琐言》等，以及撰著未署本名的慕陶居士：《艺菊法》，评花馆主：《月季花谱》。此外还有节录的如从元朝李衎原著《竹谱详录》经罗振玉删节而成的《竹谱节要》由杨屾的《豳风广义》中摘出有关

---

① 日本实藤惠秀在其所著《中国人留学日本史》一书中误以《农学丛书》为《农学报》的合订本，原因是无从设法获息全书内容，仅据"实藤文库"所藏《农学丛书》第一集九册所推断，是以与事实不符，又称《农学报》是期刊而《农学丛书》是其分类汇编也和实际有些出人，见：中国人留学日本史，中译本，三联书店，1983年，第213，248页。

② 如（英）但尔恒理撰，秀耀春译《农学初级》，（英）仲斯顿撰，秀耀春译，《农务化学问答》等，即是由江南制造局翻译馆先已组织人译出者。

③ 这一评语是吕顺长：《上海农学会对近代日本农业科技的摄取》一文结语中所下的论断，他提到日本以自身的农业科技对中国的农业生产产生影响；在中国吸收西方农业技术过程中起过桥梁作用，这样把农业生产，农业技术同农业科学严格加以区分是符合客观实际的。见该书第344页。

④ 朱先立，我国第一种专业性科技期刊——《农学报》有关"译文、专著"部分，中国科技史料，1986，(2)。

⑤ 实藤惠秀著，谭汝谦等译，中国人留学日本史，三联书店，1983年，第246～247页。

⑥ 《野老书》即《吕氏春秋、士容论》"上农"等四篇，《家政法》录自《齐民要术》所引书；共十一节。

孵化部分六条另题《人工孵卵法》等。《农学丛书》不仅收录了上述农书，而且编排处理上也体现其对传统农学的认识，如将宋代《陈旉农书》列于第一集的首位，当非出于偶然，又如将孙福保撰著的《吴苑栽桑记》和《植物近利志》由当时有志农事者编撰的具有一定水平的时人著作也酌加选刊，足见其对民间树艺、养殖等传统技艺也十分重视。是以“《农学丛书》尽管粗疏之处颇多，但它确实记载着实验农学在中国起步，中国传统农学在迈向新的途程”①。

清末中国出版的自然科学书籍，基本上是中译日书的天下，1903 年以后教科书的翻译风起云涌，同年成立于上海的会文学社，出版了总共为 100 册的《普通百科全书》，这是一套包罗各个学科，完全依据日本中学教科书和一般大专程度参考书为底本的译著，发行后颇受欢迎，其中有许多当即被采用为教科书，个别的甚至到民国时期也仍应用，主译人员为范迪吉等，石印旧装出版，其译文质量，工作效率都受到好评。1904 年以后同类书的翻译出版显著减少，即可从旁为证②。其中实业类属于农学的即有 10 多种，现仅列书目于下：稻垣乙丙：《植物营养论》、井上正贺：《农艺化学》、上野英三郎等：《土地改良论》、奥田贞卫：《森林学》、恩田铁弥：《农学泛论》、木下义道：《肥料学》、楠岩：《农产制造学》、佐佐木佑太郎：《气候及土壤论》、重见道之：《应用机械学》、高见长恒：《畜产泛论》、田口晋吉：《畜产各论》、田中节十郎：《栽培各论》、新岛善直：《森林保护学》、西村荣三郎：《农用器具论》、本多静六：《提要农林学》、横井时敬：《栽培汎论》，横井时敬等《农业经济学》等③。作为新式教材和传统的农书相比，确有许多差别，除学术观点也及时引进了相关的术语名词，加以各级新式农业教育的兴办，作为被选用的教科书，使新的农学知识有可能得到较快的普及。

（三）西方实验农学初始引进中的局限

晚清时期的中国在较为系统全面引进西学上，大体与日本同时起步④，而在此之前同属于东西文化圈的中日两国，长期以来日本一直是以中国为师的，甲午战争之后的中国则转而全面向日本学习，促使这一逆转的深层原因不属本书所要讨论的范围，是以从略⑤。意再说明晚清时期的中国在引进西方近代实验农学中，由于重视技术而有意无意忽略学理，从而不能像日本得以较快地实现农业近代化，使传统农学与实验农学渗透交融过程延缓，从而影响具有中国特点的农业技术体系的形成。

明清两代撰刊的农书总数，超过元以前 2000 余载的总和，而晚清以蚕桑、花卉及救荒为主的传统农书，依然沿袭过去的撰著体例，其刊刻曾一度形成高潮多达百余种，在

---

① 杨直民，中国传统农学与实验农学交汇——就清末《农学丛书》谈起，农业考古，1984，(1)。

② 熊月之，西学东渐与晚清社会，上海人民出版社，1994 年，第 646，660～662 页。

③ 实藤惠秀著，谭汝谦等译，中国人留学日本史，三联书店，1983 年，第 229 页。

又据日本全国农业学校长协会编：《日本农学发达史》36 页（注 21），这些译著大多是明治三十年（1897）前后由博文馆出版的。

④ 日本明治维新前在德川幕府后期，锁国闭关的条件下，曾通过荷兰，并以荷兰语为媒介输入以医学、兵学为主的西方近代科学，从而缩小了与西方的“科学落差”但日本的正式引进西方学术，则是在明治维新（1868）以后，是以中国鸦片战争（1840）前后所译出的西方科技书籍，有些曾被日本很快翻印或翻译，并一度广泛流传。详见《中日文化交流史大系，卷八，科技卷》（中译本）第七及第十章。

⑤ 姜振寰，韩学勤，中、日、俄技术引进的比较研究，自然科学史研究，1992，(2)。

西方近代实验科学已经引进的冲击下，受其影响虽也有少数总结实际生产经验的专业性农书，并已不再完全囿于旧的范畴作过有意的探索，但却很少有在内容体例上能够突破创新，其原因在于受农学理论的停滞和生物科学落后的影响①。并进而形成明显带有根本性差距②。就此已有专文详加论述，不再重复。而仅就作为实用性较强的技术科学之一的农学，从理论与方法，学理与操作上应有的区别着眼，联系到农学要体现农业生产所受环境（自然与社会）的影响，结合《农学丛书》所收有关农书择要加以对比分析，期望能有助于加深对这一带有根本性问理的认识与理解。

《农学丛书》第一集的第一册刊载有中国的《陈旉农书》和英国黑球华来思著《农学初阶》；第二册又载有英国旦尔恒理著《农学初级》和日本稻垣乙丙著《农学入门》，这是出自三个不同国度，除中国的一部属于传统农学，两部英国的当属实验农学，而另一部由日本人撰著的基本上可归为实验农学范围，但仍保留有一定的传统农学影响。今仅列出其篇目或提要，再据以简略比较分析：

《陈旉农书》是以叙述宋代江南水田生产为主，在现存古农书中它是最早结合生产技术较为系统的阐释其相关原理的。全书分上中下三卷，作为全书主体的上卷，其下以互有联系顺序严格的十二宜为篇名，把土地经营与栽培总论有机的加以结合。中卷的牛说，集中叙说作为役畜饲养的耕牛，在经营性质上仍从属于上卷农耕。下卷的蚕桑，在当时农业经营中虽是一个重要组成部分，但其地位却仅是农耕的重要配角，书中除了系统的总结水稻栽培经验，而尤为可贵的是在《粪田之宜篇》提出了只要施肥得当，就可使土壤经常保持新壮的基本原则，为此要根据作物而适时适量的来施用肥料，他以“用粪犹用药”来形象的说明“用粪应得理”。这一仅有12 500字的小型地方性农书，作为中国传统农学代表作之一，已为中外学者所共认。

《农学初阶》原书于1895年在英国印行，全书分70个题目，配图136幅，中译石印本共122页，北洋官报局本的书前提要本曾如是说：

> 农学初阶英国黑球华来思著，金山吴治俭译。书凡七十章，自考求植物原质，与植物生长之理，以及泥土之性情，耕耘灌溉粪壅轮作之法，莫不详哉言之，而终之以谷草之名类，欲获之机器，可谓应有尽有，为图一百三十有六，均为农家所不可不知者。黑氏以其格致阅历，又博采爱克门诸人之说，而成是书。自谓最晚出之新法，盖此书之成，时在西历一千八百九十五年也。上海农学会所译各书，以此书最为详备，有志于农学者其勿忽诸。

《农学初级》，英国旦儿恒理著原书出版时间待考，全书共10章，中文石印本34页，其目次如下：

第一章　论土
第二章　论植物内质（后附新改第二章论种子）
第三章　论土内肥料
第四章　论农夫自有肥料
第五章　论制造肥料

① 游修龄，清代农学的成就和问题，二，农业考古，1990，(1)。
② 章楷，回顾我国近代改进农业跨出的第一步，三，农史研究，第八集，农业出版社，1989年。

第六章　论自然肥料

第七章　论耕法

第八章　论轮种

第九章　论畜类

第十章　论农务樽节各法

《农学入门》作者稻垣乙丙，是日本从事研究植物营养的知名学者，本书是19世纪末博文馆所出《农学大全》丛书之一，全书共分三卷，各卷均分为33节，中文石印本共60页，全书概要如下：

卷之一，讲述农业有关基础知识，涉及农事活动各个领域，从农业、农民、农地讲起，再依次叙说有关土壤、作物、家畜、气候、灾害及播种、收获等田间操作，最后四节是收支计算、日记、薄记和年中行事。卷之二则依次讲述稻、麦、禾谷类、豆菽类、蔬菜及饲料作物、工艺作物等，最后三节是作物汎论，其中以水稻所占篇幅最多达七节(包括习性、选种、整地、播种移栽、灌溉除草、收获调制及害敌等)，其次为麦类有三节，余下的除桑、茶、棉、麻及烟草各为一节，而禾谷、豆菽等也大多各占一节，卷之三是有关果树、山林、畜产及家蚕等，果树共七节（包括习性、繁殖、移植、栽培、修剪、灾害及收藏等)。家蚕则占六节。从《农学入门》一书的结构和所叙对象的比重，可大体推知其在日本农业生产中的地位，与同类书相比，则其内容虽较为浅近，但不乏新意，体例也和传统农书相近却较为系统。

从上述四部农书稍加对比不难看出，《陈旉农书》虽为精要杰出的专著，特别是对施肥的意义讲的切要中肯，但在实践中却不易掌握，明末的《沈氏农书》中有关看苗追肥的记叙也极精采，而操作上仍极难应处。原因是未能深入了解作物生长发育的内在机理和对环境条件的具体要求，加以缺乏必要的分析手段与数据，只能估测推算，大体近而似之。用阴阳五行等抽象哲理来概括阐释虽也能在一定程度上揭示其内在关联，但却缺少严谨的确定性，所以有些问题，看来似乎也已得到解决，实际上则多出于主观臆测的直观推导，因而最终也难完全依“理”而行。《农学初阶》作为英国的近代农书，是以生物学和化学作为基础，叙述农事相关操作时则紧密依据相关的原理和规律来阐述，力求通过实验与学习可自觉地掌握与应用，而不必单纯只靠实践中的摸索与领悟，把在农业生产中单纯的技术传授提高到相应的科学水平来掌握，其效果自会相差悬殊。《农学初级》是经秀耀春口译而酌加删节，务求切合中国实用的简要读物，适应中国多肥农业的传统，全书10章中竟有4章用来集中讲述有关肥料的知识，但它却依据农业化学新的进展详加解说，意在对肥料中所含氮、磷、钾有效成分的测定分析，和各类作物生长发育中需求的差别有所了解的基础上，便于难掌握正确的施肥方法，从而使肥效得到充分的发挥利用。

《农业入门》这本较为浅近的农书，对于初学者及实地从事生产的农民，以其切近实用自当有其参考价值，在后来相继收入《农书丛书》的相类译著，如第三集的池田日升三述，王国维译的《农事会要》及森要太郎著，樊炳清译《日本农业全书》，收入第五集的佐佐木佑太郎著《小学农业教科书》等近似农学概论的综合性农书，其他也仍大体如是。而第七集所收新渡户稻造所著《农业本论》则与之有别①，它虽侧重于从农政农经的角度来探讨农业的本质，但在日本农学史上却是更进一层首次从根源上来论述农学究竟为何的专著，全书10章，目次如下：

第一章　农之定义
第二章　农学之范围
第三章　论农学应用之学理
第四章　农学之分类
第五章　论农业与国民卫生之关系
第六章　论农业与人口之关系
第七章　农业与风俗人情之关系
第八章　农民与政治思想之关系
第九章　农业与地文之关系
第十章　论农业之所以足贵

新渡户稻造在第一章“农之定义”中，论述了他自己的认识，他对“农”的界定是：“凡赖耕作以生活者为农。”

他在这一章中，还列举了英国的威尔逊、莫尔东及脑东等三人有关的论点，又提出德国戴爱尔（即泰厄）和日本佐藤信渊（1769～1850）的看法，并加以评说：“（农业）以求地中价值最高之有机物之术也，（泰厄）。就一切草木中，选其日用切要之物以植之，收采以供人生之需用，是为农业，（佐藤信渊）：《农政要法》。”

新渡户就上述两种说法表示赞同，并加以解释说：“佐藤之言，更不胲畜产意，此因日本家畜不多故也，戴爱尔氏虽亦不言动物，然既谓有机生产物，即动物亦在其中可知。”“要之，苟非以特殊之目的释农，则前举各定义中自以戴爱尔及佐藤之说为尚。”

在第二章“农学的范围”大体依据泰厄在《合理农业原理》一书所叙，论述了农学作为综合性的技术科学与相关学科的关系，并绘图以农学为中心周围辅以相关学科与之相交错的形象示意方法来表达，它虽不如当代斯佩丁（C. R. W. Spedding）根据农业系统理论② 分析所得出的结论加以绘制之精确，但对农学范围的界定基本近是，而较其对“农”的定义主要根据日本当时的国情，带有明显的局限，应说确胜一筹。

通过上述简要的对比，似可从中窥察出农业之较多依附于环境而不同于其他产业，而农学又因而自具特点，传统农学当然不同于实验农学，但为农学又自应有其本质上相近之处。清末《农书丛书》的编者，在选录这几部农书加以刊登时，能不拘一格，广为搜罗，不管其本心与用意如何，倘能细心研读一过，确可从中受益，而何为农学，在当今仍值得深思并深入研究。

① 新渡户稻造（1862～1933）日本著名农政学教育家，其生活时代跨越明治，大正、昭和时代，又曾去欧美留学进修多年是以视野广阔，毕业于札幌农学校（今北海道大学）历任京都大学等校教授，以其学术卓越成就，日本1984年发行5000元纸币的票面，便以其头像为图案。

② 斯佩丁著，吕永祯等译，农业系统导论，第一及第七章，甘肃人民出版社，1984年。

结束语：中国传统农学的若干问题

本书已经详细论述了中国传统农学在各个时代的发展状况，现在谈谈与中国传统农学的总体特点、发展规律、历史地位，以及它在现代化中的前途和命运有关的若干问题。

一 中国古代有农学

中国古代是否有农学，这似乎是不成问题的；难道研究中国农学史或中国农业科学技术史，不就是以中国自古以来就有农学存在为前提的吗？实际情况并不那么简单。因为自西方近代科学传入中国以来，中国古代是否有科学的问题已经争论了将近一个世纪；这一争论最近又在学术界重新展开①。认为中国古代没有科学的学者，当然也不会承认中国古代有农学。即使在认为中国古代有科学的学者中，中国古代的"农"是否有"学"，也是存在不同看法的。如果中国古代不存在农业科学，那么人们所习称的"中国古代农学"或"中国传统农学"，就只是农业技术的代名词而已。在当前的研究论著中，农业科学与农业技术浑然不分的情况比比皆是。

农学是中国古代自然科学中真正形成体系的少数几个学科之一。春秋战国时期即已出现总结农业生产管理和技术经验的专门著作——农书和以农业生产问题为主要研究对象的农家。农学和农家的出现，标志着在长期农业生产中所积累的农业科学技术知识已经脱离了散在的状态而系统化了。从战国到近代西方农业科学传入中国以前，中国尚存和已佚的农书估计达千种之多，内容涵盖了广义农业生产的各个方面。其卷帙之浩繁、内容之丰富、体裁之多样、流传之广远，在同时代的世界中是独一无二的。按照科学史这门学科的奠基者萨顿（G. Sarton，1884～1956）的定义，科学是"系统化了的实证知识"；中国农书所反映的中国古代关于农业生产的知识体系是如此的博大和丰富，难道还称不上科学吗？

反对者可能会说：中国农书诚然繁多，但所记载的只是实用的技术知识，因此还是不能称之为科学。中国农书的内容可以用"技术"两个字一言以蔽之吗？不能。

兹以现存最早的一组农学论文——战国时代成书的《吕氏春秋·上农》等四篇为例予以说明。这四篇中，《上农》是讲农业政策的，《任地》诸篇是讲科学技术的。《任地》以"后稷曰"开始，提出了当时农业生产中的十大问题（中心是如何把涝洼地改造为可耕良田，还有杂草防除，庄稼地通风透光，对农作物产量质量的要求等），以后各篇围绕着这些问题展开论述，其中的确广泛记述农业生产中的各项具体操作技术，如畎亩制农

---

① 改革开放以后，80年代初期，这个问题曾有过公开的争论，这次争论后来虽然没有继续下去，但分歧依然存在。1996年，台湾中央研究院前院长吴大猷撰文，再次提出中国古代只有技术没有科学的主张，给这个讨论予新的推动。最近《中华读书报》和《科技日报》都有这方面的讨论文章。

田的规格等，但也有不少论述属于统率技术的原则、原理。如《任地》记述："凡耕之大方，力者欲柔，柔者欲力；息者欲劳，劳者欲息；棘者欲肥，肥者欲棘；急者欲缓，缓者欲急；湿者欲燥，燥者欲湿。"讲的是如何正确处理土壤中五对相互矛盾的性状的原则，其中蕴涵着土壤肥力诸性状可以相互转化的理论前提，已经超越具体的操作技术的范围了。同篇还提出"地可使肥，又可使棘"，土壤肥力可变论表述得更为明确，其属于学理的范畴更加明显了。后来《氾胜之书》的"和土"理论和陈旉《农书》"地力常新壮"的命题，就是在这基础上提出来的。《审时》论述掌握农时的重要性时，对比了"得时之稼"和"失时之稼"的不同生产效果：等量的植株，产量不一样；等量的谷物，出米率不一样；等量的米粒，食用后对人体健康的作用不一样。这完全是对农业生产原理的一种论证，并不涉及具体的操作。尤其值得注意的是，《上农》等篇的这些理论、原理、原则不是散在的，而是以"天地人"的"三才"理论为核心串联起来：《上农》主要是讲如何调动、组织和管理农业劳动力，《任地》、《辩土》主要讲土地利用，《审时》则主要讲天时掌握，而在土地利用和农时掌握中也体现了人的主导作用；四篇构成一个结构严密、相当完整的知识体系。这是战国时代和战国以前农业生产经验长期积累的结晶，其理论之正确和论述之精彩，至今仍然令人赞叹。

我们赞成把科学和技术适当区分开来。传统的农业科学和农业技术是紧密相连的，但两者毕竟不能划等号。技术是具体的操作方法与技能，科学则是指导这种操作的原理和知识体系，并且是经过了总结并多见于文字记载的。有农业就有相应的农业技术，它已经有了近万年的历史，而农业科学知识体系即传统农学的形成距今还不到3000年。严复在《原富》序中说过："盖学与术异。学者，考自然之理，立必然之例。术者，据已知之理，求可成之功。学主知，术主行。"这话讲得不错。用这种标准来衡量，决不能说《吕氏春秋·上农》等篇有"术"无"学"，也决不能说中国古代农书有"术"无"学"。中国古代农书把"自在"形态的农业技术加以总结，对其机理进行了不同程度的探索，把它提高到"自为"的形态，形成相当完整，而且不断丰富的知识体系，从而成为中国古代农学的主要载体。因而，说中国古代只有农业技术而无农业科学是不正确的。我国古代虽然没有建立在科学实验基础上的近代形态的农业科学，但已经形成了独具特色、自成体系的传统农业科学①。

二　中国传统农学发生发展的阶段性与中国农学史的分编

中国传统农学的形成和发展有其自身的规律。由于内在矛盾和外部关系的制约，传

① 我们不应该以西方近代科学的特征（如形式逻辑体系、可控实验、数学表述等）作为衡量标准，来否定中国古代存在科学。因此，我们需要有一个涵盖面较宽、能比较全面反映中外历史实际及其发展趋向的关于"科学"定义，它应该包括以下要素：一是"系统性"。零散的、"自在"形态的知识不能算科学；科学必须是经过总结和整理，使之具有"自为"形态的系统知识。二是"真理性"。不是任何系统的知识都是科学，只有经过实践证明是可靠的、即具有"真理性"的系统知识才能称得上科学。这种实践包括了近代的可控性实验，但又不局限于此。这种真理性的标志之一是它的可重复性。严格说来，不论人类社会或自然界都没有完全重复的现象，但科学所讲的重复，是指在一定条件下大致相同的因会产生大致相同的果。在这个意义上，没有重复就没有规律，没有规律就没有科学。三是"学理性"。一般的技术知识，即使是正确的，也不能笼统地称之为科学；科学应该是讲原则、原理的，即应包含"学理性"的知识。

统农学在不同的时代需要解决不同的问题，它所包含的各个方面的发展或迟或速、或显或晦，从而显现出不同的面貌。我们可以根据这种情况划分农学史的不同发展阶段。农学史发展阶段的划分主要应该考虑哪些因素呢？

农学的发展不是孤立的，它受到社会生产、经济政治的制度及其发展状况、文化思想、各地区各民族经济文化交流等因素的影响和制约，这在本书的导论中已有阐述。在制约农学发展的诸因素中，农业生产的因素最为重要，是农学发展的基础。农学总是在解决农业生产新问题，总结农业生产新经验中向前发展的。各时期农业生产的基本问题和基本状况，在很大程度上决定了该时期农学的基本内容和基本面貌。因此，中国传统农学发展的阶段与中国古代农业发展的阶段有颇高的一致性。但传统农学是以农书为主要载体的，农业生产中的经验需要经过农书的总结，才能以农学的形态出现。而作为农学载体的农书的创作，又有其不同于一般生产发展的特殊规律。在古代条件下，表现为农书创作的农学总结一般是相对滞后的；也就是说，生产发展在前，农学总结在后。而且这种总结有赖于一定社会需要的催生或一定社会氛围的助产。所以农学总结，尤其是重要农书的创作与社会生产的发展往往并不同步。例如，《齐民要术》和《农桑辑要》、王桢《农书》不是出现在两汉、唐宋农业生产大发展的时代，而是出现在北朝和元初农业生产受到严重破坏而亟待恢复的时代。《吕氏春秋·上农》等四篇以沟洫农业有关的生产技术的总结为中心，但它的产生不是在沟洫农业最为盛行的西周春秋时代，而是在沟洫农业走向衰落的战国时代；因为这种总结只有在战国时代学术下移、百家争鸣的条件下才有可能问世。重要农书的产生，是一个长时期农业生产经验的总结，不但丰富了传统农学的内容，而且往往代表了农学发展的一个时代，从而成为农学发展阶段划分的重要因素和标帜。

为了凸显中国传统农学自身的发展规律及其呈现的阶段性，本书打破主要反映各种政治力量兴衰嬗代的王朝体系，按长时段把全书分为四篇；这种分篇与传统农学阶段性的划分是一致的。

第一篇是“先秦时期农学”。先秦是中国农学萌芽和形成的时期。它包括两个阶段：从农业起源到春秋以前是农业科学知识积累和传统农学的酝酿阶段；春秋战国是中国传统农学的形成阶段。中国农业起源于距今一万年前后，在黄河流域和长江流域广大地区逐渐形成以粮食种植为中心多种经营的农业生产结构，并在不同地区形成不同的农业经济文化类型，农业实践的深度和广度为世所罕见，为农学的形成和发展奠定了深厚的基础。中国农业发展到西周春秋时期，已经在沟洫农业的形态下出现了精耕细作农业技术的萌芽，但日益丰富的农业技术还没有获得全面的总结。从春秋中晚期到战国时代，以铁农具的普及和大规模农田灌溉水利工程的兴建为标志，农业生产力有了飞跃的发展，不但导致了地主制封建制度和中央集权统一帝国的建立，同时也促进了农业科学技术的发展。同时，在当时社会的激烈变动中，“学在官府”的格局被打破，思想文化领域形成百家争鸣的活跃局面，长期积累的农业生产科学技术知识遂由此获得总结，终于导致了中国传统农学的诞生。本时期传统农学形成的主要标志和特点：一是农家、农书和有关农学文献的出现。以《吕氏春秋·上农》等四篇为代表的这一时期的农学文献，数量虽然不多，但水平相当高，综合性强，理论色彩浓。二是精耕细作技术体系的雏形及其初步总结。三是作为传统农学基础的传统农时学、土壤学等的建立。在传统农学的形成发展中，对“天时”的认识和掌握是一马当先的，先秦时代，传统农学的指时手段和指时体系已基本完备，并出现了后世所无的高水平土壤学专著。四是以“三才”理论为核心的农学思想的形成。由此可见，这一时期农学的成就是辉煌的，传统农学体系的框架已经基本建立起来，为传统农学的发展奠定了坚实的基础。

第二篇是“秦汉魏晋南北朝时期农学”。秦汉魏晋南北朝是中国传统农学臻于成熟的时期。本时期农业经济的重心在黄河流域，长江流域及其南境的农业相对落后，长城以北则形成骑马民族统治的牧区。秦汉时期我国建立了统一的中央集权的封建大帝国，封建地主阶级政权重视农业的发展。牛耕耦犁在黄河流域的普及，农田水利建设高潮的形成，农业生产全方位的发展，各地区各民族农业文化的交流，给农业科学技术的发展以极大的推动，北方旱农精耕细作技术体系逐步形成。魏晋南北朝国家陷于分裂，原北方游牧族纷纷进入中原，中原人口则大量南迁，加速了不同类型农业文化的交汇与民族融合的过程，使农学发展的基础更加宽阔。黄河流域的农业生产虽一度受到严重的破坏，但农业生产力并没有倒退，黄河流域下游地区有进一步的开发，精耕细作技术体系继续完善，并成为当时克服经济困难的重要手段。这一时期的后期，已经出现恢复被长期战乱破坏的农业生产，重新实现国家的统一的社会要求，在主客观各种条件的配合下，孕育出系统总结北方旱农精耕细作经验，代表当时中国和世界农学最高水平的传统农学经典——《齐民要术》。北方旱农精耕细作技术体系的形成，以《汜胜之书》、《齐民要术》为代表的传统农学经典的出现，成为本时期传统农学臻于成熟的两大标志。本时期农学比前代有明显进步并呈现出崭新的面貌。先秦农学建立在耒耜耕作的基础上，本时期农学建立在牛耕技术的基础上；先秦农学主要解决防洪排涝的问题，本时期农学主要解决防旱保墒的问题；先秦农学只有作物栽培总论，本时期农学与农业生产全方位的发展相适应，不但有总论，而且有各种分论，传统农学的范围及其所包含的精耕细作的基本原则已扩展和贯彻到经济作物、园艺作物、林业、蚕桑、畜牧、渔业等领域中去了；先秦农学基础学科的突出成就是指时系统、土壤分类和土壤学理论，本时期农学基础学科的突出成就是土壤耕作学，同时，农业生物学知识及其运用也比前代有长足进步，提高农业生物自身的生产能力与改善农业环境条件被放在同等重要的地位；先秦农学在其发展中形成了“三才”理论，本时期农学则把这种理论具体贯彻到农业生产的所有环节中，反映了农学指导思想的深化和具体化。但本时期农学偏于实用，基础学科的发展，基础理论的探索逊于前代。又缺少对南方农业生产经验的总结，这当然是与南方农业生产的相对滞后有关。

第三篇是“隋唐宋元时期农学”。隋唐宋元是中国传统农学向广度和深度扩展的时期。这时，中国封建地主制经济的发展由前期进入后期，土地私有制进一步发展，契约租佃制逐渐普遍，商品经济重新活跃，城镇兴起，这些变化是以农业生产的发展为前提，又反过来给农业生产提出了新问题和提供了新动力。在农业生产扩展基础上全国经济重心的南移，是本时期农业史上最突出的事件。汉末以来已获长足的进步长江流域及其南境的经济，本时期又有持续的发展，而黄河流域的经济在安史之乱和女真人、蒙古人入主过程中屡遭战乱破坏，发展滞缓，终于导致了农业优势的南北易位。这种格局，形成于安史之乱后，巩固于宋元之时。与此同时，边疆地区获得进一步开发，北方牧区的农业经济因素有所增长。以南方农业发展为中心，本时期土地利用的广度深度均有很大提高，农业生产结构发生重大变化，农业生产门类显著增多。我国传统农学也由此进入一个新的阶段。南方泽农精耕细作技术体系的形成和南北农业技术的交流融汇，是这个新阶段的重要标志和特点。南方泽农精耕细作技术体系是在南北农业文化交流的基础上形成的，吸收了北方旱农精耕细作技术体系的精粹而有所发展，在提高土地利用率方面尤有特色，成就更高；不但创造了多种充分利用水土资源的形式，而且初步建立了多熟种植制度，育秧移栽、细致的整地、耘耨和排灌、重视施肥、培育良种等各项精巧的农业技术都是围绕着用地养地这个中心发展起来的。生物技术有明显进步，农学理论也有不少创新；提出了“盗天地之时利”、掌握农时要灵活处理“时”与“气”的矛盾，通过合理安排，使各种作物“相继以生成，相资以利用”、“地力常新壮”、“用粪如用药”，不唯“风土论”等重要思想。农学发展新阶段的另一标志和特点是农书创作的新格局，这一时期的重要农书有第一次总结南方精耕农业技术体系的陈旉《农书》，有反映北方旱农技术新经验和囊括南北方农业科学技术精华的《农桑辑要》、王桢《农书》等，又产生了一批反映农具、育种、经济作物、园艺作物、经济林木、花卉、蚕桑、畜牧兽医等方面农学成就的专谱、专科农书。

第四篇是“明清时期农学”。明清是中国传统农学继续发展但其局限性已经逐渐暴露的时期；也是中西农学开始了相互交汇的时期。本时期的农业既有较大的发展，又受到严重的制约。国家长期和平统一的局面，几种重要新作物的引进和推广，促进土地大量垦辟，农区不断扩大，南北差距缩小，粮食增产和在这基础上商品性农业的兴起。随着商品经济的发展，明中叶以后封建社会中已经产生了新的经济因素，但地主制经济仍然有自我调节的能力，继续容纳生产力一定程度的发展，同时又束缚着新经济因素的成长和生产力的更大发展。宋代开始的人口长期增长的趋势到清代进入一个新的阶段，人口激增导致全国性的耕地紧缺，成为本时期农业面临突出的新问题。为了解决民食问题，除千方百计开辟新耕地和引进推广高产作物以外，还努力提高复种指数。在农业生产继续发展的同时，农具没有改进，生态环境恶化，自然灾害增多，劳动生产率渐呈下降趋势。在这样的条件下，本时期农学的特点是农艺的精细化和向“多劳集约”的方向发展，“粪大力勤”成为农业生产的基本要求。本时期农学的最大成就仍然在土地利用方面，土地利用率和土地生产率都逼近传统农业的极限；意义最为深远的则是“立体农业”或“生态农业”雏形的出现。与此相联系，本时期农学思想中最有价值的，是反映农业生态系统中物质循环和能量转化关系的“余气相培”论的提出。为了在有限的土地上获取尽可能多的产品，如何在尊重客观规律的基础上发挥人的作用受到进一步的重视，“力”与“知”的关系，“时宜”、“地宜”、“物宜”的“三宜”原则，都有新的总结和阐述。由于各种条件的汇合，本时期的农书创作出现了空前的繁荣。《农政全书》系统而有鉴别地收集了前代的农学成果和当代农学的新成果，首次把屯垦、水利、荒政等内容纳入综合性农书中，首次在农学研究中应用了“象数之学”，还收录了西方近代水利著作——《泰西水法》，是传统农学中体大思精、内容宏富、继承与创新相结合的集大成的著作。地方性农书大量涌现，反映了精耕细作的农艺和农学知识向更广阔的地区推广，并在一些地方获得适应该地区不同的自然和社会条件的具体表现形式。其中有的（如《补农书》）达到了相当高的水平。专业性农书数量更多、门类更广，其中包括有关新兴作物（烟草、番薯、棉花等）种植、提倡发展双季稻、发展海洋渔业、放养柞蚕、治蝗、荒政、区田法试验等前代所无的新内容。本时期的农学在继续扩展和细化的同时，也提出了进一步予以综合的要求，并出现像《农说》、《知本提纲·农则篇》等从理论上总结传统农学的著作，从而使传统农学更加条理化和系统化；但由于当时进行这种总结所能使用的理论武器仍然是传统的笼统而模糊的阴阳五行思想，缺乏实验的科学手段和在这个基础上建立起来的精确的理论，传统农学的进一步发展受到了极大的局限，并在世界范围内逐渐相对落伍。与此同时，中西农学交汇的漫长过程也在这个时期开始了。

三　中国传统农学体系内在关系和中国农学史的结构

既然科学与技术是既有联系又有区别的，中国农学史的撰写就应该区别于农业技术史和一般的农业科技史（这种科技史的重心仍然是技术史），它虽然不应该也不可能脱离农业技术孤立地描述农业科学的发展，但必须突出“科学”的内容，形成不同于农业技术史的农学史体系与结构。

80年代梁家勉主编的《中国农业科学技术史稿》，是以农业生产的要素和部门为纲分章编写的。这种写法适合农业技术史的特点，有其合理和方便之处。但如果我们蹈袭这种编写方法，就不但不可避免与该书雷同重复，而且难以反映作为农学史区别于农业科学技术史的特点。

50年代中国农业遗产研究室编写的《中国农学史》，是以骨干农书为纲分章编写的。上面说过，农书是我国传统农学的主要载体，它不但是我们发掘和研究中国传统农学的主要依据，而且其本身的发展就是中国农学史的重要内容。按照骨干农书编写农学史有其合理和方便之处。但农书的发展只是农学发展的一个侧面，较多反映了传统农学内容逐渐丰富、规模逐渐扩大等外在的表现和特征，却难以反映中国农学史发展的全貌及其体系的内在特征。

那么，新编的《中国农学史》的体系结构究竟应该如何安排？

要想合理安排中国农学史的体系结构，首先要研究中国传统农学体系自身的特点。

从中国传统农学的内容看，它大体可以归纳为以下三个方面：(1) 精耕细作农业技术体系中的原理、原则；(2) 作为农业科学的基础学科（如土壤学、农时学、农业生物学等）的理论和知识；(3) 以“三才”理论为核心的农学思想或农学理论。这三个方面是相互联系的。精耕细作是近人对中国传统农艺精华的一种概括，它是中国古代人民充分发挥主观能动性，克服自然条件中的不利因素，发挥其有利因素而创造的一种巧妙的农艺。精耕细作首先在以粮食为中心的大田种植业中发生，并逐步推广到农业的其他领域中。它在不同的农业领域中有不同的表现形式，但基本上都包括两个方面的内容：一是适应和改善农业生物生长的环境条件，二是提高农业生物自身的生产能力；前者又包括了对“天时”的认识和掌握，对土地的利用和改造。可见，精耕细作技术体系是建立在对“天”、“地”、“稼”（或“物”）诸因素认识的基础上的；而这些认识最后归结为“三才”理论。“三才”是中国传统哲学的一种宇宙模式，它把天、地、人看成是宇宙组成的三大要素，这三大要素的功能和本质，人们习惯用天时、地利（或地宜）、人力（或人和）这种通俗的语言来表述它，并作为一种分析框架应用到各个领域。它是中国长期农业实践经验的结晶，首先是精耕细作技术体系的理论概括，又反过来成为精耕细作农业技术的指导思想。农业生产离不开“天”（气候、季节等）、“地”（土壤、地形等）、“稼”（农业生物）、“人”（从事农业生产的主体，包括人的劳动和经营等）等因素，中国传统农学正是通过长期的农业实践，在逐步加深对上述诸因素认识的过程中建立和发展起来的。对“天”的认识逐渐积累和发展了农时学和农业气象学的知识和理论，对“地”的认识逐渐积累和发展了农业土壤学的知识和理论，对“稼”的认识逐渐积累和发展了农业生物学的知识和理论。这些构成了中国传统农学的基础学科，各种农业技术的原理、原则大都可以归属到这些学科之中；而“三才”理论则是对“天”、“地”、“人”、“稼”等因素及其关系的总体认识。中国传统农学体系可以用“精耕细作、天人相参”八个字来概括，而“三才”理论是它的灵魂和总纲。抓住“三才”理论这个“纲”，中国传统农学体系的特点和内在关系就比较清楚了。

根据以上认识，这次编写的《中国科学技术史·农学卷》按长时段分篇以后，每篇基本包括三个部分，第一部分是该时期农学发展的历史背景。这是因为农学的发展离不开当时的社会经济、政治、文化等条件，对此必须有一个交代，才能正确说明当时农学发展及其特点的依据。第二部分是该时期的农书。农书是中国传统农学的主要载体，它的发展本身就是中国传统农学的重要内容，需要单独地予以介绍。说明各个时代农书的概貌，重要农书的作者、基本内容、特点、历史地位以及流传和研究情况。第三部分是该时期以基本学科为中心的农学的发展。这是全书重心所在，它以“三才”理论为纲，基本上按“天”（对农时的认识和农业气象知识等）、“地”（土壤学和土地利用等等）、“稼”（农业生物学理论知识及相关技术等）、农学思想等次序安排章节，庶几能够更好地反映中国传统农学体系自身的特点及其内在的逻辑关系。

四　中国传统农学对天、地、稼、人诸因素的认识

中国传统农学中关于“天、地、人”关系的经典性论述见之于《吕氏春秋·审时》：

夫稼，为之者人也，生之者地也，养之者天也。

在这里，“稼”是指农作物，扩大一些，也不妨理解为农业生物；“天”指气候、季节等因素，“地”指土壤、地形等因素，它们共同构成农业生产中的环境条件；而“人”则是农业生产中的主体。上述引文把农业生产中视为农作物（或农业生物）与自然环境和人类劳动等因素组成的相互联系的整体，反映了作为自然再生产和经济再生产的统一的农业生产的本质。它所包含的整体观、联系观、动态观，贯穿于我国传统农学和农艺的各个方面。

我国古代，在农业生产的“天”、“地”、“稼”诸因素中，首先受到重视的是“天时”的因素，人们对天时与农业生产的关系有深刻的论述，农时意识之强烈世所罕见；并摸索出一整套掌握农时的方法。它包括了农业气象学的内容，又不同于一般所说的农业气象学，我们称之为“农时学”。对农时的掌握，人们不是采取单一的手段，而是综合运用多种手段，形成一个指时的体系。保留了夏代历法内容的《夏小正》，已列出每月的物候、星象、气象和农事，这就把天上的日月星辰，地上的草木鸟兽和人间的生产活动，以季节变化为轴，联结起来，具备后世“三才”理论整体观的雏形。发展到战国秦汉，传统指时系统已趋完备。它以二十四节气和物候的结合和相互补充为重要特色。二十四节

气的制定以标准时体系为核心，并考虑了多方面的因素。而物候指时本身即以对天上、地下、人间万事万物相互联系的认识为前提。即王充所说的“天气变于上，人物应于下”。战国秦汉以后发展变化虽然不大，但这个指时系统一直在指导着农业生产。

对“地”的因素的认识利用也发生得很早，且贯彻始终，历久不衰。在作物生长的外界条件中，气候是人们难以控制和改变的，但土壤在很大程度上则是可以改变的，地形在一定程度上也是可以改变的。因此，我国古代人民总是把改善农业环境的努力侧重在土地上。提高土地利用率成为精耕细作技术体系的重要基础；“尽地利”或“尽地力”成为传统农学的基本要求。作为这种实践的结晶并为之提供理论根据的，正是中国传统土壤学中最有特色的“土宜论”和“土脉论”。“土宜论”有丰富的内涵，它是建立在对不同土壤、不同地类及其与动植物关系的深刻认识的基础上。中国早在春秋战国时期已对土壤作出细致的分类；这些分类并非孤立进行的，而是十分注意不同土壤、不同地类与不同的动植物的相互依存的关系。中国传统土壤学本质上是一种土壤生态学。“土脉论”把土壤看成是有气脉的活的机体。这种思想西周末年即已出现，为后世农学家所继承，并把它和“土宜论”结合起来。所谓“土脉”，实际上是中国传统农学对土壤肥力的一种表述。既然土壤有气脉，气脉有盛有衰、可益可损，那么，土壤肥力的状况就不是固定不变的，而是可以在人力的影响下发生变化的，后世“地力常新壮”的光辉理论，就是在这基础上产生的。中国古代人民不但把许多原来条件恶劣、难以利用的土地改造为良田，而且自战国以来已从休闲制过渡到连种制，并在连种制基础上创造了丰富多彩的轮作倒茬、间套复种方式，土地利用率和土地生产率都是很高的。但从总体看，土地种了几千年而地力不衰，被世人视为奇迹。这一切之所以能够实现，主要就是依靠建立在土宜论和土脉论基础上的合理的耕作、施肥、灌溉和栽培等综合措施，而不是依靠什么黄土的“自行肥效”。

中国古代农学提高农业生物自身的生产能力的途径，一是通过驯化、引进、育种相结合来取得来高产优质的作物和禽畜品种，二是根据农业生物的特性采取相应的措施。在良种选育方面，人们采取了有性繁殖和无性繁殖，种内杂交和种间杂交等多种手段，成绩斐然。其中田间穗选与单种、单收、单藏、加强田间管理等措施相配合的系统选育法，把育种、繁种、和保纯复壮结合起来，最能体现传统农学综合性与整体性的精神。注意外部形态与内部性状的相关性，畜禽繁育与外界环境的协调，是中国古代选育种技术的重要特点。如人们很早就认识到矮秆作物早熟丰产，高秆作物晚熟低产。又产生了根据家畜外形特征来鉴别其优劣的相畜学。在这过程中，人们加深了对生物遗传性和变异性的认识，如北魏的贾思勰已观察到，不但生物的“性”能遗传，在环境改变时会发生变异；而且这些变异在一定条件下能够固定化而形成新的特性。元明时代的农书对“唯风土论”进行批判，其意义就是指出了农业生物的特性、农业生物与环境的关系都是可变的。中国古代农学的重要原则之一是“因物制宜”，这是建立在对各种农业生物的形态、习性及其对外部环境的要求深入细致观察的基础上的。尤其值得提出的是，传统农学对农业生物内部（如营养生长与生殖生长、不同生长部位和生长时期）、生物群体中同一生物不同个体和不同种类生物之间的相互依存和相互制约有着深入的认识，并巧妙地加以利用，趋利避害，使之向人类所需要的方向发展。人们很注意建构合理的农业生物群体。早在先秦时代，人们就通过垄作、条播、中耕等方法，使农田作物行列整齐、通风透光，变无序为有序。以后又有轮作倒茬、间套复种、生态农业雏形等等的创造，都是对农业生物群体中互养互抑关系的认识与利用。中国古代选种和对生物特性的认识虽然发生很早，但比较系统的记载开始于秦汉魏晋南北朝时代，而且偏重于应用，始终没有形成独立的农业生物学。

在“三才”理论体系中，“人”与“天”、“地”并列，既非大自然（“天”、“地”）的奴隶，又非大自然的主宰，他是以自然过程的参与者调控者的身份出现的。这就是所谓“赞天地之化育”。因此，人和自然不是对抗的关系，而是协调的关系。从而很早就产生了充满睿智的保护和合理利用自然资源的思想。农业生物的生长离不开自然环境，更离不开作为农业生产主导者的人，但人在农业生产中作用的发挥必须建立在尊重自然界客观规律的基础上。农业生物在自然环境中生长，有其客观规律性，人类可以干预这一过程，使它符合自己的目标，但不能驾凌于自然之上，违反客观规律；人们认识了客观规律，才有主动权，不但可以趋利避害，而且可以“人定胜天”。因此，中国传统农业总是强调因时、因地、因物制宜，即所谓“三宜”，把这看作是一切农业举措必须遵守的原则。如前所述，中国传统农学认为农业的环境条件不是固定不变的，农业生物的特性及其与周围环境的关系也不是固定不变的，这就展示了人们在农业生产领域内充分发挥其主观能动性的广阔空间。土壤环境的改造，优良品种的选育，都与这种思想的指导有关。即使人们无法左右的“天时”，人们也不是完全消极被动的。在农业生产实践中，人们很早就直觉地认识到劳动力是农业生产的基本要素之一，从而有“人力”概念的出现。但农业生产不能光靠拼体力，更需要认识和掌握自然规律；于是又提出了“知”。明代马一龙论述了农业生产中“力”与“知”的关系：“故知时为上，知土次之。知其所宜，用其不可弃，知其所宜，用其不可为，力足以胜天矣。知不逾力者，劳而无功”。反映了对“人”的因素认识的深化。另一方面，农业生产不是孤立的个人行为，而是一种社会活动，因此需要群体的协调，这就是所谓“人和”。“人和”概念的形成，是传统农学整体观在人的因素中的体现。在传统农学中，“人”的因素的作用不但表现在各种技术措施的制定和实施中，而且表现在“人”对农业生产的管理上，包括国家对农业的宏观管理和地主、农民对其家庭经济的经营管理。这也是中国传统农学的一项重要内容。

从以上简要的叙述中可以看出，中国传统农学是有其鲜明特色的，是有其独特的自然哲学基础的。英国著名中国科学技术史专家李约瑟指出中国古代的科学技术观是一种有机统一的自然观。这大概没有比在中国古代农学中表现得更为典型的了。

五　“三才”与“气”论

以“三才”理论为核心的中国传统农学所讲“天”、“地”、“人”、“稼”等因素不是相互孤立的，而是统一的；其统一的基础是“气”。

“气”是中国古代哲学中一个非常重要的概念，它主要是指一种流动着的、可以有各种不同表现形态的精微物质。“三才”理论的形成本身就有赖于“气”的概念的介入。甲骨文中的“天”字是大脑袋的人形，意指人头顶上的苍天，在当时宗教神学观念的支配下，天被认为是有意志的人格神——“帝”的处所，所以“天”又成为“帝”的代称。甲骨文中的“时”，从“日”从“止”（足形之下加一横），用现在的话来说。就是太阳的运行的意思，是一种唯物的观念。但商代和西周初年，人们并没有把“天”和“时”联系起来。到了春秋时代，甚至可以追溯到西周末年，人们开始把“气”视为“天”的本质，把“时”视为“气”运行的秩序，从而逐渐形成“天时”的观念；同时，人们又提出“地气”的概念，把土地看成是有气脉的活的机体，形成了所谓“气脉论”。这样就把“天”和“地”物质化，为“三才”理论提供了重要基础；加上当时在铁农具推广以后的农业实践中，人们对自身在利用和改造自然中的地位和作用有了进一步的认识，于是形成了“人”与天地并列的“三才”理论。

古人认为天和地统一在“气”之上，地气的运动受天气的影响；大地上动植物的生长和人类的活动都要受到它们的制约，农业活动必须依循天气和地气的这种变化来行事。这种观念在《礼记·月令》和《汜胜之书》等著作中已表现得十分清楚，而且一直延续至后世。元代王桢说：“风行地上，各有方位，土性所宜，各随气化，所以远近彼此之间，风土各有别也。”就是对“天”和“地”在“气”基础上的统一的理解。万物生长也是由于禀受了天地之“气”，陈旉说：“万物因时受气，因气发生。”就是对天地和万物在“气”的基础上的统一的理解。物候之所以能够指时，就是由于天地万物在“气”的基础上存在着“动”和“应”的关系。不但如此，在古人看来，人和天地万物都是由于“气”的流动和转化所形成的不同形态。例如清人杨屾认为人和天地万物都由“五行之气”组成，人以动植物为食，就是吸收利用其中的五行之气，而人类的排泄物和废弃物仍然包含了没有利用完的五行之气，它们返回土壤，又可以供农作物生长发育之用。这种“余气相培”论，正是对人和天地万物在“气”的基础上的统一的理解。它是对农业生态系统物质循环和能量转化的一种朴素的表达方式，反映了人们对农业生物、自然环境和人类之间关系认识的深化。由此看来，在我国传统农学中，“三才”和“气”论是统一的，不可分割的；或者说，“三才”理论是建立在“气”一元论的基础之上的。

以“三才”理论为核心的中国传统农学虽然立足于“气”论，但在很长时间内并没有在这基础上进一步形成完整的理论体系。在这方面，它与我国的传统医学表现出明显的不同。我国传统医学早在战国秦汉时期已经在阴阳五行说（实际上也可以视为一种“气”论，或“气”论的一种形态）的基础上形成比较完整的理论体系。但中国传统农学在很长时期内只是停留在一般地以阴阳之气解释时令变化的范围内，没有运用“气”论对农业生产的过程作出系统的说明。直到明清时才出现就方面的尝试；而其达到的理论深度和实用效果都远逊于传统医学。

“气”，中国传统哲学思想中的一个“魔物”。它与中国传统农学的关系非常密切，而过去我们对这个问题的研究是很不够的。

六 中国传统农学的优缺点及其近代落伍的原因

如前所述，以“三才”理论为核心的中国传统农学，比较注意农业生产的总体，比较注意适应和利用农业生态系统中的农业生物、自然环境等各种因素之间的相互依存和相互制约，比较符合作为自然再生产和经济再生产统一的农业的本性。也因而能比较充分地发挥人在农业生产中的能动作用，使人和自然的关系比较协调。它的指导下，形成了精耕细作的优良传统，在农艺水平、土地利用率和土地生产率等方面长期领先于世界。

中国传统农业在其发展过程中并不是没有遇到困难和曲折，但这些困难和曲折从来不是由于技术指导的失误所引起的。相反，由于灾害、战乱等原因而造成的农业生产的巨大破坏，往往依靠坚持和发扬精耕细作的传统而得以克服。中国传统农业犹如一棵根深蒂固的大树，砍断一个大枝，很快又长出新的大枝来代替，不但依然绿荫满地，而且比以前更加繁茂了。中华古代文明的繁荣和几千年持续不断的发展，得力于发达的传统农业作为其物质基础；而传统农业之所以富于生命力，重要原因之一是有一个由先进的自然哲学指导的优秀的农业科学技术体系。这个体系，是我们的祖先留给世界文化的珍贵遗产。

但中国传统农学的不足也是明显的。

它重综合而轻分析，重定性而轻定量，重外部表现而轻内部结构，重彼此关系而轻自身要素。在农业气象学方面，虽然很早就形成了综合的指时系统，善于观察自然现象之间的相互联系，以把握气候的实际变化，但始终未能对各种气象因素及其变化作定量分析。在农业土壤学方面，虽然很早对各种土壤作出细致的分类，敏锐地揭示了不同土壤与不同植物、动物之间的依存关系，创造了改造和培肥土壤的光辉理论和有效方法，但始终没有对土壤本身的成分和结构作深入的理化分析。在农业生物学方面，虽然很早就对各种农业生物的形态、性状作出细致的观察和分类，尤善掌握农业生物与环境条件之间、各种农业生物之间、同一物种外部形态与内部性状之间的关系，并巧妙利用以提高农业生物自身生产能力，但始终未能深入农业生物内部探索其组织结构和生命过程的奥秘。

它重功能而轻机理；重实用而轻基础。早在先秦时代，中国已经有关于土壤学、地植物学等的专门著作（如《尚书·禹贡》、《管子·地员》等），但秦汉以后向实用技术发展，有关基础学科的专门著作反而没有了。像《齐民要术》这样光辉的农学著作，的确包含了丰富的农业土壤学和农业生物学知识，但都是附着在各种实用技术应用的说解中，这些知识是分散的，尚缺乏系统化，更没有在理论上加以概括、总结和提高。毋庸讳言，秦汉以后的中国传统农学，确实是过分地粘着于实用技术，独立于实用技术之外的以单纯的“求知”为目的的科学探索，是相当的缺乏。甚至那种哲理性的农学理论，在很长时期内，只是以只言片语的方式表现出来，虽然它的精神被贯彻到各方面实际技术之中，但它本身并没有经过系统化的总结。总的说来，基础学科和以求知为目的的探索落后于生产技术的发展，理论落后于实践的发展。基础学科和基础理论发展的这种滞后，后来成为我国农业科学进一步发展，尤其是传统农学的向现代农学转变的严重障碍。

中国传统农学以特有的自然哲学为其指导思想，其优点已如上述；但它没有形成自己的一套严密的精确的概念体系，只能借用哲理性的概念（如“气”、“阴阳”等）阐述农业生产过程的机理。这些概念能较好地反映世间各种事物的统一性及其相互联系和转化，但又是模糊的、多义的，可以在自然与社会、精神与物质、主体与客体之间渗透的。它可以涵容丰富的内容，对各种事物作出左右逢源的解释，这些解释所反映的主要是事物共性的一面，却难以深入反映事物的特性；而且由于给人一种无所不适的满足，也在相当程度上妨碍了进一步的深入探讨。用“气脉”表示土壤肥力性状的可变动性，在先秦时代是一种天才的发现，两千年后仍然是这种解释，就远远不够了。与此相联系，传统农学往往停止在对事物性状的一段的论述，缺乏计量分析和可以计量研究手段，因而也难以有精确的把握。中国古代人民善于观察并且积累了丰富的经验，明清时代有些农学家已经注意到农学研究中的数量关系，但始终没有提高到可控实验的水平，因而传统农学也就不可能获得精确的表现形式。

我国传统农学的发展也经历过“合—分—合”的过程。如先秦的《吕氏春秋·辩土》诸篇是综合性的作物栽培概论，秦汉以后出现了专业性农书，综合性农书也包含了作物栽培和动物饲养的分论，这也是从合到分的过程。但这种“分”，是按生产对象和生产项目的细分，而不是对各种生产因素的深入分析；这种“分”，仍然没有摆脱对实用技术的粘着，在研究手段和理论形态上并没有创新。到了明清时代，传统农学的发展要求在理论上加以总结和提高，这时出现了像明代马一龙《农说》和清代杨屾《知本提纲·农则》这样的农学理论著作。这两部著作虽然对传统的“三才”理论作了进一步的阐述，提出了一些有价值的观点，并使传统农业技术的原则原理更加条理化和系统化。但从马一龙到杨屾，他们所能运用的理论武器仍然是传统的阴阳五行说。如马一龙试图用阴阳消长解释气候季节的变化，解释农作物的生长、发育、成熟、死亡，以至解释各种农业技术。这种理论强调了农作物生长和环境条件密不可分的关系，强调了农作物生长过程中存在相互依存的矛盾的两个方面，一定程度反映作物的生长规律，但它毕竟是一种抽象、笼统的原则，完全没有深入到生物体内部，完全没有涉及农作物从开花到结实这一关键时期的细节，因而不可能对农作物的生命过程作出科学的解释。面对着复杂的农业生态系统和丰富多彩的农业技术，这种抽象的、只反映宇宙事物间某些共性的阴阳学说显得无能为力。当马一龙用它解释具体生产技术时，有时难免以偏概全，削足适履，甚至用主观臆想代替客观事实。不能说马一龙和杨屾用阴阳五行学说阐述农业生产原理取得了完全的成功。

欧洲中世纪的农业技术是远远落后于我国的；但他们有希腊、罗马时期遗留下来的为求知而独立探索的传统，有亚里士多德的形式逻辑体系，他们的思维方式虽拙于综合而长于分析。文艺复兴以来，理性精神昂扬，逐渐形成了建立在可控实验基础上的近代科学。相当于明末清初的17、18世纪的欧洲，在农业技术上虽然仍然落后于我国，但在农业实用技术之外已出现了重大的突破。当时已发明了光学显微镜，并用它发现了细胞，观察研究了植物的授精过程，揭示了生物生命过程的奥秘，从而酝酿着生物学和农学的飞跃发展。而同时期的中国农学却没有出现新的理论和研究手段。与西欧同时期相比，中国传统农学的基础学科，尤其是生物学显然是落伍了。我国传统农学落后于西方，也正是从这里开始的。

七　农业现代化与中国农学史研究

70年代末80年代初，在关于中国农业现代化道路的讨论中，如何对待中国的传统农业和传统农业科学技术，成为人们关注的一个重要问题。当时从美国引进了成套大型农业机械化设备，在东北的三江平原进行大规模的农业现代化的试验，在一些同志中产生了盲目乐观的情绪，以为中国的农业问题依靠引进西方先进的农业科学技术就可以解决，传统的精耕细作的农业科学技术已经过时了。中国农业精耕细作的优良传统在农业现代化中还有没有它的地位，一时成了问题。在这次讨论中，绝大多数农史研究者都对此作了肯定的回答。80年代中期，党中央明确指出，在农业现代化的过程中，学习和引进国外的先进农业科学技术必须与我国精耕细作的优良传统相结合。在中央这一方针制定的过程中，农史工作者的研究和论辩是起了作用的。

事情其实是很明白的。农业科学技术是不同地区、不同民族的人民根据不同的自然和社会条件在世代传承中创造出来的，包含了该民族对当地自然条件和社会条件的深刻理解，具有明显的地区性和民族性，是不可能轻易地被抛弃或割断的。我们在实现现代化的过程中，需要学习和引进外国的先进科学技术，但这种引进必须考虑本国的自然条件和社会条件，必须与民族传统相结合。我国传统农学精耕细作的传统，不但创造了历史的辉煌，而且在今天的农业生产的发展中仍然发挥着重要的积极作用。在我国人多地少、耕地后备资源严重不足的情况下，依靠精耕细作，努力提高单位面积产量仍然是发展农业生产唯一正确的选择。扩大一点说，世界人口总是不断增加，而耕地却不可能无限的开垦，所以从总体看，世界农业必然是要走集约经营、精耕细作、提高单产的道路的。上文说过，中国历史上长期农业实践中所形成的“三才”理论及其所体现的有机统一的自然观，是比较符合作为自然再生产和社会再生产统一的农业的本质的，因而也在相当程度上是符合农业发展的方向。西方现代农业虽然应用近代自然科学的成果取得重大的成就，但西方近代自然科学是把自然界分解成各个部分进行研究的结果，对事物之间的联系注意不够。因此，西方现代农业在一定程度上违背了农业的本性。20世纪后半期以来，环境污染、水土流失、病虫害抗性增加、能源过分消耗、“投入—产出比”下降等弊端已日益暴露，引起西方学者的反思，并重视从中国传统农业和传统农学获取启示，以寻找农业的可持续发展的道路。在这种情况下，中国传统农学所包含的合理因素、价值和生命力再次显露出来。在实现农业现代化的过程中，我们应该把中国传统农学中的优良传统与西方现代先进的科学技术结合起来，取长补短，建设更新、更高的现代农学。

自70年代末80年代初那次大讨论以来，形势的发展给农业工作者和农史工作者提出的问题，已经不是在农业现代化过程中要不要继承传统农业科学技术的优良传统，而是在农业现代化中如何保存传统农业科学技术中有价值的东西？现在，现代化的浪潮、全球经济一体化的浪潮汹涌澎湃，传统文化受到了严重的冲击，在这个浪潮面前，许多传统的东西，或者迅速消失，或者严重变形，达到了令人触目惊心的地步。传统农业科学技术也同样面临严峻的形势。应该指出，传统农业科学技术中有些东西在农业现代化的过程中消失或发生变化是不可避免的。例如传统农业科学技术重视中耕，讲求“锄不厌数”，为此要投入大量的劳动力；现在农民劳动的门路多了，劳动力值钱了，不少地方采用了除草剂，传统的中耕技术就不可能按老样子维持下去了。又如传统农业科学技术有一套整理秧田，培育壮秧的精细技术和理论，但现在推广抛秧技术，这一套就派不上用场了。大体说来，凡是与多劳集约相联系的技术，或迟或早要在农业现代化过程中消失或改变形态。现在的问题是要防止玉石俱焚，防止在现代化浪潮中把传统中有价值的东西毁掉，这些东西一旦毁掉，就可能造成不可挽回的损失。

在这样的大形势之下，在即将到来的新世纪中，中国农学史学科将如何发展？中国农学史研究者应该怎么办？这是值得我们思考的问题。我们认为，起码有如下三个方面的工作是我们应该努力去做的。

第一，认真开展与社会、文化、生态等领域相结合的农学史研究。当前，在现代化过程中，人类在经济取得迅猛发展，但同时也出现了一系列严重的社会问题和环境问题，对人类社会造成了现实的或潜在的威胁；因此，经济与社会文化的协调发展，人和自然的协调发展，日益为人类所关注。凡此种种，使得综合性研究成为科学发展的不可抗拒的潮流；与此相伴随的则是不同学科理论与方法交叉融合的趋向。例如，自然科学和社会科学相交叉的“科学、技术与社会”(STS)已经迅速成为一个新兴的专门研究领域。在这种情况下，农学史研究更应注意经济与社会、文化、自然诸因素的相互关系及其长期发展趋势的考察，而不能孤立进行。所谓农学史的“外史”，就是从农学与社会、自然的相互关联中去研究它的发展。“外史”的研究已经引起了研究者的注意，但如何把“外史”与“内史”有机地结合起来，仍然需要继续努力。而农学发展与社会变迁的关系，农学发展与环境变迁的关系，农学发展与文化发展的关系等，仍然有许多值得深入探索的专门领域。例如，中国传统农业和传统农学是中国传统文化的基础和根柢；过去，无论是研究文化史的学者，或是研究农学史的学者，对这个问题是注意不够的。如前所述，中国传统农学的重要特点是以富于哲理的思想为其统率，这种农学思想与中国传统文化，传统的思维方式关系非常密切；在这方面还有许多问题值得探讨。只有把传统农学的研究与社会文化的分析结合起来，才能深刻揭示农学发展和变化的规律；才能进一步弄清在现代化条件下，传统农学中哪些东西应予继承，哪些东西必需改变；而继承的依据、改变的方向又是什么。从文化学的视角研究农学史，还有一个应予重视的课题，这就是国内各民族各地区农业文化的交流、中外农业文化的交流和近现代中西农学的交汇；这些问题的研究，迄今仍然是比较初步的。

第二，认真开展传统农学与现代科学技术相结合的研究。传统农业科学技术中有许多有价值的东西，但必须用现代科学加以总结和改造，才能使它们得到继承和发扬。首先是需要现代科学去论证其科学性、合理性和存在的价值；其次是需要用现代科学去改造和提高它，使之具备现代科学所要求的精确性，适应现代社会的条件。只有这样，它才会被人们所承认，才能存在和发展。这不但是农史工作者的责任，也是现代科学工作者的责任。现在大学课堂中的农学体系，基本上是搬西方的，如何与中国传统农学相结合，建设具有中国特色的现代新农学体系，仍然是需要探索的；在这方面，农史工作者应该是有工作可做的。

第三，认真开展农业科学技术史知识的普及和宣传工作。现在的影视和文学作品中，由于缺乏农史知识而闹的笑话是屡见不鲜的。从农史工作者的角度看，是我们普及和宣传的工作做得不够。同时我们要继承和发展传统农学中有价值的东西，就不能只在学者的小圈子中进行研究，而必须把有关知识普及到广大农民和农业工作者中，否则这种研究是起不了作用的。农史知识的普及和宣传，更重要的意义应在于此。

参 考 文 献

著作

安用朴［法］著．耿昇译．1993．明清入华耶稣会士和中西文化交流．成都：巴蜀书社
安徽省农业科学院畜牧兽医研究所整理．1987．新刻注释牛马驼经大全．北京：农业出版社
白晋［法］著．马绪祥译．康熙帝传．1980．清史资料第一辑．北京：中华书局
包世臣（清）撰．李星点校．1997．包世臣全集．黄山书社
贝尔纳［英］著．伍况甫等译．1983．历史上的科学．北京：科学出版社
贝勒［俄］著．石声汉译．1957．中国植物学文献评述．北京：商务印书馆
蔡嘉德、吕维新．1984．茶经语释．北京：农业出版社
蔡襄（宋）．1935．荔枝谱．丛书集成本．北京：商务印书馆
陈恩凤．1951．中国土壤地理．北京：商务印书馆
陈旉（宋）1965．万国鼎校注．陈旉农书校注．北京：农业出版社
陈恒力．1961．补农书研究（增订本）．北京：农业出版社
陈恒力、王达校释（1983）补农书校释（增订本）．北京：农业出版社
陈景沂（宋）1982．全芳备祖．（影印版全两册）．北京：农业出版社
陈美东．1995．古历新探．沈阳：辽宁教育出版社
陈奇猷．1984．吕氏春秋校释．上海：学林出版社
陈嵘．1983．中国森林史料．北京：中国林业出版社
陈文华．1990．论农业考古．南昌：江西教育出版社
陈文华．1991．中国农业科技史图谱．北京：农业出版社
陈文华．1997．中国农业考古图集．南昌：江西科学技术出版社
陈椽．1984．茶叶通史．北京：农业出版社
达尔文［英］著．毕黎译注．1982．达尔文回忆录．北京：商务印书馆
达尔文［英］著．方宗熙等译．1973．动物和植物在家养条件下的变异．北京：科学出版社
达尔文［英］著．周建人等译．1995．物种起源（修订版）．北京：商务印书馆
大司农司（元）．缪启愉校释．1988．元刻农桑辑要校释．北京：农业出版社
大司农司（元）．石声汉校注．1982．农桑辑要校注．北京：农业出版社
戴埴（宋）．1935．鼠璞．丛书集成．北京：商务印书馆
德空多尔［法］著．俞德浚等译．1940．农艺植物考源．北京：商务印书馆
邓拓．1997．燕山夜话．北京：中国社会科学出版社
邓云特．1937．中国救荒史．北京：商务印书馆
董煟（宋）．1935．救荒活民书．丛书集成．北京：商务印书馆
董英哲．1990．中国科学思想史．西安：陕西人民出版社
杜石然等．1982．中国科学技术史稿．北京：科学出版社
杜石然主编．1992．中国古代科学家传．北京：科学出版社
段成式（唐）．方南生点校．1981．酉阳杂俎．北京：中华书局
樊绰（唐）．向达校注．1962．蛮书．北京：中华书局
范楚玉主编．1994．中国科学技术典籍通汇·农学卷（1～5册）．郑州：河南教育出版社
方豪．1987．中西交通史．长沙：岳麓书社
方勺（宋）．泊宅编．稗海丛书本

费赖之著．冯承钧译．1995．在华耶稣会士列传及书目．北京：中华书局
冯时．1996．星汉流年——中国天文考古录．成都：四川教育出版社
冯天瑜．1986．明清文化史散论．武昌：华中师范大学出版社
干铎．1964．中国林业技术史料初步研究．北京：农业出版社
高恩广等注释．1991．马首农言注释．北京：农业出版社
高斯得（宋）．耻堂存稿．文渊阁四库全书本．台湾：台湾商务印书馆
格拉斯［美］等著．万国鼎译．1925．欧美农业史．北京：商务印书馆
龚胜生．1996．清代两湖农业地理．武昌：华中师范大学出版社
苟萃华，汪子春，许维枢等．1989．中国古代生物学史．北京：科学出版社
郭郛等著．1995．中国古代动物学史．北京：科学出版社
郭沫若．1956．管子集校．北京：科学出版社
郭文韬．1982．中国古代农作制度和耕作法．北京：农业出版社
郭文韬等．1986．中国传统农业与现代农业．北京：中国科学技术出版社
郭文韬等．1982．中国农业科学技术发展史．北京：中国科学技术出版社
国学整理社辑．1954．诸子集成．北京：中华书局
韩鄂（五代）．缪启愉校释．1981．四时纂要校释．北京：农业出版社
韩国磐．1997．隋唐五代史纲（修正本）．北京：人民出版社
韩国磐．1979．隋唐五代史论集．上海：三联书店
韩彦直（宋）．1935．橘录．丛书集成．北京：商务印书馆
何炳棣．1969．黄土与中国农业的起源．香港：香港中文大学出版
河南省科学技术协会主编．1991．吴其濬研究．郑州：中州古籍出版社
洪世年．1983．中国气象史．北京：农业出版社
胡道静．1985．农书·农史论集．北京：农业出版社
胡道静等编．1989．道藏要籍选刊1—10．上海：上海古籍出版社
胡寄窗．1963．中国经济思想史．上海：上海人民出版社
胡锡文．1981．粟、黍、稷古名物的探讨．北京：农业出版社
华德公．1990．中国蚕桑书录．北京：农业出版社
华南农业大学农业历史遗产研究室编．1990．〈南方草木状〉国际学术讨论会论文集．北京：农业出版社
华同旭．1991．中国漏刻．合肥：安徽科学技术出版社
黄怀信、张懋镕、田旭东．1995．逸周书汇校集注上、下．上海：上海古籍出版社
黄时监主编．1994．中西关系史年表．杭州：浙江人民出版社
黄震（宋）．黄氏日抄．文渊阁四库全书本．台北：台湾商务印书馆
慧琳（唐）．庄炘（清）等校．1935．一切经音义．丛书集成．北京：商务印书馆
冀朝鼎．1981．中国历史上的基本经济区与水利事业的发展．北京：中国社会科学出版社
翦伯赞．1964．中国史纲要．北京：人民出版社
蒋猷龙注释．1987．湖蚕述注释．北京：农业出版社．
金景芳、吕绍纲．1996．《尚书·虞夏书》新解．沈阳：辽宁古籍出版社
魁奈［法］著．吴斐丹译．1981．魁奈经济著作选集．北京：商务印书馆
魁奈［法］等著．谈敏译．1992．中华帝国的专制制度．北京：商务印书馆
劳费尔［美］著．林筠因译．1964．中国伊朗编．北京：商务印书馆
李翱（唐）．1937．李文公集．四部丛刊初编．北京：商务印书馆
李伯重．1990．唐代江南农业的发展．北京：农业出版社
李长年．1959．齐民要术研究．北京：农业出版社
李长年编著．1991．曹幸穗参校．中国农业发展史纲要．天则出版社
李长年校注．农桑经校注．1982．北京：农业出版社
李冬生点注．1983．牡丹史．合肥：安徽人民出版社

李璠．1984．中国栽培植物发展史．北京：科学出版社
李昉（宋）等．1961．太平广记．北京：中华书局
李根蟠．1997．中国农业史．台北：文津出版社
李吉甫（唐）．（清）孙星衍校．1983．元和郡县图志．北京：中华书局
李明珠［美］著．徐秀丽译．1996．中国近代蚕丝业及外销．上海：上海社会科学院出版社
李申．1993．中国古代科学和自然科学．北京：中国社会科学出版社
李石（唐）等著．谢成侠校勘．1957．司牧安骥集．北京：中华书局
李时珍著．刘衡如校．1977．本草纲目（校点本）．北京：人民卫生出版社
李文治等．1983．明清时期资本主义萌芽问题．北京：中国社会科学出版社
李心传（宋）．建炎以来朝野杂记．适园丛书本
李心传（宋）．1956．建炎以来系年要录．北京：中华书局
李约瑟［英］著．何兆武等译．1990．中国科学技术史第二卷科学思想．北京：科学出版社 上海：上海古籍出版社
李约瑟［英］著．袁翰青等译．1990．中国科学技术史第一卷导论．北京：科学出版社 上海：上海古籍出版社
李约瑟．1986．历史与对人的估计——中国人的世界科学技术观．李约瑟文集（潘吉星主编）沈阳：辽宁科学技术出版社
利马窦［意］著．金尼阁著．何高济等译．1983．利马窦中国札记．北京：中华书局
利奇温［德］著．朱杰勤译．1991．十八世纪中国与欧洲文化的接触．北京：商务印书馆
梁方仲．1980．中国历代户口、田地、田赋统计．上海：上海人民出版社
梁家勉．1981．徐光启年谱．上海：上海古籍出版社
梁家勉主编．1989．中国农业科学技术史稿．北京：农业出版社
梁启超（1920）．朱维铮校注．1985．清代学术概论．上海：复旦大学出版社
梁启超（1929）．1985．中国近三百年学术史．朱维铮校注本．上海：复旦大学出版社
林蒲田．1996．中国古代土壤分类和土地利用．科学出版社
刘长林．1990．中国系统思维．北京：中国社会科学出版社
刘肃（唐）．1974．许德楠点校．大唐新语．北京：中华书局
刘仙洲．1963．中国古代农业机械发明史．北京：科学出版社
刘禹锡（唐）．1936．刘梦得集．四部丛刊初编．北京：商务印书馆
龙伯坚．1957．现存本草书录．北京：人民卫生出版社
楼璹（宋）．1935．耕织图诗．丛书集成．北京：商务印书馆
楼钥（宋）．1936．攻媿集．四部丛刊初编．北京：商务印书馆
鲁明善（元）．1962．王毓瑚校注．农桑衣食撮要．北京：农业出版社
陆游（宋）．1936．渭南文集．四部丛刊初编．北京：商务印书馆
陆贽（唐）．1936．陆宣公翰苑集．四部丛刊初编．北京：商务印书馆
路兆丰．1991．中国古代农书的经济思想．北京：新华出版社
罗大经（宋）．1935．鹤林玉露．丛书集成．北京：商务印书馆
马国翰（清）．玉函山房辑佚书（全四册）
马王堆汉墓帛书整理小组编．1976．经法．北京：文物出版社
马宗申校释 1984．营田辑要校释．北京：农业出版社
马宗申校注．姜义安参校．1991—1995．授时通考校注（1～4 册）．北京：农业出版社
闵宗殿．1989．中国农史系年要录．北京：农业出版社
闵宗殿．1994．自然科学史发展大事记·农学卷．沈阳：辽宁教育出版社
缪启愉．1988．齐民要术导读．成都：巴蜀书社
缪启愉．1982，1998．齐民要术校释．北京：农业出版社
缪启愉．1990．邱泽奇辑释．汉魏六朝岭南植物志录辑释．北京：农业出版社
缪启愉．1981．四民月令辑释．北京：农业出版社
缪启愉．1985．太湖塘埔圩田史研究．北京：农业出版社
倪倬（清）．1956．农雅．点校排印本．北京：中华书局

农业出版社编辑部．1982．金薯传习录、种薯谱合刊．北京：农业出版社
欧阳修（宋）．归田录．学津讨源本
欧阳修（宋）．1935．洛阳牡丹记．丛书集成本．北京：商务印书馆
潘吉星．1981．明代科学家宋应星．北京：科学出版社
潘吉星．1990．宋应星评传．南京：南京大学出版社
潘吉星．1992．天工开物译注．上海：上海古籍出版社
潘吉星主编．1986．李约瑟文集．沈阳：辽宁科学技术出版社
庞元英（宋）．1935．文昌杂录．丛书集成．北京：商务印书馆
彭邦炯．1997．甲骨文农业资料考辨与研究．长春：吉林文史出版社
彭定求（清）．1960．全唐诗．北京：中华书局
彭雨新．1990．清代土地开垦史．北京：农业出版社
彭雨新．1993．张建民．明清长江水利史研究．武汉大学出版社
珀金斯［美］著．宋文海译．1984．中国农业的发展．1368—1968．上海：上海译文出版社
齐思和．1981．中国史探研．北京：中华书局
钱穆．1997．中国近三百年学术史．北京：商务印书馆
钱穆．1994．中国文化史导论（修订本）．北京：商务印书馆
秦九韶（宋）．1992．王守义新释．数书九章．安徽科学技术出版社
清华大学图书馆科技史研究组编．1982．中国科技史资料选编——农业机械．北京：清华大学出版社
丘亮辉编．1988．天工开物研究——纪念宋应星诞辰400周年．论文集．北京：中国科学技术出版社
缺名（六朝）．张宗祥校录．1958．校正三辅黄图．上海：古典文学出版社
任达［美］著．1997．李仲贤译．新政改革与日本．南京：江苏人民出版社
荣振华［法］著．1995．耿昇译．在华耶稣会士列传及书目补编．北京：中华书局
阮元（清）校刻．1980．十三经注疏．北京：中华书局影印
山东农学院主编．1980．作物栽培学（北方本）．北京：农业出版社
山田庆儿［日］著．廖育群译．1996．古代东亚哲学与科技文化．沈阳：辽宁教育出版社
沈括（宋）．1975．元刊梦溪笔谈．北京：文物出版社
沈梦兰（清）．1963．五省沟洫图说．点校本．北京：农业出版社
沈宗翰．1979．中华农业史——论集．台北：台湾商务印书馆
石声汉．1957．从齐民要术看中国古代的农业科学知识．北京：科学出版社
石声汉．1956．氾胜之书今释．北京：科学出版社
石声汉．1957．12月～1958．8月．齐民要术今释．北京：科学出版社
石声汉．1965．四民月令校注．北京：中华书局
石声汉．1980．中国古代农书评介．北京：农业出版社
石声汉．1981．中国农业遗产要略．北京：农业出版社
石声汉校注．1962．便民图纂．北京：农业出版社
石声汉校注．1979．农政全书校注．上海：上海古籍出版社
舒迎澜．1993．中国古代花卉．北京：农业出版社
睡虎地秦墓竹简．1978．北京：文物出版社
薮内清［日］等著．1959．章熊等译．天工开物研究论文集．北京：商务印书馆
宋应星（明）撰，潘吉星译注．1992．天工开物译注．上海：上海古籍出版社
宋应星（明）．1976．野议、论气、谈天、思怜诗佚著四种．上海：上海人民出版社
宋湛庆．1990．《农说》的整理和研究．南京：东南大学出版社
苏轼（宋）．1935．东坡志林．丛书集成．北京：商务印书馆
苏天爵（元）．1993．元文类．上海：上海古籍出版社
苏洵（宋）．1936．嘉祐集．四部丛刊初编．北京：商务印书馆
孙思邈（唐）．1935．备急千金要方．丛书集成本．北京：商务印书馆

孙希旦.1989.礼记集解上、中、下.北京：中华书局
孙云蔚.1983.中国果树史与果树资源.上海：上海科学技术出版社
谈敏.1992.法国重农学派学说的中国渊源.上海：上海人民出版社
唐明邦.1992.李时珍评传.南京大学出版社
唐启宇.1985.中国农史稿.北京：农业出版社
唐启宇.1986.中国作物栽培史稿.北京：农业出版社
唐伍任.1996.中外经济思想史比较研究.西安：陕西人民出版社
唐玄宗撰.李林甫注.唐六典.扫叶山房
陶穀（宋）.清异录.唐宋丛书本
陶宗仪（元）.1959.南村辍耕录.北京：中华书局
天野元之助［日］著.彭世奖、林广信译.1992.中国古农书考.北京：农业出版社
万国鼎.1957.氾胜之书辑释.北京：中华书局 北京：农业出版社
汪家伦整理.1980.筑圩图说及筑圩法.北京：农业出版社
汪家伦，张芳.中国农田水利史.北京：农业出版社
汪宁生.1980.云南考古.昆明：云南人民出版社
王存撰（宋）.1985.王文楚点校.元丰九域志.北京：中华书局
王谠（宋）.1978.唐语林.上海：上海古籍出版社
王观（宋）.1935.扬州芍药谱.丛书集成本.北京：商务印书馆
王明.1960.太平经合校.北京：中华书局
王溥（宋）.1955.唐会要.北京：中华书局
王钦若（宋）等.1960.册府元龟.北京：中华书局
王栻主编.1990.严复集（第一二册诗文集）.北京：中华书局
王应麟（宋）.困学纪闻.浙江书局本
王玉棠等编.1996.农业的起源和发展——首届农业考古国际学术讨论会论文选辑.南京：南京大学出版社
王毓瑚.1962.郡县农政.北京：农业出版社
王毓瑚.1957.农圃便览.北京：中华书局
王毓瑚.1957.秦晋农言.北京：中华书局
王毓瑚.1955.区种十种.北京：财政经济出版社
王毓瑚.1960.梭山农谱.北京：农业出版社
王毓瑚.1981.先秦农家言四篇别释.北京：农业出版社
王毓瑚.1958.畜牧史资料.北京：科学出版社
王毓瑚.1979.中国古农学书录.北京：农业出版社
王云森.1980.中国古代土壤科学.北京：科学出版社
王祯（元）.缪启愉译注.1994.东鲁王氏农书译注.上海：上海古籍出版社
王重民辑校.1984.徐光启集.上海：上海古籍出版社
王灼（宋）.1935.糖霜谱.丛书集成本.北京：商务印书馆
温革（宋）.琐碎录.上海图书馆抄本
温少峰、袁庭栋.1983.殷墟卜辞研究——科学技术篇.成都：四川社会科学院出版社
巫宝三.1991.管子经济思想研究.北京：中国社会科学出版社
吴邦庆（清）.许道龄校.1964.畿辅河道水利丛书.北京：农业出版社
吴存浩.1996.中国农业史.北京：警官教育出版社
吴德铎.1991.科技史文集.上海：三联书店
吴兢（唐）.1978.贞观政要.上海：上海古籍出版
吴其濬（清）.1957.植物名实图考.排印本.北京：商务印书馆
吴其濬（清）.1959.植物名实图考长篇.排印本.北京：商务印书馆
吴怿（宋）.张福（元）补遗.胡道静校录.1962.种艺必用.北京：农业出版社

吴泳（宋）．鹤林集．文渊阁四库全书本．台北：台湾商务印书馆
武汉水利电力学院．水利水电科学研究院《中国水利史稿》编写组．1979，1989．中国水利史稿．上册、下册．北京：水利电力出版社
夏亨廉、林正同．1996．汉代农业画象砖石．北京：农业出版社
夏纬英．管子地员篇校释．1981．北京：农业出版社
夏纬英．植物名释札记．北京：农业出版社
夏纬瑛．1979．《周礼》书中有关农业条文的解释．北京：农业出版社
夏纬瑛．1956．吕氏春秋上农等四篇校释．北京：农业出版社
夏纬瑛．1981．诗经中有关农事章句的解释．北京：农业出版社
夏纬瑛．1981．夏小正经文校释．北京：农业出版社
向达．1987．唐代长安与西域文明．上海：三联书店
谢成侠．1991．中国养马史．北京：农业出版社
谢成侠．1985．中国养牛羊史．北京：农业出版社
谢成侠．1995．中国养禽史．北京：农业出版社
谢弗［美］．吴玉贵译．1995．唐代的外来文明．北京：中国社会科学出版社
谢世俊．1992．中国古代气象史稿．重庆：重庆出版社
辛树帜．1980．禹贡新解．北京：农业出版社
辛树帜．1983．中国果树史研究．北京：农业出版社
辛树帜．1984．中国水土保持概论．北京：农业出版社
徐光启（明）．石声汉校注．1981．农政全书校注．上海：上海古籍出版社
徐松（清）．1957．宋会要辑稿．北京：中华书局
许维遹．1955．吕氏春秋集释．北京：文学古籍刊行社
严可均（清）．1958，1985．全上古三代秦汉六朝文．中华书局影印
姚文灏（明）．汪家伦校注．1984．浙西水利书校注．北京：农业出版社
耶律楚材（元）．谢方点校．1986．湛然居士文集．北京：中华书局
伊钦恒诠释．1985．群芳谱诠释．北京：农业出版社
伊钦恒校注．1962．花镜．北京：农业出版社
永瑢（清）．阮元编．1965．四库全书总目（影印）．北京：中华书局
游修龄(原署名“浙江农业大学理论学习小组”)．1972．《齐民要术》及其作者贾思勰．北京：人民出版社
游修龄．1993．稻作史论集．北京：中国农业科学技术出版社
游修龄．1995．中国稻作史．北京：中国农业出版社
游修龄．1999．农史研究文集．北京：中国农业出版社
于船、牛家藩编著．1993．中兽医学史简编．北京：农业出版社
于船等校注．1982．串雅兽医方．北京：农业出版社
于船校注．1990．元亨疗马集校注．北京：北京农业大学出版社
元稹（唐）．1936．长庆集．四部丛刊初编．北京：商务印书馆
曾安止（宋）．曹树基校释．禾谱校释．1985．中国农史．(2)
翟允方整理．1991．农言著实注释．北京：农业出版社
张春辉编著．1998．中国古代农业机械发明史补编．北京：清华大学出版社
张岱年．1972．中国哲学史史科学．上海：三联书店
张芳．1998．明清农田水利史研究．北京：中国农业科学技术出版社
张福春等．1987．中国农业物候图集．北京：科学出版社
张双棣．1997．淮南子校释．北京：北京大学出版社
张维华注释．1982．明史欧洲四国传注释．上海：上海古籍出版社
张仲葛、朱先煌主编．1986．中国畜牧史料集．北京：科学出版社
章楷．1985．中国古代蚕桑技术史料选辑．北京：农业出版社

章楷．1982．中国古代栽桑技术史料研究．北京：农业出版社
赵冈等．1995．清代粮食亩产量研究．北京：中国农业出版社
赵靖．1993．中国经济管理思想史教程．北京：北京大学出版社
赵靖．1964．包世臣的经济思想．北京：北京大学出版社．北京大学学报，（1）．
赵璞珊．1983．中国古代医学．北京：中华书局
赵靖、石世奇主编．1991，1995，1997，1998．中国经济思想通史．北京：北京大学出版社
赵汝砺（宋）．1935．北苑别录．丛书集成．北京：商务印书馆
郑辟疆校注．1962．豳风广义．北京：农业出版社
郑辟疆校注．1960．蚕桑辑要．北京：农业出版社
郑辟疆校注．1960．广蚕桑说辑补．北京：农业出版社
郑辟疆校注．1963．野蚕录．北京：农业出版社
郑肇经．1987．太湖水利技术史．北京：农业出版社
郑肇经．1938．中国水利史．北京：商务印书馆
中国古代农业科技编写组．1980．中国古代农业科技．北京：农业出版社
中国科学院昆明植物研究所编．1991．南方草木状考补．昆明：云南民族出版社
中国科学院自然科学史研究所编．1963．徐光启纪念论文集．北京：中华书局
中国科学院自然科学研究所．1984．中国古代地理学史．北京：科学出版社
中国农业博物馆编．1995．中国古代耕织图．北京：农业出版社
中国农业博物馆编．1995．中国近代农业科技史稿．北京：中国农业科技出版社
中国农业科学院农业气象研究室．1960．二十四节气与农业生产．北京：农业出版社
中国农业科学院中国农业遗产研究室．1990．太湖地区农业史稿．北京：农业出版社
中国农业科学院中兽医研究所重编校正．1960．重编校正元亨疗马牛驼经全集．北京：农业出版社
中国农业遗产研究室编．1959，1984．中国农学史．上册、下册．北京：科学出版社
中国社会科学院考古研究所编．1984．新中国的考古发现和收获．北京：文物出版社
中国社会科学院历史研究所清史研究室编．1988．清史资料，第七辑——有关玉米、番薯在我国传播史料．北京：中华书局
中国天文学史整理研究小组编著．1987．中国天文学史．北京：科学出版社
中国植物学会编．1994．中国植物学史．北京：科学出版社
钟祥财．1997．中国农业思想史．上海：上海社会科学院出版社
钟肇鹏．1991．谶纬论略．沈阳：辽宁教育出版社
周魁一．1986．农田水利史略．北京：水利电力出版社
周昕．耒耜经校注．1986．中国农史（1）
周昕编著．1990．耒耜经与陆龟蒙．北京：农业出版社
周尧．1957．中国早期昆虫学研究．北京：科学出版社
朱长文（宋）．1935．吴郡图经续记．丛书集成．北京：商务印书馆
朱熹（宋）．1936．晦庵先生朱文公集．四部丛刊初编．北京：商务印书馆
朱自振．1996．茶史初探．北京：农业出版社
庄季裕（宋）．1935．鸡肋编．丛书集成．北京：商务印书馆
邹德秀．1992．中国农业文化．西安：陕西人民出版社
邹介正校释．1989．三农纪校释．北京：农业出版社

论文

安志敏．1981．大河村炭化粮食的鉴定和问题——兼论高粱的起源及在我国的栽培．文物，（11）
安志敏．1987．我国史前农业概况．农业考古，（2）
白馥兰[英]．梁英明译．1982．中国对欧洲农业革命的贡献．中国科技史探索．上海：上海古籍出版社
卜正民［美］．邓易园译．1982．明清两代河北地区推广种稻和种稻技术的情况．中国科技史探索．上海：上海古籍

出版社
布雷［英］．郑瑞戈译．1982．中国汉代农业技术变革．农业考古，(2)
曹隆恭．1960．中国农史文献上粟的栽培．农史研究集刊第二册．北京：科学出版社
曹树基．1984．《禾谱》及其作者研究．中国农史，(3)
曹树基．1986．明清时期的流民和赣北山区的开发．中国农史，(2)
曹树基．1985．明清时期的流民和赣南山区的开发．中国农史，(4)
陈家瑞．1978．我国古代植物分类学及其思想探讨．植物学报，(3)
陈久金．1979．历法的起源和先秦的四分历．科学史文集第一辑．上海：上海科技出版社
陈久金、刘尧汉．1983．《夏小正》新解．农史研究，(1)
陈良佐．1973．我国历代农田施用之绿肥．大陆杂志，(5)
陈良佐．1978．我国历代农田之施肥法．大陆杂志，(5)
陈良佐．1978．我国内地棉花的推广和栽培法．大陆杂志，(6)
陈平．1980．玉米和番薯在中国传播的情况．中国社会科学，(1)
陈树平．1983．明清时期的井灌．中国社会经济史研究，(4)
陈伟明．1988．宋元水稻栽培技术的发展与定型．宋元农书研究之一．中国农史，(3)
陈文华．1991．豆腐起源于何时．农业考古，(1)
陈文华．1984．试论我国传统农具的历史地位．农业考古，(1)
陈文华．1981．试论我国农具史上的几个问题．考古学报，(2)
陈显远．1990．陕西洋县南宋《劝农文》碑再考释．农业考古，(2)：169
陈耀王，王峰．1984．“鹌鹑发展的历史”．农史研究．第四辑：68．北京．农业出版社
邓植仪．1957．有关中国上古时代农业生产的土壤鉴别和土壤利用法则的探讨．土壤学报，(4)
丁福祉．1984．祁嶲藻与马首农言．农业考古，(1)
丁颖．1985．从中国古籍中所见的稻作．农史研究，第六辑．北京：农业出版社
丁颖．1957．中国栽培稻的起源及其演变．农业学报，(3)
董恺忱．1985．比较方法在农史研究中的运用及其现实意义．农史研究，第五辑．北京：农业出版社
董恺忱．1987．传统农业、精耕细作和集约农法词义辨析．平准学刊，第二集．北京：中国商业出版社
董恺忱．1985．传统农业阶段中西农书比较研究．香港大学中文系集刊
董恺忱．1983．从世界看我国传统农业的历史成就．农业考古，(2)
董恺忱．1980．明清两代的畿辅水利．北京农业大学学报，(3)
董恺忱．1984．试论传统农法的形成与发展．农史研究．第四辑．北京：农业出版社
董恺忱．1983．试论月令体裁的中国农书．农史研究．第三集．北京：农业出版社
渡部武［日］．1989．曹幸穗译．耕织图的流传考．农业考古，(2)
渡部武［日］．1985．董恺忱译．日本对中国古农书研究的概况．农业考古，(2)
渡部忠世［日］．1986．熊海堂译．亚洲稻的起源和稻作圈的形式．农业考古，(2)
范楚玉．1991．陈旉的农学思想．自然科学史研究，10．(2)：172
范楚玉．1986．贾思勰经济思想初探．平准学刊．第三辑（下册）．北京：农业出版社
范楚玉．1986．我国古代农业生产中的天时、地宜、人力观．自然科学史研究，(3)
范楚玉．1983．我国古代农业生产中人们对地的认识．自然科学史研究，2 (3)
范楚玉．1982．我国农业早期发展中若干问题初探．中国农史，(1)
范楚玉．1982．西周农事诗中反映的粮食作物选种及其发展．自然科学史研究，(3)
冯风．1990．明清陕西农书及其农学成就．中国农史，(4)
冯时．1990．河南濮阳西水坡 M45 号墓的天文学研究．文物，(3)
冯时．1994．殷卜辞四方风研究．考古学报，(2)
冈崎敬［日］．李梁译．1988．关于中国稻作的考古学调查．农业考古，(2)
苟萃华．1983．再谈《淮南子》书中的进化观．自然科学史研究，(2)
郭文韬．1992．试论乾隆时期的传统农学．农业考古，(3)

郭文韬.1980.试论我国北方旱地耕作体系问题.农业考古，(1)，(2)
郭文韬.1997.王祯农学思想略论.古今农业，(3)
郭文韬.1998.月令中传统农业哲学概论.中国农史，(3)
郝时远.1985.元《王祯农书》成书年代.中国农史，(1)
何炳棣.1978.美洲作物的引进传播及其对中国粮食生产的影响.大公报在港复刊30周.纪念文集（下）
何炳棣.1990.中国历史上的早熟稻.农业考古，(1)：125
何兆武.1989.本土和域外.读李约瑟第二卷（中国科学思想史）.读书，(11)
何兆武.1979.论宋应星的思想.中国哲学，(3)
何兆武.1987.论徐光启的哲学思想.清华大学学报（哲学社会科学版)，(2)
侯仁之.1958.历史上海河流域的灌溉情况.地理学史料，(2)
胡道静.1987."宋学"的发现、发展和前途.农业考古，(1)
胡道静.1985.释菽篇.载.农书·农史论集
胡道静.1963.徐光启的农学著作问题.中华文史论丛.第三辑.上海：上海古籍出版社
胡道静.1980.徐光启研究农学历程的探索.历史研究，(6)
胡道静.1987.音乐作用于作物的古农书记载.古今农业，(1)
胡厚宣.1941.甲骨文四方风名考.甲骨学商史论丛初集.第二册
胡立初.1934.《齐民要术》引用书目考证.齐鲁大学.国学汇编.第二册
胡维佳.1983.阴阳、五行、气概念的形成及其意义.自然科学史研究，(1)
胡锡文.1981.古之粱秫即今之高粱.中国农史，(1)
胡锡文.1958.中国小麦栽培技术简史.农业遗产研究集刊.第一册.北京：中华书局
湖南省文物考古所孢粉实验室.1990.湖南省澧县彭头山遗址孢粉分析与古环境探讨.文物，(8)
黄盛璋.1958.关中农田水利的发展及其成就.农业遗产研究集刊.第二册.北京：中华书局
黄世瑞.1985.秦观《蚕书》小考.农史研究，第五辑：251～252，北京：农业出版社
姜义安.1984.陈旉《农书》中两个问题的商榷.农史研究，第四辑：108页
蒋超.1991.明清时期天津的水利营田.农业考古，(3)
蒋英.1980.从历史文献看植物分类学的发展.农史研究.第一辑.北京：农业出版社
金重冶.1988.元亨疗马集出版的时代背景.农业考古，(1)
康成懿.1960.农政全书征引文献探源.北京：农业出版社
李伯重.1984.明清时期江南地区水稻生产集约程度的提高.中国农史，(3)
李伯重.1990.明清时期江南农业资源合理利用.中国农史，(3)
李伯重.1986.唐代长江下游地区农业生产集约程度的提高.中国农史，(2)
李长年.1989.陈旉及其农书.农史研究.第八辑.北京：农业出版社
李长年.1959.农业生产上的时宜问题.农史研究集刊.第一册.北京：科学出版社
李长年.1962.清代江南地区的农业改制问题.中国农业科学，(7)
李长年.1983.徐光启的农政思想.中国农史，(3)
李长年.1958.中国文献上的大豆栽培和利用.农业遗产研究集刊.北京：中华书局
李朝真.1985.从白族的"二牛三人"耕作法看汉代的耦犁法.农史研究.第五辑.北京：农业出版社
李德彬.1982.番薯的引进和早期推广.经济史与经济理论论文集.北京：北京大学出版社
李凤岐.1980.关于农言著实所记关中旱地种植制度及其蓄水保墒经验的探讨.陕西农业科学，(3)
李凤岐.1989.关中农学家杨屾.农史研究.第八辑.北京：农业出版社
李凤岐.1985.十八、十九世纪关中平原土壤耕作浅说.农史研究.第五辑.北京：农业出版社
李根蟠.1996.从"三才"理论看中国传统农学的特点.华夏文明与传世藏书——中国国际汉学研讨会论文集.中国社会科学出版社
李根蟠.1998.读《氾胜之书》札记.载.中国农史，(4)
李根蟠.1992.井田制及相关诸问题.中国经济史研究，(2)
李根蟠.1997.农业实践与"三才"理论的形成.农业考古，(1)

李根蟠．1983．耦耕纵横谈．农史研究．（1）北京：农业出版社
李根蟠．1989．试论《吕氏春秋·上农》等四篇的时代性．农史研究．第⑧集．北京：农业出版社
李根蟠．1990．说“耕耰”．平准学刊．第二集．北京：中国商业出版社
李根蟠．1989．我国古代耕作制度的若干问题．古今农业，（1）
李根蟠．1982．西周耕作制度简论——兼论以“菑、新、畬”的各种解释．文史．第十五辑．北京：中华书局
李根蟠．1989．先秦农器名实考辨．农业考古，（2）
李根蟠．1986．先秦时代的沟洫农业．中国经济史研究，（1）
李根蟠．1998．中国小农经济的起源及其早期形态．中国经济史研究，（1）
李根蟠，卢勋．1987．中国南方少数民族原始农业形态．北京：农业出版社
李惠林[美]．范楚玉译．1985．中国农业浮田的起源和历史．农史研究．第六辑．北京：农业出版社
李惠林[美]．林枫林译．1988，1990．中国植物的驯化．农史研究．第七，九辑．北京：农业出版社
李家文．1962．白菜起源和进化的问题探讨．园艺学报，（3），（4）
李杰泉．1989．留日学生与中日科技交流．日本的中国移民．上海：三联书店
李零．1988．《管子》三十时节与二十四节气．管子学刊，（2）
李零．1997．读银雀山汉简《三十时》．简帛研究．第二辑．北京：法律出版社
李涛．1955．明代本草的成就．新建设，（2）
李约瑟．1984．中国古代的地植物学．农业考古，（1）
李约瑟，鲁桂珍著．1984．董恺忱、郑瑞戈译．中国古代的地植物学．农业考古，（1）
李仲均．1983．京津保地区水稻种植历史．自然科学史研究，（4）
梁家勉．1982．地力与人功——用养结合的优良传统　中国农史，（1）
梁家勉．1989．对南方草木状著者及若干问题探索自然科学史研究，（1）
梁家勉．1985．齐民要术成书背景试探．农史研究，（6）
梁家勉．1957．齐民要术的撰者注者和撰期．华南农业科学，（3）
梁家勉．1982．有关《齐民要术》若干问题的再探讨．农史研究．第二辑．北京：农业出版社
梁家勉．1983．中国梯田的出现及其发展　农史研究，（1）（试刊）
梁家勉．1955．逐步丰富的祖国农业学术遗产．华南农学院第一次科学讨论会论文汇刊
梁家勉，彭世奖．1980．漫谈古代文献对农业科学的作用　文史研究，第一辑．北京：农业出版社
梁启超．1933．阴阳五行说之来历．东方杂志，20（20）
梁四宝．1990．明清晋陕高原的水土流失及水土保持．中国水土保持，（6）
林更生．1989．《农学丛书》的特点与价值．中国农史，（1）
林铮，林更生．1983．“关于莆田古荔‘宋家香’几个问题”．农业考古，（1）：205—207
刘昌芝．1990．我国古代关于嫁接技术的研究．农史研究．第十辑．北京：农业出版社
刘崇德．1983．关于秧马的推广及用途．农业考古，（2）
刘复生．1998．“宋代‘衣服变古’及其时代特征．中国史研究，（2）：85—93
鲁全才．1980．汉唐之间的牛耕和犁耙耱耧．武汉大学学报，（6）
陆子豪．1990．中国蔬菜的历史演变．中国蔬菜，（1）
吕子方．中国科技史论文集中．古代的“地动说”
罗桂环．1984．《救荒本草》在日本的传播．中国史研究动态，（8）
罗桂环．1987．我国早期的两本植物学译著．《植物学》、《植物图说》及其术语．自然科学史研究，（4）
罗桂环．1985．朱橚和他的《救荒本草》．自然科学史研究，（2）
马王堆汉墓帛书整理小组．1977．马王堆汉墓帛书《相马经》释文．文物，（8）
马宗申．1989．先秦农史资料的整理和注释问题．农史研究．第八辑．北京：农业出版社
马宗申．1989．中国古代农业百科全书．授时通考．中国农史，（4）
梅莉．1991．洞庭湖区垸田的兴盛与湖南粮食的输出．中国农史，（2）：90
孟方平．1983．说荞麦．农业考古，（2）：91
闵宗殿．1984．“宋明清时期太湖地区水稻亩产量的探讨”．中国农史，（3）

闵宗殿.1985.明清时期我国农业的新变化.中国社会经济史研究，(3)
闵宗殿.1982.明清时期浙江嘉湖地区的农业生态平衡.中国农业科学，(3)
闵宗殿.1989.我国古代的治理盐碱土技术.农史研究.第八辑.北京：农业出版社
闵宗殿.1986.我国古代果蔬保藏的技术的历史.农史研究.第六辑.北京：农业出版社
闵宗殿.1991.中国古代稻田灌溉的水分生理知识.自然科学史研究，(1)
闵宗殿，董恺忱.1982.关于中国农业技术史上的几个问题.农业考古，(2)
缪启愉.1990.王祯的为人、政绩和《王祯农书》.农业考古，(2)
缪启愉.1998.马首农言的种植特点和名物考.中国农史，(1)
缪启愉.1989.农桑辑要——金元时期农业技术的发展.农史研究.第八辑.北京：农业出版社
缪启愉.1983.试论徐光启的治水营田见解.中国农史，(3)
缪启愉.1982.太湖地区的塘埔圩田的形成和发展.中国农史，(1)
缪启愉.1960.吴越钱氏在太湖地区的圩田制度和水利系统.农业史研究集刊.第二册.北京：科学出版社
南京农学院植物生理教研室.1958.二千年前的有机物溲种法的试验报告载.农业遗产研究集刊.第二册.北京：中华书局
倪根金.1988.气候变迁对中国古代北方农业经济的影响.农业考古，(1)
牛家藩.清代以来中国.药物学的发展概述 农史研究.第七辑.北京：农业出版社
牛家藩.1989.试论清代兽医本草学的发展特色.中国农史，(4)
牛家藩.1989.试论我国兽医针灸的起源与发展.古今农业，(2)
牛家藩.1987.现存清代兽医古籍书录.中国农史，(1)
潘吉星.1991.达尔文涉猎中国古代科学著作.自然科学史研究，(1)
潘吉星.1984.康熙与西洋科学.自然科学史研究，(2)
潘吉星.1984.清代出版的农业化学专著农务化学问答.中国农史，(2)
潘吉星.1980.宋应星的思想.中国哲学，(2)
庞朴.1989.火历钩沉——一个遗失已久的古历之发现.中国文化创刊号.12月
裴安平.1989.彭头山文化的稻作遗存与中国史前稻作农业.农业考古，(2)
彭世奖.蒲松龄捕蝗要法真伪考.中国农史.1985，(2).1987，(4)
彭世奖.我国环境保护的历史经验值得总结.农史研究.第八辑.北京：农业出版社
彭世奖.1973.中国历史上的治蝗斗争.农史研究.第三辑.北京：农业出版社
丘树森.1981.王祯农学思想初探.南京大学学报，(4)
屈宝坤.1991.晚清社会对科学技术几点认识的演变.自然科学史研究，(1)
任振球.1986.中国近五千年来气候异常期及其天文成因.农业考古，(1)
陕西省博物馆.1966.陕西省发现汉代犁铧和镲土.文物，(1)
沈汉镛.1989.日本书籍中有关中国古代科技东传日本史实.中国科技史料，(1)
盛诚桂.1965.我国古代药用植物引种栽培的记载.科学史集刊，(8)
师道刚等.1979.从三部农书看元代农业生产.太原：山西大学学报，(3)
石声汉.1981.明末以前棉及棉织品输入史迹.中国农史，(1)
石声汉.1963.试论我国古代从西域引进的植物与张骞的关系.科学史集刊，(5)
石声汉.1963.试论我国古代几部大型农书的整理.中国农业科学，(10)
史念海.1963.秦汉时代的农业地区.河山集.上海：三联书店
史念海.1965.陕西地区蚕桑事业盛衰的变迁.陕西师大论文选辑
史念海.1990.隋唐时期自然环境的变迁与人为作用的关系.历史研究，(1)
史志宏.1989.清代前期的耕地面积及产量估计.中国经济史研究，(2)
史志宏.1993.清代前期的劳动生产率.中国经济史研究，(1)
舒迎澜.1990.我国古代花卉栽培.自然科学史研究，(4)
宋源.1987.我国古代水土资源管理思想述略.中国农史，(3)
宋湛庆.1990.宋元时清时期备荒救灾的主要措施.中国农史，(2)

宋兆麟.1976.西汉时期农业技术的发展.考古,(1)
苏秉琦.1991.重建中国古史的远古时代.史学史研究,(3)
谈敏.1990.重农学派经济学说的中国渊源.经济研究,(6)
谭彼岸.1956.我国古代接木技术.农业学报,(4)
唐耕耦.1978.唐代水车的使用和推广.文史哲,(4)
天野元之助[日].曹隆恭译.中国传统耕作方法考.农史研究.第三辑.北京:农业出版社
天野元之助著.1990.李伯重译.中国历史上的耕具及其作用.农业考古,(3)
佟屏亚.1989.试论玉米传入我国的途径及其发展.古今农业,(1)
佟屏亚.1990.我国马铃薯栽培史.中国科技史料,(1)
佟伟青.1984.磁山遗址的原始农业遗存及其相关问题.农业考古,(1)
万国鼎.1957.《氾胜之书》的整理和分析兼与石声汉先生商榷.南京农学院学报,(2)
万国鼎.1958.茶书总目提要.农业遗产研究集刊.第二册.北京:中华书局
万国鼎.1956.论《齐民要术》——我国现存最早的完整农书.历史研究,(1)
万国鼎.1956.论齐民要术.我国现存最早的完整农书.历史研究,(1)
万国鼎.1958.区田法研究.农业遗产研究集刊.第一册.北京:中华书局
汪家伦.1985.北宋单锷吴中水利书初探.中国农史,(2)
汪家伦.1984.郏亶和他的水利书.中国农史,(2)
汪宁生.1976.八卦起源.考古,(4)
汪子春.1979.我国古代养蚕技术上的一项重大发明——人工低温制生种.昆虫学报,(1)
王潮生.1983.古代茶树栽培技术初探.农业考古,(2)
王潮生.1989.明清时期的几种耕织图.农业考古,(1)
王达.1985.论补农书及其在农史上的价值.农史研究.第五辑.北京:农业出版社
王达.1989.明清蚕桑书目补订.中国农史,(2)
王达.1986.明清蚕桑书目汇介.中国农史,(3)
王达.1983.试论明清农书成就及其特点.农史研究.第三辑.北京:农业出版社
王达.1982.双季稻发展.中国农史,(1)
王大方,张松柏.1996.西域瓜果香飘草原——从内蒙古发现我国古代最早的西瓜图谈契丹人的贡献.农业考古,(1):180
王德培.1990.论周礼中"凝固化"的消费制度和周代的民本思想的发展.河北大学学报
王贵民.1985.商代农业概述.农业考古,(2)
王利华.1991.晚清兴农运动评述.古今农业,(3)
王瑞明.1981.宋代秧马的用途.社会科学战线,(3)
王星光.中国传统犁的发生发展及演变.农业考古,1989,(1),1990,(1),(2)
王缨.1958.我国古代植棉技术.农业学报,(3)
王缨.1956.我国古代主要植棉文献评介.华中农业科学,(4)
王永厚.1984.王安石与梅尧臣唱和农具诗.农业考古,(1):137—140
王毓瑚.1980.我国历史上土地利用的若干经验教训.中国农业科学,(1)
王毓瑚.我国自古以来重要农作物.农业考古.1981,(1),(2),1982,(1)
王毓瑚.1981.中国农业发展中的水和历史上的农田水利问题.中国农史,(1)
巫宝三.1986.试论《管子》中《度地》、《地员》二篇农学论文对于发展农业生产的意义及其农学思想的渊源.中国经济史研究,(1)
巫宝三.1989.中国古代经济思想对法国重农学派经济学说的影响问题考释.中国经济史研究,(1)
吴承明.1989.中国近代农业生产力的考察.中国经济史研究,(2)
吴存浩.1998.简析贾思勰经济思想.古今农业,(2)
吴德铎.1983.试论徐光启史学思想之特色.农业考古,(2)
吴德邻.1958.诠释论我国最早的植物志——南方草木状.植物学报,(11)

吴树平．氾胜之书述略．文史，第十六辑
吴小航．1985．我国接木的最早记载．农史研究，第五辑．北京：农业出版社
夏纬瑛，范楚玉．1989．《夏小正》及其在农业史上的意义．中国史研究，(3)
夏纬瑛，荀萃华．1980．评胡适谓庄子书中的生物进化论．科学史文集，第四集（生物史专辑）．上海：上海科技出版社
咸金山．1988．从方志记载看玉米在我国的引进和传播．古今农业，(1)
咸金山．1998．玉米传入中国和亚洲的时间、途径及其起源问题．古今农业，(1)
向安强．1991．论长江中游旧石器时代早期遗存的农业．农业考古，(3)
萧亢达．1985．河西壁画墓中所见农业生产概况．农业考古，(2)
谢成侠．1977．关于长沙马王堆汉墓帛书《相马经》的探讨．文物，(8)
辛树帜．1957．禹贡著作时代的推测．西北农学院学报，(3)
熊代幸雄著，董恺忱译．1985．论中国旱地农法中精耕细作的基础兼评它在世界史上的意义．中国农史，(1)（试刊）
严文明．1982．中国稻作农业的起源．农业考古，(1)，(2)
杨宝霖．1988．元以前我国荔枝品种考．农史研究，第七辑：148～154．北京：农业出版社
杨宝霖．1988．元以前我国荔枝品种考．农史研究，第七辑：153．北京：农业出版社
杨宏道．清代我国传统兽医学成就初探．农业考古．1986，(2)，1987，(1)
杨宏道．1984．试论我国中兽医学的现代化问题．农业考古，(2)
杨宏道．1982．我国兽医针灸术的形成与发展．农业考古，(1)
杨沛．1982．黄柑蚁生物学特性及其用于防治柑桔害虫的初步研究．广州：中山大学学报
杨直民．1986．我国保墒技术及有关农具的发展．农业考古，(3)
杨直民．1983．我国古代的地力说．中国农史，(1)
杨直民．1991．我国近代农业技术的形成与发展．古今农业，(3)
杨直民．1996．源远流长的中国农业技术交流．中日文化交流史大系，(8)．科技卷．杭州：浙江人民出版社
杨直民．1984．中国传统农学与实验农学重要交汇．农业考古，(1)
姚汉源．1964．我国古代农田的淤灌及放淤．武汉水利电力学院学报，(2)
叶静渊．1990．从杭州历史上名产黄芽菜看我国白菜的起源、演化与发展．农史研究，第九辑．北京：农业出版社
叶静渊．1991．明清时期白菜的演化与发展．中国农史，(1)
叶静渊．1987．我国明清时的花卉栽培．农业考古，(2)
叶依能．1990．从补农书．经营地主经营的性质．农史研究，第十辑．北京：农业出版社
叶依能．1987．浅析补农书的经营思想．古今农业，(1)
游修龄．1994．《齐民要术》成书背景小议．中国经济史研究，(1)
游修龄．1956．从“齐民要术”看我国古代的作物栽培．农业学报，7 (1)
游修龄．1983．从大型农书的体系比较试论农政全书的特色和成就．中国农史，(3)
游修龄．1978．从河姆渡出土稻谷试论我国栽培稻起源的分化与传播．作物学报，(2)
游修龄．1994．古代早稻品种六十日之谜．古今农业，(3)．
游修龄．1990．禾、谷、稻、粟探源．农史研究，第十辑．北京：农业出版社
游修龄．1995．论农谚．农业考古，(3)
游修龄．1990．清代农学的成就和问题．农业考古，(1)
游修龄．1983．释“秀”．农史研究，(1)．北京：农业出版社
游修龄．1987．天工开物的农学体系和技术特色．农业考古，(1)
游修龄．1998．玉米传入中国和亚洲的时间、途径及其起源问题．古今农业，(2)
游修龄．1990．中国古代对食物链的认识及其在农业上应用的评述．第三届国际科学史讨论会论文集．北京：科学出版社
友于．1959．管子地员篇研究．农史研究集刊，第一册．北京：科学出版社
于船．1990．中兽医学在国外的传播．中兽医学杂志，(4)
于景让校注．1958．栽培植物考，第一辑．台湾大学农学院丛书

俞德浚．1962．中国植物对世界园艺的贡献．园艺学报，(1)
曾雄生．“六道、首种、六种考”．自然科学史研究
曾雄生．1998．中国历史上的黄穋稻．农业考古，(1)
曾雄生．1991．试论占城稻对中国古代稻作之影响．自然科学史研究，(1)：61—67
曾雄生．1987．天工开物中水稻生产技术的调查研究．农业考古，(1)
曾雄生．1993．中西方农业结构及其发展问题之比较．传统文化与现代化，(3)
翟乾祥．1987．我国引种马铃薯简史．农业考古，(2)
张波．1992．推镰考工记．农业考古，(2)
张波．1984．浅谈段玉裁说文解字的农事名物考证．中国农史，(2)
张波．1985．西北地区的农业开发述略．农史研究，第六辑．北京：农业出版社
张传玺．1985．两汉大铁犁研究．北京大学学报，(1)．北京：北京大学出版社
张芳．1985．耿桔和常熟水利全书．中国农史，(3)
张芳．1989．我国古代的井灌．中国农史，(3)
张国雄．1989．江汉平原垸田的特征及其在明清时期的发展．农业考古，(2)
张汉洁．1985．我国古代对植物遗传育种学的研究贡献．农史研究，第六辑．北京：农业出版社
张建民．1987．对围湖造田的历史考察．中国农史，(1)
张建民．1990．明清垦殖论略．中国农史，(1)
张履鹏．1957．古代相传的作物区田栽培法．作物学报，(1)
张履鹏等．1958．溲种法试验报告．农业遗产研究集刊，第二册．北京：中华书局
张寿祺．柳宗元与农业科学技术．农史研究．第二辑：119—129．北京：农业出版社
张政烺．1973．卜辞裒田及其相关诸问题．考古学报，(1)
章楷．1982．番薯的引进与传播．农史研究，第二辑．北京：农业出版社
章楷．1989．回顾我国农业改进跨出的第一步．农史研究，第八辑．北京：农业出版社
章楷．1983．明清时期太湖蚕桑兴衰考．农史研究，第三辑．北京：农业出版社
章楷．1990．我国近代农业教育的发展与改进．农史研究，第十辑．北京：农业出版社
章楷．1985．务农会、农学会、农学丛书及罗振玉其人．中国农史，(1)
赵冈．1997．从制度学派的角度看租佃制．中国农史，(2)：51—54
赵雅书．1973．耕织图与耕织图诗．食货月刊，(7)
郑云飞．1991．明清时期的湖丝与杭嘉湖地区的蚕丝技术．中国农史，(4)
郑州商城遗址发掘报告．1970．文物参考资料，(1)
郑州商代遗址发掘简报．1970．文物，(1)
钟祥财．1989．中国近代农业思想管窥．复旦学报，(1)
周匡明．1960．我国桑树嫁接的历史演变．科学史集刊，(9)
周魁一．1986．略论水利史研究的现实意义．农业考古，(2)
周魁一．1988．我国古代灌溉法规．古今农业，(1)
周魁一．1986．中国古代的农田水利．农业考古，(1)，(2)
周昕．1985．耒耜经和它的作者．农业考古，(2)
周昕．1988．试论古代农具图谱的范围及沿革．中国农史，(1)
周肇基．1990．救荒本草的通俗性、实用性和科学性．农史研究，第十辑．北京：农业出版社
周肇基．1991．历代荔枝专著中的植物生态学生理学成就．自然科学史研究，(1)
周肇基．1991．历代荔枝专著中的植物生态学生理学成就．自然科学史研究，(1)
周肇基．1997．中国古代对植物物质运输的认识和控制．自然科学史研究，(3)
周肇基．1990．中国古典园艺名著花镜新探．古今农业，(2)
朱更翎．北宋淤灌治碱高潮及其经验教训．载水利水电科学研究院．科学论文集，第十二集。
朱光立．1986．罗振玉与农学报．中国科技史料，(2)
朱光立．1986．农学报主要篇目索引．中国科技史料，(2)

朱光立．1986．我国第一种专业性科技期刊——农学报．中国科技史料，(2)
朱培仁．1983．中国包衣种子的发生和发展．中国农史，(1)
朱士光．1984．历史上陕西高原农牧业发展概况及其对自然环境的影响．农史研究．第四辑．北京：农业出版社
朱自振．1977．我国古代茶树栽培技术的发展．中国茶叶，(1)
朱自振．1986．我国古代茶树栽培史略．茶叶通报，(3)
竺可祯．1972．中国近五千年来气候变迁的初步研究．考古学报，(1)
祝亚平．1995．道教文化与科学．第四章，第三节．合肥：中国科学技术大学出版社
邹介正．1988．明代兽医学的发展．农史研究．第七辑．北京：农业出版社
邹介正．1981．唐代兽医学成就．中国农史，(1)
邹树文．1958．虫白蜡利用的起源．农史研究集刊．第一册，第83—92页。

日文参考文献

北村四郎．1950．中國栽培植物の起源．東方學報，第十九冊
柏佑賢．1980．農學原論．養賢堂
布目潮風澤注．1976．中國の茶書．平凡社
大澤正沼．1974．陳旉農書の研究．農山漁村文化協會
渡部武譯注．1982．四時纂要譯注——中國古歲時記の研究．安田學園
渡部武譯注．1987．四民月令——漢代の時歲と農事．平凡社
渡部武．1985．中國古代繪畫資料に見える犁耕，日本文化觀光所紀要，第六號
渡部忠世主編．1987．アヅア稻作史三卷．小學館
飯沼二郎．1970．風土と歷史．岩波書店
飯沼二郎．1978．農業革命の研究．農山漁村文化協會
古島敏雄．1975．古島敏雄著作集第五卷——日本農學史第一卷．東京大學出版會
古島敏雄．1975．古島敏雄著作集第六卷——日本農業技術史．東京大學出版會
古島敏雄．1983．古島敏雄著作集第九卷——日本近代的農業と農書．東京大學出版會
岡西為人．1970．明清の本草．明清時代の科學技術史．京都大學人文研究所
后藤末雄．1985．中國思想のフランス西漸，二卷．平凡社
李春寧（韓）．飯沼二郎譯．1989．李朝農業技術史．未來社
木原均等．1973．黎明時期日本生物史．養賢堂
農林水産省農林水産事務局．1995．昭和農業發達史．第一卷
森田明．1974．清代水利史研究．亞紀書房
上野益三．1973．日本博物學史．平凡社
守屋美都雄．1961．四時纂要．解題．——中國古歲時紀の新資料．山田書店
山田慶兒．1976．耶穌會士の科學．明清時代の科學技術史．京都大學人文研究所
藪内清．1970．中國の科學と文明．岩波書店
盛永俊太郎．1970．中國の稻．農業及び園藝，12
篠田統．1960．中國食物史．柴田書店
天野元之助．1979．中國農業史研究、增補版．御茶の水書房
天野元之助．1967．元の王禎の農書の研究．宋元科學技術史．京都大學人文研究所
天野元之助．1978．后魏の賈思勳の齊民要術の研究．中國の科學と科學者．京都大學人文研究所
西山武一．1969．アジアの農法と農業社會．東京大學出版會
熊代幸雄．1969．比較農法論．御茶の水書房
小野武夫．1941．現代日本文明史——農村史．東洋經濟新報社
原宗子．1994．古代中國の開發と環境——管子地員篇研究．研文社
岩片磯雄．1987．西歐古典農學の研究．養賢堂
中尾佐助．1966．栽培植物と農耕の起源．岩波書店

英文参考文献

Andrew M. Watson. Agricultural innovation in the early Islamic world: The diffusion of crops and farming techniques, 700—1100, Cambridge University Press, 1983

Bray, F. (1981): Millet Cultivation in China: A. History survey Journ. d'Agric. Tred et de Bota Appl, vol. 28, (3—4)

Bray, F, (1986). The rice economics: Technology and development in Asian society, Oxford: Basil Blackwell

Bray, F. (1979). The evolution of the mouldboard plough in China, Tools and tillage, vol. 3 (4)

Forke, A. (1925). The world conception of the Chinese, probsthain's Orieintal Science Series vol. 14, London

Fussell, G. E. 1972. The classical tradition in West Europe farming, David and Charles: Newton Abboe.

Fussell, G. E. 1947. The old English farming books: from Fitzherbert to Tull,. London: Grasby Lockword and son.

Fussell, G. E. 1952. The farmers tools 1500—1900, London Andrew Melrose.

Fussell, G. E. 1980. More old English farming books : from Tull to the board of agriculture, London: Grasby Lockword and son.

Grigg, D. B. 1974. The agricultural system of the world: an evolutionary approach. Cambridge: Cambridge University press

Ho Ping-Ti. 1955. The introduction of American food plants into China, American Anthropologist, vol. 57 (2)

Hsu Cho-yun ed. 1980. Han Agriculture: the formation of early Chinese agrarian economy, University of Washington Press.

Hsuan Keng. 1974. Economic plants of ancient north China: as mentioned in the Shih Ching, Economic Botany, vol. 28 (4)

King, F. H. 1926, 1972. Farmers of forty centuries, or permanent agriculture in China, Korea and Japan, London: Jonathan capo. Reper Pennsylvania: Rodale Press

Li Hui-Lin. 1969. The vegetable of ancient China, Economic Botany, vol. 23 (3)

Li Hui-Lin. 1970. The origin of cultivated plants in Southeast Asia, Economic Botany, vol. 24 (3)

Li Hui-Lin. 1979. Nan Fang Tsao Mu Chang: a forty century flora of Southeast Asia, Hong Kong: The Chinese University Press.

Mingay, G. E. 1977. The agricultural revolution changes in agriculture 1650—1800. London: Adam and Charles Black

Needham, J. 1984. Science and civilisation in China vol. 6, sec. 41. Agriculture by Bray. F, Cambridge: Cambridge University Press

Prothero, R. E. 1927. English farming: past and present London: Longmans, Green and Co LTD.

Read B. E. 1946. Faming foods: listed in the Chiu Huang Pen Tsao, Shanghai: Henry Lester Institute of Medical Research

Shih Sbeng-Han. 1958. A Preliminary Survey of the book Ch'i Min Yao Shu: An agricultural encyclopaedia of the 6th century, Peking: Science Press.

Slicher van Bath, B. H. 1963. The agrarian history of Europe AD 500—1850. London: Edward Arnold.

Zeng Xiongsheng. agriculture in cities: An aspect of science and civilization in China, 8th international conference on history of Chinese science, Berlin, Aug. 1998

索　引

D

Y

后　　记

本卷从开始编写至定稿，先后历时近十载。在有如“十年磨一剑”的历程中，可以分为两段。先是由范楚玉总负其责，在约定编写人员之后，即责成各编负责人员草拟提纲，在经共同商讨汇总的基础上，曾试写出若干章节，从而为以后的编写工作，打下较为坚实的工作基础。当时的分工如下：除导言由范楚玉执笔，从第一篇至第四篇依次由范楚玉、李根蟠、闵宗殿、曾雄生、董恺忱与杨直民分别负责。1995 年因范楚玉患病，为保证进度不致延误，共推董恺忱参与主持编写任务，在对编写提纲及撰稿人员作了必要而又适时的调整后，在 1998 年共同完成全书初稿。其中第一篇改由李根蟠执笔，在撰写中曾参考范楚玉已写好的关于《吕氏春秋》中《上农》等四篇的初稿和她已发表的有关论文；第二篇仍由李根蟠撰写；第三篇除农学理论一节由闵宗殿执笔，其余统由曾雄生撰写；第四篇则改由董恺忱一人承担。此前已由范楚玉写就的导言，经共同讨论后略有改动。增添的结束语，经李根蟠与董恺忱磋商后，由李执笔。在整个定稿过程中曾多次相互审阅，共同商讨。

本篇编写工作之得以顺利进行，除了得到自然科学史研究所主持《中国科学技术史》编写工作的几位负责同志的关心和鼓励，也多有赖曾雄生主动承担起联系和组织等诸多具体工作。从拟定提纲到具体编写，特别是在审阅定稿中，承蒙游修龄先生多方赐教指点，从而使本书的进度与质量得到有力的支持和保证。

总　跋

凡是听到编著《中国科学技术史》计划的人士，都称道这是一个宏大的学术工程和文化工程。确实，要完成一部30卷本、2000余万字的学术专著，不论是在科学史界，还是在科学界都是一件大事。经过同仁们10年的艰辛努力，现在这一宏大的工程终于完成，本书得以与大家见面了。此时此刻，我们在兴奋、激动之余，脑海中思绪万千，感到有很多话要说，又不知从何说起。

可以说，这一宏大的工程凝聚着几代人的关切和期望，经历过曲折的历程。早在1956年，中国自然科学史研究委员会曾专门召开会议，讨论有关的编写问题，但由于三年困难、“四清”、“文革”，这个计划尚未实施就夭折了。1975年，邓小平同志主持国务院工作时，中国自然科学史研究室演变为自然科学史研究所，并恢复工作，这个打算又被提到议事日程，专门为此开会讨论。而年底的“反右倾翻案风”，又使设想落空。打倒“四人帮”后，自然科学史研究所再次提出编著《中国科学技术史丛书》的计划，被列入中国科学院哲学社会科学部的重点项目，作了一些安排和分工，也编写和出版了几部著作，如《中国科学技术史稿》、《中国天文学史》、《中国古代地理学史》、《中国古代生物学史》、《中国古代建筑技术史》、《中国古桥技术史》、《中国纺织科学技术史(古代部分)》等，但因没有统一的组织协调，《丛书》计划半途而废。1978年，中国社会科学院成立，自然科学史研究所划归中国科学院，仍一如既往为实现这一工程而努力。80年代初期，在《中国科学技术史稿》完成之后，自然科学史研究所科学技术通史研究室就曾制订编著断代体多卷本《中国科学技术史》的计划，并被列入中国科学院重点课题，但由于种种原因而未能实施。1987年，科学技术通史研究室又一次提出了编著系列性《中国科学技术史丛书》(现定名《中国科学技术史》)的设想和计划。经广泛征询，反复论证，多方协商，周详筹备，1991年终于在中国科学院、院基础局、院计划局、院出版委领导的支持下，列为中国科学院重点项目，落实了经费，使这一工程得以全面实施。我们的老院长、副委员长卢嘉锡慨然出任本书总主编，自始至终关心这一工程的实施。

我们不会忘记，这一工程在筹备和实施过程中，一直得到科学界和科学史界前辈们的鼓励和支持。他们在百忙之中，或致书，或出席论证会，或出任顾问，提出了许多宝贵的意见和建议。特别是他们关心科学事业，热爱科学事业的精神，更是一种无形的力量，激励着我们克服重重困难，为完成肩负的重任而奋斗。

我们不会忘记，作为这一工程的发起和组织单位的自然科学史研究所，历届领导都予以高度重视和大力支持。他们把这一工程作为研究所的第一大事，在人力、物力、时间等方面都给予必要的保证，对实施过程进行督促，帮助解决所遇到的问题。所图书馆、办公室、科研处、行政处以及全所的同仁，也都给予热情的支持和帮助。

这样一个宏大的工程，单靠一个单位的力量是不可能完成的。在实施过程中，我们得到了北京大学、中国人民解放军军事科学院、中国科学院上海硅酸盐研究所、中国水利水电科学研究院、铁道部大桥管理局、北京科技大学、复旦大学、东南大学、大连海事大学、武汉交通科技大学、中国社会科学院考古研究所、温州大学等单位的大力支持，他们为本单位参加编撰人员提供了种种方便，保证了编著任务的完成。

为了保证这一宏大工程得以顺利进行，中国科学院基础局还指派了李满园、刘佩华二位同志，与自然科学史研究所领导（陈美东、王渝生先后参加）及科研处负责人（周嘉华参加）组成协调小组，负责协调、监督工作。他们花了大量心血，提出了很多建议和意见，协助解决了不少困难，为本工程的完成做出了重要贡献。

在本工程进行的关键时刻，我们遇到经费方面的严重困难。对此，国家自然科学基金委员会给予了大力资助，促成了本工程的顺利完成。

要完成这样一个宏大的工程，离不开出版社的通力合作。科学出版社在克服经费困难的同时，组织精干的专门编辑班子，以最好的纸张，最好的质量出版本书。编辑们不辞辛劳，对书稿进行认真地编辑加工，并提出了很多很好的修改意见。因此，本书能够以高水平的编辑，高质量的印刷，精美的装帧，奉献给读者。

我们还要提到的是，这一宏大工程，从设想的提出，意见的征询，可行性的论证，规划的制订，组织分工，到规划的实施，中国科学院自然科学史研究所科技通史研究室的全体同仁，特别是杜石然先生，做了大量的工作，作出了巨大的贡献。参加本书编撰和组织工作的全体人员，在长达10年的时间内，同心协力，兢兢业业，无私奉献，付出了大量的心血和精力。他们的敬业精神和道德学风，是值得赞扬和敬佩的。

在此，我们谨对关心、支持、参与本书编撰的人士表示衷心的感谢，对已离我们而去的顾问和编写人员表达我们深切的哀思。

要将本书编写成一部高水平的学术著作，是参与编撰人员的共识，为此还形成了共同的质量要求：

1. 学术性。要求有史有论，史论结合，同时把本学科的内史和外史结合起来。通过史论结合，内外史结合，尽可能地总结中国科学技术发展的经验和教训，尽可能把中国有关的科技成就和科技事件，放在世界范围内进行考察，通过中外对比，阐明中国历史上科学技术在世界上的地位和作用。整部著作都要求言之有据，言之成理，经得起时间的考验。

2. 可读性。要求尽量地做到深入浅出，力争文字生动流畅。

3. 总结性。要求容纳古今中外的研究成果，特别是吸收国内外最新的研究成果，以及最新的考古文物发现，使本书充分地反映国内外现有的研究水平，对近百年来有关中国科学技术史的研究作一次总结。

4. 准确性。要求所征引的史料和史实准确有据，所得的结论真实可信。

5. 系统性。要求每卷既有自己的系统，整部著作又形成一个统一的系统。

在编写过程中，大家都是朝着这一方向努力的。当然，要圆满地完成这些要求，难度很大，在目前的条件下也难以完全做到。至于做得如何，那只有请广大读者来评定了。编写这样一部大型著作，缺陷和错讹在所难免，我们殷切地期待着各界人士能够给予批评指正，并提出宝贵意见。

《中国科学技术史》编委会

1997 年 7 月